哀牢山-无量山综合科学研究
——国家公园建设的理论和实践探索

周　杰　彭　华　蒋学龙
张一平　郑洪波　何洪鸣
费　杰　张建华　郭辉军　等　编著

科学出版社

北　京

内 容 简 介

本书共分 9 章,系统全面地介绍了云南哀牢山-无量山综合科学研究的成果,包括自然概况、植物和植被、陆生脊椎动物多样性、生态系统本底与生态系统功能、地质-地貌特征与特色资源、典型生态景观格局变化及脆弱性评价、历史文化景观、生态保护与社会经济发展、哀牢山-无量山国家公园设立及其对策研究。哀牢山-无量山综合科学研究成果可为全面推进国家公园体制建设提供典型案例,为国家公园和生态文明建设提供参考。

本书可供相关领域的科研人员、教学人员、本科生、研究生等参考,也可供政府相关部门或国家公园行政管理人员阅读。

审图号:云 S（2023）19 号

图书在版编目（CIP）数据

哀牢山-无量山综合科学研究:国家公园建设的理论和实践探索/周杰等编著.—北京:科学出版社,2023.10
ISBN 978-7-03-070794-9

Ⅰ.①哀… Ⅱ.①周… Ⅲ.①国家公园–科学考察–考察报告–云南
Ⅳ.①S759.992.74

中国版本图书馆 CIP 数据核字（2021）第 249400 号

责任编辑:王海光　薛　丽 / 责任校对:郑金红
责任印制:肖　兴 / 封面设计:无极书装

科 学 出 版 社 出版

北京东黄城根北街 16 号
邮政编码:100717
http://www.sciencep.com

北京中科印刷有限公司 印刷
科学出版社发行　　各地新华书店经销

*

2023 年 10 月第 一 版　　开本:889×1194 1/16
2023 年 10 月第一次印刷　　印张:39
字数:1 263 000
定价:698.00 元
(如有印装质量问题,我社负责调换)

编著者名单

前　言　周　杰

第1章　周　杰　吴嘉成

第2章　彭　华　李园园　姜利琼　陈　丽　陈亚萍
　　　　张　琼　肖金妃　孙增朋　蒋银子

第3章　第一节　蒋学龙　李学友　李　权　陈中正
　　　　　　　　牛晓炜　王洪娇　普昌哲　苏华春
　　　　　　　　邓松波　梁　涛
　　　　第二节　高建云　吴　飞　岩　道　杨晓君
　　　　第三节　饶定齐　侯东敏
　　　　第四节　饶定齐　侯东敏

第4章　张一平　宋清海　费学海　游广永　武传胜
　　　　张鹏超　刘　洋　杞金华

第5章　郑洪波　刘小春

第6章　何洪鸣　吴嘉成　李怡洁　叶　泉　刘颖莹
　　　　卢俊港　胡洋洋

第7章　费　杰　汪童童

第8章　张建华　余志慧　李茂萱　李社萍　李彦刚
　　　　杨晓洪　汤国景

第9章　郭辉军　华朝朗　邱守明　陶　晶　程希平
　　　　杨　东　冯艳滨　沙剑斌　徐远杰　徐吉洪
　　　　黄晓园　王　勇　管振华　张绍辉　杨建美
　　　　杨晓云　尹瑞杉　杨　斌

前　言

一

　　"当最后一个红种人跟他的荒野（wilderness）一起消失之后，当他留下的记忆仅仅是一片在大草原上掠过的云影之时，现在这些海岸与森林还会在这里吗？这里还会有我的人民的灵魂吗？"

　　这是 1852 年美国华盛顿州一位印第安部落首领西雅图（Chief Seattle），由于西部开发，在他们面临失去赖以生存的土地和美丽家园的时候，向美国政府发出的最后的呐喊。

　　今天，当我们再次回顾那段历史的时候，当我们反思工业革命以来人类征服自然的整个历程的时候，当我们一次次面对社会危机的时候，我们无不对那位印第安部落首领悲凉无助的呼声深感震撼！他的声音依然回荡在地球的上空，时时撞击着人类的心灵！

　　无论如何，他的呐喊为人类保护地球家园，为美国国家公园的设立撞开了一扇窗户。

　　在我写下这段文字的时候，我不得不说，我们正在度过一个有生以来最艰难最漫长的春节，这也使我切身感受到了前所未有的"寂静的春天"。不仅对我，对所有中国人，对全世界人而言，2019 年和 2020 年注定是难以忘怀的。在人类史上，新型冠状病毒感染疫情也必将作为一次罕见的重大事件被载入史册。突如其来的新型冠状病毒在不到半年的时间几乎传播到全世界所有国家，导致亿万民众深受病魔的折磨，几百万人失去生命（数据来源：世界卫生组织）。与此同时，持续数月的澳大利亚山火烟雾弥漫，使失去家园的近百万只蝙蝠被迫迁徙，铺天盖地地涌向天空。25 年来最严重的蝗灾肆虐东非大地，并迅速向西亚、南亚蔓延，过境之地，颗粒无收。加拿大大雪封城，圣约翰市最终积雪厚度超过 70cm，圣约翰市长宣布进入紧急状态。印度尼西亚首都雅加达及其周边地区连日暴雨引起洪灾和山体滑坡，近 40 万人流离失所……

　　我们的地球究竟怎么了？病毒肆虐、极端气候事件频发、地质灾害不断，这是地球自身的喜怒无常，还是大自然向人类发出了挑战？

　　不能不说，随着世界工业化的高歌猛进，传统的田园牧歌式的生活离人类越来越远。人们日益从与自然和谐而生的共荣关系中分化出来，逐渐异化为大自然的对立面。

　　其实，早在几千年前的中国古代，我们的先民就提出了"人地和谐"的理念，战国时的荀子有一段著名的论述："草木荣华滋硕之时，则斧斤不入山林，不夭其生，不绝其长也；鼋鼍，鱼鳖，鳅鳣孕别之时，罔罟，毒药不入泽，不夭其生，不绝其长也；春耕，夏耘，秋收，冬藏，四者不失时，故五谷不绝，而百姓有余食也；洿池，渊沼，川泽，谨其时禁，故鱼鳖优多，而百姓有余用也；斩伐养长不失其时，故山林不童，而百姓有余材也"（《荀子·王制》）。《庄子·知北游》中也讲到："天地有大美而不言，四时有明法而不议，万物有成理而不说。圣人者，原天地之美而达万物之理，是故至人无为，大圣不作，观于天地之谓也。"这里表达的核心要义是人要尊重自然、顺应自然、保护自然、有序利用自然。

　　应该说，中国整建制或者说国家体制下开展自然生态系统的保护始于 20 世纪 50 年代，这得益于 1956 年秉志、钱崇澍、杨惟义、秦仁昌、陈焕镛 5 位著名科学家的睿智建言和政府的果断决策，鼎湖山成为我国第一个国家自然保护区。随后，经过 60 多年的发展，2017 年我国自然保护区面积约占国土面积的 14.8%，跃居为世界上规模最大的保护区体系之一。《中国生态环境状况公报（2018 年）》显示，全国共有各种类型、不同级别的自然保护区 2750 个，总面积为 147.17 万 km^2。其中，国家级自然保护区有 463 个，总面积约 97.45 万 km^2。

2019 年，中共中央办公厅、国务院办公厅印发的《关于建立以国家公园为主体的自然保护地体系的指导意见》中进一步提出建立以国家公园为主体的自然保护地体系，国家公园体制建设上升到国家层面。这无疑体现了国家发展理念的进一步升华，更是实现地球生命共同体的崭新实践。

这必将是中国发展史，乃至人类文明史上又一个新的里程碑！

二

让我们再回到 200 多年以前的美国。独立战争以后，美国掀起了长达一个世纪的西进运动。西部地区广袤的土地、丰富的动植物资源和包括黄金在内的天然宝藏吸引了大批移民蜂拥而至，他们疯狂地对西部地区进行征服与开发。西部成为"美国人征服自然的中心舞台"，拓殖者们"清除了土地上的自然植被，差一点砍光了从大西洋畔一直伸展到大平原一望无垠的森林，杀死了绝大多数的野生动物"。印第安人几乎灭绝。1830 年第七任美国总统安德鲁•杰克逊签署《印第安人迁移法》（Indian Removal Act），法案授予美国联邦政府权力，将印第安人从密西西比河以东迁移至密西西比河以西的"印第安领地"（Indian Territory）。南北战争期间林肯总统又于 1862 年颁布《宅地法》（Homestead Act），允许所有美国人拥有西部的土地。《宅地法》规定：一切忠于联邦的成年人，只要交付 10 美元的登记费，就可以在西部领取 160 英亩①土地，在土地上耕种 5 年后就可以成为这块土地的所有者。《宅地法》的实施，进一步加速了对西部地区的开发，由于掠夺式的矿产开采、毁灭性的森林砍伐、无序的土地开垦，到 19 世纪末，密西西比河与西海岸之间的原始荒野变得荡然无存，曾经一望无际的大平原、高耸秀丽的山脉、深邃的峡谷和茂密的原始森林被洗劫得满目疮痍，充满生机的野牛消失殆尽。不断的战争、疾病和饥饿，使印第安人面临从未有过的生存危机，甚至几近灭绝。曾经他们信仰的"人是大地的一部分，大地也是我们的一部分。散发着清香的花是我们的姐妹，熊、鹿还有雄鹰，都是我们的兄弟"（《这片土地是神圣的》），在此时此刻，却被颠覆得荡然无存。

应该说这是一段沉痛的历史！

好在当时许多觉醒的艺术家和知识分子意识到，"人类活动推进到哪里，对自然环境的负面影响就延伸到哪里，使得这些地区的地球表面变得几乎像月球一样荒凉……"

一些艺术家画出了大量以印第安人生活为题材的作品，描绘那里的山川、河流、草地、动物和大自然的美景，试图建立一个包括人和野兽的"大公园"。1832 年，美国艺术家乔治•卡特林（George Catlin）发表了《美国野牛和印第安人处于濒危状态》一文，认为保护野牛和印第安人的有效途径是建立国家公园。通过国家公园的形式，政府制定保护性政策以保护野牛和印第安人原始、美丽的自然状态。也许这就是国家公园概念最初的萌芽。

还有一个人不能不提及，那就是被称为国家公园之父的约翰•缪尔（John Muir）。他出生于苏格兰，随父亲移民美国，后在威斯康星大学学习，其间因内战爆发，为逃避战争，他不得不开始了荒野之旅。最终他在加利福尼亚州荒无人烟的约塞米蒂（Yosemite）住了下来，进行植物和地质考察，长期不问世事。他于 1871 年发表了第一篇文章——《约塞米蒂冰川》，1977 年在公开演讲"上帝最早的圣殿：我们将怎样保护我们的森林"中提出应该立法，由政府管理森林的建议。缪尔相继出版了《徒步一千英里到海湾》（*A Thousand-Mile Walk to the Gulf*）、《我在内华达山的第一个夏天》（*My First Summer in the Sierra*）、《加利福尼亚山脉》（*The Mountains of California*）、《约塞米蒂》（*The Yosemite*）、《我们的国家公园》（*Our National Parks*）、《阿拉斯加的旅行》（*Travels in Alaska*）等著作。在他的作品中，描述西部的森林、约塞米蒂的山谷、阿拉斯加的冰川、加利福尼亚的山脉，呼吁人们保护自然。他的作品被誉为"感动过一个国家的文字"。

---

① 1 英亩≈0.405 hm²。

缪尔还组建了环保组织——塞拉俱乐部（Sierra Club），推动环保事业的发展。

由于这些仁人志士的感召和呼吁，美国拉开了建立国家公园的序幕。1872 年美国第 18 任总统格兰特签署《黄石公园法案》，黄石国家公园正式建立。从此，启发和推动了全球自然保护事业的兴起与发展，引发了一场世界性的国家公园运动，促进了人类对大自然的认识和保护。美国先后建立了 60 余个国家公园，全世界 100 多个国家也建成了 2000 多个国家公园。

三

综观世界上各种类型、各种规模的国家公园，一般都具有两个较为显著的特征：一是生态系统的天然性和原始性（原真性），即国家公园通常都以天然形成的环境为基础，以自然生态系统为主体，很少或者不受人类活动的干扰；二是景观资源的珍稀性和独特性，即国家公园天然或原始的景观资源往往为一国所罕见，并在该国，甚至在世界上都有着不可替代的地位。

无疑，云南哀牢山-无量山是我国适合设立国家公园的地方。

当然，我们提出设立哀牢山-无量山国家公园的构想，既不是心血来潮，更不是追赶时髦，它凝聚了几代科学家长期观测和系统研究的成果。1981 年，在吴征镒院士和朱彦丞教授的领导下，哀牢山森林生态系统研究站建立。2003 年，蒋学龙研究员在无量山建立了长臂猿监测站，使无量山成为目前世界上该物种研究时间最长、最系统的地区。上述两个野外台站为哀牢山-无量山地区植物、动物和生态系统的研究与保护奠定了坚实的基础。

哀牢山-无量山纵贯云南中南部 500 余千米，是云贵高原、横断山脉和青藏高原三大自然地理区域的接合部，是滇中高原与横断山脉南段或滇西纵谷区的地理分界线。哀牢山-无量山海拔在 600～3000m，形成了独特的寒温带、亚热带和热带结合的立体气候，成为南北动物迁徙的"走廊"和生物物种的"基因库"，被誉为镶嵌在植物王国皇冠上的一块"绿宝石"。

哀牢山-无量山区域集植物、动物、地质、天文、文化等领域的特殊地位和综合优势于一体，性质之原始、面积之广大、保存之完好、人为干扰之少实属罕见，其自然生态系统的原真性和完整性无与伦比，具备建立国家公园独特的自然生态条件。

这里是世界上亚热带常绿阔叶林极具代表性的地区之一，物种丰富，植物区系复杂，生态系统完整。哀牢山-无量山地区跨越了古热带植物区和泛北极植物区，植物种类丰富，群落类型多样，垂直带谱完整，过渡性特征明显，热带、亚热带、温带区系成分在这里交错汇集，植物区系地理成分古老而复杂。哀牢山-无量山是目前我国亚热带中山湿性常绿阔叶林保存面积最大的地区，是亚热带常绿阔叶林的典型代表，是亚洲大陆热带向温带过渡、物种迁徙和基因交流的重要廊道，被划为全球 36 个生物多样性热点地区的组成部分，其物种多样性格局及其成因一直受到国内外学者的高度关注。本次考察表明，拟建哀牢山-无量山国家公园范围内共有维管植物 4001 种，隶属 250 科 1337 属。其中，蕨类植物 40 科 88 属 228 种；种子植物 210 科 1249 属 3773 种（包括裸子植物 6 科 13 属 19 种，被子植物 204 科 1236 属 3754 种）。

这里是全球西黑冠长臂猿之乡，动物多样性极为丰富。哀牢山-无量山区域是西黑冠长臂猿最主要的栖息地（现有 1300 只左右，全球 90%以上的西黑冠长臂猿种群栖息于此地），是印支灰叶猴（仅无量山就有 2000 只以上）及绿孔雀（中国绿孔雀现存种群 50%以上栖息于哀牢山-元江中上游河谷地区）的重要分布地。现有 3 个国际鸟盟确立的重要鸟区（哀牢山、无量山、恐龙河州级自然保护区），3 条重要的鸟类迁徙通道（无量山南涧凤凰山、哀牢山金山垭口、南华大中山）。本次调查确认，哀牢山-无量山记录哺乳动物 131 种，隶属 9 目 32 科 83 属；鸟类 574 种，隶属 19 目 61 科；爬行动物 71 种，隶属 2 目 14 科 47 属；两栖动物 50 种，隶属 2 目 9 科 30 属。

这里是重要的地质构造单元分界，造就了神奇秀美的自然景观。哀牢山造山带是扬子陆块与印度陆块的拼合带，大地构造位置属"三江"造山系，也是云贵高原和横断山脉的分界线。新生代构造运动导致哀牢山-无量山的最终定型,这也是对印度-欧亚板块碰撞的响应,与喜马拉雅-青藏高原-横断山的构造运动存在紧密联系。哀牢山地区经历了复杂的地质演化过程,岩石类型多样,集沉积岩、变质岩和火山-岩浆岩于一体,古生物化石十分丰富。

特殊的地质和构造条件,造就了哀牢山-无量山山高谷深、沟壑纵横、云缠雾绕、林木蔽日的自然景观,孕育出雄、奇、险、秀的独特风貌,备受历代文人颂扬,正如清代诗人戴家政在《望无量山》中写道:"高莫高于无量山,古柏南郡一雄关。分得点苍绵亘势,周百余里皆层峦。嵯峨权奇发光泽,耸立云霄不可攀。"那险峻神奇的无量诸峰、无量玉壁、无量剑湖、无量洞、世外桃源黄草岭、高山明珠杜鹃湖、鬼雕神塑文井土林、曲径通幽文龙仙人洞、静谧安怡的川河田园风光更是令人神往和眷恋。

这里是重要跨境河流的集水区和生态涵养区,是多国人民的水源地。在哀牢山-无量山区域,分布有众多的大小河流,是澜沧江(境外称湄公河)和元江(境外称红河)两大水系的主要集水区。无量山西至澜沧江,东至川河,哀牢山则是元江和阿墨江的分水岭。澜沧江和元江是云南六大水系中非常重要的两大水系,也是中国两条重要的国际河流,经中国出境后流经越南、老挝、泰国、柬埔寨、缅甸等国。澜沧江—湄公河是亚洲第三长河、东南亚第一长河,被称为"东方多瑙河"。元江发源于哀牢山东麓,上源称礼社江,与左岸支流绿汁江汇合后称元江,流经河口进入越南后称红河。

这里深藏着独具特色的民族文化。哀牢山-无量山的神奇,除了自然资源丰饶、山谷幽邃、科研价值高外,还有悠久的历史文化、谜一般的美丽传说、神奇的人文自然景观,让人深情地依恋。"深深浅浅马蹄印,古滇商旅兴衰史",这里曾是土司、商霸、兵匪必争之地。新中国成立前的哀牢山茶马古道,每天有近千匹骡、马通过,商客、马帮在这条古道上翻山越岭,涉河渡江,驮去布匹、丝绸、烟丝和各种小手工制品,运回洋烟、盐巴、茶叶和野生动物皮毛。繁荣的滇南商贾茶马古道、悠久的茶文化对我国古代的经济发展、文化交流起到了重要的促进作用。同时这里也是傣族、拉祜族苦聪人、彝族的故乡,多样的民族打造了多姿多彩的民族文化。它融合了彝族的粗犷、傣族的柔美、哈尼族的奔放和佤族的狂热,默默记录着人间的悲欢离合。如今,这里依然展现着前人的梦想、历史的印记、智慧的足迹和人们割舍不断的情怀。

这里是稀缺的宇宙射电观测窗口,天文和空间科学研究的重要基地。哀牢山徐家坝地区(北纬24.5°,东经101°)具有良好的无线电环境,可以观测90%的天区和全部可以用于脉冲星导航的毫秒脉冲星,是建设脉冲星射电望远镜的理想之地。

中国已成为无线电频谱资源开发利用的大国。但无线电频谱是有限的自然资源。射电波段是天体物理研究最重要的窗口之一,目前国际上已设立超过25个无线电宁静区。500m口径球面射电望远镜(FAST)所在区域是中国仅有的立法保护的无线电宁静区,其核心区保护面积约80km^2。因此,哀牢山区域的这一无线电"净土"就显得格外珍贵。这里保留着我国低纬度地区一个无比稀缺的观测宇宙的射电窗口,在无线电频谱资源日益紧张、无线电环境日益恶劣的现实情况下,此无线电宁静区对天文观测研究有着巨大的潜在应用价值。

四

开展综合科学考察和研究,是科学合理划定国家公园范围,开展功能区划,确立保护目标、建设目标、管理目标,编制建设方案最重要的基础性工作。此次科学研究是由中国科学院昆明分院牵头,组织中国科学院昆明植物研究所、中国科学院昆明动物研究所、中国科学院西双版纳热带植物园、中国科学院云南天文台、西南林业大学、云南大学、云南省农业科学院、华东师范大学、复旦大学等科研院所50余名多学科科技工作者,历时两年,对哀牢山-无量山地区植物、动物、生态、地质、社会经济、人文历史及国家公园建设等领域开展的综合系统的科学研究。其中许多科学家几乎全部的研究工作都深植于这片土地。

本书的研究内容主要包括以下 8 个方面。

1. 植物和植被：厘定哀牢山-无量山地区维管植物名录，确定植被类型。揭示植被群系水平的景观特点和可能价值。提出需保护的物种、植被、主要威胁因素及保护措施。

2. 陆生脊椎动物多样性：厘定哀牢山-无量山地区脊椎动物名录。研究哀牢山-无量山地区脊椎动物物种分布规律（海拔分布、生态分布、山系分布等）以及各类群物种的区系从属、区系特征、区系来源。分析物种的特有性、珍稀性、濒危性及其受威胁程度与主要威胁因子，提出有针对性的保护建议。

3. 生态系统：研究哀牢山-无量山地区的生态系统立体分布特征以及不同海拔生态系统分布类型、土地利用状况等，分析生态服务功能并提出生态系统保护的相关建议。

4. 哀牢山-无量山形成演化与区域地质地貌：研究地貌基本类型、成因与分布规律。明晰哀牢山-无量山地层（含古生物）的基本类型、时空展布规律、时代、构造变形与演化特征。查明矿产资源的主要类型、分布特征、开采状况以及开采过程中对生态环境、土壤和地下水资源等造成的影响。剖析哀牢山-无量山地区大地构造演化过程，阐明哀牢山-无量山的"古往今来"。

5. 生态系统景观模型评价：以高分辨率影像为基础，结合野外调查，建立相关数学模型，探讨环境要素之间的相互作用。研究生态景观评价理论与方法，确立生态综合评价指标体系（如生态系统内部各要素与环境系统各要素的参数指标），对生态系统与生物多样性进行空间脆弱性评估分析，提出相应的规划与保护措施。

6. 民族文化与自然遗产：以历史文献为基础，结合实地调查，研究哀牢山-无量山人口史、移民史，少数民族、跨境民族、直过民族历史；描绘民族风情、民族文化、城镇与乡村聚落，挖掘自然与文化遗产。

7. 生态保护与经济社会发展：通过研究哀牢山-无量山地区社会经济结构、生物资源与当地社会经济发展的关系，分析农业与农事操作对社会经济发展的贡献力、人文与民族习性对当地社会经济发展的作用，探讨国家公园建设期和建设后社会经济体的构建方法，提出国家公园建设活动与社会经济发展活动的互惠双赢的初步措施和建议。

8. 提出哀牢山-无量山国家公园设立方案（建议）。

本书的科研成果既是本次综合科学考察和科学研究的结晶，同时也是近几十年几代科学家心血的凝聚和科研成果的积淀。

本项研究由云南省科技厅资助完成。中国科学院昆明分院戴开结、赵娜、徐娴、胡古等同志为推动哀牢山-无量山国家公园科学考察立项和本书的编撰做了大量组织、协调和服务工作，在此一并致谢。

周　杰

2021 年 2 月于昆明

目　　录

第一章 自 然 概 况

第一节 地 理 位 置

尽管从地理的角度讲，哀牢山、无量山具有各自的边界和区域范围，但从地质的视角来看，它们同属于横断山脉这一独特的地质-构造单元。因此，哀牢山-无量山的形成演化，从宏观架构上，主要受控于横断山系的造山过程。在地貌区划中，它们属于横断山脉南端中山峡谷亚区。其东部边缘是红河大断裂（红河地缝合线），西部边缘是澜沧江大断裂（澜沧江地缝合线），北部为云岭山系，南部可一直延伸至南海。哀牢山-无量山也是云岭山系最南边的山脉，主峰海拔 3100～3300m。基于这一背景，我们有理由将哀牢山-无量山作为一个完整的地质-地理单元看待，这样既有利于从整体上认识它们，也便于保证拟建哀牢山-无量山国家公园在建设上的系统性和完整性。哀牢山-无量山位于北纬 24°44′～23°45′，东经 100°22′～101°35′，地跨云南省楚雄彝族自治州楚雄市、南华县、双柏县，普洱市景东彝族自治县、镇沅彝族哈尼族拉祜族自治县，玉溪市新平彝族傣族自治县，大理白族自治州南涧彝族自治县等 4 个州市 7 个县（市）。

第二节 地 质 地 貌

只有真正了解哀牢山-无量山漫长的地质演化过程，才能完全理解其地形地貌、生物、气候、水文、土壤等自然要素和特点。

一、地质

哀牢山-无量山的形成与横断山系区域地质演变过程密切相关，其地质地貌和构造反映了横断山系乃至青藏高原隆升过程的阶段性特征和区域性规律。从目前的研究结果来看，尽管很多学者对横断山系形成之前古特提斯表现的特点有不同观点，但基本的共识是，横断山地区在晚古生代至三叠纪时期为海洋环境，金沙江-哀牢山带也属于古特提斯洋的组成部分（刘本培等，1993；程裕淇，1994；钟大赉等，1998）。也就是说，在晚古生代至三叠纪时期，这里是一片汪洋大海。大约 200Ma 前印度板块开始缓缓向北漂移，60Ma 前后印度板块与欧亚大陆板块相撞，喜马拉雅山脉开始快速隆升，地处青藏高原东侧的横断山脉地区，发生强烈而广泛的陆内造山作用过程，形成一系列近南北向剪切断裂组成的剪切带。哀牢山-无量山东西两侧的红河大断裂和澜沧江大断裂便在这个过程中相继产生。印度板块北东端自阿萨姆向东楔入（李峰等，2012），在哀牢山地区形成"蜂腰"弧形构造，呈现出北西端窄南东端宽，向南东端呈扫帚状散开的样式。受两条断裂带的严格界定，其北东侧为红河断裂带，南西侧为阿墨江断裂带。红河断裂带的北东为楚雄盆地，九甲-阿墨江断裂带的北西为兰坪-思茅（普洱）盆地。

两大断裂带的构造活动直接影响着哀牢山-无量山的形成和地貌演化。简而言之，特提斯演化造就了青藏高原和横断山脉的根基，印度板块和欧亚板块的强烈碰撞造山作用，导致青藏高原和横断山脉的形成。澜沧江和红河两大断裂带不断的构造活动塑造了哀牢山-无量山的地质地貌格局。根据王二七等（2006）的研究结果，哀牢山经历了 4 个阶段的演化过程：第一个阶段发生在中新世早中期（22～17Ma 前），在哀牢山剪切带左行走滑运动的带动下，哀牢山相对于周边地体发生了大规模隆升；第二个阶段发生在 20～10Ma 前，以剥蚀为特征，山体的大部分与周边地体一起被夷平；第三个阶段发生在中新世中晚期，伴随整个青藏高原东南缘发生整体隆升，南亚季风开始形成，元江（红河）及其支流不断下切，差异性的侵蚀导致山体雏形的形成；第四个阶段发生在晚新生代（5Ma前），以差异性隆升为特征，成因为构造运动和岩石风化，从此，哀牢山地质地貌现代格架基本形成。

二、地貌

哀牢山-无量山在云南地貌区划中属横断山南段中山峡谷亚区。总体上以高大山体为主体，两侧被深切峡谷地貌所夹持，地形地势险峻。北段和中段由高中山、峡谷和盆地组合而成，相对狭窄而紧束，南部开阔而平缓，整个山体呈扫帚状向东南辐射，总趋势为西北高、东南低。由于河流的溯源侵蚀，河流源头不断向山顶部推进，使山脊两侧形成许多大小不一的谷地。局部坡岸悬崖峭壁，河床落差大，谷地呈"V"形。其地貌类型主要分为以下两种。

1. 高山和高中山山地地貌

哀牢山中北段山峰海拔都在2000m以上，最高峰大雪锅山海拔超过3170m。
山顶保存比较完整的夷平面。

无量山北段，山体高大陡峭。由于河流的分割，到了景东以南，山地变为东、西两支。西支为2500m以下的中山山地。东支为主脉，山峰海拔均在2500m以上，主峰笔架山海拔3371m，属于深切割高中山型山地。

2. 峡谷与盆地地貌

在哀牢山东南侧的元江河谷内，属峡谷和盆地相间的串珠状地貌。峡谷段山坡陡峭，坡度大都超过45°，河床狭窄、水流湍急。盆地段河床宽广，山坡平缓，并有大型的洪积扇、河漫滩分布。其中，盆地包括元江盆地、嘎洒盆地、者龙盆地、礁嘉盆地等。

澜沧江河谷及发育于无量山内众多河流的上游主要以深切割峡谷为主，河床狭窄，谷坡陡峭，一般在35°~40°，或更陡峻。在高原面下部的边缘地带，由于河流沿断裂带侵蚀，不断拓宽形成宽谷和盆地，其中最大的为川河坝，其为长形断陷盆地经河流改造而成，还有锦屏坝、文井坝、南涧坝、宝华坝等。

三、地层

地层从老到新依次为：古生代变质岩系列、石炭纪-晚二叠纪的火山-沉积岩系列、晚三叠纪的沉积系列（Fan et al.，2010）以及新生代陆源碎屑岩建造。岩石类型主要包括古生代高绿片岩相的黑云斜长片麻岩、黑云片岩、石英片岩、斜长角闪岩和斜长变粒岩等（刘俊来等，2011），受构造剪切应力的作用，岩石已发生强烈的糜棱岩化，线理、面理特征发育；古生代低绿片岩相的片岩、千枚岩、板岩和变质石英砂岩等（张进江等，2006），受多期造山作用的挤压影响，导致岩石经受了强烈的脆韧性剪切变形和变质作用的改造，原生层理发生多期构造置换，呈成层无序状态；志留纪白云质（泥质）灰岩、白云岩、灰岩，夹少量黑色页岩（板岩）、石英（粉）砂岩、硅质角砾岩、粉砂质板岩；泥盆纪-石炭纪蛇绿岩套（简平等，1998）为古特提斯洋壳残迹（如双沟蛇绿岩），岩性主要为橄榄岩、辉长岩、洋中脊玄武岩（MORB）和放射虫燧石岩条带；泥盆纪浅海-深海相碎屑岩和碳酸盐岩沉积，岩性主要为岩屑砂岩、粉砂岩、泥晶灰岩、硅质岩；石炭纪以碳酸盐岩为主，含少量含煤系地层和玄武岩；二叠纪主要为碳酸盐岩、石英砂岩、粉砂质泥岩、安山岩、玄武岩、流纹英安岩、火山角砾岩、凝灰岩；新生代以碎屑岩为主，主要为泥岩、砂岩、页岩和砾岩等，局部夹少量灰岩条带。

此外，哀牢山-无量山地区出露大量的同碰撞和后碰撞岩浆岩，如绿春流纹岩（刘翠等，2011）和通天阁淡色花岗岩（Liu et al.，2015），应为古特提斯俯冲消亡的产物。

第三节　气　候

从气候区划上，哀牢山-无量山属于低纬山地亚热带季风气候，处于中亚热带和北亚热带的过渡带，同时受西南季风和东亚季风影响。由于地貌起伏较大，局地气候类型较为复杂。

1. 气候垂直变化显著

哀牢山-无量山地貌形态变化很大，高山、峡谷、盆地交错分布，导致垂直地带性气候差异较大。河谷地区，气候为南亚热带高原季风气候，山体中下部为中亚热带、北亚热带型气候。山体上部至顶部则为北亚热带至温带型气候（云南无量山哀牢山国家级自然保护区景东管理局，2005）。

2. 气候随坡向变化较大

哀牢山东西坡分别受来自孟加拉湾的西南季风和来自北部湾的东亚季风的双重影响，其中在冬、春季主要受来自印度、巴基斯坦干热的西风控制，在夏、秋季又受来源于印度洋暖湿的西南季风的影响。在以西南季风为主的前提下，东、西坡气候存在一定差异，东坡受东亚季风的影响，夏季高温，相对湿度较大，冬季则受北方冷空气的影响较多，温度较西坡低。无量山就东西两坡来说，东坡接近于南亚热带气候，而西坡接近于中亚热带气候，在降水分布上，无量山西坡为西南季风的迎风坡，对气流有机械抬升作用，降水量高于东坡（图 1-1）。在温度分布上，东坡由于东西两侧有哀牢山和无量山作屏障，冬季受东北路径的北方寒潮及西北路径的青藏高原寒流影响甚微，温度稍高于西坡。而西坡地形较开阔，易受青藏高原寒流影响，冬季温度略低于东坡。这一气温变化致使在水平基带上植被分布出现显著差异。西坡澜沧江的深度下切，焚风效应显著，河谷地带出现非地带性的干热河谷气候，而东坡不甚明显（云南省无量山自然保护区管理所，1994）。

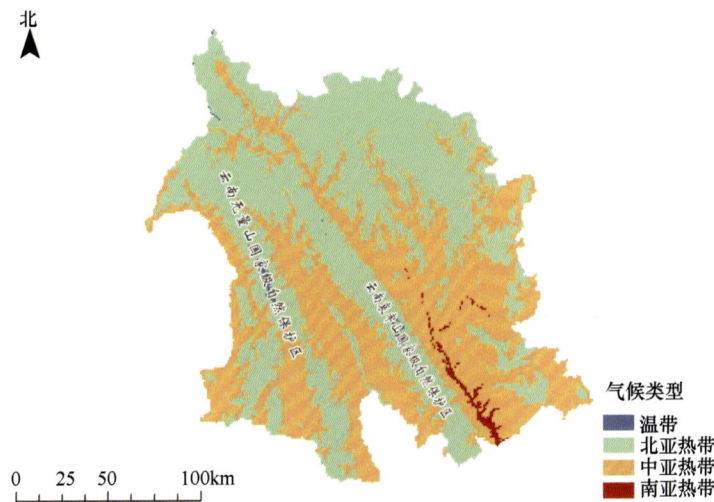

图 1-1　哀牢山-无量山气候类型简略图

3. 降水充沛，干湿季分明

5～10 月为雨季，11 月至次年 4 月为干季，其中 80% 以上的降水集中在雨季（张鹏等，2020），年降水量平均 1086.7mm，最高是 1987 年，降水量达 1322.1mm；降水量最少的是 1977 年，仅 79.3mm。平均年降水日数为 153.5d，其中，一年中暴雨日数约占 32%。1963 年 8 月 9 日降水量 131.6mm，是有记载以来最大的日降水量；1970 年 7 月 3 日至 7 月 31 日，连续降雨 29d，是最长的连续降雨记录。历年平均雨季开始日为 5 月 26 日，雨季开始最晚的记录是 1968 年，6 月 23 日才开始。雨季历年平均结束日为 11 月 1 日，最迟记录为 1964 年，11 月 7 日才结束。其他降水形式还有雪、冰雹、霜、露、雾，年平均冰雹 0.5d、露 299d、雾 63.1d、霜 10.4d。降雪最多的一天是 1983 年 12 月 28 日，降雪量多达 66mm。降水分布不均，降水量随着海拔的升高而增大，海拔每升高 100m，降水量增加 50～80mm。从水平降水分布看，无量山西部多于无量山东部，南部地区多于北部地区。年平均蒸发量 1743.5mm，为降水量的 1.6 倍，尤以 3～6 月蒸发量较大，合计约 795.7mm，占全年蒸发量的 45.6%（云南省无量山自然保护区管理所，1994）。

4. 气温适中，年温差小，日温差大

哀牢山-无量山兼有大陆性气候和海洋性气候。哀牢山-无量山水平地带的气候以景东（海拔 1162m）为代表，据该县气象站多年统计资料，年平均气温 18.3℃，月平均气温 10.9℃。最冷月为 1 月，月平均气温 10.9℃。6～7 月为最热月，两月平均气温 23.2℃。有气象记录以来，年极端最低气温出现在 1984 年 12 月 28 日，最低气温为-1.4℃；极端最高气温出现在 1958 年 6 月 2 日，最高气温为 37.7℃。历年气温年较差为 12.3℃，月较差最大的出现在 3 月，为 18.9℃，≥10℃积温 6422℃。气温随海拔升高而降低，海拔每升高 100m，年平均气温约下降 0.6℃，这充分说明了垂直变化的气候特点（董晓东，2008）。

第四节 水 系

哀牢山-无量山地区河流总体上归属云南两大跨境水系，即元江（红河）水系和澜沧江（湄公河）水系。元江有两源，西源发源于巍山与大理交界处茅草哨分水岭，东源发源于祥云西南部的山地。元江发源后南流，在南涧与弥渡交界处汇合转向东流，再向东南流经南华、楚雄、双柏、新平、元江、红河等地区，到河口出境，流入越南境内，最后注入北部湾（董晓东，2008）。澜沧江（湄公河）水系，经西藏流入云南，经云南的迪庆、怒江、大理、保山、临沧、普洱、西双版纳，由西双版纳傣族自治州勐腊县出境后称为湄公河，出境后流经缅甸、老挝、泰国、柬埔寨和越南，在越南胡志明市附近注入南海。

哀牢山是元江和阿墨江的分水岭。无量山是澜沧江和把边江（川河）的分水岭。阿墨江和把边江（川河）最终都汇入李仙江。阿墨江（源头者干河）源于景东，长 240km，集水面积 7029km²。把边江发源于云南大理南涧新街，从景东安定入普洱境后沿哀牢山、无量山谷奔向东南，流经景东境称川河，入镇沅境称恩乐江、民江，入宁洱境称把边江，入墨江境与阿墨江汇合后入李仙江。把边江（含川河）长 382km，集水面积 8948km²。李仙江河道长 473km，天然落差 1790m，流域面积 19 309km²，年径流量 872 亿 m³，实测最大流量 21 000m³/s。李仙江流域内降水量在地域上和季节上分配不均，在哀牢山-无量山多雨区，年平均降水量 1700～2000mm，在把边江和阿墨江河谷少雨区，年平均降水量 1100～1600mm，流域多年平均降水量 1100～3000mm，且由北向南降水量逐渐增加。李仙江流域的东侧支流阿墨江的径流深要大于西侧把边江的径流深（云南无量山哀牢山国家级自然保护区景东管理局，2005）。

哀牢山东侧为元江上游干流礼社江（分段又称嘎洒江、石羊江），西侧为阿墨江上游者干河和把边江干流川河。礼社江、者干河、川河的大小支流约 50 条，与干流多呈大角度相交，组成羽状或格状水系，具有山地型河流特征，河流切割较深、比降大、跌水险滩多、水力资源丰富。发源于哀牢山中部以西的河流与东部河流存在着明显差异，东侧支流多发源于滇东高原，河流长、流域面积大；西侧支流多源于哀牢山中部山地，均较短小，但河流落差大，水流湍急，多急流、跌水、瀑布（云南无量山哀牢山国家级自然保护区景东管理局，2005）。

无量山东西两侧有山区河流 20 余条，分属元江和澜沧江水系，呈羽状分布。澜沧江从无量山国家级自然保护区西部边缘流过，成为与云县的天然界河，水流湍急、流量大，两岸多悬崖峭壁，为一峡谷地带。东侧以川河为主，川河在保护区的支流有蛮路河、菊河、南线河、利月河等 9 条。分布于无量山东西两侧的山区河流，源近流短落差大，最长的是古里河，达 51km（董晓东，2008）。

第五节 土　　壤

根据全国第二次土壤普查结果，哀牢山-无量山地区土壤类型主要有红壤、黄棕壤、酸性紫色土、黄色赤红壤、棕壤、漂洗黄壤、黄红壤、水稻土等，以红壤、黄棕壤和酸性紫色土为主。由于森林郁闭度大，枯枝落叶层厚，土壤侵蚀和水土流失都不太明显。随着海拔的增高、水热条件的变化，土壤类型呈现明显的亚热带山地土壤垂直分布带特点，从低到高主要分布有水稻土、红壤、黄棕壤、棕壤等（图1-2）。

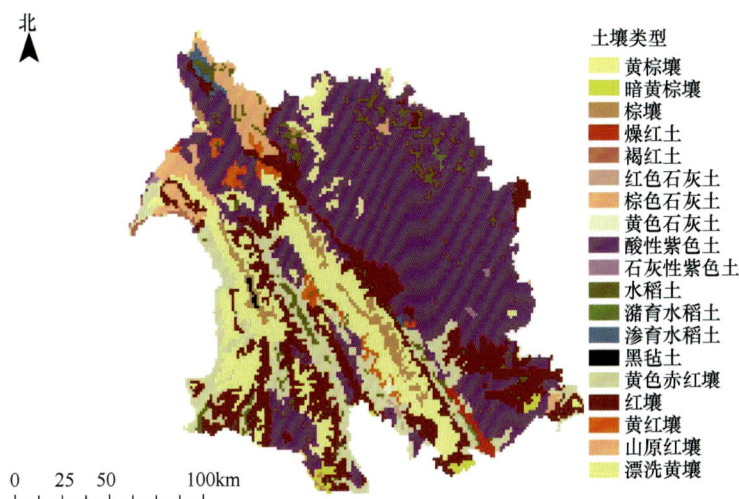

图 1-2　哀牢山-无量山土壤分布简略图

无量山的成土母质多以变质岩、红色和紫色砂岩、泥岩为主。其地带性土壤主要包括赤红壤、红壤、黄棕壤、棕壤等类型。澜沧江河谷、川河河谷下游下段，海拔在 1300～1400m 的谷坡和山麓地带发育赤红壤。无量山中部，海拔在 1400m 以上，最高可达 2000～2100m，发育红壤。山体上部，海拔 2000～2500m 以黄棕壤为主。海拔 2500～3000m 的森林地带发育棕壤，3000m 以上为亚高山草甸土（云南省无量山自然保护区管理所，1994）。

哀牢山的成土母质以片岩、片麻岩、闪长石等各种变质岩为主。海拔 800～1400m 地带为赤红壤带，海拔 1400～2200m 地带为红壤带，海拔 2200～2700m 发育黄棕壤，海拔 2700～3000m 发育棕壤，3000m 以上为亚高山草甸土。此外，部分地带还存在紫色土和燥红土等非地带性土壤类型（朱华和闫丽春，2009）。

第六节 植　　被

哀牢山-无量山处于东亚植物区系和古热带植物区系的过渡带上，蕴藏着丰富的植物资源。通过本次全面调查（参见本书第二章），哀牢山-无量山地区共有维管植物4001 种，分别属于250 科1337 属。其中，蕨类植物40 科88 属228 种；种子植物210 科1249 属3773 种（其中裸子植物6 科13 属19 种，被子植物204 科1236 属3754 种）。

植物区系具有显著的亚热带性质，表现出从热带植物区系向温带植物区系的过渡。植被型主要为：

温性针叶林、暖性针叶林、落叶阔叶林（非地带性）、常绿阔叶林、灌丛或灌草丛、稀树灌木草丛 6 种，不同植被型下又可划分为不同的植被亚型和群系，共 14 个植被亚型，37 个群系。

哀牢山-无量山地区的主要土地覆被类型是常绿林，占总区域面积的 54.91%，落叶林占比 4.77%，近年来，在局部区域森林由于人为干扰已转变为稀树灌木草丛（28.15%）和农业用地（11.52%）。森林分布呈现纬度地带性特征，落叶林分布自北向南逐渐减少，常绿林分布自北向南逐渐占据绝对优势。土地覆被的垂直变化也很明显，山谷比较适合人类活动，多城镇用地与农田。高海拔区域或者干热河谷区域则多草丛与灌木，在高海拔区域及保护区等人类活动较少的区域森林覆盖率较高（图 1-3）。

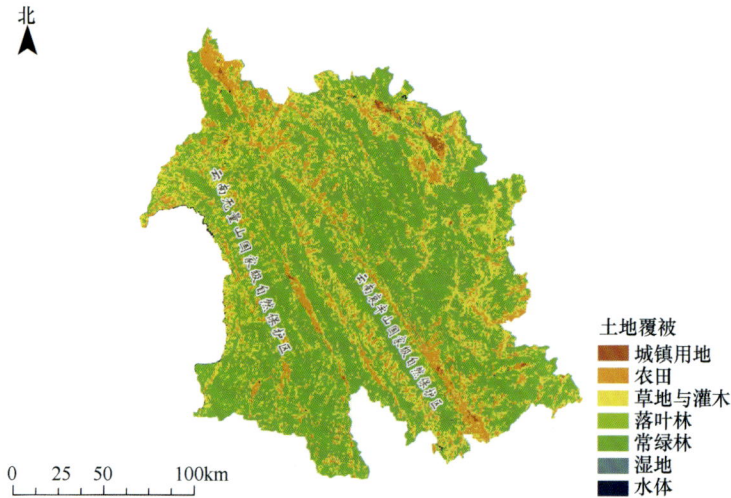

图 1-3　哀牢山-无量山覆被类型简略图

由于哀牢山、无量山各自受纬度及相关气候因子的影响，其植被垂直分布略有不同。

哀牢山的基带植被是季风常绿阔叶林，尽管在局部地区由于人为干扰此类森林已转变为思茅松林、稀树灌木草丛甚至农业用地。受山地地形和气候差值变化影响，植被类型的垂直变化也很明显，东坡、西坡的植被类型较为完整。

东坡：从山麓到山顶依次为干热河谷植被（910～1300m）、半湿润常绿阔叶林及云南松林（1300～2400m）、中山湿性常绿阔叶林（2400～2600m）、山顶苔藓矮林（2600～2700m）。

西坡：从山麓到山顶依次为季风常绿阔叶林及思茅松林（1140～2000m）、中山湿性常绿阔叶林（2000～2600m）、山顶苔藓矮林（2600～2700m）（云南无量山哀牢山国家级自然保护区景东管理局，2005）。

无量山植被垂直分布特征如下：①东坡海拔 1300m 以下为农业区，产香蕉、龙眼、杧果等热带水果；②海拔 1300～1800（1900）m 为思茅松、季风常绿阔叶林；③海拔（1750）1900～2200（2500）m 为云南松林、半湿润常绿阔叶林；④海拔 2200～2700m 为中山湿性常绿阔叶林；⑤海拔 2600～2900m 为云南铁杉针阔叶混交林；⑥海拔 2700～3000m 为山顶苔藓矮林；⑦海拔 3000m 以上为杜鹃灌丛。

西坡海拔 1200m 以下澜沧江河谷为干热河谷稀树灌木草丛。其他各带与东坡大致相同。

哀牢山-无量山地区国家保护植物共有 82 种，其中国家一级保护植物 3 种，包括西藏红豆杉、元江苏铁、篦齿苏铁。国家二级保护植物 79 种，包括苏铁蕨、阴生桫椤、桫椤、金毛狗、水蕨、翠柏、云南榧、千果榄仁、西康天女花、红椿、金荞麦、香果树、景东翅子树、水青树、大叶榉树等。云南省地方重点保护植物共有 36 种，其中云南省二级保护植物 5 种，云南省三级保护植物 31 种。

参 考 文 献

程裕淇. 1994. 中国区域地质概论[M]. 北京: 地质出版社.

简平, 汪啸风, 何龙清, 等. 1998. 中国西南哀牢山蛇绿岩同位素地质年代学及大地构造意义[J]. 华南地质与矿产, (1): 1-11

董晓东. 2008. 云南云岭山脉地区蕨类植物区系地理研究[D]. 昆明: 云南大学博士学位论文.

李峰, 汝珊珊, 吴静. 2012. 兰坪-思茅盆地区域构造及铜多金属成矿演化[J]. 云南大学学报(自然科学版), 34(S2): 134-142.

刘本培, 冯庆来, 方念乔, 等. 1993. 滇西南昌宁-孟连带和澜沧江带古特提斯多岛洋构造演化[J]. 地球科学, 18(5): 529-539.

刘翠, 邓晋福, 刘君来, 等. 2011. 哀牢山构造岩浆带晚二叠世-早三叠世火山岩特征及其构造环境[J]. 岩石学报, 27(12): 3590-3602.

刘俊来, 唐渊, 宋志杰, 等. 2011. 滇西哀牢山构造带: 结构与演化[J]. 吉林大学学报(地球科学版), 41(5): 1285-1303.

王二七, 樊春, 王刚, 等. 2006. 滇西哀牢山-点苍山形成的构造和地貌过程[J]. 第四纪研究, 26(2): 220-227.

杨立强, 刘江涛, 张闯, 等. 2010. 哀牢山造山型金成矿系统:复合造山构造演化与成矿作用初探[J]. 岩石学报, 26(6): 1723-1739.

云南无量山哀牢山国家级自然保护区景东管理局. 2005. 景东管理局志(内部资料). 普洱: 云南哀牢山无量山自然保护区景东管理局.

云南省地矿局. 1990. 云南省区域地质志[M]. 北京: 地质出版社.

云南省无量山自然保护区管理所. 1994. 云南省无量山自然保护区科学考察报告(内部资料). 普洱: 云南省无量山自然保护区管理所.

张进江, 钟大赉, 桑海清, 等. 2006. 哀牢山-红河构造带古新世以来多期活动的构造和年代学证据[J]. 地质学报, 41(2): 291-310.

张鹏, 张一平, 宋清海, 等. 2020. 哀牢山和玉龙雪山不同海拔林内外温湿特征比较[J]. 生态学杂志, 39(2): 434-443.

钟大赉, 等. 1998. 滇川西部古特提斯造山带[M]. 北京: 科学出版社.

朱华, 闫丽春. 2009. 云南哀牢山种子植物[M]. 昆明: 云南科技出版社.

Fan W M, Wang Y J, Zhang A M, et al. 2010. Permian arc-back-arc basin development along the Ailaoshan tectonic zone: geochemical, isotopic and geochronological evidence from the Mojiang volcanic rocks, Southwest China[J]. Lithos, 119(3-4): 553-568.

Liu F, Wang F, Liu P, et al. 2015. Multiple partial melting events in the Ailao Shan-Red River and Gaoligong Shan complex belts, SE Tibetan Plateau: Zircon U-Pb dating of granitic leucosomes within migmatites[J]. Journal of Asian Earth Sciences, 110(Oct.1): 151-169.

第二章　植物和植被

第一节　植物种类及区系

一、植物多样性

哀牢山-无量山地处滇中地区，处于云贵高原和横断山脉的地理结合部，是云岭山脉南延至大理巍山后向南分开的两大支平行山脉，山脉走向均大致为略偏东的南北走向，同时也是云南省自北向南过渡的中间地段。哀牢山-无量山也是保护亚热带中山湿性常绿阔叶林生态系统、保护珍贵野生动物以及涵养水源的重要地区。哀牢山-无量山位于中亚热带气候与南亚热带气候的过渡地区，同时山地垂直气候明显，加之地貌结构复杂，为各种各样的植物提供了较好的生存繁衍条件。在植被地理上，这里是水平地带性的季风常绿阔叶林和半湿润常绿阔叶林水平分异和垂直分异的交汇点（生态廊道附近）。从植物区系来看，哀牢山-无量山位于东亚植物区和古热带植物区的过渡带，植物种类丰富，成分复杂；此外，两条山脉呈现的大致南北走向，为生物的南北交替提供了条件，在保存古老成分的同时，新的物种演化也在不断进行。历史上，这里也是植物采集的重要场所，经过几代人的努力，其植物种类的编目在云南属于中上水平。

参照云南省常用的植物分类系统，本研究所依据的分类系统是：蕨类植物按秦仁昌（1978）系统、裸子植物按郑万钧（1978）系统、被子植物按哈钦松（1973）系统。通过全面调查和以往资料收集整理（彭华，1998；朱华和阎丽春，2009），哀牢山-无量山地区共有维管植物 4001 种，分别属于 250 科 1337 属。其中，蕨类植物 40 科 88 属 228 种；种子植物 210 科 1249 属 3773 种，其中裸子植物 6 科 13 属 19 种，被子植物 204 科 1236 属 3754 种。

（一）数量结构

1. 蕨类植物的数量结构分析

哀牢山-无量山地区目前共记载蕨类植物 40 科 88 属 228 种，其中物种数较多的是鳞毛蕨科、水龙骨科和蹄盖蕨科（表 2-1），这 3 科共有 89 种，物种数占该地区蕨类植物总数的 39.04%，是该地区蕨类植物的主要组成部分。

表 2-1　蕨类植物科的大小排序（含 5 种以上的科）

科名	属数量	物种数
鳞毛蕨科（Dryopteridaceae）	4	35
水龙骨科（Polypodiaceae）	12	33
蹄盖蕨科（Athyriaceae）	8	21
凤尾蕨科（Pteridaceae）	2	18
中国蕨科（Sinopteridaceae）	5	14
金星蕨科（Thelypteridaceae）	6	13
铁角蕨科（Aspleniaceae）	3	12
卷柏科（Selaginellaceae）	1	12
铁线蕨科（Adiantaceae）	1	6

由统计数据来看（表 2-2），哀牢山-无量山地区仅含 1 种蕨类植物的科有 13 科，占该地区蕨类植物科数的 32.50%，但仅占该地区蕨类植物物种数的 5.70%；含 2～5 种的科有 18 科，占该地区蕨类植物科数的 45.00%，含有物种 51 种，占该地区物种数的 22.37%；含 6～10 种的科有 1 科，占该地区蕨类植物科数的 2.50%，含有物种 6 种，占该地区物种数的 2.63%；含 11～20 种的科有 5 科，占该地区蕨类植物科数的 12.50%，含有物种 69 种，占该地区物种数的 30.26%；含 21～50 种的科有 3 科，占该地区蕨类植物科数的 7.50%，含有物种 89 种，占该地区物种数的 39.04%。

仅含 1 属的科有 24 科，占该地区蕨类植物科数的 60.00%，共含有物种 51 种，占该地区物种数的 22.37%；含 2～5 属的科有 13 科，占该地区蕨类植物科数的 32.50%，共含有物种 110 种，占该地区物种数的 48.25%；含 6～10 属的科有 2 科，占该地区蕨类植物科数的 5.00%，共含有物种 34 种，占该地区物种数的 14.91%；含 11～15 属的科仅水龙骨 1 科，占该地区蕨类植物科数的 2.50%，共含有物种 33 种，占该地区物种数的 14.47%。

表 2-2　蕨类植物科的数量结构分析

类型	数量	占全部科比例（%）	含有的属数量	占全部属比例（%）	含有的物种数	占全部种比例（%）
含 1 种的科	13	32.50	13	14.77	13	5.70
含 2～5 种的科	18	45.00	33	37.50	51	22.37
含 6～10 种的科	1	2.50	1	1.14	6	2.63
含 11～20 种的科	5	12.50	17	19.32	69	30.26
含 21～50 种的科	3	7.50	24	27.27	89	39.04
含 1 属的科	24	60.00	24	27.27	51	22.37
含 2～5 属的科	13	32.50	38	43.18	110	48.25
含 6～10 属的科	2	5.00	14	15.91	34	14.91
含 11～15 属的科	1	2.50	12	13.64	33	14.47

2. 种子植物的数量结构分析

1）科的数量结构分析

哀牢山-无量山地区目前共记载种子植物 210 科 1249 属 3773 种（其中裸子植物 6 科 13 属 19 种，被子植物 204 科 1236 属 3754 种）。其中种数较多的科依次为菊科（Compositae）、禾本科（Gramineae）、蝶形花科（Papilionaceae）、兰科（Orchidaceae）、蔷薇科（Rosaceae）、茜草科（Rubiaceae）和唇形科（Labiatae），物种数均在 100 种以上。其次是大戟科（Euphorbiaceae）、樟科（Lauraceae）、荨麻科（Urticaceae）、玄参科（Scrophulariaceae）、毛茛科（Ranunculaceae）、百合科（Liliaceae）、壳斗科（Fagaceae）、桑科（Moraceae）和杜鹃花科（Ericaceae），物种数均在 50 种以上（表 2-3）。这些类群中大部分科的分布区类型为世界广布型和泛热带分布型，而北温带分布型的杜鹃花科和壳斗科的植物是该地区森林群落的重要建群种。

表 2-3　种子植物科的大小排序（含 50 种以上的科）

科	属数量	物种数量	分布区类型
菊科（Compositae）	85	214	1
禾本科（Gramineae）	90	205	1
蝶形花科（Papilionaceae）	60	186	1
兰科（Orchidaceae）	64	159	1
蔷薇科（Rosaceae）	30	139	1
茜草科（Rubiaceae）	40	121	1
唇形科（Labiatae）	43	108	1
大戟科（Euphorbiaceae）	32	95	2
樟科（Lauraceae）	14	77	2

续表

科	属数量	物种数量	分布区类型
荨麻科（Urticaceae）	17	72	2
玄参科（Scrophulariaceae）	12	65	1
毛茛科（Ranunculaceae）	22	64	1
百合科（Liliaceae）	20	60	8
壳斗科（Fagaceae）	5	60	8-4
桑科（Moraceae）	6	55	1
杜鹃花科（Ericaceae）	6	53	8

注：1 为世界广布型，2 为泛热带分布型，8 为北温带分布型，8-4 为北温带和南温带间断分布型

从含物种数目的多少来看（表 2-4），仅含 1 种和 2～5 种的科共有 106 科，占该地区种子植物总科数的 50.48%，共有 150 属 260 种，仅分别占该地区种子植物总属数的 12.01%和总种数的 6.89%；含 50 种以上的科有 16 科，占该地区种子植物总科数的 7.62%，共有 546 属 1733 种，分别占该地区种子植物总属数和总种数的 43.71%与 45.93%。这些物种数量较多的科是该地区种子植物区系的主体，分布区类型均为世界广布型。

表 2-4　种子植物科的数量结构分析

类型	数量	占全部科比例（%）	含有的属数量	占全部属比例（%）	含有的物种数	占全部种比例（%）
仅含 1 种的科	33	15.71	33	2.64	33	0.87
含 2～5 种的科	73	34.76	117	9.37	227	6.02
含 6～10 种的科	21	10.00	67	5.36	159	4.21
含 11～20 种的科	32	15.24	149	11.93	509	13.49
含 21～50 种的科	35	16.67	337	26.98	1112	29.47
含 50 种以上的科	16	7.62	546	43.71	1733	45.93
仅含 1 属的科	81	38.57	81	6.49	306	8.11
含 2～5 属的科	77	36.67	216	17.29	749	19.85
含 6～10 属的科	22	10.48	179	14.33	596	15.80
含 11～20 属的科	19	9.05	256	20.50	735	19.48
含 21～50 属的科	7	3.33	218	17.45	623	16.51
含 50 属以上的科	4	1.90	299	23.94	764	20.25

而从含属的数量多少来看，仅含 1 属的科最多，有 81 科，占该地区总科数的 38.57%，但仅含有 306 种，占该地区总种数的 8.11%。含物种数量最多的是含 2～5 属的科，有 77 科，含属数量较多的为菊科、禾本科、蝶形花科和兰科，均含有 50 属以上。

2）属的数量结构分析

哀牢山-无量山地区的 1249 属种子植物的属的数量结构如表 2-5 所示。

表 2-5　种子植物属的大小排序（含 15 种以上的属）

属名	物种数	分布区类型	属名	物种数	分布区类型
榕属（Ficus）	43	2	柯属（Lithocarpus）	26	9
悬钩子属（Rubus）	36	1	冬青属（Ilex）	26	2
杜鹃属（Rhododendron）	34	8-4	报春花属（Primula）	24	8
蓼属（Polygonum）	31	1	珍珠菜属（Lysimachia）	21	1
铁线莲属（Clematis）	27	1	薹草属（Carex）	19	1

属名	物种数	分布区类型	属名	物种数	分布区类型
柃属（*Eurya*）	19	5	越桔属（*Vaccinium*）	17	8
楼梯草属（*Elatostema*）	19	4	香薷属（*Elsholtzia*）	17	8
冷水花属（*Pilea*）	19	2	薯蓣属（*Dioscorea*）	17	2
菝葜属（*Smilax*）	19	1	花楸属（*Sorbus*）	17	8
木蓝属（*Indigofera*）	18	2	素馨属（*Jasminum*）	16	4
木姜子属（*Litsea*）	18	2-1	山矾属（*Symplocos*）	16	2
堇菜属（*Viola*）	18	1	胡椒属（*Piper*）	16	2
凤仙花属（*Impatiens*）	18	2			

从属内所含物种数来看（表 2-6），仅含一种的有 627 属，占该地区所有种子植物属数量的 50.20%，所含物种量占总物种数的 16.62%。含 2～5 种的有 461 属，占所有属数量的 36.91%，共有物种 1349 种，占所有物种数的 35.75%。含 6～10 种的有 106 属，占所有属数量的 8.49%，共有物种 850 种，占所有物种数的 22.53%。含 11～20 种的有 46 属，占所有属数量的 3.68%，共有物种 679 种，占所有物种数的 18.00%。含 21～50 种的属有 9 属，仅占所有属数量的 0.72%，共有物种 268 种，占所有物种数的 7.10%。

表 2-6　种子植物属的数量结构分析

类型	含有的属数量	占全部属比例（%）	含有的物种数	占全部种比例（%）
仅含 1 种的属	627	50.20	627	16.62
含 2～5 种的属	461	36.91	1349	35.75
含 6～10 种的属	106	8.49	850	22.53
含 11～20 种的属	46	3.68	679	18.00
含 21～50 种的属	9	0.72	268	7.10

由于无量山处于东亚植物区较为核心的区域，且云南绝大部分为森林地带，所以在类似的分析中应该特别关注木本植物（特别是乔木）中占据优势的属级类群的分布区类型，如榕属（*Ficus*），其为泛热带分布，说明该分布型在无量山低海拔区域森林建成中的贡献；杜鹃属（*Rhododendron*），其为特殊的北极至阿尔泰和北美洲间断分布（8-3 型），说明该分布型在无量山高海拔特别是山顶苔藓矮林中的重要性；柯属（石栎属）（*Lithocarpus*）中有 26 种在此出现，其中很多是构成常绿阔叶林的重要区系成分，对比北美分布的 1 种，这里的 26 种堪称极度丰富。凡此种种，今后需要在植物区系和植被地理的结合上深入分析。

二、区系分析

哀牢山-无量山的自然植物区系地位在吴征镒（1979）的研究中属于中国-喜马拉雅森林植物亚区的云南高原地区；在《云南省植物分区图》中位于澜沧江-红河中游区（第Ⅴ区）（吴征镒和朱彦承，1987）；李锡文（1995）将其进一步划分归入澜沧江-红河中游小区。彭华和吴征镒（1997a）在对无量山种子植物区系的研究中将无量山置于东亚植物区的中国-喜马拉雅森林植物亚区的云南高原地区；彭华（1996，1997）对无量山地区的种子植物区系平衡点、种子植物区系的特有现象进行了更深入的研究和论证，彭华和吴征镒（1997b）还对无量山地区的种子植物区系存在度进行了研究，分析了在区系建成中相对重要的科、属，并在属一级的分析中确定了该地区的东亚分布及其变型（尤其是中国-喜马拉雅）、热带亚洲分布及其变型以及中国特有（特别是云南及周边省份特有）是该地区种子植物区系中具有标志性特点的重要类群；此外对哀牢山的研究（阎丽春等，2009；朱华和阎丽春，2009）也验证了哀牢山种子植物区系是东亚植物区的中国-喜马拉雅森林植物亚区的云南高原地区；以上研究均指出了哀牢山-无量山地区位于古热带植物区和泛北极植物区的过渡区，具有过渡性质。Liu 和 Peng（2016）通过对 1010 种狭域特有种子植物的分布和植被组成、地质历史和气候变化的数据分析，提出了一个新的云南省植物区系细分体系，在这个体系中，哀牢山-无量山地区属于澜沧-红河中游亚区（Lancang-Honghe Midstream Subregion）、哀牢山区系省（Ailaoshan Province）和无量山区系省（Wuliangshan Province）。各自拥有很多狭域特有成分，尤其是区系研究相对深入的无量山地区。

哀牢山-无量山地区共有种子植物 3773 种，除去栽培或逸野（入侵）植物，本研究对该地区 204 科 1199 属种子植物进行了科级和属级的区系分析。科的分布区类型划分主要参考《世界种子植物科的分布区类型系统的修订》（吴征镒，2003）、《种子植物分布区类型及其起源和分化》（吴征镒等，2006）及《中国种子植物区系地理》（吴征镒等，2011）等资料中对种子植物科的分布区类型的划分办法；属的分布区类型划分主要参照《中国种子植物属的分布区类型》（吴征镒，1991）、《中国种子植物属的分布区类型（增订和勘误）》（吴征镒，1993）及《中国被子植物科属综论》（吴征镒等，2003a）中的原理和原则进行划分。

（一）科的分布区类型分析

哀牢山-无量山地区种子植物 204 科可划分为 8 个分布区正型和 12 个变型（表 2-7）。在科一级水平上来看，较多的分布区类型及其变型表明该地区种子植物区系在科级水平上地理成分比较复杂，联系较为广泛。除去世界广布科，热带性质的科（分布型 2～7 及其变型）有 99 科，占全部科的 48.53%，温带性质的科（分布型 8～14 及其变型）有 54 科，占全部科的 26.47%，热带性质的科所占比例高于温带性质的科。这表明，该地区植物区系在更古老的地质历史上曾与热带植物区系有着较为密切的联系，显示出该地区种子植物区系的古热带根源。但该地区缺乏典型的热带性质的科，如热带亚洲特有的龙脑香科（Dipterocarpaceae）植物。这在一定程度上显示了该地区的亚热带性质；同时构成该地区植物群落的特征科主要是温带性质的科，如松科、壳斗科、山茶科、杜鹃花科、越桔科等，这些科在区域内的植物群落中占有大量的生物量。

表 2-7　种子植物科的分布区类型

分布区类型	科数量	占比（%）
1 世界广布	51	25.00
2 泛热带	61	29.90
2-1 热带亚洲-大洋洲和热带美洲（南美洲或/和墨西哥）	1	0.49
2-2 热带亚洲-热带非洲-热带美洲（南美洲）	4	1.96
2S 以南半球为主的泛热带	5	2.45
3 东亚（热带、亚热带）及热带南美间断	13	6.37
4 旧世界热带	6	2.94
5 热带亚洲至热带大洋洲	4	1.96
7-1 爪哇（或苏门答腊），喜马拉雅间断或星散分布到华南、西南	1	0.49
7-3 缅甸、泰国至中国西南分布	3	1.47
7-4 越南（或中南半岛）至华南或西南分布	1	0.49
7a 西马来，基本上在新华莱斯线以西，北可达中南半岛或印东北或热带喜马拉雅，南达苏门答腊	1	0.49
8 北温带	12	5.88
8-4 北温带和南温带间断分布	21	10.29
8-5 欧亚和南美洲温带间断	1	0.49
8-6 地中海、东亚、新西兰和墨西哥-智利间断分布	1	0.49
9 东亚及北美间断	8	3.92
10-3 欧亚和南非（有时也在澳大利亚）	1	0.49
14 东亚	7	3.43
14SH 中国-喜马拉雅	2	0.98

注：该地区无分布的类型未列入表中

以下为各型和变型的分述。

1 世界广布：遍布于世界各大洲，没有明显的分布中心。该地区属此类型的科有 51 科，占总科数的 25.00%，如菊科（Compositae）、蔷薇科（Rosaceae）、蝶形花科（Papilionaceae）、兰科（Orchidaceae）、莎草科（Cyperaceae）、禾本科（Gramineae）、茜草科（Rubiaceae）、毛茛科（Ranunculaceae）、十字花科（Cruciferae）、堇菜科（Violaceae）、景天科（Crassulaceae）、石竹科（Caryophyllaceae）、蓼科（Polygonaceae）、桑科（Moraceae）、鼠李科（Rhamnaceae）、伞形科（Umbelliferae）、报春花科（Primulaceae）、唇形科（Labiatae）等。这些科是该地区种子植物区系的主体，尤其是菊科、禾本科、蝶形花科、兰科、蔷薇科、茜草科和唇形科，出现的种类均超过了 100 种。

2 泛热带分布：包括普遍分布于东、西两半球热带和在全世界热带范围内有一个或几个分布中心，但在其他地区也有一些种类分布的科，有不少科不但广布于热带，也延伸到亚热带甚至温带，但其分布的重心明显在热带地区。该地区属此类型的科有 61 科，占总科数的 29.90%，如番荔枝科（Annonaceae）、樟科（Lauraceae）、防己科（Menispermaceae）、马兜铃科（Aristolochiaceae）、胡椒科（Piperaceae）、大风子科（Flacourtiaceae）、天料木科（Samydaceae）、西番莲科（Passifloraceae）、葫芦科（Cucurbitaceae）、秋海棠科（Begoniaceae）、山茶科（Theaceae）、野牡丹科（Melastomataceae）、使君子科（Combretaceae）、红树科（Rhizophoraceae）、梧桐科（Sterculiaceae）、锦葵科（Malvaceae）、大戟科（Euphorbiaceae）、荨麻科（*Urticaceae*）、卫矛科（Celastraceae）、葡萄科（Vitaceae）、芸香科（Rutaceae）、楝科（Meliaceae）、无患子科（Sapindaceae）、柿树科（Ebenaceae）、山榄科（Sapotaceae）、紫金牛科（Myrsinaceae）、夹竹桃科（Apocynaceae）、紫葳科（Bignoniaceae）、爵床科（Acanthaceae）、鸭跖草科（Commelinaceae）、菝葜科（Smilacaceae）、天南星科（Araceae）、薯蓣科（Dioscoreaceae）、棕榈科（Palmae）、金虎尾科（Malpighiaceae）等。其中如使君子科、金虎尾科、番荔枝科、天料木科等科是严格意义上的热带性质的分布类型。

该地区还分布有 3 个该分布区类型的亚型。2-1 热带亚洲-大洋洲和热带美洲（南美洲或/和墨西哥）：该地区属此类型的科有山矾科（Symplocaceae），占总科数的 0.49%，含有 16 种。

2-2 热带亚洲-热带非洲-热带美洲（南美洲）：该地区属此类型的科有 4 科，占总科数的 1.96%，分别为椴树科（Tiliaceae）、苏木科（Caesalpiniaceae）、鸢尾科（Iridaceae）和买麻藤科（Gnetaceae）。

2S 以南半球为主的泛热带：该地区属此类型的科有 5 科，占总科数的 2.45%，分别为粟米草科（Molluginaceae）、商陆科（Phytolaccaceae）、桃金娘科（Myrtaceae）、桑寄生科（Loranthaceae）和石蒜科（Amaryllidaceae）。

泛热带分布及其变型在该地区共有 71 科，占种子植物科的 34.8%，是占总科数比例最高的类型，共含有 1078 种物种，显示出了该地区种子植物区系的古热带根源。需要指出的是，有时候热带的科，在哀牢山-无量山地区出现的属种可能是在温带（主要是亚热带）分化的种类；它们的出现，更集中反映了比较近代的地质历史。

3 东亚（热带、亚热带）及热带南美间断：该地区属此类型的科有 13 科，占总科数的 6.37%，分别为木通科（Lardizabalaceae）、紫茉莉科（Nyctaginaceae）、杜英科（Elaeocarpaceae）、冬青科（Aquifoliaceae）、七叶树科（Hippocastanaceae）、清风藤科（Sabiaceae）、省沽油科（Staphyleaceae）、瘿椒树科（Tapisciaceae）、五加科（Araliaceae）、桤叶树科（Clethraceae）、安息香科（Styracaceae）、苦苣苔科（Gesneriaceae）和马鞭草科（Verbenaceae）。

4 旧世界热带：指分布于热带亚洲、非洲及大洋洲地区的科。该地区属此类型的科有 6 科，占总科数的 2.94%，分别是海桑科（Sonneratiaceae）、海桐花科（Pittosporaceae）、八角枫科（Alangiaceae）、芭蕉科（Musaceae）、假叶树科（Ruscaceae）和露兜树科（Pandanaceae）。

5 热带亚洲至热带大洋洲：指分布于旧世界热带分布区的东翼，西端可达马达加斯加但通常不达非洲大陆的科。该地区属此类型的科有4科，占总科数的1.96%，分别是虎皮楠科（Daphniphyllaceae）、姜科（Zingiberaceae）、百部科（Stemonaceae）和苏铁科（Cycadaceae）。

7 热带亚洲分布及其变型：热带亚洲分布范围为广义的，包括热带东南亚、印度-马来和西南太平洋诸岛。该地区没有热带亚洲分布正型出现，有3个变型。

7-1 爪哇（或苏门答腊），喜马拉雅间断或星散分布到华南、西南：该地区属此类型的科有1科，即香茜科（Carlemanniaceae）。

7-3 缅甸、泰国至中国西南分布：该地区属此类型的科有3科，占总科数的1.47%，分别为肋果茶科（Sladeniaceae）、伯乐树科（Bretschneideraceae）和九子母科（Podoaceae）。

7-4 越南（或中南半岛）至华南或西南分布：该地区属此类型的科有1科，即大血藤科（Sargentodoxaceae）。

8 北温带分布：指分布于北半球温带地区，部分科沿山脉南迁至热带山地或南半球温带，但其分布中心仍在北温带的科。该地区属此类型的科有12科，占总科数的5.88%，如鬼臼科（Podophyllaceae）、金丝桃科（Hypericaceae）、藤黄科（Guttiferae）、大麻科（Cannabaceae）、杜鹃花科（Ericaceae）、越桔科（Vacciniaceae）、水晶兰科（Monotropaceae）、忍冬科（Caprifoliaceae）、列当科（Orobanchaceae）、百合科（Liliaceae）、延龄草科（Trilliaceae）和松科（Pinaceae）。

北温带分布型在该地区出现3个变型。

8-4 北温带和南温带间断分布：该地区属此类型的科有21科，占总科数的10.29%，如杉科（Taxodiaceae）、紫堇科（Fumariaceae）、梅花草科（Parnassiaceae）、亚麻科（Linaceae）、牻牛儿苗科（Geraniaceae）、绣球花科（Hydrangeaceae）、金缕梅科（Hamamelidaceae）、黄杨科（Buxaceae）、杨柳科（Salicaceae）、桦木科（Betulaceae）、榛科（Corylaceae）、壳斗科（Fagaceae）、胡颓子科（Elaeagnaceae）、槭树科（Aceraceae）、胡桃科（Juglandaceae）、山茱萸科（Cornaceae）、灯心草科（Juncaceae）、红豆杉科（Taxaceae）等。

8-5 欧亚和南美洲温带间断：该地区属此类型的科仅有1科，即小檗科（Berberidaceae）。

8-6 地中海、东亚、新西兰和墨西哥-智利间断分布：该地区属此类型的科仅有1科，即马桑科（Coriariaceae）。

北温带分布型及其变型在该地区共有35科，占全部科的17.16%，是除世界广布种外仅次于泛热带分布型及其变型的分布区类型，对该地区种子植物区系组成和群落构建有着重要意义。

9 东亚及北美间断：指间断分布于东亚和北美温带及亚热带地区的科。该地区属此类型的科有8科，占总科数的3.92%，分别为木兰科（Magnoliaceae）、八角科（Illiciaceae）、五味子科（Schisandraceae）、三白草科（Saururaceae）、鼠刺科（Iteaceae）、紫树科（Nyssaceae）、苦苣苔科（Gesneriaceae）、透骨草科（Phrymataceae）和眼子菜科（Potamogetonaceae）。

10-3 欧亚和南非（有时也在澳大利亚）：该地区属此类型的科仅有1科，即川续断科（Dipsacaceae）。

14 东亚分布及其变型：指从东喜马拉雅分布至日本或不到日本的科。该地区属此类型的科有7科，占总科数的3.43%，分别为领春木科（Eupteleaceae）、猕猴桃科（Actinidiaceae）、水东哥科（Saurauiaceae）、旌节花科（Stachyuraceae）、青荚叶科（Helwingiaceae）、桃叶珊瑚科（Aucubaceae）和三尖杉科（Cephalotaxaceae）。

除了典型分布于东亚全区的类型外，该地区还出现了东亚分布型的一个变型。

14SH 中国-喜马拉雅：主要分布于喜马拉雅山区诸国至我国西南诸省，有的达到西北、华东（包括台湾），向南延伸到中南半岛，但不见于日本。该地区属此类型的科有2科，分别为水青树科（Tetracentraceae）和鞘柄木科（Toricelliaceae）。

这里需要说明的是，目前APG系统的影响越来越大，我们在该系统稳定和条件成熟后会进行相关的科学概念的转换来建立各种分布类型并进行相应的深入分析。究其根本这也是符合植物地理学基本原理的，即植物分类（系统学）决定其地理格局。

（二）属的分布区类型分析

该地区种子植物 1199 属可划分为 14 个分布区正型和 23 个变型（表 2-8），显示了该地区种子植物区系在属级水平上地理成分的复杂性，以及同世界其他地区植物区系的广泛联系。

表 2-8　种子植物属的分布区类型

分布区类型	属数量	比例（%）
1 世界广布	77	6.42
2 泛热带	184	15.35
2-1 热带亚洲-大洋洲和热带美洲（南美洲或/和墨西哥）	9	0.75
2-2 热带亚洲-热带非洲-热带美洲（南美洲）	22	1.83
3 东亚（热带、亚热带）及热带南美间断	17	1.42
4 旧世界热带	101	8.42
4-1 热带亚洲、非洲和大洋洲间断或星散分布	9	0.75
5 热带亚洲至热带大洋洲	96	8.01
6 热带亚洲至热带非洲	61	5.09
6-1 华南、西南至印度和热带非洲	2	0.17
6-2 热带亚洲和东非或马达加斯加间断分布	4	0.33
7 热带东南亚至印度-马来，太平洋诸岛（热带亚洲）	144	12.01
7-1 爪哇（或苏门答腊），喜马拉雅间断或星散分布到华南、西南	11	0.92
7-2 热带印度至华南（尤其云南南部）分布	25	2.09
7-3 缅甸、泰国至中国西南分布	8	0.67
7-4 越南（或中南半岛）至华南或西南分布	18	1.50
8 北温带	104	8.67
8-2 北极-高山分布	3	0.25
8-3 北极至阿尔泰和北美洲间断分布	1	0.08
8-4 北温带和南温带间断分布	28	2.34
8-5 欧亚和南美洲温带间断	3	0.25
8-6 地中海、东亚、新西兰和墨西哥-智利间断分布	1	0.08
9 东亚及北美间断	40	3.34
9-1 东亚和墨西哥间断分布	2	0.17
10 旧世界温带	27	2.25
10-1 地中海区至西亚（或中亚）和东亚间断分布	8	0.67
10-2 地中海区和喜马拉雅间断分布	3	0.25
10-3 欧亚和南非（有时也在澳大利亚）	13	1.08
11 温带亚洲	11	0.92
12-2 地中海区至西亚或中亚和墨西哥或古巴间断	1	0.08
12-3 地中海区至温带-热带亚洲、大洋洲和/或北美南部至南美洲间断	2	0.17
13 中亚	1	0.08
13-2 中亚东部至喜马拉雅和中国西南部	2	0.17
14 东亚	60	5.00
14SH 中国-喜马拉雅	59	4.92
14SJ 中国-日本	16	1.33
15 中国特有	26	2.17

注：该地区无分布的类型未列入表中

去除世界广布属及中国特有属，该地区热带性质的属（分布型 2～7 及其变型）共有 711 属，占 59.30%，而温带性质的属（分布型 8～14 及其变型）仅有 385 属，占 32.11%，从两种性质的属数量比例可以看出该地区植物区系的热带性质强于温带性质。在该地区所有属的分布类型中，泛热带分布及其变型是出现数量最多的类型，有215属，占全部属数量的17.93%。从属一级的数量上可以看出该地区区系性质以热带性质的属占绝对优势，同时也表明了该地区种子植物区系与热带植物区系有着极其密切的联系。

以下为各型和变型的分述。

1 世界广布：指遍布于世界各大洲，没有明显的分布中心。该地区属此类型的属有77属，占总属数的6.42%，如银莲花属（*Anemone*）、铁线莲属（*Clematis*）、毛茛属（*Ranunculus*）、金鱼藻属（*Ceratophyllum*）、碎米荠属（*Cardamine*）、独行菜属（*Lepidium*）、蔊菜属（*Rorippa*）、堇菜属（*Viola*）、远志属（*Polygala*）、茅膏菜属（*Drosera*）、繁缕属（*Stellaria*）、星粟草属（*Glinus*）、蓼属（*Polygonum*）、酸模属（*Rumex*）、商陆属（*Phytolacca*）、藜属（*Chenopodium*）、苋属（*Amaranthus*）、老鹳草属（*Geranium*）、酢浆草属（*Oxalis*）、墙草属（*Parietaria*）、鼠李属（*Rhamnus*）、丰花草属（*Borreria*）、拉拉藤属（*Galium*）、鬼针草属（*Bidens*）、鼠麴草属（*Gnaphalium*）、千里光属（*Senecio*）、獐牙菜属（*Swertia*）、车前属（*Plantago*）、倒提壶属（*Cynoglossum*）、沟酸浆属（*Mimulus*）、婆婆纳属（*Veronica*）、狸藻属（*Utricularia*）、爵床属（*Rostellularia*）、鼠尾草属（*Salvia*）、黄芩属（*Scutellaria*）、香科科属（*Teucrium*）、眼子菜属（*Potamogeton*）、菝葜属（*Smilax*）、玉凤花属（*Habenaria*）、薹草属（*Carex*）、莎草属（*Cyperus*）、荸荠属（*Eleocharis*）、水莎草属（*Juncellus*）、水葱属（*Schoenoplectus*）、马唐属（*Digitaria*）、蔗茅属（*Erianthus*）、芦苇属（*Phragmites*）、早熟禾属（*Poa*）等。基本上是草本植物，很多是随人性质的类群，在区系上缺乏明显的标志意义。

2 泛热带分布：指普遍分布于东、西两半球热带和在全世界热带范围内有一个或几个分布中心，但在其他地区也有一些种类分布，有不少科不但广布于热带，也延伸到亚热带甚至温带。该地区属此类型的属有184属，占总属数的15.35%，如木防己属（*Cocculus*）、草胡椒属（*Peperomia*）、胡椒属（*Piper*）、山柑属（*Capparis*）、莲子草属（*Alternanthera*）、杯苋属（*Cyathula*）、蒺藜属（*Tribulus*）、感应草属（*Biophytum*）、凤仙花属（*Impatiens*）、柞木属（*Xylosma*）、黄花稔属（*Sida*）、山麻杆属（*Alchornea*）、棒柄花属（*Cleidion*）、巴豆属（*Croton*）、大戟属（*Euphorbia*）、白饭树属（*Flueggea*）、算盘子属（*Glochidion*）、叶下珠属（*Phyllanthus*）、羊蹄甲属（*Bauhinia*）、苏木属（*Caesalpinia*）、决明属（*Cassia*）、金合欢属（*Acacia*）、合欢属（*Albizia*）、榼藤属（*Entada*）、相思子属（*Abrus*）、猪屎豆属（*Crotalaria*）、山蚂蝗属（*Desmodium*）、刺桐属（*Erythrina*）、木蓝属（*Indigofera*）、田菁属（*Sesbania*）、灰毛豆属（*Tephrosia*）、糙叶树属（*Aphananthe*）、朴属（*Celtis*）、山黄麻属（*Trema*）、柘属（*Cudrania*）、榕属（*Ficus*）、苎麻属（*Boehmeria*）、艾麻属（*Laportea*）、冷水花属（*Pilea*）、冬青属（*Ilex*）、南蛇藤属（*Celastrus*）、百蕊草属（*Thesium*）、蛇藤属（*Colubrina*）、咀签属（*Gouania*）、耳草属（*Hedyotis*）、半边莲属（*Lobelia*）、天芥菜属（*Heliotropium*）、红丝线属（*Lycianthes*）、母草属（*Lindernia*）、闭鞘姜属（*Costus*）、羊耳蒜属（*Liparis*）、球柱草属（*Bulbostylis*）、湖瓜草属（*Lipocarpha*）、砖子苗属（*Mariscus*）、扁莎属（*Pycreus*）、珍珠茅属（*Scleria*）、野古草属（*Arundinella*）、孔颖草属（*Bothriochloa*）等。

此外，该地区还出现了泛热带分布型的两个变型。

2-1 热带亚洲-大洋洲和热带美洲（南美洲或/和墨西哥）：该地区属此类型的属有9属，占总属数的0.75%，如木姜子属（*Litsea*）、西番莲属（*Passiflora*）、红豆树属（*Ormosia*）、美登木属（*Maytenus*）、无患子属（*Sapindus*）、白珠树属（*Gaultheria*）、紫金牛属（*Ardisia*）等。

2-2 热带亚洲-热带非洲-热带美洲（南美洲）：该地区属此类型的属有22属，占总属数的1.83%，如青葙属（*Celosia*）、厚皮香属（*Ternstroemia*）、桂樱属（*Laurocerasus*）、黄檀属（*Dalbergia*）、雾水葛属（*Pouzolzia*）、假卫矛属（*Microtropis*）、雀梅藤属（*Sageretia*）、安息香属（*Styrax*）、醉鱼草属（*Buddleja*）、萝芙木属（*Rauvolfia*）、牛奶菜属（*Marsdenia*）、鸡矢藤属（*Paederia*）、斑鸠菊属（*Vernonia*）、假杜鹃属（*Barleria*）、紫珠属（*Callicarpa*）、过江藤属（*Phyla*）等。

泛热带分布及其变型在该地区共有215属，占总属数的17.93%，是该地区属数量最多的类型。哀牢山-无量山地区的基带，是热带性质很强的河谷区域，所以这一类型能看到很多木本成分的种类。

3 东亚（热带、亚热带）及热带南美间断：指分布于热带（亚热带）亚洲和热带南美洲的属。该地区属此类型的属有 17 属，占总属数的 1.42%，如水东哥属（*Saurauia*）、山芝麻属（*Helicteres*）、梭罗树属（*Reevesia*）、蛇婆子属（*Waltheria*）、野扇花属（*Sarcococca*）、青皮木属（*Schoepfia*）、苦树属（*Picrasma*）、泡花树属（*Meliosma*）、山香圆属（*Turpinia*）等。该类成分近年来由于分子系统学的发展被分裂的不少，即热带亚洲和热带南美洲的种类各自分立，从而使得 3 型分布的比例不断下降。

4 旧世界热带：指分布于热带亚洲、非洲及大洋洲地区的属。该地区属此类型的属有 101 属，占总属数的 8.42%，如鹰爪花属（*Artabotrys*）、瓜馥木属（*Fissistigma*）、暗罗属（*Polyalthia*）、马兜铃属（*Aristolochia*）、浆果苋属（*Deeringia*）、蒲桃属（*Syzygium*）、酸脚杆属（*Medinilla*）、扁担杆属（*Grewia*）、杜英属（*Elaeocarpus*）、土蜜树属（*Bridelia*）、海漆属（*Excoecaria*）、血桐属（*Macaranga*）、野桐属（*Mallotus*）、木豆属（*Cajanus*）、酸藤子属（*Embelia*）、杜茎山属（*Maesa*）、素馨属（*Jasminum*）、玉叶金花属（*Mussaenda*）、毛束草属（*Trichodesma*）、豆腐柴属（*Premna*）、露兜树属（*Pandanus*）、禾叶兰属（*Agrostophyllum*）、荩草属（*Arthraxon*）、细柄草属（*Capillipedium*）、筒轴茅属（*Rottboellia*）等。

除了正型外，该地区还出现一个变型。

4-1 热带亚洲、非洲和大洋洲间断或星散分布：该地区属此类型的属有 9 属，占总属数的 0.75%，如青牛胆属（*Tinospora*）、五蕊寄生属（*Dendrophthoe*）、黄皮属（*Clausena*）、洋茱萸属（*Euodia*）、假虎刺属（*Carissa*）、匙羹藤属（*Gymnema*）、乌口树属（*Tarenna*）、艾纳香属（*Blumea*）等。

5 热带亚洲至热带大洋洲：指分布于旧世界热带分布区的东翼，西端可达马达加斯加但通常不达非洲大陆的属。该地区属此类型的属有 96 属，占总属数的 8.01%，如樟属（*Cinnamomum*）、紫薇属（*Lagerstroemia*）、小二仙草属（*Haloragis*）、荛花属（*Wikstroemia*）、山龙眼属（*Helicia*）、柃属（*Eurya*）、子楝树属（*Decaspermum*）、野牡丹属（*Melastoma*）、黑面神属（*Breynia*）、守宫木属（*Sauropus*）、虎皮楠属（*Daphniphyllum*）、排钱树属（*Phyllodium*）、构属（*Broussonetia*）、水丝麻属（*Maoutia*）、崖爬藤属（*Tetrastigma*）、山油柑属（*Acronychia*）、柑橘属（*Citrus*）、椿属（*Toona*）、柄果木属（*Mischocarpus*）、山楝子属（*Buchanania*）、球兰属（*Hoya*）、蛇根草属（*Ophiorrhiza*）、水锦树属（*Wendlandia*）、通泉草属（*Mazus*）、芒毛苣苔属（*Aeschynanthus*）、鞘蕊花属（*Coleus*）、姜黄属（*Curcuma*）、百部属（*Stemona*）、兰属（*Cymbidium*）、石斛属（*Dendrobium*）、水蔗草属（*Apluda*）、金发草属（*Pogonatherum*）等。

6 热带亚洲至热带非洲：指分布于旧世界热带分布区的东翼，其西端有时可达马达加斯加，但一般不到非洲大陆的属。该地区属此类型的属有 61 属，占总属数的 5.09%，如青藤属（*Illigera*）、金锦香属（*Osbeckia*）、老虎刺属（*Pterolobium*）、山黑豆属（*Dumasia*）、紫雀花属（*Parochetus*）、沙针属（*Osyris*）、楝属（*Melia*）、厚皮树属（*Lannea*）、杠柳属（*Periploca*）、土连翘属（*Hymenodictyon*）、山黄菊属（*Anisopappus*）、六棱菊属（*Laggera*）、钟萼草属（*Lindenbergia*）、短冠草属（*Sopubia*）、猫尾木属（*Dolichandrone*）、鸭嘴花属（*Adhatoda*）、白接骨属（*Asystasiella*）、鳞果草属（*Achyrospermum*）、香茶菜属（*Isodon*）、刺蕊草属（*Pogostemon*）、穿鞘花属（*Amischotolype*）、鸟足兰属（*Satyrium*）、莠竹属（*Microstegium*）、芒属（*Miscanthus*）、玉山竹属（*Yushania*）等。

除了正型外，该地区还出现两个变型。

6-1 华南、西南至印度和热带非洲：该地区属此类型的属有 2 属，分别为三叶漆属（*Terminthia*）和南山藤属（*Dregea*）。

6-2 热带亚洲和东非或马达加斯加间断分布：该地区属此类型的属有 4 属，分别为虾子花属（*Woodfordia*）、马蓝属（*Pteracanthus*）、姜花属（*Hedychium*）和山珊瑚属（*Galeola*）。

7 热带东南亚至印度-马来，太平洋诸岛（热带亚洲）：热带亚洲分布范围为广义的，包括热带东南亚、印度-马来和西南太平洋诸岛的属。该地区属此类型的属有 144 属，占总属数的 12.01%，如木莲属（*Manglietia*）、含笑属（*Michelia*）、润楠属（*Machilus*）、红光树属（*Knema*）、轮环藤属（*Cyclea*）、金粟兰属（*Chloranthus*）、八宝树属（*Duabanga*）、绞股蓝属（*Gynostemma*）、山茶属（*Camellia*）、木荷属（*Schima*）、一担柴属（*Colona*）、银柴属（*Aporusa*）、常山属（*Dichroa*）、密花豆属（*Spatholobus*）、蕈树属（*Altingia*）、马蹄荷属（*Exbucklandia*）、锥属（*Castanopsis*）、紫麻属（*Oreocnide*）、甜菜树属（*Yunnanopilia*）、鞘花属（*Macrosolen*）、石椒草属（*Boenninghausenia*）、清风藤属（*Sabia*）、醉魂藤属（*Heterostemma*）、藤菊属（*Cissampelopsis*）、胡麻草属（*Centranthera*）、菜豆树属（*Radermachera*）、鳔冠花属（*Cystacanthus*）、锥花属（*Gomphostemma*）、姜属（*Zingiber*）、笋兰属（*Thunia*）、牡竹属（*Dendrocalamus*）、淡竹叶属（*Lophatherum*）、棕叶芦属（*Thysanolaena*）等。

除了正型外，该地区还出现 4 个变型。

7-1 爪哇（或苏门答腊），喜马拉雅间断或星散分布到华南、西南：该地区属此类型的属有 11 属，占总属数的 0.92%，如茶梨属（*Anneslea*）、锦香草属（*Phyllagathis*）、珠子木属（*Phyllanthodendron*）、红花荷属（*Rhodoleia*）、蛛毛苣苔属（*Paraboea*）、合页草属（*Sympagis*）等。

7-2 热带印度至华南（尤其云南南部）分布：该地区属此类型的属有 25 属，占总属数的 2.09%，如长蕊木兰属（*Alcimandra*）、金叶子属（*Craibiodendron*）、心叶木属（*Haldina*）、密脉木属（*Myrioneuron*）、白花叶属（*Poranopsis*）、石蝴蝶属（*Petrocosmea*）、火烧花属（*Mayodendron*）、野靛棵属（*Mananthes*）、独蒜兰属（*Pleione*）、拟金茅属（*Eulaliopsis*）等。

7-3 缅甸、泰国至中国西南分布：该地区属此类型的属有 8 属，如肋果茶属（*Sladenia*）、蝴蝶果属（*Cleidiocarpon*）、猪腰豆属（*Afgekia*）、伯乐树属（*Bretschneidera*）、来江藤属（*Brandisia*）等。

7-4 越南（或中南半岛）至华南或西南分布：该地区属此类型的属有 18 属，占总属数的 1.50%，如大叶藤属（*Tinomiscium*）、大血藤属（*Sargentodoxa*）、山羊角树属（*Carrierea*）、伊桐属（*Itoa*）、大头茶属（*Gordonia*）、偏瓣花属（*Plagiopetalum*）、赤杨叶属（*Alniphyllum*）、毛车藤属（*Amalocalyx*）、孔药花属（*Porandra*）、竹叶吉祥草属（*Spatholirion*）、竹根七属（*Disporopsis*）等。

热带亚洲分布及其变型在该地区共有 206 属，占总属数的 17.18%，仅次于泛热带分布及其变型。

8 北温带分布：指分布于北半球温带地区，部分沿山脉南迁至热带山地或南半球温带，但其分布中心仍在北温带的属。该地区属此类型的属有 104 属，占总属数的 8.67%，如乌头属（*Aconitum*）、梅化草属（*Parnassia*）、龙芽草属（*Agrimonia*）、枸子属（*Cotoneaster*）、花楸属（*Sorbus*）、榆属（*Ulmus*）、槭属（*Acer*）、白蜡树属（*Fraxinus*）、忍冬属（*Lonicera*）、荚蒾属（*Viburnum*）、香青属（*Anaphalis*）、紫菀属（*Aster*）、蓟属（*Cirsium*）、泽兰属（*Eupatorium*）、莴苣属（*Lactuca*）、风毛菊属（*Saussurea*）、点地梅属（*Androsace*）、风铃草属（*Campanula*）、齿缘草属（*Eritrichium*）、山罗花属（*Melampyrum*）、百合属（*Lilium*）、天南星属（*Arisaema*）、鸢尾属（*Iris*）、杓兰属（*Cypripedium*）、剪股颖属（*Agrostis*）、冷杉属（*Abies*）、松属（*Pinus*）、柏木属（*Cupressus*）、红豆杉属（*Taxus*）等。

除了正型外，该地区还出现 4 个变型。

8-2 北极-高山分布：该地区属此类型的属有 3 属，分别是红景天属（*Rhodiola*）、山蓼属（*Oxyria*）、圆柏属（*Sabina*）。

8-4 北温带和南温带间断分布：该地区属此类型的属有 28 属，占比 2.34%，如水毛茛属（*Batrachium*）、驴蹄草属（*Caltha*）、翠雀属（*Delphinium*）、唐松草属（*Thalictrum*）、金腰属（*Chrysosplenium*）、无心菜属（*Arenaria*）、柳叶菜属（*Epilobium*）、路边青属（*Geum*）、车轴草属（*Trifolium*）、黄杨属（*Buxus*）、杨梅属（*Myrica*）、桤木属（*Alnus*）、栎属（*Quercus*）、卫矛属（*Euonymus*）、柴胡属（*Bupleurum*）、杜鹃属（*Rhododendron*）、绶草属（*Spiranthes*）等。

8-5 欧亚和南美洲温带间断：该地区属此类型的属有 3 属，即小檗属（*Berberis*）、胡桃属（*Juglans*）和福王草属（*Prenanthes*）。

8-6 地中海、东亚、新西兰和墨西哥-智利间断分布：该变型下仅马桑属（*Coriaria*）一属。

北温带分布及其变型在该地区共分布 140 属，占比 11.68%。

9 东亚及北美间断：指间断分布于东亚和北美温带及亚热带地区的属。该地区属此类型的属有 40 属，占总属数的 3.34%，如玉兰属（*Yulania*）、八角属（*Illicium*）、五味子属（*Schisandra*）、山胡椒属（*Lindera*）、十大功劳属（*Mahonia*）、落新妇属（*Astilbe*）、石楠属（*Photinia*）、皂荚属（*Gleditsia*）、两型豆属（*Amphicarpaea*）、土圞儿属（*Apios*）、柯属（*Lithocarpus*）、地锦属（*Parthenocissus*）、珍珠花属（*Lyonia*）、马醉木属（*Pieris*）、梓属（*Catalpa*）、透骨草属（*Phryma*）、粉条儿菜属（*Aletris*）、乱子草属（*Muhlenbergia*）、铁杉属（*Tsuga*）等。

此外还分布有一变型。

9-1 东亚和墨西哥间断分布：该地区属此类型的属有 2 属，分别为杨桐属（*Cleyera*）和榧树属（*Torreya*）。

10 旧世界温带：指欧、亚温带广布而不见于北美和南半球温带的属。该地区属此类型的属有 27 属，占总属数的 2.25%，如芸苔属（*Brassica*）、鹅肠菜属（*Myosoton*）、荞麦属（*Fagopyrum*）、瑞香属（*Daphne*）、锦葵属（*Malva*）、梨属（*Pyrus*）、锦鸡儿属（*Caragana*）、桑寄生属（*Loranthus*）、西风芹属（*Seseli*）、川续断属（*Dipsacus*）、沙参属（*Adenophora*）、阴行草属（*Siphonostegia*）、筋骨草属（*Ajuga*）、夏至草属（*Lagopsis*）、扭柄花属（*Streptopus*）、重楼属（*Paris*）、鸭茅属（*Dactylis*）等。

此外还分布有 3 个变型。

10-1 地中海区至西亚（或中亚）和东亚间断分布：该地区属此类型的属有 8 属，分别是淫羊藿属（*Epimedium*）、山靛属（*Mercurialis*）、桃属（*Amygdalus*）、火棘属（*Pyracantha*）、榉属（*Zelkova*）、窃衣属（*Torilis*）、牛至属（*Origanum*）和芦竹属（*Arundo*）。

10-2 地中海区和喜马拉雅间断分布：该地区属此类型的属有 3 属，分别是苇谷草属（*Pentanema*）、滇紫草属（*Onosma*）和蜜蜂花属（*Melissa*）。

10-3 欧亚和南非（有时也在澳大利亚）：该地区属此类型的属有 13 属，如百脉根属（*Lotus*）、苜蓿属（*Medicago*）、草木犀属（*Melilotus*）、茴芹属（*Pimpinella*）、女贞属（*Ligustrum*）、茜草属（*Rubia*）、毛连菜属（*Picris*）、苦苣菜属（*Sonchus*）和野芝麻属（*Lamium*）等。

11 温带亚洲分布：该地区属此类型的属有 11 属，分别是诸葛菜属（*Orychophragmus*）、虎杖属（*Reynoutria*）、狼毒属（*Stellera*）、杏属（*Armeniaca*）、杭子梢属（*Campylotropis*）、鸡眼草属（*Kummerowia*）、枫杨属（*Pterocarya*）、败酱属（*Patrinia*）、羊耳菊属（*Duhaldea*）、含苞草属（*Symphyllocarpus*）和黄鹤菜属（*Youngia*）。

12 地中海区、西亚、中亚分布：指分布于现代地中海周围至古地中海大部分地区的属。该地区无属于此分布型的属，但有两个变型。

12-2 地中海区至西亚或中亚和墨西哥或古巴间断：该地区属此类型的属仅有黄连木属（*Pistacia*）。

12-3 地中海区至温带-热带亚洲、大洋洲和/或北美南部至南美洲间断：该地区属此类型的属有 2 属，分别为常春藤属（*Hedera*）和木犀榄属（*Olea*）。

13 中亚：指只分布于中亚（特别是山地）而不见于西亚及地中海周围（即约位于古地中海的东半部）。该地区属此类型的属仅有角蒿属（*Incarvillea*）。

该地区还有中亚分布型一个变型。

13-2 中亚东部至喜马拉雅和中国西南部：该地区属此类型的属有 2 属，分别为瘤果芹属（*Trachydium*）和长柱琉璃草属（*Lindelofia*）。

14 东亚分布：指从东喜马拉雅分布至日本或不到日本的属。该地区属此类型的属有 60 属，占总属数的 5.00%，如领春木属（*Euptelea*）、人字果属（*Dichocarpum*）、猕猴桃属（*Actinidia*）、乌桕属（*Sapium*）、油桐属（*Vernicia*）、枇杷属（*Eriobotrya*）、绣线梅属（*Neillia*）、小石积属（*Osteomeles*）、茵芋属（*Skimmia*）、吴茱萸属（*Tetradium*）、南酸枣属（*Choerospondias*）、四照花属（*Dendrobenthamia*）、青荚叶属（*Helwingia*）、桃叶珊瑚属（*Aucuba*）、五加属（*Acanthopanax*）、囊瓣芹属（*Pternopetalum*）、假福王草属（*Paraprenanthes*）、党参属（*Codonopsis*）、松蒿属（*Phtheirospermum*）、莸属（*Caryopteris*）、铃子香属（*Chelonopsis*）、紫苏属（*Perilla*）、大百合属（*Cardiocrinum*）、万寿竹属（*Disporum*）、白及属（*Bletilla*）、直芒草属（*Orthoraphium*）、

三尖杉属（*Cephalotaxus*）等。

除了典型分布于东亚全区的类型外，该地区还出现了东亚分布型的两个变型。

14SH 中国-喜马拉雅：主要分布于喜马拉雅山区诸国至我国西南诸省，有的达到西北、华东（包括台湾），向南延伸到中南半岛，但不见于日本的属。该地区属此类型的属有 59 属，占总属数的 4.92%，如水青树属（*Tetracentron*）、短瓣花属（*Brachystemma*）、千针苋属（*Acroglochin*）、异腺草属（*Anisadenia*）、石海椒属（*Reinwardtia*）、扁核木属（*Prinsepia*）、红果树属（*Stranvaesia*）、黄花木属（*Piptanthus*）、九子母属（*Dobinea*）、鞘柄木属（*Toricellia*）、须药藤属（*Stelmatocrypton*）、滇丁香属（*Luculia*）、石丁香属（*Neohymenopogon*）、鬼吹箫属（*Leycesteria*）、双参属（*Triplostegia*）、厚喙菊属（*Dubyaea*）、蔓龙胆属（*Crawfurdia*）、珊瑚苣苔属（*Corallodiscus*）、火把花属（*Colquhounia*）、钩萼草属（*Notochaete*）、筒冠花属（*Siphocranion*）、距药姜属（*Cautleya*）、象牙参属（*Roscoea*）、开口箭属（*Tupistra*）、耳唇兰属（*Otochilus*）、箭竹属（*Fargesia*）等。

14SJ 中国-日本：指分布于滇、川金沙江河谷以东地区直至日本或琉球群岛，但不见于喜马拉雅的属。该地区属此类型的属有 16 属，占总属数的 1.33%，分别为木通属（*Akebia*）、钻地风属（*Schizophragma*）、雷公藤属（*Tripterygium*）、猫乳属（*Rhamnella*）、臭常山属（*Orixa*）、化香树属（*Platycarya*）、八角金盘属（*Fatsia*）、鸡仔木属（*Sinoadina*）、桔梗属（*Platycodon*）、散血丹属（*Physaliastrum*）、龙珠属（*Tubocapsicum*）、泡桐属（*Paulownia*）、吉祥草属（*Reineckea*）、半夏属（*Pinellia*）、显子草属（*Phaenosperma*）和侧柏属（*Platycladus*）。

相比而言，两个变型所含属的数量可以很好地证明该地区与中国-喜马拉雅植物区系的联系更为密切，而与中国-日本植物区系的联系比较弱。

15 中国特有：指以中国境内的自然植物区为中心而分布界限不越出国境很远的属。该地区属于此类型的属有 26 属，占总属数 2.17%，如杉木属（*Cunninghamia*）、鬼臼属（*Dysosma*）、药囊花属（*Cyphotheca*）、牛筋条属（*Dichotomanthes*）、巴豆藤属（*Craspedolobium*）、茶条木属（*Delavaya*）、瘿椒树属（*Tapiscia*）、喜树属（*Camptotheca*）、长冠苣苔属（*Rhabdothamnopsis*）、全唇花属（*Holocheila*）、地涌金莲属（*Musella*）、薄竹属（*Leptocanna*）等。

（三）种子植物区系特点

1. 区系起源古老

哀牢山-无量山地区具有悠久的地质历史和复杂多变的地理条件与气候特征，有利于植物生存繁衍。该区域的植物区系中含有大量的古老科属，并保存了许多孑遗植物。这均是在以前的系统学结论中得出的相近结论，在新的 APG 系统下，需要进行新的统计、分析和归纳。

2. 区系成分复杂

哀牢山-无量山地区种子植物物种丰富，植物区系总体上是热带、温带成分并存，但热带成分略强于温带成分，同时缺乏典型的热带雨林特征科，如龙脑香科（Dipterocarpaceae）、猪笼草科（Nepenthaceae）等科的属、种，此外亚热带性质的壳斗科、木兰科、山茶科、樟科等科的物种在科、属数量上占有较高比例且具有较大的群落学意义，区系存在度高。如此说来，哀牢山-无量山地区的植物区系具有显著的亚热带性质，强烈表现出从热带植物区系向温带植物区系的过渡。

3. 植物区系的替代现象

哀牢山-无量山植物区系的替代现象较为显著，主要体现在植被类型在此出现水平和垂直替代及一些近缘种的垂直替代。首先，植被类型在此出现水平和垂直替代，如思茅松（*Pinus kesiya* var. *lanbianensis*）和与之在分布及演替上密切相关的季风常绿阔叶林跟云南松（*Pinus yunnanensis*）和与之同样紧密相关的半湿润常绿阔叶林在此分界，因而在分界地带出现针叶树为优势的替代现象。其次，近缘种的垂直替代关系主要是在海拔 2100～2900m，东亚植物区系中中国-喜马拉雅亚区的云南高原与中国-日本森林亚区的优势树种替代现象中的滇青冈（*Cyclobalanopsis glaucoides*）和青冈（*Cyclobalanopsis glauca*）同时在此出现，无疑也会形成相应的替代关系。

4. 区系地位

本研究通过更加完善的植物名录对哀牢山-无量山种子植物区系进行分析，得出该地区在东亚植物区系区划中的地位是：东亚植物区、中国-喜马拉雅森林植物亚区、云南高原地区、滇中高原亚地区。主要是哀牢山-无量山种子植物区系中含有极高比例的中国-喜马拉雅成分，特别是属种级别可以看出。

第二节 植被类型及地理

一、分类依据和原则

根据我国植被区划（中国植被编辑委员会，1980），哀牢山-无量山地区位于亚热带常绿阔叶林区域，西部（半湿润）常绿阔叶林亚区域，中亚热带常绿阔叶林地带的滇中高原盆谷，滇青冈、栲类、云南松林区与同区域、同亚区域的南亚热带季风常绿阔叶林地带的滇中南中山峡谷，栲类、西南木荷、思茅松林区的交界面。地处滇中南，无量山与东北面的哀牢山为横断山区云岭余脉点苍山南出的帚状平行山脉，山体走势为西北-东南向，二者构成了南亚季风热带区域、东亚季风热带区域及青藏高原区域这三大自然地理区域的分界线（彭华，1997）。

哀牢山-无量山处在亚热带常绿阔叶林区域、西部（半湿润）常绿阔叶林亚区域，但其南、北段又分属于不同植被地带的林区，南段属于高原亚热带南部季风常绿阔叶林地带，北段属于高原亚热带北部常绿阔叶林地带。自然植被参照《云南植被》（吴征镒和朱彦承，1987）的分类原则、单位和系统（人工植被主要考虑其在当地经济中的地位和代表性，划分出的群落类型及分类系统反映出自然植被的多样性和不同人为影响程度下天然植被的变化规律和关系）。

植被分类系统采用植物群落学-生态学植被分类原则（吴征镒和朱彦承，1987），即主要以综合植物群落自身特征（优势种、群落外貌和结构）为分类依据，并考虑群落的生态关系。

具体原则如下。

A.依据优势种分类。优势种（建群种）或共建种是植物群落组成中数量最多、盖度最大、群落学作用最明显的物种，是重要的分类依据。热带性植被类型中出现的多个建群种（共建种），在划分优势种时较困难，则采用标志种作为划分标准。

B.依据群落外貌和结构分类。群落外貌指群落的外表形状，结构指物种在空间上的搭配和排列状况。不同的群落，反映出不同的群落外貌和结构，是划分植被类型高级单位的依据。

C.依据生态地理特征分类。任何植被类型都具有特定的生态环境和分布的空间，仅以前述两条原则分类是不够的，如针叶林外貌相似，但常包括异质类群，用热量因素来划分亚型，如寒温性、温性、暖温性、暖热性针叶林，生态地理特征起主要作用。因此，把生态地理特征作为分类的一个依据。

D.依据动态特征分类。对一些不稳定的次生类型，考虑到动态演替的阶段变化，不单独划出，与原生植被合为同一类型。对一些相对稳定的次生类型，因反映现状植被，单独划分类型。

二、分类单位和系统

采用 3 个基本等级制，高级单位为植被型，中级单位为群系，基本单位为群丛，并可设置亚级作辅助和补充。各等级划分标准和命名依据《云南植被》（吴征镒和朱彦承，1987）编目系统。

分类单位等级系统为：

植被型 vegetation type

  植被亚型 vegetation subtype

    群系 formation

   群丛 association

各级分类单位的具体划分标准如下所述。

植被型：为本分类系统中最重要的高级分类单位。凡建群种生活型（一级或二级）相同或近似，同时对水热条件生态关系一致的植物群系联合为植被型，如寒温性针叶林、落叶阔叶林、常绿阔叶林、草原等。生活型相同或近似，反映了群落进化过程中对环境条件适应途径的一致；对水热条件生态关系一致说明了它的生态幅度和一定的适应范围。就地带性植被而言，植被型是一个气候区域的产物；就隐域植被而言，它是一定特殊生境的产物。据此确定的植被类型，大致有相似的群落结构，组成群落的主要植物种类具有相似的生态性质以及相似的发生和发展历史，从而在生态系统中具有相似的能量流动与物质循环特点。

植被亚型：为植被型的辅助单位。在植被型内根据优势层片的差异进一步划分亚型。这种层片结构的差异一般是由气候因素的差异和一定的地貌、基质条件的差异引起的。

群系：为本分类系统中一个最重要的中级分类单位，凡是建群种或共建种相同（在热带或亚热带有时是标志种相同）的植物群落联合为群系。由于建群种或共建种相同，一个群系的结构、区系组成、生物生产力以及动态特点都是相似的。

群丛：是植被分类的基本单位，凡属于同一植物群丛的各个具体植物群落（群丛个体或群丛地段），应具有共同正常的植物种类组成和标志群丛的共同植物种类；群落的结构特征相同；群落的生态特征相同，层片配置相同；季相变化和群落生态外貌相同，处在相似的生境；在群落动态方面则是处于相同的群落演替阶段；凡具有明显占优势的建群种或共建种的群落，则这些植物种类相同；群落的地理分布特征相同，即群丛具有一定的分布区。

三、植被分类系统

哀牢山-无量山所在地区气候为中亚热带气候与南亚热带气候的过渡区域，山体海拔高差悬殊，山地立体气候显著，受降水、光照等条件的影响，植被类型多样，总体在水平带上又呈现一个较为完整的植被垂直带谱。参照《中国植被》（中国植被编辑委员会，1980）和《云南植被》（吴征镒和朱彦承，1987）对植被的分类原则、单位和系统，哀牢山-无量山地区的植被型主要可划分为：温性针叶林、暖性针叶林、落叶阔叶林（非地带性）、常绿阔叶林、灌丛或灌草丛、稀树灌木草丛6种植被类型，不同植被型下又可划分为不同的植被亚型和群系，共14个植被亚型，37个群系（表2-9）。

表2-9　哀牢山-无量山的植被分类系统表

（一）温性针叶林

  1. 温凉性针叶林

    1）云南铁杉林（Form.*Tsuga dumosa*）

（二）暖性针叶林

  1. 暖温性针叶林

    1）云南松林（Form. *Pinus yunnanensis*）

    2）华山松林（Form. *Pinus armandii*）

  2. 暖热性针叶林

    1）思茅松林（Form. *Pinus kesiya* var. *langbianensis*）

（三）落叶阔叶林

  1. 暖性落叶阔叶林

续表

（三）落叶阔叶林

  1）尼泊尔桤木林（Form. *Alnus nepalensis*）

  2）桦木林（Form. *Betula alnoides*）

  3）圆叶杨-毛轴蕨林（Form. *Populus rotundifolia* var. *bonatii*-*Pteridium revolutum*）

  4）野核桃林（Form. *Juglans cathayensis*）

（四）常绿阔叶林

  1. 季风常绿阔叶林

   1）毛叶青冈林（Form. *Cyclobalanopsis kerrii*）

   2）小果锥-截果柯林（Form. *Castanopsis fleuryi*-*Lithocarpus truncatus*）

   3）红锥-印度锥林（Form. *Castanopsis hystrix*-*Castanopsis indica*）

   4）枹丝锥林（Form. *Castanopsis calathiformis*）

  2. 半湿润常绿阔叶林

   1）锥类-青冈林（Form. *Castanopsis* sp-*Cyclobalanopsis* sp.）

  3. 中山湿性常绿阔叶林

   1）疏齿锥林（Form. *Castanopsis remotidenticulata*）

   2）硬叶柯林（Form. *Lithocarpus crassifolius*）

   3）壶壳柯林（Form. *Lithocarpus echinophorus*）

   4）木果柯林（Form. *Lithocarpus xylocarpus*）

  4. 山顶苔藓矮林

   1）杜鹃-乌饭-八角矮林（Form. *Rhododendron* sp.-*Vaccinium* sp.-*Lithocarpus* sp.）

   2）硬叶柯-杜鹃-乌饭矮林（Form. *Lithocarpus crassifolius*- *Rhododendron* sp.- *Vaccinium* sp.）

（五）灌丛或灌草丛

  1. 寒温灌丛

   1）两色杜鹃-芳香白珠灌丛（Form. *Rhododendron dichroanthum*-*Gaultheria fragrantissima*）

   2）芳香白珠-玉山竹灌丛（Form. *Gaultheria fragrantissima*-*Yushania* sp.）

   3）美丽马醉木-尾叶白珠灌丛（Form. *Pieris formosa*-*Gaultheria griffithiana*）

   4）硬叶柯-芳香白珠灌丛（Form. *Lithocarpus crassifolius*-*Gaultheria fragrantissima*）

   5）锈叶杜鹃-苍山越桔灌丛（Form. *Rhododendron siderophyllum*-*Vaccinium delavayi*）

   6）芳香白珠-厚皮香灌丛（Form. *Gaultheria fragrantissima*-*Ternstroemia gymnanthera*）

   7）无量山箭竹-美丽箭竹灌丛（Form. *Fargesia wuliangshanensis*-*Fargesia concinna*）

  2. 暖性灌丛

   1）毛叶青冈-高山锥灌丛（Form. *Cyclobalanopsis kerrii*-*Castanopsis delavayi*）

   2）华西小石积-枸子灌丛（Form. *Osteomeles schwerinae*-*Cotoneaster* sp.）

   3）珍珠花-毛杨梅灌丛（Form. *Lyonia ovalifolia*-*Myrica esculenta*）

  3. 灌草丛

   1）毛轴蕨灌草丛（Form. *Pteridium revolutum*）

   2）毛轴蕨-玉山竹灌草丛（Form. *Pteridium revolutum*-*Yushania* sp.）

（六）稀树灌木草丛

  1. 干热性稀树灌木草丛

   1）含木棉、虾子花的中草草丛（Form. medium grassland containing *Bombax ceiba*，*Woodfordia fruticosa*）

  2. 暖热性稀树灌木草丛

   1）水锦树-浆果楝灌丛（Form. *Wendlandia uvariifolia*-*Cipadessa baccifera*）

   2）余甘子-虾子花灌丛（Form. *Phyllanthus emblica*-*Woodfordia fruticosa*）

  3. 栎类萌生灌丛

   1）元江锥萌生灌丛（Form. *Castanopsis orthacantha*）

   2）珍珠花-栎类灌丛（Form. *Lyonia ovalifolia*-*Quercus* sp.）

   3）栓皮栎灌丛（Form. *Quercus variabilis*）

注：（一）、（二）、（三）等为植被型编号；1、2、3等为植被亚型编号；1）、2）、3）等为群系编号

由于受到各种自然条件的影响，哀牢山和无量山地区的植被分类系统略有不同，表 2-10 分别列出了二者的植被分类系统。

表 2-10　哀牢山和无量山的植被分类系统

植被型	植被亚型	哀牢山植被	无量山植被
（一）温性针叶林	温凉性针叶林	云南铁杉林	云南铁杉林
（二）暖性针叶林	暖温性针叶林	云南松林	云南松林
		华山松林	华山松林
	暖热性针叶林	思茅松林	思茅松林
（三）落叶阔叶林	暖性落叶阔叶林	尼泊尔桤木林	尼泊尔桤木林
		桦木林	桦木林
		圆叶杨-毛轴蕨林	野核桃林
（四）常绿阔叶林	季风常绿阔叶林	毛叶青冈-豆腐果林	小果锥-截果柯林
		红锥林	枹丝锥林
	半湿润常绿阔叶林	锥类-青冈林	锥类-青冈林
	中山湿性常绿阔叶林	疏齿锥林	壶壳柯林
		硬叶柯林	木果柯林
	山顶苔藓矮林	杜鹃-乌饭-八角矮林 硬叶柯-杜鹃-乌饭矮林	杜鹃-乌饭-八角矮林
（五）灌丛或灌草丛	寒温灌丛	两色杜鹃-芳香白珠灌丛	锈叶杜鹃-苍山越桔灌丛
		芳香白珠-玉山竹灌丛	芳香白珠-厚皮香灌丛
		美丽马醉木-尾叶白珠灌丛	无量山箭竹-美丽箭竹灌丛
		硬叶柯-芳香白珠灌丛	
	暖性灌丛	毛叶青冈-高山锥灌丛	
		华西小石积-枸子灌丛	
		珍珠花-毛杨梅灌丛	
	灌草丛	毛轴蕨灌草丛	毛轴蕨灌草丛
		毛轴蕨-玉山竹灌草丛	
（六）稀树灌木草丛	干热性稀树灌木草丛	含木棉-虾子花的中草草丛	
	暖热性稀树灌木草丛	水锦树-浆果楝灌丛	
		余甘子-虾子花灌丛	
	栎类萌生灌丛	珍珠花-栎类灌丛	元江锥萌生灌丛
		栓皮栎灌丛	

由于哀牢山和无量山均约为南北走向且北段低南段高，受纬度及相关气候因子的影响，南、北段在植被垂直分布上亦略有不同，图 2-1 所示为无量山和哀牢山地区植被垂直分布示意图。但是，历史的研究资料显示哀牢山的植被地理研究相对深入，而无量山的植物区系研究则略胜，因此，相关列表对比性内容的疏密不一定是现实的准确反映。

四、植物群落

（一）温性针叶林

1. 温凉性针叶林

1）云南铁杉林（Form. *Tsuga dumosa*）

云南铁杉是中亚热带山地垂直带上的植被类型，位于湿性常绿阔叶林之上，形成不连续的数片原

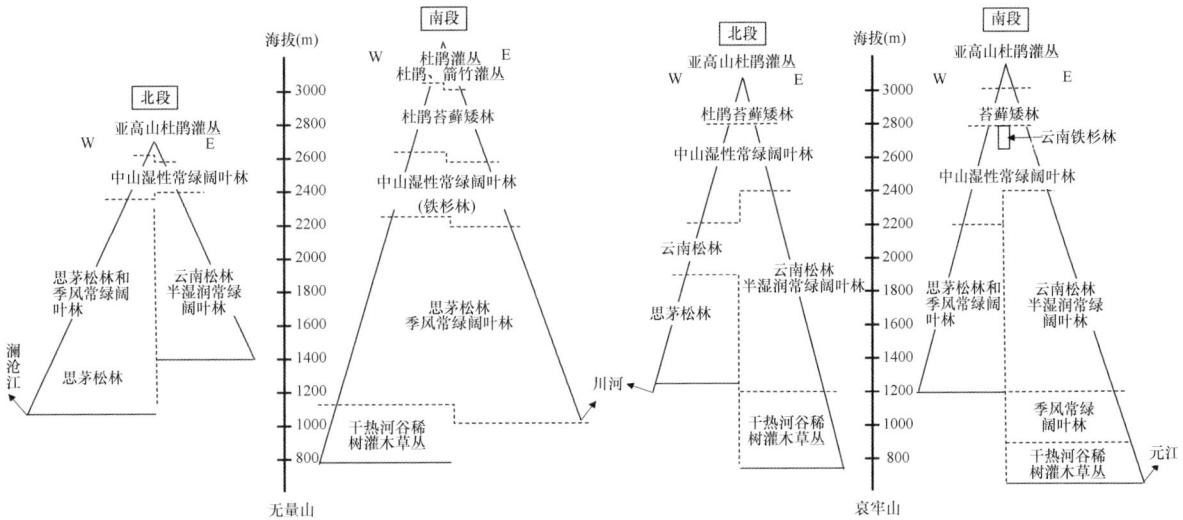

图 2-1　无量山和哀牢山地区植被垂直分布示意图

始纯林，主要分布于海拔 2600～2900（3000）m，群落外观整齐，树冠为尖塔形，呈深绿色，其间镶嵌黄绿色斑点，层次清晰。该群系可分为 2 个群落：云南铁杉-硬叶柯-革叶杜鹃群落（*Tsuga dumosa-Lithocarpus crassifolius-Rhododendron coriaceum* Comm.）和云南铁杉-疏齿锥-吴茱萸叶五加群落（*Tsuga dumosa-Castanopsis remotidenticulata-Gamblea ciliata* var. *evodiifolia* Comm.）。

（1）云南铁杉-硬叶柯-革叶杜鹃群落（*Tsuga dumosa-Lithocarpus crassifolius-Rhododendron coriaceum* Comm.）

该群落分布于哀牢山和无量山海拔 2500～2900m 的一些山脊，群落高 28～32m，盖度 80%～90%，外貌呈墨绿色，层次清晰，群落垂直结构可明显分为乔木上层、乔木下层、灌木层和草本层 4 个层次，层间植物稀少。

乔木上层高 25～32m，主要由云南铁杉（*Tsuga dumosa*）组成，此外伴生有少量壶壳柯（*Lithocarpus echinophorus*）、革叶杜鹃（*Rhododendron coriaceum*）等树种，层盖度 70%～85%。乔木下层高 8～12m，组成种类不多，以革叶杜鹃为主，此外还有云南铁杉的幼株、露珠杜鹃（*Rhododendron irroratum*）、云南柃（*Eurya obliquifolia*）、鹅掌柴属（*Schefflera* sp.）、柯和山茶等，层盖度 50%～65%。灌木层不发达，高 0.5～2.0m，层盖度 5%～10%，种类少，常见的种类有箭竹属（*Fargesia* sp.）、杜鹃花属（*Rhododendron* sp.）、芳香白珠（*Gaultheria forrestii*）、柃属（*Eurya* sp.）、紫金牛属（*Ardisia* sp.）、多脉茵芋（*Skimmia multinervia*）等。草本层高 0.3m 左右，发育程度各地段差异很大，层盖度 5%～40%，常见的草本植物有沿阶草（*Ophiopogon bodinieri*）、麦冬（*Ophiopogon japonicus*）、云南兔儿风（*Ainsliaea yunnanensis*）、穗花兔儿风（*A. spicata*）、瘤足蕨属（*Plagiogyria* sp.）、开口箭属（*Campylandra* sp.）等。林内生境湿润，树干亦有多种附生植物，如附生的蕨类、苦苣苔科植物等。

（2）云南铁杉-疏齿锥-吴茱萸叶五加群落（*Tsuga dumosa, Castanopsis remotidenticulata, Gamblea ciliata* var. *evodiifolia* Comm.）

该群落主要分布于哀牢山大雪锅山的平河一带，在分布海拔上较上一个群落低，常与中山湿性常绿阔叶林镶嵌分布，群落垂直结构可明显分为乔木上层、乔木下层、灌木层和草本层 4 个层次。

乔木上层高约 30m，主要由云南铁杉（*Tsuga dumosa*）组成，此外分布有疏齿锥（*Castanopsis remotidenticulata*），另外还伴生有吴茱萸叶五加（*Gamblea ciliata* var. *evodiifolia*）、槭属（*Acer* sp.）等树种，层盖度约 70%。乔木下层高 5～12m，组成种类较丰富，以常绿阔叶树种为主，常见的如露珠杜鹃、革叶杜鹃、珍珠花（*Lyonia ovalifolia*）、翅柄紫茎（*Stewartia pteropetiolata*）、穗序鹅掌柴（*Schefflera delavayi*）、薄叶山矾（*Symplocos anomala*）、藏刺榛（*Corylus ferox* var. *thibetica*）、山茶属（*Camellia* sp.）植物等。

灌木层高 2～5m，层盖度 5%～10%，种类少，常见的种类有箭竹属、枔属、新樟（*Neocinnamomum delavayi*）、乔木茵芋（*Skimmia arborescens*）、红河鹅掌柴（*Schefflera hoi*）等。草本层高不足 1m，层盖度较低，小于 10%。以蕨类植物为主，如密叶瘤足蕨（*Plagiogyria pycnophylla*）、四回毛枝蕨（*Arachniodes quadripinnata*）、暗鳞鳞毛蕨（*Dryopteris atrata*）、耳蕨属（*Polystichum* sp.）等，另外还可见沿阶草、紫参（*Rubia yunnanensis*）、粗齿冷水花（*Pilea sinofasciata*）、弯蕊开口箭（*Tupistra wattii*）等。林内阴湿，可见多种苔藓植物，附生植物较丰富，常见的有鳞轴小膜盖蕨（*Araiostegia perdurans*）、书带蕨（*Haplopteris flexuosa*）、瓦韦属（*Lepisorus* sp.）、长柄蕗蕨（*Hymenophyllum polyanthos*）、褐柄剑蕨（*Loxogramme duclouxii*）、黑鳞假瘤蕨（*Selliguea ebenipes*）、友水龙骨（*Goniophlebium amoenum*）等。此外，层间植物还可见忍冬属（*Lonicera* sp.）、菝葜属（*Smilax* sp.）、南五味子（*Kadsura longipedunculata*）、崖爬藤属（*Tetrastigma* sp.）等。

（二）暖性针叶林

1. 暖温性针叶林

1）云南松林（Form. *Pinus yunnanensis*）

云南松林被认为是半湿润常绿阔叶林区植物群落演替系列森林演替的早期阶段，现在的云南松林多数是半湿润常绿阔叶林被砍伐后形成的次生植被。云南松林在哀牢山-无量山内垂直分布幅度很大，海拔（1200）1600～2100（2400）m 均有分布，有少量为云南松与木荷混交林。云南松纯林群落结构简单，林下空旷，草本和灌木稀少，群落种类组成较少。乔木层以云南松为优势种，灌木层植物种类不多，且数量少。该地区的云南松林主要可以分为云南松-银木荷群落（*Pinus yunnanensis*，*Schima argentea* Comm.）、云南松-毛杨梅群落（*Pinus yunnanensis*，*Myrica esculenta* Comm.）和云南松-小果锥群落（*Pinus yunnanensis*，*Castanopsis fleuryi* Comm.）。

（1）云南松-银木荷群落（*Pinus yunnanensis-Schima argentea* Comm.）

云南松-银木荷群落主要分布在海拔 1900～2100（2300）m 的地区，结构层次明显，分乔、灌、草三层。乔木层以云南松为优势种，层高 15～18m，阔叶树以银木荷为标志，其他还有毛叶木姜子（*Litsea mollis*）和落叶的尼泊尔桤木（*Alnus nepalensis*）；灌木层高 5m 左右，以密花树（*Myrsine seguinii*）、水红木（*Viburnum cylindricum*）为标志；草本层植物不多，常见的有暗鳞鳞毛蕨、野拔子（*Elsholtzia rugulosa*）。

（2）云南松-毛杨梅群落（*Pinus yunnanensis*，*Myrica esculenta* Comm.）

云南松-毛杨梅群落主要分布在海拔 1700～1900m 的山地，群落外貌翠绿色，林冠参差不齐，乔、灌、草层次分明。乔木层由云南松组成，一般高 15m 左右，最高 20m，平均胸径 22cm；灌木层高 3～5m，盖度约 10%，种类组成中多为阳性植物，主要的有毛杨梅、珍珠花、黄杞（*Alfaropsis roxburghiana*）、大白杜鹃（*Rhododendron decorum*）、金叶子（*Craibiodendron stellatum*）、美丽马醉木（*Pieris formosa*）、滇白珠（*Gaultheria leucocarpa* var. *yunnanensis*）等；草本层高约 80cm，盖度 5%左右，种类不多，常见的有滇龙胆草（*Gentiana rigescens*）、黄腺香青（*Anaphalis aureopunctata*）、毛轴蕨（*Pteridium revolutum*）、野拔子、旱茅（*Schizachyrium delavayi*）等。

（3）云南松-小果锥群落（*Pinus yunnanensis-Castanopsis fleuryi* Comm.）。

云南松-小果锥群落类型在该地区为暖温性针叶林分布的下限，分布于海拔 1500m 以下，群落外貌灰绿色，结构层次分三层。乔木层以云南松为优势种，主要由云南松、小果锥、西南木荷（*Schima wallichii*）、黄毛青冈（*Cyclobalanopsis delavayi*）和珍珠花组成；灌木层高 2～5m，种类较多，主要有南烛（*Vaccinium bracteatum*）、网脉山龙眼（*Helicia reticulata*）、小果锥、栓皮栎（*Quercus variabilis*）、金叶子、毛杨梅等；草本层高 1m 以下，种类较多，生长茂密，以毛轴蕨和野拔子为主，其间杂生有木本植物的幼树、幼苗。

2）华山松林（Form. *Pinus armandii*）

华山松林分布面积最小，且多为人工林，分布零星。分布海拔 220～2400m，外观颜色为深绿色，树冠圆锥形,林冠不整齐,群落总盖度为 80%~95%。仅分为乔木层和林下两层。乔木层全由华山松组成,高 15~18m,胸径 20~30cm。群落受人为干扰严重,林下空旷,灌木层、草本层不明显。灌木层高 1~2.5m,层盖度 5%~10%,常见的灌木有厚皮香(*Ternstroemia gymnanthera*)、香薷属(*Elsholtzia* sp.)、毛杨梅、栽秧花(*Hypericum beanii*)、臭荚蒾(*Viburnum foetidum*)、珊瑚冬青(*Ilex corallina*)等。草本层盖度 30%~40%,高一般在 80cm 以下,最常见的种类是紫茎泽兰(*Eupatorium adenophorum*),其他常见的种类还有西南委陵菜(*Potentilla lineata*)、薹草属(*Carex* sp.)和火绒草属(*Leontopodium* sp.)等。藤本植物只见栽秧泡(*Rubus ellipticus* var. *obcordatus*)和马甲菝葜(*Smilax lanceifolia*)。

2. 暖热性针叶林

1)思茅松林(Form. *Pinus kesiya* var. *langbianensis*)

思茅松林属暖热性针叶林,为季风常绿阔叶林区的先锋森林群落或次生森林群落。主要分布在低海拔地区,海拔一般在 1800m 以下,局部地方可分布到 2300m 左右,哀牢山-无量山的思茅松林有两种类型,一是以思茅松为优势种,伴生西南木荷(*Schima wallichii*)等其他阔叶树种的针阔混交林;二是思茅松纯林。该地区的思茅松林处在其分布区的北缘,具有和云南松林过渡的明显特征。主要表现在两种林分布镶嵌、交错,两者的分布界限难以确定;思茅松林内的伴生植物有些是云南松林的常见种类,如云南油杉、水红木等。

思茅松林多是针阔混交林群落,外貌整齐,林下小乔木和灌木丰富,群落结构复杂。群落可分为乔木上层、小乔木层、灌木层和草本层。乔木上层全由思茅松组成,高 15~17m,胸径 18~40cm,层盖度 70%~80%。小乔木层高 4~10m,盖度约 40%,主要种类为西南木荷(*Schima wallichii*)、银木荷(*Schima argentea*),还常见云南油杉(*Keteleeria evelyniana*)、小果锥、毛杨梅、米饭花和马缨花(*Rhododendron delavayi*)。林下灌木层极为发达,层盖度 50%~60%,包括乔木上层和小乔木层种类的幼树,以及槲栎(*Quercus aliena*)、水锦树(*Wendlandia uvariifolia*)、野拔子、水红木和芳香白珠等。草本层植物稀少,种类有毛轴蕨、荩草(*Arthraxon hispidus*)、兔儿风两种、石松(*Lycopodium japonicum*)等,高度一般在 40cm 以下,层盖度不超过 10%。层间植物只见栽秧泡(*Rubus ellipticus* var. *obcordatus*)和马甲菝葜(*Smilax lanceifolia*)等。受到的人为干扰较多。

(三)落叶阔叶林

1. 暖性落叶阔叶林

1)尼泊尔桤木林(Form. *Alnus nepalensis*)

尼泊尔桤木林多分布在人为影响较大的周边区,常以小片纯林出现。是一种次生植被,是尼泊尔桤木(*Alnus nepalensis*)种子侵入遭砍伐后火烧地或撂荒的常绿阔叶林形成的。

群落外貌夏季深绿,冬季落叶,季相变化明显。群落结构简单,多数垂直结构为乔木和草本两层,灌木稀少。乔木层全由尼泊尔桤木组成,林冠有疏有密。灌木稀少,种类多为一些阳性灌木。多数地段草本层较为发达,层盖度达 40%~60%,种类以紫茎泽兰最常见。主要有 3 个群落类型:尼泊尔桤木-银木荷-红锥群落(*Alnus nepalensis*,*Schima argentea*,*Castanopsis hystrix* Comm.)、尼泊尔桤木-团香果群落(*Alnus nepalensis*,*Lindera latifolia* Comm.)和尼泊尔桤木-毛轴蕨群落(*Alnus nepalensis*,*Pteridium revolutum* Comm.)。

(1)尼泊尔桤木-银木荷-红锥群落(*Alnus nepalensis-Schima argentea-Castanopsis hystrix* Comm.)

该群落类型主要分布于海拔 2000~2300m,乔木层可分为三个亚层。乔木上层由尼泊尔桤木组成,高约 23m;乔木中层高 14~18m,主要组成种类有银木荷、红锥(*Castanopsis hystrix*)、高盆樱桃(*Cerasus cerasoides*)等;乔木下层高 7~11m,主要组成种类有云南樟(*Cinnamomum glanduliferum*)、香面叶(*Iteadaphne caudata*)、麻子壳柯(*Lithocarpus variolosus*)、猫儿屎(*Decaisnea insignis*)、珍珠花、半齿枥

（*Eurya semiserrata*）等。灌木层高约 0.5m，层盖度约 50%，主要种类有箭竹、刺红珠（*Berberis dictyophylla*）、瑞香（*Daphne odora*）、西南红山茶（*Camellia pitardii*）、狐臭柴（*Premna puberula*）、冻绿（*Rhamnus utilis*）、黄荆（*Vitex negundo*）等。草本层盖度约 30%，以紫茎泽兰（*Ageratina adenophora*）为优势种，其他种类有姬蕨（*Hypolepis punctata*）、粉红方秆蕨（*Glaphyropteridopsis rufostraminea*）、野拔子、雨蕨（*Gymnogrammitis dareiformis*）、竹叶草（*Oplismenus compositus*）、箐姑草（*Stellaria vestita*）、獐牙菜（*Swertia bimaculata*）、黄水枝（*Tiarella polyphylla*）等。层间植物有蔷薇属（*Rosa* sp.）、悬钩子属（*Rubus* sp.）、崖爬藤属（*Tetrastigma* sp.）等类群的植物。

（2）尼泊尔桤木-团香果群落（*Alnus nepalensis-Lindera latifolia* Comm.）

该群落类型受人为干扰强烈，林内常绿乔木树种呈灌木状。群落结构可分为乔木、灌木、草本三层。

乔木层由尼泊尔桤木组成；灌木层主要组成种类有箭竹（*Fargesia spathacea*）、团香果（*Lindera latifolia*）、团花新木姜子（*Neolitsea homilantha*）、拟檫木（*Parasassafras confertiflora*）、毛叶木姜子（*Litsea mollis*）、香面叶、毛果黄肉楠（*Actinodaphne trichocarpa*）、匙萼金丝桃（*Hypericum uralum*）、野楤头（*Aralia armata*）、云南野桐（*Mallotus yunnanensis*）等，盖度约 70%。草本层盖度约 30%，以紫茎泽兰为优势种，高 1～1.2m，其他种类有竹叶草、酸模叶蓼（*Polygonum lapathifolium*）、裂苞艾纳香（*Blumea martiniana*）、红线蕨、皱叶狗尾草（*Setaria plicata*）、龙胆属（*Gentiana* sp.）、箐姑草等。层外植物较为发达，主要为悬钩子属植物，其他种类还有蝶形花科的苦葛（*Pueraria peduncularis*）等。

（3）尼泊尔桤木-毛轴蕨群落（*Alnus nepalensis-Pteridium revolutum* Comm.）

该群落类型大多是在山地烧垦丢荒后形成的毛轴蕨灌草丛类型中，尼泊尔桤木侵入逐步成林，所以该群落一般多为中、幼龄级纯林。结构简单，只有乔木、草本两层。

乔木层由尼泊尔桤木组成，高 3～10m，偶有云南松及其他阔叶树种混生其间。灌木种类少而不成层片，混生于草丛中，常见的有匙萼金丝桃、芳香白珠、珍珠花、玉山竹及多种悬钩子。草本层盖度 70%～80%，植物种类以毛轴蕨和紫茎泽兰占绝对优势，其他常见种类有滇龙胆草、黄毛草莓（*Fragaria nilgerrensis*）、箐姑草等。

2）桦木林（Form. *Betula alnoides*）

该群系下仅见一个群落类型，即西桦-银木荷-截果柯群落（*Betula alnoides-Schima argentea*, *Lithocarpus truncatus* Comm.）。

西桦-银木荷-截果柯群落类型分布于海拔 2100m 左右，乔木层可分三个亚层，乔木上层以西桦占优势，平均树高 35m；乔木中层高 16～26m，主要组成树种有银木荷、截果柯、秤星树（*Ilex asprella*）、云南紫茎（*Stewartia calcicola*）、拟檫木、红花木莲（*Manglietia insignis*）、多花含笑（*Michelia floribunda*）、青藤公（*Ficus langkokensis*）、尼泊尔桤木等；乔木下层高 7～10m，由小乔木和上层乔木的幼树组成，主要种类有团香果、林地山龙眼（*Helicia silvicola*）、珍珠花、团花新木姜子、厚皮香、米饭花、穗序鹅掌柴等。灌木层盖度约 50%，除灌木种类外，还有部分乔木幼苗，主要种类有华南毛柃（*Eurya ciliata*）、单耳柃（*Eurya weissiae*）、翅柄紫茎、珍珠花、箭竹、朱砂根（*Ardisia crenata*）、瑞香等。草本层高 20～100cm，盖度约 70%。植物种类主要有尖子木（*Oxyspora paniculata*）、红线蕨、耳蕨属、鳞盖蕨属（*Microlepia* sp.）、霹雳薹草（*Carex perakensis*），其他种类有云南兔儿风、酸模叶蓼、滇线蕨（*Leptochilus ellipticus* var. *pentaphyllus*）、叶下花（*Ainsliaea pertyoides*）等。层外植物有崖豆藤属（*Millettia* sp.）、奶子藤（*Bousigonia mekongensis*）、八月瓜（*Holboellia latifolia*）、毛过山龙（*Rhaphidophora hookeri*）、亮叶素馨（*Jasminum seguinii*）、西南菝葜（*Smilax biumbellata*）、防己叶菝葜（*Smilax menispermoidea*）等。此外，还有蕨类、兰科等附生植物，如毛鳞蕨（*Tricholepidium normale*）、伏生石豆兰（*Bulbophyllum reptans*）等。

3）圆叶杨-毛轴蕨林（Form. *Populus rotundifolia* var. *bonatii-Pteridium revolutum*）

该群系下仅见一个群落类型，即圆叶杨-毛轴蕨群落（*Populus rotundifolia-Pteridium revolutum* Comm.）。该群落类型多分布在采伐迹地上，海拔 2200～2500m，面积很小，呈小团状分布，总盖度 50%～

60%。乔木层高 2～5m，以圆叶杨为优势种，其他树种有银木荷、麻子壳柯、硬壳柯等。灌木层高 1～1.5m，种类繁杂，常见的有白瑞香（*Daphne papyracea*）、玉山竹、楤木（*Aralia elata*）、匙萼金丝桃、芳香白珠、珍珠花、水红木、黄丹木姜子（*Litsea elongata*）、荷包山桂花（*Polygala arillata*）及多种悬钩子等。草本层以毛轴蕨为主，其他有珠光香青（*Anaphalis margaritacea*）、糯米团（*Gonostegia* hirta）、滇龙胆草、大籽獐牙菜（*Swertia macrosperma*）、鞭打绣球（*Hemiphragma heterophyllum*）、猪殃殃（*Galium spurium*）、黄毛草莓等。层间植物有两型豆（*Amphicarpaea edgeworthii*）、菝葜属（*Smilax* sp.）等。

4）野核桃林（Form. *Juglans cathayensis*）

野核桃林为次生林，分布十分星散，见于无量山片区山箐，面积很小，仅为群落片段存在。群落季相十分明显，春、夏季绿叶葱葱；冬季枝干裸露。林冠起伏不平。乔木胸径 7～25cm，有 2～3 株丛生状。灌木层发达，高 1.5～2.5m，层盖度达 50%左右，以大序醉鱼草（*Buddleja macrostachya*）为优势种。草本层高 0.5m 以下，主要组成种类有鼠麹草（*Gnaphalium affine*）、紫茎泽兰、老鹳草属（*Geranium* sp.）、牛膝（*Achyranthes bidentata*）、箐姑草和荩草（*Arthraxon hispidus*）等。

（四）常绿阔叶林

1. 季风常绿阔叶林

季风常绿阔叶林是分布于低海拔终年大气湿润气候条件下的植被类型。种类组成中有许多茜草科、紫金牛科、芸香科等热带成分。哀牢山-无量山处于云南季风常绿阔叶林区的北部边缘，季风常绿阔叶林具有向半湿润常绿阔叶林过渡的一些表现，群落中常伴生有半湿润常绿阔叶林的成分。

哀牢山-无量山的季风常绿阔叶林群落可归为毛叶青冈林（Form. *Cyclobalanopsis kerrii*）、小果锥-截果柯林（Form. *Castanopsis fleuryi-Lithocarpus truncatus*）、红锥-印度锥林（Form. *Castanopsis hystrix-Castanopsis indica*）和枹丝锥林（Form. *Castanopsis calathiformis*）4 个群系。

1）毛叶青冈林（Form. *Cyclobalanopsis kerrii*）

该群系有毛叶青冈-豆腐果群落（*Cyclobalanopsis kerrii-Buchanania latifolia* Comm.）一个群落类型。该群落类型分布于哀牢山东坡的元江峡谷山地，海拔 800～1200m。群落结构层次明显，分乔木层、灌木层、草本层三层。乔木层盖度 40%左右，高 5～12m，一般可分为两层，乔木上层由毛叶青冈组成单优层片，高 8～12m，乔木亚层 3～6m，主要组成树种有豆腐果和毛叶青冈幼树；灌木层盖度约 30%，成丛性分布不均，高 0.5～3m，主要组成种类有余甘子（*Phyllanthus emblica*）、毛叶黄杞（*Engelhardia spicata* var. *colebrookeana*）、扁担杆属（*Grewia* sp.）、舞草（*Codariocalyx motorius*）、水锦树等以及上层乔木的幼苗。草本层盖度约 70%，一般高度 50～70cm，种类组成以黄茅占绝对优势，其他种类有芸香草（*Cymbopogon distans*）、刺芒野古草（*Arundinella setosa*）、细柄草（*Capillipedium parviflorum*）、藿香蓟（*Ageratum conyzoides*）、野百合（*Crotalaria sessiliflora*）、翅托叶猪屎豆（*Crotalaria alata*）、球穗草（*Hackelochloa granularis*）、蛇婆子（*Waltheria indica*）、叶下珠（*Phyllanthus urinaria*）等。

2）小果锥-截果柯林（Form. *Castanopsis fleuryi-Lithocarpus truncatus*）

小果锥-截果柯林分布在无量山南段海拔 1300～1900m，人为干扰严重。《云南植被》（吴征镒和朱彦承，1987）认为以小果锥、截果柯为优势的森林群落是季风常绿阔叶林中分布偏北或海拔偏高的类型，而且带有向半湿润常绿阔叶林过渡的特点。该群系在该地区只有一个群落类型，即小果锥-截果柯群落（*Castanopsis fleuryi-Lithocarpus truncatus* Comm.）。

小果锥-截果柯群落林冠外貌多不整齐，以常绿树种为主，群落结构可分乔木上层、乔木下层、灌木层和草本层 4 层。乔木上层以小果锥（*Gastanopsis fleuryi*）和截果柯（*Lithocarpus truncatus*）为优势种或标志种，这两个种在群落中的多度在不同群落地段有所变化。一般海拔低的地段小果锥多一些，海拔高的地段截果柯多一些。常见的伴生种中西南木荷最常见，此外还有红锥（*Castanopsis hystrix*）、茶梨

（*Anneslea fragrans*）、深绿山龙眼（*Helicia nilagirica*）、米饭花、壶壳柯、银木荷、毛杨梅、马缨杜鹃和滇南木姜子（*Litsea martabanica*）等。灌木层高 0.5～1.5m，层盖度和组成种类不同地段差异较大，盖度在 5%～30%，常见种类有亮毛杜鹃（*Rhododendron microphyton*）、水红木、芳香白珠、野靛棵（*Mananthes patentiflora*）、假朝天罐（*Osbeckia crinita*）、岗柃（*Eurya groffii*）等。草本层不发达，层盖度在 5%以下，高 50cm 以下。常见种有兔儿风属、紫茎泽兰、沿阶草、千里光属（*Senecio* sp.）、莎草属（*Cyperus* sp.）、阳荷（*Zingiber striolatum*）、耳蕨属（*Polystichum* sp.）、芒萁（*Dicranopteris pedata*）等。层间植物有菝葜属（*Smilax* sp.）、茅莓（*Rubus parvifolius*）等小型藤本植物和石斛属（*Dendrobium* sp.）、瓦韦属（*Lepisorus* sp.）等附生植物。

3）红锥、印度锥林（Form. *Castanopsis hystrix-Castanopsis indica*）

该群系在哀牢山-无量山内分布有红锥-小果柯-西南木荷群落（*Castanopsis hystrix*，*Lithocarpus microspermus*，*Schima wallichii* Comm.）和茶梨群落（*Anneslea fragrans* Comm.）。

（1）红锥-小果柯-西南木荷群落（*Castanopsis hystrix*，*Lithocarpus microspermus*，*Schima wallichii* Comm.）

红锥-小果柯-西南木荷群落类型分布于景东川河流域部分地区的河边，分布海拔 1200～1500m。乔木上层明显，以红锥为优势种，伴生小果柯、西南木荷、尼泊尔桤木等。印度锥也时有所见，但数量不多。乔木下层以粗叶水锦树（*Wendlandia scabra*）、红锥和小果柯为优势种，伴生猴耳环（*Archidendron clypearia*）、粗叶木属（*Lasianthus* sp.）、草鞋木（*Macaranga henryi*）等。灌木层高一般在 2m 以下，常见粗叶木属（*Lasianthus* sp.）、三桠苦（*Melicope pteleifolia*）、山油柑（*Acronychia pedunculata*）等，以及上层树种苗木。草本层以黑鳞珍珠茅（*Scleria hookeriana*）为优势种，这是偏干性的季风常绿阔叶林林下的主要标志种。层间植物可见油麻藤属（*Mucuna* sp.）、菝葜属、素馨属（*Jasminum* sp.）、鱼藤属（*Derris* sp.）等。

（2）茶梨群落（*Anneslea fragrans* Comm.）

该群落类型分布于海拔 1700～1800m，群落外观不整齐，高 8～12m，群落结构可分为乔木层、灌木层和草本层 3 层。该群落类型在物种组成上与上一个群落类型近似，但以茶梨为群落的优势种。乔木层以茶梨、锥属、柯属和木荷属较常见。灌木层高 1.5～5m，常见有毛杨梅、岗柃、香面叶（*Iteadaphne caudata*）、黑面神（*Breynia fruticosa*）、野拔子、金锦香等。草本层稀疏，常见种有十字薹草、小鱼眼草（*Dichrocephala benthamii*）、求米草（*Oplismenus undulatifolius*）、山菅（*Dianella ensifolia*）、糙叶丰花草等。层间藤本植物种类不多，常见种有菝葜、粗叶悬钩子（*Rubus alceifolius*）。附生植物少见。

4）枹丝锥林（Form. *Castanopsis calathiformis*）

该类型分布于无量山片区河谷地带，出现一个群落类型，即枹丝锥群落（*Castanopsis calathiformis* Comm.）。该群落类型分布于海拔 1500m 以下的河谷地区，周边分布有农田，受人为干扰较为严重，群落高 12～15m，群落结构可分为乔木上层、乔木下层、灌木层和草本层。乔木上层以枹丝锥为优势种，胸径在 12～16cm，伴生有思茅松、云南黄杞、常绿榆等，乔木下层主要树种有短萼海桐、牛筋条、深绿山龙眼、浆果楝等；灌木层盖度约 85%，常见为水锦树、鹅掌柴、野拔子、沙针等；草本层盖度约 40%，常见种为山菅、线纹香茶菜（*Isodon lophanthoides*）、云南风铃草（*Campanula pallida*）、金发草（*Pogonatherum paniceum*）、贯众（*Cyrtomium fortunei*）、问荆（*Equisetum arvense*）、长叶苎麻（*Boehmeria penduliflora*）、翅柄合耳菊（*Synotis alata*）、水蔗草（*Apluda mutica*）、沙针、滇蔗茅（*Saccharum longesetosum*）等，林缘分布有紫茎泽兰。该群落类型是人为影响后的一个过渡阶段。

2. 半湿润常绿阔叶林

半湿润常绿阔叶林是滇中高原地区水平地带性的典型植被类型，主要分布于海拔 1900～2400m。组成乔木上层的优势树种或共优种主要为壳斗科的植物，如青冈属（*Cyclobalanopsis* sp.）、锥属（*Castanopsis* sp.）、柯属（*Lithocarpus* sp.）。这类常绿阔叶林仅有一个群系组，即锥类、青冈群系组。哀牢山-无量山分布有 3 个群落类型。

（1）白穗柯-高盆樱桃-泥柯群落（*Lithocarpus craibianus-Cerasus cerasoides-Lithocarpus fenestratus* Comm.）

该群落类型分布于哀牢山片区，分布很广，但成林仅见哀牢山东坡向阳坡面上，分布海拔 1700～2400m，与尼泊尔桤木林及云南松林镶嵌分布。

群落结构可分为乔木层、灌木层、草本层 3 层：乔木层以白穗柯占优势，平均树高 17m，伴生树种有高盆樱桃（*Cerasus cerasoides*）、泥柯（*Lithocarpus fenestratus*）、尼泊尔桤木、云南松等，乔木下层散生小乔木半齿柯；灌木层盖度约 40%，主要种类有西南红山茶、香面叶、箭竹、梁王茶（*Metapanax delavayi*）、梭罗树（*Reevesia pubescens*）、竹叶花椒（*Zanthoxylum armatum*）、鬼吹箫（*Leycesteria formosa*）等；草本层盖度约 30%，以蕨类植物为主，主要有凤尾蕨属多种、鳞毛蕨属多种、红线蕨、金星蕨（*Parathelypteris glanduligera*）等，其他种类有竹叶草（*Oplismenus compositus*）、散斑竹根七（*Disporopsis aspersa*）、茜草（*Rubia cordifolia*）、云南兔耳风、蕨状薹草（*Carex filicina*）、野拔子、聚花草（*Floscopa scandens*）等。层间植物有圆锥菝葜（*Smilax bracteata*）、悬钩子属、马㼏儿属（*Zehneria* sp.）等。

（2）元江锥群落（*Castanopsis orthacantha* Comm.）

该群落以元江锥为群落优势种。元江锥林是半湿润常绿阔叶林中偏湿的类型，群落具有向中山湿性常绿阔叶林过渡的特点。群落外貌苍绿，色调一致，林冠整齐。林内乔木层和小乔木层较为发达，灌木层和草本层植物稀少，有大型藤本植物，树干上苔藓附生较多。

乔木层高 20～25m，层盖度约 80%。以元江锥为优势种，伴生有木果柯和红花木莲。小乔木层高 6～12m，层盖度约 40%，主要植物种类有乔木层树种的幼树、柃属、幌伞枫（*Heteropanax fragrans*）、山矾属（*Symplocos* sp.）等。灌木层高约 1.5m，以箭竹最常见，此外还有亮毛杜鹃（*Rhododendron microphyton*）、厚皮香等。草本层高约 0.5m，层盖度小，种类有沿阶草、穗花兔儿风、秋海棠属一种（*Begonia* sp.）、滇黄精（*Polygonatum kingianum*）、大叶仙茅（*Curculigo capitulata*）等。林间常有藤本植物攀附，如南五味子（*Kadsura longipedunculata*）、长托菝葜（*Smilax ferox*）、茅莓（*Rubus parvifolius*）等。

（3）滇青冈群落（*Cyclobalanopsis glaucoides* Comm.）

该群落类型分布于无量山片区海拔 2100～2300m，群落的外貌常年以深绿为主，仅在早春季和秋季出现小量的黄绿色或红褐色斑点。林冠颇为整齐，因上层树冠的圆球形而略作微波状起伏，或随山坡地形的起伏而作大的波动。层次结构很整齐，大多可分 4 个层次，即乔木上层、乔木下层、灌木层和草本层，藤本和附生植物不多，苔藓地被层极不明显。

乔木上层以滇青冈为主，伴生有白柯（*Lithocarpus dealbatus*）、锐齿槲栎（*Quercus aliena* var. *acutiserrata*）、灰背栎（*Quercus senescens*）、滇润楠（*Machilus yunnanensis*）等；乔木下层可见梁王茶、厚皮香、细齿柃、香叶树（*Lindera communis*）、米饭花、小果冬青、石楠等；灌木层常见种有云南含笑（*Michelia yunnanensis*）、西域青荚叶（*Helwingia himalaica*）、爆杖花（*Rhododendron spinuliferum*）、水红木、匙萼金丝桃等；草本层常见种有刚莠竹（*Microstegium ciliatum*）、草果药（*Hedychium spicatum*）、竹叶草（*Oplismenus compositus*）、长穗柄薹草（*Carex longipes*）、千里光（*Senecio scandens*）、臭节草（*Boenninghausenia albiflora*）、栗柄金粉蕨（*Onychium japonicum* var. *lucidum*）等。

3. 中山湿性常绿阔叶林

中山湿性常绿阔叶林是云南山地垂直带植被类型。哀牢山-无量山的中山湿性常绿阔叶林分布在海拔 2200～2800m 的山体中上部，沿山脊两侧分布。群落外貌夏季为灰绿色，秋季因落叶树种变色而呈现黄棕色的斑块，春季五彩缤纷。树冠为典型的菜花状。群落结构由乔木上层、乔木下层、灌木层和草本层构成，物种丰富。群落以柯属的壶壳柯（*Lithocarpus echinophorus*）、木果柯（*Lithocarpus xylocarpus*）、硬壳柯（*Lithocarpus hancei*）为优势种，不同海拔、地段它们在群落中的优势度不同，伴生种也有所不同。

2500m 以下壶壳柯占优势，2600m 以上以木果柯为优势种，在局部地段硬壳柯占优势。以壶壳柯为优势的群落中主要的伴生种为银木荷，以木果柯和硬壳柯为优势的群落的主要伴生种为变色锥（*Gastanopsis wattii*）和薄片青冈（*Cyclobalanopsis lamellosa*），灌木层一般有明显的箭竹层片，草本层以蕨类植物为标志，藤本植物丰富，附生植物也较多。

哀牢山-无量山的中山湿性常绿阔叶林可分为疏齿锥林、硬叶柯林、壶壳柯林和木果柯林 4 个群系。群系之下可划分出疏齿锥-木果柯群落，疏齿锥-银木荷群落，疏齿锥-硬壳柯群落，疏齿锥-润楠群落，硬叶柯-云南铁杉-革叶杜鹃群落，壶壳柯-红花木莲-团香果群落，木果柯-变色锥群落，木果柯-薄片青冈群落和木果柯-硬壳柯-银木荷群落 9 种群落类型。

1）疏齿锥林（Form. *Castanopsis remotidenticulata*）

疏齿锥林主要分布于哀牢山片区海拔（2200）2400～2600（2800）m，是哀牢山中山湿性常绿阔叶林的主体，连续成片分布在哀牢山东西两侧，主要特点是乔木上层以疏齿锥占有明显的优势，并且共建种丰富。按生境不同可划分成以下 4 个群落类型。

（1）疏齿锥-木果柯群落（*Castanopsis remotidenticulata-Lithocarpus xylocarpus* Comm.）

以疏齿锥和木果柯为优势种组成的森林是哀牢山中山湿性常绿阔叶林中面积最大的原生植被，主要分布于海拔 2400～2600m，外貌灰绿色，林冠波状起伏，比较整齐，结构层次明显，分乔木上层、乔木下层、灌木层、草本层 4 层，各层优势种和标志种显著。

乔木上层高 15～25m，盖度 50%左右，种类以疏齿锥、木果柯占绝对优势，生长茂盛，树干通直、高大，树干上附生有苔藓、地衣。其他植物有顺宁厚叶柯（*Lithocarpus pachyphyllus* var. *fruticosus*）、翅柄紫茎、绿叶润楠（*Machilus viridis*）、连蕊茶（*Camellia cuspidata*）、厚皮香、红花木莲、山茶（*Camellia japonica*）、中华木荷（*Schima sinensis*）、珍珠花、吴茱萸叶五加等。乔木下层高 5～14m，种类丰富，除乔木上层树种外，还有薄叶马银花（*Rhododendron leptothrium*）、单耳枑，以及多种山茶属、杜英属及木姜子属植物。灌木层高 2～4m，以高 3m 左右密集生长的箭竹为优势种，其他灌木种类较少，多为乔木的幼树，常见的灌木有单耳枑、刺通草（*Trevesia palmata*）、乔木茵芋、朱砂根、十大功劳属（*Mahonia* sp.）等。草本层植物相当丰富，尤其是蕨类植物，主要有密叶瘤足蕨（*Plagiogyria pycnophylla*）、四回毛枝蕨、凤尾蕨属（*Pteris* sp.）、扭瓦韦（*Lepisorus contortus*）、毛轴蕨等，其中密叶瘤足蕨是组成草本层的优势植物和标志种，此外，麦冬、白接骨（*Asystasia neesiana*）等也是草本层中的常见种。层间藤本植物较发达，常见的有菝葜属、悬钩子属、崖爬藤属物种和常春藤（*Hedera nepalensis* var. *sinensis*）等。

（2）疏齿锥-银木荷群落（*Castanopsis remotidenticulata-Schima argentea* Comm.）

疏齿锥-银木荷群落主要分布在小山脊及靠山脊两侧坡地排水良好的地方，生境相应比较干燥，土壤为黄棕壤。群落外貌灰绿色，间有浅绿、黄绿等色斑，呈团状起伏。群落结构分为 4 层，即乔木上层、乔木下层、灌木层和草本层。

乔木上层高 15～28m，平均高 22m，以疏齿锥、银木荷、南洋木荷（*Schima noronhae*）、木果柯、硬壳柯、吴茱萸叶五加等为主，其他树种有截果柯、多花含笑（*Michelia floribunda*）、山茶、珍珠花、交让木（*Daphniphyllum macropodum*）、红花木莲，团花新木姜子、冬青、大八角（*Illicium majus*）、蜡叶杜鹃（*Rhododendron lukiangense*）、毛豹皮樟（*Litsea coreana* var. *lanuginosa*）、多花山矾（*Symplocos ramosissima*）、菱叶钓樟（*Lindera supracostata*）等，盖度 70%左右。乔木下层高 8～15m，平均高 12m，主要种类有薄叶马银花、厚皮香、乔木茵芋、海桐山矾（*Symplocos heishanensis*）、桃叶石楠（*Photinia prunifolia*）、柃属（*Eurya* sp.）等，分布稀疏，盖度 30%左右。灌木层盖度 70%左右，以箭竹层片为标志。种类除上层乔木的幼苗外，常见的有毛叶木姜子、尖子木、长苞十大功劳（*Mahonia longibracteata*）、野桂花（*Osmanthus yunnanensis*）、细齿桃叶珊瑚（*Aucuba chlorascens*）等。草本层盖度 20%～30%，以蕨类植物为主，其他种类有薹草属、骤尖楼梯草（*Elatostema cuspidatum*）、长茎沿阶草（*Ophiopogon chingii*）、弯蕊开口箭等。层外植物主要为多种菝葜、悬钩子组成，如香花藤（*Aganosma marginata*）、龙骨酸藤子

（*Embelia polypodioides*）、西南菝葜（*Smilax biumbellata*）、小叶菝葜（*Smilax microphylla*）、防己叶菝葜、蛇泡筋（*Rubus cochinchinensis*）等。

（3）疏齿锥-硬壳柯群落（*Castanopsis remotidenticulata-Lithocarpus hancei* Comm.）

疏齿锥-硬壳柯群落主要分布在阳坡，所处环境温暖潮润，阳光相对充足。群落外貌暗绿色，间有黄绿、淡绿等色调，呈团状起伏。群落结构可分成乔木上层、乔木下层、灌木层和草本层 4 个层次。乔木上层平均树高达 25m，常见 30m 以上的大树，平均胸径 40cm，树干通直，平均枝下高 15m，盖度 60%以上。主要由疏齿锥、硬壳柯、银木荷、木果柯、绿叶润楠、红花木莲、圆叶珍珠花（*Lyonia doyonensis*）等树种组成。乔木下层高 10～12m，主要由山茶属（*Camellia* sp.）、八角（*Illicium verum*）、多花山矾、蜡叶杜鹃、云南越桔（*Vaccinium duclouxii*）、柃属多种、大果冬青（*Ilex macrocarpa*）等组成，盖度通常 30%左右。灌木层通常比较发达，以箭竹为绝对优势种，平均高 2.5m。其他常见的树种为乔木茵芋、山矾、柃属多种、长苞十大功劳、中华青荚叶（*Helwingia chinensis*）、细齿桃叶珊瑚、三颗针（*Berberis sieboldii*）、绿叶润楠等，以及乔木树种的幼树，总盖度 50%左右。草本层比较稀疏，盖度 30%左右，以莎草属、沿阶草、薹草属、麦冬、羊齿天门冬（*Asparagus filicinus*）、白接骨及蕨类植物凤尾蕨、密叶瘤足蕨、毛轴蕨、鱼鳞鳞毛蕨（*Acrophorus paleolatus*）、华南鳞毛蕨（*Dryopteris tenuicula*）、四回毛枝蕨等为主。层外植物较少，常见的为崖爬藤属、菝葜属、悬钩子属、大叶茜草（*Rubia schumanniana*）等小型藤本。

（4）疏齿锥-润楠群落（*Castanopsis remotidenticulata-Machilus* sp. Comm.）

疏齿锥-润楠群落类型主要分布在哀牢山两侧海拔 2400～2700m 的沟谷、阴坡缓坡地段，生境温暖潮润。群落外貌亮绿色，间有暗绿、黄绿色，树冠参差不齐，呈团状起伏。群落结构分乔木层、灌木层、草本层 3 层。乔木层平均高 25m，种类组成较单纯。壳斗科成分明显减少，仅见疏齿锥。樟科成分增加，如柳叶润楠（*Machilus salicina*）、滇润楠（*Machilus yunnanensis*）、绿叶润楠等。落叶成分较前三种群落类型有所增加，常见种类为尖叶桂樱（*Laurocerasus undulata*）、毛花槭（*Acer erianthum*）、桃叶石楠、水青树（*Tetracentron sinense*）等。灌木层盖度 30%～40%，箭竹的分布明显减少，灌木层平均高 2m，以尖子木、云南木姜子（*Litsea yunnanensis*）、长毛楠（*Phoebe forrestii*）、西南红山茶、乔木茵芋及秤星树、柃木等种类为主，其他常见的还有朱砂根、瑞香、山矾属、刺通草、绢毛山梅花（*Philadelphus sericanthus*）等。草本层植物以蕨类植物为优势种，总盖度约 50%，高约 50cm，常见有华南鳞毛蕨、密叶瘤足蕨、细裂复叶耳蕨（*Arachniodes coniifolia*）、细裂铁角蕨（*Asplenium tenuifolium*）、滇线蕨（*Leptochilus ellipticus* var. *pentaphyllus*）、紫轴凤尾蕨（*Pteris aspericaulis*）等，其他种类以耐阴湿植物为主，常见有大叶冷水花（*Pilea martini*）、长茎沿阶草、骤尖楼梯草、半夏（*Pinellia ternata*）、七叶一枝花（*Paris polyphylla*）、蓼属（*Polygonum* sp.）等。层外植物发达，木质大藤本有硬齿猕猴桃（*Actinidia callosa*）、清风藤属（*Sabia* sp.）等，其他藤本有五月瓜藤（*Holboellia angustifolia*）、香花藤、白背崖爬藤、荚蒾卫矛（*Euonymus viburnoides*）、长毛赤爬（*Thladiantha villosula*）、菝葜属、悬钩子属等。附生植物丰富，以苔藓植物为主，其他还有树萝卜属、苦苣苔科、多果膜蕨（*Mecodium polyanthos*）等。

2）硬叶柯林（Form. *Lithocarpus crassifolius*）

硬叶柯林是以硬叶柯为标志的中山湿性常绿阔叶林群系类型，该类型下可见硬叶柯-云南铁杉-革叶杜鹃群落（*Lithocarpus crassifolius-Tsuga dumosa-Rhododendron coriaceum* Comm.）

硬叶柯-云南铁杉-革叶杜鹃群落类型分布于哀牢山东坡新平境内海拔 2600～2800m，比较平缓的山区谷地或山梁。群落外貌呈现圆波状起伏，高 18～25m，林冠稠密，群落总盖度 95%以上，可明显地划分为 4 层，即乔木上层、乔木下层、灌木层和草本层。乔木上层高度在 20m 以上，优势种为硬叶柯，其他有云南铁杉、吴茱萸叶五加、珍珠花、革叶杜鹃、山茶等。乔木下层高 10～18m，植物种类丰富，以革叶杜鹃为优势种，其他种类有吴茱萸叶五加、粗壮琼楠（*Beilschmiedia robusta*）、石灰花楸、珍珠花、美丽马醉木、山茶属、山矾属、樱属、杜鹃属、柃属植物等。群落的灌木层以箭竹为绝对优势种，层高约 4m，层盖度为 50%左右。灌木层内有较多乔木层植物的幼树，主要有粗壮琼楠、山茶、吴茱萸叶五加等。

草本层植物种类较少，层高在 30cm 以下，层盖度 30%左右，主要植物种类是鳞毛蕨属、间型沿阶草、吉祥草（*Reineckea carnea*）等。层外植物较多，尤其是附生植物，不仅种类多而且数量丰富。附生植物主要有苔藓植物、蕨类以及兰科的一些种类；藤本植物有五月瓜藤、绣球藤等。

3）壶壳柯林（Form. *Lithocarpus echinophorus*）

壶壳柯林主要分布于无量山片区内，该群系之下可见壶壳柯-红花木莲-团香果群落（*Lithocarpus echinophorus-Manglietia insignis-Lindera latifolia* Comm.）。

壶壳柯-红花木莲-团香果群落主要分布在海拔 2100～2500m 的阳坡或半阳坡。林冠不整齐，优势种不明显，多种物种一起形成乔木层的共优种。乔木层的总盖度达 80%～90%，群落可分为乔木上层、乔木中层、乔木下层、灌木层和草本层。乔木层以壶壳柯、红花木莲、团香果、紫茎、厚皮香、绒叶含笑（*Michelia velutina*）、瓦山安息香（*Styrax perkinsiae*）、耳叶柯（*Lithocarpus grandifolius*）等为共优种，此外还有山矾属一种、翅柄紫茎、梭罗树（*Reevesia pubescens*）、多花含笑（*Michelia floribunda*）、大白杜鹃（*Rhododendron decorum*）、尖叶杜鹃（*Rhododendron openshawianum*）、山胡椒属、山青木（*Meliosma kirkii*）、小叶青冈（*Cyclobalanopsis myrsinifolia*）、华山矾（*Symplocos chinensis*）、腾越枇杷（*Eriobotrya tengyuehensis*）、云南桤叶树（*Clethra delavayi*）、黄肉楠（*Actinodaphne reticulata*）、毛杨梅、尼泊尔桤木、银木荷、森林榕（*Ficus nemoralis*）、白花鹅掌柴（*Schefflera leucantha*）、滇青冈（*Cyclobalanopsis glaucoides*）、刀把木（*Cinnamomum pittosporoides*）、华南蓝果树（*Nyssa javanica*）等。灌木层高 1m 左右，层盖度 50%～60%，主要种类有薄叶马银花、滇瑞香（*Daphne feddei*）、长尾钓樟（*Lindera thomsonii* var. *velutina*）、药囊花（*Cyphotheca montana*）、瑞丽紫金牛（*Ardisia shweliensis*）、针齿铁仔（*Myrsine semiserrata*）、毛柄杜鹃（*Rhododendron valentinianum*）、山莓（*Rubus corchorifolius*）、几种素馨属（*Jasminum* spp.）、几种菝葜属（*Smilax* spp.）等。草本层植物稀少，高 50cm 左右，层盖度仅 10%左右。主要有莎草科植物和蕨类植物如鳞盖蕨属、密叶瘤足蕨、红线蕨、书带蕨、蕗蕨（*Mecodium badium*）等。苔藓植物、地衣植物附生也很丰富。

4）木果柯林（Form. *Lithocarpus xylocarpus*）

木果柯林主要分布于无量山片区内，该群系之下可划分为木果柯-变色锥群落（*Lithocarpus xylocarpus-Castanopsis wattii* Comm.）、木果柯-薄片青冈群落（*Lithocarpus xylocarpus-Cyclobalanopsis lamellosa* Comm.）和木果柯-硬壳柯-银木荷群落（*Lithocarpus xylocarpus-Lithocarpus hancei-Schima argentea* Comm.）3 种群落类型。

（1）木果柯-变色锥群落（*Lithocarpus xylocarpus-Castanopsis wattii* Comm.）

木果柯-变色锥群落类型主要分布在无量山南段海拔 2500～2800m 的地区。森林外貌终年常绿，林冠整齐。群落高随海拔升高有所下降，高海拔地段高 16～18m，山体中下部高 20～22m。群落总盖度约 95%，林下阴暗潮湿。群落结构可分为乔木层、乔木亚层、灌木层、草本层，树干上附生的苔藓、蕨类和附生种子植物丰富。树种中多数更新良好，各龄级个体均有，反映出垂直结构上的连续性。乔木层层盖度 90%左右，高 16～22m，以木果柯、变色锥为优势种，还可见银木荷、硬壳柯、耳叶柯（*Lithocarpus grandifolius*）。乔木亚层高 7～10m，常见的种类有银木荷、翅柄紫茎、厚皮香、红花木莲。灌木层高 2～3m，具明显、发达的箭竹层片。草本层一般不发达，高 0.2～0.8m，常见的种类有沿阶草、叶下花、薹草属、四回毛枝蕨、云南兔儿风、穗花兔儿风、羊齿天门冬等。层间植物主要是中小型藤本及草质藤本，常见种类有五月瓜藤、长托菝葜（*Smilax ferox*）、马甲菝葜。附生植物种类非常丰富，主要种类有红苞树萝卜（*Agapetes rubrobracteata*）、石豆兰属（*Bulbophyllum* sp.）、瓦韦属、书带蕨（*Haplopteris flexuosa*）等。

（2）木果柯-薄片青冈群落（*Lithocarpus xylocarpus-Cyclobalanopsis lamellosa* Comm.）

木果柯-薄片青冈林分于无量山北段，也是以木果柯为乔木层的优势种，但与南段的木果柯-变色锥群落不同，群落中伴生薄片青冈，在有些地段薄片青冈可成为次优势种。木果柯-薄片青冈群落是无量山北段半湿润常绿阔叶林位于元江锥林之上的垂直带植被类型。该群落主要分布在无量山西坡及东坡的一些地段，群落结构可分为乔木层、乔木亚层、灌木层、草本层，树干上附生的苔藓、蕨类和附生种子植物丰富。乔木层一般高 25~28m，层盖度 85%左右，以木果柯和薄片青冈为主。乔木亚层高 8~15m，主要种类有木果柯、薄片青冈、红梗润楠（*Machilus rufipes*）、硬壳柯、红花木莲等。林下具明显的箭竹层片，高 1.5m 左右，盖度约 30%。灌木层中还可见米饭花、粉叶小檗（*Berberis pruinosa*）、长柱十大功劳（*Mahonia duclouxiana*）、枸木等。草本层盖度约 20%，主要种类有沿阶草、黄金凤（*Impatiens siculifer*）、冷水花一种等耐阴植物。

（3）木果柯-硬壳柯-银木荷群落（*Lithocarpus xylocarpus-Lithocarpus hancei-Schima argentea* Comm.）

木果柯-硬壳柯-银木荷群落分布于哀牢山东坡和景东无量山海拔 2100~2500m 的阴坡、半阴坡或半阳坡，群落外貌浓郁，林冠错落参差，林下潮湿，藤本和附生植物丰富。群落盖度约 90%，以木果柯为乔木层的优势种，群落乔木层中伴生硬壳柯、银木荷以及小叶青冈、滇青冈、红花木莲、团香果等。群落结构可分为乔木上层、乔木亚层、灌木层和草本层，乔木上层一般高 20~25m，层盖度约 55%，以木果柯、硬壳柯和银木荷为主。乔木亚层高 10~15m，盖度 40%左右，主要种类有小叶青冈（*Cyclobalanopsis myrsinifolia*）、滇青冈、红花木莲、团香果、红花木莲、吴萸叶五加、黄丹木姜子、山矾属、珍珠花、水红木等。林下具箭竹层片，高 2.5m 左右。灌木层盖度 15%左右，可见针齿铁仔、米饭花、大白杜鹃、粉叶小檗、翅柄紫茎、枸木、长尖叶蔷薇等。草本层稀疏，盖度约 15%，主要种类有沿阶草、翠丽薹草、弯蕊开口箭、亨氏兔儿风、吉祥草、密叶瘤足蕨、凤尾蕨等耐阴植物。

4. 山顶苔藓矮林

山顶苔藓矮林是热带山地或亚热带南部山地海拔 2500m 以上的多风多雾山顶和山脊的典型植被类型。受山顶雾多、湿度大、气温低且日较差大、山风强烈等环境条件限制，群落中的树木低矮，树干弯曲，分枝低而多，树干、树枝、树冠和地面均长有厚厚的苔藓植物。群落以杜鹃花科和越桔科植物为优势种或标志种，常绿阔叶林中的优势科和属在该亚型内有所减少，壳斗科除硬叶柯外，硬壳柯为偶见种，山茶科中只有枸属植物在这里组成乔木层的优势种，樟科植物种类主要是冬季落叶的木姜子属、山胡椒属，无木兰科植物种类。主要乔木树种有大花八角（*Illicium macranthum*）、锈叶杜鹃、美丽马醉木、乔木茵芋等。灌木和草本植物稀少，藤本植物少见。蕨类附生植物主要以水龙骨科的种类为主，如棕鳞瓦韦（*Lepisorus scolopendrium*）、多种假瘤蕨属（*Phymatopteris* sp.），其他附生蕨类还有拟书带蕨、小果蕨等。附生种子植物以树萝卜属较为突出。

哀牢山-无量山内的山顶苔藓矮林不同群落类型可归入杜鹃、乌饭、八角矮林（Form. *Rhododendron* sp.-*Vaccinum* sp.-*Lithocarpus* sp.）和硬叶柯、杜鹃、乌饭矮林（Form. *Lithocarpus crassifolius-Rhododendron* sp.-*Vaccinum* sp.）两个群系，根据优势种的不同又可以分为火红杜鹃-石灰花楸群落（*Rhododendron neriiflorum, Sorbus folgneri* Comm.）、露珠杜鹃-云南桤叶树群落（*Rhododendron irroratum, Clethra delavayi* Comm.）、大花八角-杜鹃群落（*Illicium macranthum* Comm.）、锈叶杜鹃群落（*Rhododendron siderophyllum* Comm.）、硬叶柯-露珠杜鹃群落（*Lithocarpus crassifolius, Rhododendron irroratum* Comm.）5 个群落类型。

（1）火红杜鹃-石灰花楸群落（*Rhododendron neriiflorum, Sorbus folgneri* Comm.）

火红杜鹃、石灰花楸苔藓矮林主要分布在哀牢山片区，外观呈灌丛状，乔木和灌木混为一体，高 3m 左右、盖度达 80%以上，以火红杜鹃、石灰花楸为优势种，其他种类有革叶杜鹃、红毛花楸（*Sorbus rufopilosa*）、圆叶珍珠花、大花八角、吴茱萸叶五加、云南桤叶树及华山松等。草本极少，苔藓层发达，附生植物丰富。

（2）露珠杜鹃-云南桤叶树群落（*Rhododendron irroratum-Clethra delavayi* Comm.）

露珠杜鹃、云南桤叶树苔藓矮林分布于哀牢山片区，是哀牢山覆盖面积最大的一类苔藓矮林，以大雪锅山为代表，成片分布在海拔 2800~3100m 的坡面上，生长茂密，群落结构典型，人为干扰较少。群落结构分乔木层、灌木层、草本层、苔藓层 4 层。群落外貌整齐，深绿色的常绿阔叶树林冠中镶嵌有棕黄色的落叶树冠的斑块。乔木层盖度 95%以上，以露珠杜鹃、短柱柃（*Eurya brevistyla*）、云南槭叶树为主，其他种类有坚木山矾（*Symplocos dryophila*）、粗枝绣球、红棕杜鹃（*Rhododendron rubiginosum*）、乔木茵芋、两色杜鹃、水红木、香花木犀（*Osmanthus suavis*）、冬青等，枝干密被苔藓，附生植物丰富。灌木层盖度 10%~20%，除上层乔木的幼苗外，还分布有荚蒾属、小檗属、紫药女贞（*Ligustrum delavayanum*）、箭竹、细柄十大功劳（*Mahonia gracilipes*）等。草本层盖度 20%~30%，以粉背瘤足蕨（*Plagiogyria glauca*）为主，其他还有多种沿阶草，十字薹草（*Carex cruciata*）、鳞毛蕨、大叶冷水花（*Pilea martini*）、锐叶茴芹（*Pimpinella arguta*）、山酢浆草（*Oxalis griffithii*）、球穗香薷等。层间植物有南五味子、五风藤、绣球藤、竹叶子等。苔藓层厚 8~10cm，组成松软的垫子。

（3）大花八角-杜鹃群落（*Illicium macranthum* Comm.）

大花八角-杜鹃群落类型分布于无量山一些高海拔山顶下的低凹背风处，海拔 2900~2950m，面积不大。群落外貌浓郁密闭，林冠波状。群落内部比较杂乱，环境阴湿，树冠、树枝和树干上都布满苔藓植物。群落分层结构不明显，乔木略可分两层，灌木和草本合为一层。乔木上层高 8~9m，以大花八角为优势种，其次为锈叶杜鹃、山胡椒属一种（*Lindera* sp.）、杜鹃属一种（*Rhododendron* sp.、美丽马醉木等。乔木下层高 4~6m，以米饭花和多脉茵芋（*Skimmia laureola*）为常见种，其次为云南凹脉柃（*Eurya cavinervis*）、绢毛山胡椒、木姜子属（*Litsea* sp.）等。灌草层高 40~50cm，常见种为白瑞香（*Daphne papyracea*）、景东十大功劳（*Mahonia paucijuga*）等。草本中常见瘤足蕨属、耳蕨属植物。

（4）锈叶杜鹃群落（*Rhododendron siderophyllum* Comm.）

锈叶杜鹃群落类型分布于无量山海拔 2600~2800m 的多风山脊部，或近山脊的坡面上。山顶土层薄，多风，林木特别低矮。群落外貌油绿色。树冠半球形，林冠较为整齐。群落结构分乔木层、灌木层和草本层 3 层。乔木层高 5~6m，树木生长较稀疏，层盖度约为 60%。大多数树干基部丛生，形态弯曲倾斜，附生植物极为丰富，乔木种类不多，优势种不明显，相对较显著的种类有锈叶杜鹃、褐背杜鹃，其次有马缨杜鹃等杜鹃花属多种、米饭花、冬青属、柃属少量物种等。灌木层高 0.5~1m，种类少，生长稀散，常见有多脉茵芋、景东十大功劳、地檀香、箭竹、锈叶杜鹃、柃木。草本层高 30cm 以下，种类较少，分布很不均匀。常见草本植物有云南兔儿风（*Ainsliaea yunnanensis*）、龙胆属（*Gentiana* sp.）、虎耳草属（*Saxifraga* sp.）等。林内苔藓植物非常丰富，密布枝干，厚度一般为 5~20cm，主要有三裂鞭苔（*Bazzania tridens*）、暖地泥炭藓（*Sphagnum junghuhnianum*）、拟扭叶藓属（*Trachypodopsis* sp.）、绿羽藓（*Thuidium assimile*）、羽苔属（*Plagiochila* sp.）和绒苔（*Trichocolea tomentella*）等。

（5）硬叶柯-露珠杜鹃群落（*Lithocarpus crassifolius-Rhododendron irroratum* Comm.）

硬叶柯-露珠杜鹃群落类型分布在哀牢山近山顶的缓坡。群落外貌终年常绿，林冠稠密，有人为活动影响。群落结构可分乔木层、灌木层、草本层和苔藓层 4 层。乔木层盖度 90%以上，植株密度大，相比前 4 种群落类型，从群落的外貌特征来看，硬叶柯较为显著。群落伴生种类因地而异，常见的有多种杜鹃、瑞丽鹅掌柴、珍珠花、吴茱萸叶五加、卫矛和多种冬青等。灌木层盖度 20%~30%，以箭竹为主，高 2m 左右，其他种类有尾叶白珠、管花木犀、紫药女贞等。草本层不显著，主要种类有密叶瘤足蕨、多种沿阶草、长柱头薹草（*Carex teinogyna*）、长穗兔儿风等。地表苔藓层厚 5~10（20）cm，柔软、富有弹性。附生苔藓植物、蕨类植物发达。

（五）灌丛或灌草丛

灌丛或灌草丛分布海拔范围较广，寒温灌丛分布在海拔 3000m 以上的一些山峰和山脊的灌丛为原生植被，多可归为亚高山杜鹃灌丛；其他是以阔叶灌木为优势组成的次生植被类型，生态幅广，从低海拔到高海拔均有分布，类型复杂多样，可划分为暖性灌丛和灌草丛，部分因人为破坏后处于恢复期的灌丛群落类型划分入稀树灌木草丛植被类型中，如栎类萌生林等。

1. 寒温灌丛

寒温灌丛是哀牢山-无量山分布海拔最高的一个植被类型，分布在海拔 3000m 以上的一些山峰和山脊的灌丛为原生植被，多可归为亚高山杜鹃灌丛；其他是以阔叶灌木为优势组成的次生植被类型，生态幅广，从低海拔到高海拔均有分布，类型复杂多样。

亚高山杜鹃灌丛所处生境恶劣，树木难于生长，以杜鹃花科的一些种类、厚皮香和箭竹等小灌木形成灌木群落。受组成物种不同和生境影响，群落高度差异较大，0.2～2m 不等。在山峰或山脊顶部由于岩石裸露区域，灌木紧贴地面生长，群落呈垫状，高度只有 0.2～0.5m，而在背风、土层稍厚处的群落，高度可达 2m 左右。哀牢山-无量山该植被亚型有 7 个群落类型。

1）两色杜鹃-芳香白珠群落（*Rhododendron dichroanthum-Gaultheria fragrantissima* Comm.）

两色杜鹃-芳香白珠群落类型是山地垂直带上部相对稳定的原生植被类型。分布于哀牢山的大雪锅山 3100m 以上地段，坡度 25°～30°。生境寒冷、湿润，年均温较低且风大，夏季多雨，冬季有短期积雪覆盖。土壤为亚高山灌丛草甸土。群落简单，只有灌木层、苔藓层两层，草本层发育微弱。灌木层物种为耐寒、中旱生、常绿的革叶灌木，层盖度达 95%左右。可分为两个层片，灌木上层平均高 0.6m，主要建群种是两色杜鹃，其他种类有石灰花楸、毛萼越桔（*Vaccinium pubicalyx*）、绣线菊（*Spiraea salicifolia*）、珍珠花、山石榴（*Catunaregam spinosa*）、红毛花楸（*Sorbus rufopilosa*）、鬼吹箫（*Leycesteria formosa*）、美丽马醉木等。灌木下层高 0.15～0.30m，以芳香白珠为优势种，其他植物种类有苍山越桔（*Vaccinium delavayi*）、树生越桔（*Vaccinium dendrocharis*）等。草本植物零星分布不成层片，主要种类有十字薹草、水朝阳旋覆花（*Inula helianthusaquatilis*）、胀萼蓝钟花（*Cyananthus inflatus*）、球穗香薷、火炭母（*Polygonum chinense*）等。

2）芳香白珠-玉山竹群落（*Gaultheria fragrantissima-Yushania* sp. Comm.）

芳香白珠-玉山竹群落是哀牢山中上部面积最大、分布幅度较宽的常绿阔叶灌丛类型，海拔 2200～3100m。植株低矮、分枝密集。灌木层盖度通常在 80%以上，高 0.8～1.0m，以芳香白珠、玉山竹为主，可见散生较高的灌木和孤立木，如圆叶珍珠花、硬叶柯、顺宁厚叶柯、华山松、云南铁杉等，低海拔地区可见尼泊尔桤木、厚皮香、珍珠花、马缨杜鹃、水红木等。草本层不发达，盖度 10%～20%，主要种类有毛轴蕨、野拔子、解放草、多种香青、野青茅、椭圆叶花锚、长柔毛委陵菜（*Potentilla griffithii* var. *velutina*）、白蘑、石松等。

3）美丽马醉木-尾叶白珠群落（*Pieris Formosa-Gaultheria griffithiana* Comm.）

美丽马醉木-尾叶白珠群落主要分布在哀牢山徐家坝、者竜后山等地，海拔 2500～2700m。由中山湿性常绿阔叶林破坏后形成。群落外貌呈淡红色，混杂有绿色、淡黄色的斑块。群落结构可分为灌木层和草本层，灌木层可分上下两层。灌木上层盖度 50%左右，高 1.5m 左右，以美丽马醉木为主，其他种类有厚皮香、硬叶柯、江南越桔、清香木姜子、华山松等。灌木下层盖度 30%左右，高 0.3m 左右，以尾叶白珠为主要组成物种。草本层稀疏，以扁枝石松（*Lycopodium complanatum*）为主体，其他还有龙胆等。

4）硬叶柯-芳香白珠群落（*Lithocarpus crassifolius-Gaultheria fragrantissima* Comm.）

硬叶柯-芳香白珠群落类型分布于哀牢山片区（新平境内的南秀河两侧山地），海拔 2700～2850m。群落结构可分为灌木层和草本层，灌木层可分上下两层。灌木上层以丛生的硬叶柯为主，其他种类有云南铁杉、华山松、露珠杜鹃、云南桤叶树、美丽马醉木、江南越桔等。灌木下层以芳香白珠为主，高 0.15～0.30m，形成密集的低矮垫状层片，其他可见芒种花、尼泊尔黄花木（*Piptanthus nepalensis*）、玉山竹、滇白珠、绣线菊等。草本层植株低矮，混生于下层灌木中，主要有毛轴蕨、长蕊珍珠菜（*Lysimachia lobelioides*）、椭圆叶花锚、茅膏菜（*Drosera peltata*）、长柔毛委陵菜、野青茅、珠光香青、石松、扁枝石松、鞭打绣球等。

5）锈叶杜鹃-苍山越桔群落（*Rhododendron siderophyllum*，*Vaccinium delavayi* Comm.）

锈叶杜鹃-苍山越桔群落类型分布在无量山片区海拔 2600m 以上的近山顶或山脊的迎风坡和背风坡，群落呈密集灌丛状，外貌较为平整，色调一致。群落高 1.5～2m，分为灌木层和草本层。灌木层分两层，灌木上层和灌木下层，以杜鹃花科植物占优势，灌木上层主要由杜鹃花科几个属的植物组成，常见的有锈叶杜鹃等多种杜鹃、米饭花、美丽马醉木，有时混生少量箭竹。灌木下层植物种类和数量少，常见的种类为尾叶白珠、白花树萝卜、景东十大功劳等。草本植物少见，可见龙胆属、薹草属和大海蓼（*Polygonum milletii*）等。

6）芳香白珠-厚皮香群落（*Gaultheria fragrantissima-Ternstroemia gymnanthera* Comm.）

芳香白珠-厚皮香群落类型分布于无量山片区海拔 2600m 以上的山顶或山脊的迎风坡，土层极薄，有岩石露头。群落结构简单，灌木层低矮，草本层植物少见。灌木层中以芳香白珠为主，呈垫状生长，高30~50cm，海拔低的群落伴生有厚皮香，3000m 以上的伴生有杜鹃花属植物。草本层物种数量少，常见龙胆属植物。

7）无量山箭竹-美丽箭竹群落（*Fargesia wuliangshanensis-Fargesia concinna* Comm.）

箭竹灌丛群系分布在无量山片区海拔 2600m 以上的近山顶或山脊的迎风坡和背风坡，出现无量山箭竹-杜鹃群落（*Fargesia wuliangshanensis-Rhododendron* sp. Comm.）一个群落类型。群落所在地土层极薄，有的地段岩石露头。箭竹、杜鹃灌丛中的种类与前述杜鹃灌丛的基本相同，但箭竹在群落中占优势，呈片状散生，杜鹃呈丛状散生其中，枝叶充满整个群落空间。草本植物相当稀少。

2. 暖性灌丛

1）毛叶青冈-高山锥群落（*Cyclobalanopsis kerrii-Castanopsis delavayi* Comm.）

毛叶青冈-高山锥群落主要分布于哀牢山片区的山坡，海拔 900~1000m。群落外貌黄绿色，盖度约60%，结构层次简单，分灌木层和草本层。灌木层一般高 3m 左右，以高山锥和毛叶青冈为优势种，此外常见的有虾子花、余甘子（*Phyllanthus emblica*）、红皮水锦树（*Wendlandia tinctoria* subsp. *intermedia*）、火绳树（*Eriolaena spectabilis*）、细齿山芝麻（*Helicteres glabriuscula*）、盐肤木（*Rhus chinensis*）等。部分地区有散生的高乔木。草本层高 0.5m 左右，植物种类丰富，以云南地桃花（*Urena lobata* var. *yunnanensis*）、羊耳菊（*Duhaldea cappa*）、紫茎泽兰、松叶西风芹（*Seseli yunnanense*）、藿香蓟（*Ageratum conyzoides*）、海金沙（*Lygodium japonicum*）、竹叶草、心叶稷（*Panicum notatum*）、金发草（*Pogonatherum paniceum*）为主，其他杂草星散分布于草丛中。

2）华西小石积-栒子群落（*Osteomeles schwerinae-Cotoneaster* sp. Comm.）

华西小石积-栒子群落类型分布于哀牢山东坡石灰岩裸露坡地，海拔 1300~1600m。土壤瘠薄，表土流失严重，生境十分干旱。群落外貌呈灰黑色，夹杂黄绿色的斑块，结构分灌木层、草本层两层。灌木层盖度40%~50%，以华西小石积为主，高 0.5~0.8m，成丛分布，小叶栒子混生在华西小石积植丛间。其他灌木有余甘子、水锦树、毛叶珍珠花（*Lyonia villosa*）、火绳树、沙针（*Osyris quadripartita*）、羊耳菊、绣线菊、算盘子多种等。草本层盖度30%左右，高 0.4~0.5m，以黄茅为优势种，其他有黄背草、裂稃草（*Schizachyrium brevifolium*）、金色狗尾草（*Setaria pumila*）、紫马唐（*Digitaria violascens*）等。

3）珍珠花-毛杨梅群落（*Lyonia ovalifolia-Myrica esculenta* Comm.）

珍珠花-毛杨梅群落类型仅见于哀牢山西坡海拔 2100~2300m 的阳坡、半阳坡。坡度35°左右，土壤为山地红壤或黄红壤，是常绿阔叶林和暖温性针叶林破坏后形成的。群落结构分为乔木上层、乔木下层和草本层。乔木上层盖度 50%左右，高 4~5m，以珍珠花、毛杨梅为优势种，散生少量小乔木，明显高于灌木上层，种类有高盆樱桃、茶梨、团花新木姜子、尼泊尔桤木等；灌木下层以团状分布的芳香白珠为主。草本层盖度 30%左右，植物种类有毛轴蕨、野青茅、椭圆叶花锚、珠光香青等。

3. 灌草丛

灌草丛植被是亚热带山地常见的植被类型，常出现于人为活动频繁的地区，是森林破坏后又经反复烧垦撂荒后形成的次生植被类型，群落以草本为主，散生少量灌木，类型复杂，以中生性的蕨类组成先锋植物群落。哀牢山-无量山该群系下可见两个植物群落类型。

1) 毛轴蕨灌草丛（Form. *Pteridium revolutum*）

（1）毛轴蕨群落（*Pteridium revolutum* Comm.）

毛轴蕨群落类型是森林植被被砍伐后形成的，群落植物种类相当混杂，除毛轴蕨几乎在各地段都可见外，其他种类变化很大，主要是一些耐旱的阳性草本植物，有时会有少量小灌木散生其中，如芒种花、臭荚蒾、米饭花等。其他常见的草本植物还有黄毛草莓、火绒草（*Leontopodium leontopodioides*）、西南委陵菜（*Potentilla lineata*）、野古草属（*Arundinella* sp.）、鼠麴草（*Gnaphalium affine*）、老鹳草属（*Geranium* sp.）、箐姑草（*Stellaria vestita*）和薹草属（*Carex* sp.）等。

2) 毛轴蕨、玉山竹灌草丛（Form. *Pteridium revolutum-Yushania* sp.）

（1）毛轴蕨-玉山竹群落（*Pteridium revolutum-Yushania* sp. Comm.）

毛轴蕨-玉山竹群落分布在海拔 2000～2700m，群落盖度 50%～70%，高 0.2～0.5m，以毛轴蕨占绝对优势，海拔较高的地区有玉山竹混生其间，高 0.2～0.3m，其他散生灌木有珍珠花、芒种花、芳香白珠、江南越桔、美丽马醉木、多种悬钩子等。草本植物除毛轴蕨外常见的种类还有珠光香青、长柔毛委陵菜、白蔹、蒿一种、多种獐牙菜、多种薹草、尼泊尔蓼（*Polygonum nepalense*）、茅膏菜、鞭打绣球（*Hemiphragma heterophyllum*）、石松、扁枝石松、绶草（*Spiranthes sinensis*）、叉唇角盘兰（*Herminium lanceum*）、缘毛鸟足兰（*Satyrium nepalense* var. *ciliatum*）等。

（六）稀树灌木草丛

1. 干热性稀树灌木草丛

干热性稀树灌木草丛下仅有一种植被类型。

1) 含木棉、虾子花的中草草丛（Form. medium grassland containing *Bombax ceiba*，*Woodfordia fruticosa*）

含木棉、虾子花的中草草丛分布在哀牢山东侧的元江及其支流的河谷地段，海拔在 900m 以下，是比较典型的沟谷稀树灌木草丛植被类型。该类型是南亚热带热性阔叶林经长期人为活动后形成的一个次生植被类型，现仍残留有一些痕迹，木棉、多种合欢、重阳木、榕属等偶有出现。哀牢山-无量山该植被型下仅有豆腐果-虾子花-黄茅群落（*Buchanania latifolia-Woodfordia fruticosa-Heteropogon contortus* Comm.）这一个群落类型。

（1）豆腐果-虾子花-黄茅群落（*Buchanania latifolia-Woodfordia fruticosa-Heteropogon contortus* Comm.）

豆腐果-虾子花-黄茅群落分布在哀牢山东麓海拔 900m 以下的山坡地。群落结构可分为乔木层、灌木层和草本层 3 层，藤本植物少见。乔木层以豆腐果为代表，层高 6～8m，林冠稀疏，彼此不相连接，此外常见的还有火绳树、浆果楝（*Cipadessa baccifera*）、家麻树（*Sterculia pexa*）、毛叶猫尾木（*Markhamia stipulata* var. *kerrii*）、木蝴蝶（*Oroxylum indicum*）、白头树（*Garuga forrestii*）、毛叶黄杞（*Engelhardia spicata* var. *colebrookeana*）、清香木（*Pistacia weinmanniifolia*）及多种合欢属（*Albizia* sp.）、多种榕属（*Ficus* sp.）等。灌木层疏散，有时呈块状分布，总盖度 10%～20%，高约 1m，以虾子花为主，常见的还有余甘子、水锦树、火索麻、细齿山芝麻、小花扁担杆（*Grewia biloba* var. *parviflora*）、木蓝（*Indigofera tinctoria*）、大叶紫珠（*Callicarpa macrophylla*）、银柴（*Aporosa dioica*）、野独活（*Miliusa balansae*）、土蜜树（*Bridelia tomentosa*）、黑面神（*Breynia fruticosa*）、三叶漆（*Terminthia paniculata*）、刺天茄（*Solanum violaceum*）、牛角瓜（*Calotropis gigantea*）等。草本层茂密，总盖度 70%～90%（或更高），平均高 0.8m，组成草本层的常见种有黄茅、粗叶耳草（*Hedyotis verticillata*）、茅根（*Perotis indica*）、刺芒野古草（*Arundinella setosa*）、细柄草（*Capillipedium parviflorum*）、橘草（*Cymbopogon goeringii*）、沟颖草（*Sehima nervosum*）等旱生草类。另外獐牙菜、响铃豆（*Crotalaria albida*）、藿香蓟、短葶飞蓬（*Erigeron breviscapus*）、截叶铁扫帚

（*Lespedeza cuneata*）等种类也较多见。

2. 暖热性稀树灌木草丛

1）水锦树-浆果楝群落（*Wendlandia uvariifolia-Cipadessa baccifera* Comm.）

水锦树-浆果楝群落灌丛主要分布在哀牢山东坡 800～1200m 气候干热、土壤干燥瘠薄的坡地，通常与干热河谷稀树灌草丛相嵌。灌木层以常绿的水锦树、浆果楝为主，有时出现以浆果楝为主的单优群落。灌木层平均高 1.2m，盖度 30%～40%，其他种类仍以耐干热的种类为主，常见有余甘子、毛叶青冈、银柴、云南地桃花、火索麻、清香木、黑面神、细齿山芝麻等。草本层以禾本科旱生草类为主，主要有黄茅、吊丝草、刺芒野古草、茅根、沟颖草、黄背草等。其次，有粗叶耳草、藿香蓟、短葶飞蓬、响铃豆、长葶猪屎豆、飞扬草、小花倒提壶、翼齿六棱菊等。另外在灌丛中有相思子（*Abrus precatorius*）、海金沙、古钩藤（*Cryptolepis buchananii*）、五叶薯蓣等藤本植物。

2）余甘子-虾子花群落（*Phyllanthus emblica-Woodfordia fruticosa* Comm.）

余甘子、虾子花灌丛主要分布在哀牢山两侧 1200m 以下的山坡地，所处环境气候干热，土壤干燥贫瘠。该群落类型是干热河谷稀树灌木草丛遭破坏后形成的，群落外貌黄绿色，植被稀疏，旱季时落叶，群落结构简单，分灌木层和草本层两层。灌木层高 1.5m 左右、盖度约 30%，种类较单纯，除余甘子、虾子花外，还可见三棱枝杭子梢（*Campylotropis trigonoclada*）、大叶千斤拔（*Flemingia macrophylla*）、清香木、银柴、云南地桃花、毛果扁担杆、毛叶黄杞、小漆树（*Toxicodendron delavayi*）、华西小石积、水锦树、菽麻（*Crotalaria juncea*）。草本层较稀疏，盖度 40%～50%，以黄茅、旱茅（*Schizachyrium delavayi*）、拟金茅（*Eulaliopsis binata*）、黄背草、羊耳菊、线叶猪屎豆（*Crotalaria linifolia*）、长波叶山蚂蝗（*Desmodium sequax*）、截叶铁扫帚等为主，平均高 0.5m。

3. 栎类萌生灌丛

栎类萌生灌丛是常绿阔叶林几经砍伐后，迹地上残存的栎类乔木树种伐桩萌芽更新，萌生起来的植株不久又被砍伐，不断反复的砍伐利用使萌生植株矮化，群落一直停留在幼年阶段，群落外貌呈灌丛状。萌生灌丛因受砍伐的频度、强度以及停止砍伐后自然恢复时间长短的不同，群落的高度、盖度、垂直结构、种类组成的群落特征会有很大差异。哀牢山-无量山内的栎类萌生灌丛可分为元江锥萌生灌丛，珍珠花、栎类灌丛和栓皮栎灌丛。

1）元江锥萌生灌丛（Form. *Castanopsis orthacantha*.）

该群系可见元江锥群落（*Castanopsis orthacantha* Comm.）一种类型。元江锥萌生灌丛主要分布在无量山片区北部东坡。群落结构可分灌木上层、灌木下层和草本层。群落高 2.5～3.0m，外貌整齐，群落盖度大于 95%。灌木上层以元江锥为优势种，其次为厚皮香和高山锥，偶见云南松幼树、毛杨梅、珍珠花、华山松和马缨杜鹃等。灌木下层主要有芳香白珠、野拔子、箭竹、银木荷等，高 0.5～1m。草本层植物稀少，高 0.2～0.5m，以火绒草、腺花香茶菜（*Isodon adenanthus*）、滇龙胆草、毛轴蕨和茅叶荩草（*Arthraxon prionodes*）较常见。

2）珍珠花、栎类灌丛（Form. *Lyonia ovalifolia-Quercus* sp.）

珍珠花、栎类灌丛分布在无量山片区海拔 2000m 以下，是常绿阔叶林或栎类萌生灌丛经常受到砍伐等人为长期不断干扰形成的一类灌丛。该群系可见珍珠花-栎类群落（*Lyonia ovalifolia, Quercus* sp. Comm.）一种类型。植物群落以珍珠花、芳香白珠等杜鹃花科的小乔木或灌木种类为优势种，伴生多种栎类植物。栎类植物中常见落叶栎类，如麻栎、大叶栎、栓皮栎、槲栎等。灌木种类以米饭花、芳香白珠、毛杨梅为优势种和标志种，此外还有部分伴生种，如毛果算盘子、茶梨、川梨（*Pyrus pashia*）、香薷属等。草本植物以耐旱的种类为主，如星毛金锦香（*Osbeckia stellata*）、毛轴蕨、黄毛草莓、紫茎泽兰、火绒草、芒萁（*Dicranopteris pedata*）、四脉金茅、石松等。

3）栓皮栎灌丛（Form. *Quercus variabilis*）

栓皮栎群落（*Quercus variabilis* Comm.）主要分布在哀牢山东、西两侧海拔 1400m 以下的山坡地区，是森林类型经反复砍伐后形成的一种次生类型，通常呈萌生状，外貌绿色，呈团状分布。该类型的灌木种类大多是乔木树种，盖度变化幅度大，为 40%～50%，平均高 2m，以壳斗科的栓皮栎、黄毛青冈、毛叶青冈和滇青冈为主，其他常见的有余甘子、云南越桔（*Vaccinium duclouxii*）、红皮水锦树、大叶千斤拔、珍珠花、红木荷、盐肤木、银柴、云南地桃花、小漆树等。草本层一般比较稀疏，盖度 20%～30%，平均高 0.5m，常见的种类有羊耳菊、沿阶草、长萼猪屎豆（*Crotalaria calycina*）、仙茅（*Curculigo orchioides*）及禾本科的细柄黍（*Panicum sumatrense*）、粽叶芦（*Thysanolaena latifolia*）、野古草属（*Arundinella* sp.）、黄背草、黄茅等。层间植物偶见宿苞豆（*Shuteria involucrata*）、海金沙、菝葜等。

第三节 资源植物概况

植物资源类型的划分主要参照《中国植物志》中的经济用途，将该地区的 461 科 1051 属 1572 种资源植物分为药用植物、食用植物、饲用植物、材用植物、纤维植物、绿化观赏植物、芳香植物、油脂植物和其他类（包括指示植物、树脂及树胶类、土农药类、鞣质与染料、有毒植物、蜜源植物、砧木类、昆虫寄主）8 类及其他类。其中，资源植物物种数量比较多的科为菊科、禾本科、唇形科、蝶形花科、蔷薇科等。这些科也是该区域物种数较为丰富的大科。各类资源植物将于附录 2-1 名录中列出资源类别。

资源植物类型划分依据如表 2-11 所示。

表 2-11 资源植物类型划分依据

资源植物类型	划分依据
药用植物	对人类有直接或间接医疗和保健护理功能的植物
食用植物	可直接或间接被人们食用的植物
饲用植物	能够被动物食用、消化吸收，维持其正常生长繁殖并产生各种畜、禽产品的植物
材用植物	可提供木材资源的植物
纤维植物	可为人类提供纤维并作为主要用途而被利用的植物
绿化观赏植物	可用于园林造景、绿化、栽培观赏的植物
芳香植物	具有香气和可供提取芳香油的植物
油脂植物	植物体内含有油脂的植物

哀牢山-无量山区域内初步统计共有药用植物约 941 种（162 科 550 属）、食用植物 144 种（69 科 107 属）、饲用植物 56 种（18 科 45 属）、材用植物 82 种（39 科 64 属）、纤维植物 107 种（37 科 85 属）、绿化观赏植物 76 种（41 科 68 属）、芳香植物 31 种（18 科 26 属）、油脂植物 80 种（38 科 57 属）及其他类资源植物 55 种（39 科 49 属）（表 2-12）。

表 2-12 各类资源植物数量统计表

类别	科数量	属数量	种数量
药用植物	162	550	941
食用植物	69	107	144
饲用植物	18	45	56
材用植物	39	64	82
纤维植物	37	85	107
绿化观赏植物	41	68	76
芳香植物	18	26	31
油脂植物	38	57	80
其他类	39	49	55

一、药用植物

该区域内初步统计共有药用植物约 941 种，分属于 162 科 550 属，是种类最丰富的资源植物类别。其中种类较多的科（20 种以上）为菊科（108 种）、唇形科（52 种）、蝶形花科（48 种）、兰科（38 种）、百合科（28 种）、毛茛科（27 种）、马鞭草科（26 种）、大戟科（24 种）、茜草科（21 种）。

常见的药用植物有茅膏菜（*Drosera peltata*）、何首乌（*Fallopia multiflora*）、草血竭（*Polygonum paleaceum*）、杠板归（*Polygonum perfoliatum*）、羽叶蓼（*Polygonum runcinatum*）、绞股蓝（*Gynostemma pentaphyllum*）、苦参（*Sophora flavescens*）、五加（*Acanthopanax gracilistylus*）、梁王茶（*Nothopanax delavayi*）、积雪草（*Centella asiatica*）、接骨草（*Sambucus chinensis*）、艾蒿（*Artemisia argyi*）、臭灵丹（*Laggera pterodonta*）、苍耳（*Xanthium sibiricum*）、野拔子（*Elsholtzia rugulosa*）、滇黄精（*Polygonatum kingianum*）、七叶一枝花（*Paris polyphylla*）等。

二、食用植物

该区域内初步统计共有食用植物 144 种，分属于 69 科 107 属，主要包括野生食用蔬菜、食果类和饮料植物。野生食用蔬菜主要食用部位有幼嫩的茎、叶、花、果或根部，如毛轴蕨（*Pteridium revolutum*）、大白杜鹃（*Rhododendron decorum*）、黄毛草莓（*Fragaria nilgerrensis*）、山土瓜（*Merremia hungaiensis*）等；饮料植物是指在其果实、根、茎、花和叶等植物器官中，有一种或多种可作为原料加工成饮料的植物，如珍珠莲（*Ficus sarmentosa* var. *henryi*），其瘦果水洗可制作冰凉粉。

三、饲用植物

该区域内初步统计共有饲用植物 56 种，分别属于 18 科 45 属，其中禾本科（Gramineae）和蝶形花科（Papilionaceae）的物种较多，分别有 34 种和 5 种。较常见的物种有草木犀（*Melilotus officinalis*）、鸭茅（*Dactylis glomerata*）、狗牙根（*Cynodon dactylon*）、凤眼蓝（*Eichhornia crassipes*）、浮萍（*Lemna minor*）等。

四、材用植物

该区域内初步统计共有材用植物 82 种，分别属于 39 科 64 属。其中榆科（Ulmaceae）、大戟科（Euphorbiaceae）、壳斗科（Fagaceae）、松科（Pinaceae）和胡桃科（Juglandaceae）的物种较多，绝大部分材用物种为乔木，此外，禾本科的部分竹类也是良好的材用植物。樟科樟属（*Cinnamomum*）、黄肉楠属（*Actinodaphne*）、楠属（*Phoebe*）、润楠属（*Machilus*）出名贵木材，山茶科的木荷属（*Schima*）、桦木科的西南桦（*Betula alnoides*）、金缕梅科的马蹄荷（*Exbucklandia populnea*）等都是重要的优质商品材树种。周边地区大面积分布的思茅松（*Pinus kesiya*）和云南松（*Pinus yunnanensis*）则是广泛应用的速生用材树种。此外，常见的材用植物还有槲栎（*Quercus aliena*）、常绿榆（*Ulmus lanceaefolia*）、云南黄杞（*Engelhardtia spicata*）、云南油杉（*Keteleeria evelyniana*）、龙竹（*Dendrocalamus giganteus*）等。

五、纤维植物

该区域内初步统计共有纤维植物 107 种，分别属于 37 科 85 属。其中含物种数较多的是禾本科、梧桐科（Sterculiaceae）、锦葵科（Malvaceae）、荨麻科（Urticaceae）、松科（Pinaceae）和瑞香科（Thymelaeaceae）。常见的纤维植物有细基丸（*Polyalthia cerasoides*）、椴叶扁担杆（*Grewia tiliifolia*）、构树（*Broussonetia papyrifera*）、水苎麻（*Boehmeria macrophylla*）、芦竹（*Arundo donax*）、小叶买麻藤（*Gnetum parvifolium*）、

长花荛花（*Wikstroemia dolichantha*）等。

六、绿化观赏植物

该区域内初步统计共有绿化观赏植物 76 种，分别属于 41 科 68 属。绿化观赏植物根据观赏部位一般分为观花植物、观叶植物、观果植物、观形植物等，又可根据其形态分为乔木、灌木、草本和藤本观赏植物。其中许多是蔷薇科（Rosaceae）和木兰科（Magnoliaceae）的植物。由于目前园林绿化植物开发的实际情况限制，哀牢山-无量山地区还具有丰富的具开发潜力的绿化植物资源，如木兰科、山茶科（Theaceae）、杜鹃花科（Ericaceae）、安息香科（Styracaceae）、冬青科（Aquifoliaceae）、樟科、槭树科（Aceraceae）、报春花科（Primulaceae）、苦苣苔科（Gesneriaceae）、秋海棠科（Begoniaceae）、葡萄科（Vitaceae）等都有较多具有开发前景的园林绿化植物，有待今后的开发。

七、芳香植物

该区域内初步统计共有芳香植物 31 种，分别属于 18 科 26 属。芳香植物中以唇形科（Labiatae）的种类最多，如香薷属（*Elsholtzia*）、蜜蜂花属（*Melissa*）、姜味草属（*Micromeria*），其他科如蔷薇科、杜鹃花科、五味子科、番荔枝科、樟科、瑞香科（Thymelaeaceae）、马鞭草科（Verbenaceae）、姜科（Zingiberaceae）、禾本科等都有一定数量的芳香植物，部分芳香植物在很大程度上也是蜜源植物。

八、油脂植物

该区域内初步统计共有油脂植物 80 种，分别属于 38 科 57 属。其中含物种数较多的是樟科（Lauraceae）、无患子科（Sapindaceae）、楝科（Meliaceae）、漆树科（Anacardiaceae）、木通科（Lardizabalaceae）、山茶科（Theaceae）、木犀科（Oleaceae）等。一些较为重要的油脂植物如山鸡椒（*Litsea cubeba*）、灯台树（*Cornus controversa*）、檀梨（*Pyrularia edulis*）、红光树（*Knema furfuracea*）等在该区域内均有分布。

九、其他类

其他类如紫胶虫寄主植物在哀牢山-无量山内的主要物种有黄檀属（*Dalbergia*）、合欢属（*Albizia*）、千斤拔属（*Flemingia*）等；蜜源植物较为常见的如香薷属（*Elsholtzia*）、醉鱼草属（*Buddleja*）、杜鹃属（*Rhododendron*）等类群植物；可用作土农药的植物，如马桑（*Coriaria nepalensis*）、青羊参（*Cynanchum otophyllum*）等；鞣质和染料类的植物如诃子（*Terminalia chebula*）、革叶算盘子（*Glochidion daltonii*）、滇鼠刺（*Itea yunnanensis*）、红椿（*Toona ciliata*）、长圆叶梾木（*Cornus oblonga*）等；部分物种是良好的砧木，如川梨（*Pyrus pashia*）；部分植物可以作为指示植物，对环境条件具有指示作用，如蜈蚣凤尾蕨（*Pteris vittata*）（钙质土及石灰岩的指示植物，其生长地土壤 pH 为 7.0～8.0）、半月形铁线蕨（*Adiantum philippense*）（酸性红黄壤的指示植物，其生长地土壤 pH 为 4.5～5.0）等。

第四节　珍稀濒危植物与保护

一、保护植物

珍稀濒危植物指随着现代植物学各分支学科的发展和对某些植物研究的不断深入，我国特有的、稀有的、在科学研究上以及在经济价值上有着重要意义的，或为古老而渐不适应现实环境变化、走向衰落、发育不完整的植物类群或分类单位。

　　按照国际和国内通用标准，首先把珍稀濒危植物划分为三类，即濒危植物、稀有植物和渐危植物，然后根据它们生存受威胁的程度和它们的科学价值、经济价值、文化意义等综合因素，将这三类植物划分为 3 个不同的保护等级。国家一级保护植物是指具有极为重要的科研、经济和文化价值的珍稀濒危植物；国家二级保护植物是指那些在科研、经济上具有重要意义的濒危或稀有种类；省级保护植物是指那些在科研、经济上具有重要意义，但未被列入国家级保护植物名录中的省级珍稀植物。通过查询《国家重点保护野生植物名录》（国家林业和草原局和农业农村部，2021）和《云南省第一批珍稀濒危保护植物名录》（云南省林业厅，1985）进行保护植物的统计，哀牢山-无量山地区国家保护植物共有 82 种，其中国家一级保护植物 3 种，国家二级保护植物 79 种（表 2-13）；云南省保护植物共有 36 种，其中云南省二级保护植物 5 种，云南省三级保护植物 31 种（表 2-14）。

表 2-13　国家保护植物（根据《国家重点保护野生植物名录》）

序号	科中文名	科拉丁名	种中文名	种拉丁名	保护等级
1	苏铁科	Cycadaceae	元江苏铁	*Cycas parvula*	一级
2	苏铁科	Cycadaceae	篦齿苏铁	*Cycas pectinata*	一级
3	红豆杉科	Taxaceae	西藏红豆杉（云南红豆杉）	*Taxus wallichiana*	一级
3-b	红豆杉科	Taxaceae	南方红豆杉	*Taxus wallichiana* var. *mairei*	一级
4	猕猴桃科	Actinidiaceae	软枣猕猴桃	*Actinidia arguta*	二级
5	漆树科	Anacardiaceae	林生杧果	*Mangifera sylvatica*	二级
6	五加科	Araliaceae	竹节参	*Panax japonicus*	二级
6-b	五加科	Araliaceae	疙瘩七	*Panax japonicus* var. *bipinnatifidus*	二级
7	五加科	Araliaceae	姜状三七	*Panax zingiberensis*	二级
8	乌毛蕨科	Blechnaceae	苏铁蕨	*Brainea insignis*	二级
9	伯乐树科	Bretschneideraceae	伯乐树	*Bretschneidera sinensis*	二级
10	使君子科	Combretaceae	千果榄仁	*Terminalia myriocarpa*	二级
11	菊科	Compositae	白菊木	*Leucomeris decora*	二级
12	景天科	Crassulaceae	长鞭红景天	*Rhodiola fastigiata*	二级
13	柏科	Cupressaceae	翠柏	*Calocedrus macrolepis*	二级
14	桫椤科	Cyatheaceae	阴生桫椤	*Alsophila latebrosa*	二级
15	桫椤科	Cyatheaceae	桫椤	*Alsophila spinulosa*	二级
16	蚌壳蕨科	Dicksoniaceae	金毛狗	*Cibotium barometz*	二级
17	禾本科	Gramineae	水禾	*Hygroryza aristata*	二级
18	禾本科	Gramineae	瘤粒稻	*Oryza meyeriana* subsp. *granulata*	二级
19	水鳖科	Hydrocharitaceae	海菜花	*Ottelia acuminata*	二级
20	水鳖科	Hydrocharitaceae	龙舌草	*Ottelia alismoides*	二级
21	樟科	Lauraceae	茶果樟	*Cinnamomum chago*	二级
22	樟科	Lauraceae	细叶楠	*Phoebe hui*	二级
23	百合科	Liliaceae	川贝母	*Fritillaria cirrhosa*	二级
24	石松科	Lycopodiaceae	苍山石杉	*Huperzia delavayi*	二级
25	木兰科	Magnoliaceae	长蕊木兰	*Alcimandra cathcartii*	二级
26	木兰科	Magnoliaceae	大叶玉兰	*Lirianthe henryi*	二级
27	木兰科	Magnoliaceae	西康天女花	*Oyama wilsonii*	二级
28	楝科	Meliaceae	望谟崖摩	*Aglaia lawii*	二级
29	楝科	Meliaceae	红椿	*Toona ciliata*	二级
30	桑科	Moraceae	光叶桑（奶桑）	*Morus macroura*	二级
31	兰科	Orchidaceae	大理铠兰	*Corybas taliensis*	二级
32	兰科	Orchidaceae	纹瓣兰	*Cymbidium aloifolium*	二级
33	兰科	Orchidaceae	莎草兰	*Cymbidium elegans*	二级
34	兰科	Orchidaceae	建兰	*Cymbidium ensifolium*	二级
35	兰科	Orchidaceae	虎头兰	*Cymbidium hookerianum*	二级

续表

科名	科中文名	科拉丁名	种中文名	种拉丁名	保护等级
36	兰科	Orchidaceae	黄蝉兰	*Cymbidium iridioides*	二级
37	兰科	Orchidaceae	寒兰	*Cymbidium kanran*	二级
38	兰科	Orchidaceae	大根兰	*Cymbidium macrorhizon*	二级
39	兰科	Orchidaceae	硬叶兰	*Cymbidium mannii*	二级
40	兰科	Orchidaceae	豆瓣兰	*Cymbidium wilsonii*	二级
41	兰科	Orchidaceae	斑叶杓兰	*Cypripedium margaritaceum*	二级
42	兰科	Orchidaceae	小美石斛	*Dendrobium bellatulum*	二级
43	兰科	Orchidaceae	毛鞘石斛	*Dendrobium christyanum*	二级
44	兰科	Orchidaceae	束花石斛	*Dendrobium chrysanthum*	二级
45	兰科	Orchidaceae	鼓槌石斛	*Dendrobium chrysotoxum*	二级
46	兰科	Orchidaceae	兜唇石斛	*Dendrobium cucullatum*	二级
47	兰科	Orchidaceae	叠鞘石斛	*Dendrobium denneanum*	二级
48	兰科	Orchidaceae	密花石斛	*Dendrobium densiflorum*	二级
49	兰科	Orchidaceae	齿瓣石斛	*Dendrobium devonianum*	二级
50	兰科	Orchidaceae	串珠石斛	*Dendrobium falconeri*	二级
51	兰科	Orchidaceae	长距石斛	*Dendrobium longicornu*	二级
52	兰科	Orchidaceae	细茎石斛	*Dendrobium moniliforme*	二级
53	兰科	Orchidaceae	肿节石斛	*Dendrobium pendulum*	二级
54	兰科	Orchidaceae	圆花石斛	*Dendrobium strongylanthum*	二级
55	兰科	Orchidaceae	球花石斛	*Dendrobium thyrsiflorum*	二级
56	兰科	Orchidaceae	腾冲石斛	*Dendrobium wardianum*	二级
57	兰科	Orchidaceae	独蒜兰	*Pleione bulbocodioides*	二级
58	兰科	Orchidaceae	大花独蒜兰	*Pleione grandiflora*	二级
59	兰科	Orchidaceae	云南独蒜兰	*Pleione yunnanensis*	二级
60	蝶形花科	Papilionaceae	秃叶花榈木	*Ormosia nuda*	二级
61	蝶形花科	Papilionaceae	榄绿红豆	*Ormosia olivacea*	二级
62	蝶形花科	Papilionaceae	云南红豆	*Ormosia yunnanensis*	二级
63	水蕨科	Parkeriaceae	水蕨	*Ceratopteris thalictroides*	二级
64	鬼臼科	Podophyllaceae	川八角莲	*Dysosma delavayi*	二级
65	蓼科	Polygonaceae	金荞麦	*Fagopyrum dibotrys*	二级
66	毛茛科	Ranunculaceae	滇牡丹	*Paeonia delavayi*	二级
67	蔷薇科	Rosaceae	丽江山荆子	*Malus rockii*	二级
68	蔷薇科	Rosaceae	樱桃李	*Prunus cerasifera*	二级
69	蔷薇科	Rosaceae	大花香水月季	*Rosa odorata* var. *gigantea*	二级
70	茜草科	Rubiaceae	香果树	*Emmenopterys henryi*	二级
71	茜草科	Rubiaceae	滇南新乌檀	*Neonauclea tsaiana*	二级
72	无患子科	Sapindaceae	龙眼	*Dimocarpus longan*	二级
73	无患子科	Sapindaceae	荔枝	*Litchi chinensis*	二级
74	茄科	Solanaceae	云南枸杞	*Lycium yunnanense*	二级
75	梧桐科	Sterculiaceae	景东翅子树	*Pterospermum kingtungense*	二级
76	红豆杉科	Taxaceae	云南榧	*Torreya fargesii* var. *yunnanensis*	二级
77	水青树科	Tetracentraceae	水青树	*Tetracentron sinense*	二级
78	山茶科	Theaceae	茶	*Camellia sinensis*	二级
78-b	山茶科	Theaceae	普洱茶	*Camellia sinensis* var. *assamica*	二级
79	山茶科	Theaceae	大理茶	*Camellia taliensis*	二级
80	延龄草科	Trilliaceae	毛叶重楼	*Paris mairei*	二级
81	延龄草科	Trilliaceae	七叶一枝花	*Paris polyphylla*	二级
81-b	延龄草科	Trilliaceae	华重楼	*Paris polyphylla* var. *chinensis*	二级
81-c	延龄草科	Trilliaceae	长药隔重楼	*Paris polyphylla* var. *pseudothibetica*	二级
82	榆科	Ulmaceae	大叶榉树	*Zelkova schneideriana*	二级

表 2-14　云南省保护植物（根据《云南省第一批珍稀濒危保护植物名录》）

科中文名	科拉丁名	种中文名	种拉丁名	云南省保护等级（第一批）
实蕨科	Bolbitidaceae	中华刺蕨	*Egenolfia sinensis*	2
紫树科	Nyssaceae	瑞丽蓝果树	*Nyssa shweliensis*	2
兰科	Orchidaceae	斑叶杓兰	*Cypripedium margaritaceum*	2
省沽油科	Staphyleaceae	嵩明省沽油	*Staphylea forrestii*	2
红豆杉科	Taxaceae	西藏红豆杉	*Taxus wallichiana*	2
夹竹桃科	Apocynaceae	萝芙木	*Rauvolfia verticillata*	3
小檗科	Berberidaceae	尼泊尔十大功劳	*Mahonia napaulensis*	3
香茜科	Carlemanniaceae	四角果	*Carlemannia tetragona*	3
使君子科	Combretaceae	西南风车子	*Combretum griffithii*	3
使君子科	Combretaceae	石风车子	*Combretum wallichii*	3
柿树科	Ebenaceae	异萼柿	*Diospyros anisocalyx*	3
杜鹃花科	Ericaceae	红马银花	*Rhododendron vialii*	3
紫堇科	Fumariaceae	紫金龙	*Dactylicapnos scandens*	3
八角科	Illiciaceae	大花八角	*Illicium macranthum*	3
胡桃科	Juglandaceae	山核桃	*Carya tonkinensis*	3
胡桃科	Juglandaceae	云南枫杨	*Pterocarya delavayi*	3
樟科	Lauraceae	毛尖树	*Actinodaphne forrestii*	3
樟科	Lauraceae	长柄油丹	*Alseodaphne petiolaris*	3
樟科	Lauraceae	琼楠叶木姜子	*Litsea beilschmiediifolia*	3
樟科	Lauraceae	滇润楠	*Machilus yunnanensis*	3
亚麻科	Linaceae	异腺草	*Anisadenia pubescens*	3
木兰科	Magnoliaceae	西藏含笑	*Michelia kisopa*	3
锦葵科	Malvaceae	大萼葵	*Cenocentrum tonkinense*	3
防己科	Menispermaceae	荷包地不容	*Stephania dicentrinifera*	3
木犀科	Oleaceae	蒙自桂花	*Osmanthus henryi*	3
木犀科	Oleaceae	厚边木犀	*Osmanthus marginatus*	3
蝶形花科	Papilionaceae	紫矿	*Butea monosperma*	3
蝶形花科	Papilionaceae	冲天子	*Millettia pachycarpa*	3
鬼臼科	Podophyllaceae	川八角莲	*Dysosma delavayi*	3
毛茛科	Ranunculaceae	滇南草乌	*Aconitum austroyunnanense*	3
红树科	Rhizophoraceae	大叶竹节树	*Carallia garciniifolia*	3
茜草科	Rubiaceae	石丁香	*Neohymenopogon parasiticus*	3
茜草科	Rubiaceae	滇南新乌檀	*Neonauclea tsaiana*	3
梧桐科	Sterculiaceae	梅蓝	*Melhania hamiltoniana*	3
山茶科	Theaceae	五柱滇山茶	*Camellia yunnanensis*	3
瑞香科	Thymelaeaceae	滇瑞香	*Daphne feddei*	3

二、保护建议

　　我国是世界上生物多样性最丰富的国家之一，野生高等植物有 3.5 万多种，约占世界总数的 10%，居世界第三。同时，我国也是生物多样性受威胁最严重的国家之一，《中国生物多样性红色名录——高等植物卷》（环境保护部和中国科学院，2013）中我国仍至少有 11% 的野生高等植物生存受到威胁，珍稀濒危植物保护形势仍然十分严峻。野生植物在维持全球环境、支持人类发展等方面起着至关重要的作用，是人类生产生活的重要物质基础，也是重要的战略资源，珍稀濒危植物的保护需要全社会共同努力。

　　现对哀牢山-无量山植物资源现状提出 6 条保护建议。

（一）保护生态系统

保护生态系统，特别要对保护地外的重要、零星生态系统加以关注。每个物种的生存都离不开其可适应的生态环境，要维持物种的多样性我们首先要维持生态环境的多样性，减少人为对原生环境的影响，对已经受到影响和破坏的环境进行修复。

（二）对保护植物和珍稀植物进行扩繁，在确定的适生区逐步扩大分布范围

除保护现有珍稀濒危植物外，可在珍稀植物植株周围采取人工促进授粉或人工促进种群更新的方式，以达到保护珍稀濒危植物的目的；强化分类分级管理，抢救性保护国家重点保护野生植物和极小种群野生植物。

（三）发展周边社区经济，使保护对象发挥生态效益和经济效益

加强管理工作，缓解人为活动对植被、物种的干扰和破坏离不开当地居民的参与，发展周边社区经济，提高当地居民生活水平，保护工作才能得到居民的支持和参与，才能最大限度降低周边地区林农对林内资源的依赖，减少各类砍伐、采挖、放牧等活动。

（四）完备管理体系，加强巡护及市场监管

进一步做好功能区划分工作，对各区块设立相关管理条例，在充分开发科研、教学、娱乐功能的同时，确保对原自然保护区核心区的保护管理，设立和完善各类标桩、定位警示牌等。

（五）积极开展科普宣传

通过多种途径对民众开展有效的科普宣传，增进人们对保护植物、珍稀濒危植物的认识和了解，进一步加强珍稀濒危野生植物保护，推动生物多样性保护迈上新台阶。

（六）建立相关的数据库

对外来入侵植物进行动态监测，积极防控其对本地生态的破坏。主要体现在调查编目、进行不同等级的预警防范，高一级的行动是要进行合理的清除，以及运用各种手段（物理、化学乃至生物）进行控制。在更大范围，要进行外来入侵植物的联动预警、防除。

第五节　生物廊道建设

随着生产生活的不断发展，人类对自然资源的过度开发利用导致了一系列的生态问题，如环境污染、生境破碎化、动植物栖息地破坏等，严重威胁到许多植物和动物的生存。随着人们生态环保意识的不断加强，许多理论和方法被提出来。而生物廊道的提出，为野生动物的保护提供了新的思路。

生物廊道是连接破碎化生境并适宜生物生活、移动或扩散的通道，是具有一定宽度的条带状区域，除具有廊道的一般特点和功能外，还具有很多生态服务功能，能促进廊道内动、植物沿廊道迁徙，达到连接破碎生境、防止种群隔离和保护生物多样性的目的（吕海燕，2007）。学者认为生物廊道在结构上不同于周围植被的狭窄的植被带，可以连接因破碎化产生的植被斑块，从而有利于动、植物在这些植被斑块之间运动，增强隔离种群的连接度，特别是动物，以达到基因交流。生物廊道不仅应该由乡土植物组成，而且应该具有层次丰富的群落，包括尽可能多的环境梯度并与其相邻的生物栖息地可以过渡连接。

所以廊道的建设要符合至少 3 点：一是结构科学合理，充分考虑目标物种的种群生态、生境需求、取食要求、行为及其与其他物种的相互关系；二是具有足够的宽度和丰富的内部结构、适合的内部环境和充足的食物资源等，能够满足目标物种穿过廊道时所需的基本条件；三是能够永久性地连接起因破碎

化而隔离的生境斑块或者自然保护区，在考虑主要服务对象的前提下关注尽可能多的目标物种，为它们提供高质量的廊道更有利于生物多样性的保护（李正玲等，2009a；李玉强等，2010）。

我国关于生态廊道的建设和相关研究正处于起步阶段，如青藏铁路在修筑时为藏羚保留了迁徙隧道；云南关于亚洲象保护的生态廊道建设和相关研究也获得了不少成果（林柳等，2006，2008；李正玲等，2009b；陈明勇，2010；李玉强和邢韶华，2010；郭贤明等，2015）；深圳市大鹏新区排牙山-七娘山节点生态恢复工程是保证大鹏半岛南北向连通的重要生物通道；此外，关于设立秦岭大熊猫生态廊道、建立广西靖西跨境生物廊道以保护东部西黑冠长臂猿、滇金丝猴等多种国家保护动物的相关研究成果也日渐增加。

哀牢山-无量山东西两侧有川河分隔，连接两条山脉的生物廊道建设可以为哀牢山-无量山的动物活动交流提供一个安全的通道，一条大致由东向西的生物廊道的存在具有重要的生态价值。结合哀牢山-无量山的地理特征、植被特征来看：哀牢山北段西坡植被垂直带依次为亚高山杜鹃灌丛（海拔2900m以上）、常绿阔叶苔藓矮林（海拔2800~3000m）、中山湿性常绿阔叶林（海拔2200~2800m）、云南松林（海拔1900~2200m）和思茅松林（海拔1900m以下）；南段西坡植被垂直带依次为亚高山杜鹃灌丛（海拔3000m以上）、常绿阔叶苔藓矮林（海拔2800~3000m）、中山湿性常绿阔叶林（海拔2200~2800m）、思茅松林和季风常绿阔叶林（海拔2200m以下）。无量山北段东坡植被垂直带依次为亚高山杜鹃灌丛（海拔2600m以上）、中山湿性常绿阔叶林（海拔2400~2600m）、半湿润常绿阔叶林和云南松林（海拔2400m以下）；南段东坡植被垂直带依次为亚高山杜鹃灌丛（海拔3000m以上）、山顶苔藓矮林（海拔2600~3000m）、中山湿性常绿阔叶林（海拔2200~2600m，其间分布有铁杉林）、思茅松林和季风常绿阔叶林（海拔2200m以下）。哀牢山西坡与无量山东坡的植被类型具有相似性和一定的连接性，从哀牢山北段的南华县兔街镇向南经景东彝族自治县文龙镇向西到达无量山南段，这一路线所覆盖地区目前仍分布着大量原生或次生森林植被，是一条极具建设潜力的天然生物廊道。目前来看，要根据联通的主要目标动物的集中活动范围（植被类型），在一定高度确定未来的通道建设概念设计。

在哀牢山-无量山完整的植被区域，我们调查了季风常绿阔叶林下部的红锥群落、枹丝锥（杯状栲）群落，上部的茶梨群落、半湿润常绿阔叶林（滇青冈群落）、中山湿性常绿阔叶林（壶壳柯-红花木莲-团香果群落、木果柯-变色锥群落）等主要的植被类型和群落。

因此，初步看来，此地的生物廊道建设是有基础的，主要原因是具有恢复良好的植被类型和重要的植物原生性质的种类组成，同时，该地区国有林占比也比其他地方大。

参 考 文 献

陈明勇, 胡华斌, 李正玲, 等. 2010. 中国亚洲象保护廊道研究[M]. 昆明: 云南科技出版社.

郭贤明, 王兰新, 杨正斌, 等. 2015. 大型野生动物迁徙廊道设计案例分析——以勐腊-勐养保护区间廊道设计为例[J]. 山东林业科技, 45(1): 1-7.

国家林业和草原局, 农业农村部. 2021. 国家重点保护野生植物名录[EB/OL]. http://www.forestry.gov.cn/c/www/gkbmgz/300099.jhtml.

环境保护部, 中国科学院. 2013. 中国生物多样性红色名录——高等植物卷[EB/OL]. 北京: 环境保护部, 中国科学院.

李锡文. 1995. 云南高原地区种子植物区系[J]. 云南植物研究, 17(1): 1-14.

李玉强, 邢韶华, 崔国发. 2010. 生物廊道的研究进展[J]. 世界林业研究, 23(2): 49-54.

李玉强, 邢韶华. 2010. 西双版纳国家级自然保护区勐养-勐仑亚洲象生物廊道适宜性分析[C]//生物多样性保护, 自然保护区管理与可持续利用研讨会暨生态安全与外来有害生物入侵控制学术研讨会. 中国生态学学会; 江西省生态学会.

李正玲, 陈明勇, 吴兆录, 等. 2009a. 西双版纳社区村民对亚洲象保护廊道建设的认知与态度[J]. 应用生态学报, 20(6): 1483-1487.

李正玲, 陈明勇, 吴兆录. 2009b. 生物保护廊道研究进展[J]. 生态学杂志, 28(3): 523-528.

林柳, 冯利民, 赵建伟, 等. 2006. 在西双版纳国家级自然保护区用3S技术规划亚洲象生态走廊带初探[J]. 北京师范大学学报(自然科学版), 42(4): 405-409.

林柳, 朱文庆, 张龙田, 等. 2008. 云南西双版纳尚勇保护区亚洲象新活动廊道的开辟和利用[J]. 兽类学报, (4): 325-332.

吕海燕, 李政海, 李建东, 等. 2007. 廊道研究进展与主要研究方法[J]. 安徽农业科学, (15): 4480-4482, 4484.

彭华. 1996. 无量山种子植物的区系平衡点[J]. 云南植物研究, 18(4): 385-397.

彭华. 1997. 无量山种子植物区系的特有现象[J]. 植物分类与资源学报, 19(1): 1-14.

彭华. 1998. 滇中无量山种子植物[M]. 昆明: 云南科技出版社.

彭华, 吴征镒. 1997a. 滇中南无量山种子植物区系联系及其地位[J]. 山地学报, 15(3): 151-156.

彭华, 吴征镒. 1997b. 无量山种子植物区系科属的两种不同排序[J]. 云南植物研究, 19(3): 251-259.

秦仁昌. 1978. 中国蕨类植物科属的系统排列和历史来源[J]. 植物分类学报, 16(3): 1-19.

吴征镒. 1958-2004. 中国植物志[M]. 北京: 科学出版社.

吴征镒. 1979. 论中国植物区系的分区问题[J]. 云南植物研究, 1(1): 1-20.

吴征镒. 1991. 中国种子植物属的分布区类型[J]. 云南植物研究, 增刊Ⅳ: 1-139.

吴征镒. 1993. 中国种子植物属的分布区类型(增订和勘误)[J]. 云南植物研究,增刊Ⅳ: 141-178.

吴征镒. 2003. 《世界种子植物科的分布区类型》的修订[J]. 云南植物研究, 25(5): 535-538.

吴征镒, 路安民, 汤彦承, 等. 2003a. 中国被子植物科属综论[M]. 北京: 科学出版社.

吴征镒, 孙航, 周浙昆, 等. 2011. 中国种子植物区系地理[M]. 北京: 科学出版社.

吴征镒, 周浙昆, 李德铢, 等. 2003b. 世界种子植物科的分布区类型系统[J]. 云南植物研究, 25(3): 245-257.

吴征镒, 周浙昆, 孙航, 等. 2006. 种子植物分布区类型及其起源和分化[M]. 昆明: 云南科技出版社.

吴征镒, 朱彦承. 1987. 云南植被[M]. 北京: 科学出版社.

薛亚东, 李丽, 李迪强, 等. 2011. 基于景观遗传学的滇金丝猴栖息地连接度分析[J]. 生态学报, 31(20): 5886-5893.

阎丽春, 施济普, 朱华, 等. 2009. 云南哀牢山地区种子植物区系研究[J]. 热带亚热带植物学报, 17(3): 283-291.

云南省林业厅. 1985. 云南省第一批珍稀濒危保护植物名录[J]. 云南林业, 2: 2-3.

郑万钧, 傅立国. 1978. 裸子植物门[C]//中国科学院中国植物志编辑委员会. 中国植物志(第七卷). 北京: 科学出版社.

中国植被编辑委员会. 1980. 中国植被[M]. 北京: 科学出版社.

朱华, 阎丽春. 2009. 云南哀牢山种子植物[M]. 昆明: 云南科技出版社.

Hutchinson J. 1973. The families of flowering plants, arranged according to a new system based on their probable phylogeny. 2 vols(3rd ed.). Oxford: Oxford University Press.

Liu Z W, Peng H. 2016. Notes on the key role of stenochoric endemic plants in the floristic regionalization of Yunnan[J]. Plant Diversity, 38(6): 289-294.

附录　哀牢山-无量山维管植物名录

石松科 Lycopodiaceae

扁枝石松 *Diphasiastrum complanatum*（L.）Holub，哀牢山和无量山均有分布。药用。

苍山石杉 *Huperzia delavayi*（Christ & Herter）Ching，分布于哀牢山。

藤石松 *Lycopodiastrum casuarinoides*（Spring）Holub ex R.D. Dixit，哀牢山和无量山均有分布。药用。

石松 *Lycopodium japonicum* Thunb.，哀牢山和无量山均有分布。药用、观赏。

灯笼石松 *Palhinhaea cernua*（L.）Franco & Vasc.，哀牢山和无量山均有分布。

卷柏科 Selaginellaceae

块茎卷柏 *Selaginella chrysocaulos*（Hook. & Grev.）Spring，哀牢山和无量山均有分布。

蔓出卷柏 *Selaginella davidii* Franch.，哀牢山和无量山均有分布。

薄叶卷柏 *Selaginella delicatula*（Desv. ex Poir.）Alston，分布于哀牢山。

印度卷柏 *Selaginella indica*（Milde）R.M. Tryon，哀牢山和无量山均有分布。

兖州卷柏 *Selaginella involvens*（Sw.）Spring，哀牢山和无量山均有分布。

细叶卷柏 *Selaginella labordei* Hieron. ex Christ，哀牢山和无量山均有分布。

江南卷柏 *Selaginella moellendorffii* Hieron.，哀牢山和无量山均有分布。

伏地卷柏 *Selaginella nipponica* Franch. & Sav.，哀牢山和无量山均有分布。

垫状卷柏 *Selaginella pulvinata*（Hook. & Grev.）Maxim.，哀牢山和无量山均有分布。药用、观赏。

疏叶卷柏 *Selaginella remotifolia* Spring，哀牢山和无量山均有分布。

卷柏 *Selaginella tamariscina*（P. Beauv.）Spring，分布于哀牢山。

翠云草 *Selaginella uncinata*（Desv. ex Poir.）Spring，哀牢山和无量山均有分布。药用、观赏。

木贼科 Equisetaceae

披散问荆 *Equisetum diffusum* D. Don，哀牢山和无量山均有分布。

节节草 *Equisetum ramosissimum* Desf.，哀牢山和无量山均有分布。

笔管草 *Equisetum ramosissimum* subsp. *debile*（Roxb. ex Vaucher）Hauke，哀牢山和无量山均有分布。

瓶尔小草科 Ophioglossaceae

柄叶瓶尔小草 *Ophioglossum petiolatum* Hook.，哀牢山和无量山均有分布。

瓶尔小草 *Ophioglossum vulgatum* L.，哀牢山和无量山均有分布。药用。

紫萁科 Osmundaceae

紫萁 *Osmunda japonica* Thunb.，哀牢山和无量山均有分布。

瘤足蕨科 Plagiogyriaceae

密叶瘤足蕨 *Plagiogyria pycnophylla*（Kunze）Mett.，哀牢山和无量山均有分布。

耳形瘤足蕨 *Plagiogyria stenoptera*（Hance）Diels，哀牢山和无量山均有分布。

里白科 Gleicheniaceae

大芒萁 *Dicranopteris ampla* Ching & P.S. Chiu，哀牢山和无量山均有分布。

芒萁 *Dicranopteris pedata*（Houtt.）Nakaike，哀牢山和无量山均有分布。

海金沙科 Lygodiaceae

曲轴海金沙 *Lygodium flexuosum*（L.）Sw.，哀牢山和无量山均有分布。

海金沙 *Lygodium japonicum*（Thunb.）Sw.，哀牢山和无量山均有分布。药用。

柳叶海金沙 *Lygodium salicifolium* C. Presl，分布于哀牢山。

膜蕨科　Hymenophyllaceae

翅柄假脉蕨 *Crepidomanes latealatum*（Bosch）Copel.，哀牢山和无量山均有分布。

蔲蕨 *Hymenophyllum badium* Hook. & Grev.，哀牢山和无量山均有分布。

长叶蔲蕨 *Hymenophyllum longissimum*（Ching & P.S. Chiu）K. Iwats.，哀牢山和无量山均有分布。

蚌壳蕨科　Dicksoniaceae

金毛狗 *Cibotium barometz*（L.）J. Sm.，哀牢山和无量山均有分布。

桫椤科　Cyatheaceae

阴生桫椤 *Alsophila latebrosa* Wall. ex Hook.，哀牢山和无量山均有分布。

桫椤 *Alsophila spinulosa*（Wall. ex Hook.）R.M. Tryon，哀牢山和无量山均有分布。

稀子蕨科　Monachosoraceae

稀子蕨 *Monachosorum henryi* Christ，哀牢山和无量山均有分布。

碗蕨科　Dennstaedtiaceae

碗蕨 *Dennstaedtia scabra*（Wall. ex Hook.）T. Moore，哀牢山和无量山均有分布。

阔叶鳞盖蕨 *Microlepia platyphylla*（D. Don）J. Sm.，哀牢山和无量山均有分布。

热带鳞盖蕨 *Microlepia speluncae*（L.）T. Moore，哀牢山和无量山均有分布。

鳞始蕨科　Lindsaeaceae

乌蕨 *Odontosoria chinensis* J. Sm.，哀牢山和无量山均有分布。

香鳞始蕨 *Osmolindsaea odorata*（Roxb.）Lehtonen & Christenh.，哀牢山和无量山均有分布。

姬蕨科　Hypolepidaceae

姬蕨 *Hypolepis punctata*（Thunb.）Mett. ex Kuhn，哀牢山和无量山均有分布。

蕨科　Pteridiaceae

蕨 *Pteridium aquilinum* var. *latiusculum*（Desv.）Underw. ex A. Heller，哀牢山和无量山均有分布。药用、食用、纤维。

毛轴蕨 *Pteridium revolutum*（Blume）Nakai，哀牢山和无量山均有分布。食用。

凤尾蕨科　Pteridaceae

栗蕨 *Histiopteris incisa*（Thunb.）J. Sm.，哀牢山和无量山均有分布。

紫轴凤尾蕨 *Pteris aspericaulis* Wall. ex J. Agardh，哀牢山和无量山均有分布。

狭眼凤尾蕨 *Pteris biaurita* L.，哀牢山和无量山均有分布。

粗糙凤尾蕨 *Pteris cretica* var. *laeta*（Wall. ex Ettingsh.）C. Chr. & Tardieu，哀牢山和无量山均有分布。

多羽凤尾蕨 *Pteris decrescens* Christ，分布于哀牢山。

岩凤尾蕨 *Pteris deltodon* Baker，哀牢山和无量山均有分布。

溪边凤尾蕨 *Pteris excelsa* Blume，哀牢山和无量山均有分布。

傅氏凤尾蕨 *Pteris fauriei* Hieron.，哀牢山和无量山均有分布。

狭叶凤尾蕨 *Pteris henryi* Christ，哀牢山和无量山均有分布。

变异凤尾蕨 *Pteris inaequalis* Baker，哀牢山和无量山均有分布。

三角眼凤尾蕨 *Pteris linearis* Poir.，哀牢山和无量山均有分布。

井栏边草 *Pteris multifida* Poir.，哀牢山和无量山均有分布。

欧洲凤尾蕨 *Pteris nervosa* Thunb.，哀牢山和无量山均有分布。

斜羽凤尾蕨 *Pteris oshimensis* Hieron.，哀牢山和无量山均有分布。

柔毛凤尾蕨 *Pteris puberula* Ching，哀牢山和无量山均有分布。

有刺凤尾蕨 *Pteris setulosocostulata* Hayata，哀牢山和无量山均有分布。

蜈蚣凤尾蕨 *Pteris vittata* L.，哀牢山和无量山均有分布。指示。

西南凤尾蕨 *Pteris wallichiana* J. Agardh，哀牢山和无量山均有分布。

中国蕨科 Sinopteridaceae

小叶中国蕨 *Aleuritopteris albofusca*（Baker）Pic. Serm.，哀牢山和无量山均有分布。

多鳞粉背蕨 *Aleuritopteris anceps*（Blanf.）Panigrahi，哀牢山和无量山均有分布。

中国蕨 *Aleuritopteris grevilleoides*（Christ）X.C. Zhang，哀牢山和无量山均有分布。

阔盖粉背蕨 *Aleuritopteris grisea*（Blanf.）Panigrahi，哀牢山和无量山均有分布。

毛叶粉背蕨 *Aleuritopteris squamosa*（C. Hope & C. H. Wright）Ching，哀牢山和无量山均有分布。

戟叶黑心蕨 *Calciphilopteris ludens*（Wall. ex Hook.）Yesilyurt & H. Schneid.，哀牢山和无量山均有分布。

大理碎米蕨 *Cheilanthes hancockii* Baker，哀牢山和无量山均有分布。

旱蕨 *Cheilanthes nitidula* Wall. ex Hook.，哀牢山和无量山均有分布。

碎米蕨 *Cheilanthes opposita* Kaulf.，分布于哀牢山。

黑足金粉蕨 *Onychium cryptogrammoides* Christ，哀牢山和无量山均有分布。

野雉尾金粉蕨 *Onychium japonicum*（Thunb.）Kunze，哀牢山和无量山均有分布。药用。

栗柄金粉蕨 *Onychium japonicum* var. *lucidum*（D. Don）Christ，哀牢山和无量山均有分布。

金粉蕨 *Onychium siliculosum*（Desv.）C. Chr.，哀牢山和无量山均有分布。

狭叶金粉蕨 *Onychium tenuifrons* Ching，哀牢山和无量山均有分布。

三角羽旱蕨 *Pellaea calomelanos*（Sw.）Link，哀牢山和无量山均有分布。

铁线蕨科 Adiantaceae

团羽铁线蕨 *Adiantum capillus-junonis* Rupr.，哀牢山和无量山均有分布。

铁线蕨 *Adiantum capillus-veneris* L.，哀牢山和无量山均有分布。

鞭叶铁线蕨 *Adiantum caudatum* L.，哀牢山和无量山均有分布。

普通铁线蕨 *Adiantum edgeworthii* Hook.，哀牢山和无量山均有分布。

假鞭叶铁线蕨 *Adiantum malesianum* J. Ghatak，哀牢山和无量山均有分布。

半月形铁线蕨 *Adiantum philippense* L.，哀牢山和无量山均有分布。指示。

水蕨科 Parkeriaceae

水蕨 *Ceratopteris thalictroides*（L.）Brongn.，哀牢山和无量山均有分布。药用、食用。

裸子蕨科 Hemionitidaceae

普通凤丫蕨 *Coniogramme intermedia* Hieron.，哀牢山和无量山均有分布。

无毛凤丫蕨 *Coniogramme intermedia* var. *glabra* Ching，哀牢山和无量山均有分布。

金毛裸蕨 *Paragymnopteris vestita*（Hook.）K.H. Shing，哀牢山和无量山均有分布。

书带蕨科 Vittariaceae

姬书带蕨 *Haplopteris anguste-elongata*（Hayata）E.H. Crane，分布于哀牢山。

书带蕨 *Haplopteris flexuosa*（Fée）E.H. Crane，哀牢山和无量山均有分布。

蹄盖蕨科 Athyriaceae

亮毛蕨 *Acystopteris japonica*（Luerss.）Nakai，哀牢山和无量山均有分布。

禾秆亮毛蕨 *Acystopteris tenuisecta*（Blume）Tagawa，哀牢山和无量山均有分布。

卵叶短肠蕨 *Allantodia leptophylla*（Christ）Ching，哀牢山和无量山均有分布。

大叶短肠蕨 *Allantodia maxima*（D. Don）Ching，哀牢山和无量山均有分布。

密果短肠蕨 *Allantodia spectabilis*（Wall. ex Mett.）Ching，哀牢山和无量山均有分布。

深绿短肠蕨 *Allantodia viridissima*（Christ）Ching，哀牢山和无量山均有分布。食用。

毛轴假蹄盖蕨 *Athyriopsis petersenii*（Kunze）Ching，哀牢山和无量山均有分布。

宿蹄盖蕨 *Athyrium anisopterum* Christ，哀牢山和无量山均有分布。

芽胞蹄盖蕨 *Athyrium clarkei* Bedd.，哀牢山和无量山均有分布。

疏叶蹄盖蕨 *Athyrium dissitifolium*（Baker）C. Chr.，哀牢山和无量山均有分布。

二回疏叶蹄盖蕨 *Athyrium dissitifolium* var. *funebre*（Christ）Ching & Z.R. Wang，哀牢山和无量山均有分布。

多变蹄盖蕨 *Athyrium drepanopterum*（Kunze）A. Braun ex Milde，哀牢山和无量山均有分布。

轴果蹄盖蕨 *Athyrium epirachis*（Christ）Ching，哀牢山和无量山均有分布。

日本蹄盖蕨 *Athyrium niponicum*（Mett.）Hance，哀牢山和无量山均有分布。

轴生蹄盖蕨 *Athyrium rhachidosorum*（Hand.-Mazz.）Ching，哀牢山和无量山均有分布。

玫瑰蹄盖蕨 *Athyrium roseum* Christ，哀牢山和无量山均有分布。

软刺蹄盖蕨 *Athyrium strigillosum*（E.J. Lowe）Salomon，哀牢山和无量山均有分布。

菜蕨 *Callipteris esculenta*（Retz.）J. Sm. ex T. Moore & Houlston，哀牢山和无量山均有分布。食用。

大叶角蕨 *Cornopteris major* W.M. Chu，哀牢山和无量山均有分布。

介蕨 *Dryoathyrium boryanum*（Willd.）Ching，哀牢山和无量山均有分布。

峨眉介蕨 *Dryoathyrium unifurcatum*（Baker）Ching，哀牢山和无量山均有分布。

拟鳞毛蕨 *Kuniwatsukia cuspidata*（Bedd.）Pic. Serm.，哀牢山和无量山均有分布。

肿足蕨科 Hypodematiaceae

肿足蕨 *Hypodematium crenatum*（Forssk.）Kuhn & Decken，哀牢山和无量山均有分布。

金星蕨科 Thelypteridaceae

耳羽钩毛蕨 *Cyclogramma auriculata*（J. Sm.）Ching，哀牢山和无量山均有分布。

峨眉钩毛蕨 *Cyclogramma omeiensis*（Baker）Tagawa，哀牢山和无量山均有分布。

渐尖毛蕨 *Cyclosorus acuminatus*（Houtt.）Nakai，哀牢山和无量山均有分布。

干旱毛蕨 *Cyclosorus aridus*（D. Don）Ching，哀牢山和无量山均有分布。

柄鳞毛蕨 *Cyclosorus crinipes*（Hook.）Ching，哀牢山和无量山均有分布。

齿牙毛蕨 *Cyclosorus dentatus*（Forssk.）Ching，哀牢山和无量山均有分布。

截裂毛蕨 *Cyclosorus truncatus*（Poir.）Farw.，哀牢山和无量山均有分布。

方秆蕨 *Glaphyropteridopsis erubescens*（Wall. ex Hook.）Ching，哀牢山和无量山均有分布。

新月蕨 *Pronephrium gymnopteridifrons*（Hayata）Holttum，哀牢山和无量山均有分布。

披针新月蕨 *Pronephrium penangianum*（Hook.）Holttum，哀牢山和无量山均有分布。药用。

西南假毛蕨 *Pseudocyclosorus esquirolii*（Christ）Ching，哀牢山和无量山均有分布。

假毛蕨 *Pseudocyclosorus tylodes*（Kunze）Ching，哀牢山和无量山均有分布。

紫柄蕨 *Pseudophegopteris pyrrhorhachis*（Kunze）Ching，哀牢山和无量山均有分布。

铁角蕨科 Aspleniaceae

大盖铁角蕨 *Asplenium bullatum* Wall. ex Mett.，哀牢山和无量山均有分布。

毛轴铁角蕨 *Asplenium crinicaule* Hance，哀牢山和无量山均有分布。

剑叶铁角蕨 *Asplenium ensiforme* Wall. ex Hook. & Grev.，哀牢山和无量山均有分布。

切边铁角蕨 *Asplenium excisum* C. Presl，哀牢山和无量山均有分布。观赏。

撕裂铁角蕨 *Asplenium laciniatum* D. Don，分布于哀牢山。

北京铁角蕨 *Asplenium pekinense* Hance，哀牢山和无量山均有分布。

西南铁角蕨 *Asplenium praemorsum* Sw.，哀牢山和无量山均有分布。

细裂铁角蕨 *Asplenium tenuifolium* D. Don，哀牢山和无量山均有分布。

半边铁角蕨 *Asplenium unilaterale* Lam.，哀牢山和无量山均有分布。

阴湿铁角蕨 *Asplenium unilaterale* var. *udum* Atk. ex C.B. Clarke，分布于哀牢山。

变异铁角蕨 *Asplenium varians* Wall. ex Hook. & Grev.，哀牢山和无量山均有分布。

狭翅巢蕨 *Neottopteris antrophyoides*（Christ）Ching，哀牢山和无量山均有分布。

水鳖蕨 *Sinephropteris delavayi*（Franch.）Mickel，哀牢山和无量山均有分布。

乌毛蕨科 Blechnaceae

乌毛蕨 *Blechnum orientale* L.，哀牢山和无量山均有分布。

苏铁蕨 *Brainea insignis*（Hook.）J. Sm.，哀牢山和无量山均有分布。观赏。

狗脊蕨 *Woodwardia japonica*（L. f.）Sm.，哀牢山和无量山均有分布。

滇南狗脊蕨 *Woodwardia magnifica* Ching & P.S. Chiu，哀牢山和无量山均有分布。

顶芽狗脊 *Woodwardia unigemmata*（Makino）Nakai，哀牢山和无量山均有分布。

球盖蕨科 Peranemaceae

鱼鳞蕨 *Acrophorus stipellatus*（Wall.）Moore，哀牢山和无量山均有分布。

滇红腺蕨 *Diacalpe christensenae* Ching，哀牢山和无量山均有分布。

柄盖鳞毛蕨 *Dryopteris peranema* Li Bing Zhang，哀牢山和无量山均有分布。

鳞毛蕨科 Dryopteridaceae

华南复叶耳蕨 *Arachniodes festina*（Hance）Ching，哀牢山和无量山均有分布。

四回毛枝蕨 *Arachniodes quadripinnata*（Hayata）Seriz.，哀牢山和无量山均有分布。

长尾复叶耳蕨 *Arachniodes simplicior*（Makino）Ohwi，哀牢山和无量山均有分布。

清秀复叶耳蕨 *Arachniodes spectabilis*（Ching）Ching，哀牢山和无量山均有分布。

刺齿贯众 *Cyrtomium caryotideum*（Wall. ex Hook. & Grev.）C. Presl，哀牢山和无量山均有分布。

贯众 *Cyrtomium fortunei* J. Sm.，哀牢山和无量山均有分布。

台湾贯众 *Cyrtomium taiwanense* Tagawa，哀牢山和无量山均有分布。

云南贯众 *Cyrtomium yunnanense* Ching，哀牢山和无量山均有分布。

暗鳞鳞毛蕨 *Dryopteris atrata*（Wall. ex Kunze）Ching，哀牢山和无量山均有分布。

假边果鳞毛蕨 *Dryopteris caroli-hopei* Fraser-Jenk.，哀牢山和无量山均有分布。

金冠鳞毛蕨 *Dryopteris chrysocoma*（Christ）C. Chr.，哀牢山和无量山均有分布。

二型鳞毛蕨 *Dryopteris cochleata*（Buch.-Ham. ex D. Don）C. Chr.，哀牢山和无量山均有分布。

桫椤鳞毛蕨 *Dryopteris cycadina*（Franch. & Sav.）C. Chr.，哀牢山和无量山均有分布。

硬果鳞毛蕨 *Dryopteris fructuosa*（Christ）C. Chr.，哀牢山和无量山均有分布。

粗齿鳞毛蕨 *Dryopteris juxtaposita* Christ，哀牢山和无量山均有分布。

齿头鳞毛蕨 *Dryopteris labordei*（Christ）C. Chr.，哀牢山和无量山均有分布。

黑鳞鳞毛蕨 *Dryopteris lepidopoda* Hayata，哀牢山和无量山均有分布。

边果鳞毛蕨 *Dryopteris marginata*（C.B. Clarke）Christ，哀牢山和无量山均有分布。

南亚鳞毛蕨 *Dryopteris pseudocaenopteris*（Kunze）Li Bing Zhang，哀牢山和无量山均有分布。

假稀羽鳞毛蕨 *Dryopteris pseudosparsa* Ching，哀牢山和无量山均有分布。

密鳞鳞毛蕨 *Dryopteris pycnopteroides*（Christ）C. Chr.，哀牢山和无量山均有分布。

大鳞鳞毛蕨 *Dryopteris sphaeropteroides*（Baker）C. Chr.，哀牢山和无量山均有分布。

半育鳞毛蕨 *Dryopteris sublacera* Christ，哀牢山和无量山均有分布。

大羽鳞毛蕨 *Dryopteris wallichiana*（Spreng.）Hyl.，哀牢山和无量山均有分布。

兆洪鳞毛蕨 *Dryopteris wuzhaohongii* Li Bing Zhang，分布于哀牢山。

长叶芽胞耳蕨 *Polystichum attenuatum* Tagawa & K. Iwats.，哀牢山和无量山均有分布。

滇耳蕨 *Polystichum chingae* Ching，分布于哀牢山。

陈氏耳蕨 *Polystichum chunii* Ching，分布于哀牢山。

虎克耳蕨 *Polystichum hookerianum*（C. Presl）C. Chr.，哀牢山和无量山均有分布。

黑鳞耳蕨 *Polystichum makinoi*（Tagawa）Tagawa，哀牢山和无量山均有分布。

前原耳蕨 *Polystichum mayebarae* Tagawa，哀牢山和无量山均有分布。

裸果耳蕨 *Polystichum nudisorum* Ching，哀牢山和无量山均有分布。

假半育耳蕨 *Polystichum oreodoxa* Ching ex H.S. Kung & Li Bing Zhang，哀牢山和无量山均有分布。

小羽耳蕨 *Polystichum parvifoliolatum* W.M. Chu，哀牢山和无量山均有分布。

云南耳蕨 *Polystichum yunnanense* Christ，哀牢山和无量山均有分布。

叉蕨科 **Aspidiaceae**

芽胞叉蕨 *Tectaria fauriei* Tagawa，哀牢山和无量山均有分布。

实蕨科 **Bolbitidaceae**

中华刺蕨 *Bolbitis sinensis*（Baker）K. Iwatsuki，哀牢山和无量山均有分布。

肾蕨科 Nephrolepidaceae

肾蕨 *Nephrolepis cordifolia*（L.）C. Presl，哀牢山和无量山均有分布。药用、食用、观赏。

条蕨科 **Oleandraceae**

高山条蕨 *Oleandra wallichii*（Hook.）C. Presl，哀牢山和无量山均有分布。

骨碎补科 **Davalliaceae**

鳞轴小膜盖蕨 *Araiostegia perdurans*（Christ）Copel.，哀牢山和无量山均有分布。

杯盖阴石蕨 *Humata griffithiana*（Hook.）C. Chr.，哀牢山和无量山均有分布。

膜叶假钻毛蕨 *Paradavallodes membranulosum*（Wall. ex Hook.）Ching，哀牢山和无量山均有分布。

水龙骨科 **Polypodiaceae**

节肢蕨 *Arthromeris lehmanni*（Mett.）Ching，哀牢山和无量山均有分布。

多羽节肢蕨 *Arthromeris mairei*（Brause）Ching，哀牢山和无量山均有分布。

单行节肢蕨 *Arthromeris wallichiana*（Spreng.）Ching，哀牢山和无量山均有分布。

掌叶线蕨 *Colysis digitata*（Baker）Ching，哀牢山和无量山均有分布。

线蕨 *Colysis elliptica*（Thunb.）Ching，哀牢山和无量山均有分布。

断线蕨 *Colysis hemionitidea*（Wall. ex C. Presl）C. Presl，哀牢山和无量山均有分布。

滇线蕨 *Colysis pentaphylla*（Baker）Ching，哀牢山和无量山均有分布。

友水龙骨 *Goniophlebium amoenum* K.Schum.，哀牢山和无量山均有分布。

二色瓦韦 *Lepisorus bicolor*（Takeda）Ching，哀牢山和无量山均有分布。

扭瓦韦 *Lepisorus contortus*（Christ）Ching，哀牢山和无量山均有分布。

带叶瓦韦 *Lepisorus loriformis*（Wall. ex Mett.）Ching，哀牢山和无量山均有分布。

大瓦韦 *Lepisorus macrosphaerus*（Baker）Ching，哀牢山和无量山均有分布。

骨牌蕨 *Lepisorus rostratus*（Bedd.）C. F. Zhao R. Wei & X. C. Zhang，哀牢山和无量山均有分布。

棕鳞瓦韦 *Lepisorus scolopendrium*（Ching）Mehra & Bir，哀牢山和无量山均有分布。

滇瓦韦 *Lepisorus sublinearis*（Baker ex Takeda）Ching，哀牢山和无量山均有分布。

拟鳞瓦韦 *Lepisorus suboligolepidus* Ching，哀牢山和无量山均有分布。

瓦韦 *Lepisorus thunbergianus*（Kaulf.）Ching，哀牢山和无量山均有分布。

似薄唇蕨 *Leptochilus decurrens* Blume，哀牢山和无量山均有分布。

膜叶星蕨 *Microsorum membranaceum*（D. Don）Ching，哀牢山和无量山均有分布。

星蕨 *Microsorum punctatum*（L.）Copel.，哀牢山和无量山均有分布。

江南星蕨 *Neolepisorus fortunei*（T. Moore）L. Wang，哀牢山和无量山均有分布。药用。

盾蕨 *Neolepisorus ovatus*（Wall. ex Bedd.）Ching，哀牢山和无量山均有分布。

光亮瘤蕨 *Phymatosorus cuspidatus*（D. Don）Pic. Serm.，哀牢山和无量山均有分布。

假毛柄水龙骨 *Polypodiodes pseudolachnopus* S.G. Lu，哀牢山和无量山均有分布。

光石韦 *Pyrrosia calvata*（Baker）Ching，哀牢山和无量山均有分布。药用。

下延石韦 *Pyrrosia costata*（Wall. ex C. Presl）Tagawa & K. Iwats.，哀牢山和无量山均有分布。

华北石韦 *Pyrrosia davidii*（Giesenh. ex Diels）Ching，哀牢山和无量山均有分布。

纸质石韦 *Pyrrosia heteractis*（Mett. ex Kuhn）Ching，哀牢山和无量山均有分布。

石韦 *Pyrrosia lingua*（Thunb.）Farw.，哀牢山和无量山均有分布。药用。

柔软石韦 *Pyrrosia porosa*（C. Presl）Hovenkamp，分布于哀牢山。

庐山石韦 *Pyrrosia sheareri*（Baker）Ching，哀牢山和无量山均有分布。

大果假瘤蕨 *Selliguea griffithiana*（Hook.）Fraser-Jenk.，分布于哀牢山。

毛鳞蕨 *Tricholepidium normale*（D. Don）Ching，分布于哀牢山。

槲蕨科 Drynariaceae

崖姜蕨 *Aglaomorpha coronans*（Wall. ex Mett.）Copel.，哀牢山和无量山均有分布。

团叶槲蕨 *Drynaria bonii* Christ，哀牢山和无量山均有分布。

川滇槲蕨 *Drynaria delavayi* Christ，哀牢山和无量山均有分布。药用。

石莲姜槲蕨 *Drynaria propinqua*（Wall. ex Mett.）Bedd.，哀牢山和无量山均有分布。

槲蕨 *Drynaria roosii* Nakaike，哀牢山和无量山均有分布。

剑蕨科 Loxogrammaceae

黑鳞剑蕨 *Loxogramme assimilis* Ching，分布于哀牢山。

中华剑蕨 *Loxogramme chinensis* Ching，哀牢山和无量山均有分布。

褐柄剑蕨 *Loxogramme duclouxii* Christ，哀牢山和无量山均有分布。

蘋科 Marsileaceae

蘋 *Marsilea quadrifolia* L.，哀牢山和无量山均有分布。

槐叶蘋科 Salviniaceae

槐叶蘋 *Salvinia natans*（L.）All.，哀牢山和无量山均有分布。

满江红科 Azollaceae

满江红 *Azolla imbricata*（Roxb.）Nakai，哀牢山和无量山均有分布。药用、饲用。

苏铁科 Cycadaceae

元江苏铁 *Cycas parvula* S.L.Yang ex D.Yue Wang，哀牢山和无量山均有分布。

篦齿苏铁 *Cycas pectinata* Buch.-Ham.，哀牢山和无量山均有分布。食用。

松科 Pinaceae

急尖长苞冷杉 *Abies georgei* var. *smithii*（Viguie et Gaussen）Cheng et L，哀牢山和无量山均有分布。材用、纤维。

云南油杉 *Keteleeria evelyniana* Mast.，哀牢山和无量山均有分布。材用、纤维。

华山松 *Pinus armandii* Franch.，哀牢山和无量山均有分布。食用。

思茅松 *Pinus kesiya* Royle ex Gordon，哀牢山和无量山均有分布。材用、纤维。

云南松 *Pinus yunnanensis* Franch.，哀牢山和无量山均有分布。材用、纤维。

云南铁杉 *Tsuga dumosa*（D. Don）Eichler，哀牢山和无量山均有分布。材用、纤维。

柏科 Cupressaceae

翠柏 *Calocedrus macrolepis* Kurz，哀牢山和无量山均有分布。材用、纤维。

干香柏 *Cupressus duclouxiana* B. Hickel，哀牢山和无量山均有分布。材用、纤维。

侧柏 *Platycladus orientalis*（L.）Franco，哀牢山和无量山均有分布。药用、材用、观赏。

高山柏 *Sabina squamata*（Buch.-Ham. ex Don）Antoine，哀牢山和无量山均有分布。

三尖杉科 Cephalotaxaceae

三尖杉 *Cephalotaxus fortunei* Hook.，哀牢山和无量山均有分布。材用、纤维。

粗榧 *Cephalotaxus sinensis*（Rehder & E.H. Wilson）H.L. Li，哀牢山和无量山均有分布。材用、纤维。

红豆杉科 Taxaceae

西藏红豆杉（云南红豆杉）*Taxus wallichiana* Zucc.，哀牢山和无量山均有分布。材用、纤维。

南方红豆杉 *Taxus wallichiana* var. *mairei*（Lemée & H. Lév.）L.K. Fu & N. Li，哀牢山和无量山均有分布。材用、纤维。

云南榧 *Torreya fargesii* var. *yunnanensis*（C.Y. Cheng & L.K. Fu）N. Kang，分布于哀牢山。

买麻藤科 Gnetaceae

买麻藤 *Gnetum montanum* Markgr.，哀牢山和无量山均有分布。食用。

小叶买麻藤 *Gnetum parvifolium*（Warb.）W.C. Cheng，哀牢山和无量山均有分布。食用、纤维。

垂子买麻藤 *Gnetum pendulum* C.Y. Cheng，哀牢山和无量山均有分布。食用。

木兰科 Magnoliaceae

长蕊木兰 *Alcimandra cathcartii*（Hook. f. et Thoms.）Dandy，哀牢山和无量山均有分布。

山玉兰 *Lirianthe delavayi*（Franch.）N.H. Xia & C.Y. Wu，分布于无量山。观赏。

大叶玉兰 *Lirianthe henryi*（Dunn）N.H. Xia & C.Y. Wu，哀牢山和无量山均有分布。

玉兰 *Magnolia denudata* Desr.，分布于无量山。观赏。

锈毛天女花 *Magnolia globosa* Hook. f. & Thomson，哀牢山和无量山均有分布。

木莲 *Manglietia fordiana* Oliv.，分布于哀牢山。药用。

滇桂木莲 *Manglietia forrestii* W.W. Sm. ex Dandy，哀牢山和无量山均有分布。

中缅木莲 *Manglietia hookeri* Cubitt & W.W. Sm.，哀牢山和无量山均有分布。

红花木莲 *Manglietia insignis*（Wall.）Blume，哀牢山和无量山均有分布。材用。

白兰 *Michelia alba* DC.，分布于哀牢山。观赏。

南亚含笑 *Michelia doltsopa* Buch.-Ham. ex DC.，分布于无量山。

多花含笑 *Michelia floribunda* Finet & Gagnep.，哀牢山和无量山均有分布。

西藏含笑 *Michelia kisopa* Buch.-Ham. ex DC.，分布于哀牢山。

毛果含笑 *Michelia sphaerantha* C.Y. Wu ex Z.S. Yue，分布于无量山。

绒叶含笑 *Michelia velutina* DC. Prodr.，分布于哀牢山。

云南含笑 *Michelia yunnanensis* Franch. ex Finet & Gagnep.，哀牢山和无量山均有分布。观赏。

天女花 *Oyama sieboldii*（K. Koch）N.H. Xia & C.Y. Wu，分布于无量山。

西康天女花 *Oyama wilsonii*（Finet & Gagnep.）N.H. Xia & C.Y. Wu，分布于哀牢山。

滇藏玉兰 *Yulania campbellii*（J. D. Hooker & Thomson）D. L. Fu，哀牢山和无量山均有分布。观赏。

八角科 Illiciaceae

大花八角 *Illicium macranthum* A.C. Sm.，哀牢山和无量山均有分布。

大八角 *Illicium majus* Hook. f. & Thomson，哀牢山和无量山均有分布。药用。

小花八角 *Illicium micranthum* Dunn，哀牢山和无量山均有分布。药用。

少果八角 *Illicium petelotii* A.C. Sm.，分布于无量山。

野八角 *Illicium simonsii* Maxim.，分布于哀牢山。药用。

五味子科 Schisandraceae

黑老虎 *Kadsura coccinea*（Lem.）A.C. Sm.，哀牢山和无量山均有分布。

异形南五味子 *Kadsura heteroclita*（Roxb.）Craib，哀牢山和无量山均有分布。

日本南五味子 *Kadsura japonica*（L.）Dunal，分布于哀牢山。药用。

南五味子 *Kadsura longipedunculata* Finet & Gagnep.，分布于哀牢山。香料。

铁箍散 *Schisandra henryi* C.B. Clarke，哀牢山和无量山均有分布。

滇藏五味子 *Schisandra neglecta* A.C. Sm.，分布于无量山。药用。

合蕊五味子 *Schisandra propinqua*（Wall.）Baill.，分布于哀牢山。药用、香料。

红花五味子 *Schisandra rubriflora*（Franch.）Rehder & E.H. Wilson，分布于哀牢山。

华中五味子 *Schisandra sphenanthera* Rehder & E.H. Wilson，哀牢山和无量山均有分布。药用。

柔毛五味子 *Schisandra tomentella* A.C. Sm.，分布于哀牢山。

杉科 Taxodiaceae

杉木 *Cunninghamia lanceolata*（Lamb.）Hook.，哀牢山和无量山均有分布。材用、纤维。

领春木科 Eupteleaceae

领春木 *Euptelea pleiosperma* Hook. f. & Thomson，分布于无量山。油料。

水青树科 Tetracentraceae

水青树 *Tetracentron sinense* Oliv.，哀牢山和无量山均有分布。

番荔枝科 Annonaceae

鹰爪花 *Artabotrys hexapetalus*（L. f.）Bhandari，分布于哀牢山。香料。

香港鹰爪花 *Artabotrys hongkongensis* Hance，哀牢山和无量山均有分布。

排骨灵 *Fissistigma bracteolatum* Chatterjee，哀牢山和无量山均有分布。药用。

小萼瓜馥木 *Fissistigma polyanthoides*（Aug. DC.）Merr.，哀牢山和无量山均有分布。

凹叶瓜馥木 *Fissistigma retusum*（H. Lév.）Rehder，分布于哀牢山。

细基丸 *Polyalthia cerasoides*（Roxb.）Benth. & Hook. f. ex Bedd.，分布于哀牢山。材用、纤维。

紫玉盘 *Uvaria macclurei* Diels，哀牢山和无量山均有分布。

樟科 Lauraceae

红果黄肉楠 *Actinodaphne cupularis*（Hemsl.）Gamble，哀牢山和无量山均有分布。油料。

毛尖树 *Actinodaphne forrestii*（C.K. Allen）Kosterm.，哀牢山和无量山均有分布。

毛果黄肉楠 *Actinodaphne trichocarpa* C.K. Allen，分布于无量山。油料。

长柄油丹 *Alseodaphne petiolaris*（Meisn.）Hook. f.，分布于无量山。

粗壮琼楠 *Beilschmiedia robusta* C.K. Allen，哀牢山和无量山均有分布。

椆琼楠 *Beilschmiedia roxburghiana* Nees，哀牢山和无量山均有分布。

滇琼楠 *Beilschmiedia yunnanensis* Hu，分布于无量山。

钝叶桂 *Cinnamomum bejolghota*（Buch.-Ham.）Sweet，哀牢山和无量山均有分布。

阴香 *Cinnamomum burmannii*（Nees & T. Nees）Blume，哀牢山和无量山均有分布。油料。

樟 *Cinnamomum camphora*（L.）J. Presl，分布于哀牢山。油料。

茶果樟 *Cinnamomum chago* B.S.Sun & H.L.Zhao，分布于哀牢山。

聚花桂 *Cinnamomum contractum* H.W. Li，哀牢山和无量山均有分布。

云南樟 *Cinnamomum glanduliferum*（Wall.）Meisn.，哀牢山和无量山均有分布。油料。

长柄樟 *Cinnamomum longipetiolatum* H.W. Li，哀牢山和无量山均有分布。

黄樟 *Cinnamomum parthenoxylon*（Jack）Meisn.，分布于哀牢山。油料。

刀把木 *Cinnamomum pittosporoides* Hand.-Mazz.，哀牢山和无量山均有分布。

柴桂 *Cinnamomum tamala*（Buch.-Ham.）T. Nees & Nees，哀牢山和无量山均有分布。

单花木姜子 *Dodecadenia grandiflora* Nees，哀牢山和无量山均有分布。

无毛单花木姜子 *Dodecadenia griffithii* Hook. f.，分布于无量山。

香面叶 *Iteadaphne caudata*（Nees）H.W. Li，哀牢山和无量山均有分布。油料。

香叶树 *Lindera communis* Hemsl.，哀牢山和无量山均有分布。油料。

贡山山胡椒 *Lindera doniana* C.K. Allen，分布于无量山。

绒毛钓樟 *Lindera floribunda*（C.K. Allen）H.B. Cui，哀牢山和无量山均有分布。

团香果 *Lindera latifolia* Hook. f.，哀牢山和无量山均有分布。油料。

黑壳楠 *Lindera megaphylla* Hemsl.，哀牢山和无量山均有分布。油料。

网叶山胡椒 *Lindera metcalfiana* var. *dictyophylla*（C.K. Allen）H.B. Cui，哀牢山和无量山均有分布。

绒毛山胡椒 *Lindera nacusua*（D. Don）Merr.，哀牢山和无量山均有分布。

绿叶甘橿 *Lindera neesiana*（Wall. ex Nees）Kurz，哀牢山和无量山均有分布。

川钓樟 *Lindera pulcherrima* var. *hemsleyana*（Diels）H.B. Cui，哀牢山和无量山均有分布。

菱叶钓樟 *Lindera supracostata* Lecomte，分布于哀牢山。

三股筋香 *Lindera thomsonii* C.K. Allen，哀牢山和无量山均有分布。油料。

长尾钓樟 *Lindera thomsonii* var. *velutina*（Forrest）L.C. Wang，哀牢山和无量山均有分布。

假桂钓樟 *Lindera tonkinensis* Lecomte，哀牢山和无量山均有分布。油料。

无梗钓樟 *Lindera tonkinensis* var. *subsessilis* H.W. Li，哀牢山和无量山均有分布。

假辣子 *Litsea balansae* Lecomte，分布于哀牢山。

琼楠叶木姜子 *Litsea beilschmiediifolia* H.W. Li，分布于哀牢山。

金平木姜子 *Litsea chinpingensis* Y.C. Yang & P.H. Huang，哀牢山和无量山均有分布。

毛豹皮樟 *Litsea coreana* var. *lanuginosa*（Migo）Y.C. Yang & P.H. Huang，分布于哀牢山。

山鸡椒 *Litsea cubeba*（Lour.）Pers.，哀牢山和无量山均有分布。油料。

黄丹木姜子 *Litsea elongata*（Nees）Hook. f.，哀牢山和无量山均有分布。油料。

潺槁木姜子 *Litsea glutinosa*（Lour.）C.B. Rob.，哀牢山和无量山均有分布。油料。

红河木姜子 *Litsea honghoensis* H. Liu，哀牢山和无量山均有分布。

剑叶木姜子 *Litsea lancifolia*（Roxb. ex Nees）Benth. & Hook. f. ex Fern.-Vill.，分布于无量山。

椭圆果木姜子 *Litsea lancifolia* var. *ellipsoidea* Y.C. Yang & P.H. Huang，哀牢山和无量山均有分布。

有梗木姜子 *Litsea lancifolia* var. *pedicellata* Hook. f.，哀牢山和无量山均有分布。

长蕊木姜子 *Litsea longistaminata*（H. Liu）Kosterm.，分布于无量山。

滇南木姜子 *Litsea martabanica*（Kurz）Hook. f.，哀牢山和无量山均有分布。

毛叶木姜子 *Litsea mollis* Hemsl.，哀牢山和无量山均有分布。油料。

假柿木姜子 *Litsea monopetala*（Roxb.）Pers.，分布于无量山。油料。

木姜子 *Litsea pungens* Hemsl.，分布于哀牢山。油料。

红叶木姜子 *Litsea rubescens* Lecomte，哀牢山和无量山均有分布。

绢毛木姜子 *Litsea sericea*（Wall. ex Nees）Hook. f.，分布于无量山。

桂北木姜子 *Litsea subcoriacea* Y.C. Yang & P.H. Huang，哀牢山和无量山均有分布。

云南木姜子 *Litsea yunnanensis* Y.C. Yang & P.H. Huang，哀牢山和无量山均有分布。

灌丛润楠 *Machilus dumicola*（W.W. Sm.）H.W. Li，哀牢山和无量山均有分布。

长梗润楠 *Machilus duthiei* King ex J. D. Hooker，分布于哀牢山。观赏。

长毛润楠 *Machilus forrestii*（W.W. Sm.）Machilus forrestii（W. W. Smith）L. Li & al.，哀牢山和无量山均有分布。

黄心树 *Machilus gamblei* King ex Hook. f.，哀牢山和无量山均有分布。

小花润楠 *Machilus minutiflora*（H.W. Li）L. Li, J. Li & H.W. Li，哀牢山和无量山均有分布。

滇楠 *Machilus nanmu*（Oliv.）Hemsl.，分布于哀牢山。材用。

红梗润楠 *Machilus rufipes* H.W. Li，分布于无量山。

柳叶润楠 *Machilus salicina* Hance，分布于哀牢山。

瑞丽润楠 *Machilus shweliensis* W.W. Sm.，分布于无量山。

绿叶润楠 *Machilus viridis* Hand.-Mazz.，哀牢山和无量山均有分布。

滇润楠 *Machilus yunnanensis* Lecomte，分布于哀牢山。观赏。

滇新樟 *Neocinnamomum caudatum*（Nees）Merr.，哀牢山和无量山均有分布。

新樟 *Neocinnamomum delavayi*（Lecomte）H. Liu，分布于哀牢山。油料。

鸭公树 *Neolitsea chui* Merr.，分布于哀牢山。油料。

团花新木姜子 *Neolitsea homilantha* C.K. Allen，分布于哀牢山。香料、油料。

龙陵新木姜子 *Neolitsea lunglingensis* H.W. Li，哀牢山和无量山均有分布。

多果新木姜子 *Neolitsea polycarpa* H. Liu，分布于哀牢山。油料。

拟檫木 *Parasassafras confertiflorum*（Meisn.）D.G. Long，哀牢山和无量山均有分布。

竹叶楠 *Phoebe faberi*（Hemsl.）Chun，哀牢山和无量山均有分布。

细叶楠 *Phoebe hui* W.C. Cheng ex Y.C. Yang，哀牢山和无量山均有分布。材用。

大果楠 *Phoebe macrocarpa* C.Y. Wu，哀牢山和无量山均有分布。材用。

白楠 *Phoebe neurantha*（Hemsl.）Gamble，哀牢山和无量山均有分布。

短叶白楠 *Phoebe neurantha* var. *brevifolia* H.W. Li，哀牢山和无量山均有分布。

普文楠 *Phoebe puwenensis* W.C. Cheng，分布于无量山。

红梗楠 *Phoebe rufescens* H.W. Li，哀牢山和无量山均有分布。

紫楠 *Phoebe sheareri*（Hemsl.）Gamble，分布于哀牢山。

景东楠 *Phoebe yunnanensis* H.W. Li，哀牢山和无量山均有分布。

华檫木 *Sinosassafras flavinervium*（C.K. Allen）H.W. Li，哀牢山和无量山均有分布。

莲叶桐科 Hernandiaceae

心叶青藤 *Illigera cordata* Dunn，哀牢山和无量山均有分布。药用。

多毛青藤 *Illigera cordata* var. *mollissima*（W.W. Sm.）Kubitzki，哀牢山和无量山均有分布。

大花青藤 *Illigera grandiflora* W.W. Sm. & Jeffrey，哀牢山和无量山均有分布。药用。

显脉青藤 *Illigera nervosa* Merr.，哀牢山和无量山均有分布。

肉豆蔻科 Myristicaceae

红光树 *Knema furfuracea*（Hook. f. & Thomson）Warb.，哀牢山和无量山均有分布。油料。

毛茛科 Ranunculaceae

滇南草乌 *Aconitum austroyunnanense* W.T. Wang，哀牢山和无量山均有分布。药用。

紫乌头 *Aconitum episcopale* var. *villosulipes* W.T. Wang，分布于无量山。

瓜叶乌头 *Aconitum hemsleyanum* E. Pritz.，哀牢山和无量山均有分布。

截基瓜叶乌头 *Aconitum hemsleyanum* var. *chingtungense*（W.T. Wang）W.T. Wang，哀牢山和无量山均有分布。

保山乌头 *Aconitum nagarum* Stapf，哀牢山和无量山均有分布。药用。

小白撑 *Aconitum nagarum* var. *heterotrichum* H.R. Fletcher & Lauener，分布于无量山。

花葶乌头 *Aconitum scaposum* Franch.，哀牢山和无量山均有分布。药用。

等叶花葶乌头 *Aconitum scaposum* var. *hupehanum* Rapaics，哀牢山和无量山均有分布。

黄草乌 *Aconitum vilmorinianum* Kom.，分布于无量山。药用。

打破碗花花 *Anemone hupehensis*（Lemoine）Lemoine，哀牢山和无量山均有分布。药用。

钝裂银莲花 *Anemone obtusiloba* D. Don，哀牢山和无量山均有分布。

草玉梅 *Anemone rivularis* Buch.-Ham. ex DC.，哀牢山和无量山均有分布。药用。

野棉花 *Anemone vitifolia* Buch.-Ham. ex DC.，分布于哀牢山。药用。

星果草 *Asteropyrum peltatum*（Franch.）J.R. Drumm. & Hutch.，哀牢山和无量山均有分布。

水毛茛 *Batrachium bungei*（Steud.）L. Liu，哀牢山和无量山均有分布。

驴蹄草 *Caltha palustris* L.，哀牢山和无量山均有分布。药用。

升麻 *Cimicifuga foetida* L.，哀牢山和无量山均有分布。药用。

细麦 *Clematis acutangula* Hook.f. & Thomson，分布于无量山。

小木通 *Clematis armandii* Franch.，哀牢山和无量山均有分布。药用。

毛木通 *Clematis buchananiana* DC.，哀牢山和无量山均有分布。

威灵仙 *Clematis chinensis* Osbeck，哀牢山和无量山均有分布。药用。

丘北铁线莲 *Clematis chiupehensis* M.Y. Fang，分布于哀牢山。

金毛铁线莲 *Clematis chrysocoma* Franch.，分布于哀牢山。药用。

合柄铁线莲 *Clematis connata* DC.，哀牢山和无量山均有分布。

滑叶藤 *Clematis fasciculiflora* Franch.，分布于无量山。

狭叶滑叶藤 *Clematis fasciculiflora* var. *angustifolia* H.F. Comber，分布于无量山。

滇南铁线莲 *Clematis fulvicoma* Rehder & E.H. Wilson，分布于无量山。

小蓑衣藤 *Clematis gouriana* Roxb. ex DC.，哀牢山和无量山均有分布。

粗齿铁线莲 *Clematis grandidentata*（Rehder & E.H. Wilson）W.T. Wang，哀牢山和无量山均有分布。药用。

单叶铁线莲 *Clematis henryi* Oliv.，哀牢山和无量山均有分布。药用。

滇川铁线莲 *Clematis kockiana* C.K. Schneid.，分布于哀牢山。

锈毛铁线莲 *Clematis leschenaultiana* DC.，分布于无量山。

丝铁线莲 *Clematis loureiroana* DC.，分布于无量山。

四喜牡丹 *Clematis montana* Buch.-Ham. ex DC.，哀牢山和无量山均有分布。

大花绣球藤 *Clematis montana* var. *grandiflora* Hook.，分布于无量山。

合苞铁线莲 *Clematis napaulensis* DC.，哀牢山和无量山均有分布。

裂叶铁线莲 *Clematis parviloba* Gardner & Champ.，分布于哀牢山。

小木通 *Clematis peterae* Hand.-Mazz.，分布于无量山。

毛茛铁线莲 *Clematis ranunculoides* Franch.，哀牢山和无量山均有分布。观赏。

曲柄铁线莲 *Clematis repens* Finet & Gagnep.，分布于哀牢山。

锡金铁线莲 *Clematis siamensis* Drumm. & Craib，分布于无量山。

菝葜叶铁线莲 *Clematis smilacifolia* Wall.，哀牢山和无量山均有分布。药用。

细木通 *Clematis subumbellata* Kurz，分布于无量山。药用。

福贡铁线莲 *Clematis tsaii* W.T. Wang，哀牢山和无量山均有分布。

厚萼铁线莲 *Clematis wissmanniana* Hand.-Mazz.，分布于哀牢山。

云南铁线莲 *Clematis yunnanensis* Franch.，分布于无量山。

翠雀 *Delphinium grandiflorum* L.，哀牢山和无量山均有分布。药用。

大理翠雀花 *Delphinium taliense* Franch.，哀牢山和无量山均有分布。

云南翠雀花 *Delphinium yunnanense*（Franch.）Franch.，哀牢山和无量山均有分布。药用。

蕨叶人字果 *Dichocarpum dalzielii*（J.R. Drumm. & Hutch.）W.T. Wang & P.G. Xiao，哀牢山和无量山均有分布。药用。

小花人字果 *Dichocarpum franchetii*（Finet & Gagnep.）W.T. Wang & P.G. Xiao，分布于哀牢山。

滇牡丹 *Paeonia delavayi* Franch.，分布于哀牢山。观赏。

哀牢山毛茛 *Ranunculus ailaoshanicus* W.T. Wang，分布于哀牢山。

茴茴蒜 *Ranunculus chinensis* Bunge，哀牢山和无量山均有分布。

铺散毛茛 *Ranunculus diffusus* DC.，分布于哀牢山。

西南毛茛 *Ranunculus ficariifolius* H. Lév. & Vaniot，分布于哀牢山。

毛茛 *Ranunculus japonicus* Thunb.，哀牢山和无量山均有分布。药用。

昆明毛茛 *Ranunculus kunmingensis* W.T. Wang，分布于哀牢山。

石龙芮 *Ranunculus sceleratus* L.，哀牢山和无量山均有分布。药用。

钩柱毛茛 *Ranunculus silerifolius* H. Lév.，分布于哀牢山。

棱喙毛茛 *Ranunculus trigonus* Hand.-Mazz.，哀牢山和无量山均有分布。

直梗高山唐松草 *Thalictrum alpinum* var. *elatum* Ulbr.，哀牢山和无量山均有分布。药用。

星毛唐松草 *Thalictrum cirrhosum* H. Lév.，分布于哀牢山。

偏翅唐松草 *Thalictrum delavayi* Franch.，分布于哀牢山。药用、观赏。

多叶唐松草 *Thalictrum foliolosum* DC.，哀牢山和无量山均有分布。药用。

金丝马尾连 *Thalictrum glandulosissimum*（Finet & Gagnep.）W.T. Wang & S.H. Wang，哀牢山和无量山均有分布。药用。

网脉唐松草 *Thalictrum reticulatum* Franch.，哀牢山和无量山均有分布。药用。

糙叶唐松草 *Thalictrum scabrifolium* Franch.，哀牢山和无量山均有分布。

毛发唐松草 *Thalictrum trichopus* Franch.，哀牢山和无量山均有分布。药用。

金鱼藻科 Ceratophyllaceae

金鱼藻 *Ceratophyllum demersum* L.，分布于哀牢山。药用。

细金鱼藻 *Ceratophyllum submersum* L.，哀牢山和无量山均有分布。

小檗科 Berberidaceae

壮刺小檗 *Berberis deinacantha* C.K. Schneid.，分布于哀牢山。

刺红珠 *Berberis dictyophylla* Franch.，哀牢山和无量山均有分布。药用。

假小檗 *Berberis fallax* C.K. Schneid.，分布于无量山。

阔叶假小檗 *Berberis fallax* var. *latifolia* C.C. Wu & S.Y. Bao，分布于无量山。

大叶小檗 *Berberis ferdinandi-coburgii* C.K. Schneid.，分布于哀牢山。药用。

凤庆小檗 *Berberis holocraspedon* Ahrendt，哀牢山和无量山均有分布。

粉叶小檗 *Berberis pruinosa* Franch.，分布于无量山。药用。

华西小檗 *Berberis silva-taroucana* C.K. Schneid.，哀牢山和无量山均有分布。

亚尖叶小檗 *Berberis subacuminata* C.K. Schneid.，哀牢山和无量山均有分布。

春小檗 *Berberis vernalis*（C.K. Schneid.）D.F. Chamb. & C.M. Hu，分布于哀牢山。

金花小檗 *Berberis wilsoniae* Hemsl.，哀牢山和无量山均有分布。药用、食用。

无量山小檗 *Berberis wuliangshanensis* C.Y. Wu ex S.Y. Bao，哀牢山和无量山均有分布。

鄂西小檗 *Berberis zanlanscianensis* Pamp.，分布于哀牢山。

宝兴淫羊藿 *Epimedium davidii* Franch.，分布于无量山。

阔叶十大功劳 *Mahonia bealei*（Fortune）Carrière，分布于哀牢山。

鹤庆十大功劳 *Mahonia bracteolata* Takeda，分布于哀牢山。

宜章十大功劳 *Mahonia cardiophylla* T.S. Ying & Boufford，分布于哀牢山。

密叶十大功劳 *Mahonia conferta* Takeda，哀牢山和无量山均有分布。

长柱十大功劳 *Mahonia duclouxiana* Gagnep.，哀牢山和无量山均有分布。

长苞十大功劳 *Mahonia longibracteata* Takeda，哀牢山和无量山均有分布。

尼泊尔十大功劳 *Mahonia napaulensis* DC.，分布于哀牢山。

阿里山十大功劳 *Mahonia oiwakensis* Hayata，分布于无量山。

景东十大功劳 *Mahonia paucijuga* C.Y. Wu ex S.Y. Bao，分布于无量山。

峨眉十大功劳 *Mahonia polyodonta* Fedde，分布于无量山。

鬼臼科 Podophyllaceae

川八角莲 *Dysosma delavayi*（Franch.）H.H. Hu，分布于哀牢山。药用。

木通科 Lardizabalaceae

白木通 *Akebia trifoliata* subsp. *australis*（Diels）T. Shimizu，哀牢山和无量山均有分布。油料。

猫儿屎 *Decaisnea insignis*（Griff.）Hook. f. & Thomson，哀牢山和无量山均有分布。食用。

五月瓜藤 *Holboellia angustifolia* Wall.，分布于哀牢山。药用、食用、油料。

沙坝八月瓜 *Holboellia chapaensis* Gagnep.，分布于哀牢山。

五风藤 *Holboellia latifolia* Wall.，哀牢山和无量山均有分布。纤维。

防己科 Menispermaceae

大叶藤 *Tinomiscium petiolare* Hook. f. & Thomson，哀牢山和无量山均有分布。树脂及树胶。

大血藤科 Sargentodoxaceae

大血藤 *Sargentodoxa cuneata*（Oliv.）Rehder & E.H. Wilson，哀牢山和无量山均有分布。纤维。

防己科 Menispermaceae

球果藤 *Aspidocarya uvifera* Hook. f. & Thomson，哀牢山和无量山均有分布。食用。

锡生藤 *Cissampelos pareira* var. *hirsuta*（Buch.-Ham. ex DC.）Forman，哀牢山和无量山均有分布。药用。

樟叶木防己 *Cocculus laurifolius* DC.，哀牢山和无量山均有分布。

木防己 *Cocculus orbiculatus*（L.）DC.，哀牢山和无量山均有分布。药用。

粉叶轮环藤 *Cyclea hypoglauca*（Schauer）Diels，分布于哀牢山。

四川轮环藤 *Cyclea sutchuenensis* Gagnep.，哀牢山和无量山均有分布。

小花轮环藤 *Cyclea tonkinensis* Gagnep.，哀牢山和无量山均有分布。

西南轮环藤 *Cyclea wattii* Diels，哀牢山和无量山均有分布。

细圆藤 *Pericampylus glaucus*（Lam.）Merr.，哀牢山和无量山均有分布。纤维。

白线薯 *Stephania brachyandra* Diels，分布于哀牢山。药用。

景东千金藤 *Stephania chingtungensis* H.S. Lo，哀牢山和无量山均有分布。

一文钱 *Stephania delavayi* Diels，哀牢山和无量山均有分布。药用。

荷包地一文钱 *Stephania dicentrinifera* H.S. Lo & M. Yang，哀牢山和无量山均有分布。药用。

桐叶千斤藤 *Stephania japonica*（Thunb.）Miers，哀牢山和无量山均有分布。

长柄地不容 *Stephania longipes* H.S. Lo，哀牢山和无量山均有分布。

西南千金藤 *Stephania subpeltata* H.S. Lo，分布于哀牢山。

云南地不容 *Stephania yunnanensis* H.S. Lo，哀牢山和无量山均有分布。药用。

毛萼地不容 *Stephania yunnanensis* var. *trichocalyx* H.S. Lo & M. Yang，分布于无量山。

发冷藤 *Tinospora crispa*（L.）Hook. f. & Thomson，哀牢山和无量山均有分布。

马兜铃科 Aristolochiaceae

葫芦叶马兜铃 *Aristolochia cucurbitoides* C.F.Liang，分布于哀牢山。

西藏马兜铃 *Aristolochia griffithii* Hook. f. & Thomson ex Duch.，分布于哀牢山。

昆明马兜铃 *Aristolochia kunmingensis* C.Y. Cheng & J.S. Ma，哀牢山和无量山均有分布。

宝兴马兜铃 *Aristolochia moupinensis* Franch.，哀牢山和无量山均有分布。药用。

卵叶马兜铃 *Aristolochia ovatifolia* S.M. Hwang，分布于哀牢山。药用。

滇南马兜铃 *Aristolochia petelotii* O.C. Schmidt，哀牢山和无量山均有分布。

耳叶马兜铃 *Aristolochia tagala* Cham.，哀牢山和无量山均有分布。

大花草科 Rafflesiaceae

帽蕊草 *Mitrastemon yamamotoi* Makino，分布于无量山。

胡椒科 Piperaceae

石蝉草 *Peperomia blanda*（Jacq.）Kunth，哀牢山和无量山均有分布。药用。

蒙自草胡椒 *Peperomia heyneana* Miq.，哀牢山和无量山均有分布。

豆瓣绿 *Peperomia tetraphylla* Hook. & Arn.，哀牢山和无量山均有分布。药用。

蒌叶 *Piper betle* L.，分布于哀牢山。

苎叶蒟 *Piper boehmeriifolium*（Miq.）Wall. ex C. DC.，分布于无量山。

光茎胡椒 *Piper boehmeriifolium* var. *glabricaule*（C. DC.）M.G. Gilbert & N.H. Xia，分布于无量山。

黄花胡椒 *Piper flaviflorum* C. DC.，哀牢山和无量山均有分布。

粗梗胡椒 *Piper macropodum* C. DC.，哀牢山和无量山均有分布。

短蒟 *Piper mullesua* Buch.-Ham. ex D. Don，哀牢山和无量山均有分布。药用。

变叶胡椒 *Piper mutabile* C. DC.，分布于哀牢山。

裸果胡椒 *Piper nudibaccatum* Y.Q. Tseng，哀牢山和无量山均有分布。

角果胡椒 *Piper pedicellatum* C. DC.，分布于无量山。

樟叶胡椒 *Piper polysyphonum* C. DC.，分布于无量山。

肉轴胡椒 *Piper ponesheense* C. DC.，分布于无量山。

毛叶胡椒 *Piper puberulilimbum* C. DC.，分布于无量山。

假蒟 *Piper sarmentosum* Roxb.，哀牢山和无量山均有分布。药用。

长柄胡椒 *Piper sylvaticum* Roxb.，哀牢山和无量山均有分布。

小叶球穗胡椒 *Piper thomsonii* var. *microphyllum* Y.Q. Tseng，哀牢山和无量山均有分布。

石南藤 *Piper wallichii*（Miq.）Hand.-Mazz.，哀牢山和无量山均有分布。药用。

蒟子 *Piper yunnanense* Y.Q. Tseng，哀牢山和无量山均有分布。

三白草科 Saururaceae

蕺菜 *Houttuynia cordata* Thunb.，哀牢山和无量山均有分布。食用。

金粟兰科 Chloranthaceae

四块瓦 *Chloranthus holostegius*（Hand.-Mazz.）S.J. Pei & R.H. Shan，哀牢山和无量山均有分布。药用。

金粟兰 *Chloranthus spicatus*（Thunb.）Makino，分布于无量山。

鱼子兰 *Chloranthus erectus*（Buch.-Ham.）Verdc.，分布于无量山。

草珊瑚 *Sarcandra glabra*（Thunb.）Nakai，哀牢山和无量山均有分布。香料。

紫堇科 Fumariaceae

那加黄堇 *Corydalis borii* C.E.C. Fisch.，分布于无量山。

南黄堇 *Corydalis davidii* Franch.，哀牢山和无量山均有分布。药用。

翅瓣黄堇 *Corydalis pterygopetala* Hand.-Mazz.，哀牢山和无量山均有分布。

无冠翅瓣黄堇 *Corydalis pterygopetala* var. *ecristata* H. Chuang，分布于无量山。

石隙紫堇 *Corydalis rupifraga* C.Y. Wu & Z.Y. Su，分布于无量山。

金钩如意草 *Corydalis taliensis* Franch.，哀牢山和无量山均有分布。药用。

重三出黄堇 *Corydalis triternatifolia* C.Y. Wu，哀牢山和无量山均有分布。

丽江紫金龙 *Dactylicapnos lichiangensis*（Fedde）Hand.-Mazz.，哀牢山和无量山均有分布。

紫金龙 *Dactylicapnos scandens*（D. Don）Hutch.，分布于无量山。药用。

扭果紫金龙 *Dactylicapnos torulosa*（Hook. f. & Thomson）Hutch.，分布于无量山。药用。

山柑科 Capparaceae

黄花草 *Cleome viscosa* L.，哀牢山和无量山均有分布。油料。

白花菜科 Cleomaceae

独行千里 *Capparis acutifolia* Sweet，分布于哀牢山。药用。

野香橼花 *Capparis bodinieri* H. Lév.，哀牢山和无量山均有分布。药用。

薄叶山柑 *Capparis tenera* Dalzell，分布于哀牢山。

小绿刺 *Capparis urophylla* F. Chun，哀牢山和无量山均有分布。

树头菜 *Crateva unilocularis* Buch.-Ham.，哀牢山和无量山均有分布。

十字花科 Cruciferae

小花南芥 *Arabis alpina* var. *parviflora* Franch.，分布于无量山。

圆锥南芥 *Arabis paniculata* Franch.，哀牢山和无量山均有分布。

芸苔 *Brassica rapa* subsp. *oleifera*（DC.）Metzg.，分布于哀牢山。油料。

荠 *Capsella bursa-pastoris*（L.）Medik.，哀牢山和无量山均有分布。食用。

露珠碎米荠 *Cardamine circaeoides* Hook. f. & Thomson，哀牢山和无量山均有分布。

弯曲碎米荠 *Cardamine flexuosa* With.，哀牢山和无量山均有分布。药用。

碎米荠 *Cardamine hirsuta* L.，哀牢山和无量山均有分布。药用。

弹裂碎米荠 *Cardamine impatiens* L.，分布于哀牢山。药用。

三小叶碎米荠 *Cardamine trifoliolata* Hook. f. & Thomson，分布于哀牢山。食用。

云南碎米荠 *Cardamine yunnanensis* Franch.，哀牢山和无量山均有分布。

臭荠 *Coronopus didymus*（L.）Sm.，哀牢山和无量山均有分布。

独行菜 *Lepidium apetalum* Willd.，哀牢山和无量山均有分布。食用。

楔叶独行菜 *Lepidium cuneiforme* C.Y. Wu，哀牢山和无量山均有分布。

豆瓣菜 *Nasturtium officinale* R.Br.，哀牢山和无量山均有分布。食用。

诸葛菜 *Orychophragmus violaceus*（L.）O.E. Schulz，分布于哀牢山。食用、油料。

萝卜 *Raphanus sativus* L.，哀牢山和无量山均有分布。

无瓣蔊菜 *Rorippa dubia*（Pers.）Hara，哀牢山和无量山均有分布。

蔊菜 *Rorippa indica*（L.）Hiern，哀牢山和无量山均有分布。

沼生蔊菜 *Rorippa palustris*（L.）Besser，哀牢山和无量山均有分布。药用。

遏蓝菜 *Thlaspi arvense* L.，哀牢山和无量山均有分布。

堇菜科 Violaceae

如意草 *Viola arcuata* Blume，哀牢山和无量山均有分布。药用。

戟叶堇菜 *Viola betonicifolia* Sm.，分布于哀牢山。药用。

鳞茎堇菜 *Viola bulbosa* Maxim.，分布于哀牢山。

灰堇菜 *Viola canescens* Wall.，哀牢山和无量山均有分布。

深圆齿堇菜 *Viola davidii* Franch.，哀牢山和无量山均有分布。

灰叶堇菜 *Viola delavayi* Franch.，分布于哀牢山。药用。

七星莲 *Viola diffusa* Ging.，哀牢山和无量山均有分布。药用。

紫点堇菜 *Viola duclouxii* W. Becker，哀牢山和无量山均有分布。

柔毛堇菜 *Viola fargesii* H. Boissieu，分布于无量山。

如意草 *Viola hamiltoniana* D. Don，分布于哀牢山。

长萼堇菜 *Viola inconspicua* Blume，分布于哀牢山。药用。

紫花地丁 *Viola philippica* Cav.，分布于无量山。药用。

匍匐堇菜 *Viola pilosa* Blume，分布于无量山。药用。

早开堇菜 *Viola prionantha* Bunge，分布于哀牢山。药用。

锡金堇菜 *Viola sikkimensis* W. Becker，分布于哀牢山。

光叶堇菜 *Viola sumatrana* Miq.，哀牢山和无量山均有分布。

四川堇菜 *Viola szetschwanensis* W. Becker & H. Boissieu，哀牢山和无量山均有分布。

云南堇菜 *Viola yunnanensis* W. Becker & H. Boissieu，哀牢山和无量山均有分布。

远志科 Polygalaceae

荷包山桂花 *Polygala arillata* Buch.-Ham. ex D. Don，哀牢山和无量山均有分布。药用。

西南远志 *Polygala crotalarioides* Buch.-Ham. ex DC.，分布于哀牢山。药用。

贵州远志 *Polygala dunniana* H. Lév.，分布于哀牢山。

黄花倒水莲 *Polygala fallax* Hemsl.，哀牢山和无量山均有分布。药用。

肾果小扁豆 *Polygala furcata* Royle，哀牢山和无量山均有分布。

球冠远志 *Polygala globulifera* Dunn，哀牢山和无量山均有分布。

瓜子金 *Polygala japonica* Houtt.，分布于哀牢山。药用。

密花远志 *Polygala karensium* Kurz，分布于无量山。药用。

小叶密花远志 *Polygala karensium* var. *obcordata*（C.Y. Wu & S.K. Chen）S.K. Chen & J. Parn.，哀牢山和无量山均有分布。

长叶远志 *Polygala longifolia* Poir.，分布于无量山。

蓼叶远志 *Polygala persicariifolia* DC.，哀牢山和无量山均有分布。药用。

西伯利亚远志 *Polygala sibirica* L.，哀牢山和无量山均有分布。药用。

排钱金不换 *Polygala subopposita* S.K. Chen，哀牢山和无量山均有分布。

小扁豆 *Polygala tatarinowii* Regel，哀牢山和无量山均有分布。药用。

小果齿果草 *Salomonia cantoniensis* var. *edentula*（DC.）Gagnep.，哀牢山和无量山均有分布。

景天科 Crassulaceae

落地生根 *Bryophyllum pinnatum*（Lam.）Oken，哀牢山和无量山均有分布。药用。

条裂伽蓝菜 *Kalanchoe laciniata*（L.）DC.，哀牢山和无量山均有分布。

菊叶红景天 *Rhodiola chrysanthemifolia*（H. Lév.）S.H. Fu，哀牢山和无量山均有分布。

长鞭红景天 *Rhodiola fastigiata*（Hook. f. & Thomson）S.H. Fu，哀牢山和无量山均有分布。

短尖景天 *Sedum beauverdii* Raym.-Hamet，哀牢山和无量山均有分布。

景东景天 *Sedum chingtungense* K.T. Fu，哀牢山和无量山均有分布。

白果景天 *Sedum leucocarpum* Franch.，哀牢山和无量山均有分布。

多茎景天 *Sedum multicaule* Wall. ex Lindl.，哀牢山和无量山均有分布。

石莲 *Sinocrassula indica*（Decne.）A. Berger，哀牢山和无量山均有分布。药用。

虎耳草科 Saxifragaceae

溪畔落新妇 *Astilbe rivularis* Buch.-Ham. ex D. Don，哀牢山和无量山均有分布。

锈毛金腰 *Chrysosplenium davidianum* Decne. ex Maxim.，哀牢山和无量山均有分布。

山溪金腰 *Chrysosplenium nepalense* D. Don，哀牢山和无量山均有分布。

索骨丹 *Rodgersia aesculifolia* Batalin，分布于无量山。

羽叶鬼灯檠 *Rodgersia pinnata* Franch.，分布于哀牢山。食用。

　　棒蕊虎耳草 *Saxifraga clavistaminea* Engl. & Irmsch.，哀牢山和无量山均有分布。

　　异叶虎耳草 *Saxifraga diversifolia* Wall. ex Ser.，分布于无量山。

　　芽生虎耳草 *Saxifraga gemmipara* Franch.，哀牢山和无量山均有分布。

　　大字虎耳草 *Saxifraga imparilis* Balf. f.，分布于无量山。

　　景东虎耳草 *Saxifraga jingdongensis* H. Chuang ex H. Peng & C.Y. Wu，分布于无量山。

　　蒙自虎耳草 *Saxifraga mengtzeana* Engl. & Irmsch.，分布于无量山。药用。

　　红毛虎耳草 *Saxifraga rufescens* Balf. f.，哀牢山和无量山均有分布。

　　虎耳草 *Saxifraga stolonifera* Curtis，哀牢山和无量山均有分布。药用。

　　伏毛虎耳草 *Saxifraga strigosa* Wall. ex Ser.，分布于无量山。

　　黄水枝 *Tiarella polyphylla* D. Don，哀牢山和无量山均有分布。药用。

梅花草科 Parnassiaceae

　　鸡心梅花草 *Parnassia crassifolia* Franch.，哀牢山和无量山均有分布。

　　凹瓣梅花草 *Parnassia mysorensis* F. Heyne ex Wight & Arn.，分布于哀牢山。

　　锐尖凹瓣梅花草 *Parnassia mysorensis* var. *aucta* Diels，分布于哀牢山。

　　贵阳梅花草 *Parnassia petitmenginii* H. Lév.，哀牢山和无量山均有分布。

　　鸡肫梅花草 *Parnassia wightiana* Wall. ex Wight & Arn.，哀牢山和无量山均有分布。

茅膏菜科 Droseraceae

　　茅膏菜 *Drosera peltata* Sm. ex Willd.，哀牢山和无量山均有分布。药用。

石竹科 Caryophyllaceae

　　蚤缀 *Arenaria serpyllifolia* Bourg. ex Willk. & Lange，哀牢山和无量山均有分布。

　　云南无心菜 *Arenaria yunnanensis* Franch.，哀牢山和无量山均有分布。

　　田繁缕 *Bergia ammannioides* Roxb.，哀牢山和无量山均有分布。

　　短瓣花 *Brachystemma calycinum* D. Don，哀牢山和无量山均有分布。药用。

　　缘毛卷耳 *Cerastium furcatum* Cham. & Schltdl.，哀牢山和无量山均有分布。

　　荷莲豆草 *Drymaria cordata*（L.）Willd. ex Schult.，哀牢山和无量山均有分布。药用。

　　牛繁缕 *Myosoton aquaticum*（L.）Moench，哀牢山和无量山均有分布。

　　多荚草 *Polycarpon prostratum*（Forssk.）Asch. & Schweinf. ex Asch.，哀牢山和无量山均有分布。

　　漆姑草 *Sagina japonica*（Sw.）Ohwi，分布于哀牢山。药用、饲用。

　　无毛漆姑草 *Sagina saginoides*（L.）H. Karst.，哀牢山和无量山均有分布。

　　掌脉蝇子草 *Silene asclepiadea* Franch.，分布于哀牢山。

　　狗筋蔓 *Silene baccifera*（L.）Roth，哀牢山和无量山均有分布。药用。

　　耳齿蝇子草 *Silene otodonta* Franch.，分布于哀牢山。

　　粘萼蝇子草 *Silene viscidula* Franch.，哀牢山和无量山均有分布。

　　雀舌草 *Stellaria alsine* Grimm，哀牢山和无量山均有分布。药用。

　　禾叶繁缕 *Stellaria graminea* L.，分布于哀牢山。

　　繁缕 *Stellaria media*（L.）Vill.，哀牢山和无量山均有分布。食用。

　　锥花繁缕 *Stellaria monosperma* var. *paniculata*（Edgew.）Majumdar，哀牢山和无量山均有分布。

　　无瓣繁缕 *Stellaria pallida*（Dumort.）Crép.，分布于无量山。

　　细柄繁缕 *Stellaria petiolaris* Hand.-Mazz.，哀牢山和无量山均有分布。

　　长毛箐姑草 *Stellaria pilosoides* Shi L. Chen，Rabeler & Turland，分布于哀牢山。

　　箐姑草 *Stellaria vestita* Kurz，哀牢山和无量山均有分布。

　　抱茎箐姑草 *Stellaria vestita* var. *amplexicaulis*（Hand.-Mazz.）C.Y. Wu，哀牢山和无量山均有分布。

云南繁缕 *Stellaria yunnanensis* Franch.，哀牢山和无量山均有分布。

粟米草科 **Molluginaceae**

星粟草 *Glinus lotoides* L.，哀牢山和无量山均有分布。

粟米草 *Mollugo stricta* L.，哀牢山和无量山均有分布。药用。

马齿苋科 **Portulaceae**

马齿苋 *Portulaca oleracea* L.，分布于无量山。药用。

土人参 *Talinum paniculatum*（Jacq.）Gaertn.，分布于无量山。药用。

蓼科 **Polygonaceae**

金荞麦 *Fagopyrum dibotrys*（D. Don）H. Hara，哀牢山和无量山均有分布。药用。

荞麦 *Fagopyrum esculentum* Moench，哀牢山和无量山均有分布。食用。

细柄野荞麦 *Fagopyrum gracilipes*（Hemsl.）Dammer ex Diels，哀牢山和无量山均有分布。

小野荞麦 *Fagopyrum leptopodum* Hedberg，哀牢山和无量山均有分布。

木藤蓼 *Fallopia aubertii*（L.Henry）Holub，分布于哀牢山。

何首乌 *Fallopia multiflora*（Thunb.）Czerep.，哀牢山和无量山均有分布。药用。

中华山蓼 *Oxyria sinensis* Hemsl.，哀牢山和无量山均有分布。

两栖蓼 *Polygonum amphibium* L.，哀牢山和无量山均有分布。

萹蓄 *Polygonum aviculare* L.，哀牢山和无量山均有分布。

毛蓼 *Polygonum barbatum* L.，哀牢山和无量山均有分布。

头花蓼 *Polygonum capitatum* Buch.-Ham. ex D. Don，哀牢山和无量山均有分布。药用。

火炭母 *Polygonum chinense* L.，哀牢山和无量山均有分布。药用。

硬毛火炭母 *Polygonum chinense* var. *hispidum* Hook. f.，分布于哀牢山。

宽叶火炭母 *Polygonum chinense* var. *ovalifolium* Meisn.，分布于哀牢山。

窄叶火炭母 *Polygonum chinense* var. *paradoxum*（H. Lév.）A.J.Li，分布于哀牢山。

匍枝蓼 *Polygonum emodi* Meisn.，分布于无量山。

辣蓼 *Polygonum hydropiper* L.，哀牢山和无量山均有分布。

蚕茧蓼 *Polygonum japonicum* Meisn.，分布于哀牢山。

柔茎蓼 *Polygonum kawagoeanum* Makino，分布于哀牢山。

酸模叶蓼 *Polygonum lapathifolium* L.，分布于无量山。

绵毛酸模叶蓼 *Polygonum lapathifolium* var. *salicifolium* Sibth.，分布于哀牢山。

长鬃蓼 *Polygonum longisetum* Bruijn，分布于哀牢山。

小头蓼 *Polygonum microcephalum* D. Don，哀牢山和无量山均有分布。

腺梗小头蓼 *Polygonum microcephalum* var. *sphaerocephalum*（Wall. ex Meisn.）H. Hara，分布于哀牢山。

大海蓼 *Polygonum milletii*（H. Lév.）H. Lév.，分布于无量山。

绢毛蓼 *Polygonum molle* D. Don，哀牢山和无量山均有分布。

倒毛蓼 *Polygonum molle* var. *rude*（Meisn.）A.J. Li，哀牢山和无量山均有分布。

小蓼花 *Polygonum muricatum* Meisn.，分布于哀牢山。

尼泊尔蓼 *Polygonum nepalense* Meisn.，哀牢山和无量山均有分布。

红蓼 *Polygonum orientale* L.，哀牢山和无量山均有分布。药用。

草血竭 *Polygonum paleaceum* Wall.，哀牢山和无量山均有分布。药用。

杠板归 *Polygonum perfoliatum* L.，哀牢山和无量山均有分布。药用。

铁马齿苋 *Polygonum plebeium* R. Br.，哀牢山和无量山均有分布。

丛枝蓼 *Polygonum posumbu* Buch.-Ham. ex D. Don，哀牢山和无量山均有分布。

伏毛蓼 *Polygonum pubescens* Blume，分布于哀牢山。

羽叶蓼 *Polygonum runcinatum* Buch.-Ham. ex D. Don，分布于无量山。药用。

赤胫散 *Polygonum runcinatum* var. *sinense* Hemsl.，哀牢山和无量山有分布。

刺蓼 *Polygonum senticosum*（Meisn.）Franch. & Sav.，分布于哀牢山。

西伯利亚蓼 *Polygonum sibiricum* Laxm.，哀牢山和无量山均有分布。

翅柄蓼 *Polygonum sinomontanum* Sam.，分布于哀牢山。

平卧蓼 *Polygonum strindbergii* J. Schust.，哀牢山和无量山均有分布。

戟叶蓼 *Polygonum thunbergii* Siebold & Zucc.，分布于哀牢山。

珠芽蓼 *Polygonum viviparum* L.，分布于无量山。药用。

球序蓼 *Polygonum wallichii* Meisn.，哀牢山和无量山均有分布。

丽江蓼 *Polygonum lichiangense* W.W. Smith，分布于无量山。

虎杖 *Reynoutria japonica* Houtt.，分布于哀牢山。

齿果酸模 *Rumex dentatus* L.，哀牢山和无量山均有分布。

戟叶酸模 *Rumex hastatus* D. Don，哀牢山和无量山均有分布。

羊蹄 *Rumex japonicus* Houtt.，哀牢山和无量山均有分布。药用。

土大黄 *Rumex nepalensis* Spreng.，哀牢山和无量山均有分布。药用。

商陆科　Phytolaccaceae

商陆 *Phytolacca acinosa* Roxb.，哀牢山和无量山均有分布。土农药。

藜科　Chenopodiaceae

千针苋 *Acroglochin persicarioides*（Poir.）Moq.，哀牢山和无量山均有分布。食用。

藜 *Chenopodium album* L.，哀牢山和无量山均有分布。饲用。

土荆芥 *Chenopodium ambrosioides* L.，哀牢山和无量山均有分布。药用。

小藜 *Chenopodium ficifolium* Sm.，分布于无量山。食用。

菊叶香藜 *Dysphania schraderiana*（Schult.）Mosyakin & Clemants，哀牢山和无量山均有分布。药用。

地肤 *Kochia scoparia*（L.）Schrad.，哀牢山和无量山均有分布。药用。

苋科　Amaranthaceae

土牛膝 *Achyranthes aspera* L.，哀牢山和无量山均有分布。药用。

钝叶土牛膝 *Achyranthes aspera* var. *indica* L.，分布于无量山。

牛膝 *Achyranthes bidentata* Blume，分布于哀牢山。药用。

柳叶牛膝 *Achyranthes longifolia*（Makino）Makino，分布于哀牢山。药用。

少毛白花苋 *Aerva glabrata* Hook.f.，分布于哀牢山。

白花苋 *Aerva sanguinolenta*（L.）Blume，哀牢山和无量山均有分布。药用。

喜旱莲子草 *Alternanthera philoxeroides*（Mart.）Griseb.，分布于哀牢山。药用。

刺花莲子草 *Alternanthera pungens* Kunth，分布于哀牢山。

莲子草 *Alternanthera sessilis*（L.）R. Br. ex DC.，哀牢山和无量山均有分布。药用、饲用。

尾穗苋 *Amaranthus caudatus* L.，哀牢山和无量山均有分布。药用、饲用。

凹头苋 *Amaranthus lividus* L.，分布于无量山。食用。

刺苋 *Amaranthus spinosus* L.，哀牢山和无量山均有分布。食用。

苋 *Amaranthus tricolor* L.，分布于哀牢山。食用。

皱果苋 *Amaranthus viridis* L.，分布于无量山。食用。

青葙 *Celosia argentea* L.，哀牢山和无量山均有分布。食用。

头花杯苋 *Cyathula capitata* Moq.，哀牢山和无量山均有分布。药用。

川牛膝 *Cyathula officinalis* K.C. Kuan，哀牢山和无量山均有分布。药用。

杯苋 *Cyathula prostrata*（L.）Blume，哀牢山和无量山均有分布。药用。

浆果苋 *Deeringia amaranthoides*（Lam.）Merr.，哀牢山和无量山均有分布。药用。

血苋 *Iresine herbstii* Hook.，分布于哀牢山。药用。

落葵科 Basellaceae

落葵薯 *Anredera cordifolia*（Ten.）Steenis，分布于哀牢山。

亚麻科 Linaceae

异腺草 *Anisadenia pubescens* Griff.，哀牢山和无量山均有分布。

石海椒 *Reinwardtia indica* Dumort.，哀牢山和无量山均有分布。药用。

蒺藜科 Zygophyllaceae

蒺藜 *Tribulus terrestris* L.，哀牢山和无量山均有分布。药用。

牻牛儿苗科 Geraniaceae

大姚老鹳草 *Geranium christsenianum* Hand.-Mazz.，分布于哀牢山。

五叶草 *Geranium nepalense* Sweet，哀牢山和无量山均有分布。药用。

纤细老鹳草 *Geranium robertianum* L.，哀牢山和无量山均有分布。

观音倒座草 *Geranium sinense* R. Knuth，哀牢山和无量山均有分布。

紫地榆 *Geranium strictipes* R. Knuth，哀牢山和无量山均有分布。药用。

酢浆草科 Oxalidaceae

分枝感应草 *Biophytum fruticosum* Blume，分布于无量山。药用。

小感应草 *Biophytum umbraculum* Welw.，哀牢山和无量山均有分布。药用。

酢浆草 *Oxalis corniculata* L.，哀牢山和无量山均有分布。药用。

山酢浆草 *Oxalis griffithii* Edgew. & Hook. f.，哀牢山和无量山均有分布。

凤仙花科 Balsaminaceae

水凤仙花 *Impatiens aquatilis* Hook. f.，哀牢山和无量山均有分布。

锐齿凤仙花 *Impatiens arguta* Hook. f. & Thomson，哀牢山和无量山均有分布。药用。

凤仙花 *Impatiens balsamina* L.，分布于哀牢山。药用。

棒尾凤仙花 *Impatiens clavicuspis* Hook. f. ex W.W. Sm.，哀牢山和无量山均有分布。

蓝花凤仙花 *Impatiens cyanantha* Hook. f.，分布于哀牢山。药用。

金凤花 *Impatiens cyathiflora* Hook. f.，分布于哀牢山。鞣质与染料。

滇南凤仙花 *Impatiens duclouxii* Hook. f.，哀牢山和无量山均有分布。

细柄凤仙花 *Impatiens leptocaulon* Hook. f.，分布于哀牢山。药用。

长喙凤仙花 *Impatiens longirostris* S.H. Huang，分布于哀牢山。

蒙自凤仙花 *Impatiens mengtszeana* Hook. f.，哀牢山和无量山均有分布。

小距凤仙花 *Impatiens microcentra* Hand.-Mazz.，分布于哀牢山。

紫花凤仙花 *Impatiens purpurea* Hand.-Mazz.，分布于无量山。

总状凤仙花 *Impatiens racemosa* DC.，分布于哀牢山。

辐射凤仙花 *Impatiens radiata* Hook. f.，分布于哀牢山。

直角凤仙花 *Impatiens rectangula* Hand.-Mazz.，分布于哀牢山。

红纹凤仙花 *Impatiens rubrostriata* Hook. f.，哀牢山和无量山均有分布。

黄金凤 *Impatiens siculifer* Hook. f.，哀牢山和无量山均有分布。药用。

滇水金凤 *Impatiens uliginosa* Franch.，哀牢山和无量山均有分布。药用。

千屈菜科　Lythraceae

　　耳基水苋　*Ammannia auriculata* Willd.，哀牢山和无量山均有分布。

　　水苋菜　*Ammannia baccifera* L.，哀牢山和无量山均有分布。

　　多花水苋菜　*Ammannia multiflora* Roxb.，分布于哀牢山。

　　紫薇　*Lagerstroemia indica* L.，分布于无量山。观赏。

　　节节菜　*Rotala indica*（Willd.）Koehne，哀牢山和无量山均有分布。食用。

　　圆叶节节菜　*Rotala rotundifolia*（Buch.-Ham. ex Roxb.）Koehne，哀牢山和无量山均有分布。饲用。

　　虾子花　*Woodfordia fruticosa*（L.）Kurz，哀牢山和无量山均有分布。鞣质与染料。

海桑科　Sonneratiaceae

　　八宝树　*Duabanga grandiflora*（Roxb. ex DC.）Walp.，分布于哀牢山。

石榴科　Punicaceae

　　石榴　*Punica granatum* L.，分布于无量山。食用。

柳叶菜科　Onagraceae

　　高山露珠草　*Circaea alpina* L.，分布于哀牢山。

　　狭叶露珠草　*Circaea alpina* subsp. *angustifolia*（Hand.-Mazz.）Boufford，哀牢山和无量山均有分布。

　　高原露珠草　*Circaea alpina* subsp. *imaicola*（Asch. & Magn.）Kitam.，哀牢山和无量山均有分布。

　　高寒露珠草　*Circaea alpina* subsp. *micrantha*（A.K. Skvortsov）Boufford，哀牢山和无量山均有分布。

　　露珠草　*Circaea cordata* Royle，分布于无量山。

　　南方露珠草　*Circaea mollis* Siebold & Zucc.，分布于哀牢山。

　　毛脉柳叶菜　*Epilobium amurense* Hausskn.，哀牢山和无量山均有分布。

　　酸沼柳叶菜　*Epilobium blinii* H. Lév.，哀牢山和无量山均有分布。

　　短叶柳叶菜　*Epilobium brevifolium* D. Don.，分布于无量山。

　　广布柳叶菜　*Epilobium brevifolium* subsp. *trichoneurum*（Hausskn.）P.H. Raven，分布于无量山。

　　圆柱柳叶菜　*Epilobium cylindricum* D. Don.，分布于无量山。

　　柳叶菜　*Epilobium hirsutum* L.，哀牢山和无量山均有分布。药用。

　　硬毛柳叶菜　*Epilobium pannosum* Hausskn.，分布于无量山。

　　阔柱柳叶菜　*Epilobium platystigmatosum* C.B. Rob.，分布于哀牢山。

　　长籽柳叶菜　*Epilobium pyrricholophum* Franch. & Sav.，分布于哀牢山。

　　鳞片柳叶菜　*Epilobium sikkimense* Hausskn.，分布于哀牢山。

　　滇藏柳叶菜　*Epilobium wallichianum* Hausskn.，分布于哀牢山。药用。

　　水龙　*Ludwigia adscendens*（L.）H. Hara，哀牢山和无量山均有分布。药用。

　　线叶丁香蓼　*Ludwigia hyssopifolia*（G. Don）Exell，分布于无量山。药用。

　　草龙　*Ludwigia octovalvis*（Jacq.）P.H. Raven，哀牢山和无量山均有分布。药用。

　　丁香蓼　*Ludwigia prostrata* Roxb.，哀牢山和无量山均有分布。药用。

　　粉花月见草　*Oenothera rosea* L'Her. ex Ait.，哀牢山和无量山均有分布。药用。

小二仙草科　Haloragaceae

　　小二仙草　*Gonocarpus micranthus* Thunb.，哀牢山和无量山均有分布。药用。

　　穗状狐尾藻　*Myriophyllum spicatum* L.，哀牢山和无量山均有分布。药用。

瑞香科　Thymelaeaceae

　　滇瑞香　*Daphne feddei* H. Lév.，哀牢山和无量山均有分布。纤维、香料。

　　毛瑞香　*Daphne kiusiana* var. *atrocaulis*（Rehder）F. Maek.，分布于哀牢山。

　　瑞香　*Daphne odora* Thunb.，分布于无量山。

山辣子皮 *Daphne papyracea* var. *crassiuscula* Rehder，哀牢山和无量山均有分布。

白瑞香 *Daphne papyracea* Wall. ex G. Don，哀牢山和无量山均有分布。

唐古特瑞香 *Daphne tangutica* Maxim.，哀牢山和无量山均有分布。药用、纤维。

狼毒 *Stellera chamaejasme* L.，哀牢山和无量山均有分布。药用、纤维。

荛花 *Wikstroemia canescens* Wall. ex Meisn.，哀牢山和无量山均有分布。

长花荛花 *Wikstroemia dolichantha* Diels，哀牢山和无量山均有分布。纤维。

小黄构 *Wikstroemia micrantha* Hemsl.，哀牢山和无量山均有分布。药用、纤维。

革叶荛花 *Wikstroemia scytophylla* Diels，哀牢山和无量山均有分布。

紫茉莉科 Nyctaginaceae

黄细心 *Boerhavia diffusa* L.，哀牢山和无量山均有分布。药用。

华黄细心 *Commicarpus chinensis*（L.）Heimerl，哀牢山和无量山均有分布。

山龙眼科 Proteaceae

山地山龙眼 *Helicia clivicola* W.W. Sm.，哀牢山和无量山均有分布。

深绿山龙眼 *Helicia nilagirica* Bedd.，哀牢山和无量山均有分布。

网脉山龙眼 *Helicia reticulata* W.T. Wang，哀牢山和无量山均有分布。材用。

瑞丽山龙眼 *Helicia shweliensis* W.W. Sm.，哀牢山和无量山均有分布。

林地山龙眼 *Helicia silvicola* W.W. Sm.，分布于哀牢山。

马桑科 Coriariaceae

马桑 *Coriaria nepalensis* Wall.，哀牢山和无量山均有分布。油料、农药。

海桐花科 Pittosporaceae

短萼海桐 *Pittosporum brevicalyx*（Oliv.）Gagnep.，哀牢山和无量山均有分布。药用。

羊脆木 *Pittosporum kerrii* Craib，哀牢山和无量山均有分布。药用。

昆明海桐 *Pittosporum kunmingense* H.T. Chang & S.Z. Yan，哀牢山和无量山均有分布。

滇藏海桐 *Pittosporum napaulense*（DC.）Rehder & E.H. Wilson，分布于哀牢山。

柄果海桐 *Pittosporum podocarpum* Gagnep.，哀牢山和无量山均有分布。药用。

线叶柄果海桐 *Pittosporum podocarpum* var. *angustatum* Gowda，分布于无量山。

大风子科 Flacourtiaceae

贵州嘉丽树 *Carrierea dunniana* H. Lév.，分布于无量山。

栀子皮 *Itoa orientalis* Hemsl.，哀牢山和无量山均有分布。观赏。

光叶栀子皮 *Itoa orientalis* var. *glabrescens* C.Y. Wu ex G.S. Fan，哀牢山和无量山均有分布。

南岭柞木 *Xylosma controversa* Clos，分布于无量山。材用。

长叶柞木 *Xylosma longifolia* Clos，哀牢山和无量山均有分布。鞣质与染料。

天料木科 Samydaceae

香味脚骨脆 *Casearia graveolens* Dalzell，哀牢山和无量山均有分布。

印度脚骨脆 *Casearia kurzii* C.B. Clarke，哀牢山和无量山均有分布。

细柄脚骨脆 *Casearia kurzii* var. *gracilis* S.Y. Bao，哀牢山和无量山均有分布。

膜叶脚骨脆 *Casearia membranacea* Hance，哀牢山和无量山均有分布。

石生脚骨脆 *Casearia tardieuae* Lescot & Sleumer，分布于无量山。

毛叶脚骨脆 *Casearia velutina* Blume，分布于无量山。

红花天料木 *Homalium ceylanicum*（Gardner）Benth.，分布于哀牢山。

西番莲科 Passifloraceae

异叶蒴莲 *Adenia heterophylla*（Blume）Koord.，哀牢山和无量山均有分布。

龙珠果 *Passiflora foetida* L.，分布于哀牢山。药用。

圆叶西番莲 *Passiflora henryi* Hemsl.，哀牢山和无量山均有分布。药用。

山峰西番莲 *Passiflora jugorum* W.W. Sm.，分布于无量山。药用。

葫芦科 Cucurbitaceae

三裂瓜 *Biswarea tonglensis*（C.B.Clarke）Cogn.，分布于无量山。

野黄瓜 *Cucumis hystrix* Chakrav.，哀牢山和无量山均有分布。

锥形果 *Gomphogyne cissiformis* Griff.，哀牢山和无量山均有分布。

绞股蓝 *Gynostemma pentaphyllum*（Thunb.）Makino，哀牢山和无量山均有分布。药用。

毛果绞股蓝 *Gynostemma pentaphyllum* var. *dasycarpum* C.Y. Wu，哀牢山和无量山均有分布。

滇南雪胆 *Hemsleya dipterygia* Kuang & A.M. Lu，分布于哀牢山。

罗锅底 *Hemsleya macrosperma* C.Y. Wu，分布于哀牢山。

文山雪胆 *Hemsleya sphaerocarpa* subsp. *wenshanensis*（A.M. Lu ex C.Y. Wu & Z.L. Chen）D.Z. Li，哀牢山和无量山均有分布。

陀罗果雪胆 *Hemsleya turbinata* C.Y. Wu，哀牢山和无量山均有分布。

木鳖子 *Momordica cochinchinensis*（Lour.）Spreng.，哀牢山和无量山均有分布。药用。

帽儿瓜 *Mukia maderaspatana*（L.）M. Roem.，哀牢山和无量山均有分布。

棒锤瓜 *Neoalsomitra clavigera*（Wall.）Hutch.，哀牢山和无量山均有分布。

茅瓜 *Solena amplexicaulis*（Lam.）Gandhi，哀牢山和无量山均有分布。药用。

大苞赤瓟 *Thladiantha cordifolia*（Blume）Cogn.，哀牢山和无量山均有分布。

大萼赤瓟 *Thladiantha grandisepala* A.M. Lu & Z.Y. Zhang，分布于无量山。

异叶赤瓟 *Thladiantha hookeri* C.B. Clarke，分布于无量山。

长毛赤瓟 *Thladiantha villosula* Cogn.，哀牢山和无量山均有分布。

短序栝楼 *Trichosanthes baviensis* Gagnep.，分布于无量山。

瓜叶栝楼 *Trichosanthes cucumerina* L.，分布于无量山。药用。

全缘栝楼 *Trichosanthes ovigera* Blume，哀牢山和无量山均有分布。药用。

全缘栝楼 *Trichosanthes pilosa* Lour.，分布于无量山。

红花栝楼 *Trichosanthes rubriflos* Thorel ex Cayla，哀牢山和无量山均有分布。

顶毛栝楼 *Trichosanthes trichocarpa* C.Y. Wu，哀牢山和无量山均有分布。

密毛栝楼 *Trichosanthes villosa* Blume，哀牢山和无量山均有分布。

薄叶栝楼 *Trichosanthes wallichiana*（Ser.）Wight，分布于无量山。

马㼎儿 *Zehneria japonica*（Thunb.）H.Y. Liu，分布于哀牢山。

钮子瓜 *Zehneria maysorensis*（Wight & Arn.）Arn.，哀牢山和无量山均有分布。

秋海棠科 Begoniaceae

糙叶秋海棠 *Begonia asperifolia* Irmsch.，分布于哀牢山。

歪叶秋海棠 *Begonia augustinei* Hemsl.，分布于无量山。药用。

角果秋海棠 *Begonia ceratocarpa* S.H. Huang & Y.M. Shui，哀牢山和无量山均有分布。

槭叶秋海棠 *Begonia digyna* Irmsch.，分布于哀牢山。

景洪秋海棠 *Begonia discreta* Craib，分布于哀牢山。

紫背天葵 *Begonia fimbristipula* Hance，分布于哀牢山。药用。

全柱秋海棠 *Begonia grandis* subsp. *holostyla* Irmsch.，哀牢山和无量山均有分布。药用。

柔毛秋海棠 *Begonia henryi* Hemsl.，哀牢山和无量山均有分布。

心叶秋海棠 *Begonia labordei* H. Lév.，哀牢山和无量山均有分布。药用。

粗喙秋海棠 *Begonia longifolia* Blume，哀牢山和无量山均有分布。药用。

云南秋海棠 *Begonia modestiflora* Kurz，哀牢山和无量山均有分布。

裂叶秋海棠 *Begonia palmata* D. Don，分布于哀牢山。

小花秋海棠 *Begonia peii* C.Y. Wu，分布于哀牢山。

大理秋海棠 *Begonia taliensis* Gagnep.，分布于无量山。

变色秋海棠 *Begonia versicolor* Irmsch.，分布于无量山。

仙人掌科 Cactaceae

仙人掌 *Opuntia dillenii*（Ker Gawl.）Haw.，分布于无量山。药用、食用。

单刺仙人掌 *Opuntia monacantha* Haw.，哀牢山和无量山均有分布。

山茶科 Theaceae

茶梨 *Anneslea fragrans* Wall.，哀牢山和无量山均有分布。

长尾毛蕊茶 *Camellia caudata* Wall.，哀牢山和无量山均有分布。

厚柄连蕊茶 *Camellia crassipes* Sealy，分布于哀牢山。

连蕊茶 *Camellia cuspidata*（Kochs）H.J. Veitch，哀牢山和无量山均有分布。

卫矛叶连蕊茶 *Camellia euonymifolia*（Hu）Tuyama，分布于无量山。

蒙自连蕊茶 *Camellia forrestii*（Diels）Cohen-Stuart，哀牢山和无量山均有分布。

尖萼连蕊茶 *Camellia forrestii* var. *acutisepala*（Tsai & K.M. Feng）H.T. Chang，哀牢山和无量山均有分布。

落瓣油茶 *Camellia kissii* Wall.，分布于无量山。

滇南毛蕊山茶 *Camellia mairei* var. *velutina* Sealy，哀牢山和无量山均有分布。

油茶 *Camellia oleifera* Abel，哀牢山和无量山均有分布。油料。

西南红山茶 *Camellia pitardii* Cohen-Stuart，分布于哀牢山。观赏。

滇山茶 *Camellia reticulata* Lindl.，哀牢山和无量山均有分布。药用。

怒江红山茶 *Camellia saluenensis* Stapf ex Bean，哀牢山和无量山均有分布。

茶 *Camellia sinensis*（L.）Kuntze，哀牢山和无量山均有分布。药用。

普洱茶 *Camellia sinensis* var. *assamica*（Choisy）Kitam.，分布于无量山。食用。

五室连蕊茶 *Camellia stuartiana* Sealy，哀牢山和无量山均有分布。

大理茶 *Camellia taliensis*（W.W. Sm.）Melch.，分布于无量山。

五柱滇山茶 *Camellia yunnanensis*（Pit. ex Diels）Cohen-Stuart，哀牢山和无量山均有分布。

红淡比 *Cleyera japonica* Thunb.，分布于无量山。

短柱柃 *Eurya brevistyla* Kobuski，分布于哀牢山。油料、蜜源。

云南凹脉柃 *Eurya cavinervis* Vesque，分布于无量山。

华南毛柃 *Eurya ciliata* Merr.，哀牢山和无量山均有分布。

岗柃 *Eurya groffii* Merr.，哀牢山和无量山均有分布。

丽江柃 *Eurya handel-mazzettii* H.T. Chang，分布于哀牢山。

景东柃 *Eurya jintungensis* H.H. Hu & L.K. Ling，哀牢山和无量山均有分布。

金叶细枝柃 *Eurya loquaiana* var. *aureopunctata* H.T. Chang，分布于哀牢山。

毛枝格药柃 *Eurya muricata* var. *huiana*（Kobuski）L.K. Ling，哀牢山和无量山均有分布。

细齿叶柃 *Eurya nitida* Korth.，哀牢山和无量山均有分布。蜜源、染料。

云南柃 *Eurya obliquifolia* Hemsl.，哀牢山和无量山均有分布。

金叶柃 *Eurya obtusifolia* var. *aurea*（H. Lév.）T.L. Ming，分布于无量山。

滇四角柃 *Eurya paratetragonoclada* H.H. Hu，分布于哀牢山。

尖齿叶柃 *Eurya perserrata* Kobuski，哀牢山和无量山均有分布。

半齿柃 *Eurya semiserrulata* H.T. Chang，哀牢山和无量山均有分布。油料、蜜源。

四角柃 *Eurya tetragonoclada* Merr. & Chun，分布于无量山。

毛果柃 *Eurya trichocarpa* Korth.，哀牢山和无量山均有分布。

怒江柃 *Eurya tsaii* H.T. Chang，分布于无量山。

无量山柃 *Eurya wuliangshanensis* T.L. Ming，分布于无量山。

云南柃 *Eurya yunnanensis* P.S. Hsu，分布于无量山。

黄药大头茶 *Polyspora chrysandra*（Cowan）H.H. Hu ex B.M. Barthol. & T.L. Ming，哀牢山和无量山均有分布。

长果大头茶 *Polyspora longicarpa*（H.T. Chang）C.X. Ye ex B.M. Barthol. & T.L. Ming，分布于无量山。

银木荷 *Schima argentea* E.Pritz. ex Diels，哀牢山和无量山均有分布。

钝齿木荷 *Schima crenata* Korth.，分布于哀牢山。

尖齿木荷 *Schima khasiana* Dyer，分布于无量山。

南洋木荷 *Schima noronhae* Reinw.，哀牢山和无量山均有分布。

毛木荷 *Schima villosa* H.H. Hu，哀牢山和无量山均有分布。

西南木荷 *Schima wallichii*（DC.）Korth.，哀牢山和无量山均有分布。

云南紫茎 *Stewartia calcicola* T.L. Ming & J. Li，分布于哀牢山。

翅柄紫茎 *Stewartia pteropetiolata* W.C. Cheng，分布于哀牢山。

紫茎 *Stewartia sinensis* Rehder & E.H. Wilson，哀牢山和无量山均有分布。

厚皮香 *Ternstroemia gymnanthera*（Wight & Arn.）Bedd.，哀牢山和无量山均有分布。观赏。

阔叶厚皮香 *Ternstroemia gymnanthera* var. *wightii*（Choisy）Hand.-Mazz.，分布于无量山。

肋果茶科 Sladeniaceae

毒药树 *Sladenia celastrifolia* Kurz，哀牢山和无量山均有分布。观赏。

猕猴桃科 Actinidiaceae

软枣猕猴桃 *Actinidia arguta*（Siebold & Zucc.）Planch. ex Miq.，分布于无量山。食用。

紫果猕猴桃 *Actinidia arguta* var. *purpurea*（Rehder）C.F. Liang ex Q.Q. Chang，分布于哀牢山。药用。

硬齿猕猴桃 *Actinidia callosa* Lindl.，哀牢山和无量山均有分布。

京梨猕猴桃 *Actinidia callosa* var. *henryi* Maxim.，分布于哀牢山。

粉叶猕猴桃 *Actinidia glaucocallosa* C.Y. Wu，哀牢山和无量山均有分布。

蒙自猕猴桃 *Actinidia henryi* Dunn，哀牢山和无量山均有分布。

多花猕猴桃 *Actinidia latifolia*（Gardner & Champ.）Merr.，哀牢山和无量山均有分布。食用。

贡山猕猴桃 *Actinidia pilosula*（Finet & Gagnep.）Stapf ex Hand.-Mazz.，哀牢山和无量山均有分布。

伞花猕猴桃 *Actinidia umbelloides* C.F. Liang，分布于无量山。

显脉猕猴桃 *Actinidia venosa* Rehder，分布于哀牢山。食用。

水东哥科 Saurauiaceae

蜡质水东哥 *Saurauia cerea* Griff. ex Dyer，分布于无量山。

尼泊尔水东哥 *Saurauia napaulensis* DC.，哀牢山和无量山均有分布。食用。

水东哥 *Saurauia tristyla* DC.，哀牢山和无量山均有分布。药用。

云南水东哥 *Saurauia yunnanensis* C.F. Liang & Y.S. Wang，分布于哀牢山。

桃金娘科 Myrtaceae

五瓣子楝树 *Decaspermum fruticosum* J.R. Forst. & G. Forst.，分布于无量山。

五瓣子楝树 *Decaspermum parviflorum*（Lam.）A.J. Scott，分布于哀牢山。

番石榴 *Psidium guajava* L.，哀牢山和无量山均有分布。食用。

香胶蒲桃 *Syzygium balsameum*（Wight）Wall. ex Walp.，分布于哀牢山。

短序蒲桃 *Syzygium brachythyrsum* Merr. & L.M. Perry，哀牢山和无量山均有分布。药用。

乌楣 *Syzygium cumini*（L.）Skeels，哀牢山和无量山均有分布。

滇边蒲桃 *Syzygium forrestii* Merr. & L.M. Perry，哀牢山和无量山均有分布。

簇花蒲桃 *Syzygium fruticosum* Roxb. ex DC.，哀牢山和无量山均有分布。

怒江蒲桃 *Syzygium salwinense* Merr. & L.M. Perry，哀牢山和无量山均有分布。

思茅蒲桃 *Syzygium szemaoense* Merr. & L.M. Perry，分布于无量山。

四角蒲桃 *Syzygium tetragonum*（Wight）Wall. ex Walp.，哀牢山和无量山均有分布。

假乌墨 *Syzygium toddalioides*（Wight）Walp.，哀牢山和无量山均有分布。

野牡丹科 Melastomataceae

药囊花 *Cyphotheca montana* Diels，哀牢山和无量山均有分布。

红花酸脚杆 *Medinilla rubicunda*（Jack）Blume，分布于无量山。

北酸脚杆 *Medinilla septentrionalis*（W.W. Sm.）H.L. Li，分布于无量山。食用。

野牡丹 *Melastoma malabathricum* L.，哀牢山和无量山均有分布。食用。

头序金锦香 *Osbeckia capitata* Benth. ex Naudin，哀牢山和无量山均有分布。

金锦香 *Osbeckia chinensis* L.，哀牢山和无量山均有分布。药用。

宽叶金锦香 *Osbeckia chinensis* var. *angustifolia*（D. Don）C.Y. Wu & C. Chen，哀牢山和无量山均有分布。

假朝天罐 *Osbeckia crinita* Benth. ex C.B. Clarke，哀牢山和无量山均有分布。鞣质与染料。

蚂蚁花 *Osbeckia nepalensis* Hook. f.，哀牢山和无量山均有分布。

白蚂蚁花 *Osbeckia nepalensis* var. *albiflora* Lindl.，分布于无量山。

星毛金锦香 *Osbeckia stellata* Buch.-Ham. ex Ker Gawl.，哀牢山和无量山均有分布。

尖子木 *Oxyspora paniculata*（D. Don）DC.，哀牢山和无量山均有分布。药用。

滇尖子木 *Oxyspora yunnanensis* H.L. Li，分布于无量山。

锦香草 *Phyllagathis cavaleriei*（H. Lév. & Vaniot）Guillaumin，哀牢山和无量山均有分布。

偏瓣花 *Plagiopetalum esquirolii*（H. Lév.）Rehder，哀牢山和无量山均有分布。

小肉穗草 *Sarcopyramis bodinieri* H. Lév. & Vaniot，哀牢山和无量山均有分布。

楮头红 *Sarcopyramis napalensis* Wall.，哀牢山和无量山均有分布。药用。

直立蜂斗草 *Sonerila erecta* Jack，哀牢山和无量山均有分布。

海棠叶地胆 *Sonerila plagiocardia* Diels，分布于无量山。

报春地胆 *Sonerila primuloides* C.Y. Wu ex C. Chen，哀牢山和无量山均有分布。

使君子科 Combretaceae

西南风车子 *Combretum griffithii* Van Heurck & Müll. Arg.，哀牢山和无量山均有分布。

云南风车子 *Combretum griffithii* var. *yunnanense*（Exell）Turland & C. Chen，哀牢山和无量山均有分布。

石风车子 *Combretum wallichii* DC.，哀牢山和无量山均有分布。

诃子 *Terminalia chebula* Retz.，哀牢山和无量山均有分布。鞣质与染料。

银叶诃子 *Terminalia chebula* var. *tomentella*（Kurz）C.B. Clarke，分布于哀牢山。材用。

滇榄仁 *Terminalia franchetii* Gagnep.，哀牢山和无量山均有分布。

千果榄仁 *Terminalia myriocarpa* Van Heurck & Müll. Arg.，哀牢山和无量山均有分布。材用。

红树科 Rhizophoraceae

竹节树 *Carallia brachiata*（Lour.）Merr.，哀牢山和无量山均有分布。食用。

大叶竹节树 *Carallia garciniifolia* F.C. How & C.N. Ho，分布于哀牢山。

金丝桃科　Hypericaceae

黄牛木　*Cratoxylum cochinchinense*（Lour.）Blume，哀牢山和无量山均有分布。药用。

苦丁茶　*Cratoxylum formosum* subsp. *pruniflorum*（Kurz）Gogelein，哀牢山和无量山均有分布。

尖萼金丝桃　*Hypericum acmosepalum* N. Robson，分布于哀牢山。

栽秧花　*Hypericum beanii* N. Robson，分布于无量山。

多蕊金丝桃　*Hypericum choisyanum* Wall. ex N. Robson，哀牢山和无量山均有分布。

大理金丝桃　*Hypericum daliense* N. Robson，分布于哀牢山。

川滇金丝桃　*Hypericum forrestii*（Chitt.）N. Robson，分布于无量山。

西南金丝桃　*Hypericum henryi* H. Lév. & Vaniot，哀牢山和无量山均有分布。

蒙自金丝桃　*Hypericum henryi* subsp. *hancockii* N. Robson，分布于无量山。

地耳草　*Hypericum japonicum* Thunb.，哀牢山和无量山均有分布。药用。

短柄小连翘　*Hypericum petiolulatum* Hook. f. & Thomson ex Dyer，分布于哀牢山。

北栽秧花　*Hypericum pseudohenryi* N. Robson，哀牢山和无量山均有分布。

近无柄金丝桃　*Hypericum subsessile* N. Robson，分布于哀牢山。

匙萼金丝桃　*Hypericum uralum* Buch.-Ham. ex D. Don，哀牢山和无量山均有分布。

遍地金　*Hypericum wightianum* Wall. ex Wight & Arn.，哀牢山和无量山均有分布。药用。

藤黄科　Guttiferae

滇南红厚壳　*Calophyllum polyanthum* Wall. ex Choisy，哀牢山和无量山均有分布。

木竹子　*Garcinia multiflora* Champ. ex Benth.，分布于哀牢山。油料。

大叶藤黄　*Garcinia xanthochymus* Hook. f.，分布于无量山。食用。

椴树科　Tiliaceae

一担柴　*Colona floribunda*（Wall. ex Kurz）Craib，哀牢山和无量山均有分布。纤维。

假黄麻　*Corchorus aestuans* L.，哀牢山和无量山均有分布。

长蒴黄麻　*Corchorus olitorius* L.，哀牢山和无量山均有分布。药用。

苘麻叶扁担杆　*Grewia abutilifolia* Vent. ex Juss.，哀牢山和无量山均有分布。

扁担杆　*Grewia biloba* G. Don，哀牢山和无量山均有分布。纤维。

小花扁担杆　*Grewia biloba* var. *parviflora*（Bunge）Hand.-Mazz.，哀牢山和无量山均有分布。

朴叶扁担杆　*Grewia celtidifolia* Juss.，哀牢山和无量山均有分布。

毛果扁担杆　*Grewia eriocarpa* Juss.，分布于无量山。

黄麻叶扁担杆　*Grewia henryi* Burret，分布于无量山。

光叶扁担杆　*Grewia multiflora* Juss.，分布于无量山。

椴叶扁担杆　*Grewia tiliifolia* Vahl，哀牢山和无量山均有分布。纤维。

华椴　*Tilia chinensis* Maxim.，哀牢山和无量山均有分布。纤维。

单毛刺蒴麻　*Triumfetta annua* L.，哀牢山和无量山均有分布。

毛刺蒴麻　*Triumfetta cana* Blume，分布于哀牢山。药用。

长勾刺蒴麻　*Triumfetta pilosa* Roth，哀牢山和无量山均有分布。

刺蒴麻　*Triumfetta rhomboidea* Jacq.，哀牢山和无量山均有分布。

杜英科　Elaeocarpaceae

滇藏杜英　*Elaeocarpus braceanus* Watt ex C.B. Clarke，分布于无量山。食用。

日本杜英　*Elaeocarpus japonicus* Siebold & Zucc.，分布于哀牢山。材用。

披针叶杜英　*Elaeocarpus lanceifolius* Roxb.，哀牢山和无量山均有分布。

樱叶杜英　*Elaeocarpus prunifolioides* H.H. Hu，分布于无量山。

仿栗 *Sloanea hemsleyana*（Ito）Rehder & E.H. Wilson，哀牢山和无量山均有分布。

滇越猴欢喜 *Sloanea mollis* Gagnep.，分布于哀牢山。

苹婆猴欢喜 *Sloanea sterculiacea*（Benth.）Rehder & E.H. Wilson，分布于无量山。

长叶猴欢喜 *Sloanea sterculiacea* var. *assamica*（Benth.）Coode，分布于无量山。

梧桐科 Sterculiaceae

昂天莲 *Ambroma augustum*（L.）L. f.，哀牢山和无量山均有分布。纤维。

南火绳 *Eriolaena candollei* Wall.，哀牢山和无量山均有分布。

光叶火绳 *Eriolaena glabrescens* Aug. DC.，分布于无量山。

桂火绳 *Eriolaena kwangsiensis* Hand.-Mazz.，哀牢山和无量山均有分布。

五室火绳 *Eriolaena quinquelocularis*（Wight & Arn.）Drury，哀牢山和无量山均有分布。

火绳树 *Eriolaena spectabilis*（DC.）Planch. ex Mast.，分布于哀牢山。纤维。

山芝麻 *Helicteres angustifolia* L.，哀牢山和无量山均有分布。纤维。

长序山芝麻 *Helicteres elongata* Wall. ex Mast.，分布于无量山。纤维。

细齿山芝麻 *Helicteres glabriuscula* Wall. ex Mast.，分布于哀牢山。

火索麻 *Helicteres isora* L.，分布于哀牢山。纤维。

鹧鸪麻 *Kleinhovia hospita* L.，分布于哀牢山。材用、纤维。

梅蓝 *Melhania hamiltoniana* Wall.，哀牢山和无量山均有分布。

景东翅子树 *Pterospermum kingtungense* C.Y. Wu ex H.H. Hsue，哀牢山和无量山均有分布。

截裂翅子树 *Pterospermum truncatolobatum* Gagnep.，哀牢山和无量山均有分布。

梭罗树 *Reevesia pubescens* Mast.，哀牢山和无量山均有分布。纤维。

大叶苹婆 *Sterculia kingtungensis* H.H. Hsue，哀牢山和无量山均有分布。

西蜀苹婆 *Sterculia lanceifolia* Roxb.，分布于无量山。

假苹婆 *Sterculia lanceolata* Cav.，哀牢山和无量山均有分布。纤维。

小花苹婆 *Sterculia micrantha* Chun & H.H. Hsue，哀牢山和无量山均有分布。

苹婆 *Sterculia monosperma* Vent.，哀牢山和无量山均有分布。

家麻树 *Sterculia pexa* Pierre，哀牢山和无量山均有分布。纤维。

蛇婆子 *Waltheria indica* L.，分布于哀牢山。纤维。

木棉科 Bombacaceae

木棉 *Bombax ceiba* L.，哀牢山和无量山均有分布。纤维。

锦葵科 Malvaceae

长毛黄葵 *Abelmoschus crinitus* Wall.，哀牢山和无量山均有分布。

黄蜀葵 *Abelmoschus manihot*（L.）Medik.，哀牢山和无量山均有分布。药用。

刚毛黄蜀葵 *Abelmoschus manihot* var. *pungens*（Roxb.）Hochr.，哀牢山和无量山均有分布。

黄葵 *Abelmoschus moschatus* Medik.，哀牢山和无量山均有分布。香料。

箭叶秋葵 *Abelmoschus sagittifolius*（Kurz）Merr.，哀牢山和无量山均有分布。药用。

滇西苘麻 *Abutilon gebauerianum* Hand.-Mazz.，哀牢山和无量山均有分布。

恶味苘麻 *Abutilon hirtum*（Lam.）Sweet，哀牢山和无量山均有分布。

磨盘草 *Abutilon indicum*（L.）Sweet，哀牢山和无量山均有分布。纤维。

苘麻 *Abutilon theophrasti* Medik.，哀牢山和无量山均有分布。药用、纤维、油料。

大萼葵 *Cenocentrum tonkinense* Gagnep.，分布于哀牢山。

海岛棉 *Gossypium barbadense* L.，分布于无量山。纤维。

巴西海岛棉 *Gossypium barbadense* var. *acuminatum*（Roxb. ex G. Don）Triana & Planch.，分布于无量

山。纤维。

美丽芙蓉 *Hibiscus indicus*（Burm. f.）Hochr.，分布于无量山。纤维。

朱槿 *Hibiscus rosa-sinensis* L.，哀牢山和无量山均有分布。观赏。

野西瓜苗 *Hibiscus trionum* L.，哀牢山和无量山均有分布。药用。

翅果麻 *Kydia calycina* Roxb.，分布于无量山。纤维。

野葵 *Malva verticillata* L.，哀牢山和无量山均有分布。药用。

赛葵 *Malvastrum coromandelianum*（L.）Garcke，哀牢山和无量山均有分布。药用。

枣叶槿 *Nayariophyton jujubifolia*（Griff.）T.K. Paul，哀牢山和无量山均有分布。

黄花稔 *Sida acuta* Burm. f.，哀牢山和无量山均有分布。纤维。

桤叶黄花稔 *Sida alnifolia* L.，哀牢山和无量山均有分布。

中华黄花稔 *Sida chinensis* Retz.，哀牢山和无量山均有分布。

长梗黄花稔 *Sida cordata*（Burm. f.）Borss. Waalk.，分布于哀牢山。

心叶黄花稔 *Sida cordifolia* L.，哀牢山和无量山均有分布。

粘毛黄花稔 *Sida mysorensis* Wight & Arn.，哀牢山和无量山均有分布。

白背黄花稔 *Sida rhombifolia* L.，哀牢山和无量山均有分布。药用。

拔毒散 *Sida szechuensis* Matsuda，哀牢山和无量山均有分布。纤维。

云南黄花稔 *Sida yunnanensis* S.Y. Hu，哀牢山和无量山均有分布。

白脚桐棉 *Thespesia lampas*（Cav.）Dalzell & A. Gibson，分布于哀牢山。纤维。

地桃花 *Urena lobata* L.，哀牢山和无量山均有分布。纤维。

中华地桃花 *Urena lobata* var. *chinensis*（Osbeck）S.Y. Hu，分布于无量山。

云南地桃花 *Urena lobata* var. *yunnanensis* S.Y. Hu，哀牢山和无量山均有分布。

波叶梵天花 *Urena repanda* Roxb. ex Sm.，哀牢山和无量山均有分布。

金虎尾科　Malpighiaceae

盾翅藤 *Aspidopterys glabriuscula* A. Juss.，哀牢山和无量山均有分布。

尖叶风筝果 *Hiptage acuminata* Wall. ex A. Juss.，分布于无量山。

风筝果 *Hiptage benghalensis*（L.）Kurz，哀牢山和无量山均有分布。

越南风筝果 *Hiptage benghalensis* var. *tonkinensis*（Dop）S.K. Chen，哀牢山和无量山均有分布。

越南白花风筝果 *Hiptage candicans* var. *harmandiana*（Pierre）Dop，分布于哀牢山。

大戟科　Euphorbiaceae

铁苋菜 *Acalypha australis* L.，哀牢山和无量山均有分布。

毛叶铁苋菜 *Acalypha mairei*（H. Lév.）C.K. Schneid.，哀牢山和无量山均有分布。

裂苞铁苋菜 *Acalypha supera* Forssk.，分布于无量山。

山麻杆 *Alchornea davidii* Franch.，哀牢山和无量山均有分布。材用。

椴叶山麻杆 *Alchornea tiliifolia*（Benth.）Müll. Arg.，哀牢山和无量山均有分布。

红背山麻杆 *Alchornea trewioides*（Benth.）Müll. Arg.，哀牢山和无量山均有分布。

西南五月茶 *Antidesma acidum* Retz.，哀牢山和无量山均有分布。

五月茶 *Antidesma bunius*（L.）Spreng.，哀牢山和无量山均有分布。药用。

方叶五月茶 *Antidesma ghaesembilla* Gaertn.，哀牢山和无量山均有分布。药用。

山地五月茶 *Antidesma montanum* Blume，分布于哀牢山。

小叶五月茶 *Antidesma venosum* E. Mey. ex Tul.，哀牢山和无量山均有分布。

大沙木 *Aporosa octandra*（Buch.-Ham. ex D. Don）Vickery，哀牢山和无量山均有分布。

毛银柴 *Aporosa villosa*（Lindl.）Baill.，哀牢山和无量山均有分布。

云南银柴 *Aporosa yunnanensis*（Pax & K. Hoffm.）F.P. Metcalf，分布于无量山。

木奶果 *Baccaurea ramiflora* Lour.，哀牢山和无量山均有分布。

云南斑籽木 *Baliospermum calycinum* Müll. Arg.，分布于无量山。

秋枫 *Bischofia javanica* Blume，哀牢山和无量山均有分布。食用、材用、油料。

黑面神 *Breynia fruticosa*（L.）Hook. f.，哀牢山和无量山均有分布。药用。

钝叶黑面神 *Breynia retusa*（Dennst.）Alston，哀牢山和无量山均有分布。

喙果黑面神 *Breynia rostrata* Merr.，哀牢山和无量山均有分布。

小叶黑面神 *Breynia vitis-idaea*（Burm. f.）C.E.C. Fisch.，哀牢山和无量山均有分布。药用。

禾串树 *Bridelia balansae* Tutcher，分布于哀牢山。材用。

大叶土蜜树 *Bridelia retusa*（L.）A. Juss.，分布于哀牢山。

密脉土蜜树 *Bridelia spinosa*（Roxb.）Willd.，哀牢山和无量山均有分布。

土蜜藤 *Bridelia stipularis*（L.）Blume，哀牢山和无量山均有分布。

土蜜树 *Bridelia tomentosa* Blume，分布于哀牢山。药用。

白桐树 *Claoxylon indicum*（Reinw. ex Blume）Hassk.，哀牢山和无量山均有分布。药用。

喀西白桐树 *Claoxylon khasianum* Hook. f.，分布于无量山。

长叶白桐树 *Claoxylon longifolium*（Blume）Endl. & Hassk.，分布于无量山。

蝴蝶果 *Cleidiocarpon cavaleriei*（H. Lév.）Airy Shaw，分布于无量山。

棒柄花 *Cleidion brevipetiolatum* Pax & K. Hoffm.，哀牢山和无量山均有分布。

长棒柄花 *Cleidion spiciflorum*（Burm. f.）Merr.，分布于无量山。

鸡骨香 *Croton crassifolius* Geiseler，哀牢山和无量山均有分布。药用。

石山巴豆 *Croton euryphyllus* W.W. Sm.，哀牢山和无量山均有分布。

巴豆 *Croton tiglium* L.，哀牢山和无量山均有分布。观赏。

云南巴豆 *Croton yunnanensis* W.W. Sm.，哀牢山和无量山均有分布。

二齿黄蓉花 *Dalechampia bidentata* Blume，分布于无量山。

火殃勒 *Euphorbia antiquorum* L.，哀牢山和无量山均有分布。药用、观赏。

白苞猩猩草 *Euphorbia heterophylla* L.，分布于无量山。

飞扬草 *Euphorbia hirta* L.，哀牢山和无量山均有分布。

地锦 *Euphorbia humifusa* Willd.，哀牢山和无量山均有分布。药用。

通奶草 *Euphorbia hypericifolia* L.，哀牢山和无量山均有分布。药用。

大狼毒 *Euphorbia jolkinii* Boiss.，哀牢山和无量山均有分布。药用。

续随子 *Euphorbia lathyris* L.，哀牢山和无量山均有分布。

土瓜狼毒 *Euphorbia prolifera* Buch.-Ham. ex D. Don，哀牢山和无量山均有分布。药用。

霸王鞭 *Euphorbia royleana* Boiss.，分布于无量山。药用。

钩腺大戟 *Euphorbia sieboldiana* C. Morren & Decne.，哀牢山和无量山均有分布。

云南土沉香 *Excoecaria acerifolia* Didr.，哀牢山和无量山均有分布。

狭叶土沉香 *Excoecaria acerifolia* var. *cuspidata*（Müll. Arg.）Müll. Arg.，分布于无量山。

毛白饭树 *Flueggea acicularis*（Croizat）G.L. Webster，哀牢山和无量山均有分布。

聚花白饭树 *Flueggea leucopyrus* Willd.，哀牢山和无量山均有分布。

叶底珠 *Flueggea suffruticosa*（Pall.）Baill.，哀牢山和无量山均有分布。药用。

白饭树 *Flueggea virosa*（Roxb. ex Willd.）Royle，哀牢山和无量山均有分布。药用。

白毛算盘子 *Glochidion arborescens* Blume，哀牢山和无量山均有分布。

革叶算盘子 *Glochidion daltonii*（Müll. Arg.）Kurz，哀牢山和无量山均有分布。鞣质与染料。

四裂算盘子 *Glochidion ellipticum* Wight，哀牢山和无量山均有分布。

毛果算盘子 *Glochidion eriocarpum* Champ. ex Benth.，哀牢山和无量山均有分布。药用。

绒毛算盘子 *Glochidion heyneanum*（Wight & Arn.）Wight，分布于无量山。

厚叶算盘子 *Glochidion hirsutum*（Roxb.）Voigt，哀牢山和无量山均有分布。药用。

长柱算盘子 *Glochidion khasicum*（Müll. Arg.）Hook. f.，分布于哀牢山。

艾胶算盘子 *Glochidion lanceolarium*（Roxb.）Voigt，哀牢山和无量山均有分布。

圆果算盘子 *Glochidion sphaerogynum*（Müll. Arg.）Kurz，分布于哀牢山。药用。

里白算盘子 *Glochidion triandrum*（Blanco）C.B. Rob.，分布于无量山。

白背算盘子 *Glochidion wrightii* Benth.，分布于无量山。

水柳籽 *Homonoia riparia* Lour.，分布于无量山。

膏桐 *Jatropha curcas* L.，分布于无量山。

雀儿舌头 *Leptopus chinensis*（Bunge）Pojark.，分布于哀牢山。药用。

缘腺雀舌木 *Leptopus clarkei*（Hook. f.）Pojark.，哀牢山和无量山均有分布。

中平树 *Macaranga denticulata*（Blume）Müll. Arg.，哀牢山和无量山均有分布。纤维。

草鞋木 *Macaranga henryi*（Pax & K. Hoffm.）Rehder，哀牢山和无量山均有分布。材用、观赏。

印度血桐 *Macaranga indica* Wight，哀牢山和无量山均有分布。

泡腺血桐 *Macaranga pustulata* King ex Hook. f.，哀牢山和无量山均有分布。

白背叶 *Mallotus apelta*（Lour.）Müll. Arg.，哀牢山和无量山均有分布。观赏。

长叶野桐 *Mallotus esquirolii* H. Lév.，分布于无量山。

野桐 *Mallotus japonicus* var. *floccosus*（Müll. Arg.）S.M. Hwang，分布于无量山。

崖豆藤野桐 *Mallotus millietii* H. Lév.，分布于无量山。

毛桐 *Mallotus mollissimus*（Vahl ex Geiseler）Airy Shaw，分布于哀牢山。材用、纤维、油料。

山地野桐 *Mallotus oreophilus* Müll.Arg.，分布于哀牢山。

粗糠柴 *Mallotus philippensis*（Lam.）Müll. Arg.，哀牢山和无量山均有分布。材用。

云南野桐 *Mallotus yunnanensis* Pax & K. Hoffm.，哀牢山和无量山均有分布。

山靛 *Mercurialis leiocarpa* Siebold & Zucc.，哀牢山和无量山均有分布。

云南叶轮木 *Ostodes katharinae* Pax，哀牢山和无量山均有分布。

叶轮木 *Ostodes paniculata* Blume，分布于无量山。

珠子木 *Phyllanthodendron anthopotamicum*（Hand.-Mazz.）Croizat，哀牢山和无量山均有分布。

余甘子 *Phyllanthus emblica* L.，哀牢山和无量山均有分布。药用。

落萼叶下珠 *Phyllanthus flexuosus*（Siebold & Zucc.）Müll. Arg.，哀牢山和无量山均有分布。

细枝叶下珠 *Phyllanthus leptoclados* Benth.，哀牢山和无量山均有分布。

水油甘 *Phyllanthus parvifolius* Buch.-Ham. ex D. Don，分布于无量山。

小果叶下珠 *Phyllanthus reticulatus* Poir.，哀牢山和无量山均有分布。药用。

叶下珠 *Phyllanthus urinaria* L.，哀牢山和无量山均有分布。药用。

蓖麻 *Ricinus communis* L.，哀牢山和无量山均有分布。药用。

守宫木 *Sauropus androgynus*（L.）Merr.，分布于无量山。饲用。

苍叶守宫木 *Sauropus garrettii* Craib，哀牢山和无量山均有分布。

宿萼木 *Strophioblachia fimbricalyx* Boerl.，哀牢山和无量山均有分布。

乌桕 *Triadica sebifera*（L.）Small，哀牢山和无量山均有分布。药用。

油桐 *Vernicia fordii*（Hemsl.）Airy Shaw，哀牢山和无量山均有分布。材用。

虎皮楠科 Daphniphyllaceae

西藏虎皮楠 *Daphniphyllum himalense*（Benth.）Müll. Arg.，哀牢山和无量山均有分布。

交让木 *Daphniphyllum macropodum* Miq.，分布于哀牢山。

脉叶虎皮楠 *Daphniphyllum paxianum* K. Rosenthal，哀牢山和无量山均有分布。

鼠刺科 Iteaceae

鼠刺 *Itea chinensis* Hook. & Arn.，哀牢山和无量山均有分布。

毛鼠刺 *Itea indochinensis* Merr.，分布于无量山。

毛脉鼠刺 *Itea indochinensis* var. *pubinervia* C.Y. Wu ex H. Chuang，分布于无量山。

峨眉鼠刺 *Itea omeiensis* C.K. Schneid.，分布于无量山。药用。

滇鼠刺 *Itea yunnanensis* Franch.，分布于无量山。鞣质与染料。

茶藨子科 Grossulariaceae

冰川茶藨子 *Ribes glaciale* Wall.，分布于无量山。

光果茶藨子 *Ribes laurifolium* var. *yunnanense* L.T. Lu，分布于无量山。

绣球花科 Hydrangeaceae

马桑溲疏 *Deutzia aspera* Rehder，分布于无量山。

密序溲疏 *Deutzia compacta* Craib，分布于哀牢山。

厚叶溲疏 *Deutzia crassifolia* Rehder，分布于无量山。

南溲疏 *Deutzia henryi* Rehder，分布于无量山。

粉背溲疏 *Deutzia hypoglauca* Rehder，分布于哀牢山。

紫花溲疏 *Deutzia purpurascens*（Franch. ex L. Henry）Rehder，分布于哀牢山。

灌丛溲疏 *Deutzia rehderiana* C.K. Schneid.，分布于无量山。

常山 *Dichroa febrifuga* Lour.，哀牢山和无量山均有分布。药用。

冠盖绣球 *Hydrangea anomala* D. Don，分布于无量山。药用。

马桑绣球 *Hydrangea aspera* D. Don，哀牢山和无量山均有分布。

东陵绣球 *Hydrangea bretschneideri* Dippel，哀牢山和无量山均有分布。

中国绣球 *Hydrangea chinensis* Maxim.，分布于无量山。

西南绣球 *Hydrangea davidii* Franch.，哀牢山和无量山均有分布。

莼兰绣球 *Hydrangea longipes* Franch.，分布于无量山。

粗枝绣球 *Hydrangea robusta* Hook. f. & Thomson，哀牢山和无量山均有分布。

长柱绣球 *Hydrangea stylosa* Hook. f. & Thomson，哀牢山和无量山均有分布。

松潘绣球 *Hydrangea sungpanensis* Hand.-Mazz.，哀牢山和无量山均有分布。

挂苦绣球 *Hydrangea xanthoneura* Diels，分布于哀牢山。

滇南山梅花 *Philadelphus henryi* Koehne，分布于无量山。观赏。

紫萼山梅花 *Philadelphus purpurascens*（Koehne）Rehder，分布于无量山。

绢毛山梅花 *Philadelphus sericanthus* Koehne，分布于无量山。

钻地风 *Schizophragma integrifolium* Oliv.，分布于哀牢山。

蔷薇科 Rosaceae

龙芽草 *Agrimonia pilosa* Ledeb.，哀牢山和无量山均有分布。

黄龙尾 *Agrimonia pilosa* var. *nepalensis*（D. Don）Nakai，哀牢山和无量山均有分布。药用。

山桃 *Amygdalus davidiana*（Carrière）de Vos ex Henry，分布于无量山。观赏。

桃 *Amygdalus persica* L.，哀牢山和无量山均有分布。药用。

梅 *Armeniaca mume* Siebold，哀牢山和无量山均有分布。药用。

厚叶梅 *Armeniaca mume* var. *pallescens*（Franch.）T.T. Yu & L.T. Lu，分布于无量山。

高盆樱桃 *Cerasus cerasoides*（D. Don）Sok.，分布于无量山。观赏。

华中樱桃 *Cerasus conradinae*（Koehne）T.T. Yu & C.L. Li，哀牢山和无量山均有分布。

云南樱桃 *Cerasus yunnanensis*（Franch.）T.T. Yu & C.L. Li，分布于哀牢山。观赏。

灰枸子 *Cotoneaster acutifolius* Turcz.，分布于无量山。

匍匐枸子 *Cotoneaster adpressus* Bois，分布于无量山。

细尖枸子 *Cotoneaster apiculatus* Rehder & E.H. Wilson，分布于无量山。

黄杨叶枸子 *Cotoneaster buxifolius* Wall. ex Lindl.，分布于哀牢山。

厚叶枸子 *Cotoneaster coriaceus* Franch.，分布于哀牢山。

木帚枸子 *Cotoneaster dielsianus* E. Pritz. ex Diels，分布于哀牢山。

西南枸子 *Cotoneaster franchetii* Bois，哀牢山和无量山均有分布。

粉叶枸子 *Cotoneaster glaucophyllus* Franch.，哀牢山和无量山均有分布。

小叶枸子 *Cotoneaster microphyllus* Wall. ex Lindl.，哀牢山和无量山均有分布。观赏。

两列枸子 *Cotoneaster nitidus* Jacques，分布于无量山。

圆叶枸子 *Cotoneaster rotundifolius* Wall. ex Lindl.，分布于无量山。

疣枝枸子 *Cotoneaster verruculosus* Diels，分布于无量山。

云南山楂 *Crataegus scabrifolia*（Franch.）Rehder，分布于哀牢山。

牛筋条 *Dichotomanthes tristaniicarpa* Kurz，哀牢山和无量山均有分布。观赏。

光叶牛筋条 *Dichotomanthes tristaniicarpa* var. *glabrata* Rehder，分布于哀牢山。

云南多依 *Docynia delavayi*（Franch.）C.K. Schneid.，哀牢山和无量山均有分布。食用。

多依 *Docynia indica*（Wall.）Decne.，哀牢山和无量山均有分布。

皱果蛇莓 *Duchesnea chrysantha*（Zoll. & Moritzi）Miq.，分布于哀牢山。药用。

蛇莓 *Duchesnea indica*（Andrews）Focke，哀牢山和无量山均有分布。药用。

南亚枇杷 *Eriobotrya bengalensis*（Roxb.）Hook. f.，哀牢山和无量山均有分布。

窄叶南亚枇杷 *Eriobotrya bengalensis* var. *angustifolia* Cardot，分布于无量山。观赏。

大花枇杷 *Eriobotrya cavaleriei*（H. Lév.）Rehder，分布于哀牢山。食用。

窄叶枇杷 *Eriobotrya henryi* Nakai，分布于哀牢山。

栎叶枇杷 *Eriobotrya prinoides* Rehder & E.H. Wilson，分布于哀牢山。

腾越枇杷 *Eriobotrya tengyuehensis* W.W. Sm.，分布于哀牢山。

黄毛草莓 *Fragaria nilgerrensis* Schltdl. ex J. Gay，哀牢山和无量山均有分布。食用。

粉叶黄毛草莓 *Fragaria nilgerrensis* var. *mairei*（H. Lév.）Hand.-Mazz.，哀牢山和无量山均有分布。

路边青 *Geum aleppicum* Jacq.，分布于哀牢山。食用。

日本路边青 *Geum japonicum* Thunb.，分布于无量山。

柔毛路边青 *Geum japonicum* var. *chinense* F. Bolle，哀牢山和无量山均有分布。

长叶桂樱 *Laurocerasus dolichophylla* T.T.Yu & L.T.Lu，分布于哀牢山。

腺叶桂樱 *Laurocerasus phaeosticta*（Hance）C.K.Schneid.，哀牢山和无量山均有分布。

尖叶桂樱 *Laurocerasus undulata*（D. Don）Roem.，哀牢山和无量山均有分布。食用。

大叶桂樱 *Laurocerasus zippeliana*（Miq.）Yü，哀牢山和无量山均有分布。

花红 *Malus asiatica* Nakai，分布于无量山。食用。

湖北海棠 *Malus hupehensis*（Pamp.）Rehder，哀牢山和无量山均有分布。观赏。

丽江山荆子 *Malus rockii* Rehder，分布于哀牢山。

川康绣线梅 *Neillia affinis* Hemsl.，分布于哀牢山。

云南绣线梅 *Neillia serratisepala* H.L. Li，哀牢山和无量山均有分布。

绣线梅 *Neillia thyrsiflora* D. Don，哀牢山和无量山均有分布。

毛果绣线梅 *Neillia thyrsiflora* var. *tunkinensis*（J.E. Vidal）J.E. Vidal，分布于哀牢山。药用。

华西小石积 *Osteomeles schwerinae* C.K. Schneid.，哀牢山和无量山均有分布。

短梗稠李 *Padus brachypoda*（Batalin）C.K. Schneid.，哀牢山和无量山均有分布。

尼泊尔稠李 *Padus napaulensis*（Ser.）C.K. Schneid.，哀牢山和无量山均有分布。

细齿稠李 *Padus obtusata*（Koehne）T.T. Yu & T.C. Ku，分布于无量山。

宿鳞稠李 *Padus perulata*（Koehne）T.T. Yu & T.C. Ku，分布于哀牢山。

中华石楠 *Photinia beauverdiana* C.K. Schneid.，哀牢山和无量山均有分布。

贵州石楠 *Photinia bodinieri* H. Lév.，分布于无量山。

球花石楠 *Photinia glomerata* Rehder & E.H. Wilson，哀牢山和无量山均有分布。观赏。

全缘石楠 *Photinia integrifolia* Lindl.，哀牢山和无量山均有分布。

桃叶石楠 *Photinia prunifolia*（Hook. & Arn.）Lindl.，哀牢山和无量山均有分布。

石楠 *Photinia serratifolia*（Desf.）Kalkman，分布于无量山。观赏。

毛叶石楠 *Photinia villosa*（Thunb.）DC.，哀牢山和无量山均有分布。药用。

星毛委陵菜 *Potentilla acaulis* L.，分布于哀牢山。

莓叶委陵菜 *Potentilla fragarioides* L.，分布于哀牢山。

柔毛委陵菜 *Potentilla griffithii* Hook. f.，分布于哀牢山。

白背委陵菜 *Potentilla hypargyrea* Hand.-Mazz.，哀牢山和无量山均有分布。

蛇含委陵菜 *Potentilla kleiniana* Wight & Arn.，哀牢山和无量山均有分布。药用。

西南委陵菜 *Potentilla lineata* Trevir.，哀牢山和无量山均有分布。药用。

朝天委陵菜 *Potentilla supina* L.，哀牢山和无量山均有分布。

扁核木 *Prinsepia utilis* Royle，哀牢山和无量山均有分布。食用。

橉木 *Prunus buergeriana* Miq.，分布于无量山。

樱桃李 *Prunus cerasifera* Ehrh.，分布于哀牢山。食用。

李 *Prunus salicina* Lindl.，分布于哀牢山。食用。

云南臀果木 *Pygeum henryi* Dunn，哀牢山和无量山均有分布。

窄叶火棘 *Pyracantha angustifolia*（Franch.）C.K. Schneid.，分布于哀牢山。

火棘 *Pyracantha fortuneana*（Maxim.）H.L. Li，哀牢山和无量山均有分布。药用。

豆梨 *Pyrus calleryana* Decne.，分布于哀牢山。材用。

川梨 *Pyrus pashia* Buch.-Ham. ex D. Don，哀牢山和无量山均有分布。砧木类。

刺蔷薇 *Rosa acicularis* Lindl.，分布于哀牢山。

木香花 *Rosa banksiae* W.T. Aiton，哀牢山和无量山均有分布。药用。

小果蔷薇 *Rosa cymosa* Tratt.，哀牢山和无量山均有分布。

卵果蔷薇 *Rosa helenae* Rehder & E.H. Wilson，哀牢山和无量山均有分布。

长尖叶蔷薇 *Rosa longicuspis* Bertol.，哀牢山和无量山均有分布。

华西蔷薇 *Rosa moyesii* Hemsl. & E.H. Wilson，哀牢山和无量山均有分布。

香水月季 *Rosa odorata*（Andrews）Sweet，分布于无量山。观赏。

大花香水月季 *Rosa odorata* var. *gigantea*（Collett ex Crép.）Rehder & E.H. Wilson，分布于无量山。

峨眉蔷薇 *Rosa omeiensis* Rolfe，分布于无量山。药用。

悬钩子蔷薇 *Rosa rubus* H. Lév. & Vaniot，哀牢山和无量山均有分布。香料。

绢毛蔷薇 *Rosa sericea* Lindl.，哀牢山和无量山均有分布。

粗叶悬钩子 *Rubus alceifolius* Poir.，哀牢山和无量山均有分布。

西南悬钩子 *Rubus assamensis* Focke，分布于无量山。

桔红悬钩子 *Rubus aurantiacus* Focke，分布于哀牢山。

藏南悬钩子 *Rubus austrotibetanus* T.T. Yu & L.T. Lu，哀牢山和无量山均有分布。

腺毛粉枝莓 *Rubus biflorus* var. *adenophorus* Franch.，分布于哀牢山。

齿萼悬钩子 *Rubus calycinus* Wall. ex D. Don，哀牢山和无量山均有分布。

网纹悬钩子 *Rubus cinclidodictyus* Cardot，分布于无量山。

蛇泡筋 *Rubus cochinchinensis* Tratt.，分布于无量山。

山莓 *Rubus corchorifolius* L. f.，哀牢山和无量山均有分布。

三叶悬钩子 *Rubus delavayi* Franch.，哀牢山和无量山均有分布。

椭圆悬钩子 *Rubus ellipticus* Sm.，哀牢山和无量山均有分布。药用。

栽秧泡 *Rubus ellipticus* var. *obcordatus* Focke，哀牢山和无量山均有分布。

弓茎悬钩子 *Rubus flosculosus* Focke，分布于哀牢山。食用。

凉山悬钩子 *Rubus fockeanus* Kurz，哀牢山和无量山均有分布。

高粱泡 *Rubus lambertianus* Ser.，分布于哀牢山。药用、食用。

多毛悬钩子 *Rubus lasiotrichus* Focke，分布于无量山。

绢毛悬钩子 *Rubus lineatus* Reinw.，分布于无量山。

荚蒾叶悬钩子 *Rubus neoviburnifolius* L.T. Lu & Boufford，分布于无量山。

红泡刺藤 *Rubus niveus* Thunb.，哀牢山和无量山均有分布。

圆锥悬钩子 *Rubus paniculatus* Sm.，哀牢山和无量山均有分布。

掌叶悬钩子 *Rubus pentagonus* Wall. ex Focke，哀牢山和无量山均有分布。

密腺羽萼悬钩子 *Rubus pinnatisepalus* var. *glandulosus* T.T. Yu & L.T. Lu，哀牢山和无量山均有分布。

大乌泡 *Rubus pluribracteatus* L.T. Lu & Boufford，哀牢山和无量山均有分布。药用。

毛叶悬钩子 *Rubus poliophyllus* Kuntze，分布于哀牢山。

针刺悬钩子 *Rubus pungens* Cambess.，哀牢山和无量山均有分布。药用。

五叶悬钩子 *Rubus quinquefoliolatus* T.T. Yu & L.T. Lu，分布于哀牢山。

深裂锈毛莓 *Rubus reflexus* var. *lanceolobus* F.P. Metcalf，分布于无量山。

网脉悬钩子 *Rubus reticulatus* Wall. ex Hook.f.，分布于哀牢山。

棕红悬钩子 *Rubus rufus* Focke，分布于哀牢山。

掌裂棕红悬钩子 *Rubus rufus* var. *palmatifidus* Cardot，分布于无量山。

单茎悬钩子 *Rubus simplex* Focke，分布于无量山。

红腺悬钩子 *Rubus sumatranus* Miq.，分布于无量山。药用。

刺花悬钩子 *Rubus taitoensis* var. *aculeatiflorus*（Hayata）H. Ohashi & C.F. Hsieh，分布于哀牢山。

截叶悬钩子 *Rubus tinifolius* C.Y. Wu ex T.T. Yu & L.T. Lu，分布于无量山。

三花悬钩子 *Rubus trianthus* Focke，分布于哀牢山。

光滑悬钩子 *Rubus tsangii* Merr.，分布于无量山。

红毛悬钩子 *Rubus wallichianus* Wight & Arn.，分布于无量山。

黄果悬钩子 *Rubus xanthocarpus* Bureau & Franch.，分布于哀牢山。药用、食用。

地榆 *Sanguisorba officinalis* L.，哀牢山和无量山均有分布。药用。

毛背花楸 *Sorbus aronioides* Rehder，哀牢山和无量山均有分布。

多变花楸 *Sorbus astateria*（Cardot）Hand.-Mazz.，哀牢山和无量山均有分布。

美脉花楸 *Sorbus caloneura*（Stapf）Rehder，分布于哀牢山。

疣果花楸 *Sorbus corymbifera*（Miq.）Khep & Yakovlev，分布于无量山。

锈色花楸 *Sorbus ferruginea*（Wenz.）Rehder，分布于哀牢山。

纤细花楸 *Sorbus filipes* Hand.-Mazz.，分布于无量山。

石灰花楸 *Sorbus folgneri*（C.K. Schneid.）Rehder，哀牢山和无量山均有分布。

圆果花楸 *Sorbus globosa* T.T. Yu & H.T. Tsai，哀牢山和无量山均有分布。

毛序花楸 *Sorbus keissleri*（C.K. Schneid.）Rehder，哀牢山和无量山均有分布。

大果花楸 *Sorbus megalocarpa* Rehder，哀牢山和无量山均有分布。

泡吹叶花楸 *Sorbus meliosmifolia* Rehder，分布于哀牢山。

褐毛花楸 *Sorbus ochracea*（Hand.-Mazz.）J.E. Vidal，哀牢山和无量山均有分布。

灰叶花楸 *Sorbus pallescens* Rehder，哀牢山和无量山均有分布。

西南花楸 *Sorbus rehderiana* Koehne，分布于无量山。

鼠李叶花楸 *Sorbus rhamnoides*（Decne.）Rehder，哀牢山和无量山均有分布。

红毛花楸 *Sorbus rufopilosa* C.K. Schneid.，哀牢山和无量山均有分布。

滇缅花楸 *Sorbus thomsonii*（King ex Hook. f.）Rehder，分布于哀牢山。

中华绣线菊 *Spiraea chinensis* Maxim.，哀牢山和无量山均有分布。

渐尖粉花绣线菊 *Spiraea japonica* var. *acuminata* Franch.，哀牢山和无量山均有分布。

光叶粉花绣线菊 *Spiraea japonica* var. *fortunei*（Planch.）Rehder，分布于哀牢山。

椭圆叶粉花绣线菊 *Spiraea japonica* var. *ovalifolia* Franch.，哀牢山和无量山均有分布。

毛枝绣线菊 *Spiraea martini* H. Lév.，哀牢山和无量山均有分布。

红果树 *Stranvaesia davidiana* Decne.，哀牢山和无量山均有分布。观赏。

波叶红果树 *Stranvaesia davidiana* var. *undulata*（Decne.）Rehder & E.H. Wilson，分布于无量山。

苏木科 Caesalpiniaceae

顶果树 *Acrocarpus fraxinifolius* Arn.，哀牢山和无量山均有分布。材用。

白花羊蹄甲 *Bauhinia acuminata* L.，哀牢山和无量山均有分布。药用。

火索藤 *Bauhinia aurea* H. Lév.，哀牢山和无量山均有分布。药用。

鞍叶羊蹄甲 *Bauhinia brachycarpa* Wall. ex Benth.，哀牢山和无量山均有分布。药用。

石山羊蹄甲 *Bauhinia comosa* Craib，哀牢山和无量山均有分布。

粉叶羊蹄甲 *Bauhinia glauca*（Wall. ex Benth.）Benth.，哀牢山和无量山均有分布。

薄叶羊蹄甲 *Bauhinia glauca* subsp. *tenuiflora*（Watt ex C.B. Clarke）K. Larsen & S.S. Larsen，分布于无量山。

总状花羊蹄甲 *Bauhinia racemosa* Lam.，哀牢山和无量山均有分布。纤维。

羊蹄甲 *Bauhinia variegata* L.，哀牢山和无量山均有分布。药用。

华南云实 *Caesalpinia crista* L.，分布于无量山。

见血飞 *Caesalpinia cucullata* Roxb.，哀牢山和无量山均有分布。

云实 *Caesalpinia decapetala*（Roth）Alston，哀牢山和无量山均有分布。药用。

九羽见血飞 *Caesalpinia enneaphylla* Roxb.，哀牢山和无量山均有分布。

含羞云实 *Caesalpinia mimosoides* Lam.，哀牢山和无量山均有分布。

喙荚云实 *Caesalpinia minax* Hance，哀牢山和无量山均有分布。

苏木 *Caesalpinia sappan* L.，分布于无量山。药用。

神黄豆 *Cassia agnes*（de Wit）Brenan，哀牢山和无量山均有分布。药用。

腊肠树 *Cassia fistula* L.，哀牢山和无量山均有分布。

光叶决明 *Cassia floribunda* Collad.，分布于无量山。药用。

短叶决明　*Cassia leschenaultiana* DC.，分布于无量山。药用。

含羞草决明　*Cassia mimosoides* L.，哀牢山和无量山均有分布。药用、食用。

望江南　*Cassia occidentalis* L.，哀牢山和无量山均有分布。药用。

铁刀木　*Cassia siamea* Lam.，哀牢山和无量山均有分布。鞣质与染料。

茳芒决明　*Cassia sophera* L.，哀牢山和无量山均有分布。

决明　*Cassia tora* L.，哀牢山和无量山均有分布。药用。

滇皂荚　*Gleditsia japonica* var. *delavayi*（Franch.）L.C. Li，分布于无量山。食用。

大翅老虎刺　*Pterolobium macropterum* Kurz，哀牢山和无量山均有分布。

含羞草科　Mimosaceae

台湾相思　*Acacia confusa* Merr.，分布于无量山。观赏。

昆明金合欢　*Acacia delavayi* var. *kunmingensis* C. Chen & H. Sun，分布于无量山。

金合欢　*Acacia farnesiana*（L.）Willd.，分布于哀牢山。药用。

钝叶金合欢　*Acacia megaladena* Desv.，分布于无量山。

盘腺金合欢　*Acacia megaladena* var. *garrettii* I.C. Nielsen，分布于无量山。

羽叶金合欢　*Acacia pennata*（L.）Willd.，哀牢山和无量山均有分布。饲用。

粉被金合欢　*Acacia pruinescens* Kurz，哀牢山和无量山均有分布。

云南相思树　*Acacia yunnanensis* Franch.，分布于哀牢山。

蒙自合欢　*Albizia bracteata* Dunn，哀牢山和无量山均有分布。鞣质与染料。

楹树　*Albizia chinensis*（Osbeck）Merr.，哀牢山和无量山均有分布。药用。

黄毛合欢　*Albizia garrettii* I.C.Nielsen，分布于无量山。

合欢　*Albizia julibrissin* Durazz.，分布于哀牢山。药用。

山合欢　*Albizia kalkora*（Roxb.）Prain，哀牢山和无量山均有分布。药用。

阔荚合欢　*Albizia lebbeck*（L.）Benth.，分布于哀牢山。

毛叶合欢　*Albizia mollis*（Wall.）Boivin，哀牢山和无量山均有分布。

香须树　*Albizia odoratissima*（L. f.）Benth.，分布于无量山。材用。

猴耳环　*Archidendron clypearia*（Jack）I.C.Nielsen，哀牢山和无量山均有分布。鞣质与染料。

云南榼藤　*Entada pursaetha* var. *sinohimalensis*（Grierson & D.G. Long）C. Chen & H. Sun，分布于无量山。药用。

含羞草　*Mimosa pudica* L.，哀牢山和无量山均有分布。观赏。

蝶形花科　Papilionaceae

相思子　*Abrus precatorius* L.，分布于哀牢山。药用。

美丽相思子　*Abrus pulchellus* Wall. ex Thwaites，分布于无量山。药用。

田皂角　*Aeschynomene indica* L.，哀牢山和无量山均有分布。

猪腰子　*Afgekia filipes*（Dunn）R.Geesink，分布于无量山。

皱缩链荚豆　*Alysicarpus rugosus*（Willd.）DC.，哀牢山和无量山均有分布。

链荚豆　*Alysicarpus vaginalis*（L.）DC.，哀牢山和无量山均有分布。

两型豆　*Amphicarpaea edgeworthii* Benth.，分布于哀牢山。

锈毛两型豆　*Amphicarpaea ferruginea* Benth.，哀牢山和无量山均有分布。

肉色土圞儿　*Apios carnea*（Wall.）Benth. ex Baker，哀牢山和无量山均有分布。

云南土圞儿　*Apios delavayi* Franch.，哀牢山和无量山均有分布。

地八角　*Astragalus bhotanensis* Baker，哀牢山和无量山均有分布。药用。

长果颈黄耆　*Astragalus englerianus* Ulbr.，分布于无量山。

紫矿 *Butea monosperma*（Lam.）Taub.，分布于无量山。药用。

木豆 *Cajanus cajan*（L.）Huth，哀牢山和无量山均有分布。药用。

大花虫豆 *Cajanus grandiflorus*（Benth. ex Baker）Maesen，分布于哀牢山。

蔓草虫豆 *Cajanus scarabaeoides*（L.）Thouars，分布于无量山。药用。

虫豆 *Cajanus volubilis*（Blanco）Blanco，分布于无量山。

滇桂崖豆藤 *Callerya bonatiana*（Pamp.）P.K. Lôc，分布于无量山。药用。

灰毛崖豆藤 *Callerya cinerea*（Benth.）Schot，分布于哀牢山。

皱果鸡血藤 *Callerya oosperma*（Dunn）Z. Wei & Pedley，分布于无量山。

喙果崖豆藤 *Callerya tsui*（F.P. Metcalf）Z. Wei & Pedley，分布于哀牢山。药用。

三棱梢 *Campylotropis bonatiana*（Pamp.）Schindl.，分布于无量山。

元江杭子梢 *Campylotropis henryi*（Schindl.）Schindl.，哀牢山和无量山均有分布。

毛杭子梢 *Campylotropis hirtella*（Franch.）Schindl.，分布于无量山。药用。

腾冲杭子梢 *Campylotropis howellii* Schindl.，分布于哀牢山。

小花杭子梢 *Campylotropis parviflora*（Kurz）Schindl.，哀牢山和无量山均有分布。

缅南杭子梢 *Campylotropis pinetorum*（Kurz）Schindl.，哀牢山和无量山均有分布。药用。

绒毛叶杭子梢 *Campylotropis pinetorum* subsp. *velutina*（Dunn）H. Ohashi，哀牢山和无量山均有分布。药用。

小雀花 *Campylotropis polyantha*（Franch.）Schindl.，哀牢山和无量山均有分布。药用。

草山杭子梢 *Campylotropis prainii*（Collett & Hemsl.）Schindl.，分布于无量山。

三棱枝杭子梢 *Campylotropis trigonoclada*（Franch.）Schindl.，哀牢山和无量山均有分布。

刀豆 *Canavalia gladiata*（Jacq.）DC.，哀牢山和无量山均有分布。饲用。

野刀豆 *Canavalia virosa*（Roxb.）Wight & Arn.，分布于无量山。

锦鸡儿 *Caragana sinica*（Buc'hoz）Rehder，哀牢山和无量山均有分布。药用。

三叶蝶豆 *Clitoria mariana* L.，分布于无量山。

圆叶舞草 *Codariocalyx gyroides*（Roxb. ex Link）X.Y. Zhu，分布于无量山。

舞草 *Codoriocalyx motorius*（Houtt.）H. Ohashi，分布于无量山。药用。

巴豆藤 *Craspedolobium unijugum*（Gagnep.）Z. Wei & Pedley，哀牢山和无量山均有分布。

针状猪屎豆 *Crotalaria acicularis* Buch.-Ham. ex Benth.，哀牢山和无量山均有分布。

翅托叶猪屎豆 *Crotalaria alata* Buch.-Ham. ex D. Don，分布于哀牢山。

响铃豆 *Crotalaria albida* B. Heyne ex Roth，分布于无量山。药用。

大猪屎青 *Crotalaria assamica* Benth.，哀牢山和无量山均有分布。

长萼猪屎豆 *Crotalaria calycina* Schrank，分布于无量山。

中国猪屎豆 *Crotalaria chinensis* L.，分布于无量山。

卵苞猪屎豆 *Crotalaria dubia* Graham ex Benth.，分布于无量山。

假地蓝 *Crotalaria ferruginea* Graham ex Benth.，哀牢山和无量山均有分布。

线叶猪屎豆 *Crotalaria linifolia* L. f.，哀牢山和无量山均有分布。

头花猪屎豆 *Crotalaria mairei* H. Lév.，哀牢山和无量山均有分布。药用。

假苜蓿 *Crotalaria medicaginea* Lam.，分布于无量山。药用。

三尖叶猪屎豆 *Crotalaria micans* Link，哀牢山和无量山均有分布。药用。

猪屎豆 *Crotalaria pallida* Aiton，分布于哀牢山。药用。

野百合 *Crotalaria sessiliflora* L.，哀牢山和无量山均有分布。药用。

四棱猪屎豆 *Crotalaria tetragona* Roxb. ex Andrews，哀牢山和无量山均有分布。

补骨脂 *Cullen corylifolium*（L.）Medik.，分布于无量山。

秧青 *Dalbergia assamica* Benth.，哀牢山和无量山均有分布。昆虫寄主。

缅甸黄檀 *Dalbergia burmanica* Prain，分布于哀牢山。

象鼻藤 *Dalbergia mimosoides* Franch.，分布于无量山。

牛肋巴 *Dalbergia obtusifolia*（Baker）Prain，哀牢山和无量山均有分布。

斜叶黄檀 *Dalbergia pinnata*（Lour.）Prain，分布于无量山。药用。

多体蕊黄檀 *Dalbergia polyadelpha* Prain，哀牢山和无量山均有分布。

滇黔黄檀 *Dalbergia yunnanensis* Franch.，分布于哀牢山。

假木豆 *Dendrolobium triangulare*（Retz.）Schindl.，哀牢山和无量山均有分布。药用。

尾叶鱼藤 *Derris caudatilimba* F.C. How，分布于哀牢山。

边荚鱼藤 *Derris marginata*（Roxb.）Benth.，哀牢山和无量山均有分布。

大鱼藤树 *Derris robusta*（Roxb. ex DC.）Benth.，分布于无量山。

粗茎鱼藤 *Derris scabricaulis*（Franch.）Gagnep. ex F.C. How，哀牢山和无量山均有分布。

凹叶山蚂蝗 *Desmodium concinnum* DC.，分布于无量山。

圆锥山蚂蝗 *Desmodium elegans* DC.，哀牢山和无量山均有分布。

大叶山蚂蝗 *Desmodium gangeticum*（L.）DC.，分布于无量山。

疏果假地豆 *Desmodium griffithianum* Benth.，分布于无量山。

假地豆 *Desmodium heterocarpon*（L.）DC.，分布于无量山。药用。

大叶拿身草 *Desmodium laxiflorum* DC.，哀牢山和无量山均有分布。

滇南山蚂蝗 *Desmodium megaphyllum* Zoll. & Moritzi，哀牢山和无量山均有分布。

小叶三点金 *Desmodium microphyllum*（Thunb.）DC.，分布于无量山。

饿蚂蝗 *Desmodium multiflorum* DC.，分布于无量山。药用。

长圆叶山蚂蝗 *Desmodium oblongum* Wall. ex Benth.，分布于无量山。

肾叶山蚂蝗 *Desmodium renifolium*（L.）Schindl.，哀牢山和无量山均有分布。

波叶山蚂蝗 *Desmodium sequax* Wall.，哀牢山和无量山均有分布。

三点金草 *Desmodium triflorum*（L.）DC.，分布于无量山。

绒毛山蚂蝗 *Desmodium velutinum*（Willd.）DC.，分布于无量山。

单叶拿身草 *Desmodium zonatum* Miq.，哀牢山和无量山均有分布。

丽江镰扁豆 *Dolichos tenuicaulis*（Baker）Craib，分布于无量山。

心叶山黑豆 *Dumasia cordifolia* Benth. ex Baker，哀牢山和无量山均有分布。

小鸡藤 *Dumasia forrestii* Diels，分布于哀牢山。药用。

柔毛山黑豆 *Dumasia villosa* DC.，分布于无量山。油料。

绵三七 *Eriosema himalaicum* H. Ohashi，哀牢山和无量山均有分布。药用。

鹦哥花 *Erythrina arborescens* Roxb.，分布于无量山。药用。

密花千斤拔 *Flemingia grahamiana* Wight & Arn.，哀牢山和无量山均有分布。

阔叶千斤拔 *Flemingia latifolia* Benth.，分布于无量山。

大叶千斤拔 *Flemingia macrophylla*（Willd.）Kuntze ex Merr.，哀牢山和无量山均有分布。

锥序千斤拔 *Flemingia paniculata* Wall. ex Benth.，分布于无量山。

千斤拔 *Flemingia prostrata* Roxb. f. ex Roxb.，分布于无量山。药用。

长叶千斤拔 *Flemingia stricta* Roxb. ex W.T. Aiton，哀牢山和无量山均有分布。

球穗千斤拔 *Flemingia strobilifera*（L.）W.T. Aiton，哀牢山和无量山均有分布。药用。

云南千斤拔 *Flemingia wallichii* Wight & Arn.，分布于哀牢山。

小叶干花豆 *Fordia microphylla* Dunn ex Z. Wei，分布于无量山。

云南长柄山蚂蝗 *Hylodesmum longipes*（Franch.）H. Ohashi & R.R. Mill，分布于无量山。

尖叶长柄山蚂蝗 *Hylodesmum podocarpum* subsp. *oxyphyllum*（DC.）H.Ohashi & R.R.Mill，哀牢山和无量山均有分布。药用。

浅波叶山蚂蝗 *Hylodesmum repandum*（Vahl）H. Ohashi & R.R. Mill，分布于无量山。

深紫木蓝 *Indigofera atropurpurea* Buch.-Ham. ex Hornem.，哀牢山和无量山均有分布。

河北木蓝 *Indigofera bungeana* Walp.，哀牢山和无量山均有分布。药用。

尾叶木蓝 *Indigofera caudata* Dunn，哀牢山和无量山均有分布。

滇中木蓝 *Indigofera duclouxii* Craib，分布于无量山。

苍山木蓝 *Indigofera hancockii* Craib，分布于无量山。

十一叶木蓝 *Indigofera hendecaphylla* Jacq.，哀牢山和无量山均有分布。

长梗木蓝 *Indigofera henryi* Craib，哀牢山和无量山均有分布。

景东木蓝 *Indigofera jindongensis* Y.Y. Fang & C.Z. Zheng，分布于无量山。

单叶木蓝 *Indigofera linifolia*（L. f.）Retz.，分布于哀牢山。

黑叶木蓝 *Indigofera nigrescens* Kurz ex King & Prain，哀牢山和无量山均有分布。

昆明木蓝 *Indigofera pampaniniana* Craib，分布于哀牢山。

垂序木蓝 *Indigofera pendula* Franch.，哀牢山和无量山均有分布。

硬叶木蓝 *Indigofera rigioclada* Craib，哀牢山和无量山均有分布。

穗序木蓝 *Indigofera spicata* Forssk.，哀牢山和无量山均有分布。

茸毛木蓝 *Indigofera stachyodes* Lindl.，哀牢山和无量山均有分布。

假蓝靛 *Indigofera suffruticosa* Mill.，哀牢山和无量山均有分布。

三叶木蓝 *Indigofera trifoliata* L.，哀牢山和无量山均有分布。

海南木蓝 *Indigofera wightii* Graham ex Wight & Arn.，哀牢山和无量山均有分布。

鸡眼草 *Kummerowia striata*（Thunb.）Schindl.，分布于无量山。药用。

扁豆 *Lablab purpureus*（L.）Sweet，分布于无量山。药用、食用。

兵豆 *Lens culinaris* Medik.，分布于无量山。

截叶铁扫帚 *Lespedeza cuneata*（Dum. Cours.）G. Don，哀牢山和无量山均有分布。

铁马鞭 *Lespedeza pilosa*（Thunb.）Siebold & Zucc.，哀牢山和无量山均有分布。药用。

牛角花 *Lotus corniculatus* L.，哀牢山和无量山均有分布。

天蓝苜蓿 *Medicago lupulina* L.，哀牢山和无量山均有分布。药用。

白花草木犀 *Melilotus albus* Medik.，哀牢山和无量山均有分布。饲用。

草木犀 *Melilotus suaveolens* Ledeb.，分布于无量山。饲用。

红河崖豆藤 *Millettia cubittii* Dunn，哀牢山和无量山均有分布。

香花鸡血藤 *Millettia dielsiana* Harms，哀牢山和无量山均有分布。

滇缅鸡血藤 *Millettia dorwardii* Collett & Hemsl.，分布于无量山。

闹鱼崖豆 *Millettia ichthyochtona* Drake，哀牢山和无量山均有分布。

亮叶崖豆藤 *Millettia nitida* Benth.，哀牢山和无量山均有分布。药用。

冲天子 *Millettia pachycarpa* Benth.，哀牢山和无量山均有分布。

印度崖豆 *Millettia pulchra*（Benth.）Kurz，哀牢山和无量山均有分布。

华南小叶崖豆 *Millettia pulchra* var. *chinensis* Dunn，分布于无量山。

美丽崖豆藤 *Millettia speciosa* Champ.，哀牢山和无量山均有分布。药用。

绒毛崖豆 *Millettia velutina* Dunn，分布于无量山。

黄毛黧豆 *Mucuna bracteata* DC.，分布于无量山。

大球油麻藤 *Mucuna macrobotrys* Hance，哀牢山和无量山均有分布。

大果油麻藤 *Mucuna macrocarpa* Wall.，分布于无量山。

刺毛黧豆 *Mucuna pruriens*（L.）DC.，分布于哀牢山。

棉麻藤 *Mucuna sempervirens* Hemsl.，分布于无量山。

小槐花 *Ohwia caudata*（Thunb.）H. Ohashi，哀牢山和无量山均有分布。药用。

秃叶花榈木 *Ormosia nuda*（F.C. How）R.H. Chang & Q.W. Yao，分布于无量山。

榄绿红豆 *Ormosia olivacea* H.Y. Chen，分布于无量山。材用。

云南红豆 *Ormosia yunnanensis* Prain，分布于无量山。

大叶球花豆 *Parkia leiophylla* Kurz，分布于哀牢山。观赏。

紫雀花 *Parochetus communis* Buch.-Ham. ex D. Don，哀牢山和无量山均有分布。药用。

排钱树 *Phyllodium pulchellum*（L.）Desv.，哀牢山和无量山均有分布。

黄花木 *Piptanthus concolor* Harrow ex Craib，分布于哀牢山。

尼泊尔黄花木 *Piptanthus nepalensis*（Hook.）Sweet，分布于哀牢山。药用。

绒叶黄花木 *Piptanthus tomentosus* Franch.，分布于无量山。

黄雀儿 *Priotropis cytisoides*（Roxb. ex DC.）Wight & Arn.，哀牢山和无量山均有分布。

野葛 *Pueraria lobata*（Willd.）Ohwi，哀牢山和无量山均有分布。

葛 *Pueraria montana*（Lour.）Merr.，分布于无量山。

苦葛 *Pueraria peduncularis*（Graham ex Benth.）Benth.，哀牢山和无量山均有分布。

须弥鹿藿 *Rhynchosia himalensis* Benth. ex Baker，哀牢山和无量山均有分布。

紫脉花鹿藿 *Rhynchosia himalensis* var. *craibiana*（Rehder）E. Peter，分布于无量山。

小鹿藿 *Rhynchosia minima*（L.）DC.，哀牢山和无量山均有分布。

淡红鹿藿 *Rhynchosia rufescens*（Willd.）DC.，分布于哀牢山。

云南鹿藿 *Rhynchosia yunnanensis* Franch.，分布于哀牢山。

刺田菁 *Sesbania bispinosa*（Jacq.）W. Wight，哀牢山和无量山均有分布。

田菁 *Sesbania cannabina*（Retz.）Poir.，哀牢山和无量山均有分布。饲用。

宿苞豆 *Shuteria involucrata*（Wall.）Wight & Arn.，分布于无量山。药用。

光宿苞豆 *Shuteria involucrata* var. *glabrata*（Wight & Arn.）H. Ohashi，哀牢山和无量山均有分布。

毛宿苞豆 *Shuteria vestita* Wight & Arn.，分布于无量山。

黄花合叶豆 *Smithia blanda* Wall. ex Wight & Arn.，分布于无量山。

缘毛合叶豆 *Smithia ciliata* Royle，哀牢山和无量山均有分布。饲用。

坡油甘 *Smithia sensitiva* Aiton，哀牢山和无量山均有分布。

尾叶槐 *Sophora benthamii* Steenis，分布于无量山。

白刺花 *Sophora davidii*（Franch.）Skeels，哀牢山和无量山均有分布。观赏。

柳叶槐 *Sophora dunnii* Prain，分布于无量山。

苦参 *Sophora flavescens* Aiton，哀牢山和无量山均有分布。药用。

锈毛槐 *Sophora prazeri* Prain，分布于哀牢山。

短绒槐 *Sophora velutina* Lindl.，哀牢山和无量山均有分布。

双耳密花豆 *Spatholobus biauritus* C.F. Wei，分布于无量山。

密花豆 *Spatholobus suberectus* Dunn，分布于无量山。药用。

蔓茎葫芦茶 *Tadehagi pseudotriquetrum*（DC.）H. Ohashi，分布于无量山。

葫芦茶 *Tadehagi triquetrum*（L.）H. Ohashi，哀牢山和无量山均有分布。药用。

灰叶 *Tephrosia purpurea*（L.）Pers.，哀牢山和无量山均有分布。

白车轴草 *Trifolium repens* L.，分布于哀牢山。药用。

滇南狸尾豆 *Uraria lacei* Craib，分布于无量山。

狸尾豆 *Uraria lagopodioides*（L.）DC.，哀牢山和无量山均有分布。

美花兔尾草 *Uraria picta*（Jacq.）Desv.，哀牢山和无量山均有分布。

广布野豌豆 *Vicia cracca* L.，分布于哀牢山。药用。

小巢菜 *Vicia hirsuta*（L.）Gray，分布于无量山。药用。

马豆 *Vicia sativa* L.，哀牢山和无量山均有分布。

歪头菜 *Vicia unijuga* A. Braun，哀牢山和无量山均有分布。观赏。

野豇豆 *Vigna vexillata*（L.）A. Rich.，分布于无量山。

丁癸草 *Zornia gibbosa* Span.，哀牢山和无量山均有分布。药用。

旌节花科 Stachyuraceae

中国旌节花 *Stachyurus chinensis* Franch.，分布于无量山。药用。

西域旌节花 *Stachyurus himalaicus* Hook. f. & Thomson，哀牢山和无量山均有分布。药用。

云南旌节花 *Stachyurus yunnanensis* Franch.，分布于哀牢山。

金缕梅科 Hamamelidaceae

细青皮 *Altingia excelsa* Noronha，分布于无量山。树脂及树胶类。

云南蕈树 *Altingia yunnanensis* Rehder & E.H. Wilson，哀牢山和无量山均有分布。

马蹄荷 *Exbucklandia populnea*（R. Br. ex Griff.）R.W. Brown，哀牢山和无量山均有分布。观赏。

大果马蹄荷 *Exbucklandia tonkinensis*（Lecomte）H.T. Chang，哀牢山和无量山均有分布。

檵木 *Loropetalum chinense*（R. Br.）Oliv.，哀牢山和无量山均有分布。药用。

小花红花荷 *Rhodoleia parvipetala* Tong，分布于哀牢山。

黄杨科 Buxaceae

滇南黄杨 *Buxus austroyunnanensis* Hatus.，哀牢山和无量山均有分布。

雀舌黄杨 *Buxus bodinieri* H. Lév.，哀牢山和无量山均有分布。药用、材用、观赏。

板凳果 *Pachysandra axillaris* Franch.，分布于无量山。

多毛板凳果 *Pachysandra axillaris* var. *stylosa*（Dunn）M. Cheng，分布于哀牢山。

聚花野扇花 *Sarcococca confertiflora* Sealy，哀牢山和无量山均有分布。

树八爪龙 *Sarcococca hookeriana* var. *digyna* Franch.，哀牢山和无量山均有分布。

清香桂 *Sarcococca ruscifolia* Stapf，哀牢山和无量山均有分布。药用。

厚叶清香桂 *Sarcococca wallichii* Stapf，哀牢山和无量山均有分布。

杨柳科 Salicaceae

山桂花 *Bennettiodendron leprosipes*（Clos）Merr.，分布于无量山。

圆叶杨 *Populus rotundifolia* Griff.，哀牢山和无量山均有分布。

滇南山杨 *Populus rotundifolia* var. *bonatii*（H. Lév.）C. Wang & S.L. Tung，分布于无量山。

清溪杨 *Populus rotundifolia* var. *duclouxiana*（Dode）Gomb，分布于哀牢山。

滇杨 *Populus yunnanensis* Dode，哀牢山和无量山均有分布。鞣质与染料。

纤序柳 *Salix areostachya* C.K. Schneid.，哀牢山和无量山均有分布。

垂柳 *Salix babylonica* L.，哀牢山和无量山均有分布。药用。

云南柳 *Salix cavaleriei* H. Lév.，哀牢山和无量山均有分布。材用。

大理柳 *Salix daliensis* C.F. Fang & S.D. Zhao，哀牢山和无量山均有分布。

川柳 *Salix hylonoma* Schneid.，分布于无量山。

丑柳 *Salix inamoena* Hand.-Mazz.，哀牢山和无量山均有分布。

景东矮柳 *Salix jingdongensis* C.F. Fang，哀牢山和无量山均有分布。

丝毛柳 *Salix luctuosa* H. Lév.，哀牢山和无量山均有分布。

裸柱头柳 *Salix psilostigma* Andersson，分布于哀牢山。

四子柳 *Salix tetrasperma* Roxb.，哀牢山和无量山均有分布。

小光山柳 *Salix xiaoguangshanica* Y.L. Chou & N. Chao，分布于无量山。

杨梅科 Myricaceae

毛杨梅 *Myrica esculenta* Buch.-Ham. ex D. Don，哀牢山和无量山均有分布。药用。

矮杨梅 *Myrica nana* A. Chev.，哀牢山和无量山均有分布。食用。

杨梅 *Myrica rubra*（Lour.）Siebold & Zucc.，哀牢山和无量山均有分布。药用。

桦木科 Betulaceae

尼泊尔桤木 *Alnus nepalensis* D. Don，哀牢山和无量山均有分布。药用。

西南桦 *Betula alnoides* Buch.-Ham. ex D. Don，哀牢山和无量山均有分布。树脂及树胶类。

光皮桦 *Betula luminifera* H.J.P. Winkl.，分布于无量山。香料。

糙皮桦 *Betula utilis* D. Don，哀牢山和无量山均有分布。树脂及树胶类。

榛科 Corylaceae

贵州鹅耳枥 *Carpinus kweichowensis* Hu，分布于无量山。

短尾鹅耳枥 *Carpinus londoniana* H.J.P. Winkl.，分布于无量山。

云南鹅耳枥 *Carpinus monbeigiana* Hand.-Mazz.，哀牢山和无量山均有分布。

雷公鹅耳枥 *Carpinus viminea* Lindl.，分布于无量山。

刺榛 *Corylus ferox* Wall.，哀牢山和无量山均有分布。食用。

藏刺榛 *Corylus ferox* var. *thibetica*（Batalin）Franchet，哀牢山和无量山均有分布。食用。

滇榛 *Corylus yunnanensis*（Franch.）A. Camus，哀牢山和无量山均有分布。食用。

壳斗科 Fagaceae

板栗 *Castanea mollissima* Blume，分布于无量山。鞣质与染料。

银叶锥 *Castanopsis argyrophylla* King ex Hook. f.，哀牢山和无量山均有分布。

枹丝锥（杯状栲）*Castanopsis calathiformis*（Skan）Rehder & E.H. Wilson，分布于无量山。

米槠 *Castanopsis carlesii*（Hemsl.）Hayata，分布于无量山。

瓦山锥 *Castanopsis ceratacantha* Rehder & E.H. Wilson，哀牢山和无量山均有分布。

高山锥 *Castanopsis delavayi* Franch.，哀牢山和无量山均有分布。

短刺栲 *Castanopsis echidnocarpa* Hook. f. & Thomson ex Miq.，哀牢山和无量山均有分布。鞣质与染料。

思茅锥 *Castanopsis ferox*（Roxb.）Spach，哀牢山和无量山均有分布。

鳖蒳锥 *Castanopsis fissa*（Champ. ex Benth.）Rehder & E.H. Wilson，分布于无量山。鞣质与染料。

小果锥 *Castanopsis fleuryi* Hickel & A. Camus，哀牢山和无量山均有分布。鞣质与染料。

红锥 *Castanopsis hystrix* Hook. f. & Thomson ex A. DC.，哀牢山和无量山均有分布。食用。

印度锥 *Castanopsis indica*（J. Roxb. ex Lindl.）A. DC.，哀牢山和无量山均有分布。食用。

元江锥（元江栲）*Castanopsis orthacantha* Franch.，哀牢山和无量山均有分布。食用。

疏齿锥 *Castanopsis remotidenticulata* H.H. Hu，分布于哀牢山。

变色锥（腾冲栲）*Castanopsis wattii*（King ex Hook. f.）A. Camus，哀牢山和无量山均有分布。

黄毛青冈 *Cyclobalanopsis delavayi*（Franch.）Schottky，分布于无量山。鞣质与染料。

青冈 *Cyclobalanopsis glauca*（Thunb.）Oerst.，哀牢山和无量山均有分布。食用。

滇青冈 *Cyclobalanopsis glaucoides* Schottky，哀牢山和无量山均有分布。食用。

毛枝青冈 *Cyclobalanopsis helferiana*（A. DC.）Oerst.，分布于哀牢山。

毛叶青冈 *Cyclobalanopsis kerrii*（Craib）H.H. Hu，哀牢山和无量山均有分布。

小叶青冈 *Cyclobalanopsis myrsinifolia*（Blume）Oerst.，哀牢山和无量山均有分布。材用。

褐叶青冈 *Cyclobalanopsis stewardiana*（A. Camus）Y.C. Hsu & H.Wei Jen，哀牢山和无量山均有分布。

毛脉青冈 *Cyclobalanopsis tomentosinervis* Y.C. Hsu & H.Wei Jen，哀牢山和无量山均有分布。

思茅青冈 *Cyclobalanopsis xanthotricha*（A. Camus）Y.C. Hsu & H.Wei Jen，分布于无量山。

薄片青冈 *Cyclobalanopsis lamellosa*（Sm.）Oerst.，分布于无量山。材用。

向阳柯 *Lithocarpus apricus* C.C. Huang & Y.T. Chang，分布于无量山。

猴面柯 *Lithocarpus balansae*（Drake）A. Camus，分布于无量山。

窄叶柯 *Lithocarpus confinis* C.C. Huang，分布于哀牢山。

白穗柯 *Lithocarpus craibianus* Barnett，哀牢山和无量山均有分布。

硬叶柯 *Lithocarpus crassifolius* A. Camus，哀牢山和无量山均有分布。

鱼蓝柯 *Lithocarpus cyrtocarpus*（Drake）A. Camus，分布于无量山。

白柯（滇石栎）*Lithocarpus dealbatus*（Hook. f. & Thomson ex Miq.）Rehder，哀牢山和无量山均有分布。食用。

壶壳柯（壶斗石栎）*Lithocarpus echinophorus*（Hickel & A. Camus）A. Camus，哀牢山和无量山均有分布。

泥柯 *Lithocarpus fenestratus*（Roxb.）Rehder，哀牢山和无量山均有分布。

望楼柯 *Lithocarpus garrettianus*（Craib）A. Camus，哀牢山和无量山均有分布。

硬壳柯 *Lithocarpus hancei*（Benth.）Rehder，哀牢山和无量山均有分布。

港柯 *Lithocarpus harlandii*（Hance ex Walp.）Rehder，哀牢山和无量山均有分布。

灰背叶柯 *Lithocarpus hypoglaucus*（H.H. Hu）C.C. Huang，哀牢山和无量山均有分布。

香菌柯 *Lithocarpus lycoperdon*（Skan）A. Camus，分布于哀牢山。

光叶柯 *Lithocarpus mairei*（Schottky）Rehder，哀牢山和无量山均有分布。

大叶柯 *Lithocarpus megalophyllus* Rehder & E.H. Wilson，哀牢山和无量山均有分布。食用。

缅宁柯 *Lithocarpus mianningensis* H.H. Hu，哀牢山和无量山均有分布。

小果柯 *Lithocarpus microspermus* A. Camus，分布于哀牢山。

顺宁厚叶柯 *Lithocarpus pachyphyllus* var. *fruticosus*（Watt ex King）A. Camus，分布于无量山。

星毛柯 *Lithocarpus petelotii* A. Camus，分布于哀牢山。

多穗柯 *Lithocarpus polystachyus*（Wall. ex A.DC.）Rehder，哀牢山和无量山均有分布。

潞西柯 *Lithocarpus thomsonii*（Miq.）Rehder，哀牢山和无量山均有分布。

截果柯 *Lithocarpus truncatus*（King ex Hook. f.）Rehder & E.H. Wilson，哀牢山和无量山均有分布。

麻子壳柯 *Lithocarpus variolosus*（Franch.）Chun，哀牢山和无量山均有分布。

木果柯 *Lithocarpus xylocarpus*（Kurz）Markgr.，哀牢山和无量山均有分布。

耳叶柯 *Lithocarpus grandifolius*（D. Don）S.N. Biswas，哀牢山和无量山均有分布。食用。

麻栎 *Quercus acutissima* Carruth.，分布于无量山。鞣质与染料。

槲栎 *Quercus aliena* Blume，哀牢山和无量山均有分布。饲用、材用。

锐齿槲栎 *Quercus aliena* var. *acutiserrata* Maxim. ex Wenz.，哀牢山和无量山均有分布。材用。

柞栎 *Quercus dentata* Thunb.，哀牢山和无量山均有分布。

白栎 *Quercus fabrei* Hance，分布于无量山。材用、油料。

锥连栎 *Quercus franchetii* Skan，分布于哀牢山。

大叶栎 *Quercus griffithii* Hook. f. & Thomson ex Miq.，哀牢山和无量山均有分布。材用。

　　毛脉高山栎 *Quercus rehderiana* Hand.-Mazz.，分布于哀牢山。

　　刺叶高山栎 *Quercus spinosa* David ex Franch.，哀牢山和无量山均有分布。

　　栓皮栎 *Quercus variabilis* Blume，哀牢山和无量山均有分布。食用。

榆科 Ulmaceae

　　糙叶树 *Aphananthe aspera*（Thunb.）Planch.，分布于无量山。材用。

　　紫弹树 *Celtis biondii* Pamp.，哀牢山和无量山均有分布。

　　黑弹树 *Celtis bungeana* Blume，哀牢山和无量山均有分布。

　　四蕊朴 *Celtis tetrandra* Roxb.，哀牢山和无量山均有分布。观赏。

　　假玉桂 *Celtis timorensis* Span.，分布于无量山。

　　西川朴 *Celtis vandervoetiana* C.K. Schneid.，分布于无量山。

　　狭叶山黄麻 *Trema angustifolia*（Planch.）Blume，分布于无量山。纤维。

　　羽脉山黄麻 *Trema levigata* Hand.-Mazz.，哀牢山和无量山均有分布。

　　银毛叶山黄麻 *Trema nitida* C.J. Chen，哀牢山和无量山均有分布。材用、纤维。

　　异色山黄麻 *Trema orientalis*（L.）Blume，哀牢山和无量山均有分布。

　　山黄麻 *Trema tomentosa*（Roxb.）H. Hara，分布于哀牢山。材用。

　　兴山榆 *Ulmus bergmanniana* C.K. Schneid.，哀牢山和无量山均有分布。材用。

　　昆明榆 *Ulmus changii* var. *kunmingensis*（W.C. Cheng）W.C. Cheng & L.K. Fu，哀牢山和无量山均有分布。材用。

　　常绿榆 *Ulmus lanceifolia* Roxb. ex Wall.，哀牢山和无量山均有分布。材用。

　　大叶榉树 *Zelkova schneideriana* Hand.-Mazz.，哀牢山和无量山均有分布。材用。

桑科 Moraceae

　　野波罗蜜 *Artocarpus lakoocha* Roxb.，分布于无量山。

　　葡蟠 *Broussonetia kaempferi* Siebold，分布于无量山。

　　藤构 *Broussonetia kaempferi* var. *australis* T. Suzuki，哀牢山和无量山均有分布。

　　小构树 *Broussonetia kazinoki* Siebold & Zucc.，哀牢山和无量山均有分布。

　　构树 *Broussonetia papyrifera*（L.）L'Heritier ex Ventenat，分布于无量山。药用、纤维、油料。

　　石榕树 *Ficus abelii* Miq.，分布于哀牢山。

　　高山榕 *Ficus altissima* Blume，哀牢山和无量山均有分布。

　　印度蝙蝠榕 *Ficus amplissima* Sm.，分布于无量山。

　　钩毛榕 *Ficus asperiuscula* Kunth & Bouch.，哀牢山和无量山均有分布。

　　大果榕 *Ficus auriculata* Lour.，哀牢山和无量山均有分布。食用。

　　垂叶榕 *Ficus benjamina* L.，分布于哀牢山。

　　沙坝榕 *Ficus chapaensis* Gagnep.，哀牢山和无量山均有分布。

　　无柄纸叶榕 *Ficus chartacea* var. *torulosa* King，分布于无量山。

　　纸叶榕 *Ficus chartacea* Wall. ex King，哀牢山和无量山均有分布。

　　雅榕 *Ficus concinna*（Miq.）Miq.，哀牢山和无量山均有分布。

　　雅榕 *Ficus concinna* var. *subsessilis* Corner，哀牢山和无量山均有分布。

　　钝叶榕 *Ficus curtipes* Corner，哀牢山和无量山均有分布。

　　歪叶榕 *Ficus cyrtophylla*（Wall. ex Miq.）Miq.，哀牢山和无量山均有分布。

　　矮小天仙果 *Ficus erecta* Thunb.，分布于哀牢山。

　　黄毛榕 *Ficus esquiroliana* H. Lév.，分布于无量山。

　　水同木 *Ficus fistulosa* Reinw. ex Blume，哀牢山和无量山均有分布。

冠毛榕 *Ficus gasparriniana* Miq.，分布于无量山。

菱叶冠毛榕 *Ficus gasparriniana* var. *laceratifolia*（H.Lév. & Vaniot）Corner，哀牢山和无量山均有分布。

大叶水榕 *Ficus glaberrima* Blume，分布于无量山。

藤榕 *Ficus hederacea* Roxb.，分布于无量山。

尖叶榕 *Ficus henryi* Warb.，哀牢山和无量山均有分布。食用。

异叶天仙果 *Ficus heteromorpha* Hemsl.，分布于哀牢山。食用。

粗叶榕 *Ficus hirta* Vahl，哀牢山和无量山均有分布。

对叶榕 *Ficus hispida* L. f.，分布于哀牢山。

瘦柄榕 *Ficus ischnopoda* Miq.，分布于无量山。

平滑榕 *Ficus laevis* Blume，分布于无量山。

瘤枝榕 *Ficus maclellandii* King，分布于无量山。

榕树 *Ficus microcarpa* L. f.，哀牢山和无量山均有分布。鞣质与染料。

森林榕 *Ficus neriifolia* Sm.，分布于无量山。

苹果榕 *Ficus oligodon* Miq.，分布于无量山。食用。

琴叶榕 *Ficus pandurata* Hance，哀牢山和无量山均有分布。

毛榕 *Ficus pubigera*（Wall. ex Miq.）Kurz，哀牢山和无量山均有分布。

舶梨榕 *Ficus pyriformis* Hook. & Arn.，分布于无量山。

聚果榕 *Ficus racemosa* L.，哀牢山和无量山均有分布。食用。

柔毛聚果榕 *Ficus racemosa* var. *miquelli*（King）Corner，哀牢山和无量山均有分布。

菩提树 *Ficus religiosa* L.，哀牢山和无量山均有分布。药用。

匍茎榕 *Ficus sarmentosa* Buch.-Ham. ex Sm.，哀牢山和无量山均有分布。

珍珠莲 *Ficus sarmentosa* var. *henryi*（King ex Oliv.）Corner，分布于哀牢山。食用。

泪滴珍珠莲 *Ficus sarmentosa* var. *lacrymans*（H. Lév.）Corner，分布于无量山。

鸡嗉子果 *Ficus semicordata* Buch.-Ham. ex Sm.，哀牢山和无量山均有分布。

极简榕 *Ficus simplicissima* Lour.，分布于无量山。药用、纤维。

紫果榕 *Ficus squamosa* Roxb.，分布于无量山。

劲直榕 *Ficus stricta*（Miq.）Miq.，分布于无量山。

棒果榕 *Ficus subincisa* Buch.-Ham. ex Sm.，分布于无量山。

地果 *Ficus tikoua* Bureau，分布于哀牢山。

斜叶榕 *Ficus tinctoria* subsp. *gibbosa*（Blume）Corner，哀牢山和无量山均有分布。

岩木瓜 *Ficus tsiangii* Merr. ex Corner，哀牢山和无量山均有分布。

绿黄葛树 *Ficus virens* Aiton，哀牢山和无量山均有分布。观赏。

云南榕 *Ficus yunnanensis* S.S. Chang，分布于无量山。

景东柘 *Maclura amboinensis* Blume，哀牢山和无量山均有分布。

构棘 *Maclura cochinchinensis*（Lour.）Corner，分布于哀牢山。药用、观赏、染料。

柘藤 *Maclura fruticosa*（Roxb.）Corner，分布于无量山。

柘树 *Maclura tricuspidata* Carrière，哀牢山和无量山均有分布。食用。

鸡桑 *Morus australis* Poir.，哀牢山和无量山均有分布。食用。

光叶桑（奶桑）*Morus macroura* Miq.，哀牢山和无量山均有分布。鞣质与染料。

蒙桑 *Morus mongolica*（Bureau）C.K. Schneid.，哀牢山和无量山均有分布。药用、纤维。

假鹊肾树 *Streblus indicus*（Bureau）Corner，分布于无量山。

荨麻科 Urticaceae

白面苎麻 *Boehmeria clidemioides* Miq.，哀牢山和无量山均有分布。

序叶苎麻 *Boehmeria clidemioides* var. *diffusa*（Wedd.）Hand.-Mazz.，哀牢山和无量山均有分布。药用。

细序苎麻 *Boehmeria hamiltoniana* Wedd.，哀牢山和无量山均有分布。

水苎麻 *Boehmeria macrophylla* Hornem.，哀牢山和无量山均有分布。药用、纤维。

苎麻 *Boehmeria nivea*（L.）Gaudich.，哀牢山和无量山均有分布。药用。

长叶苎麻 *Boehmeria penduliflora* Wedd. ex D.G. Long，分布于哀牢山。药用。

歧序苎麻 *Boehmeria polystachya* Wedd.，哀牢山和无量山均有分布。

束序苎麻 *Boehmeria siamensis* Craib，哀牢山和无量山均有分布。药用。

小赤麻 *Boehmeria spicata*（Thunb.）Thunb.，分布于无量山。药用、纤维。

密毛苎麻 *Boehmeria tomentosa* Wedd.，分布于无量山。纤维。

微柱麻 *Chamabainia cuspidata* Wight，哀牢山和无量山均有分布。药用。

长叶水麻 *Debregeasia longifolia*（Burm. f.）Wedd.，哀牢山和无量山均有分布。食用。

水麻 *Debregeasia orientalis* C.J. Chen，哀牢山和无量山均有分布。食用。

渐尖楼梯草 *Elatostema acuminatum*（Poir.）Brongn.，哀牢山和无量山均有分布。

翅苞楼梯草 *Elatostema aliferum* W.T. Wang，分布于哀牢山。

华南楼梯草 *Elatostema balansae* Gagnep.，分布于哀牢山。

稀齿楼梯草 *Elatostema cuneatum* Wight，分布于哀牢山。

骤尖楼梯草 *Elatostema cuspidatum* Wight，哀牢山和无量山均有分布。饲用。

锐齿楼梯草 *Elatostema cyrtandrifolium*（Zoll. & Moritzi）Miq.，分布于哀牢山。药用。

盘托楼梯草 *Elatostema dissectum* Wedd.，分布于哀牢山。

全缘楼梯草 *Elatostema integrifolium*（D. Don）Wedd.，分布于无量山。

多序楼梯草 *Elatostema macintyrei* Dunn，分布于无量山。

巨序楼梯草 *Elatostema megacephalum* W.T. Wang，分布于无量山。

异叶楼梯草 *Elatostema monandrum*（D. Don）H. Hara，哀牢山和无量山均有分布。

托叶楼梯草 *Elatostema nasutum* Hook. f.，分布于无量山。饲用。

钝叶楼梯草 *Elatostema obtusum* Wedd.，哀牢山和无量山均有分布。

小叶楼梯草 *Elatostema parvum*（Blume）Miq.，分布于无量山。

宽叶楼梯草 *Elatostema platyphyllum* Wedd.，哀牢山和无量山均有分布。

多歧楼梯草 *Elatostema polystachyoides* W.T. Wang，分布于无量山。

石生楼梯草 *Elatostema rupestre*（Buch.-Ham. ex D. Don）Wedd.，哀牢山和无量山均有分布。

显柱楼梯草 *Elatostema stigmatosum* W.T. Wang，分布于哀牢山。

细尾楼梯草 *Elatostema tenuicaudatum* W.T. Wang，哀牢山和无量山均有分布。

大蝎子草 *Girardinia diversifolia*（Link）Friis，哀牢山和无量山均有分布。

糯米团 *Gonostegia hirta*（Blume）Miq.，哀牢山和无量山均有分布。药用。

珠芽艾麻 *Laportea bulbifera*（Siebold & Zucc.）Wedd.，哀牢山和无量山均有分布。纤维。

角被假楼梯草 *Lecanthus corniculatus*（C.J. Chen）H.W. Li，分布于哀牢山。

假楼梯草 *Lecanthus peduncularis*（Wall. ex Royle）Wedd.，哀牢山和无量山均有分布。食用。

云南假楼梯草 *Lecanthus petelotii* var. *yunnanensis* C.J. Chen，分布于无量山。

水丝麻 *Maoutia puya*（Hook.）Wedd.，哀牢山和无量山均有分布。纤维。

紫麻 *Oreocnide frutescens*（Thunb.）Miq.，哀牢山和无量山均有分布。药用。

滇藏紫麻 *Oreocnide frutescens* subsp. *occidentalis* C.J. Chen，哀牢山和无量山均有分布。

倒卵叶紫麻 *Oreocnide obovata*（C.H. Wright）Merr.，哀牢山和无量山均有分布。纤维。

红紫麻 *Oreocnide rubescens*（Blume）Miq.，哀牢山和无量山均有分布。纤维。

墙草 *Parietaria micrantha* Ledeb.，分布于无量山。药用。

异被赤车 *Pellionia heteroloba* Wedd.，哀牢山和无量山均有分布。

长柄赤车 *Pellionia latifolia*（Blume）Boerl.，分布于无量山。

滇南赤车 *Pellionia paucidentata*（H. Schroet.）S.S. Chien，哀牢山和无量山均有分布。

圆瓣冷水花 *Pilea angulata*（Blume）Blume，哀牢山和无量山均有分布。

异叶冷水花 *Pilea anisophylla*（Hook. f.）Wedd.，哀牢山和无量山均有分布。

五萼冷水花 *Pilea boniana* Gagnep.，分布于哀牢山。

多苞冷水花 *Pilea bracteosa* Wedd.，分布于无量山。

点乳冷水花 *Pilea glaberrima*（Blume）Blume，哀牢山和无量山均有分布。

山冷水花 *Pilea japonica*（Maxim.）Hand.-Mazz.，分布于哀牢山。药用。

鱼眼果冷水花 *Pilea longipedunculata* S.S. Chien & C.J. Chen，哀牢山和无量山均有分布。

大叶冷水花 *Pilea martinii*（H. Lév.）Hand.-Mazz.，分布于哀牢山。

长序冷水花 *Pilea melastomoides*（Poir.）Wedd.，哀牢山和无量山均有分布。

小叶冷水花 *Pilea microphylla*（L.）Liebm.，分布于哀牢山。

石筋草 *Pilea plataniflora* C.H. Wright，分布于无量山。药用。

假冷水花 *Pilea pseudonotata* C.J. Chen，分布于哀牢山。

亚高山冷水花 *Pilea racemosa*（Royle）Tuyama，分布于无量山。

粗齿冷水花 *Pilea sinofasciata* C.J. Chen，哀牢山和无量山均有分布。

鳞片冷水花 *Pilea squamosa* C.J. Chen，分布于无量山。

条纹冷水花 *Pilea striata* Urb.，分布于无量山。

喙萼冷水花 *Pilea symmeria* Wedd.，哀牢山和无量山均有分布。

荫生冷水花 *Pilea umbrosa* Blume，哀牢山和无量山均有分布。

疣果冷水花 *Pilea verrucosa* Killip，哀牢山和无量山均有分布。

毛叶锥头麻 *Poikilospermum lanceolatum*（Trécul）Merr.，分布于无量山。

红雾水葛 *Pouzolzia sanguinea*（Blume）Merr.，哀牢山和无量山均有分布。纤维。

雅致雾水葛 *Pouzolzia sanguinea* var. *elegans*（Wedd.）Friis & Wilmot-Dear，哀牢山和无量山均有分布。

雾水葛 *Pouzolzia zeylanica*（L.）Benn. & R. Br.，分布于无量山。药用。

藤麻 *Procris crenata* C.B. Rob.，哀牢山和无量山均有分布。

喜马拉雅荨麻 *Urtica ardens* Link，哀牢山和无量山均有分布。

小果荨麻 *Urtica atrichocaulis*（Hand.-Mazz.）C.J. Chen，分布于无量山。

滇藏荨麻 *Urtica mairei* H. Lév.，哀牢山和无量山均有分布。

咬人荨麻 *Urtica thunbergiana* Siebold & Zucc.，分布于无量山。纤维。

大麻科 Cannabaceae

葎草 *Humulus scandens*（Lour.）Merr.，哀牢山和无量山均有分布。纤维。

冬青科 Aquifoliaceae

刺叶冬青 *Ilex bioritsensis* Hayata，哀牢山和无量山均有分布。

沙坝冬青 *Ilex chapaensis* Merr.，分布于哀牢山。

纸叶冬青 *Ilex chartaceifolia* C. Y. W ex Y. R. Li，哀牢山和无量山均有分布。

珊瑚冬青 *Ilex corallina* Franch.，分布于哀牢山。

毛枝冬青 *Ilex dasyclada* C.Y. Wu，分布于无量山。

陷脉冬青 *Ilex delavayi* Franch.，哀牢山和无量山均有分布。

双核枸骨 *Ilex dipyrena* Wall.，哀牢山和无量山均有分布。

龙里冬青 *Ilex dunniana* H. Lév.，分布于无量山。

滇西冬青 *Ilex forrestii* H.F. Comber，分布于哀牢山。

薄叶冬青 *Ilex fragilis* Hook. f.，哀牢山和无量山均有分布。

景东冬青 *Ilex gintungensis* H.W. Li，哀牢山和无量山均有分布。

伞花冬青 *Ilex godajam*（Colebr. ex Wall.）Wall. ex Hook. f.，哀牢山和无量山均有分布。

硬毛冬青 *Ilex hirsuta* C.J. Tseng ex S.K. Chen & Y.X. Feng，分布于哀牢山。

毛核冬青 *Ilex liana* S.Y. Hu，分布于无量山。

大果冬青 *Ilex macrocarpa* Oliv.，分布于哀牢山。药用。

红河冬青 *Ilex manneiensis* S.Y. Hu，哀牢山和无量山均有分布。

小果冬青 *Ilex micrococca* Maxim.，分布于哀牢山。

疏齿冬青 *Ilex oligodonta* Merr. & Chun，分布于哀牢山。

多脉冬青 *Ilex polyneura*（Hand.-Mazz.）S.Y. Hu，哀牢山和无量山均有分布。

点叶冬青 *Ilex punctatilimba* C.Y. Wu，分布于无量山。

铁冬青 *Ilex rotunda* Thunb.，分布于哀牢山。药用。

微香冬青 *Ilex subodorata* S.Y. Hu，分布于哀牢山。

四川冬青 *Ilex szechwanensis* Loes.，哀牢山和无量山均有分布。

三花冬青 *Ilex triflora* Blume，分布于哀牢山。

微脉冬青 *Ilex venulosa* Hook. f.，哀牢山和无量山均有分布。

云南冬青 *Ilex yunnanensis* Franch.，哀牢山和无量山均有分布。

卫矛科 Celastraceae

苦皮藤 *Celastrus angulatus* Maxim.，分布于哀牢山。纤维。

灰叶南蛇藤 *Celastrus glaucophyllus* Rehder & E.H. Wilson，哀牢山和无量山均有分布。药用。

青江藤 *Celastrus hindsii* Benth.，分布于无量山。

硬毛南蛇藤 *Celastrus hirsutus* H.F. Comber，分布于无量山。

滇边南蛇藤 *Celastrus hookeri* Prain，分布于无量山。

独子藤 *Celastrus monospermus* Roxb.，哀牢山和无量山均有分布。药用、油料。

灯油藤 *Celastrus paniculatus* Willd.，哀牢山和无量山均有分布。

宽叶短梗南蛇藤 *Celastrus rosthornianus* var. *loeseneri*（Rehder & E.H. Wilson）C.Y. Wu，分布于无量山。药用。

显柱南蛇藤 *Celastrus stylosus* Wall.，哀牢山和无量山均有分布。

刺果卫矛 *Euonymus acanthocarpus* Franch.，分布于哀牢山。

南川卫矛 *Euonymus bockii* Loes.，分布于无量山。

角翅卫矛 *Euonymus cornutus* Hemsl.，哀牢山和无量山均有分布。

裂果卫矛 *Euonymus dielsianus* Loes. ex Diels，分布于无量山。

扶芳藤 *Euonymus fortunei*（Turcz.）Hand.-Mazz.，分布于哀牢山。观赏。

冷地卫矛 *Euonymus frigidus* Wall.，分布于无量山。

大花卫矛 *Euonymus grandiflorus* Wall.，哀牢山和无量山均有分布。

中缅卫矛 *Euonymus lawsonii* C.B. Clarke ex Prain，哀牢山和无量山均有分布。

疏花卫矛 *Euonymus laxiflorus* Champ. ex Benth.，哀牢山和无量山均有分布。

染用卫矛 *Euonymus tingens* Wall.，哀牢山和无量山均有分布。

游藤卫矛 *Euonymus vagans* Wall.，哀牢山和无量山均有分布。

荚蒾卫矛 *Euonymus viburnoides* Prain，哀牢山和无量山均有分布。

长刺卫矛 *Euonymus wilsonii* Sprague，分布于无量山。

云南卫矛 *Euonymus yunnanensis* Franch.，哀牢山和无量山均有分布。

硬果沟瓣 *Glyptopetalum sclerocarpum*（Kurz）P. Lawson，分布于无量山。

贵州美登木 *Maytenus esquirolii*（H. Lév.）C.Y. Cheng，哀牢山和无量山均有分布。

长序美登木 *Maytenus thyrsiflorus* S.J. Pei & Y.H. Li，哀牢山和无量山均有分布。

异色假卫矛 *Microtropis discolor*（Wall.）Arn.，哀牢山和无量山均有分布。

雷公藤 *Tripterygium wilfordii* Hook. f.，哀牢山和无量山均有分布。药用。

翅子藤科 Hippocrateaceae

皮孔翅子藤 *Loeseneriella lenticellata* S.Y. Bao，哀牢山和无量山均有分布。

云南翅子藤 *Loeseneriella yunnanensis*（H.H. Hu）A.C. Sm.，哀牢山和无量山均有分布。

铁青树科 Olacaceae

香芙木 *Schoepfia fragrans* Wall.，哀牢山和无量山均有分布。

青皮木 *Schoepfia jasminodora* Siebold & Zucc.，哀牢山和无量山均有分布。

山柚子科 Opiliaceae

茎花山柚 *Champereia manillana* var. *longistaminea*（W.Z. Li）H.S. Kiu，哀牢山和无量山均有分布。

尾球木 *Urobotrya latisquama*（Gagnep.）Hiepko，哀牢山和无量山均有分布。

桑寄生科 Loranthaceae

油杉寄生 *Arceuthobium chinense* Lecomte，哀牢山和无量山均有分布。

五蕊寄生 *Dendrophthoe pentandra*（L.）Miq.，哀牢山和无量山均有分布。

黄杨叶寄生藤 *Dendrotrophe buxifolia*（Blume）Miq.，哀牢山和无量山均有分布。

多脉寄生藤 *Dendrotrophe polyneura*（H.H. Hu）D.D. Tao ex P.C. Tam，哀牢山和无量山均有分布。

大苞鞘花 *Elytranthe albida*（Blume）Blume，哀牢山和无量山均有分布。

离瓣寄生 *Helixanthera parasitica* Lour.，哀牢山和无量山均有分布。

滇西离瓣寄生 *Helixanthera scoriarum*（W.W. Sm.）Danser，哀牢山和无量山均有分布。

栗寄生 *Korthalsella japonica*（Thunb.）Engl.，哀牢山和无量山均有分布。

桐树桑寄生 *Loranthus delavayi* Tiegh.，哀牢山和无量山均有分布。

鞘花 *Macrosolen cochinchinensis*（Lour.）Tiegh.，哀牢山和无量山均有分布。药用。

梨果寄生 *Scurrula atropurpurea*（Blume）Danser，哀牢山和无量山均有分布。

卵叶梨果寄生 *Scurrula chingii*（W.C. Cheng）H.S. Kiu，分布于哀牢山。

锈毛梨果寄生 *Scurrula ferruginea*（Jack）Danser，哀牢山和无量山均有分布。

小红花寄生 *Scurrula graciliflora*（Roxb. ex Schult. & Schult. f.）Danser，哀牢山和无量山均有分布。

红花寄生 *Scurrula parasitica* L.，哀牢山和无量山均有分布。药用。

白花梨果寄生 *Scurrula pulverulenta*（Wall.）G. Don，哀牢山和无量山均有分布。

柳叶钝果寄生 *Taxillus delavayi*（Tiegh.）Danser，哀牢山和无量山均有分布。

木兰寄生 *Taxillus limprichtii*（Grüning）H.S. Kiu，分布于哀牢山。

龙陵钝果寄生 *Taxillus sericus* Danser，哀牢山和无量山均有分布。

卵叶槲寄生 *Viscum album* subsp. *meridianum*（Danser）D.G. Long，哀牢山和无量山均有分布。

扁枝槲寄生 *Viscum articulatum* Burm. f.，分布于无量山。

枫寄生 *Viscum articulatum* var. *liquidambaricola*（Hayata）S. Rao，哀牢山和无量山均有分布。药用。

檀香科 Santalaceae

沙针 *Osyris quadripartita* Salzm. ex Decne.，哀牢山和无量山均有分布。药用。

扁序重寄生 *Phacellaria compressa* Benth.，分布于无量山。

聚果重寄生 *Phacellaria glomerata* D.D. Tao，哀牢山和无量山均有分布。

檀梨 *Pyrularia edulis*（Wall.）A. DC.，哀牢山和无量山均有分布。油料。

热亚硬核 *Scleropyrum pentandrum* Mabb.，分布于无量山。

无刺硬核 *Scleropyrum wallichianum* var. *mekongense*（Gagnep.）Lecomte，哀牢山和无量山均有分布。油料。

百蕊草 *Thesium chinense* Turcz.，哀牢山和无量山均有分布。药用。

长叶百蕊草 *Thesium longifolium* Turcz.，哀牢山和无量山均有分布。

蛇菰科 Balanophoraceae

红冬蛇菰 *Balanophora harlandii* Hook. f.，哀牢山和无量山均有分布。药用。

印度蛇菰 *Balanophora indica*（Arn.）Griff.，哀牢山和无量山均有分布。树脂及树胶类。

筒鞘蛇菰 *Balanophora involucrata* Hook. f.，分布于无量山。药用。

鼠李科 Rhamnaceae

多花勾儿茶 *Berchemia floribunda*（Wall.）Brongn.，分布于无量山。药用。

大果勾儿茶 *Berchemia hirtella* Tsai & K.M. Feng，分布于无量山。

苞叶木 *Chaydaia rubrinervis*（H. Lév.）C.Y. Wu ex Y.L. Chen & P.K. Chou，哀牢山和无量山均有分布。

毛蛇藤 *Colubrina javanica* Miq.，哀牢山和无量山均有分布。

毛咀签 *Gouania javanica* Miq.，哀牢山和无量山均有分布。

咀签 *Gouania leptostachya* DC.，哀牢山和无量山均有分布。

大果咀签 *Gouania leptostachya* var. *macrocarpa* Pit.，分布于无量山。

拐枣 *Hovenia acerba* Lindl.，哀牢山和无量山均有分布。食用。

短柄铜钱树 *Paliurus orientalis*（Franch.）Hemsl.，哀牢山和无量山均有分布。

多脉猫乳 *Rhamnella martinii*（H. Lév.）C.K. Schneid.，哀牢山和无量山均有分布。

云南鼠李 *Rhamnus aurea* Heppeler，哀牢山和无量山均有分布。

陷脉鼠李 *Rhamnus bodinieri* H. Lév.，分布于哀牢山。

毛叶鼠李 *Rhamnus henryi* C.K. Schneid.，分布于无量山。

异叶鼠李 *Rhamnus heterophylla* Oliv.，分布于哀牢山。鞣质与染料。

薄叶鼠李 *Rhamnus leptophylla* C.K. Schneid.，哀牢山和无量山均有分布。药用。

尼泊尔鼠李 *Rhamnus napalensis*（Wall.）M.A. Lawson，分布于哀牢山。

冻绿 *Rhamnus utilis* Decne.，哀牢山和无量山均有分布。鞣质与染料。

帚枝鼠李 *Rhamnus virgata* Roxb.，哀牢山和无量山均有分布。观赏。

山鼠李 *Rhamnus wilsonii* C.K. Schneid.，分布于哀牢山。

西藏鼠李 *Rhamnus xizangensis* Y.L. Chen & P.K. Chou，哀牢山和无量山均有分布。

纤细雀梅藤 *Sageretia gracilis* J.R. Drumm. & Sprague，哀牢山和无量山均有分布。

雀梅藤 *Sageretia thea*（Osbeck）M.C. Johnst.，分布于无量山。药用。

密花翼核果 *Ventilago denticulata* Willd.，分布于无量山。

翼核果 *Ventilago leiocarpa* Benth.，哀牢山和无量山均有分布。药用。

矩叶翼核果 *Ventilago oblongifolia* Blume，分布于无量山。

褐果枣 *Ziziphus fungii* Merr.，分布于无量山。

滇枣 *Ziziphus incurva* Roxb.，哀牢山和无量山均有分布。

滇刺枣 *Ziziphus mauritiana* Lam.，哀牢山和无量山均有分布。食用。

胡颓子科 Elaeagnaceae

竹生羊奶子 *Elaeagnus bambusetorum* Hand.-Mazz.，分布于哀牢山。

长叶胡颓子 *Elaeagnus bockii* Diels，哀牢山和无量山均有分布。药用、食用。

密花胡颓子 *Elaeagnus conferta* Roxb.，分布于无量山。

巴东胡颓子 *Elaeagnus difficilis* Servett.，分布于哀牢山。

角花胡颓子 *Elaeagnus gonyanthes* Benth.，哀牢山和无量山均有分布。药用、食用。

宜昌胡颓子 *Elaeagnus henryi* Warb.，分布于无量山。药用、食用。

景东羊奶子 *Elaeagnus jingdongensis* C.Y. Chang，哀牢山和无量山均有分布。

披针叶胡颓子 *Elaeagnus lanceolata* Warb.，分布于无量山。药用。

鸡柏紫藤 *Elaeagnus loureiroi* Champ. ex Benth.，哀牢山和无量山均有分布。

潞西胡颓子 *Elaeagnus luxiensis* C.Y. Chang，分布于无量山。

大花胡颓子 *Elaeagnus macrantha* Rehder，分布于哀牢山。

毛柱胡颓子 *Elaeagnus pilostyla* C.Y. Chang，分布于无量山。

牛奶子 *Elaeagnus umbellata* Thunb.，哀牢山和无量山均有分布。药用。

绿叶胡颓子 *Elaeagnus viridis* Servett.，哀牢山和无量山均有分布。

葡萄科 Vitaceae

蓝果蛇葡萄 *Ampelopsis bodinieri*（H. Lév. & Vaniot）Rehder，哀牢山和无量山均有分布。鞣质与染料。

三裂蛇葡萄 *Ampelopsis delavayana* Planch.，哀牢山和无量山均有分布。药用。

毛三裂蛇葡萄 *Ampelopsis delavayana* var. *setulosa*（Diels & Gilg）C.L. Li，分布于哀牢山。

乌蔹莓 *Cayratia japonica*（Thunb.）Gagnep.，哀牢山和无量山均有分布。药用。

鸟足乌蔹莓 *Cayratia pedata*（Lam.）Juss. ex Gagnep.，分布于哀牢山。

贴生白粉藤 *Cissus adnata* Roxb.，哀牢山和无量山均有分布。

青紫葛 *Cissus javana* DC. Prodr.，分布于无量山。

白粉藤 *Cissus repens* Lam.，哀牢山和无量山均有分布。

单羽火筒树 *Leea asiatica*（L.）Ridsdale，哀牢山和无量山均有分布。

密花火筒树 *Leea compactiflora* Kurz，分布于无量山。

火筒树 *Leea indica*（Burm. f.）Merr.，分布于哀牢山。

三叶地锦 *Parthenocissus semicordata*（Wall.）Planch.，哀牢山和无量山均有分布。

崖爬藤属 *Tetrastigma* (Miq.) Planch.，分布于无量山。

多花崖爬藤 *Tetrastigma campylocarpum*（Kurz）Planch.，分布于无量山。

七小叶崖爬藤 *Tetrastigma delavayi* Gagnep.，哀牢山和无量山均有分布。

蒙自崖爬藤 *Tetrastigma henryi* Gagnep.，哀牢山和无量山均有分布。

白背崖爬藤 *Tetrastigma hypoglaucum* Planch. ex Franch.，哀牢山和无量山均有分布。

景东崖爬藤 *Tetrastigma jingdongense* C.L. Li，分布于哀牢山。

伞花崖爬藤 *Tetrastigma macrocorymbum* Gagnep.，分布于哀牢山。

毛枝崖爬藤 *Tetrastigma obovatum*（M.A. Lawson）Gagnep.，哀牢山和无量山均有分布。

崖爬藤 *Tetrastigma obtectum*（Wall.）Planch.，分布于无量山。

厚叶崖爬藤 *Tetrastigma pachyphyllum*（Hemsl.）Chun，哀牢山和无量山均有分布。

锈毛喜马拉雅崖爬藤 *Tetrastigma rumicispermum* var. *lasiogynum*（W.T. Wang）C.L. Li，分布于无量山。

细齿崖爬藤 *Tetrastigma serrulatum*（Roxb.）Planch.，哀牢山和无量山均有分布。

毛狭叶崖爬藤 *Tetrastigma serrulatum* var. *puberulum* W.T. Wang，分布于哀牢山。

西畴崖爬藤　*Tetrastigma sichouense* C.L. Li，分布于无量山。

大果西畴崖爬藤　*Tetrastigma sichouense* var. *megalocarpum* C.L. Li，分布于无量山。

菱叶崖爬藤　*Tetrastigma triphyllum*（Gagnep.）W.T. Wang，哀牢山和无量山均有分布。

毛菱叶崖爬藤　*Tetrastigma triphyllum* var. *hirtum*（Gagnep.）W.T. Wang，哀牢山和无量山均有分布。

云南崖爬藤　*Tetrastigma yunnanense* Gagnep.，哀牢山和无量山均有分布。

小果葡萄　*Vitis balansana* Planch.，分布于无量山。

美丽葡萄　*Vitis bellula*（Rehder）W.T. Wang，分布于无量山。

桦叶葡萄　*Vitis betulifolia* Diels & Gilg，哀牢山和无量山均有分布。

蘡薁　*Vitis bryoniifolia* Bunge，哀牢山和无量山均有分布。纤维。

葛藟葡萄　*Vitis flexuosa* Thunb.，哀牢山和无量山均有分布。

毛葡萄　*Vitis heyneana* Roem. & Schult.，分布于哀牢山。食用。

绵毛葡萄　*Vitis retordii* Rom. Caill. ex Planch.，分布于哀牢山。

芸香科　Rutaceae

山油柑　*Acronychia pedunculata*（L.）Miq.，哀牢山和无量山均有分布。食用。

臭节草　*Boenninghausenia albiflora*（Hook.）Rchb. ex Meisn.，哀牢山和无量山均有分布。药用。

柠檬　*Citrus limon*（L.）Osbeck，分布于无量山。食用。

香橼　*Citrus medica* L.，分布于无量山。

小黄皮　*Clausena emarginata* C.C. Huang，分布于无量山。

假黄皮　*Clausena excavata* Burm. f.，哀牢山和无量山均有分布。食用。

光滑黄皮　*Clausena lenis* Drake，分布于无量山。

毛山小橘　*Glycosmis craibii* Tanaka，分布于哀牢山。

亮叶山小橘　*Glycosmis lucida* Wall. ex C.C. Huang，分布于无量山。

山小橘　*Glycosmis pentaphylla*（Retz.）DC.，分布于哀牢山。药用。

华山小橘　*Glycosmis pseudoracemosa*（Guillaumin）Swingle，分布于哀牢山。

三桠苦　*Melicope pteleifolia*（Champ. ex Benth.）T.G. Hartley，哀牢山和无量山均有分布。药用。

大管　*Micromelum falcatum*（Lour.）Tanaka，分布于无量山。药用。

小芸木　*Micromelum integerrimum*（Buch.-Ham. ex DC.）Wight & Arn. ex M. Roem.，哀牢山和无量山均有分布。药用。

调料九里香　*Murraya koenigii*（L.）Spreng.，分布于无量山。

千里香　*Murraya paniculata*（L.）Jack，哀牢山和无量山均有分布。药用、油料。

臭常山　*Orixa japonica* Thunb.，分布于哀牢山。药用。

乔木茵芋　*Skimmia arborescens* T. Anderson ex Gamble，哀牢山和无量山均有分布。

多脉茵芋　*Skimmia multinervia* C.C. Huang，哀牢山和无量山均有分布。

无腺吴萸　*Tetradium fraxinifolium*（Hook. f.）T.G. Hartley，哀牢山和无量山均有分布。

楝叶吴萸　*Tetradium glabrifolium*（Champ. ex Benth.）T.G. Hartley，哀牢山和无量山均有分布。材用。

吴茱萸　*Tetradium ruticarpum*（A. Juss.）T.G. Hartley，哀牢山和无量山均有分布。药用。

牛科吴萸　*Tetradium trichotomum* Lour.，哀牢山和无量山均有分布。食用。

飞龙掌血　*Toddalia asiatica*（L.）Lam.，哀牢山和无量山均有分布。药用。

刺花椒　*Zanthoxylum acanthopodium* DC.，分布于无量山。食用。

竹叶花椒　*Zanthoxylum armatum* DC.，哀牢山和无量山均有分布。药用。

毛竹叶花椒　*Zanthoxylum armatum* var. *ferrugineum*（Rehder & E.H. Wilson）C.C. Huang，分布于无量山。

花椒　*Zanthoxylum bungeanum* Maxim.，哀牢山和无量山均有分布。食用。

毛叶花椒 *Zanthoxylum bungeanum* var. *pubescens* C.C. Huang，哀牢山和无量山均有分布。

山枇杷 *Zanthoxylum dissitum* Hemsl.，分布于无量山。

贵州花椒 *Zanthoxylum esquirolii* H. Lév.，分布于哀牢山。

云南花椒 *Zanthoxylum khasianum* Hook. f.，分布于无量山。

大花花椒 *Zanthoxylum macranthum*（Hand.-Mazz.）C.C. Huang，哀牢山和无量山均有分布。

多叶花椒 *Zanthoxylum multijugum* Franch.，哀牢山和无量山均有分布。

尖叶花椒 *Zanthoxylum oxyphyllum* Edgew.，分布于无量山。

花椒簕 *Zanthoxylum scandens* Blume，分布于无量山。

苦木科 Simaroubaceae

毛鸦胆子 *Brucea mollis* Wall. ex Kurz，哀牢山和无量山均有分布。

中国苦树 *Picrasma chinensis* P.Y. Chen，哀牢山和无量山均有分布。药用。

苦树 *Picrasma quassioides*（D. Don）Benn.，分布于无量山。药用。

橄榄科 Burseraceae

橄榄 *Canarium album*（Lour.）Rauesch.，哀牢山和无量山均有分布。油料。

毛叶榄 *Canarium subulatum* Guill.，分布于无量山。

白头树 *Garuga forrestii* W.W. Sm.，哀牢山和无量山均有分布。

羽叶白头树 *Garuga pinnata* Roxb.，哀牢山和无量山均有分布。

楝科 Meliaceae

望谟崖摩 *Aglaia lawii*（Wight）C.J. Saldanha，哀牢山和无量山均有分布。

碧绿米仔兰 *Aglaia perviridis* Hiern，分布于无量山。

山楝 *Aphanamixis polystachya*（Wall.）R. Parker，哀牢山和无量山均有分布。油料。

麻楝 *Chukrasia tabularis* A. Juss.，分布于无量山。油料。

毛麻楝 *Chukrasia tabularis* var. *velutina* King，哀牢山和无量山均有分布。

浆果楝 *Cipadessa baccifera*（Roth）Miq.，分布于哀牢山。药用、油料。

红果葱臭木 *Dysoxylum binectariferum*（Roxb.）Hook. f. ex Bedd.，哀牢山和无量山均有分布。

皮孔葱臭木 *Dysoxylum lenticellatum* C.Y. Wu & H. Li，哀牢山和无量山均有分布。

老虎楝 *Heynea trijuga* Roxb.，哀牢山和无量山均有分布。

楝 *Melia azedarach* L.，哀牢山和无量山均有分布。纤维。

羽状地黄连 *Munronia pinnata*（Wall.）W. Theob.，哀牢山和无量山均有分布。药用。

红椿 *Toona ciliata* M. Roem.，哀牢山和无量山均有分布。鞣质与染料。

滇红椿 *Toona ciliata* var. *yunnanensis*（C. DC.）C.Y. Wu，哀牢山和无量山均有分布。

香椿 *Toona sinensis*（A. Juss.）M. Roem.，哀牢山和无量山均有分布。纤维。

紫椿 *Toona sureni*（Blume）Roem.，哀牢山和无量山均有分布。

无患子科 Sapindaceae

倒地铃 *Cardiospermum halicacabum* L.，哀牢山和无量山均有分布。油料、药用。

茶条木 *Delavaya toxocarpa* Franch.，哀牢山和无量山均有分布。油料。

龙眼 *Dimocarpus longan* Lour.，哀牢山和无量山均有分布。药用。

车桑子 *Dodonaea angustifolia* L. f.，哀牢山和无量山均有分布。油料。

荔枝 *Litchi chinensis* Sonn.，分布于哀牢山。药用。

褐叶柄果木 *Mischocarpus pentapetalus*（Roxb.）Radlk.，哀牢山和无量山均有分布。

棱果树 *Pavieasia anamensis*（Pierre）Pierre，哀牢山和无量山均有分布。

皮哨子 *Sapindus delavayi*（Franch.）Radlk.，哀牢山和无量山均有分布。油料。

毛瓣无患子 *Sapindus rarak* DC.，分布于无量山。油料。

干果木 *Xerospermum bonii*（Lecomte）Radlk.，哀牢山和无量山均有分布。

七叶树科 Hippocastanaceae

长柄七叶树 *Aesculus assamica* Griff.，分布于哀牢山。

天师栗 *Aesculus chinensis* var. *wilsonii*（Rehder）Turland & N.H. Xia，分布于哀牢山。观赏。

伯乐树科 Bretschneideraceae

伯乐树 *Bretschneidera sinensis* Hemsl.，哀牢山和无量山均有分布。观赏。

槭树科 Aceraceae

阔叶槭 *Acer amplum* Rehder，哀牢山和无量山均有分布。

深灰槭 *Acer caesium* Wall. ex Brandis，哀牢山和无量山均有分布。材用。

藏南槭 *Acer campbellii* Hook. f. & Thomson，分布于哀牢山。

重齿藏南枫 *Acer campbellii* var. *serratifolium* Banerji，哀牢山和无量山均有分布。

长尾槭 *Acer caudatum* Wall.，哀牢山和无量山均有分布。

青榨槭 *Acer davidii* Franch.，哀牢山和无量山均有分布。纤维、观赏。

毛花槭 *Acer erianthum* Schwer.，分布于哀牢山。

扇叶槭 *Acer flabellatum* Rehder，哀牢山和无量山均有分布。

丽江槭 *Acer forrestii* Diels，分布于无量山。

光叶槭 *Acer laevigatum* Wall.，哀牢山和无量山均有分布。

五裂槭 *Acer oliverianum* Pax，哀牢山和无量山均有分布。

篦齿槭 *Acer pectinatum* Wall. ex G. Nicholson，分布于无量山。

楠叶枫 *Acer pinnatinervium* Merr.，哀牢山和无量山均有分布。

毛柄槭 *Acer pubipetiolatum* H.H. Hu & W.C. Cheng，分布于无量山。

锡金槭 *Acer sikkimense* Miq.，哀牢山和无量山均有分布。药用。

房县槭 *Acer sterculiaceum* subsp. *franchetii*（Pax）A.E. Murray，分布于无量山。

九子母科 Podoaceae

羊角天麻 *Dobinea delavayi*（Baill.）Baill.，哀牢山和无量山均有分布。药用。

清风藤科 Sabiaceae

狭叶泡花树 *Meliosma angustifolia* Merr.，哀牢山和无量山均有分布。材用、纤维。

南亚泡花树 *Meliosma arnottiana*（Wight）Walp.，哀牢山和无量山均有分布。

泡花树 *Meliosma cuneifolia* Franch.，哀牢山和无量山均有分布。材用、纤维。

灌丛泡花树 *Meliosma dumicola* W.W. Sm.，分布于无量山。

笔罗子 *Meliosma rigida* Siebold & Zucc.，哀牢山和无量山均有分布。饲用、材用、油料。

单叶泡花树 *Meliosma simplicifolia*（Roxb.）Walp.，分布于无量山。

云南泡花树 *Meliosma yunnanensis* Franch.，哀牢山和无量山均有分布。

钟花清风藤 *Sabia campanulata* Wall.，分布于哀牢山。

平伐清风藤 *Sabia dielsii* H. Lév.，哀牢山和无量山均有分布。

簇花清风藤 *Sabia fasciculata* Lecomte ex H.Y. Chen，哀牢山和无量山均有分布。

小花清风藤 *Sabia parviflora* Wall.，哀牢山和无量山均有分布。

灌丛清风藤 *Sabia purpurea* subsp. *dumicola*（W.W. Sm.）Water，分布于无量山。

四川清风藤 *Sabia schumanniana* Diels，分布于哀牢山。药用。

云南清风藤 *Sabia yunnanensis* Franch.，哀牢山和无量山均有分布。

阔叶清风藤 *Sabia yunnanensis* subsp. *latifolia*（Rehder & E.H. Wilson）Y.F. Wu，分布于哀牢山。纤维。

省沽油科 Staphyleaceae

嵩明省沽油 *Staphylea forrestii* Balf. f.，哀牢山和无量山均有分布。

硬毛山香圆 *Turpinia affinis* Merr. & L.M. Perry，分布于无量山。材用。

越南山香圆 *Turpinia cochinchinensis*（Lour.）Merr.，哀牢山和无量山均有分布。

山香圆 *Turpinia montana*（Blume）Kurz，分布于无量山。

大果山香圆 *Turpinia pomifera*（Roxb.）DC.，分布于无量山。

山麻风树 *Turpinia pomifera* var. *minor* C.C. Huang ex T.Z. Hsu，哀牢山和无量山均有分布。食用。

瘿椒树科 Tapisciaceae

瘿椒树 *Tapiscia sinensis* Oliv.，分布于无量山。

云南瘿椒树 *Tapiscia yunnanensis* W.C. Cheng & C.D. Chu，哀牢山和无量山均有分布。

漆树科 Anacardiaceae

豆腐果 *Buchanania latifolia* Roxb.，分布于哀牢山。

南酸枣 *Choerospondias axillaris*（Roxb.）B.L. Burtt & A.W. Hill，哀牢山和无量山均有分布。纤维。

厚皮树 *Lannea coromandelica*（Houtt.）Merr.，分布于无量山。纤维。

杧果 *Mangifera indica* L.，哀牢山和无量山均有分布。食用。

长梗杧果 *Mangifera laurina* Blume，分布于哀牢山。

林生杧果 *Mangifera sylvatica* Roxb.，哀牢山和无量山均有分布。

藤漆 *Pegia nitida* Colebr.，哀牢山和无量山均有分布。

黄连木 *Pistacia chinensis* Bunge，哀牢山和无量山均有分布。油料。

清香木 *Pistacia weinmanniifolia* J. Poiss. ex Franch.，哀牢山和无量山均有分布。香料。

盐肤木 *Rhus chinensis* Mill.，哀牢山和无量山均有分布。油料。

滨盐肤木 *Rhus chinensis* var. *roxburghii*（DC.）Rehder，分布于哀牢山。

槟榔青 *Spondias pinnata*（L. f.）Kurz，哀牢山和无量山均有分布。鞣质与染料。

三叶漆 *Terminthia paniculata*（Wall. ex G. Don）C.Y. Wu & T.L. Ming，哀牢山和无量山均有分布。

尖叶漆 *Toxicodendron acuminatum*（DC.）C.Y. Wu & T.L. Ming，哀牢山和无量山均有分布。

小漆树 *Toxicodendron delavayi*（Franch.）F.A. Barkley，哀牢山和无量山均有分布。油料。

大花漆 *Toxicodendron grandiflorum* C.Y. Wu & T.L. Ming，分布于哀牢山。

野漆 *Toxicodendron succedaneum*（L.）Kuntze，分布于无量山。油料。

小果绒毛漆 *Toxicodendron wallichii* var. *microcarpum* C.C. Huang ex T.L. Ming，哀牢山和无量山均有分布。

牛栓藤科 Connaraceae

红叶藤 *Rourea minor*（Gaertn.）Alston，哀牢山和无量山均有分布。

胡桃科 Juglandaceae

山核桃 *Carya tonkinensis* Lecomte，哀牢山和无量山均有分布。食用、材用、香料、油料。

黄杞 *Engelhardia roxburghiana* Wall.，哀牢山和无量山均有分布。药用。

齿叶黄杞 *Engelhardia serrata* Blume，分布于哀牢山。材用。

云南黄杞 *Engelhardia spicata* Lesch. ex Bl.，哀牢山和无量山均有分布。材用。

爪哇黄杞 *Engelhardia spicata* var. *aceriflora*（Reinw.）Koord. & Valeton，哀牢山和无量山均有分布。鞣质与染料。

毛叶黄杞 *Engelhardia spicata* var. *colebrookeana*（Lindl. ex Wall.）Koord. & Valeton，哀牢山和无量山均有分布。药用。

胡桃楸 *Juglans mandshurica* Maxim.，哀牢山和无量山均有分布。药用。

胡桃 *Juglans regia* L.，哀牢山和无量山均有分布。药用。

泡核桃 *Juglans sigillata* Dode，哀牢山和无量山均有分布。

化香树 *Platycarya strobilacea* Siebold & Zucc.，哀牢山和无量山均有分布。药用。

云南枫杨 *Pterocarya macroptera* var. *delavayi*（Franch.）W.E. Manning，哀牢山和无量山均有分布。材用、纤维。

越南枫杨 *Pterocarya tonkinensis*（Franch.）Dode，哀牢山和无量山均有分布。

山茱萸科 Cornaceae

灯台树 *Cornus controversa* Hemsl.，哀牢山和无量山均有分布。油料。

毛叶梾木 *Cornus oblonga* var. *griffithii* C.B. Clarke，分布于无量山。

长圆叶梾木 *Cornus oblonga* Wall.，哀牢山和无量山均有分布。鞣质与染料。

小梾木 *Cornus quinquenervis* Franch.，哀牢山和无量山均有分布。油料。

头状四照花 *Dendrobenthamia capitata*（Wall.）Hutch.，分布于无量山。食用。

云南单室茱萸 *Mastixia pentandra* subsp. *chinensis*（Merr.）K.M. Matthew，哀牢山和无量山均有分布。

青荚叶科 Helwingiaceae

中华青荚叶 *Helwingia chinensis* Batalin，哀牢山和无量山均有分布。油料。

钝齿青荚叶 *Helwingia chinensis* var. *crenata*（Lingelsh. ex H. Limpr.）W.P. Fang，分布于哀牢山。

西域青荚叶 *Helwingia himalaica* Hook. f. & Thomson ex C.B. Clarke，哀牢山和无量山均有分布。药用。

青荚叶 *Helwingia japonica*（Thunb.）F. Dietr.，哀牢山和无量山均有分布。药用。

桃叶珊瑚科 Aucubaceae

桃叶珊瑚 *Aucuba chinensis* Benth.，哀牢山和无量山均有分布。观赏。

狭叶桃叶珊瑚 *Aucuba chinensis* var. *angusta* F.T. Wang，哀牢山和无量山均有分布。

细齿桃叶珊瑚 *Aucuba chlorascens* F.T. Wang，哀牢山和无量山均有分布。

琵琶叶珊瑚 *Aucuba eriobotryifolia* F.T. Wang，分布于无量山。

喜马拉雅珊瑚 *Aucuba himalaica* Hook. f. & Thomson，哀牢山和无量山均有分布。

鞘柄木科 Toricelliaceae

鞘柄木 *Toricellia tiliifolia* DC.，分布于无量山。

八角枫科 Alangiaceae

八角枫 *Alangium chinense*（Lour.）Harms，哀牢山和无量山均有分布。药用。

稀花八角枫 *Alangium chinense* subsp. *pauciflorum* W.P. Fang，哀牢山和无量山均有分布。

毛八角枫 *Alangium kurzii* Craib，分布于无量山。材用。

云山八角枫 *Alangium kurzii* var. *handelii*（Schnarf）W.P. Fang，哀牢山和无量山均有分布。

紫树科 Nyssaceae

喜树 *Camptotheca acuminata* Decne.，哀牢山和无量山均有分布。油料。

华南蓝果树 *Nyssa javanica*（Blume）Wangerin，哀牢山和无量山均有分布。

瑞丽蓝果树 *Nyssa shweliensis*（W.W. Sm.）Airy Shaw，哀牢山和无量山均有分布。

五加科 Araliaceae

芹叶龙眼独活 *Aralia apioides* Hand.-Mazz.，分布于哀牢山。

虎刺楤木 *Aralia armata*（Wall.）Seem.，哀牢山和无量山均有分布。药用。

浓紫龙眼独活 *Aralia atropurpurea* Franch.，分布于哀牢山。

楤木 *Aralia chinensis* L.，哀牢山和无量山均有分布。油料。

白背叶楤木 *Aralia chinensis* var. *nuda* Nakai，哀牢山和无量山均有分布。

棘茎楤木 *Aralia echinocaulis* Hand.-Mazz.，哀牢山和无量山均有分布。

龙眼独活 *Aralia fargesii* Franch.，哀牢山和无量山均有分布。药用。

景东楤木 *Aralia gintungensis* C.Y. Wu ex K.M. Feng，哀牢山和无量山均有分布。

粗毛楤木 *Aralia searelliana* Dunn，哀牢山和无量山均有分布。

云南楤木 *Aralia thomsonii* Seem.，哀牢山和无量山均有分布。

狭叶罗伞 *Brassaiopsis angustifolia* K.M. Feng，哀牢山和无量山均有分布。

盘叶罗伞 *Brassaiopsis fatsioides* Harms，哀牢山和无量山均有分布。

柏那参 *Brassaiopsis glomerulata*（Blume）Regel，哀牢山和无量山均有分布。

浅裂罗伞 *Brassaiopsis hainla*（Buch.-Ham.）Seem.，哀牢山和无量山均有分布。

大果树参 *Dendropanax chevalieri*（Vig.）Merr.，分布于哀牢山。

树参 *Dendropanax dentiger*（Harms）Merr.，哀牢山和无量山均有分布。药用。

乌蔹莓五加 *Eleutherococcus cissifolius*（Griffith ex C. B. Clarke）Nakai，哀牢山和无量山均有分布。

细柱五加 *Eleutherococcus nodiflorus*（Dunn）S. Y. Hu，分布于无量山。药用。

白簕 *Eleutherococcus trifoliatus*（L.）S. Y. Hu，哀牢山和无量山均有分布。药用。

浅裂掌叶树 *Euaraliopsis hainla*（Buch.-Ham.）Hutch.，分布于哀牢山。

八角金盘 *Fatsia japonica*（Thunb.）Decne. & Planch.，分布于哀牢山。

萸叶五加 *Gamblea ciliata* C.B. Clarke，哀牢山和无量山均有分布。

吴茱萸叶五加 *Gamblea ciliata* var. *evodiifolia*（Franchet）C. B. Shang et al.，哀牢山和无量山均有分布。

常春藤 *Hedera nepalensis* var. *sinensis*（Tobler）Rehder，哀牢山和无量山均有分布。鞣质与染料。

幌伞枫 *Heteropanax fragrans*（Roxb.）Seem.，哀牢山和无量山均有分布。药用。

大参 *Macropanax dispermus*（Blume）Kuntze，哀牢山和无量山均有分布。

波缘大参 *Macropanax undulatus*（Wall. ex G. Don）Seem.，哀牢山和无量山均有分布。

梁王茶 *Metapanax delavayi*（Franch.）J. Wen & Frodin，哀牢山和无量山均有分布。药用。

竹节参 *Panax japonicus*（Nees）C.A. Mey.，哀牢山和无量山均有分布。药用。

疙瘩七 *Panax japonicus* var. *bipinnatifidus*（Seem.）C.Y. Wu & K.M. Feng，分布于哀牢山。药用。

姜状三七 *Panax zingiberensis* C.Y. Wu & K.M. Feng，分布于哀牢山。药用。

羽叶参 *Pentapanax fragrans*（D. Don）Ha，分布于哀牢山。药用。

总序五叶参 *Pentapanax racemosus* Seem.，哀牢山和无量山均有分布。

异叶鹅掌柴 *Schefflera chapana* Harms，分布于哀牢山。

中华鹅掌柴 *Schefflera chinensis*（Dunn）H.L. Li，哀牢山和无量山均有分布。

穗序鹅掌柴 *Schefflera delavayi*（Franch.）Harms，哀牢山和无量山均有分布。药用。

密脉鹅掌柴 *Schefflera elliptica*（Blume）Harms，哀牢山和无量山均有分布。药用。

文山鹅掌柴 *Schefflera fengii* C.J. Tseng & C. Ho，哀牢山和无量山均有分布。

光叶鹅掌柴 *Schefflera glabrescens*（C.J. Tseng & C. Ho）Frodin，分布于无量山。

鹅掌柴 *Schefflera heptaphylla*（L.）Frodin，哀牢山和无量山均有分布。药用。

红河鹅掌柴 *Schefflera hoi*（Dunn）R. Vig.，哀牢山和无量山均有分布。

白背鹅掌柴 *Schefflera hypoleuca*（Kurz）Harms，哀牢山和无量山均有分布。

离柱鹅掌柴 *Schefflera hypoleucoides* Harms，分布于哀牢山。

大叶鹅掌柴 *Schefflera macrophylla*（Dunn）R. Vig.，哀牢山和无量山均有分布。

星毛鸭脚木 *Schefflera minutistellata* Merr. ex H.L. Li，分布于无量山。

球序鹅掌柴 *Schefflera pauciflora* R. Vig.，哀牢山和无量山均有分布。药用。

瑞丽鹅掌柴 *Schefflera shweliensis* W.W. Sm.，哀牢山和无量山均有分布。

刺通草 *Trevesia palmata*（Roxb. ex Lindl.）Vis.，哀牢山和无量山均有分布。药用。

伞形科 Umbelliferae

莳萝 *Anethum graveolens* L.，分布于哀牢山。香料。

川滇柴胡 *Bupleurum candollei* Wall. ex DC.，分布于哀牢山。药用。

小柴胡 *Bupleurum hamiltonii* N.P. Balakr.，哀牢山和无量山均有分布。

长茎柴胡 *Bupleurum longicaule* Wall. ex DC.，哀牢山和无量山均有分布。

竹叶柴胡 *Bupleurum marginatum* Wall. ex DC.，哀牢山和无量山均有分布。

葛缕子 *Carum carvi* L.，分布于无量山。

积雪草 *Centella asiatica*（L.）Urb.，哀牢山和无量山均有分布。药用。

鸭儿芹 *Cryptotaenia japonica* Hassk.，哀牢山和无量山均有分布。药用。

野胡萝卜 *Daucus carota* L.，哀牢山和无量山均有分布。药用、香料。

刺芫荽 *Eryngium foetidum* L.，分布于哀牢山。药用。

印度独活 *Heracleum barmanicum* Kurz，哀牢山和无量山均有分布。食用。

二管独活 *Heracleum bivittatum* H. Boissieu，分布于无量山。

思茅独活 *Heracleum henryi* H. Wolff，哀牢山和无量山均有分布。药用。

喜马拉雅天胡荽 *Hydrocotyle himalaica* P.K. Mukh.，分布于无量山。

中华天胡荽 *Hydrocotyle hookeri* subsp. *chinensis*（Dunn ex R.H. Shan & S.L. Liou）M.F. Watson & M.L. Sheh，哀牢山和无量山均有分布。药用。

普渡天胡荽 *Hydrocotyle hookeri* subsp. *handelii*（H. Wolff ex Hand.-Mazz.）M.F. Watson & M.L. Sheh，分布于哀牢山。

红马蹄草 *Hydrocotyle nepalensis* Hook.，分布于哀牢山。药用。

天胡荽 *Hydrocotyle sibthorpioides* Lam.，哀牢山和无量山均有分布。药用。

肾叶天胡荽 *Hydrocotyle wilfordii* Maxim.，分布于无量山。

胡萝卜裂苞藁本 *Ligusticopsis pseudodaucoides*（H. Peng & Y.Z. Wang）Pimenov & Kljuykov，分布于无量山。

抽葶藁本 *Ligusticum scapiforme* H. Wolff，哀牢山和无量山均有分布。

短辐水芹 *Oenanthe benghalensis*（Roxb.）Benth. & Hook. f.，分布于无量山。

水芹 *Oenanthe javanica* DC.，哀牢山和无量山均有分布。食用。

卵叶水芹 *Oenanthe javanica* subsp. *rosthornii*（Diels）F.T. Pu，哀牢山和无量山均有分布。

线叶水芹 *Oenanthe linearis* Wall. ex DC.，哀牢山和无量山均有分布。

多裂叶水芹 *Oenanthe thomsonii* C.B. Clarke，哀牢山和无量山均有分布。

窄叶水芹 *Oenanthe thomsonii* subsp. *stenophylla*（H. Boissieu）F.T. Pu，分布于哀牢山。

楔叶滇芎 *Physospermopsis cuneata* H. Wolff，分布于哀牢山。

重波茴芹 *Pimpinella bisinuata* H. Wolff，哀牢山和无量山均有分布。

杏叶防风 *Pimpinella candolleana* Wight & Arn.，哀牢山和无量山均有分布。

革叶茴芹 *Pimpinella coriacea*（Franch.）H. Boissieu，哀牢山和无量山均有分布。

鹅脚板 *Pimpinella diversifolia* DC.，哀牢山和无量山均有分布。

德钦茴芹 *Pimpinella kingdon-wardii* H. Wolff，哀牢山和无量山均有分布。

景东茴芹 *Pimpinella liana* M. Hiroe，哀牢山和无量山均有分布。

骨缘囊瓣芹 *Pternopetalum cartilagineum* C.Y. Wu ex R.H. Shan & F.T. Pu，哀牢山和无量山均有分布。

嫩弱囊瓣芹 *Pternopetalum delicatulum*（H. Wolff）Hand.-Mazz.，分布于哀牢山。

洱源囊瓣芹 *Pternopetalum molle*（Franch.）Hand.-Mazz.，分布于哀牢山。

糙果囊瓣芹 *Pternopetalum trachycarpum* C.Y.Wu ex R.H.Shan & Z.H.Pan，分布于无量山。

川滇变豆菜 *Sanicula astrantiifolia* H. Wolff ex Kretschmer，哀牢山和无量山均有分布。药用。

变豆菜 *Sanicula chinensis* Bunge，分布于哀牢山。

软雀花 *Sanicula elata* Buch.-Ham. ex D. Don，哀牢山和无量山均有分布。

多毛西风芹 *Seseli delavayi* Franch.，哀牢山和无量山均有分布。

竹叶防风 *Seseli mairei* H. Wolff，哀牢山和无量山均有分布。

松叶西风芹 *Seseli yunnanense* Franch.，哀牢山和无量山均有分布。药用。

小窃衣 *Torilis japonica*（Houtt.）DC.，哀牢山和无量山均有分布。

单叶瘤果芹 *Trachydium simplicifolium* W.W. Sm.，分布于哀牢山。

糙果芹 *Trachyspermum scaberulum*（Franch.）H. Wolff ex Hand.-Mazz.，哀牢山和无量山均有分布。

桤叶树科 Clethraceae

云南桤叶树 *Clethra delavayi* Franch.，哀牢山和无量山均有分布。

大花云南桤叶树 *Clethra delavayi* var. *yuiana*（S.Y.Hu）C.Y.Wu & L.C.Hu，哀牢山和无量山均有分布。

华南桤叶树 *Clethra fabri* Hance，分布于哀牢山。

杜鹃花科 Ericaceae

柳叶金叶子 *Craibiodendron henryi* W.W. Sm.，哀牢山和无量山均有分布。

金叶子 *Craibiodendron stellatum*（Pierre）W.W. Sm.，分布于哀牢山。

云南金叶子 *Craibiodendron yunnanense* W.W. Sm.，哀牢山和无量山均有分布。药用。

灯笼花 *Enkianthus chinensis* Franch.，哀牢山和无量山均有分布。

毛叶吊钟花 *Enkianthus deflexus*（Griff.）C.K. Schneid.，哀牢山和无量山均有分布。

苍山白珠 *Gaultheria cardiosepala* Hand.-Mazz.，哀牢山和无量山均有分布。

芳香白珠 *Gaultheria fragrantissima* Wall.，哀牢山和无量山均有分布。香料。

尾叶白珠 *Gaultheria griffithiana* Wight，哀牢山和无量山均有分布。

红粉白珠 *Gaultheria hookeri* C.B. Clarke，分布于哀牢山。

狭叶红粉白珠 *Gaultheria hookeri* var. *angustifolia* C.B. Clarke，分布于哀牢山。

毛滇白珠 *Gaultheria leucocarpa* var. *crenulata*（Kurz）T.Z. Hsu，分布于无量山。药用。

铜钱叶白珠 *Gaultheria nummularioides* D. Don，哀牢山和无量山均有分布。

五雄白珠 *Gaultheria semi-infera*（C.B. Clarke）Airy Shaw，哀牢山和无量山均有分布。

华白珠 *Gaultheria sinensis* J. Anthony，分布于无量山。

四裂白珠 *Gaultheria tetramera* W.W. Sm.，分布于哀牢山。

刺毛白珠 *Gaultheria trichophylla* Royle，分布于无量山。

圆叶珍珠花 *Lyonia doyonensis*（Hand.-Mazz.）Hand.-Mazz.，分布于无量山。

珍珠花 *Lyonia ovalifolia*（Wall.）Drude，哀牢山和无量山均有分布。

小果珍珠花 *Lyonia ovalifolia* var. *elliptica*（Siebold & Zucc.）Hand.-Mazz.，分布于哀牢山。

狭叶珍珠花 *Lyonia ovalifolia* var. *lanceolata*（Wall.）Hand.-Mazz.，分布于哀牢山。

毛叶珍珠花 *Lyonia villosa*（Wall. ex C.B. Clarke）Hand.-Mazz.，哀牢山和无量山均有分布。

美丽马醉木 *Pieris formosa*（Wall.）D. Don，哀牢山和无量山均有分布。

迷人杜鹃 *Rhododendron agastum* Balf. f. & W.W. Sm.，哀牢山和无量山均有分布。

光柱迷人杜鹃 *Rhododendron agastum* var. *pennivenium*（Balf. f. & Forrest）T.L. Ming，哀牢山和无量山均有分布。

滇西桃叶杜鹃 *Rhododendron annae* subsp. *laxiflorum*（Balf. f. & Forrest）T.L. Ming，哀牢山和无量山均有分布。

粗枝杜鹃 *Rhododendron basilicum* Balf. f. & W.W. Sm.，哀牢山和无量山均有分布。

短花杜鹃 *Rhododendron brachyanthum* Franch.，哀牢山和无量山均有分布。

睫毛萼杜鹃 *Rhododendron ciliicalyx* Franch.，哀牢山和无量山均有分布。

革叶杜鹃 *Rhododendron coriaceum* Franch.，哀牢山和无量山均有分布。

大白杜鹃 *Rhododendron decorum* Franch.，哀牢山和无量山均有分布。食用、观赏。

高尚大白杜鹃 *Rhododendron decorum* subsp. *diaprepes*（Balf. f. & W.W. Sm.）T.L. Ming，哀牢山和无量山均有分布。

马缨花 *Rhododendron delavayi* Franch.，哀牢山和无量山均有分布。观赏。

狭叶马缨花 *Rhododendron delavayi* var. *peramoenum*（Balf. f. & Forrest）T.L. Ming，哀牢山和无量山均有分布。

两色杜鹃 *Rhododendron dichroanthum* Diels，哀牢山和无量山均有分布。

泡泡叶杜鹃 *Rhododendron edgeworthii* Hook. f.，分布于无量山。

绵毛房杜鹃 *Rhododendron facetum* Balf. f. & Kingdon-Ward，分布于无量山。

似血杜鹃 *Rhododendron haematodes* Franch.，分布于无量山。

滇南杜鹃 *Rhododendron hancockii* Hemsl.，哀牢山和无量山均有分布。

灰背杜鹃 *Rhododendron hippophaeoides* Balf. f. & W.W. Sm.，哀牢山和无量山均有分布。

露珠杜鹃 *Rhododendron irroratum* Franch.，哀牢山和无量山均有分布。

红花露珠杜鹃 *Rhododendron irroratum* subsp. *pogonostylum*（Balf. f. & W.W. Sm.）D.F. Chamb.，分布于哀牢山。

鳞腺杜鹃 *Rhododendron lepidotum* Wall. ex G. Don，哀牢山和无量山均有分布。

薄叶马银花 *Rhododendron leptothrium* Balf. f. & Forrest，哀牢山和无量山均有分布。

蜡叶杜鹃 *Rhododendron lukiangense* Franch.，哀牢山和无量山均有分布。

隐脉杜鹃 *Rhododendron maddenii* Hook. f.，哀牢山和无量山均有分布。

滇隐脉杜鹃 *Rhododendron maddenii* subsp. *crassum*（Franch.）Cullen，分布于无量山。

羊毛杜鹃 *Rhododendron mallotum* Balf. f. & Kingdon-Ward，分布于无量山。

亮毛杜鹃 *Rhododendron microphyton* Franch.，哀牢山和无量山均有分布。药用。

丝线吊芙蓉 *Rhododendron moulmainense* Hook.，哀牢山和无量山均有分布。

火红杜鹃 *Rhododendron neriiflorum* Franch.，哀牢山和无量山均有分布。

云上杜鹃 *Rhododendron pachypodum* Balf. f. & W.W. Sm.，哀牢山和无量山均有分布。

大王杜鹃 *Rhododendron rex* H. Lév.，哀牢山和无量山均有分布。

多色杜鹃 *Rhododendron rupicola* W.W. Sm.，分布于哀牢山。

锈叶杜鹃 *Rhododendron siderophyllum* Franch.，分布于无量山。

杜鹃 *Rhododendron simsii* Planch.，哀牢山和无量山均有分布。药用、观赏。

凸尖杜鹃 *Rhododendron sinogrande* Balf. f. & W.W. Sm.，分布于哀牢山。

碎米花 *Rhododendron spiciferum* Franch.，哀牢山和无量山均有分布。

爆杖花 *Rhododendron spinuliferum* Franch.，分布于哀牢山。

云南三花杜鹃 *Rhododendron triflorum* subsp. *multiflorum* R.C. Fang，分布于无量山。

毛柄杜鹃 *Rhododendron valentinianum* Forrest ex Hutch.，哀牢山和无量山均有分布。

滇南毛柄杜鹃 *Rhododendron valentinianum* var. *oblongilobatum* R.C. Fang，哀牢山和无量山均有分布。

红马银花 *Rhododendron vialii* P.J. Delavay & Franch.，分布于哀牢山。

鹿蹄草科 Pyrolaceae

喜冬草 *Chimaphila japonica* Miq.，哀牢山和无量山均有分布。

贵阳鹿蹄草 *Pyrola corbieri* H. Lév.，哀牢山和无量山均有分布。

普通鹿蹄草 *Pyrola decorata* Andres，哀牢山和无量山均有分布。药用。

越桔科 Vacciniaceae

环萼树萝卜 *Agapetes brandisiana* W.E. Evans，分布于哀牢山。药用。

深裂树萝卜 *Agapetes lobbii* C.B. Clarke，分布于无量山。

白花树萝卜 *Agapetes mannii* Hemsl.，哀牢山和无量山均有分布。

红苞树萝卜 *Agapetes rubrobracteata* R.C. Fang & S.H. Huang，哀牢山和无量山均有分布。

短序越桔 *Vaccinium brachybotrys*（Franch.）Hand.-Mazz.，分布于无量山。

南烛 *Vaccinium bracteatum* Thunb.，分布于无量山。药用。

矮越桔 *Vaccinium chamaebuxus* C.Y. Wu，分布于无量山。

苍山越桔 *Vaccinium delavayi* Franch.，哀牢山和无量山均有分布。

树生越桔 *Vaccinium dendrocharis* Hand.-Mazz.，哀牢山和无量山均有分布。

滇越桔 *Vaccinium duclouxii*（H. Lév.）Hand.-Mazz.，哀牢山和无量山均有分布。

柔毛云南越桔 *Vaccinium duclouxii* var. *pubipes* C.Y. Wu，分布于无量山。

大樟叶越桔 *Vaccinium dunalianum* var. *megaphyllum* Sleumer，哀牢山和无量山均有分布。

樟叶越桔 *Vaccinium dunalianum* Wight，分布于无量山。药用。

隐距越桔 *Vaccinium exaristatum* Kurz，哀牢山和无量山均有分布。

大叶乌鸦果 *Vaccinium fragile* var. *mekongense*（W.W. Sm.）Sleumer，分布于无量山。

粉白越桔 *Vaccinium glaucoalbum* C. B. Clarke，分布于无量山。

长冠越桔 *Vaccinium harmandianum* Dop，分布于无量山。

卡钦越桔 *Vaccinium kachinense* Brandis，分布于无量山。

江南越桔 *Vaccinium mandarinorum* Diels，哀牢山和无量山均有分布。

景东越桔 *Vaccinium poilanei* Dop，分布于无量山。

毛萼越桔 *Vaccinium pubicalyx* Franch.，哀牢山和无量山均有分布。

林生越桔 *Vaccinium sciaphilum* C.Y. Wu，哀牢山和无量山均有分布。

荚蒾叶越桔 *Vaccinium sikkimense* C.B. Clarke，哀牢山和无量山均有分布。

水晶兰科 Monotropaceae

松下兰 *Monotropa hypopitys* L.，哀牢山和无量山均有分布。

水晶兰 *Monotropa uniflora* L.，哀牢山和无量山均有分布。

五瓣沙晶兰 *Monotropastrum sciaphilum*（Andres）G.D. Wallace，分布于无量山。

柿树科 Ebenaceae

异萼柿 *Diospyros anisocalyx* C.Y. Wu，分布于哀牢山。

美脉柿 *Diospyros caloneura* C.Y. Wu，分布于无量山。

岩柿 *Diospyros dumetorum* W.W. Sm.，分布于哀牢山。材用。

柿 *Diospyros kaki* Thunb.，哀牢山和无量山均有分布。食用。

野柿 *Diospyros kaki* var. *silvestris* Makino，哀牢山和无量山均有分布。鞣质与染料。

景东君迁子 *Diospyros kintungensis* C.Y. Wu，哀牢山和无量山均有分布。

君迁子 *Diospyros lotus* L.，哀牢山和无量山均有分布。食用。

多毛君迁子 *Diospyros lotus* var. *mollissima* C.Y. Wu，分布于哀牢山。

云南柿 *Diospyros yunnanensis* Rehder & E.H. Wilson，哀牢山和无量山均有分布。

山榄科 Sapotaceae

肉实树 *Sarcosperma arboreum* Buch.-Ham. ex C.B. Clarke，哀牢山和无量山均有分布。材用。

紫金牛科 Myrsinaceae

　　伞形紫金牛 *Ardisia corymbifera* Mez，哀牢山和无量山均有分布。药用。

　　朱砂根 *Ardisia crenata* Sims，哀牢山和无量山均有分布。观赏。

　　百两金 *Ardisia crispa*（Thunb.）A. DC.，哀牢山和无量山均有分布。食用。

　　剑叶紫金牛 *Ardisia ensifolia* E. Walker，分布于哀牢山。

　　小乔木紫金牛 *Ardisia garrettii* H.R. Fletcher，分布于无量山。药用。

　　酸苔菜 *Ardisia solanacea* Roxb.，分布于哀牢山。食用。

　　南方紫金牛 *Ardisia thyrsiflora* D. Don，哀牢山和无量山均有分布。食用。

　　雪下红 *Ardisia villosa* Roxb.，分布于无量山。药用。

　　纽子果 *Ardisia virens* Kurz，哀牢山和无量山均有分布。

　　多花酸藤子 *Embelia floribunda* Wall.，分布于无量山。

　　当归藤 *Embelia parviflora* Wall. ex A. DC.，哀牢山和无量山均有分布。药用。

　　匍匐酸藤子 *Embelia procumbens* Hemsl.，哀牢山和无量山均有分布。

　　白花酸藤子 *Embelia ribes* Burm. f.，分布于无量山。食用。

　　短梗酸藤子 *Embelia sessiliflora* Kurz，哀牢山和无量山均有分布。食用。

　　平叶酸藤子 *Embelia undulata*（Wall.）Mez，哀牢山和无量山均有分布。药用。

　　密齿酸藤子 *Embelia vestita* Roxb.，哀牢山和无量山均有分布。药用。

　　银叶杜茎山 *Maesa argentea*（Wall.）A. DC.，哀牢山和无量山均有分布。食用。

　　包疮叶 *Maesa indica*（Roxb.）A. DC.，哀牢山和无量山均有分布。药用。

　　杜茎山 *Maesa japonica*（Thunb.）Moritzi & Zoll.，分布于哀牢山。食用。

　　金珠柳 *Maesa montana* A. DC.，哀牢山和无量山均有分布。食用、染料。

　　鲫鱼胆 *Maesa perlaria*（Lour.）Merr.，哀牢山和无量山均有分布。药用。

　　毛杜茎山 *Maesa permollis* Kurz，分布于哀牢山。

　　铁仔 *Myrsine africana* L.，哀牢山和无量山均有分布。油料。

　　密花树 *Myrsine seguinii* H. Lév.，哀牢山和无量山均有分布。鞣质与染料。

　　针齿铁仔 *Myrsine semiserrata* Wall.，哀牢山和无量山均有分布。油料。

　　光叶铁仔 *Myrsine stolonifera*（Koidz.）E. Walker，哀牢山和无量山均有分布。

安息香科 Styracaceae

　　赤杨叶 *Alniphyllum fortunei*（Hemsl.）Makino，哀牢山和无量山均有分布。

　　歧序安息香 *Bruinsmia polysperma*（C.B. Clarke）Steenis，分布于无量山。

　　喙果安息香 *Styrax agrestis*（Lour.）G. Don，分布于哀牢山。

　　大花野茉莉 *Styrax grandiflorus* Griff.，哀牢山和无量山均有分布。

　　野茉莉 *Styrax japonicus* Siebold & Zucc.，哀牢山和无量山均有分布。材用、观赏、香料、油料。

　　楚雄野茉莉 *Styrax limprichtii* Lingelsh. & Borza，哀牢山和无量山均有分布。

　　绿春安息香 *Styrax macranthus* Perkins，哀牢山和无量山均有分布。

　　桐叶野茉莉 *Styrax mallotifolius* C.Y.Wu，哀牢山和无量山均有分布。

　　瓦山安息香 *Styrax perkinsiae* Rehder，分布于哀牢山。

　　粉花安息香 *Styrax roseus* Dunn，分布于哀牢山。

　　皱叶野茉莉 *Styrax rugosus* Kurz，哀牢山和无量山均有分布。

　　白花树 *Styrax tonkinensis*（Pierre）Craib ex Hartwich，哀牢山和无量山均有分布。

山矾科 Symplocaceae

　　腺柄山矾 *Symplocos adenopus* Hance，哀牢山和无量山均有分布。

薄叶山矾 *Symplocos anomala* Brand，哀牢山和无量山均有分布。油料。

越南山矾 *Symplocos cochinchinensis*（Lour.）S. Moore，分布于哀牢山。

黄牛奶树 *Symplocos cochinchinensis* var. *laurina*（Retz.）Noot.，哀牢山和无量山均有分布。油料。

坚木山矾 *Symplocos dryophila* C.B. Clarke，哀牢山和无量山均有分布。

腺缘山矾 *Symplocos glandulifera* Brand，哀牢山和无量山均有分布。

团花山矾 *Symplocos glomerata* King ex C.B. Clarke，哀牢山和无量山均有分布。

毛山矾 *Symplocos groffii* Merr.，分布于哀牢山。

海桐山矾 *Symplocos heishanensis* Hayata，分布于哀牢山。材用。

光亮山矾 *Symplocos lucida*（Thunb.）Siebold & Zucc.，分布于无量山。

白檀 *Symplocos paniculata* Miq.，哀牢山和无量山均有分布。药用。

丛花山矾 *Symplocos poilanei* Guill.，分布于哀牢山。材用。

珠仔树 *Symplocos racemosa* Roxb.，哀牢山和无量山均有分布。药用。

多花山矾 *Symplocos ramosissima* Wall. ex G. Don，哀牢山和无量山均有分布。

沟槽山矾 *Symplocos sulcata* Kurz，分布于哀牢山。

总状山矾 *Symplocos sumuntia* Buch.-Ham. ex D. Don，哀牢山和无量山均有分布。

无量山山矾 *Symplocos wuliangshanensis* Huang & Y. F. Wu in Y. F. Wu，分布于无量山。

马钱科 Loganiaceae

巴东醉鱼草 *Buddleja albiflora* Hemsl.，分布于哀牢山。

七里香 *Buddleja asiatica* Lour.，哀牢山和无量山均有分布。药用。

皱叶醉鱼草 *Buddleja crispa* Benth.，哀牢山和无量山均有分布。

大序醉鱼草 *Buddleja macrostachya* Wall. ex Benth.，哀牢山和无量山均有分布。

酒药花醉鱼草 *Buddleja myriantha* Diels，哀牢山和无量山均有分布。

金沙江醉鱼草 *Buddleja nivea* Duthie，哀牢山和无量山均有分布。

密蒙花 *Buddleja officinalis* Maxim.，分布于哀牢山。纤维。

喉药醉鱼草 *Buddleja paniculata* Wall.，哀牢山和无量山均有分布。

云南醉鱼草 *Buddleja yunnanensis* Gagnep.，哀牢山和无量山均有分布。

狭叶蓬莱葛 *Gardneria angustifolia* Wall.，分布于哀牢山。药用。

断肠草 *Gelsemium elegans*（Gardner & Champ.）Benth.，哀牢山和无量山均有分布。药用。

大叶度量草 *Mitreola pedicellata* Benth.，哀牢山和无量山均有分布。

度量草 *Mitreola petiolata*（Walter ex J.F. Gmel.）Torr. & A. Gray，哀牢山和无量山均有分布。

小叶度量草 *Mitreola petiolatoides* P.T. Li，分布于无量山。

木犀科 Oleaceae

白蜡树 *Fraxinus chinensis* Roxb.，分布于哀牢山。材用、纤维。

白枪杆 *Fraxinus malacophylla* Hemsl.，哀牢山和无量山均有分布。材用、纤维。

锡金梣 *Fraxinus sikkimensis*（Lingelsh.）Hand.-Mazz.，哀牢山和无量山均有分布。

大叶素馨 *Jasminum attenuatum* Roxb. ex G. Don，分布于哀牢山。

红素馨 *Jasminum beesianum* G. Forrest & Diels，哀牢山和无量山均有分布。

密花素馨 *Jasminum coarctatum* Roxb.，哀牢山和无量山均有分布。

双子素馨 *Jasminum dispermum* Wall.，哀牢山和无量山均有分布。

丛林素馨 *Jasminum duclouxii*（H. Lév.）Rehder，哀牢山和无量山均有分布。

扭肚藤 *Jasminum elongatum*（P.J. Bergius）Willd.，分布于哀牢山。药用。

倒吊钟叶素馨 *Jasminum fuchsiifolium* Gagnep.，分布于无量山。

矮探春　*Jasminum humile* L.，哀牢山和无量山均有分布。

北清香藤　*Jasminum lanceolarium* Roxb.，哀牢山和无量山均有分布。油料。

野迎春　*Jasminum mesnyi* Hance，哀牢山和无量山均有分布。药用。

青藤仔　*Jasminum nervosum* Lour.，哀牢山和无量山均有分布。药用。

迎春花　*Jasminum nudiflorum* Lindl.，分布于哀牢山。

心叶素馨　*Jasminum pierreanum* Gagnep.，分布于无量山。

亮叶素馨　*Jasminum seguinii* H. Lév.，哀牢山和无量山均有分布。药用。

华素馨　*Jasminum sinense* Hemsl.，分布于哀牢山。

川素馨　*Jasminum urophyllum* Hemsl.，分布于哀牢山。

长叶女贞　*Ligustrum compactum*（Wall. ex G. Don）Hook. f. & Thomson ex Brandis，哀牢山和无量山均有分布。

散生女贞　*Ligustrum confusum* Decne.，哀牢山和无量山均有分布。

紫药女贞　*Ligustrum delavayanum* Har.，分布于哀牢山。观赏。

蜡子树　*Ligustrum leucanthum*（S. Moore）P.S. Green，分布于哀牢山。

女贞　*Ligustrum lucidum* W.T. Aiton，哀牢山和无量山均有分布。材用、纤维。

小叶女贞　*Ligustrum quihoui* Carrière，分布于哀牢山。药用。

小蜡　*Ligustrum sinense* Lour.，哀牢山和无量山均有分布。食用。

多毛小蜡　*Ligustrum sinense* var. *coryanum*（W.W. Sm.）Hand.-Mazz.，分布于哀牢山。

云贵女贞　*Ligustrum yunguiense* B.M. Miao，分布于哀牢山。

腺叶木犀榄　*Olea paniculata* R. Br.，分布于无量山。

红花木犀榄　*Olea rosea* Craib，哀牢山和无量山均有分布。

云南木犀榄　*Olea tsoongii*（Merr.）P.S. Green，哀牢山和无量山均有分布。观赏。

狭叶木犀　*Osmanthus attenuatus* P.S. Green，哀牢山和无量山均有分布。

管花木犀　*Osmanthus delavayi* Franch.，分布于哀牢山。

桂花　*Osmanthus fragrans*（Thunb.）Lour.，分布于无量山。油料。

蒙自桂花　*Osmanthus henryi* P.S. Green，分布于无量山。

厚边木犀　*Osmanthus marginatus*（Champ. ex Benth.）Hemsl.，分布于无量山。油料。

牛矢果　*Osmanthus matsumuranus* Hayata，分布于哀牢山。

香花木犀　*Osmanthus suavis* King ex C.B. Clarke，哀牢山和无量山均有分布。

野桂花　*Osmanthus yunnanensis*（Franch.）P.S. Green，哀牢山和无量山均有分布。

夹竹桃科 Apocynaceae

云南香花藤　*Aganosma cymosa*（Roxb.）G. Don，哀牢山和无量山均有分布。

海南香花藤　*Aganosma schlechteriana* H. Lév.，哀牢山和无量山均有分布。药用。

羊角棉　*Alstonia mairei* H. Lév.，哀牢山和无量山均有分布。药用。

鸡骨常山　*Alstonia yunnanensis* Diels，分布于无量山。药用。

长序链珠藤　*Alyxia siamensis* Craib，哀牢山和无量山均有分布。

毛车藤　*Amalocalyx microlobus* Pierre，哀牢山和无量山均有分布。

甜假虎刺　*Carissa edulis*（Forssk.）Vahl，哀牢山和无量山均有分布。

假虎刺　*Carissa spinarum* L.，分布于哀牢山。

鹿角藤　*Chonemorpha eriostylis* Pit.，哀牢山和无量山均有分布。树脂及树胶类。

腰骨藤　*Ichnocarpus frutescens*（L.）W.T. Aiton，分布于哀牢山。纤维。

小花藤　*Ichnocarpus polyanthus*（Blume）P.I. Forst.，分布于无量山。树脂及树胶类。

景东山橙 *Melodinus khasianus* Hook. f.，哀牢山和无量山均有分布。

帘子藤 *Pottsia laxiflora*（Blume）Kuntze，分布于无量山。

萝芙木 *Rauvolfia verticillata*（Lour.）Baill.，分布于无量山。药用。

狗牙花 *Tabernaemontana divaricata*（L.）R. Br. ex Roem. & Schult.，哀牢山和无量山均有分布。

紫花络石 *Trachelospermum axillare* Hook. f.，哀牢山和无量山均有分布。纤维。

贵州络石 *Trachelospermum bodinieri*（H. Lév.）Woodson，哀牢山和无量山均有分布。

锈毛络石 *Trachelospermum dunnii*（H. Lév.）H. Lév.，分布于哀牢山。树脂及树胶类。

萝藦科 Asclepiadaceae

乳突果 *Adelostemma gracillimum*（Wall. ex Wight）Hook. f.，哀牢山和无量山均有分布。

马利筋 *Asclepias curassavica* L.，哀牢山和无量山均有分布。药用。

牛角瓜 *Calotropis gigantea*（L.）W.T. Aiton，哀牢山和无量山均有分布。鞣质与染料。

长叶吊灯花 *Ceropegia longifolia* Wall.，哀牢山和无量山均有分布。

古钩藤 *Cryptolepis buchananii* R. Br. ex Roem. & Schult.，哀牢山和无量山均有分布。

白薇 *Cynanchum atratum* Bunge，分布于哀牢山。药用。

牛皮消 *Cynanchum auriculatum* Royle ex Wight，哀牢山和无量山均有分布。药用。

美翼杯冠藤 *Cynanchum callialatum* Buch.-Ham. ex Wight，哀牢山和无量山均有分布。

山白前 *Cynanchum fordii* Hemsl.，分布于哀牢山。

大理白前 *Cynanchum forrestii* Schltr.，分布于哀牢山。药用。

景东杯冠藤 *Cynanchum kintungense* Tsiang，分布于哀牢山。

青羊参 *Cynanchum otophyllum* C.K. Schneid.，分布于无量山。农药、有毒。

昆明杯冠藤 *Cynanchum wallichii* Wight，哀牢山和无量山均有分布。

滴锡眼树莲 *Dischidia tonkinensis* Costantin，哀牢山和无量山均有分布。

苦绳 *Dregea sinensis* Hemsl.，哀牢山和无量山均有分布。纤维。

纤冠藤 *Gongronema nepalense*（Wall.）Decne.，哀牢山和无量山均有分布。纤维。

云南匙羹藤 *Gymnema yunnanense* Tsiang，哀牢山和无量山均有分布。

云南醉魂藤 *Heterostemma wallichii* Wight，分布于哀牢山。

醉魂藤属 *Heterostemma Wight* Wight & Arn.，分布于无量山。

球兰 *Hoya carnosa*（L. f.）R. Br.，哀牢山和无量山均有分布。药用。

黄花球兰 *Hoya fusca* Wall.，哀牢山和无量山均有分布。

荷秋藤 *Hoya griffithii* Hook. f.，哀牢山和无量山均有分布。药用。

长叶球兰 *Hoya longifolia* Wall. ex Wight，分布于无量山。

薄叶球兰 *Hoya mengtzeensis* Tsiang & P.T. Li，分布于哀牢山。

蜂出巢 *Hoya multiflora* Blume，分布于无量山。观赏。

琴叶球兰 *Hoya pandurata* Tsiang，分布于无量山。

山球兰 *Hoya silvatica* Tsiang & P.T. Li，哀牢山和无量山均有分布。

大叶牛奶菜 *Marsdenia koi* Tsiang，分布于无量山。

百灵草 *Marsdenia longipes* W.T. Wang，哀牢山和无量山均有分布。药用。

小果牛奶菜 *Marsdenia microcarpa* Juárez-Jaimes & Lozada-Pérez，分布于无量山。

喙柱牛奶菜 *Marsdenia oreophila* W.W. Sm.，哀牢山和无量山均有分布。

牛奶菜 *Marsdenia sinensis* Hemsl.，哀牢山和无量山均有分布。

通光散 *Marsdenia tenacissima*（Roxb.）Moon，哀牢山和无量山均有分布。纤维。

云南牛奶菜 *Marsdenia yunnanensis*（H. Lév.）Woodson，哀牢山和无量山均有分布。

翅果藤 *Myriopteron extensum*（Wight & Arn.）K. Schum.，哀牢山和无量山均有分布。药用。

尖槐藤 *Oxystelma esculentum*（L. f.）Sm.，哀牢山和无量山均有分布。药用。

青蛇藤 *Periploca calophylla*（Wight）Falc.，分布于无量山。纤维。

多花青蛇藤 *Periploca floribunda* Tsiang，哀牢山和无量山均有分布。

黑龙骨 *Periploca forrestii* Schltr.，哀牢山和无量山均有分布。药用。

须花藤 *Secamone laurifolia*（Roxb.）K. Schum.，分布于无量山。

须药藤 *Stelmacrypton khasianum*（Kurz）Baillon，分布于无量山。

西藏弓果藤 *Toxocarpus himalensis* Falc. ex Hook. f.，哀牢山和无量山均有分布。

毛弓果藤 *Toxocarpus villosus*（Blume）Decne.，分布于无量山。

弓果藤 *Toxocarpus wightianus* Hook. & Arn.，分布于哀牢山。药用。

景东娃儿藤 *Tylophora chingtungensis* Tsiang & P.T. Li，哀牢山和无量山均有分布。

人参娃儿藤 *Tylophora kerrii* Craib，哀牢山和无量山均有分布。药用。

娃儿藤 *Tylophora ovata*（Lindl.）Hook. ex Steud.，哀牢山和无量山均有分布。药用。

云南娃儿藤 *Tylophora yunnanensis* Schltr.，哀牢山和无量山均有分布。药用。

新平白前 *Vincetoxicum xinpingense* H. Peng & Y. H. Wang，分布于哀牢山。

茜草科 Rubiaceae

水团花 *Adina pilulifera*（Lam.）Franch. ex Drake，哀牢山和无量山均有分布。

异色雪花 *Argostemma discolor* Merr.，分布于哀牢山。

岩雪花 *Argostemma saxatile* Chun & K.C. How，分布于哀牢山。

小雪花 *Argostemma verticillatum* Wall.，分布于无量山。

猪肚木 *Canthium parvifolium* Roxb.，哀牢山和无量山均有分布。

弯管花 *Chassalia curviflora*（Wall.）Thwaites，哀牢山和无量山均有分布。

矮独叶 *Clarkella nana*（Edgew.）Hook. f.，哀牢山和无量山均有分布。

虎刺 *Damnacanthus indicus* C.F. Gaertn.，哀牢山和无量山均有分布。药用。

多毛狗骨柴 *Diplospora mollissima* Hutch.，哀牢山和无量山均有分布。

香果树 *Emmenopterys henryi* Oliv.，哀牢山和无量山均有分布。观赏。

原拉拉藤 *Galium aparine* L.，分布于无量山。药用。

楔叶葎 *Galium asperifolium* Wall.，哀牢山和无量山均有分布。

车叶葎 *Galium asperuloides* Edgew.，哀牢山和无量山均有分布。

玉龙拉拉藤 *Galium baldensiforme* Hand.-Mazz.，哀牢山和无量山均有分布。

毛四叶葎 *Galium bungei* var. *punduanoides* Cufod.，分布于哀牢山。

刺果猪殃殃 *Galium echinocarpum* Hayata，分布于哀牢山。

小红参 *Galium elegans* Wall.，分布于哀牢山。

肾柱拉拉藤 *Galium elegans* var. *nephrostigmaticum*（Diels）W.C. Chen，哀牢山和无量山均有分布。

毛拉拉藤 *Galium elegans* var. *velutinum* Cufod.，哀牢山和无量山均有分布。

六叶葎 *Galium hoffmeisteri*（Klotzsch）Ehrend. & Schönb.-Tem. ex R.R. Mill，分布于哀牢山。

景东拉拉藤 *Galium jingdongense* H. Li in H. Peng & C.Y. Wu，分布于无量山。

小叶猪殃殃 *Galium trifidum* L.，分布于哀牢山。

心叶木 *Haldina cordifolia*（Roxb.）Ridsdale，哀牢山和无量山均有分布。

耳草 *Hedyotis auricularia* L.，哀牢山和无量山均有分布。药用。

双花耳草 *Hedyotis biflora*（L.）Lam.，哀牢山和无量山均有分布。

头状花耳草 *Hedyotis capitellata* Wall. ex G. Don，分布于无量山。

败酱耳草 *Hedyotis capituligera* Hance，分布于哀牢山。

伞房花耳草 *Hedyotis corymbosa*（L.）Lam.，哀牢山和无量山均有分布。

白花蛇舌草 *Hedyotis diffusa* Willd.，哀牢山和无量山均有分布。药用。

牛白藤 *Hedyotis hedyotidea*（DC.）Merr.，分布于哀牢山。药用。

凉喉茶 *Hedyotis scandens* Roxb.，哀牢山和无量山均有分布。

纤花耳草 *Hedyotis tenelliflora* Blume，分布于无量山。药用。

小钩耳草 *Hedyotis uncinella* Hook. & Arn.，哀牢山和无量山均有分布。

粗叶耳草 *Hedyotis verticillata*（L.）Lam.，分布于哀牢山。药用。

须弥茜树 *Himalrandia lichiangensis*（W.W. Sm.）Tirveng.，哀牢山和无量山均有分布。

土连翘 *Hymenodictyon flaccidum* Wall.，分布于哀牢山。药用。

小龙船花 *Ixora henryi* H. Lév.，哀牢山和无量山均有分布。

红大戟 *Knoxia roxburghii*（Spreng.）M.A. Rau，分布于哀牢山。药用。

红芽大戟 *Knoxia sumatrensis*（Retz.）DC.，哀牢山和无量山均有分布。药用。

梗花粗叶木 *Lasianthus biermannii* King ex Hook. f.，哀牢山和无量山均有分布。

西南粗叶木 *Lasianthus henryi* Hutch.，分布于无量山。

虎克粗叶木 *Lasianthus hookeri* C.B. Clarke ex Hook. f.，哀牢山和无量山均有分布。

睫毛虎克粗叶木 *Lasianthus hookeri* var. *dunniana*（Lév.）H. Zhu，分布于哀牢山。

无苞粗叶木 *Lasianthus lucidus* Blume，哀牢山和无量山均有分布。

薄皮木 *Leptodermis oblonga* Bunge，哀牢山和无量山均有分布。

川滇野丁香 *Leptodermis pilosa* Diels，分布于哀牢山。

野丁香 *Leptodermis potanini* Batalin，哀牢山和无量山均有分布。

粉绿野丁香 *Leptodermis potanini* var. *glauca*（Diels）H.J.P. Winkl.，哀牢山和无量山均有分布。

馥郁滇丁香 *Luculia gratissima*（Wall.）Sweet，哀牢山和无量山均有分布。

滇丁香 *Luculia pinceana* Hook.，哀牢山和无量山均有分布。药用。

毛滇丁香 *Luculia pinceana* var. *pubescens*（W.C. Chen）W.C. Chen，哀牢山和无量山均有分布。

鸡冠滇丁香 *Luculia yunnanensis* S.Y. Hu，哀牢山和无量山均有分布。

黄棉木 *Metadina trichotoma*（Zoll. & Moritzi）Bakh. f.，分布于哀牢山。

短裂玉叶金花 *Mussaenda breviloba* S. Moore，哀牢山和无量山均有分布。

墨脱玉叶金花 *Mussaenda decipiens* H. Li，分布于哀牢山。

展枝玉叶金花 *Mussaenda divaricata* Hutch.，哀牢山和无量山均有分布。

红毛玉叶金花 *Mussaenda hossei* Craib，分布于无量山。

大叶玉叶金花 *Mussaenda macrophylla* Wall.，哀牢山和无量山均有分布。

多毛玉叶金花 *Mussaenda mollissima* C.Y. Wu ex H.H. Hsue & H. Wu，分布于哀牢山。

玉叶金花 *Mussaenda pubescens* W.T. Aiton，分布于哀牢山。药用。

大叶白纸扇 *Mussaenda shikokiana* Makino，哀牢山和无量山均有分布。

单裂玉叶金花 *Mussaenda simpliciloba* Hand.-Mazz.，分布于哀牢山。

短柄腺萼木 *Mycetia brevipes* F.C.How ex S.Y. Jin & Y.L. Chen，分布于哀牢山。

毛腺萼木 *Mycetia hirta* Hutch.，哀牢山和无量山均有分布。

长叶腺萼木 *Mycetia longifolia*（Wall.）Kuntze，分布于哀牢山。

托叶腺萼木 *Mycetia stipulata*（Hook. f.）Kuntze，分布于无量山。

密脉木 *Myrioneuron faberi* Hemsl.，哀牢山和无量山均有分布。

垂花密脉木 *Myrioneuron nutans* Wall. ex Kurz，分布于哀牢山。

越南密脉木 *Myrioneuron tonkinensis* Pit.，哀牢山和无量山均有分布。

乌檀 *Nauclea officinalis*（Pierre ex Pit.）Merr. & Chun，分布于无量山。

卷毛新耳草 *Neanotis boerhaavioides*（Hance）W.H. Lewis，哀牢山和无量山均有分布。

紫花新耳草 *Neanotis calycina*（Wall. ex Hook. f.）W.H. Lewis，哀牢山和无量山均有分布。

薄叶新耳草 *Neanotis hirsuta*（L. f.）W.H. Lewis，分布于哀牢山。

臭味新耳草 *Neanotis ingrata*（Wall. ex Hook. f.）W.H. Lewis，分布于哀牢山。药用。

西南新耳草 *Neanotis wightiana*（Wall. ex Wight & Arn.）W.H. Lewis，哀牢山和无量山均有分布。

石丁香 *Neohymenopogon parasiticus*（Wall.）Bennet，哀牢山和无量山均有分布。

团花 *Neolamarckia cadamba*（Roxb.）Bosser，分布于哀牢山。药用。

滇南新乌檀 *Neonauclea tsaiana* S.Q. Zou，哀牢山和无量山均有分布。

薄柱草 *Nertera sinensis* Hemsl.，哀牢山和无量山均有分布。

有翅蛇根草 *Ophiorrhiza alata* Craib，分布于哀牢山。

短齿蛇根草 *Ophiorrhiza brevidentata* H.S. Lo，哀牢山和无量山均有分布。

广州蛇根草 *Ophiorrhiza cantoniensis* Hance，分布于无量山。

秦氏蛇根草 *Ophiorrhiza chingii* H.S. Lo，哀牢山和无量山均有分布。药用。

尖叶蛇根草 *Ophiorrhiza hispida* Hook. f.，分布于哀牢山。

日本蛇根草 *Ophiorrhiza japonica* Blume，分布于哀牢山。

两广蛇根草 *Ophiorrhiza liangkwangensis* H.S. Lo，分布于哀牢山。

变红蛇根草 *Ophiorrhiza subrubescens* Drake，分布于哀牢山。

大果蛇根草 *Ophiorrhiza wallichii* Hook. f.，哀牢山和无量山均有分布。

琼滇鸡爪簕 *Oxyceros griffithii*（Hook. f.）W.C. Chen，哀牢山和无量山均有分布。

鸡爪簕 *Oxyceros sinensis* Lour.，分布于哀牢山。观赏。

耳叶鸡矢藤 *Paederia cavaleriei* H. Lév.，分布于哀牢山。

鸡矢藤 *Paederia foetida* L.，哀牢山和无量山均有分布。药用。

奇异鸡矢藤 *Paederia praetermissa* Puff，分布于哀牢山。

云南鸡矢藤 *Paederia yunnanensis*（H. Lév.）Rehder，哀牢山和无量山均有分布。

多花大沙叶 *Pavetta polyantha*（Hook. f.）R. Br. ex Bremek.，哀牢山和无量山均有分布。

糙叶大沙叶 *Pavetta scabrifolia* Bremek.，分布于哀牢山。

驳骨九节 *Psychotria prainii* H. Lév.，分布于哀牢山。药用。

黄脉九节 *Psychotria straminea* Hutch.，分布于哀牢山。

山矾叶九节 *Psychotria symplocifolia* Kurz，哀牢山和无量山均有分布。

云南九节 *Psychotria yunnanensis* Hutch.，哀牢山和无量山均有分布。

金剑草 *Rubia alata* Roxb.，分布于哀牢山。

中国茜草 *Rubia chinensis* Regel & Maack，分布于哀牢山。

茜草 *Rubia cordifolia* L.，分布于哀牢山。

黑花茜草 *Rubia mandersii* Collett & Hemsl.，分布于哀牢山。

金线茜草 *Rubia membranacea* Diels，分布于哀牢山。

钩毛茜草 *Rubia oncotricha* Hand.-Mazz.，哀牢山和无量山均有分布。药用。

柄花茜草 *Rubia podantha* Diels，分布于无量山。

大叶茜草 *Rubia schumanniana* E. Pritz.，分布于哀牢山。

紫参 *Rubia yunnanensis* Diels，分布于哀牢山。药用。

鸡仔木 *Sinoadina racemosa*（Sieb. et Zucc.）Ridsd.，哀牢山和无量山均有分布。材用、纤维。

长管糙叶丰花草 *Spermacoce articularis* L. f.，分布于哀牢山。

丰花草 *Spermacoce pusilla* Wall.，哀牢山和无量山均有分布。

白花苦灯笼 *Tarenna mollissima*（Hook. & Arn.）B.L. Rob.，分布于哀牢山。药用。

岭罗麦 *Tarennoidea wallichii*（Hook. f.）Tirveng. & Sastre，哀牢山和无量山均有分布。材用。

双钩藤 *Uncaria laevigata* Wall. ex G. Don，哀牢山和无量山均有分布。

倒挂金钩 *Uncaria lancifolia* Hutch.，哀牢山和无量山均有分布。

攀茎钩藤 *Uncaria scandens*（Sm.）Hutch.，分布于哀牢山。

白钩藤 *Uncaria sessilifructus* Roxb.，分布于哀牢山。药用。

华钩藤 *Uncaria sinensis*（Oliv.）Havil.，哀牢山和无量山均有分布。

吹树 *Wendlandia brevipaniculata* W.C. Chen，哀牢山和无量山均有分布。

景东水锦树 *Wendlandia jingdongensis* W.C. Chen，哀牢山和无量山均有分布。

疏花水锦树 *Wendlandia laxa* S.K. Wu，哀牢山和无量山均有分布。

长梗水锦树 *Wendlandia longipedicellata* F.C. How，哀牢山和无量山均有分布。

粗叶水锦树 *Wendlandia scabra* Kurz，哀牢山和无量山均有分布。

毛冠水锦树 *Wendlandia tinctoria* subsp. *affinis* K.C. How，哀牢山和无量山均有分布。

粗毛水锦树 *Wendlandia tinctoria* subsp. *barbata* Cowan，哀牢山和无量山均有分布。

厚毛水锦树 *Wendlandia tinctoria* subsp. *callitricha*（Cowan）W.C. Chen，分布于哀牢山。

麻栗水锦树 *Wendlandia tinctoria* subsp. *handelii* Cowan，哀牢山和无量山均有分布。

红皮水锦树 *Wendlandia tinctoria* subsp. *intermedia*（F.C. How）W.C. Chen，分布于哀牢山。

东方水锦树 *Wendlandia tinctoria* subsp. *orientalis* Cowan，分布于无量山。

水锦树 *Wendlandia uvariifolia* Hance，分布于无量山。

香茜科 **Carlemanniaceae**

四角果 *Carlemannia tetragona* Hook. f.，哀牢山和无量山均有分布。

忍冬科 **Caprifoliaceae**

鬼吹箫 *Leycesteria formosa* Wall.，哀牢山和无量山均有分布。

狭萼鬼吹箫 *Leycesteria formosa* var. *stenosepala* Rehder，分布于无量山。

纤细鬼吹箫 *Leycesteria gracilis*（Kurz）Airy Shaw，哀牢山和无量山均有分布。

华鬼吹箫 *Leycesteria sinensis* Hemsl.，哀牢山和无量山均有分布。

淡红忍冬 *Lonicera acuminata* Wall.，哀牢山和无量山均有分布。药用。

西南忍冬 *Lonicera bournei* Hemsl.，哀牢山和无量山均有分布。

长距忍冬 *Lonicera calcarata* Hemsl.，分布于哀牢山。

锈毛忍冬 *Lonicera ferruginea* Rehder，哀牢山和无量山均有分布。

大果忍冬 *Lonicera hildebrandiana* Collett & Hemsl.，分布于无量山。

菰腺忍冬 *Lonicera hypoglauca* Miq.，哀牢山和无量山均有分布。药用。

女贞叶忍冬 *Lonicera ligustrina* Wall.，分布于哀牢山。

蕊帽忍冬 *Lonicera ligustrina* var. *pileata*（Oliv.）Franch.，哀牢山和无量山均有分布。

金银忍冬 *Lonicera maackii*（Rupr.）Maxim.，哀牢山和无量山均有分布。纤维。

细毡毛忍冬 *Lonicera similis* Hemsl.，哀牢山和无量山均有分布。药用。

云南忍冬 *Lonicera yunnanensis* Franch.，分布于哀牢山。

兰黑果荚蒾 *Viburnum atrocyaneum* C.B. Clarke，分布于无量山。

短序荚蒾 *Viburnum brachybotryum* Hemsl.，分布于哀牢山。

漾濞荚蒾 *Viburnum chingii* P.S. Hsu，哀牢山和无量山均有分布。

多毛漾濞荚蒾 *Viburnum chingii* var. *limitaneum*（W.W. Sm.）Q.E. Yang，分布于无量山。

密花荚蒾 *Viburnum congestum* Rehder，哀牢山和无量山均有分布。

伞房荚蒾 *Viburnum corymbiflorum* P.S. Hsu & S.C. Hsu，分布于无量山。

苹果叶荚蒾 *Viburnum corymbiflorum* subsp. *malifolium* P.S. Hsu，分布于哀牢山。

水红木 *Viburnum cylindricum* Buch.-Ham. ex D. Don，哀牢山和无量山均有分布。油料。

荚蒾 *Viburnum dilatatum* Thunb.，分布于哀牢山。食用、纤维、油料。

红荚蒾 *Viburnum erubescens* Wall.，分布于哀牢山。

臭荚蒾 *Viburnum foetidum* Wall.，分布于无量山。

直角荚蒾 *Viburnum foetidum* var. *rectangulatum*（Graebn.）Rehd.，哀牢山和无量山均有分布。

聚花荚蒾 *Viburnum glomeratum* Maxim.，分布于哀牢山。

显脉荚蒾 *Viburnum nervosum* D. Don，分布于无量山。

鳞斑荚蒾 *Viburnum punctatum* Buch.-Ham. ex D. Don，哀牢山和无量山均有分布。

腾越荚蒾 *Viburnum tengyuehense*（W.W. Sm.）P.S. Hsu，分布于哀牢山。

接骨木科　Sambucaceae

血满草 *Sambucus adnata* Wall. ex DC.，哀牢山和无量山均有分布。药用。

接骨草 *Sambucus javanica* Blume，哀牢山和无量山均有分布。药用。

接骨木 *Sambucus williamsii* Hance，哀牢山和无量山均有分布。油料。

败酱科　Valerianaceae

少蕊败酱 *Patrinia monandra* C.B. Clarke，分布于无量山。药用。

黄花龙牙 *Patrinia scabiosifolia* Link，哀牢山和无量山均有分布。

瑞香缬草 *Valeriana daphniflora* Hand.-Mazz.，分布于无量山。

柔垂缬草 *Valeriana flaccidissima* Maxim.，分布于哀牢山。

长序缬草 *Valeriana hardwickii* Wall.，哀牢山和无量山均有分布。药用。

马蹄香 *Valeriana jatamansi* Jones，哀牢山和无量山均有分布。油料。

缬草 *Valeriana officinalis* L.，分布于哀牢山。

川续断科　Dipsacaceae

白花刺续断 *Acanthocalyx alba*（Hand.-Mazz.）M.J. Cannon，哀牢山和无量山均有分布。

川续断 *Dipsacus asperoides* C.Y. Cheng & Ai，哀牢山和无量山均有分布。药用。

大花双参 *Triplostegia grandiflora* Gagnep.，分布于哀牢山。药用。

菊科　Compositae

刺苞果 *Acanthospermum australe*（Loefl.）Kuntze，哀牢山和无量山均有分布。

美形金钮扣 *Acmella calva*（DC.）R.K. Jansen，哀牢山和无量山均有分布。

金钮扣 *Acmella paniculata*（Wall. ex DC.）R.K. Jansen，分布于哀牢山。药用。

和尚菜 *Adenocaulon himalaicum* Edgew.，哀牢山和无量山均有分布。药用。

下田菊 *Adenostemma lavenia*（L.）Kuntze，哀牢山和无量山均有分布。药用。

宽叶下田菊 *Adenostemma lavenia* var. *latifolium*（D. Don）Hand.-Mazz.，分布于无量山。

紫茎泽兰 *Ageratina adenophora*（Spreng.）R.M. King & H. Rob.，哀牢山和无量山均有分布。药用。

藿香蓟 *Ageratum conyzoides* L.，哀牢山和无量山均有分布。

狭叶兔儿风 *Ainsliaea angustifolia* Thoms. ex C. B. Clarke，分布于哀牢山。

心叶兔儿风 *Ainsliaea bonatii* Beauverd，哀牢山和无量山均有分布。药用。

秀丽兔儿风 *Ainsliaea elegans* Hemsl.，分布于无量山。

异叶兔儿风 *Ainsliaea foliosa* Hand.-Mazz.，分布于哀牢山。

光叶兔儿风 *Ainsliaea glabra* Hemsl.，哀牢山和无量山均有分布。药用。

长穗兔儿风 *Ainsliaea henryi* Diels，哀牢山和无量山均有分布。

宽叶兔儿风 *Ainsliaea latifolia*（D. Don）Sch. Bip.，哀牢山和无量山均有分布。

叶下花 *Ainsliaea pertyoides* Franch.，哀牢山和无量山均有分布。药用。

白背兔儿风 *Ainsliaea pertyoides* var. *albotomentosa* Beauverd，哀牢山和无量山均有分布。

穗花兔儿风 *Ainsliaea spicata* Vaniot，哀牢山和无量山均有分布。

云南兔儿风 *Ainsliaea yunnanensis* Franch.，分布于无量山。

黄腺香青 *Anaphalis aureopunctata* Lingelsh. & Borza，分布于无量山。药用。

黑鳞黄腺香青 *Anaphalis aureopunctata* var. *atrata*（Hand.-Mazz.）Hand.-Mazz.，分布于哀牢山。药用。

二色香青 *Anaphalis bicolor*（Franch.）Diels，哀牢山和无量山均有分布。药用。

粘毛香青 *Anaphalis bulleyana*（Jeffrey）C.C. Chang，分布于哀牢山。药用。

蛛毛香青 *Anaphalis busua*（Buch.-Ham.）DC.，分布于哀牢山。

旋叶香青 *Anaphalis contorta*（D. Don）Hook. f.，哀牢山和无量山均有分布。药用。

银衣香青 *Anaphalis contortiformis* Hand.-Mazz.，分布于哀牢山。

珠光香青 *Anaphalis margaritacea*（L.）Benth. & Hook. f.，哀牢山和无量山均有分布。药用。

黄褐珠光香青 *Anaphalis margaritacea* var. *cinnamomea*（DC.）Hand.-Mazz.，哀牢山和无量山均有分布。

黄绿香青 *Anaphalis virens* C.C. Chang，分布于哀牢山。

云南香青 *Anaphalis yunnanensis*（Franch.）Diels，分布于哀牢山。

山黄菊 *Anisopappus chinensis* Hook. & Arn.，哀牢山和无量山均有分布。药用。

黄花蒿 *Artemisia annua* L.，哀牢山和无量山均有分布。药用。

艾蒿 *Artemisia argyi* H. Lév. & Vaniot，分布于无量山。药用。

滇南艾 *Artemisia austroyunnanensis* Y. Ling & Y.-R. Ling，分布于无量山。

青蒿 *Artemisia caruifolia* Buch.-Ham. ex Roxb.，分布于无量山。

五月艾 *Artemisia indica* Willd.，哀牢山和无量山均有分布。药用。

牡蒿 *Artemisia japonica* Schmidt，分布于哀牢山。药用。

野艾蒿 *Artemisia lavandulifolia* DC.，哀牢山和无量山均有分布。

西南牡蒿 *Artemisia parviflora* Buch.-Ham. ex D. Don，分布于无量山。药用。

魁蒿 *Artemisia princeps* Pamp.，哀牢山和无量山均有分布。

粗茎蒿 *Artemisia robusta*（Pamp.）Y. Ling & Y.-R. Ling，哀牢山和无量山均有分布。

灰苞蒿 *Artemisia roxburghiana* Besser，哀牢山和无量山均有分布。药用。

猪毛蒿 *Artemisia scoparia* Waldst. & Kit.，哀牢山和无量山均有分布。药用。

大籽蒿 *Artemisia sieversiana* Ehrh. ex Willd.，哀牢山和无量山均有分布。药用、饲用。

异叶三脉紫菀 *Aster ageratoides* var. *heterophyllus* Maxim.，分布于哀牢山。

宽伞三脉紫菀 *Aster ageratoides* var. *laticorymbus*（Vaniot）Hand.-Mazz.，哀牢山和无量山均有分布。

长毛三脉紫菀 *Aster ageratoides* var. *pilosus*（Diels）Hand.-Mazz.，分布于无量山。

微糙三脉紫菀 *Aster ageratoides* var. *scaberulus*（Miq.）Y. Ling，哀牢山和无量山均有分布。

小舌紫菀 *Aster albescens*（DC.）Wall. ex Hand.-Mazz.，分布于哀牢山。药用。

银鳞紫菀 *Aster argyropholis* Hand.-Mazz.，哀牢山和无量山均有分布。

耳叶紫菀 *Aster auriculatus* Franch.，哀牢山和无量山均有分布。药用。

黑山紫菀 *Aster nigromontanus* Dunn，分布于无量山。

石生紫菀 *Aster oreophilus* Franch.，哀牢山和无量山均有分布。药用。

密叶紫菀 *Aster pycnophyllus* Franch. ex W.W. Sm.，哀牢山和无量山均有分布。

狗舌紫菀　*Aster senecioides* Franch.，哀牢山和无量山均有分布。药用。

密毛紫菀　*Aster vestitus* Franch.，哀牢山和无量山均有分布。药用。

云南紫菀　*Aster yunnanensis* Franch.，分布于哀牢山。药用。

婆婆针　*Bidens bipinnata* L.，哀牢山和无量山均有分布。药用。

金盏银盘　*Bidens biternata*（Lour.）Merr. & Sherff，哀牢山和无量山均有分布。药用。

鬼针草　*Bidens pilosa* L.，哀牢山和无量山均有分布。

狼把草　*Bidens tripartita* L.，分布于无量山。药用。

百能葳　*Blainvillea acmella*（L.）Philipson，哀牢山和无量山均有分布。

香艾　*Blumea aromatica* DC.，哀牢山和无量山均有分布。

柔毛艾纳香　*Blumea axillaris*（Lam.）DC.，哀牢山和无量山均有分布。药用。

艾纳香　*Blumea balsamifera*（L.）DC.，哀牢山和无量山均有分布。药用。

密花艾纳香　*Blumea densiflora* DC.，哀牢山和无量山均有分布。药用。

节节红　*Blumea fistulosa*（Roxb.）Kurz，哀牢山和无量山均有分布。药用。

见霜黄　*Blumea lacera*（Burm. f.）DC.，分布于哀牢山。药用。

六耳铃　*Blumea laciniata* DC.，哀牢山和无量山均有分布。

千头艾纳香　*Blumea lanceolaria*（Roxb.）Druce，哀牢山和无量山均有分布。药用。

裂苞艾纳香　*Blumea martiniana* Vaniot，哀牢山和无量山均有分布。药用。

大头艾纳香　*Blumea megacephala*（Randeria）C.C. Chang & Y.Q. Tseng，哀牢山和无量山均有分布。

芜菁叶艾纳香　*Blumea napifolia* DC.，哀牢山和无量山均有分布。

高艾纳香　*Blumea repanda*（Roxb.）Hand.-Mazz.，分布于无量山。

假东风草　*Blumea riparia* DC.，哀牢山和无量山均有分布。

纤枝艾纳香　*Blumea veronicifolia* Franch.，哀牢山和无量山均有分布。

绿艾纳香　*Blumea virens* DC.，哀牢山和无量山均有分布。

拟艾纳香　*Blumeopsis flava*（DC.）Gagnep.，分布于无量山。

凋缨菊　*Camchaya loloana* Kerr，分布于无量山。

天名精　*Carpesium abrotanoides* L.，哀牢山和无量山均有分布。药用。

烟管头草　*Carpesium cernuum* L.，哀牢山和无量山均有分布。药用。

小花金挖耳　*Carpesium minus* Hemsl.，分布于哀牢山。

棉毛尼泊尔天名精　*Carpesium nepalense* var. *lanatum*（Hook. f. & Thomson ex C.B. Clarke）Kitam.，分布于无量山。

暗花金挖耳　*Carpesium triste* Maxim.，分布于无量山。

石胡荽　*Centipeda minima*（L.）A. Braun & Asch.，哀牢山和无量山均有分布。药用。

飞机草　*Chromolaena odorata*（L.）R.M. King & H. Rob.，分布于无量山。药用。

灰蓟　*Cirsium botryodes* Petr. ex Hand.-Mazz.，哀牢山和无量山均有分布。药用。

两面刺　*Cirsium chlorolepis* Petr. ex Hand.-Mazz.，哀牢山和无量山均有分布。药用。

蓟　*Cirsium japonicum* DC.，哀牢山和无量山均有分布。药用。

覆瓦蓟　*Cirsium leducei*（Franch.）H. Lév.，哀牢山和无量山均有分布。

牛口刺　*Cirsium shansiense* Petr.，分布于无量山。

苞叶蓟　*Cirsium verutum*（D. Don）Spreng.，哀牢山和无量山均有分布。

藤菊　*Cissampelopsis volubilis*（Blume）Miq.，哀牢山和无量山均有分布。

硫黄菊　*Cosmos sulphureus* Cav.，分布于无量山。

芫荽菊　*Cotula anthemoides* L.，分布于哀牢山。

野茼蒿 *Crassocephalum crepidioides*（Benth.）S. Moore，哀牢山和无量山均有分布。

绿茎还阳参 *Crepis lignea*（Vaniot）Babc.，分布于无量山。药用。

丽江一支箭 *Crepis napifera*（Franch.）Babc.，哀牢山和无量山均有分布。

万丈深 *Crepis phoenix* Dunn，哀牢山和无量山均有分布。药用。

还阳参 *Crepis rigescens* Diels，哀牢山和无量山均有分布。药用。

杯菊 *Cyathocline purpurea*（Buch.-Ham. ex D. Don）Kuntze，哀牢山和无量山均有分布。药用。

小鱼眼草 *Dichrocephala benthamii* C.B. Clarke，哀牢山和无量山均有分布。药用。

菊叶鱼眼草 *Dichrocephala chrysanthemifolia*（Blume）DC.，哀牢山和无量山均有分布。药用。

鱼眼草 *Dichrocephala integrifolia*（L. f.）Kuntze，哀牢山和无量山均有分布。药用。

短冠东风菜 *Doellingeria marchandii*（H. Lév.）Ling，分布于哀牢山。药用。

紫花厚喙菊 *Dubyaea atropurpurea* Stebbins，分布于哀牢山。药用。

羊耳菊 *Duhaldea cappa*（Buch.-Ham. ex D. Don）Pruski & Anderb.，哀牢山和无量山均有分布。

显脉旋覆花 *Duhaldea nervosa*（Wall. ex DC.）Anderb.，哀牢山和无量山均有分布。药用。

赤茎羊耳菊 *Duhaldea rubricaulis*（DC.）Anderb.，哀牢山和无量山均有分布。

滇南羊耳菊 *Duhaldea wissmanniana*（J. Anthony）Anderb.，哀牢山和无量山均有分布。药用。

鳢肠 *Eclipta prostrata*（L.）L.，哀牢山和无量山均有分布。药用。

地胆草 *Elephantopus scaber* L.，哀牢山和无量山均有分布。药用。

小一点红 *Emilia prenanthoidea* DC.，哀牢山和无量山均有分布。药用。

一点红 *Emilia sonchifolia*（L.）DC.，分布于无量山。药用。

球菊 *Epaltes australis* Less.，分布于哀牢山。药用。

香丝草 *Erigeron bonariensis* L.，哀牢山和无量山均有分布。药用。

短葶飞蓬 *Erigeron breviscapus*（Vaniot）Hand.-Mazz.，分布于哀牢山。药用。

小蓬草 *Erigeron canadensis* L.，哀牢山和无量山均有分布。

苏门白酒草 *Erigeron sumatrensis* Retz.，哀牢山和无量山均有分布。药用。

熊胆草 *Eschenbachia blinii*（H. Lév.）Brouillet，分布于哀牢山。药用。

白酒草 *Eschenbachia japonica*（Thunb.）J. Kost.，哀牢山和无量山均有分布。药用。

粘毛白酒草 *Eschenbachia leucantha*（D. Don）Brouillet，哀牢山和无量山均有分布。药用。

劲直白酒草 *Eschenbachia stricta*（Willd.）Raizada，哀牢山和无量山均有分布。

白头婆 *Eupatorium japonicum* Thunb.，哀牢山和无量山均有分布。药用。

林泽兰 *Eupatorium lindleyanum* DC.，分布于哀牢山。药用。

辣子草 *Galinsoga parviflora* Cav.，哀牢山和无量山均有分布。药用。

匙叶鼠麴草 *Gamochaeta pensylvanica*（Willd.）Cabrera，哀牢山和无量山均有分布。

钩苞大丁草 *Gerbera delavayi* Franch.，哀牢山和无量山均有分布。药用。

毛大丁草 *Gerbera piloselloides*（L.）Cass.，分布于无量山。药用。

钝苞大丁草 *Gerbera tanantii* Franch.，哀牢山和无量山均有分布。

宽叶鼠麴草 *Gnaphalium adnatum*（Wall. ex DC.）DC. ex Kitam.，分布于无量山。

多茎鼠麴草 *Gnaphalium polycaulon* Pers.，分布于哀牢山。药用。

木耳菜 *Gynura cusimbua*（D. Don）S. Moore，哀牢山和无量山均有分布。

叉花土三七 *Gynura divaricata*（L.）DC.，哀牢山和无量山均有分布。

菊三七 *Gynura japonica*（Thunb.）Juel，分布于哀牢山。

狗头七 *Gynura pseudochina*（L.）DC.，哀牢山和无量山均有分布。

泥胡菜 *Hemisteptia lyrata*（Bunge）Fisch. & C.A. Mey.，哀牢山和无量山均有分布。药用。

水朝阳草 *Inula helianthus-aquatilis* C. Y. Wu ex Ling，哀牢山和无量山均有分布。药用。

窄叶小苦荬 *Ixeridium graminuem* (Fisch.) Tzvel.，哀牢山和无量山均有分布。

中华小苦荬 *Ixeridium chinense*（Thunb.）Tzvelev，哀牢山和无量山均有分布。药用。

细叶小苦荬 *Ixeridium gracile*（DC.）Pak & Kawano，哀牢山和无量山均有分布。

戟叶小苦荬 *Ixeridium sagittarioides*（C.B. Clarke）C. Shih，分布于哀牢山。

苦荬菜 *Ixeris polycephala* Cass. ex DC.，哀牢山和无量山均有分布。药用。

翅柄莴苣 *Lactuca alatipes* Collett & Hemsl.，分布于无量山。

翅果菊 *Lactuca indica* L.，哀牢山和无量山均有分布。药用。

山莴苣 *Lactuca sibirica*（L.）Benth. ex Maxim.，哀牢山和无量山均有分布。

翼齿六棱菊 *Laggera crispata*（Vahl）Hepper & J.R.I. Wood，哀牢山和无量山均有分布。

大丁草 *Leibnitzia anandria*（L.）Turcz.，哀牢山和无量山均有分布。药用。

松毛火绒草 *Leontopodium andersonii* C.B. Clarke，分布于无量山。药用。

戟叶火绒草 *Leontopodium dedekensii*（Bureau & Franch.）Beauverd，分布于无量山。药用。

华火绒草 *Leontopodium sinense* Hemsl.，哀牢山和无量山均有分布。药用。

白菊木 *Leucomeris decora* Kurz，哀牢山和无量山均有分布。

细茎橐吾 *Ligularia hookeri*（C.B. Clarke）Hand.-Mazz.，哀牢山和无量山均有分布。

叶状鞘橐吾 *Ligularia phyllocolea* Hand.-Mazz.，分布于哀牢山。

梨叶橐吾 *Ligularia pyrifolia* S.W. Liu，分布于无量山。

多裂梨叶橐吾 *Ligularia pyrifolia* var. *dissecta* L. Wang & Q.E. Yang，分布于无量山。

景东毛鳞菊 *Melanoseris ciliata*（C. Shih）N. Kilian，分布于无量山。

蓝花毛鳞菊 *Melanoseris cyanea*（D. Don）Edgew.，哀牢山和无量山均有分布。药用。

光苞毛鳞菊 *Melanoseris leiolepis*（C. Shih）N. Kilian & J.W. Zhang，分布于无量山。

小舌菊 *Microglossa pyrifolia*（Lam.）Kuntze，哀牢山和无量山均有分布。药用。

假泽兰 *Mikania cordata*（Burm. f.）B.L. Rob.，哀牢山和无量山均有分布。药用。

羽裂粘冠草 *Myriactis delavayi* Gagnep.，分布于哀牢山。药用。

圆舌粘冠草 *Myriactis nepalensis* Less.，哀牢山和无量山均有分布。

狐狸草 *Myriactis wallichii* Less.，分布于哀牢山。

粘冠草 *Myriactis wightii* DC.，哀牢山和无量山均有分布。

黑花紫菊 *Notoseris melanantha*（Franch.）C. Shih，分布于哀牢山。

光苞紫菊 *Notoseris psilolepis* C. Shih，分布于无量山。

菱叶紫菊 *Notoseris rhombiformis* C. Shih，分布于哀牢山。

云南紫菊 *Notoseris yunnanensis* C. Shih，分布于哀牢山。

栌菊木 *Nouelia insignis* Franch.，哀牢山和无量山均有分布。

堆莴苣 *Paraprenanthes sororia*（Miq.）C. Shih，哀牢山和无量山均有分布。

苇谷草 *Pentanema indicum*（L.）Y. Ling，分布于无量山。

白背苇谷草 *Pentanema indicum* var. *hypoleucum*（Hand.-Mazz.）Y. Ling，哀牢山和无量山均有分布。药用。

昆明帚菊 *Pertya bodinieri* Vaniot，哀牢山和无量山均有分布。

丽江毛连菜 *Picris hieracioides* subsp. *fuscipilosa* Hand.-Mazz.，分布于无量山。

日本毛连菜 *Picris japonica* Thunb.，哀牢山和无量山均有分布。药用。

兔耳一枝箭 *Piloselloides hirsuta*（Forssk.）C. Jeffrey ex Cufod.，分布于无量山。

福王草 *Prenanthes tatarinowii* Maxim.，分布于哀牢山。

秋鼠麴草 *Pseudognaphalium hypoleucum*（DC.）Hilliard & B.L. Burtt，哀牢山和无量山均有分布。

鼠麴草 *Pseudognaphalium luteoalbum* subsp. *affine*（D. Don）Hilliard & B.L. Burtt，哀牢山和无量山均有分布。药用。

金仙草 *Pulicaria chrysantha*（Diels）Y. Ling，分布于无量山。药用。

秋分草 *Rhynchospermum verticillatum* Reinw.，分布于无量山。药用。

破血丹 *Saussurea acrophila* Diels，分布于哀牢山。

三角叶风毛菊 *Saussurea deltoidea*（DC.）Sch. Bip.，分布于无量山。

叶头风毛菊 *Saussurea peguensis* C.B. Clarke，分布于哀牢山。

琥珀千里光 *Senecio ambraceus* Turcz. ex DC.，分布于哀牢山。

菊状千里光 *Senecio analogus* DC.，哀牢山和无量山均有分布。

糙叶千里光 *Senecio asperifolius* Franch.，分布于哀牢山。

千里光 *Senecio scandens* Buch.-Ham. ex D. Don，哀牢山和无量山均有分布。药用。

欧洲千里光 *Senecio vulgaris* L.，哀牢山和无量山均有分布。

弯齿千里光 *Senecio wightii*（DC.）Benth. ex C.B. Clarke，哀牢山和无量山均有分布。

毛梗豨莶 *Sigesbeckia glabrescens*（Makino）Makino，哀牢山和无量山均有分布。

豨莶 *Sigesbeckia orientalis* L.，哀牢山和无量山均有分布。

腺梗豨莶 *Sigesbeckia pubescens*（Makino）Makino，哀牢山和无量山均有分布。

蒲儿根 *Sinosenecio oldhamianus*（Maxim.）B. Nord.，哀牢山和无量山均有分布。

苦苣菜 *Sonchus oleraceus* L.，哀牢山和无量山均有分布。药用。

戴星草 *Sphaeranthus africanus* L.，哀牢山和无量山均有分布。药用。

景东细莴苣 *Stenoseris leptantha* C. Shih，分布于无量山。

含苞草 *Symphyllocarpus exilis* Maxim.，分布于哀牢山。

金腰箭 *Synedrella nodiflora*（L.）Gaertn.，分布于哀牢山。药用。

翅柄合耳菊 *Synotis alata*（Wall. ex DC.）C. Jeffrey & Y.L. Chen ex DC.，哀牢山和无量山均有分布。

密花千里光 *Synotis cappa*（Buch.-Ham. ex D. Don）C. Jeffrey & Y.L. Chen，分布于无量山。

聚花合耳菊 *Synotis glomerata*（Jeffrey）C. Jeffrey & Y.L. Chen，分布于哀牢山。

锯叶合耳菊 *Synotis nagensium*（C.B. Clarke）C. Jeffrey & Y.L. Chen，分布于无量山。

红脉合耳菊 *Synotis rufinervis*（DC.）C. Jeffrey & Y.L. Chen，分布于无量山。

怒江千里光 *Synotis saluenensis*（Diels）C. Jeffrey & Y.L. Chen，哀牢山和无量山均有分布。

林荫千里光 *Synotis sciatrephes*（W.W. Sm.）C. Jeffrey & Y.L. Chen，分布于无量山。

三舌千里光 *Synotis triligulata*（Buch.-Ham. ex D. Don）C. Jeffrey & Y.L. Chen，分布于无量山。

万寿菊 *Tagetes erecta* L.，哀牢山和无量山均有分布。药用。

蒲公英 *Taraxacum mongolicum* Hand.-Mazz.，哀牢山和无量山均有分布。药用。

肿柄菊 *Tithonia diversifolia*（Hemsl.）A. Gray，哀牢山和无量山均有分布。药用。

羽芒菊 *Tridax procumbens* L.，哀牢山和无量山均有分布。

糙叶斑鸠菊 *Vernonia aspera* Buch.-Ham.，分布于哀牢山。药用。

狭长斑鸠菊 *Vernonia attenuata* DC.，分布于哀牢山。

夜香牛 *Vernonia cinerea*（L.）Less.，哀牢山和无量山均有分布。药用。

斑鸠菊 *Vernonia esculenta* Hemsl.，哀牢山和无量山均有分布。药用。

展枝斑鸠菊 *Vernonia extensa* DC.，哀牢山和无量山均有分布。药用。

柳叶斑鸠菊 *Vernonia saligna* DC.，哀牢山和无量山均有分布。药用。

折苞斑鸠菊 *Vernonia spirei* Gand.，哀牢山和无量山均有分布。药用。

大叶斑鸠菊 *Vernonia volkameriifolia* DC.，哀牢山和无量山均有分布。药用。

山蟛蜞菊 *Wollastonia montana*（Blume）DC.，哀牢山和无量山均有分布。药用。

苍耳 *Xanthium strumarium* L.，哀牢山和无量山均有分布。药用。

黄鹌菜 *Youngia japonica*（L.）DC.，哀牢山和无量山均有分布。药用。

龙胆科 **Gentianaceae**

罗星草 *Canscora andrographioides* Griff. ex C.B. Clarke，哀牢山和无量山均有分布。

云南蔓龙胆 *Crawfurdia campanulacea* Wall. & Griff. ex C.B. Clarke，哀牢山和无量山均有分布。

披针叶蔓龙胆 *Crawfurdia delavayi* Franch.，分布于无量山。

藻百年 *Exacum tetragonum* Roxb.，哀牢山和无量山均有分布。

阿坝龙胆 *Gentiana abaensis* T.N. Ho，分布于哀牢山。

异药龙胆 *Gentiana anisostemon* C. Marquand，分布于哀牢山。

头花龙胆 *Gentiana cephalantha* Franch.，哀牢山和无量山均有分布。

微籽龙胆 *Gentiana delavayi* Franch.，哀牢山和无量山均有分布。

盐丰龙胆 *Gentiana expansa* Harry Sm.，哀牢山和无量山均有分布。

长流苏龙胆 *Gentiana grata* Harry Sm.，哀牢山和无量山均有分布。

景东龙胆 *Gentiana jingdongensis* T.N. Ho，哀牢山和无量山均有分布。

四数龙胆 *Gentiana lineolata* Franch.，哀牢山和无量山均有分布。

华南龙胆 *Gentiana loureiroi*（G. Don）Griseb.，哀牢山和无量山均有分布。

蕻根龙胆 *Gentiana napulifera* Franch.，分布于无量山。

流苏龙胆 *Gentiana panthaica* Prain & Burkill，分布于无量山。

草甸龙胆 *Gentiana praticola* Franch.，哀牢山和无量山均有分布。

红花龙胆 *Gentiana rhodantha* Franch.，哀牢山和无量山均有分布。药用。

滇龙胆草 *Gentiana rigescens* Franch.，哀牢山和无量山均有分布。

大理龙胆 *Gentiana taliensis* Balf. f. & Forrest，哀牢山和无量山均有分布。

椭圆叶花锚 *Halenia elliptica* D. Don，哀牢山和无量山均有分布。药用。

大花花锚 *Halenia elliptica* var. *grandiflora* Hemsl.，分布于哀牢山。

狭叶獐牙菜 *Swertia angustifolia* Buch.-Ham. ex D. Don，哀牢山和无量山均有分布。

美丽獐牙菜 *Swertia angustifolia* var. *pulchella*（D. Don）Burkill，分布于哀牢山。

獐牙菜 *Swertia bimaculata*（Siebold & Zucc.）Hook. f. & Thomson ex C.B. Clarke，哀牢山和无量山均有分布。药用。

西南獐牙菜 *Swertia cincta* Burkill，哀牢山和无量山均有分布。

心叶獐牙菜 *Swertia cordata*（Wall. ex G. Don）C.B. Clarke，分布于无量山。

川东獐牙菜 *Swertia davidii* Franch.，分布于哀牢山。

大籽獐牙菜 *Swertia macrosperma*（C.B. Clarke）C.B. Clarke，哀牢山和无量山均有分布。

显脉獐牙菜 *Swertia nervosa*（Wall. ex G. Don）C.B. Clarke，分布于无量山。

紫红獐牙菜 *Swertia punicea* Hemsl.，分布于无量山。

淡黄獐牙菜 *Swertia punicea* var. *lutescens* Franch. ex T.N. Ho，哀牢山和无量山均有分布。

云南獐牙菜 *Swertia yunnanensis* Burkill，分布于无量山。

峨眉双蝴蝶 *Tripterospermum cordatum*（C. Marquand）Harry Sm.，分布于无量山。

细茎双蝴蝶 *Tripterospermum filicaule*（Hemsl.）Harry Sm.，哀牢山和无量山均有分布。

尼泊尔双蝴蝶 *Tripterospermum volubile*（D. Don）H. Hara，分布于无量山。

报春花科 Primulaceae

腋花点地梅 *Androsace axillaris*（Franch.）Franch.，哀牢山和无量山均有分布。

云南过路黄 *Lysimachia albescens* Franch.，分布于哀牢山。

假排草 *Lysimachia ardisioides* Masam.，分布于哀牢山。

双花香草 *Lysimachia biflora* C.Y. Wu，哀牢山和无量山均有分布。

短花珍珠菜 *Lysimachia breviflora* C.M. Hu，分布于哀牢山。

泽珍珠菜 *Lysimachia candida* Lindl.，哀牢山和无量山均有分布。药用。

细梗香草 *Lysimachia capillipes* Hemsl.，分布于哀牢山。药用。

过路黄 *Lysimachia christinae* Hance，哀牢山和无量山均有分布。药用。

矮桃 *Lysimachia clethroides* Duby，哀牢山和无量山均有分布。药用。

聚花过路黄 *Lysimachia congestiflora* Hemsl.，哀牢山和无量山均有分布。

心叶香草 *Lysimachia cordifolia* Hand.-Mazz.，分布于哀牢山。

延叶珍珠菜 *Lysimachia decurrens* G. Forst.，哀牢山和无量山均有分布。

小寸金黄 *Lysimachia deltoidea* var. *cinerascens* Franch.，哀牢山和无量山均有分布。药用。

思茅香草 *Lysimachia engleri* R. Knuth，哀牢山和无量山均有分布。

灵香草 *Lysimachia foenum-graecum* Hance，哀牢山和无量山均有分布。

景东香草 *Lysimachia jingdongensis* F.H. Chen & C.M. Hu，哀牢山和无量山均有分布。

多枝香草 *Lysimachia laxa* Baudo，哀牢山和无量山均有分布。

长蕊珍珠菜 *Lysimachia lobelioides* Wall.，哀牢山和无量山均有分布。药用。

小果香草 *Lysimachia microcarpa* Hand.-Mazz. ex C.Y. Wu，哀牢山和无量山均有分布。药用。

小叶珍珠菜 *Lysimachia parvifolia* Franch.，哀牢山和无量山均有分布。药用。

叶头过路黄 *Lysimachia phyllocephala* Hand.-Mazz.，分布于哀牢山。药用。

大理珍珠菜 *Lysimachia taliensis* Bonati，哀牢山和无量山均有分布。

紫晶报春 *Primula amethystina* Franch.，分布于哀牢山。

细辛叶报春 *Primula asarifolia* H.R. Fletcher，哀牢山和无量山均有分布。

毛萼鄂报春 *Primula barbicalyx* C.H. Wright，分布于哀牢山。

穗花报春 *Primula deflexa* Duthie，哀牢山和无量山均有分布。

滇北球花报春 *Primula denticulata* subsp. *sinodenticulata*（Balf. f. & Forrest）W.W. Sm.，哀牢山和无量山均有分布。

叉梗报春 *Primula divaricata* F.H. Chen & C.M. Hu，哀牢山和无量山均有分布。

曲柄报春 *Primula duclouxii* Petitm.，分布于无量山。

石面报春 *Primula epilithica* F.H. Chen & C.M. Hu，哀牢山和无量山均有分布。

无葶脆蒴报春 *Primula exscapa* F.H. Chen & C.M. Hu，哀牢山和无量山均有分布。

小报春 *Primula forbesii* Franch.，分布于哀牢山。药用。

景东报春 *Primula interjacens* F.H. Chen，哀牢山和无量山均有分布。

光叶景东报春 *Primula interjacens* var. *epilosa* C.M. Hu，哀牢山和无量山均有分布。

报春花 *Primula malacoides* Franch.，哀牢山和无量山均有分布。观赏。

薄叶粉报春 *Primula membranifolia* Franch.，哀牢山和无量山均有分布。

宝兴报春 *Primula moupinensis* Franch.，分布于哀牢山。

鄂报春 *Primula obconica* Hance，分布于无量山。观赏。

饰岩报春 *Primula petrocallis* F.H. Chen & C.M. Hu，分布于无量山。

无毛饰岩报春 *Primula petrocallis* var. *glabrata* C.M. Hu，哀牢山和无量山均有分布。

海仙花　*Primula poissonii* Franch.，哀牢山和无量山均有分布。

早花脆蒴报春　*Primula praeflorens* F.H. Chen & C.M. Hu，分布于无量山。

滇海水仙花　*Primula pseudodenticulata* Pax，哀牢山和无量山均有分布。

莓叶报春　*Primula rubifolia* C.M. Hu，哀牢山和无量山均有分布。

铁梗报春　*Primula sinolisteri* Balf. f.，分布于无量山。

糙叶铁梗报春　*Primula sinolisteri* var. *aspera* W.W. Sm. & H.R. Fletcher，分布于无量山。

波缘报春　*Primula sinuata* Franch.，哀牢山和无量山均有分布。

大理报春　*Primula taliensis* Forrest，分布于哀牢山。

云南报春　*Primula yunnanensis* Franch.，分布于无量山。

蓝雪科　Plumbaginaceae

岷江蓝雪花　*Ceratostigma willmottianum* Stapf，哀牢山和无量山均有分布。药用。

白花丹　*Plumbago zeylanica* L.，哀牢山和无量山均有分布。药用。

车前科　Plantaginaceae

车前　*Plantago asiatica* L.，哀牢山和无量山均有分布。药用。

疏花车前　*Plantago asiatica* subsp. *erosa*（Wall.）Z.Y. Li，哀牢山和无量山均有分布。

平车前　*Plantago depressa* Willd.，哀牢山和无量山均有分布。药用。

大车前　*Plantago major* L.，哀牢山和无量山均有分布。药用。

桔梗科　Campanulaceae

天蓝沙参　*Adenophora coelestis* Diels，分布于哀牢山。

云南沙参　*Adenophora khasiana*（Hook. f. & Thomson）Feer，分布于无量山。

川西沙参　*Adenophora stricta* subsp. *aurita*（Franch.）D.Y. Hong & S. Ge，分布于哀牢山。

灰毛风铃草　*Campanula cana* Wall.，分布于无量山。

一年生风铃草　*Campanula dimorphantha* Schweinf.，哀牢山和无量山均有分布。

西南风铃草　*Campanula pallida* Wall.，哀牢山和无量山均有分布。药用。

金钱豹　*Campanumoea javanica* Blume，哀牢山和无量山均有分布。药用、食用。

鸡蛋参　*Codonopsis convolvulacea* Kurz，哀牢山和无量山均有分布。药用。

直立鸡蛋参　*Codonopsis convolvulacea* subsp. *forrestii*（Diels）D.Y. Hong & L.M. Ma，哀牢山和无量山均有分布。

小花党参　*Codonopsis micrantha* Chipp，分布于哀牢山。

紫花党参　*Codonopsis purpurea* Wall.，哀牢山和无量山均有分布。

束花蓝钟花　*Cyananthus fasciculatus* C. Marquand，哀牢山和无量山均有分布。

蓝钟花　*Cyananthus hookeri* C.B. Clarke，哀牢山和无量山均有分布。

胀萼蓝钟花　*Cyananthus inflatus* Hook. f. & Thomson，哀牢山和无量山均有分布。

小叶轮钟草　*Cyclocodon celebicus*（Blume）D.Y. Hong，哀牢山和无量山均有分布。

轮钟花　*Cyclocodon lancifolius*（Roxb.）Kurz，哀牢山和无量山均有分布。药用。

同钟花　*Homocodon brevipes*（Hemsl.）D.Y. Hong，哀牢山和无量山均有分布。

袋果草　*Peracarpa carnosa*（Wall.）Hook. f. & Thomson，哀牢山和无量山均有分布。

桔梗　*Platycodon grandiflorus*（Jacq.）A. DC.，哀牢山和无量山均有分布。油料。

蓝花参　*Wahlenbergia marginata*（Thunb.）A. DC.，哀牢山和无量山均有分布。药用。

半边莲科　Lobeliaceae

短柄半边莲　*Lobelia alsinoides* Lam.，哀牢山和无量山均有分布。

密毛山梗菜　*Lobelia clavata* E. Wimm.，哀牢山和无量山均有分布。药用。

狭叶山梗菜 *Lobelia colorata* Wall.，哀牢山和无量山均有分布。药用。

江南山梗菜 *Lobelia davidii* Franch.，分布于无量山。

微齿山梗菜 *Lobelia doniana* Skottsb.，哀牢山和无量山均有分布。

直立山梗菜 *Lobelia erectiuscula* H. Hara，哀牢山和无量山均有分布。药用。

翅茎半边莲 *Lobelia heyneana* Schult.，哀牢山和无量山均有分布。

毛萼山梗菜 *Lobelia pleotricha* Diels，哀牢山和无量山均有分布。

塔花山梗菜 *Lobelia pyramidalis* Wall.，分布于哀牢山。

西南山梗菜 *Lobelia seguinii* H. Lév. & Vaniot，哀牢山和无量山均有分布。药用。

山梗菜 *Lobelia sessilifolia* Lamb.，分布于无量山。药用。

大理山梗菜 *Lobelia taliensis* Diels，分布于哀牢山。药用。

卵叶半边莲 *Lobelia zeylanica* L.，分布于哀牢山。

铜锤玉带草 *Pratia nummularia*（Lam.）A. Braun & Asch.，哀牢山和无量山均有分布。药用。

紫草科 Boraginaceae

长蕊斑种草 *Antiotrema dunnianum*（Diels）Hand.-Mazz.，哀牢山和无量山均有分布。药用。

柔弱斑种草 *Bothriospermum zeylanicum*（J. Jacq.）Druce，哀牢山和无量山均有分布。

破布木 *Cordia dichotoma* G. Forst.，分布于无量山。药用、材用、油料。

倒提壶 *Cynoglossum amabile* Stapf & J.R. Drumm.，分布于哀牢山。药用。

小花琉璃草 *Cynoglossum lanceolatum* Forsk.，哀牢山和无量山均有分布。药用。

琉璃草 *Cynoglossum zeylanicum*（Lehm.）Brand，哀牢山和无量山均有分布。药用。

西南粗糠树 *Ehretia corylifolia* C.H. Wright，哀牢山和无量山均有分布。药用、食用、材用。

云贵厚壳树 *Ehretia dunniana* H. Lév.，哀牢山和无量山均有分布。

光叶粗糠树 *Ehretia macrophylla* var. *glabrescens*（Nakai）Y.L. Liu，分布于哀牢山。

大叶假鹤虱 *Hackelia brachytuba*（Diels）I.M. Johnst.，分布于无量山。

大尾摇 *Heliotropium indicum* L.，哀牢山和无量山均有分布。

长柱琉璃草 *Lindelofia stylosa*（Kar. & Kir.）Brand，分布于哀牢山。

易门滇紫草 *Onosma decastichum* Y.L. Liu，哀牢山和无量山均有分布。

露蕊滇紫草 *Onosma exsertum* Hemsl.，分布于哀牢山。

宽胀萼紫草 *Onosma lycopsioides* Fisch.，分布于无量山。

镇康胀萼紫草 *Onosma microstoma* Johnst.，分布于无量山。

滇紫草 *Onosma paniculatum* Bureau & Franch.，哀牢山和无量山均有分布。药用。

毛束草 *Trichodesma calycosum* Collett & Hemsl.，哀牢山和无量山均有分布。

西南附地菜 *Trigonotis cavaleriei*（H. Lév.）Hand.-Mazz.，分布于哀牢山。

窄叶西南附地菜 *Trigonotis cavaleriei* var. *angustifolia* C.J. Wang，哀牢山和无量山均有分布。

毛脉附地菜 *Trigonotis heliotropifolia* Hand.-Mazz.，分布于哀牢山。

附地菜 *Trigonotis microcarpa*（DC.）Benth. ex C.B. Clarke，分布于无量山。

附地草 *Trigonotis peduncularis*（Trevir.）Benth. ex Baker & S. Moore，哀牢山和无量山均有分布。

茄科 Solanaceae

辣椒 *Capsicum annuum* L.，哀牢山和无量山均有分布。

曼陀罗 *Datura stramonium* L.，哀牢山和无量山均有分布。药用。

红丝线 *Lycianthes biflora*（Lour.）Bitter，哀牢山和无量山均有分布。

单花红丝线 *Lycianthes lysimachioides*（Wall.）Bitter，哀牢山和无量山均有分布。

茎根红丝线 *Lycianthes lysimachioides* var. *caulorhiza*（Dunal）Bitter，哀牢山和无量山均有分布。

大齿红丝线　*Lycianthes macrodon*（Wall. ex Nees）Bitter，分布于无量山。

滇红丝线　*Lycianthes yunnanensis*（Bitter）C.Y. Wu & S.C. Huang，分布于哀牢山。

枸杞　*Lycium chinense* Mill.，分布于哀牢山。药用。

云南枸杞　*Lycium yunnanense* Kuang & A.M. Lu，哀牢山和无量山均有分布。

西红柿　*Lycopersicon esculentum* Mill.，哀牢山和无量山均有分布。

假酸浆　*Nicandra physalodes*（L.）Gaertn.，哀牢山和无量山均有分布。药用。

烟草　*Nicotiana tabacum* L.，哀牢山和无量山均有分布。土农药类。

云南散血丹　*Physaliastrum yunnanense* Kuang & A.M. Lu，哀牢山和无量山均有分布。

挂金灯　*Physalis alkekengi* var. *franchetii*（Mast.）Makino，哀牢山和无量山均有分布。药用。

苦蘵　*Physalis angulata* L.，分布于哀牢山。

小酸浆　*Physalis minima* L.，分布于哀牢山。药用。

灯笼果　*Physalis peruviana* L.，哀牢山和无量山均有分布。药用。

喀西茄　*Solanum aculeatissimum* Jacq.，哀牢山和无量山均有分布。药用。

假烟叶树　*Solanum erianthum* D. Don，哀牢山和无量山均有分布。药用。

千年不烂心　*Solanum lyratum* Thunb. ex Murray，哀牢山和无量山均有分布。药用。

龙葵　*Solanum nigrum* L.，哀牢山和无量山均有分布。药用。

珊瑚樱　*Solanum pseudocapsicum* L.，哀牢山和无量山均有分布。

珊瑚豆　*Solanum pseudocapsicum* var. *diflorum*（Vell.）Bitter，哀牢山和无量山均有分布。观赏。

旋花茄　*Solanum spirale* Roxb.，哀牢山和无量山均有分布。药用。

牛茄子　*Solanum surattense* Burm. f.，哀牢山和无量山均有分布。药用。

水茄　*Solanum torvum* Sw.，哀牢山和无量山均有分布。药用。

野茄　*Solanum undatum* Lam.，哀牢山和无量山均有分布。

红果龙葵　*Solanum villosum* Mill.，哀牢山和无量山均有分布。

刺天茄　*Solanum violaceum* Ortega，哀牢山和无量山均有分布。药用。

黄果茄　*Solanum virginianum* L.，哀牢山和无量山均有分布。药用。

龙珠　*Tubocapsicum anomalum*（Franch. & Sav.）Makino，哀牢山和无量山均有分布。

旋花科　Convolvulaceae

头花银背藤　*Argyreia capitiformis*（Poir.）Ooststr.，哀牢山和无量山均有分布。药用。

长叶银背藤　*Argyreia henryi*（Craib）Craib，分布于哀牢山。

线叶银背藤　*Argyreia lineariloba* C.Y. Wu，分布于哀牢山。

叶苞银背藤　*Argyreia mastersii*（Prain）Raizada，哀牢山和无量山均有分布。

灰毛白鹤藤　*Argyreia osyrensis* var. *cinerea* Hand.-Mazz.，分布于哀牢山。药用。

大叶银背藤　*Argyreia wallichii* Choisy，哀牢山和无量山均有分布。药用。

打碗花　*Calystegia hederacea* Wall.，哀牢山和无量山均有分布。药用。

马蹄金　*Dichondra micrantha* Urb.，哀牢山和无量山均有分布。药用。

白飞蛾藤　*Dinetus decorus*（W.W. Sm.）Staples，哀牢山和无量山均有分布。

蒙自飞蛾藤　*Dinetus dinetoides*（C.K. Schneid.）Staples，哀牢山和无量山均有分布。

飞蛾藤　*Dinetus racemosus*（Roxb.）Buch.-Ham. ex Sweet，哀牢山和无量山均有分布。药用。

毛果飞蛾藤　*Dinetus truncatus*（Kurz）Staples，哀牢山和无量山均有分布。

锥序丁公藤　*Erycibe subspicata* Wall. ex G. Don，哀牢山和无量山均有分布。

银丝草　*Evolvulus alsinoides* var. *decumbens*（R. Br.）Ooststr.，哀牢山和无量山均有分布。药用。

猪菜藤　*Hewittia malabarica*（L.）Suresh，哀牢山和无量山均有分布。

夜花薯藤 *Ipomoea aculeata* Blume，分布于哀牢山。

番薯 *Ipomoea batatas*（L.）Lam.，哀牢山和无量山均有分布。食用。

毛牵牛 *Ipomoea biflora*（L.）Pers.，分布于哀牢山。

牵牛 *Ipomoea nil*（L.）Roth，哀牢山和无量山均有分布。药用。

帽苞薯藤 *Ipomoea pileata* Roxb.，哀牢山和无量山均有分布。

圆叶牵牛 *Ipomoea purpurea*（L.）Roth，分布于哀牢山。

刺毛月光花 *Ipomoea setosa* Ker Gawl.，哀牢山和无量山均有分布。

鱼黄草 *Merremia hederacea*（Burm. f.）Hallier f.，哀牢山和无量山均有分布。药用。

毛山猪菜 *Merremia hirta*（L.）Merr.，哀牢山和无量山均有分布。

山土瓜 *Merremia hungaiensis*（Lingelsh. & Borza）R.C. Fang，分布于哀牢山。食用。

搭棚藤 *Poranopsis discifera*（C.K. Schneid.）Staples，分布于无量山。

圆锥白花叶 *Poranopsis paniculata*（Roxb.）Roberty，分布于哀牢山。

白花叶 *Poranopsis sinensis*（Hand.-Mazz.）Staples，分布于哀牢山。

菟丝子科 Cuscutaceae

菟丝子 *Cuscuta chinensis* Lam.，哀牢山和无量山均有分布。药用。

金灯藤 *Cuscuta japonica* Choisy，分布于无量山。药用。

大花菟丝子 *Cuscuta reflexa* Roxb.，哀牢山和无量山均有分布。

玄参科 Scrophulariaceae

毛麝香 *Adenosma glutinosum*（L.）Druce，分布于哀牢山。药用。

球花毛麝香 *Adenosma indianum*（Lour.）Merr.，哀牢山和无量山均有分布。药用。

异色来江藤 *Brandisia discolor* Hook. f. & Thomson，分布于无量山。

来江藤 *Brandisia hancei* Hook. f.，分布于无量山。药用。

黄花红花来江藤 *Brandisia rosea* var. *flava* C.E.C. Fisch.，分布于无量山。

黑草 *Buchnera cruciata* Buch.-Ham ex D. Don，分布于无量山。药用。

刚毛黑草 *Buchnera linearis* R. Br.，分布于无量山。

胡麻草 *Centranthera cochinchinensis*（Lour.）Merr.，哀牢山和无量山均有分布。药用。

中南胡麻草 *Centranthera cochinchinensis* var. *lutea*（Hara）H. Hara，分布于无量山。

虻眼 *Dopatrium junceum*（Roxb.）Buch.-Ham. ex Benth.，哀牢山和无量山均有分布。

鞭打绣球 *Hemiphragma heterophyllum* Wall.，哀牢山和无量山均有分布。

紫苏草 *Limnophila aromatica*（Lam.）Merr.，分布于无量山。药用。

中华石龙尾 *Limnophila chinensis*（Osbeck）Merr.，分布于无量山。

抱茎石龙尾 *Limnophila connata*（Buch.-Ham. ex D. Don）Hand.-Mazz.，分布于无量山。

石龙尾 *Limnophila sessiliflora* Blume，分布于无量山。

野地钟萼草 *Lindenbergia muraria*（Roxburgh ex D. Don）Brühl，分布于无量山。

钟萼草 *Lindenbergia philippensis*（Cham. & Schltdl.）Benth.，哀牢山和无量山均有分布。药用。

长蒴母草 *Lindernia anagallis*（Burm. f.）Pennell，哀牢山和无量山均有分布。

泥花草 *Lindernia antipoda*（L.）Alston，哀牢山和无量山均有分布。药用。

刺齿泥花草 *Lindernia ciliata*（Colsm.）Pennell，分布于无量山。药用。

母草 *Lindernia crustacea*（L.）F. Muell.，哀牢山和无量山均有分布。药用。

尖果母草 *Lindernia hyssopoides*（L.）Haines，分布于无量山。

狭叶母草 *Lindernia micrantha*（Blatt. & Hallb.）V. Singh，分布于无量山。

宽叶母草 *Lindernia nummulariifolia*（D. Don）Wettst.，哀牢山和无量山均有分布。

陌上菜 *Lindernia procumbens*（Krock.）Philcox，分布于无量山。

细茎母草 *Lindernia pusilla*（Willd.）Bold.，分布于无量山。

旱田草 *Lindernia ruellioides*（Colsm.）Pennell，分布于无量山。药用。

长柄通泉草 *Mazus henryi* P.C. Tsoong，哀牢山和无量山均有分布。

低矮通泉草 *Mazus humilis* Hand.-Mazz.，哀牢山和无量山均有分布。

美丽通泉草 *Mazus pulchellus* Hemsl.，分布于无量山。

通泉草 *Mazus pumilus*（Burm. f.）Steenis，哀牢山和无量山均有分布。

多枝通泉草 *Mazus pumilus* var. *delavayi*（Bonati）T.L. Chin ex D.Y. Hong，分布于哀牢山。

大萼通泉草 *Mazus pumilus* var. *macrocalyx*（Bonati）T. Yamaz.，分布于哀牢山。

滇川山罗花 *Melampyrum klebelsbergianum* Soó，分布于哀牢山。

山罗花 *Melampyrum roseum* Maxim.，分布于哀牢山。

黑蒴 *Melasma avense*（Benth.）Hand.-Mazz.，哀牢山和无量山均有分布。

尼泊尔沟酸浆 *Mimulus tenellus* var. *nepalensis*（Benth.）P.C. Tsoong，哀牢山和无量山均有分布。

南红藤 *Mimulus tenellus* var. *platyphyllus*（Franch.）P.C. Tsoong，分布于哀牢山。药用。

腋花马先蒿 *Pedicularis axillaris* Franch. ex Maxim.，分布于无量山。

中国纤细马先蒿 *Pedicularis gracilis* subsp. *sinensis*（H.L. Li）P.C. Tsoong，分布于无量山。

纤细马先蒿 *Pedicularis gracilis* Wall. ex Benth.，哀牢山和无量山均有分布。

亨氏马先蒿 *Pedicularis henryi* Maxim.，哀牢山和无量山均有分布。

长茎马先蒿 *Pedicularis longicaulis* Franch. ex Maxim.，分布于哀牢山。

黑马先蒿 *Pedicularis nigra*（Bonati）Vaniot ex Bonati，哀牢山和无量山均有分布。

大王马先蒿 *Pedicularis rex* C.B. Clarke ex Maxim.，分布于哀牢山。

丹参花马先蒿 *Pedicularis salviiflora* Franch.，分布于无量山。

纤裂马先蒿 *Pedicularis tenuisecta* Franch. ex Maxim.，哀牢山和无量山均有分布。

狭管马先蒿 *Pedicularis tenuituba* H.L. Li，哀牢山和无量山均有分布。

松蒿 *Phtheirospermum japonicum*（Thunb.）Kanitz，分布于哀牢山。药用。

细裂叶松蒿 *Phtheirospermum tenuisectum* Bureau & Franch.，哀牢山和无量山均有分布。药用。

杜氏翅茎草 *Pterygiella duclouxii* Franch.，哀牢山和无量山均有分布。

翅茎草 *Pterygiella nigrescens* Oliv.，哀牢山和无量山均有分布。

野甘草 *Scoparia dulcis* L.，哀牢山和无量山均有分布。

高玄参 *Scrophularia elatior* Wall. ex Benth.，哀牢山和无量山均有分布。

大果玄参 *Scrophularia macrocarpa* P.C. Tsoong，分布于无量山。药用。

荨麻叶玄参 *Scrophularia urticifolia* Wall. ex Benth.，分布于无量山。

云南玄参 *Scrophularia yunnanensis* Franch.，分布于无量山。

阴行草 *Siphonostegia chinensis* Benth.，哀牢山和无量山均有分布。

短冠草 *Sopubia trifida* Buch.-Ham. ex D. Don，分布于无量山。

光叶蝴蝶草 *Torenia asiatica* L.，哀牢山和无量山均有分布。

单色蝴蝶草 *Torenia concolor* Lindl.，分布于无量山。

长叶蝴蝶草 *Torenia cordata*（Griff.）N.M.Dutta，哀牢山和无量山均有分布。

西南蝴蝶草 *Torenia cordifolia* Roxb.，哀牢山和无量山均有分布。

紫萼蝴蝶草 *Torenia violacea*（Azaola ex Blanco）Pennell，哀牢山和无量山均有分布。

北水苦荬 *Veronica anagallis-aquatica* L.，哀牢山和无量山均有分布。药用。

多枝婆婆纳 *Veronica javanica* Blume，哀牢山和无量山均有分布。

疏花婆婆纳 *Veronica laxa* Benth.，分布于哀牢山。

水苦荬 *Veronica undulata* Jack ex Wall.，分布于无量山。药用。

云南婆婆纳 *Veronica yunnanensis* D.Y. Hong，分布于无量山。

列当科 Orobanchaceae

野菰 *Aeginetia indica* L.，哀牢山和无量山均有分布。

狸藻科 Lentibulariaceae

黄花狸藻 *Utricularia aurea* Lour.，分布于哀牢山。

挖耳草 *Utricularia bifida* L.，哀牢山和无量山均有分布。

禾叶挖耳草 *Utricularia graminifolia* Vahl，分布于无量山。

怒江挖耳草 *Utricularia salwinensis* Hand.-Mazz.，分布于无量山。

圆叶挖耳草 *Utricularia striatula* Sm.，哀牢山和无量山均有分布。

苦苣苔科 Gesneriaceae

芒毛苣苔 *Aeschynanthus acuminatus* Wall. ex A. DC.，哀牢山和无量山均有分布。药用。

滇南芒毛苣苔 *Aeschynanthus austroyunnanensis* W.T. Wang，哀牢山和无量山均有分布。

显苞芒毛苣苔 *Aeschynanthus bracteatus* Wall. ex A. DC.，哀牢山和无量山均有分布。

黄杨叶芒毛苣苔 *Aeschynanthus buxifolius* Hemsl.，哀牢山和无量山均有分布。药用。

束花芒毛苣苔 *Aeschynanthus hookeri* C.B. Clarke，分布于无量山。

矮芒毛苣苔 *Aeschynanthus humilis* Hemsl.，哀牢山和无量山均有分布。

大花芒毛苣苔 *Aeschynanthus mimetes* B.L. Burtt，哀牢山和无量山均有分布。

狭花芒毛苣苔 *Aeschynanthus wardii* Merr.，分布于无量山。

凸瓣苣苔 *Ancylostemon convexus* Craib，分布于无量山。

扇叶直瓣苣苔 *Ancylostemon flabellatus* C.Y. Wu ex H.W. Li，分布于无量山。

长叶粗筒苣苔 *Briggsia longifolia* Craib，哀牢山和无量山均有分布。

圆叶唇柱苣苔 *Chirita dielsii*（Borza）B.L. Burtt，哀牢山和无量山均有分布。

大叶唇柱苣苔 *Chirita macrophylla* Wall.，哀牢山和无量山均有分布。

斑叶唇柱苣苔 *Chirita pumila* D. Don，哀牢山和无量山均有分布。

美丽唇柱苣苔 *Chirita speciosa* Kurz，哀牢山和无量山均有分布。

西藏珊瑚苣苔 *Corallodiscus lanuginosus*（Wall. ex R. Br.）B.L. Burtt，哀牢山和无量山均有分布。药用。

腺萼长蒴苣苔 *Didymocarpus adenocalyx* W.T. Wang，分布于哀牢山。

蒙自长蒴苣苔 *Didymocarpus mengtze* W.W. Sm.，分布于哀牢山。

凤庆长蒴苣苔 *Didymocarpus pseudomengtze* W.T. Wang，分布于无量山。

紫苞长蒴苣苔 *Didymocarpus purpureobracteatus* W.W. Sm.，分布于哀牢山。

林生长蒴苣苔 *Didymocarpus silvarum* W.W. Sm.，哀牢山和无量山均有分布。

云南长蒴苣苔 *Didymocarpus yunnanensis*（Franch.）W.W. Sm.，哀牢山和无量山均有分布。

镇康长蒴苣苔 *Didymocarpus zhenkangensis* W.T. Wang，分布于无量山。

盾座苣苔 *Epithema carnosum* Benth.，哀牢山和无量山均有分布。

细蒴苣苔 *Leptoboea multiflora*（C.B. Clarke）Benth. ex Gamble，哀牢山和无量山均有分布。

紫花苣苔 *Loxostigma griffithii*（Wight）C.B. Clarke，哀牢山和无量山均有分布。

滇西吊石苣苔 *Lysionotus forrestii* W.W. Sm.，分布于无量山。

纤细吊石苣苔 *Lysionotus gracilis* W.W. Sm.，哀牢山和无量山均有分布。

齿叶吊石苣苔 *Lysionotus serratus* D. Don，哀牢山和无量山均有分布。

网叶马铃苣苔 *Oreocharis rhytidophylla* C.Y. Wu ex H.W. Li，分布于无量山。

蛛毛喜鹊苣苔　*Ornithoboea arachnoidea*（Diels）Craib，分布于无量山。

厚叶蛛毛苣苔　*Paraboea crassifolia*（Hemsl.）B.L. Burtt，哀牢山和无量山均有分布。

锈色蛛毛苣苔　*Paraboea rufescens*（Franch.）B.L. Burtt，分布于哀牢山。药用。

蛛毛苣苔　*Paraboea sinensis*（Oliv.）B.L. Burtt，分布于无量山。

秋海棠叶石蝴蝶　*Petrocosmea begoniifolia* C.Y. Wu ex H.W. Li，哀牢山和无量山均有分布。

石蝴蝶　*Petrocosmea duclouxii* Craib，分布于无量山。

滇泰石蝴蝶　*Petrocosmea kerrii* Craib，哀牢山和无量山均有分布。

莲座石蝴蝶　*Petrocosmea rosettifolia* C.Y. Wu ex H.W. Li，哀牢山和无量山均有分布。

大苞漏斗苣苔　*Raphiocarpus begoniifolius*（H. Lév.）B. L. Burtt，分布于无量山。

长冠苣苔　*Rhabdothamnopsis sinensis* Hemsl.，哀牢山和无量山均有分布。

尖舌苣苔　*Rhynchoglossum obliquum* Blume，哀牢山和无量山均有分布。药用。

线柱苣苔　*Rhynchotechum obovatum*（Griff.）B.L. Burtt，分布于无量山。食用。

毛线柱苣苔　*Rhynchotechum vestitum* Wall. ex C.B. Clarke，哀牢山和无量山均有分布。

景东短檐苣苔　*Tremacron begoniifolium* H.W. Li，哀牢山和无量山均有分布。

紫葳科　Bignoniaceae

灰楸　*Catalpa fargesii* Bureau，分布于哀牢山。药用、食用、材用。

两头毛　*Incarvillea arguta*（Royle）Royle，哀牢山和无量山均有分布。药用。

西南猫尾木　*Markhamia stipulata*（Wall.）Seem. ex K. Schum.，哀牢山和无量山均有分布。

毛叶猫尾木　*Markhamia stipulata* var. *kerrii* Sprague，分布于哀牢山。

火烧花　*Mayodendron igneum*（Kurz）Kurz，哀牢山和无量山均有分布。

木蝴蝶　*Oroxylum indicum*（L.）Kurz，哀牢山和无量山均有分布。药用。

泡桐　*Paulownia fortunei*（Seem.）Hemsl.，分布于无量山。药用。

毛泡桐　*Paulownia tomentosa*（Thunb.）Steud.，哀牢山和无量山均有分布。

美叶菜豆树　*Radermachera frondosa* Chun & F.C. How，分布于哀牢山。材用。

菜豆树　*Radermachera sinica*（Hance）Hemsl.，哀牢山和无量山均有分布。药用。

滇菜豆树　*Radermachera yunnanensis* C.Y. Wu，哀牢山和无量山均有分布。药用。

羽叶楸　*Stereospermum colais*（Buch.-Ham. ex Dillwyn）Mabb.，分布于哀牢山。材用。

美丽桐　*Wightia speciosissima*（D. Don）Merr.，哀牢山和无量山均有分布。药用。

爵床科　Acanthaceae

鸭嘴花　*Adhatoda vasica* Nees，分布于无量山。药用。

尖药花　*Aechmanthera gossypina*（Wall.）Nees，哀牢山和无量山均有分布。

疏花穿心莲　*Andrographis laxiflora*（Blume）Lindau，哀牢山和无量山均有分布。

白接骨　*Asystasia neesiana*（Wall.）Nees，哀牢山和无量山均有分布。药用。

假杜鹃　*Barleria cristata* L.，哀牢山和无量山均有分布。药用。

圆苞杜根藤　*Calophanoides chinensis*（Benth.）C.Y. Wu & H.S. Lo，哀牢山和无量山均有分布。

杜根藤　*Calophanoides quadrifaria*（Nees）Ridl.，分布于无量山。

鳔冠花　*Cystacanthus paniculatus* T. Anderson，哀牢山和无量山均有分布。

印度狗肝菜　*Dicliptera bupleuroides* Nees，分布于哀牢山。

滇中狗肝菜　*Dicliptera riparia* var. *yunnanensis* Hand.-Mazz.，哀牢山和无量山均有分布。

华南可爱花　*Eranthemum austrosinensis* H.S. Lo，分布于哀牢山。

蒙自金足草　*Goldfussia austinii*（C.B. Clarke ex W.W. Sm.）Bremek.，哀牢山和无量山均有分布。

球序马蓝　*Goldfussia glomerata* Nees，分布于无量山。

圆苞金足草 *Goldfussia pentstemonoides* Nees，分布于无量山。

细穗金足草 *Goldfussia psilostachys*（C. B. Clarke ex W. W. Sm）Bremek.，分布于无量山。

短柄马蓝 *Goldfussia sessilis* Nees，分布于无量山。

山一笼鸡 *Gutzlaffia aprica* Hance，哀牢山和无量山均有分布。

毛水蓑衣 *Hygrophila phlomoides* Nees，分布于无量山。

三花枪刀药 *Hypoestes triflora*（Forssk.）Roem. & Schult.，哀牢山和无量山均有分布。

叉序草 *Isoglossa collina*（T. Anderson）B. Hansen，分布于无量山。

野靛棵 *Justicia patentiflora* Hemsl.，分布于无量山。

爵床 *Justicia procumbens* L.，哀牢山和无量山均有分布。药用。

鳞花草 *Lepidagathis incurva* Buch.-Ham. ex D. Don，哀牢山和无量山均有分布。药用。

异蕊一笼鸡 *Paragutzlaffia lyi*（H. Lév.）H.B. Cui，哀牢山和无量山均有分布。

地皮消 *Pararuellia delavayana*（Baill.）E. Hossain，哀牢山和无量山均有分布。

泰国耳叶马兰 *Perilepta siamensis*（C.B. Clarke）Bremek.，分布于无量山。

枪刀菜 *Peristrophe cumingiana* Nees，分布于无量山。

海南山蓝 *Peristrophe floribunda*（Hemsl.）C.Y. Wu & H.S. Lo，哀牢山和无量山均有分布。

九头狮子草 *Peristrophe japonica*（Thunb.）Bremek.，哀牢山和无量山均有分布。药用。

毛脉火焰花 *Phlogacanthus pubinervius* T. Anderson，哀牢山和无量山均有分布。

多花山壳骨 *Pseuderanthemum polyanthum*（C.B. Clarke ex Oliv.）Merr.，分布于无量山。

曲序马蓝 *Pteracanthus calycinus*（Nees）Bremek.，分布于哀牢山。

腺毛马蓝 *Pteracanthus forrestii*（Diels）H.B. Cui，哀牢山和无量山均有分布。

异色红毛蓝 *Pyrrothrix heterochroa*（Hand.-Mazz.）C.Y. Wu & C.C. Hu，哀牢山和无量山均有分布。

中华孩儿草 *Rungia chinensis* Benth.，哀牢山和无量山均有分布。

孩儿草 *Rungia pectinata*（L.）Nees，哀牢山和无量山均有分布。

匍匐鼠尾黄 *Rungia stolonifera* C.B. Clarke，分布于哀牢山。

板蓝 *Strobilanthes cusia*（Nees）Kuntze，哀牢山和无量山均有分布。药用。

聚花金足草 *Strobilanthes glomerata* Nees，分布于无量山。

长穗马蓝 *Strobilanthes longespicatus* Hayata，分布于无量山。

合页草 *Strobilanthes monadelpha* Nees，哀牢山和无量山均有分布。

云南马蓝 *Strobilanthes yunnanensis* Diels，分布于无量山。

肖笼鸡 *Tarphochlamys affinis*（Griff.）Bremek.，哀牢山和无量山均有分布。

红花山牵牛 *Thunbergia coccinea* Wall.，哀牢山和无量山均有分布。

碗花草 *Thunbergia fragrans* Roxb.，分布于哀牢山。

山牵牛 *Thunbergia grandiflora* Roxb.，分布于哀牢山。

羽脉山牵牛 *Thunbergia lutea* T. Anderson，哀牢山和无量山均有分布。

马鞭草科 Verbenaceae

木紫珠 *Callicarpa arborea* Roxb.，哀牢山和无量山均有分布。药用。

紫珠 *Callicarpa bodinieri* H. Lév.，哀牢山和无量山均有分布。药用。

柳叶紫珠 *Callicarpa bodinieri* var. *iteophylla* C.Y. Wu，哀牢山和无量山均有分布。

华紫珠 *Callicarpa cathayana* H.T. Chang，分布于哀牢山。药用。

老鸦糊 *Callicarpa giraldii* Hesse ex Rehder，哀牢山和无量山均有分布。药用。

长叶紫珠 *Callicarpa longifolia* Lam.，哀牢山和无量山均有分布。药用。

大叶紫珠 *Callicarpa macrophylla* Vahl，分布于哀牢山。药用。

红紫珠 *Callicarpa rubella* Lindl.，分布于无量山。药用。

灰毛莸 *Caryopteris forrestii* Diels，哀牢山和无量山均有分布。香料。

锥花莸 *Caryopteris paniculata* C.B. Clarke，哀牢山和无量山均有分布。药用。

腺毛莸 *Caryopteris siccanea* W.W. Sm.，分布于无量山。

苞花大青 *Clerodendrum bracteatum* Wall. ex Walp.，分布于哀牢山。

臭牡丹 *Clerodendrum bungei* Steud.，哀牢山和无量山均有分布。药用。

重瓣臭茉莉 *Clerodendrum chinense*（Osbeck）Mabb.，分布于哀牢山。药用。

臭茉莉 *Clerodendrum chinense* var. *simplex*（Moldenke）S.L. Chen，哀牢山和无量山均有分布。药用。

腺茉莉 *Clerodendrum colebrookianum* Walp.，哀牢山和无量山均有分布。

南垂茉莉 *Clerodendrum henryi* C. P'ei，哀牢山和无量山均有分布。

三对节 *Clerodendrum serratum*（L.）Moon，哀牢山和无量山均有分布。药用。

三台花 *Clerodendrum serratum* var. *amplexifolium* Moldenke，分布于哀牢山。药用。

大序三对节 *Clerodendrum serratum* var. *wallichii* C.B. Clarke，哀牢山和无量山均有分布。药用。

海州常山 *Clerodendrum trichotomum* Thunb.，分布于哀牢山。药用。

滇常山 *Clerodendrum yunnanense* H.H. Hu ex Hand.-Mazz.，分布于哀牢山。药用。

马缨丹 *Lantana camara* L.，哀牢山和无量山均有分布。药用、观赏。

过江藤 *Phyla nodiflora*（L.）Greene，分布于无量山。药用。

勐海豆腐柴 *Premna fohaiensis* C. Pei & S.L. Chen ex C.Y. Wu，分布于无量山。

黄毛豆腐柴 *Premna fulva* Craib，哀牢山和无量山均有分布。药用。

千解草 *Premna herbacea* Roxb.，哀牢山和无量山均有分布。药用。

间序豆腐柴 *Premna interrupta* Wall. ex Schauer in A. DC.，分布于无量山。

狐臭柴 *Premna puberula* Pamp.，哀牢山和无量山均有分布。药用。

总序豆腐柴 *Premna racemosa* Wall. ex Schauer，哀牢山和无量山均有分布。

思茅豆腐柴 *Premna szemaoensis* C. P'ei，哀牢山和无量山均有分布。药用。

大坪子豆腐柴 *Premna tapintzeana* Dop，分布于哀牢山。

云南豆腐柴 *Premna yunnanensis* W.W. Sm.，哀牢山和无量山均有分布。

毛楔翅藤 *Sphenodesme mollis* Craib，分布于哀牢山。

马鞭草 *Verbena officinalis* L.，哀牢山和无量山均有分布。药用。

长叶荆 *Vitex burmensis* Moldenke，哀牢山和无量山均有分布。

黄荆 *Vitex negundo* L.，分布于哀牢山。药用。

山牡荆 *Vitex quinata*（Lour.）F.N. Williams，哀牢山和无量山均有分布。材用。

三叶蔓荆 *Vitex trifolia* L.，分布于无量山。药用。

异叶蔓荆 *Vitex trifolia* var. *subtrisecta*（Kuntze）Moldenke，哀牢山和无量山均有分布。药用。

黄毛牡荆 *Vitex vestita* Wall. ex Schauer in A. DC.，分布于无量山。

透骨草科 Phrymataceae

北美透骨草 *Phryma leptostachya* L.，哀牢山和无量山均有分布。药用。

唇形科 Labiatae

鳞果草 *Achyrospermum densiflorum* Blume，分布于哀牢山。

西藏鳞果草 *Achyrospermum wallichianum*（Benth.）Benth.，分布于哀牢山。

九味一枝蒿 *Ajuga bracteosa* Wall. ex Benth.，分布于无量山。药用。

痢止蒿 *Ajuga forrestii* Diels，哀牢山和无量山均有分布。药用。

匍枝筋骨草 *Ajuga lobata* D. Don，分布于哀牢山。

大籽筋骨草 *Ajuga macrosperma* Wall. ex Benth.，哀牢山和无量山均有分布。药用。

无毛大籽筋骨草 *Ajuga macrosperma* var. *thomsonii*（Maxim.）Hook. f.，分布于哀牢山。

紫背金盘 *Ajuga nipponensis* Makino，哀牢山和无量山均有分布。药用。

异唇花 *Anisochilus pallidus* Wall. ex Benth.，哀牢山和无量山均有分布。

广防风 *Anisomeles indica*（L.）Kuntze，哀牢山和无量山均有分布。药用。

角花 *Ceratanthus calcaratus*（Hemsl.）G. Taylor，哀牢山和无量山均有分布。

齿唇铃子香 *Chelonopsis odontochila* Diels，哀牢山和无量山均有分布。

玫红铃子香 *Chelonopsis rosea* W.W. Sm.，分布于无量山。

干生铃子香 *Chelonopsis siccanea* W.W. Sm.，哀牢山和无量山均有分布。

细风轮菜 *Clinopodium gracile*（Benth.）Matsum.，分布于无量山。药用。

寸金草 *Clinopodium megalanthum*（Diels）C.Y. Wu & S.J. Hsuan ex H.W. Li，哀牢山和无量山均有分布。药用。

灯笼草 *Clinopodium polycephalum*（Vaniot）C.Y. Wu & S.J. Hsuan，哀牢山和无量山均有分布。药用。

匍匐风轮菜 *Clinopodium repens*（D. Don）Benth.，哀牢山和无量山均有分布。

羽萼 *Colebrookea oppositifolia* Sm.，哀牢山和无量山均有分布。

光萼鞘蕊花 *Coleus bracteatus* Dunn，哀牢山和无量山均有分布。

火把花 *Colquhounia coccinea* var. *mollis*（Schltdl.）Prain，哀牢山和无量山均有分布。

秀丽火把花 *Colquhounia elegans* Wall. ex Benth.，哀牢山和无量山均有分布。药用。

细花秀丽火把花 *Colquhounia elegans* var. *tenuiflora*（Hook. f.）Prain，分布于无量山。药用。

藤状火把花 *Colquhounia seguinii* Vaniot，哀牢山和无量山均有分布。

簇序草 *Craniotome furcata*（Link）Kuntze，哀牢山和无量山均有分布。

毛茎水蜡烛 *Dysophylla cruciata* Benth.，分布于无量山。

水虎尾 *Dysophylla stellata*（Lour.）Benth.，哀牢山和无量山均有分布。

紫花香薷 *Elsholtzia argyi* H. Lév.，分布于哀牢山。

四方蒿 *Elsholtzia blanda*（Benth.）Benth.，哀牢山和无量山均有分布。香料。

东紫苏 *Elsholtzia bodinieri* Vaniot，哀牢山和无量山均有分布。香料。

香薷 *Elsholtzia ciliata*（Thunb.）Hyl.，哀牢山和无量山均有分布。药用。

野香草 *Elsholtzia cyprianii*（Pavol.）C.Y. Wu & S. Chow，哀牢山和无量山均有分布。

长毛野草香 *Elsholtzia cyprianii* var. *longipilosa*（Hand.-Mazz.）C.Y. Wu & S.C. Huang，分布于哀牢山。

高原香薷 *Elsholtzia feddei* H. Lév.，分布于无量山。药用。

野苏子 *Elsholtzia flava*（Benth.）Benth.，哀牢山和无量山均有分布。香料。

鸡骨柴 *Elsholtzia fruticosa*（D. Don）Rehder，哀牢山和无量山均有分布。药用。

光香薷 *Elsholtzia glabra* C.Y. Wu & S.C. Huang，哀牢山和无量山均有分布。

水香薷 *Elsholtzia kachinensis* Prain，哀牢山和无量山均有分布。食用。

鼠尾香薷 *Elsholtzia myosurus* Dunn，哀牢山和无量山均有分布。

大黄药 *Elsholtzia penduliflora* W.W. Sm.，分布于无量山。香料。

长毛香薷 *Elsholtzia pilosa*（Benth.）Benth.，哀牢山和无量山均有分布。

野拔子 *Elsholtzia rugulosa* Hemsl.，哀牢山和无量山均有分布。药用、香料。

穗状香薷 *Elsholtzia stachyodes*（Link）C.Y. Wu，分布于哀牢山。

球穗香薷 *Elsholtzia strobilifera*（Benth.）Benth.，哀牢山和无量山均有分布。药用。

白香薷 *Elsholtzia winitiana* Craib，哀牢山和无量山均有分布。香料。

宽管花 *Eurysolen gracilis* Prain，分布于哀牢山。

网萼 *Geniosporum coloratum*（D. Don）Kuntze，哀牢山和无量山均有分布。

木锥花 *Gomphostemma arbusculum* C.Y. Wu，哀牢山和无量山均有分布。

长毛锥花 *Gomphostemma crinitum* Wall. ex Benth.，哀牢山和无量山均有分布。

小齿锥花 *Gomphostemma microdon* Dunn，哀牢山和无量山均有分布。

被粉小花锥花 *Gomphostemma parviflorum* var. *farinosum* Prain，哀牢山和无量山均有分布。

抽葶锥花 *Gomphostemma pedunculatum* Benth. ex Hook. f.，哀牢山和无量山均有分布。

全唇花 *Holocheila longipedunculata* S. Chow，哀牢山和无量山均有分布。

腺花香茶菜 *Isodon adenanthus*（Diels）Kudô，哀牢山和无量山均有分布。药用。

狭叶香茶菜 *Isodon angustifolius*（Dunn）Kudô，哀牢山和无量山均有分布。

灰岩香茶菜 *Isodon calcicola*（Hand.-Mazz.）H. Hara，分布于哀牢山。

细锥香茶菜 *Isodon coetsa*（Buch.-Ham. ex D. Don）Kudô，哀牢山和无量山均有分布。药用。

毛萼香茶菜 *Isodon eriocalyx*（Dunn）Kudô，哀牢山和无量山均有分布。药用。

淡黄香茶菜 *Isodon flavidus*（Hand.-Mazz.）H. Hara，哀牢山和无量山均有分布。

线纹香茶菜 *Isodon lophanthoides*（Buch.-Ham. ex D. Don）H. Hara，哀牢山和无量山均有分布。药用。

狭基线纹香茶菜 *Isodon lophanthoides* var. *gerardianus*（Benth.）H. Hara，分布于哀牢山。药用。

小花线纹香茶菜 *Isodon lophanthoides* var. *micranthus*（C.Y. Wu）H.W. Li，哀牢山和无量山均有分布。

黄花香茶菜 *Isodon sculponeatus*（Vaniot）Kudô，哀牢山和无量山均有分布。药用。

牛尾草 *Isodon ternifolius*（D. Don）Kudô，哀牢山和无量山均有分布。药用。

夏至草 *Lagopsis supina*（Stephan ex Willd.）Ikonn.-Gal. ex Knorring，哀牢山和无量山均有分布。药用。

独一味 *Lamiophlomis rotata*（Benth. ex Hook. f.）Kudô，哀牢山和无量山均有分布。药用。

宝盖草 *Lamium amplexicaule* L.，分布于无量山。药用。

益母草 *Leonurus japonicus* Houtt.，哀牢山和无量山均有分布。药用。

錾菜 *Leonurus pseudomacranthus* Kitag.，哀牢山和无量山均有分布。药用。

绣球防风 *Leucas ciliata* Benth.，哀牢山和无量山均有分布。药用。

线叶白绒草 *Leucas lavandulifolia* Sm.，分布于无量山。

银针七 *Leucas mollissima* Wall. ex Benth.，哀牢山和无量山均有分布。药用。

疏毛白绒草 *Leucas mollissima* var. *chinensis* Benth.，哀牢山和无量山均有分布。药用。

米团花 *Leucosceptrum canum* Sm.，哀牢山和无量山均有分布。

蜜蜂花 *Melissa axillaris*（Benth.）Bakh. f.，哀牢山和无量山均有分布。香料。

假薄荷 *Mentha asiatica* Boriss.，分布于哀牢山。

薄荷 *Mentha canadensis* L.，哀牢山和无量山均有分布。香料。

姜味草 *Micromeria biflora*（Buch.-Ham. ex D. Don）Benth.，哀牢山和无量山均有分布。香料。

云南冠唇花 *Microtoena delavayi* Prain，哀牢山和无量山均有分布。

黄花云南冠唇花 *Microtoena delavayi* var. *lutea* C.Y. Wu & S.J. Hsuan，哀牢山和无量山均有分布。

滇南冠唇花 *Microtoena patchoulii*（C.B. Clarke ex Hook. f.）C.Y. Wu & S.J. Hsuan，哀牢山和无量山均有分布。香料。

近穗状冠唇花 *Microtoena subspicata* C.Y. Wu，分布于哀牢山。

小花荠苎 *Mosla cavaleriei* H. Lév.，分布于哀牢山。药用。

石荠苎 *Mosla scabra*（Thunb.）C.Y. Wu & H.W. Li，分布于无量山。药用。

钩萼 *Notochaete hamosa* Benth.，哀牢山和无量山均有分布。

牛至 *Origanum vulgare* L.，哀牢山和无量山均有分布。药用、香料、油料。

鸡脚参 *Orthosiphon wulfenioides*（Diels）Hand.-Mazz.，哀牢山和无量山均有分布。药用。

假糙苏 *Paraphlomis javanica*（Blume）Prain，分布于无量山。

野生紫苏 *Perilla frutescens* var. *purpurascens*（Hayata）H.W. Li，哀牢山和无量山均有分布。药用。

长萼糙苏 *Phlomis longicalyx* C.Y. Wu，分布于哀牢山。

南方糙苏 *Phlomis umbrosa* var. *australis* Hemsl.，哀牢山和无量山均有分布。药用。

短冠刺蕊草 *Pogostemon brevicorollus* Y.Z. Sun，哀牢山和无量山均有分布。

长苞刺蕊草 *Pogostemon chinensis* C.Y. Wu & Y.C. Huang，分布于无量山。

膜叶刺蕊草 *Pogostemon esquirolii*（H. Lév.）C.Y. Wu & Y.C. Huang，分布于无量山。

刺蕊草 *Pogostemon glaber* Benth.，哀牢山和无量山均有分布。药用。

黑刺蕊草 *Pogostemon nigrescens* Dunn，哀牢山和无量山均有分布。药用。

硬毛夏枯草 *Prunella hispida* Benth.，分布于哀牢山。

夏枯草 *Prunella vulgaris* L.，哀牢山和无量山均有分布。药用。

荔枝草 *Salvia plebeia* R. Br.，分布于哀牢山。药用。

长冠鼠尾草 *Salvia plectranthoides* Griff.，哀牢山和无量山均有分布。药用。

云南鼠尾草 *Salvia yunnanensis* C.H. Wright，哀牢山和无量山均有分布。药用。

四棱草 *Schnabelia oligophylla* Hand.-Mazz.，分布于哀牢山。

滇黄芩 *Scutellaria amoena* C.H. Wright，哀牢山和无量山均有分布。药用。

半枝莲 *Scutellaria barbata* D. Don，哀牢山和无量山均有分布。药用。

地盆草 *Scutellaria discolor* var. *hirta* Hand.-Mazz.，分布于哀牢山。药用。

异色黄芩 *Scutellaria discolor* Wall. ex Benth.，分布于无量山。药用。

淡黄黄芩 *Scutellaria lutescens* C.Y. Wu，哀牢山和无量山均有分布。

长管黄芩 *Scutellaria macrosiphon* C.Y. Wu，哀牢山和无量山均有分布。

屏风草 *Scutellaria orthocalyx* Hand.-Mazz.，哀牢山和无量山均有分布。药用。

假韧黄芩 *Scutellaria pseudotenax* C.Y. Wu，哀牢山和无量山均有分布。

紫心黄芩 *Scutellaria purpureocardia* C.Y. Wu，哀牢山和无量山均有分布。

筒冠花 *Siphocranion macranthum*（Hook. f.）C.Y. Wu，哀牢山和无量山均有分布。药用。

破布草 *Stachys kouyangensis*（Vaniot）Dunn，哀牢山和无量山均有分布。药用。

粗齿西南水苏 *Stachys kouyangensis* var. *franchetiana*（H. Lév.）C.Y. Wu，分布于哀牢山。

细齿西南水苏 *Stachys kouyangensis* var. *leptodon*（Dunn）C.Y. Wu，哀牢山和无量山均有分布。

针筒菜 *Stachys oblongifolia* Wall. ex Benth.，分布于哀牢山。

甘露子 *Stachys sieboldii* Miq.，哀牢山和无量山均有分布。药用。

铁轴草 *Teucrium quadrifarium* Buch.-Ham. ex D. Don，哀牢山和无量山均有分布。药用。

血见愁 *Teucrium viscidum* Blume，哀牢山和无量山均有分布。药用。

水鳖科 Hydrocharitaceae

海菜花 *Ottelia acuminata*（Gagnep.）Dandy，哀牢山和无量山均有分布。

龙舌草 *Ottelia alismoides*（L.）Pers.，分布于哀牢山。药用。

苦草 *Vallisneria natans*（Lour.）H. Hara，哀牢山和无量山均有分布。食用。

泽泻科 Alismataceae

东方泽泻 *Alisma plantago-aquatica* subsp. *orientale*（Sam.）Sam.，哀牢山和无量山均有分布。药用。

剪刀草 *Sagittaria trifolia* L.，哀牢山和无量山均有分布。药用。

眼子菜科 Potamogetonaceae

菹草 *Potamogeton crispus* L.，哀牢山和无量山均有分布。

篦齿眼子菜 *Stuckenia pectinata*（L.）Börner，哀牢山和无量山均有分布。药用。

鸭跖草科 Commelinaceae

穿鞘花 *Amischotolype hispida*（Less. & A. Rich.）D.Y. Hong，哀牢山和无量山均有分布。饲用。

尖果穿鞘花 *Amischotolype hookeri*（Hassk.）H. Hara，哀牢山和无量山均有分布。饲用。

饭包草 *Commelina benghalensis* L.，哀牢山和无量山均有分布。药用。

鸭跖草 *Commelina communis* L.，哀牢山和无量山均有分布。药用。

竹节菜 *Commelina diffusa* Burm. f.，哀牢山和无量山均有分布。药用。

大苞鸭跖草 *Commelina paludosa* Blume，哀牢山和无量山均有分布。

露水草 *Cyanotis arachnoidea* C.B. Clarke，哀牢山和无量山均有分布。药用。

鞘苞花 *Cyanotis axillaris*（L.）D. Don ex Sweet，分布于哀牢山。

四孔草 *Cyanotis cristata*（L.）D. Don，分布于哀牢山。药用。

蓝耳草 *Cyanotis vaga*（Lour.）Roem. & Schult.，分布于无量山。

毛果网籽草 *Dictyospermum scaberrimum*（Blume）J.K. Morton，分布于无量山。

聚花草 *Floscopa scandens* Lour.，哀牢山和无量山均有分布。药用。

紫背鹿衔草 *Murdannia divergens*（C.B. Clarke）G. Brückn.，哀牢山和无量山均有分布。

大果水竹叶 *Murdannia macrocarpa* D.Y. Hong，分布于无量山。

裸花水竹叶 *Murdannia nudiflora*（L.）Brenan，哀牢山和无量山均有分布。药用。

细竹篙草 *Murdannia simplex*（Vahl）Brenan，哀牢山和无量山均有分布。

矮水竹叶 *Murdannia spirata*（L.）G. Brückn.，哀牢山和无量山均有分布。

树头花 *Murdannia stenothyrsa*（Diels）Hand.-Mazz.，哀牢山和无量山均有分布。

粗柄杜若 *Pollia hasskarlii* R.S. Rao，哀牢山和无量山均有分布。

伞花杜若 *Pollia subumbellata*（C.B. Clarke）C.B. Clarke，哀牢山和无量山均有分布。

孔药花 *Porandra ramosa* D.Y. Hong，哀牢山和无量山均有分布。

钩毛子草 *Rhopalephora scaberrima*（Blume）Faden，分布于哀牢山。

竹叶吉祥草 *Spatholirion longifolium*（Gagnep.）Dunn，分布于无量山。

竹叶子 *Streptolirion volubile* Edgew.，哀牢山和无量山均有分布。

红毛竹叶子 *Streptolirion volubile* subsp. *khasianum*（C.B. Clarke）D.Y. Hong，哀牢山和无量山均有分布。

黄眼草科 Xyridaceae

南非黄眼草 *Xyris capensis* Thunb.，分布于无量山。

黄谷精 *Xyris capensis* var. *schoenoides*（Mart.）Nilsson，哀牢山和无量山均有分布。

葱草 *Xyris pauciflora* Willd.，分布于哀牢山。药用。

谷精草科 Eriocaulaceae

谷精草 *Eriocaulon buergerianum* Körn.，分布于哀牢山。药用。

冠瓣谷精草 *Eriocaulon cristatum* Mart.，分布于无量山。

尼泊尔谷精草 *Eriocaulon nepalense* Prescott ex Bong.，分布于哀牢山。

芭蕉科 Musaceae

象头蕉 *Ensete wilsonii*（Tutcher）Cheesman，哀牢山和无量山均有分布。药用。

地涌金莲 *Musella lasiocarpa*（Franch.）C.Y. Wu，哀牢山和无量山均有分布。药用。

姜科 Zingiberaceae

云南草蔻 *Alpinia blepharocalyx* K. Schum.，哀牢山和无量山均有分布。

华山姜 *Alpinia oblongifolia* Hayata，哀牢山和无量山均有分布。药用。

长果砂仁 *Amomum dealbatum* Roxb.，分布于哀牢山。

香豆蔻 *Amomum subulatum* Roxb.，分布于哀牢山。药用。

距药姜 *Cautleya gracilis*（Sm.）Dandy，哀牢山和无量山均有分布。

闭鞘姜 *Costus speciosus*（J. Koenig ex Retz.）Sm.，哀牢山和无量山均有分布。药用。

光叶闭鞘姜 *Costus tonkinensis* Gagnep.，分布于哀牢山。药用。

姜黄 *Curcuma longa* L.，分布于哀牢山。药用。

舞花姜 *Globba racemosa* Sm.，哀牢山和无量山均有分布。

双翅舞花姜 *Globba schomburgkii* Hook. f.，分布于哀牢山。

红姜花 *Hedychium coccineum* Buch.-Ham. ex Sm.，哀牢山和无量山均有分布。

姜花 *Hedychium coronarium* J. Koenig，哀牢山和无量山均有分布。食用。

密花姜花 *Hedychium densiflorum* Wall.，分布于无量山。

圆瓣姜花 *Hedychium forrestii* Diels，哀牢山和无量山均有分布。

草果药 *Hedychium spicatum* Sm.，哀牢山和无量山均有分布。食用。

毛姜花 *Hedychium villosum* Wall.，哀牢山和无量山均有分布。药用。

滇姜花 *Hedychium yunnanense* Gagnep.，分布于无量山。

喙花姜 *Rhynchanthus beesianus* W.W. Sm.，分布于无量山。

早花象牙参 *Roscoea cautleoides* Gagnep.，分布于无量山。

长柄象牙参 *Roscoea debilis* Gagnep.，分布于哀牢山。

多毛姜 *Zingiber densissimum* S.Q. Tong & Y.M. Xia，分布于哀牢山。

蘘荷 *Zingiber mioga*（Thunb.）Roscoe，分布于哀牢山。

阳荷 *Zingiber striolatum* Diels，哀牢山和无量山均有分布。香料。

美人蕉科 **Cannaceae**

蕉芋 *Canna edulis* Ker Gawl.，分布于无量山。

竹芋科 Marantaceae

尖苞柊叶 *Phrynium placentarium*（Lour.）Merr.，分布于哀牢山。

柊叶 *Phrynium rheedei* Suresh & Nicolson，哀牢山和无量山均有分布。药用。

百合科 Liliaceae

灰鞘粉条儿菜 *Aletris cinerascens* F.T. Wang & Tang，哀牢山和无量山均有分布。

无毛粉条儿菜 *Aletris glabra* Bureau & Franch.，分布于无量山。药用。

穗花粉条儿菜 *Aletris pauciflora* var. *khasiana*（Hook. f.）F.T. Wang & Tang，分布于无量山。药用。

狭瓣粉条儿菜 *Aletris stenoloba* Franch.，分布于无量山。

蜘蛛抱蛋 *Aspidistra elatior* Blume，分布于无量山。

九龙盘 *Aspidistra lurida* Ker Gawl.，哀牢山和无量山均有分布。药用。

大花蜘蛛抱蛋 *Aspidistra tonkinensis*（Gagnep.）F.T. Wang & K.Y. Lang，分布于无量山。药用。

橙花开口箭 *Campylandra aurantiaca* Baker，哀牢山和无量山均有分布。药用。

开口箭 *Campylandra chinensis*（Baker）M. N. Tamura et al.，分布于无量山。药用。

筒花开口箭 *Campylandra delavayi*（Franchet）M. N. Tamura et al.，分布于无量山。

齿瓣开口箭 *Campylandra fimbriata*（Handel-Mazzetti）M. N. Tamura et al.，分布于无量山。药用。

长梗开口箭 *Campylandra longipedunculata*（F. T. Wang & S. Yun Liang）M. N. Tamura et al.，分布于无量山。

弯蕊开口箭 *Campylandra wattii* C.B. Clarke，哀牢山和无量山均有分布。药用。

云南开口箭 *Campylandra yunnanensis*（F. T. Wang & S. Yun Liang）M. N. Tamura et al.，分布于无量山。

大百合 *Cardiocrinum giganteum*（Wall.）Makino，哀牢山和无量山均有分布。药用。

西南吊兰 *Chlorophytum nepalense*（Lindl.）Baker，哀牢山和无量山均有分布。

山菅 *Dianella ensifolia*（L.）DC.，哀牢山和无量山均有分布。

散斑竹根七 *Disporopsis aspersa*（Hua）Engl. ex K. Krause，哀牢山和无量山均有分布。

竹根七 *Disporopsis fuscopicta* Hance，分布于无量山。药用。

长叶竹根七 *Disporopsis longifolia* Craib，哀牢山和无量山均有分布。药用。

深裂竹根七 *Disporopsis pernyi*（Hua）Diels，分布于无量山。药用。

万寿竹 *Disporum cantoniense*（Lour.）Merr.，哀牢山和无量山均有分布。药用。

长蕊万寿竹 *Disporum longistylum*（H. Lév. & Vaniot）H. Hara，分布于无量山。

横脉万寿竹 *Disporum trabeculatum* Gagnep.，分布于无量山。

宝铎草 *Disporum uniflorum* Baker ex S. Moore，哀牢山和无量山均有分布。药用。

鹭鸶草 *Diuranthera major* Hemsl.，哀牢山和无量山均有分布。药用。

小鹭鸶草 *Diuranthera minor*（C.H. Wright）C.H. Wright ex Hemsl.，分布于哀牢山。

川贝母 *Fritillaria cirrhosa* D. Don，分布于无量山。药用。

折叶萱草 *Hemerocallis plicata* Stapf，分布于哀牢山。药用。

玫红百合 *Lilium amoenum* E.H. Wilson ex Sealy，哀牢山和无量山均有分布。观赏。

紫红花滇百合 *Lilium bakerianum* var. *rubrum* Stearn，分布于哀牢山。

野百合 *Lilium brownii* F.E. Brown ex Miellez，分布于无量山。药用。

报春百合 *Lilium primulinum* Baker，哀牢山和无量山均有分布。

紫喉百合 *Lilium primulinum* var. *burmanicum*（W.W. Sm.）Stearn，哀牢山和无量山均有分布。

川滇百合 *Lilium primulinum* var. *ochraceum*（Franch.）Stearn，分布于无量山。

淡黄花百合 *Lilium sulphureum* Baker ex Hook. f.，分布于无量山。

阔叶土麦冬 *Liriope muscari*（Decne.）L.H. Bailey，分布于无量山。

山麦冬 *Liriope spicata*（Thunb.）Lour.，哀牢山和无量山均有分布。药用。

高大鹿药 *Maianthemum atropurpureum*（Franch.）La Frankie，分布于哀牢山。食用。

西南鹿药 *Maianthemum fuscum*（Wall.）La Frankie，哀牢山和无量山均有分布。食用。

窄瓣鹿药 *Maianthemum tatsienense*（Franch.）La Frankie，哀牢山和无量山均有分布。

沿阶草 *Ophiopogon bodinieri* H. Lév.，哀牢山和无量山均有分布。药用。

长茎沿阶草 *Ophiopogon chingii* F.T. Wang & Tang，分布于无量山。药用。

大沿阶草 *Ophiopogon grandis* W.W. Sm.，哀牢山和无量山均有分布。

间型沿阶草 *Ophiopogon intermedius* D. Don，哀牢山和无量山均有分布。药用。

麦冬 *Ophiopogon japonicus*（L. f.）Ker Gawl.，分布于无量山。

泸水沿阶草 *Ophiopogon lushuiensis* S.C. Chen，分布于无量山。

西南沿阶草 *Ophiopogon mairei* H. Lév.，哀牢山和无量山均有分布。

丽叶沿阶草 *Ophiopogon marmoratus* Pierre ex L. Rodr.，分布于无量山。

屏边沿阶草 *Ophiopogon pingbienensis* F.T. Wang & L.K. Dai，分布于无量山。

匍茎沿阶草 *Ophiopogon sarmentosus* F.T. Wang & L.K. Dai，哀牢山和无量山均有分布。

林生沿阶草 *Ophiopogon sylvicola* F.T. Wang & Tang，分布于无量山。

多花沿阶草 *Ophiopogon tonkinensis* L. Rodr.，哀牢山和无量山均有分布。

五叶黄精 *Polygonatum acuminatifolium* Kom.，分布于哀牢山。

棒丝黄精 *Polygonatum cathcartii* Baker，分布于无量山。

滇黄精 *Polygonatum kingianum* Collett & Hemsl.，哀牢山和无量山均有分布。药用。

点花黄精 *Polygonatum punctatum* Royle ex Kunth，哀牢山和无量山均有分布。药用。

轮叶黄精 *Polygonatum verticillatum*（L.）All.，分布于哀牢山。药用。

吉祥草 *Reineckea carnea*（Andrews）Kunth，哀牢山和无量山均有分布。药用。

腋花扭柄花 *Streptopus simplex* D. Don，分布于无量山。

叉柱岩菖蒲 *Tofieldia divergens* Bureau & Franch.，分布于哀牢山。药用。

大理藜芦 *Veratrum taliense* Loes.，分布于无量山。药用。

葱科 Alliaceae

滇韭 *Allium mairei* H. Lév.，分布于哀牢山。

多星韭 *Allium wallichii* Kunth，哀牢山和无量山均有分布。药用。

假叶树科 Ruscaceae

天门冬 *Asparagus cochinchinensis*（Lour.）Merr.，哀牢山和无量山均有分布。药用。

羊齿天门冬 *Asparagus filicinus* Buch.-Ham. ex D. Don，哀牢山和无量山均有分布。药用。

短梗天门冬 *Asparagus lycopodineus*（Baker）F.T. Wang & Tang，分布于哀牢山。药用。

大理天门冬 *Asparagus taliensis* F.T. Wang & Tang ex S.C. Chen，分布于哀牢山。

细枝天门冬 *Asparagus trichoclados*（F.T. Wang & Tang）F.T. Wang & S.C. Chen，分布于无量山。

延龄草科 **Trilliaceae**

毛重楼 *Paris mairei* H. Lév.，哀牢山和无量山均有分布。

七叶一枝花 *Paris polyphylla* Sm.，哀牢山和无量山均有分布。药用。

华重楼 *Paris polyphylla* var. *chinensis*（Franch.）H. Hara，哀牢山和无量山均有分布。

长药隔重楼 *Paris polyphylla* var. *pseudothibetica* H. Li，哀牢山和无量山均有分布。

北重楼 *Paris verticillata* M. Bieb.，分布于哀牢山。

雨久花科 **Pontederiaceae**

凤眼蓝 *Eichhornia crassipes*（Mart.）Solms，分布于哀牢山。药用、食用、饲用。

鸭舌草 *Monochoria vaginalis*（Burm. f.）C. Presl，哀牢山和无量山均有分布。药用。

菝葜科 Smilacaceae

华肖菝葜 *Heterosmilax chinensis* F.T. Wang，分布于哀牢山。

肖菝葜 *Heterosmilax japonica* Kunth，分布于哀牢山。药用。

多蕊肖菝葜 *Heterosmilax polyandra* Gagnep.，分布于无量山。食用。

短柱肖菝葜 *Heterosmilax yunnanensis* Gagnep.，分布于无量山。药用。

尖叶菝葜 *Smilax arisanensis* Hayata，哀牢山和无量山均有分布。

西南菝葜 *Smilax bockii* Warb.，分布于无量山。药用。

圆锥菝葜 *Smilax bracteata* C. Presl，哀牢山和无量山均有分布。

密疣菝葜 *Smilax chapaensis* Gagnep.，分布于无量山。药用。

菝葜 *Smilax china* L.，分布于无量山。药用。

长托菝葜 *Smilax ferox* Wall. ex Kunth，哀牢山和无量山均有分布。药用。

土茯苓 *Smilax glabra* Roxb.，分布于无量山。

菱叶菝葜 *Smilax hayatae* T. Koyama，哀牢山和无量山均有分布。

马甲菝葜 *Smilax lanceifolia* Roxb.，哀牢山和无量山均有分布。

粗糙菝葜 *Smilax lebrunii* H. Lév.，哀牢山和无量山均有分布。

马钱叶菝葜 *Smilax lunglingensis* F.T. Wang & Tang，哀牢山和无量山均有分布。

无刺菝葜 *Smilax mairei* H. Lév.，哀牢山和无量山均有分布。药用。

大花菝葜 *Smilax megalantha* C.H. Wright，哀牢山和无量山均有分布。

防己叶菝葜 *Smilax menispermoidea* A. DC.，哀牢山和无量山均有分布。药用。

小叶菝葜 *Smilax microphylla* C.H. Wright，哀牢山和无量山均有分布。药用。

乌饭叶菝葜 *Smilax myrtillus* A. DC.，哀牢山和无量山均有分布。

抱茎菝葜 *Smilax ocreata* A. DC.，分布于哀牢山。药用。

穿鞘菝葜 *Smilax perfoliata* Lour.，哀牢山和无量山均有分布。

方枝菝葜 *Smilax quadrata* A. DC.，哀牢山和无量山均有分布。

天南星科　Araceae

菖蒲 *Acorus calamus* L.，分布于哀牢山。药用。

金钱蒲 *Acorus gramineus* Sol. ex Aiton，分布于无量山。

海芋 *Alocasia odora*（Roxb.）K. Koch，哀牢山和无量山均有分布。食用。

滇魔芋 *Amorphophallus yunnanensis* Engl.，哀牢山和无量山均有分布。

东北南星 *Arisaema amurense* Maxim.，分布于哀牢山。

一把伞南星 *Arisaema erubescens*（Wall.）Schott，哀牢山和无量山均有分布。药用。

象头花 *Arisaema franchetianum* Engl.，哀牢山和无量山均有分布。药用。

翼檐南星 *Arisaema griffithii* Schott，分布于无量山。

天南星 *Arisaema heterophyllum* Blume，哀牢山和无量山均有分布。药用。

景东南星 *Arisaema jingdongense* H. Peng & H. Li，分布于无量山。

花南星 *Arisaema lobatum* Engl.，哀牢山和无量山均有分布。药用。

三匹箭 *Arisaema petiolulatum* Hook. f.，哀牢山和无量山均有分布。

美丽南星 *Arisaema speciosum*（Wall.）Mart. ex Schott & Endl.，分布于哀牢山。

腾冲南星 *Arisaema tengtsungense* H. Li，分布于无量山。

双耳南星 *Arisaema wattii* Hook. f.，哀牢山和无量山均有分布。

山珠半夏 *Arisaema yunnanense* Buchet，哀牢山和无量山均有分布。药用。

野芋 *Colocasia antiquorum* Schott，分布于哀牢山。药用。

刺芋 *Lasia spinosa*（L.）Thwaites，分布于哀牢山。药用。

半夏 *Pinellia ternata*（Thunb.）Ten. ex Breitenb.，分布于哀牢山。药用。

大薸 *Pistia stratiotes* L.，哀牢山和无量山均有分布。药用。

石柑子 *Pothos chinensis*（Raf.）Merr.，哀牢山和无量山均有分布。药用。

曲苞芋 *Remusatia pumila*（D. Don）H. Li & A. Hay，哀牢山和无量山均有分布。药用。

岩芋 *Remusatia vivipara*（Roxb.）Schott，哀牢山和无量山均有分布。药用。

爬树龙 *Rhaphidophora decursiva*（Roxb.）Schott，哀牢山和无量山均有分布。药用。

毛过山龙 *Rhaphidophora hookeri* Schott，分布于无量山。药用。

上树蜈蚣 *Rhaphidophora lancifolia* Schott，哀牢山和无量山均有分布。药用。

绿春崖角藤 *Rhaphidophora luchunensis* H. Li，哀牢山和无量山均有分布。

浮萍科　Lemnaceae

浮萍 *Lemna minor* L.，分布于哀牢山。药用、饲用。

紫萍 *Spirodela polyrhiza*（L.）Schleid.，哀牢山和无量山均有分布。药用。

芜萍 *Wolffia arrhiza*（L.）Horkel ex Wimm.，哀牢山和无量山均有分布。食用。

石蒜科　Amaryllidaceae

水鬼蕉 *Hymenocallis littoralis*（Jacq.）Salisb.，分布于无量山。药用。

忽地笑 *Lycoris aurea*（L'Her.）Herb.，哀牢山和无量山均有分布。药用。

石蒜 *Lycoris radiata*（L'Her.）Herb.，哀牢山和无量山均有分布。药用。

鸢尾科 Iridaceae

射干 *Belamcanda chinensis*（L.）Redouté，哀牢山和无量山均有分布。药用。

扁竹兰 *Iris confusa* Sealy，哀牢山和无量山均有分布。药用。

云南鸢尾 *Iris forrestii* Dykes，分布于哀牢山。

红花鸢尾 *Iris milesii* Baker ex Foster，哀牢山和无量山均有分布。

鸢尾 *Iris tectorum* Maxim.，哀牢山和无量山均有分布。药用。

扇形鸢尾 *Iris wattii* Baker，哀牢山和无量山均有分布。

百部科 Stemonaceae

大百部 *Stemona tuberosa* Lour.，哀牢山和无量山均有分布。药用。

薯蓣科 Dioscoreaceae

参薯 *Dioscorea alata* L.，哀牢山和无量山均有分布。食用。

三叶薯蓣 *Dioscorea arachidna* Prain & Burkill，分布于哀牢山。

黄独 *Dioscorea bulbifera* L.，哀牢山和无量山均有分布。药用。

叉蕊薯蓣 *Dioscorea collettii* Hook. f.，哀牢山和无量山均有分布。药用。

多毛叶薯蓣 *Dioscorea decipiens* Hook. f.，哀牢山和无量山均有分布。

光叶薯蓣 *Dioscorea glabra* Roxb.，分布于哀牢山。药用。

粘山药 *Dioscorea hemsleyi* Prain & Burkill，哀牢山和无量山均有分布。食用。

白薯莨 *Dioscorea hispida* Dennst.，哀牢山和无量山均有分布。

毛芋头薯蓣 *Dioscorea kamoonensis* Kunth，分布于无量山。

黑珠芽薯蓣 *Dioscorea melanophyma* Prain & Burkill，哀牢山和无量山均有分布。

光亮薯蓣 *Dioscorea nitens* Prain & Burkill，分布于无量山。

五叶薯蓣 *Dioscorea pentaphylla* L.，哀牢山和无量山均有分布。食用。

褐苞薯蓣 *Dioscorea persimilis* Prain & Burkill，哀牢山和无量山均有分布。药用。

绿春薯蓣 *Dioscorea pseudonitens* Prain & Burkill，分布于哀牢山。

小花盾叶薯蓣 *Dioscorea sinoparviflora* C.T. Ting，M.G. Gilbert & Turland，分布于哀牢山。药用。

毛胶薯蓣 *Dioscorea subcalva* Prain & Burkill，哀牢山和无量山均有分布。树脂及树胶类。

毡毛薯蓣 *Dioscorea velutipes* Prain & Burkill，哀牢山和无量山均有分布。

龙舌兰科 Agavaceae

龙舌兰 *Agave americana* L.，哀牢山和无量山均有分布。药用。

棕榈科 Palmae

无量山省藤 *Calamus wuliangshanensis* S.Y. Chen，K.L. Wang & S.J. Pei，分布于无量山。藤类资源。

棕榈 *Trachycarpus fortunei*（Hook.）H. Wendl.，哀牢山和无量山均有分布。食用、纤维、观赏。

琴叶瓦理棕 *Wallichia caryotoides* Roxb.，分布于无量山。观赏。

露兜树科 Pandanaceae

分叉露兜 *Pandanus furcatus* Roxb.，分布于无量山。药用、食用、香料、油料。

仙茅科 Hypoxidaceae

大叶仙茅 *Curculigo capitulata*（Lour.）Kuntze，哀牢山和无量山均有分布。药用。

绒叶仙茅 *Curculigo crassifolia*（Baker）Hook. f.，哀牢山和无量山均有分布。食用。

仙茅 *Curculigo orchioides* Gaertn.，哀牢山和无量山均有分布。药用。

小金梅草 *Hypoxis aurea* Lour.，哀牢山和无量山均有分布。药用。

箭根薯科 Taccaceae

箭根薯 *Tacca chantrieri* André，哀牢山和无量山均有分布。药用。

水玉簪科 Burmanniaceae

　　三品一枝花 *Burmannia coelestis* D. Don，分布于无量山。药用。

兰科 Orchidaceae

　　多花脆兰 *Acampe rigida*（Buch.-Ham. ex Sm.）P.F. Hunt，分布于无量山。

　　禾叶兰 *Agrostophyllum callosum* Rchb. f.，分布于无量山。

　　筒瓣兰 *Anthogonium gracile* Lindl.，哀牢山和无量山均有分布。

　　大花无叶兰 *Aphyllorchis gollani* A.V. Duthie，分布于哀牢山。

　　竹叶兰 *Arundina graminifolia*（D. Don）Hochr.，哀牢山和无量山均有分布。药用。

　　鸟舌兰 *Ascocentrum ampullaceum*（Roxb.）Schltr.，哀牢山和无量山均有分布。

　　圆柱叶鸟舌兰（小花槽舌兰）*Ascocentrum himalaicum*（Deb. Sengupta et Malick）Christenson，分布于无量山。

　　小白及 *Bletilla formosana*（Hayata）Schltr.，哀牢山和无量山均有分布。药用。

　　黄花白及 *Bletilla ochracea* Schltr.，哀牢山和无量山均有分布。

　　华白及 *Bletilla sinensis*（Rolfe）Schltr.，哀牢山和无量山均有分布。药用。

　　短耳石豆兰 *Bulbophyllum crassipes* Hook. f.，分布于哀牢山。

　　大苞石豆兰 *Bulbophyllum cylindraceum* Lindl.，分布于无量山。药用。

　　短齿石豆兰 *Bulbophyllum griffithii*（Lindl.）Rchb. f.，哀牢山和无量山均有分布。

　　角萼卷瓣兰 *Bulbophyllum helenae*（Kuntze）J.J. Sm.，分布于无量山。

　　短莛石豆兰 *Bulbophyllum leopardinum*（Wall.）Lindl.，分布于无量山。

　　密花石豆兰 *Bulbophyllum odoratissimum*（Sm.）Lindl.，分布于无量山。

　　无量山石豆兰 *Bulbophyllum pinicola* Gagnep.，分布于无量山。

　　曲萼石豆兰 *Bulbophyllum pteroglossum* Schltr.，分布于无量山。

　　伏生石豆兰 *Bulbophyllum reptans*（Lindl.）Lindl.，分布于无量山。药用。

　　藓叶卷瓣兰 *Bulbophyllum retusiusculum* Rchb. f.，分布于无量山。

　　蜂腰兰 *Bulleyia yunnanensis* Schltr.，分布于无量山。

　　泽泻虾脊兰 *Calanthe alismatifolia* Lindl.，分布于无量山。药用。

　　二裂虾脊兰 *Calanthe biloba* Lindl.，分布于无量山。

　　肾唇虾脊兰 *Calanthe brevicornu* Lindl.，分布于无量山。

　　少花虾脊兰 *Calanthe delavayi* Finet，分布于哀牢山。

　　虾脊兰 *Calanthe discolor* Lindl.，分布于无量山。

　　钩状虾脊兰（钩距虾脊兰）*Calanthe graciliflora* Hayata，分布于无量山。

　　叉唇虾脊兰 *Calanthe hancockii* Rolfe，分布于无量山。

　　镰萼虾脊兰 *Calanthe puberula* Lindl.，分布于哀牢山。药用。

　　匙瓣虾脊兰 *Calanthe simplex* Seidenf.，哀牢山和无量山均有分布。

　　三褶虾脊兰 *Calanthe triplicata*（Willemet）Ames，哀牢山和无量山均有分布。药用。

　　短距叉柱兰 *Cheirostylis calcarata* X.H. Jin & S.C. Chen，哀牢山和无量山均有分布。

　　云南叉柱兰 *Cheirostylis yunnanensis* Rolfe，分布于无量山。

　　大叶隔距兰 *Cleisostoma racemiferum*（Lindl.）Garay，哀牢山和无量山均有分布。

　　栗鳞贝母兰 *Coelogyne flaccida* Lindl.，分布于无量山。

　　白花贝母兰 *Coelogyne leucantha* W.W. Sm.，哀牢山和无量山均有分布。药用。

　　长柄贝母兰 *Coelogyne longipes* Lindl.，分布于无量山。

　　卵叶贝母兰 *Coelogyne occultata* Hook. f.，分布于无量山。药用。

狭瓣贝母兰 *Coelogyne punctulata* Lindl.，哀牢山和无量山均有分布。

网鞘蛤兰 *Conchidium muscicola*（Lindl.）Rauschert，分布于哀牢山。

大理铠兰 *Corybas taliensis* Tang & F.T. Wang，分布于哀牢山。

浅裂沼兰 *Crepidium acuminatum*（D. Don）Szlach.，分布于无量山。

纹瓣兰 *Cymbidium aloifolium*（L.）Sw.，分布于无量山。药用。

莎草兰 *Cymbidium elegans* Lindl.，分布于无量山。

建兰 *Cymbidium ensifolium*（L.）Sw.，分布于无量山。药用。

虎头兰 *Cymbidium hookerianum* Rchb. f.，哀牢山和无量山均有分布。药用。

黄蝉兰 *Cymbidium iridioides* D. Don，哀牢山和无量山均有分布。

寒兰 *Cymbidium kanran* Makino，哀牢山和无量山均有分布。

兔耳兰 *Cymbidium lancifolium* Hook.，分布于哀牢山。

大根兰 *Cymbidium macrorhizon* Lindl.，分布于无量山。

硬叶兰 *Cymbidium mannii* Rchb. f.，分布于哀牢山。

豆瓣兰 *Cymbidium wilsonii*（Rolfe ex E.T. Cook）Rolfe，分布于无量山。

斑叶杓兰 *Cypripedium margaritaceum* Franch.，哀牢山和无量山均有分布。

小美石斛 *Dendrobium bellatulum* Rolfe，哀牢山和无量山均有分布。

毛鞘石斛 *Dendrobium christyanum* Rchb. f.，分布于无量山。

束花石斛 *Dendrobium chrysanthum* Wall. ex Lindl.，分布于无量山。药用。

鼓槌石斛 *Dendrobium chrysotoxum* Lindl.，哀牢山和无量山均有分布。

兜唇石斛 *Dendrobium cucullatum* R. Br.，分布于哀牢山。药用。

叠鞘石斛 *Dendrobium denneanum* Kerr，分布于哀牢山。药用。

密花石斛 *Dendrobium densiflorum* Lindl.，哀牢山和无量山均有分布。

齿瓣石斛 *Dendrobium devonianum* Paxton，分布于无量山。药用。

串珠石斛 *Dendrobium falconeri* Hook. f.，分布于无量山。药用。

长距石斛 *Dendrobium longicornu* Lindl.，分布于无量山。

细茎石斛 *Dendrobium moniliforme*（L.）Sw.，分布于无量山。药用。

肿节石斛 *Dendrobium pendulum* Roxb.，分布于无量山。

圆花石斛 *Dendrobium strongylanthum* Rchb. f.，哀牢山和无量山均有分布。

球花石斛 *Dendrobium thyrsiflorum* Andre，分布于哀牢山。

腾冲石斛 *Dendrobium wardianum* R. Warner，哀牢山和无量山均有分布。

无耳沼兰 *Dienia ophrydis*（J. Koenig）Seidenf.，分布于无量山。

景东厚唇兰 *Epigeneium fuscescens*（Griff.）Summerh.，哀牢山和无量山均有分布。

双叶厚唇兰 *Epigeneium rotundatum*（Lindl.）Summerh.，哀牢山和无量山均有分布。

小花火烧兰 *Epipactis helleborine*（L.）Crantz，分布于无量山。

足茎毛兰 *Eria coronaria*（Lindl.）Rchb. f.，分布于无量山。

花蜘蛛兰 *Esmeralda clarkei* Rchb. f.，分布于无量山。

毛萼山珊瑚 *Galeola lindleyana*（Hook. f. & J.W. Thomson）Rchb. f.，哀牢山和无量山均有分布。

盆距兰 *Gastrochilus calceolaris*（Buch.-Ham. ex Sm.）D. Don，哀牢山和无量山均有分布。

列叶盆距兰 *Gastrochilus distichus*（Lindl.）Kuntze，哀牢山和无量山均有分布。

小唇盆距兰 *Gastrochilus pseudodistichus*（King & Pantl.）Schltr.，分布于无量山。

地宝兰 *Geodorum densiflorum*（Lam.）Schltr.，分布于无量山。

多叶斑叶兰 *Goodyera foliosa*（Lindl.）Benth. ex C.B. Clarke，分布于无量山。

小斑叶兰　*Goodyera repens*（L.）R. Br.，分布于无量山。药用。

大斑叶兰　*Goodyera schlechtendaliana* Rchb. f.，分布于无量山。

凸孔坡参　*Habenaria acuifera* Wall. ex Lindl.，分布于哀牢山。

毛莛玉凤花　*Habenaria ciliolaris* Kraenzl.，分布于哀牢山。

长距玉凤花　*Habenaria davidii* Franch.，哀牢山和无量山均有分布。药用。

鹅毛玉凤花　*Habenaria dentata*（Sw.）Schltr.，哀牢山和无量山均有分布。药用。

南方玉凤花　*Habenaria malintana*（Blanco）Merr.，分布于无量山。

心叶舌喙兰　*Hemipilia cordifolia* Lindl.，分布于哀牢山。

扇唇舌喙兰　*Hemipilia flabellata* Bureau & Franch.，哀牢山和无量山均有分布。

条叶角盘兰　*Herminium coiloglossum* Schltr.，哀牢山和无量山均有分布。

无距角盘兰　*Herminium ecalcaratum*（Finet）Schltr.，分布于哀牢山。

叉唇角盘兰　*Herminium lanceum*（Thunb. ex Sw.）Vuijk，哀牢山和无量山均有分布。药用。

角盘兰　*Herminium monorchis*（L.）R. Br.，哀牢山和无量山均有分布。药用。

云南角盘兰　*Herminium yunnanense* Rolfe，哀牢山和无量山均有分布。

管叶槽舌兰　*Holcoglossum kimballianum*（Rchb. f.）Garay，哀牢山和无量山均有分布。

槽舌兰　*Holcoglossum quasipinifolium*（Hayata）Schltr.，分布于无量山。

小尖囊兰　*Kingidium taenialis*（Lindl.）P.F. Hunt，分布于无量山。

羊耳蒜　*Liparis japonica* Maxim.，分布于哀牢山。药用。

见血青　*Liparis nervosa*（Thunb.）Lindl.，分布于无量山。药用。

柄叶羊耳蒜　*Liparis petiolata*（D. Don）P.F. Hunt & Summerh.，分布于哀牢山。

蕊丝羊耳蒜　*Liparis resupinata* Ridl.，哀牢山和无量山均有分布。

长茎羊耳蒜　*Liparis viridiflora*（Blume）Lindl.，分布于无量山。药用。

指叶拟毛兰　*Mycaranthes pannea*（Lindl.）S.C. Chen & J.J. Wood，分布于无量山。

矮全唇兰　*Myrmechis pumila*（Hook. f.）Tang & F.T. Wang，分布于哀牢山。

新型兰　*Neogyna gardneriana*（Lindl.）Rchb. f.，分布于无量山。

叉裂对叶兰（叉唇对叶兰）*Neottia divaricata*（Panigrahi & P. Taylor）Szlach.，分布于无量山。

短柱对叶兰　*Neottia mucronata*（Panigrahi & J.J. Wood）Szlach.，分布于哀牢山。

大花对叶兰　*Neottia wardii*（Rolfe）Szlach.，分布于哀牢山。

七角叶芋兰　*Nervilia mackinnonii*（Duthie）Schltr.，分布于无量山。

绿花芋兰　*Nervilia viridiflora* Q. Liu & J. W. Li，分布于无量山。

狭叶鸢尾兰　*Oberonia caulescens* Lindl.，分布于无量山。

棒叶鸢尾兰　*Oberonia cavaleriei* Finet，分布于无量山。

条裂鸢尾兰　*Oberonia jenkinsiana* Griff. ex Lindl.，哀牢山和无量山均有分布。

阔瓣鸢尾兰　*Oberonia latipetala* L.O. Williams，哀牢山和无量山均有分布。

鸢尾兰　*Oberonia mucronata*（D. Don）Ormerod & Seidenf.，分布于无量山。

齿爪齿唇兰　*Odontochilus poilanei*（Gagnep.）Ormerod，分布于无量山。

短梗山兰　*Oreorchis foliosa*（Lindl.）Lindl.，分布于无量山。

白花耳唇兰　*Otochilus albus* Lindl.，分布于无量山。

狭叶耳唇兰　*Otochilus fuscus* Lindl.，分布于无量山。

耳唇兰　*Otochilus lancilabius* Seidenf.，哀牢山和无量山均有分布。

宽叶耳唇兰　*Otochilus porrectus* Lindl.，分布于无量山。

曲唇兰　*Panisea cavaleriei* Schltr.，哀牢山和无量山均有分布。

龙头兰 *Pecteilis susannae*（L.）Raf.，分布于哀牢山。药用。

钻柱兰 *Pelatantheria rivesii*（Guillaumin）Tang & F.T. Wang，哀牢山和无量山均有分布。

条叶阔蕊兰 *Peristylus bulleyi*（Rolfe）K.Y. Lang，分布于哀牢山。

长须阔蕊兰 *Peristylus calcaratus*（Rolfe）S.Y. Hu，分布于无量山。

狭穗阔蕊兰 *Peristylus densus*（Lindl.）Santapau & Kapadia，哀牢山和无量山均有分布。药用。

阔蕊兰 *Peristylus goodyeroides*（D. Don）Lindl.，哀牢山和无量山均有分布。药用。

纤茎阔蕊兰 *Peristylus mannii*（Rchb. f.）S.M. Mukerjee，哀牢山和无量山均有分布。

少花鹤顶兰 *Phaius delavayi*（Finet）P.J. Cribb & Perner，分布于无量山。

鹤顶兰 *Phaius tankervilleae*（Banks）Blume，哀牢山和无量山均有分布。

滇西蝴蝶兰 *Phalaenopsis stobartiana* Rchb. f.，分布于无量山。

节茎石仙桃 *Pholidota articulata* Lindl.，哀牢山和无量山均有分布。药用。

宿苞石仙桃 *Pholidota imbricata* Hook.，分布于无量山。药用。

密花苹兰 *Pinalia spicata*（D. Don）S.C. Chen & J.J. Wood，分布于无量山。

白鹤参 *Platanthera latilabris* Lindl.，分布于无量山。

小舌唇兰 *Platanthera minor*（Miq.）Rchb. f.，分布于无量山。

独蒜兰 *Pleione bulbocodioides*（Franch.）Rolfe，分布于哀牢山。药用。

大花独蒜兰 *Pleione grandiflora*（Rolfe）Rolfe，分布于无量山。

云南独蒜兰 *Pleione yunnanensis*（Rolfe）Rolfe，分布于哀牢山。药用。

广布小红门兰 *Ponerorchis chusua*（D. Don）Soó，分布于无量山。

艳丽菱兰 *Rhomboda moulmeinensis*（Parish & Rchb. f.）Ormerod，哀牢山和无量山均有分布。

鸟足兰 *Satyrium nepalense* D. Don，哀牢山和无量山均有分布。药用。

缘毛鸟足兰 *Satyrium nepalense* var. *ciliatum*（Lindl.）Hook. f.，哀牢山和无量山均有分布。药用。

黄花苞舌兰 *Spathoglottis kimballiana* Hook.f.，分布于无量山。

苞舌兰 *Spathoglottis pubescens* Lindl.，哀牢山和无量山均有分布。

绶草 *Spiranthes sinensis*（Pers.）Ames，哀牢山和无量山均有分布。药用。

黄花大苞兰 *Sunipia andersonii*（King & Pantl.）P.F. Hunt，分布于无量山。

绿花大苞兰 *Sunipia annamensis*（Ridl.）P.F. Hunt，分布于无量山。

二色大苞兰 *Sunipia bicolor* Lindl.，哀牢山和无量山均有分布。

白花大苞兰 *Sunipia candida*（Lindl.）P.F. Hunt，分布于无量山。

紫花大苞兰 *Sunipia grandiflora*（Rolfe）P.F. Hunt，分布于无量山。

大苞兰 *Sunipia scariosa* Lindl.，分布于哀牢山。

苏瓣大苞兰 *Sunipia soidaoensis*（Seidenf.）P.F. Hunt，分布于哀牢山。

绿花带唇兰 *Tainia penangiana* Hook.f.，分布于哀牢山。

笋兰 *Thunia alba*（Lindl.）Rchb. f.，哀牢山和无量山均有分布。药用。

小蓝万代兰 *Vanda coerulescens* Griff.，分布于哀牢山。

琴唇万代兰 *Vanda concolor* Blume，分布于无量山。

船唇兰 *Vandopsis undulata*（Lindl.）J.J. Sm.，分布于无量山。

线柱兰 *Zeuxine strateumatica*（L.）Schltr.，分布于无量山。

灯心草科 Juncaceae

葱状灯心草 *Juncus allioides* Franch.，分布于无量山。

小花灯心草 *Juncus articulatus* L.，哀牢山和无量山均有分布。

长耳灯心草 *Juncus auritus* K.F. Wu，分布于哀牢山。

小灯心草　*Juncus bufonius* L.，分布于无量山。

印度灯心草　*Juncus clarkei* Buchenau，哀牢山和无量山均有分布。

膜边灯心草　*Juncus clarkei* var. *marginatus* A. Camus，哀牢山和无量山均有分布。

雅灯心草　*Juncus concinnus* D. Don，分布于哀牢山。

星花灯心草　*Juncus diastrophanthus* Buchenau，分布于哀牢山。药用。

灯心草　*Juncus effusus* L.，哀牢山和无量山均有分布。药用。

片髓灯心草　*Juncus inflexus* L.，分布于哀牢山。

细子灯心草　*Juncus leptospermus* Buchenau，分布于哀牢山。

江南灯心草　*Juncus prismatocarpus* R. Br.，哀牢山和无量山均有分布。

野灯心草　*Juncus setchuensis* Buchenau，哀牢山和无量山均有分布。药用。

散序地杨梅　*Luzula effusa* Buchenau，哀牢山和无量山均有分布。

多花地杨梅　*Luzula multiflora*（Ehrh.）Lej.，哀牢山和无量山均有分布。

莎草科　Cyperaceae

丝叶球柱草　*Bulbostylis densa*（Wall.）Hand.-Mazz.，分布于无量山。

高秆薹草　*Carex alta* Boott，分布于无量山。

浆果薹草　*Carex baccans* Nees，哀牢山和无量山均有分布。

褐果薹草　*Carex brunnea* Thunb.，哀牢山和无量山均有分布。

尾穗薹草　*Carex caudispicata* F.T. Wang & Tang ex P.C. Li，分布于无量山。

绿头薹草　*Carex chlorocephalula* F.T. Wang & Tang ex P.C. Li，分布于无量山。

复序薹草　*Carex composita* Boott，哀牢山和无量山均有分布。

隐穗柄薹草　*Carex courtallensis* Nees ex Boott，分布于无量山。

十字薹草　*Carex cruciata* Wahlenb.，哀牢山和无量山均有分布。

蕨状薹草　*Carex filicina* Nees，分布于无量山。

溪生薹草　*Carex fluviatilis* Boott，哀牢山和无量山均有分布。

糙毛囊薹草　*Carex hirtiutriculata* L.K. Dai，分布于无量山。

短穗柄薹草　*Carex longipes* var. *sessilis* Tang & F.T. Wang ex L.K. Dai，分布于无量山。

条穗薹草　*Carex nemostachys* Steud.，分布于哀牢山。

云雾薹草　*Carex nubigena* D. Don，哀牢山和无量山均有分布。

霹雳薹草　*Carex perakensis* C.B. Clarke，分布于哀牢山。

书带薹草　*Carex rochebrunii* Franch. & Sav.，分布于哀牢山。

翠丽薹草　*Carex speciosa* Kunth，分布于无量山。

近蕨薹草　*Carex subfilicinoides* Kük.，分布于无量山。

大坪子薹草　*Carex tapintzensis* Franch.，哀牢山和无量山均有分布。

风车草　*Cyperus alternifolius* subsp. *flabelliformis* Kük.，哀牢山和无量山均有分布。

长尖莎草　*Cyperus cuspidatus* Kunth，哀牢山和无量山均有分布。

异型莎草　*Cyperus difformis* L.，哀牢山和无量山均有分布。

云南莎草　*Cyperus duclouxii* E.G. Camus，哀牢山和无量山均有分布。

褐穗莎草　*Cyperus fuscus* L.，分布于无量山。

畦畔莎草　*Cyperus haspan* L.，分布于无量山。

碎米莎草　*Cyperus iria* L.，分布于无量山。

具芒碎米莎草　*Cyperus microiria* Steud.，哀牢山和无量山均有分布。

南莎草　*Cyperus niveus* Retz.，哀牢山和无量山均有分布。

毛轴莎草 *Cyperus pilosus* Vahl，哀牢山和无量山均有分布。

香附子 *Cyperus rotundus* L.，分布于无量山。药用。

水莎草 *Cyperus serotinus* Rottb.，分布于无量山。

四棱穗莎草 *Cyperus tenuiculmis* Boeckeler，分布于无量山。

龙师草 *Eleocharis tetraquetra* Nees，分布于无量山。

丛毛羊胡子草 *Eriophorum comosum*（Wall.）Nees，哀牢山和无量山均有分布。药用。

两歧飘拂草 *Fimbristylis dichotoma*（L.）Vahl，分布于哀牢山。

水虱草 *Fimbristylis littoralis* Gaudich.，分布于无量山。药用。

短叶水蜈蚣 *Kyllinga brevifolia* Rottb.，哀牢山和无量山均有分布。

湖瓜草 *Lipocarpha microcephala*（R. Br.）Kunth，分布于无量山。

砖子苗 *Mariscus sumatrensis*（Retz.）J. Raynal，分布于哀牢山。

宽穗扁莎草 *Pycreus diaphanus*（Schrad. ex Schult.）S.S. Hooper & T. Koyama，分布于无量山。

球穗扁莎 *Pycreus flavidus*（Retz.）T. Koyama，分布于哀牢山。

球穗扁莎草 *Pycreus globosus* Rchb.，分布于无量山。

萤蔺 *Schoenoplectus juncoides*（Roxb.）Palla，哀牢山和无量山均有分布。

水毛花 *Schoenoplectus mucronatus*（L.）Palla，分布于无量山。材用。

水葱 *Schoenoplectus tabernaemontani*（C.C. Gmel.）Palla，分布于无量山。

茸球蔍草 *Scirpus asiaticus* Beetle，分布于哀牢山。

百球蔍草 *Scirpus rosthornii* Diels，哀牢山和无量山均有分布。

二花珍珠茅 *Scleria biflora* Roxb.，分布于哀牢山。

黑鳞珍珠茅 *Scleria hookeriana* Boeckeler，哀牢山和无量山均有分布。

禾本科 Gramineae

阿里山剪股颖 *Agrostis arisan-montana* Ohwi，分布于哀牢山。

大锥剪股颖 *Agrostis brachiata* Munro ex Hook. f.，分布于哀牢山。

细弱剪股颖 *Agrostis capillaris* L.，分布于无量山。

华北剪股颖 *Agrostis clavata* Trin.，哀牢山和无量山均有分布。

巨序剪股颖 *Agrostis gigantea* Roth，分布于哀牢山。

小花剪股颖 *Agrostis micrantha* Steud.，哀牢山和无量山均有分布。

泸水剪股颖 *Agrostis nervosa* Nees ex Trin.，分布于哀牢山。

看麦娘 *Alopecurus aequalis* Sobol.，哀牢山和无量山均有分布。

须芒草 *Andropogon yunnanensis* Hack.，哀牢山和无量山均有分布。

异颖草 *Anisachne gracilis* Keng，分布于无量山。

藏黄花茅 *Anthoxanthum hookeri*（Griseb.）Rendle，分布于无量山。

水蔗草 *Apluda mutica* L.，哀牢山和无量山均有分布。

楔颖草 *Apocopis paleaceus*（Trin.）Hochr.，哀牢山和无量山均有分布。

三芒草 *Aristida adscensionis* L.，哀牢山和无量山均有分布。饲用。

华三芒草 *Aristida chinensis* Munro，哀牢山和无量山均有分布。

海南荩草 *Arthraxon castratus*（Griff.）V. Naray. ex Bor，分布于哀牢山。

光脊荩草 *Arthraxon epectinatus* B.S. Sun & H. Peng，哀牢山和无量山均有分布。

荩草 *Arthraxon hispidus*（Thunb.）Makino，哀牢山和无量山均有分布。

小叶荩草 *Arthraxon lancifolius*（Trin.）Hochst.，分布于无量山。

小荩草 *Arthraxon microphyllus*（Trin.）Hochst.，分布于无量山。

光轴荩草 *Arthraxon nudus*（Nees）Hochst.，分布于无量山。

茅叶荩草 *Arthraxon prionodes*（Steud.）Dandy，哀牢山和无量山均有分布。

孟加拉野古草 *Arundinella bengalensis*（Spreng.）Druce，哀牢山和无量山均有分布。

大序野古草 *Arundinella cochinchinensis* Keng，哀牢山和无量山均有分布。

丈野古草 *Arundinella decempedalis*（Kuntze）Janowski，哀牢山和无量山均有分布。

西南野古草 *Arundinella hookeri* Munro ex Keng，哀牢山和无量山均有分布。

石芒草 *Arundinella nepalensis* Trin.，哀牢山和无量山均有分布。

多节野古草 *Arundinella nodosa* B.S. Sun & Z.H. Hu，哀牢山和无量山均有分布。

刺芒野古草 *Arundinella setosa* Trin.，哀牢山和无量山均有分布。纤维。

芦竹 *Arundo donax* L.，分布于无量山。纤维。

野燕麦 *Avena fatua* L.，分布于无量山。饲用。

印度勒竹 *Bambusa bambos*（L.）Voss，分布于无量山。

簕竹 *Bambusa blumeana* J. A. et J. H. Schult. F.，哀牢山和无量山均有分布。

慈竹 *Bambusa emeiensis* L.C. Chia & H.L. Fung，分布于无量山。食用。

油簕竹 *Bambusa lapidea* McClure，分布于无量山。

孝顺竹 *Bambusa multiplex*（Lour.）Raeusch. ex Schult. & Schult. f.，分布于无量山。材用。

大薄竹 *Bambusa pallida* Munro，哀牢山和无量山均有分布。

臭根子草 *Bothriochloa bladhii*（Retz.）S.T. Blake，分布于无量山。纤维。

白羊草 *Bothriochloa ischaemum*（L.）Keng，分布于无量山。饲用。

孔颖草 *Bothriochloa pertusa*（L.）A. Camus，哀牢山和无量山均有分布。

四生臂形草 *Brachiaria subquadripara*（Trin.）Hitchc.，哀牢山和无量山均有分布。

毛臂形草 *Brachiaria villosa*（Lam.）A. Camus，分布于无量山。

短柄草 *Brachypodium sylvaticum*（Huds.）P. Beauv.，分布于无量山。

拂子茅 *Calamagrostis epigeios*（L.）Roth，哀牢山和无量山均有分布。饲用、水土保持。

硬秆子草 *Capillipedium assimile*（Steud.）A. Camus，分布于无量山。

细柄草 *Capillipedium parviflorum*（R. Br.）Stapf，哀牢山和无量山均有分布。

糯竹 *Cephalostachyum pergracile* Munro，哀牢山和无量山均有分布。观赏。

方竹 *Chimonobambusa quadrangularis*（Fenzl）Makino，分布于无量山。

异序虎尾草 *Chloris pycnothrix* Trin.，哀牢山和无量山均有分布。

虎尾草 *Chloris virgata* Sw.，分布于无量山。饲用。

竹节草 *Chrysopogon aciculatus*（Retz.）Trin.，分布于无量山。饲用。

小丽草 *Coelachne simpliciuscula*（Wight & Arn. ex Steud.）Munro ex Benth.，哀牢山和无量山均有分布。

薏苡 *Coix lacryma-jobi* L.，哀牢山和无量山均有分布。食用。

青香茅 *Cymbopogon caesius*（Nees ex Hook. & Arn.）Stapf，分布于哀牢山。纤维。

芸香草 *Cymbopogon distans*（Nees）Will. Watson，哀牢山和无量山均有分布。药用、香料。

橘草 *Cymbopogon goeringii*（Steud.）A. Camus，哀牢山和无量山均有分布。

卡西香茅 *Cymbopogon khasianus*（Munro ex Hack.）Stapf ex Bor，哀牢山和无量山均有分布。

鲁沙香茅 *Cymbopogon martinii*（Roxb.）J.F. Watson，哀牢山和无量山均有分布。

扭鞘香茅 *Cymbopogon tortilis*（J. Presl）A. Camus，哀牢山和无量山均有分布。

狗牙根 *Cynodon dactylon*（L.）Pers.，哀牢山和无量山均有分布。饲用。

弓果黍 *Cyrtococcum patens*（L.）A. Camus，哀牢山和无量山均有分布。

鸭茅 *Dactylis glomerata* L.，哀牢山和无量山均有分布。饲用。

勃氏甜龙竹 *Dendrocalamus brandisii*（Munro）Kurz，分布于无量山。

龙竹 *Dendrocalamus giganteus* Wall. ex Munro，哀牢山和无量山均有分布。食用、材用。

野青茅 *Deyeuxia arundinacea*（L.）Beauv.，分布于无量山。

散穗野青茅 *Deyeuxia diffusa* Keng，分布于无量山。

林芝野青茅 *Deyeuxia nyingchiensis* P.C. Kuo & S.L. Lu，分布于无量山。

双花草 *Dichanthium annulatum*（Forssk.）Stapf，分布于无量山。饲用。

升马唐 *Digitaria ciliaris*（Retz.）Koeler，分布于无量山。

十字马唐 *Digitaria cruciata*（Nees）A. Camus，哀牢山和无量山均有分布。饲用。

止血马唐 *Digitaria ischaemum*（Schreb.）Muhl.，分布于无量山。

棒毛马唐 *Digitaria jubata*（Griseb.）Henrard，哀牢山和无量山均有分布。

长花马唐 *Digitaria longiflora*（Retz.）Pers.，分布于无量山。

红尾翎 *Digitaria radicosa*（J. Presl）Miq.，分布于无量山。饲用。

马唐 *Digitaria sanguinalis*（L.）Scop.，哀牢山和无量山均有分布。

三数马唐 *Digitaria ternata*（A. Rich.）Stapf，分布于无量山。饲用。

紫马唐 *Digitaria violascens* Link，分布于无量山。

觽茅 *Dimeria ornithopoda* Trin.，哀牢山和无量山均有分布。

光头稗 *Echinochloa colonum*（L.）Link，哀牢山和无量山均有分布。

稗 *Echinochloa crus-galli*（L.）P. Beauv.，哀牢山和无量山均有分布。

无芒稗 *Echinochloa crus-galli* var. *mitis*（Pursh）Peterm.，分布于哀牢山。

细叶旱稗 *Echinochloa crusgalli* var. *praticola* Ohwi，分布于哀牢山。

牛筋草 *Eleusine indica*（L.）Gaertn.，哀牢山和无量山均有分布。饲用。

钙生披碱草 *Elymus calcicola*（Keng ex Keng & S.L. Chen）S.L. Chen，分布于哀牢山。

长芒披碱草 *Elymus dolichatherus*（Keng）S.L.Chen，分布于无量山。

鼠妇草 *Eragrostis atrovirens*（Desf.）Trin. ex Steud.，分布于无量山。

长画眉草 *Eragrostis brownii*（Kunth）Nees，分布于无量山。

知风草 *Eragrostis ferruginea*（Thunb.）P. Beauv.，分布于哀牢山。饲用。

垂穗画眉草 *Eragrostis fractus* S.C. Sun & H.Q. Wang，分布于无量山。

乱草 *Eragrostis japonica*（Thunb.）Trin.，分布于哀牢山。

小画眉草 *Eragrostis minor* Host，哀牢山和无量山均有分布。饲用。

多秆画眉草 *Eragrostis multicaulis* Steud.，分布于无量山。

黑穗画眉草 *Eragrostis nigra* Nees，哀牢山和无量山均有分布。饲用。

画眉草 *Eragrostis pilosa*（L.）P. Beauv.，哀牢山和无量山均有分布。饲用。

牛虱草 *Eragrostis unioloides*（Retz.）Nees，哀牢山和无量山均有分布。

蜈蚣草 *Eremochloa ciliaris*（L.）Merr.，哀牢山和无量山均有分布。

马陆草 *Eremochloa zeylanica*（Hack. ex Trimen）Hack.，哀牢山和无量山均有分布。

滇蔗茅 *Erianthus longisetosus* Andersson，分布于无量山。观赏。

高野黍 *Eriochloa procera*（Retz.）C.E. Hubb.，分布于哀牢山。饲用。

短叶金茅 *Eulalia brevifolia* Keng f.，哀牢山和无量山均有分布。

白健秆 *Eulalia pallens*（Hack.）Kuntze，分布于无量山。

棕茅 *Eulalia phaeothrix*（Hack.）Kuntze，哀牢山和无量山均有分布。

四脉金茅 *Eulalia quadrinervis*（Hack.）Kuntze，哀牢山和无量山均有分布。饲用。

三穗金茅 *Eulalia trispicata*（Schult.）Henrard，哀牢山和无量山均有分布。

拟金茅 *Eulaliopsis binata*（Retz.）C.E. Hubb.，哀牢山和无量山均有分布。饲用。

美丽箭竹 *Fargesia concinna* T.P. Yi，哀牢山和无量山均有分布。纤维。

无量山箭竹 *Fargesia wuliangshanensis* T.P. Yi，哀牢山和无量山均有分布。纤维。

苇状羊茅 *Festuca arundinacea* Schreb.，分布于哀牢山。

高羊茅 *Festuca elata* Keng ex E.B. Alexeev，哀牢山和无量山均有分布。

藏滇羊茅 *Festuca vierhapperi* Hand.-Mazz.，分布于哀牢山。

纤毛耳稃草 *Garnotia ciliata* Merr.，分布于无量山。

脆枝耳稃草 *Garnotia tenella*（Arn. ex Miq.）Janowski，分布于无量山。

卵花甜茅 *Glyceria tonglensis* C.B. Clarke，哀牢山和无量山均有分布。

球穗草 *Hackelochloa granularis*（L.）Kuntze，哀牢山和无量山均有分布。饲用。

变绿异燕麦 *Helictotrichon junghuhnii*（Buse）Henrard，分布于哀牢山。

扁穗牛鞭草 *Hemarthria compressa*（L. f.）R. Br.，分布于无量山。

黄茅 *Heteropogon contortus*（L.）P. Beauv.，哀牢山和无量山均有分布。

水禾 *Hygroryza aristata*（Retz.）Nees，哀牢山和无量山均有分布。饲用。

苞茅 *Hyparrhenia bracteata*（Humb. & Bonpl. ex Willd.）Stapf，哀牢山和无量山均有分布。

白茅 *Imperata cylindrica*（L.）Raeusch.，哀牢山和无量山均有分布。

白花柳叶箬 *Isachne albens* Trin.，哀牢山和无量山均有分布。

小柳叶箬 *Isachne clarkei* Hook. f.，哀牢山和无量山均有分布。

柳叶箬 *Isachne globosa*（Thunb.）Kuntze，分布于无量山。

日本柳叶箬 *Isachne nipponensis* Ohwi，分布于无量山。

二型柳叶箬 *Isachne pulchella* Roth，分布于无量山。

刺毛柳叶箬 *Isachne sylvestris* Ridl.，分布于无量山。

平颖柳叶箬 *Isachne truncata* A. Camus，分布于哀牢山。

粗毛鸭嘴草 *Ischaemum barbatum* Retz.，哀牢山和无量山均有分布。

细毛鸭嘴草 *Ischaemum indicum*（Houtt.）Merr.，哀牢山和无量山均有分布。饲用。

田间鸭嘴草 *Ischaemum rugosum* Salisb.，哀牢山和无量山均有分布。

李氏禾 *Leersia hexandra* Sw.，哀牢山和无量山均有分布。

薄竹 *Leptocanna chinensis*（Rendle）L.C. Chia & H.L. Fung，分布于无量山。

淡竹叶 *Lophatherum gracile* Brongn.，哀牢山和无量山均有分布。香料。

小草 *Microchloa indica*（L. f.）P. Beauv.，哀牢山和无量山均有分布。

刚莠竹 *Microstegium ciliatum*（Trin.）A. Camus，哀牢山和无量山均有分布。饲用。

竹叶茅 *Microstegium nudum*（Trin.）A. Camus，哀牢山和无量山均有分布。

柄莠竹 *Microstegium petiolare*（Trin.）Bor，分布于无量山。

网脉莠竹 *Microstegium reticulatum* B.S. Sun ex H. Peng & X. Yang，哀牢山和无量山均有分布。

柔枝莠竹 *Microstegium vimineum*（Trin.）A. Camus，分布于无量山。

五节芒 *Miscanthus floridulus*（Labill.）Warb. ex K. Schum. & Lauterb.，哀牢山和无量山均有分布。纤维。

尼泊尔芒 *Miscanthus nepalensis*（Trin.）Hack.，分布于无量山。

芒 *Miscanthus sinensis* Andersson，哀牢山和无量山均有分布。纤维。

日本乱子草 *Muhlenbergia japonica* Steud.，分布于无量山。

多枝乱子草 *Muhlenbergia ramosa*（Hack. ex Matsum.）Makino，分布于无量山。

类芦 *Neyraudia reynaudiana*（Kunth）Keng ex Hitchc.，哀牢山和无量山均有分布。纤维。

竹叶草 *Oplismenus compositus*（L.）P. Beauv.，哀牢山和无量山均有分布。药用。

大叶竹叶草 *Oplismenus compositus* var. *owatarii*（Honda）Ohwi，分布于哀牢山。

求米草 *Oplismenus undulatifolius*（Ard.）P. Beauv.，分布于哀牢山。

直芒草 *Orthoraphium roylei* Nees，分布于哀牢山。

疣粒稻 *Oryza meyeriana* subsp. *granulata*（Nees & Arn. ex G. Watt）Tateoka，哀牢山和无量山均有分布。

稻 *Oryza sativa* L.，哀牢山和无量山均有分布。食用。

露籽草 *Ottochloa nodosa*（Kunth）Dandy，哀牢山和无量山均有分布。

短叶黍 *Panicum brevifolium* L.，分布于哀牢山。

心叶稷 *Panicum notatum* Retz.，哀牢山和无量山均有分布。

细柄黍 *Panicum sumatrense* Roth，分布于无量山。

云南雀稗 *Paspalum delavayi* Henrard，哀牢山和无量山均有分布。

双穗雀稗 *Paspalum distichum* L.，分布于无量山。

长叶雀稗 *Paspalum longifolium* Roxb.，哀牢山和无量山均有分布。

圆果雀稗 *Paspalum scrobiculatum* var. *orbiculare*（G. Forst.）Hack.，哀牢山和无量山均有分布。

狼尾草 *Pennisetum alopecuroides*（L.）Spreng.，哀牢山和无量山均有分布。饲用。

白草 *Pennisetum flaccidum* Griseb.，哀牢山和无量山均有分布。饲用。

陕西狼尾草 *Pennisetum shaanxiense* S.L. Chen & Y.X. Jin，哀牢山和无量山均有分布。

茅根 *Perotis indica*（L.）Kuntze，分布于哀牢山。

显子草 *Phaenosperma globosa* Munro ex Benth.，哀牢山和无量山均有分布。

虉草 *Phalaris arundinacea* L.，哀牢山和无量山均有分布。饲用。

芦苇 *Phragmites australis*（Cav.）Trin. ex Steud.，分布于哀牢山。药用、食用、材用、纤维、观赏、水土保持。

卡开芦 *Phragmites karka*（Retz.）Trin. ex Steud.，哀牢山和无量山均有分布。纤维。

早熟禾 *Poa annua* L.，哀牢山和无量山均有分布。

喀斯早熟禾 *Poa khasiana* Stapf，哀牢山和无量山均有分布。

锡金早熟禾 *Poa sikkimensis*（Stapf）Bor，哀牢山和无量山均有分布。

金丝草 *Pogonatherum crinitum*（Thunb.）Kunth，哀牢山和无量山均有分布。药用。

金发草 *Pogonatherum paniceum*（Lam.）Hack.，分布于无量山。观赏。

棒头草 *Polypogon fugax* Nees，哀牢山和无量山均有分布。

多裔草 *Polytoca digitata*（L. f.）Druce，分布于无量山。

假高粱 *Pseudosorghum fasciculare*（Roxb.）A. Camus，哀牢山和无量山均有分布。

筒轴茅 *Rottboellia cochinchinensis*（Lour.）Clayton，分布于无量山。饲用。

斑茅 *Saccharum arundinaceum* Retz.，分布于哀牢山。纤维。

蔗茅 *Saccharum rufipilum* Steud.，哀牢山和无量山均有分布。

竹蔗 *Saccharum sinense* Roxb.，哀牢山和无量山均有分布。食用。

甜根子草 *Saccharum spontaneum* L.，分布于无量山。纤维。

囊颖草 *Sacciolepis indica*（L.）Chase，哀牢山和无量山均有分布。

鼠尾囊颖草 *Sacciolepis myosuroides*（R. Br.）Chase ex E.G. Camus，分布于无量山。饲用。

裂稃草 *Schizachyrium brevifolium*（Sw.）Nees ex Buse，分布于无量山。饲用。

旱茅 *Schizachyrium delavayi*（Hack.）Bor，分布于无量山。

西南莩草 *Setaria forbesiana*（Nees）Hook. f.，哀牢山和无量山均有分布。

莠狗尾草 *Setaria geniculata*（Lam.）Beauv.，分布于无量山。药用。

贵州狗尾草 *Setaria guizhouensis* S.L. Chen & G.Y. Sheng，分布于无量山。

间序狗尾草 *Setaria intermedia* Roem. & Schult.，分布于无量山。

棕叶狗尾草 *Setaria palmifolia*（J. Koenig）Stapf，分布于无量山。饲用。

幽狗尾草 *Setaria parviflora*（Poir.）M. Kerguelen，哀牢山和无量山均有分布。

皱叶狗尾草 *Setaria plicata*（Lam.）T. Cooke，哀牢山和无量山均有分布。饲用。

金色狗尾草 *Setaria pumila*（Poir.）Roem. & Schult.，哀牢山和无量山均有分布。饲用。

狗尾草 *Setaria viridis*（L.）P. Beauv.，分布于哀牢山。纤维。

鼠尾粟 *Sporobolus fertilis*（Steud.）Clayton，哀牢山和无量山均有分布。

苇菅 *Themeda arundinacea*（Roxb.）A. Camus，分布于无量山。

苞子草 *Themeda caudata*（Nees）A. Camus，分布于无量山。纤维。

小菅草 *Themeda hookeri*（Griseb.）A. Camus，哀牢山和无量山均有分布。

黄背草 *Themeda japonica*（Willd.）Tanaka，哀牢山和无量山均有分布。材用。

阿拉伯黄背草 *Themeda triandra* Forsk.，哀牢山和无量山均有分布。

菅 *Themeda villosa*（Poir.）A. Camus，哀牢山和无量山均有分布。饲用。

棕叶芦 *Thysanolaena latifolia*（Roxb. ex Hornem.）Honda，分布于无量山。

草沙蚕 *Tripogon bromoides* Roth，分布于无量山。

线形草沙蚕 *Tripogon filiformis* Nees，分布于无量山。

类黍尾稃草 *Urochloa panicoides* P. Beauv.，分布于无量山。

光亮玉山竹 *Yushania levigata* T.P. Yi，分布于哀牢山。纤维。

多枝玉山竹 *Yushania multiramea* T.P. Yi，分布于哀牢山。

少枝玉山竹 *Yushania pauciramificans* T.P. Yi，分布于哀牢山。

滑竹 *Yushania polytricha* Hsueh & T.P. Yi，分布于哀牢山。

第三章　陆生脊椎动物多样性

第一节　哺　乳　类

一、研究历史简况

作为云岭山脉南部余脉两大分支，哀牢山-无量山纵贯云南中部，其中，无量山主峰——笔架山海拔3371m，哀牢山主峰——大磨岩海拔3166m，且海拔3000m以上的山峰有20余座，而绿汁江和元江交汇处海拔最低处不足600m。海拔高差显著，具有明显的立体气候特点，且东、西坡分别受北部湾东南季风和孟加拉湾西南季风的影响。

以元江（红河）为界，哀牢山地处东部云贵高原和西部横断山地的结合部，是云南东、西部之间地质地貌、气候、生物地理的一条重要分界线和过渡地带。

在动物地理区划上，因分布有哺乳动物的西黑冠长臂猿（*Nomascus concolor*）、北豚尾猴（*Macaca leonina*），鸟类的竹啄木鸟（*Gecinulus grantis*）、绿背金鸠（*Chalcophaps indica*），爬行类的蚌西拟树蜥（*Pseudocalotes jerdoni*）及两栖类的沙巴拟髭蟾（*Leptobrachium chapaensis*）等，哀牢山-无量山地区被划入东洋界华南区滇南山地亚区滇西南山地省，其动物类型隶属于热带-亚热带山地森林动物群（张荣祖，1999）。

哀牢山-无量山地区的野生动物资源调查明显比植物资源调查晚。在20世纪30年代，植物学家即在哀牢山-无量山地区进行植物调查，此后的10多年中，植物学家又进行了多次植物标本采集，发现了许多新类群和新记录种。1959年，云南大学生物系第一次对无量山进行了较大规模的植被调查，并于1960年出版了《景东无量山植被调查》。而动物考察，除了鸟类调查可追溯到英国人温盖特（A. Wingate）于1899年及中国鸟类学前辈常麟定先生于1933~1934年对云南鸟类的考察曾涉及哀牢山区外（魏天昊等，1988），其他如哺乳动物类群，直到1957年才开始对其进行考察，且在哀牢山-无量山地区动物考察亦不均衡。其中，无量山地区的动物考察要先于哀牢山地区，中国科学院云南热带生物资源综合考察队邓向福、东礼等于1957年对无量山做初步踏察，并在景东锦屏温卜采集到西黑冠长臂猿标本。而系统的考察是1964年中国科学院昆明动物研究所彭鸿绶、李致祥、王应祥、吴德林、杨大同、熊郁良、王婉瑜、邓向福等在无量山地区多个地点进行鸟、兽区系调查，其间虽然采集了哺乳动物标本500余号，但未对无量山哺乳动物的分类、区系进行整理。

相关工作后来由何晓瑞和胡健生（1989）作了初步分析，但也仅报道了58种（隶属于8目、26科、50属），并且其中有些物种（如中华小熊猫 *Ailurus styani*）很明显在无量山区没有分布或至少到目前为止未有任何实物、照片或痕迹（如粪便）的凭证。

1964~1980年，有关无量山动物的系统或专项调查少有开展，多为些许零星标本采集。此后，随着栖息在无量山亚热带中山湿性常绿阔叶林生态系统中的国家一级保护动物——西黑冠长臂猿受到关注，有多人、批次（如陈楠、杨晓君、E. Haimoff，1985；蓝道英，1987~1989，1996~1998；王应祥、蒋学龙、马世来和L. Sheeran等，1990；蒋学龙及其团队，1991~1994，自2001年至今；张荣祖、杨德华和L. Sheeran，1995）在无量山地区开展西黑冠长臂猿种群数量与分布调查、行为生态及保护等研究。同期为了无量山省级自然保护区保护与管理的需要，王应祥等（1994）依据20世纪60年代中国科学院昆明动物研究所在无量山的考察资料及后来一些零星的调查结果，在《无量山自然保护区综合考察报告》（内部资料）中报道无量山有哺乳动物101种，分属9目28科68属，并对其区系作了简单分析。

此后，蒋学龙（2000）在完成其博士研究论文期间于1996~1998年对景东无量山东西坡、南北段进行了5次野外调查，采集小型哺乳动物标本近1900号，结合前人工作，记录无量山哺乳动物9目30科

122 种。新千年伊始，在"中荷合作云南森林保护与社区发展项目"资助下，蒋学龙带领团队于 2001～2002 年在整个无量山地区（景东、南涧）对哺乳动物再次进行了系统调查，并增加了 5 个考察地点，采集小型兽类标本近 800 号，记录到无量山哺乳动物 9 目 30 科 123 种（蒋学龙等，2004）；同期对西黑冠长臂猿种群数量与分布进行了专项调查，发现西黑冠长臂猿 98 群，为当时该物种发现的种群最大、分布最集中的区域（Jiang et al.，2006），此后景东自然保护区管理局于 2010 年开展了第二次西黑冠长臂猿种群数量与分布调查，记录到长臂猿 88 群（罗忠华，2011）。

2003 年，中国科学院昆明动物研究所与哀牢山-无量山国家级自然保护区景东管理局签订协议，共建"无量山长臂猿观察研究站"，至今一直在无量山大寨子开展西黑冠长臂猿行为生态、种群动态定点观察研究。2016 年以来，在生态环境部生物多样性保护专项的资助下，中国科学院昆明动物研究所在无量山地区设置了 3 个 20km^2 的监测样区，利用红外相机进行以大、中型哺乳动物为重点的多样性持续观测研究。

相较而言，哀牢山地区的哺乳动物考察开展的相对较少，较早且较为系统的考察为 1984 年由云南省林业厅组织的"哀牢山自然保护区综合考察"。在这次考察中，首次较为全面地记录了哀牢山哺乳动物种类及其区系组成、生态分布，记录了哀牢山有哺乳动物 86 种，隶属于 8 目 27 科（赵体恭等，1988）。此后的调查工作主要为针对哀牢山国家级自然保护区的旗舰物种——西黑冠长臂猿（*Nomascus concolor*）群体大小与组成、配偶体制、鸣叫行为研究（蒋学龙等，1994a，1994b；蒋学龙和王应祥，1997），以及种群数量与分布开展的专项调查（罗文寿等，2007；李国松等，2011），调查结果显示，哀牢山是西黑冠长臂猿种群数量最多、分布最为集中的地区，有西黑冠长臂猿 184 群约 735 只。

其间，另外一项关于哺乳动物的调查工作为，由中国科学院西双版纳热带植物园哀牢山生态站于 2005 年启动的生物多样性监测，其中，中国科学院昆明动物研究所负责小型哺乳动物监测，采集到小型兽类标本 1000 余号。

近年来，为了解哀牢山哺乳动物分布格局，中国科学院昆明动物研究所博士研究生陈中正在完成其博士研究论文期间，于 2013～2014 年在哀牢山西坡（镇沅千家寨）和东坡（双柏平河）按海拔梯度进行系统调查，采集小型兽类标本 2000 余号，记录小型哺乳动物 37 种，并发现一新种[霍氏缺齿鼩（*Chodsigoa hoffmanni*）]（陈中正，2017；Chen et al.，2017a，2017b）。同期，为厘清哀牢山国家级自然保护区哺乳动物多样性、分布及资源现状，2016 年 1 月、3 月、4 月蒋学龙团队对调查较为薄弱的南华片区、新平片区、楚雄片区分别进行了补充调查，共采集小型兽类标本近 700 号。此外，为了解哀牢山地区翼手类动物资源状况，广州大学于 2014 年 1 月在新平茶马古道、金山垭口沿线等地开展调查，记录翼手类动物 11 种，其中罗蕾莱管鼻蝠（*Murina lorelieae*）为云南新记录种（黎舫等，2017）。

自本次科考项目启动以来，为全面掌握哀牢山-无量山地区哺乳动物多样性及分布格局，项目组在哀牢山及恐龙河州级自然保护区增设 6 个监测样区，同时与哀牢山国家级自然保护区楚雄管护局合作，利用红外相机陷阱法进行大中型哺乳动物调查与监测，截至 2020 年 8 月 30 日，累计在哀牢山、无量山地区布设红外相机位点 229 个，相机工作日数达 57 279 天，获得独立有效照片 13 786 张。

本考察研究报告通过野外考察并结合前人已有考察与调查（标本和数据）结果整理而成，以反映拟建哀牢山-无量山国家公园哺乳动物本底资源现状、区系特点、保护价值。

本考察研究报告物种名和分类系统参考 *Illustrated Checklist of the Mammals of the World*（Burgin et al.，2020a；2020b）、《中国兽类分类与分布》（魏辅文等，2022）和《云南省生物物种名录（2016 版）》（蒋学龙等，2017）。

二、调查方法

（一）资料收集与馆藏标本查对

查阅哀牢山-无量山地区有关哺乳动物考察资料，收集哀牢山-无量山及其邻近地区的相关文献，查看、整理中国科学院昆明动物研究所昆明动物博物馆馆藏哀牢山-无量山及其邻近地区哺乳动物标本，初步拟出拟建哀牢山-无量山国家公园哺乳动物名录。

（二）访问调查

在本次实地调查中，走访村民，依据所描述主要特征，了解当地大中型及特征显著的哺乳动物（特别是珍稀濒危物种）及其分布。

（三）实地调查

哺乳动物就陆栖类群而言，其体型大小、食性、生活习性、栖息地因物种不同而有差异，因而相关物种分布及其种群数量的调查方法有显著差异。因此，在实地调查中，依据物种体型（即大中型兽类与小型兽类）及生活习性的差异而采用不同的调查方法。

1. 大中型哺乳动物调查

1）调查设备与数据采录工具

红外相机、望远镜、全球定位系统（GPS）、笔记本和笔等。

2）样线（痕迹）法

大中型哺乳动物因行动隐秘、种群数量较少，在实际调查中，难以遇到动物实体，但只要该地区还有分布，即会留下活动的痕迹。考察期间聘请当地有经验的村民为向导，针对物种的习性，每一工作点设置 2 条调查样线或"听点"，记录动物或痕迹出现的海拔、经纬度、栖息地类型等，物种出现信息包括：动物实体、足迹（形状、大小）、粪便（形状、大小）、卧迹、擦痕或抓痕、鸣声等。

3）红外相机陷阱法

这是当前大中型哺乳动物多样性与分布及其资源调查和监测的有效方法，可实现全天候、实时观测。调查期间在哀牢山-无量山地区设置了 9 个 $20km^2$ 的调查样区，在每一调查样区的公里网格中选择合适的地点安放一台红外相机，同时与哀牢山国家级自然保护区楚雄管护局合作，在双柏、楚雄、南华 3 个分局的辖区内按公里网格安放红外相机，拍摄、记录野生动物及各种人类活动，其中除南华、楚雄片区与双柏部分区域及恐龙河样区的调查监测时间为 4 个月外，其他样区的调查监测时间均在 1 年以上。

记录每一相机位的 GPS 位点、植被、环境因子及人为干扰因子等。

2. 小型哺乳动物调查

1）调查所需工具

标本采集与制作、数据采录工具：鼠笼、鼠夹、小桶（陷阱）、雾网、采集袋、GPS、笔记本和笔、采集记录表、电子秤、直尺及解剖工具等。

2）夹日法

主要适用于劳亚食虫类、啮齿类等小型哺乳动物，因其体型很小，且一些近缘物种在外形上有一定的相似性，活动有一定的隐蔽性，通常又是在夜间活动。此外，对于这些物种的分类鉴定，主要依据头骨和牙齿等的特征，因此，为了准确厘清保护区哺乳动物种类，必须依据标本才能做到。

在本项目中，主要是查看中国科学院昆明动物研究所馆藏标本，整理相关物种及其分布。小型哺乳动物调查方法是在每一工作点设置 5～6 条采集样线，在每一样线安放鼠夹、鼠笼各 30 个，并埋设小桶（陷阱）5～8 只，采集小型兽类标本。每个工作点要达到 500 个夹日。并记录每一样线的生境、起止点位置（经纬度与海拔）、采集种类及数量，同时记录特殊物种标本采集点微生境。

3）网捕与手捕法

主要适用于翼手类动物，因其特殊的生活习性——适于飞行，所以利用网捕与手捕法采集标本，即在采集地的林中或林缘支雾网，次日清晨检查；访问当地群众，了解有翼手类动物出入的洞穴，聘请当地向导，在洞口或洞内安置雾网，使翼手类动物撞上雾网而捕获；或利用手抄网直接洞中采集。同时记录捕网和山洞的经纬度、海拔及生境特征。

（四）物种名录确定

通过实地访问调查、实地样线（痕迹）法调查、夹日法调查及红外相机陷阱法调查，对获取的标本、照片或痕迹进行识别，鉴定物种，如部分标本难以鉴定则辅以 DNA 条形码技术进行分子鉴定。修订和增补初拟的物种名录，确定拟建哀牢山-无量山国家公园哺乳动物名录。

三、结果

（一）物种多样性

在完成本项目调查过程中，先后查看 7784 号在哀牢山-无量山地区采集的小型兽类标本，并在哀牢山-无量山地区布设红外相机 229 台，获取独立有效照片 13 786 张，拍摄到哺乳动物 38 种。

经过对本次调查结果与前人调查资料和文献的分析，迄今为止，在拟建哀牢山-无量山国家公园记录到哺乳动物 131 种，隶属于 9 目 32 科 83 属，其中无量山地区 119 种、哀牢山地区 125 种（附录 3-1），物种数分别占全国哺乳动物（694 种；魏辅文等，2022）的 18.88% 及云南哺乳动物（312 种；蒋学龙等，2017）的 41.99%。通过与云南省物种多样性较为丰富的自然保护区进行比较，拟建哀牢山-无量山国家公园哺乳动物物种多样性明显居很高水平，较西双版纳国家级自然保护区的 130 种（杨德华，2006）还多 1 种，且明显高于永德大雪山（蒋学龙等，2007：内部资料）、高黎贡山（王应祥等，1995）、大围山（蒋学龙等，2018）、黄连山（王应祥等，2003）、南滚河（王应祥等，2004）、白马雪山（王应祥等，2003）、分水岭（王应祥等，2002）、文山（王应祥等，2008）、轿子山（蒋学龙等，2015）等自然保护区（表3-1）。尽管一些自然保护区的调查时间较早，有不够完善之处，但仍显示出拟建哀牢山-无量山国家公园是云南乃至全国哺乳动物较为丰富的保护地之一。

表 3-1　拟建哀牢山-无量山国家公园哺乳动物及其与云南其他一些国家级自然保护区比较

自然保护地	面积（hm²）	级别	目	科	属	种	占云南物种数（%）	占全国物种数（%）	资料来源
拟建哀牢山-无量山国家公园	153 732	国家级	9	32	83	131	41.99	19.47	本研究
哀牢山	67 700	国家级	8	27	63	86	27.56	12.78	赵体恭等，1988
无量山	31 000	国家级	9	30	78	123	39.42	18.28	蒋学龙等，2004
西双版纳	241 776	国家级	10	35	91	130	41.67	19.32	杨德华等，2006
永德大雪山	17 541	国家级	9	28	83	117	37.5	17.38	蒋学龙等，2007
高黎贡山	405 200	国家级	9	31	91	115	36.86	17.09	王应祥等，1995
大围山	43 993	国家级	9	28	73	104	33.33	15.45	蒋学龙等，2018
黄连山	13 935	国家级	9	29	68	100	32.05	14.86	王应祥等，2003
南滚河	7 082	国家级	10	30	75	98	31.41	14.56	王应祥等，2004
白马雪山	288 000	国家级	9	23	68	96	30.77	14.26	王应祥等，2003
分水岭	20 000	国家级	9	29	63	92	29.49	13.67	王应祥等，2002
文山	26 867	国家级	9	29	60	86	27.56	12.78	王应祥等，2008
轿子山	16 456	国家级	8	25	59	79	25.32	11.74	蒋学龙等，2015

注：全国物种数（694 种）依据魏辅文等（2022），云南物种数（312 种）依据蒋学龙等（2017）。高黎贡山国家级自然保护区为与怒江省级自然保护区合并前区域，南滚河国家级自然保护区为扩建前区域

（二）物种组成

1. 目的组成

拟建哀牢山-无量山国家公园 131 种哺乳动物隶属于 9 个目，其中以啮齿目（Rodentia）的物种数量最多，达 45 种，占该地区物种总数的 34.35%；其次是劳亚食虫目（Euliotyphla）25 种（占 19.08%）、翼手目（Chiroptera）24 种（占 18.32%）和食肉目（Carnivora）19 种（占 14.50%），这 4 个目合计 113 种，占了拟建哀牢山-无量山国家公园哺乳动物总数的 86.26%，显示这些类群在拟建哀牢山-无量山国家公园哺乳动物区系组成中起着决定作用。

另外 5 个目物种数量较少，仅 18 种，其中鲸偶蹄目（Cetartiodactyla）8 种、灵长目（Primates）7 种，而攀鼩目（Scandentia）、鳞甲目（Pholitoda）和兔形目（Lagomorpha）分别只有 1 种。

2. 科的组成

拟建哀牢山-无量山国家公园记录的 131 种哺乳动物，隶属于 32 科，总体而言没有占绝对优势的较大科，其中，最大的科——鼠科（Muridae）也只有 10 属 23 种，仅占该区域物种数的 17.56%；其次分别为鼩鼱科（Soricidae）（9 属 19 种）、蝙蝠科（Vespertilionidae）（8 属 13 种）、松鼠科（Sciuridae）（7 属 12 种），这 4 个科计 67 种，占到拟建哀牢山-无量山国家公园哺乳动物物种数的 51.15%，为该地区哺乳动物区系的重要组成。其余各科的物种数均在 10 种以下，如鼬科（Mustelidae）（6 属 7 种）、猴科（Cercopithecidae）（2 属 5 种）、菊头蝠科（Rhinolophidae）（1 属 5 种）、仓鼠科（Cricetidae）（1 属 5 种）、鼹科（Talpidae）（4 属 4 种）、灵猫科（Viverridae）（4 属 4 种）、猫科（Felidae）（4 属 4 种）、鹿科（Cervidae）（3 属 4 种）、蹄蝠科（Hipposideridae）（2 属 4 种）、猬科（Erinaceidae）（2 属 2 种）、狐蝠科（Pteropodidae）（2 属 2 种）、犬科（Canidae）（2 属 2 种）、牛科（Bovidae）（2 属 2 种）、豪猪科（Hystricidae）（2 属 2 种），而树鼩科（Tupaiidae）、长臂猿科（Hylobatidae）、鲮鲤科（Manidae）、熊科（Ursidae）、獴科（Herpestidae）、猪科（Suidae）、麝科（Moschidae）、刺山鼠科（Platacanthomyidae）、鼹形鼠科（Spalacidae）、林跳鼠科（Zapodidae）、兔科（Leporidae）11 科在拟建哀牢山-无量山国家公园以单属种出现，它们在科级水平上占 34.38%，物种水平仅占 8.40%，但在拟建哀牢山-无量山国家公园哺乳动物区系组成中有特别意义，如热带起源的长臂猿科、温带起源的林跳鼠科。

3. 属的组成

拟建哀牢山-无量山国家公园 131 种哺乳动物隶属于 83 属，除麝鼩属（Crocidura）与白腹鼠属（Niviventer）各 6 种、菊头蝠属（Rhinolophus）与绒鼠属（Eothenomys）各 5 种、家鼠属（Rattus）和猕猴属（Macaca）各 4 种外，其余属均为 3 种及以下，其中含 3 种的属：缺齿鼩属（Chodsigoa）、须弥长尾鼩鼱属（Episoriculus）、蹄蝠属（Hipposideros）、鼠耳蝠属（Myotis）、鼯鼠属（Petaurista）、长吻松鼠属（Dremomys）、小家鼠属（Mus）7 属，含 2 种的属有：鼩鼱属（Sorex）、管鼻蝠属（Murina）、长翼蝠属（Miniopterus）、伏翼属（Pipistrellus）、鼬属（Mustela）、麂属（Muntiacus）、花鼠属（Tamiops）、姬鼠属（Apodemus）、笔尾树鼠属（Chiropodomys）、小泡巨鼠属（Leopoldamys）10 属，而更多属（60 属）在拟建哀牢山-无量山国家公园仅有 1 种，如毛猬属（Hylomys）、鼩猬属（Neotetracus）、鼩鼹属（Uropsilus）、长尾鼹属（Scaptonyx）、白尾鼹属（Parascaptor）、东方鼹属（Euroscaptor）、短尾鼩属（Anourosorex）、黑齿鼩鼱属（Blarinella）、水鼩属（Chimarrogale）、蹼足鼩属（Nectogale）、臭鼩属（Suncus）、树鼩属（Tupaia）、犬蝠属（Cynopterus）、果蝠属（Rousettus）、三叶蹄蝠属（Aselliscus）、毛翼蝠属（Harpiocephalus）、棕蝠属（Eptesicus）、南蝠属（Ia）、黄蝠属（Scotophilus）、蜂猴属（Nycticebus）、乌叶猴属（Trachypithecus）、冠长臂猿属（Nomascus）、穿山甲属（Manis）、貉属（Nyctereutes）、狐属（Vulpes）、熊属（Ursus）、猪獾属（Arctonyx）、狗獾属（Meles）、鼬獾属（Melogale）、水獭属（Lutra）、貂属（Martes）、獴属（Herpestes）、花面狸属（Paguma）、林狸属（Prionodon）、大灵猫

属（*Viverra*）、小灵猫属（*Viverricula*）、金猫属（*Catopuma*）、猫属（*Felis*）、云豹属（*Neofelis*）、豹猫属（*Prionailurus*）、猪属（*Sus*）、麝属（*Moschus*）、毛冠鹿属（*Elaphodus*）、水鹿属（*Rusa*）、鬣羚属（*Capricornis*）、斑羚属（*Naemorhedus*）、箭尾飞鼠属（*Hylopetes*）、丽松鼠属（*Callosciurus*）、巨松鼠属（*Ratufa*）、岩松鼠属（*Sciurotamias*）、板齿鼠属（*Bandicota*）、大鼠属（*Berylmys*）、巢鼠属（*Micromys*）、滇攀鼠属（*Vernaya*）、猪尾鼠属（*Typhlomys*）、林跳鼠属（*Eozapus*）、竹鼠属（*Rhizomys*）、帚尾豪猪属（*Atherurus*）、豪猪属（*Hystrix*）、兔属（*Lepus*）等，占到哀牢山-无量山国家公园哺乳动物总数的 45.80%，其中有 8 属为单型属，分别为鼩猬属、长尾鼩属、白尾鼩属、南蝠属、花面狸属、小灵猫属、毛冠鹿属和滇攀鼠属。

（三）哺乳动物分布型

拟建哀牢山-无量山国家公园现记录的 131 种哺乳动物，根据其地理分布特征，可分为以下 6 种分布型。

1 世界广布型

世界广布型指在世界各大洲有分布，在此仅小家鼠（*Mus musculus*）1 种。一般认为小家鼠系欧亚大陆的土著种，多栖于居民区的室内或室外，为人类的伴栖性鼠类，但可随人的活动和货物运输而扩散，现在世界上大部分地区有发现，成为世界广布种。

2 旧大陆热带至温带分布型

旧大陆热带至温带分布型指广泛分布于欧洲、亚洲和非洲，归入这一分布型的物种系指分布区可从热带非洲到地中海沿岸、欧洲以及整个亚洲（包括热带在内）的种，是埃塞俄比亚界、古北界和东洋界三大世界动物地理区的广布种，属于这一分布型的有广泛分布的野猪（*Sus scrofa*）、大棕蝠（*Eptesicus serotinus*），分布于欧洲、亚洲的赤狐（*Vulpes vulpes*）、普通伏翼（*Pipistrellus pipistrellus*）、欧亚水獭（*Lutra lutra*）。

3 亚洲热带至温带分布型

亚洲热带至温带分布型为从东南亚的南洋群岛或/和印度南部热带一直到俄罗斯西伯利亚的古北-东洋泛布，向西达阿富汗，向东通过华北可达朝鲜或日本，可分为以下 6 个亚型。

3-1 中亚、蒙古至中南半岛分布

丛林猫（*Felis chaus*）。

3-2 日本、朝鲜半岛、中国、中南半岛至阿富汗分布

东亚伏翼（*Pipistrellus abramus*）、貉（*Nyctereutes procyonoides*）（但未分布到南亚、喜马拉雅地区）、黄鼬（*Mustela sibirica*）（南部界线至中南半岛）、亚洲黑熊（*Ursus thibetanus*）。

3-3 朝鲜半岛、中国、中南半岛至阿富汗分布

亚洲长翼蝠（*Miniopterus fuliginosus*）、猕猴（*Macaca mulatta*）（向北分布至河南、河北）、黄胸鼠（*Rattus tanezumi*）（未至阿富汗）。

3-4 朝鲜半岛、中国、俄罗斯（西伯利亚）至中亚分布

亚洲狗獾（*Meles leucurus*）。

3-5 热带南亚、热带东南亚至东亚（除日本）分布

黄喉貂（*Martes flavigula*）、豹猫（*Prionailurus bengalensis*）。

3-6 中南半岛北部至中国东北分布

仅北社鼠（*Niviventer confucianus*）。

4 亚洲热带至亚热带（印度-马来亚）分布型

亚洲热带至亚热带（印度-马来亚）分布型指热带亚洲起源的物种，它们大多分布在亚洲南部的热带和南亚热带，分布区范围包括印度、巴基斯坦、斯里兰卡、尼泊尔、缅甸、泰国、中国南部、中南半岛、

马来半岛、印尼（苏门答腊、爪哇、加里曼丹）、菲律宾等，在我国可向北延伸到长江流域，且多数为华南种，可分为个 3 亚型。

4-1 热带南亚、热带东南亚至南中国分布

热带南亚、热带东南亚至南中国分布型可以从南洋群岛、印度南部向北分布到喜马拉雅山南坡和横断山区南部，向东分布到长江流域以南，包括犬蝠（*Cynopterus sphinx*）、棕果蝠（*Rousettus leschenaultii*）、中菊头蝠（*Rhinolophus affinis*）、短翼菊头蝠（*Rhinolophus lepidus*）、小菊头蝠（*Rhinolophus pusillus*）、喜山鼠耳蝠（*Myotis muricola*）、大灵猫（*Viverra zibetha*）、小灵猫（*Viverricula indica*）、花面狸（*Paguma larvata*）、食蟹獴（*Herpestes urva*）、水鹿（*Rusa unicolor*）、霜背大鼯鼠（*Petaurista philippensis*）。

4-2 南亚、喜马拉雅、南中国至中南半岛分布

赤麂（*Muntiacus vaginalis*）、大臭鼩（*Suncus murinus*）（向西可达阿富汗、向东至琉球群岛）、喜马拉雅水鼩（*Chimarrogale himalayica*）、小蹄蝠（*Hipposideros pomona*）、大耳小蹄蝠（*Hipposideros fulvus*）、大黄蝠（*Scotophilus heathii*）、黄腹鼬（*Mustela kathiah*）、板齿鼠（*Bandicota indica*）。

5 东南亚热带至亚热带分布型

5-1 南洋群岛、马来半岛至南中国、东喜马拉雅分布

毛猬（*Hylomys suillus*）、毛翼蝠（*Harpiocephalus harpia*）、南长翼蝠（*Miniopterus pusillus*）、金猫（*Catopuma temminckii*）、白斑小鼯鼠（*Petaurista elegans*）、巨松鼠（*Ratufa bicolor*）、青毛巨鼠（*Berylmys bowersi*）、笔尾树鼠（*Chiropodomys gliroides*）、帚尾豪猪（*Atherurus macrourus*）。

5-2 马来半岛至南中国、东喜马拉雅分布

灰麝鼩（*Crocidura attenuata*）、大蹄蝠（*Hipposideros armiger*）、三叶小蹄蝠（*Aselliscus stoliczkanus*）、北树鼩（*Tupaia belangeri*）、红面猴（*Macaca arctoides*）、云豹（*Neofelis nebulosa*）、猪獾（*Arctonyx collaris*）、赤腹松鼠（*Callosciurus erythraeus*）、明纹花鼠（*Tamiops mcclellandii*）、红颊长吻松鼠（*Dremomys rufigenis*）、针毛鼠（*Niviventer fulvescens*）、褐尾鼠（*Niviventer cremoriventer*）、大足鼠（*Rattus nitidus*）。

5-3 中南半岛至南中国、横断山、东喜马拉雅分布

白尾鼹（*Parascaoptor leucura*）、长尾鼹（*Scaptonyx fusicaudus*）、四川短尾鼩（*Anourosorex squamipes*）、小长尾鼩鼱（*Episoriculus macrurus*）、印支小麝鼩（*Crocidura indochinensis*）、西南中麝鼩（*Crocidura vorax*）、中华菊头蝠（*Rhinolophus sinicus*）、托氏菊头蝠（*Rhinolophus thomasi*）、南蝠（*Ia io*）、熊猴（*Macaca assamensis*）、中国穿山甲（*Manis pentadactyla*）、鼬獾（*Melogale moschata*）、斑林狸（*Prionodon pardicolor*）、中华鬣羚（*Capricornis milneedwardsii*）、缅甸斑羚（*Naemorhedus evansi*）、灰头小鼯鼠（*Petaurista caniceps*）、黑白飞鼠（*Hylopetes alboniger*）、珀氏长吻松鼠（*Dremomys pernyi*）、隐纹花鼠（*Tamiops swinhoei*）、红耳巢鼠（*Micromys erythrotis*）、黑缘齿鼠（*Rattus andamanensis*）、东亚屋顶鼠（*Rattus brunneusculus*）、卡氏小鼠（*Mus caroli*）、锡金小鼠（*Mus pahari*）、白腹巨鼠（*Leopoldamys edwardsi*）、马来豪猪（*Hystrix brachyura*）。

5-4 东喜马拉雅至横断山分布

褐腹长尾鼩鼱（*Episoriculus caudatus*）、蹼足鼩（*Nectogale elegans*）、小纹背鼩鼱（*Sorex bedfordiae*）、灰腹鼠（*Niviventer eha*）。

5-5 东喜马拉雅、横断山（南部）至中南半岛分布

大长尾鼩鼱（*Episoriculus leucops*）、白尾梢麝鼩（*Crocidura dracula*）、金管鼻蝠（*Murina aurata*）、蜂猴（*Nycticebus bengalensis*）、北豚尾猴（*Macaca leonina*）。

6 特有分布型

6-1 横断山区特有分布

鼩猬（*Neotetracus sinensis*）、丽江缺齿鼩（*Chodsigoa parva*）、云南鼩鼱（*Sorex excelsus*）、斯氏缺齿

鼩（*Chodsigoa smithii*）、栗背鼩鼹（*Uropsilus atronates*）、川鼩（*Blarinella quadraticauda*）、西南鼠耳蝠（*Myotis altarium*）（向南延伸分布至泰国北部）、克钦绒鼠（*Eothenomys cachinus*）（向西延伸分布至缅甸东北部）、大绒鼠（*Eothenomys miletus*）、昭通绒鼠（*Eothenomys olitor*）、滇攀鼠（*Vernaya fulva*）、安氏白腹鼠（*Niviventer andersoni*）、川西白腹鼠（*Niviventer excelsior*）、四川林跳鼠（*Eozapus setchuanus*）。

6-2 横断山-南中国特有分布

中华鼠耳蝠（*Myotis chinensis*）、林麝（*Moschus berezovskii*）、毛冠鹿（*Elaphodus cephalophus*）、侧纹岩松鼠（*Sciurotamias forresti*）、滇绒鼠（*Eothenomys eleusis*）、高山姬鼠（*Apodemus chevrieri*）、中华竹鼠（*Rhizomys sinensis*）。

6-3 南中国特有分布

霍氏缺齿鼩（*Chodsigoa hoffmanni*）（向南延伸分布至越南北部）、长吻鼹（*Euroscaptor longirostris*）、罗蕾莱管鼻蝠（*Murina lorelieae*）、小鹿（*Muntiacus reevesi*）、黑腹绒鼠（*Eothenomys melanogaster*）。

6-4 云贵高原特有分布

华南中麝鼩（*Crocidura rapax*）、澜沧江姬鼠（*Apodemus ilex*）（横断山南部）、云南兔（*Lepus comus*）。

6-5 云南特有分布

景东树鼠（*Chiropodomys jingdongensis*）。

6-6 中南半岛特有分布

五指山小麝鼩（*Crocidura wuchihensis*）、印支灰叶猴（*Trachypithecus crepusculus*）、西黑冠长臂猿（*Nomascus concolor*）、橙喉长吻松鼠（*Dremomys gularis*）、沙巴猪尾鼠（*Typhlomys chapensis*）、耐氏大鼠（*Leopoldamys neilli*）。

（四）区系概貌与特点

拟建哀牢山-无量山国家公园位于云南中部，关于哀牢山-无量山动物地理区划，郑作新和张荣祖（1956）基于当时已知哺乳动物和鸟类（繁殖鸟）分布资料，将全国划分为 7 个亚区，其中哀牢山-无量山地区被归入华南亚区，然后郑作新和张荣祖（1959）、张荣祖和赵肯堂（1978）基于多个动物类群的分析对中国动物地理区划进行修订，哀牢山-无量山地区属于东洋界中印亚界西南区西南山地亚区；张荣祖（1999）在《中国动物地理》一书中，认为哀牢山-无量山地区属于华南区，并明确华南区与西南区的界线为自怒江泸水向东南沿元江（红河）至南盘江一线。

从哺乳动物分布型、区系从属（表 3-2）可以看出：拟建哀牢山-无量山国家公园中哺乳动物除因与人类伴生而扩散至世界各地的广泛分布的小家鼠（*Mus musculus*），旧大陆热带至温带分布的大棕蝠（*Eptesicus serotinus*）、野猪（*Sus scrofa*），欧洲与亚洲热带至温带分布的普通伏翼（*Pipistrellus pipistrellus*）、赤狐（*Vulpes vulpes*）、欧亚水獭（*Lutra lutra*），亚洲热带至温带分布的东亚伏翼（*Pipistrellus abramus*）、亚洲长翼蝠（*Miniopterus fuliginosus*）、猕猴（*Macaca mulatta*）、貉（*Nyctereutes procyonoides*）、亚洲黑熊（*Ursus thibetanus*）、黄鼬（*Mustela sibirica*）、黄喉貂（*Martes flavigula*）、亚洲狗獾（*Meles leucurus*）、丛林猫（*Felis chaus*）、豹猫（*Prionailurus bengalensis*）、北社鼠（*Niviventer confucianus*）、黄胸鼠（*Rattus tanezumi*）18 种为古北界与东洋界共有种外，其余 113 种为东洋界物种，占 86.26%，显示哀牢山-无量山国家公园哺乳动物主要由东洋界物种构成。

进一步分析表明：在东洋界物种中，分布于亚洲热带至亚热带的 20 种为东洋界广布种，分布于南亚、东南亚及中国南部的广大地区。从物种的分布型可以看出，拟建哀牢山-无量山国家公园哺乳动物以东南亚热带至亚热带性质的物种最多（57 种），占区域东洋界物种数的 50.44%，其中分布于南洋群岛（马来半岛）至南中国、东喜马拉雅的西南区、华南区、华中区共有物种 22 个；分布于中南半岛至南中国、横断山、东喜马拉雅的西南区与华南区物种 26 个，分布于东喜马拉雅至横断山及东喜马拉雅、横断山（南部）至中南半岛的西南区与华南区物种 9 个。并且，哀牢山-无量山哺乳动物有较高比例的特有种，不同

表 3-2　哀牢山-无量山国家公园哺乳动物的分布型和区系分析

分 布 区 类 型	种数	区 系 从 属
1　世界广布型	1	广布种
2　旧大陆热带至温带分布型	5	古北界与东洋界共有种
3　亚洲热带至温带分布型	12	
3-1 中亚、蒙古至中南半岛分布	1	
3-2 日本、朝鲜半岛、中国、中南半岛至阿富汗分布	4	
3-3 朝鲜半岛、中国、中南半岛至阿富汗分布	3	古北界与东洋界共有种
3-4 朝鲜半岛、中国、俄罗斯（西伯利亚）至中亚分布	1	
3-5 热带南亚、热带东南亚至东亚（除日本）分布	2	
3-6 中南半岛北部至中国东北分布	1	
4　亚洲热带至亚热带（印度-马来亚）分布型	20	
4-1 热带南亚、热带东南亚至南中国分布	12	东洋界泛布种
4-2 南亚、喜马拉雅、南中国至中南半岛分布	8	
5　东南亚热带至亚热带分布型	57	
5-1 南洋群岛、马来半岛至南中国、东喜马拉雅分布	9	西南区、华南区、华中区分布
5-2 马来半岛至南中国、东喜马拉雅分布	13	西南区、华南区、华中区分布
5-3 中南半岛至南中国、横断山、东喜马拉雅分布	26	西南区、华南区分布
5-4 东喜马拉雅至横断山分布	4	西南区、华南区分布
5-5 东喜马拉雅、横断山（南部）至中南半岛分布	5	西南区、华南区分布
6　特有分布型	36	
6-1 横断山区特有分布	14	西南区分布
6-2 横断山-南中国特有分布	7	西南区、华中区分布
6-3 南中国特有分布	5	华南区、华中区分布
6-4 云贵高原特有分布	3	西南区、华南区分布
6-5 云南特有分布	1	西南区分布
6-6 中南半岛特有分布	6	华南区分布
总计	131	

物种显示出差异性区系从属，包括：横断山区特有（西南区分布：14 种）、横断山-南中国特有（西南区、华中区分布：7 种）、南中国特有（华南区、华中区分布：4 种）、云贵高原特有（西南区、华南区分布：3 种）、云南特有（西南区分布：2 种）、中南半岛特有（华南区分布：6 种）等类群。

　　基于上述分析可以看出，哀牢山哺乳动物除 18 个古北界与东洋界共有物种和 20 个东洋界广布物种外，有 22 种为西南区、华南区、华中区共有分布，38 种为西南区、华南区共有分布，7 种为西南区、华中区共有分布，5 种为华南区、华中区共有分布，15 种为西南区分布，6 种为华南区分布（表 3-2）。

　　由此可以看出，拟建哀牢山-无量山国家公园哺乳动物的动物地理区系主要由东洋界物种组成，并具有明显的共有分布性质，其中，典型西南区物种成分要多于华南区成分。西南区成分主要由横断山区特有分布型物种组成，在哀牢山-无量山中上部分布，成为多数相关物种分布的南限，其中包括科级、亚科级成分，如鼩鼱亚科（Uropsilinae），且林跳鼠科（Zapodidae）物种是首次在该地区有记录，由四川西部分布至此。华南区成分主要由中南半岛特有分布物种组成，其中长臂猿科（Hylobatidae）在是同一经度上分布的北限。因此，在动物地理区系上，就哺乳动物而言，哀牢山-无量山地区隶属于东洋界，但不宜简单划为华南区或西南区，而是华南区与西南区的分界线。

（五）地理分布及其特点

　　拟建哀牢山-无量山国家公园位于云南中部，地处横断山南延部位，东以元江（红河）、西以澜沧江为界，是云南西部高山纵谷区与东部云贵高原接合部，为云南东、西部之间地质地貌、气候、生物地理的一条重要分界线和过渡地带。

　　在地理分布上，哺乳动物也显示出一些重要特点。

1. 特有分布

特有分布是区域或地区物种特点的重要指标，基于对哀牢山-无量山国家公园哺乳动物分布特点的分析，结果表明，该地区哺乳动物显示出多个不同的特有分布型。

1）地区特有

地区特有指仅分布于哀牢山及其邻近地区，包括景东树鼠（*Chiropodomys jingdongensis*），其模式产地在哀牢山生态站（吴德林和邓向福，1984），尽管有学者怀疑其物种分类地位的有效性（Wilson and Reeder, 2005），但却未有人对其进行专门研究。

2）横断山区特有

横断山区特有指其主要分布区位于横断山区或西南山地，尽管部分物种分布范围会在横断山区之外，如克钦绒鼠（*Eothenomys cachinus*）向西延伸到缅甸北部，西南鼠耳蝠（*Myotis altarium*）向南延伸分布至泰国北部。

3）横断山-南中国特有

横断山-南中国特有指主要分布于横断山区及长江以南地区，如毛冠鹿（*Elaphodus cephalophus*）和中华竹鼠（*Rhizomys sinensis*）。

4）南中国特有分布

南中国特有分布指主要分布于长江以南地区，在西部目前仅知分布至哀牢山地区，如罗蕾莱管鼻蝠（*Murina lorelieae*）是哀牢山地区的一新纪录种（黎舫等，2017）。

5）云贵高原特有

云贵高原特有指主要分布于云贵高原及横断山南部。

6）中南半岛特有

中南半岛特有指主要分布于中南半岛地区，向北分布至哀牢山、无量山一线，其中，代表物种有印支灰叶猴（*Trachypithecus crepusculus*）、西黑冠长臂猿（*Nomascus concolor*）、橙喉长吻松鼠（*Dremomys gularis*）、沙巴猪尾鼠（*Typhlomys chapensis*）等。

在这些特有分布种中，丽江缺齿鼩（*Chodsigoa parva*）、云南鼩鼱（*Sorex excelsus*）、斯氏缺齿鼩（*Chodsigoa smithii*）、华南中麝鼩（*Crocidura rapax*）、罗蕾莱管鼻蝠（*Murina lorelieae*）、小麂（*Muntiacus reevesi*）、侧纹岩松鼠（*Sciurotamias forresti*）、大绒鼠（*Eothenomys miletus*）、滇绒鼠（*Eothenomys eleusis*）、昭通绒鼠（*Eothenomys olitor*）、滇攀鼠（*Vernaya fulva*）、景东树鼠（*Chiropodomys jingdongensis*）安氏白腹鼠（*Niviventer andersoni*）、川西白腹鼠（*Niviventer excelsior*）、四川林跳鼠（*Eozapus setchuanus*）、云南兔（*Lepus comus*）16 种为中国特有种。

2. 边缘分布

缘于所处南北过渡和东西接合部的特殊地理位置，且位于生物地理上一重要分界线——田中线，此外，前述哺乳动物区系分布表明哀牢山-无量山地区为华南、西南区的分界线，使得哀牢山成为一些物种的分布极限，并从不同方向呈现出边缘分布的特点。

拟建哀牢山-无量山国家公园现记录有 131 种哺乳动物，其边缘分布主要有以下 3 个方面。

1）热带物种分布的北缘

在哀牢山-无量山以北地区目前尚未有记录，典型的有毛猬（*Hylomys suillus*）、蜂猴（*Nycticebus bengalensis*）、印支灰叶猴（*Trachypithecus crepusculus*）、西黑冠长臂猿（*Nomascus concolor*）、橙喉长吻松鼠（*Dremomys gularis*）、褐尾鼠（*Niviventer cremoriventer*）、沙巴猪尾鼠（*Typhlomys chapensis*）。并且元江（红河）还是印支灰叶猴、西黑冠长臂猿等分布的东部界线，在元江（红河）以东地区的长臂猿和叶猴分别为冠长臂猿属（*Nomascus*）、乌叶猴属（*Trachypithecus*）的其他物种。此外，笔尾树鼠（*Chiropodomys gliroides*)、熊猴（*Macaca assamensis*）虽有更大分布范围，但其分布北限是由高黎贡山至无量山、哀牢山向东南沿线，亦即分布于田中线以南地区。

2）横断山区动物分布的南缘

主要有一些高山、亚高山分布的食虫类动物和啮齿类动物，如栗背臌鼱鼩（*Uropsilus atronates*）、云南臌鼩（*Sorex excelsus*）、褐腹长尾臌鼩（*Episoriculus caudatus*）、丽江缺齿鼩（*Chodsigoa parva*）、斯氏缺齿鼩（*Chodsigoa smithii*）、小纹背臌鼱（*Sorex bedfordiae*）、蹼足鼩（*Nectogale elegans*）、克钦绒鼠（*Eothenomys cachinus*）、昭通绒鼠（*Eothenomys olitor*）、澜沧江姬鼠（*Apodemus ilex*）、川西白腹鼠（*Niviventer excelsior*）、四川林跳鼠（*Eozapus setchuanus*）等，在哀牢山-无量山以南地区尚未有记录，其中四川林跳鼠是首次在该地区报道。

3）南中国动物分布的西缘

罗蕾莱管鼻蝠（*Murina lorelieae*）、小麂（*Muntiacus reevesi*）和沙巴猪尾鼠（*Typhlomys chapensis*），目前仅知其分布的西缘在哀牢山，而猪尾鼠属物种在澜沧江以西还未有发现。

3. 小型兽类垂直分布及其形成机制

1）垂直分布格局

利用夹日法在哀牢山中段东、西相对的两个坡面进行非飞行性小型哺乳动物详细调查，并对物种组成及分布数据进行分析，其中，西坡研究区域位于镇沅九甲千家寨管护站（24°7′N，101°14′E）辖区内，东坡研究区域位于双柏碍嘉平河管护站（24°2′N，101°17′E）辖区内。以海拔1800m为基线，按海拔200m为间隔在两个坡面分别设置了6条调查样带，布设25 470个有效夹日，捕获非飞行性小型兽类2006只，捕获率7.88%。采集到小型兽类38种，隶属于4目8科26属，其中西坡4目8科22属27种，东坡4目8科23属33种（图3-1）（Chen et al.，2017a）。

为比较不同类群小型兽类的垂直分布格局和形成机制，在此将小型兽类细分为食虫类（insectivores）和啮齿类（rodents）、宽域种（larger-ranged species）和窄域种（small-ranged species）、区域特有种（endemic species）和非区域特有种（non-endemic species）分别进行分析。宽域种和窄域种是根据每个地区的捕获结果确定的，即将该地区垂直分布区排在前50%的物种定义为宽域种，其余的定义为窄域种。区域特有种定义为只分布在横断山区及喜马拉雅东缘的物种，分布区超过该区域以外的物种归为非区域特有种。

总体来说，哀牢山东西两个坡面的小型兽类总物种丰富度随海拔升高都呈现出先增高后降低的驼峰状分布模式，但其变化趋势有别（图3-2）。在西坡，小型兽类物种丰富度的最高值出现在中海拔（2200m）处；而在东坡，物种丰富度最高值出现在中高海拔的2600m处。

当小型兽类总物种丰富度划分为啮齿类-食虫类、宽域种-窄域种、区域特有种-非区域特有种时，它们的丰富度垂直分布模式显著不同（图3-2）。在西坡，食虫类物种丰富度在海拔2200m和2600m都比较高，随海拔的升高形成了一个双峰的分布模式；啮齿类动物的物种数在中海拔的2200m和2400m处较高，物种丰富度垂直分布格局呈先升高后降低的单峰模式。宽域种物种丰富度在海拔2200m处最高，随海拔升高表现出较为明显的先升高后降低的驼峰状分布格局；窄域种的物种丰富度在海拔2200m处较高，其他区域数量较低，形成了一个单峰的垂直分布格局。区域特有种丰富度垂直分布格局也出现了两个峰值，分别在海拔2200m和2600m；非区域特有种丰富度随海拔升高基本符合单调递减的分布格局。

而在东坡，食虫类和啮齿类物种丰富度最高值都出现在海拔2600m处，但是在1800～2400m的中、低海拔，食虫类丰富度随海拔降低迅速降低，而啮齿类的物种数几乎保持不变，且维持在较高水平（图3-2）。宽域种物种丰富度在中高海拔（2400m和2600m）最高，随海拔的升高表现出较为明显的先升高后降低的驼峰状分布格局；窄域种物种丰富度在中、低海拔区域（1800～2200m）维持在较低水平，在2200m以上的高海拔形成了先升高后降低的驼峰状分布格局，物种丰富度最高值出现在海拔2600m处。区域特有种物种数量在低海拔维持较低水平，在2200～2600m物种丰富度急剧增加，在2600m以上其丰富度又出现下降，形成了先升高后降低的单峰分布格局；非区域特有种的物种丰富度随海拔升高变化不显著。

2）垂直分布格局的影响因子

空间几何限制模型表明，中域效应仅对宽域种物种丰富度垂直分布格局预测较好，其对西坡和东坡宽域种的丰富度垂直分布格局的解释度分别达到了 75.0% 和 61.5%（P <0.05）。中域效应对其他类群小型兽类的解释度都很弱，未达到显著水平（图 3-2）。

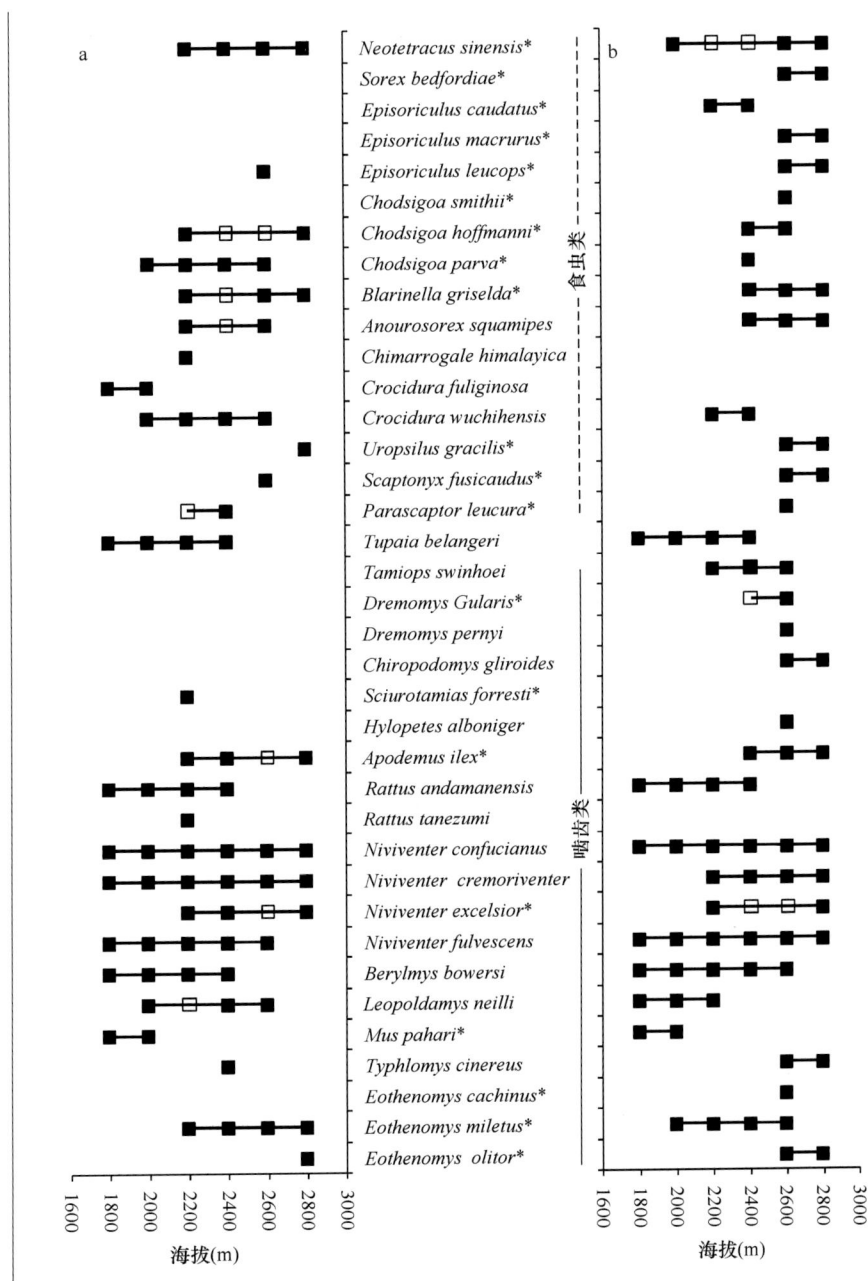

图 3-1　哀牢山中段小型兽类分类、垂直分布范围和区域特有性
a. 东坡；b. 西坡。实心正方形表示该物种实际出现的海拔，空心正方形则是通过插值法获得的物种分布海拔；*代表区域特有种

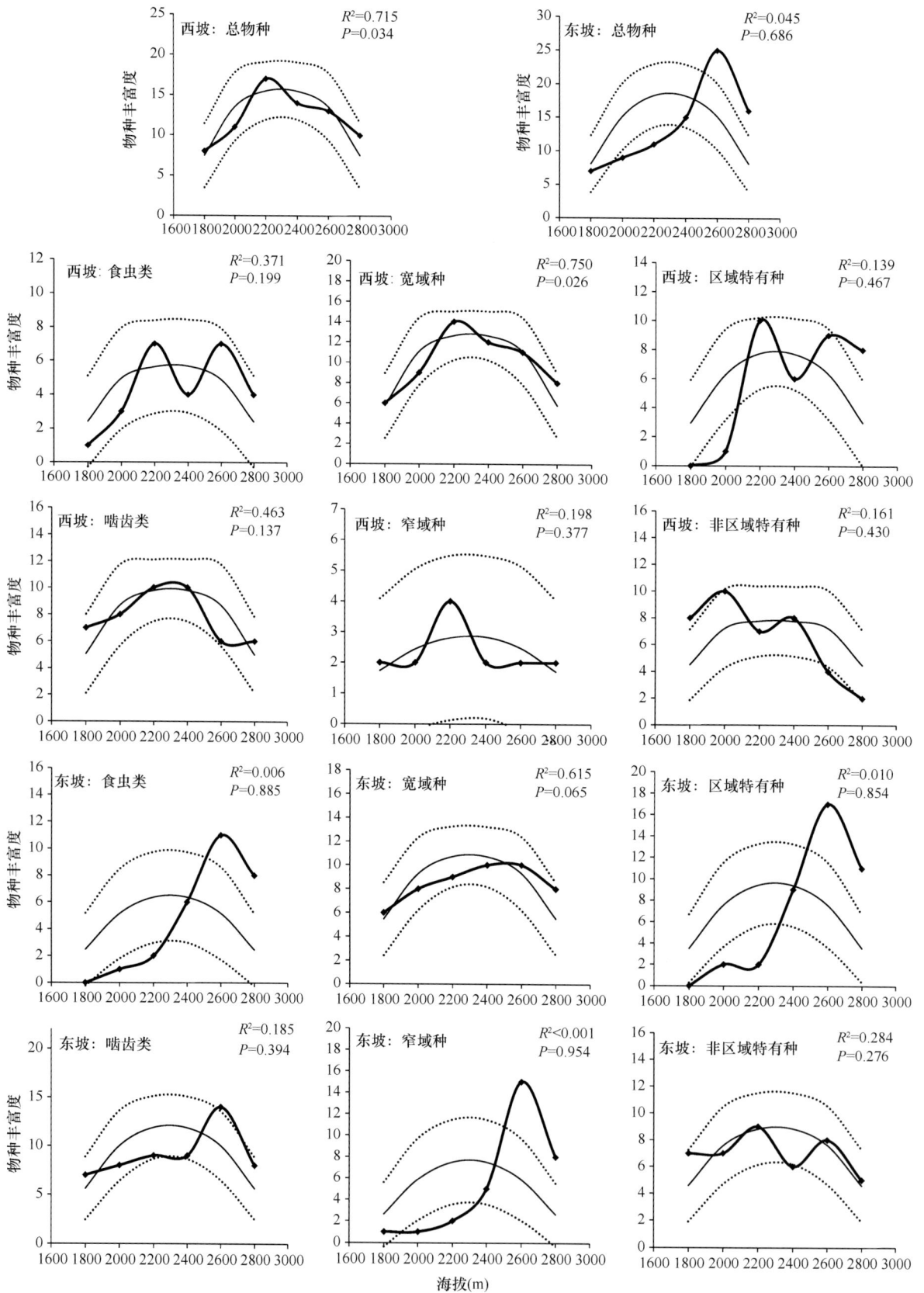

图 3-2　哀牢山小型兽类物种丰富度（带正方形黑线）与中域效应模型预测的物种丰富度之间的关系

而 Pearson 相关分析显示，哀牢山地区年均温和年均湿度与归一化植被指数（NDVI）有很强的相关性（表 3-3）。为减少多重共线性的影响，在多元回归分析中移除年均温和年均湿度仅保留 NDVI、植物物种丰富度（PSR）、面积（AREA）和中域效应（MDE）预测值。另外，为了探究小型兽类垂直分布格局的影响机制在不同坡面是否存在差异，将坡向及坡向和上述 4 个环境因子的交互作用纳入多元回归分析中。

表 3-3　哀牢山各环境气候因子的相关性

	MDE	AREA	MAT	MAH	NDVI	PSR
MDE	1.00					
AREA	−0.01	1.00				
MAT	−0.13	−0.40	1.00			
MAH	0.27	0.31	−0.84**	1.00		
NDVI	0.52	0.34	−0.87**	0.84**	1.00	
PSR	0.16	−0.38	0.85**	−0.50	−0.61*	1.00

*表示 $P<0.05$；**表示 $P<0.01$

MDE：中域效应；AREA：面积；MAT：年均温；MAH：年均湿度；NDVI：归一化植被指数；PSR：植物物种丰富度

模型筛选的结果显示，NDVI 和 AREA 的组合是哀牢山小型兽类总物种丰富度垂直分布格局的最优模型，其可以解释总物种分布格局变异度的 79.2%（表 3-4）。同时，NDVI 和 AREA 的组合也是食虫类和区域特有种的最优线性模型。模型平均的结果显示，不同类群的小型兽类丰富度垂直分布格局的主导因子不同。其中，食虫类物种丰富度格局受到 NDVI 的影响最为强烈，而啮齿类主要受到 MDE 的影响；宽域种物种丰富度格局受到 MDE 的影响最大，而窄域种主要受到 AREA 的影响；区域特有种物种丰富度格局的最主要影响因子是 NDVI，而非区域特有种主要受到 PSR 的影响。研究结果显示，坡面以及坡面与其他因子的交互作用并没有进入任何一个类群的最优模型中，模型筛选也显示这些因子不是影响小

表 3-4　哀牢山小型兽类物种丰富度与多个环境因子之间的最优线性模型和模型平均的结果

	总物种	食虫类	啮齿类	宽域种	窄域种	区域特有种	非区域特有种
最优模型							
MDE			2.78*	3.13**			
AREA	2.17*	1.96**	2.89*		5.16***	1.95'	
NDVI	2.31**	3.32***				4.87***	
PSR							2.09*
Slope							
Slope: MDE							
Slope: AREA							
Slope: NDVI							
Slope: PSR							
R^2	0.792	0.797	0.645	0.790	0.737	0.824	0.482
AICc	65.27	50.92	53.18	58.10	49.39	59.63	54.59
模型平均							
MDE	0.26	0.12	0.71	0.75	0.29	0.15	0.24
AREA	0.69	0.43	0.77	0.11	1.00	0.47	0.23
NDVI	0.68	1.00	0.07	0.40	0.24	1.00	0.18
PSR	0.12	0.10	0.04	0.25	0.08	0.19	0.64
Slope	0.13	0.15	0.07	0.11	0.14	0.28	0.15
Slope: MDE							
Slope: AREA					0.02	0.07	
Slope: NDVI	0.01	0.03				0.01	
Slope: PSR		0.01					0.01

'表示 $P<0.1$；*表示 $P<0.05$；**表示 $P<0.01$；***表示 $P<0.001$；AICc：修正的赤池信息准则

MDE：中域效应；AREA：面积；NDVI：归一化植被指数；PSR：植物物种丰富度，Slope：坡向；"："表示交互作用

型兽类各类群的主要因子。该结果可能说明，同一山脉中，不同坡面的空间和环境因子的差异会形成不同的物种丰富度分布格局，但相同类群格局的驱动机制依然可能相同，推测不同地区物种组成的不同可能是造成物种多样性垂直分布格局和其机制的不能统一的重要原因之一。

4. 大中型兽类分布格局及其驱动因子

在哀牢山-无量山累计布设 229 个红外相机位点，截至 2020 年 8 月 31 日，相机工作日数达 57 279 天，获得独立有效照片 13 786 张，记录野生动物 46 种，其中哺乳动物 38 种、鸟（雉类）8 种（图 3-3）。获得独立有效照片数最多的物种为赤麂（*Muntiacus vaginalis*），在 200 个相机位点（占有效位点总数的 87%）获得 4533 张独立有效照片；其次是人，在 124 个相机位点（占有效位点总数的 54%）记录到 883 次。独立记录频次超过 500 次的还有白鹇（*Lophura nycthemera*）、野猪（*Sus scrofa*）和牲畜（图 3-3）。

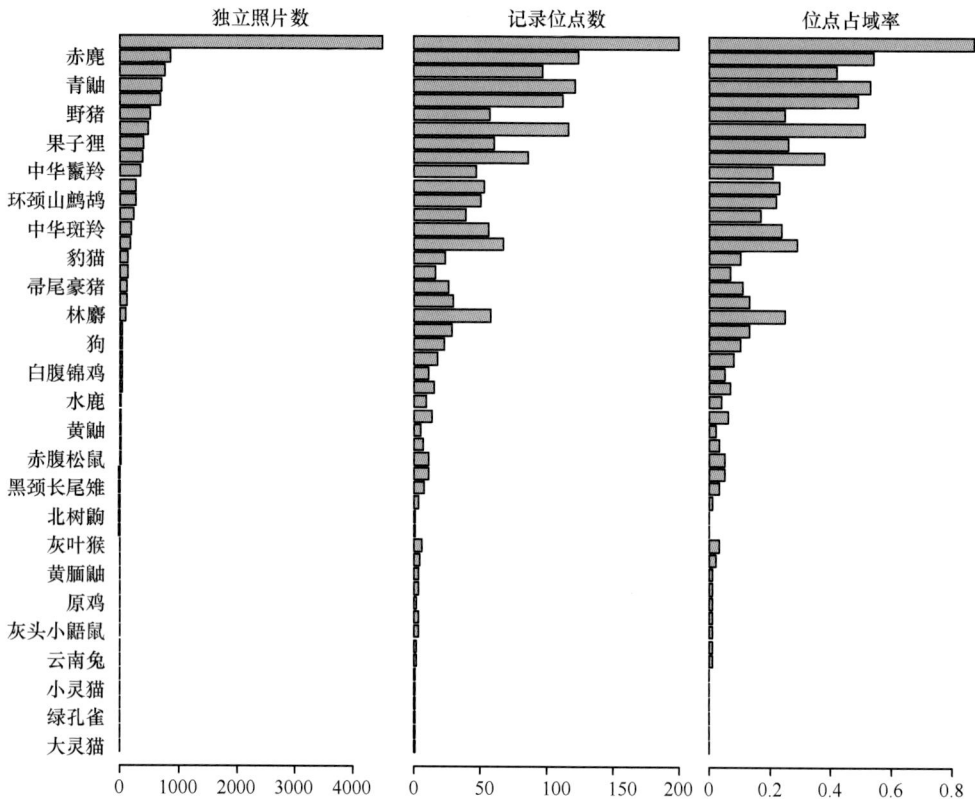

图 3-3　哀牢山-无量山红外相机调查获得的独立照片数及探测位点数

对比 2017～2019 年监测数据发现，赤麂（图 3-4a）、野猪（图 3-4b）等常见种在哀牢山-无量山地区相对丰富度基本处于稳定状态。但各相机位点记录到的野生动物物种数量存在较大差异，最少仅记录到 1 个物种，最多则记录到 18 种，相机位点平均记录物种数 8 种±5 种。各季节相机位点记录物种数无显著差异（$F=2.36$，$df=3$，$P=0.22$）。

拟合分析相机位点物种丰富度与各环境变量间的关联，发现海拔、景观破碎度和直接人类活动强度（相机位点出现人或牲畜）共同影响相机位点物种丰富度，位点物种丰富度随海拔升高而表现出上升趋势（图 3-5a）；相反地，位点物种丰富度随直接人类活动强度（图 3-5b）和景观破碎度（图 3-5c）的增加而降低。相机位点物种丰富度与坡度、坡位、坡向、地表粗糙度等地形指数和归一化植被指数之间均没有表现出显著的线性关联。

各相机位点记录到的人类活动强度存在较大差异。229 台相机中，有 124 台相机记录到人 883 次，位点发生率高达 54%；牲畜则在 57 个相机位点记录到 526 次独立照片，位点占有率 25%。各月份记录到的

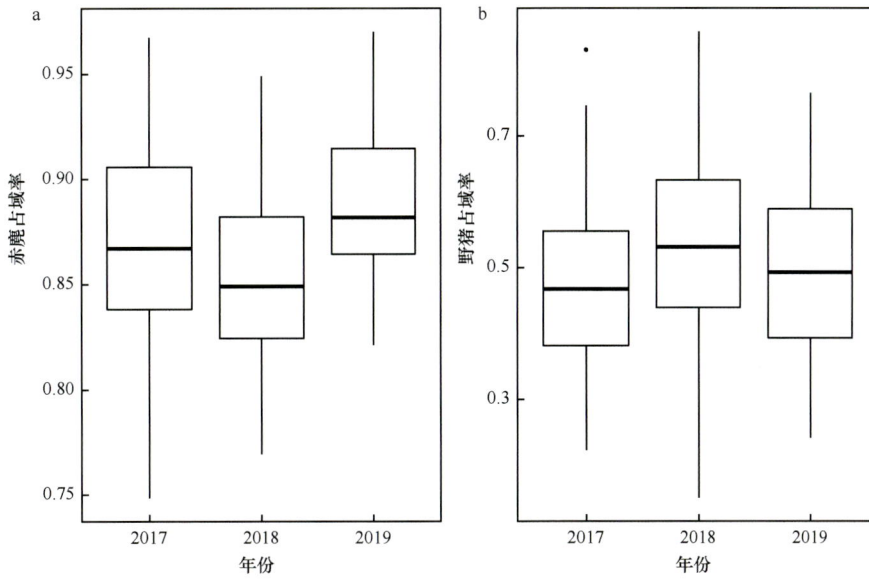

图 3-4　哀牢山-无量山赤麂（a）、野猪（b）占域率年度变化

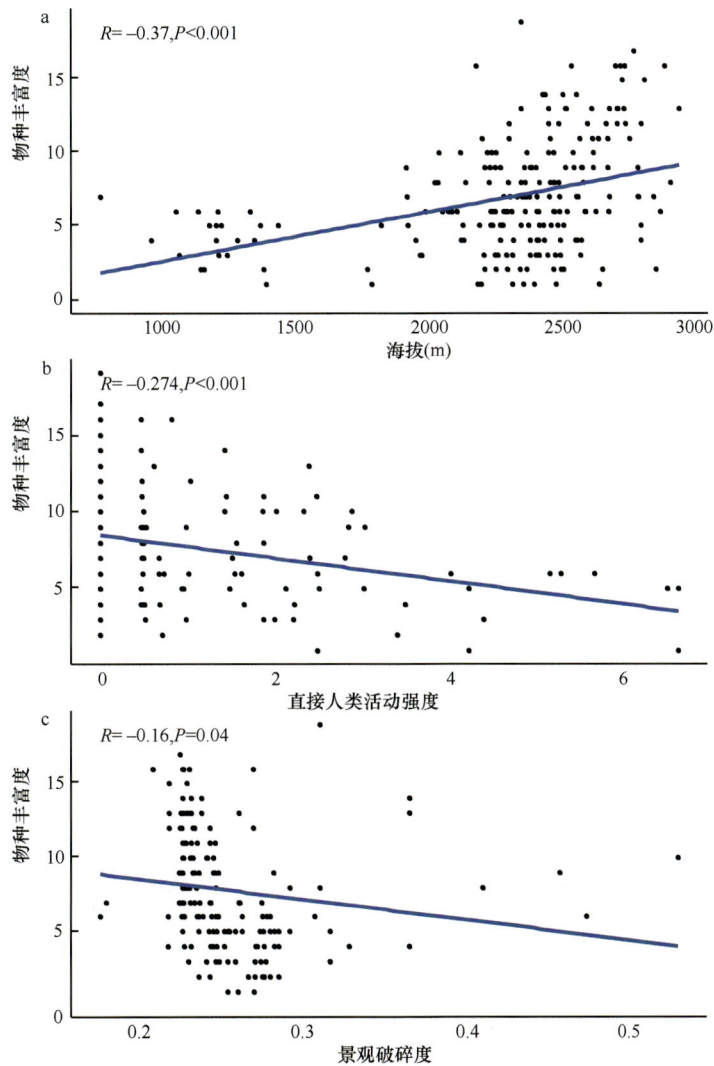

图 3-5　相机位点物种丰富度与海拔（a）、直接人类活动强度（b）、景观破碎度（c）间的线性拟合

人类活动频次存在显著差异（F=8.95，df=11，P=0.001），6～9月人类活动频次较高，12月至次年2月人类活动频次较低。不同样区间平均人类活动强度存在显著差异，南华样区最高，景东样区最低。

四、珍稀濒危哺乳动物

在《哀牢山自然保护区综合考察报告集》《无量山国家级自然保护区》中曾记述有虎（*Panthera tigris*）、豹（*Panthera pardus*）等大型猫科动物（赵体恭等，1988；蒋学龙等，2004），这缘于早期该地区曾有相关物种活动所做的记录。本次调查中对于此类影响较大的物种在未有确凿证据（包括痕迹）前则不予收录，其中虎已有几十年未有报道，而考虑到哀牢山-无量山地区有较大的森林面积，特别是哀牢山，且其森林植被呈连续性分布，豹虽有可能存在，但还有待于通过利用红外相机陷阱法进行长期监测予以证实。

在拟建哀牢山-无量山国家公园现记录的131种哺乳动物中，列入《国家重点保护野生动物名录》**（2021）**、《濒危野生动植物种国际贸易公约》（CITES）附录的珍稀濒危哺乳动物、世界自然保护联盟（IUCN）受威胁物种有29种（表3-5），占拟建哀牢山-无量山国家公园哺乳动物总数的22.14%，其中国家重点保护野生动物26种（占19.85%），包括国家一级重点保护野生动物蜂猴（*Nycticebus bengalensis*）、北豚尾猴（*Macaca leonina*）、印支灰叶猴（*Trachypithecus crepusculus*）、西黑冠长臂猿（*Nomascus concolor*）、中国穿山甲（*Manis pentadactyla*）、大灵猫（*Viverra zibetha*）、小灵猫（*Viverricula indica*）、金猫（*Catopuma temminckii*）、丛林猫（*Felis chaus*）、云豹（*Neofelis nebulosa*）、林麝（*Moschus berezovskii*）11种，国家二级重点保护野生动物猕猴（*Macaca mulatta*）、红面猴（*Macaca arctoides*）、熊猴（*Macaca assamensis*）、貉（*Nyctereutes procyonoides*）、赤狐（*Vulpes vulpes*）、亚洲黑熊（*Ursus thibetanus*）、黄喉貂（*Martes flavigula*）、欧亚水獭（*Lutra lutra*）、斑林狸（*Prionodon pardicolor*）、豹猫（*Prionailurus bengalensis*）、毛冠鹿（*Elaphodus cephalophus*）、水鹿（*Rusa unicolor*）、中华鬣羚（*Capricornis milneedwardsii*）、缅甸斑羚（*Naemorhedus evansi*）和巨松鼠（*Ratufa bicolor*）15种。CITES附录有19种（占14.50%），包括附录Ⅰ物种蜂猴（*Nycticebus bengalensis*）、西黑冠长臂猿（*Nomascus concolor*）、中国穿山甲（*Manis pentadactyla*）、金猫（*Catopuma temminckii*）、云豹（*Neofelis nebulosa*）、亚洲黑熊（*Ursus thibetanus*）、欧亚水獭（*Lutra lutra*）、斑林狸（*Prionodon pardicolor*）、中华鬣羚（*Capricornis milneedwardsii*）、缅甸斑羚（*Naemorhedus evansi*）等10种，附录Ⅱ物种猕猴（*Macaca mulatta*）、红面猴（*Macaca arctoides*）、熊猴（*Macaca assamensis*）、北豚尾猴（*Macaca leonina*）、林麝（*Moschus berezovskii*）、丛林猫（*Felis chaus*）、豹猫（*Prionailurus bengalensis*）、巨松鼠（*Ratufa bicolor*）、北树鼩（*Tupaia belangeri*）9种。并有13种（占9.92%）被IUCN评估为受威胁物种，其中西黑冠长臂猿（*Nomascus concolor*）、中国穿山甲（*Manis pentadactyla*）为极度濒危物种，蜂猴（*Nycticebus bengalensis*）、印支灰叶猴（*Trachypithecus crepusculus*）、林麝（*Moschus berezovskii*）和小蹄蝠（*Hipposideros pomona*）为濒危物种，北豚尾猴（*Macaca leonina*）、红面猴（*Macaca arctoides*）、亚洲黑熊（*Ursus thibetanus*）、猪獾（*Arctonyx collaris*）、云豹（*Neofelis nebulosa*）、水鹿（*Rusa unicolor*）、中华鬣羚（*Capricornis milneedwardsii*）为易危物种。

表3-5　拟建哀牢山-无量山国家公园珍稀保护哺乳动物名录

| | 保护等级 | | | | IUCN 受威胁等级 |
| | 国家重点保护动物 | | CITES | | |
	一级	二级	附录Ⅰ	附录Ⅱ	
1. 蜂猴 *Nycticebus bengalensis*	●		●		EN
2. 北豚尾猴 *Macaca leonina*	●			▲	VU
3. 印支灰叶猴 *Trachypithecus crepusculus*	●				EN
4. 西黑冠长臂猿 *Nomascus concolor*	●		●		CR

续表

| | 保护等级 | | | | IUCN 受威胁等级 |
| | 国家重点保护动物 | | CITES | | |
	一级	二级	附录 I	附录 II	
5. 中国穿山甲 *Manis pentadactyla*	●		●		CR
6. 大灵猫 *Viverra zibetha*	●				LC
7. 小灵猫 *Viverricula indica*	●				LC
8. 丛林猫 *Felis chaus*	●			▲	LC
9. 金猫 *Catopuma temminckii*	●		●		NT
10. 云豹 *Neofelis nebulosa*	●		●		VU
11. 林麝 *Moschus berezovskii*	●			▲	EN
12. 红面猴 *Macaca arctoides*		▲		▲	VU
13. 熊猴 *Macaca assamensis*		▲		▲	NT
14. 猕猴 *Macaca mulatta*		▲		▲	LC
15. 貉 *Nyctereutes procyonoides*		▲			LC
16. 赤狐 *Vulpes vulpes*		▲			LC
17. 亚洲黑熊 *Ursus thibetanus*		▲	●		VU
18. 黄喉貂 *Martes flavigula*		▲			LC
19. 欧亚水獭 *Lutra lutra*		▲	●		NT
20. 斑林狸 *Prionodon pardicolor*		▲	●		LC
21. 豹猫 *Prionailurus bengalensis*		▲		▲	LC
22. 毛冠鹿 *Elaphodus cephalophus*		▲			NT
23. 水鹿 *Rusa unicolor*		▲			VU
24. 中华鬣羚 *Capricornis milneedwardsii*		▲	●		VU
25. 缅甸斑羚 *Naemorhedus evansi*		▲	●		未评估
26. 巨松鼠 *Ratufa bicolor*		▲		▲	NT
27. 北树鼩 *Tupaia belangeri*				▲	LC
28. 小蹄蝠 *Hipposideros pomona*					EN
29. 猪獾 *Arctonyx collaris*					VU

注：CR 表示极度濒危，EN 表示濒危，VU 表示易危，NT 表示近危，LC 表示无危，下同

五、地位和价值

（一）保护丰富的哺乳动物多样性和分布类型多样性

拟建哀牢山-无量山国家公园现记录有哺乳动物 131 种，其物种多样性在云南甚至全国森林型和野生动物型自然保护区中位居前列，其物种数超出面积更大的西双版纳国家级自然保护区（130 种：杨德华等，2006），并明显高于其他一些国家级自然保护区，如高黎贡山（115 种：王应祥等，1995）、大围山（104 种：蒋学龙等，2018）、黄连山（100 种：王应祥等，2003）、南滚河（98 种：王应祥等，2004）、白马雪山（96 种：王应祥等，2003）、分水岭（92 种：王应祥等，2002）、文山（86 种：王应祥等，2008）、轿子山（79 种：蒋学龙等，2015），显示拟建哀牢山-无量山国家公园是云南乃至全国哺乳动物较为丰富的地区之一；并且哀牢山-无量山地区哺乳动物有多样的分布型，包括众多热带种类、热带-亚热带山地动物及热带-亚热带-温带广布的类群，也有很多区域特有分布型，它是一个多样性丰富而且复杂的动物综合体，在我国南亚热带森林生态系统自然保护区体系中有着重要价值。

（二）珍稀濒危动物保护及重点物种的关键地区

拟建哀牢山-无量山国家公园为森林生态系统类型，栖息有 29 种国家重点保护野生动物、CITES 附

录物种与 IUCN 受威胁物种，特别是保存着具有世界影响力的珍稀濒危动物，如西黑冠长臂猿（*Nomascus concolor*）。2010 年以来调查结果显示，中国现有西黑冠长臂猿约 1400 只，而哀牢山-无量山地区栖息有西黑冠长臂猿 1300 余只，约占该物种全球种群数量的 90%，是现今西黑冠长臂猿种群最大与分布最集中的区域，突显拟建哀牢山-无量山国家公园在西黑冠长臂猿保护中的关键地位。不仅如此，拟建哀牢山-无量山国家公园还栖息着另一重要灵长类动物——印支灰叶猴（*Trachypithecus crepusculus*），调查研究表明，仅景东无量山地区即生存着 2000 余只印支灰叶猴（Ma et al, 2015）。据此估计，哀牢山-无量山地区的印支灰叶猴种群数量在 4000 只以上，约占全国种群数量 50%。

（三）保护南北、东西动物区系过渡交汇地

拟建哀牢山-无量山国家公园因其特殊的地理位置及生态地理特点，所在区域系横断山纵向岭谷区南延部分，处于云贵高原与滇西高山峡谷区的接合部，元江（红河）为区域自然地理的重要分界线，该区域为动物南北、东西地理分布的过渡地带、交汇地带和边缘地带。在南北方向上，有来自南洋群岛、马来半岛、中南半岛具有典型热带性质的物种经哀牢山、无量山地区向北分布，如金猫（*Catopuma temminckii*）、明纹花鼠（*Tamiops mcclellandii*）、红颊长吻松鼠（*Dremomys rufigenis*）、针毛鼠（*Niviventer fulvescens*）等，该地区也是部分物种分布的北缘，如毛猬（*Hylomys suillus*）、印支灰叶猴（*Trachypithecus crepusculus*）、西黑冠长臂猿（*Nomascus concolor*）、橙喉长吻松鼠（*Dremomys gularis*）、褐尾鼠（*Niviventer cremoriventer*）、沙巴猪尾鼠（*Typhlomys chapensis*）等；同时，也有来自北部横断山、东喜马拉雅地区具有温带性质的物种经哀牢山、无量山向南分布，如川鼩（*Blarinella quadraticauda*）、小长尾鼩鼱（*Episoriculus macrurus*）、大长尾鼩鼱（*Episoriculus leucops*）、金管鼻蝠（*Murina aurata*）、西南鼠耳蝠（*Myotis altarium*）、高山姬鼠（*Apodemus chevrieri*）等，此外，该地区也成为部分物种分布的南缘，如褐腹长尾鼩鼱（*Episoriculus caudatus*）、蹼足鼩（*Nectogale elegans*）、小纹背鼩鼱（*Sorex bedfordiae*）、云南鼩鼱（*Sorex excelsus*）、丽江缺齿鼩（*Chodsigoa parva*）、斯氏缺齿鼩（*Chodsigoa smithii*）、栗背鼩鼹（*Uropsilus atronates*）、克钦绒鼠（*Eothenomys cachinus*）、昭通绒鼠（*Eothenomys olitor*）、澜沧江姬鼠（*Apodemus ilex*）、川西白腹鼠（*Niviventer excelsior*）等，其中鼩鼱属（*Sorex*）、蹼足鼩属（*Nectogale*）、鼩鼹属（*Uropsilus*）物种尚未在哀牢山、无量山以南地区发现。在东西方向上，有来自中国南部的动物类群并成为其分布的西缘，如罗蕾莱管鼻蝠（*Murina lorelieae*）、小麂（*Muntiacus reevesi*）、猪尾鼠属（*Typhlomys*），同时，哀牢山也是印支灰叶猴（*Trachypithecus crepusculus*）、西黑冠长臂猿（*Nomascus concolor*）分布的东缘。

第二节　鸟　类

一、研究历史简况

哀牢山-无量山区域的鸟类调查和研究最早可追溯到 19 世纪末英国人温盖特（A. Wingate）1898～1899 年从中国上海至缅甸八莫（Bhâmo）探险途中在景东（Ching-tung）采集鸟类标本（Grant, 1900），而我国学者涉及的有关考察活动首推中国鸟类学界前辈常麟定先生于 1933～1934 年在景东、镇沅等地采集鸟类标本（Chong, 1937）。

新中国成立以后，在哀牢山-无量山区域专门针对鸟类物种多样性的调查和研究逐渐增多。中国科学院云南热带生物资源综合考察队（1955～1958 年）、中国科学院昆明动物研究所（1959～1960 年、1964～1965 年、1994 年）、云南大学（1959～1960 年）等先后对无量山的鸟类进行采集和调查；中国科学院西双版纳热带植物园（原中国科学院昆明分院生态研究室）和昆明动物研究所于 1976～1977 年对哀牢山鸟类进行了采集和调查；1980 年中国科学院西双版纳热带植物园在景东哀牢山徐家坝建立工作站后，王直军等对徐家坝地区以及哀牢山北段的鸟类进行过一系列调查和研究（王直军，1986，1987，1989；王直

军和陈火结，1987；王直军和魏天昊，1987）；此外，魏天昊等（1987）对哀牢山迁徙鸟类进行了调查，王紫江和吴金亮（1987）对哀牢山东麓的鸡形目鸟类进行了调查。《哀牢山自然保护区综合考察报告集》中的"哀牢山中北段的鸟类"一文是最早对哀牢山鸟类多样性进行阶段性总结的报道（魏天昊等，1988）。

20 世纪 90 年代以来，在哀牢山-无量山区域开展的鸟类调查和研究更加深入与系统。1996 年，中国科学院昆明动物研究所在景东进行了绿孔雀生态研究（杨晓君等，2000）；王直军等（1998）、Wang 等（2000）对徐家坝生态站区域鸟类多样性与环境进行了一系列研究；刘菌和韩联宪（2008）在徐家坝生态站开展了鸟类取食集团的研究；2002 年"中荷合作云南省森林保护与社区发展项目（FCCDP）"对无量山区域的鸟类多样性进行了比较全面的调查，该调查报道了 373 种鸟类（韩联宪等，2004）；此后，罗增阳（2004）报道了无量山自然保护区鸟类 442 种；韩联宪等（2009）对双柏恐龙河州级自然保护区的鸟类多样性进行了调查，共记录 135 种鸟类；He 等（2018）从物种多样性、功能多样性和谱系多样性等不同视角对徐家坝至大断腰不同海拔梯度雀形目鸟类群落构建机制进行了研究；赵雪冰（2006，2016）、杨婷等（2009）、杨婷（2009）、罗康等（2011）及 Zhao 等（2014，2020）等对哀牢山迁徙鸟类进行了深入调查和研究。

哀牢山-无量山区域分布着多个候鸟夜间迁徙聚集点，被称为"打雀山"或"鸟吊山"。1981～2017 年，王紫江等与无量山国家级自然保护区南涧管护局以及哀牢山国家级自然保护区新平、镇沅、南华等管护局在凤凰山、大中山、金山垭口等地开展了多年夜间迁徙鸟环志研究。连续 30 余年的调查和研究中，在哀牢山-无量山区域捕获和环志了 10 万余只鸟类，揭示了无量山和哀牢山区域夜间迁徙鸟的主要种类和优势种类，夜间迁徙鸟在无量山、哀牢山的迁徙高峰期，以及天气、月相、光源等因素对候鸟夜间迁徙的影响，还根据环志回收记录和卫星跟踪信息获得了哀牢山-无量山区域夜间迁徙鸟的主要迁徙路线（王紫江等，2019）。在夜间迁徙鸟研究中，捕获和环志了多个云南鸟类新纪录或哀牢山-无量山地区鸟类新纪录，如海南虎斑鳽（*Gorsachius magnificus*）、小苇鳽（*Ixobrychus minutus*）、花田鸡（*Porzana exquisita*）、长脚秧鸡（*Crex crex*）、白喉斑秧鸡（*Rallina eurizonoides*）、红翅绿鸠（*Treron sieboldii*）、花头鹦鹉（*Psittacula roseata*）、金黄鹂（*Oriolus oriolus*）、红背伯劳（*Lanius collurio*）、棕头歌鸲（*Luscinia ruficeps*）、白喉林鹟（*Rhinomyias brunneata*）、斑鹟（*Muscicapa striata*）、黑斑蝗莺（*Locustella naevia*）、林柳莺（*Phylloscopus sibilatrix*）、烟柳莺（*Phylloscopus fuligiventer*）、云南柳莺（*Phylloscopus yunnanensis*）、芦鹀（*Emberiza schoeniclus*）、高山金翅雀（*Carduelis spinoides*）等（王紫江等，2019）。此外，"野性大理观鸟会"于 2018 年 9 月 8 日在南涧县公郎镇澜沧江畔落底河村落龙寨周边发现并拍摄到白腹黑啄木鸟（*Dryocopus javensis*），无量山国家级自然保护区南涧管护局还于 2020 年 10 月在凤凰山环志站捕获并环志了中国鸟类新纪录白腹针尾绿鸠（*Treron seimundi*）（李剑等，2022）。

中国科学院昆明动物研究所鸟类学研究组在哀牢山-无量山区域开展了大量鸟类调查和研究工作。自 2005 年起，对哀牢山主体山脉所涉及的南华、双柏、新平、景东、镇沅等地区不同海拔梯度的鸟类多样性空间分布进行了系统调查和研究（Wu et al.，2010，2015，2017；Xia et al.，2015；Hu et al.，2017）。经过整理，2005～2014 年，中国科学院昆明动物研究所鸟类学研究组在哀牢山共计记录到鸟类 381 种，通过汇总其他文献资料，哀牢山共计记录鸟类 462 种，为哀牢山鸟类多样性最为全面系统的报道（Wu et al.，2015）。2015～2020 年，该研究组还连续在景东县城周边、哀牢山徐家坝、无量山大寨子和新平哀牢山茶马古道、大雪锅山等区域开展了繁殖鸟监测；2014～2020 年，在双柏恐龙河州级自然保护区针对绿孔雀种群生态学和生物学开展了大量红外相机调查和研究（单鹏飞，2021）。

二、研究方法

本研究以实地调查、文献查阅和标本核查等方法，汇总哀牢山-无量山区域的鸟类物种多样性。标本核查主要查看和整理中国科学院昆明动物研究所在该地区的标本采集记录，文献查阅主要汇总分析有关该地区已发表的科技论文、学位论文、考察报告等文献资料。

　　实地调查包括样线法、样点法和红外相机法。样线法以不固定距离样线法为主，样点法以不固定半径样点法为主，具体野外操作参考《云南哀牢山鸟类多样性及其保护》（吴飞，2009），调查地点主要包括景东县城周边、无量山大寨子、哀牢山徐家坝，新平水塘三江口、哀牢山茶马古道和大雪锅山，镇沅哀牢山千家寨，楚雄西舍路德波苴、小中岭岗，南华哀牢山大中山等。红外相机法主要参考《探讨我国森林野生动物红外相机监测规范》（肖志术等（2014），调查地点位于双柏恐龙河州级自然保护区。

　　鸟类分类系统参考《云南鸟类志》（杨岚等，1995；杨岚和杨晓君，2004）和《云南省生物物种名录（2016 版）》（杨晓君等，2017），将鹟科的鸫亚科、画眉亚科、莺亚科和鹟亚科分别提升为鸫科（Turdidae）、画眉科（Timaliidae）、莺科（Sylviidae）和鹟科（Muscicapidae），鸦雀单独列为鸦雀科（Paradoxornithidae）（杨晓君等，2017）。鸟类的居留状况、区系成分主要以《云南鸟类志》的记述为依据进行划分，并根据实际野外调查情况进行适当补充和确定。为了保持分类系统的一致性和各区域鸟类多样性的可比性，本报告中，哀牢山-无量山区域的鸟类多样性在与全国及云南鸟类多样性对比时，全国鸟类物种数参考《中国鸟类种和亚种分类名录大全》（修订版）（郑作新，2000），云南鸟类物种数参考《云南省生物物种名录（2016 版）》（杨晓君等，2017）。

三、结果

（一）多样性现状

　　通过整理文献资料及中国科学院昆明动物研究所鸟类学研究组 2005～2020 年的鸟类调查数据，以及中国科学院昆明动物研究所动物博物馆鸟类标本库的标本采集记录，哀牢山-无量山区域共记录鸟类 574 种，隶属 19 目 61 科，非雀形目 18 目 30 科，雀形目 31 科，占云南鸟类记录总种数（945 种；杨晓君等，2017）的 60.7%，占中国鸟类记录总种数（1253 种；郑作新，2000）的 45.8%。同时，在与云南主要国家级自然保护区记录的鸟类物种丰富度对比时，哀牢山-无量山区域的鸟类物种多样性也远超过其他自然保护区（表 3-6）。

表 3-6　哀牢山-无量山区域鸟类目数、科数和种数与全国、云南及部分自然保护区比较

区域	目数	科数	种数
全国（郑作新，2000）	21	83	1253
云南（杨晓君等，2017）	21	77	945
哀牢山-无量山（本报告）	19	61	574
哀牢山（本报告）	19	57	527
无量山（本报告）	17	55	488
高黎贡山国家级自然保护区（杨岚等，1995）	18	52	343
西双版纳国家级自然保护区（杨德华等，2006）	19	56	456
哀牢山国家级自然保护区（吴飞，2009）	19	52	430
大围山国家级自然保护区（吴飞等，2018）	16	44	377
无量山国家级自然保护区（韩联宪等，2004）	17	49	372
白马雪山国家级自然保护区（格玛江初和肖林，2014）	17	49	353
玉龙雪山省级自然保护区（刘鲁明等，2010）	18	47	330
金平分水岭国家级自然保护区（文贤继等，2002）	13	40	274
文山国家级自然保护区（杨晓君和杨岚，2008）	13	37	221
永德大雪山国家级自然保护区（魏小平等，2011）	15	44	201
绿春黄连山国家级自然保护区（文贤继等，2003）	13	36	199
南滚河国家级自然保护区（刘宁等，2004）	13	36	144

在哀牢山-无量山区域记录的鸟类中，物种数最多的目为雀形目，含31科388种，占记录总物种数的67.6%。包含较多科数和种数的目还包括隼形目、䴕形目、鹳形目等，而包含最少科数和种数的目是鸥形目和咬鹃目（表3-7）。在科水平上，记录种数较多的依次是莺科70种、画眉科64种、鹟科57种、鹀科38种和雀科（Fringillidae）29种，分别占记录总种数的12.2%、11.1%、9.9%、6.6%和5.1%。

表 3-7　哀牢山-无量山鸟类各目科数和种数

目名	哀牢山-无量山		哀牢山		无量山	
	科数	种数	科数	种数	科数	种数
鹲鹲目	1	1	1	1	1	1
鹈形目	1	1	1	1	0	0
鹳形目	2	17	2	15	2	17
雁形目	1	5	1	5	1	1
隼形目	2	24	2	21	2	15
鸡形目	1	15	1	14	1	14
鹤形目	2	16	2	14	2	15
鸻形目	4	16	3	15	3	13
鸥形目	1	1	1	1	0	0
鸽形目	1	14	1	13	1	12
鹦形目	1	4	1	4	1	4
鹃形目	1	16	1	15	1	16
鸮形目	2	11	2	11	1	6
夜鹰目	1	3	1	2	1	3
雨燕目	1	5	1	4	1	5
咬鹃目	1	1	1	1	1	1
佛法僧目	5	15	4	12	5	14
䴕形目	2	21	2	16	2	21
雀形目	31	388	29	362	29	330
总计	61	574	57	527	55	488

（二）居留情况

对记录的 574 种鸟类进行居留情况分析表明，哀牢山-无量山区域的鸟类物种可归类为 389 种留鸟（R）、5 种留鸟或夏候鸟（R，S）、50 种繁殖鸟或夏候鸟（B，S）、8 种繁殖鸟或旅鸟（B，M）、26 种旅鸟（M）、14 种旅鸟或冬候鸟（M，W）、59 种冬候鸟（W）和 23 种偶见鸟（O）。

由此可见，哀牢山-无量山区域的鸟类以留鸟占绝对优势（67.7%），候鸟或旅鸟占 28.3%（表 3-8）。

表 3-8　哀牢山-无量山区域鸟类居留情况分析

居留型	哀牢山-无量山		哀牢山		无量山	
	种数	比例（%）	种数	比例（%）	种数	比例（%）
留鸟（R）	389	67.8	356	67.6	336	68.9
留鸟或夏候鸟（R，S）	5	0.9	4	0.8	5	1.0
繁殖鸟或夏候鸟（B，S）	50	8.7	48	9.1	45	9.2
繁殖鸟或旅鸟（B，M）	8	1.4	8	1.5	8	1.6
旅鸟（M）	26	4.5	25	4.7	22	4.5
旅鸟或冬候鸟（M，W）	14	2.4	13	2.5	11	2.3
冬候鸟（W）	59	10.3	55	10.4	45	9.2
偶见鸟（O）	23	4.0	18	3.4	16	3.3
合计	573		527		488	

注：因数据修约，比例之和不为100%，下同

（三）区系成分和地理区划

鸟类具有迁徙习性，鸟类区系特征分析建立于在该地区繁殖的鸟类种数统计的基础上（杨岚和杨晓君，2004）。所记录的574种鸟类中，在哀牢山-无量山地区繁殖的鸟类共452种，包含389种留鸟，5种留鸟或夏候鸟，50种繁殖鸟或夏候鸟，以及8种繁殖鸟或旅鸟。该452种在哀牢山-无量山区域繁殖的鸟类，按区系从属统计，东洋种366种，占81.0%；古北种21种，占4.6%；广布种65种，占14.4%。分析表明，哀牢山-无量山地区的鸟类区系成分以东洋种占绝对优势，说明该区鸟类具有明显的东洋界特点，同时，还含有一定比例的广布种和少量的古北种。

为进一步探讨哀牢山-无量山地区在中国动物地理区划中的位置，对所记录的366种东洋界鸟类进一步进行亚界、区和亚区的区系成分分析表明，366种均为中印亚界区系；其中，华南区的种数最多，共328种，占繁殖鸟比例的72.6%；华南区中，滇南山地亚区的种数又最多，共313种，占繁殖鸟比例的69.2%。由此可见，哀牢山-无量山地区的鸟类区划属东洋界-中印亚界-华南区-滇南山地亚区，这一结果与郑作新（1987）、杨岚和杨晓君（2004）、张荣祖（2011）和郑光美（2017）的结果相同（表3-9）。

表3-9　哀牢山-无量山区域东洋界鸟类区划分析

界	亚界	区	亚区	种数	占繁殖鸟比例（%）
东洋界				366	81.0
	中印亚界			366	81.0
		西南区		256	56.6
		华中区		195	43.1
		华南区		**328**	**72.6**
			闽广沿海亚区	194	42.9
			滇南山地亚区	**313**	**69.2**
			海南亚区	120	26.5
			台湾亚区	81	17.9
			南海诸岛亚区	3	0.7

注：仅对界级区系成分占最大比例的东洋界进行分析；粗体字指示占繁殖鸟物种数比重最大的区和亚区成分

（四）鸟类分布型

据《中国动物地理》（张荣祖，2011），根据鸟类主要繁殖区的地理分布特征，哀牢山-无量山区域的574种鸟类，可分为全北型、古北型、中亚型、东北型、东北-华北型、高地型、喜马拉雅-横断山区型、南中国型、东洋型（东南亚热带-亚热带型）以及不易归类型等（表3-10，附录3-2）。

表3-10　哀牢山-无量山区域鸟类主要分布型分析

分布型	种数（比例/%）			居留型（字母含义同表3-9）（比例/%）				
	哀牢山-无量山	哀牢山	无量山	R	B，S（M）	W（M）	M	O
北部 全北型（C）、古北型（U）、中亚型（D） 东北型（M/K）、东北-华北型（X）	112 (19.5)	106 (20.1)	95 (21.2)	21 (18.8)	11 (9.8)	59 (52.7)	15 (13.4)	6 (5.4)
西部 高地型（P）、喜马拉雅-横断山区型（H）	108 (18.8)	102 (19.4)	89 (19.9)	89 (82.4)	9 (8.3)	5 (4.6)	2 (1.9)	3 (2.8)
东部及南部 南中国型（S） 东洋型（W）	306 (53.3)	279 (52.9)	264 (58.9)	261 (85.3)	30 (9.8)	0	4 (1.3)	11 (3.6)
不易归类型（O）	48 (8.4)	40 (7.6)	40 (8.9)	23 (47.9)	8 (16.7)	9 (18.8)	5 (10.4)	3 (6.3)

1. 北方型

北方型鸟类繁殖区位于北半球北部，分为全北型（C）、古北型（U）、中亚型（D）、东北型（M/K）和东北-华北型（X）五大类。古北型横贯欧亚大陆寒温带，南部穿过我国最北部，如东北北部和新疆北部；全北型的繁殖区为环球寒-温带和极地，即除古北型包含的分布区外，还包括北美洲；中亚型繁殖区以亚洲大陆中心区域为主，主要见于蒙新高原，多为荒漠-草原栖居者，少数种类的分布区不同程度地向外扩展；东北型鸟类繁殖区主要在亚洲东北部，某些种类温度适应范围较宽，繁殖区向南延伸，在我国又可分为主要在东北地区或再包括附近地区的（M）、东部为主的（K）和从东北地区扩大至华北的（X）等几类。哀牢山-无量山区域的鸟类物种属于北方型分布的共有 112 种，其中哀牢山区域 106 种，无量山区域 95 种，这些种类在哀牢山-无量山区域主要为冬候鸟、冬候鸟或旅鸟，以及少数留鸟和繁殖鸟。

哀牢山-无量山区域的北方型分布种类具体分析如下。

（1）在寒带至寒温带（苔原-针叶林带）（Ca、Ua）繁殖，在哀牢山-无量山地区越冬的长嘴剑鸻（*Charadrius placidus*）、金斑鸻（*Pluvialis dominica*）、林鹬（*Tringa glareola*）、青脚滨鹬（*Calidris temminckii*）、红喉鹨（*Anthus cervinus*）、蓝喉歌鸲（*Luscinia svecica*）、小鹀（*Emberiza pusilla*）和偶见鸟芦鹀。

（2）从寒温带至中温带（针叶林带-森林草原）（Cb、Ub）的普通秋沙鸭（*Mergus merganser*）、扇尾沙锥（*Capella gallinago*）、蚁䴕（*Jynx torquilla*）、黄鹡鸰（*Motacilla flava*）、旋木雀（*Certhia familiaris*）和黄胸鹀（*Emberiza aureola*），除旋木雀外，均为越冬鸟或旅鸟。

（3）主要在寒温带（针叶林带）（Cc、Uc）的苍鹰（*Accipiter gentilis*）、白腰草鹬（*Tringa ochropus*）、针尾沙锥（*Capella stenura*）、大斑啄木鸟（*Dendrocopos major*）、极北柳莺（*Phylloscopus borealis*）、红喉姬鹟（*Ficedula parva*）、燕雀（*Fringilla montifringilla*）和田鹀（*Emberiza rustica*），除大斑啄木鸟外，均为冬候鸟或旅鸟。

（4）在温带（落叶阔叶林带-草原耕作景观）（Cd、Ud）的鹗（*Pandion haliaetus*）、普通鵟（*Buteo buteo*）、凤头麦鸡（*Vanellus vanellus*）和丘鹬（*Scolopax rusticola*），均为冬候鸟。

（5）在北方湿润-半湿润带（Ce、Ue）的绿翅鸭（*Anas crecca*）、雀鹰（*Accipiter nisus*）和星鸦（*Nucifraga caryocatactes*），星鸦为留鸟，绿翅鸭和雀鹰为冬候鸟。

（6）主要在中温带（Cf、Uf）的黑鹳（*Ciconia nigra*）、赤麻鸭（*Tadorna ferruginea*）、琵嘴鸭（*Anas clypeata*）、普通秧鸡（*Rallus aquaticus*）、矶鹬（*Tringa hypoleucos*）、红背伯劳、寒鸦（*Corvus monedula*）、小嘴乌鸦（*Corvus corone*）和戴菊（*Regulus regulus*），除寒鸦为偶见鸟，小嘴乌鸦为留鸟外，均为冬候鸟或旅鸟。

（7）温带为主，再延伸至热带（欧亚温带-热带型）（Ch、Uh）的苍鹭（*Ardea cinerea*）、草鹭（*Ardea purpurea*）、雕鸮（*Bubo bubo*）、灰头绿啄木鸟（*Picus canus*）、家燕（*Hirundo rustica*）、烟腹毛脚燕（*Delichon dasypus*）、松鸦（*Garrulus glandarius*）、喜鹊（*Pica pica*）、鹪鹩（*Troglodytes troglodytes*）、大山雀（*Parus major*）和树麻雀（*Passer montanus*），这一分布型的种类在哀牢山-无量山区域主要为留鸟，仅苍鹭为冬候鸟。

（8）在全北型或古北型内不易进行归类（C、U）的 14 种，分别是孤沙锥（*Capella solitaria*）、金腰燕（*Hirundo daurica*）、白鹡鸰（*Motacilla alba*）、水鹨（*Anthus spinoletta*）、金黄鹂、红喉歌鸲（*Luscinia calliope*）、蓝矶鸫（*Monticola solitarius*）、虎斑地鸫（*Zoothera dauma*）、鸲蝗莺（*Locustella luscinioides*）、黄眉柳莺（*Phylloscopus inornatus*）、黄腰柳莺（*Phylloscopus proregulus*）、暗绿柳莺（*Phylloscopus trochiloides*）、双斑绿柳莺（*Phylloscopus plumbeitarsus*）和普通朱雀（*Carpodacus erythrinus*）。

（9）中亚型繁殖区以亚洲大陆中心区域为主的种类，主要见于蒙新高原，多为荒漠-草原栖居者，少数种类的分布区不同程度地向外扩展，哀牢山-无量山区域的鸟类属于这一分布型的包括大鵟（*Buteo hemilasius*）（Df）和中华短翅莺（*Bradypterus tacsanowskius*）（D）两种。

（10）繁殖区主要在东西伯利亚地区，南延至中国东北及其邻近地区甚至到达中国西南部山地（M），而在中亚热带至南亚热带越冬，包括鸳鸯（*Aix galericulata*）、鹊鹞（*Circus melanoleucos*）、白腹鹞（*Circus spilonotus*）、花田鸡、灰头麦鸡（*Vanellus cinereus*）、中杜鹃（*Cuculus saturatus*）、白腰雨燕（*Apus pacificus*）、山鹡鸰（*Dendronanthus indicus*）、田鹨（*Anthus novaeseelandiae*）、树鹨（*Anthus hodgsoni*）、红尾歌鸲（*Luscinia sibilans*）、蓝歌鸲（*Luscinia cyane*）、红胁蓝尾鸲（*Tarsiger cyanurus*）、北红尾鸲（*Phoenicurus auroreus*）、白喉矶鸫（*Monticola gularis*）、白眉地鸫（*Zoothera sibirica*）、灰背鸫（*Turdus hortulorum*）、白腹鸫（*Turdus pallidus*）、白眉鸫（*Turdus obscurus*）、斑鸫（*Turdus naumanni*）、日本树莺（*Cettia diphone*）、小蝗莺（*Locustella certhiola*）、矛斑蝗莺（*Locustella lanceolata*）、黑眉苇莺（*Acrocephalus bistrigiceps*）、厚嘴苇莺（*Acrocephalus aedon*）、褐柳莺（*Phylloscopus fuscatus*）、冕柳莺（*Phylloscopus coronatus*）、巨嘴柳莺（*Phylloscopus schwarzi*）、白眉姬鹟（*Ficedula zanthopygia*）、鸲姬鹟（*Ficedula mugimaki*）、乌鹟（*Muscicapa sibirica*）、北灰鹟（*Muscicapa dauurica*）、红胁绣眼鸟（*Zosterops erythropleura*）、金翅雀（*Carduelis sinica*）、长尾雀（*Uragus sibiricus*）、栗鹀（*Emberiza rutila*）、黄喉鹀（*Emberiza elegans*）、灰头鹀（*Emberiza spodocephala*）、栗耳鹀（*Emberiza fucata*）和白眉鹀（*Emberiza tristrami*）。

（11）繁殖区以东部为主（K），包括俄罗斯阿穆尔、东西伯利亚、乌苏里，朝鲜半岛及日本等，在哀牢山-无量山区域为越冬鸟或旅鸟，包括鳞头树莺（*Cettia squameiceps*）、淡脚柳莺（*Phylloscopus tenellipes*）、黄眉姬鹟（*Ficedula narcissina*）和白腹蓝鹟（*Cyanoptila cyanomelana*）。

（12）繁殖区从东北地区扩大至华北，越冬区主要在热带至南亚热带，称为东北-华北型（X），包括虎纹伯劳（*Lanius tigrinus*）、红尾伯劳（*Lanius cristatus*）、北椋鸟（*Sturnus sturninus*），在哀牢山-无量山区域均为冬候鸟或旅鸟。

2. 高地型（P）

高地型是中国特有的一类分布型，主要位于青藏高原，北起包括昆仑山脉、祁连山脉，南至横断山脉北部和喜马拉雅高山带，有些种类扩展至与青藏高原毗邻的云贵高原高山区域，哀牢山-无量山区域的棕头鸥（*Larus brunnicephalus*）、红腹红尾鸲（*Phoenicurus erythrogaster*）、林岭雀（*Leucosticte nemoricola*）和红胸朱雀（*Carpodacus puniceus*）等种类属于高地型。

3. 喜马拉雅-横断山区型（H）

喜马拉雅-横断山区型同属中国特有的分布型，主要为分布于横断山中、低山并延伸至喜马拉雅南坡的种类，多在山区林地栖息，多属东洋界成分，哀牢山-无量山区域属于喜马拉雅-横断山区型的种类共104种，其中哀牢山区域100种，无量山区域87种，包含以下5种分布亚型。

（1）主要分布于喜马拉雅南坡（Ha）的黄嘴蓝鹊（*Urocissa flavirostris*）和火尾太阳鸟（*Aethopyga ignicauda*）。

（2）喜马拉雅及附近山地（Hb）的烟柳莺。

（3）横断山为主（Hc）的白腹锦鸡（*Chrysolophus amherstiae*）、栗背岩鹨（*Prunella immaculata*）、棕头歌鸲、黑喉歌鸲（*Luscinia obscura*）、宝兴歌鸫（*Turdus mupinensis*）、橙翅噪鹛（*Garrulax elliotii*）、灰头斑翅鹛（*Actinodura souliei*）、棕头雀鹛（*Alcippe ruficapilla*）、白领凤鹛（*Yuhina diademata*）、褐胸鹟（*Muscicapa muttui*）、棕尾褐鹟（*Muscicapa ferruginea*）、滇䴓（*Sitta yunnanensis*）、栗臀䴓（*Sitta nagaensis*）和酒红朱雀（*Carpodacus vinaceus*）。

（4）喜马拉雅东南部（喜马拉雅-横断山交汇地区，He），包括大紫胸鹦鹉（*Psittacula derbiana*）和黑喉毛脚燕（*Delichon nipalensis*）两种。

（5）横断山及喜马拉雅南翼（Hm），包括红腹角雉（*Tragopan temminckii*）、点斑林鸽（*Columba hodgsonii*）、灰头鹦鹉（*Psittacula himalayana*）、黄颈啄木鸟（*Dendrocopos darjellensis*）、赤胸啄木鸟（*Dendrocopos cathpharius*）、棕腹啄木鸟（*Dendrocopos hyperythrus*）、粉红胸鹨（*Anthus roseatus*）、长尾

山椒鸟（*Pericrocotus ethologus*）、短嘴山椒鸟（*Pericrocotus brevirostris*）、灰背伯劳（*Lanius tephronotus*）、棕胸岩鹨（*Prunella strophiata*）、锈腹短翅鸫（*Brachypteryx hyperythra*）、黑胸歌鸲（*Luscinia pectoralis*）、栗腹歌鸲（*Luscinia brunnea*）、金胸歌鸲（*Luscinia pectardens*）、金色林鸲（*Tarsiger chrysaeus*）、白眉林鸲（*Tarsiger indicus*）、黑喉红尾鸲（*Phoenicurus hodgsoni*）、蓝额红尾鸲（*Phoenicurus frontalis*）、白腹短翅鸲（*Hodgsonius phoenicuroides*）、白尾蓝地鸲（*Cinclidium leucurum*）、蓝额长脚地鸲（*Cinclidium frontale*）、白顶溪鸲（*Chaimarrornis leucocephalus*）、光背地鸫（*Zoothera mollissima*）、长尾地鸫（*Zoothera dixoni*）、黑胸鸫（*Turdus dissimilis*）、灰头鸫（*Turdus rubrocanus*）、灰翅鸫（*Turdus boulboul*）、鳞胸鹪鹛（*Pnoepyga albiventer*）、斑翅鹪鹛（*Spelaeornis troglodytoides*）、白喉噪鹛（*Garrulax albogularis*）、灰胁噪鹛（*Garrulax caerulatus*）、眼纹噪鹛（*Garrulax ocellatus*）、蓝翅噪鹛（*Garrulax squamatus*）、纯色噪鹛（*Garrulax subunicolor*）、黑顶噪鹛（*Garrulax affinis*）、红头噪鹛（*Garrulax erythrocephalus*）、红翅薮鹛（*Liocichla phoenicea*）、棕腹购鹛（*Pteruthius rufiventer*）、淡绿购鹛（*Pteruthius xanthochlorus*）、斑喉希鹛（*Minla strigula*）、金胸雀鹛（*Alcippe chrysotis*）、白眉雀鹛（*Alcippe vinipectus*）、栗背奇鹛（*Heterophasia annectens*）、黄颈凤鹛（*Yuhina flavicollis*）、纹喉凤鹛（*Yuhina gularis*）、棕肛凤鹛（*Yuhina occipitalis*）、褐鸦雀（*Paradoxornis unicolor*）、褐翅缘鸦雀（*Paradoxornis brunneus*）、栗头地莺（*Tesia castaneocoronata*）、异色树莺（*Cettia flavolivaceus*）、大树莺（*Cettia major*）、棕顶树莺（*Cettia brunnifrons*）、林柳莺、黄腹柳莺（*Phylloscopus affinis*）、棕眉柳莺（*Phylloscopus armandii*）、橙斑翅柳莺 *Phylloscopus pulcher*、灰喉柳莺（*Phylloscopus maculipennis*）、乌嘴柳莺（*Phylloscopus magnirostris*）、灰脸鹟莺（*Seicercus poliogenys*）、宽嘴鹟莺（*Tickellia hodgsoni*）、锈胸蓝姬鹟（*Ficedula hodgsonii*）、灰蓝姬鹟（*Ficedula tricolor*）、玉头姬鹟（*Ficedula sapphira*）、小仙鹟（*Niltava macgrigoriae*）、棕腹仙鹟（*Niltava sundara*）、棕腹蓝仙鹟（*Niltava vivida*）、黄腹扇尾鹟（*Rhipidura hypoxantha*）、褐冠山雀（*Parus dichrous*）、黑眉长尾山雀（*Aegithalos iouschistos*）、白尾鸭（*Sitta himalayensis*）、高山旋木雀（*Certhia himalayana*）、褐喉旋木雀（*Certhia discolor*）、火冠雀（*Cephalopyrus flammiceps*）、黄腹啄花鸟（*Dicaeum melanozanthum*）、绿喉太阳鸟（*Aethopyga nipalensis*）、黑头金翅雀（*Carduelis ambigua*）、藏黄雀（*Carduelis thibetana*）、赤朱雀（*Carpodacus rubescens*）、暗胸朱雀（*Carpodacus nipalensis*）、红眉朱雀（*Carpodacus pulcherrimus*）、红眉松雀（*Pinicola subhimachala*）、血雀（*Haematospiza sipahi*）、灰头灰雀（*Pyrrhula erythaca*）、白点翅拟蜡嘴雀（*Mycerobas melanozanthos*）。

4. 南中国型（S）

南中国型也是中国特有的分布型，分布区主要位于我国亚热带季风地区，哀牢山-无量山区域的鸟类属于该分布型的共有34种，其中哀牢山32种，无量山29种。

南中国型分布的鸟种，依据其到达的南北温度带界限，可以分为6种亚型。

（1）分布较广，分布区全部位于季风区，包括喜马拉雅南麓、暖温带北界，又称为季风型，属这一类型的有紫背苇鳽（*Ixobrychus eurhythmus*）、大嘴乌鸦（*Corvus macrorhynchos*）和暗绿绣眼鸟（*Zosterops japonica*）。

（2）热带-南亚热带（Sb），包括灰背椋鸟（*Sturnus sinensis*）和海南蓝仙鹟（*Cyornis hainanus*）。

（3）热带-中亚热带（Sc），包括海南虎斑鳽、山鹨（*Anthus sylvanus*）、紫宽嘴鸫（*Cochoa purpurea*）、火尾希鹛（*Minla ignotincta*）、白斑尾柳莺（*Phylloscopus davisoni*）和叉尾太阳鸟（*Aethopyga christinae*）。

（4）热带-北亚热带（Sd），包括丝光椋鸟（*Sturnus sericeus*）、小燕尾（*Enicurus scouleri*）、栗腹矶鸫（*Monticola rufiventris*）、斑胸钩嘴鹛（*Pomatorhinus erythrocnemis*）、红头穗鹛（*Stachyris ruficeps*）、矛纹草鹛（*Babax lanceolatus*）、画眉（*Garrulax canorus*）、白颊噪鹛（*Garrulax sannio*）、褐头雀鹛（*Alcippe cinereiceps*）、点胸鸦雀（*Paradoxornis guttaticollis*）、黑喉鸦雀（*Paradoxornis nipalensis*）、黄腹树莺（*Cettia robustipes*）、棕褐短翅莺（*Bradypterus luteoventris*）、金眶鹟莺（*Seicercus burkii*）、棕脸鹟莺（*Abroscopus albogularis*)、蓝喉太阳鸟（*Aethopyga gouldiae*）。

（5）中亚热带-北亚热带（Sh），包括云南柳莺、白喉林鹟、黄腹山雀（*Parus venustulus*）和山麻雀（*Passer rutilans*）。

（6）热带-中温带（Sv），包括灰翅噪鹛（*Garrulax cineraceus*）、棕翅缘鸦雀（*Paradoxornis webbianus*）和棕腹柳莺（*Phylloscopus subaffinis*）。

5. 东洋型（东南亚热带-亚热带型，W）

东洋型主要分布于中南半岛、印度次大陆及附近岛屿，分布中心位于东南亚的热带地区，哀牢山-无量山区域的鸟类属于东洋型的有 272 种，主要为留鸟或夏候鸟，其中哀牢山 247 种，无量山 235 种。

哀牢山-无量山区域东洋型分布的种类具体可以分为 5 类。

（1）热带（Wa），共 81 种，包括棕翅鵟鹰（*Butastur liventer*）、棕腹隼雕（*Aquila kienerii*）、红腿小隼（*Microhierax caerulescens*）、绿脚山鹧鸪（*Arborophila chloropus*）、红喉山鹧鸪（*Arborophila rufogularis*）、褐胸山鹧鸪（*Arborophila brunneopectus*）、原鸡（*Gallus gallus*）、黑颈长尾雉（*Syrmaticus humiae*）、绿孔雀（*Pavo muticus*）、白喉斑秧鸡、距翅麦鸡（*Vanellus duvaucelii*）、厚嘴绿鸠（*Treron curvirostra*）、黄脚绿鸠（*Treron phoenicoptera*）、白腹针尾绿鸠、灰林鸽（*Columba pulchricollis*）、绯胸鹦鹉（*Psittacula alexandri*）、花头鹦鹉、紫金鹃（*Chalcites xanthorhynchus*）、长尾夜鹰（*Caprimulgus macrurus*）、蓝耳翠鸟（*Alcedo meninting*）、蓝须夜蜂虎（*Nyctyornis athertoni*）、栗头蜂虎（*Merops leschenaulti*）、冠斑犀鸟（*Anthracoceros coronatus*）、金喉拟啄木鸟（*Megalaima franklinii*）、赤胸拟啄木鸟（*Megalaima haemacephala*）、纹胸啄木鸟（*Dendrocopos atratus*）、金背啄木鸟（*Chrysocolaptes lucidus*）、金背三趾啄木鸟（*Dinopium javanense*）、绿胸八色鸫（*Pitta sordida*）、黑冠黄鹎（*Pycnonotus melanicterus*）、黑头鹎（*Pycnonotus atriceps*）、黑喉红臀鹎（*Pycnonotus cafer*）、黄绿鹎（*Pycnonotus flavescens*）、灰眼短脚鹎（*Hypsipetes propinquus*）、和平鸟（*Irena puella*）、黑翅雀鹎（*Aegithina tiphia*）、栗背伯劳（*Lanius collurioides*）、黑头黄鹂（*Oriolus xanthornus*）、鸦嘴卷尾（*Dicrurus annectans*）、古铜色卷尾（*Dicrurus aeneus*）、灰树鹊（*Dendrocitta formosae*）、家鸦（*Corvus splendens*）、白腰鹊鸲（*Copsychus malabaricus*）、长嘴地鸫（*Zoothera marginata*）、棕头幽鹛（*Pellorneum ruficeps*）、白腹幽鹛（*Pellorneum albiventre*）、棕颈钩嘴鹛（*Pomatorhinus ruficollis*）、红嘴钩嘴鹛（*Pomatorhinus ferruginosus*）、剑嘴鹛（*Xiphirhynchus superciliaris*）、灰岩鹪鹛（*Napothera crispifrons*）、短尾鹪鹛（*Napothera brevicaudata*）、黑头穗鹛（*Stachyris nigriceps*）、纹胸巨鹛（*Macronous gularis*）、黑喉噪鹛（*Garrulax chinensis*）、白冠噪鹛（*Garrulax leucolophus*）、栗喉鹛鹛（*Pteruthius melanotis*）、锈额斑翅鹛（*Actinodura egertoni*）、白眶斑翅鹛（*Actinodura ramsayi*）、栗头雀鹛（*Alcippe castaneceps*）、褐脸雀鹛（*Alcippe poioicephala*）、淡脚树莺（*Cettia pallidipes*）、冠纹柳莺（*Phylloscopus reguloides*）、黄腹鹟莺（*Abroscopus superciliaris*）、黑脸鹟莺（*Abroscopus schisticeps*）、山鹪莺（*Prinia criniger*）、褐山鹪莺（*Prinia polychroa*）、橙胸姬鹟（*Ficedula strophiata*）、白喉姬鹟（*Ficedula monileger*）、大仙鹟（*Niltava grandis*）、棕腹大仙鹟（*Niltava davidi*）、灰颊仙鹟（*Cyornis poliogenys*）、蓝喉仙鹟（*Niltava rubeculoides*）、白尾蓝仙鹟（*Niltava concreta*）、侏蓝仙鹟（*Niltava hodgsoni*）、黑胸太阳鸟（*Aethopyga saturata*）、黄腰太阳鸟（*Aethopyga siparaja*）、长嘴捕蛛鸟（*Arachnothera longirostra*）、纹背捕蛛鸟（*Arachnothera magna*）、黄胸织布鸟（*Ploceus philippinus*）、栗腹文鸟（*Lonchura malacca*）、高山金翅雀。

（2）热带-南亚热带（Wb），哀牢山-无量山区域共 48 种，其中哀牢山 44 种，无量山 40 种，包括钳嘴鹳（*Anastomus oscitans*）、褐耳鹰（*Accipiter badius*）、林雕（*Ictinaetus malayensis*）、黑兀鹫（*Sarcogyps calvus*）、猛隼（*Falco severus*）、蓝胸鹑（*Coturnix chinensis*）、棕三趾鹑（*Turnix suscitator*）、针尾绿鸠（*Treron apicauda*）、楔尾绿鸠（*Treron sphenura*）、绿背金鸠（*Chalcophaps indica*）、绿嘴地鹃（*Phaenicophaeus tristis*）、褐翅鸦鹃（*Centropus sinensis*）、黄嘴角鸮（*Otus spilocephalus*）、褐渔鸮（*Ketupa zeylonensis*）、林夜鹰（*Caprimulgus affinis*）、绿喉蜂虎（*Merops orientalis*）、蓝喉拟啄木鸟（*Megalaima asiatica*）、黄冠啄木鸟

（*Picus chlorolophus*）、栗啄木鸟（*Micropternus brachyurus*）、竹啄木鸟（*Gecinulus grantia*）、大鹃鵙（*Coracina novaehollandiae*）、钩嘴林鵙（*Tephrodornis gularis*）、白喉红臀鹎（*Pycnonotus aurigaster*）、灰短脚鹎（*Hypsipetes flavala*）、栗背短脚鹎（*Hypsipetes castanonotus*）、朱鹂（*Oriolus traillii*）、黑冠椋鸟（*Sturnus pagodarum*）、家八哥（*Acridotheres tristis*）、灰燕鵙（*Artamus fuscus*）、红顶鹛（*Timalia pileata*）、金眼鹛雀（*Chrysomma sinense*）、小黑领噪鹛（*Garrulax monileger*）、栗额鵙鹛（*Pteruthius aenobarbus*）、白腹凤鹛（*Yuhina zantholeuca*）、灰腹地莺（*Tesia cyaniventer*）、沼泽大尾莺（*Megalurus palustris*）、白眶鹟莺（*Seicercus affinis*）、金头缝叶莺（*Orthotomus cucullatus*）、长尾缝叶莺（*Orthotomus sutorius*）、暗冕鹟莺（*Prinia rufescens*）、黄腹鹟莺（*Prinia flaviventris*）、黑喉山鹟莺（*Prinia atrogularis*）、小斑姬鹟（*Ficedula westermanni*）、纯蓝仙鹟（*Niltava unicolor*）、山蓝仙鹟（*Niltava banyumas*）、白眉扇尾鹟（*Rhipidura aureola*）、巨鳾（*Sitta magna*）、褐灰雀（*Pyrrhula nipalensis*），除黑冠椋鸟为偶见鸟外，均为留鸟或夏候鸟。

（3）热带-中亚热带（Wc），哀牢山-无量山区域共 64 种，其中哀牢山 63 种，无量山 54 种，包括中白鹭（*Egretta intermedia*）、黑鳽（*Dupetor flavicollis*）、黑翅鸢（*Elanus caeruleus*）、栗鸢（*Haliastur indus*）、凤头鹰（*Accipiter trivirgatus*）、蛇雕（*Spilornis cheela*）、鹰雕（*Spizaetus nipalensis*）、中华鹧鸪（*Francolinus pintadeanus*）、环颈山鹧鸪（*Arborophila torqueola*）、棕胸竹鸡（*Bambusicola fytchii*）、白鹇（*Lophura nycthemera*）、蓝胸秧鸡（*Rallus striatus*）、红脚苦恶鸟（*Amaurornis akool*）、棕背田鸡（*Porzana bicolor*）、白胸苦恶鸟（*Amaurornis phoenicurus*）、栗斑杜鹃（*Cuculus sonneratii*）、八声杜鹃（*Cuculus merulinus*）、褐林鸮（*Strix leptogrammica*）、红头咬鹃（*Harpactes erythrocephalus*）、蓝喉蜂虎（*Merops viridis*）、棕胸佛法僧（*Coracias benghalensis*）、大拟啄木鸟（*Megalaima virens*）、大黄冠啄木鸟（*Picus flavinucha*）、白腹黑啄木鸟、长尾阔嘴鸟（*Psarisomus dalhousiae*）、蓝翅八色鸫（*Pitta nympha*）、小灰山椒鸟（*Pericrocotus cantonensis*）、粉红山椒鸟（*Pericrocotus roseus*）、灰喉山椒鸟（*Pericrocotus solaris*）、赤红山椒鸟（*Pericrocotus flammeus*）、褐背鹟鵙（*Hemipus picatus*）、凤头雀嘴鹎（*Spizixos canifrons*）、领雀嘴鹎（*Spizixos semitorques*）、红耳鹎（*Pycnonotus jocosus*）、白喉冠鹎（*Criniger pallidus*）、绿翅短脚鹎（*Hypsipetes mcclellandii*）、纵纹绿鹎（*Pycnonotus striatus*）、橙腹叶鹎（*Chloropsis hardwickii*）、灰头椋鸟（*Sturnus malabaricus*）、白喉短翅鸫（*Brachypteryx leucophrys*）、斑背燕尾（*Enicurus maculatus*）、白斑黑石鵖（*Saxicola caprata*）、橙头地鸫（*Zoothera citrina*）、赤尾噪鹛（*Garrulax milnei*）、银耳相思鸟（*Leiothrix argentauris*）、红翅鵙鹛（*Pteruthius flaviscapis*）、蓝翅希鹛（*Minla cyanouroptera*）、褐胁雀鹛（*Alcippe dubia*）、黑头奇鹛（*Heterophasia melanoleuca*）、栗耳凤鹛（*Yuhina castaniceps*）、黑颏凤鹛（*Yuhina nigrimenta*）、灰头鸦雀（*Paradoxornis gularis*）、金冠地莺（*Tesia olivea*）、高山短翅莺（*Bradypterus seebohmi*）、噪大苇莺（*Acrocephalus stentoreus*）、灰胸鹟莺（*Prinia hodgsonii*）、白眉蓝姬鹟（*Ficedula superciliaris*）、黑枕王鹟（*Hypothymis azurea*）、白喉扇尾鹟（*Rhipidura albicollis*）、黄颊山雀（*Parus spilonotus*）、绒额鳾（*Sitta frontalis*）、灰腹绣眼鸟（*Zosterops palpebrosa*）、斑文鸟（*Lonchura punctulata*）、凤头鹀（*Melophus lathami*）。

（4）热带-北亚热带（Wd），哀牢山-无量山区域共 37 种，其中哀牢山 36 种，无量山 37 种，包括牛背鹭（*Bubulcus ibis*）、白鹭（*Egretta garzetta*）、红翅绿鸠、斑尾鹃鸠（*Macropygia unchall*）、棕腹杜鹃（*Cuculus fugax*）、乌鹃（*Surniculus lugubris*）、斑头鸺鹠（*Glaucidium cuculoides*）、短嘴金丝燕（*Aerodramus brevirostris*）、斑姬啄木鸟（*Picumnus innominatus*）、黄嘴栗啄木鸟（*Blythipicus pyrrhotis*）、黑短脚鹎（*Hypsipetes madagascariensis*）、棕背伯劳（*Lanius schach*）、发冠卷尾（*Dicrurus hottentottus*）、八哥（*Acridotheres cristatellus*）、蓝短翅鸫（*Brachypteryx montana*）、鹊鸲（*Copsychus saularis*）、灰背燕尾（*Enicurus schistaceus*）、白冠燕尾（*Enicurus leschenaulti*）、灰林鵖（*Saxicola ferrea*）、小鳞胸鹪鹛（*Pnoepyga pusilla*）、黑领噪鹛（*Garrulax pectoralis*）、红嘴相思鸟（*Leiothrix lutea*）、灰眶雀鹛（*Alcippe morrisonia*）、强脚树莺（*Cettia fortipes*）、黄胸柳莺（*Phylloscopus cantator*）、黑眉柳莺（*Phylloscopus ricketti*）、栗头鹟莺（*Seicercus castaniceps*）、褐头鹟莺（*Prinia subflava*）、棕胸蓝姬鹟（*Ficedula hyperythra*）、铜蓝鹟（*Muscicapa thalassina*）、方尾鹟（*Culicicapa ceylonensis*）、绿背山雀（*Parus monticolus*）、黄眉林雀（*Sylviparus modestus*）、红头长尾山雀（*Aegithalos concinnus*）、纯色啄花鸟

（*Dicaeum concolor*）、红胸啄花鸟（*Dicaeum ignipectus*）、白腰文鸟（*Lonchura striata*）。

（5）热带-温带（We），哀牢山-无量山共区域 42 种，其中哀牢山 41 种，无量山 41 种。包括小䴙䴘（*Tachybaptus ruficollis*）、池鹭（*Ardeola bacchus*）、黄斑苇鳽（*Ixobrychus sinensis*）、栗苇鳽（*Ixobrychus cinnamomeus*）、凤头蜂鹰（*Pernis ptilorhynchus*）、松雀鹰（*Accipiter virgatus*）、白腹隼雕（*Aquila fasciata*）、黄脚三趾鹑（*Turnix tanki*）、红胸田鸡（*Porzana fusca*）、董鸡（*Gallicrex cinerea*）、水雉（*Hydrophasianus chirurgus*）、灰斑鸠（*Streptopelia decaocto*）、珠颈斑鸠（*Streptopelia chinensis*）、火斑鸠（*Oenopopelia tranquebarica*）、红翅凤头鹃（*Clamator coromandus*）、鹰鹃（*Cuculus sparverioides*）、四声杜鹃（*Cuculus micropterus*）、小杜鹃（*Cuculus poliocephalus*）、翠金鹃（*Chalcites maculatus*）、噪鹃（*Eudynamys scolopacea*）、小鸦鹃（*Centropus toulou*）、领角鸮（*Otus bakkamoena*）、领鸺鹠（*Glaucidium brodiei*）、鹰鸮（*Ninox scutulata*）、普通夜鹰（*Caprimulgus indicus*）、白喉针尾雨燕（*Hirundapus caudacutus*）、蓝翡翠（*Halcyon pileata*）、三宝鸟（*Eurystomus orientalis*）、星头啄木鸟（*Dendrocopos canicapillus*）、小云雀（*Alauda gulgula*）、暗灰鹃鵙（*Coracina melaschistos*）、黄臀鹎（*Pycnonotus xanthorrhous*）、细嘴黄鹂（*Oriolus tenuirostris*）、黑枕黄鹂（*Oriolus chinensis*）、黑卷尾（*Dicrurus macrocercus*）、灰卷尾（*Dicrurus leucophaeus*）、红嘴蓝鹊（*Urocissa erythrorhyncha*）、褐河乌（*Cinclus pallasii*）、红尾水鸲（*Rhyacornis fuliginosus*）、紫啸鸫（*Myiophoneus caeruleus*）、褐头鸫（*Turdus feae*）、寿带鸟（*Terpsiphone paradisi*）。

6. 不易归类（O）

以上 5 类包括了哀牢山-无量山区域所记录鸟类的绝大多数分布型，但还有少数种类的分布不易归类（O），共 48 种，包含以下 5 类亚型。

（1）旧大陆温带、热带或温带-热带亚型（O₁），包含红隼（*Falco tinnunculus*）、鹌鹑（*Coturnix coturnix*）、紫水鸡（*Porphyrio porphyrio*）、金眶鸻（*Charadrius dubius*）、大杜鹃（*Cuculus canorus*）、草鸮（*Tyto capensis*）、红角鸮（*Otus scops*）、灰林鸮（*Strix aluco*）、小白腰雨燕（*Apus affinis*）、棕雨燕（*Cypsiurus parvus*）、冠鱼狗（*Ceryle lugubris*）、斑鱼狗（*Ceryle rudis*）、普通翠鸟（*Alcedo atthis*）、白胸翡翠（*Halcyon smyrnensis*）、褐喉沙燕（*Riparia paludicola*）、灰鹡鸰（*Motacilla cinerea*）、黑喉石鵖（*Saxicola torquata*）17 种。

（2）环球温带-热带亚型（O₂），包括夜鹭（*Nycticorax nycticorax*）、黑水鸡（*Gallinula chloropus*）、黑翅长脚鹬（*Himantopus himantopus*）3 种。

（3）地中海附近-中亚或包括东亚的亚型（O₃），包括普通鸬鹚（*Phalacrocorax carbo*）、小苇鳽、高山兀鹫（*Gyps himalayensis*）、乌鸫（*Turdus merula*）、黑斑蝗莺、钝翅苇莺（*Acrocephalus concinens*）、稻田苇莺（*Acrocephalus agricola*）和灰眉岩鹀（*Emberiza cia*）8 种。

（4）东半球（旧大陆-大洋洲）温带-热带亚型（O₅），含白骨顶（*Fulica atra*）、大苇莺（*Acrocephalus arundinaceus*）、棕扇尾莺（*Cisticola juncidis*）。

（5）剩余 17 种分布比较广泛（O），不易归于以上 4 类亚型，包括绿鹭（*Butorides striatus*）、大白鹭（*Egretta alba*）、环颈雉（*Phasianus colchicus*）、长脚秧鸡、小田鸡（*Porzana pusilla*）、山斑鸠（*Streptopelia orientalis*）、栗喉蜂虎（*Merops philippinus*）、戴胜（*Upupa epops*）、赭红尾鸲（*Phoenicurus ochruros*）、乌灰鸫（*Turdus cardis*）、赤颈鸫（*Turdus ruficollis*）、斑胸短翅莺（*Bradypterus thoracicus*）、东方大苇莺（*Acrocephalus orientalis*）、芦苇莺（*Acrocephalus scirpaceus*）、淡眉柳莺（*Phylloscopus humei*）、斑鹟、红翅旋壁雀（*Tichodroma muraria*）。

（五）生境分布

1. 河谷季雨林带

分布于哀牢山-无量山地区海拔较低的河谷地带，该生境中记录有鸟类 234 种，占所记录鸟类的

40.8%，该生境的很多种类亦出现于常绿阔叶林中，据统计，约有 209 种鸟类可同时分布在河谷季雨林带和常绿阔叶林中。该生境中的代表性鸟类包括蛇雕、黑头鹃、黄腰太阳鸟、凤头鹰、红腿小隼、灰林鸽、斑尾鹃鸠、蓝须夜蜂虎、蓝喉拟啄木鸟、赤胸拟啄木鸟、金背啄木鸟、蓝翅八色鸫、绿胸八色鸫、黑头黄鹂、蓝短翅鸫、红尾歌鸲、蓝喉歌鸲、白腰鹊鸲、乌鹟、黄腹鹟莺、海南蓝仙鹟、白尾蓝仙鹟、长嘴捕蛛鸟等。

2. 常绿阔叶林

该生境为哀牢山-无量山地区分布面积最广的一类鸟类栖息生境，包括有季风常绿阔叶林、中山湿性常绿阔叶林、半湿润常绿阔叶林、山顶苔藓矮林等多种植被类型，也是记录的鸟类物种最多的生境类型，记录有 349 种鸟类，占总记录鸟类种数的 60.9%。

常绿阔叶林生境中的代表性种类包括棕翅鵟鹰、棕腹隼雕、中华鹧鸪、蓝胸鹑、环颈山鹧鸪、丘鹬、黄脚绿鸠、小杜鹃、黄嘴角鸮、褐渔鸮、棕雨燕、黄嘴蓝鹊、锈腹短翅鸫、黑喉歌鸲、蓝额长脚地鸲、灰背鸫、斑鸫、剑嘴鹛、鳞胸鹪鹛、灰胁噪鹛、蓝翅噪鹛、红头噪鹛、红嘴相思鸟、棕腹鵙鹛、锈额斑翅鹛、灰头斑翅鹛、黄颈凤鹛、黑喉鸦雀、灰腹地莺、金冠地莺、斑胸短翅莺、中华短翅莺、棕褐短翅莺、极北柳莺、双斑绿柳莺、冕柳莺、巨嘴柳莺、黄胸柳莺、戴菊、栗头鹟莺、灰脸鹟莺、宽嘴鹟莺、蓝喉仙鹟、侏蓝仙鹟。

3. 暖温性针叶林

暖温性针叶林包括云南松林、华山松林、思茅松林等植被类型，除纯林外，亦常见以针叶林为主的针阔混交林，在该生境中记录有鸟类 179 种。

代表性鸟类包括红角鸮、星鸦、金胸歌鸲、红腹红尾鸲、宝兴歌鸫、巨鹛、白尾鸲、旋木雀、褐喉旋木雀、火冠雀、暗胸朱雀、血雀、高山金翅雀等。

4. 城镇村镇田园耕地带

该生境类型主要指村庄、居民点、果园、耕地和荒地等人为活动区，其中不仅有林木还有水田、旱地、建筑物等多种不同的环境，记录的鸟类有 196 种，含雀鹰、大鵟、鹊鹞、猛隼、红隼、雕鸮、白腰雨燕、小白腰雨燕、绿喉蜂虎、蓝喉蜂虎、栗头蜂虎、栗喉蜂虎、棕胸佛法僧、三宝鸟、戴胜、山鹡鸰、粉红胸鹨、山鹨、虎纹伯劳、红尾伯劳、棕背伯劳、栗背伯劳、北椋鸟、灰背椋鸟、黑冠椋鸟、家八哥、喜鹊、家鸦、白斑黑石鵖、白喉矶鸫、蓝矶鸫、红顶鹛、矛斑蝗莺、白眉姬鹟、斑鹟、树麻雀、黄胸织雀、白腰文鸟、斑文鸟、栗腹文鸟、燕雀、红胸朱雀、长尾雀、黄胸鹀、黄喉鹀、灰头鹀、栗耳鹀、田鹀。

5. 河流、水库和水塘、沼泽等湿地生境

在该生境中，分布有鸟类 90 种，与以上生境中的鸟类不同，该生境中的很多种类仅生活在水域中，即使生活在其他生境中亦是与湿地密切相关的类型，如阔叶林中的溪流、农业用地中的水田等。

该生境中的代表性种类包括小䴙䴘、普通鸬鹚、绿鹭、紫背苇鳽、赤麻鸭、绿翅鸭、琵嘴鸭、普通秋沙鸭、鹗、黑水鸡、紫水鸡、白骨顶、水雉、长嘴剑鸻、金眶鸻、林鹬、矶鹬、黑翅长脚鹬、棕头鸥、冠鱼狗、斑鱼狗、普通翠鸟、烟腹毛脚燕、黑喉毛脚燕、褐喉沙燕、灰鹡鸰、东方大苇莺、小燕尾、白冠燕尾、斑背燕尾、白顶溪鸲、红尾水鸲、褐河乌。

（六）珍稀濒危鸟类

按《国家重点保护野生动物名录》保护级别（国家林业和草原局和农业农村部，2021）、《世界自然保护联盟濒危物种红色名录》（IUCN Red List of Threatened Species）受胁等级（Birdlife International，2020a；IUCN 2021，2021）、《濒危野生动植物种国际贸易公约》（CITES）附录等级（中华人民共和国濒危物种

进出口管理办公室和中华人民共和国濒危物种科学委员会，2019）3 个类别梳理哀牢山-无量山地区的重要鸟类物种资源。在哀牢山-无量山区域记录的 573 种鸟类中，含 102 种国家重点保护野生动物，11 个 IUCN 红色名录受胁（易危、濒危和极危）物种，23 个 CITES 附录 I 或附录 II 物种，合计 103 种，占总记录种数的 18.0%（表 3-11）。

表 3-11   哀牢山-无量山区域珍稀濒危鸟类物种数量

保护和受胁等级		哀牢山-无量山	哀牢山	无量山
国家重点保护	一级	8	5	7
	二级	95	85	77
	小计	103	90	84
	占记录种数比例（%）	17.9	17.1	17.2
IUCN 受胁等级	易危（VU）	5	5	5
	濒危（EN）	4	4	3
	极危（CR）	2	1	2
	小计	11	10	10
	占记录种数比例（%）	1.9	1.9	2.0
CITES 附录	附录 I	1	1	1
	附录 II	22	20	17
	小计	23	21	18
	占记录种数比例（%）	4.0	4.0	3.7
总计		104	91	85
占记录种数比例（%）		18.1	17.3	17.4

103 种国家重点保护鸟类中，8 种为国家一级重点保护野生动物，分别为海南虎斑鳽、黑鹳、黑兀鹫、黑颈长尾雉、绿孔雀、冠斑犀鸟、棕头歌鸲和黄胸鹀，95 种为国家二级重点保护野生动物（表 3-12，附录 3-2）。

按 IUCN 红色名录受胁等级统计，哀牢山-无量山地区记录的 574 种鸟类中，无危（LC）物种共 550 种，近危（NT）13 种。受胁物种共 11 种，占记录总种数的 1.9%，其中易危（VU）5 种，分别是花田鸡、黑喉歌鸲、褐头鸫、白喉林鹟和田鹀；濒危（EN）4 种，分别是海南虎斑鳽、绿孔雀、棕头歌鸲和巨鹋；极危（CR）2 种，分别是黑兀鹫和黄胸鹀（表 3-12，附录 3-2）。

按 CITES 附录统计，哀牢山-无量山地区记录的 574 种鸟类中，23 种鸟类为 CITES 附录 I 或附录 II 物种，占记录总种数的 4.0%，其中黑颈长尾雉为附录 I 物种，黑鹳等 22 种为附录 II 物种（表 3-12，附录 3-2）。

（七）保护地位和保护价值

哀牢山-无量山鸟类多样性具有物种多样性极高、东西交汇和南北交融、空间异质性极高、珍稀濒危物种较多以及大量候鸟在哀牢山-无量山区域越冬、繁殖和停歇等多个特点。

1. 物种多样性极高

本报告统计表明，哀牢山-无量山区域记录鸟类 574 种，隶属 19 目 61 科，目、科、种数分别占郑作新（2000）收录的全国鸟类目数、科数和种数的 90.5%、73.5% 与 45.8%，占杨晓君等（2017）收录的云南鸟类目数、科数和种数的 90.5%、79.2% 与 60.7%。

哀牢山-无量山区域分布着全国和云南记录的绝大多数鸟目和科，分布着近一半的全国鸟类物种

（45.8%），超过 60%的云南省鸟类物种。由此可见，哀牢山-无量山区域的鸟类物种丰富度是极高的。同时，在与云南主要国家级自然保护区记录的鸟类物种丰富度对比时，哀牢山-无量山区域的鸟类物种多样性也远超过其他自然保护区。

2. 哀牢山-无量山区域的鸟类具有东西交汇、南北交融的特点

通过鸟类分布型分析表明，繁殖区主要位于北半球北部的全北型、古北型、中亚型、东北型、东北-华北型等种类，在哀牢山-无量山区域有 112 种，占总种数的 19.5%，在哀牢山-无量山区域主要为越冬鸟或旅鸟（52.7%）；高地型和喜马拉雅-横断山区型位于哀牢山-无量山以西，可统称为西部型，共 108 种，占总种数的 18.8%，在哀牢山-无量山主要为留鸟（82.4%）；南中国型和东洋型位于哀牢山-无量山东部与南部，包含 306 种，占哀牢山-无量山区域鸟类的比例最大（53.3%），并且主要为留鸟（85.3%）。

由此可见，哀牢山-无量山区域的鸟类呈现东西交汇、南北交融的特点，其中北部分布的种类主要为越冬鸟或旅鸟，而南部和东部的种类主要为留鸟。吴飞（2009）基于哀牢山鸟类组成的 NMDS 分析表明，哀牢山和无量山的鸟类组成在对比分析的 10 个自然保护区中均位于中间位置（图3-6），该结果与分布型分析结果一致。

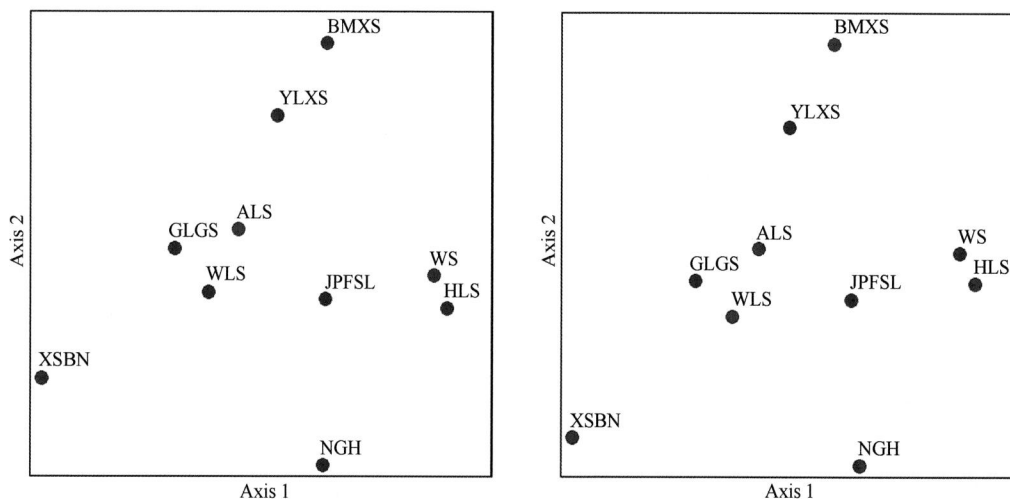

图 3-6　云南省 10 个保护区的 NMDS 排序图（引自吴飞，2009）

左图基于所有鸟类物种，右图基于繁殖鸟。ALS，哀牢山国家级自然保护区；BMXS，白马雪山国家级自然保护区；GLGS，高黎贡山国家级自然保护区中；HLS，黄连山国家级自然保护区；JPFSL，金平分水岭国家级自然保护区；NGH，南滚河国家级自然保护区；WLS，无量山国家级自然保护区；WS，文山国家级自然保护区；XSBN，西双版纳国家级自然保护区；YLXS，玉龙雪山省级自然保护区

同时，区系分析表明，在哀牢山-无量山区域繁殖的 449 种鸟类兼具东洋界和古北界的特征。哀牢山-无量山鸟类组成东西交汇、南北交融的特点可能与哀牢山-无量山处于云南的中纬度地带、具有较大的海拔跨度和哀牢山-无量山区域独特的地形地貌有关。首先，哀牢山和无量山均为自西北向东南分布的山脉，其北面为平均海拔较高的横断山主体部分，其鸟类多起源于靠北的横断山区；南面为平均海拔较低的滇南山地，其鸟类热带成分较多。其次，无量山自山顶至澜沧江河谷和川河河谷、哀牢山自山顶至川河河谷和元江河谷高差较大，高海拔区域气候环境接近于横断山脉区域，与之对应，河谷低海拔地带气候环境更加接近于滇南山地，且由于山脉为近南北走向的纵向分布，无横向的地理阻隔，连续的高海拔山脊有利于分布区靠北的鸟类沿山脊向南延伸,而低海拔河谷则有利于分布区靠南的鸟类沿河谷向北扩张。

总之，较大的海拔跨度和连续的山体地貌造就了多样的鸟类栖息生境，使得南北分布的鸟类物种在哀牢山-无量山区域共存，促成了哀牢山-无量山区域丰富的鸟类多样性和东西交汇、南北交融的特点。

3. 鸟类多样性空间异质性极高

澜沧江河谷、无量山、川河河谷、哀牢山和元江河谷极大的海拔高差造就了哀牢山-无量山区域从河谷到山顶差异显著的山地垂直气候带，不同的气候带保存了不同的植被，在气候、植被、光照、水分、气温、海拔等多重因素共同作用下，不同地区形成了截然不同的鸟类栖息环境，即便在较小的区域，哀牢山-无量山区域的鸟类多样性也存在极高的空间异质性。Wu 等（2010）对哀牢山中部双柏碌嘉和景东花山的鸟类空间与时间分布规律的研究中发现，尽管研究区域并不大，但鸟类组成的空间异质性极高，即有更加多样的小生境，能允许更多的物种共存；同时，鸟类组成沿海拔梯度的变化最快，坡向次之；低海拔地区鸟类组成的空间异质性要比高海拔地区高。Hu 等（2017）对哀牢山东坡沿海拔梯度进行了详细的鸟类调查，结果显示，哀牢山鸟类物种丰富度垂直分布格局均为沿海拔先上升后下降的单峰格局，最高值在 2000～2100m 海拔带。

4. 珍稀濒危物种较多

哀牢山-无量山区域记录的 574 种鸟类中，含国家重点保护野生动物 103 种，占总记录物种数 17.9%，其中一级保护 8 种，二级保护 95 种；11 个物种列入 IUCN 红色名录不同受胁等级，占总记录物种数 1.9%；23 个列入 CITES 附录Ⅰ或附录Ⅱ，占总记录物种数 4.0%。按国家重点保护野生动物、IUCN 不同受胁等级和 CITES 附录 3 个类别，哀牢山-无量山区域合计珍稀濒危鸟类 104 种，占总记录种数的 18.1%。

绿孔雀、黑颈长尾雉等珍稀濒危鸟类是哀牢山-无量山区域的旗舰物种。据国际鸟盟统计，全球绿孔雀种群数量为 10 000～19 999 只，且种群数量呈下降趋势（Birdlife International，2020b）。20 世纪 90 年代，绿孔雀分布于云南省的 11 个州（市）、42 个县（市），种群数量 800～1100 只（文贤继等，1995）。近 30 年来，随着社会和经济的快速发展，人类活动增加以及生产生活方式的转变，绿孔雀原生栖息地不断丧失，分布范围明显减小，种群数量急剧下降（Kong et al.，2018）。根据 2014～2017 年中国科学院昆明动物研究所在全国范围内的绿孔雀调查，绿孔雀在中国仅分布于云南中部、西部以及南部的 8 个州（市）22 个县（市），估计野外种群数量不足 500 只，成为我国最为濒危的野生动物物种之一（Kong et al.，2018）。根据调查结果，哀牢山以东的元江中上游河谷地区是中国绿孔雀分布最集中、种群数量最大的区域。2017 年，由云南省林业厅主持，中国科学院昆明动物研究所负责技术支持开展了"元江中上游绿孔雀种群现状调查"，调查结果显示，元江中上游绿孔雀数量约占全国总数量的 50%，进一步确认了之前有关元江中上游双柏恐龙河州级自然保护区等区域是目前我国绿孔雀分布最为集中的地区，证明了该区域在全国绿孔雀种群保护、维持和发展中的重要地位。

5. 哀牢山-无量山区域在迁徙鸟的保护中具有极其重要的地位

据统计，在哀牢山-无量山区域记录的夏候鸟、繁殖鸟、冬候鸟和旅鸟等鸟达 162 种，占记录总种数（574 种）的 28.2%，这表明，较大比例的鸟类在哀牢山-无量山地区越冬和繁殖，旅鸟在长距离迁徙途中在该区域停歇和补给能量。

据王紫江等（2019）在无量山南涧凤凰山、哀牢山新平金山垭口、哀牢山镇沅金山垭口、哀牢山南华大中山等地区多年进行的夜间迁徙鸟类研究表明，哀牢山和无量山海拔较低的垭口是中小型候鸟从东北、华北和西北向西南迁徙时集中翻越的通道。

在夜间迁徙鸟研究过程中，无量山南涧凤凰山 1999～2017 年，共环志 57 234 只 143 种，隶属 12 目 38 科；哀牢山新平金山垭口 2004～2017 年，共环志 44 482 只 203 种，隶属 13 目 35 科；哀牢山镇沅金山垭口 2004～2017 年，共环志 9972 只 134 种，隶属 11 目 28 科；哀牢山南华大中山 2010～2012 年，共环志 1474 只 101 种，隶属 10 目 25 科（王紫江等，2019）；其中环志了大量珍稀濒危物种，如国家重点保护野生动物海南虎斑鳽、棕背田鸡、针尾绿鸠、楔尾绿鸠、灰头鹦鹉、小鸦鹃、红角鸮、蓝翅八色鸫和绿胸八色鸫等（王紫江等，2019）。

2015 年中国科学院昆明动物研究所与哀牢山国家级自然保护区新平管护局合作为 2 只迁徙的夜鹭和 1 只草鹭佩戴了卫星发射器，成功跟踪了其中 1 只夜鹭的年周期活动规律。该个体在云南管护局的西双版纳越冬，次年 5 月离开西双版纳，途经贵州、四川，最终于重庆繁殖，2016 年 9 月开始离开繁殖地，并于 10 月初回到越冬地。

6. 国际重要生物多样性热点和重要鸟区

哀牢山-无量山地区是印缅（Indo-Burma）国际生物多样性热点的重要组成部分（Myers et al.，2000；Marches，2015）。同时，哀牢山-无量山区域包含中国大陆地区 512 个国际鸟盟重要鸟区（Important Bird Area，IBA）的 3 个，分别是 CN251 号无量山、CN252 号恐龙河自然保护区和 CN253 号哀牢山（Birdlife International，2020c）。

双柏恐龙河州级自然保护区是中国绿孔雀分布最为集中的区域（Kong et al.，2018），除绿孔雀外，该保护区还分布有国家一级重点保护鸟类黑颈长尾雉，以及凤头鹰等国家二级重点保护鸟类。雉科鸟类中，还分布有中华鹧鸪、棕胸竹鸡、原鸡、白腹锦鸡和白鹇等。因此，双柏恐龙河州级自然保护区目前已确定共分布有 7 种雉科鸟类，在面积如此之小、保护级别较低的保护区中还保存着如此之高的雉科鸟类多样性的保护区在国内并不多见。除此之外，绿孔雀、棕腹隼雕、褐林鸮、绿喉蜂虎、栗头蜂虎等鸟类仅见于河谷地带。在中国西南山地，中低海拔带的原始林通常已被破坏，保护区核心区主要设立于高海拔带。因此，现有保护区体系尚不能完全保护哀牢山-无量山地区的完整鸟类多样性，亟待将绿孔雀等珍稀濒危鸟类所栖息的恐龙河等低海拔区域纳入以国家公园保护体系为主的自然保护地。

第三节 爬 行 类

一、研究历史简况

哀牢山-无量山爬行动物的系统调查，主要始于云南大学生物系 1982 年 7 月和 1983 年 6 月对东坡水塘、者竜两地的调查。此次共调查到爬行类动物 29 种（李华恩等，1985）。

李华恩等（1985）对哀牢山自然保护区的两栖爬行动物进行了调查，共调查到爬行类动物 12 种，分属 2 目 6 科 10 属。主要有黑眉锦蛇（*Elaphe taeniura*）、老挝后棱蛇（*Opisthotropis praemaxillaris*）、锯尾蜥虎（*Hemidactylus garnotii*）、云南半叶趾虎（*Hemiphyllodactylus yunnanensis*）、蟒蛇（*Python bivittatus*）、八莫过树蛇（*Ahaetulla subocularis*）、横纹翠青蛇（*Entechinus multicinctus*）等物种。

随后，以杨大同为首的研究团队分别多次对哀牢山-无量山地区（主要是景东境内）进行爬行类调查。本章作者从 20 世纪 90 年代开始对哀牢山-无量山地区的两栖爬行类物种进行调查，其中包括 FCCDP 期间对无量山国家级自然保护区（包括景东片区和南涧片区）进行的调查。对哀牢山-无量山地区爬行动物有记载的专著包括《云南两栖爬行动物》（杨大同和饶定齐，2008）、《横断山区两栖爬行动物》（赵尔宓和杨大同，1997）、《无量山国家级自然保护区》（喻庆国，2004）、《哀牢山自然保护区综合考察报告集》（徐永椿和姜汉桥 1988）等。其中，主要介绍物种有棕背树蜥（*Calotes emma*）、原尾蜥虎（*Hemidactylus bowringii*）、中国石龙子（*Eumeces chinensis*）、铜蜓蜥（*Sphenomorphus indicus*）、斑蜓蜥（*Sphenomorphus maculatus*）、南草蜥（*Takydromus sexlineatus*）、细脆蛇蜥（*Ophisaurus gracilis*）、脆蛇蜥（*Ophisaurus harti*）、蟒蛇（*Python molurus* subsp. *bivittatus*）、八莫过树蛇（*Ahaetulla subocularis*）、白链蛇（*Dinodon septentrionalis*）、王锦蛇（*Elaphe carinata*）、三索锦蛇（*Elaphe radiata*）、绿锦蛇（*Elaphe prasina*）、黑眉锦蛇（*Elaphe taeniura*）、红脖颈槽蛇（*Rhabdophis subminiata*）、虎斑颈槽蛇（*Rhabdophis tigrina*）、华游蛇（*Sinonatrix percarinata*）、渔游蛇（*Xenochrophis piscator*）、斜鳞蛇（*Pseudoxenodon macrops*）、灰鼠蛇（*Ptyas korros*）、黑线乌梢蛇（*Zaocys nigromarginatus*）、孟加拉眼镜蛇（*Naja kaouthia*）、眼镜王蛇（*Ophiophagus hannah*）、白头蝰（*Azemiops feae*）、山烙铁头蛇（*Ovophis monticola*）等。

另外，景东、南涧、新平、双柏等各地区自然保护区管理局也零星收集了部分爬行类信息资料，加上该地区其他一些零星调查资料，从而对无量山（包括南涧、景东、镇沅）和哀牢山（包括景东、镇沅、新平、双柏、南华、楚雄和南涧）爬行类动物有了比较全面的了解。

二、研究方法

（一）资料收集和馆藏标本查对

1. 资料收集

广泛检索、收集和整理国内外的文献和其他数据。

2. 馆藏标本查对

查看和核对中国科学院昆明动物研究所（昆明动物博物馆标本库）馆藏爬行类标本 336 号（无量山 204 号、哀牢山 132 号），以及国内其他博物馆/标本库的有关爬行类标本等，作为标本凭证，查证物种分类和分布信息。

（二）访问调查

主要对哀牢山-无量山地区林区管理人员及周边社区群众进行访谈，以此确定某些特征突出物种如眼镜王蛇（*Ophiophagus hannah*）、蟒蛇（*Python bivittatus*）、圆鼻巨蜥（*Varanus salvator*）等的分布及大致数量状况。

（三）实地调查

爬行动物多在白天活动，但受到天气变化的影响，日活动频繁时段均不相同。某些蜥蜴类多在日照强度最强时活动，壁虎几乎全在夜间活动。

观察蛇类选择在每天的上午至下午蛇类活动最旺盛时段进行，觅食个体多在被猎对象出现之时活动，水生蛇类、陆栖蛇类和树栖蛇类都有各自的活动旺盛时段，因而难以运用统一的模式去观察蛇类。

1. 以保护区内的公路和小路作为调查线路

白天，调查人员可分为两组，前后相差 100～200m，以 1～2km/h 的速度沿途进行观察，遇见爬行动物则记录下来，后一组主要观察因前一组走动而惊动后活动的爬行动物。选择的线路尽量含盖保护区的不同地区和环境，包括周边农田区。

2. 调查过程

请当地工作人员或向导随同，以便对一些只观察到而未进行采集的物种进行俗名和学名间的对应确认；而对采集到的物种则可指对实物标本。

（四）物种名录确定

结合文献资料判别收集和实地调查的爬行动物，确定物种名录。

（五）数据分析

包括对物种属性、分布范围、区系划分、分布型、生态适应和总体组成，种群大小或种群状况进行数据分析。

三、结果

（一）物种多样性

1. 物种编目

根据现有调查及资料整理，哀牢山-无量山地区共有爬行类 71 种，隶属 2 目 14 科 47 属，其中含一个滑蜥疑似新种（*Scincella* sp.）。哀牢山-无量山地区的爬行动物物种数（71 种）占云南爬行类物种数（211 种）（《云南省生物物种名录》（2016 版）、《云南省生物物种红色名录（2017 版）》）的 33.6%，占中国爬行动物物种数（527 种）（王跃招等，2021）的 13.5%。无量山有爬行类 2 目 14 科 41 属 61 种，哀牢山有 2 目 14 科 44 属 69 种，具体物种组成上略有差别。

哀牢山爬行类物种较无量山多的原因是哀牢山东坡具有较低海拔的栖息环境，故具有较多低海拔生态环境的物种。

具体物种编目见附录 3-3。

2. 与云南其他自然保护区爬行类种数比较

哀牢山-无量山地区合计面积 153 732hm²，共有爬行类物种 71 种，与周边其他国家级自然保护区在正式刊物中所报道的爬行类物种数相比，显然物种多样性比较高。但是需说明，鉴于其他自然保护区的调查力度和数据公布时间的因素，不同自然保护区所报道的物种数只代表各自当时的调查状况，且没有绝对可比性（表 3-12）。

表 3-12　哀牢山-无量山地区与云南其他自然保护区爬行类种数比较

自然保护区	目	科	属	种	数据来源
无量山国家级自然保护区和哀牢山国家级自然保护区	2	14	47	71	本研究调查
西双版纳国家级自然保护区	3	16	46	74	王战强和熊云翔，2006
绿春黄连山国家级自然保护区	2	7	25	33	许建初，2003
金平分水岭国家级自然保护区	2	11	31	40	许建初，2002
大围山国家级自然保护区	3	18	47	62	税玉民等，2018
高黎贡山国家级自然保护区	2	8	28	48	薛纪如，1995
怒江自然保护区	-	3	9	14	徐志辉，1998
铜壁关自然保护区（盈江片区）	2	11	38	57	杨宇明和杜凡，2006
南滚河国家级自然保护区	3	13	35	50	杨宇明和杜凡，2004

（二）物种组成分析

哀牢山-无量山地区共有爬行类 71 种，隶属 2 目 14 科 47 属。其中龟鳖目（Testudines）平胸龟科（Platysternidae）1 属 1 种，占区域总属数 2.1%，占区域总种数 1.4%；鳖科（Trionychidae）1 属 1 种，占区域总属数 2.1%，占区域总种数 1.4%；有鳞目（Squamata）蜥蜴亚目（Lacertilia）鬣蜥科（Agamidae）4 属 6 种，占区域总属数 8.5%，占区域总种数 8.5%；壁虎科（Gekkonidae）2 属 3 种，占区域总属数 4.3%，占区域总种数 4.2%；中国石龙子科（Scincidae）4 属 6 种，占区域总属数 8.5%，占区域总种数 8.5%；蛇蜥科（Anguidae）1 属 2 种，占区域总属数 2.1%，占区域总种数 2.8%；巨蜥科（Varanidae）1 属 1 种，占区域总属数 2.1%，占区域总种数 1.4%；蜥蜴科（Lacertidae）1 属 1 种，占区域总属数 2.1%，占区域总种数 1.4%；蛇亚目（Serpentes）盲蛇科（Typhlopidae）2 属 2 种，占区域总属数 4.3%，占区域总种数 2.8%；蟒科（Boidae）1 属 1 种，占区域总属数 2.1%，占区域总种数 1.4%；钝头蛇科（Pareatidae）1 属 3 种，占区域总属数 2.1%，占区域总种数 4.2%；游蛇科（Colubridae）21 属 35 种，占区域总属数 44.7%，占区域总种数 49.3%；眼镜蛇科（Elapidae）4 属 4 种，占区域总属数 8.5%，占区域总种数 5.6%；蝰科（Viperidae）3 属 5 种，占区域总属数 6.4%，占区域总种数 7.0%。

从各科物种组成看，以有鳞目蛇亚目游蛇科物种最多；其次，相对物种数比较多的是蜥蜴亚目鬣蜥科、中国石龙子科、蛇亚目蝰蛇科和眼镜蛇科。

（三）分布型

1. 区系特征

哀牢山-无量山地区在动物地理区划上属于东洋界西南区的西南山地亚区。动物区系成分以东洋界成分为主，南北成分的混杂现象明显，种类非常多样。哀牢山-无量山处于中国-喜马拉雅森林植物区系中的云南高原地区、横断山脉地区和中、缅、泰的交错过渡地带，热带植物和亚热带植物非常丰富，且由于地质历史上受第四纪冰川影响甚小，因此保存了不少珍贵稀有的植物种类。

因此，动物物种区系的组成和存在实际上与亚热-亚热带带交汇的地理位置和气候环境以及保存较为完好的植被相对应。

哀牢山-无量山地区爬行类物种区系以东洋界西南区为主，共 44 种，其次华南区 18 种，西南、华南和华中区共有物种 9 种。

1）西南区（44 种）

山瑞鳖（*Palea steindachneri*）、丽棘蜥（*Acanthosaura lepidogaster*）、蚌西拟树蜥（*Pseudocalotes kakhienensis*）、细鳞拟树蜥（*Pseudocalotes microlepis*）、昆明龙蜥（*Japalura varcoae*）、云南龙蜥（*Japalura yunnanensis*）、锯尾蜥虎（*Hemidactylus garnotii*）、云南半叶趾虎（*Hemiphyllodactylus yunnanensis*）、多线南蜥（*Mabuya multifasciata*）、山滑蜥（*Scincella monticola*）、滑蜥疑似新种（*Scincella* sp.）、圆鼻巨蜥（*Varanus salvator*）、大盲蛇（*Typhlops diardi*）、钩盲蛇（*Ramphotyphlops braminus*）、缅甸钝头蛇（*Pareas hamptoni*）、云南钝头蛇（*Pareas yunnanensis*）、横斑钝头蛇（*Pareas macularius*）、滇西蛇（*Atretium yunnanensis*）、云南两头蛇（*Calamaria yunnanensis*）、尖尾两头蛇（*Calamaria pavimentata*）、方花蛇（*Archelaphe bella*）、紫灰锦蛇（*Elaphe porphyracea*）、纯绿翠青蛇（*Entechinus doriae*）、横纹翠青蛇（*Entechinus multicinctus*）、滑鳞蛇（*Liopeltis frenatus*）、老挝后棱蛇（*Opisthotropis praemaxillaris*）、白环蛇（*Lycodon aulicus*）、双全白环蛇（*Lycodon fasciatus*）、腹斑腹链蛇（*Amphiesma modesta*）、八线腹链蛇（*Amphiesma octolineata*）、颈槽蛇（*Rhabdophis nuchalis*）、缅甸颈槽蛇（*Rhabdophis leonardi*）、云南华游蛇（*Sinonatrix yunnanensis*）、圆斑小头蛇（*Oligodon lacroixi*）、颈斑蛇（*Plagiopholis blakewayi*）、缅甸颈斑蛇（*Plagiopholis nuchalis*）、黑领剑蛇（*Sibynophis collaris*）、繁花林蛇（*Boiga multomaculata*）、绿瘦蛇（*Dryophis prasina*）、银环蛇（*Bungarus multicinctus*）、丽纹蛇（*Calliophis macclellandi*）、菜花烙铁头（*Trimeresurus jerdonii*）、白唇竹叶青蛇（*Trimeresurus albolabris*）、云南竹叶青蛇（*Trimeresurus yunnanensis*）。

2）华南区（18 种）

平胸龟（*Platysternon megacephalum*）、棕背树蜥（*Calotes emma*）、原尾蜥虎（*Hemidactylus bowringii*）、中国石龙子（*Eumeces chinensis*）、斑蜓蜥（*Sphenomorphus maculatus*）、南草蜥（*Takydromus sexlineatus*）、细脆蛇蜥（*Ophisaurus gracilis*）、脆蛇蜥（*Ophisaurus harti*）、蟒蛇（*Python. bivittatus*）、八莫过树蛇（*Ahaetulla subocularis*）、白链蛇（*Dinodon septentrionalis*）、三索锦蛇（*Elaphe radiata*）、绿锦蛇（*Elaphe prasina*）、华游蛇（*Sinonatrix percarinata*）、渔游蛇（*Xenochrophis piscator*）、灰鼠蛇（*Ptyas korros*）、白头蝰（*Azemiops* feae）、山烙铁头蛇（*Ovophis monticola*）。

3）西南、华南、华中区共有（9 种）

铜蜓蜥（*Sphenomorphus indicus*）、王锦蛇（*Elaphe carinata*）、黑眉锦蛇（*Elaphe taeniura*）、红脖颈槽蛇（*Rhabdophis subminiata*）、虎斑颈槽蛇（*Rhabdophis tigrina*）、斜鳞蛇（*Pseudoxenodon macrops*）、黑线乌梢蛇（*Zaocys nigromarginatus*）、孟加拉眼镜蛇（*Naja kaouthia*）、眼镜王蛇（*Ophiophagus hannah*）。

2. 分布型特征

根据张荣祖（2011）编著的《中国动物地理》，哀牢山-无量山地区的爬行类可以归纳为下列 14 个类型：①喜马拉雅-横断山-横断山为主型；②喜马拉雅-横断山-喜马拉雅东南部型；③喜马拉雅-横断山-横断山及喜马拉雅南翼为主型；④季风区包括阿穆尔或再延伸至俄罗斯远东地区型；⑤南中国-热带型；⑥南中国-热带-南亚热带型；⑦南中国-热带-中亚热带型；⑧南中国-热带-北亚热带型；⑨南中国-热带-暖温带型；⑩东洋-热带型；⑪东洋-热带-南亚热带型；⑫东洋-热带-中亚热带型；⑬东洋-热带-温带型；⑭云贵高原包括横断山南部型。每种分布型的爬行类物种数基本如下所述。

1）喜马拉雅-横断山-横断山为主型（8 种）

云南龙蜥（*Japalura yunnanensis*）、山滑蜥（*Scincella monticola*）、滑蜥疑似新种（*Scincella* sp.）、云南两头蛇（*Calamaria yunnanensis*）、尖尾两头蛇（*Calamaria pavimentata*）、八线腹链蛇（*Amphiesma octolineata*）、缅甸颈槽蛇（*Rhabdophis leonardi*）、颈斑蛇（*Plagiopholis blakewayi*）。

2）喜马拉雅-横断山-喜马拉雅东南部型（1 种）

白链蛇（*Dinodon septentrionalis*）。

3）喜马拉雅-横断山-横断山及喜马拉雅南翼为主型（2 种）

黑线乌梢蛇（*Zaocys nigromarginatus*）、菜花烙铁头（*Trimeresurus jerdonii*）。

4）季风区包括阿穆尔或再延伸至俄罗斯远东地区型（1 种）

虎斑颈槽蛇（*Rhabdophis tigrina*）。

5）南中国-热带型（2 种）

滇西蛇（*Atretium yunnanensis*）、纯绿翠青蛇（*Entechinus doriae*）。

6）南中国-热带-南亚热带型（3 种）

脆蛇蜥（*Ophisaurus harti*）、云南华游蛇（*Sinonatrix yunnanensis*）、圆斑小头蛇（*Oligodon lacroixi*）。

7）南中国-热带-中亚热带型（5 种）

方花蛇（*Archelaphe bella*）、横纹翠青蛇（*Entechinus multicinctus*）、银环蛇（*Bungarus multicinctus*）、白头蝰（*Azemiops feae*）、云南竹叶青蛇（*Trimeresurus yunnanensis*）。

8）南中国-热带-北亚热带型（3 种）

王锦蛇（*Elaphe carinata*）、颈槽蛇（*Rhabdophis nuchalis*）、华游蛇（*Sinonatrix percarinata*）。

9）南中国-热带-暖温带型（1 种）

中国石龙子（*Eumeces chinensis*）。

10）东洋-热带型（10 种）

棕背树蜥（*Calotes emma*）、细鳞拟树蜥（*Pseudocalotes microlepis*）、锯尾蜥虎（*Hemidactylus garnotii*）、多线南蜥（*Mabuya multifasciata*）、圆鼻巨蜥（*Varanus salvator*）、八莫过树蛇（*Ahaetulla subocularis*）、滑鳞蛇（*Liopeltis frenatus*）、白环蛇（*Lycodon aulicus*）、缅甸颈斑蛇（*Plagiopholis nuchalis*）、孟加拉眼镜蛇（*Naja kaouthia*）。

11）东洋-热带-南亚热带型（10 种）

蚌西拟树蜥（*Pseudocalotes kakhienensis*）、原尾蜥虎（*Hemidactylus bowringii*）、细脆蛇蜥（*Ophisaurus gracilis*）、大盲蛇（*Typhlops diardi*）、缅甸钝头蛇（*Pareas hamptoni*）、横斑钝头蛇（*Pareas macularius*）、

三索锦蛇（*Elaphe radiata*）、老挝后棱蛇（*Opisthotropis praemaxillaris*）、腹斑腹链蛇（*Amphiesma modesta*）、眼镜王蛇（*Ophiophagus hannah*）。

12）东洋-热带-中亚热带型（15 种）

平胸龟 （*Platysternon megacephalum*）、丽棘蜥 （*Acanthosaura lepidogaster*）、云南半叶趾虎（*Hemiphyllodactylus yunnanensis*）、南草蜥（*Takydromus sexlineatus*）、钩盲蛇（*Ramphotyphlops braminus*）、蟒蛇（*Python bivittatus*）、绿锦蛇（*Elaphe prasina*）、渔游蛇（*Xenochrophis piscator*）、灰鼠蛇（*Ptyas korros*）、黑领剑蛇（*Sibynophis collaris*）、繁花林蛇（*Boiga multomaculata*）、绿瘦蛇（*Dryophis prasina*）、丽纹蛇（*Calliophis macclellandi*）、山烙铁头蛇（*Ovophis monticola*）、白唇竹叶青蛇（*Trimeresurus albolabris*）。

13）东洋-热带-温带型（7 种）

铜蜓蜥（*Sphenomorphus indicus*）、斑蜓蜥（*Sphenomorphus maculatus*）、紫灰锦蛇（*Elaphe porphyracea*）、黑眉锦蛇（*Elaphe taeniura*）、双全白环蛇（*Lycodon fasciatus*）、红脖颈槽蛇（*Rhabdophis subminiata*）、斜鳞蛇（*Pseudoxenodon macrops*）。

14）云贵高原包括横断山南部型（2 种）

昆明龙蜥（*Japalura varcoae*）、云南钝头蛇（*Pareas yunnanensis*）。

3. 多种生物区系成分物种的交汇区和边缘分布区

哀牢山-无量山地区由于地处地理和生物区系的过渡区（带），东西南北不同方向和地区或不同生物区系的物种在迁移、扩散过程中可能在该区域交汇，热带边缘如滇西蛇（*Atretium yunnanensis*）、八莫过树蛇（*Ahaetulla subocularis*）、纯绿翠青蛇（*Entechinus doriae*）、滑鳞蛇（*Liopeltis frenatus*）等和南亚热带边缘如脆蛇蜥（*Ophisaurus harti*）、横斑钝头蛇（*Pareas macularius*）、云南华游蛇（*Sinonatrix yunnanensis*）、圆斑小头蛇（*Oligodon lacroixi*）、眼镜王蛇（*Ophiophagus hannah*）等区系成分的物种都可能在该区域交汇，从而形成不同物种的交汇地带和丰富的物种多样性。同时，部分物种如白链蛇（*Dinodon septentrionalis*）、虎斑颈槽蛇（*Rhabdophis tigrina*）等在迁移和扩散过程中，受有关因素的限制，迁移或扩散到该区域，并在该区域内形成该物种的边缘分布态势。

4. 地理区划定位

张荣祖（2011）在《中国动物地理》中提及横断山的最南部，即云南西南保山地区与无量山地区，沿云南高原南缘属于东洋界华南区（Ⅶ）滇南山地亚区（ⅦB）。在温度带的划分上，哀牢山-无量山地区北缘属于南亚热带北界。

根据上述划分，哀牢山-无量山地区的地理区划隶属于南亚热带南部地带。此地带气候属于热带（低山、河谷）和亚热带（高山）。寒潮的影响大为削弱，夏季主要受来自孟加拉湾气流的影响，有明显的雨季与旱季。植被为常绿阔叶季雨林，天然森林保存尚多，动物栖息条件优越。

（四）区域特有性

哀牢山-无量山地区的爬行类物种根据其总体分布状况，可以划分为相应的不同的区域特有性类型。区域特有性可以大体上划分为横断山区特有、本区域特有、中国特有、云南特有 4 种类型。

1. 横断山区特有

分布区仅限于横断山区，有 2 种，包括：滇西蛇（*Atretium yunnanensis*）、颈槽蛇（*Rhabdophis nuchalis*）。

2. 本区域特有

分布区仅限于哀牢山-无量山地区，有 3 种，包括：滑蜥疑似新种（*Scincella* sp.）、云南钝头蛇（*Pareas yunnanensis*）、云南两头蛇（*Calamaria yunnanensis*）。

3. 中国特有

分布区仅限于中国，有 30 种，包括：蚌西拟树蜥（*Pseudocalotes kakhienensis*）、昆明龙蜥（*Japalura varcoae*）、云南龙蜥（*Japalura yunnanensis*）、云南半叶趾虎（*Hemiphyllodactylus yunnanensis*）、山滑蜥（*Scincella monticola*）、滑蜥疑似新种（*Scincella* sp.）、云南钝头蛇（*Pareas yunnanensis*）、横斑钝头蛇（*Pareas macularius*）、云南两头蛇（*Calamaria yunnanensis*）、尖尾两头蛇（*Calamaria pavimentata*）、八莫过树蛇（*Ahaetulla subocularis*）、纯绿翠青蛇（*Entechinus doriae*）、横纹翠青蛇（*Entechinus multicinctus*）、老挝后棱蛇（*Opisthotropis praemaxillaris*）、白环蛇（*Lycodon aulicus*）、双全白环蛇（*Lycodon fasciatus*）、腹斑腹链蛇（*Amphiesma modesta*）、八线腹链蛇（*Amphiesma octolineata*）、缅甸颈槽蛇（*Rhabdophis leonardi*）、虎斑颈槽蛇（*Rhabdophis tigrina*）、云南华游蛇（*Sinonatrix yunnanensis*）、华游蛇（*Sinonatrix percarinata*）、渔游蛇（*Xenochrophis piscator*）、圆斑小头蛇（*Oligodon lacroixi*）、颈斑蛇（*Plagiopholis blakewayi*）、缅甸颈斑蛇（*Plagiopholis nuchalis*）、孟加拉眼镜蛇（*Naja kaouthia*）、眼镜王蛇（*Ophiophagus hannah*）、白唇竹叶青蛇（*Trimeresurus albolabris*）、云南竹叶青蛇（*Trimeresurus yunnanensis*）。

4. 云南特有

分布区仅限于云南，有 25 种，包括：蚌西拟树蜥（*Pseudocalotes kakhienensis*）、昆明龙蜥（*Japalura varcoae*）、云南龙蜥（*Japalura yunnanensis*）、云南半叶趾虎（*Hemiphyllodactylus yunnanensis*）、山滑蜥（*Scincella monticola*）、横斑钝头蛇（*Pareas macularius*）、尖尾两头蛇（*Calamaria pavimentata*）、八莫过树蛇（*Ahaetulla subocularis*）、纯绿翠青蛇（*Entechinus doriae*）、横纹翠青蛇（*Entechinus multicinctus*）、老挝后棱蛇（*Opisthotropis praemaxillaris*）、白环蛇（*Lycodon aulicus*）、双全白环蛇（*Lycodon fasciatus*）、腹斑腹链蛇（*Amphiesma modesta*）、八线腹链蛇（*Amphiesma octolineata*）、缅甸颈槽蛇（*Rhabdophis leonardi*）、云南华游蛇（*Sinonatrix yunnanensis*）、渔游蛇（*Xenochrophis piscator*）、圆斑小头蛇（*Oligodon lacroixi*）、颈斑蛇（*Plagiopholis blakewayi*）、缅甸颈斑蛇（*Plagiopholis nuchalis*）、孟加拉眼镜蛇（*Naja kaouthia*）、眼镜王蛇（*Ophiophagus hannah*）、白唇竹叶青蛇（*Trimeresurus albolabris*）、云南竹叶青蛇（*Trimeresurus yunnanensis*）。

（五）珍稀濒危物种

1. 国家重点保护物种

哀牢山-无量山地区有国家一级重点保护野生动物 1 种，即圆鼻巨蜥（*Varanus salvator*）。国家二级重点保护野生动物 7 种，即平胸龟（*Platysternon megacephalum*）、山瑞鳖（*Palea steindachneri*）、细脆蛇蜥（*Ophisaurus gracilis*）、脆蛇蜥（*Ophisaurus harti*）、蟒蛇（*Python bivittatus*）、三索锦蛇（*Elaphe radiata*）、眼镜王蛇（*Ophiophagus hannah*）。

列入云南省省级重点保护动物的有 2 种，即孟加拉眼镜蛇（*Naja kaouthia*）和眼镜王蛇（*Ophiophagus hannah*）。

另外，列入国家保护的有益的或者有重要经济、科学研究价值的陆生野生动物（"三有"动物）4 种，即灰鼠蛇（*Ptyas korros*）、黑眉锦蛇（*Elaphe taeniura*）、王锦蛇（*Elaphe carinata*）和银环蛇（*Bungarus multicinctus*）。

2. CITES 附录 I、附录 II 物种

列入 CITES 附录 I 的有平胸龟（*Platysternon megacephalum*），列入 CITES 附录 II 的有山瑞鳖（*Palea steindachneri*）、圆鼻巨蜥（*Varanus salvator*）、蟒蛇（*Python molurus bivittatus*）、眼镜王蛇（*Ophiophagus hannah*）、孟加拉眼镜蛇（*Naja kaouthia*）5 种。

3. IUCN 物种

根据《中国脊椎动物红色名录》（2016），哀牢山-无量山地区的爬行类物种中受威胁的物种情况如下（近危以上物种）。

1）极危（CR）物种（3 种）

平胸龟（*Platysternon megacephalum*）、圆鼻巨蜥（*Varanus salvator*）、蟒蛇（*Python bivittatus*）。

2）濒危（EN）物种（8 种）

脆蛇蜥（*Ophisaurus harti*）、细脆蛇蜥（*Ophisaurus gracilis*）、眼镜王蛇（*Ophiophagus hannah*）、孟加拉眼镜蛇（*Naja kaouthia*）、银环蛇（*Bungarus multicinctus*）、三索锦蛇（*Elaphe radiata*）、黑眉锦蛇（*Elaphe taeniura*）、王锦蛇（*Elaphe carinata*）。

3）易危（VU）物种（9 种）

白头蝰（*Azemiops feae*）、云南两头蛇（*Calamaria yunnanensis*）、缅甸颈斑蛇（*Plagiopholis nuchalis*）、灰鼠蛇（*Ptyas korros*）、黑线乌梢蛇（*Zaocys nigromarginatus*）、绿锦蛇（*Elaphe prasina*）、方花蛇（*Archelaphe bella*）、华游蛇（*Sinonatrix percarinata*）、云南华游蛇（*Sinonatrix yunnanensis*）。

4）近危（NT）物种（4 种）

云南半叶趾虎（*Hemiphyllodactylus yunnanensis*）、山烙铁头蛇（*Ovophis monticola*）、圆斑小头蛇（*Oligodon lacroixi*）、老挝后棱蛇（*Opisthotropis praemaxillaris*）。

（六）生境分布型

1. 生态分布

哀牢山-无量山地区爬行类的生态分布大致可以归纳为森林型、灌丛型、草地型、水域型和住宅型 5 种生态类型。哀牢山-无量山地区各种生态类型的爬行类物种数基本如下。

1）森林型（35 种）

主要分布于哀牢山-无量山地区的天然林、林间溪流及小水体环境，包括：丽棘蜥（*Acanthosaura lepidogaster*）、棕背树蜥（*Calotes emma*）、蚌西拟树蜥（*Pseudocalotes kakhienensis*）、细鳞拟树蜥（*Pseudocalotes microlepis*）、昆明龙蜥（*Japalura varcoae*）、云南龙蜥（*Japalura yunnanensis*）、中国石龙子（*Eumeces chinensis*）、铜蜓蜥（*Sphenomorphus indicus*）、斑蜓蜥（*Sphenomorphus maculatus*）、多线南蜥（*Mabuya multifasciata*）、山滑蜥（*Scincella monticola*）、滑蜥疑似新种（*Scincella* sp.）、南草蜥（*Takydromus sexlineatus*）、细脆蛇蜥（*Ophisaurus gracilis*）、脆蛇蜥（*Ophisaurus harti*）、圆鼻巨蜥（*Varanus salvator*）、大盲蛇（*Typhlops diardi*）、钩盲蛇（*Ramphotyphlops braminus*）、滑鳞蛇（*Liopeltis frenatus*）、老挝后棱蛇（*Opisthotropis praemaxillaris*）、白环蛇（*Lycodon aulicus*）、双全白环蛇（*Lycodon fasciatus*）、圆斑小头蛇（*Oligodon lacroixi*）、颈斑蛇（*Plagiopholis blakewayi*）、缅甸颈斑蛇（*Plagiopholis nuchalis*）、斜鳞蛇（*Pseudoxenodon macrops*）、黑领剑蛇（*Sibynophis collaris*）、银环蛇（*Bungarus multicinctus*）、孟加拉眼镜蛇（*Naja kaouthia*）、丽纹蛇（*Calliophis macclellandi*）、白头蝰（*Azemiops feae*）、山烙铁头蛇（*Ovophis monticola*）、菜花烙铁头（*Trimeresurus jerdonii*）、白唇竹叶青蛇（*Trimeresurus albolabris*）、云南竹叶青蛇（*Trimeresurus yunnanensis*）。

2）灌丛型（6 种）

主要分布于灌丛及溪流环境，包括：山瑞鳖（*Palea steindachneri*）、圆鼻巨蜥（*Varanus salvator*）、蟒蛇（*Python bivittatus*）、繁花林蛇（*Boiga multomaculata*）、绿瘦蛇（*Dryophis prasina*）、眼镜王蛇（*Ophiophagus hannah*）。

3）草地型（13 种）

主要分布于草地和沼泽，包括：中国石龙子（*Eumeces chinensis*）、铜蜓蜥（*Sphenomorphus indicus*）、

斑蜓蜥（*Sphenomorphus maculatus*）、多线南蜥（*Mabuya multifasciata*）、山滑蜥（*Scincella monticola*）、滑蜥疑似新种（*Scincella* sp.）、南草蜥（*Takydromus sexlineatus*）、滑鳞蛇（*Liopeltis frenatus*）、老挝后棱蛇（*Opisthotropis praemaxillaris*）、白环蛇（*Lycodon aulicus*）、双全白环蛇（*Lycodon fasciatus*）、白头蝰（*Azemiops feae*）、山烙铁头蛇（*Ovophis monticola*）。

4）水域型（4种）

主要分布于江、河、湖、池塘等较大水体环境，包括：平胸龟（*Platysternon megacephalum*）、山瑞鳖（*Palea steindachneri*）、白唇竹叶青蛇（*Trimeresurus albolabris*）、云南竹叶青蛇（*Trimeresurus yunnanensis*）。

5）住宅型（3种）

主要分布于农作区和人为活动区，包括：原尾蜥虎（*Hemidactylus bowringii*）、锯尾蜥虎（*Hemidactylus garnotii*）、云南半叶趾虎（*Hemiphyllodactylus yunnanensis*）。

可见，森林是爬行类物种集中分布和栖息的生态环境，在哀牢山-无量山共有森林型爬行类物种 35 种，占区域物种数的49.3%；其次是草地型，哀牢山-无量山共有 13 种，占区域物种数的18.3%。可见，森林生态环境和草地生态环境对爬行类的重要性。

2. 主要繁殖环境

爬行类不同物种的繁殖环境不同，大致包括流水水域环境和离水环境等。哀牢山-无量山地区的爬行类物种所选择的繁殖环境基本归纳如下。

1）流水水域环境

（1）林间溪流流水型（31种）

平胸龟（*Platysternon megacephalum*）、山瑞鳖（*Palea steindachneri*）、中国石龙子（*Eumeces chinensis*）、铜蜓蜥（*Sphenomorphus indicus*）、斑蜓蜥（*Sphenomorphus maculatus*）、多线南蜥（*Mabuya multifasciata*）、山滑蜥（*Scincella monticola*）、滑蜥疑似新种（*Scincella* sp.）、南草蜥（*Takydromus sexlineatus*）、蟒蛇（*Python bivittatus*）、滑鳞蛇（*Liopeltis frenatus*）、老挝后棱蛇（*Opisthotropis praemaxillaris*）、白环蛇（*Lycodon aulicus*）、双全白环蛇（*Lycodon fasciatus*）、腹斑腹链蛇（*Amphiesma modesta*）、八线腹链蛇（*Amphiesma octolineata*）、颈槽蛇（*Rhabdophis nuchalis*）、缅甸颈槽蛇（*Rhabdophis leonardi*）、红脖颈槽蛇（*Rhabdophis subminiata*）、虎斑颈槽蛇（*Rhabdophis tigrina*）、云南华游蛇（*Sinonatrix yunnanensis*）、华游蛇（*Sinonatrix percarinata*）、渔游蛇（*Xenochrophis piscator*）、灰鼠蛇（*Ptyas korros*）、黑线乌梢蛇（*Zaocys nigromarginatus*）、眼镜王蛇（*Ophiophagus hannah*）、白头蝰（*Azemiops feae*）、山烙铁头蛇（*Ovophis monticola*）、菜花烙铁头（*Trimeresurus jerdonii*）、白唇竹叶青蛇（*Trimeresurus albolabris*）、云南竹叶青蛇（*Trimeresurus yunnanensis*）。

（2）中型河流流水型（1种）

圆鼻巨蜥（*Varanus salvator*）。

2）离水环境

（1）林间或林缘地表土层型（49种）

丽棘蜥（*Acanthosaura lepidogaster*）、棕背树蜥（*Calotes emma*）、蚌西拟树蜥（*Pseudocalotes kakhienensis*）、细鳞拟树蜥（*Pseudocalotes microlepis*）、云南龙蜥（*Japalura yunnanensis*）、中国石龙子（*Eumeces chinensis*）、铜蜓蜥（*Sphenomorphus indicus*）、斑蜓蜥（*Sphenomorphus maculatus*）、多线南蜥（*Mabuya multifasciata*）、山滑蜥（*Scincella monticola*）、滑蜥疑似新种（*Scincella* sp.）、南草蜥（*Takydromus sexlineatus*）、细脆蛇蜥（*Ophisaurus gracilis*）、脆蛇蜥（*Ophisaurus harti*）、圆鼻巨蜥（*Varanus salvator*）、大盲蛇（*Typhlops diardi*）、钩盲蛇（*Ramphotyphlops braminus*）、蟒蛇（*Python bivittatus*）、滇西蛇（*Atretium yunnanensis*）、云南两头蛇（*Calamaria yunnanensis*）、白链蛇（*Dinodon septentrionalis*）、方花蛇（*Archelaphe bella*)、王锦蛇（*Elaphe carinata*）、紫灰锦蛇（*Elaphe porphyracea*）、三索锦蛇（*Elaphe radiata*）、绿锦蛇（*Elaphe prasina*）、黑眉锦蛇（*Elaphe taeniura*）、纯绿翠青蛇（*Entechinus doriae*）、横纹翠青蛇（*Entechinus multicinctus*）、滑鳞蛇（*Liopeltis frenatus*）、老挝后棱蛇（*Opisthotropis praemaxillaris*）、白环蛇（*Lycodon aulicus*）、双全白环蛇（*Lycodon fasciatus*）、圆斑小头蛇（*Oligodon lacroixi*）、颈斑蛇（*Plagiopholis blakewayi*）、缅甸颈斑蛇（*Plagiopholis nuchalis*）、斜鳞蛇（*Pseudoxenodon macrops*）、灰鼠蛇（*Ptyas korros*）、黑领剑蛇（*Sibynophis collaris*）、黑线乌梢蛇（*Zaocys nigromarginatus*）、银环蛇（*Bungarus multicinctus*）、孟加拉眼镜蛇（*Naja kaouthia*）、眼镜王蛇（*Ophiophagus hannah*）、丽纹蛇（*Calliophis maclellandi*）、白头蝰（*Azemiops feae*）、山烙铁头蛇（*Ovophis monticola*）、菜花烙铁头（*Trimeresurus jerdonii*）、白唇竹叶青蛇（*Trimeresurus albolabris*）、云南竹叶青蛇（*Trimeresurus yunnanensis*）。

（2）林间或林缘溪流或沼泽岸边地表土层型（13 种）

平胸龟（*Platysternon megacephalum*）、山瑞鳖（*Palea steindachneri*）、腹斑腹链蛇（*Amphiesma modesta*）、八线腹链蛇（*Amphiesma octolineata*）、颈槽蛇（*Rhabdophis nuchalis*）、缅甸颈槽蛇（*Rhabdophis leonardi*）、红脖颈槽蛇（*Rhabdophis subminiata*）、虎斑颈槽蛇（*Rhabdophis tigrina*）、云南华游蛇（*Sinonatrix yunnanensis*）、华游蛇（*Sinonatrix percarinata*）、渔游蛇（*Xenochrophis piscator*）、白唇竹叶青蛇（*Trimeresurus albolabris*）、云南竹叶青蛇（*Trimeresurus yunnanensis*）。

（3）河流岸边地表土层型（2 种）

平胸龟（*Platysternon megacephalum*）、山瑞鳖（*Palea steindachneri*）。

（4）林间、林缘或河岸特殊岩洞、石缝型（2 种）

蟒蛇（*Python bivittatus*）、眼镜王蛇（*Ophiophagus hannah*）。

（5）林间、林缘或河岸特殊土洞、缝隙型（10 种）

圆鼻巨蜥（*Varanus salvator*）、蟒蛇（*Python bivittatus*）、缅甸钝头蛇（*Pareas hamptoni*）、云南钝头蛇（*Pareas yunnanensis*）、横斑钝头蛇（*Pareas macularius*）、八莫过树蛇（*Ahaetulla subocularis*）、繁花林蛇（*Boiga multomaculata*）、绿瘦蛇（*Dryophis prasina*）、灰鼠蛇（*Ptyas korros*）、黑线乌梢蛇（*Zaocys nigromarginatus*）。

（6）树上型（6 种）

缅甸钝头蛇（*Pareas hamptoni*）、云南钝头蛇（*Pareas yunnanensis*）、横斑钝头蛇（*Pareas macularius*）、八莫过树蛇（*Ahaetulla subocularis*）、繁花林蛇（*Boiga multomaculata*）、绿瘦蛇（*Dryophis prasina*）。

（7）住宅墙板或附近树干型（3 种）

原尾蜥虎（*Hemidactylus bowringii*）、锯尾蜥虎（*Hemidactylus garnotii*）、云南半叶趾虎（*Hemiphyllodactylus yunnanensis*）。

其中，以林间或林缘地表土层型离水环境为主，共有 49 种，占区域物种数的 69.0%；其次为林间溪流流水型流水水域环境，共有 31 种，占区域物种数的 43.7%。

由此可见，林间或林缘地表土层和林间溪流流水对爬行类的重要性。

3. 垂直分布

爬行动物由于自身的生理结构和特性，对环境和气候比较敏感和依赖，在海拔分布上具有明显体现。哀牢山山体相对高差大，气候垂直分布明显。无量山的气候垂直分布也很明显。

哀牢山-无量山地区从山顶到河谷的海拔高差约 2500m，大致按 500m 为一个海拔段划分，可以分为 6 个海拔段，以下对每个海拔段的两栖类物种数分别作以叙述。

1）500～1000m（36 种）

平胸龟（*Platysternon megacephalum*）、山瑞鳖（*Palea steindachneri*）、丽棘蜥（*Acanthosaura lepidogaster*）、棕背树蜥（*Calotes emma*）、原尾蜥虎（*Hemidactylus bowringii*）、锯尾蜥虎（*Hemidactylus garnotii*）、斑蜓蜥（*Sphenomorphus maculatus*）、多线南蜥（*Mabuya multifasciata*）、南草蜥（*Takydromus sexlineatus*）、细脆蛇蜥（*Ophisaurus gracilis*）、脆蛇蜥（*Ophisaurus harti*）、圆鼻巨蜥（*Varanus salvator*）、大盲蛇（*Typhlops diardi*）、钩盲蛇（*Ramphotyphlops braminus*）、蟒蛇（*Python bivittatus*）、横斑钝头蛇（*Pareas macularius*）、滇西蛇（*Atretium yunnanensis*）、八莫过树蛇（*Ahaetulla subocularis*）、三索锦蛇（*Elaphe radiata*）、绿锦蛇（*Elaphe prasina*）、黑眉锦蛇（*Elaphe taeniura*）、纯绿翠青蛇（*Entechinus doriae*）、横纹翠青蛇（*Entechinus multicinctus*）、滑鳞蛇（*Liopeltis frenatus*）、红脖颈槽蛇（*Rhabdophis subminiata*）、虎斑颈槽蛇（*Rhabdophis tigrina*）、云南华游蛇（*Sinonatrix yunnanensis*）、渔游蛇（*Xenochrophis piscator*）、缅甸颈斑蛇（*Plagiopholis nuchalis*）、斜鳞蛇（*Pseudoxenodon macrops*）、灰鼠蛇（*Ptyas korros*）、黑线乌梢蛇（*Zaocys nigromarginatus*）、绿瘦蛇（*Dryophis prasina*）、银环蛇（*Bungarus multicinctus*）、孟加拉眼镜蛇（*Naja kaouthia*）、白唇竹叶青蛇（*Trimeresurus albolabris*）。

2）1000～1500m（53 种）

平胸龟（*Platysternon megacephalum*）、山瑞鳖（*Palea steindachneri*）、丽棘蜥（*Acanthosaura lepidogaster*）、棕背树蜥（*Calotes emma*）、蚌西拟树蜥（*Pseudocalotes kakhienensis*）、细鳞拟树蜥（*Pseudocalotes microlepis*）、原尾蜥虎（*Hemidactylus bowringii*）、锯尾蜥虎（*Hemidactylus garnotii*）、云南半叶趾虎（*Hemiphyllodactylus yunnanensis*）、铜蜓蜥（*Sphenomorphus indicus*）、斑蜓蜥（*Sphenomorphus maculatus*）、多线南蜥（*Mabuya multifasciata*）、南草蜥（*Takydromus sexlineatus*）、细脆蛇蜥（*Ophisaurus gracilis*）、脆蛇蜥（*Ophisaurus harti*）、圆鼻巨蜥（*Varanus salvator*）、大盲蛇（*Typhlops diardi*）、钩盲蛇（*Ramphotyphlops braminus*）、蟒蛇（*Python bivittatus*）、缅甸钝头蛇（*Pareas hamptoni*）、横斑钝头蛇（*Pareas macularius*）、滇西蛇（*Atretium yunnanensis*）、八莫过树蛇（*Ahaetulla subocularis*）、白链蛇（*Dinodon septentrionalis*）、王锦蛇（*Elaphe carinata*）、三索锦蛇（*Elaphe radiata*）、绿锦蛇（*Elaphe prasina*）、黑眉锦蛇（*Elaphe taeniura*）、纯绿翠青蛇（*Entechinus doriae*）、横纹翠青蛇（*Entechinus multicinctus*）、滑鳞蛇（*Liopeltis frenatus*）、老挝后棱蛇（*Opisthotropis praemaxillaris*）、白环蛇（*Lycodon aulicus*）、双全白环蛇（*Lycodon fasciatus*）、腹斑腹链蛇（*Amphiesma modesta*）、颈槽蛇（*Rhabdophis nuchalis*）、红脖颈槽蛇（*Rhabdophis subminiata*）、虎斑颈槽蛇（*Rhabdophis tigrina*）、云南华游蛇（*Sinonatrix yunnanensis*）、华游蛇（*Sinonatrix percarinata*）、渔游蛇（*Xenochrophis piscator*）、缅甸颈斑蛇（*Plagiopholis nuchalis*）、斜鳞蛇（*Pseudoxenodon macrops*）、灰鼠蛇（*Ptyas korros*）、黑领剑蛇（*Sibynophis collaris*）、黑线乌梢蛇（*Zaocys nigromarginatus*）、繁花林蛇（*Boiga multomaculata*）、绿瘦蛇（*Dryophis prasina*）、银环蛇（*Bungarus multicinctus*）、孟加拉眼镜蛇（*Naja kaouthia*）、眼镜王蛇（*Ophiophagus hannah*）、白头蝰（*Azemiops feae*）、白唇竹叶青蛇（*Trimeresurus albolabris*）。

3）1500～2000m（51 种）

平胸龟（*Platysternon megacephalum*）、丽棘蜥（*Acanthosaura lepidogaster*）、蚌西拟树蜥（*Pseudocalotes kakhienensis*）、细鳞拟树蜥（*Pseudocalotes microlepis*）、云南龙蜥（*Japalura yunnanensis*）、原尾蜥虎（*Hemidactylus bowringii*）、云南半叶趾虎（*Hemiphyllodactylus yunnanensis*）、中国石龙子（*Eumeces chinensis*）、铜蜓蜥（*Sphenomorphus indicus*）、山滑蜥（*Scincella monticola*）、滑蜥疑似新种（*Scincella* sp.）、细脆蛇蜥（*Ophisaurus gracilis*）、脆蛇蜥（*Ophisaurus harti*）、大盲蛇（*Typhlops diardi*）、缅甸钝头蛇（*Pareas hamptoni*）、云南钝头蛇（*Pareas yunnanensis*）、云南两头蛇（*Calamaria yunnanensis*）、白链蛇（*Dinodon septentrionalis*）、方花蛇（*Archelaphe bella*）、王锦蛇（*Elaphe carinata*）、紫灰锦蛇（*Elaphe porphyracea*）、三索锦蛇（*Elaphe radiata*）、绿锦蛇（*Elaphe prasina*）、黑眉锦蛇（*Elaphe taeniura*）、横纹翠青蛇（*Entechinus multicinctus*）、滑鳞蛇（*Liopeltis frenatus*）、老挝后棱蛇（*Opisthotropis praemaxillaris*）、白环蛇（*Lycodon aulicus*）、双全白环蛇（*Lycodon fasciatus*）、腹斑腹链蛇（*Amphiesma modesta*）、八线腹链蛇（*Amphiesma octolineata*）、颈槽蛇（*Rhabdophis nuchalis*）、缅甸颈槽蛇（*Rhabdophis leonardi*）、红脖颈槽蛇（*Rhabdophis subminiata*）、虎斑颈槽蛇（*Rhabdophis tigrina*）、华游蛇（*Sinonatrix percarinata*）、渔游蛇（*Xenochrophis piscator*）、圆斑小头蛇（*Oligodon lacroixi*）、颈斑蛇（*Plagiopholis blakewayi*）、斜鳞蛇（*Pseudoxenodon macrops*）、灰鼠蛇（*Ptyas korros*）、黑领剑蛇（*Sibynophis collaris*）、黑线乌梢蛇（*Zaocys nigromarginatus*）、繁花林蛇（*Boiga multomaculata*）、绿瘦蛇（*Dryophis prasina*）、孟加拉眼镜蛇（*Naja kaouthia*）、眼镜王蛇（*Ophiophagus hannah*）、丽纹蛇（*Calliophis maccllellandi*）、白头蝰（*Azemiops feae*）、山烙铁头蛇（*Ovophis monticola*）、菜花烙铁头（*Trimeresurus jerdonii*）。

4）2000～2500m（35 种）

蚌西拟树蜥（*Pseudocalotes kakhienensis*）、云南龙蜥（*Japalura yunnanensis*）、云南半叶趾虎（*Hemiphyllodactylus yunnanensis*）、铜蜓蜥（*Sphenomorphus indicus*）、山滑蜥（*Scincella monticola*）、滑蜥疑似新种（*Scincella* sp.）、细脆蛇蜥（*Ophisaurus gracilis*）、脆蛇蜥（*Ophisaurus harti*）、云南钝头蛇（*Pareas yunnanensis*）、云南两头蛇（*Calamaria yunnanensis*）、白链蛇（*Dinodon septentrionalis*）、方花蛇（*Archelaphe bella*）、王锦蛇（*Elaphe carinata*）、紫灰锦蛇（*Elaphe porphyracea*）、黑眉锦蛇（*Elaphe taeniura*）、白环蛇（*Lycodon aulicus*）、双全白环蛇（*Lycodon fasciatus*）、腹斑腹链蛇（*Amphiesma modesta*）、八线腹链蛇（*Amphiesma octolineata*）、颈槽蛇（*Rhabdophis nuchalis*）、缅甸颈槽蛇（*Rhabdophis leonardi*）、红脖颈槽蛇（*Rhabdophis subminiata*）、虎斑颈槽蛇（*Rhabdophis tigrina*）、圆斑小头蛇（*Oligodon lacroixi*）、颈斑蛇（*Plagiopholis blakewayi*）、斜鳞蛇（*Pseudoxenodon macrops*）、黑领剑蛇（*Sibynophis collaris*）、黑线乌梢蛇（*Zaocys nigromarginatus*）、繁花林蛇（*Boiga multomaculata*）、眼镜王蛇（*Ophiophagus hannah*）、丽纹蛇（*Calliophis maccllellandi*）、白头蝰（*Azemiops feae*）、山烙铁头蛇（*Ovophis monticola*）、菜花烙铁头（*Trimeresurus jerdonii*）、云南竹叶青蛇（*Trimeresurus yunnanensis*）。

5）2500～3000m（13 种）

云南龙蜥（*Japalura yunnanensis*）、铜蜓蜥（*Sphenomorphus indicus*）、山滑蜥（*Scincella monticola*）、滑蜥疑似新种（*Scincella* sp.）、云南钝头蛇（*Pareas yunnanensis*）、白链蛇（*Dinodon septentrionalis*）、黑眉锦蛇（*Elaphe taeniura*）、白环蛇（*Lycodon aulicus*）、八线腹链蛇（*Amphiesma octolineata*）、斜鳞蛇（*Pseudoxenodon macrops*）、山烙铁头蛇（*Ovophis monticola*）、菜花烙铁头（*Trimeresurus jerdonii*）、云南竹叶青蛇（*Trimeresurus yunnanensis*）。

6）3000～3500m（6 种）

山滑蜥（*Scincella monticola*）、滑蜥疑似新种（*Scincella* sp.）、黑眉锦蛇（*Elaphe taeniura*）、八线腹链蛇（*Amphiesma octolineata*）、斜鳞蛇（*Pseudoxenodon macrops*）、菜花烙铁头（*Trimeresurus jerdonii*）。

其中，物种数最多的海拔段为 1000～1500m，有 53 种，占区域物种数的 74.6%；其次为 1500～2000m，有 51 种，占区域物种数的 71.8%。

由以上可见，哀牢山-无量山地区爬行类的物种分布主要以中、低海拔为主。

（七）与已有调查结果比较

1988 年出版的《哀牢山自然保护区综合考察报告集》仅记录哀牢山自然保护区爬行类物种 2 目 6 科 10 属 12 种，此后没有有关哀牢山爬行类物种的进一步报道。此次调查整理后，哀牢山爬行类物种数达到 2 目 14 科 44 属 69 种，呈现出较高的物种多样性。

2004 年出版的《无量山国家级自然保护区》记录了无量山自然保护区爬行类物种 2 目 9 科 41 属 60 种，此次调查整理后，无量山爬行类物种数为 2 目 14 科 41 属 61 种，相比《无量山国家级自然保护区》中的记录，科和种的数量有所增加。

（八）地位和价值

1. 保护丰富的爬行动物多样性

哀牢山-无量山地区的爬行类物种有 2 目 14 科 44 属 71 种。根据张荣祖（2011）《中国动物地理》，哀牢山-无量山地区的爬行类分布型高达 14 种：①喜马拉雅-横断山型；②喜马拉雅-横断山-喜马拉雅东南部型；③喜马拉雅-横断山-横断山及喜马拉雅南翼为主型；④季风区包括阿穆尔或再延伸至俄罗斯远东地区型；⑤南中国-热带型；⑥南中国-热带-南亚热带型；⑦南中国-热带-中亚热带型；⑧南中国-热带-北亚热带型；⑨南中国-热带-暖温带型；⑩东洋-热带型；⑪东洋-热带-南亚热带型；⑫东洋-热带-中亚热带型；⑬东洋-热带-温带型；⑭云贵高原包括横断山南部型 14 种分布型。

因此，哀牢山-无量山地区的爬行类物种多样性和分布型多样性均十分丰富。

2. 保护区域丰富的特有物种

哀牢山-无量山地区具有较多的爬行特有物种，中国特有种有 30 种，占区域物种数的 42.3%；云南特有种 25 种，占区域物种数的 35.2%；本区域特有种 3 种，占区域物种数的 4.2%；横断山区特有种 2 种，占区域物种数的 2.8%。因此，哀牢山-无量山地区的爬行类特有物种较为丰富。

3. 保护重要模式产地

哀牢山-无量山地区是我国两栖爬行动物学家最早在云南开展两栖爬行动物野外调查和研究的区域之一（刘承钊等，1960），也是国内外爬行动物调查和研究的重要地区，众多爬行动物学者相继涉足此地，发现了不少爬行动物新物种，因此，是极为重要的爬行动物物种的模式产地。

哀牢山-无量山地区现记录爬行动物 71 种，其中 2 种是以哀牢山-无量山为模式产地描记的（杨大同和饶定齐，2008），即云南两头蛇（*Calamaria yunnanensis*）和云南华游蛇（*Sinonatrix yunnanensis*）。虽然以哀牢山-无量山地区为爬行类动物模式产地的物种较少，但是在不断调查和研究过程中，仍然有一些爬行动物物种在此地不断被发现。

第四节　两　栖　类

一、研究历史简况

哀牢山-无量山地区两栖动物系统调查的开展，主要始于刘承钊等（1960）的云南两栖动物调查，此次调查到两栖类物种共 49 种，有尾类 2 种分隶 1 科 2 属，无尾类 47 种分隶 8 科 28 属。其中包括红瘰疣螈（*Tylototriton verrucosus*）、红蹼树蛙（*Rhacophorus rhodopus*）等物种，且首次发现微蹼铃蟾（*Bombina microdeladigitora*）。李华恩等（1985）对哀牢山自然保护区的两栖爬行动物进行了调查，共调查到两栖类动物 22 种，分隶 2 目 8 科 14 属，调查主要包括景东齿蟾（*Oreolalax jingdongensis*）、哀牢髭蟾（*Vibrissaphora ailaonica*）、哀牢蟾蜍（*Bufo ailaoanus*）等物种。

随后，以杨大同（1991）和费梁（2009a，2009b，2009c）为首的多个研究团队分别多次对哀牢山-无量山地区（主要是景东境内）进行了两栖类物种调查。对哀牢山-无量山地区两栖动物有记载的专著包括《云南两栖类志》（杨大同，1991）、《云南两栖爬行动物》（杨大同和饶定齐，2008）、《中国动物志两栖纲》（上、中、下卷）（费梁等，2009a，2009b，2009c）、《中国两栖动物及分布彩色图鉴》（费梁等，2012）、《横断山区两栖爬行动物》（赵尔宓和杨大同，1997）、《无量山国家级自然保护区》（余庆国，2004）《哀牢山自然保护区综合考察报告集》（徐永椿和姜汉桥，1988）等。其中，主要介绍的物种有红瘰疣螈（*Tylototriton verrucosus*）、微蹼铃蟾（*Bombina microdeladigitora*）、哀牢髭蟾（*Vibrissaphora ailaonica*）、景东齿蟾（*Oreolalax jingdongensis*）、景东角蟾（*Megophrys jingdongensis*）、无量山角蟾（*Xenophrys wuliangshanensis*）、哀牢蟾蜍（*Bufo ailaoanus*）、无棘溪蟾（*Torrentophryne aspinia*）、昭觉林蛙（*Rana chaochiaoensis*）、背条跳树蛙（*Chirixalus doriae*）、无声囊泛树蛙（*Polypedates mutus*）、红蹼树蛙（*Rhacophorus rhodopus*）、云南小狭口蛙（*Calluella yunnanensis*）等。另外，景东、南涧、新平、双柏等各地区的自然保护区管理局也收集了部分两栖类信息资料，加上该地区其他一些零星调查资料，从而对无量山（包括南涧、景东、镇沅）和哀牢山（包括景东、镇沅、新平、双柏、南华、楚雄和南涧）两栖类动物有了比较全面的了解。

本节作者从 20 世纪 90 年代开始对哀牢山-无量山地区的两栖爬行类物种进行调查，其中包括 FCCDP（2000）期间对无量山国家级自然保护区（包括景东片区和南涧片区）进行的调查，调查共记录两栖类 50 种，隶属 2 目 9 科 30 属，主要调查到的物种包括：哀牢髭蟾（*Vibrissaphora ailaonica*）、大花角蟾（*Megophrys giganticus*）、花棘蛙（*Paa maculosa*）和绿点湍蛙（*Amolops viridimaculatus*）等。

二、研究方法

（一）资料收集和馆藏标本查对

1. 资料收集

广泛检索、收集和整理国内外的文献和其他数据。

2. 馆藏标本查对

查看和核对以中国科学院昆明动物研究所（昆明动物博物馆标本库）馆藏的两栖类标本 3113 号（无量山 1946 号、哀牢山 1167 号），以及国内其他博物馆/标本库的有关两栖类标本等，作为标本凭证，查证物种分类和分布信息。

（二）访问调查

主要对哀牢山-无量山地区林区管理人员及周边社区群众进行访谈，以此确定某些特征突出物种如红瘰疣螈（*Tylototriton verrucosus*）、蓝尾蝾螈（*Cynops cyanurus*）、虎纹蛙（*Hoplobatrachus chinensis*）等的分布及大致数量状况。

（三）实地调查

根据两栖动物的习性和特点，采用样线法进行两栖动物物种多样性调查。依照山溪走势布设调查线，并沿着溪流自下而上，在山溪两旁适时布设调查点，进行物种采集和数量统计；在水塘的四周设置环状调查线（湖泊或大面积沼泽）或调查点（小水塘或沼泽），在环状调查线上适时设置调查点，进行物种采集和数量统计。

（四）物种名录确定

结合文献资料收集、判别和实地调查结果，确定物种名录。

（五）数据分析

包括物种属性、分布范围、区系划分、分布型、生态适应和总体组成，种群大小或种群状况。

三、结果

（一）物种多样性

1. 物种编目

根据现有调查结果及资料整理，哀牢山-无量山地区共有两栖类 50 种，隶属 2 目 9 科 30 属，其中含 2 个疑似新种：湍蛙疑似新种 1（*Amolops* sp.1）和湍蛙疑似新种 2（*Amolops* sp.2）。哀牢山-无量山地区的两栖动物物种数（50 种）占云南省两栖类物种数（190 种）（《云南省生物物种名录》（2016 版）、《云南省生物物种红色名录（2017 版）》）的 26.3%，占中国两栖动物物种数（475 种）（江建平等，2020）的 10.5%。无量山有 2 目 9 科 25 属 43 种，哀牢山有 2 目 9 科 27 属 47 种，具体物种组成上略有差别。

　　哀牢山两栖类物种较无量山多的原因是哀牢山东坡具有较低海拔的栖息环境，故具有较多低海拔生态环境的物种。具体物种编目见附录 3-4。

2. 与云南其他国家级保护区两栖类种数比较

　　拟建哀牢山-无量山国家公园面积 153 732hm²，共有两栖类物种 50 种，与周边其他国家级自然保护区在正式刊物中所报道的两栖类物种数相比，物种多样性显然比较高（鉴于其他自然保护区的调查力度和数据公布时间的因素，不同自然保护区所报道的物种数只代表各自当时的调查状况，且没有绝对可比性）（表 3-13）。

表 3-13　哀牢山-无量山地区与云南其他自然保护区两栖类种数比较

自然保护区	目	科	属	种	数据来源
无量山国家级自然保护区和哀牢山国家级自然保护区	2	9	30	50	本研究整理
西双版纳国家级自然保护区	3	8	19	53	王战强和熊云翔，2006
绿春黄连山国家级自然保护区	2	8	17	38	许建初，2003
金平分水岭国家级自然保护区	2	8	14	29	许建初，2002
大围山国家级自然保护区	2	11	19	54	税玉民等，2018
高黎贡山国家级自然保护区	2	7（8）	13	28	薛纪如，1995
怒江自然保护区	1	4	9	10	徐志辉，1998
铜壁关自然保护区（盈江片区）	2	9	20	41	杨宇明和杜凡，2006
南滚河国家级自然保护区	3	8	17	30	杨宇明和杜凡，2004

（二）物种组成分析

　　哀牢山-无量山地区共有两栖类 50 种，隶属 2 目 9 科 30 属，其中有尾目（Caudata）蝾螈科（Salamandridae）2 属 2 种，占区域总属数 6.7%，占区域总种数 4.0%；无尾目（Anura）铃蟾科（Bombinidae）1 属 1 种，占区域总属数 3.3%，占区域总种数 2.0%；角蟾科（Megophryidae）7 属 14 种，占区域总属数 23.3%，占区域总种数 28.0%；蟾蜍科（Bufonidae）2 属 5 种，占区域总属数 6.7%，占区域总种数 10.0%；雨蛙科（Hylidae）1 属 1 种，占区域总属数 3.3%，占区域总种数 2.0%；叉舌蛙科（Dicroglossidae）5 属 6 种，占区域总属数 16.7%，占区域总种数 12.0%；蛙科（Ranidae）4 属 9 种，占区域总属数 13.3%，占区域总种数 18.0%；树蛙科（Rhacophoridae）5 属 7 种，占区域总属数 16.7%，占区域总种数 14.0%；姬蛙科（Microhylidae）3 属 5 种，占区域总属数 10.0%，占区域总种数 10.0%。从各科物种组成看，以无尾类角蟾科、蛙科、树蛙科、叉舌蛙科的物种较多，而有尾类蝾螈科、无尾类铃蟾科和雨蛙科较少。

（三）分布型

1. 区系特征

　　哀牢山-无量山地区在动物地理区划上属于东洋界西南区的西南山地亚区。动物区系成分以东洋界成分为主，南北成分的混杂现象明显，种类非常多样。哀牢山-无量山地区处于中国-喜马拉雅森林植物区系中的云南高原地区、横断山脉地区和中、缅、泰地区的交错过渡地带，热带植物和亚热带植物非常丰富，且地质历史上受第四纪冰川影响甚小，因此保存了不少珍贵稀有的植物种类。动物物种区系的组成和存在实际上与热带-亚热带交汇的地理位置和气候环境以及保存较为完好的植被相对应。

哀牢山-无量山地区两栖类物种区系以东洋界西南区为主，共 42 种，另有华南区 3 种，西南、华南和华中区共有物种 5 种。

1）西南区（42 种）

蓝尾蝾螈（*Cynops cyanurus*）、红瘰疣螈（*Tylototriton verrucosus*）、微蹼铃蟾（*Bombina microdeladigitora*）、沙巴拟髭蟾（*Leptobrachium chapaense*）、哀牢髭蟾（*Vibrissaphora ailaonica*）、棘疣齿蟾（*Oreolalax granulosus*）、景东齿蟾（*Oreolalax jingdongensis*）、高山掌突蟾（*Leptolalax alpinus*）、鳌掌突蟾（*Leptolalax pelodytoides*）、腹斑掌突蟾（*Leptolalax ventripunctatus*）、费氏短腿蟾（*Brachytarsophrys feae*）、大花角蟾（*Megophrys giganticus*）、腺角蟾（*Megophrys glandulosa*）、景东角蟾（*Megophrys jingdongensis*）、白颌大角蟾（*Xenophrys lateralis*）、小角蟾（*Xenophrys minor*）、无量山角蟾（*Xenophrys wuliangshanensis*）、哀牢蟾蜍（*Bufo ailaoanus*）、华西蟾蜍（*Bufo andrewsi*）、隐耳蟾蜍（*Bufo cryptotympanicus*）、无棘溪蟾（*Torrentophryne aspinia*）、华西雨蛙（*Hyla annectans*）、花棘蛙（*Paa maculosa*）、棘肛蛙（*Nanorana unculuanus*）、双团棘胸蛙（*Paa yunnanensis*）、大头蛙（*Limnonectes kuhlii*）、云南臭蛙（*Odorrana andersonii*）、昭觉林蛙（*Rana chaochiaoensis*）、滇蛙（*Babina pleuraden*）、平疣湍蛙（*Amolops tuberodepressus*）、绿点湍蛙（*Amolops viridimaculatus*）、湍蛙疑似新种 1（*Amolops* sp.1）、湍蛙疑似新种 2（*Amolops* sp.2）、背条跳树蛙（*Chirixalus doriae*）、陇川小树蛙（*Philautus longchuanensis*）、云南纤树蛙（*Gracixalus yunnanensis*）、杜氏泛树蛙（*Rhacophorus dugritei*）、红蹼树蛙（*Rhacophorus rhodopus*）、粗皮姬蛙（*Microhyla butleri*）、多疣狭口蛙（*Kaloula verrucosa*）、云南小狭口蛙（*Calluella yunnanensis*）、无指盘臭蛙（*Odorrana grahami*）。

2）华南区（3 种）

黑眶蟾蜍（*Bufo melanostictus*）、虎纹蛙（*Hoplobatrachus chinensis*）、大绿臭蛙（*Odorrana livida*）。

3）西南、华南、华中区共有（5 种）

泽蛙（*Fejervarya limnocharis*）、斑腿泛树蛙（*Polypedates megacephalus*）、无声囊泛树蛙（*Polypedates mutus*）、小弧斑姬蛙（*Microhyla heymonsi*）、饰纹姬蛙（*Microhyla ornata*）。

2. 分布型特征

根据张荣祖（2011）《中国动物地理》，哀牢山-无量山地区的两栖类可以归纳为下列 12 个类型：①喜马拉雅-横断山型；②南中国-热带型；③南中国-热带-南亚热带型；④南中国-热带-中亚热带型；⑤南中国-热带-北亚热带型；⑥东洋-热带型；⑦东洋-热带-南亚热带型；⑧东洋-热带-中亚热带型；⑨东洋-热带-北亚热带型；⑩东洋-热带-温带型；⑪云贵高原包括横断山南部型；⑫云贵高原大部分地区型。每种分布型的两栖类物种数基本如下。

1）喜马拉雅-横断山型（24 种）

红瘰疣螈（*Tylototriton verrucosus*）、微蹼铃蟾（*Bombina microdeladigitora*）、沙巴拟髭蟾（*Leptobrachium chapaense*）、哀牢髭蟾（*Vibrissaphora ailaonica*）、棘疣齿蟾（*Oreolalax granulosus*）、景东齿蟾（*Oreolalax jingdongensis*）、高山掌突蟾（*Leptolalax alpinus*）、大花角蟾（*Megophrys giganticus*）、腺角蟾（*Megophrys glandulosa*）、景东角蟾（*Megophrys jingdongensis*）、无量山角蟾（*Xenophrys wuliangshanensis*）、哀牢蟾蜍（*Bufo ailaoanus*）、无棘溪蟾（*Torrentophryne aspinia*）、花棘蛙（*Paa maculosa*）、棘肛蛙（*Nanorana unculuanus*）、双团棘胸蛙（*Paa yunnanensis*）、无指盘臭蛙（*Odorrana grahami*）、昭觉林蛙（*Rana chaochiaoensis*）、平疣湍蛙（*Amolops tuberodepressus*）、绿点湍蛙（*Amolops viridimaculatus*）、湍蛙疑似新种 1（*Amolops* sp.1）、湍蛙疑似新种 2（*Amolops* sp.2）、杜氏泛树蛙（*Rhacophorus dugritei*）、多疣狭口蛙（*Kaloula verrucosa*）。

2）南中国-热带型（3 种）

腹斑掌突蟾（*Leptolalax ventripunctatus*）、华西蟾蜍（*Bufo andrewsi*）、陇川小树蛙（*Philautus longchuanensis*）。

3）南中国-热带-南亚热带型（2 种）

云南纤树蛙（*Gracixalus yunnanensis*）、红蹼树蛙（*Rhacophorus rhodopus*）。

4）南中国-热带-中亚热带型（3 种）

费氏短腿蟾（*Brachytarsophrys feae*）、隐耳蟾蜍（*Bufo cryptotympanicus*）、无声囊泛树蛙（*Polypedates mutus*）。

5）南中国-热带-北亚热带型（1 种）

小角蟾（*Xenophrys minor*）。

6）东洋-热带型（1 种）

大头蛙（*Limnonectes kuhlii*）。

7）东洋-热带-南亚热带型（2 种）

白颌大角蟾（*Xenophrys lateralis*）、背条跳树蛙（*Chirixalus doriae*）。

8）东洋-热带-中亚热带型（7 种）

黑眶蟾蜍（*Bufo melanostictus*）、虎纹蛙（*Hoplobatrachus chinensis*）、云南臭蛙（*Odorrana andersonii*）、大绿臭蛙（*Odorrana livida*）、粗皮姬蛙（*Microhyla butleri*）、小弧斑姬蛙（*Microhyla heymonsi*）、饰纹姬蛙（*Microhyla ornata*）。

9）东洋-热带-北亚热带型（3 种）

螯掌突蟾（*Leptolalax pelodytoides*）、华西雨蛙（*Hyla annectans*）、斑腿泛树蛙（*Polypedates megacephalus*）。

10）东洋-热带-温带型（1 种）

泽蛙（*Fejervarya limnocharis*）。

11）云贵高原包括横断山南部型（2 种）

蓝尾蝾螈（*Cynops cyanurus*）、滇蛙（*Babina pleuraden*）。

12）云贵高原大部分地区型（1 种）

云南小狭口蛙（*Calluella yunnanensis*）。

3. 多种生物区系成分物种的交汇区和边缘分布区

哀牢山-无量山地区由于地处地理和生物区系的过渡区（带），东西南北不同方向和地区或不同生物区系的物种在迁移、扩散过程中可能在该区域交汇，热带边缘如腹斑掌突蟾（*Leptolalax ventripunctatus*）、华西蟾蜍（*Bufo andrewsi*）、大头蛙（*Limnonectes kuhlii*）、陇川小树蛙（*Philautus longchuanensis*）等和南亚热带边缘如背条跳树蛙（*Chirixalus doriae*）、红蹼树蛙（*Rhacophorus rhodopus*）等区系成分的物种都可能在该区域交汇，从而形成不同物种的交汇地带和丰富的物种多样性。同时，部分物种如高山掌突蟾（*Leptolalax alpinus*）、无棘溪蟾（*Torrentophryne aspinia*）等在迁移和扩散过程中，受有关因素的限制，迁移或扩散到该区域，并在该区域内形成该物种的边缘分布态势。

4. 地理区划定位

张荣祖（2011）在《中国动物地理》中提及横断山的最南部，即云南西南保山地区与无量山地区，沿云南高原南缘属于东洋界华南区（Ⅶ）滇南山地亚区（ⅦB）。在温度带的划分上，哀牢山-无量山地区北缘属于南亚热带北界。

根据上述划分，哀牢山-无量山地区的地理区划隶属于南亚热带南部地带。此地带气候属于热带（低山、河谷）和亚热带（高山）型气候。寒潮的影响大为削弱，夏季主要受来自孟加拉湾气流的影响，有一明显的雨季与旱季。植被为常绿阔叶季雨林，天然森林保存尚多，动物栖息条件优越。

（四）区域特有性

哀牢山-无量山地区的两栖类物种根据其总体分布状况，可以划分为相应的不同的区域特有性类型。区域特有性可以大体上划分为横断山区特有、本区域特有、中国特有、云南特有 4 种类型。

1. 横断山区特有

分布区仅限于横断山区，有 3 种，包括：沙巴拟髭蟾（*Leptobrachium chapaense*）、高山掌突蟾（*Leptolalax alpinus*）、绿点湍蛙（*Amolops viridimaculatus*）。

2. 本区域特有

分布区仅限于哀牢山-无量山地区，有 7 种，包括：棘疣齿蟾（*Oreolalax granulosus*）、景东齿蟾（*Oreolalax jingdongensis*）、小角蟾（*Xenophrys minor*）、无量山角蟾（*Xenophrys wuliangshanensis*）、哀牢蟾蜍（*Bufo ailaoanus*）、湍蛙疑似新种 1（*Amolops* sp.1）、湍蛙疑似新种 2（*Amolops* sp.2）。

3. 中国特有

分布区仅限于中国，有 28 种，包括：蓝尾蝾螈（*Cynops cyanurus*）、红瘰疣螈（*Tylototriton verrucosus*）、微蹼铃蟾（*Bombina microdeladigitora*）、哀牢髭蟾（*Vibrissaphora ailaonica*）、腹斑掌突蟾（*Leptolalax ventripunctatus*）、费氏短腿蟾（*Brachytarsophrys feae*）、大花角蟾（*Megophrys giganticus*）、腺角蟾（*Megophrys glandulosa*）、景东角蟾（*Megophrys jingdongensis*）、白颌大角蟾（*Xenophrys lateralis*）、华西蟾蜍（*Bufo andrewsi*）、隐耳蟾蜍（*Bufo cryptotympanicus*）、无棘溪蟾（*Torrentophryne aspinia*）、花棘蛙（*Paa maculosa*）、棘肛蛙（*Nanorana unculuanus*）、双团棘胸蛙（*Paa yunnanensis*）、大头蛙（*Limnonectes kuhlii*）、云南臭蛙（*Odorrana andersonii*）、无指盘臭蛙（*Odorrana grahami*）、昭觉林蛙（*Rana chaochiaoensis*）、滇蛙（*Babina pleuraden*）、平疣湍蛙（*Amolops tuberodepressus*）、背条跳树蛙（*Chirixalus doriae*）、陇川小树蛙（*Philautus longchuanensis*）、云南纤树蛙（*Gracixalus yunnanensis*）、杜氏泛树蛙（*Rhacophorus dugritei*）、多疣狭口蛙（*Kaloula verrucosa*）、云南小狭口蛙（*Calluella yunnanensis*）。

4. 云南特有

分布区仅限于云南，有 19 种，包括：蓝尾蝾螈（*Cynops cyanurus*）、微蹼铃蟾（*Bombina microdeladigitora*）、哀牢髭蟾（*Vibrissaphora ailaonica*）、大花角蟾（*Megophrys giganticus*）、腺角蟾（*Megophrys glandulosa*）、景东角蟾（*Megophrys jingdongensis*）、无棘溪蟾（*Torrentophryne aspinia*）、花棘蛙（*Paa maculosa*）、棘肛蛙（*Nanorana unculuanus*）、双团棘胸蛙（*Paa yunnanensis*）、大头蛙（*Limnonectes kuhlii*）、平疣湍蛙（*Amolops tuberodepressus*）、云南纤树蛙（*Gracixalus yunnanensis*）、多疣狭口蛙（*Kaloula verrucosa*）、费氏短腿蟾（*Brachytarsophrys feae*）、白颌大角蟾（*Xenophrys lateralis*）、云南臭蛙（*Odorrana andersonii*）、背条跳树蛙（*Chirixalus doriae*）、陇川小树蛙（*Philautus longchuanensis*）。

（五）珍稀濒危物种

1. 国家重点保护物种

哀牢山-无量山地区有国家二级重点保护野生动物 4 种，即红瘰疣螈（*Tylototriton verrucosus*）、哀牢髭蟾（*Vibrissaphora ailaonica*）、无棘溪蟾（*Torrentophryne aspinia*）和虎纹蛙（*Hoplobatrachus chinensis*）。

2. IUCN 物种

根据《中国脊椎动物红色名录》（2016），哀牢山-无量山地区的两栖类动物中受威胁的物种情况如下（近危以上物种）。

1）濒危（EN）物种（4 种）

高山掌突蟾（*Leptolalax alpinus*）、虎纹蛙（*Hoplobatrachus chinensis*）、双团棘胸蛙（*Paa yunnanensis*）、花棘蛙（*Paa maculosa*）。

2）易危（VU）物种（6 种）

微蹼铃蟾（*Bombina microdeladigitora*）、棘疣齿蟾（*Oreolalax granulosus*）、景东齿蟾（*Oreolalax jingdongensis*）、大花角蟾（*Megophrys giganticus*）、无量山角蟾（*Xenophrys wuliangshanensis*）、无棘溪蟾（*Torrentophryne aspinia*）。

3）近危（NT）物种（6 种）

红瘰疣螈（*Tylototriton verrucosus*）、蓝尾蝾螈（*Cynops cyanurus*）、哀牢髭蟾（*Vibrissaphora ailaonica*）、费氏短腿蟾（*Brachytarsophrys feae*）、景东角蟾（*Megophrys jingdongensis*）、绿点湍蛙（*Amolops viridimaculatus*）。

（六）生境分布型

1. 生态分布

哀牢山-无量山地区两栖类的生态分布型大致可以归纳为森林型、灌丛型、草地型、农田型和水域型5 种生态类型。哀牢山-无量山地区各种生态类型的两栖类物种数大致如下。

1）森林型（34 种）

主要分布于哀牢山-无量山地区的天然林、林间溪流及小水体环境，包括：红瘰疣螈（*Tylototriton verrucosus*）、微蹼铃蟾（*Bombina microdeladigitora*）、沙巴拟髭蟾（*Leptobrachium chapaense*）、哀牢髭蟾（*Vibrissaphora ailaonica*）、棘疣齿蟾（*Oreolalax granulosus*）、景东齿蟾（*Oreolalax jingdongensis*）、高山掌突蟾（*Leptolalax alpinus*）、蟞掌突蟾（*Leptolalax pelodytoides*）、腹斑掌突蟾（*Leptolalax ventripunctatus*）、费氏短腿蟾（*Brachytarsophrys feae*）、大花角蟾（*Megophrys giganticus*）、腺角蟾（*Megophrys glandulosa*）、景东角蟾（*Megophrys jingdongensis*）、白颌大角蟾（*Xenophrys lateralis*）、小角蟾（*Xenophrys minor*）、无量山角蟾（*Xenophrys wuliangshanensis*）、华西蟾蜍（*Bufo andrewsi*）、隐耳蟾蜍（*Bufo cryptotympanicus*）、无棘溪蟾（*Torrentophryne aspinia*）、花棘蛙（*Paa maculosa*）、棘肛蛙（*Nanorana unculuanus*）、双团棘胸蛙（*Paa yunnanensis*）、大头蛙（*Limnonectes kuhlii*）、云南臭蛙（*Odorrana andersonii*）、昭觉林蛙（*Rana chaochiaoensis*）、平疣湍蛙（*Amolops tuberodepressus*）、绿点湍蛙（*Amolops viridimaculatus*）、湍蛙疑似新种 1（*Amolops* sp.1）、湍蛙疑似新种 2（*Amolops* sp.2）、陇川小树蛙（*Philautus longchuanensis*）、云南纤树蛙（*Gracixalus yunnanensis*）、杜氏泛树蛙（*Rhacophorus dugritei*）、红蹼树蛙（*Rhacophorus rhodopus*）、云南小狭口蛙（*Calluella yunnanensis*）。

2）灌丛型（2 种）

主要分布于灌丛及溪流环境，包括：哀牢蟾蜍（*Bufo ailaoanus*）、华西雨蛙（*Hyla annectans*）。

3）草地型（11 种）

主要分布于草地和沼泽，包括：蓝尾蝾螈（*Cynops cyanurus*）、泽蛙（*Fejervarya limnocharis*）、虎纹蛙（*Hoplobatrachus chinensis*）、滇蛙（*Babina pleuraden*）、背条跳树蛙（*Chirixalus doriae*）、斑腿泛树蛙（*Polypedates megacephalus*）、无声囊泛树蛙（*Polypedates mutus*）、粗皮姬蛙（*Microhyla butleri*）、小弧斑姬蛙（*Microhyla heymonsi*）、饰纹姬蛙（*Microhyla ornata*）、多疣狭口蛙（*Kaloula verrucosa*）。

4）农田型（1种）

主要分布于农作区和人为活动区，包括：黑眶蟾蜍（*Bufo melanostictus*）。

5）水域型（1种）

主要分布于江、河、湖、池塘等较大水体环境，包括：大绿臭蛙（*Odorrana livida*）。

由此可见，森林是两栖类物种集中分布和栖息的生态环境，在哀牢山-无量山共有34种，占区域物种数的68.0%；其次是草地型，哀牢山-无量山共有11种，占区域物种数的22.0%。

以上结果表明，森林生态环境和草地生态环境对两栖类的重要性。

2. 主要繁殖环境

两栖类不同物种的繁殖环境不同，大致包括静水水域环境、流水水域环境和离水环境等。哀牢山-无量山地区的两栖类物种所选择的繁殖环境基本归纳如下。

1）静水水域环境

（1）沼泽静水型（16种）

蓝尾蝾螈（*Cynops cyanurus*）、红瘰疣螈（*Tylototriton verrucosus*）、泽蛙（*Fejervarya limnocharis*）、虎纹蛙（*Hoplobatrachus chinensis*）、昭觉林蛙（*Rana chaochiaoensis*）、滇蛙（*Babina pleuraden*）、背条跳树蛙（*Chirixalus doriae*）、杜氏泛树蛙（*Rhacophorus dugritei*）、斑腿泛树蛙（*Polypedates megacephalus*）、无声囊泛树蛙（*Polypedates mutus*）、红蹼树蛙（*Rhacophorus rhodopus*）、粗皮姬蛙（*Microhyla butleri*）、小弧斑姬蛙（*Microhyla heymonsi*）、饰纹姬蛙（*Microhyla ornata*）、多疣狭口蛙（*Kaloula verrucosa*）、云南小狭口蛙（*Calluella yunnanensis*）。

（2）池塘静水型（3种）

华西蟾蜍（*Bufo andrewsi*）、黑眶蟾蜍（*Bufo melanostictus*）、华西雨蛙（*Hyla annectans*）。

（3）水上树叶型（1种）

陇川小树蛙（*Philautus longchuanensis*）。

（4）水上草叶型（1种）

背条跳树蛙（*Chirixalus doriae*）。

（5）树洞水域型（2种）

微蹼铃蟾（*Bombina microdeladigitora*）、云南纤树蛙（*Gracixalus yunnanensis*）。

2）流水水域环境

（1）林间溪流流水型（24种）

沙巴拟髭蟾（*Leptobrachium chapaense*）、哀牢髭蟾（*Vibrissaphora ailaonica*）、棘疣齿蟾（*Oreolalax granulosus*）、景东齿蟾（*Oreolalax jingdongensis*）、高山掌突蟾（*Leptolalax alpinus*）、鳌掌突蟾（*Leptolalax pelodytoides*）、腹斑掌突蟾（*Leptolalax ventripunctatus*）、费氏短腿蟾（*Brachytarsophrys feae*）、大花角蟾（*Megophrys giganticus*）、腺角蟾（*Megophrys glandulosa*）、景东角蟾（*Megophrys jingdongensis*）、白颌大角蟾（*Xenophrys lateralis*）、小角蟾（*Xenophrys minor*）、无量山角蟾（*Xenophrys wuliangshanensis*）、哀牢蟾蜍（*Bufo ailaoanus*）、隐耳蟾蜍（*Bufo cryptotympanicus*）、无棘溪蟾（*Torrentophryne aspinia*）、花棘蛙（*Paa maculosa*）、棘肛蛙（*Nanorana unculuanus*）、双团棘胸蛙（*Paa yunnanensis*）、大头蛙（*Limnonectes kuhlii*）、云南臭蛙（*Odorrana andersonii*）、无指盘臭蛙（*Odorrana grahami*）、大绿臭蛙（*Odorrana livida*）。

（2）中型河流流水型（1种）

大绿臭蛙（*Odorrana livida*）。

3）离水环境

枯叶间型（1种）

陇川小树蛙（*Philautus longchuanensis*）。

其中，以林间溪流流水型水域环境为主，共有 24 种，占区域物种数的 48.0%；其次为沼泽静水型水域环境，共有 16 种，占区域物种数的 32.0%。可见林间溪流和沼泽对两栖类的重要性。

3. 垂直分布

两栖动物由于自身的生理结构和特性，对环境和气候比较敏感和依赖，在海拔分布上具有明显体现。

哀牢山山体相对高差大，气候垂直分布明显，从山麓至山顶：海拔 1100～1800m 为南亚热带气候，1800～2200m 为中亚热带至北亚热带气候，2200～2800m 为温带湿润气候，2800m 以上为温性气候；东北坡气候垂直系列从元江河谷起：海拔 500～1000m 为干热河谷气候，1000～2400m 为中亚热带至北亚热带气候，2400～2900m 为温带湿润气候，2900m 以上至山顶为温性气候。

无量山的气候垂直分布也很明显。由于无量山山体与西南季风的风向垂直，西坡澜沧江的深切等，东西两坡在气候上存在一定差异。由于山地与河谷相对高差大，气候垂直分异明显。东坡海拔 1100～1800m 为南亚热带气候，1800～2200m 为中亚热带至北亚热带气候，2200～2900m 为温带湿润气候，2900～3300m 为温性气候；而西坡 1200m 以下为干热河谷气候，1200～1900m 为南亚热带气候，1900～2300m 为中亚热带至北亚热带气候，2300～3000m 为温带湿润气候，3000m 以上至山顶为温性气候；无量山在云南气候划分上处于中亚热带和南亚热带的过渡地带，就东西两坡来说，东坡接近于南亚热带，而西坡接近于中亚热带，水平地带的分界在安定附近。

哀牢山-无量山地区从山顶到河谷的海拔高差约 2500m，大致按 500m 为一个海拔段划分，可以分为 6 个海拔段，每个海拔段的两栖类物种数分别如下。

1）500～1000m（11 种）

腹斑掌突蟾（*Leptolalax ventripunctatus*）、白颌大角蟾（*Xenophrys lateralis*）、黑眶蟾蜍（*Bufo melanostictus*）、大头蛙（*Limnonectes kuhlii*）、泽蛙（*Fejervarya limnocharis*）、虎纹蛙（*Hoplobatrachus chinensis*）、大绿臭蛙（*Odorrana livida*）、斑腿泛树蛙（*Polypedates megacephalus*）、无声囊泛树蛙（*Polypedates mutus*）、小弧斑姬蛙（*Microhyla heymonsi*）、饰纹姬蛙（*Microhyla ornata*）。

2）1000～1500m（18 种）

沙巴拟髭蟾（*Leptobrachium chapaense*）、螯掌突蟾（*Leptolalax pelodytoides*）、腹斑掌突蟾（*Leptolalax ventripunctatus*）、景东角蟾（*Megophrys jingdongensis*）、白颌大角蟾（*Xenophrys lateralis*）、小角蟾（*Xenophrys minor*）、黑眶蟾蜍（*Bufo melanostictus*）、华西雨蛙（*Hyla annectans*）、大头蛙（*Limnonectes kuhlii*）、泽蛙（*Fejervarya limnocharis*）、虎纹蛙（*Hoplobatrachus chinensis*）、大绿臭蛙（*Odorrana livida*）、陇川小树蛙（*Philautus longchuanensis*）、斑腿泛树蛙（*Polypedates megacephalus*）、无声囊泛树蛙（*Polypedates mutus*）、粗皮姬蛙（*Microhyla butleri*）、小弧斑姬蛙（*Microhyla heymonsi*）、饰纹姬蛙（*Microhyla ornata*）。

3）1500～2000m（26 种）

蓝尾蝾螈（*Cynops cyanurus*）、红瘰疣螈（*Tylototriton verrucosus*）、沙巴拟髭蟾（*Leptobrachium chapaense*）、景东角蟾（*Megophrys jingdongensis*）、华西雨蛙（*Hyla annectans*）、微蹼铃蟾（*Bombina microdeladigitora*）、哀牢髭蟾（*Vibrissaphora ailaonica*）、棘疣齿蟾（*Oreolalax granulosus*）、景东齿蟾（*Oreolalax jingdongensis*）、费氏短腿蟾（*Brachytarsophrys feae*）、腺角蟾（*Megophrys glandulosa*）、白颌大角蟾（*Xenophrys lateralis*）、华西蟾蜍（*Bufo andrewsi*）、黑眶蟾蜍（*Bufo melanostictus*）、双团棘胸蛙（*Paa yunnanensis*）、云南臭蛙（*Odorrana andersonii*）、无指盘臭蛙（*Odorrana grahami*）、昭觉林蛙（*Rana chaochiaoensis*）、滇蛙（*Babina pleuraden*）、湍蛙疑似新种 1（*Amolops* sp.1）、背条跳树蛙（*Chirixalus doriae*）、斑腿泛树蛙（*Polypedates megacephalus*）、无声囊泛树蛙（*Polypedates mutus*）、红蹼树蛙（*Rhacophorus rhodopus*）、多疣狭口蛙（*Kaloula verrucosa*）、云南小狭口蛙（*Calluella yunnanensis*）。

4）2000～2500m（29 种）

蓝尾蝾螈（*Cynops cyanurus*）、红瘰疣螈（*Tylototriton verrucosus*）、沙巴拟髭蟾（*Leptobrachium chapaense*）、高山掌突蟾（*Leptolalax alpinus*）、费氏短腿蟾（*Brachytarsophrys feae*）、大花角蟾（*Megophrys giganticus*）、腺角蟾（*Megophrys glandulosa*）、景东角蟾（*Megophrys jingdongensis*）、小角蟾（*Xenophrys minor*）、无量山角蟾（*Xenophrys wuliangshanensis*）、哀牢蟾蜍（*Bufo ailaoanus*）、华西蟾蜍（*Bufo andrewsi*）、隐耳蟾蜍（*Bufo cryptotympanicus*）、无棘溪蟾（*Torrentophryne aspinia*）、华西雨蛙（*Hyla annectans*）、花棘蛙（*Paa maculosa*）、棘肛蛙（*Nanorana unculuanus*）、双团棘胸蛙（*Paa yunnanensis*）、无指盘臭蛙（*Odorrana grahami*）、滇蛙（*Babina pleuraden*）、平疣湍蛙（*Amolops tuberodepressus*）、绿点湍蛙（*Amolops viridimaculatus*）、湍蛙疑似新种 1（*Amolops* sp.1）、湍蛙疑似新种 2（*Amolops* sp.2）、云南纤树蛙（*Gracixalus yunnanensis*）、杜氏泛树蛙（*Rhacophorus dugritei*）、红蹼树蛙（*Rhacophorus rhodopus*）、多疣狭口蛙（*Kaloula verrucosa*）、云南小狭口蛙（*Calluella yunnanensis*）。

5）2500～3000m（15 种）

蓝尾蝾螈（*Cynops cyanurus*）、微蹼铃蟾（*Bombina microdeladigitora*）、哀牢髭蟾（*Vibrissaphora ailaonica*）、棘疣齿蟾（*Oreolalax granulosus*）、景东齿蟾（*Oreolalax jingdongensis*）、高山掌突蟾（*Leptolalax alpinus*）、大花角蟾（*Megophrys giganticus*）、小角蟾（*Xenophrys minor*）、哀牢蟾蜍（*Bufo ailaoanus*）、棘肛蛙（*Nanorana unculuanus*）、云南臭蛙（*Odorrana andersonii*）、平疣湍蛙（*Amolops tuberodepressus*）、绿点湍蛙（*Amolops viridimaculatus*）、云南纤树蛙（*Gracixalus yunnanensis*）、杜氏泛树蛙（*Rhacophorus dugritei*）。

6）3000～3500m（2 种）

高山掌突蟾（*Leptolalax alpinus*）、昭觉林蛙（*Rana chaochiaoensis*）。

其中，物种数最多的海拔段为 2000～2500m，有 29 种，占区域物种数的 58.0%；其次为 1500～2000m，有 26 种，占区域物种数的 52.0%。可见，哀牢山-无量山地区两栖类的物种分布主要以中、高海拔为主。

（七）与已有调查结果比较

1988 年出版的《哀牢山自然保护区综合考察报告集》仅记录哀牢山自然保护区两栖类物种 2 目 8 科 14 属 22 种，此后没有有关哀牢山两栖类物种的进一步报道。此次调查整理后，哀牢山两栖类物种数达到 2 目 9 科 27 属 47 种，呈现较高的物种多样性。

2004 年出版的《无量山国家级自然保护区》记录的无量山国家级自然保护区两栖类物种为 2 目 8 科 20 属 43 种，此次调查整理后，无量山两栖类物种数为 2 目 9 科 25 属 43 种，与《无量山国家级自然保护区》的记录相比，科和属的数量有所增加。

（八）地位和价值

1. 保护两栖动物多样性

哀牢山-无量山地区的两栖类物种 2 目 9 科 30 属 50 种。根据张荣祖（2011）编著的《中国动物地理》，哀牢山-无量山地区的两栖类分布型高达 12 种：①喜马拉雅-横断山型；②南中国-热带型；③南中国-热带-南亚热带型；④南中国-热带-中亚热带型；⑤南中国-热带-北亚热带型；⑥东洋-热带型；⑦东洋-热带-南亚热带型；⑧东洋-热带-中亚热带型；⑨东洋-热带-北亚热带型；⑩东洋-热带-温带型；⑪云贵高原包括横断山南部型；⑫云贵高原大部分地区型。因此，哀牢山-无量山地区的两栖类物种多样性和分布型多样性均十分丰富。

2. 保护区域丰富的特有物种

哀牢山-无量山地区具有较多的两栖特有物种，中国特有种有 28 种，占区域物种数的 56.0%；云南特有种 19 种，占区域物种数的 38.0%；本区域特有种 7 种，占区域物种数的 14.0%；横断山区特有种 3 种，占区域物种数的 6.0%。因此，哀牢山-无量山地区的两栖特有物种较为丰富。

3. 保护重要模式产地

哀牢山-无量山地区是我国两栖爬行动物学家最早在云南开展两栖爬行动物野外调查和研究的区域之一（刘承钊等，1960），也是国内外两栖动物调查和研究的重要地区，众多两栖动物学者相继涉足此地，发现了不少两栖动物新物种，因此是极为重要的两栖动物物种的模式产地。

哀牢山-无量山地区现记录两栖动物 50 种，其中 15 种即是以哀牢山-无量山地区为模式产地描记，占区域物种数 30%，突显出哀牢山-无量山地区作为两栖类物种的模式产地在物种分类和相关研究方面的重要性。以哀牢山-无量山地区为模式产地描记的物种包括：微蹼铃蟾（*Bombina microdeladigitora*）（刘承钊等，1960）、大花角蟾（*Megophrys giganticus*）（刘承钊等，1960）、无量山角蟾（*Xenophrys wuliangshanensis*）（刘承钊等，1960）、景东角蟾（*Megophrys jingdongensis*）（费梁等，1983）、腺角蟾（*Megophrys glandulosa*）（费梁等，1990）、高山掌突蟾（*Leptolalax alpinus*）（费梁等，1990）、哀牢髭蟾（*Vibrissaphora ailaonica*）（杨大同等，1983）、景东齿蟾（*Oreolalax jingdongensis*）（杨大同等，1983）、棘疣齿蟾（*Oreolalax granulosus*）（费梁等，1990）、哀牢蟾蜍（*Bufo ailaoanus*）（寇治通，1983）、华西雨蛙（*Hyla annectans*）（费梁等，2012）、花棘蛙（*Paa maculosa*）（Liu et al.，1960）、棘肛蛙（*Nanorana unculuanus*）（刘承钊等，1960）、景东臭蛙（*Odorrana jingdongensis*）（Fei et al.，2001）、平疣湍蛙（*Amolops tuberodepressus*）（Liu and Yang，2000）。

参 考 文 献

蔡波, 王跃招, 陈跃英, 等. 2015. 中国爬行纲动物分类厘定[J]. 生物多样性, 23(3): 365-382.
陈中正. 2017. 云南非飞行小型兽类多样性垂直分布格局及其形成机制[D]. 北京: 中国科学院大学博士学位论文.
费梁, 胡淑琴, 叶昌媛, 等. 2009a. 中国动物志两栖纲(上卷): 总论, 蚓螈目, 有尾目[M]. 北京: 科学出版社.
费梁, 胡淑琴, 叶昌媛, 等. 2009b. 中国动物志两栖纲(下卷): 无尾目, 蛙科[M]. 北京: 科学出版社.
费梁, 胡淑琴, 叶昌媛, 等. 2009c. 中国动物志两栖纲(中卷): 无尾目[M]. 北京: 科学出版社.
费梁, 叶昌媛, 江建平. 2012. 中国两栖动物及分布彩色图鉴[M]. 成都: 四川科学技术出版社.
费梁, 叶昌媛, 黄永昭. 1983. 峨眉角蟾的两个新亚种[J]. 两栖爬行动物学报, 2(2): 49-52.
费梁, 叶昌媛, 黄永昭. 1990. 中国两栖动物检索[M]. 重庆: 科学技术文献出版社重庆分社: 1-364.
高正文, 孙航. 2017. 云南省生物物种名录脊椎动物卷(2016 年版)[M]. 昆明: 云南科技出版社.
格玛江初, 肖林. 2014. 白马雪山鸟类[M]. 昆明: 云南科技出版社: 1-10.
国家林业和草原局, 农业农村部. 2021. 国家林业和草原局 农业农村部公告(2021 年第 3 号)(国家重点保护野生动物名录)
    [EB/OL]. http://www.forestry.gov.cn/main/5461/20210205/122418860831352.html[2021-05-29].
韩联宪, 胡箭, 王继军, 等. 2004. 第七章 鸟类[C]//云南省林业厅, 中荷合作云南省 FCCDP 办公室, 云南省林业调查规划院.
    无量山国家级自然保护区. 昆明: 云南科技出版社: 205-217.
韩联宪, 刘越强, 谢以昌, 等. 2009. 双柏恐龙河自然保护区春季鸟类组成[C]//王紫江, 黄海魁, 杨晓君. 保护鸟类 人鸟和
    谐. 北京: 中国林业出版社: 219-225.
何晓瑞, 胡健生. 1989. 澜沧江中游云县景东地区兽类的初步研究[J]. 云南大学学报(自然科学版), 11(2): 138-144.
江建平, 谢锋, 李成, 等. 2020. 中国生物物种名录(第二卷). 动物, 脊椎动物(IV) 两栖纲[M]. 北京: 科学出版社: 1-129.
江耀明. 1992. 横断山爬行动物初步研究[C]//江耀明, 赵尔宓, 吴贯夫, 等. 两栖爬行动物学论文集. 成都: 四川科学技术出
    版社: 122-126.
蒋学龙, 李权, 陈中正, 等. 2017. 哺乳类[C]//孙航. 云南省生物物种名录(2016 版). 昆明: 云南人民出版社: 581-588.
蒋学龙, 李学友, 邓可, 等. 2018. 哺乳动物[C]//税玉民, 武素功, 王应祥, 等. 云南大围山国家级自然保护区综合科学研究.
    昆明: 云南科技出版社: 316-336.
蒋学龙, 马世来, 王应祥, 等. 1994a. 黑长臂猿的群体大小与组成[J]. 动物学研究, 15(2): 15-22.
蒋学龙, 马世来, 王应祥, 等. 1994b. 黑长臂猿(*Hylobates concolor*)的配偶制及其与行为、生态和进化的关系[J]. 人类学学
    报, 13(4): 344-352.
蒋学龙, 王应祥, 陈鹏, 等. 2015. 哺乳动物[C]//彭华, 刘恩德. 云南轿子山国家级自然保护区. 北京: 中国林业出版社:
    213-227.

蒋学龙, 王应祥, 陈上华. 2004. 兽类[C]//喻庆国. 无量山国家级自然保护区. 昆明: 云南科技出版社: 172-203.

蒋学龙, 王应祥. 1997. 黑长臂猿(*Hylobates concolor*)鸣叫行为研究[J]. 人类学学报, 16(4): 293-301.

蒋学龙. 2000. 景东无量山哺乳动物及区系地理学研究[D]. 昆明: 中国科学院昆明动物研究所博士学位论文.

蒋志刚, 江建平, 王跃招, 等. 2016. 中国脊椎动物红色名录[J]. 生物多样性, 24(5): 500-551.

蒋志刚, 马勇, 吴毅, 等. 2015. 中国哺乳动物多样性[J]. 生物多样性, 23(3): 351-364.

寇治通. 1983. 哀牢山北段水塘和者竜地区两栖爬行动物初步调查报告, 兼记一新种[C]//吴钲镒. 云南哀牢山森林生态系统研究. 昆明: 云南科技出版社: 259-264.

黎舫, 王晓云, 余文华, 等. 2017. 罗蕾莱管鼻蝠在模式产地外的发现-云南分布新记录[J]. 动物学杂志, 52: 727-736.

李国松, 杨显明, 张宏雨, 等. 2011. 云南新平哀牢山西黑冠长臂猿分布与群体数量[J]. 动物学研究, 32(6): 675-683.

李华恩, 利思敏, 黄菊清. 1985. 哀牢山自然保护区两栖爬行动物调查[J]. 云南师范大学学报(自然科学版), 4: 10-18.

李剑, 张浩辉, 钱程, 等. 2022. 中国鸟类新纪录——白腹针尾绿鸠. 动物学杂志, 57(2): 299.

刘承钊, 胡淑琴, 杨抚华. 1960. 1958 年云南省两栖类调查报告[J]. 动物学报, 12(2): 149-174.

刘承钊, 胡淑琴. 1961. 中国无尾两栖类[M]. 北京: 科学出版社: 1-364, 照片 I - VI, 彩图版 I - X X VIII.

刘菌, 韩联宪. 2008. 云南哀牢山徐家坝常绿阔叶林的鸟类取食集团[J]. 动物学研究, 29(5): 561-568.

刘鲁明, 董锋, 和荣华, 等. 2010. 云南省玉龙雪山自然保护区鸟类资源调查[J]. 四川动物, 29(2): 232-239.

刘宁, 杨岚, 王志胜, 等. 2004. 第十二章 鸟类[C]//杨宇明, 杜凡. 中国南滚河国家级自然保护区. 昆明: 云南科技出版社: 206-216.

罗康, 王紫江, 吴兆录, 等. 2011. 哀牢山北段大中山候鸟聚集地秋季夜间迁徙鸟类多样性[J]. 四川动物, 31(4): 641-646.

罗文寿, 赵仕远, 罗志强, 等. 2007. 云南哀牢山国家级自然保护区景东辖区黑长臂猿种群数量和分布[J]. 四川动物, 26(3): 600-603.

罗增阳. 2004. 无量山自然保护区鸟类多样性及保护管理对策[J]. 林业调查规划, 29(3): 43-45.

罗忠华. 2011. 云南无量山国家级自然保护区西部黑冠长臂猿景东亚种的群体数量与分布调查[J]. 四川动物, 30(2): 283-287.

潘清华, 王应祥, 岩崑. 1987. 中国哺乳动物彩色图鉴[M]. 北京: 中国林业出版社.

单鹏飞. 2021. 元江中上游绿孔雀种群现状及栖息地选择研究[D]. 昆明: 中国科学院昆明动物研究所博士学位论文.

税玉民, 武素功, 王应祥, 等. 2018. 云南大围山国家级自然保护区综合科学研究[M]. 昆明: 云南科技出版社: 1-1022.

王应祥, 冯庆, 蒋学龙, 等. 2002. 分水岭哺乳动物[C]//许建初. 云南金平分水岭自然保护区综合科学考察报告集. 昆明: 云南科技出版社: 63-90.

王应祥, 冯庆, 蒋学龙, 等. 2003. 哺乳动物[C]//许建初. 云南绿春黄连山自然保护区. 昆明: 云南科技出版社: 103-131.

王应祥, 靳板桥. 1987. 西双版纳自然保护区哺乳动物及其区系概貌[C]//徐永椿, 姜汉桥, 全复. 西双版纳自然保护区综合考察报告集. 昆明: 云南民族出版社: 289-310.

王应祥, 刘思慧, 蒋学龙, 等. 2008. 哺乳类[C]//杨宇明, 田昆, 和世钧. 中国文山国家级自然保护区科学考察研究. 北京: 科学出版社: 317-333.

王应祥, 龙勇诚, 肖林, 等. 2003. 哺乳动物[C]//李宏伟. 白马雪山国家级自然保护区. 昆明: 云南民族出版社: 231-265.

王应祥, 王为民, 旃勇, 等. 1995. 兽类[C]//薛纪如. 高黎贡山自然保护区. 北京: 中国林业出版社: 277-299.

王应祥, 杨宇明, 刘宁, 等. 2004. 哺乳动物[C]//杨宇明, 杜凡. 中国南滚河国家级自然保护区. 昆明: 云南科技出版社: 173-205.

王应祥. 1998. 哺乳类[C]//徐志辉. 怒江自然保护区. 昆明: 云南美术出版社: 329-354.

王跃招, 蔡波, 李家堂. 2021. 中国生物多样性红色名录: 脊椎动物 第三卷 爬行动物(上、下册)[M]. 北京: 科学出版社.

王战强, 熊云翔. 2006. 西双版纳国家级自然保护区[M]. 昆明: 云南教育出版社: 1-575.

王直军, 陈火结. 1987. 徐家坝地区鸟类生境分布[C]//中国科学院昆明分院生态研究室. 云南哀牢山森林生态系统研究 1983. 昆明: 云南科技出版社: 280-284.

王直军, 李寿昌, 方荣, 等. 1998. 云南常绿阔叶林带及其被毁后生境鸟类多样性比较[J]. 东北林业大学学报, 26(5): 39-41.

王直军, 魏天昊. 1987. 徐家坝及哀牢山北段鸟类区系特征简述[C]//中国科学院昆明分院生态研究室. 云南哀牢山森林生态系统研究 1983. 昆明: 云南科技出版社: 285-288.

王直军. 1986. 哀牢山常绿阔叶林鸟类群落初步分析[J]. 动物学研究, 7(2): 161-166.

王直军. 1987. 哀牢山徐家坝常绿阔叶林箭竹层夏季鸟类群落研究[C]//中国科学院昆明分院生态研究室. 云南哀牢山森林生态系统研究 1983. 昆明: 云南科技出版社: 289-295.

王直军. 1989. 哀牢山云南松林冬季鸟类群落与地理环境的关系[J]. 云南地理环境研究, 1(1): 61-70.

王直军. 1990. 湿性常绿阔叶林区次生环境鸟类群落动态研究[J]. 云南地理环境研究, 2(1): 46-52.

王紫江, 吴金亮. 1987. 哀牢山东麓鸡形目鸟类的调查报告[C]//中国科学院昆明分院生态研究室. 云南哀牢山森林生态系统研究 1983. 昆明: 云南科技出版社: 276-279.

王紫江, 赵雪冰, 杨梅, 等. 2019. 云南夜间迁徙鸟类研究[M]. 昆明: 云南科技出版社: 98-170.

魏辅文, 杨奇森, 吴毅, 等. 2022. 中国兽类分类与分布[M]. 北京: 科学出版社.

魏天昊, 刘光佐, 石文英, 等. 1987. 哀牢山鸟类迁徙的初步研究[C]//中国科学院昆明分院生态研究室. 云南哀牢山森林生态系统研究 1983. 昆明: 云南科技出版社: 297-313.

魏天昊, 王直军, 崔庆余. 1988. 哀牢山中北段的鸟类[C]//哀牢山自然保护区综合考察团. 哀牢山自然保护区综合考察报告集. 昆明: 云南民族出版社: 206-230.

魏小平, 钱德仁, 刘德隅. 2011. 云南永德大雪山自然保护区[M]. 昆明: 云南科技出版社: 188-210.

文贤继, 石文英, 杨岚, 等, 2002. 鸟类[C]//许建初. 云南金平分水岭自然保护区综合科学考察报告集. 昆明: 云南科技出版社: 91-124.

文贤继, 石文英, 杨晓君, 等. 2003. 鸟类[C]//许建初. 云南绿春黄连山自然保护区. 昆明: 云南科技出版社: 132-145.

文贤继, 杨晓君, 韩联宪, 等. 1995. 绿孔雀在中国的分布现状调查[J]. 生物多样性, 3(1): 46-51.

吴德林, 邓向福. 1984. 中国树鼩属一新种[J]. 兽类学报, 4(3): 207-212.

吴德林, 王光焕. 1984. 中国猪尾鼠(*Typhlomys cinereus* Milne-Edwards)一新亚种[J]. 兽类学报, 4(3): 213-215.

吴飞, 刘鲁明, 李婷, 等. 2018. 鸟类[C]//税玉民, 武素功, 王应祥. 云南大围山国家级自然保护区综合科学研究. 昆明: 云南科技出版社: 337-378.

吴飞. 2009. 云南哀牢山鸟类多样性及其保护[D]. 昆明: 中国科学院昆明动物研究所博士学位论文.

肖志术, 李欣海, 王学志, 等. 2014. 探讨我国森林野生动物红外相机监测规范[J]. 生物多样性, 22(6): 704-711.

徐永椿, 姜汉桥, 全复, 等. 1987. 西双版纳自然保护区综合考察报告集[M]. 昆明: 云南科技出版社: 1-541.

徐永椿, 姜汉桥. 1988. 哀牢山国家级自然保护区综合考察报告集[M]. 昆明: 云南民族出版社: 1-285.

徐志辉. 1998. 怒江自然保护区[M]. 昆明: 云南美术出版社: 1-451.

许建初. 2002. 云南金平分水岭自然保护区综合科学考察报告集[M]. 昆明: 云南科技出版社: 1-320.

许建初. 2003. 云南黄连山自然保护区[M]. 昆明: 云南科技出版社: 1-320.

薛纪如. 1995. 高黎贡山国家级自然保护区[M]. 北京: 中国林业出版社: 1-395.

杨大同. 1991. 云南两栖类志[M]. 北京: 中国林业出版社: 1-259.

杨大同. 1993. 中国横断山生态环境和两栖类物种多样性形成和演化及其与横断山抬升关系的研究[C]//吴征镒. 云南生物多样性学术讨论会论文集. 昆明: 云南科技出版社: 17-22.

杨大同, 马德三, 陈火杰, 等. 1983, 云南锄足蟾科 Pelobatidae 二新种描述[J].动物分类学报, 8(3): 323-327.

杨大同, 饶定齐. 1992. 东南亚和云南爬行动物区系的一致性及其起源和演化[J]. 动物学研究, 13(2): 159-163.

杨大同, 饶定齐. 2008. 云南两栖爬行动物[M]. 昆明: 云南科技出版社.

杨大同, 苏承业, 利思敏. 1983. 云南横断山两栖爬行动物研究[J]. 两栖爬行动物学报, 2: 37-49.

杨德华, 董永华, 王巧燕. 2006. 哺乳类动物[C]//王战强, 熊云翔. 西双版纳国家级自然保护区. 昆明: 云南教育出版社: 395-412.

杨德华, 董永华, 王巧燕. 2006. 第九章 鸟类[C]//王战强, 熊云翔. 西双版纳国家级自然保护区. 昆明: 云南教育出版社: 413-441.

杨岚, 陈鸿芝, 王为民, 等. 1995. 高黎贡山国家自然保护区鸟类[C]//薛纪如. 高黎贡山国家自然保护区. 北京: 中国林业出版社: 300-325.

杨岚, 等. 1995. 云南鸟类志. 上卷·非雀形目[M]. 昆明: 云南科技出版社: 1-634.

杨岚, 杨晓君, 等.2004. 云南鸟类志: 下卷·雀形目[M]. 昆明: 云南科技出版社: 1-1015.

杨婷, 王紫江, 刘鲁明, 等. 2009. 云南新平哀牢山夜间捕获鸟类的多样性[J]. 动物学研究, 30(3): 303-310.

杨婷. 2009. 哀牢山金山丫口夜间网捕鸟类多样性及其影响因素[D]. 昆明: 中国科学院昆明动物研究所硕士学位论文.

杨晓君, 常云艳, 吴飞, 等. 2017. 鸟类[C]//孙航, 高正文. 云南省生物物种红色名录(2016 版). 昆明: 云南科技出版社: 559-582.

杨晓君, 文贤继, 杨岚, 等. 2000. 春季绿孔雀的栖息地及行为活动的初步观察[C]//郑光美, 颜重威. 中国鸟类学研究 第四届海峡两岸鸟类学术研讨会文集. 北京: 中国林业出版社: 64-70.

杨晓君, 杨岚. 2008. 鸟类[C]//杨宇明, 田昆, 和世钧. 中国文山国家级自然保护区科学考察研究. 北京: 科学出版社: 334-353.

杨一光. 1990. 云南省综合自然地理区划[M]. 北京: 高等教育出版社: 1-253.

杨宇明, 杜凡. 2004. 中国南滚河国家级自然保护区[M]. 昆明: 云南科技出版社: 1-386.

杨宇明, 杜凡. 2006. 铜壁关自然保护区[M]. 昆明: 云南科技出版社: 1-386.

余庆国. 2004. 无量山国家级自然保护区[M]. 昆明: 云南科技出版社: 1-334.

云南大学生物系. 1961. 景东无量山植被调查[J]. 云南大学学报(自然科学版), (1): 97-154.

张孟闻, 宗愉, 马积藩, 等. 1998. 中国动物志(第一卷·总论·龟鳖目·鳄形目)[M]. 北京: 科学出版社: 1-213, 图版Ⅰ-Ⅳ.

张荣祖. 1979. 试论中国陆栖脊椎动物地理物征——以哺乳动物为主[J]. 地理学报, 33(2): 85-101.

张荣祖. 1999. 中国动物地理[M]. 北京: 科学出版社.

张荣祖. 2011. 中国动物地理[M]. 北京: 科学出版社: 1-330.

张荣祖, 杨安峰, 张洁. 1958. 云南东南缘兽类动物地理学特征的初步考察[J]. 地理学报, 24(2): 159-173.

张荣祖, 赵肯堂. 1978. 关于《中国动物地理区划》的修改[J]. 动物学报, 24(2): 196-202.

赵尔宓, 黄美华, 宗愉, 等. 1999. 中国动物志(爬行纲·第三卷·有鳞目·蛇亚目)[M]. 北京: 科学出版社: 1-522, 图版Ⅰ-Ⅷ, 彩图版Ⅰ-Ⅳ.

赵尔宓, 杨大同. 1997. 横断山区两栖爬行动物[M]. 北京: 科学出版社. 1-303.

赵尔宓, 赵肯堂, 周开亚, 等. 1999. 中国动物志(爬行纲·有鳞目·蜥蜴亚目)[M]. 北京: 科学出版社: 1-394, 图版Ⅰ-Ⅷ.

赵尔宓. 2006. 中国蛇类(上册、下册)[M]. 合肥: 安徽科学技术出版社.

赵体恭, 吴德林, 邓向福. 1988. 哀牢山自然保护区兽类[C]//徐永椿, 姜汉桥. 哀牢山自然保护区综合考察报告集. 昆明: 云南民族出版社: 194-205.

赵雪冰. 2006. 哀牢山金山垭口夜间迁徙鸟类研究[D]. 昆明: 云南大学硕士学位论文.

赵雪冰. 2016. 云南夜间迁徙鸟研究[D]. 昆明: 云南大学博士学位论文.

郑光美. 2017. 中国鸟类分类与分布名录. 3版[M]. 北京: 科学出版社.

郑作新. 1987. 中国鸟类区系纲要[M]. 北京: 科学出版社: 1-1200.

郑作新. 2000. 中国鸟类种和亚种分类名录大全(修订版)[M]. 北京: 科学出版社: 1-320.

郑作新, 张荣祖. 1956. 中国自然区划草案 中华地理志丛刊第1号[M]. 北京: 科学出版社.

郑作新, 张荣祖. 1959. 中国动物地理区划(初稿)[M]. 北京: 科学出版社.

中华人民共和国濒危物种进出口管理办公室, 中华人民共和国濒危物种科学委员会. 2019. 2019年 CITES 附录中文版[EB/OL]. http://www.cites.org.cn/citesgy/fl/201911/t20191111_524091.html[2020-09-10].

Allen G M. 1938-1940. The Mammals of China and Mongolia. Central Asiatic Expeditions of the American Museums of Natural History[M]. New York: The American Museum of Natural History.

BirdLife International. 2020a. IUCN Red List for Birds[EB/OL]. http://www.birdlife.org[2020-09-10].

BirdLife International. 2020b. Species factsheet: *Pavo muticus*[EB/OL]. http://www.birdlife.org[2020-09-10].

BirdLife International. 2020c. IBAs[EB/OL]. http://www.birdlife.org[2020-09-10].

Burgin C J, Wilson D E, Mittermeier R A, et. al. 2020a. Illustrated Checklist of the Mammals of the World. Volume 1: Monotremata to Rodentia[M]. Barcelona: Lynx Edicions.

Burgin C J, Wilson D E, Mittermeier R A, et. al. 2020b. Illustrated Checklist of the Mammals of the World. Volume 2: Eulipotyphla to Carnivora[M]. Barcelona: Lynx Edicions.

Chen Z Z, He K, Cheng F, et al. 2017a. Patterns and underlying mechanisms of non-volant small mammal richness along two contrasting mountain slopes in southwestern China[J]. Scentific Report, 7: 13277.

Chen Z Z, He K, Huang C, et al. 2017b. Integrative systematic analyses of the genus Chodsigoa(Mammalia: Eulipotyphla: Soricidae), with descriptions of new species[J]. Zoological Journal of the Linnean Society, 180: 694-713.

Chong L T. 1937. Notes on birds from Yunnan[J]. Sinensia, 8: 363-398.

Corbet G B, Hill J E. 1992. Mammals of the Indomalyan Region: A Systematic Reviews[M]. Oxford: Oxford University Press: 488.

Fei L, Ye C Y, Li C. 2001. Descriptions of two new species of the genus *Odorrana* in China[J]. Acta Zootaxonomica Sinic, 6: 108-114.

Frost D R. 2016. Amphibian Species of the World, an Online Reference(Version 6.0)[M]. New York: American Museum of Natural History.

Grant W R O. 1900. XXXVII. —On the Birds collected by Capt. A. W. S. Wingate in South China[J]. Ibis, 42(4): 573-606.

He X, Luo K, Brown C, et al. 2018. A taxonomic, functional, and phylogenetic perspective on the community assembly of passerine birds along an elevational gradient in southwest China[J]. Ecology and Evolution, 8(5): 1-9.

Hu W, Wu F, Gao J, et al. 2017. Influences of interpolation of species ranges on elevational species richness gradients[J]. Ecography, 40(10): 1231-1241.

IUCN. 2020. The IUCN Red List of Threatened Species[EB/OL]. http://www.iucnredlist.org[2020-09-20].

Jiang X L, Luo Z H, Zhao S Y, et al. 2006. Status and distribution pattern of black crested gibbon (*Nomascus concolor jingdongensis*) in Wuliang Mountain, Yunnan, China: Implication for conservation[J]. Primates, 47(3): 264-271.

Kong D, Wu F, Shan P, et al. 2018. Status and distribution changes of the endangered Green Peafowl (*Pavo muticus*) in China over the past three decades(1990s-2017)[J]. Avian Research, 9(2): 102-110.

Liu W Z, Yang D T. 2000. A new species of *Amolops* (Anura: Ranidae) from Yunnan, China, with a discussion of karyological diversity in *Amolops*[J]. Herpetologica, 56: 231-238.

Ma C, Luo Z H, Liu C M, et al. 2015. Population and conservation status of Indochinese Gray Langurs (*Trachypithecus crepusculus*) in the Wuliang Mountains, Jingdong, Yunnan, China[J]. Intnational Journal of Primatology, 36: 749-763.

Marchese C. 2015. Biodiversity hotspots: a shortcut for a more complicated concept[J]. Global Ecology and Conservation, 3(74): 297-309.

Myers N, Mittermeier R A, Mittermeier C G, et al. 2000. Biodiversity hotspots for conservation priorities[J]. Nature, 403: 853-858.

Wang Z, Carpenter C, Young S. 2000. Bird distribution and conservation in the Ailao Mountains, Yunnan, China[J]. Biological Conservation, 92(1): 45-57.

Wu F, Liu L, Fang J, et al. 2017. Conservation value of human-modified forests for birds in mountainous regions of south-west China[J]. Bird Conservation International, 27(2): 187-203.

Wu F, Liu L, Gao J, et al. 2015. Birds of the Ailao Mountains, Yunnan Province, China[J]. Forktail, 31: 47-54.

Wu F, Yang X, Yang J. 2010. Using additive diversity partitioning to help guide regional montane reserve design in Asia: an example from the Ailao Mountains, Yunnan Province, China[J]. Diversity and Distributions, 16(6): 1022-1033.

Xia J, Wu F, Hu W, et al. 2015. The coexistence of seven sympatric fulvettas in Ailao Mountains, Ejia Town, Yunnan Province[J]. Zoological Research, 36(1): 18-28.

Zhao X, Chen M, Wu Z, et al. 2014. Factors influencing phototaxis in nocturnal migrating birds[J]. Zoological Science, 31(12): 781-789.

Zhao X, Zhang M, Che X, et al. 2020. Blue light attracts nocturnally migrating birds[J]. The Condor, 122(2): 1-12.

附录 3-1　哀牢山-无量山哺乳动物及其区系从属与保护等级

	无量山	哀牢山	广泛分布	旧大陆分布	古北界与东洋界共有 泛布种	东洋界 华南区 滇桂越北亚区	滇南泰缅亚区	滇西掸邦亚区	闽广亚区	西南区 喜马拉雅亚区	高黎贡山亚区	横断山亚区	云贵高原亚区	华中区 西部山地亚区	东部丘陵亚区	国家保护等级	IUCN受威胁等级	CITES附录级别
Ⅰ. 灵长目 PRIMATES																		
1. 懒猴科 Lorisidae						+	+	+		+								
蜂猴 *Nycticebus bengalensis*	√					+	+	+								I	EN	I
2. 猴科 Cercopithecidae																		
红面猴 *Macaca arctoides*	√	√				+	+	+	+	+						II	VU	II
猕猴 *Macaca mulatta*	√	√			◆	+	+	+	+	+	+	+	+	+	+	II	LC	II
北豚尾猴 *Macaca leonina*	√						+	+								I	VU	II
熊猴 *Macaca assamensis*	√	√				+	+	+		+	+	+				II	NT	II
印支灰叶猴 *Trachypithecus crepusculus*	√	√														I	EN	
3. 长臂猿科 Hylobatidae																		
西黑冠长臂猿 *Nomascus concolor*	√	√					+					+				I	CR	I
Ⅱ. 攀鼩目 SCANDENTIA																		
4. 树鼩科 Tupaiidae																		
北树鼩 *Tupaia belangeri*	√	√				+	+	+	+		+	+	+				LC	II
Ⅲ. 兔形目 LAGOMORPHA																		
5. 兔科 Leporidae																		
云南兔 *Lepus comus*	√	√				+	+	+			+	+	+				LC	
Ⅳ. 啮齿目 RODENTIA																		
6. 林跳鼠科 Zapodidae																		
四川林跳鼠 *Eozapus setchuanus*	√																LC	
7. 刺山鼠科 Platacanthomyidae																		
沙巴猪尾鼠 *Typhlomys chapensis*	√	√				+							+				LC	
8. 鼹形鼠科 Spalacidae																		
中华竹鼠 *Rhizomys sinensis*	√	√				+	+	+				+	+	+			LC	
9. 鼠科 Muridae																		
高山姬鼠 *Apodemus chevrieri*	√	√						+									LC	
澜沧江姬鼠 *Apodemus ilex*	√	√										+	+	+			未评估	
板齿鼠 *Bandicota indica*	√	√			●	+	+	+	+	+			+				LC	
青毛巨鼠 *Berylmys bowersi*	√	√				+	+	+	+	+				+	+		LC	
笔尾树鼠 *Chiropodomys gliroides*		√				+	+	+						+			LC	
景东树鼠 *Chiropodomys jingdongensis*	√	√										+					LC	
白腹巨鼠 *Leopoldamys edwardsi*	√	√						+		+	+	+	+	+	+		LC	

东洋界分为：华南区（滇桂越北亚区、滇南泰缅亚区、滇西掸邦亚区、闽广亚区）、西南区（喜马拉雅亚区、高黎贡山亚区、横断山亚区、云贵高原亚区）、华中区（西部山地亚区、东部丘陵亚区）

物种	无量山	哀牢山	广泛分布	旧大陆分布	古北界与东洋界共有	泛布种	滇桂越北亚区	滇南泰缅亚区	滇西掸邦亚区	闽广亚区	喜马拉雅亚区	高黎贡山亚区	横断山亚区	云贵高原亚区	西部山地亚区	东部丘陵亚区	国家保护等级	IUCN受威胁等级	CITES附录级别
耐氏大鼠 *Leopoldamys neilli*		√						+	+				+					LC	
红耳巢鼠 *Micromys erythrotis*	√	√					+			+	+	+	+	+	+			未评估	
卡氏小鼠 *Mus caroli*	√						+	+	+	+	+	+	+	+	+			LC	
锡金小鼠 *Mus pahari*	√	√					+	+		+	+	+	+	+				LC	
小家鼠 *Mus musculus*	√	√	★				+	+	+	+	+	+	+	+	+			LC	
安氏白腹鼠 *Niviventer andersoni*	√	√					+					+	+		+			LC	
北社鼠 *Niviventer confucianus*	√	√			◆		+	+	+	+			+	+	+	+		LC	
褐尾鼠 *Niviventer cremoriventer*	√	√					+	+	+									LC	
灰腹鼠 *Niviventer eha*	√	√										+	+	+	+			LC	
川西白腹鼠 *Niviventer excelsior*	√	√										+	+					LC	
针毛鼠 *Niviventer fulvescens*	√	√					+	+	+	+	+	+	+	+	+	+		LC	
黑缘齿鼠 *Rattus andamanensis*	√	√					+	+	+	+	+							LC	
东亚屋顶鼠 *Rattus brunneusculus*	√	√					+	+	+	+					+	+		未评估	
大足鼠 *Rattus nitidus*	√	√					+		+	+		+	+	+				LC	
黄胸鼠 *Rattus tanezumi*	√	√			◆		+	+	+	+	+	+	+	+	+			LC	
滇攀鼠 *Vernaya fulva*	√	√					+	+	+			+	+	+				LC	
10. 仓鼠科 Cricetidae													+						
克钦绒鼠 *Eothenomys cachinus*	√	√										+	+					LC	
滇绒鼠 *Eothenomys eleusis*	√	√					+		+			+	+		+			未评估	
黑腹绒鼠 *Eothenomys melanogaster*	√									+		+	+	+	+			LC	
大绒鼠 *Eothenomys miletus*	√	√										+	+					LC	
昭通绒鼠 *Eothenomys olitor*		√										+	+					LC	
11. 豪猪科 Hystricidae																			
帚尾豪猪 *Atherurus macrourus*	√	√					+		+		+	+	+					LC	
马来豪猪 *Hystrix brachyura*	√	√					+	+	+	+	+	+	+	+				LC	
12. 松鼠科 Sciuridae																			
赤腹松鼠 *Callosciurus erythraeus*	√	√					+	+					+	+	+			LC	
橙喉长吻松鼠 *Dremomys gularis*		√					+											DD	
珀氏长吻松鼠 *Dremomys pernyi*	√	√					+		+		+	+	+					LC	
红颊长吻松鼠 *Dremomys rufigenis*	√	√					+	+	+									LC	
明纹花鼠 *Tamiops mcclellandii*		√					+	+	+									LC	
隐纹花鼠 *Tamiops swinhoei*	√	√					+		+			+	+		+	+		LC	
巨松鼠 *Ratufa bicolor*	√	√					+	+			+	+					II	NT	II
黑白飞鼠 *Hylopetes alboniger*	√	√					+		+		+		+			+		LC	
灰头小鼯鼠 *Petaurista caniceps*	√	√					+	+	+									LC	
白斑小鼯鼠 *Petaurista elegans*	√	√					+	+	+									LC	
霜背大鼯鼠 *Petaurista philippensis*	√	√				●	+	+	+		+							LC	
侧纹岩松鼠 *Sciurotamias forresti*	√	√						+	+			+	+	+				LC	

续表

物种	无量山	哀牢山	广泛分布	旧大陆分布	古北界与东洋界共有	泛布种（东洋界）	滇桂越北亚区（华南区）	滇南泰缅亚区	滇西掸邦亚区	闽广亚区	喜马拉雅亚区（西南区）	高黎贡山亚区	横断山亚区	云贵高原亚区	西部山地亚区（华中区）	东部丘陵亚区	国家保护等级	IUCN受威胁等级	CITES附录级别
V. 劳亚食虫目 EULIPOTYPHLA																			
13. 鼹科 Talpidae																			
长尾鼹 *Scaptonyx fusicaudus*	√	√										+	+	+				LC	
长吻鼹 *Euroscaptor longirostris*	√	√					+	+	+			+	+					LC	
白尾鼹 *Parascaptor leucura*	√	√					+		+			+	+					LC	
栗背䶄鼹 *Uropsilus atronates*	√	√										+	+	+				LC	
14. 猬科 Erinaceidae																			
毛猬 *Hylomys suillus*	√	√						+	+									LC	
中国鼩猬 *Neotetracus sinensis*	√	√					+		+			+	+	+				LC	
15. 鼩鼱科 Soricidae																			
灰麝鼩 *Crocidura attenuata*	√	√					+	+	+	+		+	+	+	+	+		LC	
白尾梢麝鼩 *Crocidura dracula*	√	√					+	+	+			+	+	+				未评估	
印支小麝鼩 *Crocidura indochinensis*	√	√					+	+	+		+	+	+	+				LC	
华南中麝鼩 *Crocidura rapax*	√	√											+	+	+			DD	
西南中麝鼩 *Crocidura vorax*	√	√					+		+			+	+	+	+			LC	
五指山小麝鼩 *Crocidura wuchihensis*		√					+											DD	
臭鼩 *Suncus murinus*	√	√				●	+	+	+									LC	
四川短尾鼩 *Anourosorex squamipes*	√	√					+	+	+		+	+	+	+	+	+		LC	
川鼩 *Blarinella quadraticauda*	√	√					+					+	+					NT	
喜马拉雅水鼩 *Chimarrogale himalayica*	√	√				●	+	+	+		+	+	+	+	+	+		LC	
霍氏缺齿鼩 *Chodsigoa hoffmanni*	√	√					+						+	+				未评估	
斯氏缺齿鼩 *Chodsigoa smithii*		√											+	+				NT	
丽江缺齿鼩 *Chodsigoa parva*		√											+					DD	
褐腹长尾鼩鼱 *Episoriculus caudatus*	√	√									+	+						LC	
大长尾鼩鼱 *Episoriculus leucops*	√	√					+					+	+					LC	
小长尾鼩鼱 *Episoriculus macrurus*	√	√					+					+	+					LC	
蹼足鼩 *Nectogale elegans*	√	√										+	+					LC	
小纹背鼩鼱 *Sorex bedfordiae*	√	√									+		+	+				LC	
云南鼩鼱 *Sorex excelsus*	√	√											+	+				LC	
VI. 翼手目 CHIROPTERA																			
16. 狐蝠科 Pteropodidae																			
犬蝠 *Cynopterus sphinx*		√				●						+	+	+				LC	
棕果蝠 *Rousettus leschenaultii*	√	√				●	+	+	+				+	+				NT	
17. 蹄蝠科 Hipposideridae																			
三叶小蹄蝠 *Aselliscus stoliczkanus*	√	√					+	+		+		+						LC	
大蹄蝠 *Hipposideros armiger*	√	√					+	+	+	+		+	+					LC	
大耳小蹄蝠 *Hipposideros fulvus*	√	√				●	+	+	+		+	+						LC	
小蹄蝠 *Hipposideros pomona*	√	√				●	+	+	+	+	+	+						EN	

续表

	无量山	哀牢山	广泛分布	旧大陆分布	古北界与东洋界共有	东洋界 泛布种	华南区 滇桂越北亚区	滇南泰缅亚区	滇西掸邦亚区	闽广亚区	西南区 喜马拉雅亚区	高黎贡山亚区	横断山亚区	云贵高原亚区	华中区 西部山地亚区	东部丘陵亚区	国家保护等级	IUCN受威胁等级	CITES附录级别
18. 菊头蝠科 Rhinolophidae																			
中菊头蝠 *Rhinolophus affinis*	√	√				●	+	+	+	+	+	+		+	+	+		LC	
短翼菊头蝠 *Rhinolophus lepidus*	√	√				●		+	+	+	+	+	+					LC	
小菊头蝠 *Rhinolophus pusillus*	√	√				●		+	+	+	+	+						LC	
中华菊头蝠 *Rhinolophus sinicus*	√	√										+	+	+	+	+		LC	
托氏菊头蝠 *Rhinolophus thomasi*	√	√					+	+						+				LC	
19. 长翼蝠科 Miniopteridae																			
亚洲长翼蝠 *Miniopterus fuliginosus*	√	√			◆		+			+	+	+	+		+	+		未评估	
南长翼蝠 *Miniopterus pusillus*	√	√					+		+	+	+	+						LC	
20. 蝙蝠科 Vespertilionidae																			
毛翼蝠 *Harpiocephalus harpia*	√	√					+	+	+	+	+							LC	
金管鼻蝠 *Murina aurata*		√						+	+		+	+						DD	
罗蕾莱管鼻蝠 *Murina lorelieae*		√												+	+	+		DD	
西南鼠耳蝠 *Myotis altarium*	√	√						+	+									LC	
中华鼠耳蝠 *Myotis chinensis*	√	√							+					+	+	+		LC	
喜山鼠耳蝠 *Myotis muricola*	√	√				●	+	+	+	+	+							LC	
大棕蝠 *Eptesicus serotinus*	√	√		▲			+	+	+	+	+				+	+		LC	
南蝠 *Ia io*	√	√					+	+				+			+	+		NT	
东亚伏翼 *Pipistrellus abramus*	√	√			◆		+		+			+			+	+		LC	
普通伏翼 *Pipistrellus pipistrellus*	√	√		▲					+					+				LC	
大黄蝠 *Scotophilus heathii*	√	√				●	+	+	+									LC	
VII. 鲸偶蹄目 CETARTIODACTYLA																			
21. 猪科 Suidae																			
野猪 *Sus scrofa*	√	√		▲		●	+	+	+	+	+	+	+	+	+	+		LC	
22. 鹿科 Cervidae																			
水鹿 *Rusa unicolor*	√	√				●	+	+	+	+	+	+	+	+	+	+	II	VU	
毛冠鹿 *Elaphodus cephalophus*	√	√					+		+	+		+	+	+	+	+	II	NT	
小鹿 *Muntiacus reevesi*		√												+	+	+		LC	
赤鹿 *Muntiacus vaginalis*	√	√				●	+	+	+									LC	
23. 牛科 Bovidae																			
中华鬣羚 *Capricornis milneedwardsii*	√	√					+	+	+	+	+	+	+	+	+	+	II	VU	I
缅甸斑羚 *Naemorhedus evansi*	√	√					+		+	+		+	+	+	+	+	II	未评估	I
24. 麝科 Moschidae																			
林麝 *Moschus berezovskii*	√	√					+	+	+			+	+	+	+	+	I	EN	II
VIII. 鳞甲目 PHOLIDOTA																			
25. 鲮鲤科 Manidae																			
中国穿山甲 *Manis pentadactyla*	√	√					+		+	+	+			+	+	+	I	CR	I
IX. 食肉目 CARNIVORA																			
26. 猫科 Felidae																			
金猫 *Catopuma temminckii*	√	√					+	+	+	+	+	+	+	+	+	+	I	NT	I

续表

种类	无量山	哀牢山	广泛分布	旧大陆分布	古北界与东洋界共有	泛布种	滇桂越北亚区	滇南泰缅亚区	滇西掸邦亚区	闽广亚区	喜马拉雅亚区	高黎贡山亚区	横断山亚区	云贵高原亚区	西部山地亚区	东部丘陵亚区	国家保护等级	IUCN受威胁等级	CITES附录级别
丛林猫 *Felis chaus*	√				◆												I	LC	II
豹猫 *Prionailurus bengalensis*	√	√			◆	●	+	+	+	+	+	+	+	+	+	+	II	LC	II
云豹 *Neofelis nebulosa*	√	√					+	+	+	+	+	+		+	+	+	I	VU	I
27. 林狸科 Prionodontidae																			
斑林狸 *Prionodon pardicolor*	√	√						+			+	+	+	+	+		II	LC	I
28 灵猫科 Viverridae																			
花面狸 *Paguma larvata*	√	√				●	+	+	+	+	+	+	+	+	+	+		LC	
大灵猫 *Viverra zibetha*	√	√				●	+	+	+	+	+	+	+	+	+	+	I	LC	
小灵猫 *Viverricula indica*	√	√				●	+	+	+	+	+	+	+	+	+	+	I	LC	
29. 獴科 Herpestidae																			
食蟹獴 *Urva urva*	√	√				●	+	+	+	+	+	+		+		+		LC	
30. 犬科 Canidae																			
貉 *Nyctereutes procyonoides*	√	√			◆		+	+	+		+	+	+	+	+	+	II	LC	
赤狐 *Vulpes vulpes*	√	√	▲				+				+		+	+	+	+	II	LC	
31. 熊科 Ursidae																			
亚洲黑熊 *Ursus thibetanus*	√	√			◆		+	+		+	+	+	+	+	+	+	II	VU	I
32. 鼬科 Mustelidae																			
欧亚水獭 *Lutra lutra*	√	√	▲				+	+	+	+	+	+	+	+	+	+	II	NT	I
猪獾 *Arctonyx collaris*	√	√						+	+	+	+	+	+	+	+	+		VU	
亚洲狗獾 *Meles leucurus*	√	√			◆													LC	
鼬獾 *Melogale moschata*	√	√					+		+	+		+	+	+	+	+		LC	
黄喉貂 *Martes flavigula*	√	√			◆		+	+	+							+	II	LC	
黄腹鼬 *Mustela kathiah*	√	√				●	+				+	+	+	+	+	+		LC	
黄鼬 *Mustela sibirica*	√	√			◆		+	+	+	+	+	+	+	+	+			LC	

注：CR 表示极度濒危，EN 表示濒危，VU 表示易危，NT 表示近危，LC 表示无危，DD 表示数据缺乏

附录 3-2 哀牢山-无量山鸟类及其居留型、区系从属与保护等级

序号	目、科、种	拉丁名	哀牢山	无量山	分布型	居留型	区系从属	国家保护级别	IUCN受威胁等级	CITES附录
一	鹛䴙目	**PODICIPEDIFORMES**								
1)	鹛䴙科	**Podicipedidae**								
1	小鹛䴙	*Tachybaptus ruficollis*	√	√	We	R	广		LC	
二	鹈形目	**PELECANIFORMES**								
2)	鸬鹚科	**Phalacrocoracidae**								
2	普通鸬鹚	*Phalacrocorax carbo*	√		O_3	W			LC	
三	鹳形目	**CICONIIFORMES**								
3)	鹭科	**Ardeidae**								
3	苍鹭	*Ardea cinerea*	√	√	Uh	W			LC	
4	草鹭	*Ardea purpurea*	√	√	Uh	R	广		LC	
5	绿鹭	*Butorides striatus*	√	√	O	R	东		LC	
6	池鹭	*Ardeola bacchus*	√	√	We	R	东		LC	
7	牛背鹭	*Bubulcus ibis*	√	√	Wd	R	东		LC	
8	大白鹭	*Egretta alba*	√	√	O	B，M	广		LC	
9	中白鹭	*Egretta intermedia*	√	√	Wc	R	东		LC	
10	白鹭	*Egretta garzetta*	√	√	Wd	R	东		LC	
11	夜鹭	*Nycticorax nycticorax*	√	√	O_2	B，S	广		LC	
12	小苇鳽	*Ixobrychus minutus*		√	O_3	O		二	LC	
13	黄斑苇鳽	*Ixobrychus sinensis*	√	√	We	R，S	东		LC	
14	紫背苇鳽	*Ixobrychus eurhythmus*	√	√	S	B，M	广		LC	
15	栗苇鳽	*Ixobrychus cinnamomeus*	√	√	We	B，M	东		LC	
16	黑鳽	*Dupetor flavicollis*	√	√	Wc	B，S	东		LC	
17	海南虎斑鳽	*Gorsachius magnificus*	√	√	Sc	O		一	EN	
4)	鹳科	**Ciconiidae**								
18	黑鹳	*Ciconia nigra*		√	Uf	W		一	LC	II
19	钳嘴鹳	*Anastomus oscitans*	√	√	Wb	O			LC	
四	雁形目	**ANSERIFORMES**								
5)	鸭科	**Anatidae**								
20	赤麻鸭	*Tadorna ferruginea*	√		Uf	W			LC	
21	绿翅鸭	*Anas crecca*	√		Ce	W			LC	
22	琵嘴鸭	*Anas clypeata*	√		Cf	W			LC	
23	鸳鸯	*Aix galericulata*	√		M	W		二	LC	
24	普通秋沙鸭	*Mergus merganser*	√	√	Cb	W			LC	
五	隼形目	**FALCONIFORMES**								
6)	鹰科	**Accipitridae**								
25	凤头蜂鹰	*Pernis ptilorhynchus*	√	√	We	B，M	广	二	LC	
26	黑翅鸢	*Elanus caeruleus*	√	√	Wc	R	东	二	LC	
27	栗鸢	*Haliastur indus*	√		Wc	R	东	二	LC	
28	凤头鹰	*Accipiter trivirgatus*	√		Wc	R	东	二	LC	
29	苍鹰	*Accipiter gentilis*	√		Cc	M，W		二	LC	
30	雀鹰	*Accipiter nisus*	√	√	Ue	W		二	LC	

序号	目、科、种	拉丁名	哀牢山	无量山	分布型	居留型	区系从属	国家保护级别	IUCN受威胁等级	CITES附录
31	松雀鹰	*Accipiter virgatus*	√	√	We	R	广	二	LC	
32	褐耳鹰	*Accipiter badius*	√		Wb	R	东	二	LC	
33	大鵟	*Buteo hemilasius*		√	Df	W		二	LC	
34	普通鵟	*Buteo buteo*	√	√	Ud	W		二	LC	
35	棕翅鵟鹰	*Butastur liventer*	√	√	Wa	B, S	东	二	LC	
36	林雕	*Ictinaetus malayensis*	√	√	Wb	R	东	二	LC	
37	黑兀鹫	*Sarcogyps calvus*		√	Wb	R	东	一	CR	
38	高山兀鹫	*Gyps himalayensis*	√		O₃	W		二	NT	
39	鹊鹞	*Circus melanoleucos*	√	√	Mb	W		二	LC	
40	白腹鹞	*Circus spilonotus*	√		Ma	W		二	LC	
41	蛇雕	*Spilornis cheela*	√	√	Wc	R	东	二	LC	
42	白腹隼雕	*Aquila fasciata*	√		We	R	东	二	LC	
43	棕腹隼雕	*Aquila kienerii*	√		Wa	O		二	NT	
44	鹰雕	*Spizaetus nipalensis*	√		Wc	R	东	二	LC	
45	鹗	*Pandion haliaetus*	√		Cd	M, W		二	LC	
7）	**隼科**	**Falconidae**								
46	红腿小隼	*Microhierax caerulescens*		√	Wa	R	东	二	LC	
47	猛隼	*Falco severus*	√	√	Wb	B, S	东	二	LC	
48	红隼	*Falco tinnunculus*	√	√	O₁	R	广	二	LC	
六	**鸡形目**	**GALLIFORMES**								
8）	**雉科**	**Pheasianidae**								
49	中华鹧鸪	*Francolinus pintadeanus*	√	√	Wc	R	东		LC	
50	鹌鹑	*Coturnix coturnix*	√	√	O₁	W			NT	
51	蓝胸鹑	*Coturnix chinensis*	√		Wb	R	东		LC	
52	环颈山鹧鸪	*Arborophila torqueola*	√	√	Wc	R	东	二	LC	
53	绿脚山鹧鸪	*Arborophila chloropus*	√	√	Wa	R	东	二	LC	
54	红喉山鹧鸪	*Arborophila rufogularis*	√	√	Wa	R	东	二	LC	
55	褐胸山鹧鸪	*Arborophila brunneopectus*		√	Wa	R	东	二	IUCN	
56	棕胸竹鸡	*Bambusicola fytchii*	√	√	Wc	R	东		LC	
57	红腹角雉	*Tragopan temminckii*	√	√	Hm	R	东	二	LC	
58	白鹇	*Lophura nycthemera*	√	√	Wc	R	东	二	LC	
59	原鸡	*Gallus gallus*	√	√	Wa	R	东	二	LC	
60	环颈雉	*Phasianus colchicus*	√	√	O	R	广		LC	
61	黑颈长尾雉	*Syrmaticus humiae*	√	√	Wa	R	东	一	NT	I
62	白腹锦鸡	*Chrysolophus amherstiae*	√	√	Hc	R	东	二	LC	
63	绿孔雀	*Pavo muticus*	√	√	Wa	R	东	一	EN	II
七	**鹤形目**	**GRUIFORMES**								
9）	**三趾鹑科**	**Turnicidae**								
64	黄脚三趾鹑	*Turnix tanki*	√	√	We	R	广		LC	
65	棕三趾鹑	*Turnix suscitator*	√	√	Wb	R	东		LC	
10）	**秧鸡科**	**Rallidae**								
66	花田鸡	*Porzana exquisita*	√	√	M	M		二	VU	

序号	目、科、种	拉丁名	哀牢山	无量山	分布型	居留型	区系从属	国家保护级别	IUCN受威胁等级	CITES附录
67	白喉斑秧鸡	*Rallina eurizonoides*	√	√	Wa	O			LC	
68	普通秧鸡	*Rallus aquaticus*	√	√	Uf	W			LC	
69	蓝胸秧鸡	*Rallus striatus*	√	√	Wc	B，S	东		LC	
70	长脚秧鸡	*Crex crex*		√	O	O		二	LC	
71	红脚苦恶鸟	*Amaurornis akool*	√		Wc	M			LC	
72	小田鸡	*Porzana pusilla*	√	√	O	M			LC	
73	红胸田鸡	*Porzana fusca*	√	√	We	R	东		LC	
74	棕背田鸡	*Porzana bicolor*	√	√	Wc	R	东	二	LC	
75	白胸苦恶鸟	*Amaurornis phoenicurus*	√	√	Wc	R	东		LC	
76	董鸡	*Gallicrex cinerea*	√	√	We	B，S	广		LC	
77	黑水鸡	*Gallinula chloropus*	√	√	O_2	R	广		LC	
78	紫水鸡	*Porphyrio porphyrio*		√	O_1	R	东	二	LC	
79	白骨顶	*Fulica atra*	√	√	O_5	W			LC	
八	**鸻形目**	**CHARADRIIFORMES**								
11）	**雉鸻科**	**Jacanidae**								
80	水雉	*Hydrophasianus chirurgus*		√	We	R	东	二	LC	
12）	**鸻科**	**Charadriidae**								
81	凤头麦鸡	*Vanellus vanellus*	√	√	Ud	W			NT	
82	灰头麦鸡	*Vanellus cinereus*	√	√	Mb	W			LC	
83	距翅麦鸡	*Vanellus duvaucelii*	√	√	Wa	R	东		NT	
84	长嘴剑鸻	*Charadrius placidus*	√	√	Ca	W			LC	
85	金斑鸻	*Pluvialis dominica*	√		Ca	W			LC	
86	金眶鸻	*Charadrius dubius*	√	√	O_1	R	广		LC	
13）	**鹬科**	**Scolopacidae**								
87	白腰草鹬	*Tringa ochropus*	√	√	Uc	W			LC	
88	林鹬	*Tringa glareola*	√	√	Ua	W			LC	
89	矶鹬	*Tringa hypoleucos*	√	√	Cf	M			LC	
90	青脚滨鹬	*Calidris temminckii*	√	√	Ua	W			IUCN	
91	孤沙锥	*Capella solitaria*	√		U	W			LC	
92	针尾沙锥	*Capella stenura*	√	√	Uc	M，W			LC	
93	扇尾沙锥	*Capella gallinago*	√	√	Ub	W			LC	
94	丘鹬	*Scolopax rusticola*	√	√	Ud	W			LC	
14）	**反嘴鹬科**	**Recurvirostridae**								
95	黑翅长脚鹬	*Himantopus himantopus*	√		O_2	W			LC	
九	**鸥形目**	**LARIFORMES**								
15）	**鸥科**	**Laridae**								
96	棕头鸥	*Larus brunnicephalus*	√		Pa	W			LC	
十	**鸽形目**	**COLUMBIFORMES**								
16）	**鸠鸽科**	**Columbidae**								
97	针尾绿鸠	*Treron apicauda*	√		Wb	R	东	二	LC	
98	白腹针尾绿鸠	*Treron seimundi*		√	Wa	O			LC	
99	楔尾绿鸠	*Treron sphenura*	√	√	Wb	R	东	二	LC	

序号	目、科、种	拉丁名	哀牢山	无量山	分布型	居留型	区系从属	国家保护级别	IUCN受威胁等级	CITES附录
100	厚嘴绿鸠	*Treron curvirostra*	√	√	Wa	R	东	二	LC	
101	黄脚绿鸠	*Treron phoenicoptera*	√		Wa	R	东	二	LC	
102	红翅绿鸠	*Treron sieboldii*	√		Wd	R	东	二	LC	
103	点斑林鸽	*Columba hodgsonii*	√	√	Hm	R	东		LC	
104	灰林鸽	*Columba pulchricollis*	√	√	Wa	R	东		LC	
105	山斑鸠	*Streptopelia orientalis*	√	√	O	R	广		LC	
106	灰斑鸠	*Streptopelia decaocto*	√	√	We	O			LC	
107	珠颈斑鸠	*Streptopelia chinensis*	√		We	R	东		LC	
108	火斑鸠	*Oenopopelia tranquebarica*	√	√	We	R	广		LC	
109	斑尾鹃鸠	*Macropygia unchall*	√	√	Wd	R	东	二	LC	
110	绿背金鸠	*Chalcophaps indica*	√	√	Wb	R	东		LC	
十一	鹦形目	**PSITTACIFORMES**								
17）	鹦鹉科	**Psittacidae**								
111	绯胸鹦鹉	*Psittacula alexandri*	√	√	Wa	R	东	二	NT	II
112	大紫胸鹦鹉	*Psittacula derbiana*	√	√	He	R	东	二	NT	II
113	灰头鹦鹉	*Psittacula himalayana*	√	√	Hm	R	东	二	NT	II
114	花头鹦鹉	*Psittacula roseata*	√	√	Wa	R	东	二	NT	II
十二	鹃形目	**CUCULIFORMES**								
18）	杜鹃科	**Cuculidae**								
115	红翅凤头鹃	*Clamator coromandus*	√	√	We	B，S	东		LC	
116	鹰鹃	*Cuculus sparverioides*	√	√	We	R	东		LC	
117	棕腹杜鹃	*Cuculus fugax*	√	√	Wd	B，S	广		LC	
118	四声杜鹃	*Cuculus micropterus*	√	√	We	B，S	广		LC	
119	大杜鹃	*Cuculus canorus*	√	√	O_1	B，S	广		LC	
120	中杜鹃	*Cuculus saturatus*	√	√	M	B，S	广		LC	
121	小杜鹃	*Cuculus poliocephalus*	√	√	We	B，S	广		LC	
122	栗斑杜鹃	*Cuculus sonneratii*	√	√	Wc	B，S	东		LC	
123	八声杜鹃	*Cuculus merulinus*	√	√	Wc	B，S	东		IUCN	
124	翠金鹃	*Chalcites maculatus*	√		We	B，S	东		LC	
125	紫金鹃	*Chalcites xanthorhynchus*		√	Wa	R，S	东		LC	
126	乌鹃	*Surniculus lugubris*	√	√	Wd	B，S	东		LC	
127	噪鹃	*Eudynamys scolopacea*	√	√	We	B，S	东		LC	
128	绿嘴地鹃	*Phaenicophaeus tristis*	√	√	Wb	R	东		LC	
129	褐翅鸦鹃	*Centropus sinensis*	√	√	Wb	R	东	二	LC	
130	小鸦鹃	*Centropus toulou*	√	√	We	R	东	二	LC	
十三	鸮形目	**STRIGIFORMES**								
19）	草鸮科	**Tytonidae**								
131	草鸮	*Tyto capensis*	√		O_1	R	东	二	LC	II
20）	鸱鸮科	**Strigidae**								
132	黄嘴角鸮	*Otus spilocephalus*	√		Wb	R	东	二	LC	II
133	红角鸮	*Otus scops*	√	√	O_1	R	广	二	LC	II
134	领角鸮	*Otus bakkamoena*	√	√	We	R	广	二	LC	II

续表

序号	目、科、种	拉丁名	哀牢山	无量山	分布型	居留型	区系从属	国家保护级别	IUCN受威胁等级	CITES附录
135	雕鸮	*Bubo bubo*	√	√	Uh	R	广	二	LC	II
136	褐渔鸮	*Ketupa zeylonensis*	√		Wb	R	东	二	LC	II
137	领鸺鹠	*Glaucidium brodiei*	√	√	We	R	东	二	LC	II
138	斑头鸺鹠	*Glaucidium cuculoides*	√	√	Wd	R	东	二	LC	II
139	灰林鸮	*Strix aluco*	√		O_1	R	广	二	LC	II
140	褐林鸮	*Strix leptogrammica*	√		Wc	R	东	二	LC	II
141	鹰鸮	*Ninox scutulata*	√	√	We	R	东	二	LC	II
十四	夜鹰目	**CAPRIMULGIFORMES**								
21)	夜鹰科	**Caprimulgidae**								
142	普通夜鹰	*Caprimulgus indicus*	√	√	We	R	广		LC	
143	长尾夜鹰	*Caprimulgus macrurus*	√	√	Wa	R	东		LC	
144	林夜鹰	*Caprimulgus affinis*		√	Wb	R	东		LC	
十五	雨燕目	**APODIFORMES**								
22)	雨燕科	**Apodidae**								
145	短嘴金丝燕	*Aerodramus brevirostris*	√	√	Wd	B, S	东		LC	
146	白喉针尾雨燕	*Hirundapus caudacutus*	√	√	We	R	广		LC	
147	白腰雨燕	*Apus pacificus*	√	√	M	B, S	广		LC	
148	小白腰雨燕	*Apus affinis*	√	√	O_1	B, S	东		LC	
149	棕雨燕	*Cypsiurus parvus*		√	O_1	R	东		LC	
十六	咬鹃目	**TROGONIFORMES**								
23)	咬鹃科	**Trogonidae**								
150	红头咬鹃	*Harpactes erythrocephalus*	√	√	Wc	R	东	二	LC	
十七	佛法僧目	**CORACIIFORMES**								
24)	翠鸟科	**Alcedinidae**								
151	冠鱼狗	*Ceryle lugubris*	√	√	O_1	R	东		LC	
152	斑鱼狗	*Ceryle rudis*		√	O_1	R	东		LC	
153	普通翠鸟	*Alcedo atthis*	√	√	O_1	R	广		LC	
154	蓝耳翠鸟	*Alcedo meninting*		√	Wa	R	东	二	IUCN	
155	白胸翡翠	*Halcyon smyrnensis*	√	√	O_1	R	东	二	LC	
156	蓝翡翠	*Halcyon pileata*	√	√	We	R	广		LC	
25)	蜂虎科	**Meropidae**								
157	蓝须夜蜂虎	*Nyctyornis athertoni*	√	√	Wa	R	东	二	LC	
158	绿喉蜂虎	*Merops orientalis*	√	√	Wb	B, S	东	二	LC	
159	蓝喉蜂虎	*Merops viridis*	√		Wc	B, S	东	二	LC	
160	栗头蜂虎	*Merops leschenaulti*	√	√	Wa	B, S	东	二	LC	
161	栗喉蜂虎	*Merops philippinus*	√	√	O	R	东	二	LC	
26)	佛法僧科	**Coraciidae**								
162	棕胸佛法僧	*Coracias benghalensis*	√	√	Wc	R	东		LC	
163	三宝鸟	*Eurystomus orientalis*	√	√	We	R	东		LC	
27)	戴胜科	**Upupidae**								
164	戴胜	*Upupa epops*	√	√	O	R	广		LC	
28)	犀鸟科	***Bucerotidae***								

序号	目、科、种	拉丁名	哀牢山	无量山	分布型	居留型	区系从属	国家保护级别	IUCN受威胁等级	CITES附录
165	冠斑犀鸟	*Anthracoceros coronatus*		√	Wa	R	东	一	LC	II
十八	鴷形目	**PICIFORMES**								
29）	须鴷科	**Capitonidae**								
166	大拟啄木鸟	*Megalaima virens*	√	√	Wc	R	东		LC	
167	金喉拟啄木鸟	*Megalaima franklinii*	√	√	Wa	R	东		LC	
168	蓝喉拟啄木鸟	*Megalaima asiatica*	√	√	Wb	R	东		LC	
169	赤胸拟啄木鸟	*Megalaima haemacephala*		√	Wa	R	东		LC	
30）	啄木鸟科	**Picidae**								
170	蚁鴷	*Jynx torquilla*	√	√	Ub	M，W			LC	
171	斑姬啄木鸟	*Picumnus innominatus*	√	√	Wd	R	东		LC	
172	灰头绿啄木鸟	*Picus canus*	√	√	Uh	R	广		LC	
173	大黄冠啄木鸟	*Picus flavinucha*	√	√	Wc	R	东	二	LC	
174	黄冠啄木鸟	*Picus chlorolophus*	√	√	Wb	R	东	二	LC	
175	栗啄木鸟	*Micropternus brachyurus*	√	√	Wb	R	东		LC	
176	竹啄木鸟	*Gecinulus grantia*		√	Wb	R	东		LC	
177	白腹黑啄木鸟	*Dryocopus javensis*		√	Wc	R	东	二	LC	
178	大斑啄木鸟	*Dendrocopos major*	√	√	Uc	R	广		LC	
179	黄颈啄木鸟	*Dendrocopos darjellensis*	√	√	Hm	R	东		LC	
180	赤胸啄木鸟	*Dendrocopos cathpharius*	√	√	Hm	R	东		LC	
181	棕腹啄木鸟	*Dendrocopos hyperythrus*	√	√	Hm	R	广		LC	
182	纹胸啄木鸟	*Dendrocopos atratus*	√	√	Wa	R	东		LC	
183	星头啄木鸟	*Dendrocopos canicapillus*	√	√	We	R	广		LC	
184	黄嘴栗啄木鸟	*Blythipicus pyrrhotis*	√	√	Wd	R	东		LC	
185	金背啄木鸟	*Chrysocolaptes lucidus*	√	√	Wa	R	东		LC	
186	金背三趾啄木鸟	*Dinopium javanense*		√	Wa	R	东		LC	
十九	雀形目	**PASSERIFORMES**								
31）	阔嘴鸟科	**Eurylaimidae**								
187	长尾阔嘴鸟	*Psarisomus dalhousiae*	√	√	Wc	R	东	二	LC	
32）	八色鸫科	**Pittidae**								
188	蓝翅八色鸫	*Pitta nympha*	√	√	Wc	M		二	LC	II
189	绿胸八色鸫	*Pitta sordida*	√	√	Wa	R	东	二	LC	
33）	百灵科	**Alaudidae**								
190	小云雀	*Alauda gulgula*	√	√	We	R	东		LC	
34）	燕科	**Hirundinidae**								
191	家燕	*Hirundo rustica*	√	√	Ch	R	广		LC	
192	金腰燕	*Hirundo daurica*	√	√	U	B，S	广		LC	
193	烟腹毛脚燕	*Delichon dasypus*	√		Uh	B，S	东		LC	
194	黑喉毛脚燕	*Delichon nipalensis*	√	√	He	R	东		LC	
195	褐喉沙燕	*Riparia paludicola*	√	√	O₁	B，S	东		LC	
35）	鹡鸰科	**Motacillidae**								
196	山鹡鸰	*Dendronanthus indicus*	√	√	Mc	B，M	古		LC	
197	黄鹡鸰	*Motacilla flava*	√	√	Ub	M，W			LC	

续表

序号	目、科、种	拉丁名	哀牢山	无量山	分布型	居留型	区系从属	国家保护级别	IUCN受威胁等级	CITES附录
198	灰鹡鸰	*Motacilla cinerea*	√	√	O₁	W			LC	
199	白鹡鸰	*Motacilla alba*	√	√	U	R	古		LC	
200	田鹨	*Anthus novaeseelandiae*	√	√	Mf	R	广		LC	
201	树鹨	*Anthus hodgsoni*	√	√	M	R	广		LC	
202	红喉鹨	*Anthus cervinus*	√		Ua	W			LC	
203	粉红胸鹨	*Anthus roseatus*	√	√	Hm	R	广		LC	
204	水鹨	*Anthus spinoletta*		√	C	M，W			LC	
205	山鹨	*Anthus sylvanus*	√	√	Sc	R	东		LC	
36）	**山椒鸟科**	**Campephagidae**								
206	大鹃鵙	*Coracina novaehollandiae*	√	√	Wb	R	东		LC	
207	暗灰鹃鵙	*Coracina melaschistos*	√	√	We	R	东		LC	
208	小灰山椒鸟	*Pericrocotus cantonensis*	√		Wc	M			LC	
209	粉红山椒鸟	*Pericrocotus roseus*	√	√	Wc	B，S	东		LC	
210	灰喉山椒鸟	*Pericrocotus solaris*	√	√	Wc	R	东		LC	
211	长尾山椒鸟	*Pericrocotus ethologus*	√	√	Hm	R	东		LC	
212	短嘴山椒鸟	*Pericrocotus brevirostris*	√	√	Hm	B，S	东		LC	
213	赤红山椒鸟	*Pericrocotus flammeus*	√	√	Wc	R	东		LC	
214	褐背鹟鵙	*Hemipus picatus*	√	√	Wc	R	东		LC	
215	钩嘴林鵙	*Tephrodornis gularis*	√	√	Wb	R	东		LC	
37）	**鹎科**	**Pycnontidae**								
216	凤头雀嘴鹎	*Spizixos canifrons*	√	√	Wc	R	东		LC	
217	领雀嘴鹎	*Spizixos semitorques*	√		Wc	R	东		LC	
218	黑冠黄鹎	*Pycnonotus melanicterus*	√		Wa	R	东		LC	
219	红耳鹎	*Pycnonotus jocosus*	√	√	Wc	R	东		LC	
220	黄臀鹎	*Pycnonotus xanthorrhous*	√	√	We	R	东		LC	
221	黑头鹎	*Pycnonotus atriceps*		√	Wa	R	东		LC	
222	白喉红臀鹎	*Pycnonotus aurigaster*	√	√	Wb	R	东		LC	
223	黑喉红臀鹎	*Pycnonotus cafer*		√	Wa	R	东		LC	
224	黄绿鹎	*Pycnonotus flavescens*	√	√	Wa	R	东		LC	
225	白喉冠鹎	*Criniger pallidus*	√		Wc	R	东		LC	
226	绿翅短脚鹎	*Hypsipetes mcclellandii*	√	√	Wc	R	东		LC	
227	灰短脚鹎	*Hypsipetes flavala*	√	√	Wb	R	东		LC	
228	灰眼短脚鹎	*Hypsipetes propinquus*		√	Wa	R	东		LC	
229	栗背短脚鹎	*Hypsipetes castanonotus*	√	√	Wb	R	东		LC	
230	黑短脚鹎	*Hypsipetes madagascariensis*	√	√	Wd	R	东		LC	
231	纵纹绿鹎	*Pycnonotus striatus*	√	√	Wc	R	东		LC	
38）	**和平鸟科**	**Irenidae**								
232	和平鸟	*Irena puella*	√		Wa	R	东		LC	
233	黑翅雀鹎	*Aegithina tiphia*		√	Wa	R	东		LC	
234	橙腹叶鹎	*Chloropsis hardwickii*	√	√	Wc	R	东		LC	
39）	**伯劳科**	**Laniidae**								
235	虎纹伯劳	*Lanius tigrinus*	√	√	X	W			LC	

序号	目、科、种	拉丁名	哀牢山	无量山	分布型	居留型	区系从属	国家保护级别	IUCN受威胁等级	CITES附录
236	红尾伯劳	*Lanius cristatus*	√	√	X	W			LC	
237	棕背伯劳	*Lanius schach*	√	√	Wd	R	东		LC	
238	红背伯劳	*Lanius collurio*	√	√	Uf	M			LC	
239	灰背伯劳	*Lanius tephronotus*	√	√	Hm	R	东		LC	
240	栗背伯劳	*Lanius collurioides*	√	√	Wa	R, S	东		LC	
40）	**黄鹂科**	**Oriolidae**								
241	金黄鹂	*Oriolus oriolus*	√		U	O			LC	
242	细嘴黄鹂	*Oriolus tenuirostris*	√		We	R	广		LC	
243	黑枕黄鹂	*Oriolus chinensis*	√	√	We	B, S	广		LC	
244	黑头黄鹂	*Oriolus xanthornus*		√	Wa	B, S	东		LC	
245	朱鹂	*Oriolus traillii*	√	√	Wb	R	东		LC	
41）	**卷尾科**	**Dicruridae**								
246	黑卷尾	*Dicrurus macrocercus*	√	√	We	B, S	东		LC	
247	灰卷尾	*Dicrurus leucophaeus*	√	√	We	R	广		LC	
248	鸦嘴卷尾	*Dicrurus annectans*	√	√	Wa	R	东		LC	
249	古铜色卷尾	*Dicrurus aeneus*	√	√	Wa	R	东		LC	
250	发冠卷尾	*Dicrurus hottentottus*	√	√	Wd	B, S	东		LC	
42）	**椋鸟科**	**Sturnidae**								
251	丝光椋鸟	*Sturnus sericeus*	√	√	Sd	R	东		LC	
252	灰头椋鸟	*Sturnus malabaricus*	√	√	Wc	R	东		LC	
253	北椋鸟	*Sturnus sturninus*	√	√	X	M			LC	
254	灰背椋鸟	*Sturnus sinensis*	√		Sb	R	东		LC	
255	黑冠椋鸟	*Sturnus pagodarum*	√		Wb	O			LC	
256	家八哥	*Acridotheres tristis*	√	√	Wb	R	东		LC	
257	八哥	*Acridotheres cristatellus*	√	√	Wd	R	东		LC	
43）	**燕鵙科**	**Artamidae**								
258	灰燕鵙	*Artamus fuscus*		√	Wb	R	东		LC	
44）	**鸦科**	**Corvidae**								
259	松鸦	*Garrulus glandarius*	√	√	Uh	R	广		LC	
260	黄嘴蓝鹊	*Urocissa flavirostris*	√		Ha	R	东		LC	
261	红嘴蓝鹊	*Urocissa erythrorhyncha*	√	√	We	R	广		LC	
262	喜鹊	*Pica pica*	√	√	Ch	R	广		LC	
263	灰树鹊	*Dendrocitta formosae*	√	√	Wa	R	东		LC	
264	星鸦	*Nucifraga caryocatactes*	√	√	Ue	R	古		LC	
265	家鸦	*Corvus splendens*	√	√	Wa	R	东		LC	
266	寒鸦	*Corvus monedula*		√	Uf	O			LC	
267	大嘴乌鸦	*Corvus macrorhynchos*	√		S	R	广		LC	
268	小嘴乌鸦	*Corvus corone*	√	√	Cf	R	古		LC	
45）	**河乌科**	**Cinclidae**								
269	褐河乌	*Cinclus pallasii*	√	√	We	R	广		LC	
46）	**鹪鹩科**	**Troglodytidae**								
270	鹪鹩	*Troglodytes troglodytes*	√	√	Ch	R	广		LC	

序号	目、科、种	拉丁名	哀牢山	无量山	分布型	居留型	区系从属	国家保护级别	IUCN受威胁等级	CITES附录
47)	岩鹨科	**Prunellidae**								
271	棕胸岩鹨	*Prunella strophiata*	√	√	Hm	R	东		LC	
272	栗背岩鹨	*Prunella immaculata*	√		Hc	R	东		LC	
48)	鸫科	**Turdidae**								
273	锈腹短翅鸫	*Brachypteryx hyperythra*	√	√	Hm	R	东		NT	
274	白喉短翅鸫	*Brachypteryx leucophrys*	√	√	Wc	R	东		LC	
275	蓝短翅鸫	*Brachypteryx montana*	√	√	Wd	R	东		LC	
276	棕头歌鸲	*Luscinia ruficeps*	√		Hc	O		一	EN	
277	红尾歌鸲	*Luscinia sibilans*	√	√	Mg	W			LC	
278	红喉歌鸲	*Luscinia calliope*	√	√	U	W		二	LC	
279	蓝喉歌鸲	*Luscinia svecica*	√	√	Ua	M, W		二	LC	
280	黑胸歌鸲	*Luscinia pectoralis*	√	√	Hm	B, S	东		LC	
281	栗腹歌鸲	*Luscinia brunnea*	√	√	Hm	R, S	东		LC	
282	黑喉歌鸲	*Luscinia obscura*	√	√	Hc	M	二		VU	
283	金胸歌鸲	*Luscinia pectardens*	√	√	Hm	B, S	东	二	NT	
284	蓝歌鸲	*Luscinia cyane*	√	√	Mb	M, W			LC	
285	红胁蓝尾鸲	*Tarsiger cyanurus*	√	√	M	W			LC	
286	金色林鸲	*Tarsiger chrysaeus*	√	√	Hm	W			LC	
287	白眉林鸲	*Tarsiger indicus*	√	√	Hm	R	东		LC	
288	鹊鸲	*Copsychus saularis*	√	√	Wd	R	东		LC	
289	白腰鹊鸲	*Copsychus malabaricus*	√		Wa	R	东		LC	
290	黑喉红尾鸲	*Phoenicurus hodgsoni*	√	√	Hm	R	东		LC	
291	蓝额红尾鸲	*Phoenicurus frontalis*	√	√	Hm	R	东		LC	
292	北红尾鸲	*Phoenicurus auroreus*	√	√	M	W			LC	
293	赭红尾鸲	*Phoenicurus ochruros*	√		O	R	古		LC	
294	红腹红尾鸲	*Phoenicurus erythrogaster*		√	P	W			LC	
295	红尾水鸲	*Rhyacornis fuliginosus*	√	√	We	R	广		LC	
296	白腹短翅鸲	*Hodgsonius phoenicuroides*	√	√	Hm	R	东		LC	
297	白尾蓝地鸲	*Cinclidium leucurum*	√	√	Hm	R	东		LC	
298	蓝额长脚地鸲	*Cinclidium frontale*	√	√	Hm	R	东		LC	
299	小燕尾	*Enicurus scouleri*	√	√	Sd	R	东		LC	
300	灰背燕尾	*Enicurus schistaceus*	√	√	Wd	R	东		LC	
301	白冠燕尾	*Enicurus leschenaulti*	√	√	Wd	R	东		LC	
302	斑背燕尾	*Enicurus maculatus*	√	√	Wc	R	东		LC	
303	紫宽嘴鸫	*Cochoa purpurea*	√	√	Sc	R	东	二	LC	
304	黑喉石䳭	*Saxicola torquata*	√	√	O₁	R	广		LC	
305	白斑黑石䳭	*Saxicola caprata*	√	√	Wc	R	东		LC	
306	灰林䳭	*Saxicola ferrea*	√	√	Wd	R	东		LC	
307	白顶溪鸲	*Chaimarrornis leucocephalus*	√	√	Hm	R	东		LC	
308	白喉矶鸫	*Monticola gularis*	√		Mf	W			LC	
309	栗腹矶鸫	*Monticola rufiventris*	√	√	Sd	R	东		LC	
310	蓝矶鸫	*Monticola solitarius*	√	√	U	R	广		LC	

序号	目、科、种	拉丁名	哀牢山	无量山	分布型	居留型	区系从属	国家保护级别	IUCN受威胁等级	CITES附录
311	紫啸鸫	*Myiophoneus caeruleus*	√	√	We	R	东		LC	
312	橙头地鸫	*Zoothera citrina*	√	√	Wc	R	东		LC	
313	白眉地鸫	*Zoothera sibirica*	√	√	Ma	M，W			LC	
314	光背地鸫	*Zoothera mollissima*	√	√	Hm	B，S	东		LC	
315	长尾地鸫	*Zoothera dixoni*	√	√	Hm	W			LC	
316	长嘴地鸫	*Zoothera marginata*	√	√	Wa	R	东		LC	
317	虎斑地鸫	*Zoothera dauma*	√	√	U	M，W			LC	
318	乌鸫	*Turdus merula*	√	√	O₃	R	广		LC	
319	黑胸鸫	*Turdus dissimilis*	√	√	Hm	R	东		LC	
320	灰背鸫	*Turdus hortulorum*	√	√	Mf	O			LC	
321	灰头鸫	*Turdus rubrocanus*	√	√	Hm	M			LC	
322	褐头鸫	*Turdus feae*	√	√	We	O		二	VU	
323	乌灰鸫	*Turdus cardis*	√		O	M，W			LC	
324	灰翅鸫	*Turdus boulboul*	√	√	Hm	R	东		LC	
325	白腹鸫	*Turdus pallidus*	√	√	Mf	O			LC	
326	白眉鸫	*Turdus obscurus*	√	√	Mg	W			LC	
327	赤颈鸫	*Turdus ruficollis*	√	√	O	W			LC	
328	斑鸫	*Turdus naumanni*	√	√	M	W			LC	
329	宝兴歌鸫	*Turdus mupinensis*	√	√	Hc	R	广		LC	
49）	**画鹛科**	**Timaliidae**								
330	棕头幽鹛	*Pellorneum ruficeps*	√	√	Wa	R	东		LC	
331	白腹幽鹛	*Pellorneum albiventre*	√		Wa	R	东		LC	
332	斑胸钩嘴鹛	*Pomatorhinus erythrocnemis*	√	√	Sd	R	东		LC	
333	棕颈钩嘴鹛	*Pomatorhinus ruficollis*	√	√	Wa	R	东		LC	
334	红嘴钩嘴鹛	*Pomatorhinus ferruginosus*	√		Wa	R	东		LC	
335	剑嘴鹛	*Xiphirhynchus superciliaris*	√	√	Wa	R	东		LC	
336	灰岩鹪鹛	*Napothera crispifrons*	√		Wa	R	东		LC	
337	短尾鹪鹛	*Napothera brevicaudata*	√		Wa	R	东		IUCN	
338	鳞胸鹪鹛	*Pnoepyga albiventer*	√		Hm	R	东		LC	
339	小鳞胸鹪鹛	*Pnoepyga pusilla*	√	√	Wd	R	东		LC	
340	斑翅鹪鹛	*Spelaeornis troglodytoides*	√		Hm	R	东		LC	
341	红头穗鹛	*Stachyris ruficeps*	√	√	Sd	R	东		LC	
342	黑头穗鹛	*Stachyris nigriceps*	√		Wa	R	东		LC	
343	纹胸巨鹛	*Macronous gularis*	√	√	Wa	R	东		LC	
344	红顶鹛	*Timalia pileata*	√	√	Wb	R	东		LC	
345	金眼鹛雀	*Chrysomma sinense*	√	√	Wb	R	东		LC	
346	矛纹草鹛	*Babax lanceolatus*	√	√	Sd	R	东		LC	
347	白喉噪鹛	*Garrulax albogularis*	√	√	Hm	R	东		LC	
348	小黑领噪鹛	*Garrulax moniliger*	√	√	Wb	R	东		LC	
349	黑领噪鹛	*Garrulax pectoralis*	√	√	Wd	R	东		LC	
350	黑喉噪鹛	*Garrulax chinensis*	√	√	Wa	R	东	二	LC	
351	灰翅噪鹛	*Garrulax cineraceus*	√	√	Sv	R	东		LC	

续表

序号	目、科、种	拉丁名	哀牢山	无量山	分布型	居留型	区系从属	国家保护级别	IUCN受威胁等级	CITES附录
352	灰胁噪鹛	*Garrulax caerulatus*	√		Hm	R	东		LC	
353	眼纹噪鹛	*Garrulax ocellatus*		√	Hm	R	东	二	LC	
354	画眉	*Garrulax canorus*	√	√	Sd	R	东	二	LC	II
355	白颊噪鹛	*Garrulax sannio*	√	√	Sd	R	东		LC	
356	蓝翅噪鹛	*Garrulax squamatus*	√	√	Hm	R	东		LC	
357	纯色噪鹛	*Garrulax subunicolor*	√	√	Hm	R	东		LC	
358	橙翅噪鹛	*Garrulax elliotii*	√	√	Hc	R	东	二	LC	
359	黑顶噪鹛	*Garrulax affinis*	√	√	Hm	R	东		LC	
360	红头噪鹛	*Garrulax erythrocephalus*	√	√	Hm	R	东		LC	
361	赤尾噪鹛	*Garrulax milnei*	√	√	Wc	R	东	二	LC	
362	白冠噪鹛	*Garrulax leucolophus*	√		Wa	R	东		LC	
363	红翅薮鹛	*Liocichla phoenicea*	√	√	Hm	R	东		LC	
364	银耳相思鸟	*Leiothrix argentauris*	√	√	Wc	R	东	二	LC	II
365	红嘴相思鸟	*Leiothrix lutea*	√	√	Wd	R	东	二	LC	II
366	棕腹鹛鹛	*Pteruthius rufiventer*	√	√	Hm	R	东		LC	
367	红翅鹛鹛	*Pteruthius flaviscapis*	√	√	Wc	R	东		LC	
368	淡绿鹛鹛	*Pteruthius xanthochlorus*	√		Hm	R	东		LC	
369	栗喉鹛鹛	*Pteruthius melanotis*	√	√	Wa	R	东		LC	
370	栗额鹛鹛	*Pteruthius aenobarbus*	√	√	Wb	R	东		LC	
371	锈额斑翅鹛	*Actinodura egertoni*	√	√	Wa	R	东		LC	
372	白眶斑翅鹛	*Actinodura ramsayi*	√		Wa	R	东		LC	
373	灰头斑翅鹛	*Actinodura souliei*	√	√	Hc	R	东		LC	
374	蓝翅希鹛	*Minla cyanouroptera*	√	√	Wc	R	东		LC	
375	斑喉希鹛	*Minla strigula*	√	√	Hm	R	东		LC	
376	火尾希鹛	*Minla ignotincta*	√	√	Sc	R	东		LC	
377	金胸雀鹛	*Alcippe chrysotis*	√	√	Hm	R	东	二	LC	
378	栗头雀鹛	*Alcippe castaneceps*	√	√	Wa	R	东		LC	
379	白眉雀鹛	*Alcippe vinipectus*	√	√	Hm	R	东		LC	
380	棕头雀鹛	*Alcippe ruficapilla*	√	√	Hc	R	东		LC	
381	褐头雀鹛	*Alcippe cinereiceps*	√	√	Sd	R	东		LC	
382	褐胁雀鹛	*Alcippe dubia*	√	√	Wc	R	东		LC	
383	褐脸雀鹛	*Alcippe poioicephala*	√		Wa	R	东		LC	
384	灰眶雀鹛	*Alcippe morrisonia*	√	√	Wd	R	东		LC	
385	栗背奇鹛	*Heterophasia annectens*		√	Hm	R	东		LC	
386	黑头奇鹛	*Heterophasia melanoleuca*	√	√	Wc	R	东		LC	
387	栗耳凤鹛	*Yuhina castaniceps*	√	√	Wc	R	东		LC	
388	黄颈凤鹛	*Yuhina flavicollis*	√	√	Hm	R	东		LC	
389	纹喉凤鹛	*Yuhina gularis*	√	√	Hm	R	东		LC	
390	白领凤鹛	*Yuhina diademata*	√	√	Hc	R	东		LC	
391	棕肛凤鹛	*Yuhina occipitalis*	√	√	Hm	R	东		LC	
392	黑颏凤鹛	*Yuhina nigrimenta*	√		Wc	R	东		LC	
393	白腹凤鹛	*Yuhina zantholeuca*	√	√	Wb	R	东		LC	

续表

序号	目、科、种	拉丁名	哀牢山	无量山	分布型	居留型	区系从属	国家保护级别	IUCN受威胁等级	CITES附录
50）	**鸦雀科**	**Paradoxornithidae**								
394	褐鸦雀	*Paradoxornis unicolor*	√	√	Hm	R	东		LC	
395	点胸鸦雀	*Paradoxornis guttaticollis*	√	√	Sd	R	东		LC	
396	棕翅缘鸦雀	*Paradoxornis webbianus*	√		Sv	R	广		LC	
397	褐翅缘鸦雀	*Paradoxornis brunneus*	√		Hm	R	东		LC	
398	黑喉鸦雀	*Paradoxornis nipalensis*	√	√	Sd	R	东		LC	
399	灰头鸦雀	*Paradoxornis gularis*	√		Wc	R	东		LC	
51）	**莺科**	**Sylviidae**								
400	灰腹地莺	*Tesia cyaniventer*	√	√	Wb	R	东		LC	
401	金冠地莺	*Tesia olivea*	√	√	Wc	R	东		LC	
402	栗头地莺	*Tesia castaneocoronata*	√	√	Hm	R	东		LC	
403	鳞头树莺	*Cettia squameiceps*	√	√	Kb	M			LC	
404	淡脚树莺	*Cettia pallidipes*	√	√	Wa	R	东		LC	
405	日本树莺	*Cettia diphone*	√	√	Mb	M，W			LC	
406	异色树莺	*Cettia flavolivaceus*		√	Hm	R	东		LC	
407	强脚树莺	*Cettia fortipes*	√	√	Wd	R	东		LC	
408	大树莺	*Cettia major*	√	√	Hm	B，S	东		LC	
409	黄腹树莺	*Cettia robustipes*	√	√	Sd	R	东		LC	
410	棕顶树莺	*Cettia brunnifrons*	√	√	Hm	R	东		LC	
411	斑胸短翅莺	*Bradypterus thoracicus*	√	√	O	B，S	广		LC	
412	中华短翅莺	*Bradypterus tacsanowskius*	√	√	D	B，S	广		LC	
413	棕褐短翅莺	*Bradypterus luteoventris*	√	√	Sd	R	东		LC	
414	高山短翅莺	*Bradypterus seebohmi*	√	√	Wc	R，S	东		LC	
415	沼泽大尾莺	*Megalurus palustris*	√	√	Wb	R	东		LC	
416	小蝗莺	*Locustella certhiola*	√	√	M	M			LC	
417	矛斑蝗莺	*Locustella lanceolata*	√	√	M	M			LC	
418	黑斑蝗莺	*Locustella naevia*		√	O_3	M			LC	
419	鸲蝗莺	*Locustella luscinioides*	√		U	O			LC	
420	大苇莺	*Acrocephalus arundinaceus*	√		O_5	M			LC	
421	东方大苇莺	*Acrocephalus orientalis*	√	√	O	B，M	古		LC	
422	噪大苇莺	*Acrocephalus stentoreus*	√	√	Wc	O			LC	
423	黑眉苇莺	*Acrocephalus bistrigiceps*	√	√	Ma	M			LC	
424	芦苇莺	*Acrocephalus scirpaceus*	√	√	O	M			LC	
425	钝翅苇莺	*Acrocephalus concinens*	√	√	O_3	W			LC	
426	稻田苇莺	*Acrocephalus agricola*	√	√	O_3	M			LC	
427	厚嘴苇莺	*Acrocephalus aedon*	√	√	Mc	B，M	广		LC	
428	林柳莺	*Phylloscopus sibilatrix*		√	Hm	O			LC	
429	黄腹柳莺	*Phylloscopus affinis*	√	√	Hm	W			LC	
430	棕腹柳莺	*Phylloscopus subaffinis*	√	√	Sv	R	东		LC	
431	烟柳莺	*Phylloscopus fuligiventer*	√		Hb	O			LC	
432	褐柳莺	*Phylloscopus fuscatus*	√	√	M	B，S	古		LC	
433	棕眉柳莺	*Phylloscopus armandii*	√	√	Hm	R	古		LC	

序号	目、科、种	拉丁名	哀牢山	无量山	分布型	居留型	区系从属	国家保护级别	IUCN受威胁等级	CITES附录
434	橙斑翅柳莺	*Phylloscopus pulcher*	√	√	Hm	R	东		LC	
435	云南柳莺	*Phylloscopus yunnanensis*		√	Sh	R	东		LC	
436	黄眉柳莺	*Phylloscopus inornatus*	√	√	U	R	古		LC	
437	淡眉柳莺	*Phylloscopus humei*		√	O	B，S	东		LC	
438	黄腰柳莺	*Phylloscopus proregulus*	√	√	U	R	古		LC	
439	灰喉柳莺	*Phylloscopus maculipennis*	√	√	Hm	R	东		LC	
440	乌嘴柳莺	*Phylloscopus magnirostris*	√	√	Hm	R	东		LC	
441	极北柳莺	*Phylloscopus borealis*	√	√	Uc	M			LC	
442	暗绿柳莺	*Phylloscopus trochiloides*	√	√	U	B，S	古		LC	
443	淡脚柳莺	*Phylloscopus tenellipes*	√		Kb	M			LC	
444	双斑绿柳莺	*Phylloscopus plumbeitarsus*	√	√	U	M，W			LC	
445	冕柳莺	*Phylloscopus coronatus*	√	√	M	M			LC	
446	冠纹柳莺	*Phylloscopus reguloides*	√	√	Wa	R	东		LC	
447	白斑尾柳莺	*Phylloscopus davisoni*	√	√	Sc	R	东		LC	
448	巨嘴柳莺	*Phylloscopus schwarzi*	√	√	M	W			LC	
449	黄胸柳莺	*Phylloscopus cantator*	√	√	Wd	R	东		LC	
450	黑眉柳莺	*Phylloscopus ricketti*		√	Wd	R	东		LC	
451	戴菊	*Regulus regulus*	√		Cf	W			LC	
452	栗头鹟莺	*Seicercus castaniceps*	√	√	Wd	R	东		LC	
453	金眶鹟莺	*Seicercus burkii*	√	√	Sd	R	东		LC	
454	白眶鹟莺	*Seicercus affinis*	√		Wb	R	东		LC	
455	灰脸鹟莺	*Seicercus poliogenys*	√	√	Hm	R	东		LC	
456	黄腹鹟莺	*Abroscopus superciliaris*	√	√	Wa	R	东		LC	
457	黑脸鹟莺	*Abroscopus schisticeps*	√	√	Wa	R	东		LC	
458	棕脸鹟莺	*Abroscopus albogularis*	√		Sd	R	东		LC	
459	宽嘴鹟莺	*Tickellia hodgsoni*	√	√	Hm	R	东		LC	
460	金头缝叶莺	*Orthotomus cucullatus*	√	√	Wb	R	东		LC	
461	长尾缝叶莺	*Orthotomus sutorius*	√	√	Wb	R	东		IUCN	
462	棕扇尾莺	*Cisticola juncidis*	√	√	O₅	R	广		LC	
463	灰胸鹪莺	*Prinia hodgsonii*	√	√	Wc	R	东		LC	
464	暗冕鹪莺	*Prinia rufescens*	√	√	Wb	R	东		LC	
465	褐头鹪莺	*Prinia subflava*	√	√	Wd	R	东		LC	
466	黄腹鹪莺	*Prinia flaviventris*	√	√	Wb	R	东		LC	
467	山鹪莺	*Prinia criniger*	√		Wa	R	东		LC	
468	褐山鹪莺	*Prinia polychroa*	√	√	Wa	R	东		LC	
469	黑喉山鹪莺	*Prinia atrogularis*	√	√	Wb	R	东		LC	
52）	**鹟科**	**Muscicapidae**								
470	白眉姬鹟	*Ficedula zanthopygia*	√	√	Ma	M			LC	
471	黄眉姬鹟	*Ficedula narcissina*	√	√	K	M			LC	
472	鸲姬鹟	*Ficedula mugimaki*	√	√	Ma	M			LC	
473	红喉姬鹟	*Ficedula parva*	√	√	Uc	W			LC	
474	橙胸姬鹟	*Ficedula strophiata*	√	√	Wa	R	东		LC	

续表

序号	目、科、种	拉丁名	哀牢山	无量山	分布型	居留型	区系从属	国家保护级别	IUCN受威胁等级	CITES附录
475	白喉姬鹟	*Ficedula monileger*	√		Wa	O			LC	
476	棕胸蓝姬鹟	*Ficedula hyperythra*	√	√	Wd	R	东		LC	
477	锈胸蓝姬鹟	*Ficedula hodgsonii*	√	√	Hm	R	东		LC	
478	白眉蓝姬鹟	*Ficedula superciliaris*	√	√	Wc	B，S	东		LC	
479	小斑姬鹟	*Ficedula westermanni*	√	√	Wb	B，S	东		LC	
480	灰蓝姬鹟	*Ficedula tricolor*	√	√	Hm	B，S	东		LC	
481	玉头姬鹟	*Ficedula sapphira*	√		Hm	B，S	东		LC	
482	白腹蓝鹟	*Cyanoptila cyanomelana*	√	√	Kb	M			LC	
483	大仙鹟	*Niltava grandis*	√	√	Wa	R	东	二	LC	
484	小仙鹟	*Niltava macgrigoriae*	√		Hm	R	东		LC	
485	棕腹大仙鹟	*Niltava davidi*	√	√	Wa	R	东	二	LC	
486	棕腹仙鹟	*Niltava sundara*	√		Hm	R	东		LC	
487	棕腹蓝仙鹟	*Niltava vivida*	√		Hm	R	东		LC	
488	纯蓝仙鹟	*Niltava unicolor*	√		Wb	R	东		LC	
489	海南蓝仙鹟	*Cyornis hainanus*	√	√	Sb	R	东		LC	
490	灰颊仙鹟	*Cyornis poliogenys*		√	Wa	R	东		LC	
491	蓝喉仙鹟	*Niltava rubeculoides*	√	√	Wa	R	东		LC	
492	山蓝仙鹟	*Niltava banyumas*	√	√	Wb	R	东		LC	
493	白尾蓝仙鹟	*Niltava concreta*	√	√	Wa	R	东		LC	
494	侏蓝仙鹟	*Niltava hodgsoni*	√		Wa	B，S	东		LC	
495	斑鹟	*Muscicapa striata*	√	√	O	O			LC	
496	乌鹟	*Muscicapa sibirica*	√	√	M	B，S	古		LC	
497	北灰鹟	*Muscicapa dauurica*	√	√	Ma	W			LC	
498	褐胸鹟	*Muscicapa muttui*	√	√	Hc	R	东		LC	
499	棕尾褐鹟	*Muscicapa ferruginea*	√	√	Hc	B，M	东		LC	
500	铜蓝鹟	*Muscicapa thalassina*	√	√	Wd	R	东		LC	
501	白喉林鹟	*Rhinomyias brunneata*	√	√	Sh	M		二	VU	
502	方尾鹟	*Culicicapa ceylonensis*	√	√	Wd	R	东		IUCN	
503	黑枕王鹟	*Hypothymis azurea*	√	√	Wc	R	东		LC	
504	寿带鸟	*Terpsiphone paradisi*	√	√	We	B，S	广		LC	
505	白眉扇尾鹟	*Rhipidura aureola*	√		Wb	R	东		LC	
506	白喉扇尾鹟	*Rhipidura albicollis*	√	√	Wc	R	东		LC	
507	黄腹扇尾鹟	*Rhipidura hypoxantha*	√	√	Hm	R	东		LC	
53）	**山雀科**	**Paridae**								
508	大山雀	*Parus major*	√	√	Uh	R	广		LC	
509	绿背山雀	*Parus monticolus*	√	√	Wd	R	东		LC	
510	黄颊山雀	*Parus spilonotus*	√	√	Wc	R	东		LC	
511	黄腹山雀	*Parus venustulus*	√		Sh	O			LC	
512	褐冠山雀	*Parus dichrous*	√		Hm	R	广		LC	
513	黄眉林雀	*Sylviparus modestus*	√	√	Wd	R	东		LC	
514	红头长尾山雀	*Aegithalos concinnus*	√	√	Wd	R	东		LC	
515	黑眉长尾山雀	*Aegithalos iouschistos*	√		Hm	R	东		LC	

序号	目、科、种	拉丁名	哀牢山	无量山	分布型	居留型	区系从属	国家保护级别	IUCN 受威胁等级	CITES 附录
54）	鸭科	**Sittidae**								
516	绒额鸭	*Sitta frontalis*	√	√	Wc	R	东		LC	
517	巨鸭	*Sitta magna*	√	√	Wb	R	东	二	EN	
518	滇鸭	*Sitta yunnanensis*	√	√	Hc	R	东	二	NT	
519	白尾鸭	*Sitta himalayensis*	√	√	Hm	R	东		LC	
520	栗臀鸭	*Sitta nagaensis*	√	√	Hc	R	广		LC	
521	红翅旋壁雀	*Tichodroma muraria*		√	O	R	古		LC	
55）	旋木雀科	**Certhiidae**								
522	旋木雀	*Certhia familiaris*	√		Cb	R	古		LC	
523	高山旋木雀	*Certhia himalayana*	√	√	Hm	R	东		LC	
524	褐喉旋木雀	*Certhia discolor*	√		Hm	R	东		LC	
56）	攀雀科	**Remizidae**								
525	火冠雀	*Cephalopyrus flammiceps*	√		Hm	B, S	东		LC	
57）	啄花鸟科	**Dicaeidae**								
526	黄腹啄花鸟	*Dicaeum melanozanthum*	√	√	Hm	R	东		LC	
527	纯色啄花鸟	*Dicaeum concolor*	√	√	Wd	R	东		LC	
528	红胸啄花鸟	*Dicaeum ignipectus*	√	√	Wd	R	东		LC	
58）	太阳鸟科	**Nectariniidae**								
529	黑胸太阳鸟	*Aethopyga saturata*	√	√	Wa	R	东		LC	
530	黄腰太阳鸟	*Aethopyga siparaja*	√	√	Wa	R	东		LC	
531	蓝喉太阳鸟	*Aethopyga gouldiae*	√	√	Sd	R	东		LC	
532	绿喉太阳鸟	*Aethopyga nipalensis*	√	√	Hm	R	东		LC	
533	火尾太阳鸟	*Aethopyga ignicauda*	√	√	Ha	R	东		LC	
534	叉尾太阳鸟	*Aethopyga christinae*		√	Sc	R	东		LC	
535	长嘴捕蛛鸟	*Arachnothera longirostra*		√	Wa	R	东		LC	
536	纹背捕蛛鸟	*Arachnothera magna*	√	√	Wa	R	东		LC	
59）	绣眼鸟科	**Zosteropidae**								
537	暗绿绣眼鸟	*Zosterops japonica*	√	√	S	R	东		LC	
538	红胁绣眼鸟	*Zosterops erythropleura*	√	√	Mb	W		二	LC	
539	灰腹绣眼鸟	*Zosterops palpebrosa*	√	√	Wc	R	东		LC	
60）	文鸟科	**Ploceidae**								
540	树麻雀	*Passer montanus*	√	√	Uh	R	广		LC	
541	山麻雀	*Passer rutilans*	√	√	Sh	R	广		LC	
542	黄胸织布鸟	*Ploceus philippinus*		√	Wa	R	东		LC	
543	白腰文鸟	*Lonchura striata*	√	√	Wd	R	东		LC	
544	斑文鸟	*Lonchura punctulata*	√	√	Wc	R	东		LC	
545	栗腹文鸟	*Lonchura malacca*	√		Wa	R	东		LC	
61）	雀科	**Fringillidae**								
546	燕雀	*Fringilla montifringilla*	√	√	Uc	W			LC	
547	金翅雀	*Carduelis sinica*		√	Me	W			LC	
548	黑头金翅雀	*Carduelis ambigua*	√	√	Hm	R	东		LC	
549	高山金翅雀	*Carduelis spinoides*		√	Wa	R	东		LC	

续表

序号	目、科、种	拉丁名	哀牢山	无量山	分布型	居留型	区系从属	国家保护级别	IUCN受威胁等级	CITES附录
550	藏黄雀	*Carduelis thibetana*	√	√	Hm	R	东		LC	
551	林岭雀	*Leucosticte nemoricola*	√		Pw	R	古		LC	
552	赤朱雀	*Carpodacus rubescens*	√		Hm	R	东		LC	
553	暗胸朱雀	*Carpodacus nipalensis*	√		Hm	R	东		LC	
554	酒红朱雀	*Carpodacus vinaceus*	√	√	Hc	R	东		LC	
555	红眉朱雀	*Carpodacus pulcherrimus*	√		Hm	R	古		LC	
556	普通朱雀	*Carpodacus erythrinus*	√	√	U	B，S	古		LC	
557	红胸朱雀	*Carpodacus puniceus*		√	Pw	R	古		LC	
558	长尾雀	*Uragus sibiricus*		√	M	R	古		LC	
559	红眉松雀	*Pinicola subhimachala*	√		Hm	R	东		LC	
560	血雀	*Haematospiza sipahi*	√	√	Hm	R	东		LC	
561	褐灰雀	*Pyrrhula nipalensis*	√	√	Wb	R	东		LC	
562	灰头灰雀	*Pyrrhula erythaca*	√	√	Hm	R	广		LC	
563	白点翅拟蜡嘴雀	*Mycerobas melanozanthos*	√		Hm	R	东		LC	
564	栗鹀	*Emberiza rutila*	√	√	Ma	M，W			LC	
565	黄胸鹀	*Emberiza aureola*	√	√	Ub	W		一	CR	
566	黄喉鹀	*Emberiza elegans*	√	√	M	W			LC	
567	灰头鹀	*Emberiza spodocephala*	√	√	M	W			LC	
568	灰眉岩鹀	*Emberiza cia*	√	√	O_3	R	古		LC	
569	栗耳鹀	*Emberiza fucata*	√	√	M	R	古		LC	
570	小鹀	*Emberiza pusilla*	√	√	Ua	W			LC	
571	白眉鹀	*Emberiza tristrami*	√	√	Ma	W			LC	
572	田鹀	*Emberiza rustica*	√	√	Uc	W			VU	
573	芦鹀	*Emberiza schoeniclus*	√	√	Ua	O			LC	
574	凤头鹀	*Melophus lathami*	√	√	Wc	R	东		LC	

注：

　　分布型：C，全北型；U，古北型；D，中亚型；M/K，东北型；X，东北-华北型；P，高地型；H，喜马拉雅-横断山区型；S，南中国型；W，东洋型；O，不易归类型；大写字母与小写字母或数字组合的含义详见正文或《中国动物地理》（张荣祖，2011）259-262页

　　居留型：R，留鸟；S，夏候鸟；B，繁殖鸟；M，旅鸟；W，冬候鸟；O，偶见鸟

　　区系从属：东，东洋种；古，古北种；广，广布种

　　IUCN受威胁等级：LC，无危；NT，近危；VU，易危；EN，濒危；CR，极危

附录 3-3　哀牢山-无量山爬行动物及其区系从属与保护等级

中文名	拉丁名	海拔（m）	无量山	哀牢山	区系分析	主要生境	分布型	保护级别	特有性	主要繁殖场所
龟鳖目	**Testudines**									
平胸龟科	**Platysternidae**									
平胸龟	*Platysternon megacephalum*	1000～1600	+	+	S	1	Wc	C1 G2		溪流岸边陆地
鳖科	**Trionychidae**									
山瑞鳖	*Palea steindachneri*	700～1200		+	SW	4	Sd	G2/C2		河流岸边陆地
有鳞目	**Squamata**									
蜥蜴亚目	**Lacertilia**									
鬣蜥科	**Agamidae**									
丽棘蜥	*Acanthosauralepidogaster*	1000～1500	+	+	SW	1	Wc			林间地面下
棕背树蜥	Calotes emma	700～1300	+	+	S	1	Wa			林间地面下
蚌西拟树蜥	*Pseudocalotes kakhienensis*	1300～2300	+	+	SW	1	Wb		P	林间地面下
细鳞拟树蜥	*Pseudocalotes microlepis*	1200～1600		+	SW	1	Wa			林间地面下
昆明龙蜥	*Japalura varcoae*	1600～2400	+	+	SW	1	Yb		P	林间地面下
云南龙蜥	*Japalura yunnanensis*	1800～2600	+	+	SW	1	Hc		P	林间地面下
壁虎科	**Gekkonidae**									
原尾蜥虎	*Hemidactylus bowringii*	700～1500	+	+	S	5	Wb			住宅或树干
锯尾蜥虎	*Hemidactylus garnotii*	700～1100	+	+	SW	5	Wa			住宅或树干
云南半叶趾虎	*Hemiphyllodactylus yunnanensis*	1200～2000	+	+	SW	5	Wc		P	住宅或树干
石龙子科	**Scincidae**									
中国石龙子*?	*Eumeces chinensis*	1700～1900	+	+	S	3	Sm			林缘或草地地面下
铜蜓蜥	*Sphenomorphus indicus*	1200～2600	+	+	W	3	We			林缘或草地地面下
斑蜓蜥	*Sphenomorphus maculatus*	800～1200	+	+	S	3	We			林缘或草地地面下
多线南蜥	*Mabuya multifasciata*	700～1200		+	SW	3	Wa			林缘或草地地面下
山滑蜥	*Scincella monticola*	1600～3000	+	+	SW	3	Hc		P	林间或草地地面下
滑蜥疑似新种	*Scincella* sp.	2000～3100	?	+	SW	3	Hc		L	林间或草地地面下
蜥蜴科	**Lacertidae**									
南草蜥	*Takydromus sexlineatus*	500～1000	?	+	S	1	Wc			林缘或草地地面下
蛇蜥科	**Anguidae**									
细脆蛇蜥	*Ophisaurus gracilis*	1000～2000	?	+	S	1	Wb	G2		林间地面下
脆蛇蜥	*Ophisaurus harti*	1000～2000	+	+	S	1	Sb	G2		林间地面下
巨蜥科	**Varanidae**									
圆鼻巨蜥	*Varanus salvator*	700～1000	+	+	SW	1	Wa	G1/C2		林间河岸洞穴
蛇亚目	**Serpentes**									
盲蛇科	**Typhlopidae**									

续表

中文名	拉丁名	海拔（m）	无量山	哀牢山	区系分析	主要生境	分布型	保护级别	特有性	主要繁殖场所
大盲蛇	*Typhlops diardi*	1000～1500	+	+	SW	2	Wb			林间地面下
钩盲蛇*	*Ramphotyphlops braminus*	1000～1200	?	+	SW	1	Wc			林间地面下
蟒科	**Boidae**									
蟒蛇	*Python bivittatus*	700～1200	+	+	S	1	Wc	G2/C2		林缘或河岸岩洞
钝头蛇科	**Pareatidae**									
缅甸钝头蛇	*Pareas hamptoni*	1200～1800	+		SW	1	Wb			不详，可能在树洞
云南钝头蛇?	*Pareas yunnanensis*	1600～2600	+	+	SW	1	Yb		L	不详，可能在树洞
横斑钝头蛇	*Pareas macularius*	700～1200	+	+	SW	1	Wb		P	不详，可能在树洞
游蛇科	**Colubridae**									
滇西蛇	*Atretium yunnanensis*	800～1200	+	+	SW	3	Sa		H	林缘或地埂地下缝隙
云南两头蛇	*Calamaria yunnanensis*	1600～2100	+	+	SW	2	Hc		L	林缘或地埂地下缝隙
尖尾两头蛇	*Calamaria pavimentata*			+	SW	2	Hc		P	林缘或地埂地下缝隙
八莫过树蛇*	*Ahaetulla subocularis*	700～1200	+	+	S	1	Wa		P	不详，可能在树洞
白链蛇	*Dinodon septentrionalis*	1200～2600	+	+	S	1	He			林缘或地埂地下缝隙
方花蛇	*Archelaphe bella*	1800～2400	+	+	SW	1	Sc			林缘或地埂地下缝隙
王锦蛇	*Elaphe carinata*	1200～2300	+	+	W	1	Sd			林缘或地埂地下缝隙
紫灰锦蛇	*Elaphe porphyracea*	1600～2200	+	+	SW	1	We			林缘或地埂地下缝隙
三索锦蛇	*Elaphe radiata*	700～1600	+	+	S	2	Wb	G2		林缘或地埂地下缝隙
绿锦蛇*	*Elaphe prasina*	700～1500	+	+	S	1	Wc			林缘或地埂地下缝隙
黑眉锦蛇	*Elaphe taeniura*	800～3100	+	+	W	1	We			林缘或地埂地下缝隙
纯绿翠青蛇	*Entechinus doriae*	700～1200	+	+	SW	1	Sa		P	林缘或地埂地下缝隙
横纹翠青蛇*	*Entechinus multicinctus*	700～1500	+	+	SW	1	Sc		P	林缘或地埂地下缝隙
滑鳞蛇	*Liopeltis frenatus*	800～1600	+	+	SW	1	Wa			林间或林缘地下缝隙
老挝后棱蛇	*Opisthotropis praemaxillaris*	1200～1600	+	+	SW	4	Wb		P	林间或林缘地下缝隙
白环蛇	*Lycodon aulicus*	1500～2600	+	+	SW	1	Wa		P	林间或林缘地下缝隙
双全白环蛇	*Lycodon fasciatus*	1500～2200	+	+	SW	2	We		P	林间或林缘地下缝隙
腹斑腹链蛇	*Amphiesma modesta*	1500～2000	+	+	SW	3	Wb		P	溪流或静水体边缘地下
八线腹链蛇	*Amphiesma octolineata*	1600～3100	+	+	SW	3	Hc		P	溪流或静水体边缘地下
颈槽蛇	*Rhabdophis nuchalis*	1500～2100	+	+	SW	3	Sd		H	溪流或静水体边缘地下
缅甸颈槽蛇*	*Rhabdophis leonardi*	1600～2200	+		SW	3	Hc		P	溪流或静水体边缘地下
红脖颈槽蛇	*Rhabdophis subminiata*	700～2000	+	+	W	3	We			溪流或静水体边缘地下
虎斑颈槽蛇	*Rhabdophis tigrina*	800～2000	+	+	W	3	Ea		N	溪流或静水体边缘地下
云南华游蛇	*Sinonatrix yunnanensis*	1000～1600	+	+	SW	4	Sb		P	溪流或静水体边缘地下
华游蛇	*Sinonatrix percarinata*	1200～1600	+	+	S	4	Sd		N	溪流或静水体边缘地下
渔游蛇*	*Xenochrophis piscator*	1000～1500	+	+	S	4	Wc		P	溪流或静水体边缘地下
圆斑小头蛇	*Oligodon lacroixi*	1800～2000	+	+	SW	1	Sb		P	林间地面下
颈斑蛇	*Plagiopholis blakewayi*	1800～2100	+	+	SW	1	Hc		P	林间或林缘地面下
缅甸颈斑蛇*	*Plagiopholis nuchalis*	800～1200	+	+	SW	1	Wa		P	林间或林缘地面下

续表

中文名	拉丁名	海拔（m）	无量山	哀牢山	区系分析	主要生境	分布型	保护级别	特有性	主要繁殖场所
斜鳞蛇	*Pseudoxenodon macrops*	1000～3100	+	+	W	1	We			林间或林缘地面下
灰鼠蛇	*Ptyas korros*	700～1600		+	S	2	Wc			林缘及河岸地面下
黑领剑蛇	*Sibynophis collaris*	1500～2000	+	+	SW	3	Wc			林间或林缘地面下
黑线乌梢蛇	*Zaocys nigromarginatus*	1000～2400	+	+	W	2	Hm			林缘及河岸地面下
繁花林蛇	*Boiga multomaculata*	1500～2100	+	+	SW	1	Wc			可能在树洞
绿瘦蛇	*Dryophis prasina*	800～1500	+	+	SW	1	Wc			可能在树洞
眼镜蛇科	**Elapidae**									
银环蛇	*Bungarus multicinctus*	700～1200	+	+	SW	1	Sc			林间或林缘地面下
孟加拉眼镜蛇	*Naja kaouthia*	800～1800	+	+	W	1	Wa	C2	P	林间或林缘地面下
眼镜王蛇	*Ophiophagus hannah*	1500～2300	+	+	W	1	Wb	G2 C2	P	林缘及河岸岩石区地面
丽纹蛇*	*Calliophis macclellandi*	1600～2000	+	+	SW	1	Wc			林间或林缘地面下
蝰科	**Viperidae**									
白头蝰	*Azemiops feae*	1200～2000	+	+	S	1	Sc			林间及林缘地面下
山烙铁头蛇	*Ovophis monticola*	1800～2600	+	+	S	1	Wc			林间及林缘地面下
菜花烙铁头	*Trimeresurus jerdonii*	2000～3100	+	+	SW	1	Hm			林间及林缘地面下
白唇竹叶青蛇	*Trimeresurus albolabris*	800～1200		+	SW	1	Wc		P	林间、林缘及溪流边地面
云南竹叶青蛇	*Trimeresurus yunnanensis*	1500～2600	+	+	SW	1	Sc		P	林间、林缘及溪流边地面

注：种名后标有"*"的物种是根据资料摘录的物种，分布地不详；标有"？"的物种为很可能有分布，但尚待证实

分布型：Hc，喜马拉雅-横断山型；He，喜马拉雅-横断山-喜马拉雅东南部型；Hm，喜马拉雅-横断山-横断山及喜马拉雅南翼为主型；Ea，季风区包括阿穆尔或再延伸至俄罗斯远东地区型；Sa，南中国-热带型；Sb，南中国-热带-南亚热带型；Sc，南中国-热带-中亚热带型；Sd，南中国-热带-北亚热带型；Sm，南中国-热带-暖温带型；Wa，东洋-热带型；Wb，东洋-热带-南亚热带型；Wc，东洋-热带-中亚热带型；We，东洋-热带-温带型；Yb，云贵高原包括横断山南部型

生境：1，森林型；2，灌丛型；3，草地型；4，水域型；5，住宅型

保护级别：G1，国家一级保护，G2，国家二级保护；C2，CITES 附录Ⅱ；S，云南省保护

区系分析：SW，西南区，S，华南区，W，西南、华南、华中区共有

特有性：H，横断山区特有；L，本区域特有；N，中国特有；P，云南特有

附录 3-4　哀牢山-无量山两栖动物及其区系从属与保护等级

中文名	拉丁名	海拔（m）	无量山	哀牢山	区系分析	主要生境	分布型	保护级别	特有性	主要繁殖场所
有尾目	Caudata									
蝾螈科	Salamandridae									
蓝尾蝾螈	Cynops cyanurus	1600～2500	+	+	SW	3	Yb		P	沼泽静水
红瘰疣螈	Tylototriton verrucosus	1600～2400	+	+	SW	1	Hc	G2	N	沼泽静水
无尾目	Anura									
铃蟾科	Bombinidae									
微蹼铃蟾	Bombina microdeladigitora	1800～2800	+	+	SW	1	Hc		P	树洞静水
角蟾科	Megophryidae									
沙巴拟髭蟾	Leptobrachium chapaense	1200～2100	+	+	SW	1	Hc		H	溪流流水
哀牢髭蟾	Vibrissaphora ailaonica	1800～2600	+	+	SW	1	Hc	G2	P	溪流流水
棘疣齿蟾	Oreolalax granulosus	1700～2600	+	+	SW	1	Hc		L	溪流流水
景东齿蟾	Oreolalax jingdongensis	1800～2600	+	+	SW	1	Hc		L	溪流流水
高山掌突蟾	Leptolalax alpinus	2100～3100	+	+	SW	1	Hc		H	溪流流水
鳖掌突蟾*	Leptolalax pelodytoides	1000～1500	+		SW	1	Wd			溪流流水
腹斑掌突蟾*	Leptolalax ventripunctatus	700～1200		+	SW	1	Sa		N	溪流流水
费氏短腿蟾	Brachytarsophrys feae	1600～2100	+	+	SW	1	Sc		P	溪流流水
大花角蟾	Megophrys giganticus	2000～2600	+	+	SW	1	Hc		P	溪流流水
腺角蟾	Megophrys glandulosa	1600～2200	+	+	SW	1	Hc		P	溪流流水
景东角蟾	Megophrys jingdongensis	1300～2100	+	+	SW	1	Hc		P	溪流流水
白颌大角蟾	Xenophrys lateralis	800～1800	+	+	SW	1	Wb		P	溪流流水
小角蟾	Xenophrys minor	1000～2600	+	+	SW	1	Sd		L	溪流流水
无量山角蟾	Xenophrys wuliangshanensis	2000～2400	+		SW	1	Hc		L	溪流流水
蟾蜍科	Bufonidae									
哀牢蟾蜍	Bufo ailaoanus	2000～2600		+	SW	2	Hc		L	溪流流水
华西蟾蜍	Bufo andrewsi	1600～2100	+	+	SW	1	Sa		N	池塘静水
隐耳蟾蜍?	Bufo cryptotympanicus	2000～2400	+	+	SW	1	Sc		N	溪流流水
黑眶蟾蜍	Bufo melanostictus	700～1800	+	+	S	4	Wc			池塘静水
无棘溪蟾	Torrentophryne aspinia	2100～2400	+	+	SW	1	Hc	G2	P	溪流流水
雨蛙科	Hylidae									
华西雨蛙	Hyla annectans	1000～2200	+	+	SW	2	Wd			池塘静水
叉舌蛙科	Dicroglossidae									
棘肛蛙	Nanorana unculuanus	2100～2600	+	+	SW	1	Hc		P	溪流流水
花棘蛙	Paa maculosa	2100～2700	+	+	SW	1	Hc		P	溪流流水
双团棘胸蛙	Paa yunnanensis	1600～2400	+	+	SW	3	Hc		P	溪流流水
大头蛙	Limnonectes kuhlii	700～1200		+	SW	1	Wa		P	溪流或沼泽
泽蛙	Fejervarya limnocharis	700～1100	+	+	W	3	We			沼泽或农田静水
虎纹蛙	Hoplobatrachus chinensis	500～1300		+	S	3	Wc	G2		沼泽或农田静水
蛙科	Ranidae									
云南臭蛙	Odorrana andersonii	1600～2600	+	+	SW	1	Wc		P	溪流或静水
无指盘臭蛙	Odorrana grahami	1800～2400	+	+			Hc		N	溪流或静水
大绿臭蛙	Odorrana livida	700～1200	?	+	S	5	Wc			河流流水
昭觉林蛙	Rana chaochiaoensis	1800～3100	+	+	SW	1	Hc		N	沼泽静水
滇蛙	Babina pleuraden	1500～2400	+	+	SW	3	Yb		N	沼泽或农田静水

续表

中文名	拉丁名	海拔（m）	无量山	哀牢山	区系分析	主要生境*	分布型	保护级别	特有性	主要繁殖场所
平疣湍蛙	*Amolops tuberodepressus*	2000~2600	+	+	SW	1	Hc		P	溪流、激流、瀑布
绿点湍蛙	*Amolops viridimaculatus*	2300~2800	+	+	SW	1	Hc		H	溪流、激流、瀑布
湍蛙疑似新种 1	*Amolops* sp.1	1800~2400	+		SW	1	Hc		L	溪流、激流、瀑布
湍蛙疑似新种 2	*Amolops* sp.2	2000~2400		+	SW	1	Hc		L	溪流、激流、瀑布
树蛙科	**Rhacophoridae**									
背条跳树蛙	*Chirixalus doriae*	1500~2000	+	+	SW	3	Wb		P	沼泽草叶静水
陇川小树蛙	*Philautus longchuanensis*	1000~1500	+	+	SW	1	Sa		P	灌丛树叶腐叶静水
云南纤树蛙?	*Gracixalus yunnanensis*	2000~2600	+	+	SW	1	Sb		P	树洞
斑腿泛树蛙	*Polypedates megacephalus*	700~1800	+	+	W	3	Wd			沼泽及农田静水
无声囊泛树蛙	*Polypedates mutus*	700~1800	+	+	W	3	Sc			沼泽及农田静水
杜氏泛树蛙	*Rhacophorus dugritei*	2000~2600	+	+	SW	1	Hc		N	沼泽静水
红蹼树蛙	*Rhacophorus rhodopus*	1500~2400	+	+	SW	1	Sb			沼泽静水
姬蛙科	**Microhylidae**									
粗皮姬蛙	*Microhyla butleri*	1000~1500	+	+	SW	3	Wc			沼泽及农田静水
小弧斑姬蛙	*Microhyla heymonsi*	700~1200	+	+	W	3	Wc			沼泽及农田静水
饰纹姬蛙	*Microhyla ornata*	700~1200	+	+	W	3	Wc			沼泽及农田静水
多疣狭口蛙	*Kaloula verrucosa*	1600~2200	+	+	SW	3	Hc		P	沼泽及农田静水
云南小狭口蛙	*Calluella yunnanensis*	1600~2400	+	+	SW	1	Yd		N	沼泽及农田静水

注：种名后标有"*"的物种是根据资料摘录的物种，分布地不详；标有"？"的物种为很可能有分布，但尚待证实

分布型：Hc，喜马拉雅-横断山型；Sa，南中国-热带型；Sb，南中国-热带-南亚热带型；Sc，南中国-热带-中亚热带型；Sd，南中国-热带-北亚热带型；Wa，东洋-热带型；Wb，东洋-热带-南亚热带型；Wc，东洋-热带-中亚热带型；Wd，东洋-热带-北亚热带型；We，东洋-热带-温带型；Yb，云贵高原包括横断山南部型；Yd，云贵高原大部分地区型

生境：1，森林型；2，灌丛型；3，草地型；4，农田型；5，水域型

保护级别：G2，国家二级保护；C2，CITES 附录II；S，云南省保护

区系分析：SW，西南区；S，华南区；W，西南、华南、华中区共有

特有性：H，横断山区特有；L，本区域特有；N，中国特有；P，云南特有

第四章 生态系统本底与生态系统功能

第一节 哀牢山-无量山生态区概况

一、哀牢山-无量山森林生态系统的代表性

哀牢山属云岭山脉向南分支的余脉，位于 100°54′E 至 101°30′E，23°35′N 至 24°44′N。

无量山位于云南中部普洱景东和大理南涧的结合部，以"高耸入云不可跻，面大不可丈量之意"得名，是以保护国家重点保护野生动物西黑冠长臂猿（*Nomascus concolor*）为代表的野生生物类型自然保护区。该保护区介于 100°19′2″E 至 100°45′00″E；24°17′00″N 至 24°54′20″N，南北长约 83km，东西宽约 7km。总面积 31 313.0hm^2，其中，核心区面积 17 644.0hm^2，占 56.3%；缓冲区面积 10 804.0hm^2，占 34.5%；实验区面积 2865.0hm^2，占 9.1%（喻庆国，2004）。

哀牢山-无量山属于我国西南季风区，主要受印度洋西南季风和西风急流南支季节性交替的影响。具有鲜明的南亚季风气候特点，干湿季明显，四季不分明。兼具低纬高原气候特点，太阳辐射强烈，热量丰富，年温差小，日温差大，属南亚热带气候类型。按气候学指标划分，哀牢山-无量山亚热带常绿阔叶林区域属于暖温带气候，但按照植被的地带性类型划分，哀牢山-无量山地区属于亚热带森林气候，从而形成了气候带与植被带的不协调。除了具"冬暖夏凉"气候特征及山地垂直地带性与纬向水平地带性存在分异外，还具较高土壤温度（年均值比气温年均值高 2.6～3.0℃，地积温比气积温全年高出 900～1100℃），这也是导致当地气候-植被带不相吻合的原因之一（张克映等，1983），具有明显的区域特色。

哀牢山-无量山不仅是滇中高原与横断山系南段或滇西纵谷区的地理分界线，同时也是我国冬季东北风和夏季湿热西南季风近直交的地区，具有独特的气候环境。这里发育着大面积的常绿阔叶林。从水平位置来看，该区属于云贵高原南部常绿阔叶林生态区（即国家生态系统野外观测研究站网络布局分区中的VIA5 区），其生态系统类型在国家层面具有代表性。

由于地处我国青藏高原东南侧以及云南亚热带与热带北缘的过渡区，哀牢山-无量山的生物区系成分不仅古老，而且复杂。热带、亚热带、温带（亚高山）区系成分在这里交错汇集，具有较多的特有成分，形成了生物多样性极为丰富和植物区系地理成分极为复杂的格局。特别是在全球环境变化日渐加剧的今天，地处过渡带上的哀牢山-无量山森林生态系统将更为明显地反映出全球环境变化带来的影响，有着重要的生态环境价值，具有不可替代性。

在大气环流、地质地貌环境和地理位置的共同作用下，哀牢山-无量山森林生态系统呈现出多样性，呈现出以中山湿性常绿阔叶林、半湿润常绿阔叶林和季风常绿阔叶林为代表的西部森林生态系统，主要有亚高山杜鹃灌丛生态系统、山顶苔藓矮林生态系统、中山湿性常绿阔叶林生态系统、云南松林（半湿润常绿阔叶林）生态系统、思茅松林（季风常绿阔叶林）生态系统和干热河谷稀树灌草丛生态系统。各森林生态系统的分布具有海拔差异和东西坡差异（图 4-1）。

如果将哀牢山-无量山亚热带森林生态系统与我国南部和西部自然森林生态系统，如西双版纳热带雨林生态系统、鼎湖山南亚热带森林生态系统和贡嘎山高山森林生态系统比较，可以看出，鼎湖山南亚热带森林生态系统处于我国东南沿海季风区，其生态系统属于典型的东部常绿阔叶林类型（气候由东南季风控制）。而西双版纳热带雨林生态系统、哀牢山-无量山亚热带森林生态系统、贡嘎山高山森林生态系统

山顶苔藓矮林　　　　2700　　　山顶苔藓矮林

2500　　　中山湿性常绿阔叶林

2300

中山湿性常绿阔叶林

2100

1900　　半湿润常绿阔叶林及云南松林

1700

1500

季风常绿阔叶林及思茅松林　　1300

1000　　干热河谷植被

900

西坡　　　　　　　　东坡

海拔(m)

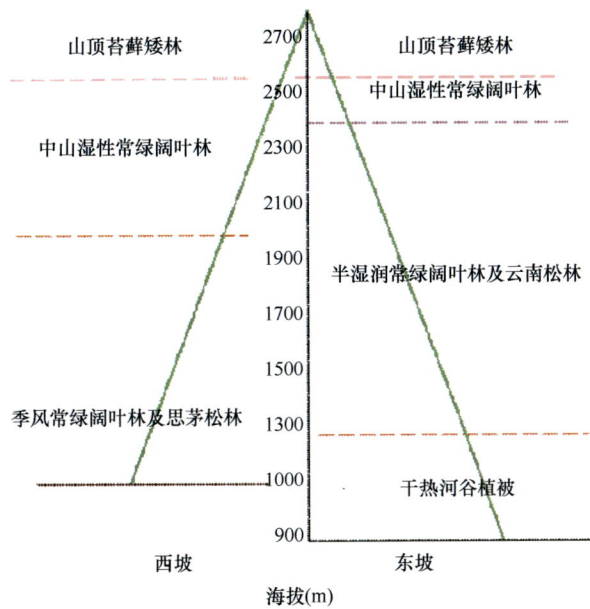

图 4-1 哀牢山森林生态系统分布的海拔差异和东西坡差异

同处我国西部，同属西部自然森林生态系统类型（气候由西南季风控制），但分别代表了西部的热带雨林、亚热带常绿阔叶林和高山针叶林生态系统类型。

在这个经度带上（基本处于 101°E），由于哀牢山-无量山的北端为贡嘎山，其南端为西双版纳，同处于青藏高原东缘地区，西双版纳热带雨林-哀牢山和无量山亚热带常绿阔叶林-贡嘎山高山针叶林共同构成了青藏高原东缘南北向的 3 种典型森林生态系统类型。因此，与同处西部经度大约相当的西双版纳热带雨林和贡嘎山高山针叶林相比，哀牢山-无量山亚热带常绿阔叶林既有其独特性，又有其互补性。从横向对比的意义来看，哀牢山亚热带常绿阔叶林与鼎湖山亚热带常绿阔叶林也构成了西南季风区域、内陆性气候与东南季风区域、海洋性气候在地域上的对应关系，具有东西部相互比较、相互呼应的生态学意义。

二、哀牢山-无量山森林生态系统的完整性和原真性

常绿阔叶林是发育在亚热带气候条件下的一种顶极森林植被，它是全球亚热带大陆东岸湿润气候和季风气候条件下的产物。目前在世界上约分布于南北纬度 22°～40°的地区，主要包括中国、朝鲜和日本的南部、非洲的东南部、大西洋中的加纳利群岛和马德拉群岛、美国的东南部和大洋洲的一些地区。常绿阔叶林以我国分布面积最大，发育最为典型，它横跨了 10 个纬度，北起秦岭至淮河，南到北回归线附近，西至四川和云南的大部分地区，东至东南海岸和台湾岛，分布区总面积约占全国陆地面积的 1/4，具有巨大的生态效益、社会效益和经济效益。

在《中国植被》中，根据气候特征的不同，将我国的常绿阔叶林分布区分为两个亚区域，即东部常绿阔叶林亚区域、西部常绿阔叶林亚区域。哀牢山-无量山亚热带常绿阔叶林生态系统处于西部常绿阔叶林亚区域内。

哀牢山亚热带森林区建有目前我国亚热带常绿阔叶林保存面积最大的自然保护区，其植物种类丰富、区系成分复杂、群落类型多样、垂直带谱完整、过渡性特征明显。哀牢山原始的亚热带常绿阔叶林莽莽苍苍、繁茂连片、林相完整兼具结构复杂，且以云南特有植物种为优势，其性质之原始、面积之广大、保存之完好、人为干扰之少实属罕见。分布着我国目前面积最大（34 483hm²）以云南特有植物种为优势的亚热带常绿阔叶林区，保存着处于原始状态、完整而稳定的亚热带山地森林生态系统。

哀牢山、无量山两个国家级自然保护区合计面积近 1000km²（近 10⁵hm²），涉及楚雄、双柏、景东、

镇沅、景谷、新平、南涧等地区。哀牢山国家级自然保护区面积 67 700hm²，而无量山国家级自然保护区总面积 31 313.0hm²，充分显示了哀牢山-无量山森林生态系统的完整性和原真性。

哀牢山-无量山亚热带森林区是我国亚热带常绿阔叶林保存面积最大的地区之一，是亚热带常绿阔叶林的典型代表，也是亚洲大陆热带向温带过渡、物种迁徙和基因交流的重要廊道。

哀牢山-无量山地区正好处在泛北极和古热带区系的南北过渡带上，蕴藏着丰富的动、植物资源。仅在哀牢山中北部，就有维管植物 207 科 720 属，共 1482 种（不包括苔藓、地衣等），特别是壳斗科植物，共有 5 属 49 种，占云南该科植物种数的 33%，显示了其物种的丰富程度。此外，在哀牢山保护区内仍然保存有许多特有、珍稀濒危国家级保护植物，如水青冈、野荔枝、银杏、云南七叶树、翠柏、旱地油杉、林生杧果、红花木莲、思茅豆腐柴、景东翅子树、龙眼、任木、红椿、篦齿苏铁等。

不仅如此，哀牢山的森林生态系统还维持着极为丰富的野生动物种类，其中不乏珍贵稀有的种类，甚至未发现和认识的新动物种。

目前在两栖类动物中已发现了新种多个（哀牢蟾蜍、景东齿蟾、高山掌突蟾、腹斑掌突蟾）；在啮齿类动物中也发现了新种多个（景东树鼠、猪尾鼠景东亚种）。现已记录哀牢山北段有两栖动物 26 种，爬行动物 38 种，鸟类 384 种，哺乳动物 86 种。其中不乏国家一级保护动物西黑冠长臂猿、菲氏叶猴、马来熊、云豹、绿孔雀、黑颈长尾雉和蟒蛇；国家二级保护动物短尾猴、猕猴、马来水鹿、黑熊、林麝、斑羚、大灵猫、小灵猫、斑林狸、金猫、穿山甲、水獭、红瘰疣螈、鸳鸯、凤头鹰、雀鹰、松雀鹰、黑兀鹫、鹊鹞、蛇雕、猛隼、红隼、红腹角雉、白鹇、原鸡、白腹锦鸡、棕背田鸡、楔尾绿鸠、厚嘴绿鸠、绯胸鹦鹉、大紫胸鹦鹉、灰头鹦鹉、褐翅鸦鹃、小鸦鹃、领鸺鹠、斑头鸺鹠、红头咬鹃、黑胸蜂虎、绿喉蜂虎、绿胸八色鸫等。

哀牢山还是候鸟迁徙的天然通道，就哀牢山北段记录的 384 种鸟类情况分析，留鸟占 62%，夏候鸟占 16%，冬候鸟占 8%，旅鸟占 14%，在鸟类迁徙季节有大量的鸟类沿哀牢山南迁北徙。在哀牢山现存的中山湿性常绿阔叶林中，雀形目鸟类最多，鸭科鸟类在越冬时节种群数量尤为壮观。很多鸟类都有垂直迁徙习性，与哀牢山东西坡的农、林生产关系密切。

哀牢山-无量山大量分布的思茅松森林生态系统是云南特有的森林生态系统，分布于云南南部麻栗坡、普洱、宁洱、景东及西部潞西等地。思茅松具有较高的经济价值，干端直不扭曲，材质优于云南松，可供建筑、枕木、矿柱等用，树干可采松脂，树皮可提取烤胶，是云南重要的用材、产脂和林化工原料树种，具有速生、优质、高产脂及生态适应性强等特点。云南思茅松立木蓄积量 9.306×10⁷m³；6 年生思茅松平均树高达 8m，平均胸径 9cm，每亩①木材蓄积量达 5m³。就商品价值而言，生产松脂的价值要远远高于木材。用思茅松高产脂优良种苗培育出的子代林比一般的思茅松林产脂量高 1～3 倍，10～12 年就可以陆续采脂，能连续采割 10 年，每株林木年产松脂 6kg 左右。

（一）哀牢山-无量山森林生态系统植被垂直分布特征

1. 哀牢山森林生态系统植被垂直分布

哀牢山东西坡森林生态系统的植被垂直分布特征明显。

东坡植被分布依次为：干热河谷植被（900～1200m）—半湿润常绿阔叶林及云南松林（1200～2400m）—中山湿性常绿阔叶林（2400～2600m）—山顶苔藓矮林（2600～2700m）、亚高山杜鹃灌丛带（2700～3000m）；西坡植被分布依次为：季风常绿阔叶林及思茅松林（1140～2000 m）—中山湿性常绿阔叶林（2000～2600m）—山顶苔藓矮林（2600～2700m）—亚高山杜鹃灌丛带（2700m 以上）。由于迎风的西坡存在着明显的逆温层（干季尤其显著），而背风的东坡则存在明显的焚风效应，导致东西坡植被具有明显的垂直分布差异。这些均明显而完整地反映了云南中亚热带山地植被的垂直分布规律。

---

① 1 亩≈666.67m²。

哀牢山东西坡植被垂直系列表明，山麓和山顶植被基本对应，但东坡半湿润常绿阔叶林较西坡季风常绿阔叶林海拔上限高，西坡中山湿性常绿阔叶林海拔下限较东坡中山湿性常绿阔叶林低。表明西坡较东坡湿润，这与西坡承受湿层深厚的西南季风，东坡承受较弱的东南季风，且冬季处东北迎面风，地面干冷有关。东坡与滇中及滇中北半湿性常绿阔叶林山地垂直系列相似，如禄劝乌蒙山、武定狮子山；西坡则与滇中南季风常绿阔叶林山地垂直系列相似，如紧邻哀牢山西部的无量山。可见，该地区山地植被垂直系列是介于云南亚热带南部湿润季风常绿阔叶林和北部半湿性常绿阔叶林之间的类型。

与气候特征相对应，东侧坡面海拔 900～1200m 分布着干热河谷的稀树灌草丛植被；而西侧坡面最低海拔为 1140m，起始海拔较高，越过了水分界限，并未出现干热河谷的植被类型（表 4-1）。相同海拔处西坡的实际蒸散量大于东坡、湿润指数小于东坡，东、西坡的差异在低海拔地区更为显著，以上均表明西坡的水分状况优于东坡；与此相适应，虽然东、西坡均有中山湿性常绿阔叶林分布，然而西坡中山湿性常绿阔叶林最低海拔可以分布到 2000m，而东坡中山湿性常绿阔叶林的下限海拔为 2400m，这表明了水分因子对相同植被类型的限制作用，东坡在达到 2400m 处水分状况相对较好的情况下才有中山湿性常绿阔叶林分布。

表 4-1　哀牢山森林生态系统植被垂直带谱

西坡		东坡	
植被类型	海拔（m）	植被类型	海拔（m）
亚高山杜鹃灌丛带	2700 以上	亚高山杜鹃灌丛带	2700～3000
山顶苔藓矮林	2600～2700	山顶苔藓矮林	2600～2700
中山湿性常绿阔叶林	2000～2600	中山湿性常绿阔叶林	2400～2600
季风常绿阔叶林及思茅松林	1140～2000	半湿润常绿阔叶林及云南松林	1200～2400
		干热河谷植被	900～1200

2. 无量山森林生态系统植被垂直分布

无量山南北延伸约 85km，处于南亚热带向中亚热带的过渡区域，南段与北段热量和水分条件有较大差异，南段具有南亚热带的气候特点，北段具有中亚热带气候特征。其植被分布南段低海拔地区为以小果锥、截果柯为代表的季风常绿阔叶林及思茅松林，北段为以元江栲林为代表的半湿润常绿阔叶林和云南松林。

无量山处于东亚植物区和古热带植物区的交错地带，又处于东亚植物区的中国-日本植物亚区和中国-喜马拉雅植物亚区相互交错过渡的地带。坐落在庞大的无量山体之上，受无量山垂直气候带，垂直土壤带的影响，形成相应的垂直植被带。其原生植被垂直带谱，自山脚至山顶依次为：季风常绿阔叶林、半湿润常绿阔叶林、中山湿性常绿阔叶林、山顶苔藓矮林、山顶杜鹃灌丛。由于人为或自然力的作用，原生植被的演替变化，以致在季风常绿阔叶林的带谱内形成了思茅松群系，由于无量山东坡背风向阳、温暖湿润、主峰屏障等诸多生态因子的组合，促使沿云岭南下的云南铁杉在与原生植被的种间竞争中展现出了更大的优势，从而逐渐繁衍扩大，最终在最适生的局部地段形成了云南铁杉林。

思茅松林、云南松林、旱冬瓜林与原生的垂直地带性植被共同构成了无量山的现状植被。

而这种垂直地带性的分布又受地形影响，西坡由于沿澜沧江上逆的热气流的影响，在垂直带间又呈现相互嵌入的状态。无量山最低海拔在 1700m 左右，最高海拔为 3371m，相对高差有 1671m。形成了典型的立体气候，随之出现非常明显的森林垂直带谱。海拔 1900m 以下为常绿阔叶林、思茅松林、云南松林和次生旱冬瓜林，该地带的原生林分大部分遭到人为破坏。海拔 1900～2300m 为常绿阔叶林、云南松林、华山松林。海拔 2300～2700（2800）m 为常绿阔叶林、云南铁杉林，此类型森林的内部结构十分稳定，基本没有受到干扰。海拔 2700（2800）m 以上为高寒灌木林。

无量山森林生态系统植被垂直变化明显（表 4-2，表 4-3），从山脚到山顶，相对海拔在 1000～2000m。随海拔升高气温降低，相对湿度增加，加之降水随海拔的变化，导致植被类型垂直分布发生变化。受基带类型变化的控制，无量山北部和南部的垂直带谱也具有一定差异。无量山地区受西南季风控制，无量山呈现准南北走向，山体与西南季风的风向垂直，西坡为迎风坡面，降水量较多。加之西坡澜沧江河谷深切，地形开阔，冬季易受寒流影响；而东坡处于背风坡，受焚风效应影响，导致西坡相同海拔高度的气温低于东坡，使得东坡的相同植被带低于西坡约100m。

表4-2　无量山南段森林生态系统植被垂直带谱

西坡		东坡	
植被类型	海拔（m）	植被类型	海拔（m）
杜鹃灌丛、杜鹃、箭竹灌丛	>3100	亚高山杜鹃灌丛	>3000
山顶苔藓矮林	2700～3100	山顶苔藓矮林	2600～3000
中山湿性常绿阔叶林	2300～2700	中山湿性常绿阔叶林 铁杉林	2200～2600
思茅松林 季风常绿阔叶林	1200～2300	思茅松林 季风常绿阔叶林	1000～2200
干热河谷稀树灌草丛	600～1200		

表4-3　无量山北段森林生态系统植被垂直带谱

西坡		东坡	
植被类型	海拔（m）	植被类型	海拔（m）
杜鹃灌丛	>2700	杜鹃灌丛	>2600
中山湿性常绿阔叶林	2000～2700	中山湿性常绿阔叶林	2400～2600
思茅松林 季风常绿阔叶林	1200～2000	半湿润常绿阔叶林 云南松林	1400～2400

（二）哀牢山-无量山地区山地气候特征

哀牢山-无量山地区，介于北纬24°～25°，基带的气候类型应为中亚热带、北亚热带的过渡带。受季风环流、地理位置、海拔、地势及山体走向等条件的影响，形成了较复杂的气候特征。该地区气候类型复杂，垂直变化显著，地方性气候特征显著。在澜沧江谷地与川河谷地内，气候为南亚热带高原季风气候，其中又有干热型与湿润半湿润型。山体中下部为中亚热带、北亚热带型气候。山体顶部地区则包括有北亚热带至温带等型的气候。山地河谷迎风地带与背风地带的条件不同，导致降水多少与湿度大小的不同。大体在山顶地带，尤其是迎风坡，为湿润型气候，河谷及背风坡则属半湿润半干燥气候，甚至干燥型气候。该地区干湿分明，降水集中于雨季。哀牢山-无量山地区与云南大部分地区相似，受西南季风影响，四季不明显，呈干湿季分明的特征。由于无量山缺少气象数据，将以哀牢山的气象观测作为代表进行论述（刘洋，2008；刘洋等，2009；游广永，2012；游广永等，2011；You et al.，2012；李麟辉，2011；李麟辉等，2011a，2011b；张鹏，2020；张鹏等，2020）。

哀牢山生态站多年气象资料显示，哀牢山徐家坝（海拔2450m）的年均气温为11.3℃，月均最高气温为15.3℃（7月），月均最低气温为5.0℃（1月），极端最高气温为25℃，极端最低气温为–8.3℃。>10℃活动积温3420℃。霜期160d左右。受西南季风影响，干湿季分明，平均年降水量为1981.8mm，干季（11月至翌年4月）降水量占全年降水量约15%，雨季（5～10月）约占85%。年均蒸发量为1174mm，年均相对湿度为87%，年均日照时数为1404h。总体上，哀牢山地区山顶的气候特征是长冬无夏，春秋相连，气候温凉，水资源丰富。无量山也具有相似的山地气候特征。

近30年气象观测资料显示（图4-2），哀牢山亚热带常绿阔叶林林区的气温年变化呈单峰型分布，年平均气温为11.0℃，其中最冷月（1月）平均气温为5.3℃；最热月（7月）平均气温为15.2℃，月平均气温在最冷月与最热月之间的差（气温年较差）为9.9℃。温暖指数（WI）为71.8℃·month，寒冷指数（CI）为0℃·month。日照时数的年变化曲线呈"U"型，年总日照时数为1354.0h，其中，干季总日照时数为941.4h，占全年69.5%；雨季总日照时数为412.7h，占全年30.5%；其中，最热月（7月）的日照时数为35.1h，为全年最低值。

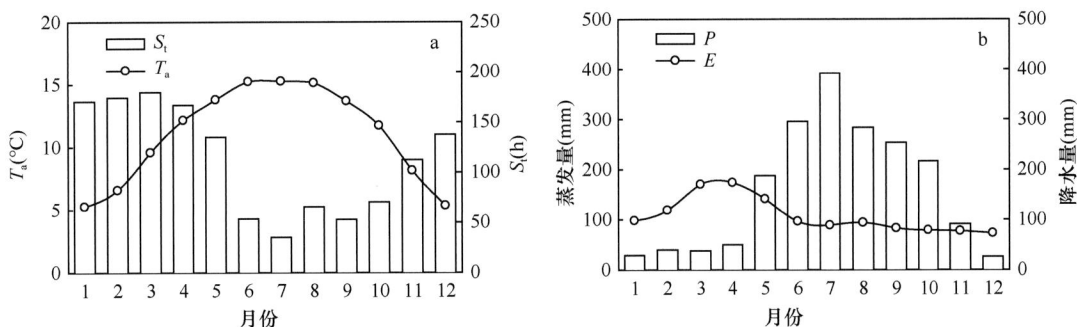

图 4-2　哀牢山亚热带常绿阔叶林林区的气候特征

a. 气温（T_a）与日照时数（S_t）年变化；b. 降水量（P）与蒸发量（E）年变化

因此，从植物生长的角度来看，哀牢山亚热带常绿阔叶林林区光照与热量的搭配并不协调：在生长季节（≥10℃）日照较少，而在非生长季（<10℃）日照较多。

哀牢山亚热带常绿阔叶林林区的年均降水量为 1903.0mm，其中干季（11 月至翌年 4 月）的平均降水量为 273.0mm，占年均降水总量的 14.3%；雨季（5～10 月）的平均降水量为 1630.0mm，占年均降水总量的 85.7%。年均蒸发总量（Φ20cm 蒸发皿）为 1291.4mm，其中干季平均蒸发总量为 710.7mm，占年均蒸发总量的 55.0%；雨季平均蒸发总量为 580.7mm，占年均蒸发总量的 45.0%。

因此，哀牢山亚热带常绿阔叶林林区的水量收支在雨季出现盈余（降水量>蒸发量），而在干季出现亏缺（降水量<蒸发量）。

1. 东西坡盆地与山顶的气温和降水特征

选取哀牢山地区纬度相近位置不同的三地为研究对象，分别代表了西侧盆地（景东）、山顶（徐家坝）和东侧盆地（楚雄），利用 1980～2005 年气温和降水的同期观测资料，通过统计分析，得到了哀牢山东、西侧盆地及山顶气温和降水的分布特征及变化规律（图 4-3）：哀牢山地区不同位置三地的气温年变化均呈单峰型分布，5～10 月气温较高，各月间气温变化较小；11 月至翌年 4 月气温较低，但各月间气温变化较大（图 4-3）。对于西侧盆地、山顶和东侧盆地，多年平均气温分别为 18.8℃、11.0℃和 16.3℃；多年平均年总降水量分别为 1151.6mm、1893.9mm、891.3mm；多年平均最热月均温分别为 23.8℃、15.2℃和 21.5℃，最冷月均温分别为 11.5℃、5.2℃和 9.2℃。三地的最热月均出现在 6 月，西侧盆地和山顶的最冷月出现在 1 月，东侧盆地最冷月出现在 12 月，与全国大部分地区情况（最热月为 7 月，最冷月为 1 月）有所不同。

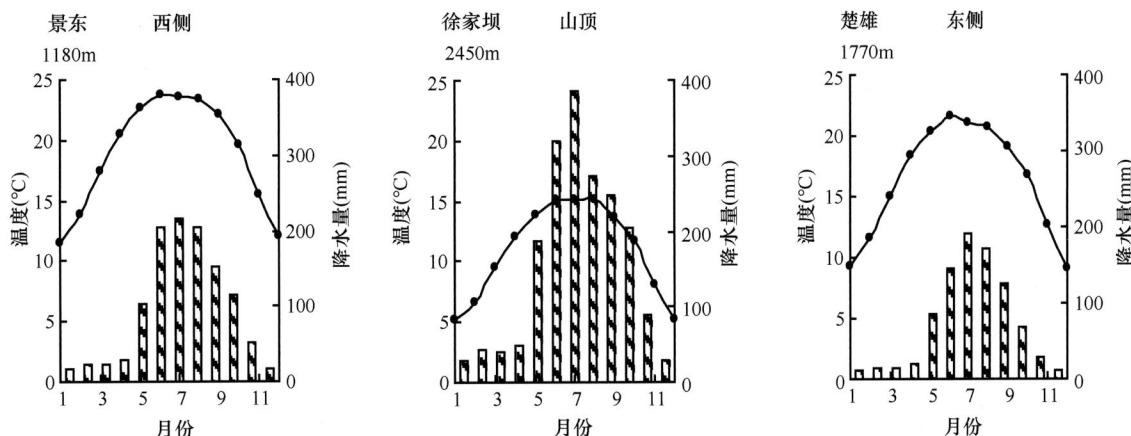

图 4-3　哀牢山地区气候特征

形成上述这种温度分布格局的主要原因在于整个哀牢山地区均受西南季风控制，夏季受湿热季风环流影响，带来了充沛的降水；7 月降水最多，相应的太阳辐射减少、气温降低。因此，最热月出现在降水峰值前的 6 月。

哀牢山以西地区主要受西南季风影响，哀牢山以东地区在冬季除了受西南季风影响外，还受东北季风的影响。因此，哀牢山东侧盆地最冷月出现在 12 月而非 1 月。气温年较差分别为 12.3℃（西侧盆地）、10.0℃（山顶）和 12.3℃（东侧盆地），东、西侧盆地的气温年较差显著高于山顶，同时这一地区的气温年较差明显小于我国东部同纬度地区。

2. 东西坡盆地与山顶的日照时数特征

哀牢山东西坡盆地和山顶不同季节和年日照时数并无显著差异，盆地的日照时数显著高于山顶（图 4-4a）。1～4 月日照时数较大，光照资源充沛，最小日照时数出现在降水最多的 7 月（图 4-4b）。

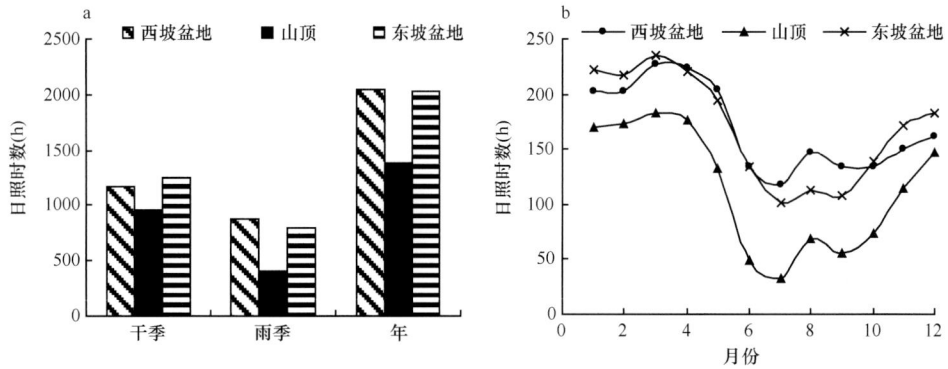

图 4-4　哀牢山地区日照时数年、季变化

（三）哀牢山-无量山森林气候特征

1. 亚热带常绿阔叶林林内外气温特征

通过对哀牢山生态站气象观测资料的分析，得到了哀牢山亚热带常绿阔叶林的气温特征（游广永，2012；游广永等，2011）。

图 4-5 显示，哀牢山亚热带常绿阔叶林林外的月平均最高气温（T_a_maxv）全年保持在 10.0℃ 以上（即使在最冷月，平均最高气温也在 10.0℃ 以上），全年有 8 个月的时间（3～10 月）平均最高气温（T_a_maxv）在 15.0℃ 以上；月平均最低气温（T_a_minv）全年保持在 0℃ 以上，全年有 9 个月的时间（3～11 月）平均最低气温在 5.0℃ 以上，全年有 4 个月的时间（6～9 月）平均最低气温在 10.0℃ 以上。月平均最高气温（T_a_maxv）与月平均最低气温（T_a_minv）的差值表示气温的日较差水平，干季气温的日较差（9.6℃）大于雨季（6.8℃），年平均为 8.2℃，略小于气温的年较差（最冷月与最热月平均气温之差，9.9℃）。

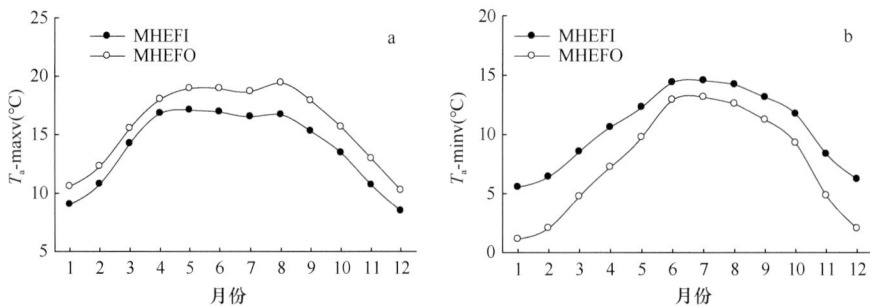

图 4-5　哀牢山亚热带常绿阔叶林林内外气温对比

a. 月平均最高气温在林内（MHEFI）和林外（MHEFO）的对比；b. 月平均最低气温在林内和林外的对比

林内气象资料显示，林内平均最高气温低于林外 2.0℃。其中，干季林内低于林外 1.6℃，而雨季林内低于林外 2.3℃。

林内平均最低气温高于林外 0.5℃。其中，干季林内高于林外 0.8℃，而雨季林内高于林外 0.2℃。

林内平均气温日较差为 5.7℃，比林外的平均气温日较差低约 2.5℃。森林冠层起到了较好的降低最高温，升高最低温的生态气候调节功能。就平均而言，受湍流等作用的影响，林内外气温差异较小，林内低于林外约 0.2℃。

经统计分析表明，极端最高气温林外多为 24.0～25.0℃，林内则多出现在 22.0～23.0℃，低于林外；极端最低气温，林外多为–5.0℃至–3.0℃，林内多出现在–2.0℃至 3.0℃，高于林外；统计近 30 年来的极端气温记录，林外并无 30.0℃以上的最高气温纪录，极端最高气温纪录为 28.5℃，出现在 1991 年 4 月；林内的极端最高气温纪录为 24.2℃，出现在 1990 年 5 月。极端最低气温纪录显示：林外极端最低气温纪录为–9.2℃，出现在 1992 年 11 月；林内极端最低气温纪录为–5.1℃，出现在 1993 年 1 月。由此可见，林内极端最低气温高于林外，这降低了森林冠层之下的幼苗、幼树等受低温及冷害的影响程度。

选择海拔较高的山顶苔藓矮林（MDF）作为对照观测点（海拔 2680m），进行野外观测。结果显示：两种植被类型 7 月日平均气温在全年中最高，1 月日平均气温最低，但最低气温亦保持在 0℃以上。中山湿性常绿阔叶林（MHEF）气温在各个季节均比山顶苔藓矮林高，其年平均气温比山顶苔藓矮林高出 1.0℃左右，其中，最热月高出 0.9℃左右，最冷月高出 1.6℃（表 4-4）。显示出山顶苔藓矮林的气温日较差小于中山湿性常绿阔叶林。

表 4-4　中山湿性常绿阔叶林（MHEF）与山顶苔藓矮林（MDF）在各季节代表月的气温特征（℃）

		1 月	4 月	7 月	10 月
中山湿性常绿阔叶林	最高	6.9	18.2	17.6	12.9
	最低	2.6	9.3	13.8	8.4
	昼间	5.0	15.4	16.1	11.2
	夜间	3.7	10.9	14.3	9.0
	平均	4.3	13.2	15.2	10.2
山顶苔藓矮林	最高	5.0	17.9	16.7	11.8
	最低	1.2	8.7	12.4	8.2
	昼间	2.9	13.8	15.2	10.5
	夜间	2.4	10.2	13.4	9.1
	平均	2.7	12.3	14.3	9.8

统计分析表明：中山湿性常绿阔叶林和山顶苔藓矮林月平均气温的年变化曲线呈单峰型（图 4-6），最大值在 7 月，最小值均为 12 月。中山湿性常绿阔叶林的年平均气温为 11.1℃，山顶苔藓矮林年平均气温 10.0℃。中山湿性常绿阔叶林春季的平均气温为 12.0℃，夏季为 15.4℃，秋季为 11.5℃，冬季为 6.4℃；山顶苔藓矮林春季平均气温为 11.1℃，夏季为 14.4℃，秋季为 10.8℃，冬季为 4.2℃。

中山湿性常绿阔叶林与山顶苔藓矮林年平均气温相差 1.1℃，最冷月平均气温相差 2.1℃，最热月平均气温相差 0.9℃；冬季相差 2.2℃，夏季相差 1.0℃。中山湿性常绿阔叶林的温暖指数为 75.0℃·month，寒冷指数为 0.0℃·month；山顶苔藓矮林的温暖指数为 63.8℃·month，寒冷指数为–2.5℃·month。

如图 4-7 所示：中山湿性常绿阔叶林林外≥5℃的积温约为 4000℃，≥10℃的积温约为 3200℃，≥15℃的积温约为 1200℃。夏季积温较高，冬季较低。山顶苔藓矮林≥5℃的积温约为 3500℃，≥10℃的积温约为 2900℃，≥15℃的积温约为 500℃。同样是夏季的积温高于冬季。中山湿性常绿阔叶林与山顶苔藓矮林相比，≥5℃的积温夏季相差 80℃，冬季相差 330℃，全年相差 500℃；≥10℃的积温夏季相差 80℃，冬季相差 30℃，全年相差 300℃。

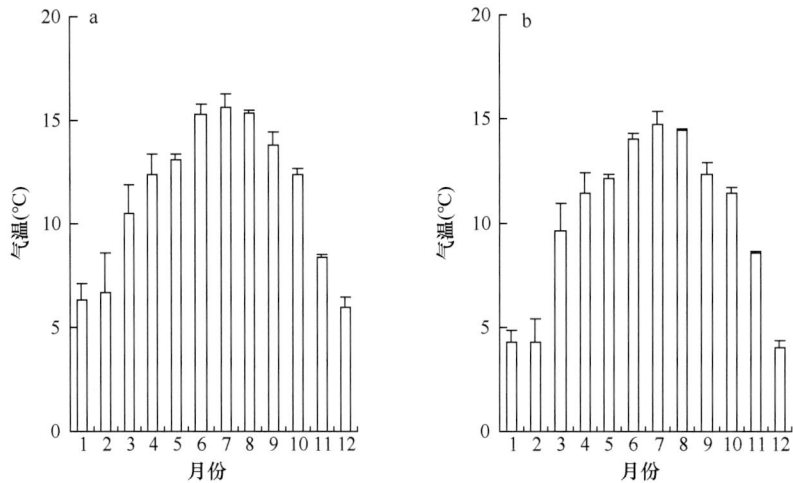

图 4-6　中山湿性常绿阔叶林与山顶苔藓矮林平均气温年变化

a. 中山湿性常绿阔叶林；b. 山顶苔藓矮林

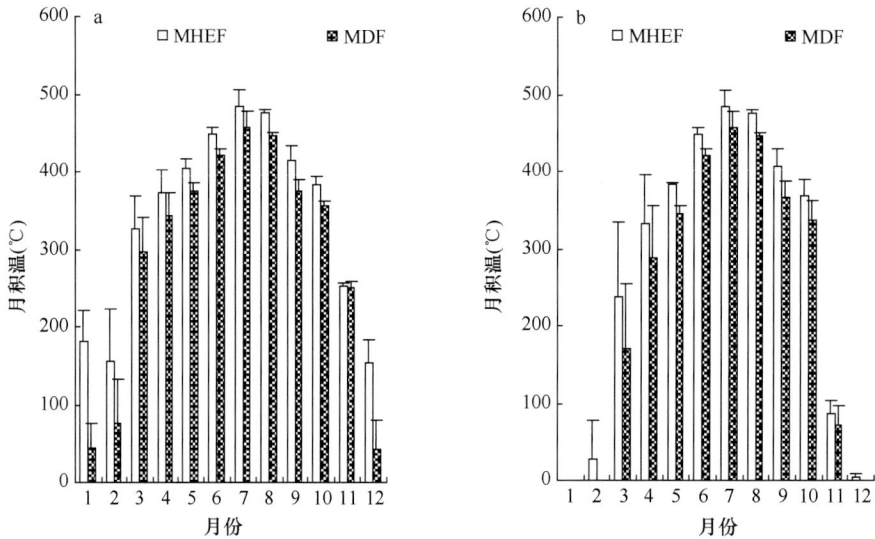

图 4-7　中山湿性常绿阔叶林（MHEF）与山顶苔藓矮林（MDF）月积温对比

a. ≥5℃积温；b. ≥10℃积温

中山湿性常绿阔叶林和山顶苔藓矮林的滑动平均气温≥10℃的时刻开始于 3 月上旬，结束于 11 月中旬，中山湿性常绿阔叶林≥10℃的日数约为 234d；而山顶苔藓矮林≥10℃的持续时间约为 221d。滑动平均气温≥15℃的时间在中山湿性常绿阔叶林开始于 6 月初，结束于 9 月初，持续日数约为 74d；而山顶苔藓矮林开始于 7 月上旬，结束于 8 月下旬，持续时间约为 32d（表 4-5）。

表 4-5　滑动平均气温大于（小于）界限气温的日期及持续时间

气温	地点	开始时间	结束时间	日数（d）
≥10℃	MHEF	3 月 10 日±3d	11 月 14 日±7d	234±11
	MDF	3 月 11 日±3d	11 月 14 日±7d	221±7
≥15℃	MHEF	6 月 2 日±42d	9 月 12 日±12d	74±10
	MDF	7 月 8 日±12d	8 月 24 日±11d	32±9

山顶苔藓矮林因为海拔较高，气温总体低于中山湿性常绿阔叶林。其中最冷月（1 月）日平均气温相

差 1.7℃，最热月（7 月）相差 0.9℃，平均而言，山顶苔藓矮林日平均气温低于中山湿性常绿阔叶林，两者相差约 1.0℃。但无论是中山湿性常绿阔叶林还是山顶苔藓矮林，最冷月（1 月）气温的日变化保持在 0℃以上。常绿树种对此寒冷状况的耐受尚有余地，移栽幼苗在最冷月能保持较高的生存率。因此，寒冷程度并非限制中山湿性常绿阔叶林优势种幼苗在更高的海拔更新的原因。

山顶苔藓矮林≥5℃的年积温约为 3500℃，≥10℃的年积温约为 2900℃，≥15℃的积温约为 500℃，分别低于中山湿性常绿阔叶林 500℃、300℃、700℃。山顶苔藓矮林界限温度（5℃、10℃、15℃）以上的持续时间比中山湿性常绿阔叶林有不同程度的降低，其中 15℃以上的积温和 15℃以上的持续日数差异较大。因此，随海拔升高，总体热量的下降会对森林的更新繁殖等环节带来重要的影响。

2. 哀牢山不同海拔林内外气温特征

张鹏等利用不同海拔森林生态系统小气候观测数据，分析了林内外气温垂直变化特征（张鹏，2020；张鹏等，2020）。

哀牢山不同海拔林内外的气温时空变化见图 4-8。气温随海拔升高递减，各海拔林内外气温年趋势相同，均呈倒"U"形。林内外月平均气温最高值大多出现在 7 月，最低值出现在 1 月。低海拔的气温年变幅略大于高海拔。

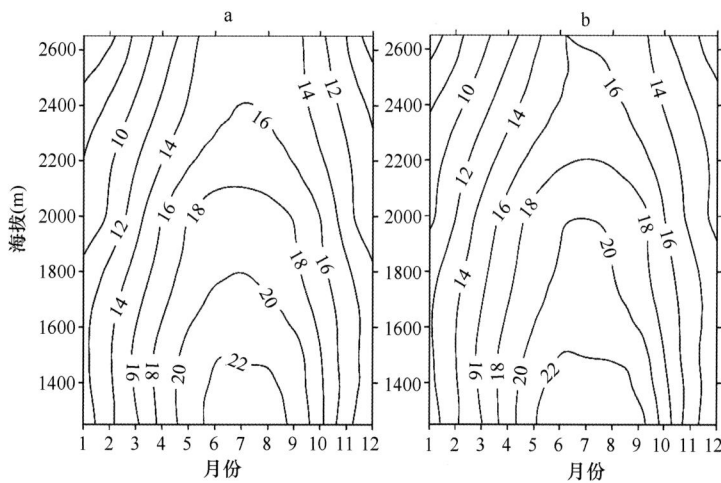

图 4-8 哀牢山不同海拔高度林内（a）外（b）气温年变化

哀牢山各月气温垂直变率见表 4-6，林内外气温垂直变率雨季高、干季低，干季林内高，雨季林内外相同；林外最大值出现在 5 月，最小值出现在 11 月。

表 4-6 哀牢山各月气温垂直变率（℃/100m）

	1 月	2 月	3 月	4 月	5 月	6 月	7 月	8 月	9 月	10 月	11 月	12 月	干季	雨季	年
林内		−0.62	−0.54	−0.58	−0.59	−0.50	−0.53	−0.53	−0.53	−0.46	−0.34	−0.48	−0.51	−0.56	−0.52
林外	−0.46	−0.47	−0.47	−0.58	−0.59	−0.55	−0.55	−0.57	−0.57	−0.51	−0.28	−0.33	−0.44	−0.56	−0.50

6～10 月（雨季生长期）气温垂直变率林外明显高于林内。从年气温垂直变率来看，林内（0.52℃/100m）、林外（0.50℃/100m）的气温垂直变率均低于公认的气温垂直变率数值（0.6℃/100m），林内的气温垂直变率略高于林外。

哀牢山不同海拔林内外干、雨季的平均气温见图 4-8，年尺度上哀牢山林内气温垂直分布受干季影响大（图 4-9a），林外受雨季影响大（图 4-9b）。干季海拔 1250m 林内的气温低于海拔 1500m（图 4-9a），显示干季海拔 1500m 以下出现逆温现象。并且哀牢山海拔 1500m 以下干季林外也出现逆温现象（图 4-9b），但强度不及林内。

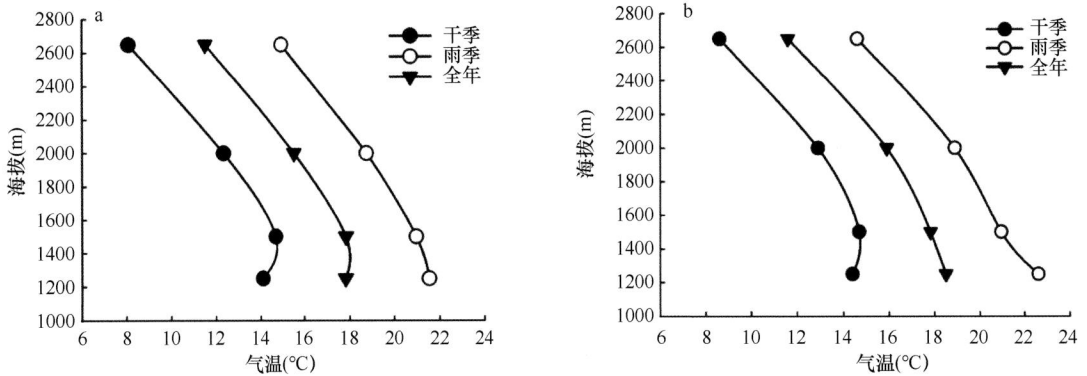

图 4-9 哀牢山林内（a）外（b）气温与海拔高度关系的季节变化

3. 哀牢山亚热带常绿阔叶林林内外太阳辐射特征

通过分析林外旷地与林冠上的太阳辐射日变化、年变化特征，并进行了比较，分析了二者比率的日尺度和年尺度变化；计算了各辐射分量在季节和年的总量；分析了净辐射、有效辐射占总辐射分配率、反射率这三者的年变化，计算了各季节和年尺度的辐射分配率大小等，以揭示哀牢山亚热带常绿阔叶林和林外旷地太阳辐射平衡的分布特征和变化规律，探讨哀牢山亚热带常绿阔叶林对太阳辐射的影响（李麟辉，2011；李麟辉等，2011a，2011b）。

哀牢山地区太阳辐射的年变化，由图 4-10 可见。林外旷地总辐射在 11 月最低，仅为 326.26MJ/m²。2～5 月较高，为 550.17～571.93MJ/m²。有效辐射、反射辐射也有相似的规律。净辐射在 4～5 月较高，为 277.39～280.38MJ/m²。

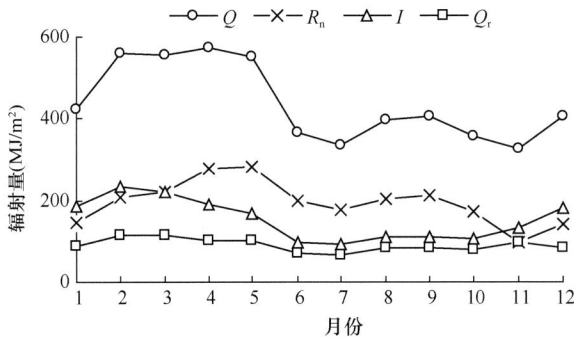

图 4-10 林外旷地太阳辐射年变化
Q. 总辐射；Rn. 净辐射；I. 有效辐射；Qr. 反射辐射。下同

林冠上的辐射变化除随太阳高度角的变化而变化外，不可避免地还随植被生长的变化而变化，因而出现了不同于林外旷地的变化趋势。如图 4-11 所示，林冠上总辐射在 2 月最高，达到了 558.52MJ/m²，7 月最低，为 290.97MJ/m²。

净辐射在 4～5 月较高，达到了 320MJ/m² 以上。有效辐射变化相对较明显，也是 2 月最高，为 237.47MJ/m²，7 月最低，为 31.52MJ/m²。反射辐射变化不明显。

图 4-12 显示，林冠上与林外旷地净辐射比值变化在 114%～156%，11 月最高，达到 156%。总辐射比值基本在 86%～99%。反射辐射比值在 38%～55%。有效辐射比值波动很大，最高 100.86%（出现在 2 月），最低 34.13%（出现在 7 月），总体来说，雨季有效辐射比值较低。

辐射资料统计分析表明，林冠上日平均日照时间只有 10.5h，比林外旷地少 1.5h 左右，造成了总辐射林冠上小于林外旷地。

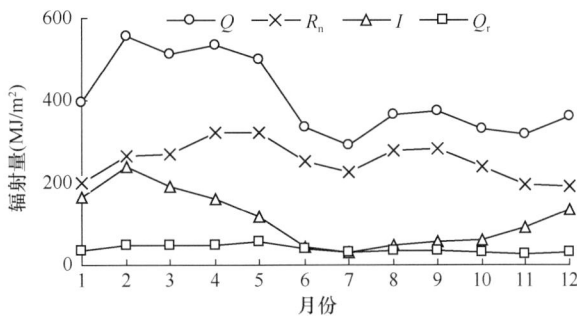

图 4-11　林冠上太阳辐射年变化

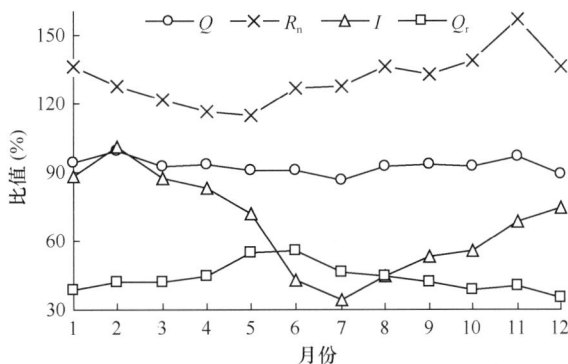

图 4-12　林冠上与林外旷地净辐射比值的年变化

从表 4-7 可以看出，林冠上的年总辐射只占旷地的 92.73%。有效辐射和反射辐射均是林冠上远低于林外旷地，日照时数分别只占后者的 73.31%、43.80%。唯一不同的是净辐射，林冠上高于林外旷地，前者是后者的 128.67%。说明即使林冠上获得的总辐射比林外旷地少，但由于亚热带常绿阔叶林的存在，林冠上有效辐射、反射辐射比林外旷地少很多，但接受的净辐射却仍然多了近 30%。季节总量上：总辐射、有效辐射、反射辐射都是干季大于雨季，导致净辐射前者小于后者。

表 4-7　太阳辐射各分量的季节总量和年总量（MJ/m²）

	Q		R_n		I		Q_r	
	林外旷地	林冠上	林外旷地	林冠上	林外旷地	林冠上	林外旷地	林冠上
干季	2841.78	2680.30	1121.26	1444.65	1148.59	983.84	571.93	233.50
雨季	2412.92	2194.61	1245.60	1598.80	683.24	359.13	484.08	229.12
年	5254.70	4874.91	2366.86	3043.45	1831.84	1342.98	1056.00	462.62

4. 哀牢山亚热带常绿阔叶林光合有效辐射（PAR）的时空分布特征

研究区域森林群落的林冠高度约为 25m，乔木分层明显。其中 28.6m、19.0m 分别位于上层林冠的顶部和底部，而 10.8m、4.3m 分别位于亚层林冠的顶部和底部，1.9m 位于灌木层中间的位置。其中，28.6m 处可视为全光照条件下的光合有效辐射，代表林冠层可以获得最大光合有效辐射。

从图 4-13 可以看出，受向下短波辐射的影响，乔木冠层顶部（28.6m）1 月和 7 月 PAR 月总量较低，分别为 554.9mol/m²、552.82mol/m²，2 月最高，为 946.09mol/m²；乔木冠层底部（19.0m）和乔木亚层上部（10.8m）PAR 月总量在 4 月达到最高，分别为 118.11mol/m²、73.53mol/m²；乔木亚层底部和灌木层中间（4.3m、1.9m）在 5 月 PAR 月总量最高，分别达到 39.63mol/m²、36.17mol/m²，在 7 月以后、2 月之前这段时间 PAR 月总量较平稳。

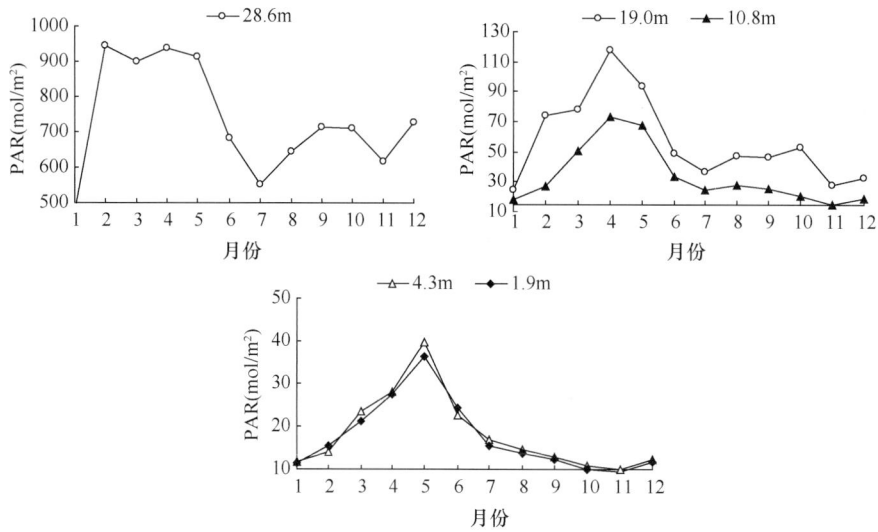

图 4-13　亚热带常绿阔叶林不同高度 PAR 年变化

由此可见，虽然全光照 PAR 随年尺度太阳辐射变化而变化，但乔木亚层以下只在春季和初夏较高，其他时间都变化不大。

从表 4-8 可以看出，28.6m 处 PAR 日总量最多，雨季平均日总量 22.81mol/m²，比干季（25.41mol/m²）少 10.23%，年平均日总量为 24.26mol/m²。乔木冠层吸收了大量的光合有效辐射，导致 19.0m 处 PAR 年平均日总量仅为 1.88mol/m²，仅为全光照条件下的 7.75%。乔木亚层以下，PAR 日总量变化不大，4.3m 和 1.9m 处年平均日总量仅分别为 0.59mol/m²、0.57mol/m²。表 4-8 还显示，在乔木亚层（10.8m）及以上，PAR 日总量干季大于雨季；而在乔木亚层以下，PAR 日总量干季小于雨季，说明乔木亚层在光合有效辐射穿越时吸收遮蔽的量干季大于雨季。

表 4-8　亚热带常绿阔叶林不同高度 PAR 的日总量（mol/m²）

	28.6m	19.0m	10.8m	4.3m	1.9m
干季	25.41	1.97	1.12	0.55	0.53
雨季	22.81	1.76	1.09	0.64	0.61
年平均	24.26	1.88	1.10	0.59	0.57

从年总量来看（表 4-9），全光照条件下的 PAR 年总量最高，为 8824.98mol/m²，乔木冠层获得了 8142.78mol/m² 的光合有效辐射，占全光照的 92.27%。乔木亚层接受了 186.47mol/m² 的光合有效辐射，占全光照的 2.11%。最后仅有 216.62mol/m² 的光合有效辐射到达灌木层。

表 4-9　亚热带常绿阔叶林不同高度 PAR 的年总量（mol/m²）

高度	28.6m	19.0m	10.8m	4.3m	1.9m
PAR 年总量	8824.98	682.20	403.09	216.62	208.52

从表 4-10 可以看出，乔木冠层底部（19.0 m）占全光照 PAR 比率为 7.75%，可见乔木冠层吸收反射了 92.25% 的 PAR。而乔木亚层顶部（10.8m）和底部（4.3m）占全光照 PAR 比率分别为 4.55%、2.44%，所以乔木亚层仅吸收了光合有效辐射的 2.11%。这是因为哀牢山亚热带常绿阔叶林林相完整，乔木冠层郁闭度高，所以最终到达灌木层的 PAR 仅占全光照的 2.36%。从干季、雨季来看，乔木亚层以上（19.0m）PAR 比率干季大于雨季，但以下（10.8m、4.3m、1.9m），受散射影响，干季小于雨季。

表 4-10 林冠层下不同高度 PAR 占林冠上比率（%）

	19.0m	10.8m	4.3m	1.9m
干季	7.76	4.42	2.16	2.08
雨季	7.72	4.76	2.79	2.66
年平均	7.75	4.55	2.44	2.36

5. 哀牢山亚热带常绿阔叶林林内外土壤温度特征

土壤温度是森林气候重要的环境因素之一，与植物的生长密切相关，且是影响土壤呼吸的关键因素，适宜的土壤温度能够促进土壤微生物活动，加速凋落物的分解，提高土壤肥力，对土壤温度的深入研究有利于正确把握森林碳通量的变化规律。

图 4-14 显示了林内外不同深度土壤年平均温度的日变化。可见，各层土壤温度均呈现近似单峰变化，越靠近地表变化趋势越明显，土壤温度的最低值和最高值出现时刻随深度增加呈现滞后现象，显示了不同深度土壤温度日变化的相位存在明显差异。

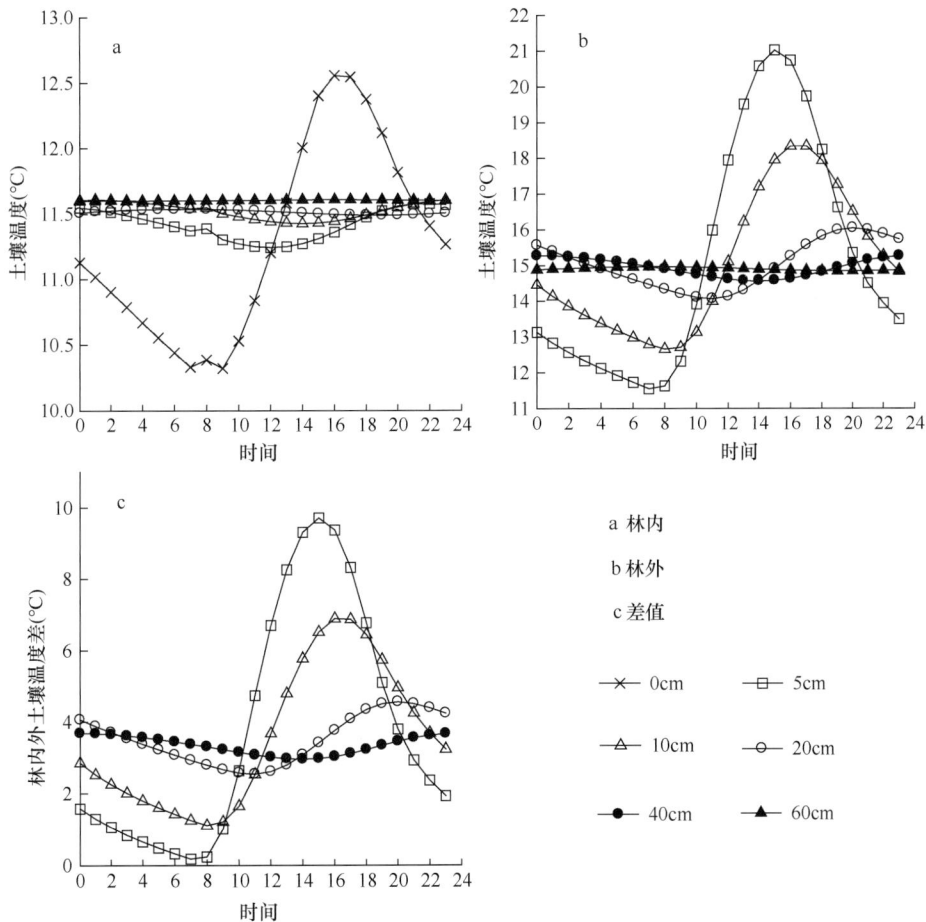

图 4-14 亚热带常绿阔叶林不同深度土壤年平均温度的日变化

但是，随着土壤深度的增加，其变幅急剧减小，20cm 深度土壤温度的变化趋势已经很小，到 40cm 深度时变幅已趋于 0。图 4-14b 是林外 60cm 深度以上平均土壤温度的日变化，可见其各层土壤温度日变化的幅度大于林内，具有明显日变化的深度较林内的深；5cm 土壤温度的日变幅林外为 9.5℃，林内为

0.4℃。图 4-14c 是林外土壤温度减去林内土壤温度所得的差值图。可见，各层土壤温度的差值也呈现单峰变化，并且随着深度的增加，其变幅减小，到 40cm 深度时，变幅已基本消失。

图 4-15 显示了不同季节平均土壤温度的垂直变化。可见，林内和林外均是冬季不同深度的土壤温度最低，并呈现随深度增加，土壤温度升高的垂直变化特征；林内春季各深度的平均土壤温度值高于冬季，但低于夏季和秋季，其垂直变化不大，呈现随深度增加略有降低的趋势；在夏季，林内土壤温度在深度100cm，其平均土壤温度最低，而林外各层土壤温度均高于林内，且林内和林外的土壤温度均呈现随深度增加而降低的垂直变化特征，并且其变率较明显；到了秋季，林内 100cm 平均土壤温度最高，垂直变化表现为，随着深度的增加土壤温度逐渐升高。

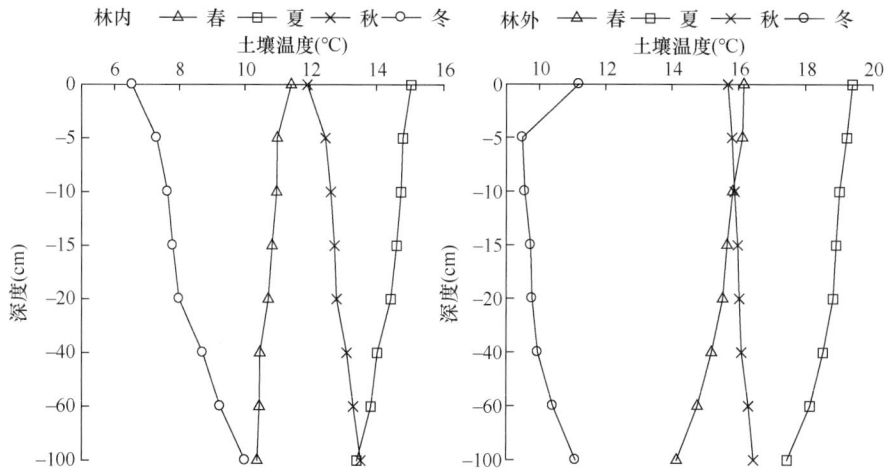

图 4-15　各季节亚热带常绿阔叶林土壤平均温度垂直变化

不同深度的平均土壤温度年变化如图 4-16 所示，林内和林外不同深度的土壤温度年变化趋势相似，均呈现单峰分布。林内 100cm 深度的土壤温度最低值出现在 2 月，其他深度的土壤温度最低值均在 1 月；0cm 土壤温度最高值出现在 7 月，其他深度的土壤温度最高值出现在 8 月，5cm 土壤温度的年变幅约为8.6℃。林外的各层土壤温度最低值均出现在 1 月，0cm 土壤温度最高值在 7 月，其他深度土壤温度最高值均在 8 月，5cm 土壤温度的年变幅约为 11.2℃。

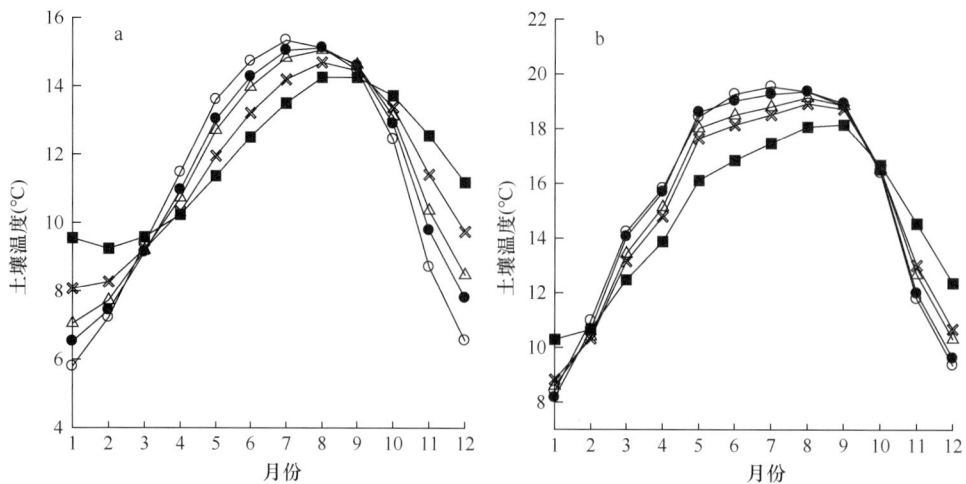

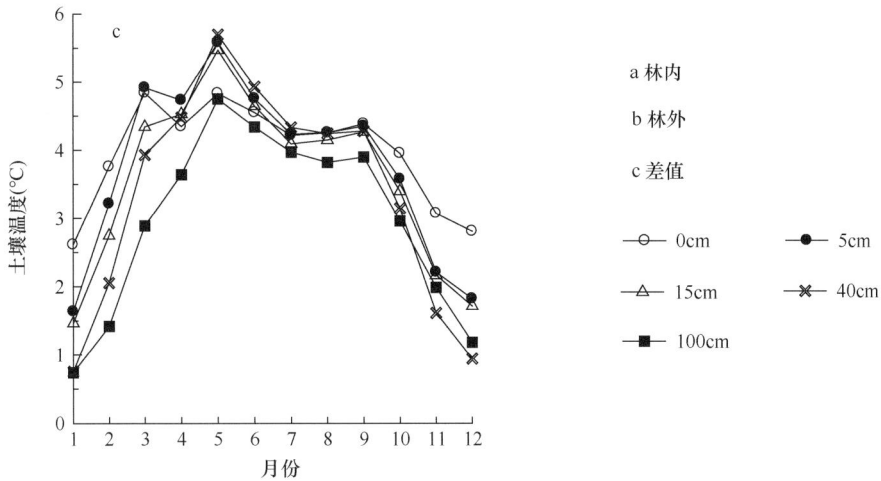

图 4-16　亚热带常绿阔叶林不同深度土壤平均温度年变化

（四）哀牢山-无量山森林水分特征

1. 降水分布特征

哀牢山-无量山大多数地区年降水较丰富，年均降水量都在 1000mm 以上；其中约 87% 以上的降水集中于 5~10 月的雨季，11 月至翌年 4 月的干季降水总量不足 13%。降水的地区分布极不均衡，谷地背风坡较少，如哀牢山西坡的景福（海拔 1470m），年降水量约为 1420.6mm。而东坡的安定（海拔 1480m）降水量仅为 1189.0mm 左右。干季虽然少雨但多雾，尤其是冬季。受逆温层的影响，雾顶高度在 2000m 左右，冬季偶尔也有降雪天气。

研究表明（You et al., 2013）哀牢山亚热带常绿阔叶林区降水年、季变化规律明显（图 4-17），每隔 8 到 9 年降水出现一次峰值，如 1991 年、1999 年、2007 年及 2016 年，年降水量分别为 2339.1mm、2339.8mm、2350.4mm 和 2359.5mm；雨季（5~10 月）降水量与年总降水量变化趋势一致，干季降水量变化相对平缓。

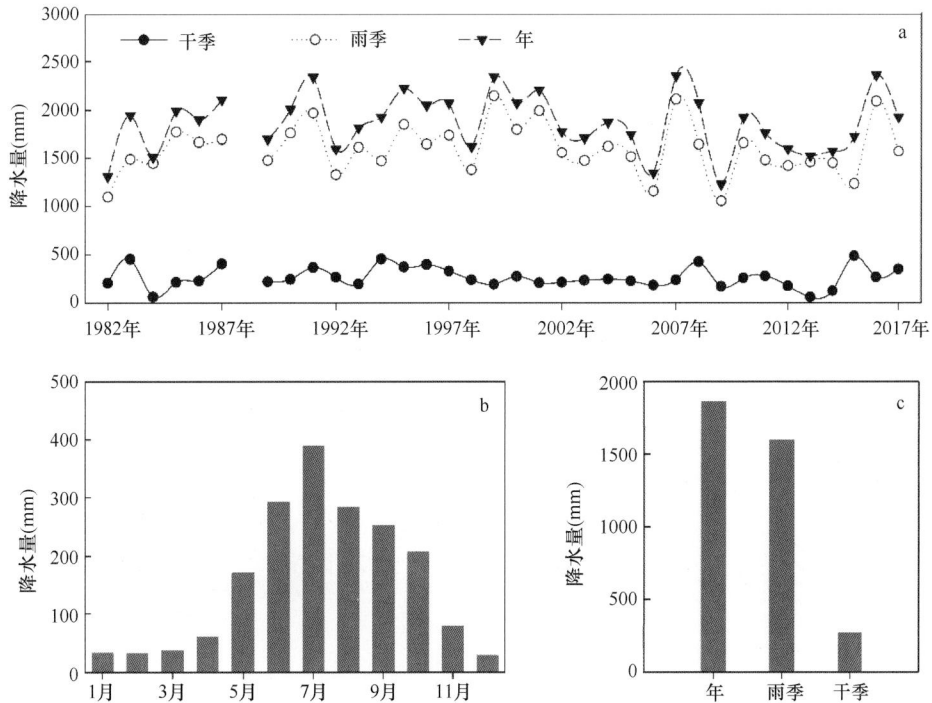

图 4-17　亚热带常绿阔叶林区降水量变化

因此，年总降水量主要决定于雨季的降水量，多年平均值显示雨季降水量（1595.1mm）贡献了总降水量（1863.3mm）的85.6%。2009年雨季降水量达到观测记录的最低值（1055.8mm），导致2009年降水量达到观测记录的最低值（1229.4mm）（图4-17a）。

研究表明（刘洋，2008；刘洋等，2009）哀牢山地区的降水具有显著的季节性差异，主要的降水集中在5~10月，占全年总降水量的85%以上，尤其是6~8月降水较多，而11月至翌年4月降水显著减少（图4-18）。

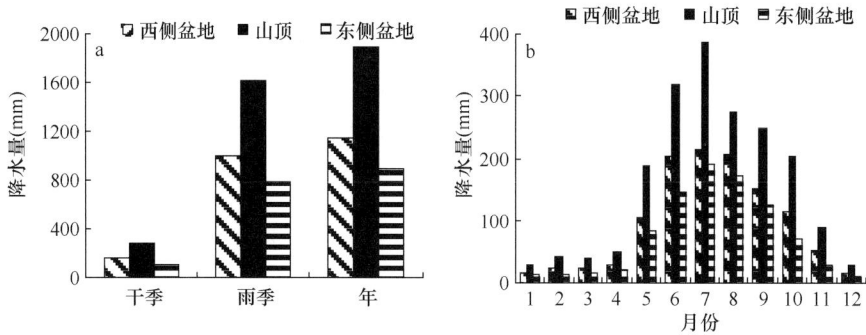

图4-18　哀牢山地区降水量年、季变化

对比不同位置的年降水量，海拔相对较低的西侧盆地（景东，1162m）年降水量约为1151.6mm，显著高于东侧盆地（楚雄，1772m）的年降水量（约891.3mm），这是由于哀牢山脉为西北-东南走向，与西南季风近直交，西南季风带来的暖湿气流，在迎风坡面（西坡）形成了充沛的降水，而过山气流在山体的背风坡面（东坡）产生了显著的焚风效应（张克映等，1992，1993）。降水日数的年、季变化趋势与降水量相同，均呈现了山顶>西侧盆地>东侧盆地的态势（图4-19）。山顶的平均单次降水量即降水强度最大，两侧盆地不同季节的降水强度无显著差异（图4-20）。

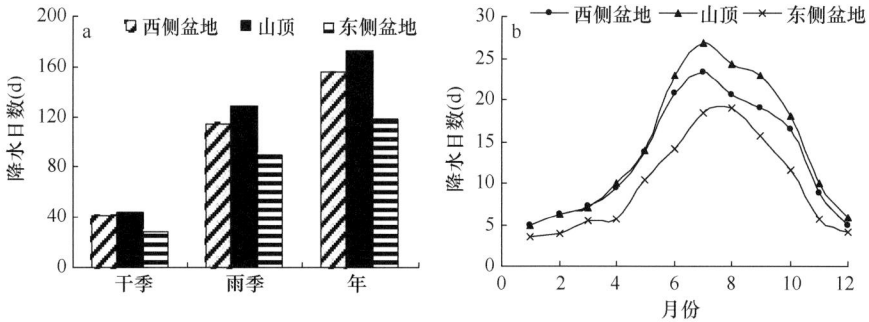

图4-19　哀牢山地区降水日数年、季变化

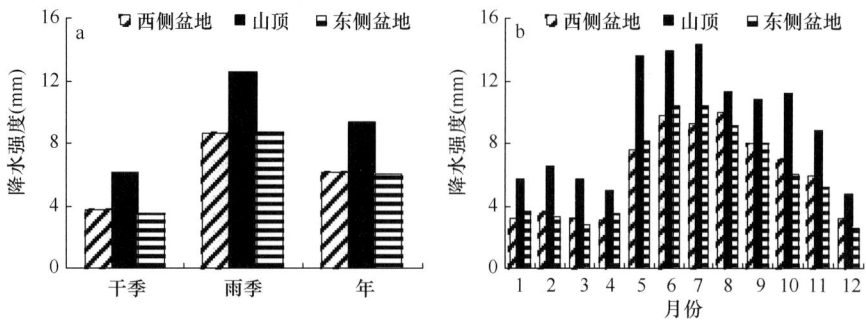

图4-20　哀牢山地区降水强度年、季变化

　　总体而言，哀牢山地区 5～10 月气温较高、降水较多，11 月至翌年 4 月气温较低、降水较少，呈现了雨、热同期的气候特征。

　　由此可见，哀牢山降水空间差异显著，山顶的降水最多，西侧盆地的降水量显著高于东侧盆地。降水的季节性差异显著，最大降水量出现在 7 月，雨季的降水量占全年的 85%以上。

　　由于哀牢山地区东侧坡面的气温明显高于西侧坡面，二者的差异在低海拔地区更为显著；而东侧坡面的降水明显少于西侧坡面（图 4-21a，图 4-21b）。实际蒸散量作为区域水热动态的衡量指标可以清楚地显示东、西坡面水热状况的差异，东、西坡的实际蒸散量在低海拔地区均显著减小，东坡的递减速率显著高于西坡，在河谷地区相同海拔处西坡的实际蒸散量显著高于东坡（图 4-21c）。以上结果表明，哀牢山东坡低海拔地区气候处于明显的水热失衡状况。湿润指数作为区域水、热状况的综合体现，可以更好地量化和划分区域的气候状况。可见，哀牢山地区西坡 1100m 以下及东坡 1500m 以下湿润指数大于 1，此区域达到了亚湿润或亚干旱的气候特征，植被的分布受到了水分的限制（图 4-21d）。

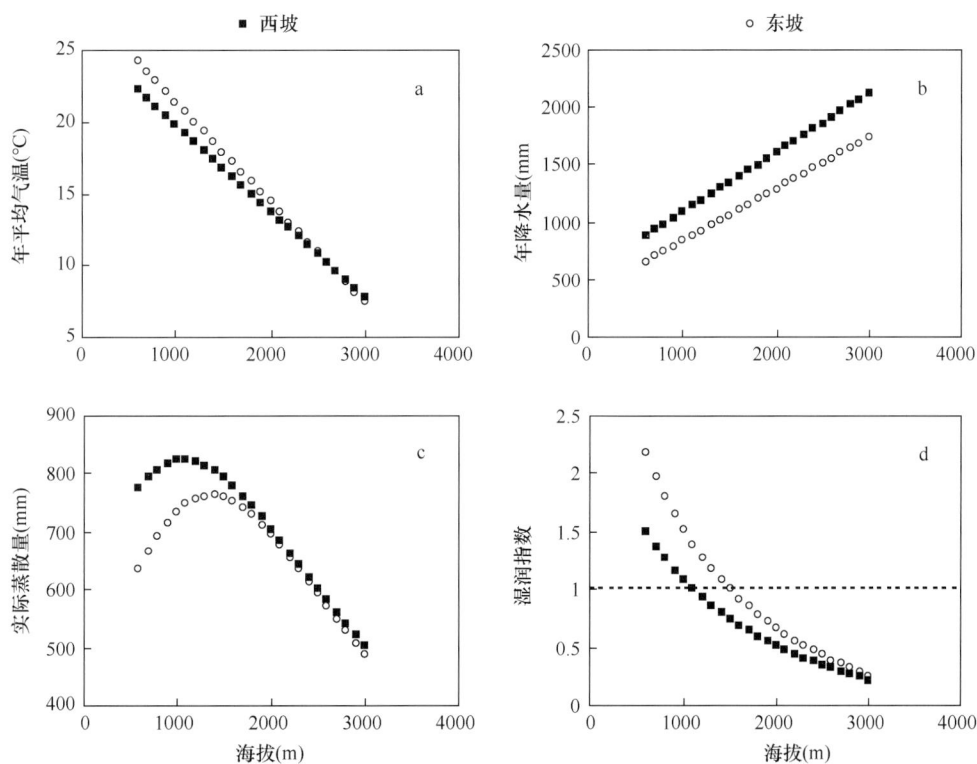

图 4-21　哀牢山不同坡向气候要素垂直分布格局

2. 哀牢山亚热带常绿阔叶林土壤含水量变化规律

　　土壤含水量是土壤-植物-大气连续体的一个关键因子，它不但直接影响着土壤特性和植物生长，而且间接地影响植物分布并在一定程度上影响小气候的变化。对土壤含水量的研究有助于更深入地了解土壤呼吸以及森林碳通量的变化规律，同时对了解该地区植物生长与更新，物质循环与能量交换都有重要意义。

　　图 4-22 为哀牢山亚热带常绿阔叶林不同深度的平均土壤含水量和降水量的年内变化趋势图。可以看出：各层土壤含水量大致呈单峰变化，雨季（5～10 月）土壤含水量高于干季（11 月至翌年 4 月）。并且，随着土壤深度的增加波动范围减小，全年 100cm 土壤含水量最低。

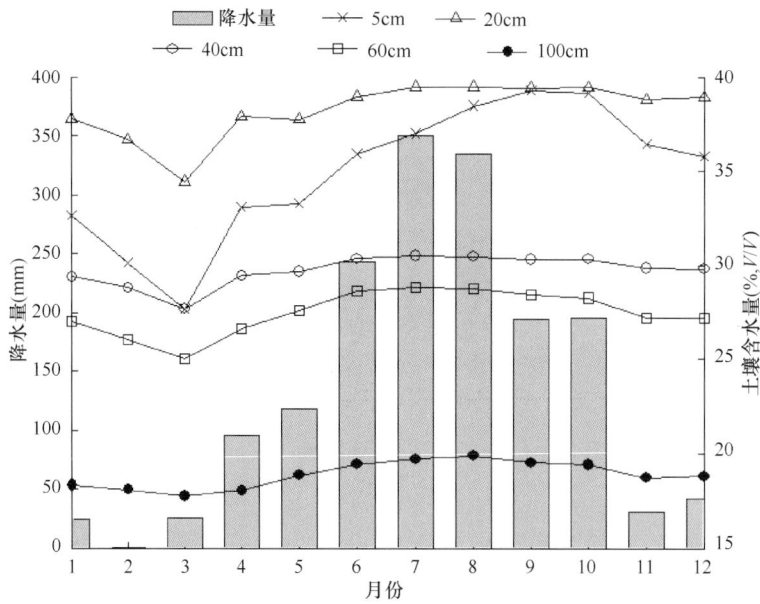

图 4-22　降水量和平均土壤含水量年内变化

由图 4-23 可以看出，哀牢山亚热带常绿阔叶林的日平均土壤含水量（5cm 深度为例）在 5 月雨季开始后迅速增大，在 5～9 月维持在较高的数值，且波动较大；而在 10 月雨季结束后，土壤含水量呈现迅速下降趋势，波动较小，在 3 月初达到最小。就全年来看，哀牢山亚热带常绿阔叶林土壤含水量日变幅在 17.7%～39.5%波动，土壤含水量随着土壤深度的增加大体呈现逐渐降低趋势，波动幅度也逐渐减小。

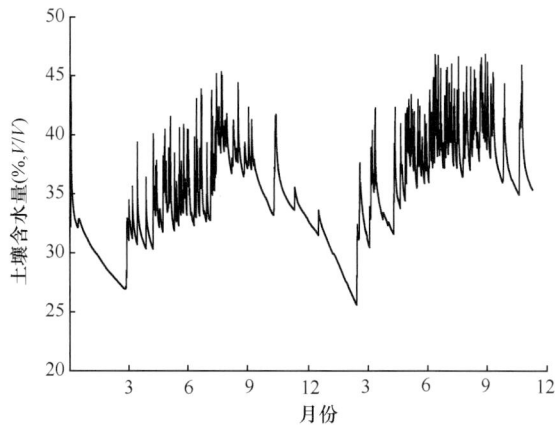

图 4-23　哀牢山亚热带常绿阔叶林土壤含水量年变化

3. 哀牢山亚热带常绿阔叶林水量平衡特征

林冠对降水具有一定的截留作用，表现为一次降水强度较大时，林冠截留的降水通过树干表面将降水截留到地表，从而林内降水量观测值低于林外；在云雾天气时，林外未形成降水的条件下，林冠层又可以作为空气中水汽的凝结核，从而对空气中的水汽具有较好的拦截作用。

林内气象观测场的记录显示（图 4-24），林内降水的年总量约为 1720.0mm，低于林外降水量约 180.0mm，林冠对降水的截留量主要集中在雨季。其中雨季前期的 5 月和雨季后期的 10 月出现林内降水量大于林外的现象，说明林冠层对空气中的水汽具有一定的拦截作用。

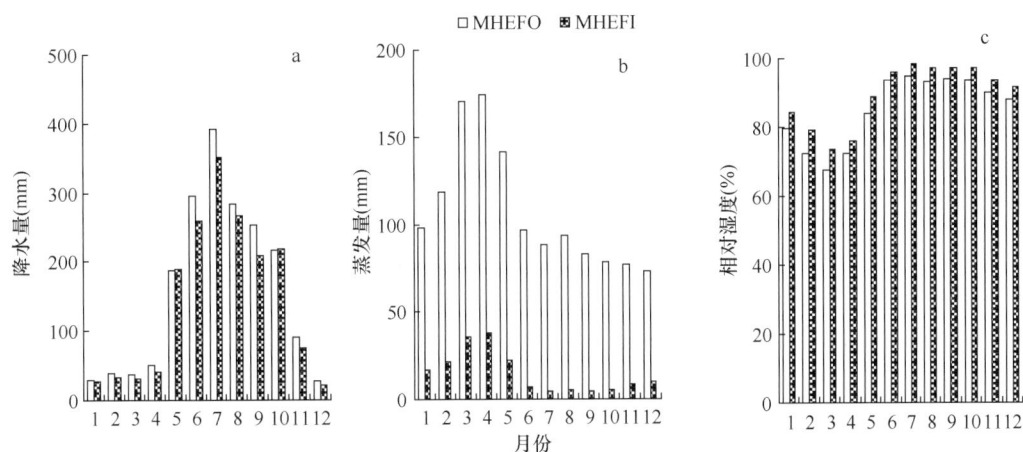

图 4-24　哀牢山亚热带常绿阔叶林林内外降水量（a）、蒸发量（b）和平均相对湿度（c）的年变化

林外（MHEFO）；　林内（MHEFI）

哀牢山亚热带常绿阔叶林林内相对湿度（RH）的年变化表现出和林外相同的特征，但林内的相对湿度要高于林外，其中两者之间差异最大值出现在干季，说明森林冠层的"保湿"功能在干季较强。林内全年有 5 个月相对湿度在 95%以上，比林外高出 2～4 个百分点，干季林内相对湿度要高于林外，两者相差约 3～6 个百分点。林内蒸发量（Φ20cm 蒸发皿）的年总量约为 178.0mm，仅相当于林外的 13.8%，雨季林内的蒸发量（Φ20cm 蒸发皿）相当于林外的 8.4%，而干季林内的蒸发量相当于林外的 18.3%。

综上所述，哀牢山亚热带常绿阔叶林林内水量平衡与林外存在不同的特征：干季，林外的平均降水量和水面蒸发量分别为 273.0mm 与 710.7mm，而林内的降水量和水面蒸发量分别为 224.6mm 与 129.9mm，因此，水量在林外出现亏损（蒸发量>降水量）而在林内出现盈余（蒸发量<降水量）；雨季，林外的平均降水量和水面蒸发量分别为 1630.0mm 与 580.7mm，林内的降水量和水面蒸发量分别为 1491.2mm 与 49.0mm，林内和林外都呈现盈余。因此，林外在干季出现水分亏缺，而在林内并未出现水分亏缺，这一特点体现出森林冠层具有重要的生态功能，对林冠下方幼苗的存活和森林的更新具有重要的意义。

利用 PenPan 模型模拟得到的蒸发量年变化特征与 Φ20cm 蒸发皿测得的蒸发量年变化特征相似（游广永，2012；You et al.，2013），均是干季末蒸发量出现最大值（图 4-25）。模拟的年总蒸发量为 825.2mm，其中，干季为 441.5mm，雨季为 383.7mm。从全年来看，蒸发的辐射分量为 628.8mm，占年总蒸发量的 76.2%，而扩散分量为 196.4mm，占年总蒸发量的 23.8%。干季蒸发量的扩散分量为 144.3mm，占干季总蒸发量的 32.7%，雨季蒸发量的扩散分量为 52.1mm，占雨季总蒸发量的 13.6%。结合多年平均降水量的年变化，可以发现，干季水量亏缺（蒸发需水量>降水量），而雨季水量盈余（蒸发需水量<降水量）。

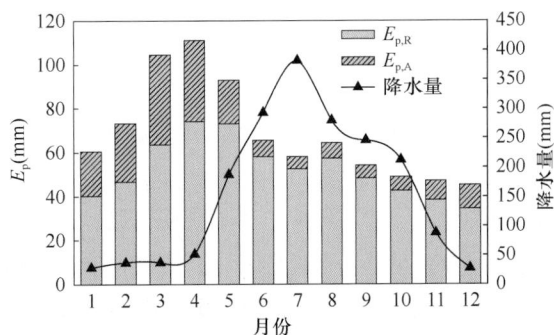

图 4-25　哀牢山降水量与模拟蒸发量（E_p）及其辐射分量（$E_{p, R}$）与扩散分量（$E_{p, A}$）的年变化

4. 哀牢山亚热带常绿阔叶林水分输入特征

森林影响降水形成、分配和循环，林冠层蒸腾耗水和截留降水的机制涉及土壤、植被和大气等多层界面，林冠层是森林水分输入过程的开始，林冠截留量作为输入森林生态系统水分调节的起点备受关注。

受大气降水的影响，穿透雨量的变化随大气降水量而变化。通过 1991～1995 年（甘建民和薛敬意，1996）和 2005 年 5 月至 2006 年 4 月（巩合德等，2008）对哀牢山亚热带常绿阔叶林的林冠截雨量进行的观测研究，发现穿透雨率均超过了 83%（分别为 86.9%和 83.3%）。且 1991～1995 年的观测表明，雨季和旱季穿透雨量分别为 1404.1mm 和 232.9mm，分别占年平均穿透雨量的 85.8%和 14.2%，穿透雨量和大气降水量最大及最小月份均分别为 7 月与 4 月，穿透雨量分别是 349.0mm 和 13.9mm，各占同月大气降水量的 91.8%和 63.8%。此外，2005～2006 年的观测结果还证实：当总降水量小于 3.7mm 时，林冠几乎将降水全部截留，截留率达 100%，在降水量大于 10mm 时，林冠截留率随降水量增大而降低。

树干径流是森林冠层林内水分分配的重要组成部分。我国亚热带主要森林的树干径流量变动于 1.2～129.5mm，占大气降水量的 0.1%～9.3%。而哀牢山的研究结果表明，哀牢山亚热带常绿阔叶林的树干径流量很小，不超过大气降水量的 1.5%（甘建民和薛敬意，1996；巩合德等，2008）。树干径流产生的过程是：树叶表面将对降水的截获汇入枝条，再汇入主干，然后进入林地。因此，树叶的形状、叶柄的粗细、枝条与树干的夹角、树皮的特点都可能影响树干径流量（魏晓华和周晓峰，1989）。巩合德等（2008）对是否除去附生植物的树干径流进行了观测，认为未除去附生植物的植株所接收的树干径流较小（表 4-11），推测哀牢山亚热带常绿阔叶林生态系统繁茂的附生植物可能导致树干径流量较小。

表 4-11 哀牢山亚热带常绿阔叶林树干径流监测样树（巩合德等，2008）

树号	树种	胸径（cm）	树冠面积（m²）	树干径流量（mm）	是否去除附生植物
1	南洋木荷	48.7	59.2	394.2	未去除
2	红花木莲	40.1	53.1	246.6	未去除
3	滇润楠	40.4	42.4	427.9	未去除
4	景东冬青	17.2	28.8	90.8	未去除
5	红花木莲	22.6	32	86.9	未去除
6	硬壳柯	25.5	26.5	305.3	未去除
7	木果柯	49.7	131.5	773.1	未去除
8	变色锥	41.1	59.2	926.7	未去除
9	南洋木荷	66.2	123.8	1215.7	去除
10	红花木莲	37.6	29.7	148.5	去除
11	滇润楠	41.4	46	447.9	去除
12	景东冬青	10.5	10.9	94.7	去除
13	红花木莲	20.7	21.6	85.8	去除
14	硬壳柯	29.9	30.2	396.6	去除
15	木果柯	56.1	117.1	1423.8	去除
16	变色锥	37.6	75.9	721.7	去除

于 1991 年 5 月至 1993 年 4 月，对哀牢山亚热带常绿阔叶林的大气降水、穿透雨和树干径流进行了水质测定，发现除氮（N）元素外，其他营养元素均有所增加（表 4-12），证实了在云南哀牢山亚热带常绿阔叶林大气降水过程中，大气降水和穿透雨是营养物质输入的主要途径，大气降水中化学物质浓度大小对降水淋溶量具有较大影响（甘建民等，1997）。

表 4-12　哀牢山亚热带常绿阔叶林大气降水、穿透雨和树干径流中营养元素比较（甘建民等，1997）

营养元素	穿透雨		树干径流		淋溶量 [kg/（hm²·a）]	D_R	大气降水输入量 [kg/（hm²·a）]	输入总量 [kg/（hm²·a）]
	输入量 [kg/（hm²·a）]	D_R	输入量 [kg/（hm²·a）]	D_R				
N	6.099	0.43	0.022	0.002	—	—	14.179	20.3
P	0.423	3.44	0.001	0.608	0.301	2.447	0.123	0.547
K	5.915	73.94	0.029	0.363	5.864	73.3	0.08	6.024
Ca	1.789	1.252	0.009	0.006	0.306	0.214	1.429	3.227
Mg	0.771	4.213	0.005	0.027	0.593	3.24	0.183	0.959
总量	14.997	—	0.066	—	7.064	—	15.994	31.057

注：淋溶沉降比（D_R）=穿透雨（树干茎流或淋溶量）养分输入量/大气降水养分输入量

（五）哀牢山-无量山森林土壤养分特征

1. 哀牢山森林土壤养分特征

哀牢山亚热带常绿阔叶林下的土壤，成土母质的出露大体是由古生代板岩、微晶片岩、绿泥片岩、石英片岩、石英岩等组成，风化物粗松，多发育成山地棕壤或黄棕壤。但它是在亚热带山地上由于海拔升高形成的，与水平地带上出现的黄棕壤还有所差别。与安徽金寨和南京水平地带的黄棕壤比较，哀牢山山地黄棕壤的土壤有机质含量和阳离子交换量明显高于水平地带的黄棕壤，说明山地黄棕壤的土壤胶体吸附阳离子的能力较强；由于腐殖质酸的影响，山地黄棕壤的酸度也高于水平地带的黄棕壤。

在哀牢山生态站长期观测的亚热带湿性常绿阔叶林样地里，监测得出的每年土壤养分情况见表 4-13。

表 4-13　哀牢山亚热带常绿阔叶林表层土壤（0～20cm）养分含量年均值

年份	土壤有机质（g/kg）	全氮（N g/kg）	有效磷（P mg/kg）	速效钾（K mg/kg）	缓效钾（K mg/kg）	水溶液 pH	硝态氮（NO_3^--N mg/kg）	铵态氮（NH_4^+-N mg/kg）
2005	172.83	6.70	1.03	127.50	67.00	4.42	12.25	4.59
2008	183.33	6.70	0.46	120.00	77.50	4.37	16.27	4.25
2009	188.17	7.77	0.41	125.50	70.00	4.21	6.72	3.26
2010	151.92	6.69	1.64	92.33	55.60	4.27	9.66	7.37
2011	133.92	5.99	2.92	111.83	54.50	4.26	29.26	9.69
2012	177.59	6.26	2.05	90.60	59.33	4.31	33.04	9.31
2013	142.43	6.13	2.14	148.50	69.00	4.04	22.74	9.40
2014	130.55	6.62	3.21	134.33	86.50	4.27	11.81	10.59
2015	171.40	7.37	2.39	167.00	154.20	4.32	21.33	3.38

滇南山杨（*Populus rotundifolia* var. *bonatii*）林主要生长在徐家坝周围的低丘和缓坡地区，是亚热带常绿阔叶林遭受破坏后（如砍伐、火烧）所形成的次生落叶阔叶混交林，群落乔木层高 15～20m，平均盖度 80%，以滇南山杨（*Populus rotundifolia* var. *bonatii*）为主，是该区域森林群落演替的先锋树种，还有硬壳柯（*Lithocarpus hancei*）等伴生；灌木层以华西箭竹为优势种。在滇南山杨次生林不少地段已有少量的木果柯（*Lithocarpus xylocarpus*）、变色锥（*Castanopsis wattii*）、硬壳柯等幼树生长，预示着群落在朝中山湿性常绿阔叶林的方向演替（表 4-14）。

常绿阔叶林和滇南山杨林两块样地相距 4km，土壤皆为山地黄棕壤，由片麻岩和闪长岩风化母质发育而成，表 4-15 是由哀牢山生态站长期监测得出的两块样地的化学计量特征。

表4-14 哀牢山两种林型样地特征

样地特征	常绿阔叶林	滇南山杨林
土壤类型	山地黄棕壤	山地黄棕壤
腐殖质层（cm）	12.2±1.04	5.2±0.42
pH	4.25±0.05	4.46±0.05
容重（g/cm³）	0.54±0.02	0.71±0.02
土壤含水量（0～20cm）（g/g）	0.89±0.33	0.78±0.25
盖度（%）	95.4±12.6	80.2±5.9
优势种	木果柯（Lithocarpus xylocarpus）+硬壳柯（Lithocarpus hancei）+变色锥（Castanopsis wattii）	滇南山杨（Populus rotundifolia var. bonatii）
主要伴生种	南洋木荷（Schima noronhae）、翅柄紫茎（Stewartia pteropetiolata）、黄心树（Machilus gamblei）、华西箭竹（Fargesia nitida）、长柱头薹草（Carex teinogyna）、粗齿冷水花（Pilea sinofasciata）、密叶瘤足蕨（Plagiogyria pycnophylla）	硬壳柯（Lithocarpus hancei）、木果柯（Lithocarpus xylocarpus）、变色锥（Castanopsis wattii）、华西箭竹（Fargesia nitida）、长柱头薹草（Carex teinogyna）、粗齿冷水花（Pilea sinofasciata）、密叶瘤足蕨（Plagiogyria pycnophylla）

表4-15 哀牢山两种林型凋落物、腐殖质和表层土壤的C、N、P含量及生态化学计量特征

生态化学计量	凋落物		腐殖质		表层土壤（0～20cm）	
	常绿阔叶林	滇南山杨林	常绿阔叶林	滇南山杨林	常绿阔叶林	滇南山杨林
C（g/kg）	497.98±12.15Aa	502.25±23.04Aa	220.35±29.89Ba	213.66±26.46Ba	98.65±13.22Ca	74.56±8.12Cb
N（g/kg）	14.74±4.48Aa	15.69±4.64Aa	14.74±1.94Aa	13.58±1.33Ba	6.53±0.83Ba	5.12±0.62Cb
P（g/kg）	0.81±0.34Bb	0.97±0.27Ba	1.39±0.12Aa	1.24±0.04Aa	1.17±0.29Aa	0.87±0.21Bb
C：N	36.20±9.69Aa	35.01±11.08Aa	14.95±0.81Ba	15.73±1.21Ba	14.96±1.1Ba	14.71±1.4Ba
C：P	702.60±247.89Aa	557.04±152.39Ab	158.88±21.83Ba	172.09±26.1Ba	91.22±49.27Ba	87.82±13.58Ca
N：P	19.23±3.87Aa	15.61±2.36Ab	10.61±1.25Ba	10.93±1.33Ba	5.95±2.78Ca	6.02±1.06Ca

注：同一行不同小写字母表示不同森林类型差异显著（$P<0.05$），同一行不同大写字母表示同一森林类型差异极显著（$P<0.01$），下同

　　哀牢山亚热带常绿阔叶林及其受损后恢复演替中的滇南山杨林的凋落物、腐殖质和表层土壤（0～20cm）C、N、P土壤生态化学计量特征表明（表4-15）：C、N含量表现为凋落物>腐殖质>表层土壤，P含量则表现为腐殖质>表层土壤>凋落物；铵态氮、硝态氮、有效磷含量均为腐殖质>表层土壤（表4-16）。

表4-16 哀牢山两种林型腐殖质和表层土壤有效养分含量

层次	腐殖质		表层土壤（0～20cm）	
森林类型	常绿阔叶林	滇南山杨林	常绿阔叶林	滇南山杨林
铵态氮（NH₄⁺-N mg/kg）	16.59±12.04Aa	11.55±5.38Aa	3.38±0.46Ba	8.02±3.00Ab
硝态氮（NO₃⁻-N mg/kg）	46.83±12.33Aa	11.43±6.28Ab	21.33±1.99Ba	7.43±5.29Ab
有效磷（P mg/kg）	16.81±10.19Aa	6.19±1.70Ab	2.39±0.59Ba	1.06±0.56Ba

　　恢复演替中的滇南山杨林的化学计量特征与原始的常绿阔叶林存在差异，即凋落物中的C、N、P含量为常绿阔叶林<滇南山杨林；表层土壤中的C、N、P含量为常绿阔叶林>滇南山杨林；腐殖质中的铵态氮、有效磷含量为常绿阔叶林>滇南山杨林，表层土壤硝态氮、有效磷含量为常绿阔叶林>滇南山杨林。

　　此外，相比世界森林C：N：P的平均值，哀牢山森林系统的值更低，其常绿阔叶林凋落物、腐殖质、表层土壤的C：N：P分别为615：18：1、159：11：1、84：6：1，滇南山杨林凋落物、腐殖质、表层土壤的C：N：P分别为518：16：1、172：11：1、86：6：1（表4-15）。这表明，哀牢山亚热带常绿阔叶林不存在P的匮乏，亚热带的常绿阔叶林可能具有独特的土壤生态化学计量特征。

　　上述研究结果可为该区的生态功能恢复与植被重建恢复提供科学依据。

2. 无量山森林土壤养分特征

无量山地区森林土壤的水平分异基本是景东安定、南涧公郎一线以北为云南松林、半湿润常绿阔叶林红壤带，安定、公郎一线以南为思茅松林、季风常绿阔叶林赤红壤带。随海拔变化土壤类型的垂直变化较为突出。笔架山山地自下而上，海拔由低到高，土壤类型依次为赤红壤、红壤、黄棕壤、棕壤、亚高山草甸土等（表 4-17）。

表 4-17 无量山地区主要的森林土壤类型及其相应的植被类型（何蓉等，2007）

土壤类型	亚类	植被类型
燥红土	燥红	干热河谷稀树灌丛草坡
赤红壤	赤红	思茅松林，季风常绿阔叶林及次生灌草丛
	暗色赤红	沟谷季风常绿阔叶林
	粗骨性赤红	石砾含量为 50% 以上的林地或灌草丛
红壤	暗红	云南松林及次生灌草丛
	黄红	云南松针阔混交林及灌草丛
	红	云南松林及灌草丛和高海拔的人工思茅松林
	粗骨性红	石砾含量在 50% 以上的林地或灌草丛
黄棕壤	黄棕	半湿润常绿阔叶林（上段）、中山湿性常绿阔叶林、山顶苔藓矮林
	粗骨性黄棕	石砾含量在 50% 以上的林地或灌草丛
棕壤	棕	铁杉林或铁杉针阔混交林
	粗骨性棕	石砾含量在 50% 以上的林地或灌草丛
高山草甸土	亚高山草甸土	高中山、亚高山灌丛草甸
石灰（岩）土	红色石灰土	云南铁杉林
	黑色石灰土	
紫色土	酸性紫色土	云南铁杉林
	中性紫色土	
	石灰性紫色土	

3. 无量山北段两种森林类型的土壤养分特性

在无量山国家级自然保护区北段（南涧段）设置中山湿性常绿阔叶林和半湿润常绿阔叶林样地 6 块，通过对土壤样品分析得到结果：两种森林类型主要有黄壤和黄棕壤两种土壤；6 块样地的土壤没有较明显的差异；土壤的有机质等养分含量丰富，而盐基饱和度稍低。中山湿性常绿阔叶林样地的土壤养分含量、阳离子交换量稍低于半湿润常绿阔叶林的土壤。

样地的土壤总孔隙度大于 50%，通透性尚好；样地土壤的阳离子交换性能较好（何蓉等，2004）。土壤养分状况见表 4-18，可见，中山湿性常绿阔叶林土壤的 pH、有机质、全磷、有效磷、有效钾的平均含量均低于半湿润常绿阔叶林的土壤，而其他指标则高于半湿润常绿阔叶林的土壤。中山湿性常绿阔叶林土壤的盐基饱和度稍高于半湿润常绿阔叶林土壤。

表 4-18 无量山北段两种森林类型样地的土壤养分状况（何蓉等，2004）

森林类型	pH	有机质（g/kg）	全氮（g/kg）	全磷（g/kg）	全钾（g/kg）	有效氮（mg/kg）	有效磷（mg/kg）	有效钾（mg/kg）
中山湿性常绿阔叶林	4.28	150.596	4.768	1.076	28.657	289.962	1.814	221.962
半湿润常绿阔叶林	4.48	189.595	4.070	1.118	7.94	152.436	4.038	406.538

以上结果表明：中山湿性常绿阔叶林土壤的养分含量稍低于半湿润常绿阔叶林土壤；中山湿性常绿阔叶林土壤的阳离子交换性能低于半湿润常绿阔叶林土壤。中山湿性常绿阔叶林土壤的比重、容重、总孔隙度与半湿润常绿阔叶林相近，显示出中山湿性常绿阔叶林土壤的通透性与半湿润常绿阔叶林土壤相近。中山湿性常绿阔叶林和半湿润常绿阔叶林样地的土壤肥力水平相近，主要原因可能是中山湿性常绿阔叶林的样地和半湿润常绿阔叶林样地的海拔较接近，其样地的环境和小气候均相近。

无量山南段 4 种森林类型的土壤养分特性如下。

通过对无量山南段（景东段）常绿落叶阔叶混交林、中山湿性常绿阔叶林、山顶苔藓矮林、温凉性针叶林 4 种森林类型的 10 块监测样地的土壤样品进行分析，结果表明：4 种森林类型的林地土壤类型主要是黄棕壤、棕壤；其土壤的物理性状存在差异；10 块样地土壤的有机质、有效氮、有效钾含量丰富，而全磷、有效磷的含量及盐基饱和度较低。在 4 种森林类型中，温凉性针叶林的林地土壤为砂壤，肥力较其他 3 种森林类型的林地土壤低。其他 3 种森林类型林地的土壤肥力没有较大的差异（何蓉等，2007）。

4 种森林类型样地的土壤养分状况见表 4-19。4 种森林类型因分布海拔明显不同，其林地土壤的比重有所差异，土壤容重的差异不大。林地土壤总孔隙度为山顶苔藓矮林大于中山湿性常绿阔叶林。中山湿性常绿阔叶林林地土壤的 pH 和有效钾含量比其他 3 种森林类型的林地土壤高；温凉性针叶林林地土壤的有效钾含量最低。中山湿性常绿阔叶林与温凉性针叶林林地的土壤有机质、全氮、全磷含量接近，但低于常绿落叶阔叶混交林和山顶苔藓矮林林地土壤的有机质、全氮和全磷的含量，而全钾的含量刚好相反。中山湿性常绿阔叶林林地土壤的有效氮含量低于其他 3 种森林类型的林地土壤。而土壤的有效磷含量以常绿落叶阔叶混交林林地的最高，山顶苔藓矮林林地的最低，其他两种森林类型的林地居中。温凉性针叶林林地为砂壤，其林地土壤的肥力水平低于其他 3 种森林类型林地的土壤。

表 4-19 无量山南段 4 种森林类型样地的土壤养分状况（何蓉等，2007）

森林类型	pH	有机质（g/kg）	全氮（g/kg）	全磷（g/kg）	全钾（g/kg）	有效氮（mg/kg）	有效磷（mg/kg）	有效钾（mg/kg）
中山湿性常绿阔叶林	4.9	80.99	3.52	0.646	9.10	141.00	2.51	264.46
常绿落叶阔叶混交林	4.6	127.1 7	5.49	1.134	6.83	213.46	4.6	236.57
山顶苔藓矮林	4.6	114.39	4.51	0.713	5.81	194.68	1.25	233.22
温凉性针叶林	4.6	87.17	3.16	0.386	11.70	190.50	2.36	179.67

总之，4 种森林类型土壤的肥力水平大体可以认为是常绿落叶阔叶混交林>山顶苔藓矮林>中山湿性常绿阔叶林>温凉性针叶林，但差别不大。

第二节 哀牢山-无量山森林生态系统的结构与功能

一、哀牢山-无量山主要森林生态系统

（一）主要森林生态系统

在大气环流、地质地貌环境和地理位置的共同作用下，哀牢山-无量山森林生态系统呈现出多样性，呈现出以中山湿性常绿阔叶林、半湿润常绿阔叶林和季风常绿阔叶林为代表的西部森林生态系统，主要有亚高山杜鹃灌丛生态系统、山顶苔藓矮林生态系统、中山湿性常绿阔叶林生态系统、云南松林（半湿润常绿阔叶林）生态系统、思茅松（季风常绿阔叶林）生态系统和干热河谷稀树灌草丛生态系统。

依照《云南植被》的分类系统（吴征镒，1987；吴征镒等，2006），哀牢山森林生态系统植被分类见表 4-20；无量山森林生态系统植被分类见表 4-21。

表 4-20 哀牢山森林生态系统植被类型

植被型	植被亚型	群系组	群系	分布海拔（m）
温性针叶林	温凉性针叶林		云南铁杉、疏齿锥林	2600～2800
			云南铁杉、倒卵叶石栎林	2800～3100
暖性针叶林	暖温性针叶林		华山松林	2500～2800
			云南松、银木荷林	2200～2400
			思茅松林	1140～1800

续表

植被型	植被亚型	群系组	群系	分布海拔（m）
常绿阔叶林	半湿润常绿阔叶林	栲类、青冈林	白穗石栎、冬海棠林	1450～1800
	中山湿性常绿阔叶林	石栎、木荷、樟类林	疏齿锥、木果柯林	1800～2000
			疏齿锥、银木荷林	2100～2300
			疏齿锥、景东石栎林	2200～2400
			疏齿锥、润楠林	2400～2600
			倒卵叶石栎、云南铁杉林	2600～2800
	山顶苔藓矮林	杜鹃、乌饭矮林	倒卵叶石栎、露珠杜鹃林	2700～2800
			火红杜鹃、石灰花楸林	2800～2900
			露珠杜鹃、云南桤叶树林	2900～3100
落叶阔叶林	落叶阔叶林	桤木林	蒙自桤木、团香果林	2600～2800
			蒙自桤木、毛蕨菜林	2700～2900
		杨、桦林	滇南山杨、毛蕨菜林	2900～3100
灌丛	寒温性灌丛	杜鹃灌丛	两色杜鹃、地檀香灌丛	2200 以上
稀树灌木草丛	暖湿性稀树灌木草丛	含云南松、珍珠花的中草草丛	倒卵叶石栎、地檀香灌丛	1450～1600
			珍珠花、毛杨梅灌丛	1450～1800

表 4-21　无量山森林生态系统植被类型

植被型	植被亚型	群系组	群系	分布海拔（m）
温性针叶林	温凉性针叶林		云南铁杉、壶斗石栎林	2500～2980
暖性针叶林	暖温性针叶林		华山松林	2000～2400
			云南松、华山松林	1800～2100
			思茅松林	1000～1800
常绿阔叶林	季风常绿阔叶林	栲类、青冈林	截果柯、小果栲林	1800～2200
	半湿润常绿阔叶林	栲类、青冈林	元江栲林	1900～2400
	中山湿性常绿阔叶林	石栎、木荷、樟类林	壶斗石栎、红花木莲林	2100～2500
			木果柯、变色锥林	2500～2800
			木果柯、薄片青冈林	2200～2500
	山顶苔藓矮林	杜鹃苔藓矮林	大花八角、杜鹃苔藓矮林	2900～2950
			银叶杜鹃苔藓矮林	2600～2800
落叶阔叶林	落叶阔叶林	旱冬瓜林	旱冬瓜林	2000～2200
		野核桃林	野核桃林	2000～2500
灌丛	寒温性灌丛	杜鹃、箭竹、地檀香灌丛	银叶杜鹃灌丛	2600 以上
			箭竹、杜鹃灌丛	2600 以上
			地檀香、厚皮香灌丛	2600 以上
	栎类萌生灌丛		元江栲萌生灌丛	2000～2450
			米饭花、栎类萌生灌丛	2000 以下

（二）主要森林生态系统结构

1. 山顶苔藓矮林结构特征

在《中国植被》中山顶苔藓矮林即山顶苔藓矮曲林定义为（吴征镒，1980）：我国亚热带山地常绿阔叶林和热带山地季风常绿阔叶林的上限，随着海拔的逐渐上升至山脊或山顶地带，特别是独峙于云雾线以上的那些孤峰或暴露的山脊。所在地生境的共同特点是多盛行强风、土壤浅薄、湿度很大、经常处于浓雾之中，以至树干、枝桠、树冠、地表、岩面均厚厚地披上一层苔藓植物（云南森林编写组，1987），生境条件非常特殊，在这种生境条件下发育的植被，有其独特的群落学特征：①林木生长稠密、分枝低矮且粗壮；②叶型为小型或中型，革质且多茸毛；③小枝和叶片多具鳞片等旱生特征；④枝干或叶片上密被有附生的苔藓植物。

根据这些群落学特征，一般常称之为"山顶常绿阔叶苔藓林"的是亚热带山地常绿阔叶林在山顶和山脊的环境条件下，自然界长期发育的一种特殊的群落变型。将其归属为常绿阔叶林植被型和山顶苔藓矮林植被亚型。

研究表明（施济普，2007）：哀牢山-无量山的山顶苔藓矮林多由乔木层、以竹类占绝对优势的灌木层和较稀疏草本层三层组成，高度在 5～10m。哀牢山-无量山地区随着海拔的升高，环境变得更加潮湿，在山脊形成多风多雾的环境，硬叶柯-露珠杜鹃群落（*Lithocarpus pachyphylloides-Rhododendron irroratum* community）便分布于这样的生境之中。枝干布满苔藓等附生植物，群落高 5～7m，仍由三层组成，乔木层中硬叶柯（*Lithocarpus pachyphylloides*）和露珠杜鹃（*Rhododendron irroratum*）在群落中的优势地位特别明显，二者的重要值之和达 126.36，其下是灌木层，常有发达的箭竹（*Fargesia spathacea*）或玉山竹（*Yushania niitakayamensis*）占优势（6～7 株/m^2），间有一些乔木树种幼树及灌木种类，高 2m 左右。但在一些地面苔藓植物特别发达的地方，竹类和其他植物则很少，除地面附生的垫状苔藓层外，群落基本上只由一层乔木树种构成，群落中记录的灌木种类有棱叶山胡椒（*Linddera supracostata*）、华肖拔葜（*Heterosmilax chinensis*）地檀香（*Gaultheria forrestii*）等。草本种类有长穗兔儿风（*Ainsliaea henryi*）、霹雳薹草（*Carex perakensis*）、沿阶草（*Ophiopogon bodinieri*）、滇龙胆草（*Gentiana rigescens*）。藤本植物种类有蒙自崖爬藤（*Tetrastigma henryi*）、尼泊尔双蝴蝶（*Tripterospermum volubile*）、石宝茶藤（*Euonymus roseoperulatus*）等。附生植物较为丰富，常见的有异叶楼梯草（*Elatostema monandrum*）、鳞轴小膜盖蕨（*Araiostegia perdurans*）、长柄蕗蕨（*Hymenophyllum polyanthos*）、篦齿蕨（*Metapolypodium manmeiense*）、鳞瓦韦（*Lepisorus oligolepidus*）、红苞树萝卜（*Agapetes rubrobracteata*）以及密花石豆兰（*Bulbophyllum odoratissimum*）等。

2. 中山湿性常绿阔叶林结构特征

研究表明（邱学忠和谢寿昌，1998）：中山湿性常绿阔叶林是哀牢山-无量山保存较好的一类森林生态系统，其林龄超过 130 年。群落结构在物种组成上呈现乔木种类多、灌木种类少、层间植物丰富的特点。海拔较低的地段上群落高度较高，而在小山头上部，海拔较高的地段，群落高度较低。该群落在垂直结构上分乔木上层（高 20～25m，胸径 30～45cm，最大可达 1.2m，平均盖度 90%）、乔木亚层（高 5～15m，盖度在 50%左右）、灌木层（高 1～3m，平均盖度 70%）、草本层（高在 0.5m 以下，平均盖度 30%）。

乔木上层盖度大而均匀，以木果柯（*Lithocarpus xylocarpus*）、硬壳柯（*Lithocarpus hancei*）、变色锥（*Castanopsis wattii*）为上层优势种，优势度明显，各优势种种群的林龄组成处于稳定状态；乔木亚层种类多，但无明显优势种。

灌木层主要由禾本科（Gramineae）的箭竹（盖度达 75%左右）组成显著层片，是该常绿阔叶林的重要特色。

草本层种类及盖度变化都较大，主要由瘤足蕨科（Plagiogyriaceae）的滇西瘤足蕨（*Plagiogyria communis*），鳞毛蕨科（Dryopteridaceae）的四回毛枝蕨（*Leptorumohra quadripinnata*），莎草科（Cyperaceae）的长柱头薹草（*Carex teinogyna*）构成。

层外植物发达，粗在 10cm 以上的木质藤本以粉叶猕猴桃（*Actinidia glaucocallosa*）和常绿蔷薇（*Rosa longicuspis*）为主。另外，附生植物十分丰富（徐海清，2005），附生维管植物中蕨类以棕鳞瓦韦（*Lepisorus scolopendrium*）、拟书带蕨（*Vittaria flexuosoides*）、柔毛水龙骨（*Polypodiodes amoena* var. pilosa）等为主；附生种子植物以黄杨叶芒毛苣苔（*Aeschynanthus buxifolius*）、长叶粗筒苣苔（*Briggsia longifolia*）、白花树

萝卜（*Agapetes mannii*）等为主；常见的附生苔藓植物主要优势种类包括东亚鞭苔（*Bazzania praerupta*）、小叶鞭苔（*Bazzania ovistipula*）、齿边广萼苔（*Chandonanthus hirtellus*）、树平藓（*Homaliodendron flabellatum*）、刺果藓（*Symphyodon perrottetii*）、青毛藓（*Dicranodontium denudatum*）、小蔓藓（*Meteoriella soluta*）、尖喙藓（*Kindbergia praelonga*）等。在水平结构上对该群落的恒存度和频度进行分析，均反映出该群落水平结构均匀一致。此外，该群落还有簇生现象及群落结构随地形起伏而变化的特征。

3. 云南松林结构特征

研究表明（杨文云，2010）：云南松纯林和云南松混交林在暗红壤上的植物以禾本科、蔷薇科、菊科、蝶形花科、杜鹃花科等的种类较多，但山茶科、壳斗科、冬青科种类在云南松混交林中明显增多；黄红壤上植物科、属、种数量比暗红壤上的降低了 40%以上，禾本科属、种数量明显减少，云南松混交林中杜鹃花科和壳斗科种类数量明显增加，灌木层和草本层的种类数量却明显减少；云南松纯林在红壤上的属数和种数明显增加，而云南松混交林的禾本科种类和蕨类植物种类明显增加，菊科种类相对减少。云南松纯林和云南松混交林乔木层树种重要值在 3 个红壤亚类上最高的都是云南松。除云南松外，云南松纯林和云南松混交林在不同红壤亚类上具有其他不同的优势植物种类。

云南松纯林乔木层在暗红壤上为厚皮香、白穗石栎，黄红壤上为麻栎、南烛和杨梅，红壤中无其他优势树种。相应地，云南松混交林在红壤上也无其他优势树种，在暗红壤上为白穗石栎、多脉冬青、厚皮香，黄红壤上为南烛、黄毛青冈和麻栎。3 个红壤亚类的灌木层优势种类在云南松纯林和云南松混交林之间各不相同，但以相应乔木层的优势种类为主。

草本层优势植物种类因红壤亚类和群落是否混交而异，云南松纯林和云南松混交林在暗红壤和红壤上重要值最高的都是紫茎泽兰，而在黄红壤上的重要值明显较低，说明有害入侵生物紫茎泽兰尽管已经侵占了云南松天然林的草本层，但对生长在黄红壤上群落的危害明显低于其他红壤亚类。

杨文云（2010）对云南松纯林和云南松混交林群落结构进行的统计分析表明，在 3 个红壤亚类土壤上，云南松纯林和云南松混交林乔木层所有林木平均胸径存在显著差异（F=7.710，P<0.001）。云南松纯林和云南松混交林所有林木平均胸径均呈现暗红壤>红壤>黄红壤，云南松纯林>云南松混交林的变化趋势。云南松纯林的乔木层以云南松为主，云南松混交林中小胸径级阔叶树占了较大比重，导致云南松纯林所有林木平均胸径大于云南松混交林，其中在暗红壤上生长的平均胸径最大的云南松纯林，是在黄红壤上生长、平均胸径最小的云南松混交林的 1.89 倍。在云南松纯林和云南松混交林中重要值最高的优势树种云南松，其平均胸径在 3 个红壤亚类之间也存在显著差异（F=5.722，P=0.002）。云南松纯林内云南松平均胸径表现为暗红壤>黄红壤>红壤的变化趋势，云南松混交林则为暗红壤>红壤>黄红壤。

对同一红壤亚类上云南松纯林和云南松混交林进行对比分析，结果表明，除黄红壤为云南松纯林>云南松混交林外，暗红壤和红壤均是云南松混交林>云南松纯林，此差异除了树种之间竞争外，可能与土壤的水分与养分供应有关。

所有生长发育成熟且胸径（DBH）≥30.0cm 的大树密度，云南松纯林和云南松混交林之间存在显著差异（F=3.859，P=0.01）。云南松纯林内大树密度较低，平均为 10~11 株/600m²，不同红壤亚类之间无明显差异，而云南松混交林平均为 8~13 株/600m²，不同红壤亚类之间差异显著，表现为暗红壤>红壤>黄红壤。云南松大树（DBH≥30.0cm）密度存在显著差异（F=4.9，P<0.01），其变化趋势与所有树种大树密度一致，二者存在较好的协同性，也在一定程度上说明群落内的大树以云南松为主，其他针叶树及阔叶树的大树密度较低。

从云南松纯林的垂直结构可以看出（杨文云，2010），林木层在暗红壤上大致可以分为 4 层，由下至上依次为灌木层（0~2m）、乔木下层（2~10m）、乔木中层（10~18m）和乔木上层（18~28m）；在黄红壤上大致可以分为 3 层，依次为灌木层（0~2m）、乔木下层（2~10m）和乔木上层（10~24m）；在红壤上也只有 3 层，依次为灌木层（0~2m）、乔木下层（2~10m）和乔木上层（10~20m）。

从各层调查到的具体树种看，暗红壤上群落灌木层只有少数是能达到乔木层的厚皮香、白穗石栎、滇青冈、多脉冬青等树种，绝大多数是矮杨梅（*Myrica nana*）、针齿铁仔（*Myrsine semiserrata*）、野拔子等低矮灌木；乔木下层个体高度级顶点为 2～4m，由厚皮香、白穗石栎、梅氏十大功劳（*Mahonia mairei*）、南烛、马樱花（*Rhododendron delavayi*）等组成；乔木中层和上层个体高度级顶点分别为 16～18m、18～20m，除了 10～12m 高度级有极个别厚皮香和白穗石栎外，其他高度级全部由云南松组成。

黄红壤上群落灌木层以野拔子最多，其余为麻栎、黄毛青冈等乔木层树种；乔木下层主要由云南松、麻栎等组成，乔木上层个体高度级顶点为 14～16m，除高度不到 15m 的少量麻栎外，其他全部是云南松。

红壤上群落灌木层最多的也是野拔子，部分是云南松、麻栎、黄毛青冈、槲栎、高山栲等的幼树；乔木下层的个体数量高度级顶点为 2～4m，个体数量以云南松最多，其次是高山栲、麻栎、槲栎、滇油杉等，但高度一般在 5m 以下；乔木上层基本上全部由云南松组成，个体数量高度级顶点为 10～12m。

云南松混交林的垂直结构为，暗红壤上群落的林木层大致分为 4 层，依次为灌木层（0～2m）、乔木下层（2～10m）、乔木中层（10～20m）和乔木上层（20～32m）；黄红壤上群落的林木层可分为 3 层，依次为灌木层（0～2m）、乔木下层（2～10m）和乔木上层（10～22m）；红壤上也只有 3 层，依次为灌木层（0～2m）、乔木下层（2～10m）和乔木上层（10～20m）。

从具体树种组成看，暗红壤群落灌木层多数个体是乔木层树种多脉冬青、白穗石栎、厚皮香等的幼苗幼树；乔木下层也主要由多脉冬青、白穗石栎和厚皮香组成，云南松数量极少；乔木中层绝大多数个体是云南松、多脉冬青、白穗石栎和厚皮香；乔木上层除 20～22m 极个别白穗石栎外，全部为云南松。

可见，云南松混交林在暗红壤上的混交树种基本上只出现在乔木下层和乔木中层。在黄红壤上群落的灌木层主要由黄毛青冈、麻栎、滇油杉等乔木层树种的幼苗幼树组成，乔木下层主要由黄毛青冈、滇油杉、麻栎和云南松组成，且主要出现在 4～8m 高度级；乔木上层个体数量高度级顶点为 10～12m，黄毛青冈个体数量最多，高度也可达约 20m，麻栎、槲栎和滇油杉个体数量较少，且高度多在 15m 以下。红壤上群落灌木层主要由云南松、槲栎、高山栲、滇油杉、黄毛青冈、麻栎等组成；乔木下层南烛、槲栎和高山栲个体数量较多，云南松仅有零星几株；乔木上层含极少数黄毛青冈、滇油杉、槲栎和高山栲个体，云南松个体数量占绝对优势。

暗红壤上云南松纯林和云南松混交林的林木层均可分为 4 层，均是以云南松为优势的单优群落，混交林的群落高度大于纯林，混交树种只出现在乔木中层及下层；黄红壤上云南松纯林和云南松混交林林木层分为 3 层，在混交林中黄毛青冈不仅个体数量多，高度也接近云南松，与云南松成为混交林的共优种；红壤上云南松纯林和云南松混交林林木层也只有 3 层，均为云南松单优群落，混交林的黄毛青冈、滇油杉能到达乔木上层，多数树种占据乔木下层。

4. 思茅松林结构特征

哀牢山西坡山麓思茅松成熟林的调查分析表明（宋亮等，2011）：该区的思茅松成熟林多为原生常绿阔叶林破坏后于 20 世纪 70 年代营造的人工林，研究时林龄约 40 年。乔木层中思茅松占绝对优势，平均高 10.7m，林木密度约 900 株/hm²，林内零星分布一些木本植物，森林盖度 70% 左右，林下灌木草本植物不发达，藤本及附生植物很少。在砍伐迹地上人工营建起来的思茅松幼林，群落平均高仅 2.9m，但林木密度较大，达 1875 株/hm² 左右，层次结构不明，未见藤本植物和附生植物。

样地中思茅松成熟林中胸径≥2.5cm 的木本植物仅 108 株，平均胸径为 15.1cm，处于 10.1～20.0cm 径级的个体数最多，缺乏大径级树木，表明该群落多数种类在中等径级有较多分布，群落的优势种主要通过较多中等径级个体体现出来。思茅松幼林乔木个体的径级变化较小，林木的平均胸径仅为 4.1cm，所有个体几乎都处于 2.5～10.0cm 径级，群落发育尚处于初期阶段。

因此认为：分布于该区的思茅松成熟林群落垂直结构简单，林内乔木层以思茅松为绝对优势种，仅伴生少量阔叶树种，构成单优林。林下透光空旷，灌草层较贫乏；林间基本上没有藤本植物、附生植物。乔木径级分布呈壶形，大径级和小径级的个体少，多数个体集中在中径级。

二、哀牢山-无量山森林植被演替趋势

（一）哀牢山森林植被演替

湿性常绿阔叶林作为常绿阔叶林（植被型）中的一个亚类（植被亚型），既具备我国常绿阔叶林的基本特征（即共性特征）（吴征镒等，1983），也具有其区域性的个性特征（吴征镒等，1983），通过对湿性常绿阔叶林的演替过程进行研究，了解次生演替的发展趋势和动态规律，能够为森林植被的修复、保护、发展和生态环境的建设提供理论支持与科学依据（邱学忠和谢寿昌，1998）。

1. 哀牢山亚热带常绿阔叶林次生类型及其成因

次生类型是指原生植被受到人为干扰、破坏后以及所受干扰、破坏的方式、程度和时间的不同而形成的各种各样的次生植被类型（邱学忠等和谢寿昌，1998）。

哀牢山亚热带常绿阔叶林受到人为干扰、破坏后形成的次生植被有云南松次生林、滇南山杨次生林、栎类萌生矮林、尼泊尔桤木次生林、毛蕨灌丛和厚皮香灌丛6个类型。

1）云南松次生林

湿性常绿阔叶林经反复砍伐、火烧和放牧后，为强阳性树种云南松（*Pinus yunnanensis*）的着生和发展提供了机会。云南松次生林群落结构简单，乔木层主要由云南松组成，时有尼泊尔桤木、元江栲和滇南山杨等种类分布；灌木层生长密集，主要由珍珠花、厚皮香、地檀香和玉山竹等种类组成；草本层主要由毛蕨菜、滇龙胆草、紫茎泽兰和扁枝石松等组成。

2）滇南山杨次生林

滇南山杨次生林是哀牢山徐家坝的一种植物群系，是湿性常绿阔叶林经砍伐、反复烧垦后形成的，常见于背阴坡及潮湿洼地。其种类组成较简单，主林层（≥8m）以滇南山杨和硬壳柯为主，伴有变色锥、滇润楠、柳叶润楠、木果柯和多花山矾等种类；演替层（3～8m）主要树种为顺宁厚叶柯、薄叶马银花、云南越橘和厚皮香等；林下更新层（<3m）种类贫乏，出现了少量的木果柯、景东石栎等树种的幼苗。灌木层种类少，均有箭竹层片，高2.0～4.5m，其他种类有白瑞香、西藏鼠李和漾濞荚蒾等。草本层种类较多，常见的有沿阶草、红纹凤仙花、柄花茜草和四回毛枝蕨等。

3）栎类萌生矮林

栎类萌生矮林是湿性常绿阔叶林受人为砍伐、皆伐后，土壤表层仅受到轻微或局部的破坏，其伐桩根系未遭破坏，仍具有较强的萌生能力，通过萌生株干使其恢复生机而形成的。通常分布在林园和个别山地丘陵空地上。群落高3～10m，在幼龄林阶段较繁茂，以黄心树、珊瑚冬青、多花山矾和景东石栎居多。群落乔木层主要由景东石栎、木果柯和珍珠花等组成；灌木层由马缨花、山柳、箭竹和地檀香等组成；草本层由细梗苔草、紫花沿阶草、毛蕨菜和菝葜等组成。栎类萌生矮林其萌生现象极为显著，尤以南烛、景东石栎和木果柯最为典型，成丛生长，少则5～8株，多则达20多株，树干上依附地衣，地表有苔藓，已初步形成阴湿的森林环境。

4）尼泊尔桤木次生林

尼泊尔桤木次生林是湿性常绿阔叶林经反复砍伐、火烧后形成的，见于阴坡坡面及沟谷洼地，其生存环境中土壤、水分条件比云南松林好。群落高7～12m，乔木层主要由尼泊尔桤木组成，伴有木果柯和密果吴萸等树种；灌木层树种稀少，主要由常山、密果吴萸和荷包山桂花等组成；草本层种类较多，以紫茎泽兰为主，有肉刺蕨、破坏草和箐姑草等伴生。

5）毛蕨灌丛

毛蕨灌丛是湿性常绿阔叶林遭到大面积破坏，经反复烧垦后在排水良好的坡地上形成的。上层以毛蕨菜、玉山竹和芒种花占优势，下层有滇龙胆草、兔耳风和石繁缕等种类。

6）厚皮香灌丛

厚皮香灌丛是湿性常绿阔叶林经砍伐、烧垦后形成的，常见于背阴坡和潮湿洼地。群落树冠参差不齐，但十分繁茂，上层以厚皮香占优势，其次为南烛；草本层主要由细梗苔草、球花报春、扁枝石松和紫花沿阶草等构成。

2. 哀牢山亚热带常绿阔叶林演替趋势

植物群落的演替过程是一个植物群落被另一个群落替代的过程，在这一过程中，一些植物的出现是以另一些植物的消失为代价的，特别是优势种的更替是植物群落演替过程中的一种最为明显的现象。

哀牢山湿性常绿阔叶林被人类破坏的方式、程度、时间以及水湿条件的差异，形成了不同的次生类型，由此产生了不同的演替系列（图4-26）。

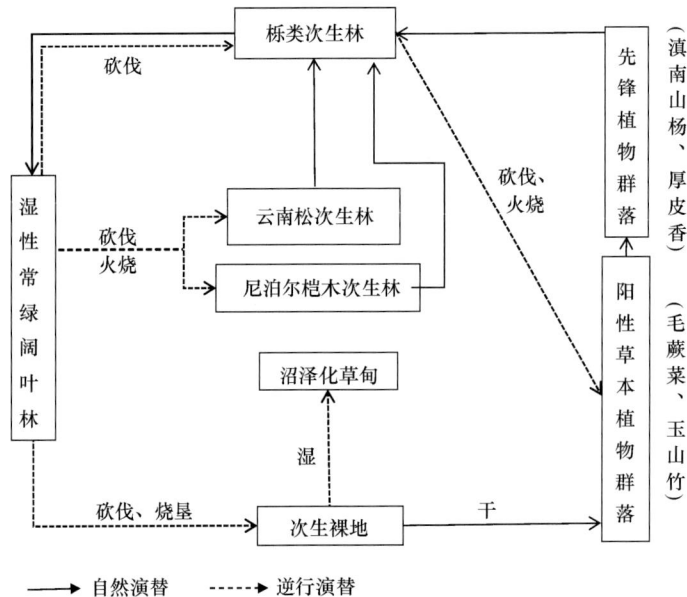

图4-26　哀牢山湿性常绿阔叶林次生演替系列示意图（邱学忠和谢寿昌，1998）

3. 火烧后的演替系列

森林植被遭到破坏，取而代之的是各种次生群落。哀牢山湿性常绿阔叶林经砍伐、火烧、放牧和开垦等人为破坏后，因为原有的森林差异，在长期积水的地方，难以恢复到森林群落阶段，形成了逆行演替。相反，在坡地上经过较长时间的演替后，向当地的顶级群落方向——湿性常绿阔叶林发展（邱学忠和谢寿昌，1998）。

1）逆行演替

在山间积水地段，原生植被遭到破坏后，由于地下水位高或长期积水，乔木难以生长，常常被沼生植物及湿生植物占据而形成沼泽化草甸，在哀牢山徐家坝水库一带有分布，组成该草甸植被的上层种类有灯芯草、报春花、小柄金丝桃、菊状千里光和黄眼草等，下层有矮灯心草等种类，地表均为暖地泥炭藓所覆盖。沼泽化使得草甸地下水位高，长期处于积水状态，乔木、灌木植物难以生存，故难以恢复成林。

2）自然演替

在坡地上，原生植被已不复存在，经反复垦殖、荒置后，乔木、灌木植物侵入并慢慢生长起来，随时间推移，阳性树种着生和发展起来，并逐渐向顶级群落发展，大致可明显地分为如下 4 个阶段。

（1）阳性草本植物群落阶段

湿性常绿阔叶林彻底遭受破坏后又经反复火烧后形成以 50～120cm 高的毛蕨菜为主体的阳性草本植物群落。另外，许多地段上在毛蕨菜下面有高 25～40cm 的玉山竹层。此外，群落中还有少量的南烛、地檀香、厚皮香和珍珠花等零星分布。

（2）木本先锋植物群落阶段

由于阳性草本植物群落的形成，在一定程度上改善了土壤环境条件，随后速生阳性植物云南松、滇南山杨和厚皮香分别侵入不同坡向的坡地，形成以云南松、滇南山杨和厚皮香为主体的先锋植物群落，其他的种类有景东石栎、木果柯、绿背石栎和南烛等，草本层以四回毛枝蕨、沿阶草和玉山竹等为主。

（3）过渡性乔木群落阶段

先锋植物群落的形成，极大地改变了群落的生境条件，并初步形成森林环境，森林物种逐渐增多。景东石栎和南烛等迅速生长起来且占据群落上层，和先锋树种一起组成森林群落，此时已出现层次分化，草本层植物层盖度已大大降低；随后，小果冬青和多枝灰木等物种入侵，先锋树种从群落中衰亡，随时间推移，川冬青和大花八角等成为优势种，小果冬青、多枝灰木大为减少，草本层中只有细梗苔草、紫花沿阶草和天门冬等为数不多的种类；另外，层间植物逐渐增多，如绿蔷薇和猕猴桃等出现于林中，有的已攀缘至林冠。

（4）近顶级群落阶段

此时森林群落郁闭，并形成明显的森林环境，林木结构层次分化明显，乔木上层的树种逐渐增多，虽仍以景东石栎和南烛稍占优势，但变色锥、滇木荷、珍珠花、吴茱萸叶五加、对叶新章等树种已进入乔木上层；灌木层中以华西箭竹层为特色，此外还有朱砂根和丛花山矾等种类，部分地段上的草本层以西南瘤足蕨占优势，其他种类有细梗苔草、紫花沿阶草等，这表明群落的演替正向顶级阶段发展。

3）砍伐后的演替系列

常绿阔叶林经择伐或皆伐后，由于林地生境未遭到彻底破坏，尤其是伐桩根系依然完好，通过萌生大量的株干而恢复生机。幼林生长异常繁茂，林下草本植物稀少。主要种类为景东石栎、木果柯和南烛等。灌木以山矾、珍珠花和山柳等种类最为常见；草本层中最常见的有毛蕨菜、紫茎泽兰、麦冬、天门冬、细梗苔草和紫花沿阶草等，但盖度及多度均很小，显然是萌生更新的幼林阶段，只要不再被反复破坏，经过多年的恢复和繁衍，较易发展为常绿阔叶林。

综上，哀牢山湿性常绿阔叶林在被砍伐、火烧后形成的次生植被，无论是何种系列，只要不再经反复砍伐、火烧和放牧等破坏，将向稳定性的群落发展，在进行人工造林时，在物种上营造高度多样性，与当地立地条件相适应的混交林，也可部分采用人工抚育天然林更新来达到恢复森林的目的。

（二）无量山森林植被演替

无量山不同地点的植被群落表现出不同的垂直结构，由于群落处于不同的发育阶段，群落除乔木优势种相同，其他层次的种类多有差异。例如，元江栲萌生灌丛就是元江栲群落发育的初级阶段，而元江栲萌生林也是向典型常绿阔叶林发展的一个过程。云南松、华山松和尼泊尔桤木幼龄林及中龄林同样处于向成熟林发育变化阶段。随着群落发育过程中乔木优势种高度的增加，群落的垂直和水平结构，以及种类组成都会发生变化。

无量山绝大多数次生植被都具有向常绿阔叶林演替的潜在趋势。各种原生植被和次生植被处于各自演替系列中的不同阶段，可根据演替关系模拟演替动态。不同水平地带和垂直地带植被演替均表现为相同趋势，即裸地-草地-观测-森林，但是各演替阶段群落的种类组成和群落特征有所差异，形成不同的演替系列模式（喻庆国，2004）。无量山各水平地带和垂直地带植被类型间的演替动态关系如图 4-27～图 4-29 所示。

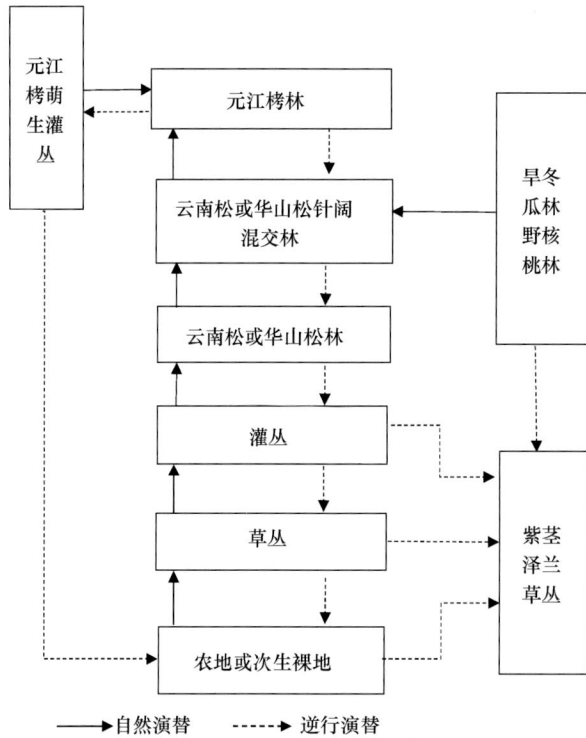

图 4-27　无量山半湿润常绿阔叶林演替路线图（喻庆国，2004）

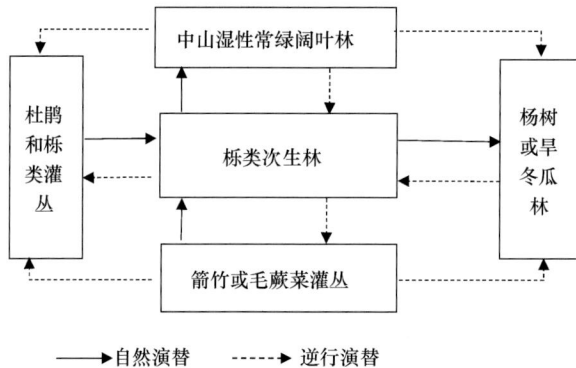

图 4-28　无量山中山湿性常绿阔叶林演替路线图（喻庆国，2004）

三、哀牢山亚热带常绿阔叶林凋落物动态

森林凋落物是指森林生态系统内由生物组分产生，然后归还到林地表面的所有有机物质的总称。森林凋落物在促进森林生态系统正常的物质循环和养分平衡，维持生态系统功能中具有重要作用，在物种更新及可持续发展、养分转移、水分存贮及系统中物种多样性的保育等方面起着无可替代的作用。

根据刘文耀（1995）关于哀牢山亚热带常绿阔叶林凋落物动态方面的研究，1991～1993 年连续 3 年的观测结果表明，哀牢山徐家坝地区中山湿性常绿阔叶林年平均凋落物量为 6.77t/hm²，年变幅为 5.24～8.06t/hm²，变异系数为 21.0%。其中以落叶、落枝的年变幅较大，分别为 3.56～5.77t/hm² 和 0.83～1.33t/hm²，变异系数分别达 23.5% 和 22.8%。在凋落物组成上，叶、枝分别占凋落物总量的 70.18% 和 16.17%，花、果组分占 12.07%，其中落果量较多。其他杂物仅占 1.58%。中山湿性常绿阔叶林在一年中有两个凋落高峰，一个高峰发生在干季的 4～5 月，其凋落物量约占年总量的 28.3%；另一高峰则出现于初冬时的 10～11 月，凋落物量约占年总量的 25.7%。叶和枝的凋落量变化与总量基本一致，并决定了总凋落物量的年

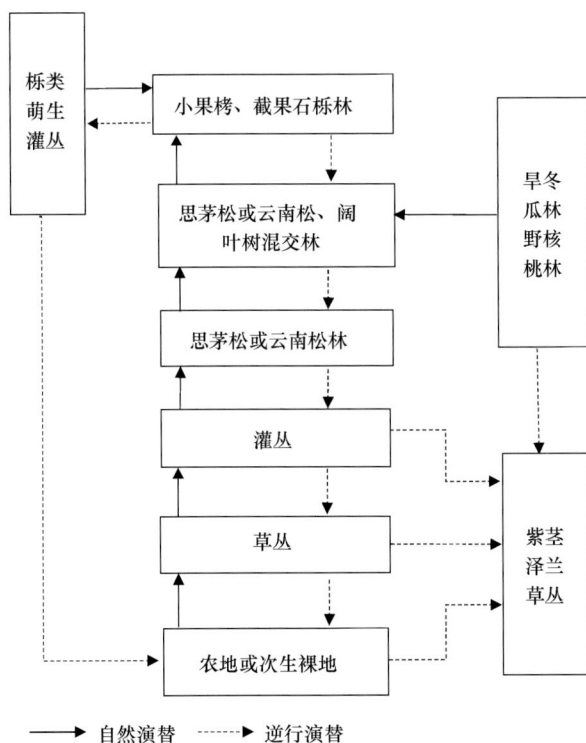

图 4-29 无量山季风常绿阔叶林演替路线图（喻庆国，2004）

变化。花凋落主要发生在 2~5 月，果凋落集中于 5~10 月。邓纯章等（1993）对哀牢山原生常绿阔叶林凋落物的动态研究表明，凋落物量最高峰出现在 5 月到 6 月初。杞金华等（2013）的研究发现，2009 年底至 2010 年初西南特大干旱使哀牢山亚热带常绿阔叶林森林凋落物组分叶的旱季凋落量增大。

以哀牢山亚热带森林生态系统研究站的 1hm² 永久监测样地的凋落物回收量季节动态和凋落物现存量数据为例。凋落物回收量季节动态数据取样方法为在样地内 10m×10m 的 II 级样方内分别按一定的距离间隔随机水平放置 25 个 1m×1m 的凋落物收集筐，凋落物收集筐的位置离地面 1m。采用直接收集法，每个月月末用网孔直径为 0.5mm 的塑料网袋收集框内的凋落物，带回实验室进行叶、枝、花、果、皮、附生苔藓和杂物的各组分分拣，然后在烘箱内以 80℃恒温烘烤 24h，用 BL610 电子天平（Sartorius Inc.，德国）称其干重。凋落物现存量在凋落物固定收集筐附近的地面上进行收集，调查面积为 1m×1m。

收回的凋落物现存量分拣和烘烤方法与凋落物回收量季节动态研究方法一致。

通过分析哀牢山生态站 1hm² 永久监测样地 2005~2014 年的凋落物回收量季节动态的月平均数据变化趋势发现，在凋落物各组分中，枯枝干重月变化趋势不明显，数量变化也比较均匀。枯叶干重、花果干重、树皮干重、附生物干重和杂物干重与总干重的月变化趋势一致，在一年中都出现了两个凋落高峰，一个高峰发生在干季的 4 月，其凋落物量约占年总量的 17.2%；另一个小高峰则出现于初冬时的 11 月，凋落物量约占年总量的 8.4%（图 4-30）。与刘文耀（1995）1991~1993 年连续 3 年的观测结果基本一致。

通过分析哀牢山亚热带常绿阔叶林 1hm² 永久监测样地 2005~2014 年的凋落物现存量数据的变化趋势发现（图 4-31），凋落物总干重在 10 年间变化不显著，但与枯枝干重和枯叶干重呈正相关。10 年间枯枝凋落量也无显著差异。枯叶干重在 2010 年比前面的年份多一些，与中国西南地区 2009 年底至 2010 年初的特大干旱有关系。枯枝干重从 2011~2014 年逐年增多，这也可能与之前的干旱有关，但具体原因有待进一步研究。花果干重在 2005 年、2009 年和 2014 年较大，与该区域优势树种壳斗科的物候有关，树种的物候有大、小年之分。

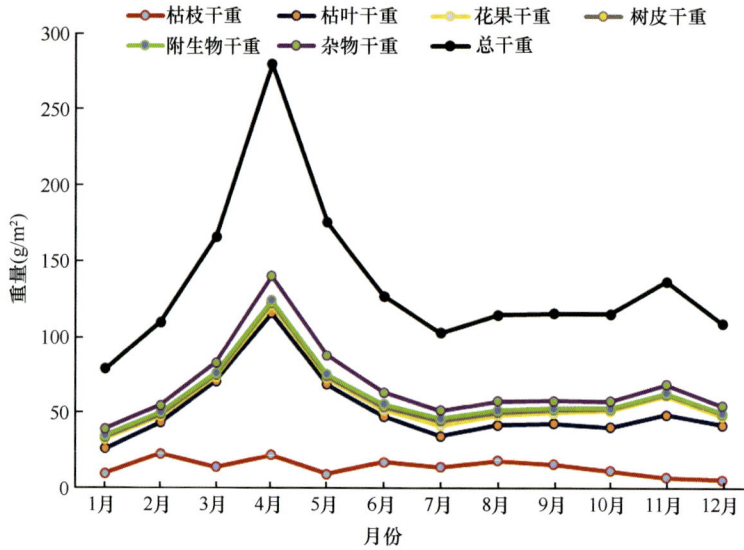

图 4-30   哀牢山亚热带常绿阔叶林 1hm² 永久监测样地 2005～2014 年凋落物年变化

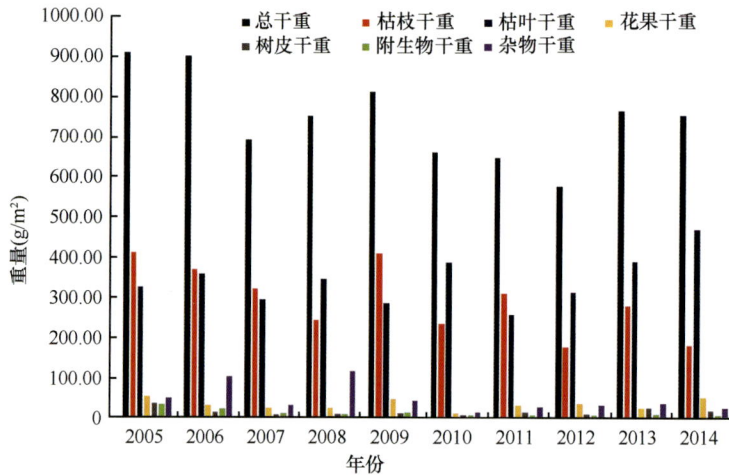

图 4-31   哀牢山亚热带常绿阔叶林 1hm² 永久监测样地 2005～2014 年凋落物现存量变化趋势

从各林地凋落高峰期（4 月和 12 月）地表残留物中的 C、N 元素含量和储量发现，中山湿性常绿阔叶林凋落物的 C 和 N 储量表现为 4 月显著高于 12 月（C 储量：$t=3.522$，$P=0.008$；N 储量：$t=3.758$，$P=0.008$），滇南山杨林凋落物 C 含量表现为 12 月明显高于 4 月（$t=-3.262$，$P=0.011$），其他无显著季节差异。凋落物中 C 储量在 4 月和 12 月都表现为山顶苔藓矮林>滇南山杨林>中山湿性常绿阔叶林。3 种类型林地凋落物 N 含量和 N 储量差异不大，其 C/N 以中山湿性常绿阔叶林最低（表 4-22）。

表 4-22   哀牢山不同植被类型 3 林地地表凋落物养分元素含量及储量（平均值+标准差）（杨赵和杨效东，2011）

月份	指标	中山湿性常绿阔叶林		山顶苔藓矮林		滇南山杨林	
		含量（g/kg）	储量（g/m²）	含量（g/kg）	储量（g/m²）	含量（g/kg）	储量（g/m²）
4 月	C	334.4±26.6Aab	1813.1±82.5Aa	407.3±29.6Aa	3325.3±347.5Ab	262.0±49.8Ab	1833.0±363.4Aa
	N	17.0±1.0Aa	93.1±6.4Aa	15.9±0.4Aa	130.9±12.2Aa	13.8±2.9Aa	96.7±20.6Aa
	C/N	19.7±1.0Aa		25.7±2.2Ab		20.3±1.7Aa	
12 月	C	331.4±31.5Aa	1285.4±125.1Ba	413.4±28.7Ab	3649.9±322.4Ac	431.7±15.2Bb	2073.5±163.9Ab
	N	16.8±0.9Aa	65.2±3.7Ba	15.8±1.1Aa	138.5±10.5Ab	16.1±0.5Aa	83.2±9.7Aa
	C/N	19.6±1.0Aa		26.3±1.1Ab		27±1.8Bb	

四、哀牢山森林生态系统的生产力及其变化

（一）哀牢山亚热带森林生产力

1. 亚热带常绿阔叶林生产力

以哀牢山地区群落样方调查数据为基准，乔木层和灌木层物种多样性沿海拔梯度呈单峰型分布格局，中山湿性常绿阔叶林乔木层树高、胸径和物种多样性最大；灌木层物种多样性最大值出现在中山湿性常绿阔叶林与季风常绿阔叶林和半湿润常绿阔叶林的过渡区域；草本层物种多样性沿海拔梯度呈整体减小的趋势；累加乔、灌、草三层的物种多样性指数，哀牢山地区东、西坡不同海拔梯度植物群落的香农-维纳指数（Shannon-Wiener index）和物种丰富度最大值出现在海拔 2000m 左右。相同海拔处，西坡植物群落的物种多样性大于东坡，季风常绿阔叶林的物种多样性大于半湿性常绿阔叶林，干热河谷植被的物种多样性最小。

群落间相似性沿海拔梯度呈"S"形分布格局，存在两个明显的转换点，其中一个出现在由季风常绿阔叶林或半湿润常绿阔叶林向中山湿性常绿阔叶林转换的过程中，另一个出现在由干热河谷植被向半湿润常绿阔叶林的转换过程中。

由于哀牢山-无量山亚热带常绿阔叶林是由多优种群所组成的，而且在它生长发育的连续阶段中各个优势种相对密度、相对优势度等方面存在变化，其单位面积生物量相差甚大，为较全面地了解和掌握该林分的生物量动态，选择了两块具代表性的林分设置样地，进行群落调查，测定每木的胸径、基径及树高。草本层是在样地内设 1m×1m 的小样方 10 块，用收获法取得相应数据。凋落物量用容器收集法进行测定，在样地内设置 13 个 1m×1m 的凋落物回收器直接收集，逐月测定，共取得 3 年数据；同时对各树种的叶取样并称量，用方格法求出叶面积，并测出叶面积与叶重的关系。按虫食痕迹计算叶缺损面积，进而求出叶虫食量。

根据收获样木的数据建立起的乔木层生物量回归模型，以 $W=a(D^2H)$ 最为理想，即植株各部分的生物量（W）与胸径的平方（D^2）和树高（H）的乘积呈函数相关（a 为拟合参数），用最小二乘法原理求出各个参量，然后再推算出各树种生物量及林分总生物量（表 4-23）。

表 4-23　主要树种密度及地上部分生物量

| 主要树种 | 1 号样地 | | | | | | | 2 号样地 | | | | | | |
| | 密度 | | 平均胸径（cm） | 平均高（m） | 生物量 | | | 密度 | | 平均胸径（cm） | 平均高（m） | 生物量 | | |
	株数/hm²	占比（%）			单株最高（t/hm²）	总量（t/hm²）	占比（%）	株数/hm²	占比（%）			单株最高（t/hm²）	总量（t/hm²）	占比（%）
木果柯	140	16.3	30.6	21.3	2.03	104.24	30.20	16	5.6	43.0	23.6	2.60	21.58	12.02
景东石栎	20	2.3	17.1	15.0	0.06	1.17	0.34	16	5.6	29.8	16.9	2.0	10.38	5.78
变色锥	140	16.3	27.3	16.5	1.64	82.39	23.86	72	25.4	23.8	11.0	14.2	79.93	44.51
绿叶润楠	200	23.3	28.0	17.3	0.63	87.48	25.34	28	9.9	9.3	8.9	0.43	2.75	1.53
红花木莲	100	11.6	19.2	16.2	0.43	17.72	5.13	24	8.5	17.4	19.0	0.58	5.70	3.23
滇木荷	200	23.3	25.1	18.0	0.22	22.08	6.40	12	4.2	31.2	20.0	0.83	6.83	3.80
其他	60（6 种）	7.0	27.0	17.8	0.98	30.13	8.73	116（8 种）	40.8	23.2	19.0	0.92	52.30	29.13
合计	860					345.21		284					179.47	

注：因数据修约，占比之和不为 100%，下同

木果柯、景东石栎、变色锥作为该群落的 3 个建群种，无论林分处在哪一级发育阶段，它们的总密度在各自林分中均不超过 40%，但其地上部分总生物量却都在 50% 以上，分别占 1、2 号样的 54.4% 和62.3%。充分说明它们在群落中所处的地位。从两个林分生物量情况分析，可看出已发展到相对稳定的顶级阶段的同类型林分，其乔木层生物量仍会出现成倍的差异，显然是与不同发育阶段形成的树种组成比

例、林木密度及树龄结构等方面有着密切的关系。

统计结果还表明，尽管 2 号样地具有最大的单株生物量和平均胸径，但从整体来说，因其密度小、树龄结构梯度大，所以主要组成树种地上部分生物量低于 1 号样地，仅为 1 号样地的 52%。

和所有森林生态系统一样，乔木层占凋落物现存量的大部分（表 4-24）。同时还反映出由于森林发育阶段不同而造成乔木茎、枝比的差异，1、2 号样地分别为 10∶1 和 14∶1，说明成熟林乔木天然整枝更为彻底，在高大的树干上着生的侧枝更接近树梢，枝条的现存量相应减少。

表 4-24 哀牢山亚热带常绿阔叶林生物量组成及其分配

层次		1 号样地		2 号样地	
		生物量（t/hm²）	占比（%）	生物量（t/hm²）	占比（%）
乔木层	茎	307.34	60.43	162.24	55.33
	枝	30.74	6.04	11.77	4.01
	叶	7.08	1.39	5.46	1.86
	叶虫食量	0.05	0.01	0.09	0.03
	地上部分合计	345.21	67.87	179.56	61.23
	根	149.45	29.39	63.73	21.74
	合计	494.66	97.26	243.29	82.97
灌木层	茎	4.98	0.98	22.32	7.61
	枝	0.55	0.11	5.09	1.74
	叶	0.79	0.16	1.83	0.62
	根	1.07	0.21	9.11	3.11
	合计	7.39	1.46	38.35	13.08
草本层	茎	0.33	0.06	0.58	0.20
	叶	0.33	0.06	0.61	0.21
	根	0.48	0.09	2.34	0.80
	合计	1.14	0.21	3.53	1.21
年凋落物量		5.38	1.06	7.78	2.74
总计		508.57	99.78	292.95	97.26

从资料整理结果可看出：2 号样地由于一些老树死亡，或因一些老枝条历年被风折、雪断造成大小不一的林窗，使原来已形成连续的林冠层变得不那么连续，为众多的幼树、灌木（特别是箭竹）和草本植物繁茂生长创造了机会，故这两个层次的生物量比 1 号样地高出数倍。年凋落物量 2 号样地也比 1 号样地高，主要是有较大的枯枝量的缘故，还需指出的是，凋落物的测定是用回收器接收，没有设置回收样地，往往不能获得凋落的大枯枝量，实际上是一个偏低值，据实地估测，两个样地的差别还应更大些。

为进一步了解不同发育阶段森林生产有机物质的净生产量，对生物量的年平均生产量进行了初步的计算。方法是在森林生物量调查的基础上，分别对树种按径级确定平均树龄，然后除以各径级林木的生物量，累加即得出乔木层年平均净生产量。各树种树龄的确定是根据胸径（D）与树龄（A）的回归方程式求得。

枝条的年均净生产量是通过采集各层枝的样本后，分别测其枝长和枝重，用类似树干解析的方法进行枝条解析求得。叶的年均净生产量的测定，主要是通过分别测定 1 年生叶和多年生叶的叶重求出，落叶树种按当年生叶量统计。地下部分的年均净生产量是以根的平均根龄除以根的生物量近似地获得；箭竹的竹鞭较短，很容易从小样方中挖取它们的根蔸，然后剪下一年生的岔鞭和须根测定，再换算为单位面积的净生产量。

草本植物以滇西瘤足蕨、疏叶蹄盖蕨等为主，属多年生草本植物，根重占林分草本植物的绝大部分，其根龄是以物候观察为依据，按平均年生长叶片数量（包括残叶柄）推算。用上述方法统计得出两个林分的年均净生产量分别为 12.1051t/hm² 和 7.7443t/hm²（表 4-25），高于浙江建德境内 30 年生的青冈常绿阔叶林[3.7t/（hm²·a）]。

表 4-25　哀牢山亚热带常绿阔叶林净生产量及其分配

样地号	层次		茎 [t/（hm²·a）]	枝 [t/（hm²·a）]	叶 [t/（hm²·a）]	根 [t/（hm²·a）]	合计 [t/（hm²·a）]	占总量百分数 (%)	叶面积指数 （LAI）
1	乔木层	1	2.9714	1.3299	1.4113	1.7538	7.4664	61.68	3.5974
		2	0.8902	0.5110	0.5865	0.6048	2.5923	21.42	1.1659
		3	0.5523	0.2319	0.4647	0.4855	1.7344	14.33	0.7640
	灌木层		0.0683	0.0575	0.0450	0.0645	0.2353	1.94	3.2294
	草本层		—	—	0.0435	0.0332	0.0767	0.63	1.8252
	合计		4.4822	2.1303	2.5510	2.9418	12.1051	—	10.0419
	占总百分数(%)		37.03	17.60	21.07	24.30	—	100	—
2	乔木层	1	2.0805	0.8205	0.6117	0.7815	4.2942	55.45	4.7030
		2	0.3626	0.1387	0.1604	0.2318	0.8935	11.54	0.9968
		3	0.1294	0.0528	0.1062	0.1034	0.3918	5.06	0.2746
	灌木层		0.5770	0.1875	0.3145	0.3158	1.3948	18.01	2.3706
	草本层		—	—	0.3202	0.4680	0.7700	9.94	0.6193
	合计		3.1495	1.1995	1.5130	1.9005	7.7443	—	8.9643
	占总百分数(%)		40.67	15.49	19.53	24.54	—	100	—

通过以上对同一个高原面上相距不到 3km，立地条件相对一致的两块木果柯、景东石栎、变色锥林生物量和净生产量的比较分析，发现有显著的差别。这显然是群落在周期性的自然更新过程中，不同阶段形成的种类组成、数量比例和树龄结构变化的结果所致。需特别指出的是，该群落主要建群种木果柯和变色锥对生物生产力的高低起到决定性的作用，因为它们是该类森林群落中生长连续性最佳、林龄结构最复杂、寿命最长，并多半能生长发育成为最大径级和较大板根的林木。

从两个样地生物量组成成分来看，生长发育盛期，乔木部分所提供的生物量占整个生物量的 97.28%，灌木、草本只占 1.68%；而在成过熟林状态下，乔木部分所提供的生物量降到 82.99%，灌木、草本上升为 14.29%。年凋落物量后者比前者至少要高出 46%。

哀牢山的中山湿性常绿阔叶林有着较高的生物量，不仅说明它的原始性及保护良好，同时也证明这个由多优种群组成的森林群落已接近该地带气候顶极阶段的群落类型。因此，深入研究其生物生产力，将能较为准确地反映这类地区植物群落与环境因素的本质联系，以便更好地发挥这类森林生态系统在中山山地开发利用中的特殊作用和功能。

2. 思茅松中幼龄人工林生物量及生产力

在云南思茅松集中分布的 4 个地区，通过调查 30 块 3～26 年生思茅松人工林样地及测定 36 株标准木，对思茅松人工林的生物量和生产力进行了研究。结果表明：3～26 年生林分的生物量为 22.39～308.96t/hm²，其中乔木层、灌木层及草本层生物量分别为 7.07～295.74t/hm²、1.73～52.46t/hm² 和 0.78～16.40t/hm²，枯落物层现存量为 0.90～11.00t/hm²，分别占 4 个地区林分生物量的 21.44%～95.72%、2.62%～60.86%、0.39%～31.62% 和 0.90%～11.00%。随林木的生长，乔木层生物量比例明显增加，灌木层、草本层与枯落物层比例明显降低。乔木层、枯落物层和林分生物量与林龄存在显著的线性正相关，灌木层和草本层生物量与林龄呈不显著负相关。随林龄增加，林分生物量、乔木层生物量和枯落物层现存量的变化规律满足逻辑斯谛方程。3～26 年生思茅松人工林林分的生产力为（9.52±1.31）t/（hm²·a），乔木层、灌木层和草本层的生产力分别为（6.29±1.19）t/（hm²·a）、（2.52±0.83）t/（hm²·a）和（0.71±0.31）t/（hm²·a）。随林龄增长，乔木层生产力呈逻辑斯谛增长，灌木层和草本层的生产力呈指数函数减小。

（二）哀牢山常绿阔叶林和思茅松林胸径与树高随海拔高度的变化

利用哀牢山不同海拔的调查数据，分析了常绿阔叶林和思茅松林胸径、树高随海拔的变化特征（张鹏超，2010）。

1. 哀牢山常绿阔叶林胸径与树高随海拔的变化

哀牢山常绿阔叶林的胸径和树高随海拔的变化见图4-32和图4-33。可见，在1310～1990m哀牢山常绿阔叶林的胸径随海拔的升高而增大，1990～2450m则是随海拔的升高而减小，在海拔1990m处碳储量达到最大，平均胸径为15.81cm。哀牢山常绿阔叶林的树高随海拔的升高而增加，碳储量在海拔1310m处最小，平均树高为7.12m，在海拔2450m处最大，平均树高为10.16m。

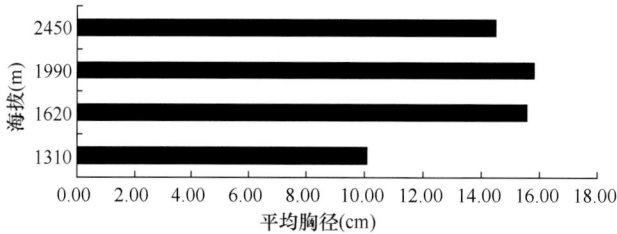

图 4-32　常绿阔叶林胸径随海拔的变化

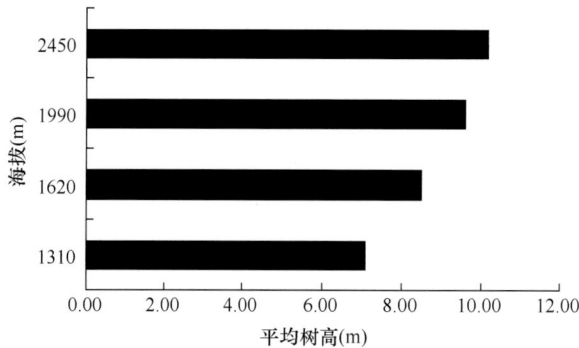

图 4-33　常绿阔叶林树高随海拔的变化

2. 哀牢山不同林龄思茅松林胸径与树高随海拔的变化

思茅松林是云南的特有森林类型，它主要分布于哀牢山西坡以西的亚热带南部，其蓄积量约占云南森林蓄积量的11%，因此在林业生产中占有一定的地位。其分布的海拔范围一般为700～1800m，个别下降到600m左右，最高可达海拔2000m。分布的上限与山地常绿阔叶林和云南松林衔接，下连干热河谷灌丛。因此，思茅松林有着明显的垂直分布（云南森林编写组，1986）。

哀牢山思茅松林的胸径和树高随海拔的变化见图4-34和图4-35。哀牢山思茅松林的胸径随海拔变化不大，随着林龄的增加而增加。10年思茅松的平均胸径在低海拔处最大，显示了小树在低海拔处生长最好；30年思茅松在中海拔处平均胸径最大，显示了大树在中海拔处生长最好。哀牢山思茅松林的树高随海拔的升高而降低，随着林龄的增加而增加。10年思茅松的平均树高在低海拔处最大，显示了小树在低海拔处生长最好。

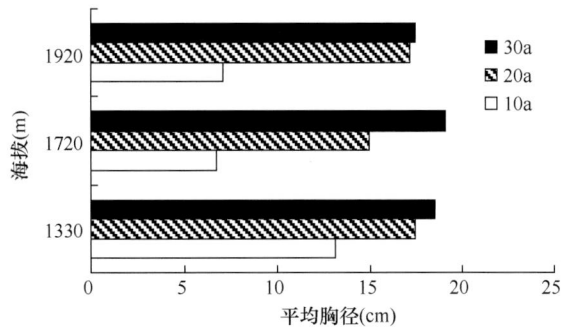

图 4-34　思茅松林胸径随林龄和海拔的变化

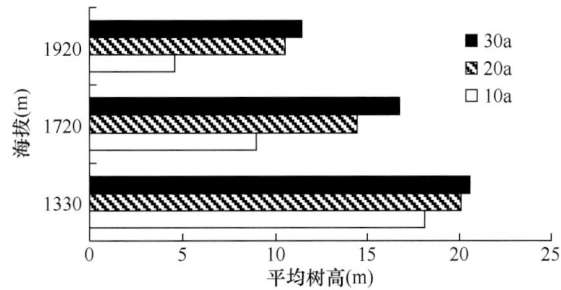

图 4-35　思茅松林树高随林龄和海拔的变化

五、哀牢山亚热带常绿阔叶林叶片的光响应特征

游广永（2012）利用观测资料，分析了哀牢山常绿阔叶林的光合作用特征。

（一）优势种乔木叶片的光合作用特征

从中山湿性常绿阔叶林优势种黄心树（*Machilus gamblei*）冠层叶片光响应曲线的季节动态可以看出（图 4-36），最大光合速率（P_{max}）在 10 月最大，1 月最小。呼吸速率（R_d）在 10 月大于其他月。表观量子效率（LUE）在 1 月最大，而在 4 月最小。光补偿点（LCP）和光饱和点（LSP）均是在 4 月最高（表 4-26）。

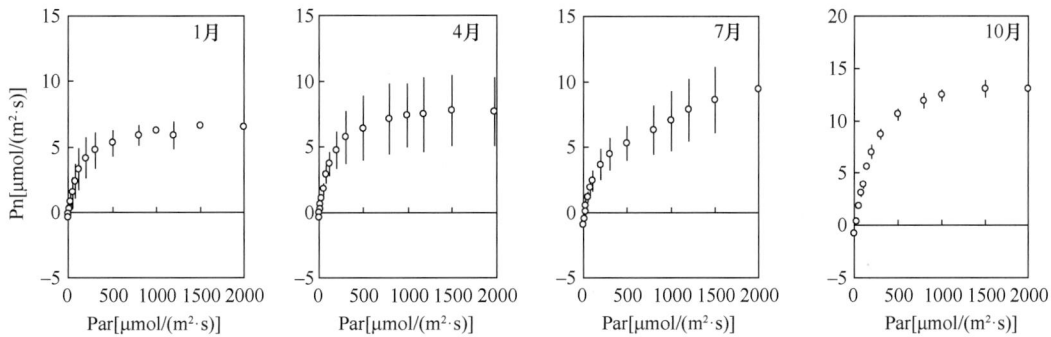

图 4-36　黄心树冠层叶片光响应曲线季节动态

表 4-26　中山湿性常绿阔叶林优势种黄心树林冠叶片光响应曲线参数

月份	P_{max}	R_d	LUE	LCP	LSP
1 月	7.3	0.49	0.596	8.8	131.9
4 月	8.8	0.42	0.006	69.8	1474.2
7 月	10.8	0.42	0.029	15.0	385.7
10 月	16.2	1.10	0.078	15.2	221.9

1～10月，黄心树冠层叶片的光合能力呈现出上升的趋势，这和冠层叶龄的逐渐增加有关。冠层叶片的这一特征表明其能很好地适应冠层在晴好天气下的光环境，从而有利于植物个体的生长；但是在阴雨天气下，光合有效辐射大幅降低，对植物个体的生长和干物质的积累都造成一定的影响。

（二）林窗和林内幼苗的光响应曲线

从林窗幼苗的光响应曲线季节变化可以看出（表4-27），最大光合速率的最大值出现在7月。硬壳柯的最大呼吸速率出现在7月，而黄心树和多花山矾在1月呼吸速率较高。

表4-27　哀牢山亚热带常绿阔叶林林窗和林内幼苗的光响应参数

物种	时间	地点	P_{max} [μmol/(m²·s)]	R_d [μmol/(m²·s)]	LUE	LCP [μmol/(m²·s)]	LSP [μmol/(m²·s)]
硬壳柯 (*Lithocarpus hancei*)	1月	林窗	3.0	0.26	0.148	1.9	21.9
		林内	3.7	0.34	0.070	5.3	58.0
	4月	林窗	4.6	0.32	0.071	4.7	68.8
		林内	4.5	0.39	0.133	3.1	37.1
	7月	林窗	7.3	0.90	0.099	10.2	83.7
		林内	4.8	0.57	0.134	4.8	40.4
	10月	林窗	4.2	0.30	0.097	3.3	46.4
		林内	4.4	0.42	0.136	3.4	35.4
红花木莲 (*Manglietia insignis*)	1月	林窗	3.7	0.28	0.222	1.4	17.9
		林内	3.5	0.34	0.123	3.0	31.7
	4月	林窗	3.0	0.28	0.085	3.6	38.4
		林内	3.2	0.32	0.100	3.6	36.0
	7月	林窗	3.8	0.28	0.010	29.7	395.8
		林内	4.5	0.39	0.132	3.2	37.1
	10月	林窗	3.2	0.24	0.070	3.8	49.1
		林内	5.2	0.59	0.115	5.8	51.2
黄心树 (*Machilus gamblei*)	1月	林窗	4.4	0.66	0.085	9.2	61.2
		林内	4.5	0.29	0.0667	4.6	71.6
	4月	林窗	4.9	0.13	0.028	4.6	178.7
		林内	3.8	0.32	0.1126	3.0	36.9
	7月	林窗	4.7	0.33	0.067	5.3	76.0
		林内	4.3	0.29	0.1162	2.7	39.5
	10月	林窗	3.4	0.25	0.080	3.4	46.1
		林内	3.4	0.07	0.050	1.4	67.7
多花山矾 (*Symplocos ramosissima*)	1月	林窗	4.7	0.50	0.106	5.3	49.3
		林内	4.9	0.39	0.084	5.0	63.9
	4月	林窗	4.2	0.19	0.082	2.5	54.1
		林内	2.9	0.33	0.091	4.1	35.8
	7月	林窗	5.9	0.45	0.114	4.2	55.9
		林内	4.4	0.73	0.275	3.2	19.1
	10月	林窗	5.1	0.38	0.116	3.2	47.8
		林内	5.4	0.19	0.078	2.5	71.3

表观量子效率在不同物种之间略有差异，但基本表现出4月较低的特点。光补偿点和光饱和点均在7月较高。林内最大光合速率的最大值出现在10月，硬壳柯在4月和7月的最大光合速率均较高。呼吸速率最大值基本出现在7月，而红花木莲和黄心树分别在10月与4月呼吸速率也较高。表观量子效

率在不同物种之间略有差异，但基本表现出 7 月比较高的特点。7 月最大光合速率和呼吸速率比较大，可能和 7 月气温较高，光合作用化学反应、暗反应速率较快有关。4 月光环境较好，因此林内和林窗植物叶片的表观量子效率较低，体现出弱光利用效率较低的特点，但最大光合速率并未明显升高，可能和 4 月土壤含水量较低有关。从林窗与林内幼苗光响应曲线的季节动态可以看出，林窗幼苗的最大光合速率要大于林内幼苗，但林内幼苗的表观量子效率大于林窗幼苗。因此，林内幼苗具有较低的光补偿点和光饱和点，对于弱光的利用能力较强，从而有利于适应林下的弱光环境；而林窗幼苗表现出较高的最大光合速率、光补偿点和光饱和点，因而光合速率较高，生长较快。

第三节 哀牢山-无量山亚热带常绿阔叶林生态系统对气候变化的响应

一、哀牢山-无量山区域气候长期变化趋势

研究表明（刘洋，2008；刘洋等，2009）哀牢山干季、雨季和年平均气温，在西侧盆地、山顶和东侧盆地均呈现出明显的增温趋势（图 4-37），增温趋势干季最为显著，年平均气温次之，雨季最弱。对于西侧盆地、山顶和东侧盆地，年、季平均气温的增温率均体现了干季>年>雨季的变化特征，分别为西侧盆地的干季（0.303℃/10a）>年（0.179℃/10a）>雨季（0.054℃/10a）、山顶的干季（0.682℃/10a）>年（0.417℃/10a）>雨季（0.152℃/10a）和东侧盆地的干季（0.777℃/10a）>年（0.419℃/10a）>雨季（0.060℃/10a）（图 4-37）。

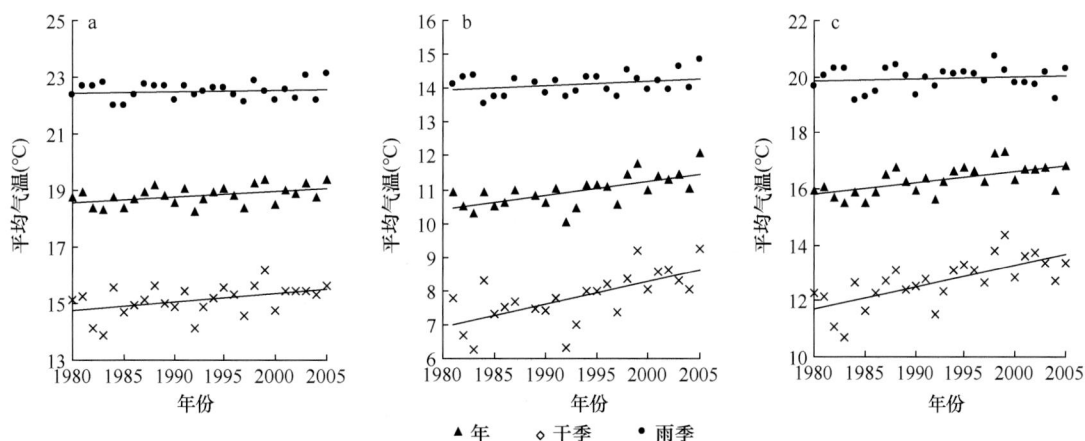

图 4-37 年、季平均气温变化趋势
a. 西侧盆地；b. 山顶；c. 东侧盆地

对比哀牢山三地的增温（表 4-28）可知，东侧盆地的增温速率最大、山顶次之、西侧盆地最小。进一步分析可见，哀牢山地区三地相同季节的平均气温变率，干季差异最大，大小依次为东侧盆地（0.777℃/10a）>山顶（0.682℃/10a）>西侧盆地（0.303℃/10a），年平均气温次之，大小依次为东侧盆地（0.419℃/10a）>山顶（0.417℃/10a）>西侧盆地（0.179℃/10a），雨季的气温变率最小，并且各地间差异不显著。

表 4-28 年、季平均气温变率（℃/10a）

项目	西侧盆地	山顶	东侧盆地
干季	0.303*	0.682**	0.777**
雨季	0.054	0.152	0.060
年	0.179*	0.417**	0.419**

注：*表示 $P < 0.05$；**表示 $P < 0.01$

　　山地不同位置增温率不同步直接导致不同坡向气温垂直递减率的变化，东、西侧盆地与山顶气温差逐年变化趋势如图 4-38 所示，西侧盆地与山顶的气温差在干季、雨季和年尺度上均呈现了显著减小的趋势，这将直接导致山地西坡气温垂直递减率的减小；而山地东侧盆地与山顶气温差在干季和年尺度上呈微弱上升趋势，表明山地东坡的气温垂直递减率将略有增加。

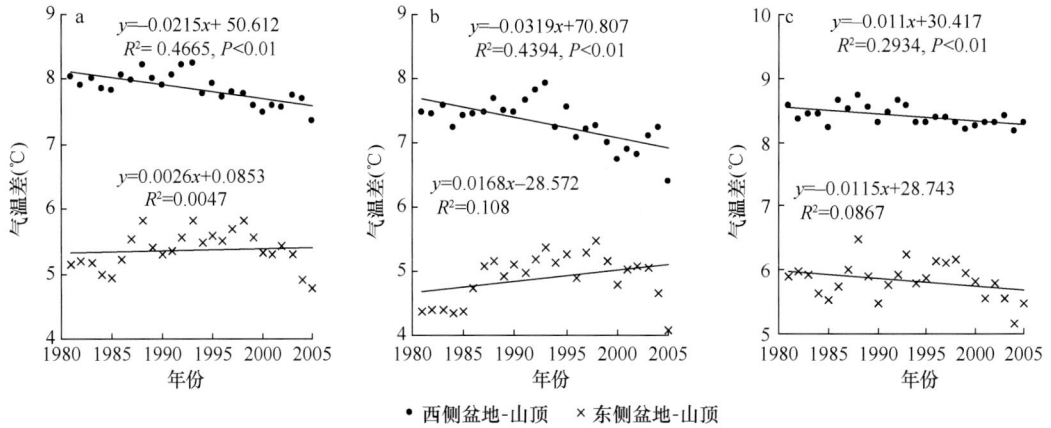

图 4-38　东、西侧盆地与山顶气温差变化趋势

a. 年；b. 干季；c. 雨季

　　对比最冷月均温和最热月均温的变化趋势可见，最冷月均温具有显著的增温趋势，其增温率明显高于年、季平均气温的增温率（表 4-29）。其中，东侧盆地的气温变率最大，为 0.864℃/10a，山顶次之，为 0.698℃/10a，西侧盆地最小，为 0.311℃/10a。最热月均温气温变率最小，没有呈现显著的增温趋势。气温年较差呈减小趋势，减小幅度东侧盆地>山顶>西侧盆地。

表 4-29　月平均气温变率（℃/10a）

	西侧盆地	山顶	东侧盆地
最冷月	0.311*	0.698**	0.864**
最热月	0.111	0.296**	0.073
年较差	−0.200	−0.402	−0.791*

注：*表示 P<0.05；**表示 P<0.01

　　积温与植物的生长、发育和繁殖息息相关，气候的变化将直接作用于植物的生活史，并将影响山地植物群落结构和物种分布范围。对于亚热带山地植物而言，$\sum t \geqslant 0℃$ 的有效积温和 $\sum t \geqslant 10℃$ 的活动积温其生态效应最为显著。

　　图 4-39 显示了活动积温和有效积温的变化趋势，可见三地的活动积温和有效积温均呈现增加的趋势，并且均达到了显著性水平（表 4-30）。三地积温的增加幅度同样也体现了东侧盆地>山顶>西侧盆地的变化趋势，同时东侧盆地有效积温的增加速率显著低于活动积温。

　　研究表明（刘洋，2008；刘洋等，2009），哀牢山地区降水整体呈现增加的趋势（图 4-40），以背风坡面（东坡，楚雄）降水量的增幅最大，山顶降水量也明显增加，迎风坡面（西坡，景东）降水量的增幅最小。同时，年降水量呈现增加趋势，主要是受雨季降水增多的影响；而降水量较少的干季，三地的降水量变化呈微弱增加甚至减少的趋势。对比哀牢山地区不同位置降水量的变化特征（表 4-31），可见，降水量的变率为东侧盆地>山顶>西侧盆地，其中西侧盆地的降水量变率明显小于山顶和东侧盆地。不同季节降水量变率的差异在东侧盆地呈现为年>雨季>干季；而山顶和西侧盆地为雨季>年>干季。

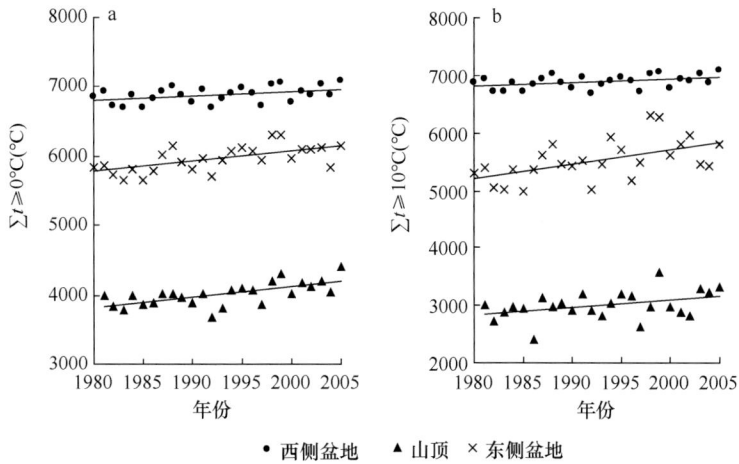

图 4-39 积温变化趋势

a. $\sum t \geqslant 0℃$；b. $\sum t \geqslant 10℃$

表 4-30 积温变率（℃/10a）

项目	西侧盆地	山顶	东侧盆地
$\sum t \geqslant 0℃$	64.215*	148.570**	151.250**
$\sum t \geqslant 10℃$	64.215*	132.510*	250.350*

注：*表示 $P<0.05$；**表示 $P<0.01$

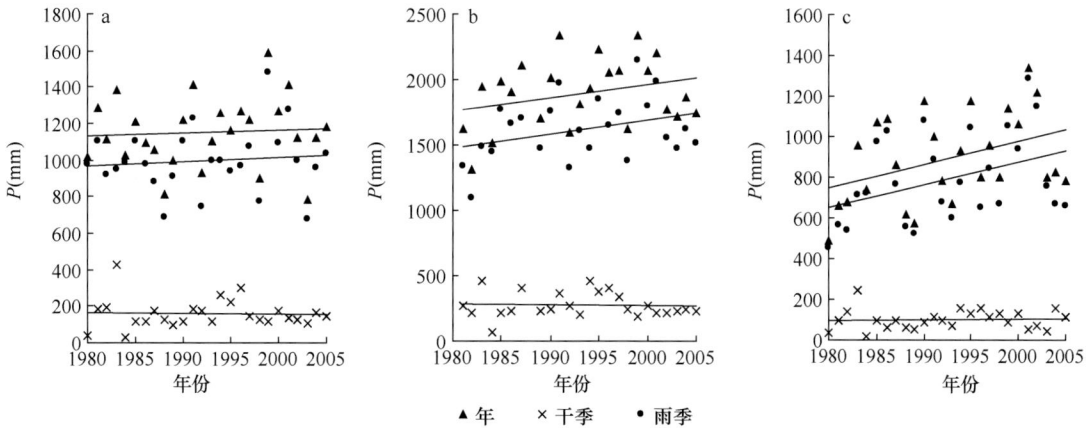

图 4-40 年、季降水量（P）变化趋势

a. 西侧盆地；b. 山顶；c. 东侧盆地

表 4-31 降水量变率（mm/10a）

项目	西侧盆地	山顶	东侧盆地
干季	−3.160	−8.077	5.202
雨季	22.495	105.420	108.280
年	19.335	97.345	113.490

哀牢山地区不同位置潜在蒸散量（PET）和湿润指数（MI）的长期变化趋势如图 4-41 所示，可见：山顶和两侧盆地潜在蒸散量均呈显著的增加趋势（图 4-41a），但增加速率在山地的不同位置有所差异，具体为东侧盆地>山顶>西侧盆地。干季的湿润指数呈明显上升趋势（图 4-41b）。表明干季干热的气候特征将进一步加剧，两侧盆地湿润指数的增加速率明显高于山顶，其中处于背风坡面的东侧盆地增加速率最大。

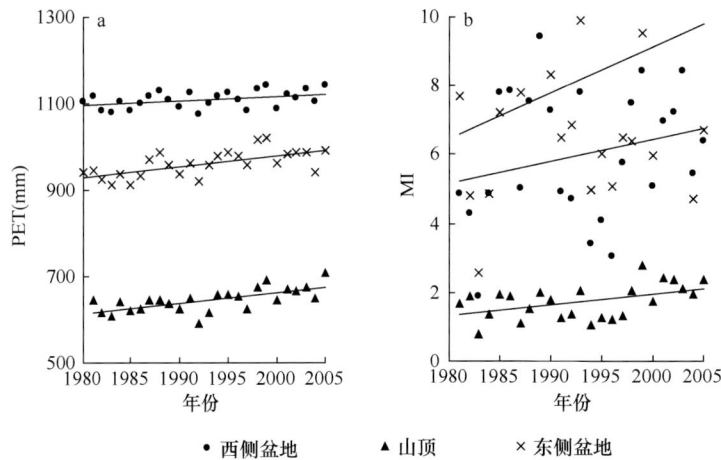

图 4-41　哀牢山地区潜在蒸散量（a）和湿润指数（b）变化趋势

上述结果表明：哀牢山地区气候的长期变化特征显著，年、季和月平均气温均呈现显著的升高趋势，气温的显著升高主要发生在干季，增温率为干季>年>雨季。最冷月均温增温率最大，最热月均温没有显著的变化趋势，气温年较差呈减小趋势。$\sum t \geq 0℃$ 的有效积温和 $\sum t \geq 10℃$ 的活动积温显著增加。气温的变化具有显著的空间差异，增温速率为东侧盆地>山顶>西侧盆地。山地迎风坡面（西坡）气温垂直递减率显著减小，背风坡面（东坡）气温垂直递减率整体呈增大趋势。降水量整体呈增加趋势，不同季节间降水的变化差异显著，年降水量的增加主要由于雨季降水量的增加，干季降水量呈微弱上升或下降趋势，降水量的变率为东侧盆地>山顶>西侧盆地。

哀牢山地区近 30 年来年平均气温的增温率在 0.18～0.42℃/10a，高于全球近 50 年的线性增温率（0.13℃/10a）（秦大河等，2007），也高于全国平均气温增温率（0.25℃/10a）（任国玉等，2005），小于我国北方增温幅度较大地区（0.80℃/10a）（丁一汇等，1997）。与该地区河谷地区相比，山地的平均气温增温率略高于河谷地区（0.10～0.40℃/10a）（He and Zhang，2005），与云南高原北部部分地区的弱降温趋势有所不同（张晶晶等，2006；任国玉等，2005）。气温的长期变化趋势具有季节性差异，干季的平均气温增幅最大，雨季平均气温没有明显的升高趋势，年平均气温的增加主要来源于干季气温的升高。对比山地不同位置的增温率，山顶具有明显的增温趋势，其增温率高于处于迎风坡面的西侧盆地，而处于山地背风坡面的东侧盆地增温率最大。

哀牢山地区山顶及两侧盆地均呈现显著的变暖趋势，最冷月均温显著增加，Woodward 和 Williams（1987）的研究表明植物分布与极端气候的关系密切，可以限定植物分布的空间界限，作为极端气温的替代指标，最冷月和最热月的平均气温限制了物种的地理分布（Jeffree et al.，1994；Thuiller，2003）。与植物生存直接相关的 $\sum t \geq 0℃$ 的有效积温和 $\sum t \geq 10℃$ 的活动积温显著增加，这必将对这一地区森林的分布范围、生产力、物种组成、植物的物候和土壤的养分循环等诸多方面产生影响（王叶和延晓冬，2006）。山顶的长期气候观测结果体现了其变暖趋势的存在，并具有较大的增温率，这必将对山地植物群落和物种分布产生影响。已有研究表明，分布在高海拔地区的植物对于气候变化十分敏感，在气候变暖的情况下，高山植物物种会沿海拔梯度向上迁移，甚至导致其灭绝（Grabherr et al.，1994）。研究表明，哀牢山地区干季干热的气候特征将进一步加剧，这种变化趋势在山地的背风坡面（东坡）表现得更加剧烈，这必将对这一地区的植物多样性以及植被的分布产生深远的影响。

哀牢山地区降水量整体呈现增加的趋势，与北半球热带、亚热带地区降水量减少和我国降水量总体下降的趋势有所不同，也有别于该地区河谷地带降水量整体减少的趋势（He and Zhang，2005）。哀牢山地区的降水强度整体呈增强的趋势，这与 Frich 和 Tebaldi 模式研究的模拟结果相同（Frich et al.，2002；Tebaldi et al.，2006）。相对于迎风坡面降水量基本保持不变，山顶和背风坡面降水量增幅较大，其中背风坡面东侧盆地的降水量增加最多，这可能与气候的不断变暖及季风交汇区天气变化更加剧烈有关。降水的增多主要体现在雨季降水的增加，雨季降水充沛，降水量达全年的 85% 以上，因此，过多的降水多数为无效降水，将直接导致降水的强度和频率的变化，增加了产生滑坡和泥石流等地质灾害的可能性。

二、亚热带常绿阔叶林生态系统森林小气候长期变化特征

游广永利用观测资料，分析了哀牢山亚热带常绿阔叶林生态系统气候变化特征（游广永，2012，游广永等，2011；You et al.，2012，2013）。

林内外平均气温（T_a）均呈现上升趋势（图 4-42），干季气温的升温速率大于雨季，林外的上升速率大于林内，林外年平均气温的变化趋势为 0.350℃/10a，干季为 0.555℃/10a，雨季为 0.145℃/10a；林内年平均气温的变化趋势为 0.231℃/10a，干季为 0.414℃/10a，雨季为 0.039℃/10a。

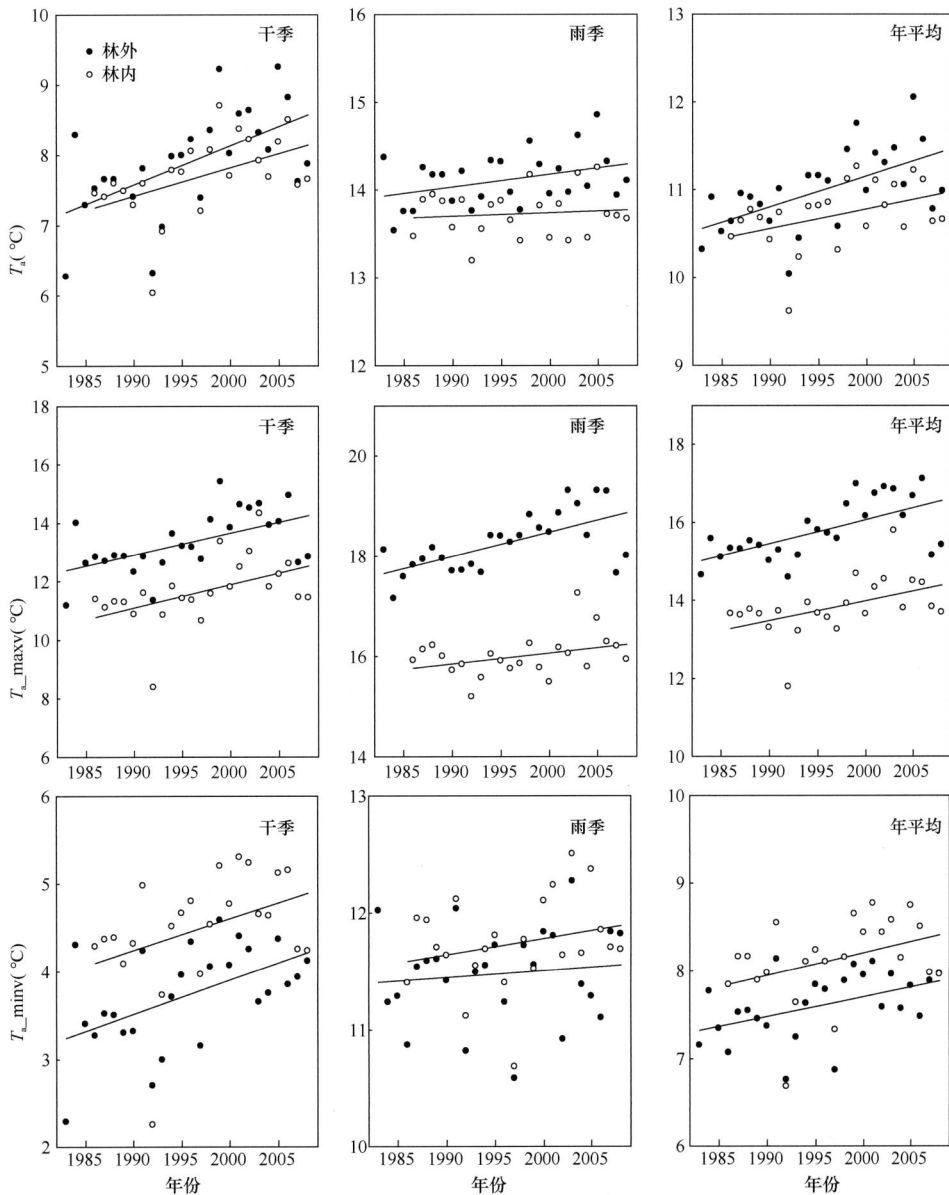

图 4-42　哀牢山亚热带森林生态系统林内外平均气温（T_a）、平均最高气温（T_a_maxv）、平均最低气温（T_a_minv）的变化趋势

　　林内外平均最高气温（T_a_maxv）呈现出上升趋势（图 4-42），干季的平均最高气温上升速率大于雨季，林外略大于林内。林内外平均最低气温（T_a_minv）呈现出上升的趋势，干季大于雨季，林内与林外的上升速率相当。

　　林内外平均地表温度（T_s）均呈现上升趋势（图 4-43），林内的上升速率高于林外，林外年平均地表温度的变化趋势为 0.099℃/10a，干季为 0.181℃/10a，雨季为 0.017℃/10a；林内年平均地表温度的变化趋

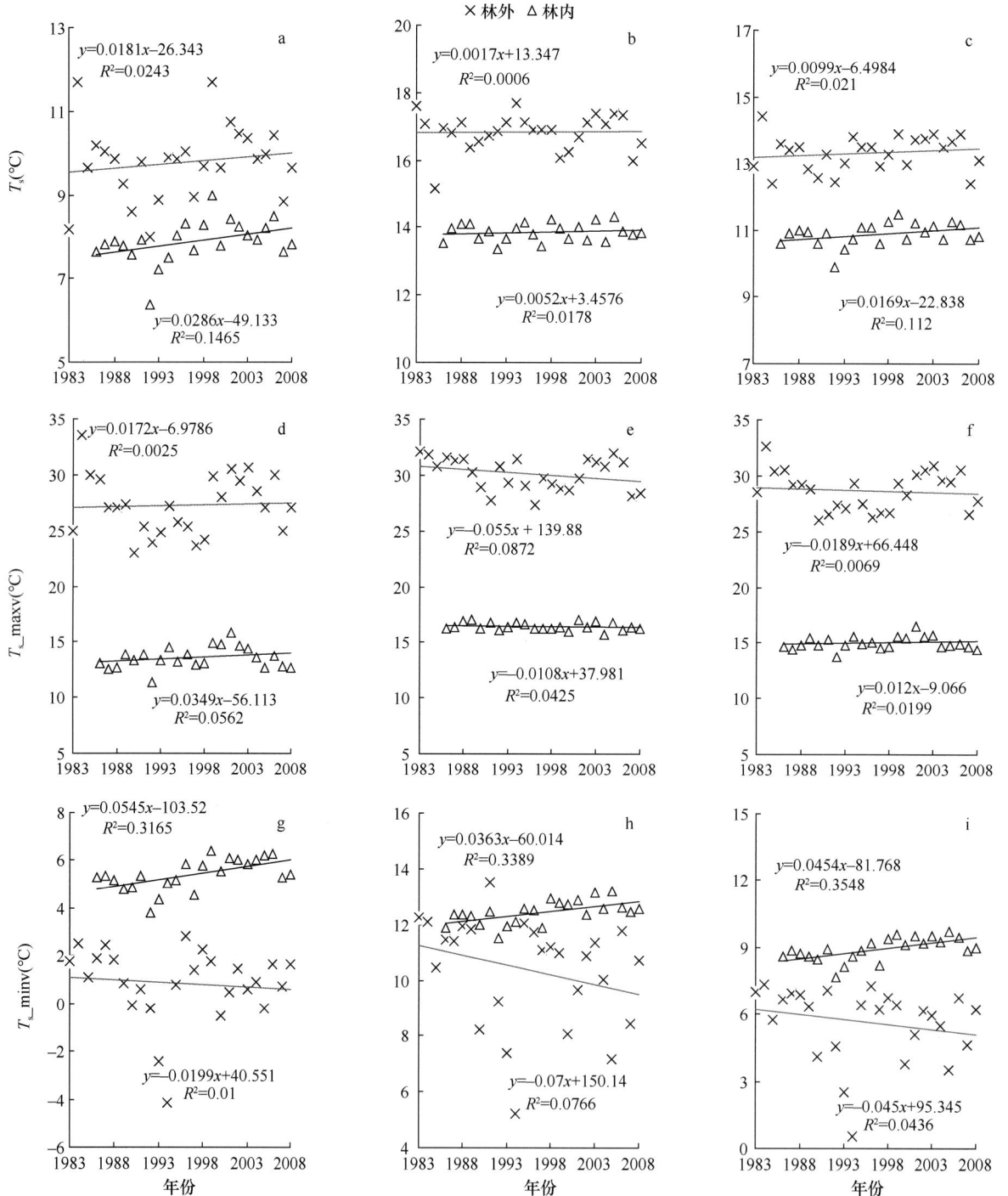

图 4-43　林内外平均地表温度（T_s）、平均最高地表温度（T_s_maix）和平均最低地表温度（T_s_main）变化趋势

a. 干季平均；b. 雨季平均；c. 年平均；d. 干季平均最高；e. 雨季平均最高；f. 年平均最高；g. 干季平均最低；h. 雨季平均最低；I. 年平均最低

势为 0.169℃/10a，干季为 0.286℃/10a，雨季为 0.052℃/10a。林外平均最高地表温（T_s_maxv）呈现出下降的趋势，而林内略呈上升趋势，林外平均最高地表温度的变化趋势为−0.189℃/10a，干季为 0.172℃/10a，雨季为−0.550℃/10a；林内平均最高地表温度的变化趋势为 0.120℃/10a，干季为 0.349℃/10a，雨季为−0.108℃/10a。林外平均最低地表温度（T_s_minv）呈现出下降的趋势，而林内呈上升的趋势，林外平均最低地表温度的变化趋势为 0.454℃/10a，干季为−0.199℃/10a，雨季为−0.700℃/10a；林内平均最低地表温度的变化趋势为 0.450℃/10a，干季为 0.545℃/10a，雨季为 0.363℃/10a。

林内外平均地表温度均呈上升趋势，干季地表温度的升温速率大于雨季，但林内地表温度上升的速率要大于林外，林内外的地表温度之差有缩小的趋势。林外平均最高地表温度呈下降趋势，而林内呈上升趋势；林外平均最低地表温度呈下降的趋势，而林内呈上升趋势。因此，林外平均地表温度日较差上升，而林内下降。

三、亚热带常绿阔叶林生态系统对极端气候事件的响应

（一）亚热带常绿阔叶林优势树种对低温的响应

在零下低温较频繁的生境中，抗冻能力对植物显得尤为重要。种间抗低温特性的差异也往往决定了不同物种的地理分布。哀牢山上的冬天并不算特别冷，但是零下的温度还是很常见，霜冻现象时有发生。因此，常绿阔叶树种必须要经历零下低温和霜冻的考验。

研究表明，哀牢山上常绿阔叶树种的叶片在−5.0℃至−3.5℃时结冰（图 4-44）。但是，冬天的叶片温度和气温会比叶片结冰温度更低，所以叶片结冰在所难免。与夏季相比，冬季晴天更多，光能更充足，常绿树种只要维持较高的光合能力就能很好地利用冬季充足的光能。同夏季相比，哀牢山亚热带常绿阔叶树种的光合作用能力在冬季有所下降，但是依然维持在较高的水平，因此，常绿阔叶树种冬季能很好地利用光能，而落叶树种因为没有叶片无法利用冬季的光能（图 4-45）。这是常绿阔叶树种在该地区占优势的原因之一。

图 4-44　哀牢山遭遇霜冻的厚皮香叶片（左）和不同树种叶片的结冰温度（右）

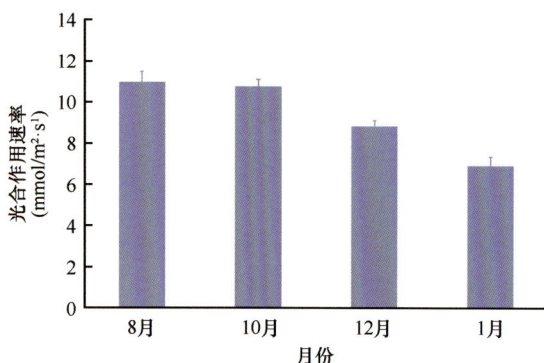

图 4-45　哀牢山亚热带常绿阔叶林 10 种常绿阔叶树种平均光合作用速率的季节变化

（二）亚热带常绿阔叶林生态系统对极端干旱的响应

干旱是影响生态系统初级生产力和碳汇功能的重要环境因子，也是主要气象灾害之一。在 2009 年底和 2010 年初，我国西南地区 5 省（区、市）（云、贵、川、桂、渝）遭遇百年一遇的特大干旱，耕地受旱面积达 $6.33 \times 10^6 hm^2$，有 1893 万人和 1173 万头牲畜饮水困难，使该地的不少森林生态系统、农业生态系统以及河流和湖泊生态系统受到了较为严重的影响，出现了作物干枯、河道断流等现象，这次事件也被定义为百年一遇的重大干旱事件（Qiu，2010；Stone，2010）。长期的气象观测数据表明，位于云南中部的哀牢山亚热带常绿阔叶林在 2009～2010 年旱季的降水量为有观测以来的最低值。此外 2010 年初的土壤（特别是浅层土）水分状况和正常年份相比也要差不少，而饱和水汽压差（VPD）和正常年份相比不管是日均值还是达到的极值都要高，且 2010 年旱季有更多的时间维持在高 VPD 状况中。表明哀牢山亚热带常绿阔叶林受到了这次地区性降水稀缺事件的一定影响。

2010 年旱季，常绿阔叶林和毛蕨菜-玉山竹群丛不同层次的土壤水势在 3 月出现最低值，而 4 月 50cm 以上土层水势有所升高，50cm 以下土层变化不大（图 4-46）。表层土（0～10cm 土层）在最旱月水势分别为–0.8MPa（毛蕨菜-玉山竹群丛）和–0.7MPa（常绿阔叶林）。在 1 月和 2 月，常绿阔叶林不同层次的土壤水势均高于毛蕨菜-玉山竹群丛的相应层次。而在 3 月，前者除 0～10cm 土层水势和后者无差异外，其他层次水势远高于后者。在水势最低的 3 月，常绿阔叶林在 10～30cm 及以下各层的土壤水势均不低于–0.5MPa，而毛蕨菜-玉山竹群丛在 10～50cm 各层土壤水势在–0.8MPa 左右，在 50cm 以下的各土壤层里，其水势均不低于–0.6MPa。

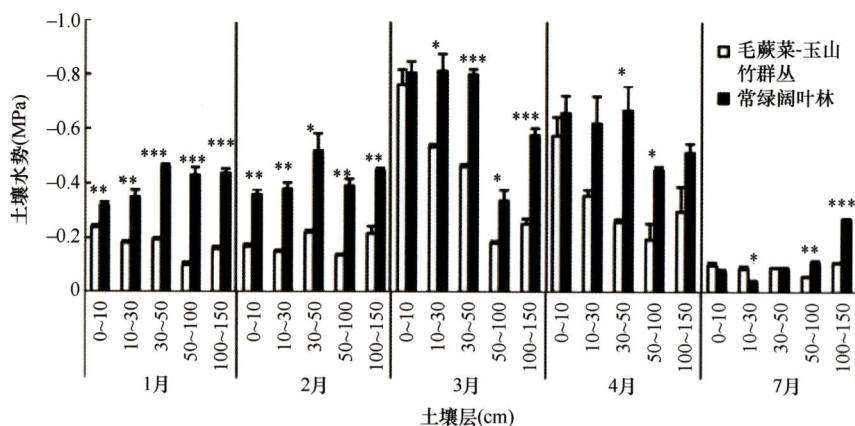

图 4-46　哀牢山 2010 年旱季（1～4 月）和雨季（7 月）不同土壤层水势

图中数据为平均值±标准误，星号表示两种植被类型间差异显著（*表示 $P<0.05$；**表示 $P<0.01$；***表示 $P<0.001$）

哀牢山亚热带常绿阔叶林有一些树种在 2009 年底和 2010 年初的西南干旱中表现出比正常年份更缺水，

但是并没有达到遭受水分胁迫的程度（杞金华等，2012）。在 2010 年旱季，常绿阔叶林 5 个主要树种的叶片凌晨水势值在–0.4MPa 到–0.2MPa，叶片最大（凌晨）光系统Ⅱ光量子效率在 0.80～0.84（表 4-32）。

表 4-32　哀牢山亚热带常绿阔叶林主要常绿树种 2010 年旱季的凌晨叶片水势（Ψ_L）和光系统Ⅱ最大光量子效率（F_v/F_m）

指标	硬壳柯 *L. hancei*	南洋木荷 *S. noronhae*	红花木莲 *M. insignis*	大花八角 *I. macranthum*	舟柄茶 *H. sinensis*
Ψ_L（MPa）	–0.33±0.06	–0.21±0.03	–0.24±0.05	–0.37±0.04	–0.37±0.05
F_v/F_m	0.83±0.01	0.80±0.02	0.83±0.01	0.84±0.01	0.80±0.01

主要树种的最大光合能力在 2010 年初旱季与正常年份同期相比并没有显著下降，也表明该降水缺乏事件并没有对这些树种造成干旱胁迫。哀牢山常绿阔叶林主要树种在 2010 年初地区性降水事件中叶片光合能力也未受到影响，不同的水分条件还是影响了其光合水分关系和碳积累。2010 年旱季，由于叶片气孔导度下降，而光合能力相对不变，使得叶片水分利用效率显著升高。在中午能维持较好枝条水分状况的树种就能在中午保持较高的气孔导度和光合作用速率。此外，树木中午的气孔导度和枝条而非叶片水分状况相关也表明了日间气孔调节可能是为了保护枝条而非叶片的水分运输系统（图 4-47）。本研究还进一步揭示了树木在日间保持好的枝条水分状况的能力和其水分储存与运输能力相关。

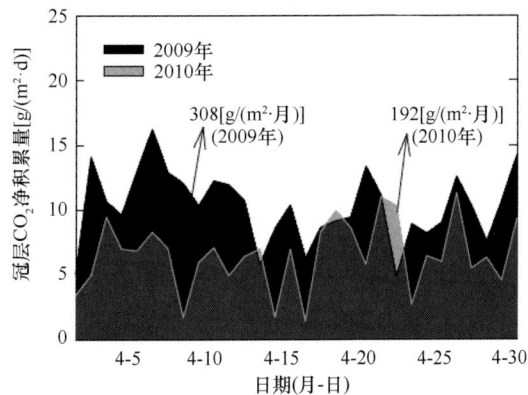

图 4-47　哀牢山亚热带常绿阔叶林 2009 年和 2010 年 4 月冠层日 CO_2 净积累

哀牢山亚热带常绿阔叶林具有良好的水源涵养功能。尽管森林有较大的蒸腾耗水，但其充足的地下水和土壤水储存使得常绿阔叶林中的树木在百年一遇的干旱中依然有足够的水分供应。哀牢山亚热带常绿阔叶林的水源涵养和水文调节功能要显著高于砍伐烧垦后形成的次生毛蕨菜-玉山竹群丛和一些人工林或次生林。原生林良好的水源涵养能力可能是由于其发达的植物根系有效改善了土壤结构，是森林长期演替发育的结果。原生林丰富的地表凋落物层也通过持水、降低土壤表面蒸发和减少地表径流提高了土壤保水能力。因此，为提高区域的水源涵养和应对干旱能力，为周边的生物和居民的生产生活提供良好和充足的水源，应让大众了解原生林在涵养水源方面的重要作用，并加强对原生林的保护力度。

幼苗在森林中的定居和生长发育决定了种群的天然更新和群落动态的维持，也在很大程度上决定了森林群落演替的方向和植被的恢复过程。幼苗期是植物生活史中最脆弱的时期，对环境变化反应较为敏感。哀牢山亚热带常绿阔叶林 2010 年总幼苗和丰富度较高的 5 种乔木幼苗死亡率均显著高于往年（$P<0.05$），是 2009 年的 2～10 倍。2008 年总幼苗及黄心树、多花山矾的幼苗死亡率显著低于 2010 年（$P<0.05$）但显著高于其他各年（$P<0.05$）。各树种间，多花山矾幼苗在 2010 年死亡率最高，黄心树次之，大花八角幼苗的死亡率最低，多花山矾和黄心树幼苗的死亡率显著高于其他三个物种（$P<0.05$，图 4-48）（杞金华等，2012）。

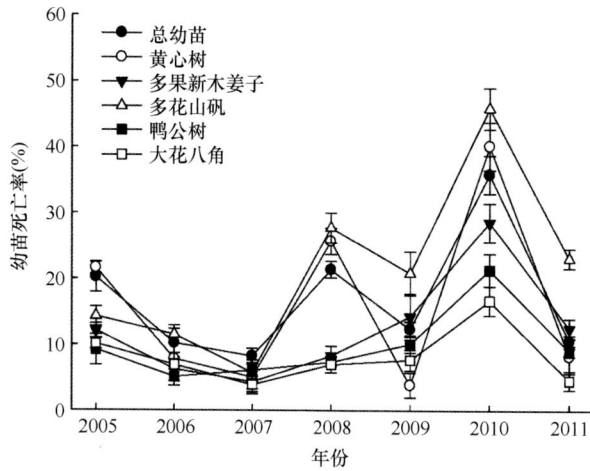

图 4-48　哀牢山亚热带常绿阔叶林 2005～2011 年幼苗死亡率的年际变化

黄心树、多果新木姜子、多花山矾、鸭公树和大花八角的幼苗平均高度在 27.85～37.08cm（表 4-33），树种间无显著差异。根系深度在 14.10～20.78cm，黄心树幼苗的根系最深，不过种间差异不显著。幼苗主干的木材密度在 0.50～0.65g/cm³，其中多花山矾的木材密度最大，大花八角的木材密度最小并显著小于其他物种。5 种乔木幼苗中，黄心树相对丰度（占总幼苗数的百分比）最高（64.35%），并显著高于其他 4 个树种。

表 4-33　哀牢山亚热带常绿阔叶林 5 种常见树种幼苗的形态特征、木材密度和相对丰度

种名	高度（cm）	根深度（cm）	木材密度（g/cm³）	相对丰度（%）
黄心树（Machilus gamblei）	27.85±2.39a	20.78±2.39a	0.63±0.04a	64.35±4.66a
多果新木姜子（Neolitsea polycarpa）	35.18±3.88a	16.83±1.70a	0.61±0.02a	8.20±0.99b
多花山矾（Symplocos ramosissima）	37.08±5.54a	17.40±2.58a	0.65±0.02a	4.12±0.38b
鸭公树（Neolitsea chui）	34.28±4.66a	16.13±1.42a	0.59±0.05a	4.11±0.69b
大花八角（Illicium macranthum）	30.85±5.59a	14.10±1.56a	0.50±0.02b	2.67±0.37b

注：表中数据为平均值±标准误；同一列间相同小写字母表示种间差异不显著（$P>0.05$）

在种间，幼苗在 2010 年死亡率与木材密度有线性正相关关系（图 4-49），即木材密度高的树种幼苗在 2010 年死亡率更高。这表明，幼苗主干的木材密度对幼苗在干旱中的死亡率有较强的指示作用。幼苗死亡率和幼苗主干木材密度正相关：木材密度高的多花山矾和黄心树在 2010 年干旱中幼苗死亡率较高，

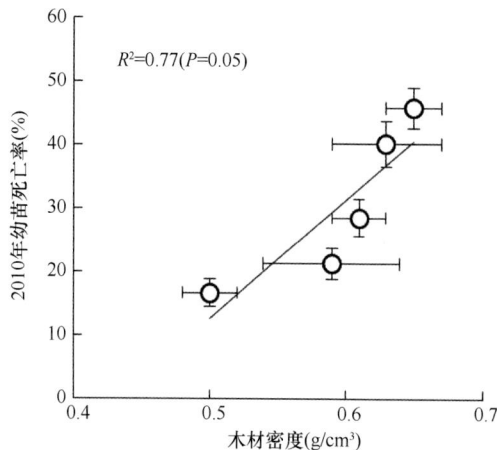

图 4-49　哀牢山亚热带常绿阔叶林 2010 年幼苗死亡率和木材密度之间的相关关系

而木材密度低的大花八角死亡率较低。如果未来该地区干旱频度和强度增加，大花八角的丰富度可能增加，而多花山矾、黄心树的丰富度可能减小。

2010 年旱季（最旱月 4 月）乔木层和灌木层叶面积指数同 2005 年同期（4 月）相比无显著差异（图 4-50）。而 2010 年旱季草本层叶面积指数则极显著低于 2005 年同期（$P<0.01$）。2009 年底至 2010 年初西南特大干旱使哀牢山亚热带常绿阔叶林森林凋落物组分叶的旱季凋落量增大，但是这还不足以影响乔木层、灌木层的叶面积指数。

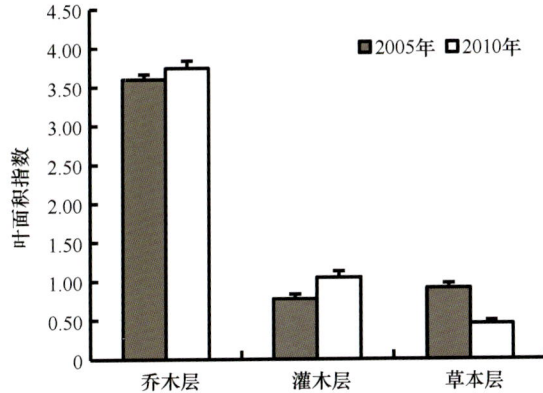

图 4-50　2005 年和 2010 年最旱月（4 月）乔木层、灌木层和草本层的叶面积指数
图中数据为平均值+标准误，*表示差异显著

附生苔藓对环境变化反应比较灵敏，2009～2010 年旱季自有观测以来最低的空气相对湿度和降水使得附生苔藓的生长和凋落量也为有观测以来最低。尽管林冠所受影响较小，但是表层土壤较低的含水量使林下草本层叶面积指数在旱季大大低于往年。

利用哀牢山亚热带常绿阔叶林 2009～2013 年连续 5 年的通量观测数据，计算得到了生态系统尺度连续的总初级生产力（GPP）和蒸散（ET）数据，对哀牢山亚热带常绿阔叶林生态系统水分利用效率（WUE）进行了研究。结果表明（图 4-51）：2009～2013 年哀牢山亚热带常绿阔叶林生态系统 WUE 在 2.28～2.68g C/kg H_2O，平均为（2.48±0.17）g C/kg H_2O，与江西千烟洲亚热带森林（2.52g C/kg H_2O）和美国佛罗里达亚热带森林（2.35g C/kg H_2O）WUE 相近，而高于广东鼎湖山南亚热带森林（1.88g C/kg H_2O）。干旱年份（2009 年），哀牢山亚热带常绿阔叶林生态系统 WUE 提高，主要是亚热带常绿阔叶林生态系统的 ET 减小程度小于 GPP 减少造成的。在日尺度上，WUE 在雨季和干季均呈现明显日变化特征，在清晨和傍晚出现两个峰值，而 20 点为最低。雨季清晨 WUE 为 5.1g C/kg H_2O，傍晚为 4.6g C/kg H_2O。干季清晨 WUE 为 3.1g C/kg H_2O，傍晚为 2.7g C/kg H_2O。

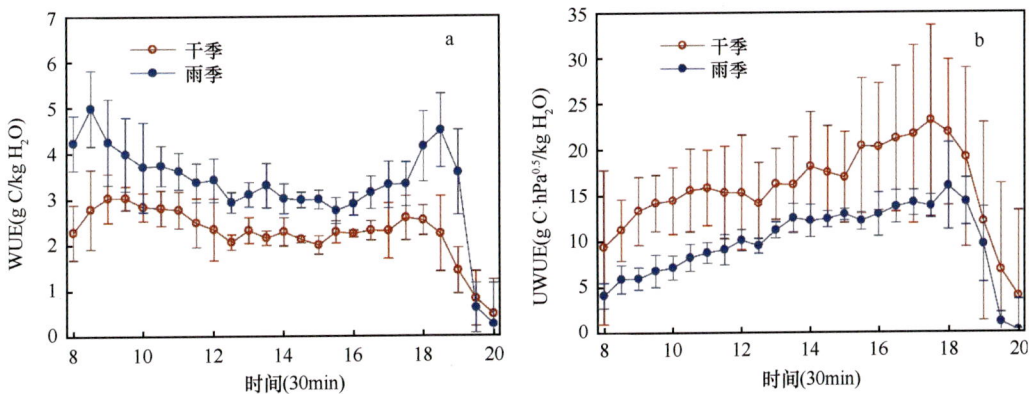

图 4-51　哀牢山亚热带常绿阔叶林水分利用效率
a. 水分利用效率（WUE）；b. 地下水水分利用效率（UWUE）

为准确评价森林不同物候期水分利用效率变化及其环境控制因素，利用林相观测系统每天获得的林相图片，提取了红色、绿色和蓝色色彩指数，利用色彩指数将森林冠层分为部分展叶期、生长期和部分落叶期三个物候期。

在展叶期，与水分相关的环境因子（相对湿度、土壤含水量和绿色指数）可以很好地解释生态系统水分利用效率的变化（Song et al.，2017）。

2010 年初旱季哀牢山亚热带常绿阔叶林的空气和土壤水分状况为有观测以来最差，而已有的研究表明哀牢山亚热带常绿阔叶林主要树种却并未遭遇干旱胁迫（杞金华等，2012）。尽管未达到干旱胁迫的程度，但比往年更差的水分状况还是使其林冠和凋落物量受到了一定影响，2009~2010 年旱季总凋落物量和旱季叶凋落量都是有观测以来最高。草本层叶面积指数也显著低于往年（杞金华等，2013），而同草本层一致，林下幼苗也受到了这次干旱事件较大的影响，2010 年的西南干旱使林下幼苗死亡率急剧上升，但是不同树种的幼苗表现存在很大差异。地区性干旱虽对哀牢山原生常绿阔叶林树木的影响较小（杞金华等，2012），但可能会通过影响幼苗的死亡率和动态来影响整个森林的更新、演替和组成。

（三）亚热带常绿阔叶林生态系统对极端降雪事件的响应

气候变化和生物入侵是影响群落结构、功能和动态的两个重要过程。大量证据表明，极端天气事件造成的干扰提高了生物入侵的成功率。随着气候变化的加剧，极端天气事件的强度和频度都有增加的趋势。因此研究外来入侵物种如何利用气候诱发的干扰事件入侵当地生态系统，对了解入侵过程和制定相应保护策略极为重要。

2015 年 1 月 9 日到 11 日，云南中西部地区出现强雨雪、强降温天气，位于云南普洱景东境内哀牢山国家级自然保护区的哀牢山生态站，遭受了建站 33 年以来最大的一次降雪事件（图 4-52），大雪造成了大量树木倒伏，树枝压断掉落，导致林冠破损严重，林下光环境显著改变，哀牢山生态站的 20hm² 样地内出现了大量入侵植物紫茎泽兰（*Ageratina adenophora*）（Song et al.，2017），箭竹（*Fargesia spathacea*）生长也显得十分茂盛。

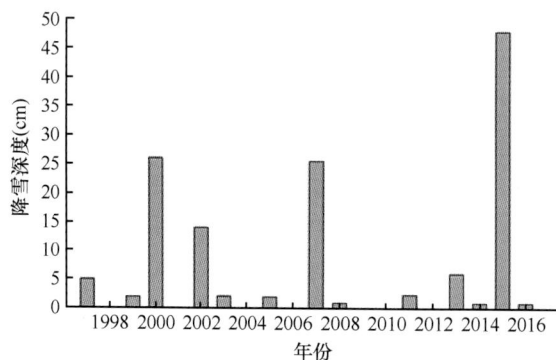

图 4-52　哀牢山亚热带森林生态系统研究站历年降雪深度（Song et al. 2017）

土壤作为森林生态系统的重要组成部分，林冠破坏后土壤的理化性质必然会受到影响，林窗开放后，林下光强、温湿特征都会发生较大变化，对土壤微生物活性、土壤酶活性、植物根系、林下种子萌发都会产生不同程度的影响，对于深入研究灾后森林生态系统恢复和系统演化具有重要指导意义。

1. 极端降雪对森林生态系统幼苗叶面积指数和凋落物的影响

通过分析雪灾后哀牢山生态站 20hm² 样地内幼苗补充的动态变化，发现雪灾后林下幼苗补充量显著增加，补充幼苗的丰富度和多度均随着林冠开放度的增加而增加，地形因子（海拔、坡度等）和林冠开放度显著影响了补充幼苗的物种组成和多度，补充的幼苗物种表现出强烈的地形和光环境依赖。

研究表明，光生境和地形生境是影响幼苗补充的重要因子，并在该地区森林群落物种共存中发挥着重要作用（Song et al.，2017）。

通过分析凋落物的季节变化（图 4-53），可以看出，极端降雪事件前，凋落物量 1 月最低（0.42t/hm²），然后逐渐增多，在 4 月达到最高（1.40t/hm²），随后开始下降，多年年均凋落物量为 8.28t/hm²·a。极端降雪事件后，2015 年凋落物量为 8.08t/hm²，其中 1 月凋落物量极显著高于正常年份，4～7 月凋落物量极显著低于正常年份；2016 年凋落物量为 5.81t/hm²，其中 3～4 月凋落物量显著高于 2015 年 5～11 月凋落物量，显著低于正常年份（汤显辉，2018）。

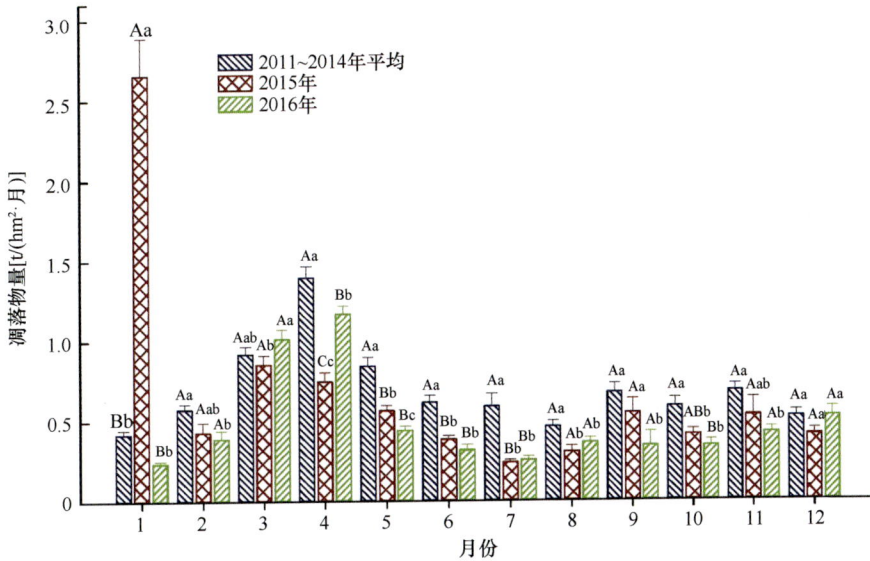

图 4-53　极端降雪事件对凋落物的影响（汤显辉，2018）

（1）极端降雪对森林生态系统碳循环的影响

研究表明（Song et al. 2017），哀牢山亚热带常绿阔叶林是一个老龄林，具有强大的碳汇能力（Tan et al.，2011）。2015 年 1 月，哀牢山亚热带常绿阔叶林遭遇了自 1982 年哀牢山生态站有降雪数据以来最强的一次降雪，森林冠层遭受了严重破坏。利用 2011～2016 年哀牢山亚热带森林碳通量连续观测数据，定量分析了雪灾前后哀牢山亚热带森林的固碳能力变化。与正常年份（2011～2014 年）平均值相比，2015 年哀牢山亚热带常绿阔叶林总初级生产力（GPP）下降了 829g C/（m²·a），生态系统呼吸（R_{eco}）下降了

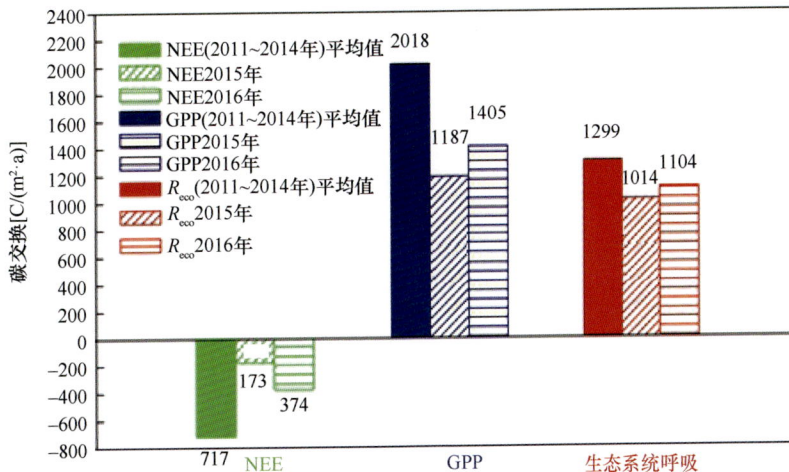

图 4-54　哀牢山 2015 年降雪前后生态系统碳汇能力（Song et al.，2017）

285g C/（m²·a），其综合效应是生态系统净交换（NEE），即固碳量下降了 544g C/（m²·a）。生态系统固碳量比正常年份平均值下降了 76%（图 4-54）。

2016 年，哀牢山亚热带常绿阔叶林 NEE 已达到 374g C/（m²·a），即生态系统固碳能力恢复较强（图 4-54）。

（2）极端降雪对亚热带常绿阔叶林土壤呼吸的影响

在极端降雪事件前，林内外不同深度土壤温度以及林内外温度差的年变化均为单峰曲线，林内不同深度土壤温度均低于林外，土壤最高温度出现时间均滞后于林外；林内 10cm 土壤年均温为 11.9℃，最高温度出现在 7 月，林外 10cm 土壤年均温为 13.9℃，最高温度出现在 6 月，林内外 10cm 土壤年均温度差为–2.0℃。

极端降雪事件当年（2015 年），林内外不同深度土壤温度仍保持为单峰曲线，但是林内外土壤温度差的年变化变为双峰曲线（图 4-55），且林内外不同深度土壤温度差减小，林内表层（10～20cm）土壤最高温度出现时间与林外的滞后性消失（林内外土壤最高温度均出现在 6 月），20cm 以下的深层土壤仍然存在滞后；林内 10cm 土壤年均温为 12.2℃，林外为 13.3℃，林内外 10cm 土壤年均温度差缩小为–1.1℃。

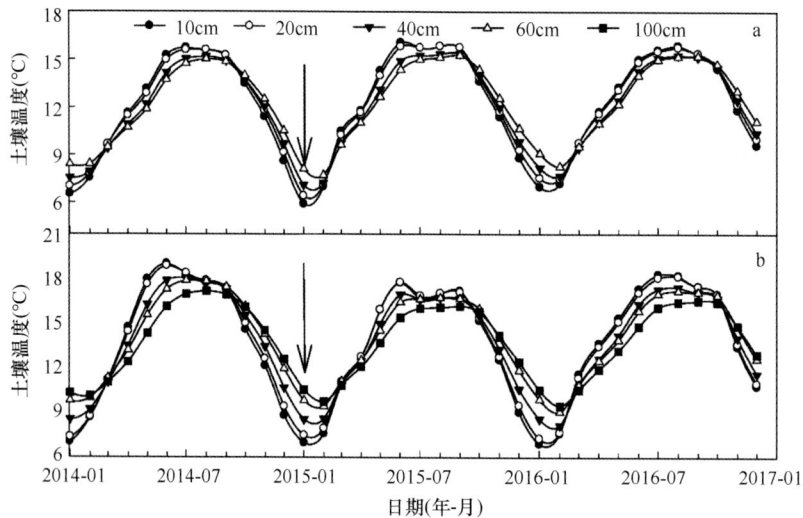

图 4-55　林内（a）和林外（b）不同深度土壤温度年际变化

极端降雪事件后一年（2016 年），林内外不同深度土壤温度差的年变化回归为单峰曲线，林内除 10cm 土壤外，更深层土壤最高温度回归到雪灾前相对于林外滞后的格局，林内 10cm 土壤年均温为 12.2℃，最高温度出现在 8 月，林外土壤年均温为 14.0℃，最高温度出现在 7 月，林内外 10cm 土壤年均温度差为–1.8℃（表 4-34），表明极端降雪对林冠的破坏导致林内土壤温度特征和变化规律发生了较大改变（汤显辉，2018；汤显辉等，2018）。

表 4-34　2014～2016 年林内外 10cm 土壤温度干季、雨季和年均值比较（℃）

时间	林内			林外			林内外差		
	干季	雨季	年均	干季	雨季	年均	干季	雨季	年均
2014 年	8.4	14.7	11.9	9.8	17.5	13.9	–1.4	–2.8	–2.0
2015 年	9.2	15.2	12.2	9.8	16.6	13.3	–0.7	–1.4	–1.1
2016 年	9.3	14.9	12.2	10.2	17.3	14.0	–0.9	–2.4	–1.8

极端降雪事件前，林内土壤含水量在干季波动大，且垂直变化幅度大，林内外土壤含水量差大致呈"V"字形曲线，土壤含水量差的垂直变化主要发生在干季，最大值出现在 40cm（5 月），最小值出现在

60cm（7～8月）；林内10cm土壤年均含水量为41.0%，林外为24.2%，年均差为16.7%，林内外土壤含水量差干季大于雨季。

极端降雪事件后，林内土壤含水量干季波动幅度和垂直变化幅度均减小，林内外土壤含水量差近似呈正弦曲线，2015年林内外土壤含水量差波动幅度变大，最大值出现在40cm土壤（5月），最小值出现在20cm土壤（7月）；林内10cm土壤年均含水量为46.4%，林外为29.1%，年均差为17.3%，林内外土壤含水量差干季减小，雨季增大，干季和雨季差异减小。

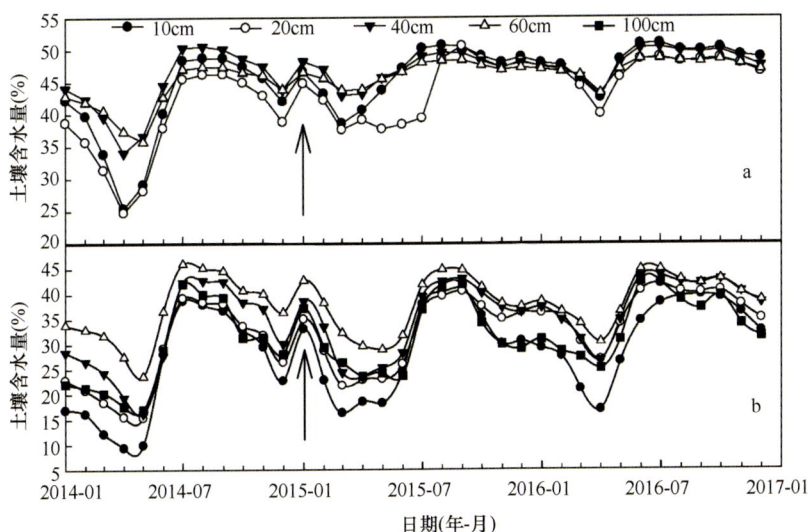

图4-56　林内（a）和林外（b）不同深度土壤含水量年际变化

2016年土壤含水量差最大值出现在3～4月；林内10cm土壤年均含水量为48.4%，林外为31.8%，年均差为16.6%，林内外土壤含水量差有恢复到极端降雪事件前的趋势。林内外土壤含水量差和降水量呈负相关关系，干季降水量小的时候，林内外土壤含水量差大，雨季降水量大，林内外土壤含水量差小，且出现脉冲式降水时，林内外土壤含水量差也迅速产生响应（图4-56）。

选择2011～2014年的各要素平均值作为正常年份的数值。极端降雪事件前，土壤呼吸2011～2014年多年平均年排放量为13.61t C/hm²，干季为3.64t C/hm²，雨季为9.97t C/hm²。极端降雪事件后，2015年年排放量为10.95t C/hm²，相对于2011～2014年年均排放量降低了19.5%，其中干季为3.34t C/hm²，雨季为7.61t C/hm²，且5～10月，各月累计排放量均显著低于正常年份；2016年排放量为12.22t C/hm²，比2011～2014年年均排放量减少了10.2%，比2015年增加了11.6%，其中干季为3.31t C/hm²，雨季为8.91t C/hm²，月累计排放量分别在1月、3月、6月和7月显著低于正常年份。表明极端降雪事件显著降低了亚热带森林生态系统土壤碳排放（图4-57，表4-35）。

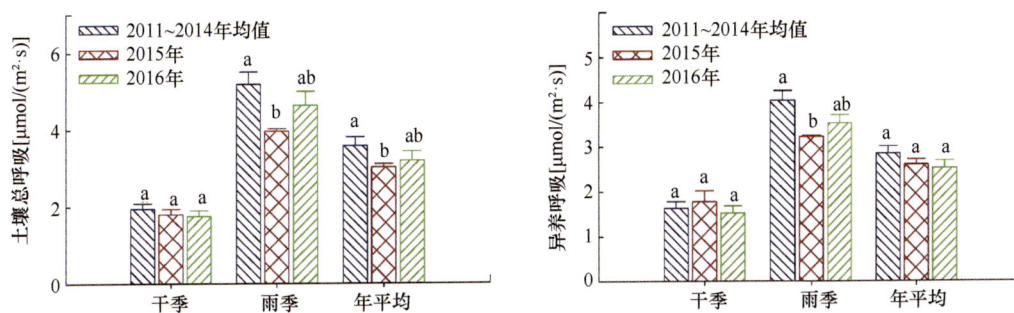

图4-57　极端降雪事件对土壤总呼吸（R_s）和异养呼吸（R_h）的影响

表4-35 极端降雪事件前后土壤呼吸（R_s）、异养呼吸（R_h）和自养呼吸（R_a）干季、雨季和年累计排放量

呼吸组分	年份	干季		雨季		年平均	
		累计排放量 （t C/hm²）	占全年 （%）	累计排放量 （t C/hm²）	占全年 （%）	累计排放量 [t C/（hm²·a）]	占正常年份 （%）
R_s	2011~2014 平均	3.64	26.7	9.97	73.3	13.61	100.0
	2015	3.34	30.5	7.61	69.5	10.95	80.5
	2016	3.31	27.1	8.91	72.9	12.22	89.8
R_h	2011~2014 平均	3.06	28.4	7.72	71.6	10.78	100.0
	2015	3.26	34.6	6.15	65.4	9.41	87.3
	2016	2.82	29.5	6.74	70.5	9.56	88.7
R_a	2011~2014 平均	0.80	26.6	2.21	73.4	3.01	100.0
	2015	0.13	8.4	1.42	91.6	1.55	51.5
	2016	0.45	17.5	2.12	82.5	2.57	85.4

极端降雪事件前，异养呼吸2011~2014年多年平均年排放量为10.78t C/hm²，干季为3.06t C/hm²，雨季为7.72t C/hm²。极端降雪事件后，2015年排放量为9.41t C/hm²，比2011~2014年年均排放量降低了12.7%，其中干季为3.26t C/hm²，雨季为6.15t C/hm²，月累计排放量在1月显著高于正常年份，在6和7月显著低于正常年份。2016年排放量为9.56t C/hm²，比2011~2014年年均排放量减少了11.3%，比2015年增加了1.6%，其中干季为2.82t C/hm²，雨季为6.74t C/hm²，且月累计排放量在1月、2月、3月、6月和7月显著低于正常年份。表明降雪事件导致的环境改变抑制了土壤微生物呼吸（图4-57，表4-35）。

极端降雪事件前，自养呼吸2011~2014年多年平均年排放量为3.01t C/hm²，干季为0.8t C/hm²，占全年的26.6%，雨季为2.21t C/hm²，占全年的73.4%。极端降雪事件后，2015年排放量为1.55t C/hm²，比2011~2014年年均排放量降低了48.5%，其中干季为0.13t C/hm²，月累计排放量在2015年1月、2月和11月几乎为零，雨季为1.42t C/hm²，占全年的91.6%。2016年排放量为2.57t C/hm²，比2011~2014年年均排放量减少了14.6%，比2015年增加了65.8%，其中干季为0.45t C/hm²，占全年的17.5%，雨季为2.12t C/hm²·a，占全年的82.5%，其中月累计排放量在6月和10月超过了正常年份。表明极端降雪事件导致的环境改变抑制了土壤根系的呼吸。

以上研究结果表明，极端降雪事件对亚热带森林生态系统林内土壤温度、土壤含水量和土壤呼吸均产生了显著影响。极端降雪事件导致林内土壤温度和土壤含水量均升高，土壤温度日较差增大，相对林外土壤温度，林内近地层土壤温度滞后性消失。林内外土壤温度差减小，土壤含水量增大；土壤呼吸（异养呼吸和自养呼吸）降低，表明极端降雪使得环境改变，抑制了土壤根呼吸和微生物呼吸，最终导致森林土壤碳排放量降低。

第四节 亚热带森林生态系统碳交换及其对气候变化的响应

一、哀牢山亚热带常绿阔叶林乔木碳储量及固碳增量

云南中部是我国常绿阔叶林分布的重点地区之一，具有亚热带高原特色，而位于云南中部的哀牢山的上部分布着目前我国面积最大、保存最完整的亚热带山地湿性常绿阔叶林（吴征镒等，1983）。已有研究表明（张鹏超，2010；张鹏超等，2010）在云南中部亚热带常绿阔叶林中，大面积存在的原生的中山湿性常绿阔叶林乔木层的碳储量最大，2008年达257.90t C/hm²，滇南山杨林乔木层为222.95t C/hm²，旱冬瓜次生林乔木层的碳储量最小，为105.39 t C/hm²。

在原生的中山湿性常绿阔叶林乔木层中，碳储量主要集中在X级（DBH≥91cm），占总碳储量的

34.68%；次生的滇南山杨林和旱冬瓜林乔木层的碳储量主要集中在Ⅲ级和Ⅳ级（21cm≤DBH<41cm），占乔木层总碳储量的百分比，滇南山杨林为 77.29%；旱冬瓜林为 69.28%。

云南中部亚热带常绿阔叶林林区不同森林类型乔木层均具有碳储量潜力，每年都能够不断地存储大量的碳；即使是原始的、具有 120 年以上树龄的成熟林-亚热带中山湿性常绿阔叶林，乔木层年平均固碳增量也达 2.47t C/hm²，显示出较高的固碳潜力。而作为次生林的滇南山杨林和旱冬瓜林，其乔木层年均固碳潜力（分别为 4.38 t C/hm² 和 4.35t C/hm²）则约为亚热带中山湿性常绿阔叶林的 2 倍，充分显示了作为地方土著种的树种在固碳方面具有显著作用，在人工造林时应该予以关注。

云南中部亚热带中山湿性常绿阔叶林、滇南山杨次生林和旱冬瓜次生林乔木层碳储量的平均年增长率分别为 0.98%、2.04%和4.50%。

初步估算云南中部亚热带常绿阔叶林林区 2008 年的乔木总固碳量可达 8.93×10⁶ t C，比 2005 年的 8.64×10⁶ t C 增加了 2.9×10⁵t C，每年乔木固碳增量为 1.0×10⁵t C。

在哀牢山所选取的三个海拔上，思茅松林总的、地上和地下碳储量都随着海拔的升高而降低。在不同海拔，思茅松林总的碳储量增量和平均碳储量增量都是正值，且均在中海拔处（1720m）最大，总的碳储量增量为 5.38t C/h（m²·a），平均碳储量增量为 0.19t C/（hm²·a），显示了思茅松林具有较强的碳汇潜力。思茅松林平均胸径、平均树高、碳储量随着林龄的增加而增加，株数随着林龄的增加而降低。

哀牢山常绿阔叶林碳储量随着海拔的升高呈先增大后减少的变化趋势，在 1310～1990m，碳储量随海拔的升高而增加，在 1990～2450m，碳储量随海拔变化很小，有略微的降低。

图 4-58 显示了哀牢山亚热带常绿阔叶林区各森林类型的乔木碳储量，2005 年哀牢山中山湿性常绿阔叶林、滇南山杨次生林和旱冬瓜次生林乔木层的碳储量分别为 250.48t C/hm²、209.82t C/hm² 和 92.35t C/hm²。2008 年代表森林类型乔木层的碳储量分别为 257.90t C/hm²、222.95t C/hm² 和 105.39t C/hm²。

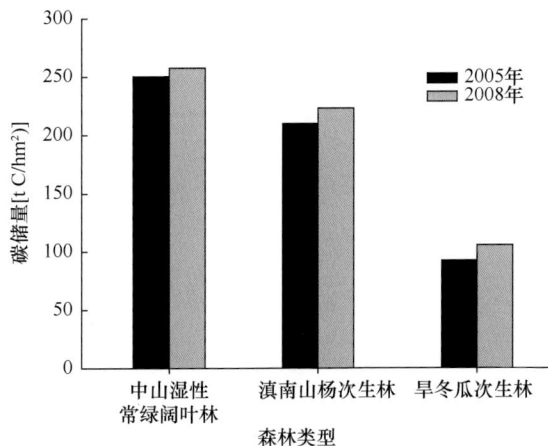

图 4-58　2005 年和 2008 年不同森林类型碳储量的比较

可以看出：乔木层碳储量的大小关系为中山湿性常绿阔叶林＞滇南山杨次生林＞旱冬瓜次生林。

由此可以认为：在云南中部亚热带常绿阔叶林森林林区，乔木层固碳能力最大的是中山湿性常绿阔叶林，其次是滇南山杨次生林，最小的是旱冬瓜次生林。

哀牢山亚热带常绿阔叶林区不同森林类型乔木层中主要树种碳储量见表 4-36。在亚热带中山湿性常绿阔叶林乔木层中，碳储量最大的是变色锥，2005 年为 67.20t C/hm²，2008 年为 68.39t C/hm²；其次是木果柯，2005 年为 59.15t C/hm²，2008 年为 61.03t C/hm²。这两个树种的碳储量分别占整个中山湿性常绿阔叶林乔木层的50.44%（2005 年）和50.18%（2008 年）。

表 4-36　哀牢山亚热带常绿阔叶林区不同森林类型主要树种碳储量的比较（t C/hm²）

树种	中山湿性常绿阔叶林		滇南山杨次生林		旱冬瓜次生林	
	2005 年	2008 年	2005 年	2008 年	2005 年	2008 年
变色锥	67.20	68.39	4.25	4.90	—	—
红花木莲	6.95	7.13	—	—	—	—
黄心树	22.52	23.60	—	—	—	—
木果柯	59.15	61.03	4.12	4.74	—	—
南洋木荷	35.83	37.01	0.40	0.48	—	—
硬壳柯	3.54	3.57	63.90	67.70	—	—
舟柄茶	4.89	5.00	1.58	1.79	—	—
滇南山杨	—	—	94.06	98.64	—	—
旱冬瓜	—	—	—	—	91.28	104.09
其他	50.38	52.17	41.52	44.69	1.07	1.30
总计	250.46	257.90	209.83	222.94	92.35	105.39

在滇南山杨次生林乔木层中，碳储量最大的是滇南山杨，2005 年为 94.06t C/hm²，2008 年为 98.64t C/hm²；其次是硬壳柯，2005 年为 63.90t C/hm²，2008 年为 67.70t C/hm²；这两个树种的碳储量分别占整个滇南山杨次生林乔木层的 75.28%（2005 年）和 74.61%（2008 年）；在旱冬瓜次生林乔木层中，碳储量最大是旱冬瓜，2005 年为 91.28t C/hm²，2008 年为 104.09t C/hm²；旱冬瓜的碳储量占整个旱冬瓜次生林乔木层的 98.84%（2005 年）和 98.76%（2008 年）。

计算结果表明，哀牢山亚热带中山湿性常绿阔叶林、滇南山杨次生林和旱冬瓜次生林的乔木层年平均固碳增量，分别为 2.47t C/hm²·a、4.38t C/hm²·a 和 4.35 t C/hm²·a。可见，哀牢山亚热带常绿阔叶林林区不同森林类型乔木层年均固碳增量均为正值，大小关系为滇南山杨次生林＞旱冬瓜次生林＞中山湿性常绿阔叶林，显示了亚热带森林具有较强的碳汇潜力。

哀牢山中山湿性常绿阔叶林、滇南山杨次生林和旱冬瓜次生林乔木层碳储量的平均年增长率分别为 0.98%、2.04%和 4.50%（图 4-59）。哀牢山亚热带常绿阔叶林林区不同森林类型乔木层碳储量的平均年增长率大小为旱冬瓜次生林＞滇南山杨次生林＞中山湿性常绿阔叶林。

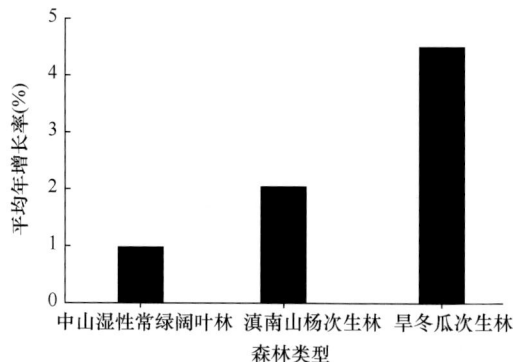

图 4-59　不同森林类型乔木层碳储量的平均年增长率

以上研究结果表明：在原生的亚热带中山湿性常绿阔叶林中，组成群落的主要种（变色锥和木果柯）的碳储量占据整个乔木层碳储量的 50%以上；在滇南山杨次生林中，碳储量主要集中在滇南山杨和硬壳柯，其碳储量可达整个滇南山杨次生林乔木层的 75%左右；在旱冬瓜次生林乔木层中，由于接近于纯林，优势树种旱冬瓜的碳储量占据了绝对优势，可达 98%以上。优势树种的碳储量所占比率在原生的中山湿性常绿阔叶林和旱冬瓜次生林乔木层中是增加的，在滇南山杨次生林乔木层中变化较小，显示了优势树种碳储量对森林碳储量具有较大贡献。

哀牢山亚热带常绿阔叶林林区,原生的中山湿性常绿阔叶林乔木层的碳储量最大,2008 年为 257.90t C/hm²,略低于我国森林生态系统的平均单位面积碳储量(258.83t C/hm²)(周玉荣等,2000),大于全国植被的平均碳储量(57.07t C/hm²,周玉荣等,2000;41.32t C/hm²,赵敏和周广胜,2004;41.00t C/hm²,方精云等,2007);旱冬瓜次生林的碳储量最小,2008 年为 105.39t C/hm²,但也高于全国植被的平均碳储量(57.07t C/hm²)(周玉荣等,2000)。可以认为:在云南中部亚热带常绿阔叶林区,大面积原生的中山湿性常绿阔叶林乔木层在森林固碳方面发挥了很大的作用,中山湿性常绿阔叶林乔木层是云南中部阔叶林区乔木碳储量的主要贡献者。如假设其固碳能力地区变化不大,则可以粗略估计云南中部亚热带常绿阔叶林区 2008 年的乔木总固碳量可达 8.93×10^6t C(258.83t C/hm²×34483hm²),比 2005 年 8.64×10^6 t C(250.48t C/hm²×34483hm²)增加了 2.9×10^5t C,平均增加值为 1.0×10^5t C/a。

哀牢山亚热带常绿阔叶林林区不同森林类型乔木层年均固碳增量均为正值,显示了哀牢山亚热带常绿阔叶林乔木层均有碳储量潜力,每年都在存储大量的碳;哀牢山亚热带常绿阔叶林林区不同森林类型乔木层中,乔木年平均固碳增量的大小为滇南山杨次生林(4.38t C/hm²·a)>旱冬瓜次生林(4.35t C/hm²·a)>中山湿性常绿阔叶林(2.47t C/hm²·a)。滇南山杨次生林和旱冬瓜次生林乔木层的乔木年平均固碳增量数值相当,是原生的中山湿性常绿阔叶林乔木层的两倍左右,显示了次生林乔木层具有较强的碳汇潜力。

已有研究表明,成熟林无论是地上部分还是地下部分,均贮藏着巨大的生物量,老龄森林生态系统在一定区域或全球尺度上对碳估算均起着巨大的作用(Suchanek et al.,2004)。值得注意的是,作为云南中部亚热带常绿阔叶林主要林分的亚热带中山湿性常绿阔叶林,虽然已经是 120 年以上的成熟林(邱学忠和谢寿昌,1998),其乔木层碳储量可达 257.90t C/(hm²·a)(2008 年),并且仍然具有较强的碳汇潜力,其乔木层年固碳增量可达 2.47t C/hm²,碳储量的平均年增长率为 0.98%,低于我国森林的平均年增长率(1.6%)(吴庆标等,2008)。

因此,可以认为作为云南中部的亚热带常绿阔叶林主要林分的中山湿性常绿阔叶林,一方面具有较大的森林面积(34483hm²),另一方面仍然具有较强的不可忽视的碳汇潜力[乔木层为 2.47t C/(hm²·a)],仍然可以为国家碳减排作出巨大贡献,在 2005~2008 年,乔木层新增加固碳量 2.9×10^5t C。如假设其固碳增量的地域变化不大,则云南中部的亚热带常绿阔叶林林区乔木层每年的固碳量可达 8.52×10^4t C(2.47t C/hm²·a×34483hm²)。

作为次生林的滇南山杨林和旱冬瓜林乔木层,同样具有较强的固碳能力(2008 年碳储量分别为 222.94t C/hm² 和 105.39t C/hm²);其年均固碳增量更大(分别为 4.38t C/(hm²·a)和 4.35t C/(hm²·a),充分显示了作为地方土著种在固碳方面的显著作用,因此在人工造林时应该予以关注。

哀牢山的 3 种亚热带常绿阔叶林的森林类型中,虽然旱冬瓜次生林乔木层的碳储量最小,但其平均年增长率最大,为 4.50%,显示了具有较强的固碳潜力。有研究表明,随着乔木树龄的增长,树木固碳量的年增长率随之迅速增加。由此可以认为,随着时间的变化,次生林将发挥越来越大的固碳潜力。

以上研究结果表明:云南中部所保存的大量常绿阔叶林,具有巨大的碳储量及固碳潜力,以滇南山杨作为亚热带常绿阔叶林的乡土树种,其构成的森林类型,同样具有较高的碳储量,应该在进行人工造林和清洁发展机制(CDM)项目实施中,成为优先考虑的树种;而旱冬瓜则具有较大的碳储量平均年增长率,显示了较强的固碳潜力,也可作为人工林种植的选择树种。

二、思茅松中幼龄人工林生物量和碳储量动态

思茅松是云南重要的造林树种,思茅松林是云南南亚热带重要的植被类型,通过在思茅松集中分布区内的云南 4 个县(市、区)开展的系统的思茅松人工林样地调查,采用生物量收获法测定了标准株生物量,实测了林木的含碳率,建立了单株生物量模型,基于实测数据计算了思茅松人工林的生物量、碳储量和相关的碳计量参数,并分析了它们的空间分配格局和变化动态,基于研究结果对思茅松人工林的

碳储量计量与监测技术进行了探索。

有关研究结果表明（李江，2011）：思茅松中幼龄人工林的生物量在中幼龄期积累迅速，林分各层的生物量比例和各层生产力随林龄变化明显。3～26 年生林分生物量为 22.39～308.96t/hm²。其中，乔木层、灌木层和草本层生物量分别为 7.07～295.74t/hm²、1.73～52.46t/hm² 和 0.78～16.40t/hm²，枯落物层现存量为 0.90～11.00t/hm²。乔木层、枯落物层和林分生物量与林龄存在显著的线性正相关，灌木层和草本层生物量与林龄呈负相关但不显著。林分生物量、乔木层生物量和枯落物层现存量随林龄增加呈逻辑斯谛增长。3～26 年生思茅松人工林林分生产力为（9.52±1.31）t/（hm²·a），乔木层、灌木层和草本层的生产力分别为（6.29±1.19）t/(hm²·a)、（2.52±0.83）t/(hm²·a)和（0.71±0.31）t/(hm²·a)。

随林龄增长，乔木层生产力呈逻辑斯谛增长，灌木层和草本层生产力呈指数函数减少。

思茅松中幼龄人工林林木的含碳率低于通用缺省值（50%），随林龄增长呈增加的趋势，林木不同构件间的含碳率存在显著差异。根据生物量权重值计算得到思茅松中幼龄人工林单株的全株含碳率为 47.91%。主干的平均含碳率最高（48.48%），由基部向梢头含碳率呈下降的趋势。其他构件的含碳率依次为树枝（48.13%）、主干皮（47.49%）、松针（47.27%）、球果（47.02%）和树根（46.80%）。

思茅松中幼龄人工林具有较高的生物量碳密度，显示了较强的碳汇能力。林龄为 3～5 年、6～10 年、11～20 年和 21～30 年思茅松人工林的生物量碳密度分别为（20.15±3.09）t C/hm²、（27.24±2.25）t C/hm²、（94.89±9.90）t C/hm² 和 147.58t C/hm²。随林龄增长，乔木层、枯落物层和林分的碳密度显著增加，灌木层和草本层的碳密度有所减少。

林分、乔木层和枯落物层的生物量碳密度随林龄的变化用逻辑斯谛模型可实现良好拟合。林龄为 3～5 年、6～10 年、11～20 年和 21～30 年的思茅松人工林的年均固碳量分别为（4.92±0.63）t C/(hm²·a)、（3.52±0.25）t C/(hm²·a)（6.44±0.30）t C/(hm²·a)和 5.68t C/(hm²·a)。

乔木层的年均固碳量与林龄存在显著正相关，灌木层和草本层的年均固碳量与林龄存在显著负相关，林分年均固碳量与林龄呈较弱的正相关。

乔木层和草本层的年均固碳量与林龄的关系用逻辑斯谛模型拟合效果较好，灌木层年均固碳量和林龄的关系用高斯模型（Gaussian model）拟合效果较好。

三、哀牢山森林碳储量及固碳增量的垂直分布

利用不同海拔的观测数据，分析了哀牢山常绿阔叶林和不同林龄思茅松林碳储量随海拔的变化（张鹏超，2010；张鹏超等，2010）。研究表明：哀牢山常绿阔叶林在海拔 1310m、1620m、1990m 和 2450m 的碳储量分别为 103.54t C/hm²、146.74t C/hm²、261.43t C/hm²、254.19t C/hm²（图 4-60）。可以看出，碳储量在不同海拔处的大小为 1990m＞2450m＞1620m＞1310m。

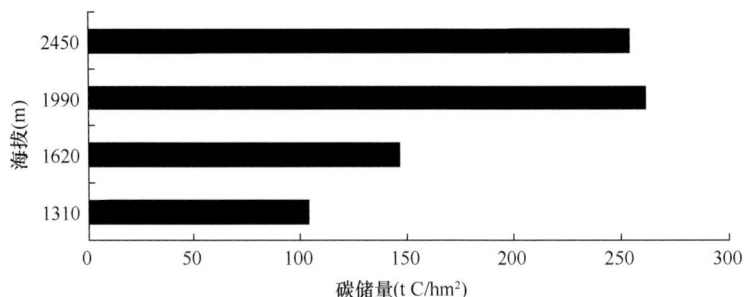

图 4-60　常绿阔叶林碳储量随海拔的变化

图 4-61 显示了哀牢山思茅松林碳储量随林龄和海拔的变化（张鹏超，2010；张鹏超等，2010）。在海拔方面，10 年和 20 年的思茅松林碳储量随海拔升高而降低，30 年的思茅松林碳储量则是在中间海拔最

高，但基本趋势是随着海拔的升高碳储量降低，这显示低海拔处思茅松林生长较好，碳储量较大。

在林龄方面，在三个海拔高度上，碳储量均随着林龄的增加而增加。

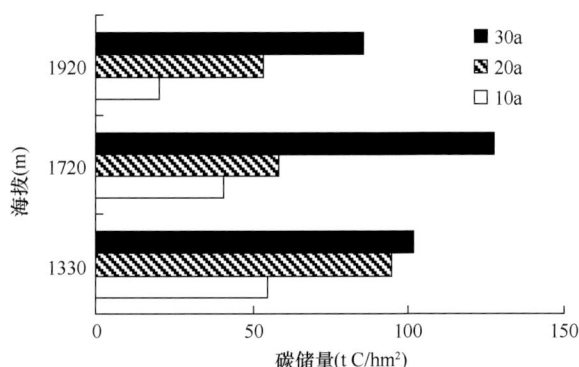

图 4-61　思茅松林碳储量随林龄和海拔的变化

哀牢山思茅松林碳储量增量随海拔的变化如图 4-62 所示。在 1330m、1720m、1920m 三个海拔，碳储量增量分别为 3.14t C/(hm²·a)、5.38t C/(hm²·a)和 3.44t C/(hm²·a)。可见，哀牢山思茅松林林区不同海拔碳储量增量均为正值，大小关系为 1720m＞1920m＞1330m，显示了思茅松林具有较强的碳汇潜力。

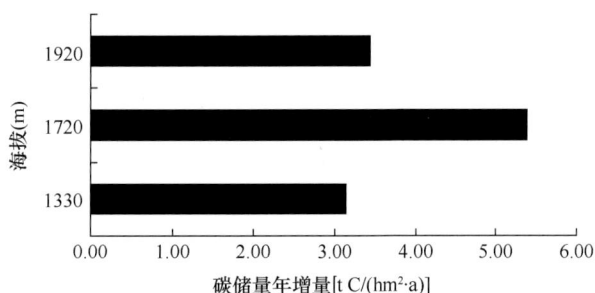

图 4-62　思茅松林碳储量增量随海拔的变化

由于海拔的变化引起了温度、光照等一系列环境因子的变化，最终影响了哀牢山森林碳储量的积累，使不同海拔梯度上森林碳储量产生了差异。

哀牢山常绿阔叶林碳储量随海拔的变化，基本为先增加后减少的变化趋势，呈"单峰"曲线，在 1310～1990m，碳储量随海拔的升高而增加，1990～2450m，碳储量随海拔的变化很小，有略微的降低。

而思茅松林碳储量基本上是随着海拔的升高而降低，呈现负相关关系。思茅松林碳储量增量随着海拔的变化，在 1720m 海拔处最大，为 5.38t C/(hm²·a)，分别向高海拔和低海拔处降低，并且都是正值，显示了思茅松林具有较强的碳汇潜力。

随着林龄的增加，思茅松林的碳储量也发生了变化。胸径、树高、碳储量随着林龄的增加而增加，株数随着林龄的增加而减少。随着林龄的增加，株数虽然减少了，但是胸径和树高是增加的，最终的结果是碳储量的增加。

哀牢山思茅松林林区碳储量增量均为正值，显示了哀牢山思茅松林具有碳储量潜力，每年都在存储大量的碳；哀牢山思茅松林林区中，碳储量增量的大小为 1720m[5.38t C/(hm²·a)]＞1920m[3.44t C/(hm²·a)]＞1330m[3.14t C/(hm²·a)]。

四、亚热带常绿阔叶林的土壤呼吸特征及其对气候变暖的响应

研究表明（余雷，2012；余雷等，2012，2013）哀牢山亚热带常绿阔叶林不同季节（春 3～5 月、夏

6～8 月、秋 9～11 月、冬 12 月至次年 2 月）的土壤呼吸如图 4-63 所示；土壤呼吸冬季最小[2.079μmol CO_2/(m^2·s)]，夏季最大[4.667μmol CO_2/(m^2·s)]；夏季是冬季的 2.245 倍。

不同季节哀牢山亚热带常绿阔叶林土壤温度和近地层气温（图 4-64）同样显示出夏季高、冬季低的特征，夏季的平均土壤温度（14.9℃）比冬季（5.6℃）高 9.3℃，夏季的平均近地层气温（14.8℃）比冬季（6.3℃）高 8.5℃。

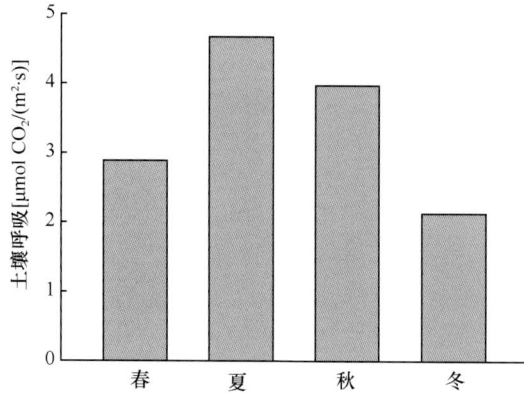

图 4-63   亚热带常绿阔叶林各季节的土壤呼吸

不同季节的哀牢山亚热带常绿阔叶林土壤呼吸日变化大致呈单峰曲线（图 4-64），最大值出现在 17～19 时，最小值在 9～11 时出现。土壤呼吸的日较差（最大值与最小值的差）均较小（表 4-37），在不同季节略有差异：春季为 0.264μmol CO_2/(m^2·s），夏季为 0.416μmol CO_2/(m^2·s），秋季为 0.228μmol CO_2/(m^2·s），冬季为 0.155μmol CO_2/(m^2·s）。进一步分析土壤呼吸日较差与 5 个土壤呼吸箱的绝对差值（表 4-37），可以看出，土壤呼吸日较差的变化尺度，远小于土壤呼吸测定的空间差异。因此可以认为，亚热带常绿阔叶林土壤呼吸在一天中的变化可以忽略。

表 4-37   各季节土壤呼吸的日较差和 5 个土壤呼吸箱的绝对差值[μmol CO_2/（m^2·s）]

	春	夏	秋	冬
日较差	0.264	0.416	0.228	0.155
绝对差值	1.677	3.141	2.656	1.780

不同季节（按照春 3～5 月、夏 6～8 月、秋 9～11 月、冬 12 月至次年 2 月划分）哀牢山亚热带常绿阔叶林的土壤温度和近地层气温的日变化趋势较为一致，均呈单峰变化（图 4-64）。土壤温度的最大值一般出现在 16～18 时，最低值一般出现在 10 时左右；近地层气温一般在 15～17 时达到最大，而后逐渐降低，在 8 时最小。土壤温度日较差春季最大（1.1℃），夏季最小（0.6℃）；近地层气温日较差春季最大（5.4℃），夏季最小（2.4℃）。可见土壤温度的日较差远小于近地层气温的日较差。

由哀牢山亚热带常绿阔叶林的土壤呼吸与土壤温度和近地层气温的相关关系（图 4-65）可见，哀牢山亚热带常绿阔叶林土壤呼吸与土壤温度和近地层气温均有较好的相关性，相关性均达到极显著水平（$P<0.01$）。

土壤温度的变化可以解释土壤呼吸季节变化 82.7%，近地层气温的变化可以解释土壤呼吸变化 60.4%。全年土壤呼吸的温度敏感性（Q_{10}）为 2.91。对 Q_{10} 与土壤温度进行线性回归（图 4-66），可以得出：在亚热带常绿阔叶林，Q_{10} 并非常数，而是随着土壤温度的升高而增大，呈正相关（$y=0.1412x+1.2292$，$R^2=0.370$，$P<0.05$）。

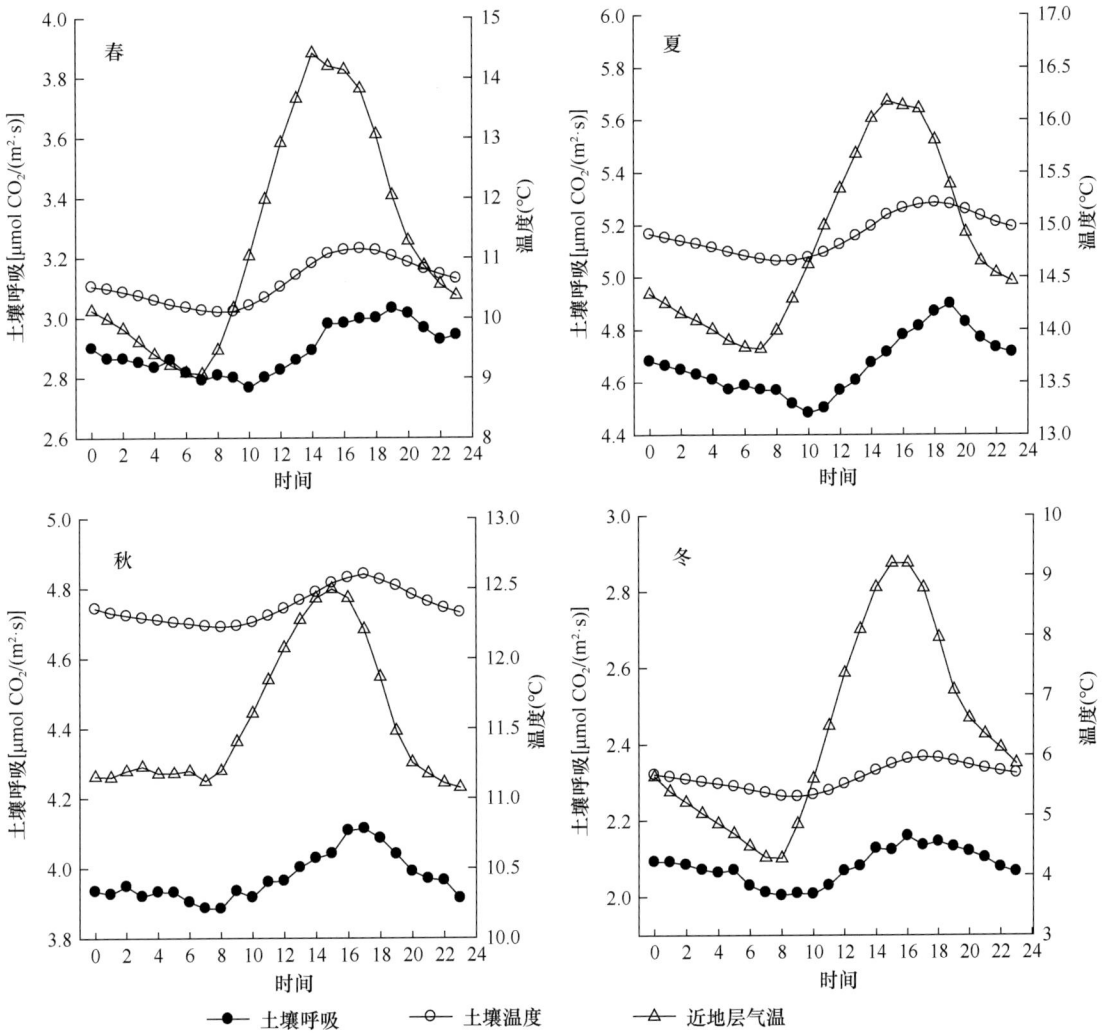

图 4-64 土壤呼吸、土壤温度、近地层气温的日变化

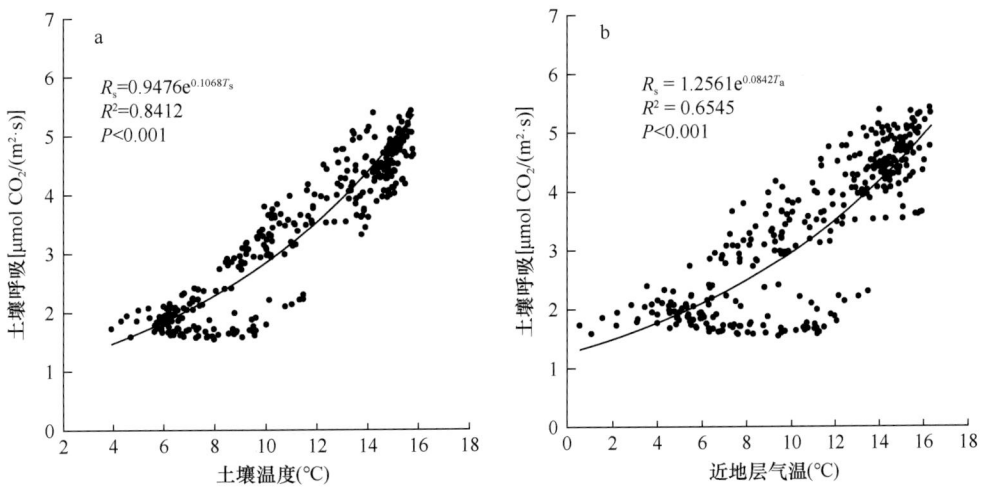

图 4-65 土壤呼吸与土壤温度（a）和近地层气温（b）的关系

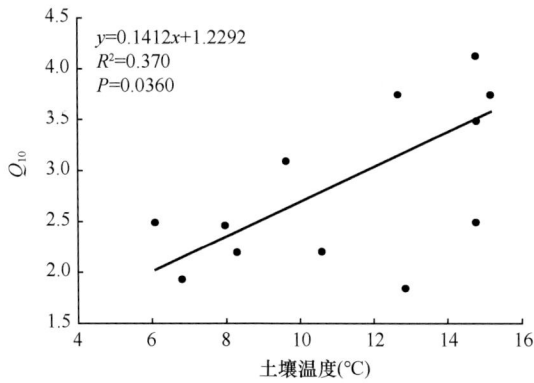

图 4-66　Q_{10} 与土壤温度的关系

研究表明（武传胜，2016；武传胜等，2012；Wu et al.，2014，2016）土壤呼吸季节变化显著，从干季到雨季逐渐升高，达到峰值后又逐渐降低；土壤呼吸月平均值 2 月最低[（1.55±0.14）μmol CO_2/(m^2·s)]，7 月最高[（6.21±0.30）μmol CO_2/(m^2·s)]，其总均值为（3.64 ± 0.17）μmol CO_2/(m^2·s)；土壤呼吸干季显著小于雨季（$t = -11.99$，$P<0.001$，$n=4$），干季均值为（2.05 ±0.14）μmol CO_2/(m^2·s)，雨季均值为（5.22 ±0.22）μmol CO_2/(m^2·s)（图 4-67a）。

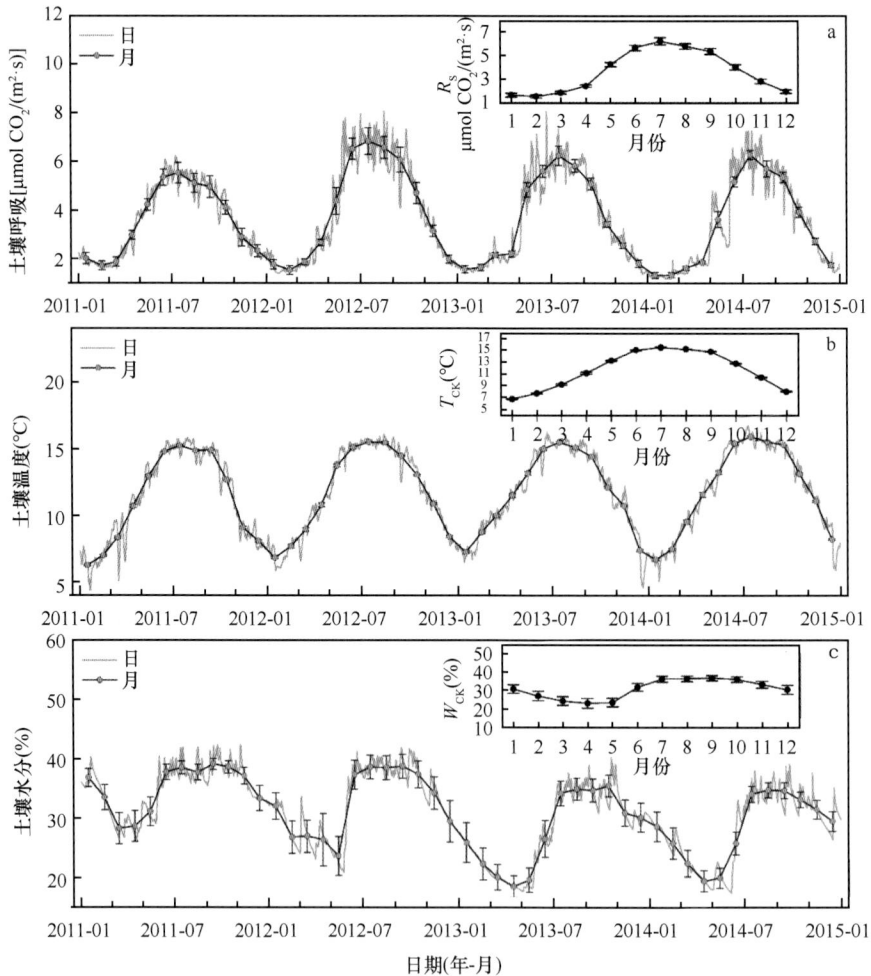

图 4-67　亚热带常绿阔叶林土壤呼吸（a）、土壤温度（b）和土壤水分（c）的年变化

土壤温度与土壤呼吸具有相同的变化趋势，最低月平均土壤温度出现在1月（6.7℃），最高出现在7月（15.5℃），平均土壤温度为11.6℃；干季平均土壤温度为8.8℃，雨季为14.4℃，两者差异极显著（$t = -51.73$，$P<0.001$，$n=4$）（图4-67b）。

土壤水分同样具有季节动态，但是其变化趋势与土壤呼吸和土壤温度的变化趋势略有不同：4年（2011~2014年）观测期内，土壤水分月平均最低值出现在3~5月，雨季中期（7~9月）土壤水分变化很小。总体来说，1~5月土壤水分的变化趋势与土壤呼吸和土壤温度变化趋势相反，从5月起变化趋势相同；月平均土壤水分最低值出现在4月（23.3%±2.6%），比土壤呼吸和土壤温度滞后了3个月；总平均土壤水分为30.9%±2.0%，干季平均为28.3%±2.3%，雨季平均为33.5%±1.7%，两者差异不显著（$t = -1.80$，$P=0.122$，$n=4$）（图4-67c）。

土壤呼吸组分：凋落物呼吸（R_{AL}）与自养呼吸（R_A）都具有明显的季节变化，均表现为从干季到雨季逐渐升高。R_{AL}与R_A在1~4月出现负值情况（图4-68）；在干季，R_{AL}与R_A均值分别为0.51μmol CO_2/(m²·s)和0.52μmol CO_2/(m²·s)，分别占土壤呼吸的25.1%和25.2%；在雨季，均值分别为2.52μmol CO_2/(m²·s)和1.35μmol CO_2/(m²·s)，分别占土壤呼吸的48.3%和25.8%；总均值分别是1.52μmol CO_2/(m²·s)和0.93μmol CO_2/(m²·s)，分别占土壤呼吸的41.8%和25.6%。凋落物呼吸贡献率（C_{AL}）与自养呼吸贡献率（C_A）同样具有季节变，其中C_{AL}变化更明显，与R_{AL}与R_A一样均在1~4月出现负值情况（图4-69）。

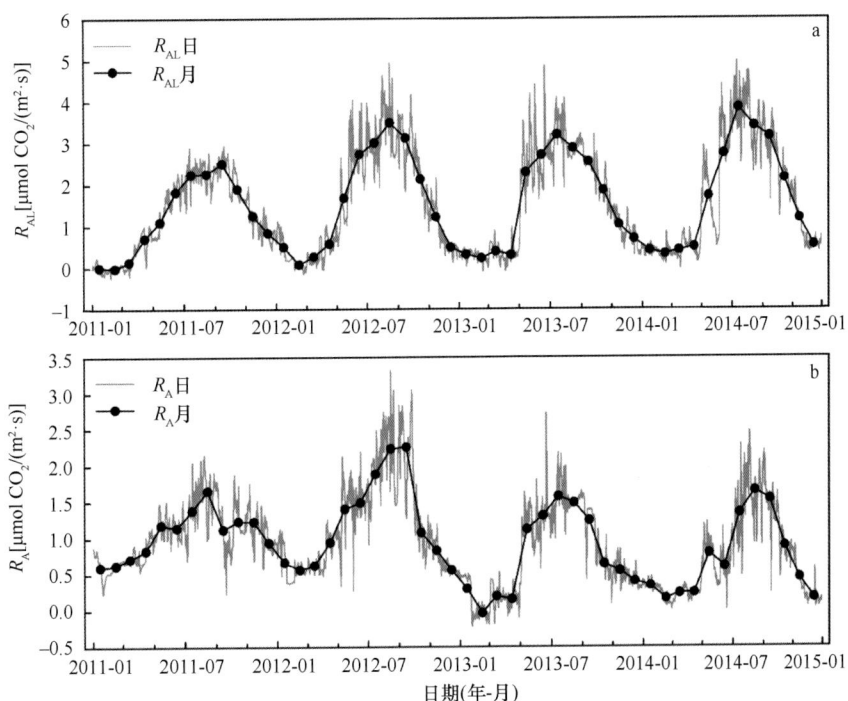

图4-68　亚热带常绿阔叶林地表部分凋落物呼吸（a）与自养呼吸（b）年变化

土壤呼吸4年累积排放量为55.19t C/hm²，平均年排放量为13.80t C/hm²，年间波动较小，2012年最大（15.19t C/hm²）。土壤呼吸雨季平均排放量为9.95t C/(hm²·a)，占总体的72.1%；干季平均排放量为3.85tC/hm²·a，占总体的27.9%（图4-70）。

地表部分凋落物呼吸4年累积排放量为23.09t C/hm²，平均年排放量为5.78t C/hm²，占土壤总呼吸的41.8%；地下部分呼吸4年累积排放量为32.10t C/hm²，平均年排放量为8.02t C/hm²，占土壤总呼吸的58.1%。自养呼吸4年累积排放量为14.15t C/hm²，平均年排放量为3.54t C/hm²，占土壤总呼吸的25.6%；异养呼吸4年累积碳排放量为41.04t C/hm²，平均年排放量为10.26t C/hm²，占土壤总呼吸的74.3%（图4-70）。

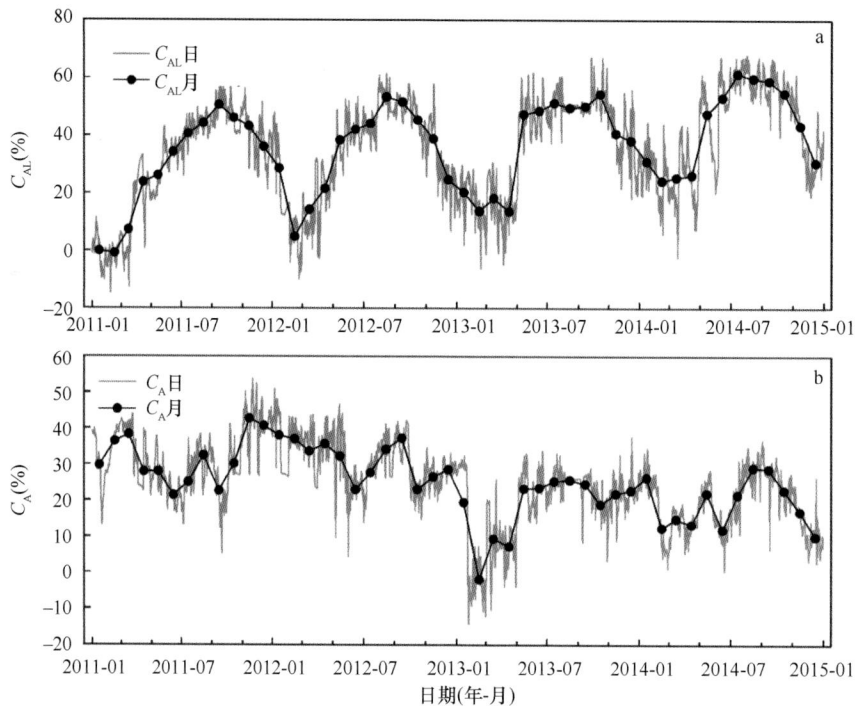

图 4-69　亚热带常绿阔叶林地表部分凋落物呼吸（a）与自养呼吸（b）的贡献率年变化

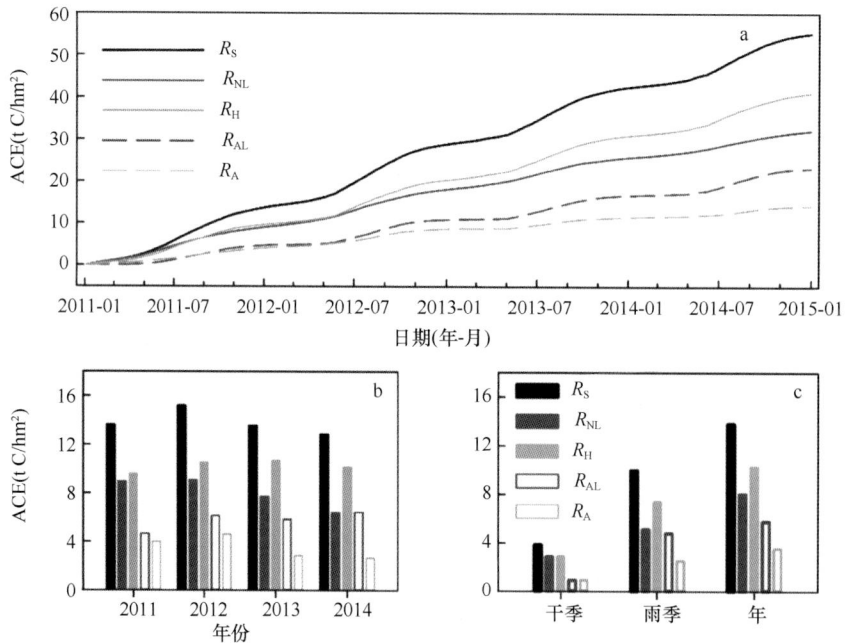

图 4-70　土壤呼吸组分（ACE）累积碳排放

R_S 为土壤呼吸，R_{NL} 为去除凋落物土壤呼吸，R_H 为异养呼吸，R_{AL} 为凋落物呼吸，R_A 为自养呼吸

　　增温处理未改变土壤温度、土壤水分和异养呼吸的季节动态（图 4-71）。增温处理增加了土壤温度，但其增温幅度（WE_T）逐年降低，并具有一定的季节变化（图 4-72a）。

　　总体来说，土壤温度的增温效应干季略大于雨季，干季和雨季土壤温度分别增加了 2.4℃和 2.1℃，平均土壤温度增加了 2.2℃。

　　增温处理降低了土壤水分含量（均值为 5.1%，m^3/m^3），但其降幅（WE_W）季节变化不明显（图 4-72b）；总体来说，土壤水分降低幅度雨季（5.5%，m^3/m^3）略大于干季（4.7%，m^3/m^3），但是其降低的相对幅度

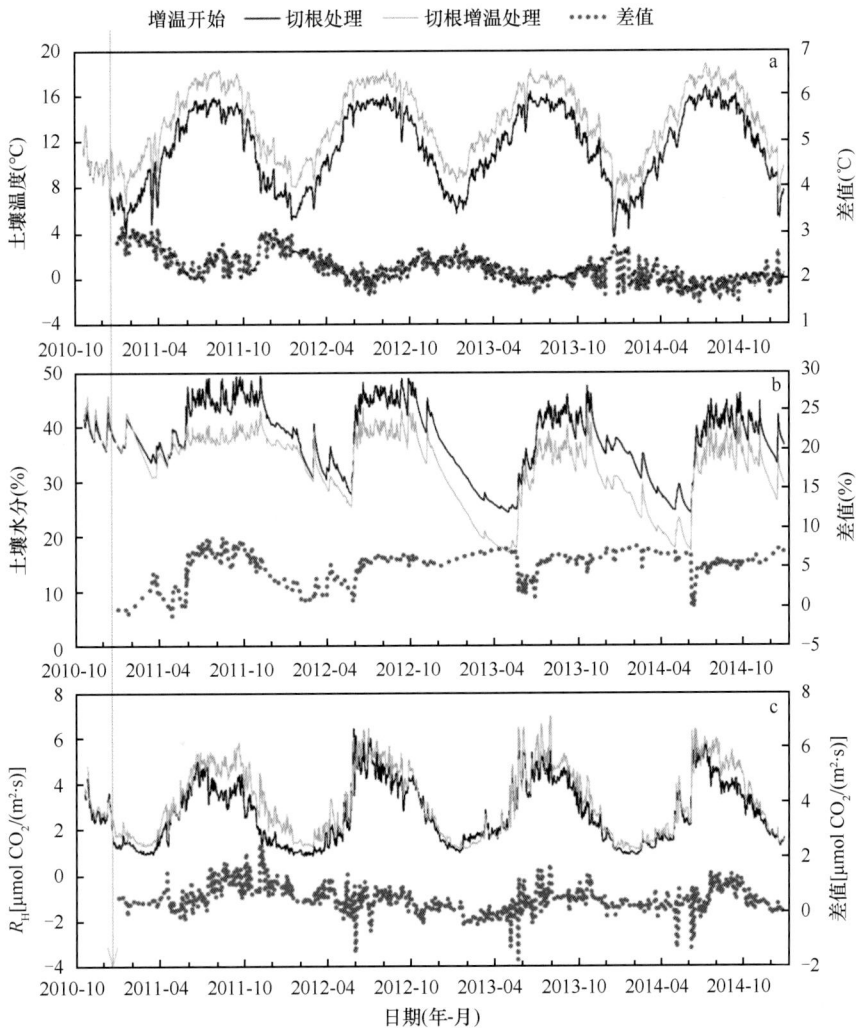

图 4-71　亚热带常绿阔叶林增温对土壤温度（a）、土壤水分（b）和异养呼吸（c）的影响

干季与雨季（13.6% 和 13.7%，%/%）基本一致。增温增加了异养呼吸（R_H），其增值同样具有明显的季节动态，与异养呼吸的季节动态相同，并在干季出现负值（图 4-72c），干季平均增加了 0.34μmol CO_2/(m²·s)，雨季平均增加了 0.58μmol CO_2/(m²·s)，干季明显小于雨季；然而增温效应则表现为干季大于雨季（分别为 22.5% 和 15.0%）（图 4-72d）。

4 年观测时间内，增温处理下 R_H 分别多排放了 2.87t C/hm²、1.59t C/hm²、1.09t C/hm² 和 1.47t C/hm²，4 年内共多排放了 7.02t C/hm²，平均每年多排放 1.76t C/hm²（图 4-73）。从增温效应上看，4 年内分别为 30%、14.9%、10.2% 和 14.5%，平均值为 17.4%（图 4-73）。

增温处理降低了 R_H 的温度敏感性（Q_{10}），但未达到显著水平（$P>0.05$）（图 4-74），由 4.42±0.46 降低为 3.90±0.30，降低了 0.52（6.8%）；当按年份分析时，4 年观测时间内分别降低了 0.96、0.67、0.14 和 0.20（分别为 7.0%、9.2%、9.1% 和 9.1%），均未达到显著水平（$P>0.05$）；随着增温时间的延长，切根处理（NR）与切根+增温处理（NRW）的 Q_{10} 值差值越来越小，而其差值与土壤温度的差值呈显著正相关。

由于林内外各层土壤（0～20cm）温度均呈现出上升的趋势，土壤温度的上升速率随深度增加先上升后下降，并以干季最为明显，说明 5～10cm 土壤温度的上升速率大于地表温和深层土壤温度，而 5cm 左右的土壤温度对于土壤呼吸具有重要的作用。

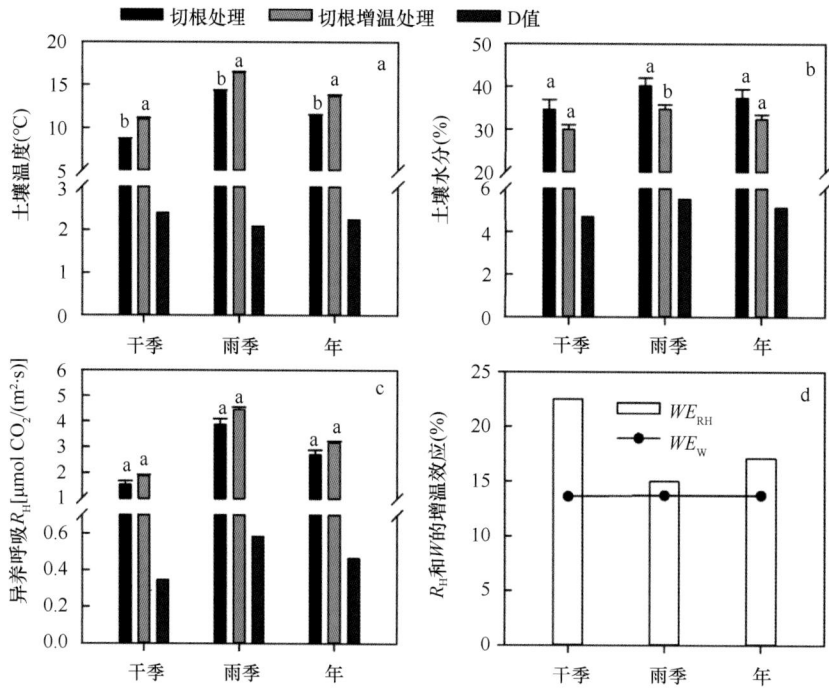

图 4-72　亚热带常绿阔叶林不同季节增温对土壤温度（a）、土壤水分（b，d）、异养呼吸（c，d）的影响

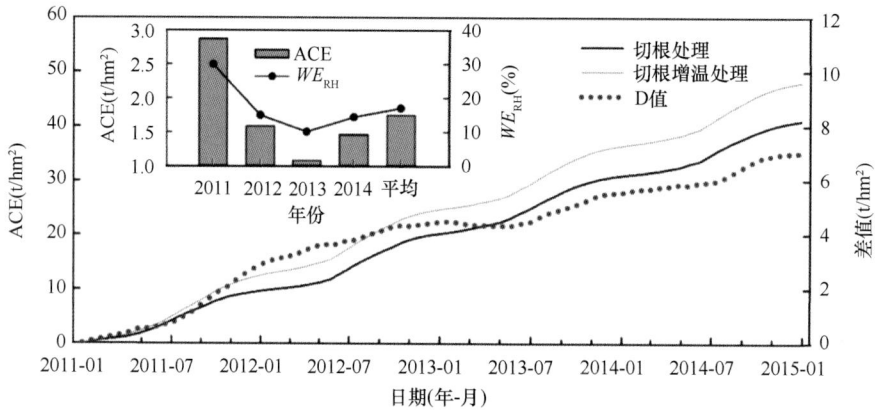

图 4-73　亚热带常绿阔叶林异养呼吸累积碳排放及增温效应

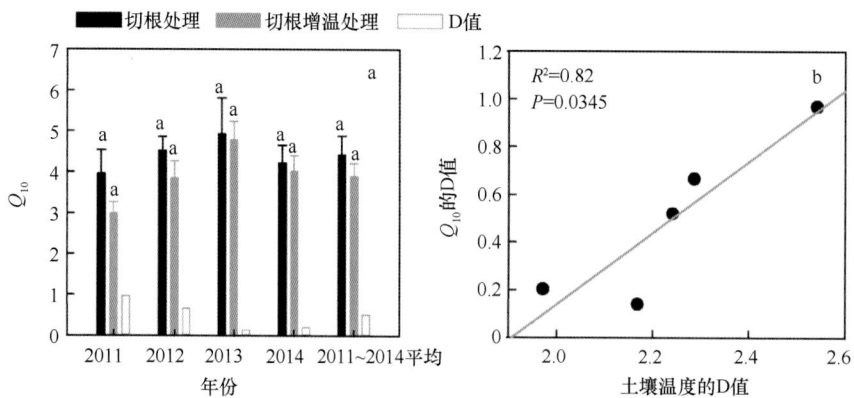

图 4-74　亚热带常绿阔叶林温度敏感性及其差值（a）和土壤温度差值与温度敏感性差值的关系（b）

按照目前的升温速率，2050 年林外土壤温度将比 2014 年上升 0.5℃左右，林内将上升 0.8℃左右，尤其是林内 5cm 左右土壤温度将上升 1℃，升高的土壤温度势必会加快土壤呼吸速率，尤其是会加速易分解的有机碳的分解，进而有可能改变森林生态系统的碳收支平衡。初步预测，到 2050 年时森林土壤呼吸相对于 1985 年将增加 0.0974g CO_2/（m^2·h），相对增量为 27.60%（图 4-75）。但是，土壤呼吸的相对增量则是在冬季最大，到 2050 年，森林土壤呼吸相对于 1985 年将增加 0.0801g CO_2/（m^2·h），相对增量高达 51.97%；即使是增量较小的夏季，2050 年相对于 1985 年森林土壤呼吸将增加 0.0473g CO_2/（m^2·h），相对增量达 8.07%。

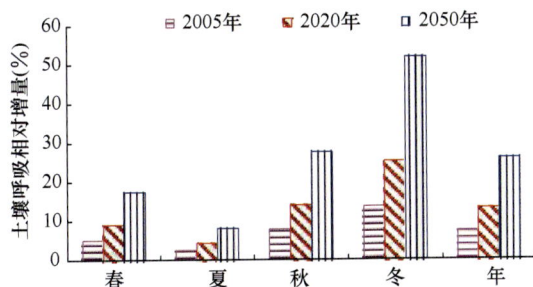

图 4-75　林内不同土壤温度升高对应的土壤呼吸相对增量

年均森林土壤呼吸速率到 2050 年时相对于 1985 年将增加 0.0825g CO_2/（m^2·h），相对增量为 26.04%。

由此可见，受区域气候变暖的影响，哀牢山亚热带常绿阔叶林林内的土壤温度也将升高，进而导致森林土壤呼吸速率的上升（Bond-Lamberty and Thomson，2010）。温度的升高也利于亚热带常绿阔叶林生态系统光合作用的增强，增大森林生态系统对 CO_2 的吸收能力，但如果在未来，森林生态系统光合作用吸收的 CO_2 量小于土壤呼吸排出的 CO_2 量时，森林生态系统将从碳汇变成碳源（张一平等，2015）。

五、亚热带常绿阔叶林生态系统碳交换

哀牢山亚热带常绿阔叶林生态系统气象因子和碳交换的结果（Fei et al.，2018）如图 4-76 所示。

（一）总辐射（R_g）和光合有效辐射（PAR）

在年内尺度上，总辐射和光合有效辐射均呈现双峰变化（6～9 月变小）；在年间尺度上，总辐射和光合有效辐射具有相同的变化趋势，光合有效辐射随总辐射的增减而增减，总辐射和光合有效辐射最大值一般出现在每年的 4～5 月，而最小值出现月却变化较大，一般在 7～12 月；观测时段内总辐射和光合有效辐射月最大值分别为 656.9MJ/m^2 和 988.1mol/m^2，而最小值分别为 228.5MJ/m^2 和 377mol/m^2（图 4-76a）。

（二）气温（T_{air}）、土壤 5cm 温度（T_{soil}）和饱和水汽压差（VPD）

气温和土壤温度年变化趋势非常一致，但气温最大值一般出现在每年的 5～7 月，而土壤温度最大值出现时间一般要比气温滞后 1～2 个月；在 7 年观测时段中，气温最小值在 12 月或 1 月间波动，但土壤温度最小值均出现在每年的 1 月；饱和水汽压差最大值出现时间一般为 3～4 月，最小值出现月波动较大，一般介于 7～12 月；观测时段内气温、土壤温度和饱和水汽压差最大值分别为 15.8℃、15.9℃和 9.6h Pa，而最小值分别为 4.1℃、6.2℃和 0.9h Pa（图 4-76b）。

（三）降水量（precipitation）、相对湿度（RH）和土壤含水量（SVWC）

降水量的年间变化趋势一致，降水主要集中在雨季，最大月降水量一般是 6 月或 7 月，相对湿度和土壤含水量总体呈现每年 5～10 月（雨季）较 11 月到次年 4 月（干季）大，它们的最大值出现在 7～10

月,最小值一般出现在 2~4 月;相对湿度和土壤含水量最大值分别为93.8%和41.7%,最小值分别为46.2%和 14.3%(图 4-76c)。

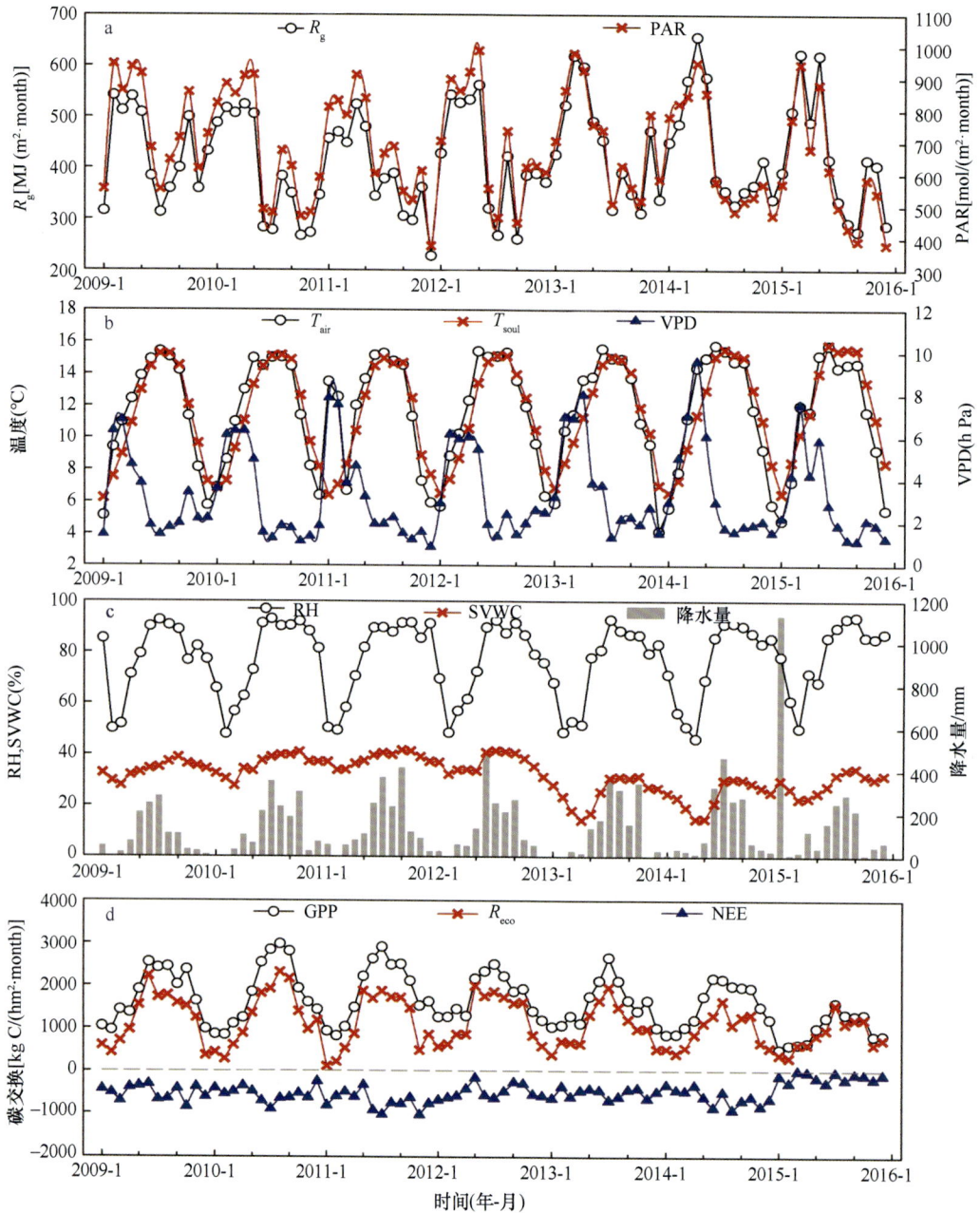

图 4-76 哀牢山亚热带常绿阔叶林生态系统气象因子和碳交换的年间变化特征

(四)生态系统总初级生产力(GPP)、总呼吸(R_{eco})和生态系统净交换(NEE)

在年内尺度上,GPP 和 R_{eco} 一般均呈现单峰曲线变化,总体上雨季>干季;在年间尺度上,R_{eco} 随 GPP 增大而增大,它们的最大值一般出现在 6~8 月;NEE 的季节变化不明显,其干、雨季碳汇能力接近,最大值出现时间也是在 6~8 月;GPP 和 R_{eco} 月最大值分别为2971.5kg C/hm^2 和2314.1kg C/hm^2,而月最小值分别为 823.0kg C/hm^2 和 107.9kg C/hm^2,NEE 月最大值和最小值分别为–169.7kg C/hm^2 和–1041.7kg C/hm^2。由于受 2015 年 1 月雪灾影响,该生态系统冠层受到严重破坏,故碳交换受到很大影响(图 4-76d)。

哀牢山亚热带常绿阔叶林雨季的 GPP 为 13.37t C/hm^2,R_{eco} 为 9.76t C/hm^2,均大于干季 GPP(7.31

tC/hm²）和 R_{eco}（3.90t C/hm²）；雨季碳汇能力（NEE）为–3.61t C/hm²，也表现出较干季（–3.41t C/hm²）强的特点，但哀牢山亚热带常绿阔叶林干季和雨季碳汇能力大小差异不明显。

哀牢山亚热带常绿阔叶林生态系统 GPP 年总量为 20.69t C/hm²，R_{eco} 为 13.67t C/hm²，而 NEE 大小为 –7.02t C/(hm²·a)。表明哀牢山亚热带常绿阔叶林虽然处于老龄阶段，但仍是一个较大的碳汇。生物调查的数据显示，虽然处于高海拔地区，年均温度较低，但即使在冬季哀牢山亚热带常绿阔叶林的树木仍呈现一定的生长速率（即一年中森林均具有固碳能力）。哀牢山地区"暖冬凉夏"的气候特征和较高的散射辐射比被认为是哀牢山亚热带常绿阔叶林呈现较大碳汇的主要影响因子。

第五节　哀牢山-无量山生态系统的生态服务功能

一、亚热带常绿阔叶林森林生态系统碳汇功能

通过对云南 4 个森林生态系统观测期间碳交换均值的年变化比较分析（图 4-77）可知：云南森林生态系统总初级生产力（GPP = –GEE，GEE 为碳总交换量）和生态系统呼吸（R_{eco}）均表现为 5～10 月（雨季）较高，而其他月较低；GPP 和 R_{eco} 从高到低分别为西双版纳热带雨林>哀牢山亚热带常绿阔叶林>丽江亚高山针叶林>元江稀树灌草丛；NEE 表现为哀牢山亚热带常绿阔叶林>丽江亚高山针叶林>元江稀树灌草丛>西双版纳热带雨林。从碳汇大小的月动态来说，哀牢山亚热带常绿阔叶林和丽江亚高山针叶林每个月均表现为碳汇功能，元江稀树灌草丛的碳汇时段主要是 6～11 月，其中 8 月碳汇能力最强，而西双版纳热带雨林碳汇时段却主要是在 9 月至翌年 3 月（雨季末期至干季中期）；雨季生态系统生产力较高，年均温较低的森林生态系统碳汇高于年均温较高的生态系统（费学海，2018；Fei et al. 2018）。

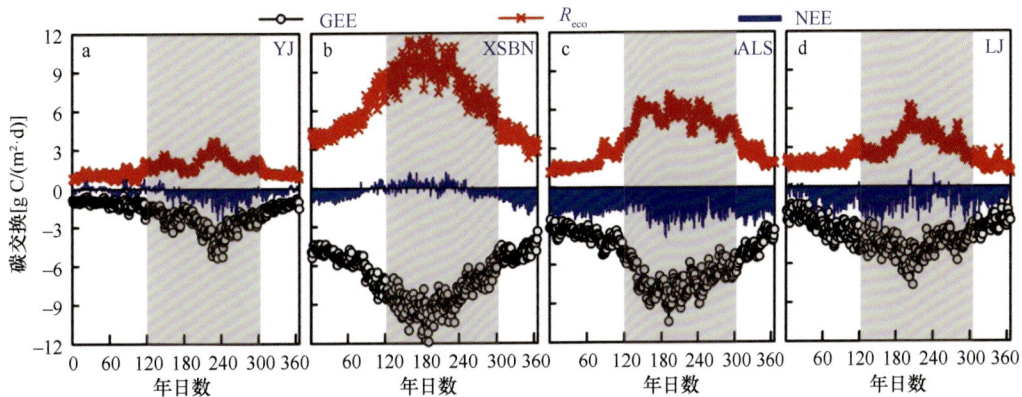

图 4-77　元江稀树灌草丛（YJ）、西双版纳热带雨林（XSBN）、哀牢山亚热带常绿阔叶林（ALS）和丽江亚高山针叶林（LJ）森林生态系统碳总交换量、总呼吸和生态系统碳净交换量的年变化特征
阴影部分表示雨季

统计分析结果表明（费学海，2018；Fei et al.，2018）：元江稀树灌草丛、西双版纳热带雨林、哀牢山亚热带常绿阔叶林和丽江亚高山针叶林森林生态系统雨季 GPP（分别为 4.69t C/hm²、15.38t C/hm²、13.37t C/hm² 和 8.61t C/hm²）和 R_{eco}（分别为 3.62t C/hm²、15.43t C/hm²、9.76t C/hm² 和 6.37t C/hm²）均大于干季 GPP（分别为 2.21t C/hm²、10.08t C/hm²、7.31t C/hm² 和 5.30t C/hm²）与 R_{eco}（分别为 2.01t C/hm²、8.79t C/hm²、3.90t C/hm² 和 3.50t C/hm²）；元江稀树灌草丛、哀牢山亚热带常绿阔叶林和丽江亚高山针叶林生态系统雨季碳汇能力（NEE 分别为–1.07t C/hm²、–3.61t C/hm² 和–2.24t C/hm²）也表现出较干季（NEE 分别为–0.21t C/hm²、–3.41t C/hm² 和–1.81t C/hm²）强的特点，但西双版纳热带雨林生态系统的 NEE 季节变化却呈现相反趋势，其雨季基本上是碳中性（NEE=0.05t C/hm²），而年碳汇总量主要是在干季（–1.30t C/hm²）。总的来说，哀牢山亚热带常绿阔叶林和丽江亚高山针叶林生态系统干季和雨季碳

汇能力大小差异不明显，而元江稀树灌草丛和西双版纳热带雨林生态系统碳汇能力的季节性非常明显，但前者的碳汇主要集中在雨季，而后者主要是在干季（图4-78）。

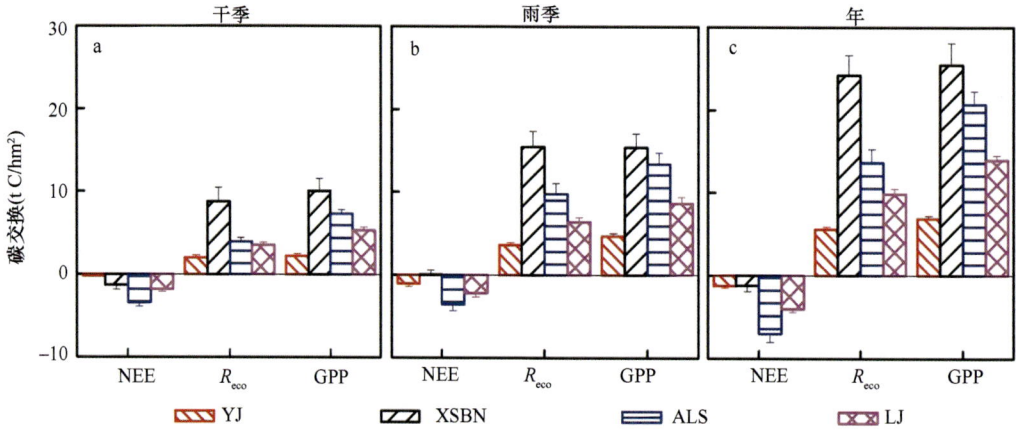

图4-78　元江稀树灌草丛（YJ）、西双版纳热带雨林（XSBN）、哀牢山亚热带常绿阔叶林（ALS）和丽江亚高山针叶林（LJ）森林生态系统碳交换（NEE、R_{eco}和GPP）的季节及年总量（均值±标准差）特征

据云南4个森林生态系统年均碳交换结果可知（图4-79），生态系统总初级生产力最大的是西双版纳热带雨林生态系统，其次是哀牢山亚热带常绿阔叶林生态系统，最小的是元江稀树灌草丛生态系统；不同生态系统间R_{eco}大小与GPP大小保持高度的一致，R_{eco}大小顺序与GPP排序完全一致；4个森林生态系统多年平均GPP年总量分别为6.90t C/(hm²·a)、25.46t C/(hm²·a)、20.69t C/(hm²·a)和13.91tC/(hm²·a)，R_{eco}分别为5.62t C/(hm²·a)、24.21t C/(hm²·a)、13.67t C/(hm²·a)和9.86t C/(hm²·a)，而NEE大小为哀牢山亚热带常绿阔叶林生态系统[–7.02 C/(hm²·a)]>丽江亚高山针叶林生态系统[–4.05t C/(hm²·a)]>元江稀树灌草丛生态系统[–1.28t C/(hm²·a)]>西双版纳热带雨林生态系统[–1.25t C/(hm²·a)]。

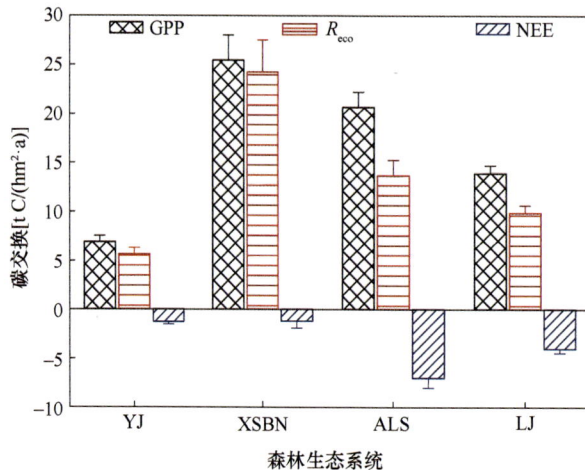

图4-79　元江稀树灌草丛（YJ）、西双版纳热带雨林（XSBN）、哀牢山亚热带常绿阔叶林（ALS）和丽江亚高山针叶林（LJ）森林生态系统碳交换（GPP、R_{eco}和NEE）的平均年总量
误差棒表示标准差（SD）

分析结果显示（费学海，2018；Fei et al., 2018）在云南典型森林生态系统中，哀牢山亚热带常绿阔叶林的碳汇能力最强[7.02 C/(hm²·a)]，高于丽江亚高山针叶林[4.05t C/(hm²·a)]、元江稀树灌草丛[1.28t C/(hm²·a)]和西双版纳热带雨林[1.25t C/(hm²·a)]（图4-79），表明云南典型森林生态系统碳汇空间变异非常大。

全球森林碳交换时空格局澳洲通量研究网络（OzFlux）研究表明，暖温带常绿阔叶林碳汇能力>寒温带和热带雨林，OzFlux 的研究结果也表明温带阔叶林和混交林的碳汇能力较强（Beringer et al.，2016）。

这与云南典型森林生态系统中哀牢山亚热带常绿阔叶林生态系统的碳汇能力最强的结论非常吻合。哀牢山亚热带常绿阔叶林生态系统碳交换的研究结果不仅证实了成熟林（Old-forest）仍然是碳汇生态系统，而且还是一个巨大的碳汇（Luyssaert et al.，2008）。研究表明，较低的年均温度和较高的散射辐射是该生态系统较大碳汇能力的主要原因（Tan et al.，2011）。本研究连续 6 年（2009～2014 年）监测的净生态系统生产力（NEP）均值[7.02t C/(hm^2·a)]（图 4-78）与两次生物调查法结果[–6t C/(hm^2·a)]（Tan et al.，2011）和[6.66t C/(hm^2·a)]（Nizami et al.，2017）高度一致。由于较低的年均温度和充沛的降水，哀牢山亚热带常绿阔叶林生态系统全年的每月均表现为碳汇，全年每月均表现为碳汇的研究结果在鼎湖山和台湾奇莱山也得到证实（Tan et al.，2012）。

此外，有研究也证实了 NEE 的这种年内变化特征（Zhang et al.，2006）。中国阔叶林生态系统 GPP、R_{eco} 和 NEE 分别为 15.46t C/(hm^2·a)、11.16t C/(hm^2·a)和–4.10 t C/(hm^2·a)，而针叶林 GPP、R_{eco} 和 NEE 分别为 13.46t C/(hm^2·a)、10.49 t C/(hm^2·a)和–2.97t C/(hm^2·a)。表明：哀牢山亚热带常绿阔叶林生态系统碳汇能力强于中国同类森林生态系统的碳汇能力。此外，全球尺度北方和温带森林数据整合分析结果显示，这些生态系统平均碳汇为（2.2±0.1）t C/(hm^2·a)（Luyssaert et al.，2008）。综上所述，哀牢山亚热带常绿阔叶林生态系统碳汇非常高，在全球碳循环中起着重要作用。

二、哀牢山-无量山森林生态系统的水源涵养功能

（一）亚热带常绿阔叶林水源涵养功能

杞金华等（2012）以哀牢山中山湿性常绿阔叶林和砍伐烧垦后形成的毛蕨菜-玉山竹群丛为研究对象，探讨了两种植被土壤水分季节动态和水源涵养特性的差异。研究表明：常绿阔叶林和毛蕨菜-玉山竹群丛的土壤水势具有时空差异性。1～4 月不同土层的土壤水势先降低后升高，最低值均出现在 3 月，而 4 月有所升高。土壤水势随土壤层的加深而升高，其表层在最旱月水势分别为–0.8MPa（毛蕨菜-玉山竹群丛）和–0.7MPa（常绿阔叶林）。在相同月份，常绿阔叶林不同土壤层的土壤水势均高于毛蕨菜-玉山竹群丛的相应土壤层。在水势最低的 3 月和稍有升高的 4 月，常绿阔叶林 10～30cm 及以下各土壤层的土壤水势均不低于–0.5MPa，毛蕨菜-玉山竹群丛的土壤水势在 10～30cm 层为–0.6MPa，在 30cm 以下的各土壤层里其水势均不低于–0.5MPa。常绿阔叶林不同土壤层质量含水量都显著高于对应土壤层的毛蕨菜-玉山竹群丛土壤（$P<0.05$）。前者含水量随着土壤层的加深而逐渐降低，后者含水量由表层至 150cm 处先升高后降低，在 30～40cm 土壤层含水量最高。在 110～150cm 土壤层，二者质量含水量并无差别。表层（0～10cm）质量含水量差别最大。

以上两种植被林地在 2 个土壤层（0～20cm、20～50cm）容重均小于 1.00g/cm^3，最小土壤容重出现在常绿阔叶林林地表层（0～20cm），为 0.48g/cm^3，较金沙江流域 5 种植被林地的土壤容重小（彭明俊等，2005），土壤容重最大为毛蕨菜-玉山竹群丛的 20～50cm 土壤层（0.88g/cm^3），但小于金沙江流域 5 种植被林地的同一土壤层容重。从土壤持水量来看，同一土壤层金沙江流域 5 种植被林地土壤的最大持水量均小于哀牢山两种植被林地土壤的最大持水量，哀牢山和金沙江流域不同植被林地的非毛管持水量差别更大，前者的水源涵养量明显高于后者。

毛蕨菜-玉山竹群丛的水面蒸发量显著高于常绿阔叶林（$P<0.01$），尤其在 2～6 月差异更大，而即使在蒸发量最小的 10 月，常绿阔叶林的蒸发量也仅为毛蕨菜-玉山竹群丛的五分之一。二者的蒸发量均在 3 月出现最大值，且毛蕨菜-玉山竹群丛的蒸发量变化幅度比常绿阔叶林大。

哀牢山常绿阔叶林充足的土壤储水和地下水弥补了旱季降水的不足。在旱季（11 月至次年 4 月），哀牢山大气降水稀少而森林的蒸腾作用仍在继续，致使土壤含水量降低，并使地下水位下降，地下水埋深

增大。不同于毛蕨菜-玉山竹群丛（水埋深最大值出现在 3 月或 4 月），常绿阔叶林的地下水位最低值比毛蕨菜-玉山竹群丛推迟一个月（出现在 4 月或 5 月），这可能是因为常绿阔叶林土壤储水库更大并需要更多的降水和更长的时间补充，也说明地下水在 3 月以后继续发挥补充土壤失水和植被蒸腾失水的作用。

常绿阔叶林土壤含水量从 3 月或 4 月已经开始回升，而地下水位继续下降，表明这个时候的降雨主要用于补充土壤储水库，而地下水继续被土壤吸收和用于植被蒸腾。哀牢山常绿阔叶林能够利用储存的土壤水和地下水弥补旱季降水量的不足，并且足以应对百年一遇的区域性干旱，达到了森林水文"以丰补枯"的效果。

哀牢山原生常绿阔叶林的土壤孔隙度和储水能力要大于砍伐烧垦后形成的毛蕨菜-玉山竹群丛。土壤储水能力与土壤的总孔隙度，尤其是土壤的非毛管孔隙度密切相关，非毛管孔隙能较快地容纳降水并及时下渗，对水源涵养十分有利，而不同的植被类型由于土壤特性和非毛管孔隙度不同，其水源涵养功能也存在差异。

哀牢山常绿阔叶林各土壤层的总孔隙度和非毛管孔隙度都要大于毛蕨菜-玉山竹群丛，从而使其储水能力大于后者，常绿阔叶林良好的储水能力表明其具有较好的凋落物分解能力和根系生长发育状况。哀牢山原生常绿阔叶林的土壤发育较好，其水源涵养能力显著高于砍伐烧垦后形成的毛蕨菜-玉山竹群丛和云南金沙江流域各次生人工林，表明原生林在水源涵养上有不可替代的作用。

哀牢山常绿阔叶林较厚的凋落物层也有储水和减少土壤蒸发失水的作用。常绿阔叶林林地的遮阴条件使其水面蒸发量显著小于毛蕨菜-玉山竹群丛，另外，地表覆盖（凋落物的蓄积量更大）也会大大减少其土壤蒸发失水。常绿阔叶林较低的蒸发量也保证了其较高的土壤含水量。

综上所述，哀牢山常绿阔叶林具有良好的水源涵养功能，其充足的地下水和土壤水储存使得常绿阔叶林中的树木在百年一遇的干旱中依然有足够的水分供应。

林地发达的植物根系有效地改善了林地的土壤结构，提高了水源涵养能力，而林冠层和地表丰富的凋落物层也降低了土壤的地面蒸发量，起到了保水的作用。哀牢山中山湿性常绿阔叶林良好的水文调控功能和水文生态效益是在长期的植被生存适应中形成的，其水源涵养和水文调节功能要显著高于砍伐烧垦后次生的毛蕨菜-玉山竹群丛和一些次生或人工林。

（二）云南松林水源涵养功能

研究结果表明（刘文耀等，1992）：对于哀牢山地区的云南松林，其调节和涵养水分、保持水土的能力均以复层林最好，禾草-云南松林居中，疏林最差；林冠截留率分别为 13.4%、9.3% 和 7.9%；地表枯枝落叶层的最大持水量分别为 65.8t/hm^2、46.6t/hm^2 和 6.7t/hm^2；年平均冲刷量分别为 0.015t/hm^2、0.088t/hm^2 和 0.452t/hm^2；径流深分别为 4.32mm、15.59mm 和 85.57mm；径流系数分别为 0.60%、2.16% 和 11.85%。

此外，长期受人为干扰、结构简单的疏林地土壤含水量及表土层中有机质、全氮、速效态磷、钾元素含量都明显低于其他两类林地。

通过对天然云南松林采取去除与保留林地枯枝落叶层的对比实验观测发现（刘文耀和郑征，1990）：去枯与留枯相比较，前者较后者年平均地表固体径流量高 13 倍，液体径流量高 3.3 倍，地表径流系数大 3.4 倍，云南松林枯枝落叶层的蓄积量及其最大吸水量分别为 28.9t/hm^2 和 58.7m^3/hm^2。在干季具有枯枝落叶层覆盖的林地土壤含水量始终高于地表裸露的林地。

对滇中云南松林的研究表明（毛慧玲，2015）：云南松枯落物蓄积量变化范围为 4.67～13.22t/hm^2，排序为近熟云南松林（7.77t/hm^2）＞成熟云南松林（7.36t/hm^2）＞中龄云南松林（4.67t/hm^2）＞幼龄云南松林（4.66t/hm^2）。森林枯落物的最大持水量大小为近熟云南松林（12.01t/hm^2）＞成熟云南松林（8.39t/hm^2）＞中龄云南松林（7.92t/hm^2）＞幼龄云南松林（7.47t/hm^2）。云南松林枯落物层的最大拦蓄量和有效拦蓄量排序相同，均为近熟云南松林＞中龄云南松林＞幼龄云南松林＞成熟云南松林。说明近熟云南松林和中龄云南松林对降水的拦蓄效果较佳。

在云南松林 0～60cm 土层，土壤容重的平均值大小为幼龄云南松林（1.75g/cm³）＞近熟云南松林（1.73g/cm³）＞中龄云南松林（1.66g/cm³）＞成熟云南松林（1.59g/cm³）；土壤总孔隙度平均值幼龄云南松林最大，随林龄增大土壤总孔隙度减小。土壤自然含水量的平均值表现为成熟云南松林（20.36%）＞近熟云南松林（18.28%）＞幼龄云南松林（17.16%）＞中龄云南松林（8.69%）；土壤层总持水量大小表现为成熟云南松林（2502.59t/hm²）＞中龄云南松林（2439.77t/hm²）＞近熟云南松林（2218.26t/hm²）＞幼龄云南松林（2152.12t/hm²）；土壤有效涵蓄量的变化表现为中龄云南松林（65.93mm）＞近熟云南松林（21.83mm）＞成熟云南松林（14.42mm）＞幼龄云南松林（7.77mm）；成熟云南松林林地的土壤涵蓄降水量最大，近熟云南松林和幼龄云南松林较小。

不同林龄云南松林蒸腾速率的日变化规律基本相似，在 10：00 时和 16：00 时蒸腾速率最小，在 10：00～12：00 时蒸腾速率增加较快，在 12：00～14：00 时蒸腾速率迅速减小，在 14：00 时之后，蒸腾速率减小变缓。1kg 树叶每日的蒸腾耗水量大小：成熟云南松林为 0.34kg；近熟云南松林为 0.32kg；中龄云南松林较少，为 0.31kg；幼龄云南松林最小，为 0.30kg。在不同林龄云南松林中，近熟云南松林生态水文功能比成熟云南松林强，幼龄云南松林生态水文功能最差。

（三）思茅松林水源涵养功能

刘蔚漪等（2017）选择普洱不同思茅松林，通过野外调查、室内浸水法对其凋落物储量、持水特性、对降雨的拦蓄性能等进行定量研究，探讨滇南亚热带地区公益林凋落物的水文生态效应。结果表明，思茅松纯林的凋落物储量最大，为（21.30±2.10）t/hm²，常绿阔叶林最小，为（12.47²±1.31）t/hm²。各林分凋落物持水量的变化规律基本一致，持水量随着时间的变化而增大，1.5h 内持水量增幅较大，5.5h 后增幅相对平稳，各林分凋落物吸水速率与浸水时间之间的关系呈幂函数关系（$Y=at^b$）。因思茅松纯林凋落物储量较大，其最大持水量（3.416mm）也较常绿阔叶林（2.686mm）大，对降雨的拦蓄能力（2.033mm）也最强。

（四）哈尼稻作梯田系统森林雨季水源涵养能力

研究表明（李静等，2015）：同一林种，因为坡度、坡向、海拔、土壤质地和地表覆被等立地条件的不同，其各土层质量含水量差异显著，且变化规律各异。其中，坡度明显影响土壤含水量，随土层深度增加土壤含水量呈逐渐递减趋势；地表覆盖率明显影响表层土壤蒸发强度，使土壤含水量呈现先减少后增加的趋势；树龄主要影响根系在土层中的分布深度，林龄较小的树木，其根系主要分布于上层土壤，会导致土壤水分呈现出先减少后增加的趋势，林龄较大的树木，根系主要分布于较深土层，会导致土壤水分在一定深度土层减少并趋于稳定的趋势。

优势树种水源涵养能力：云南松林雨季水源涵养量约为 3053.48t/hm²，华山松林雨季水源涵养量约为 5336.12t/hm²，桤木林雨季水源涵养量约为 4537.65t/hm²，杂木林雨季水源涵养量约为 6044.23t/hm²，杉木林雨季水源涵养量约为 2899.02t/hm²。水源涵养量大小为杂木林＞华山松林＞桤木林＞云南松林＞杉木林。

参 考 文 献

邓纯章, 侯建萍, 李寿昌, 等. 1993. 哀牢山主要森林类型凋落物的研究[J]. 植物生态学与地植物学学报, 17(4): 364-370.

丁一汇. 1997. 中国的气候变化与气候影响研究[M]. 北京: 气象出版社.

方精云, 郭兆迪, 朴世龙, 等. 2007. 1981-2000 年中国陆地植被碳汇的估算[J]. 中国科学 D 辑, 37(6): 804-812.

甘建民, 薛敬意. 1996. 哀牢山木果石栎林降水过程中的养分循环[J]. 林业实用技术, 7: 30-31.

甘建民, 薛敬意, 谢寿昌. 1997. 云南哀牢山中山湿性常绿阔叶林的降水化学[J]. 东北林业大学学报, 25(1): 8-11.

巩合德, 张一平, 刘玉洪, 等. 2008. 哀牢山常绿阔叶林林冠的截留特征[J]. 浙江林学院学报, 25(4): 469-474.

何蓉, 李玉媛, 杨卫, 等. 2004. 无量山自然保护区北段2种森林类型的土壤特性[J]. 西部林业科学, 33(4): 7-12, 35.

何蓉, 杨卫, 方波, 等. 2007. 无量山自然保护区南段4种森林类型的林地土壤特性研究[J]. 西部林业科学, 36(3): 22-29.

李江. 2011. 思茅松中幼龄人工林生物量和碳储量动态研究[D]. 北京: 北京林业大学博士学位论文.

李静, 闵庆文, 杨伦, 等. 2015. 哈尼稻作梯田系统森林雨季水源涵养能力研究-以勐龙河流域为例[J]. 中央民族大学学报
  (自然科学版), 24(4): 48-57.

李麟辉. 2011. 哀牢山亚热带常绿阔叶林太阳辐射环境及能量平衡研究[D]. 北京: 中国科学院大学硕士学位论文.

李麟辉, 张一平, 谭正洪, 等. 2011a. 哀牢山亚热带常绿阔叶林与林外草地太阳辐射比较[J]. 生态学杂志, 30(7): 1435-1440.

李麟辉, 张一平, 游广永, 等. 2011b. 哀牢山亚热带常绿阔叶林光合有效辐射的时空分布[J]. 生态学杂志, 30(11):
  2394-2399.

刘蔚漪, 喻庆国, 罗宗伟, 等. 2017. 滇南亚热带地区典型公益林与商品林凋落物储量及持水特性[J]. 生态环境学报, 26(10):
  1719-1727.

刘文耀. 1995. 哀牢山中山湿性常绿阔叶林凋落物和粗死木质物的初步研究[J]. 植物学报, 37(10): 807-814.

刘文耀, 刘伦辉, 郑征. 1992. 滇中不同群落结构云南松林的水文作用[J]. 北京林业大学学报, (2): 38-45.

刘文耀, 郑征. 1990. 云南松林的枯枝落叶层持水效应初探[J]. 植物生态学与地植物学学报, 14(2): 191-195.

刘洋. 2008. 纵向岭谷区山地气候时空变化及其生态效应[D]. 北京: 中国科学院大学博士学位论文.

刘洋, 张一平, 刘玉洪, 等. 2009. 哀牢山北段地区气候特征及变化趋势[J]. 山地学报, 27(2): 203-210.

毛慧玲. 2015. 滇中云南松林生态水文功能研究[D]. 昆明: 云南师范大学硕士学位论文.

彭明俊, 郎南军, 温绍龙, 等. 2005. 金沙江流域不同林分类型的土壤特性及其水源涵养功能的研究[J]. 水土保持学报, 19(6):
  106-109.

彭少麟, 刘强. 2002. 森林凋落物动态及其对全球变暖的响应[J]. 生态学报, 22(9): 1534-1543.

杞金华, 章永江, 张一平, 等. 2012. 哀牢山常绿阔叶林水源涵养功能及其在应对西南干旱中的作用[J]. 生态学报, 32(6):
  1692-1702.

杞金华, 章永江, 张一平, 等. 2013. 西南干旱对哀牢山常绿阔叶林凋落物及叶面积指数的影响[J]. 生态学报, 33(9):
  2877-2885.

秦大河, 陈振林, 罗勇, 等. 2007. 气候变化科学的最新认知[J]. 气候变化研究进展, 3(2): 63-73.

邱学忠, 谢寿昌. 1998. 哀牢山森林生态系统研究[M]. 昆明: 云南科技出版社: 119-126.

任国玉, 徐铭志, 初子莹, 等. 2005. 近54年中国地面气温变化[J]. 气候与环境研究. 10(4): 717-727.

施济普. 2007. 云南山顶苔藓矮林群落生态学与生物地理学研究[D]. 北京: 中国科学院大学博士学位论文.

宋亮, 刘文耀, 马文章, 等. 2011. 云南哀牢山西麓季风常绿阔叶林及思茅松林的群落学特征[J]. 山地学报, 29: 164-171.

汤显辉. 2018. 哀牢山亚热带常绿阔叶林土壤呼吸对极端降雪事件的响应研究[D]. 北京: 中国科学院大学硕士学位论文.

汤显辉, 张一平, 武传胜, 等. 2018. 哀牢山亚热带常绿阔叶林土壤温湿度对极端降雪的响应[J]. 生态学杂志, 37(6):
  1833-1840.

王叶, 延晓冬. 2006. 全球气候变化对中国森林生态系统的影响[J]. 大气科学, 30(5): 1009-1018.

魏晓华, 周晓峰. 1989. 3种阔叶次生林的茎流研究[J]. 生态学报, 9(4): 325-329.

武传胜. 2016. 哀牢山亚热带常绿阔叶林土壤呼吸特征及其对模拟增温的响应[D]. 北京: 中国科学院大学博士学位论文.

武传胜, 沙丽清, 张一平. 2012. 哀牢山中山湿性常绿阔叶林凋落物对土壤呼吸及其温度敏感性的影响[J]. 东北林业大学学
  报, 40(6): 37-40.

吴庆标, 王效科, 段晓男, 等. 2008. 中国森林生态系统植被固碳现状和潜力[J]. 生态学报, 28(2): 517-524.

吴征镒. 1980. 中国植被[M]. 北京: 科学出版社.

吴征镒. 1987. 云南植被[M]. 北京: 科学出版社.

吴征镒, 曲仲湘, 姜汉侨. 1983. 云南哀牢山森林生态系统研究[M]. 昆明: 云南科技出版社: 118-150.

吴征镒, 周浙昆, 孙航, 等. 2006. 种子植物分布区类型及其起源和分化[M]. 昆明: 云南科技出版社.

徐海清. 2005. 哀牢山山地湿性常绿阔叶林附生物的组成与分布[D]. 北京: 中国科学院大学硕士学位论文.

杨文云. 2010. 滇中地区云南松天然林群落结构及天然更新规律[D]. 北京: 中国林业科学研究院博士学位论文.

杨赵, 杨效东. 2011. 哀牢山不同类型亚热带森林地表凋落物及土壤节肢动物群落特征[J]. 应用生态学报, 22(11):
  3011-3020.

游承侠. 1983. 哀牢山徐家坝地区的植被分类[C]//吴征镒, 曲仲湘, 姜汉侨. 云南哀牢山森林生态系统研究. 昆明: 云南科技
  出版社: 102-108.

游广永. 2012. 哀牢山亚热带常绿阔叶林气候环境研究[D]. 北京: 中国科学院大学博士学位论文.

游广永, 张一平, 刘玉洪, 等. 2011. 哀牢山亚热带常绿阔叶林土壤温度特征及变化趋势[J]. 北京林业大学学报, 33(2):

53-58.

余雷. 2012. 哀牢山亚热带常绿阔叶林土壤温度和土壤含水量变化特征及其对土壤呼吸的影响[D]. 北京: 中国科学院大学硕士学位论文.

余雷, 张一平, 沙丽清, 等. 2012. 哀牢山亚热带常绿阔叶林内外土壤温度分布特征[J]. 生态学杂志, 31(7): 1633-1638.

余雷, 张一平, 沙丽清, 等. 2013. 哀牢山亚热带常绿阔叶林土壤含水量变化规律及其影响因子[J]. 生态学杂志, 32(2): 332-336.

喻庆国. 2004. 无量山国家级自然保护区[M]. 昆明: 云南科技出版社.

云南森林编写组. 1986. 云南森林[M]. 昆明: 云南科技出版社.

张晶晶, 陈爽, 赵昕奕. 2006. 近 50 年中国气温变化的区域差异及其与全球气候变化的联系[J]. 干旱区资源与环境, 20(4): 1-6.

张克映. 1983. 哀牢山北段山地气候特征[C]//吴征镒, 曲仲湘, 姜汉侨. 云南哀牢山森林生态系统研究. 昆明: 云南科技出版社: 20-29.

张克映, 马友鑫, 李佑荣, 等. 1992. 哀牢山过山气流的气候效应[J]. 地理研究, 11(3): 65-70.

张克映, 马友鑫, 刘玉洪, 等. 1993. 哀牢山(西南季风山地)焚风效应的农业意义[J]. 山地研究, 11(2): 81-87.

张鹏. 2020. 云南两种森林生态系统土壤呼吸对气候变暖响应的比较研究[D]. 北京: 中国科学院大学硕士学位论文.

张鹏, 张一平, 宋清海, 等. 2020. 哀牢山和玉龙雪山不同海拔林内外温湿特征比较[J]. 生态学杂志, 39(2): 434-443.

张鹏超. 2010. 云南中部亚热带森林主要类型的碳储量及固碳潜力研究[D]. 北京: 中国科学院大学硕士学位论文.

张鹏超, 张一平, 杨国平, 等. 2010. 哀牢山亚热带常绿阔叶林乔木碳储量及固碳增量[J]. 生态学杂志, 29(6): 1047-1053.

张一平, 武传胜, 梁乃申, 等. 2015. 哀牢山亚热带常绿阔叶林土壤温度时空分布对模拟增温的响应[J]. 生态学杂志, 34(2): 347-351.

赵敏, 周广胜. 2004. 中国森林生态系统的植物碳储量及其影响因子分析[J]. 地理科学, 24(1): 50-54.

周广胜, 许振柱, 王玉辉. 2004. 全球变化的生态系统适应性[J]. 地球科学进展, 19(4): 642-649.

周玉荣, 于振良, 赵士洞. 2000. 我国主要森林生态系统碳储量和碳平衡[J]. 植物生态学报, 24(5): 518-522.

Beringer J, Hutley L B, McHugh I, et al. 2016. An introduction to the Australia and New Zealand flux tower network-OzFlux[J]. Biogeosciences Discussions, 13(21): 1-52.

Bond-Lamberty B, Thomson A. 2010. Temperature-associated increases in the global soil respiration record[J]. Nature, 464(7288): 579-582.

Fei X H, Song Q H, Zhang Y P, et al. 2018. Carbon exchanges and their responses to temperature and precipitation in forest ecosystems in Yunnan, Southwest China[J]. Science of The Total Environment, 616-617: 824-840.

Frich P, Alexander L V, Della-Marta P, et al. 2002. Observed coherent changes in climatic extremes during the second half of the twentieth century[J]. Climate Research, 19: 193-212.

Grabherr G, Gottfried M, Pauli H. 1994. Climate effects on mountain plants[J]. Nature, 369: 448.

He Y L, Zhang Y P. 2005. Climate change from 1960 to 2000 in the Lancang River Valley, China[J]. Mountain Research and Development, 25(4): 341-348.

Jeffree E P, Jeffree C E. 1994. Temperature and the biogeographical distribution of species[J]. Functional Ecology, 8(5): 640-650.

Luyssaert S, Schulze E D, Borner A, et al. 2008. Old-growth forests as global carbon sinks[J]. Nature, 455(7210): 213-215.

Nizami S M, Yiping Z, Zheng Z, et al. 2017. Evaluation of forest structure, biomass and carbon sequestration in subtropical pristine forests of SW China[J]. Environ Sci Pollut Res Int, 24(9): 8137-8146.

Qiu J. 2010. China drought highlights future climate threats[J]. Nature, 465(7295): 142-143.

Song Q H, Fei X H, Zhang Y P, et al. 2017, Water use efficiency in a primary subtropical evergreen forest in Southwest China[J]. Scientific Reports, 7(2017): 43031.

Song X Y, Aaron H J, Brown C, et al. 2017. Snow damage to the canopy facilitates alien weed invasion in a subtropical montane primary forest in southwestern China[J]. Forest Ecology and Management, 39(X): 275-281.

Song X Y, Aaron H J, Lin L X, et al. 2018. Canopy openness and topographic habitat drive tree seedling recruitment after snow damage in an old-growth subtropical forest[J]. Forest Ecology and Management, 429: 493-502.

Stone R. 2010. Severe drought puts spotlight on Chinese dams[J]. Science, 327(5971): 1311.

Suchanek T H, Mooney H A, Franklin J F, et al. 2004. Carbon dynamics of an old-growth forest[J]. Ecosystems, 7(5): 421-426.

Tan Z H, Zhang Y P, Liang N S, et al. 2012. An observational study of the carbon-sink strength of East Asian subtropical evergreen forests[J]. Environmental Research Letters, 7(4): 44017.

Tan Z H, Zhang Y P, Schaefer D A, et al. 2011. An old-growth Asian subtropical evergreen forest as a large carbon sink[J]. Atmos. Environ, 45(8): 1548-1554.

Tebaldi C, Hayhoe K, Arblaster J M, et al. 2006. Going to the extremes: an intercomparison of model-simulated historical and future changes in extreme events[J]. Climatic Change, 79: 185-211.

Thuiller W. 2003. BIOMDD: optimizing predictions of species distributions and projecting potential future shifts under global change[J]. Global Change Biology, 9(10): 1353-1362.

Woodward F I, Williams B G. 1987. Climate and plant distribution at global and local scales[J]. Plant Ecology, 69(1): 189-197.

Wu C S, Liang N S, Sha L Q, et al. 2016. Heterotrophic respiration does not acclimate to continuous warming in a subtropical forest[J]. Scientific Reports, 6(1): 21561.

Wu C S, Zhang Y P, Xu X L, et al. 2014. Influence of interactions between litter decomposition and rhizosphere activity on soil respiration and on the temperature sensitivity in a subtropical montane forest in SW China[J]. Plant and Soil, 381: 215-224.

You G Y, Zhang Y P, Liu Y H, et al. 2013, Investigation of temperature and aridity at different elevations of Mt. Ailao, SW China[J]. International Journal of Biometeorology, 57: 487-492.

You G Y, Zhang Y P, Schaefer D, et al, 2012. Observed air/soil temperature trends in open land and understory of a subtropical mountain forest, SW China[J]. International Journal of Climatology, 33(5): 1308-1316.

Zhang Y P, Sha L Q, Yu G R, et al. 2006. Annual variation of carbon flux and impact factors in the tropical seasonal rain forest of Xishuangbanna, SW China[J]. Science in China Series D: Earth Sciences, 49(Suppl. 2): 150-162.

第五章　地质-地貌特征与特色资源

第一节　哀牢山-无量山地区地貌类型与地貌景观特征

一、哀牢山-无量山地区地貌类型

哀牢山-无量山地区的地貌变化是内力地质作用和外力地质作用共同影响的结果。内力地质作用是哀牢山-无量山地区地壳深处地质构造运动引起的水平运动、垂直运动、断裂活动、岩浆活动等，造成地表地形起伏；外力地质作用是太阳能引起的流水、冰川和风力等对地表的剥蚀与堆积作用，使哀牢山-无量山地区"削高填低"，减小地势起伏。随着内、外力地质作用的不断发展，逐渐形成了现在人们所看到的地形地貌景观特征。哀牢山-无量山地区的地形地貌，主要由三种地貌类型组成：一是深切的河谷，即"V"形谷，主要受水流、岩性等影响；二是山间盆地，主要受构造、水流影响；三是高耸的山地，主要有断崖、陡崖和陡坡等，主要受岩性、构造等影响。按造景地貌分类，可分为砂岩地貌、变质岩地貌、碳酸盐岩地貌和火山岩地貌。特殊的大地构造位置和地理位置，形成和造就了独特的地质地貌景观。

哀牢山-无量山地区的景观地貌特征明显，共性突出。发育众多的峡谷群，且具有切割深、落差大、山雄势壮、众多峡谷两侧具有长崖断壁围限的地貌特点。如登顶远望，哀牢山-无量山地区山岭绵延起伏，山顶夷平面遥相呼应、一望无际。

（一）哀牢山-无量山地区地貌发育的地质背景

哀牢山-无量山地区位于横断山脉南延部位，是云南滇东高原区和横断山系纵谷区的分界地带。经过漫长的地质构造演化，形成了复杂的岩层组成和构造系统。

1. 岩石

哀牢山-无量山地区周围的岩石以正变质较深的变质岩为主体，其次有一定数量的副变质岩、红色砂泥岩，局部地区具有石灰岩及岩浆岩分布。在现代河谷附近（包括山间盆地内），有时代较新的胶结较差的砂、砾石及河流堆积物质。

岩石形成时代差异也大，深变质岩形成时代较古老，属于古元古代或中元古代；砂泥岩等时代较新，除少量为古生代以外，多为中生代；河谷盆地的疏松堆积物时代更新，是新生代古近纪、新近纪和第四纪的产物；岩浆岩形成时代早晚不一，多数形成于中生代的燕山期和以后的阿尔卑斯期。

从分布地区来看，哀牢山-无量山中心部位分布着时代较早的变质岩；东西两侧的中山山地为中生代的砂泥岩；河谷盆地内堆积着新生代的疏松堆积物。

具体又可分为下列 5 个岩石组。

1）粉砂、砂、黏土及砾石等河湖相沉积物

粉砂、砂、黏土及砾石等河湖相沉积物是一组胶结较差的疏松沉积物，分布在元江、川河、者干河两岸及古河道残留的一些阶地面上，阳太、麻旧、碣嘉、界牌、者龙、水塘一线的现代河谷及古河谷残留地段上也有分布。这组沉积物一部分形成于新近纪的中新世到第四纪的更新世、全新世，主要有残积、坡积及砂、砾、泥等河流沉积，局部地区有洪积物钙华及湖相沉积，在湖相沉积内常夹有薄层泥炭。新近纪沉积物以中新世及上新世的河湖相沉积为主，多为紫色、灰白色、黄色、黄白色的细砂岩、泥岩等，夹有胶结不好的黏土岩。

2）砂岩、泥岩等河湖相沉积

砂岩、泥岩等河湖相沉积形成时代主要为中生代的侏罗纪和白垩纪，局部地段含有三叠系地层。以紫色砂岩和泥岩为主，还有砾岩、杂色砂质泥岩、泥质灰岩等。在砂、泥岩层内夹有泥煤层。岩石均较软，易于风化，所以组成的山地或山坡均较平缓，上部土层较厚。这组岩石主要分布在主山体的下部及外围山地。

3）碳酸盐岩、砂泥岩及玄武岩岩组

碳酸盐岩、砂泥岩及玄武岩岩组是沉积岩中形成时间较早的一组，形成于晚古生代二叠纪。分布面积较小，多集中于哀牢山的西部及西北部。碳酸盐岩比重较大，在其中有时夹有面积不大、岩层较薄的砂泥岩、玄武岩。在太忠以北的哀牢山西坡山麓地带的局部河段，石灰岩出露较多，发育有喀斯特地貌，奇山异水互相掩映，风景秀丽，很有开发价值。礳嘉东侧也有少量石灰岩分布，但喀斯特地貌不甚发育，有少数溶洞出现。

4）深变质岩组与浅变质岩组

深、浅变质岩组主要分布于哀牢山、无量山地区的核心部位。其中，哀牢山以深变质岩为主，无量山主要为浅变质岩。哀牢山的主体部分及山体的东坡主要分布变质较深的片麻岩、花岗片麻岩、变粒岩、混合岩、大理岩及石英岩等，哀牢山脉内的较高山峰，如大雪锅山、大磨岩峰、哀乐山、分水岭等，均由深变质岩石组成。深变质岩出露的地区，除部分表面风化较深，形成较松软的外壳以外，绝大部分的岩面质地坚硬，抗风化及抗侵蚀力较强，常形成山体的陡坡崖壁，被元江的小支流切穿后，形成陡坎或落差较大的瀑布。哀牢山体的西坡主要分布变质稍浅的片岩、板岩、千枚岩等，深变质的片麻岩中也零星夹有浅变质岩。浅变质岩区，岩面不如深变质岩那样坚硬，因而山坡较和缓，支流上陡坎、瀑布较少，但急流河段较多。

无量山变质岩主要为变质稍浅的片岩、板岩、砂质板岩、千枚岩及少量中深变质的大理岩等，绝大部分的岩面质地坚硬，抗风化及抗侵蚀力较强，常形成山体的陡坡崖壁，无量雄峰即为该类岩石形成。

5）火成岩系岩石组

火成岩系岩石组大部分为中生代印支运动和燕山运动的产物。出露区范围不大，主要为火成岩侵入体，分布在主山地山脊线附近的变质岩区内，主山地两侧也有带状分布。大体和山体走向一致，呈狭长条状分布，也有呈点状分布的。

主要岩石为花岗岩、二长花岗岩、斜辉橄榄岩、辉岩、橄榄岩等。在一些变质岩内，常夹有条带状石英脉。侵入体周围可见到铅锌矿、铁矿及一些重金属矿。

总的来看，组成哀牢山-无量山主体部分的岩石是古老坚硬的变质岩系和一些火成岩侵入体，主山体两侧多为时代较新的砂、泥岩及碳酸盐岩、玄武岩等，而河谷、盆地内侧分布着时代更新的河湖相的疏散沉积岩层。

2. 构造

哀牢山地区的构造经历了漫长的演变，山脉的主体是一块经过长期构造变动并沿着断裂带再度隆升而成的山体，两侧是由较厚的时代较新的红色地层覆盖的线状褶皱地带，后经夷平并以断块上升而形成现在的地貌格局。

哀牢山地区在元古代以前是海洋的一部分，其核心部位较早地上升到海面以上，形成坚硬的陆地，后经长期的构造变动，使岩石经受变质作用，形成复杂的变质岩系统。到晚古生代的石炭纪、二叠纪时，古老地块的外延被海水入侵，沉积了较厚的碳酸盐岩层。海底及边缘地带伴有玄武岩喷出。这时北部淹没较深，故沉积较厚，南部较浅，分布零星。中生代以后、地面大幅度下降，除核心部位外，均被海水或湖水淹没。后海水退缩，内陆湖泊面积加大，形成大范围的浅海相和湖相沉积。沉积层外围较厚，越近核心部位越薄。在中生代，沉积期内气候炎热，因而形成的是红色地层。地层内夹有煤、石膏、岩盐的沉积。中生代中后期，地壳不断上升，并伴有岩浆岩侵入。湖面因地壳上升而减小，大部分地区抬到水面以上成为陆地，并遭受剥蚀。一些老断裂复活，河流沿着断裂线不断向纵深侵蚀，地面起伏渐渐加大，但顶部又进一步被夷平，形成起伏和缓的准平原。沿断裂线发育的河谷已很宽阔，冲积平原范围较大，表面有较厚的沉积物覆盖。河流间分水岭比较低矮、顶部平缓。新近纪以后，剥蚀作用仍在继续进行，直到中新世以后，喜马拉雅运动影响该区，不等量上升的结果，使一度夷平的准平原破裂，深断裂再度复活。两组断裂带之间的地块强烈抬升，形成了哀牢山隆起的几组山地。河流沿断裂线相对下切，形成几条大的峡谷。哀牢山脉的基本地貌形态已经形成。第四纪以后直到现在，这种间歇性抬升运动仍在进行，相对高度 300m 的断层平台、古河谷及剥蚀面上有河流相沉积物等均是近期上升运动的标志；从目前断层三角面体比较完整来推断，阶梯状断层发生的时代是比较新的，即是近期的产物。此外，古河谷被抬升，元江谷地被挤向东部，者干河上源被袭夺等地貌现象的出现也是近期地壳不断上升的结果。

近期地壳的间歇性上升还使得元江及其支流强烈下蚀与溯源侵蚀，加大了哀牢山地的相对高差，并塑造出深切峡谷地貌，谷中多级阶地的出现，老冲积扇被切开，新冲积扇再发育重叠在老冲积扇上以及宽谷、峡谷相间分布，急流、瀑布较多等也是间歇上升的证据。

（二）哀牢山-无量山地区地貌类型及特征

哀牢山和无量山是云岭山脉东西两大分支山脉，二者呈北北西向平行展布，地势为北高南低，中间高两头低。两大山脉各自两侧均为红色岩层中山与峡谷。由西往东哀牢山-无量山地区依次可分为 5 个大的地貌形态，即澜沧江峡谷→无量山中山→川河-者干河中山与峡谷→哀牢山中山→元江峡谷（图 5-1）。

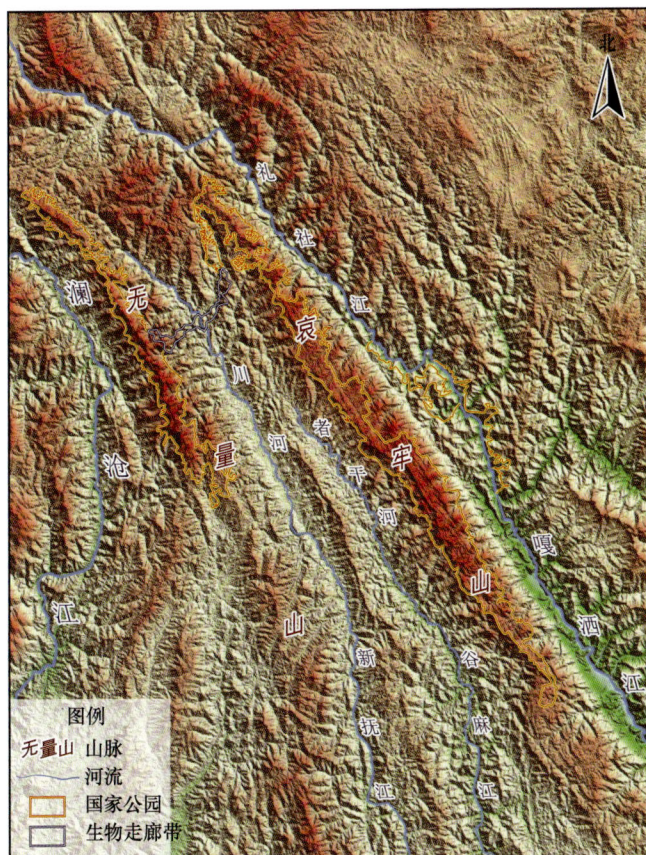

图 5-1 哀牢山-无量山地区地形地势影像特征图

1. 澜沧江峡谷

澜沧江峡谷以片岩、砂质板岩等浅变质岩和安山岩、流纹岩等中酸性火山岩为主，属不易风化剥蚀岩层，谷底多狭窄，是比较典型的深切峡谷地貌。

澜沧江深断裂形成于晚古生代，在新生代依然极为活跃，它基本控制了河流走向，对后期地层也有一定控制。在景东漫湾附近河流走向为北东向，往北受喜山期构造运动影响，澜沧江深断裂往西偏移形成弧形构造，澜沧江亦沿断裂转为近东西向。局部地段由于地面的剧烈沉降，沉积了古近纪地层。

2. 无量山中山

无量山位于云南景东西部，西北起于南涧，向西南延伸至镇沅、景谷等地，西至澜沧江，东至川河。评价区内主要为无量山北部及中部，区内无量山长约 107km，宽 16~32km。区内最高点——猫头山海拔 3306m，最低点为西南端的澜沧江河谷，海拔 880m，相对高差达 2426m，属构造-剥蚀深切割高中山地貌。

无量山山地结构比较简单，是无量山褶皱成山而成，海拔较高，主要山峰都在 2300m 以上。因此，应属中山山地。山脊狭窄陡峭，多形成孤峰（如无量雄峰）。形成的孤峰的岩石多为砂板岩。近代抬升引起的溯源侵蚀还多影响到山脊顶部的核心部位，所以山脊两侧受强烈切割，主山脉两侧北东向山脊及河流较为发育，多呈北东向平行分布。东坡位于川河以西，北东向次级河流较为发育，地形坡度一般 20°~35°，局部见>60°的陡崖。西坡位于澜沧江东岸，北东向次级河流较为发育，地形坡度一般 25°~45°，局部见>70°的陡崖。

3. 川河-者干河中山与峡谷

川河-者干河中山与峡谷分布在哀牢山以西、无量山以东地区，其两侧各有一条沿着深断裂带发育的大河通过，是川河和者干河夹持的山地。

川河分布在该区的西部，发源于哀牢山北部的西侧，有两个汇水源，主源位于南涧宝华附近的山地，西源发源于无量山东侧的畔密山。两源在南涧玉碗水村以北汇合后称川河。进入镇沅后称新抚江。川河上游河段，新构造运动未波及近代河谷，所以还保留范围较大的宽谷冲积平原及长而宽的川河盆地，川河盆地中沉积中新世（N$_1$）碎屑岩。川河在调查区内北西向长约 42km，宽 4~5km，面积约 186km^2。当流过镇沅后，深切河谷占主导地位，水量大增，水流较急。

者干河发源于哀牢山西侧景东平掌以东的中山一带。流至镇沅境内称布固江，到了墨江境内与泗南江汇合称阿墨江。者干河因位于上源，受新构造运动影响不如下游强烈，不少地区位于侵蚀面以上，故以宽谷为特征，仅局部地段宽谷、峡谷相间。沿河床两侧有一定面积的河漫滩平原。河谷的一些河段上，分布有石灰岩岩层，发育了喀斯特地貌，景色秀丽。在这种宽谷内河流的水流平缓，曲流发育。调查区内者干河北西向长约 22km，宽 2~3km，面积约 53km^2，河谷沉积上新世（N$_2$）碎屑岩。在镇沅者东以南的下游，河流具有深切裂谷的特征。

川河-者干河中山山地由中生界红色岩层组成，在靠近者干河的山坡上有少量的石灰岩或玄武岩分布。山体北部较窄，向南渐宽阔，高度一般在 2000m 左右，个别高峰在 2200m 以上，最高峰——亮山海拔 2264m，属中山类型。由于山地抬升前也受过夷平作用，顶部未被切开的地方仍保存有局部平坦面，同时沿着横向断裂发育的河流多未切开山地，故山体仍保持南北向脉状的特点。

山地本是哀牢山西坡的一部分，后被沿着断裂发育的者干河河谷切开，才形成独立的山地。由于其北部的古河道被川河袭夺，故未被现代河道分割，上游川河河谷底就是哀牢山麓所在之地，所以这组山地仍属哀牢山系统。川河下游河谷因西部山地的分割，已与主山体失去联系。

4. 哀牢山中山

哀牢山为云岭山脉向南的延伸，是云贵高原和横断山脉的分界线，也是元江和阿墨江的分水岭。哀牢山走向为西北-南东，北起楚雄，南抵绿春，全长约500km，调查区主要为哀牢山北部及中部地区；无量山长约193km，宽21～32km。海拔最高为哀牢山最高峰——新平水塘境内的大雪锅山，海拔3137.6m，元江河谷则切割得较深，海拔约500m，相对高差达2637.6m，属构造-剥蚀深切割中山地貌。区内山脉总体为北北西走向，受河流切割影响，地形起伏较大，主山脉两侧北东向山脊及河流较为发育，多呈北东向平行分布。

哀牢山山系主峰所在的哀牢山仅为整个山系中部的一列山地，即狭义的哀牢山脉，由古老的变质岩系组成。山地结构比较简单，是两组大断层间的强烈上升地块，海拔较高，主要山峰海拔都在2500m以上，有13座高于3000m的高峰和近20座高于2900m的山峰。因此，应属中山山地。地貌结构分三大部分，最高层为两列南北向的山峰线，两组山峰之间为一残存的高原面，高原面上分布着残丘、浅盆地及宽谷，这些浅盆地或宽谷均为元江、者干河的小支流的上源部分。由于近代抬升引起的溯源侵蚀还未影响高原面顶部的核心部位，所以其表面未受强烈切割，河流流向开始为南北向，后为东西向，曲流发育，河漫滩平原也较平整，只有边缘地带才被切开，并呈现峡谷形态。残余高原面两侧的山峰高度多在2800m以上。西侧一列可视为哀牢山的主要山脊线，也是分水岭。这列山峰的特点是高度较高，基本上连在一起，3000m以上的高峰较多，大雪锅山就在这列山峰线上，组成山峰的岩石主要为副变质岩，以片岩为主，有少数火成岩和正变质岩出露。东侧的山峰线被东西向的溪、河切穿，这些山峰已互不相连，它们耸立在一些支流的峡谷上方，成为支流之间的分水高地。由于支流峡谷的深切，相对高度比西侧大。这组山峰的海拔多数在2800m以上，少数在3000m以上，如界牌山海拔3110m，是东侧的最高峰。组成这组山峰的岩石主要为片麻岩、花岗片麻岩、混合岩等深变质岩，硬度大，出露后耐侵蚀与风化，故形成尖锐陡峭的山峰。

哀牢山山地的东西两侧坡度差别较大，东坡坡度大，大部分地区在30°～40°，个别地区在60°以上。又因断层平台保持较好，使得山坡具有一陡一缓并逐级下降的特点，被河流切穿以后形成峡谷与宽谷相结合的地貌形态，瀑布、急流河段即出现在陡坡所在的峡谷内。至于瀑布的形成，除了与断层崖相结合外，新构造上升运动引起的溯源侵蚀也是重要原因。西侧的坡度比较和缓，一般均不超过30°，仅个别地区坡度较大。由于坡度和缓，土层较厚，故西坡上居民点较多，此外，西坡上有几级夷平面存在，在2000～2300m左右的夷平面上还发现古河道的残迹河段，现以小弓形湖泊的形式存在于山上。

5. 元江峡谷

元江峡谷北高南低。北部楚雄、双柏境内的河谷，海拔均高于1200m，局部地区还在1500m以上。而且受东西向河流切割，显得比较破碎，又因新构造运动上升幅度较大，河床局部被抬高，下蚀力较强，切割较深，谷坡较陡，谷底河床部分较窄，底部虽有小型浅滩、心滩，但规模不大，为比较典型的深切峡谷地貌。向南高度渐渐降低，至嘎洒以后，就与元江谷地合并，高度不足700m，下切不深，河谷平原也较宽广，形成具有冲积平原的宽谷形态。

从构造上看，属于元江深断裂控制与通过的地区。岩石组成又与滇东高原接近，说明地史时期与滇东高原可能存在相似的构造背景。当大断裂复活时，先在山麓附近侵蚀成古元江河道，并沉积了新近系的沉积物质，后随哀牢山中部山地不等量抬升，使古元江的一些河段因升高而阻挡了江水的流路，把元江推向东侧，并形成现在的元江峡谷。由于近期的山体继续上升，古河谷上部被抬高并受东西向河流切割而分离，新河谷被河流不断深切，形成了陡峭的峡谷。新老河谷之间的地区抬升成为以红色岩层为基础的中山山地。所以，元江峡谷是由于元江谷地的变动而切断了与滇东高原的联系。

二、哀牢山-无量山地区地貌景观特征

哀牢山-无量山的本底是晚古生代形成的弧盆体系，其空间结构、构造格局受白垩纪末、古近纪以来

印度板块与欧亚大陆间的强烈碰撞作用而遭受强烈改造。不仅形成了极为丰富的构造地貌景观，还有喀斯特地貌景观。

由于哀牢山-无量山地区构造活动极为强烈，地下的岩层形成了规模宏大的褶皱及断裂构造，逆冲推覆构造可使地层强烈褶皱并发生倒转（图 5-2）。红河断裂带在区域上的展布十分宏大，在云南境内全长约 460km，具有明显的线性特征。断裂标志清楚，变形演化极为复杂。沿断裂带发育宽>600m 的糜棱岩带，从边缘向中心，由糜棱岩化岩石逐渐变为糜棱岩，甚至超糜棱岩。哀牢山-无量山地区表现为地形由缓变陡的线性构造。哀牢山-无量山地区的南恩瀑布、羊山瀑布等即为构造活动的结果。这些宏大的地质构造活动，因哀牢山-无量山地区茂盛的植被变得隐蔽而神秘，仅在陡峭的山崖、沟谷或人类工程活动处才能发现它们的踪迹。

图 5-2　镇沅九甲逆冲断裂带

喀斯特地貌景观发育于碳酸盐岩分布区，在哀牢山-无量山地区主要分布于哀牢山西坡的景东大坡-弥渡牛街一带，长约 73km，宽 1～2km。为中二叠统坝溜组（P_2bl）白色厚层-块状隐晶灰岩、灰-灰白色白云岩、白云质灰岩，累计厚度大于 200m，地表石芽与溶沟较为发育，局部发育喀斯特漏斗、落水洞、溶蚀洼地。

哀牢山-无量山地区地貌景观众多，下面以景东土林和羊山瀑布为例，简要介绍哀牢山-无量山地区的地貌景观。

（一）景东土林

景东土林（图 5-3），与元谋土林、永德土林、南涧土林并称四大土林。景东土林是由于水土流失等因素形成的奇形怪状的土柱，一条条擎天巨柱，圆形的、锥形的、方形的，红色的、棕色的、灰色的，层次分明，五颜六色，千姿百态。由南向北看土林，锥形、圆柱形有之，土林高低不一，主要高 5～10m 不等，个别高达 20m 以上。形状千姿百态，千峰竞秀，有的很像动物，仪态万端、惟妙惟肖；有的似一对紧相依偎的恋人，低低私语。从不同的角度看土林，总有不同的感觉，真是应了"横看成岭侧成峰，远近高低各不同"的诗句。土柱与植被组合构景，土林簇拥在树木、花草之中，景观层次更丰富；周围环境优美，土林位于林木葱茏的山坳之中，土林 3 个侧面均为树林、茶园，一面面向文井坝子，橄榄、花草点缀其间。

图 5-3　景东土林

景东土林在景东东南的文井，距县城 24km，面积约 0.4km²。景东土林位于景东盆地内，景东盆地呈北西向，长约 42km，宽 4～5km，面积约 186km²。盆地海拔约 1120m，盆地中发育中新世沉积岩，厚约 733.6m。其下部主要为紫红色、黄色块状砾岩，砾石为黄色砂岩；中部为黄色、紫色黏土岩，细砂岩夹细砾岩；上部为泥岩夹粉砂岩，部分被铁质胶结，厚达 2m 以上，砂层中交错层发育，并常夹有连续几层厚几厘米的铁质胶结砂层和透镜体状黏土层，黏土层较薄，单层厚 0.3～2m，也常夹有薄层砂砾石透镜体，局部被铁质胶结和钙质胶结，砂砾层中砾石粒径较小，一般为 0.2～2cm。由于地层产状平缓，一般倾角小于 10°，因此形成了色带明显的土林地貌。

景东盆地位于无量山断裂东侧，盆地内中新世的巨厚堆积，是由于新构造运动断陷堆积而形成的。盆地中发育的川河低于土林约 30m，在川河下切的同时，流水也加速了对景东盆地的侵蚀和切割，水流常沿着松散的砂层、节理面或破碎带冲刷，形成铁质胶结砂砾层保护膜。河流下切，冲沟发育，形成土屏、土墙、土柱后，坚硬的风化壳和松散堆积物中的透镜状铁质胶结砂砾层，对下部松软地层起到了保护作用。它们像一把把雨伞使雨水不易淋溶和渗透到地层里，使土屏、土墙、土柱保持较长时间不被水流自上而下冲毁、倒塌。风化壳不但对下面的土柱起到了保护作用，同时由于各个风化壳组成的母质和形态的不同，加上铁质胶结砂砾层上、下层位的差别和形状、厚度的不等，在土林中形成了许多高低参差的土柱，具有栩栩如生的形象特征。

（二）羊山瀑布

羊山瀑布（图 5-4）位于景东景福羊山，距县城 70km，其高约 120m，宽约 50m，由于四周植被完好，常年溪水长流，丰水季节更是雄伟壮观，远闻轰轰隆隆，近看波澜壮阔，汹涌澎湃，演绎着千古不变的绝唱。瀑布后的紫黑色石壁，经过千百年激流的磨励，光滑如玉，犹如一面玻璃制作的明镜，这就是小说《天龙八部》里描写的"无量玉壁"。当人们站立湖岸，其身影自然映入石壁，也就是小说《天龙八部》里描写的迷惑了无量剑派数十年的"玉壁仙影"。由于被瀑布水常年冲击，"玉壁"的下端形成了一个宽阔的自然湖泊，就是小说里描写的"无量剑湖"。

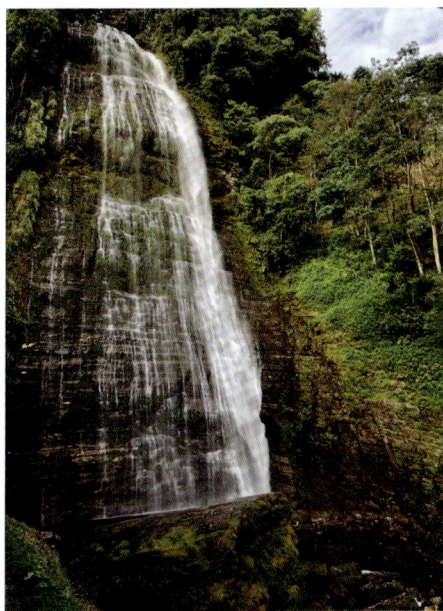

图 5-4 景东羊山瀑布

羊山瀑布位于无量山背斜核部南段，为上古生界无量山岩群二段（Pz_2W^2）砂质板岩，岩层产状近水平。该瀑布恰好位于一断裂带中，该断裂为一走向北东，倾向南东的逆断层，瀑布位于断层下盘。由于上盘地层受挤压应力影响，结构破碎，易受水流侵蚀搬运，而下盘岩性整体完整，岩性为不易腐蚀的砂质板岩。日积月累，上盘岩石经水流冲刷搬运，地势不断降低，下盘岩石侵蚀速度较慢，逐渐形成了百米高的瀑布。

第二节　哀牢山-无量山地区区域地层类型及分布特征

依据《云南省岩石地层》（1996）、《云南省成矿地质背景研究报告》（2013）对哀牢山-无量山地区的地层进行划分，可知哀牢山-无量山位于华南地层大区（Ⅱ）的西侧中部，横跨羌北-昌都-思茅地层区（Ⅱ-1）和扬子地层区（Ⅱ-3）2个二级地层分区单元（图5-5，表5-1），可进一步细分为兰坪-思茅地层分区（Ⅱ-1-1）、西金乌兰-金沙江地层分区（Ⅱ-1-2）、丽江-金平地层分区（Ⅱ-3-1）和康滇地层分区（Ⅱ-3-2）4个三级地层分区，以及7个四级地层小区（图5-5，图5-6，表5-1）。以下按三级地层分区对岩石地层序列和岩石组合特征进行叙述。

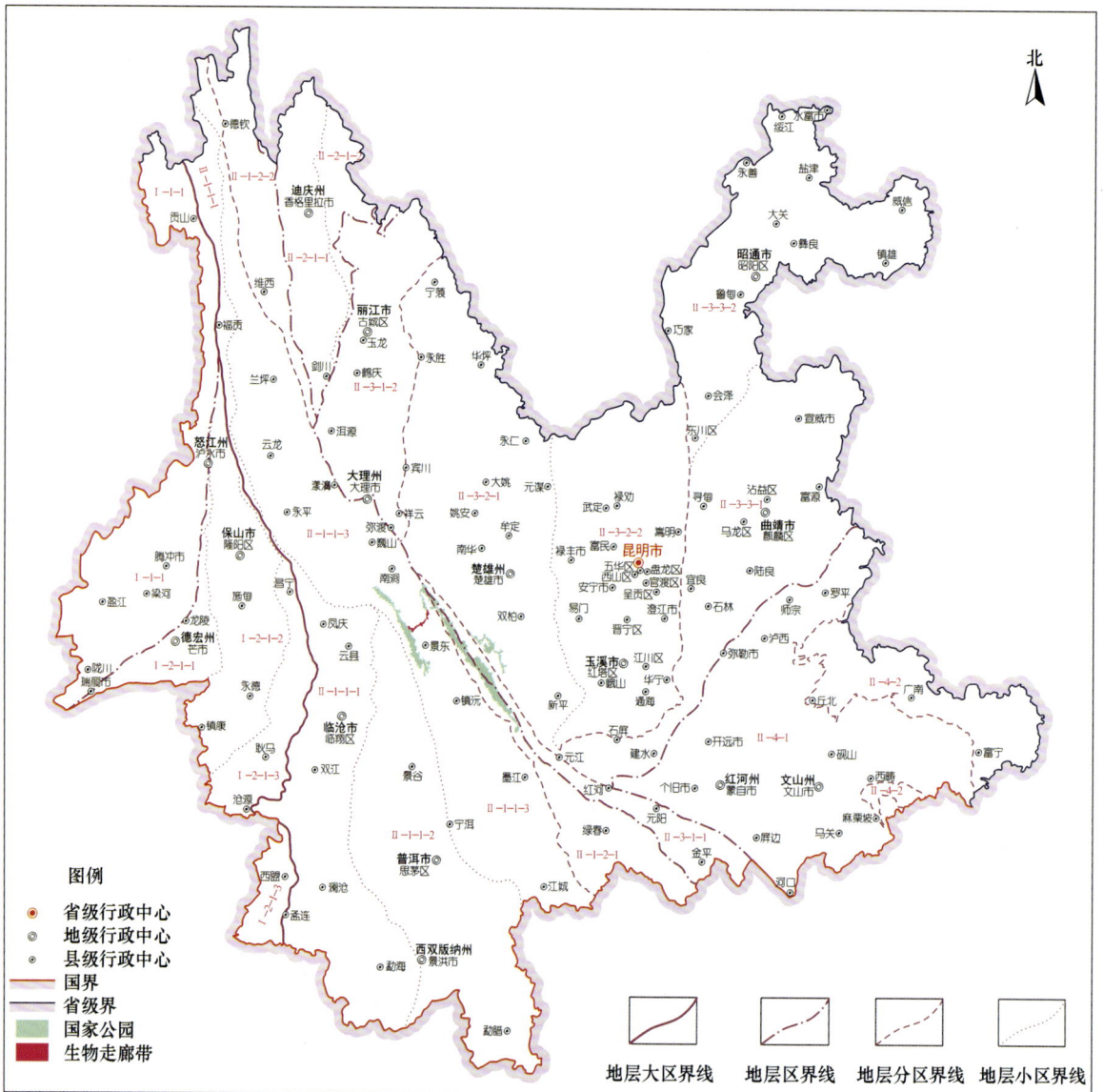

图 5-5　哀牢山-无量山地区在云南境内的地层分区位置图

Ⅰ-1-1 腾冲地层分区，Ⅰ-2-1-1 潞西地层小区，Ⅰ-2-1-2 施甸地层小区，Ⅰ-2-1-3 耿马地层小区，Ⅱ-2-1-2 德都海地层小区，Ⅱ-2-1-1 德钦地层小区，Ⅱ-1-2-1 绿春地层小区，Ⅱ-1-1-1 澜沧地层小区，Ⅱ-1-1-2 景谷地层小区，Ⅱ-1-1-3 漾濞地层小区，Ⅱ-3-1-2 丽江地层小区，Ⅱ-3-1-1 金平地层小区，Ⅱ-3-2-1 楚雄地层小区，Ⅱ-3-2-2 昆明地层小区，Ⅱ-3-3-2 昭通地层小区，Ⅱ-3-3-1 曲靖地层小区，Ⅱ-4-1 个旧地层分区，Ⅱ-4-2 富宁地层分区

图 5-6 哀牢山-无量山地区地层分区简图

一、兰坪-思茅地层分区

兰坪-思茅地层分区位于哀牢山-无量山地区的中-西部，产于巍山-景东-镇沅以东的地区（图 5-5），并可进一步细分为澜沧地层小区、景谷地层小区和漾濞地层小区（图 5-6，表 5-1），现分述如下。

表5-1　哀牢山-无量山地区地层分区划分表

大区	区	分区	小区
华南地层大区 （Ⅱ）	羌北-昌都-思茅 地层区（Ⅱ-1）	兰坪-思茅地层分区（Ⅱ-1-1）	澜沧地层小区（Ⅱ-1-1-1）
			景谷地层小区（Ⅱ-1-1-2）
			漾濞地层小区（Ⅱ-1-1-3）
		西金乌兰-金沙江地层分区（Ⅱ-1-2）	绿春地层小区（Ⅱ-1-2-1）
	扬子地层区（Ⅱ-3）	丽江-金平地层分区（Ⅱ-3-1）	金平地层小区（Ⅱ-3-1-1）
			丽江地层小区（Ⅱ-3-1-2）
		康滇地层分区（Ⅱ-3-2）	楚雄地层小区（Ⅱ-3-2-1）

（一）澜沧地层小区

澜沧地层小区：位于哀牢山-无量山地区的西部边缘（图5-6），东侧为澜沧江断裂与景谷地层小区。于哀牢山-无量山地区产出的面积较小，出露的地层仅为一套侏罗系花开左组地层，其地层序列及特征如表5-2所示，具体如下所述。

表5-2　澜沧地层小区岩石地层序列及特征

年代地层			岩石地层单位及代号			沉积岩建 造组合类型	厚度 (m)	岩性、岩相简述	沉积相	沉积 体系
界	系	统	群	组	代号					
中生界	侏罗系	中统		花开左组	J_2h	海陆交互砂泥岩夹砾岩组合	838～1914	下部紫红色泥岩与细粒石英砂岩不等厚互层，上部黄绿色钙质泥岩、泥灰岩夹粉砂质泥岩与紫红色泥岩	三角洲前缘	三角洲

侏罗系花开左组（J_2h）：不整合覆盖在临沧岩体中三叠纪二长花岗岩之上，根据岩性组合特征可细分为一段和二段。

花开左组一段：发育厚几十厘米至几米砾岩，岩性组合特征为灰紫、紫红色厚层块状复成分砾岩、灰质砾岩、砂砾岩，灰紫、浅紫色砂砾岩、岩屑石英砂岩、泥岩、粉砂岩及粉砂质泥岩等，偶加灰黄、黄绿色泥岩；前人在该区域上采获较多陆相瓣鳃类、腹足类、介形类及轮藻等化石，有陆相化石，亦有少量海相化石；该段总体为一套河流三角洲相-近海咸水潟湖相沉积。

花开左组二段：厚上百米至一千多米，岩性组合特征为灰紫、紫红、灰绿色中厚层状泥质粉砂岩、（钙质）泥岩夹浅灰绿、灰黑色泥灰岩、泥质灰岩，少量介壳灰岩，局部区域见较多灰紫色岩屑长石砂岩、岩屑砂岩，粉砂岩中见水平层理，泥岩中水平纹层发育，见少量重荷膜；砂岩中普遍发育平行层理、斜层理，灰岩、（钙质）泥岩中产丰富化石，如双壳类、腹足类及介形类碎片等化石，该段应为海陆交互相沉积。该段为哀牢山-无量山地区花开左组的主体岩石组合特征。

（二）景谷地层小区

景谷地层小区：位于哀牢山-无量山地区的西侧边部（图5-6），西以澜沧江断裂与澜沧地层小区分界，东以兰坪-思茅盆地中轴构造带与漾濞地层小区为邻。

由于该小区所处位置为一构造活动带，其岩石地层序列及特征比较复杂。该地层小区下部为中元古界团梁子岩组构成变质基底，其上为上古生界泥盆系-石炭系被动陆缘半深海沉积所覆。在昌宁-孟连古特提斯洋盆关闭后的弧-陆碰撞作用过程中，该区位于其岩浆弧、火山弧与弧后盆地的位置，因而沿澜沧江断裂旁侧，形成了中三叠世-早侏罗世的火山弧和中晚三叠世的弧后盆地沉积；侏罗纪开始，该区成为兰坪-思茅拗陷盆地的一部分，沉积了厚逾万米的红色沉积。

景谷地层小区在哀牢山-无量山地区共出露了16套组级和1套群级的岩石地层单元，其中岩群级的岩石地层即为上古生界无量山岩群，可细分为4个段，具体岩石地层序列及特征如表5-3所示。

表 5-3　景谷地层小区岩石地层序列及特征

年代地层			岩石地层单位及代号			沉积岩建造组合类型	厚度(m)	岩性与岩相简述	含矿性	沉积相	沉积体系
界	系	统	群	组	代号						
新生界	新近系	上新统		三营组	N_2s	河湖相含煤碎屑岩组合	100	灰黄、黄白色砂岩、粉砂岩、泥岩夹褐煤层，底部为砾岩	褐煤	淡水湖相	湖泊
	古近系	渐新统		勐腊组	Em	河流砂砾岩-粉砂岩-泥岩组合	700~1813	下部紫红色砾岩夹岩屑石英砂岩；上部紫红色铁泥质粉砂岩、泥岩、岩屑石英砂岩		曲流河相	河流
		始新统		等黑组	E_2d	湖泊泥岩-粉砂岩组合	1146~1736	下部紫红色泥质粉砂岩、粉砂质泥岩不等互层，上部紫红色泥质粉砂岩与细粒长石石英砂岩互层	铜	三角洲前缘相	三角洲
		古新统		勐野井组	E_1m	湖泊泥岩-粉砂岩石盐组合	228~596	下部棕红色钙泥质粉砂岩夹灰色钙质泥岩，中部杂色泥砾岩、含泥砾石盐夹钾石盐条带，上部灰、灰绿色钙质、粉砂质泥岩与褐红色、粉砂质泥岩互层	石盐、钾盐、石膏	咸水湖相	湖泊
中生界	白垩系	上统		曼宽河组	K_2m	远滨泥岩-粉砂岩组合	245~609	紫红色泥质粉砂岩与同色粉砂质泥岩不等厚互层夹细粒石英砂岩	铜	三角洲前缘相	三角洲
		下统		曼岗组	K_1m	湖泊砂岩-粉砂岩组合	1960	底部褐红色砾岩，上部厚层状中粗粒岩屑砂岩、泥岩，上部为紫红色泥岩、粉砂岩夹长石石英砂岩			
				景星组	K_1j	湖泊砂岩-粉砂岩组合	900~1900	下部灰白色厚层块状石英砂岩、长石石英砂岩夹紫红色、灰绿色泥岩、粉砂岩，上部紫红色、灰黄色泥岩、泥质粉砂岩、细砂岩、泥灰岩		三角洲前缘相	三角洲
	侏罗系	上统		坝注路组	J_3b	湖泊泥岩-粉砂岩组合	233~988	紫红、暗紫红色泥岩、粉砂质泥岩夹粉砂岩			
		中统		和平乡组	J_2hp	台地陆源碎屑-碳酸盐岩组合	915	下部灰绿色、紫红色泥岩、钙质泥岩、粉砂质泥岩、粉砂岩互层夹长石石英砂岩，中部灰色灰岩、泥灰岩、灰绿色泥岩、钙质泥岩、钙泥质粉砂岩互层，上部黄绿色泥岩、粉砂质泥岩、粉砂岩	石膏	潮间带	潮汐带碳酸盐
		下统		芒汇河组	J_1mh	玄武岩-安山岩-流纹岩-火山角砾岩组合	1498~4914	下部砾岩，其上为安山岩、玄武岩、流纹岩、中酸性凝灰岩、火山角砾岩、集块岩	铜		
	三叠系	上统		小定西组	T_3xd	玄武岩-安山玄武岩-火山角砾岩组合	2206	玄武岩、安山玄武岩、玄武质火山角砾岩、凝灰岩组成多个喷发韵律			
		中统		忙怀组	T_2m	流纹岩-英安岩-流纹质火山角熔岩组合	4414	上部流纹岩、英安岩、英安质流纹质凝灰熔岩	铜		
古生界	二叠系	上统		那箐组	P_3nq	滨浅海碳酸盐岩组合	705.8	灰、灰黑色泥晶灰岩、生物碎屑灰岩、泥质灰岩夹岩屑砂岩		开阔台地	碳酸盐岩台地
				邦沙组	P_3b	滨浅海砂岩-粉砂岩-泥岩组合、上部双峰式火山组合	575~1584	下部为灰、黄绿色泥岩、炭质泥岩、岩屑砂岩夹灰岩；上部为玄武岩夹安山岩、英安斑岩			
			无量山岩群		$Pz_2W.$	绢云板岩-砂质板岩-大理岩-英安岩组合	>3576视厚度	可分为四段，具体如下。四段：灰色、灰白色石英岩化英安岩夹深灰色石英绢云千枚岩、绢云石英千枚岩、绿泥绢云千枚岩、绢云千枚岩、粉砂质绢云板岩；三段：浅灰色薄-中层状大理岩、钙质板岩、钙泥质板岩夹钙质粉砂岩、斑点板岩及少量绢云千枚岩；二段：浅灰色、浅灰绿色、浅灰紫色极薄层状-薄层状-中层状粉砂质板岩、绢云板岩夹变质长石石英砂岩、钙质岩屑石英杂砂岩；一段：深灰色、浅灰色斑点状板岩、砂质板岩夹大量的酸性凝灰质板岩、变质石英砂岩及绢云石英千枚岩			
上古生界			大新山岩群		Pz_2dx	绢云板岩-变质砂岩-变质玄武岩组合		绢云板岩、砂质板岩、变质岩屑砂岩夹变质玄武岩、变英安岩及透镜状结晶灰岩			
中元古界			团梁子岩组		Pt_2t	绢云千枚岩-绢云石英千枚岩-钠长绿泥千枚岩组合		绢云千枚岩、绢云石英千枚岩夹钠长绿泥绿帘千枚岩			

1. 中元古界团梁子岩组（Pt_2t）

团梁子岩组是云南省地质调查院区域地质调查所 1998 年开展的 1∶5 万那许幅等 4 幅区调，从 1∶20 万思茅幅及《云南省区域地质志》的大新山岩组中分解出来的。地层内未发现生物化石，但其岩性组合特征、沉积环境与上古生界地层石炭系、二叠系及区域上有时代依据的泥盆系怕当组、南光组均存在明显差异，且岩石变质程度、受变形变质改造次数均高于或多于浅变质的有生物化石依据的大新山岩组。由于层序恢复困难和缺乏生物化石，该套岩石地层的时代归属争议较大。根据区域地质调查成果，刘军平等（2018）获得地层锆石 U-Pb 1497Ma±14Ma 的岩浆结晶年龄，将团梁子岩组地层年代归于中元古界。

该套岩石地层主要分布在澜沧江两岸，呈近南北向展布，为一套低中绿片岩相变质岩系，该岩组岩石组合特征为灰绿色、灰色（石英）绢云千枚岩，绢云石英千枚岩夹阳起绿泥绿帘千枚岩、绿泥石英钠长千枚岩、钠长绿泥绿帘千枚岩，含透镜状沉积型锰矿层；千枚岩中可见大量石英脉。根据该岩组变质岩石特征分析其变质原岩应为灰色泥岩、粉砂岩夹中基性火山岩。

2. 上古生界大新山岩组（Pz_2dx）

大新山岩组岩石组合特征为灰、灰黑色绢云板岩、粉砂质板岩、砂质板岩、含砾泥质板岩、炭泥质绢云板岩、变质岩屑砂岩、变质长石砂岩夹变火山角砾岩、变英安岩、变玄武岩、片理化结晶灰岩，含透镜状沉积型锰矿层。砂岩中见粒序层。岩性在区域上总体变化不大，局部见灰色硅质岩、炭质泥岩夹层而显差异。

大新山岩组以变质碎屑岩为主。发育二期面理，$S_2\wedge S_1\wedge S_0$，沿 S_1 面理（透入性面理）分布有绢云母、绿泥石等新生变质矿物，沿 S_2 面理（非透入性面理）有绢云母、水云母、铁泥质分布，区域面理为 S_1，岩中局部残留 S_0。西与团梁子岩组为脆韧性剪切带接触，其上被侏罗系下统芒汇河组角度不整合覆盖。与团梁子岩组相对比，该岩组岩石中的 S_2 面理相当于团梁子岩组中的 S_3 面理，S_1 面理相当于团梁子岩组中的 S_2 面理。

从大新山岩组的变质岩石特征及保留的原岩结构构造特征分析，其变质原岩无疑为（粉砂质）泥岩、炭质泥岩、岩屑砂岩、长石砂岩夹火山角砾岩、英安岩、角闪玄武岩、硅质岩、灰岩，含透镜状锰矿层。岩中局部残留原生层理，砂岩中见粒序层，透镜状灰岩中含牙形石，硅质岩中含大量放射虫。曼秀剖面大新山岩组中见含砾炭质泥岩，应为浊积扇沉积，砾石多为浅变质石英砂岩，磨圆差，分选差。大新山岩组应为弧后盆地沉积，水体深浅变化较大，与大洋不畅通，具较强还原性。

3. 古生界无量山岩群（$Pz_2W.$）

无量山岩群为原 1:100 万下关幅（1975）命名，为一套浅变质砂岩和泥岩，形成于滨海相-浅海陆棚相，其时代一般认为属古生代，但一直缺乏化石依据或准确的年龄数据。1∶20 万巍山幅沿用无量山岩群名称，但将其置于寒武系，其可分为四段。中国地质科学院岩溶地质研究所开展 1:5 万水井幅区域地质调查在澜沧江西岸云龙县毛草坪村无量山岩群地层中获得两层变质基性火山岩，恢复其原岩为玄武岩，锆石 U-Pb 年龄为(327±11)Ma 和(284±3.7)M，为早石炭世晚期和早二叠世晚期，另据区域资料，在 1∶5 万小格拉幅在碧罗雪山东侧的救命房一带采获晚二叠世腕足类化石。因此，暂将无量山岩群年代地层置于上古生界。

无量山岩群一段（$Pz_2W.^1$）为深灰色、浅灰色斑点状板岩类、砂质板岩夹大量的酸性凝灰质板岩、变质石英砂岩及绢云石英千枚岩等，其顶部为斑点状碳酸盐化方柱石砾质板岩；以板理为变形面岩石产生褶皱，沿其轴面出现 S_2 折劈理。

无量山岩群二段（$Pz_2W.^2$）为浅灰色、浅灰绿色、浅灰紫色极薄层状-薄层状-中层状粉砂质板岩、绢云板岩夹变质长石石英砂岩、钙质岩屑石英杂砂岩，局部夹变质钙质砂砾岩、变质粉砂岩。该段以普遍含少量钙质及基本不含火山质为特点。变形变质特征与一段相似。

　　无量山岩群三段（$Pz_2W.^3$）岩性主要为浅灰色劈理化薄-中层状（含石英）大理岩夹灰黄色的钙质泥质板岩、灰色钙质板岩夹钙质泥质板岩、泥质板岩、变质钙质粉砂岩、浅灰色斑点状黑云粉砂质板岩、少量浅灰绿色（含钙质）绢云千枚岩、石英绢云千枚岩、浅灰色-浅灰绿色粉砂质绢云板岩、深灰色-灰黑色钙质千枚岩、细粉砂质绢云板岩。其变形变质特征与一段相似。

　　无量山岩群四段（$Pz_2W.^4$）岩性主要为灰色（略带绿色色调）、灰白色的中-中厚层状劈理化石英岩化英安岩（斑点状）钠长绢云千枚岩夹深灰色石英绢云千枚岩夹中层状绢云石英千枚岩、钙质石英千枚岩、深灰色绿泥绢云千枚岩、绢云千枚岩、灰色水平纹层状粉砂质绢云板岩，板岩中发育厘米级纹层，顶部岩石遭受动力变质作用，形成一套浅灰白色英安质糜棱岩、英安质千糜岩、安山质-超糜棱岩、中层状英安质超糜棱岩、深灰色流纹英安质超糜棱岩夹绿泥绢云千糜岩，下部夹少量灰绿色、浅灰色钠长绿泥片岩。

　　除无量山岩群三段（$Pz_2W.^3$）与四段（$Pz_2W.^4$）间为断层接触外，其余一段、二段、三段间皆为构造面理接触。内部的层序总体有序。从总的层序上看，一段以粗碎屑沉积物为主，二段以泥质沉积物为主，三段为砂岩-泥岩-碳酸盐岩及少量中酸性火山岩组合，四段为泥质沉积物-中酸性火山岩组合，构成两个向上变细的沉积旋回。总体上代表了一个盆地逐渐拉伸、陆源碎屑供给逐步降低，而盆地自生矿物和火山物质供给逐步增强的盆地充填序列。

　　结合沉积学、火山岩岩石地球化学特征及区域地质资料的综合分析，无量山岩群可能代表了晚期古生代早-中期古特提斯洋在扩张成盆过程中的一个次级小海槽。在二叠纪时期，古特提斯洋沿昌宁-孟连带向东俯冲、消减的过程中转化为弧后盆地，上述两个沉积旋回可能对应盆地发展的两个构造阶段。

4. 二叠系上统邦沙组（P_3b）

　　邦沙组为一套砂岩、泥岩、双峰式火山岩组合特征夹火山碎屑岩及少量碳酸盐岩。根据岩石组合可分为上下两段。

　　下段下部为泥岩段，岩性为灰、灰黑色泥岩夹粉砂质泥岩、泥质粉砂岩，顶底均有一层灰黑色碳质粉砂质泥岩夹黄绿色砂岩透镜体；中部为页岩、凝灰质砂岩段，灰黑色绢云页岩与浅灰色凝灰质砂岩互层夹黄绿色、灰色凝灰岩；上部为泥岩段，粉红色泥质页岩、粉砂质页岩互层夹薄层岩屑砂岩、含碳质页岩。见水平层理、对称波痕等沉积构造。含大量的腕足类、菊石类及植物化石。上部以浅灰色块状灰岩、含生物碎屑隐晶灰岩为特征，含有大量蜓、珊瑚和苔藓虫类化石，较多地方上部见浅灰色块状生物碎屑灰岩、长石粉砂岩、泥质页岩、粉砂质泥质页岩等，含有大量植物碎屑。综上特征，该段沉积环境下部为潟湖-潮坪相（其间有潮道沉积）、上部为潮坪-潟湖相。

　　上段下部为安山玢岩、泥岩、粉砂质板岩等，局部见碳酸盐岩。含较多双壳类化石，上部为灰绿色杏仁状、气孔状、致密状安山玄武岩、玄武岩，灰白色流纹斑岩，紫灰色、灰白色、灰绿色蚀变英安斑岩等。大致可分为中性-酸性及基性-酸性火山岩构成的两个大的喷发旋回。下部安山玢岩喷发-沉积岩，上部玄武岩喷发-酸性火山岩-硅质岩。综上特征，该组应为浅海-滨海相喷发、沉积特征。

　　冯庆来和刘本培（1993）在哀牢山-无量山地区南侧的火山岩之硅质岩夹层样品中，发现大量放射虫化石，属鸟形新阿尔拜虫（*Neoalbaillella ornithoformis*）组合。岩石学、岩石地球化学研究表明，该套火山岩为陆缘岛弧火山岩，SHRIMP 锆石 U-Pb 同位素年龄为（248.5±6.3）Ma（Peng et al.，2008）。

　　说明其地质时代从晚二叠世延续到了早三叠世。

5. 二叠系上统那箐组（P_3nq）

　　那箐组地层的中下部岩性为灰色中厚层状泥晶灰岩、亮晶生物屑灰岩、泥晶生物屑灰岩、砂屑灰岩夹泥质灰岩，厚约 444.32m；上部为深灰色泥晶灰岩、泥晶生物屑灰岩夹亮晶生物屑灰岩、岩屑砂岩、泥岩，厚约 261.44m，泥晶灰岩中含珊瑚点礁，大小在 40cm 左右。发育厚约 8m 块状泥晶生物屑灰岩→中厚层状泥晶生物屑灰岩、厚约 4m 泥质灰岩（砂屑灰岩）→泥晶灰岩、厚约 2m 泥晶灰岩和厚约 4m 亮晶生物屑灰岩、泥晶灰岩→亮晶生物屑灰岩和泥岩→泥晶生物屑灰岩构成的基本层序，前两者为退积型，后两者为进积型。该组地层在北部地段的上部陆源碎屑岩厚度增加，说明此处已由碳酸盐岩沉积逐渐转变为陆源碎屑岩沉积。在哀牢山-无量山地区和区域上地层含蜓、有孔虫、珊瑚和腕足类化石。沉积环境为开阔台地相-浅海相沉积。

6. 三叠系中统忙怀组（T_2m）

1977 年云南第一区域地质调查大队二分队创名忙怀组，1990 年云南地矿局将其下段修订为上兰组，忙怀组仅限于上段，该组区域上为一套底部为复成分砾岩，中上部以紫红色为主夹少量黄色的流纹岩、流纹斑岩、石英斑岩、流纹质角砾凝灰岩等中酸性火山岩夹紫红、黄色凝灰质页岩、泥质硅质岩组成的 3 个喷发旋回，底部砾岩平行不整合于上兰组之上，顶部与上覆小定西组呈平行不整合接触。

一段（T_2m^1）为灰色流纹岩、英安岩、安山岩、英安质流纹质凝灰熔岩（熔岩为主）；二段（T_2m^2）为灰色、灰绿色凝灰质砂岩，灰色粉砂岩夹灰色、灰绿色凝灰岩。

7. 三叠系上统小定西组（T_3xd）

该地层最先由云南地质局第一区测队 1977 年命名，原小定西组代表云南澜沧江两岸上三叠统卡尼阶至诺利阶的一套以火山岩和火山碎屑岩为主的地层，灰绿、紫红色中基性火山熔岩、火山角砾岩夹凝灰质砂页岩，含双壳类等化石；岩性主体为玄武岩、安山玄武岩、玄武质火山角砾岩、凝灰岩，且组成多个喷发韵律旋回。因区域上该地层争议较大，1985 年云南地矿局区调队将该组上部夹有砾岩和火山角砾岩的岩性段划出，建立芒汇河组。1990 年云南地矿局将芒汇河组地层年代重新厘定为侏罗系下统。

8. 侏罗系下统芒汇河组（J_1mh）

芒汇河组火山岩以陆相为主，可进一步分解为两个岩性段：下段主要由岩屑长石砂岩、粉砂岩、凝灰质泥岩及玄武岩、安山玄武岩组成；上段由紫红色粗玄岩、玄武安山岩、粗安岩、安山质火山角砾岩及复成分砾岩、砂岩、泥岩组成，砂岩中见单斜层理等陆相沉积标志。在思茅港附近分为两段：底部为紫红色砂砾岩、复成分砾岩、杂砂岩、长石石英砂岩、含集块火山角砾岩等，见河流相二元结构，下部为紫红色、灰白色细-粗粒岩屑石英砂岩、细粒砂岩、紫红色泥岩、粉砂质泥岩等，向上岩石粒度变细，单层内为细-粗粒长石石英砂岩向上变细至粉砂岩、粉砂质泥岩的河流二元结构层，发育斜层理，颜色也较复杂，常见起伏状紫红色与灰白色互相掺杂，局部见紫红色硅质泥岩，少量层位底部为含砾砂岩。岩石成熟度一般，但石英含量较高，磨圆一般，多次棱角状-次圆状；上段为浅紫红色流纹岩、安山质流纹岩，局部夹复成分砾岩、砂岩、泥岩。在哀牢山-无量山地区和区域上采获较多双壳类、叶肢介类、介形类化石，化石时代为早侏罗世。

此外，在该地层的流纹岩中获得了 196～198Ma 的 U-Pb 锆石年龄值。

9. 侏罗系中统和平乡组（J_2hp）

和平乡组底部发育厚几十厘米至上百米砾岩，岩性组合特征为灰紫色、紫红色厚层-块状复成分砾岩，砾石多为灰质砾岩、砂砾岩、含凝灰质砂砾岩。该组普遍发育十几米至几十米的底砾岩，底部砾岩各地厚度不一，具明显填平补齐现象，大部分区域底砾岩较厚。向上岩性组合特征为黄绿色、紫红色、中厚层状泥质粉砂岩、（钙质）泥岩，局部区域见较多灰紫色岩屑长石砂岩、岩屑砂岩，粉砂岩中见水平层理，泥岩中水平纹层发育，砂岩中普遍发育平行层理、斜层理。

该段泥岩中化石较为丰富，在哀牢山-无量山地区和区域上采获双壳类、海相双壳类、陆相双壳类、腹足类及少量腕足、轮藻类化石。

和平乡组与花开左组为相似沉积环境同时沉积，但两者受到中轴构造带阻隔，花开左组受北侧海水侵入沉积，而和平乡组受南侧海水侵入作用明显。

10. 侏罗系上统坝注路组（J_3b）

坝注路组岩性组合特征为灰绿色、暗紫红色、紫红色泥岩、粉砂质泥岩、斑杂状泥岩、钙泥质粉砂岩、钙质砂岩及少量杂色细粒长石石英砂岩、石英砂岩等，局部夹岩屑砂岩。砂岩中以平行层理为主，少量为斜层理、交错层理，粉砂岩、泥岩较多发育水平层理、断续水平层理。泥岩中常见含 2～5cm 的褐黄色、黄绿色钙质团块。基本层序主要由非旋回性粉砂质泥岩构成。底部与花开左组第二段为整合接触，或整合覆于和平乡组之上（景谷地层小区内）。

在哀牢山-无量山地区和区域上采获介形类、双壳类、叶肢介类、腹足类、轮藻化石等；其沉积环境为陆缘近海浅湖相。该组应为一套陆相沉积的砂泥质建造。

11. 白垩系下统景星组（K_1j）

景星组常与侏罗系上统坝注路组相伴出露，并平行不整合于坝注路组之上。按岩性组合特征可将其分为两段，一段岩性粒度较粗，以浅色砂岩为主；二段岩性较细且以紫红色粉砂岩、泥岩为主。

景星组一段（K_1j^1）：岩性为灰黄色、灰白色、黄绿色、少量紫灰色中厚层块状长石石英砂岩、岩屑长石砂岩、岩屑石英砂岩、石英砂岩为主，夹紫红色、灰色、灰绿色粉砂岩、泥质粉砂岩、泥岩、钙质泥岩，局部夹含砾砂岩、岩屑砂砾岩，局部为黄绿色中厚层状泥岩、粉砂质泥岩与紫红色粉砂质泥岩互层。岩石中层理构造较复杂，砂岩中主要发育平行层理、小型-大型斜层理、交错层理等，偶见发育波状层理、脉状层理，粉砂岩中见小型脉状层理、水平层理及近对称波痕。粉砂岩中见小型脉状层理、水平层理。泥岩中见小型交错层理、水平纹层，产陆相介形类、轮藻、双壳类及少量海相双壳类；其中在上部泥岩中采获双壳类化石。属陆缘近海滨浅湖沉积。总体属陆相湖泊相沉积，间有河流相沉积。

景星组二段（K_1j^2）：岩性为紫红色夹灰黄色、灰绿色薄中厚层状泥岩、钙质泥岩、粉砂岩夹岩屑石英砂岩、岩屑长石砂岩、岩屑杂砂岩。砂岩中见小型单向斜层理、脉状层理、平行层理，粉砂岩中见小型脉状层理、水平层理。泥岩中见小型交错层理、水平纹层。在哀牢山-无量山地区和区域上采获双壳类、苔藓植物、叶肢介及介形类等化石。

12. 白垩系下统曼岗组（K_1m）

曼岗组按岩性组合特征可分为两段，一段以砂岩、粉砂岩为主，与下伏景星组为整合接触；二段以泥岩、粉砂岩为主。

曼岗组下段岩性为棕红色、紫红色、灰紫色中厚层状中-细粒长石石英砂岩、石英砂岩、（钙泥质）粉砂岩、（钙质）泥岩呈不等厚互层，组成多个砂岩-粉砂岩-泥岩的韵律。该组总体以砂岩为主，砂岩中具大型平行层理、大型板状交错层理、大型斜层理，粉砂岩中发育小型斜层理、水平层理、波状层理及波痕。泥岩中含介形类、淡水双壳类化石。该段主要为湖泊沉积，间有河流沉积。

曼岗组上段岩性为紫红色、砖红色、钙质粉砂岩、泥质粉砂岩、钙质粉砂质泥岩、钙质泥岩夹砂岩。厚约 789m，砂岩、粉砂岩中见平行层理、小型板状交错层理、波状层理，波痕等沉积构造。该组含陆相双壳类、介形类等化石。该段为湖泊相沉积。

13. 白垩系上统曼宽河组（K_2m）

曼宽河组岩性可分为上、下两段。下段为紫红色、棕红色钙质（钙泥质）粉砂岩、泥质粉砂岩、粉砂质泥岩、泥岩互层，夹少量同色长石石英砂岩与泥质细砂岩；上段以褐红色、暗棕红色泥质粉砂岩、钙泥质粉砂岩、粉砂质泥岩、钙质泥岩、泥岩为主，夹多层灰紫色细粒长石石英砂岩、石英砂岩、岩屑石英砂岩，岩石大多具波状层理、不规则波状层理、微细水平层理和砂岩透镜体等沉积构造。该组上部局部具铜矿化的泥质粉砂岩、灰白色含铜砂岩夹层，含铜层位具一定工业意义。

该组化石丰富，含介形类、轮藻及少量腹足类等化石。属于温度潮湿气候下的河湖相沉积。

14. 古近系古新统勐野井组（E_1m）

勐野井组按岩性组合特征可大体分为下、中、上 3 个岩性段，下段为紫红色、棕红色泥砾岩与钙质泥岩、钙泥质粉砂岩互层，夹少量细粒砂岩，底部夹白云质泥灰岩条带及团块。该段岩石中含较多镜铁矿鳞片；中部为棕红色、深棕红色中厚层状钙质泥岩、钙泥质粉砂岩夹钙质石英粉砂岩、钙质细砂岩，少量粉砂岩、泥岩中具波状层理，含介形类化石，岩石具波状层理、不规则波状层理、微细水平层理、波痕等沉积构造；上段为杂色泥砾岩和棕红色粉砂岩质泥岩夹细砂岩，含镜铁矿鳞片。

该地层在哀牢山-无量山地区和区域采获介形类、叶肢介、昆虫等化石。

从上述特征看，由于盆地的差异，或同一盆地的中心与边缘的沉积差异，各地层厚度相差较大，但岩性、岩相及含矿性都具一定的共性，属于持续干旱的内陆盆地相沉积。

15. 古近系始新统等黑组（E_2d）

等黑组岩性组合为褐紫色、紫褐色、褐红色中厚层中细粒长石石英砂岩、含长石英砂岩夹棕红色泥岩、粉砂岩或互层，泥质粉砂岩、粉砂质泥岩夹细砂岩、泥质细砂岩，见淡紫红色泥岩、粉砂岩、细砂岩、含砾粗砂岩组成向上变粗的进积型层序。底部以中厚层状砂岩的出现与下伏勐野井组划开，底部砂岩、细砂岩多具斜层理、微斜层理，中上部具透镜状水平层理、水平层理，并可见雨痕、波痕、虫管等沉积构造。

该组岩性较为稳定，为砂岩、粉砂岩、泥岩组成粗细相间的沉积韵律，为含盐地层勐野井组之盖层。该组富含介形类、轮藻、腹足类、昆虫类及孢粉等化石。

该组应为湿润气候条件下的淡水湖泊相沉积。

16. 古近系渐新统勐腊组（Em）

勐腊组各地出露厚度不一，按岩性组合可分为上、下两段。

下段（Em^1）：为一套紫红色、灰紫色铁泥质岩屑砾岩、含砾砂岩组成，夹少量长石石英砂岩、岩屑砂岩。

上段（Em^2）：下部为紫红色铁泥质粉砂岩夹少量中细粒铁泥质岩屑石英砂岩；上部为铁泥质不等粒岩屑石英砂岩夹铁泥质粉砂岩及少量砾岩。在哀牢山-无量山地区和区域上采获叶肢介化石。

从岩性组合看，该组总体上为一套粗-细-粗组成的沉积旋回，其间发育许多小韵律，砂岩中水平层理、交错层理发育，粉砂岩、泥岩中水平层理较发育。

17. 新近系上新统三营组（N_2s）

三营组岩性主要为灰褐色、灰色黏土岩、粉砂岩、石英砂岩、夹少量紫红色泥岩及褐煤，岩石成岩度普遍较低，底部一般为灰黄色砾岩、砂砾岩。

在哀牢山-无量山地区和区域上含云南松柏类植物化石。

根据该组的岩性、沉积特征来看，总体变形为温湿气候、还原环境下的湖沼相为主的沉积，区内河流和湖泊相沉积较多。

（三）漾濞地层小区

漾濞地层小区：位于哀牢山-无量山地区的中部且呈南北向带状分布（图 5-6），西以兰坪-思茅盆地中轴断裂带与景谷地层小区分界，东以德钦-雪龙山断裂带、阿墨江断裂带与西金乌兰-金沙江地层分区为邻。

该区以中、新生代沉积为特征，其中晚三叠世发育压陷盆地型沉积，显示了陆内汇聚挤压大环境下的沉积特点，其上则为分布广泛的兰坪侏罗系-古近系拗陷盆地红色沉积所覆盖。哀牢山-无量山地区总出露了 14 套组级岩石地层单元，岩石地层序列及特征如表 5-4 所示。

表 5-4　漾濞地层小区地层序列及特征

年代地层			岩石地层单位及代号			沉积岩建造组合类型	厚度(m)	岩性与岩相简述	含矿性	沉积相	沉积体系
界	系	统	群	组	代号						
新生界	新近系	上新统		三营组	N_2s	河湖相含煤碎屑岩组合	220～850	底部为砾岩，下部为泥岩、砂岩夹砂页岩及褐煤层，上部为杂色砾岩、砂岩夹灰色粉砂岩	褐煤	淡水湖相	河流湖泊
	古近系	渐新统		勐腊组	Em	冲积扇砾岩组合	817	紫红色、灰紫色砾岩、含砾砂岩为主，夹同色粉砂岩、泥岩		曲流河相湖泊相	湖泊
		始新统		等黑组	E_2d	湖泊砂岩-粉砂岩组合	995～1670	褐红色长石石英砂岩、泥质粉砂岩、粉砂质泥岩组成多个由粗到细的沉积韵律		前三角洲相	三角洲
		古新统		勐野井组	E_1m	湖泊泥岩-粉砂岩、石盐组合	224.8～2275	下部为棕红色泥砾岩与钙质泥岩互层；中部为深棕红色钙质泥岩、钙质粉砂岩；上部为杂色泥砾岩和棕红色粉砂质泥岩		咸水湖相	湖泊
中生界	白垩系	下统		虎头寺组	K_1h	湖泊砂岩组合	138～444	浅灰白色块状含长石石英砂岩夹紫红色细砂岩	铜	河口湾相	河口湾
				南新组	K_1n	湖泊砂岩-粉砂岩组合	514～1495.4	紫红色、灰紫色石英砂岩、长石石英砂岩、粉砂岩、钙质泥岩夹少量含砾砂岩		三角洲平原	三角洲
				景星组	K_1j	湖泊砂岩-粉砂岩组合	716～1495	下部为灰色、灰白色厚层块状粗砂岩、石英砂岩夹紫红色、灰绿色泥岩、粉砂岩，上部为紫红色泥岩、粉砂岩夹细砂岩	铜	三角洲平原	三角洲
	侏罗系	上统		坝注路组	J_3b	湖泊泥岩-粉砂岩组合	741	紫红色、暗紫红色泥岩、粉砂质泥岩夹粉砂岩、细粒石英砂岩		前三角洲相	三角洲
		中统		花开左组	J_2h	湖泊泥岩-粉砂岩组合	960.5～1440.5	下部为紫红色泥岩与灰紫色细粒石英砂岩不等厚互层，上部为黄绿色、灰绿色泥岩、钙质泥岩夹粉砂质泥岩、灰绿色泥灰岩		三角洲平原	三角洲
		下统		漾江组	J_1y	湖泊泥岩-粉砂岩组合	579.6～741.6	紫红色，棕红色泥岩，粉砂质泥岩夹细粒石英砂岩，钙质泥岩		三角洲平原	三角洲
	三叠系	上统		麦初箐组	T_3m	海陆交互含煤碎屑岩组合	709～1176.9	灰绿色、灰黑色粉砂岩、细砂岩夹泥岩、碳质页岩煤线或煤层，底部常见灰色砂岩	煤	三角洲平原	三角洲
				挖鲁八组	T_3wl	远滨泥岩粉砂岩组合	1176.9	深灰色、灰黑色页岩、粉砂岩夹细砂岩		陆架泥	陆源碎屑浅海
				三合洞组	T_3sh	滨海碳酸盐岩组合	84.3～276	灰色、深灰色灰岩夹泥质灰岩、泥灰岩、砂岩		潮上带	潮汐带碳酸盐台地
				歪古村组	T_3w	湖泊三角洲砂砾岩组合	837.3	下部为一套砾岩、石英砂岩、泥岩，上部为灰绿色泥岩夹石英砂岩		三角洲平原相	三角洲

1. 三叠系上统歪古村组（T₃w）

该地层在区域上多以紫色含砾砂岩角度不整合于二叠系羊八寨组灰色泥岩、粉砂岩之上。歪古村组下部下段主要以单调的紫红色为其特征，故又称紫红色岩段。底段由含砾岩屑杂砂岩-白云质含砾绢云板岩-含砾砂质板岩-瘤状板岩组成正向半旋回；下部中段由白云质复成分砾岩-变质岩屑石英杂砂岩-钙质绢云板岩组成正向半旋回；下部上段由变石英杂砂岩-白云质粉砂质绢云板岩-绢云板岩组成正向半旋回。自下而上砾石明显减少，颜色逐渐加深，上部出现黄绿色夹层，并含腹足类。

上部以灰绿色、浅灰黄色及紫红色组成的杂色泥质碎屑岩系为其特征，故又称杂色板岩段。在层型剖面上厚约 336.91m。中部下段由杂色变质细砂岩-变质粉砂岩-绢云板岩组成多个中-小型正向半旋回；中部上段以单调的灰绿色板岩为特征，夹多层变质含岩屑石英砂岩，泥灰岩及生物碎屑灰岩组成多个小型正向旋回，含较多化石。

歪古村组上部向北厚度增加，层序及岩性基本相同。在上部下段中见多层变质含岩屑（基性熔岩，含量约 10%）石英砂岩；在上部上段之上部板岩中获双壳类、牙形石化石。

2. 三叠系上统三合洞组（T₃sh）

该地层下部为浅灰色中厚层状灰岩夹薄层状页岩，局部地段为紫红色泥质灰岩；中部为薄层状灰岩夹泥岩，平行层理及微层理发育；上部为深灰色块状灰岩与灰黄色的泥质灰岩组成基本层序，部分地段基本层序的顶部尚见少量薄层状灰质页岩。块状灰岩不显层理，风化面具溶蚀现象，偶见锯齿状裂缝构造。泥质灰岩中微细水平层理发育，含有丰富的双壳类、腹足类化石，以上特征反映出三合洞组属前滨-近滨相碳酸盐沉积。

下部为厚层状纯灰岩，含牙形石、双壳类、微体鱼、鱼鳞和鱼牙等化石。中段为薄层状灰岩夹泥岩，平行层理及微层理发育，常形成尖棱褶曲，并富含双壳类、牙形石、腕足类、介形类、腹足类、微体鱼、鱼鳞及鱼牙等化石。上段主要为块状含燧石灰岩。中上段为灰黑色薄层-中厚层状含粉砂泥质泥晶灰岩，含牙形石和双壳类化石。

3. 三叠系上统挖鲁八组（T₃wl）

挖鲁八组的下部为深灰色、灰黑色板岩（泥岩），粉砂岩夹细砂岩，含黄铁矿及菱铁矿结核，含丰富双壳类；中部为灰绿色、灰黑色粉砂岩、细砂岩夹泥岩、炭质泥岩、煤线或煤层，岩石中具微细水平层理、斜层理，顶部由杂色泥岩、粉砂岩、细砂岩组成。

从下至上大致由 7 种类型的基本层序构成：①黑色泥岩→泥质粉砂岩夹细砂岩；②细粒含长石英砂岩→粉砂质泥岩、泥岩夹煤线；③泥岩、粉砂质泥岩→粉砂岩、细砂岩；④厚层至块状细粒含长石英砂岩→薄层砂岩及煤线；⑤杂色泥岩→粉砂岩→细砂岩；⑥细粒含长石英砂岩→粉砂岩→泥岩；⑦紫红色泥岩→粉砂岩。哀牢山-无量山地区和区域上获双壳类化石。

4. 三叠系上统麦初箐组（T₃m）

根据岩石颜色，以灰色、灰黄色、灰绿色等杂色与侏罗系红层相区别，划分标志明显。麦初箐组整体为一套碎屑岩夹碳酸盐岩，据岩石组合及特征分为三段，区域上各段之间均为整合接触。

麦初箐组一段（T₃m¹）：灰色、灰黑色、灰黄色薄中层钙质粉砂岩、钙质泥岩、泥质粉砂岩夹灰色、深灰色薄中层粉-微晶灰岩、泥质灰岩、细粒岩屑石英砂岩、细粒石英砂岩，粉砂岩中水平层理发育，砂岩中平行层理发育。多发育以下两种基本层序：①灰黄色细粒岩屑石英砂岩→灰色泥岩，厚 3~5.5m，砂岩中平行层理发育；②灰黑色钙质粉砂岩→灰黄色钙质泥岩，厚 1.2~1.5m，沉积环境为浅海陆棚。

麦初箐组二段（T₃m²）：整体为一套碳酸盐岩夹少量细碎屑岩，岩性组合特征为灰色、深灰色中厚层泥晶灰岩、微粉晶灰岩夹灰白色、灰色中层细晶白云质灰岩、泥灰岩、灰色粉砂质泥岩、钙质粉砂岩，泥晶灰岩中见有水平层理，沉积环境为碳酸盐台地。

麦初箐组三段（T₃m³）：下部为灰色、灰黄色中层钙质粉砂岩、泥质粉砂岩、钙质泥岩夹浅灰色、灰白色中厚层中细粒石英砂岩及灰色粉微晶灰岩，沉积环境为浅海。中上部岩性为灰色中厚层细粒岩屑杂砂岩、岩屑石英砂岩、石英砂岩夹灰色中层钙质细-粉砂岩、泥质粉砂岩、钙质泥岩，局部夹有灰色含砾钙质泥岩。粉砂岩中见有水平层理，砂岩中平行层理发育，偶见有斜层理。发育有以下两种基本层序：①深灰色钙质粉砂岩→灰色中细粒石英砂岩，厚 7~8m；②灰绿色泥岩→粉砂质泥岩→钙质细砂岩，厚 2.5~4m，细砂岩中发育有平行层理，粉砂质泥岩中发育有水平层理。沉积环境下部为浅海，中上部为三角洲前缘。

在麦初箐组三段中采获双壳类、叶肢介和植物化石。

麦初箐组沉积环境中下部为浅海，向上海侵范围逐渐缩小，为海陆过渡相。

5. 侏罗系下统漾江组（J₁y）

区域上以暗紫红色泥岩与下伏麦初箐组灰黄绿色粉砂岩、泥岩整合接触。根据岩石颜色，将以紫红色为主的部分划为漾江组，将紫色、灰色间互的过渡层及杂色归入麦初箐组。其上为花开左组（J₂h）平行不整合覆盖，整体为一套紫红色细碎屑岩。其岩石组合特征为：下部以紫红色、灰紫色中层中细粒岩屑石英砂岩、钙质岩屑杂砂岩、细粒石英杂砂岩为主夹紫红色、暗紫红色中厚层粉砂质泥岩、钙质泥岩、泥质粉砂岩、粉砂岩，中上部以紫红色中厚层含钙质粉砂质泥岩、泥质粉砂岩为主夹细粒石英砂岩、细粒岩屑石英砂岩。岩石整体钙质含量较高，滴盐酸剧烈起泡，泥岩、粉砂岩表面普遍具有灰绿、浅褐等杂色斑点、条带零星分布。粉砂质泥岩中水平层理发育，砂岩中平行层理发育，局部见有板状交错层理。

漾江组下部主要以砂岩为主，岩性为岩屑（石英）杂砂岩、岩屑石英砂岩、钙质岩屑砂岩夹少量钙质泥岩、粉砂质泥岩，砂岩中平行层理、交错层理发育，粉砂质泥岩、钙质泥岩中水平层理发育，砂岩成分成熟度低，结构成熟度也较低，其沉积环境应为三角洲前缘。中上部主要为一套细碎屑岩，岩性为灰紫色、紫红色粉砂质泥岩、泥质粉砂岩、钙质泥岩夹细粒岩屑石英（杂）砂岩、细砂岩沉积，组成多个逆向半旋回，粉砂质泥岩中水平层理发育，砂岩中平行层理发育，主要为中厚层状，局部见有微细斜层理、板状交错层理。据以上岩石组合及沉积构造特征分析，中上部沉积环境应为三角洲平原。区域上采获植物化石新芦木（未定种）（*Neocalamites* sp.）。

漾江组下部沉积环境为三角洲前缘，中上部为三角洲平原。

6. 侏罗系中统花开左组（J_2h）

花开左组底部以一套砂砾岩的出现为划分标志，与下伏地层漾江组（J_1y）为平行不整合接触，其上为坝注路组（J_3b）整合覆盖，自下而上构成一个细-粗的沉积旋回，根据岩性组合及特征该组分为两段，地层中的"杂色层"是地质填图的良好标志，各段之间均为整合接触。

花开左组一段（J_2h^1）岩性组合特征为底部为紫红色中层钙质砂砾岩，区域上这套砂砾岩不稳定，局部地区可见。向上岩石粒度变细，为紫红色中厚层泥质粉砂岩、粉砂岩、砂质泥岩、粉砂质泥岩夹灰紫色、紫红色中厚层细粒岩屑石英砂岩、石英（杂）砂岩、岩屑长石砂岩、细砂岩及透镜状灰岩，砂岩中平行层理发育，也见有交错层理，泥质粉砂岩、泥岩中发育有水平层理。哀牢山-无量山地区和区域上采获双壳类、介形虫化石。花开左组一段（J_2h^1）沉积环境为陆缘近海湖之浅湖。

花开左组二段（J_2h^2）较花开左组一段岩石颜色杂，粒度粗，岩性组合特征为灰白色、灰紫色中厚层中细粒岩屑石英砂岩、石英砂岩，灰紫红色、灰绿色中层粉砂岩、泥质粉砂岩、细砂岩，砂岩中平行层理发育，粉砂岩、泥质粉砂岩中发育水平层理。发育以下一种基本层序：紫红色泥质粉砂岩→灰紫色、灰白色中细粒岩屑石英砂岩，厚5~6m。哀牢山-无量山地区和区域上采获海相双壳类、陆相双壳类、介形虫、轮藻等化石。花开左组二段（J_2h^2）沉积环境为陆缘近海湖之滨湖。

花开左组一段以大套的细碎屑岩为主，岩性为紫红色泥质粉砂岩、粉砂岩、砂质泥岩夹灰紫色、紫红色细粒岩屑石英砂岩、石英（杂）砂岩，砂岩中发育平行层理，也有小型交错层理，粉砂岩、泥质粉砂岩中水平层理发育，化石以陆相双壳类、介形虫等化石为主，少量为海相化石，整体为一海陆交替相。沉积环境应为陆缘近海湖之浅湖。花开左组二段主要以砂岩为主，粒度较一段粗，说明水体向上变浅，水动力增强，砂岩中平行层理、交错层理发育，砂粒磨圆度、分选性好。生物丰富，海相双壳类和陆相双壳类前人都有采获，沉积环境为陆缘近海湖相之滨湖。综上所述，花开左组主体为陆缘近海湖沉积环境，由于海水的频繁进退，形成海陆交互的沉积环境，由下至上总体反映出从浅湖沉积向滨湖沉积的转变。

7. 侏罗系上统坝注路组（J_3b）

坝注路组与侏罗系中统花开左组为连续沉积，以紫红色泥岩、粉砂岩与下伏花开左组黄绿色、灰色等杂色细碎屑岩整合接触，其上被白垩系下统景星组平行不整合覆盖。岩性组合特征为紫红色薄中层泥质粉砂岩、粉砂岩、粉砂质泥岩、泥岩夹灰紫色中厚层细粒岩屑石英（杂）砂岩、岩屑杂砂岩及少量紫红色细砾岩、含砾粉砂岩。泥质粉砂岩、粉砂岩中水平层理发育，砂岩中发育有平行层理，也有小型交错层理，局部细砂岩中见有波痕构造。

哀牢山-无量山地区和区域上采获介形类、叶肢介、植物及轮藻等化石。

坝注路组以细碎屑岩为主夹砂岩及少量细砾岩，砂岩中发育有平行层理、小型交错层理，粉砂质泥岩、泥岩中水平层理发育，局部地方还见不对称波痕，波脊平直，少量出现分叉；前人在泥岩中采获大量的介形类、藻类等化石，以上特征显示其沉积环境为陆缘近海湖。滨湖以紫红色的细砂岩为主夹有少量细砾岩，而浅湖沉积主要以大套单调的紫红色泥岩、泥质粉砂岩为主夹少量细砂岩，泥岩、泥质粉砂岩内还可见灰绿色钙质团块。

综上所述，调查区内坝注路组主要为陆缘近海湖之浅湖沉积，局部为滨湖沉积。

8. 白垩系下统景星组（K_1j）

景星组以灰色、灰白色砂岩平行不整合覆于坝注路组紫红色泥岩之上，其上为南新组紫红色碎屑岩沉积整合覆盖。自下而上构成一个粗-细的沉积旋回，为一套杂色碎屑岩，根据岩性组合及特征将该组划分为两段，各段之间均为整合接触。

景星组一段（K_1j^1）岩性组合特征为灰绿色、灰白色、少量灰紫色中厚层石英砂岩、岩屑石英砂岩、长石石英砂岩夹紫红色、灰绿色、灰色中厚层粉砂岩、泥质粉砂岩、粉砂质泥岩、钙质泥岩、泥岩及少量长石砂岩，局部夹少量含砾砂岩。砂岩中见小型交错层理、平行层理，粉砂岩、粉砂质泥岩、泥岩中见水平层理，化石以陆相生物化石为主，少量半咸水双壳类。哀牢山-无量山地区和区域上采获植物化石、陆相双壳类化石。

景星组二段（K_1j^2）为紫红色、灰黄色、灰绿色中厚层泥质粉砂岩、粉砂质泥岩、钙质泥岩、泥岩夹紫红色中层细粒长石砂岩、长石石英砂岩及细砂岩。砂岩中平行层理发育，粉砂岩、粉砂质泥岩发育有水平层理。发育有基本层序：紫红色中厚层泥质粉砂岩→灰色细粒长石砂岩，厚1.8~2m，泥质粉砂岩中水平层理发育；属于陆缘近海湖浅湖相。哀牢山-无量山地区和区域上采获少量双壳类化石。据以上岩性组合及沉积构造特征分析，景星组二段的沉积环境应为陆缘近海湖浅湖。

景星组一段主要以砂岩为主夹粉砂岩、泥岩、钙质泥岩，多发育由粗变细的退积型基本层序，砂岩中发育小型交错层理、平行层理，砂屑磨圆一般，分选中等。粉砂岩、泥岩中水平层理发育，除含有介形类、轮藻等陆相化石外，也含有少量的半咸水双壳类化石，其沉积环境应为陆缘近海滨-浅湖。另外，前人对景星组砂岩做了粒度分析，其粒度参数也表现出陆缘近海滨-浅湖沉积的特征。而景星组二段以细碎屑岩为主夹少量砂岩，相对于一段粒度较细，水动力环境较弱，水体较深，应为陆缘近海浅湖沉积。综上所述，景星组的沉积环境总体属陆缘近海湖滨浅湖，虽然在景星组底部曾发生过沉积间断，但仍然继承了晚侏罗世的古地理面貌。

9. 白垩系下统南新组（K_1n）

南新组与下伏地层景星组（K_1j）为整合接触，以灰紫色、紫红色大量岩屑石英砂岩（长石砂岩）出现与景星组杂色泥岩（泥质粉砂岩）分界，未见顶。整体为一套红色碎屑岩沉积。自下而上构成一个粗-细的沉积旋回，根据岩性组合及特征将该组划分为两段，各段之间均为整合接触。

南新组一段（K_1n^1）的岩性组合特征为紫红色、灰紫色中厚层中细粒石英砂岩、岩屑石英砂岩、长石石英砂岩、粉砂岩夹紫红色粉砂质泥岩、（钙质）泥岩、含砾岩屑石英砂岩、砂质细砾岩、细砾岩，总体以砂岩为主，向上砂岩相对减少，泥质粉砂岩、泥岩增多，粉砂岩中发育有水平层理，砂岩中见有平行层理，也有小型楔状交错层理，粉砂岩、泥岩中仅含淡水双壳类化石。前人1∶20万巍山幅在调查区边部和外围采获少量淡水双壳类三角蚌（未定种）（*Trigonioides* sp.）化石。据以上岩性组合及沉积构造特征分析，南新组一段的沉积环境应为滨湖。

南新组二段（K_1n^2）较南新组一段岩石粒度略细，岩性组合特征为紫红色、棕红色中厚层泥质粉砂岩、粉砂质泥岩、钙质粉砂岩与中厚层细粒岩屑石英砂岩、石英砂岩、长石石英砂岩、长石杂砂岩不等厚互层，偶夹有灰紫色含砾长石砂岩、砂砾岩、砾岩。砂岩中发育有平行层理、小型板状交错层理，砂岩底部见有冲刷面，粉砂岩、泥质粉砂岩中水平层理发育，含淡水双壳类、介形类化石。南新组二段的沉积环境应为滨湖-浅湖，该段在调查区内岩性特征稳定，粒度、厚度变化不大。

10. 白垩系下统虎头寺组（K_1h）

虎头寺组与下伏南新组整合接触，以浅灰色、灰白色、紫灰色岩石为特征与下伏南新组紫红色层分界。岩性单一，是一套粒度较粗，以浅紫灰色为主，浅灰白色，浅黄绿色为次的块状细粒含长石英砂岩，夹少量泥质粉砂岩及泥岩。砂岩以颜色浅、单层厚、岩石中具暗紫色条带为特征，地貌上形成陡崖或山脊，砂岩中发育大型斜交层理，局部见波痕、见干裂等沉积构造，为河湖相沉积。岩石中未发现生物化石。

11. 古近系古新统勐野井组（E_1m）

勐野井组以棕红色泥岩、粉砂岩为主，间夹含盐泥砾岩，顶部含钙，夹多层蓝灰色、浅黄色薄板状钙质泥岩、泥灰岩；与下伏白垩系下统虎头寺组为平行不整合接触。以岩石粒度细、颜色鲜为特征。其岩石特征明显，地貌标志清楚。一般可分下、中、上三部分，上、下为含盐层，中部为过渡层；上部含盐层较发育，但不稳定、变化大，且含石膏较为普遍。泥砾岩地表风化后地貌上呈土柱状，是该组寻找膏盐的良好标志，且是云南膏盐赋存的最重要层位。整个含盐系地层因受盆地古地形的影响，各地厚度变化大，但总体有向北增厚的趋势。岩层中化石不算丰富，哀牢山-无量山地区和区域上采获了叶肢介、介形类、轮藻、腹足类、昆虫及孢粉等化石。为一套内陆湖泊相沉积。

12. 古近系始新统等黑组（E_2d）

等黑组与下伏勐野井组整合接触，底部以中层-块状砂岩的出现与下伏勐野井组粉砂岩、泥岩分界。总体为一套红色砂、泥质沉积，岩性较稳定，但厚度变化较大。岩石粒度细，以泥岩、粉砂岩为主，间夹多层细砂岩，组成韵律沉积。下部地层中普遍含钙，发育波痕、雨痕及动物足迹和印痕等沉积构造，虫迹、虫管较普遍。上部砂岩夹层增多，为盐湖淡化之滨湖-浅湖相沉积。该组化石丰富，哀牢山-无量山地区和区域上采获轮藻、腹足类、叶肢介、介形类等化石。

13. 古近系渐新统勐腊组（Em）

勐腊组各地出露厚度不一，按岩性组合可分为上、下两段：下段（Em^1），为一套紫红色、灰紫色铁泥质岩屑砾岩、含砾砂岩沉积，夹少量长石石英砂岩、岩屑砂岩；上段（Em^2），下部为紫红色铁泥质粉砂岩夹少量中细粒铁泥质岩屑石英砂岩，上部为铁泥质不等粒岩屑石英砂岩夹铁泥质粉砂岩及少量砾岩。在哀牢山-无量山地区和区域上采获叶肢介类化石。

从岩性组合看，该组总体上为一套粗-细-粗的沉积旋回，其间发育许多小韵律，砂岩中水平层理、交错层理发育，粉砂岩、泥岩中水平层理较发育。

14. 新近系上新统三营组（N_2s）

该地层单位为 1959 年云南地质矿产局一区调队命名，原称三营煤系；1963 年云南地质局第十二地质队将其改为三营煤组，其上的砂砾岩称石灰岗砂砾岩组，划归新近系；1965 年赵国光将其两组合并，称为三营煤组，并根据植物化石将其时代定为上新世；1974 年 1 : 20 万兰坪幅地质报告将其改为三营组，地层年代仍为上新统；1982 年云南区域地质调查大队十一分队将中甸尼西页卡、川吉洛玛等地的含煤地层，命名为页卡组，划为上新统；1990 年云南地质矿产局将兰坪-思茅地层分区上新世晚期含煤地层，命名为福东组。云南省地质调查院（2009）、云南省地质调查局（2013）通过对比研究统一采用三营组，代表兰坪-思茅地层分区内新近系上新统的岩石地层单位，为一套紫灰色厚层-块状砾岩，夹同色石英岩、黄色含泥砂岩及紫红色泥岩，常组成粗细相间的韵律层，常夹富含有机质的碳质泥岩，局部含铁质结核及菱铁矿小透镜体。

该地层水平层理和微细层理较发育，富含植物等化石，砾岩砾石成分复杂，以紫灰色石英砂岩为主，其次为中粒黑云花岗岩、花岗质片麻岩、闪长斑岩、基性火山岩及石英等。砾径一般 3～5cm，大者 20～30cm，总体分选差，磨圆度较好，胶结不甚紧密。区域上该套地层分布于兰坪-思茅盆地及丽江地区，常以山间或断陷小盆地零星散布于区内，面积不大，一般为数十平方公里。总体为一套含煤砂泥质沉积，上部为杂色砂岩夹灰色粉砂岩；下部为灰褐色、灰色泥岩（黏土岩）、粉砂岩、砂岩夹紫红色岩层及褐煤，褐煤多产于下、中部，水平层理和微细层理较发育，含植物化石；底部见砾岩，与下伏地层为角度不整合接触。

二、西金乌兰-金沙江地层分区

西金乌兰-金沙江地层分区位于羌北-昌都-思茅地层区东部，为双沟一线以东、哀牢山断裂以西的地区，地层呈带状分布于哀牢山-无量山地区的中部位置（图 5-6），并可进一步细分为绿春地层小区。

绿春地层小区：其北东侧以哀牢山-藤条河断裂与扬子地层区分界，南西侧以阿墨江断裂与漾濞地层小区相邻。该区古生代志留纪-泥盆纪沉积了一套被动陆缘斜坡扇浊积岩，石炭纪发育洋盆，二叠纪出现洋岛、海山，显示其是多岛洋的一部分；而双沟蛇绿混杂岩的存在，显示其是曾经存在过的扩张洋脊；其上晚三叠世压陷盆地的存在与特征，更显示其前陆盆地的特性。

绿春地层小区在哀牢山-无量山地区总出露了 10 套岩石地层和 1 个蛇绿混杂岩单元，其中 10 套岩石地层单元中有 1 个为岩群，即上古生界马邓岩群，其他 9 个均为组级地层单元，岩石地层序列及特征如表 5-5 所示。

表 5-5　绿春地层小区岩石地层序列及特征

年代地层			岩石地层单位及代号			沉积岩建造组合类型	厚度（m）	岩性与岩相简述	含矿性	沉积相	沉积体系
界	系	统	群	组	代号						
中生界	三叠系	上统		麦初箐组	T_3m	海陆交互含煤碎屑岩组合	774～920	灰色长石石英砂岩、粉砂岩、灰绿色、灰黑色泥岩夹煤线	煤	前三角洲相	三角洲
				挖鲁八组	T_3wl	远滨泥岩粉砂岩组合	980	深灰色、灰黑色粉砂质泥岩、细砂岩夹泥晶灰岩		陆架泥	陆源碎屑浅海
				三合洞组	T_3sh	滨海碳酸盐岩组合	99～203	灰色、深灰色灰岩、介壳灰岩夹泥质灰岩		潮上带	潮汐带碳酸盐台地
上古生界			马邓岩群		$PzM.$	绢云石英千枚岩-绢云千枚岩夹大理岩组合		绢云千枚岩、绢云石英千枚岩夹大理岩、钙质片岩与绿泥绢云片岩			
	二叠系	上统		羊八寨组	P_3y	滨海沼泽砂泥岩夹基性火山岩、含煤碎屑岩组合	1139	灰色泥岩、泥质粉砂岩、粉砂岩、石英砂岩夹基性-中酸性火山碎屑岩及玄武岩、煤	煤	三角洲平原	三角洲
		中统		坝溜组	P_2bl	海山碳酸盐岩组合	89	灰色、深灰色细晶灰岩、砂屑灰岩夹硅质岩		广海陆盆	碳酸盐岩台地
				高井朝组	P_2g	浅海砂泥岩夹灰岩安山岩组合	350～2851	深灰色石英砂岩、长石石英砂岩、粉砂质页岩、泥质页岩夹灰岩、泥岩、安山岩、粗玄岩、凝灰岩			
	石炭系		双沟蛇绿混杂岩		$CSoqm$	洋盆硅泥质沉积-镁质超镁铁岩-辉长岩墙群-准洋脊拉斑玄武岩组合		灰色硅质岩、玄武岩、辉长岩、辉绿辉长岩、纯橄榄岩、斜辉辉橄岩-二辉辉橄岩	洋盆	大洋盆地	
	泥盆系	中-上统		南边山组	Dnb	远滨泥岩、粉砂岩夹砂岩组合	945～1232	灰色中、细粒岩屑砂岩、粉砂岩不等厚互层，上部夹灰色泥晶灰岩、硅质岩		陆架泥	陆源碎屑浅海
下古生界	志留系	上统 中统		漫波组	Sm	半深海浊积岩组合	1694	灰绿色、灰黄色页岩、粉砂岩与细粒石英砂岩互层夹灰岩及泥灰岩		斜坡沟谷-斜坡扇	半深海
		下统		水箐组	Ss	半深海浊积岩组合	551～2006	深灰色、灰色、灰绿色页岩、粉砂岩、细砂岩，下部夹碳质页岩			

1. 志留系下统水箐组（S$\hat{s}$）

水箐组的厚度不清，掩盖较大。岩石组合特征以灰色、深灰色变质细粒石英砂岩、（绢云）粉砂质板岩、泥质板岩为主，夹少量灰色千枚岩，局部见深灰色大理岩化灰岩，与花岗岩接触附近的变质石英砂岩中，可见叠加变质作用形成的雏晶黑云母（黄铁矿）斑点或条带。

该套地层岩性在评价区内厚度较大，上下岩性变化不大，岩石总体色深层薄，砂岩质纯、分选性与磨圆度均好，砂岩与粉砂质岩石之间界线多为突变。

另外，夹有少量灰黑色碳质层及碳酸盐岩。据上述特征，水箐组应属浅海-斜坡相沉积。

在哀牢山-无量山地区南侧的骑马坝一带泥质板岩中采获螺旋奥氏笔石（*Oktavites spiralis*），螺旋奥氏笔石是我国长江中下游、湘粤桂区早志留世顶部的带化石，也是欧洲早志留世顶部的带化石。根据前人的古生物资料将其置于早-中志留世。

2. 志留系中统漫波组（Sm）

漫波组岩性为灰色、黄灰色硅泥质含岩屑石英砂岩、石英杂砂岩与硅泥质石英粉砂岩、（黏土质）页岩、粉砂质泥岩等不等厚互层，夹多层深灰色含砂微晶灰岩或砂质灰岩的薄层或透镜体。地层中采获牙形石、笔石化石。

该组继承了水箐组的沉积环境，下部至上部岩石粒度变粗、层厚增加，形成进积型层序，表明水体下降，由半深海环境向浅海陆棚环境转变。

3. 泥盆系中-上统南边山组（Dnb）

南边山组为一套具复理石特征的岩屑砂岩、粉砂岩夹灰岩、硅质岩的组合，大体显示自下而上、由粗变细的海进层序。韵律层十分发育，其组合以砂岩、泥岩、灰岩，砂岩、粉砂岩、泥岩，砂岩、粉砂质泥岩，粉砂质泥岩、灰岩等类型最常见。单个韵律层厚20~150cm，多数以砂岩为底。砂岩常呈块状层，普遍含少量海绿石，底面可见重荷膜构造，其结构、成分成熟度均较低；泥岩、粉砂质泥岩约占40%，由下而上递增；泥晶灰岩、硅质岩出现在层位上部，硅质岩中发现有少量的放射虫碎片。

上述沉积物结构、组分在纵向上的变化，显示当时沉积水体逐渐变深的环境。

层位中上部采获了晚泥盆世特有分子的化石；区域上在层位下部采获了中泥盆世的化石因子，进而将该层位的年代定义为中-上泥盆统。

4. 二叠系中统高井朝组（P$_2$g）

高井朝组岩性组合特征为灰色、深灰色薄-中层状中细粒长石石英砂岩、泥质粉砂岩、泥岩及灰绿色、灰紫色致密块状安山岩、（杏仁状）安山玄武岩，局部可见深灰色砂质泥岩中夹灰黑色薄层状锰质泥岩。

该组地层可见由灰色长石石英砂岩、粉砂岩、粉砂质泥岩组成的多个沉积旋回，向上砂岩减少，岩石颜色变深，泥岩增多，水体变深。灰色中细粒长石石英砂岩中见灰黑色泥质条纹条带，浅黄色粉砂质泥岩中水平层理发育，常见灰黑色斑块风化残留，局部见粉砂质结核。在由灰色泥质粉砂岩与泥岩互层的粉砂岩中发育变形层理，粉砂岩中含有较大的砾石，砂岩中的砂屑分选较差，少数无分选，与泥质呈混杂堆积沉积，并发育有泄水构造，显示快速堆积特征，总体为一套浊积岩。

鉴于此，高井朝组沉积环境属斜坡相沉积。

5. 二叠系中统坝溜组（P$_2$bl）

坝溜组根据岩性可分为上下两段。

下段：为深灰色薄层夹中-厚层含燧石结核白云质灰岩、厚层块状微晶灰岩、生物碎屑灰岩、深灰-

黄灰色粉砂岩、（藻）鲕粒灰岩、厚层块状砾屑灰岩、砂质灰岩与浅灰绿色中层-厚层石英细砂岩、中-薄层泥质粉砂岩、黄灰色中层（岩屑）石英砂岩不等厚互层，夹中薄石英细砂岩、含细砂粉砂质页岩、灰色-灰白色薄层硅质岩、极薄层细砾岩等。硅质岩中含丰富的海绵骨针，地层下部碳酸盐岩发育，含蜓、非蜓有孔虫化石较多，向上则碳酸盐岩层减少且蜓及其他有孔虫化石丰富度减少，也见少量腕足类、珊瑚等其他化石。地层厚度约960m。

上段：深灰色、褐灰色含粉砂硅质岩、硅质岩、粉砂岩、砂砾屑灰岩、硅质灰岩、粉砂质泥岩、泥岩等，以底部一层厚度大于2m的灰质砾岩与下伏的该组下段为界，厚度大于340m。下部及中部各夹一层灰色中厚层灰岩（过去坝溜组上段没有描述灰岩夹层），下部灰岩为生物碎屑灰岩、含蜓灰岩。中部灰岩为砂质灰岩、生物碎屑灰岩，主要为海百合茎砂屑，偶可见单体珊瑚化石。上部粉砂岩中可见腕足类、苔藓虫化石。

该组主要以粉砂岩、硅质岩和少量灰岩为主，浊积岩中含有大量的闪长岩、花岗岩砾石。生物化石多产于灰岩中，其次为半深水的海绵，岩石具灰绿色、灰黑色等，说明水深位于氧含量较低的深水环境中，且水流不通畅。应为外陆棚-半深海环境沉积。

6. 二叠系上统羊八寨组（P$_3$y）

羊八寨组根据岩性组合分为以下两段。

下段：以灰色薄层为主夹中-厚层的硅、泥质粉砂岩、粉砂质泥岩互层、灰色中-薄层状细砂岩粉砂岩、泥岩互层，夹细砂岩，未见化石。在这套岩性组合中多有一些硅化花岗斑岩、辉绿岩或安山玄武岩侵入。

上段：灰色、深灰色中-薄粉砂质泥岩、泥质粉砂岩互层，夹细砂岩，厚度大于1126m。中部局部见海百合茎、苔藓虫、腕足类、双壳类、蜓（偶见）等化石的钙质粉砂岩或灰岩薄透镜体；在该段中夹有一最大厚度达数十米的灰色厚层-块状灰岩透镜体，含丰富的海相生物化石，主要见腕足类、苔藓虫和海绵等；上部灰黑色的泥岩、粉砂岩中煤线发育，富含植物化石和双壳类化石。

该组中下部岩石粒度较细，以粉砂、泥质为主，岩石多为灰绿色、灰黑色，且腕足类、双壳类等生物繁盛，显示了较深水弱还原环境沉积特点，应为浅海陆棚相；顶部见较多植物化石和少量煤线，水体较浅，陆源有机质补给充分，应为沼泽环境沉积。整体形成一个由浅海陆缘环境细碎屑沉积向上变粗至滨海砂岩或沼泽碳质泥岩沉积的进积型沉积层序。

7. 上古生界马邓岩群（PzM.）

上古生界马邓岩群可细分为a、b两个岩段。

a岩段的岩石组合特征以灰色、深灰色绢云千枚岩、千枚状板岩和浅灰色变质石英（杂）砂岩为主，夹绢云板岩、绢云砂质板岩及灰岩。

该岩性段岩性单调，岩石组合类型简单，因粗碎屑岩较多而区别于b岩段。

b岩段的岩石组合特征以灰色、深灰色绢云石英千枚岩、变质石英砂岩和粉砂质板岩为主，夹灰黑色碳质绢云千枚岩和透镜状大理岩化灰岩，各岩性层之间多为断层接触。碳化破碎带内岩石黄铁矿化、方铅矿化较明显。碳酸盐岩、碳质层多呈似层状、透镜状展布，这也是划分该岩性段的主要标志。

从以上岩石组合特点分析，变质原岩以石英砂岩、泥岩、粉砂岩为主，夹灰岩。在双沟洋盆的消减过程中，该套地层发生了强烈的剪切变形，岩层原始沉积面貌已不存在，各类岩石间均为非正常沉积关系，给沉积环境的恢复带来了一定困难。从沉积物的厚度较大、夹大理岩化灰岩来看，该套变质地层的沉积环境应属具有一定活动性、陆源碎屑供给充足的大陆斜坡至盆地边缘相沉积。

综上所述，马邓岩群外麦地岩组的沉积环境可能为一套斜坡-盆地边缘相的陆源碎屑沉积。

在区域上的灰岩中采获的牙形石，其时代主要为早志留世中晚期至中志留世早期。在1:5万谷底新寨、黄草岭幅内的灰岩中亦采获牙形石，时代延限较长，但总体却显示了石炭纪的色彩。

根据变质后的岩石特征，可与镇沅一带的外麦地岩组进行对比。因此，暂将测区内马邓岩群的时代置于上古生界。

8. 三叠系上统三合洞组（T₃sh）

三合洞组下部为浅灰色中厚层状灰岩夹薄层状页岩，局部地段为紫红色泥质灰岩；中部为薄层状灰岩夹泥岩，平行层理及微层理发育；上部为深灰色块状灰岩与灰黄色的泥质灰岩组成基本层序，部分地段基本层序的顶部尚见少量薄层状灰质页岩。块状灰岩不显层理，风化面具溶蚀现象，偶见锯齿状裂缝构造。泥质灰岩中微细水平层理发育，含有丰富的双壳类、腹足类化石，以上特征反映出三合洞组属前滨-近滨相碳酸盐沉积。

下部厚层状纯灰岩，含牙形石、双壳类等化石。中段为薄层状灰岩夹泥岩，平行层理及微层理发育，含双壳类、牙形石、介形类、腹足类等化石，上段主要为块状含燧石灰岩。中上段为灰黑色薄层-中厚层状含粉砂泥质泥晶灰岩，含牙形石、双壳类化石。

9. 三叠系上统挖鲁八组（T₃wl）

挖鲁八组下部为深灰色、灰黑色板岩（泥岩）、粉砂岩夹细砂岩，含丰富双壳类化石；中部为灰绿色、灰黑色粉砂岩、细砂岩夹泥岩、炭质泥岩、煤线或煤层，岩石中具微细水平层理、斜层理，顶部为杂色泥岩、粉砂岩、细砂岩组成。

哀牢山-无量山地区和区域上采获双壳类等化石。

10. 三叠系上统麦初箐组（T₃m）

麦初箐组据岩石组合及特征分为三段，区域上各段之间均为整合接触。

麦初箐组一段（T₃m¹）：灰色、灰黑色、灰黄色薄中层钙质粉砂岩、钙质泥岩、泥质粉砂岩夹灰色、深灰色薄中层粉-微晶灰岩、泥质灰岩、细粒岩屑石英砂岩、细粒石英砂岩，粉砂岩中水平层理发育，砂岩中平行层理发育。

麦初箐组二段（T₃m²）：整体为一套碳酸盐岩夹少量细碎屑岩，岩性组合特征为灰色、深灰色中厚层泥晶灰岩、微粉晶灰岩夹灰白色、灰色中层细晶白云质灰岩、泥灰岩、灰色粉砂质泥岩、钙质粉砂岩，泥晶灰岩中见有水平层理。

麦初箐组三段（T₃m³）：下部为灰色、灰黄色中层钙质粉砂岩、泥质粉砂岩、钙质泥岩夹浅灰色、灰白色中厚层中细粒石英砂岩及灰色粉微晶灰岩，沉积环境为浅海；中上部岩性为灰色中厚层细粒岩屑杂砂岩、岩屑石英砂岩、石英砂岩夹灰色中层钙质细-粉砂岩、泥质粉砂岩、钙质泥岩，局部夹有灰色含砾钙质泥岩；粉砂岩中见有水平层理，砂岩中平行层理发育，偶见有斜层理。

在麦初箐组三段中采获双壳类、叶肢介、植物等化石。沉积环境中下部为浅海，向上海侵范围逐渐缩小，为海陆过渡相。

三、丽江-金平地层分区

丽江-金平地层分区位于扬子地层区之西部边缘，大致为哀牢山以东、祥云-元江一线以西的地区，哀牢山-无量山地区可进一步细分为丽江地层小区和金平地层小区（图 5-6，表 5-1），且分别在哀牢山-无量山地区的北端和中部南侧。

（一）丽江地层小区

位于哀牢山-无量山地区的北端，产出面积较小（图 5-6）；西侧以哀牢山断裂与绿春地层小区分界，东以程海断裂为界与楚雄地层小区接壤。其地质发展演化历史与金平地层小区相似，只是由于后期断裂构造作用，使其在空间上互不相连而已；哀牢山-无量山地区出露的泥盆系-二叠系地层为被动陆缘的碎屑岩-碳酸盐岩沉积。哀牢山-无量山地区共出露了 5 套组级岩石地层单元，岩石地层序列及特征如表 5-6 所示。

表 5-6 丽江地层小区岩石地层序列及特征

年代地层			岩石地层单位及代号			沉积岩建造组合类型	厚度（m）	岩性与岩相简述	沉积相	沉积体系
界	系	统	群	组	代号					
上古生界	二叠系	中统		峨嵋山组	Pe	玄武质火山角砾-玄武岩建造组合	3688～5050	致密-杏仁状玄武岩，下部夹凝灰岩、灰岩、火山角砾岩，上部夹凝灰质页岩		
				阳新组	P_2y	开阔台地碳酸盐岩组合	192～573	灰色块状灰岩夹同色生物碎屑灰岩与硅质岩	开阔台地	
	石炭系	下统		水长阱组	CPs	台地潮坪-局限台地碳酸盐岩组合	56.8～187.7	下部深灰色白云质灰岩、灰岩夹硅质岩，上部深灰色灰岩	台缘浅滩	碳酸盐岩台地
				横阱组	C_1h	台盆深水碳酸盐岩组合	252.3～441.8	含硅质条带灰岩夹硅质岩	斜坡或缓斜坡	
	泥盆系	中-上统		长育村组	$D\hat{c}$	台盆硅泥质岩	676.3～739	黑、白条带状薄层硅质岩夹灰白色灰岩	陆架泥	陆源碎屑浅海

1. 泥盆系中-上统长育村组（$D\hat{c}$）

长育村组为 1：20 万大理幅所建立的正式岩石地层单位，时代限定为中泥盆世，其正层型剖面位于大理横阱，1：20 万巍山幅沿用该方案；1：5 万大理市幅、下关幅、凤仪镇幅将其划分为泥盆系中统、上统；1：5 万周城幅、大营街幅将其划分为中-上泥盆统长育村组；经地层清理，将长育村组与其上覆的上泥盆统砂子阱组（Ds）统称为长育村组（$D\hat{c}$），时代定义为泥盆系中-上统。

长育村组主要为灰黑色、灰白色薄层状硅质岩与同色的薄层状硅质泥岩互层组成韵律性的基本层序，局部夹少量灰白色、粉红色薄层状页岩、细粒岩屑砂岩；硅质岩单层厚以 1～5cm 为主，硅质泥岩单层厚多小于 2cm。岩石中水平纹层构造、条带状构造极为发育，在长育村一带，该组上部夹浅灰色中-厚层状、块状含磷、锰的鲕状灰岩，灰岩风化后黑色染手。岩石中产腕足、牙形石、竹节石及少量放射虫化石。

该组在中泥盆世开始沉积时，主要为次生石英岩和浅灰色条带状硅质岩，石英岩中保留内碎屑、鲕粒结构、团块结构的残余，含海百合茎，为一种中等-偏高的强水动力沉积和静水硅质岩的混生，前者属于陆棚边缘的高能带；向上为快速堆积的岩屑杂砂岩沉积，为风暴流或沿岸流的携带物，至中泥盆统晚期则过渡为一套静水的硅质岩沉积。总体上显示出海水加深、陆屑物质减少的特征，属于一种陆棚边缘-次深海盆地相。晚泥盆世开始，沉积一套颜色较深的硅质岩与硅质泥岩组成的韵律性的层序，岩石中水平层理/纹层、条带状构造发育，有机物质含量增多，同时出现放射虫以及深水类群的牙形石等，为一种典型的深海欠补偿盆地的沉积。

2. 石炭系下统横阱组（C_1h）

横阱组与下伏泥盆系中-上统长育村组间呈整合接触关系。以灰岩出现与下伏长育村组硅质岩分界。该组下部主要为深灰色、浅灰色、黄灰色薄-厚层状、块状含硅质结核灰岩、泥晶骨屑灰岩、粉晶骨屑灰岩、内碎屑粉晶灰岩、泥晶灰岩，夹少量浅灰色中层状亮晶骨屑灰岩、灰色薄-厚层状硅质条带灰岩；中部夹约 13m 厚的深灰色薄层状硅质岩及三层深灰色、灰色中-厚层状灰岩；岩石中以普遍含硅质结核或团块为特征，硅质结核一般大小为 15～50cm 不等，多呈椭圆状，沿层理面断续分布，薄层状岩石中具硅质泥质条带、微细水平层理构造，部分岩石中具同生角砾状构造。上部为灰色厚层-块状灰岩夹黄灰色薄层状含硅质泥质灰岩、中-厚层状硅质条带粉晶灰岩、泥晶灰岩夹骨屑泥晶灰岩，少量呈薄层状、中层状；在其下部夹三层中厚层状含硅质小结核灰岩，岩石中（尤其是薄层状岩石中）条纹状构造、水平层理构造发育。

该组中采获大量的生物化石，主要有珊瑚、牙形石化石。

该组向南地层厚度变厚，岩性也有较大变化。该组早期沉积了一套滚圆状生物碎屑粉晶骨屑灰岩、亮晶骨屑灰岩、次棱角状生物碎屑灰岩粉晶骨屑灰岩等，生物组合以有孔虫、珊瑚、腕足类、苔藓虫、海百合茎等为主，为一种生物丰盛，水动力强弱更替循环良好的开阔台地相沉积；中期以生物骨屑灰岩为代表，骨屑以有孔虫碎屑为主，其次为海百合茎、苔藓虫，呈滚圆状，胶结物多为粉晶和亮晶，从岩石组构上看，属于水动力条件较强的台地边缘浅滩相。晚期以泥晶灰岩、含硅质泥质灰岩等为主，生物组合以珊瑚、牙形石等海相生物为代表，表现出水动力条件相对较弱的海相环境，属于低能的碳酸盐岩台地相沉积。

3. 石炭系上统-二叠系下统水长阱组（CPs）

水长阱组主要为灰色、深灰色、灰白色薄层状白云质灰岩、厚层块状夹中层状的泥晶/粉晶骨粒灰岩、生物碎屑灰岩、中-厚层状骨屑内碎屑灰岩，少量黄灰色薄层状泥灰岩，局部见风暴成因的介壳、珊瑚碎片层；顶部为含硅质团块骨屑蜓灰岩、内碎屑下部约 6m 厚的浅灰色、深灰色薄层状硅质岩，底部夹数米厚的灰黄色、灰色钙质页岩；岩石中条带状构造、水平层理发育，部分岩石呈现同生角砾构造。粉晶骨粒灰岩中骨屑含量占 55%～66%，由次棱角状的有孔虫、腹足类、海百合茎、腕足类碎屑组成，骨粒以蜓类为主，其次为腕足类及海百合茎，填充物为泥粉晶。

岩石中产蜓、腕足类、牙形石等化石。

该组早期主要以粉晶灰岩为主，生物组合为蜓、牙形石、珊瑚、腕足类、海百合茎及部分广盐度的正常浅海生物，蜓类常富集成层，主要为开阔台地相沉积；在区域上北侧的海印一带出现了一套高能环境的碳酸盐岩沉积，以粉晶鲕粒灰岩、亮晶鲕粒-内碎屑灰岩沉积为主，蜓以麦蜓、顿巴蜓等壳体为纺锤形、椭球形之 B 型和 C 型的蜓为主，属于温暖浅海、搅动能量中等-高等的台地边缘浅滩相。后期，继承了早期的沉积，蜓以假希瓦格蜓等 C 型和 D 型蜓发育，代表了一种中等能量的沉积环境，仍为台地边缘浅滩相。

4. 二叠系中统阳新组（P₂y）

阳新组与下伏石炭系-二叠系水长阱组之间为整合接触关系，以颜色深浅相区别。该组下部主要为灰色、浅灰色、灰白色中-厚层状粉晶骨屑灰岩、骨屑粉泥晶灰岩、含生物颗粒内碎屑灰岩、浅灰色厚层块状泥晶灰岩，少量粉晶骨屑-鲕粒灰岩；上部主要为灰色、深灰色中-厚层状骨屑、内碎屑、粉晶灰岩和少量不等粒骨屑内碎屑泥晶灰岩、角砾状含白云质灰岩和灰质砾岩。泥晶灰岩中水平纹层较为发育，在骨屑泥晶灰岩中局部可见由此而来的岩石中生物碎屑由粗变细组成的粒序层理构造。

该组中采获大量蜓化石，少量牙形石、苔藓虫、珊瑚等化石。

该组在横向上厚度变化较大，由北向南东地层厚度变薄的趋势明显。该组在栖霞期初期，继承了横阱组的沉积特点，主要为灰色、浅灰色中层状内碎屑灰岩、粉晶骨屑灰岩-厚层状泥晶灰岩、粉晶灰岩构成的下粗上细的退积型层序，为海侵体系域沉积，其后则为以骨屑粉晶灰岩、泥晶灰岩为主体的沉积，生物以米斯蜓（*Misellina*）等粗纺锤形-圆柱形的 B 型-A 型类为代表，抗风浪能力较弱，为静水台盆相沉积；总体上属于开阔台地浅滩-台后盆地相沉积。至茅口期，为具粒序层理的粉晶骨屑灰岩-灰质砾岩或泥晶内碎屑灰岩组成的层序，内碎屑含量较高（可达 68%），由中粗粒内碎屑组成，次圆状为主，分选性好，填隙物为同期的栉壳状亮晶方解石，说明茅口早期时仍以开阔台地相-台后盆地相为主体，随水动力加强，逐步演化为高能的台地边缘浅滩环境。

5. 二叠系峨嵋山组（Pe）

峨嵋山组仅出露于哀牢山-无量山地区北侧边缘一带，出露面积较小，但在区域北侧的宾川白土坡一带，该组玄武岩底部有一砾岩层，厚约 7m，砾石成分由浅灰色、灰白色、深灰色等多种灰岩组成，呈次圆-滚圆状，砾径大小不一，为玄武质熔岩所固结；该砾石层分布局限，沿走向延伸 100～200m 消失。

以区域上北侧的宾川鸡足山、上仓为代表，由下至上可划分为 8 个大的岩性层。

一层：上部为灰绿色致密状玄武岩、黄褐色玄武火山角砾岩相间出现，夹少量杏仁状和斜长石小斑晶的玄武岩。下部为钢灰色致密状玄武岩、杏仁状玄武质夹黄绿色玄武质火山角砾岩、凝灰岩。底部为黄绿色凝灰岩、凝灰质砂岩，风化后呈土状、页片状，夹数层厚约 30cm 的灰岩透镜体。在宾川白土坡底部灰岩中采获蜓化石，厚度约 1139m。

二层：灰绿色、黄绿色葡萄石、绿泥石化玄武质溶岩角砾岩，少量深灰色致密状玄武岩。角砾成分主要为杏仁状、致密状玄武岩，砾径大小不等，一般以 0.2～2mm 为主。厚度约 793m。

三层：上部为黑绿色致密状玄武岩、灰绿色含长石斑晶的辉绿玄武岩夹少量灰绿色杏仁状玄武岩、紫红色凝灰岩、玄武质火山角砾岩；中部为钢灰色微晶致密状玄武岩夹杏仁状玄武岩和玄武火山角砾岩；下部为黄绿色凝灰角砾岩夹辉斑玄武岩、杏仁状玄武岩和厚 30cm 左右的灰岩透镜体，灰岩中见珊瑚、苔藓虫化石。厚度约 872m。

四层：上部钢灰色、暗灰绿色微晶致密状玄武岩，黄绿色、灰绿色杏仁状玄武岩夹紫红色凝灰质页岩。下部为黄绿色含气孔状和杏仁状的斜长斑状玄武岩夹少量紫红色凝灰岩。厚度约 870m。

五层：灰黑色橄斑玄武岩、黄绿色杏仁状玄武岩夹紫红色凝灰岩、黄绿色凝灰质角砾岩、凝灰质页岩。厚度约 294m。

六层：上部为暗灰色、紫红色粗面安山岩，含少量肉红色长石斑晶。斑晶大小一般在 2～6.6mm；中部为暗灰绿色致密状玄武岩夹紫红色凝灰岩；下部为黄绿色、紫灰色斜长石斑晶玄武岩，具斑状结构，斑晶为斜长石，呈薄板状，最大者达 25mm。厚度约 681m。

七层：黑绿色致密状玄武岩、杏仁状玄武岩和紫红色、黄绿色凝灰岩组成十余个小的喷发-沉积旋回，近底部夹约 5m 厚的一层黄绿色玄武质砂砾岩。杏仁为球形、扁圆形，直径一般 1.5～2mm，多为石英、长石充填。厚度约 520m。

八层：翠黄绿色、暗紫灰色粗面安山岩，具斑状结构，斑晶为肉红色长石，偶见透长石，斑晶大小一般在 2～12mm。厚度约 217m。

总体而言火山岩可划分为一个喷发旋回，2 个亚旋回，17 个火山喷发韵律，以宾川鸡足山地区发育最为齐全。

火山岩岩性横向变化快，由北向南厚度减薄。火山岩下部偶夹硅质岩，在其凝灰岩夹层中采获蕉叶贝；部分玄武岩具球粒结构或枕状构造，而大量火山岩则具泥球构造，并发育柱状节理，本期火山活动具海陆交互相到陆相喷发特点。从区域资料分析，丽江陆缘台褶带从奥陶纪到早二叠世一直处于相对稳定的状态，中、晚二叠世，在地幔柱热点作用下，丽江陆缘台褶带转为相对拉张的构造环境，导致地幔岩浆上涌喷发，形成陆块内受离散构造控制的、与苦橄岩紧密共生的大陆溢流拉斑玄武岩、碱性玄武岩及粗面岩、流纹岩。

（二）金平地层小区

金平地层小区位于哀牢山-无量山地区的中部，呈南东向带状分布（图5-6）；西侧以哀牢山断裂与绿春地层小区分界，东侧则以红河断裂为界与楚雄地层小区为邻。该小区在哀牢山-无量山地区古元古界哀牢山岩群广泛出露，其上为一套陆棚-碳酸盐岩台地沉积覆盖。

金平地层小区在哀牢山-无量山地区总出露了5套组级岩石地层，其中阿龙岩组、青水河岩组和小羊街岩组为古元古界哀牢山岩群的细分，岩石地层序列及特征如表5-7所示。

表5-7 金平地层小区岩石地层序列及特征

年代地层			岩石地层单位及代号			沉积岩建造组合类型	厚度（m）	岩性与岩相简述	沉积相	沉积体系
界	系	统	群	组	代号					
下古生界	志留系	中统		康廊组	Sk	台地潮坪-局限台地碳酸盐岩组合	961.9~1108.1	上部灰-灰白色白云岩、白云质灰岩，下部含硅质、泥质白云质灰岩、白云岩、夹少量灰黑色页岩、粉砂岩	开阔台地	碳酸盐岩台地
中元古界				大河边岩组	Pt_2d	黑云变粒岩-二云片岩组合		黑云变粒岩、二云变粒岩夹二云石英岩、二云片岩		
古元古界	哀牢山岩群			阿龙岩组	$Pt_1a.$	角闪斜长变粒岩-角闪斜长片麻岩-钙硅酸盐岩-大理岩组合	>1429视厚度	大理岩、斜长角闪岩、钙硅酸盐岩		
				青水河岩组	$Pt_1q.$	角闪斜长变粒岩-角闪斜长片麻岩-钙硅酸盐岩组合	>2390视厚度	角闪斜长变粒岩、角闪斜长片麻岩夹斜长角闪岩、钙硅酸盐岩		
				小羊街岩组	$Pt_1x.$	黑云斜长变粒岩-云母石英片岩-云母片岩组合	>1476视厚度	黑云片岩、二云片岩、云母石英片岩夹黑云斜长变粒岩		

1. 古元古界哀牢山岩群

根据岩石组合差异，可将哀牢山岩群细分为3个岩组，即小羊街岩组、青水河岩组和阿龙岩组（表5-7）。

1）古元古界哀牢山岩群小羊街岩组（$Pt_1x.$）

小羊街岩组（$Pt_1x.$）在调查区内呈北西-南东向展布，视厚度＞1476m。岩石组合特征为灰色、浅灰色糜棱岩化（角闪）黑云斜长变粒岩、糜棱岩化黑云斜长片麻岩、糜棱岩化二长变粒岩、糜棱岩化二云石英片岩、二云千糜岩夹浅灰色、深灰色糜棱岩化矽线黑云片岩、糜棱岩化斜长角闪岩、糜棱岩化透辉角闪斜长变粒岩。该岩组以富含云母质矿物岩石为特征，岩石条纹、条痕状构造发育，糜棱岩化较强。局部以Sn为变形面形成紧闭小褶皱，被褶劈理Sn+1纵向置换。

小羊街岩组在哀牢山地区的北部马街镇-鼠街一带，见有大量二云片岩、二云钠长石英片岩、黑云角闪片岩等，与其他地段的小羊街岩组岩石类型有明显差异。

2）古元古界哀牢山岩群青水河岩组（$Pt_1q.$）

清水河岩组（$Pt_1q.$）岩石组合特征为灰色、深灰色糜棱岩化透辉角闪斜长变粒岩、糜棱岩化斜长角闪岩、糜棱岩化含石榴角闪黑云斜长片麻岩夹灰色、深灰色糜棱岩化黑云斜长变粒岩、糜棱岩化含石榴黑云斜长片麻岩和少量深灰色糜棱岩化黑云角闪片岩、绿泥钠长片岩、大理岩。该岩组以富含角闪质岩石为特征。岩石条纹、条痕状构造发育，糜棱岩化较强。

3）古元古界哀牢山岩群阿龙岩组（$Pt_1a.$）

阿龙岩组（$Pt_1a.$）出露较少，分布于调查区北部鼠街一带，呈北西-南东向展布。视厚度＞1429m。岩石组合特征为灰白色、浅灰色中-粗晶大理岩为主，夹有角闪透辉变粒岩、斜长角闪岩。大理岩为灰色条带状和白色块状，斜长角闪岩多呈透镜状产出。

4）时代讨论

哀牢山岩群恢复原岩为含中基性火山物质的陆源碎屑岩夹碳酸盐岩，反映其沉积环境为海相沉积。原岩经过多期变形变质作用，主期变质强度为角闪岩相，后期发生退变质，形成一个复杂地质体。近年来，通过采集不同的测试对象和采用不同的测年方法，对该岩群进行了大量的同位素年代学研究，目前已获得的数十件测年数据中，有一组年龄值为 1300Ma～1900Ma。斜长角闪岩 Sm-Nd 法模式年龄 1958.3Ma、1971.9Ma、1672.2Ma（翟明国等，1990；样品采自墨江-二台坡剖面及滑石板-元江剖面），石榴单斜辉石岩 40Ar-39Ar 法年龄 1710.3 Ma±2.4Ma（翟明国等，1990），斜长角闪岩 Sm-Nd 法等时线年龄 1367.1Ma±46.1Ma（翟明国等，1990）。邹日等（1997）获得的哀牢山岩群乌都坑组大理岩的 Pb-Pb 等时线年龄为 1360Ma±60Ma，认为其代表成岩年龄。邹日等（1997）对金平龙脖河地区一套变质火山岩和大理岩地层做的同位素定年，获得角闪变粒岩的 K-Ar 年龄为 1497Ma±29Ma，电气石岩中电气石的 K-Ar 年龄为 1544Ma±15Ma，大理岩中黑云母的 K-Ar 年龄为 655Ma±5Ma，认为前两者代表成岩时代，后者代表后期变质时代。常向阳等（1998）对同一套地层内的变钠质火山岩进行了年代学研究，获得了 1596Ma±85Ma 的 Pb-Pb 等时线年龄和 1330Ma±80Ma 的 Sm-Nd 等时线年龄，认为前者代表岩石形成时代，后者代表岩石变质时代。

王冬兵等（2013）在哀牢山南段蛮耗-金平公路花岗片麻岩中测得岩浆锆石 U-Pb 年龄为 700Ma±6Ma，说明现今哀牢山岩群变质岩的原岩肯定存在新元古代岩浆物质组分。

使用的同位素测年方法适用性不一，获得哀牢山岩群形成时代主要分布在 2000Ma～560Ma 前，且精度较差、解释多样，关于哀牢山岩群的形成时代迄今尚未得到较为可靠的同位素年龄数据。综合考虑上述资料，暂将哀牢山岩群的地层年代置于古元古代。

2. 中元古界大河边岩组（Pt₂d）

大河边岩组岩石类型以灰色、深灰色薄层石英片岩、斜长二云片岩为主，夹中厚层黑云斜长变粒岩、（绢）白云石英千枚岩和厚层斜长变粒岩。区内北部变粒岩和浅粒岩增多，南部斜长二云片岩较多。

大河边岩组变质原岩为泥质岩、杂砂岩及石英砂岩等。岩石组合类型与哀牢山岩群各岩组的特征有明显不同，变质程度差异明显，且不具混合岩化现象；与哀牢山断裂西侧的古生界马邓岩群的岩石类型及变质程度也有不同。从构造变形所处的构造环境分析，大河边岩组主期变形环境是介于马邓岩群之下、哀牢山岩群之上的构造层次。

综合其他各方面资料，暂将其地质时代置于中元古代。

3. 志留系中统康廊组（Sk）

康廊组岩性较为单一，以大套白云岩、白云质灰岩为其特征而区分于上下地层。主要为灰色、浅-深灰色厚层状-块状（少量中层状）白云岩、白云质灰岩、白云岩化粉晶灰岩，少量浅灰色、灰白色中层状微粒含砂白云质灰岩、灰质角砾岩、泥质网纹状灰岩、含砾屑泥晶灰岩及白云石化鲕状灰岩等，夹多层层孔虫礁白云质灰岩；岩石风化后多呈灰白色、黄灰色和黑色，表面具刀砍状溶沟，岩石中条带状构造、纹层状构造、硅质岩条带或小硅质结核较为发育；条带状构造之条带一般宽数 10mm，分别为灰黑、土黄、褐红等色，由钙、铁、泥质物组成。岩石中以普遍含石英砂为特征，强烈风化后呈白色、灰白色砂质土壤。

该组中采获珊瑚、牙形石、层孔虫、笔石等化石。

该组总体上地层厚度相对稳定，从北至南有地层厚度略为增加的趋势。该组以白云岩、白云质灰岩、泥晶灰岩为主，含珊瑚、层孔虫、牙形石等浅海生物化石，同时沉积物中见有大量的石英砂，部分地段白云岩中发育喀斯特化白云质灰岩，并发育有暴露标志的帐篷构造，普遍见条带状构造，反映出水动力分选作用较弱的沉积环境，属于碳酸盐岩浅水台地相。

四、康滇地层分区

康滇地层分区位于扬子地层区之中部，区域上为程海-宾川断裂带、红河断裂带、小江断裂带所围限的区域。在哀牢山-无量山地区可进一步细分为楚雄地层小区（图 5-5，表 5-1）。

楚雄地层小区位于哀牢山-无量山地区北东侧的广大地区（图 5-6），其西以程海-宾川断裂、哀牢山断裂和红河断裂分别由北至南与丽江地层小区、漾濞地层小区和金平地层小区为邻，北侧和东侧则延至区外。

该地层小区在哀牢山-无量山地区为古元古界大红山岩群的变质基底之上发展，区域上还包括古元古界普登岩群和中元古界苴林岩群，同时区域上从震旦系-二叠系边缘局部地区出现陆表海沉积；在晚三叠世，在其西部曾发育了一陆内裂谷，沉积了厚度巨大的陆源碎屑浊积岩系——云南驿组、罗家大山组，并有少量偏碱性的火山岩相伴产出；但这一深水沉积盆地很快被充填、堰塞，至诺利期转变为拗陷盆地沉积，沉积了厚度巨大的三角洲-沼泽相的陆源碎屑含煤建造——花果山组、白土田组。侏罗纪开始，该小区大范围拗陷，沉积了侏罗纪-古近纪厚逾万米的红色沉积，其中上侏罗统妥甸组上段钙质白云质泥岩、泥灰岩、泥岩是蓝石棉矿的主要赋存层位；白垩系江底河组、马头山组、高峰寺组为砂岩铜矿的主要赋存层位；古近纪古新世元永井组的杂色泥岩也是蓝石棉矿的另一个主要赋存层位；古近纪古新世元永井组还是石膏、石盐等蒸发岩的主要赋存层位。

楚雄地层小区在哀牢山-无量山地区总出露了 18 套组级和 1 套群级的岩石地层单元，其中岩群级岩石地层即为古元古界大红山岩群，岩石地层序列及特征如表 5-8 所示。

表 5-8　楚雄地层小区岩石地层序列及特征

年代地层			岩石地层单位及代号			沉积岩建造组合类型	厚度（m）	岩性与岩相简述	含矿性	沉积相	沉积体系
界	系	统	群	组	代号						
新生界	新近系	上新统		茨营组	$N_2\hat{c}$	河湖相含煤碎屑岩组合	103～1072	下部灰白色砾岩、中粗粒杂砂岩；中部灰色有机质泥岩；上部灰色泥质砂岩、砂质泥岩夹多层褐煤	褐煤	淡水湖泊相	湖泊
		中新统		小龙潭组	N_1x	河湖相含煤碎屑岩组合	>1034.8	上部浅灰色泥灰岩夹钙质泥岩与褐煤，下部灰白色泥岩、钙质泥岩夹褐煤	煤		
	古近系	始新统		赵家店组	$E_2\hat{z}$	湖泊砂岩-粉砂岩组合	1150	下部紫红色厚层中细粒含长石石英砂岩夹同色泥岩；上部为暗紫红色砂质泥岩夹细粒长石石英砂岩		湖泊三角洲相	湖泊
		古新统		元永井组	E_1y	湖泊含石盐泥岩-粉砂岩组合	530～1460	下部紫红色、灰绿色泥岩粉砂岩夹石盐层；上部紫红色泥岩、粉砂质泥岩、粉砂岩互层夹细粒长石石英砂岩	石盐、芒硝、石膏	咸水湖相	湖泊
中生界	白垩系	上统		江底河组	K_2j	湖泊泥岩-粉砂岩组合	1200	下部紫红、灰绿等杂色砂质泥岩、页岩与泥质粉砂岩夹泥灰岩；上部紫色粉砂岩夹细粒长石石英砂岩	铜	淡水湖相	湖泊
		下统		马头山组	K_1m	湖泊三角洲砂砾岩组合	154～553	上部紫红色厚层石英砂岩夹砂砾岩，中下部暗紫色钙质砂岩夹泥岩、泥质砂岩及含铜页岩；砂砾岩，底部为砾岩	铜	淡水湖相	湖泊
				普昌河组	K_1p	湖泊泥岩-粉砂岩组合	397～1311	下部紫红色砂质泥岩，中部紫红色、黄绿色钙质泥岩夹砂岩、泥灰岩，上部紫红色泥岩与泥质砂岩互层		淡水湖相	湖泊
				高峰寺组	K_1g	湖泊砂岩-粉砂岩组合	365～843	下部灰白灰、紫色中粒砂岩，粉砂岩、泥岩底部夹砾岩；上部灰黄色石英砂岩夹紫红色泥岩、钙质细砾岩		淡水湖相	湖泊

续表

年代地层			岩石地层单位及代号			沉积岩建造组合类型	厚度（m）	岩性与岩相简述	含矿性	沉积相	沉积体系
界	系	统	群	组	代号						
中生界	侏罗系	上统		妥甸组	J_3t	湖泊泥岩-粉砂岩组合	1599	下部紫红色泥岩、粉砂质泥岩夹泥质粉砂岩、细砂岩，上部为暗红色、紫红色钙质泥岩、泥岩夹灰色、灰绿色、黄绿色泥岩、泥灰岩，向上黄绿色层增多		淡水湖相	湖泊
				蛇店组	J_3s	湖泊砂岩-粉砂岩组合	573～1596	灰紫色、浅紫红色细-中粒长石石英砂岩夹砂岩、钙质泥岩、砾岩、砂砾岩		淡水湖相	湖泊
		中统		张河组	$J_2\hat{z}$	湖泊泥岩-粉砂岩组合	1205	下部紫红色砂质泥岩夹黄绿色细砂岩、泥岩，上部紫红色砂岩、钙质泥岩		淡水湖相	湖泊
		下统		冯家河组	J_1f	湖泊泥岩-粉砂岩组合	2101～954.9	下部紫红色泥岩、砂质泥岩夹同色石英砂岩及灰质细砂岩；上部紫红色泥岩、粉砂岩夹黄绿色石英砂岩灰质细砾岩		淡水湖相	湖泊
	三叠系	上统		白土田组	T_3bt	河湖相含煤碎屑岩组合	850～2022	底部含砾砂岩，其上为浅灰黄色砂岩、粉砂岩、泥岩，上部夹紫红色泥岩，中上部含多层煤、煤线	煤	湖泊三角洲相	
				花果山组	T_3hg	海陆交互含煤碎屑岩组合	538～1233	底部砾岩，其上由灰白色、黄灰色含长石石英砂岩、细砂岩、粉砂质页岩、页岩组成多个沉积旋回，下部夹煤层	煤	三角洲平原相	三角洲
				罗家大山组	T_3l	陆源碎屑浊积岩（砂板岩）组合	2012～2420	下部灰绿色粉砂岩、细砂岩夹火山角砾凝灰岩；上部灰黑色泥岩夹细砂岩，具鲍马序列		斜坡扇相	半深海
				云南驿组	T_3y	陆源碎屑浊积岩-碳酸盐岩组合	1539～1924	下部黄绿色页岩夹粉砂岩，中部灰色灰岩、泥灰岩，上部灰色页岩夹泥灰岩，具鲍马序列			
古生界	二叠系	上统		吴家坪组	P_3w	陆表海陆源碎屑-灰岩组合	503	泥灰岩、燧石团块灰岩夹粉砂质泥岩、粉砂岩		潮间带相	潮汐带碳酸盐岩台地
		中统		阳新组	P_2y	陆表海灰岩组合	192～573	灰白色、深灰色灰岩夹生物碎屑灰岩		开阔台地相	碳酸盐岩台地
古元古界				大红山岩群	$Pt_1D.$	浅变质岩组合	>2496视厚度	上部千枚岩，中部大理岩，中下部钠长片岩、浅粒岩，下部石英岩	铁、铜		

1. 古元古界大红山岩群（$Pt_1D.$）

大红山岩群岩性为一套浅变质岩夹变质火山岩，为绢云（石英）千枚岩、变质砂岩夹灰色白云（石英）片岩、二云（石英）片岩、变质玄武岩、玄武质安山岩及大理岩化灰岩，局部炭质增加形成炭质板岩。由于后期构造作用的影响，岩石劈理密集发育。从岩石组合特点分析，变质原岩以石英（杂）砂岩、泥岩、粉砂岩为主，夹灰岩及中基性火山岩。具火山-复理石沉积特征，说明该套变质地层的沉积环境应属沉降幅度较大、具有一定活动性、陆源碎屑供给充足的大陆边缘环境的浊流沉积。

2. 二叠系中统阳新组（P_2y）

阳新组下部主要为灰色、浅灰色、灰白色中-厚层状粉晶骨屑灰岩、骨屑粉泥晶灰岩、含生物颗粒内碎屑灰岩、浅灰色厚层-块状泥晶灰岩，少量粉晶骨屑-鲕粒灰岩。上部主要为灰色、深灰色中-厚层状骨屑、内碎屑灰岩、粉晶灰岩和少量不等粒骨屑内碎屑泥晶灰岩、角砾状含白云质灰岩和灰质砾岩。泥晶灰岩中水平纹层较为发育，在骨屑泥晶灰岩中局部可见由此而来岩石中生物碎屑由粗变细组成的粒序层理构造。

该组中采获大量䗴化石，少量牙形石、苔藓虫、珊瑚等化石。

该组在栖霞期初期，继承了横阱组的沉积特点，主要为灰色、浅灰色中层状内碎屑灰岩、粉晶骨屑灰岩-厚层状泥晶灰岩、粉晶灰岩构成的下粗上细的退积型层序，为海侵体系域沉积，其后则为以骨屑粉晶灰岩、泥晶灰岩为主体的沉积，生物以米斯䗴（*Misellina*）等粗纺锤形-圆柱形的 B 型-A 型为代表，抗风浪能力较弱，为静水台盆相沉积；总体上属于开阔台地浅滩-台后盆地相沉积。至茅口期，为具粒序层理的粉晶骨屑灰岩-灰质砾岩或泥晶内碎屑灰岩组成的层序，内碎屑含量较高（可达68%左右），由中粗粒内碎屑组成，次圆状为主，分选性好，填隙物为同期的栉壳状亮晶方解石，说明茅口早期时仍以开阔台地相-台后盆地相为主体，随水动力加强，逐步演化为高能的台地边缘浅滩环境。

该组整合于上石炭统-下二叠统水长阱组之上，上被二叠系峨眉山玄武岩喷发不整合覆盖。其中获中二叠世栖霞期的䗴、中二叠世茅口期䗴及大量中二叠世栖霞期-茅口早期牙形石化石。因此该组年代地层应为中二叠统栖霞阶-茅口阶。

3. 二叠系上统吴家坪组（P₃w）

吴家坪组为一套灰色中厚层-厚层、块状含燧石团块的泥晶灰岩、生物碎屑灰岩，底部发育一套厚度不大的含鲕粒的铁铝质泥质岩。属滨海-浅海台地相沉积。

下部褐黄色、棕红色铝土矿、铝土质泥岩，中上部深灰色、灰黑色中-薄层灰岩、泥灰岩、生物灰岩、白云质灰岩，局部夹硅质岩。其下与峨眉山玄武岩平行不整合或超覆于下部二叠系地层之上。

采获的古生物化石有腕足类、䗴、珊瑚、菊石类、双壳类、有孔虫等，时代主要归属为晚二叠世。

4. 三叠系上统云南驿组（T₃y）

云南驿组多未见底，其上与罗家大山组整合覆盖。岩石组合自下而上为粗-细-粗的泥质和碳酸盐岩组成一个完整的沉积旋回，根据岩性组合及特征将该组划分为以下三段。

1）云南驿组一段（T₃y¹）

云南驿组一段整体为一套细碎屑岩，岩石组合特征为深灰色、灰色中层泥质粉砂岩、粉砂质泥岩、钙质泥岩、泥岩夹少量细砂岩、灰岩透镜体。泥质粉砂岩、泥岩中发育有水平层理。产双壳类、菊石类等化石。发育有钙质泥岩与泥质粉砂岩不等厚互层组成的韵律型基本层序。

2）云南驿组二段（T₃y²）

云南驿组二段以大量碳酸盐岩的出现而与云南驿组一段、三段相区别，整体为一套碳酸盐岩夹细碎屑岩，岩性组合特征为深灰色、灰色厚层泥晶灰岩、微粉晶灰岩为主，夹有灰色中厚层砾屑灰岩、砂屑泥晶灰岩、含生物碎屑泥晶灰岩、白云质灰岩及灰色中层钙质泥岩、粉砂质泥岩、泥岩、粉砂岩。泥晶灰岩，泥岩中发育有水平层理。并在钙质泥岩中采获双壳类化石，灰岩中采获牙形石。

3）云南驿组三段（T₃y³）

云南驿组三段为一套细碎屑岩，岩性组合特征为灰色、深灰色薄中层泥质粉砂岩、粉砂质泥岩、泥岩夹少量灰色、浅灰色细砂岩、细粒石英砂岩、透镜状灰岩，泥质粉砂岩、粉砂岩中水平层理发育，产双壳类化石。发育有两种类型基本层序，Ⅰ 类型由 D、E、F 组成，D：由泥岩（厚约 1m）组成非旋回性基本层序；E：由泥质粉砂岩（厚 1～1.2m）组成非旋回性基本层序；F：由粉砂质泥岩（厚约 0.8m）组成非旋回性基本层序；三者均属于浅海相。该段总体上显示水体较深、水动力条件较弱的低能环境，为浅海相。

云南驿组为一套海相地层，其中一段、三段岩性相似，均为一套细碎屑岩，细碎屑岩中水平层理发育，产双壳类、菊石类化石，显示水体较深、水动力条件较弱的低能环境，二者均为浅海相。而云南驿组二段为一套碳酸盐岩夹少量细碎屑岩，下部多以泥晶灰岩为主夹少量白云质灰岩，含生物碎屑泥晶灰岩，泥晶灰岩中水平层理发育，产牙形石，沉积环境应为水体能量较弱的碳酸盐岩开阔台地，中部以泥晶灰岩、砾屑灰岩、砂屑泥晶灰岩为主夹有少量泥岩、粉砂质泥岩，岩石组合具碳酸盐岩台地边沿斜坡相的特征，而砂屑、砾屑多呈次圆状、圆状。上部岩性以泥晶灰岩为主，泥晶灰岩中水平层理发育，沉积环境应为水动力较弱的碳酸盐岩开阔台地。

5. 三叠系上统罗家大山组（T₃l）

罗家大山组与下伏地层云南驿组（T₃y）整合接触，被花果山组平行不整合覆盖。底部以灰色、浅灰色大套长石石英砂岩的出现为划分标志，较云南驿组岩石粒度粗。自下而上为细-粗的沉积旋回，根据岩性组合及特征将该组分为以下两段，各段之间均为整合接触。

1）罗家大山组一段（T₃l¹）

罗家大山组一段整体为一套碎屑岩，岩石组合特征以深灰色、灰色中厚层泥质粉砂岩、粉砂岩、粉砂质泥岩、泥岩为主夹灰色中厚层细粒长石石英砂岩、岩屑石英砂岩、长石砂岩、石英砂岩及少量含砂质粉砂岩。砂岩中发育平行层理，泥质粉砂岩、粉砂岩中水平层理发育。哀牢山-无量山地区采获有双壳类化石。

2）罗家大山组二段（T₃l²）

罗家大山组二段为一套碎屑岩，较罗家大山组一段粒度粗。岩性组合特征以深灰色、灰色中厚层细粒石英砂岩、岩屑石英砂岩为主夹少量灰色中层泥质粉砂岩、粉砂质泥岩、泥岩及灰色含砾粉砂岩。泥质粉砂岩中水平层理发育，砂岩中平行层理发育，偶见有小型板状交错层理。哀牢山-无量山地区采获了双壳类化石。

罗家大山组一段整体以细碎屑岩为主，为灰色、深灰色泥质粉砂岩、粉砂岩、粉砂质泥岩夹细粒长石石英砂岩、岩屑石英砂岩、石英砂岩，其中砂岩成分和结构成熟度中等，具接触式-孔隙式胶结，砂岩中平行层理发育，泥质粉砂岩、粉砂岩中水平层理发育，产海相双壳类化石，为水动力条件较弱的低能浅海环境。罗家大山组二段岩石粒度较一段整体粗，岩性以砂岩为主夹细碎屑岩，砂岩磨圆度高，多呈圆-次圆状，分选好，平行层理及交错层理发育，局部砂岩底部见有冲刷面，泥质粉砂岩、粉砂岩中水平层理发育，产海相化石，其岩石组合、沉积构造及化石具滨海相特征。

综上所述，罗家大山组二段形成于水体较浅、水动力条件较强的高能环境，为滨海相。

6. 三叠系上统花果山组（T₃hg）

花果山组与下伏地层罗家大山组（T₃l）为平行不整合接触，以含有煤线或煤层为划分标志，整体为一套海陆交互相煤系地层，其中可采煤层赋存于该组中下部。该组整体表现为一个粗-细正向沉积旋回，岩性组合特征：中下部以深灰色、灰色中厚层中细粒岩屑石英砂岩、长石石英砂岩、细砂岩为主夹灰色中层泥质粉砂岩、泥岩及煤层（线）；上部主要以灰色中厚层泥质粉砂岩、粉砂岩、泥岩为主夹灰色中层细粒岩屑石英砂岩、长石石英砂岩。该组砂岩中发育有平行层理，局部发育有斜层理，偶见有不对称波痕，泥岩、泥质粉砂岩、粉砂岩中水平层理发育，偶见透镜状层理。

哀牢山-无量山地区采获植物类化石、双壳类、腹足类化石。

花果山组岩性特征为，灰色岩屑石英砂岩、长石石英砂岩夹石英砂岩、泥质粉砂岩、泥岩，砂岩成熟度低，磨圆多呈次圆状，平行层理发育，局部发育有斜层理及不对称波痕，粉砂岩、泥质粉砂岩、泥岩中水平层理、透镜状层理发育，多含有煤层或煤线，该组中采获化石以海陆交互相-陆相为主，少数为海相，另外，区域上该组砂岩粒度分析显示为河控三角洲相，有鉴于此，花果山组沉积环境为河控三角洲相之三角洲平原相。

7. 三叠系上统白土田组（T₃*bt*）

白土田组的岩性组合特征为灰白色、灰黄色、灰色中厚层中细粒岩屑石英砂岩、长石石英砂岩、粉砂岩夹灰色中薄层粉砂质泥岩、泥岩、煤和煤线。砂岩中平行层理发育，粉砂岩、粉砂质泥岩中水平层理发育。发育有灰色、灰白色中厚层岩屑（长石）石英砂岩→灰色中层粉砂岩组成的基本层序，粉砂岩、粉砂质泥岩中产植物化石。该组在测区出露较少，岩性及厚度变化不大。

哀牢山-无量山地区采获了双壳类的主要分子及植物化石，其年代地层应为三叠系上统诺利阶-瑞替阶。白土田组沉积环境应为三角洲平原相之沼泽-三角洲前缘相。

8. 侏罗系下统冯家河组（J₁*f*）

冯家河组主要岩性为灰白色、浅黄色中细粒长石石英砂岩与紫红色、暗紫红色泥岩、粉砂质泥岩及很少粉砂岩相间分布，总体以泥质岩比例略高，约占 60%。下部以泥质岩石为主，夹砂岩，局部为砂、泥岩互层；中部主体为一套砂岩，偶夹泥砾岩，局部偶夹粉砂岩、泥岩；上部以泥质岩石为主夹砂岩，部分为砂、泥岩互层。下部紫红色泥岩中产恐龙化石，该层紫红色泥岩厚 3～5m，其下为一层鲜紫红色泥岩、粉砂质泥岩，发育大量灰白色斑块，其上为一层暗紫红色、灰紫色泥岩、粉砂质泥岩夹少量灰黄色泥岩，灰黄色泥岩多呈团块状、透镜状分布，少量呈薄层状产出。岩石中普遍含有少量钙质结核。

冯家河组下部为砂、泥质岩相间分布并以泥质岩为主，砂岩内部层理总体发育差，部分发育有平行层理，砂岩底面冲刷构造不发育，部分砂岩可见呈透镜状延伸；泥质岩水平层理多发育差，以加积作用占主导，泥质岩中普遍具较发育的不均匀颜色斑点或斑块，生物钻孔、扰动构造亦极为发育，为浅湖-滨湖沉积。冯家河组中-上部岩性为砂岩夹泥岩或砂、泥岩互层，岩石沉积韵律较发育，砂岩中发育平行层理及大型板状交错层理，层面上可见不对称流水波痕，泥质岩中发育水平层理，颜色多较均匀，颜色斑点或斑块很少，不发育生物扰动构造，应为滨湖-河漫滩沉积。总体具有由湖泊向河流环境变化的特征。

9. 侏罗系中统张河组（J₂*ẑ*）

根据岩性组合及沉积特征将张河组划分为以下两段。

张河组一段（J₂*ẑ*¹）为浅黄色、灰白色中细粒-细粒含岩屑长石石英砂岩、岩屑长石砂岩与紫红色、暗紫红、灰紫色泥岩、粉砂质泥岩、泥质粉砂岩相间分布，顶部为钙质泥岩夹泥灰岩。粉砂-泥质岩比例占 70%～80%。砂岩的成熟度总体较冯家河组低，其中常含较多岩屑，并见白云母碎片。张河组一段中产丰富的化石，一段底部黄绿色泥质粉砂岩中产植物化石；一段上部黄绿色泥岩中产恐龙、腹足类及介形类化石；一段顶部泥晶灰岩及泥灰岩中含腹足类、双壳类、介形类及轮藻化石。

张河组二段（J₂*ẑ*²）为"酒红色层"，岩性为鲜紫红色泥岩、粉砂质泥岩、泥质粉砂岩与紫红色、灰紫色、浅褐灰色中-薄、少量厚层状细粒含岩屑石英砂岩互层，局部夹少量黄灰色泥岩、粉砂质泥岩。以鲜紫红色的泥质岩及主要为紫红色的砂岩与一段含较多暗紫红色的泥质岩、浅色砂岩（浅黄、灰白色）相区别。二段上部黄灰色粉砂岩中产植物、双壳类化石。

张河组一段下部为砂、泥质岩相间分布，底部砂岩呈厚层块状，夹有砾石层，其上为具极发育的沙纹层理及平行层理的细砂岩层，上覆含钙质的泥质岩层，为河漫滩-三角洲沉积。中部以泥质岩为主，夹有具较强沉积旋回特征的砂岩，泥质岩中多发育水平层理，砂岩可见平行层理及小型交错层理，为滨-浅湖沉积；靠上部泥质岩含少量钙质，其中所夹砂岩呈薄层的似层状、透镜状分布，已过渡为半深湖沉积环境。上部岩性为钙质泥岩夹泥灰岩或二者互层，钙质泥岩中具极发育的韵律纹层或水平层理，为深湖沉积环境；顶部含钙质较少并夹有薄-中层砂岩，环境向滨-浅湖迅速转化。总体上看，本段沉积环境由河流逐渐向滨-浅湖、半深湖和深湖转变，至顶部再向滨-浅湖转变，主体属于高水位体系，最大湖泛面位于上部近顶部，岩性为基本不含泥质的泥晶灰岩层。

张河组二段总体为一套由砂岩与泥岩互层、沉积韵律较发育的岩石，砂岩中普遍发育平行层理。下部具进积型基本层序，泥质岩中水平层理较发育，砂岩的分选、磨圆相对较好，形成于滨-浅湖环境。中部-上部砂岩分选、磨圆较差，并含较多泥质杂基，结构成熟度较低，砂岩可见呈透镜状不连续延伸，泥质中普遍具磨圆较差并具连续粒度的细砂-粉砂屑，发育生物扰动构造，为湖成三角洲沉积。本段总体沉积环境具有由滨-浅湖向湖成三角洲转换的特征。

10. 侏罗系上统蛇店组（J_3s）

蛇店组为灰黄色、紫红色厚层-块状细粒-中粗粒长石石英砂岩、含砾砂岩、砂砾岩夹砾岩及少量黄绿色、紫红色泥岩。砾岩多呈透镜状或中层状-块状分布于砂岩的底部。泥岩较少，分布较局限，局部集中成段出露，但区域上该泥岩段延展性不好，不能作为正式的岩性段。蛇店组粒度整体较粗，发育灰白色砾岩、含砾砂岩，青灰色厚层细粒长石石英砂岩夹少量紫红色细粒长石含砾砂岩与紫红色夹少量黄绿色粉砂岩组成的向上变细的基本层序。砂岩中发育正粒序层理。底部黄绿色粉砂质泥岩中产双壳类化石。

蛇店组为一套粗碎屑岩，化石保存极少，本次区调仅在底部黄绿色粉砂质泥岩中采获双壳类化石。时代为晚侏罗世（J_3）。其中，部分化石属帘蛤科。帘蛤科化石可出现在海相地层中，也可出现在陆相地层中，属海陆过渡类型，与海相化石共生属滨海环境，与陆相化石共生属湖泊相-三角洲相。

底部黄绿色粉砂质泥岩中产双壳类化石，砂岩中普遍含较多岩屑，砂屑分选、磨圆较差，成分、结构成熟度均较低，砂岩普遍具极发育的平行层理，并可见交错层理、正粒序层理。泥质岩中可见砂岩透镜体，砂岩中可见砂砾岩、砾岩透镜体，底部可见冲刷面，泥质岩具水平层理；属于一套以河流边滩为主、少部分为河床、堤岸的沉积环境。

11. 侏罗系上统妥甸组（J_3t）

根据岩性组合特征（主要是根据岩石颜色）将妥甸组划分为三段。

妥甸组一段（J_3t^1）为杂色层，岩性为黄绿色泥岩、粉砂质泥岩夹紫红色泥岩、粉砂质泥岩，或者为二者互层；黄绿色泥岩中产介形类化石。妥甸组二段（J_3t^2）为红色层，岩性为紫红色泥岩、粉砂质泥岩夹少量钙质泥岩偶夹黄绿色泥岩；黄绿色泥岩夹层中含介形类及植物化石。妥甸组三段（J_3t^3）为杂色层，岩性为黄绿色、灰绿色泥岩，粉砂质泥岩夹紫红色泥岩、粉砂质泥岩及少量钙质泥岩、泥灰岩；灰绿色泥岩中产叶肢介化石。妥甸组产介形类、叶肢介及植物化石。

一段岩性以泥质岩为主夹少量中-薄层细砂岩，泥质岩具不太发育的水平层理，并常具颜色上的斑块状构造，砂岩层薄，含岩屑总体不高，砂屑分选较好，磨圆中等，砂岩中常见平行层理，局部夹有含丰富有机质的细砂岩并发育虫迹构造。沉积环境以浅湖为主，局部可能为滨湖沼泽，水体深度总体向上逐渐加深。二段及三段岩性以含钙质的泥质岩为主，间隔性夹多层层状、似层状、透镜状泥灰岩，总体以半深湖沉积环境为主，并且向上逐渐加深，至上部中-薄层泥灰岩出现为最大湖泛面，向上又快速变浅并过渡为浅湖相。

12. 白垩系下统高峰寺组（K_1g）

根据岩石组合特征，高峰寺组可细分为两段。

高峰寺组一段（K_1g^1）为灰白色或青灰色中厚层-厚层块状细粒长石石英砂岩夹砾岩，顶部岩石颜色逐渐过渡为紫红色。下部发育灰白色砾岩与灰白色厚层块状砂岩组成的向上变细的基本层序；上部发育灰白色块状中细粒长石石英砂岩夹砾岩、紫红色中厚层泥岩夹细粒长石石英砂岩与紫红色中层泥质粉砂岩组成的向上变细的基本层序。顶部黄绿色粉砂岩中产植物、双壳类及叶肢介化石。下部砂岩中见大型楔形交错层理、大型板状交错层理，为一套河流相沉积，下部为河道沉积，上部为河漫滩沉积。

高峰寺组二段（K_1g^2）下部为紫红色钙质泥岩夹粉砂岩，上部为紫红色中厚层-厚层块状细粒长石石英砂岩夹砾岩。顶部岩石粒度逐渐变细，为粉砂岩。下部发育紫红色泥质粉砂岩及紫红色细砂岩组成的向上变粗的基本层序，上部发育紫红色中厚层-厚层块状细粒长石石英砂岩与砾岩组成的向上变粗的基本层序，为滨湖相沉积。

13. 白垩系下统普昌河组（K_1p）

根据岩石组合特征，普昌河组可细分为两段。

普昌河组一段（K_1p^1）为紫红色中薄层（钙质）泥岩、粉砂质泥岩及粉砂岩夹黄绿色、灰绿色薄层钙质粉砂质泥岩、钙质泥岩。灰绿色泥岩中产双壳类、介形类及叶肢介化石。岩石粒度较细，含少量钙质，发育水平层理，为浅湖沉积。最大湖泛面位于顶部，岩性为灰绿色钙质泥岩。

普昌河组二段（K_1p^2）为紫红色粉砂岩、钙质粉砂质泥岩夹大量细粒长石石英砂岩，顶部夹有少量同沉积砾岩，岩石粒度向上逐渐变粗。发育钙质泥岩、粉砂质泥岩、粉砂岩与细粒长石石英砂岩组成的向上变粗的基本层序。具沙纹交错层理及浪成波痕。沉积相由浅湖相逐渐过渡为滨湖相。

14. 白垩系下统马头山组（K_1m）

马头山组底部为紫红色块状砾岩，为河床滞留沉积物，发育粒序层理；中部为紫红色、灰黄色厚层-块状中细粒-中粗粒长石石英砂岩、岩屑石英砂岩、长石岩屑砂岩及含铜砂岩、含铜砂砾岩；上部发育由紫红色砾岩、含砾粗砂岩、紫红色中厚层细粒长石石英砂岩及紫红色泥岩组成的向上变细的基本层序，该段砂岩含较多的长石及岩屑，成熟度低，层理以低角度冲洗交错层理、平行层理、大型板状交错层理及槽状交错层理较发育。微细粒砂岩、粉砂岩具沙纹交错层理。三角洲相特征显著，为滨湖三角洲相沉积，向上逐渐过渡为湖相沉积；顶部为紫红色、灰黄色中薄层细粒长石石英砂岩夹紫红色中薄层泥岩、粉砂质泥岩及黄绿色含铜泥岩。产腹足类化石。

马头山组岩石中铜矿化较发育，铜矿化的矿石矿物为孔雀石及蓝铜矿，以胶结物的形式存在于砂岩、含砾砂岩、砾岩及泥岩中，矿石矿物多呈侵染状富集产出，并多受后期构造活动影响，再次富集呈薄膜状产于岩石裂隙、节理面及断层破碎带中。

15. 白垩系上统江底河组（K_2j）

根据地层岩石组合特征，江底河组可细分为三段，其中一段可细分为两个亚段。

江底河组一段一亚段（K_2j^{1-1}）为紫红色中薄层泥岩、粉砂质泥岩及钙质泥岩偶夹紫红色中厚层细粒长石石英砂岩。该亚段岩石颜色以紫红色为主，出露有极少的黄色夹层，而该层黄绿色泥岩中产丰富的鱼化石，鱼个体较小，长 3～8cm，鱼化石保存较完整，形态各异，鱼脊柱及鱼刺清晰可见。其中云南省地质调查院（2014）在哀牢山-无量山地区以北元谋县一带采获了较多的鱼化石，经鉴定该鱼化石共有一属 4 个种、一个亚种，其中有 3 个种为新种，亚种为新亚种；另采获一与鱼共生的植物及叶肢介，植物为新属新种。

江底河组一段二亚段（K_2j^{1-2}）为黄绿色、黄色及紫红色薄层泥岩、钙质泥岩、粉砂质泥岩及含铜泥岩。岩石层厚较薄，水平层理较发育，局部发育火焰构造。为浅湖-半深湖相沉积。产丰富的化石，主要有双壳类、植物、轮藻、叶肢介及介形类等化石。

江底河组二段（K_2j^2）为紫红色中层-中薄层粉砂岩、粉砂质泥岩及钙质泥岩。该段岩石颜色以紫红色为主，基本无黄色夹层，相对于一段岩石粒度较粗，层厚较厚。水体略有变浅，为浅湖-滨湖相沉积。

江底河组三段（K_2j^3）岩性与一段二亚段相似，为黄绿色、黄色及紫红色薄层泥岩、钙质泥岩、粉砂质泥岩、含盐泥岩及含铜泥岩。该段黄绿色泥岩中产丰富的化石，主要有叶肢介、介形类、植物、双壳类及轮藻等化石。该段岩石中普遍含有膏盐，在潮湿的地方膏盐淋滤析出于岩石表面呈盐霜，岩石中留下细小的空洞，偶见膏盐假晶。局部岩石中发育石膏夹层，石膏沿岩石的裂隙及构造强烈部位发育，也有呈中薄层状分布的。该段岩石中水平层理较发育，同生软沉积变形也较发育，其中变形层理发育较多。此期水体补给量较少，蒸发量大于补给量，形成盐湖，沉积大量膏盐，为盐湖相沉积。

16. 古近系古新统元永井组（E_1y）

根据地层岩石组合特征，元永井组可细分为两段和两个亚段。

元永井组一段一亚段（E_1y^{1-1}）为紫红色块状钙质粉砂岩，层理不发育，该段中发育凝灰岩夹层，局部见火山灰球、火山泥球。自下而上岩石粒度逐渐变粗，发育向上变粗的基本层序，为三角洲相沉积，即自下部黄绿色薄层钙质泥岩到紫红色粉砂层再到火山灰球，为浅湖-三角洲前缘-三角洲分支河道-分流间湾沉积。

元永井组一段二亚段（E_1y^{1-2}）为黄绿色、黄色及紫红色薄层泥岩、钙质泥岩、粉砂质泥岩及含盐泥岩，黄绿色泥岩中产叶肢介化石。水体补给量较少，蒸发量大于补给量，形成盐湖，沉积大量膏盐，为盐湖相沉积。普遍含有膏盐，在潮湿的地方，膏盐淋滤析出于岩石表面呈盐霜，岩石中留下细小的空洞，偶见膏盐假晶。局部岩石中发育石膏夹层，石膏沿岩石的裂隙及构造强烈部位发育，也有呈中薄层状分布的。

元永井组二段（E_1y^2）为紫红色中层-中薄层粉砂岩、粉砂质泥岩及钙质泥岩夹少量紫红色中薄层-中厚层细粒长石石英砂岩。该段岩石颜色以紫红色为主，基本无黄色夹层，向上岩石粒度逐渐变粗，砂岩逐渐增多，岩石层厚逐渐变厚。该段上部紫红色泥岩、粉砂质泥岩中泥裂及波痕较发育。为浅湖相逐渐过渡为滨湖相沉积。

17. 古近系始新统赵家店组（$E_2\hat{z}$）

赵家店组整合于古近系古新统元永井组之上。根据地层岩石组合特征，可细分为两段和三个亚段。

赵家店组一段一亚段（$E_2\hat{z}^{1-1}$）为紫红色厚层块状细粒长石石英砂岩、含凝灰质长石岩屑砂岩夹紫红色中薄层泥岩、钙质泥岩。向上岩石层厚逐渐变薄，粒度逐渐变细，泥岩逐渐增多。发育由紫红色块状细粒长石石英砂岩、紫红色中厚层砂岩夹泥岩与紫红色中厚层泥岩组成的向上变细的基本层序。向上岩石粒度逐渐变细，泥岩逐渐增多，岩石层厚逐渐变薄。为滨湖相沉积，向上水体逐渐加深，过渡为浅湖环境。

赵家店组一段二亚段（$E_2\hat{z}^{1-2}$）为紫红色中薄层-中厚层粉砂质泥岩、钙质泥岩及钙质粉砂岩夹少量中薄层-中厚层细粒长石石英砂岩、岩屑长石砂岩。泥岩中泥裂构造较发育。为浅湖相沉积。

赵家店组一段三亚段（$E_2\hat{z}^{1-3}$）岩性为紫红色厚层块状细粒长石石英砂岩，含泥砾砂岩夹紫红色中薄层泥岩、钙质泥岩。向上岩石层厚逐渐变薄，粒度逐渐变细，泥岩逐渐增多。发育由紫红色块状细粒长石石英砂岩、紫红色中厚层砂岩夹泥岩与紫红色中厚层泥岩组成的向上变细的基本层序。砂岩中夹有少量泥砾，泥岩中泥裂较发育。为滨湖相沉积。

赵家店组二段（$E_2\hat{z}^2$）为紫红色中薄层泥岩、粉砂质泥岩、钙质粉砂岩夹少量紫红色中厚层细粒长石石英砂岩。过渡为浅湖相沉积。

18. 新近系中新统小龙潭组（N_1x）

小龙潭组岩性以黄褐色厚层块状砾岩为主，夹岩屑杂砂岩、泥岩，局部夹少量煤层或煤线。厚＞

1034.8m。在该组中夹有数层厚几十余米的以变质岩砾石为主的巨砾岩，其沉积物多来自哀牢山变质岩高大山体的谷口处。

小龙潭组由中下部的砾岩和上部的岩屑杂砂岩、泥岩组成多个具二元结构特点的沉积旋回，砾岩中常夹有大小不等岩屑砂岩透镜体，发育交错层理和大型槽状层理。砂岩中发育平行层理、交错层理，冲刷面构造发育。于砂岩、泥岩中含有较丰富的植物化石及孢粉，局部夹透镜状煤层。

调查区内未采获化石，哀牢山-无量山地区和区域上采获较为丰富的植物化石和孢粉，植物以落叶乔木属种为主，均为云南乃至国内中新统常见分子，其地质时代属新近系中新统。

沉积环境属温暖潮湿气候条件下的辫状河道-河漫滩（心滩）-洪泛平原环境的沉积。

19. 新近系上新统茨营组（$N_2\hat{c}$）

茨营组多分布于盆地边部，多被剥蚀，仅残留底部不整合盖于小龙潭组之上。茨营组底部岩性为白色黏土质灰岩、泥灰岩。产腹足类化石，时代为上新世（N_2）。

茨营组顶部岩性为灰棕色、紫灰色、黄褐色黏土岩夹钙质泥岩及弱固结粉砂岩、细砂岩，局部夹有少量砾岩。岩石中普遍含有钙质结核。紫红色含钙质结核黏土岩中产大量的古脊椎动物化石。茨营组下部为白色黏土质灰岩，顶部为黄灰色黏土夹含砾砂质黏土，发育水平层理。为一套湖相沉积。

五、第四系

哀牢山-无量山地区的第四系从更新统至全新统均有发育，主要集中于巍山、弥渡寅街、南涧、景东、景谷、镇沅、南华、楚雄等地区，受到第四系湖泊、河流和新构造运动的控制影响，并主要产在区域地形上的较低处。按成因类型可划分为洪积相沉积、河流相沉积两种类型，按年代地层可划分为更新统和全新统。具体岩石地层序列及特征如表5-9所示。

表5-9　第四系地层的岩石地层序列及特征

年代地层			岩石地层单位及代号			沉积岩建造组合类型	岩性与岩相简述	含矿性	沉积相	沉积体系
界	系	统	群	组	代号					
新生界	第四系	全新统			Qh	冲积、洪积砂砾石组合	现代河流、湖泊砾石、砂、黏土		河流相、湖泊相	河流-湖泊
		更新统			Qp	冲积、洪积湖积组合	现代河流高阶地、湖泊砾石、砂、黏土层			

第三节　哀牢山-无量山地区岩石类型多样性及分布特征

哀牢山-无量山地区产出的岩石类型多样且十分丰富，除了前述关于地层岩石组成的沉积岩、火山岩和变质岩以外，还出露有大量的侵入岩，本节除将对哀牢山-无量山地区的侵入岩、火山岩的分布范围、岩石组合、构造属性、成岩时代等特征进行叙述以外，还将对区内分布的变质岩进行简述。

一、侵入岩

哀牢山-无量山地区产出的侵入岩类型十分丰富，且有关侵入岩的大部分岩石类型均有产出。根据侵入岩的产出规模及产状，可细分为岩体和脉岩两类；按岩石 SiO_2 成分的含量差异可分为超基性岩、基性岩、中性岩、酸性岩和碱性岩类（图5-7，表5-10）。此外，根据侵入岩的侵位时代，其主要为新元古代、石炭纪、二叠纪、三叠纪、侏罗纪和古近纪侵入岩（图5-7，表5-10）。

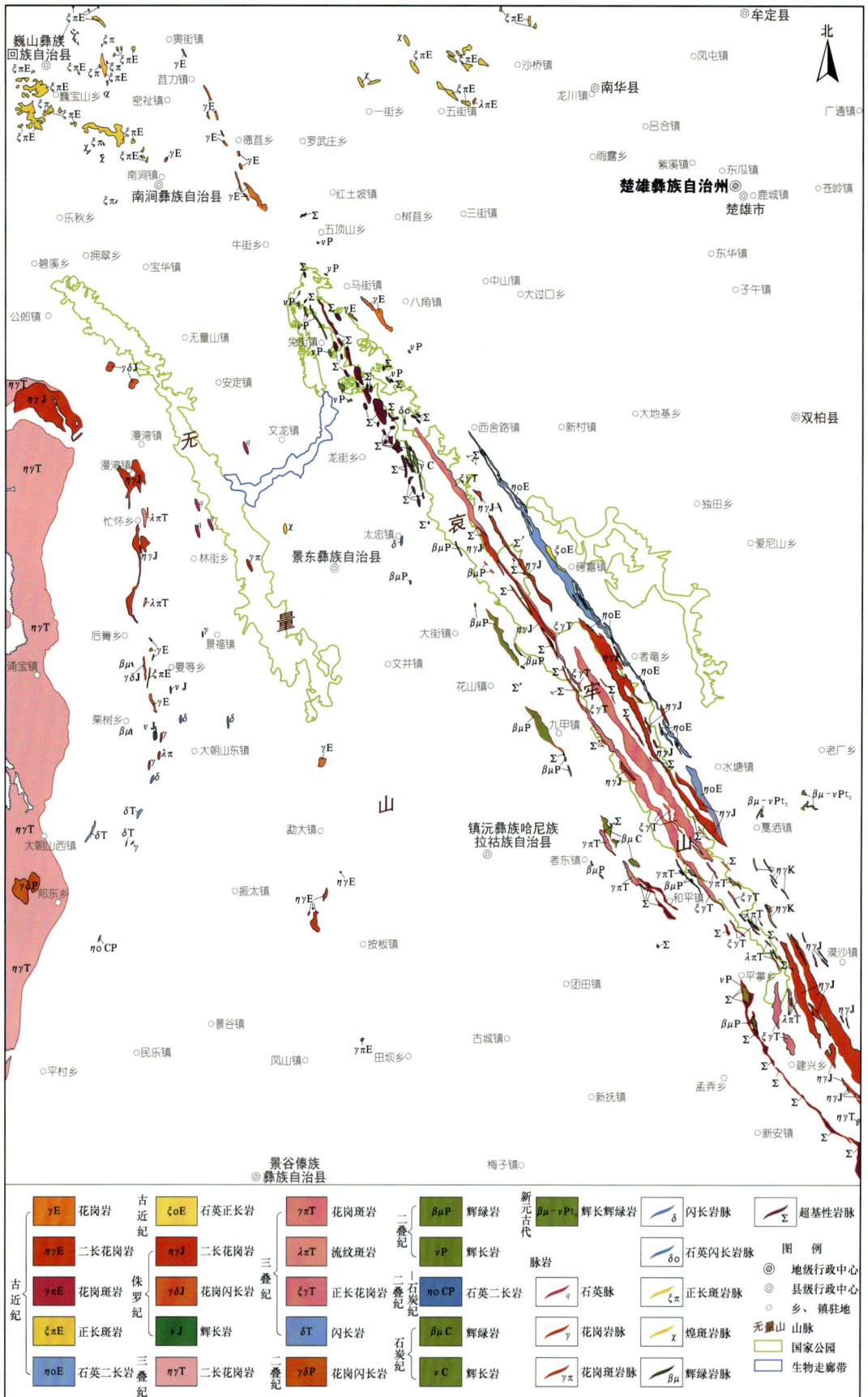

图 5-7 哀牢山-无量山地区侵入岩分布图

表 5-10 哀牢山-无量山地区侵入岩划分简表

岩石类型	产出类型	岩石组合	岩石代号	侵位时代
超基性岩	脉岩	纯橄榄岩、斜辉辉橄岩、二辉橄榄岩	Σ	D_3
基性岩	岩体	辉绿辉长岩，辉绿岩，辉长岩	$\beta\mu\text{-}v$, $\beta\mu$, v	Pt_3、P、C、J、P、C
	脉岩	辉绿岩脉，煌斑岩脉	$\beta\mu$, χ	—
中性岩	岩体	闪长岩	δ	T
	脉岩	闪长岩脉、石英闪长岩脉	δ、δo	—
酸性岩	岩体	花岗岩，花岗闪长岩，石英二长岩，花岗斑岩，流纹斑岩，二长花岗岩	γ, $\gamma\delta$, ηo, $\gamma\pi$, $\lambda\pi$, $\eta\gamma$	E、J、P、E、CP、E、T、T、E、J、T
	脉岩	花岗岩脉，花岗斑岩脉	γ, $\gamma\pi$	—
碱性岩	岩体	正长花岗岩，石英正长岩，正长斑岩	$\xi\gamma$, ξo, $\xi\pi$	T, E, E
	脉岩	正长斑岩脉	$\xi\pi$	E

以下按岩石 SiO_2 成分类型进行分述。

（一）超基性岩

哀牢山-无量山地区的超基性岩主要沿景东-镇沅北东向 30km 及哀牢山一带，呈北西向断续展布（图5-7），产出规模较小且主体为脉岩状；大地构造位置产于双沟蛇绿混杂岩带中，属蛇绿混杂岩物质组分的一部分（云南省地质调查局，2013），且为双沟晚古生代洋盆发展演化初始阶段的岩浆记录（沈上越等，1998）。

超基性岩主要由纯橄榄岩、斜辉辉橄岩、二辉橄榄岩等组成（表 5-10），由于后期的构造变质作用，岩石蛇纹石化严重且大部分岩石已变质变形为蛇纹岩类。沈上越等（1998）对其中的变质橄榄岩进行了研究，认为主要由二辉橄榄岩和方辉橄榄岩组成，前者具有原始地幔岩特征，后者具有亏损（残留）地幔岩特征。简平等（1998）在双沟蛇绿混杂岩中获得的辉长岩的锆石 U-Pb 年龄为 362Ma±42Ma，其侵位时代为晚泥盆世。

（二）基性岩

基性岩在哀牢山-无量山地区分布较广，除了主要产于景东-镇沅北东向 30km 一带的双沟蛇绿混杂岩带地区以外，还有少量分布在哀牢山-无量山地区南东侧腰街和西侧边缘的景东大朝山东以北一带等地区（图 5-7），其中后者仅出露了侏罗纪辉绿-辉长岩类。

基性岩形成时代则有新元古代、石炭纪、二叠纪和侏罗纪（图 5-7，表 5-10）。其中，新元古代辉长辉绿岩为格林威尔造山事件（晋宁期）的岩浆记录；石炭纪、二叠纪基性岩则为双沟晚古生代洋盆发展和消亡过程的岩浆记录，而侏罗纪辉绿辉长岩属印支期挤压碰撞造山作用结束后，陆内应力调整阶段的产物。此外还有少量煌斑岩脉，具体的侵位时代不详。现对新元古代、石炭纪、二叠纪和侏罗纪基性岩进行分述。

1. 新元古代基性岩

新元古代基性岩分布较少，仅于哀牢山-无量山地区南东侧腰街以北出露有 3 个小规模的岩体（图5-7），岩性主要为斜长角闪岩、变辉长岩、辉石岩等。属岛弧钙碱性基性-超基性岩组合，其中赋存有磁铁矿。该类岩石构造组合在南部大红山地区也有出露，其中大红山铁铜矿床亦可能赋存于这一时期的次火山岩中。

根据区域地质资料在斜长角闪岩中获全岩 Rb-Sr 年龄为 891Ma，变辉长岩中也获锆石 U-Pb 年龄为 936Ma、全岩 K-Ar 年龄为 1112Ma，属青白口纪，属全球 Rodinia 超大陆汇聚的记录（云南省地质调查局，2013）。

2. 石炭纪、二叠纪基性岩

石炭纪基性岩分布较少，仅产于景东-镇沅北东向 30km 一带的双沟蛇绿混杂岩带中，并呈断续的构造夹块状产出（图 5-7），且为双沟蛇绿混杂岩的一部分（云南省地质调查局，2013）；二叠纪基性岩产出位置与石炭纪基性岩基本相同，大地构造位置上其大部分产于维西-绿春陆缘弧内部。实际上，双沟蛇绿混杂岩带产于维西-绿春陆缘弧的内部（图 5-7），应为晚期构造改造和破坏所致。

岩性主要为辉长岩、辉绿岩类。根据岩石地球化学特征，该类基性岩具岛弧的性质，为双沟洋盆消亡过程中所成。

3. 侏罗纪基性岩

侏罗纪基性岩产出较零星，在哀牢山-无量山地区主要出露于南东侧腰街和西侧边缘大朝山东以北一带等地区（图 5-7），其侵位于三叠系小定西组和侏罗系芒汇河组中，以小型的辉长岩岩体以及辉绿岩岩脉产出，为燕山期岩浆作用形成的产物。

（三）中性侵入岩

中性岩主要产于哀牢山-无量山地区西侧的景东大朝山东以北一带，仅出露较小的面积（图 5-7），多以脉岩规模为主，少量为岩体规模；中性岩侵位时代为三叠纪（图 5-7，表 5-10），为印支期碰撞造山作用过程所成。

三叠纪闪长岩产于大地构造单元的澜沧江增生杂岩中，其岩石类型主要为闪长岩和少量石英闪长岩类；中性岩大部分侵入至上古生界大新山岩组中，以及少量被晚期侏罗系芒汇河组覆盖。根据岩石地球化学特征，闪长岩具一定造山期前的性质，可能与远离印支期主造山带的伸展环境的岩浆相应。

（四）酸性侵入岩

哀牢山-无量山地区的酸性侵入岩具分布最为广泛、面积最大、侵位时代最多的特点（图 5-7，表 5-10），而岩体和脉岩规模均有较多出露。根据酸性岩产出的大地构造位置，由西至东主体分布在临沧岩浆弧（Ⅶ-7-2）、澜沧江增生杂岩（Ⅶ-6-3）和哀牢山变质杂岩（Ⅵ-2-14）中，现分述如下。

1. 临沧岩浆弧（Ⅶ-7-2）的酸性侵入岩

哀牢山-无量山地区西侧边缘的二长花岗岩为云南境内著名的临沧岩体的一部分，其中临沧岩体为云南境内最大的花岗岩岩基，区域上其内部的侵入岩主要由三叠纪二长花岗岩、二叠纪（花岗）闪长岩和晚白垩世二长花岗岩组成，分别代表了印支期、华力西期和燕山期的岩浆活动记录；其中，在哀牢山-无量山地区主要由三叠纪二长花岗岩和二叠纪花岗闪长岩组成（图 5-7，表 5-10）。

三叠纪二长花岗岩是哀牢山-无量山地区临沧花岗岩岩体的主要组成部分，其岩石的粒度从细粒至粗粒均有发育，部分岩石还发育较多的长石斑晶，不同类型的岩石间相变接触关系发育。此外，前人对其进行了较广泛和深入的研究，岩石地球化学特征表明，其为一套碰撞型花岗岩，形成于印支期碰撞造山过程，侵位时代为 236Ma～215Ma 前（王舫等，2014；孔会磊等；2012；廖世勇等，2014；赵枫等，2018），为早三叠世。

二叠纪花岗闪长岩的岩石类型主要有花岗闪长岩和少量的英云闪长岩，其在哀牢山-无量山地区分布较少，根据岩石地球化学特征，其为一套火山弧性质的花岗岩，形成于华力西期古特提斯洋盆向东俯冲消减阶段，侵位时代为 262Ma 前（俞赛赢等，2003）。

2. 澜沧江增生杂岩（Ⅶ-6-3）的酸性侵入岩

澜沧江增生杂岩的酸性侵入岩主要产于哀牢山-无量山地区西侧的漫湾-大朝山东一带，呈南北向展布，且多呈小规模的岩体状断续产出。岩石类型主要为花岗闪长岩、二长花岗岩-花岗岩和石英二长岩类，其中，前两类花岗岩形成于侏罗纪，而后者侵位于石炭纪-二叠纪，分别代表了燕山期和华力西期的岩浆记录（图 5-7，表 5-10）。

侏罗系花岗岩是花岗闪长岩-二长花岗岩的组合，岩石地球化学特征与其他地区的同期岩石构造组合有一定的相似性，属高钾钙碱性系列，部分显示了 C 型埃达克岩的特点；属印支期挤压碰撞造山作用结束后，燕山期陆内应力调整阶段的产物。

石炭纪-二叠纪石英二长岩在哀牢山-无量山地区零星分布，仅在大朝山东以南出露有一个小规模的岩体（图 5-7），其侵位于中元古界团梁子岩组中；岩石地球化学特征显示，其具一定的火山弧花岗岩的性质，应为华力西期古特提斯洋盆向东俯冲消亡过程的产物。

3. 哀牢山变质杂岩（Ⅵ-2-14）的酸性侵入岩

哀牢山变质杂岩的酸性侵入岩主要产于哀牢山-无量山地区东侧的哀牢山一带，呈北西向展布，为多个小规模的岩体状断续产出。岩石类型主要为花岗岩、石英二长岩和二长花岗岩，其中前两类花岗岩的侵位时代为古近纪，而后者形成时代为侏罗纪。

古近纪花岗岩-石英二长岩组合，根据岩石地球化学特征，其为一套陆内同碰撞的过铝花岗岩的组合，且为喜马拉雅期的岩浆记录。

侏罗纪二长花岗岩，属高钾钙碱性花岗岩类，为印支期后燕山期的后造山阶段所成。

（五）碱性侵入岩

碱性岩主要产于哀牢山-无量山地区北端的巍山-南涧-南华沙桥一带和哀牢山-无量山地区中部的哀牢山一带，岩体和岩脉均有较多的产出。其中哀牢山-无量山地区北端的岩石类型主要为石英正长岩和正长斑岩，而岩脉的岩石成分主要为正长斑岩，形成时代为古近纪，代表了喜马拉雅期的岩浆记录；而中部主要为正长花岗岩，形成时代为三叠纪（图 5-7，表 5-10），且为印支期的岩浆活动。

古近纪碱性岩为浅成斑岩类，属于富碱斑岩，是滇西富碱斑岩的一部分；为中外地质学家广泛关注，对其构造环境和矿产资源的研究具有特殊的意义。其中吕伯西和钱详贵（2000）、骆耀南和俞如龙（2002）、曾普胜等（2002）、王涛等（2018）认为其形成于印度板块与欧亚板块陆-陆碰撞的挤压环境向后碰撞伸展环境转换的构造背景下；矿产方面主要是稀土矿的调查研究，云南省地质调查局（2013）发现其明显具富轻稀土矿的特征，最高的稀土含量达 10 000μg/g 以上。其侵入的最高层位为古近纪勐野井组，云南省地质矿产局（1990）在南涧各救母二长斑岩中获得 K-Ar 法地质年龄为 55.7Ma，在巍山大莲花山二长花岗斑岩中获得黑云母 K-Ar 法地质年龄为 48.0Ma，进而指示了该碱性岩的侵入时代为古近纪。

二、火山岩

哀牢山-无量山地区的火山岩主要产于哀牢山-无量山地区的西侧和中部北西向一带的两个区域（图 5-8），大地构造位置上分别产于澜沧江大断裂东侧和九甲断裂东侧一带，主要涉及 3 个地层小区和 7 套地层（图 5-8，表 5-11），现以 3 个地层小区进行分述。

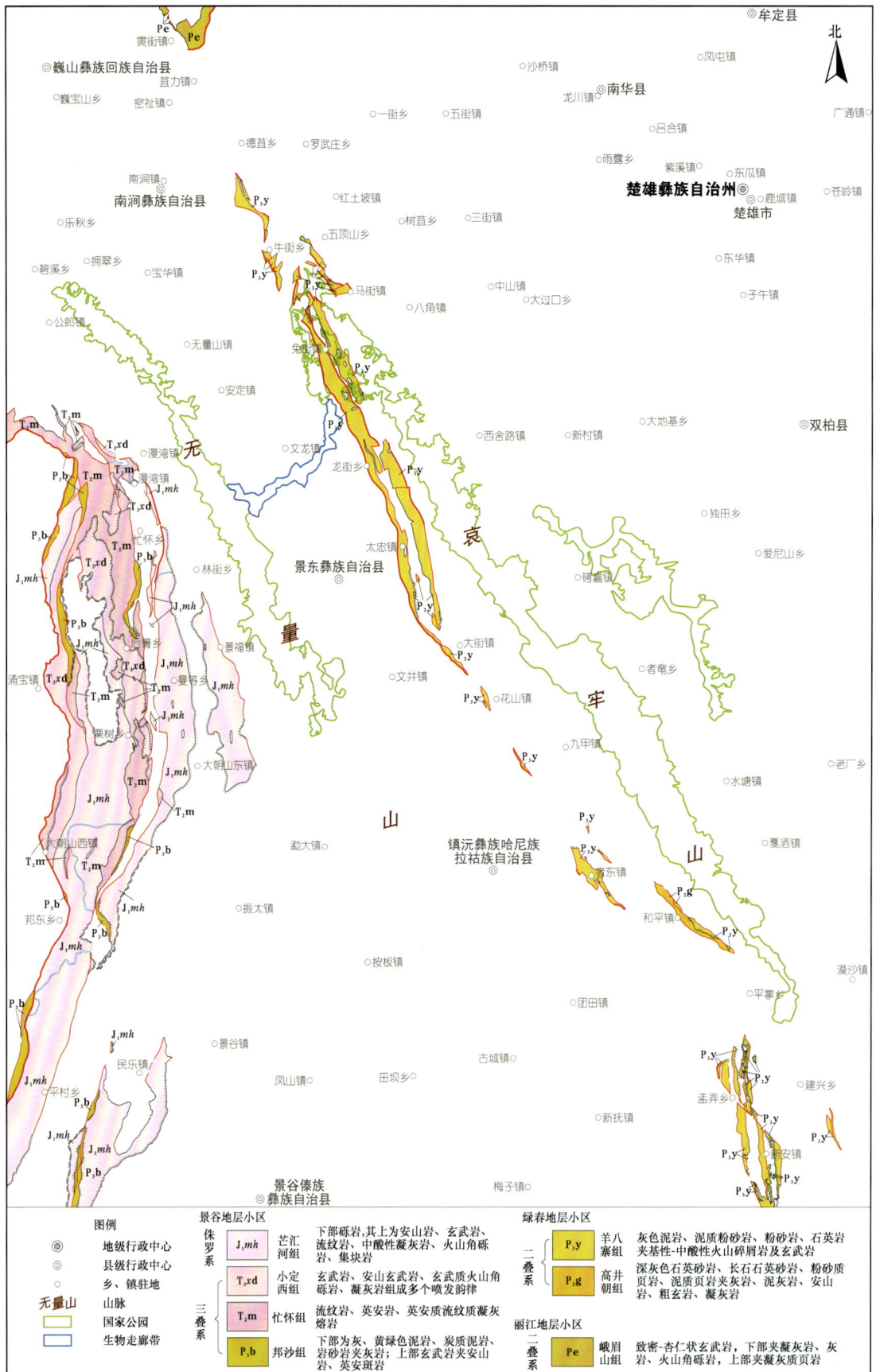

图 5-8　哀牢山-无量山地区火山岩分布图

表 5-11 哀牢山-无量山地区火山岩特征划分简表

地层小区	相关地层	岩石组合	火山岩产出位置	火山岩主要类型	构造环境
景谷地层小区	侏罗系芒汇河组（J_1mh）	下部砾岩，其上为安山岩、玄武岩、流纹岩、中酸性凝灰岩、火山角砾岩、集块岩	层位上部	安山岩、流纹岩、凝灰岩、火山角砾岩、集块岩	后造山-板内造山
	三叠系小定西组（T_3xd）	玄武岩、安山玄武岩、玄武质火山角砾岩、凝灰岩	整个层位	玄武岩、安山玄武岩、凝灰岩、火山角砾岩	碰撞后裂谷
	三叠系忙怀组（T_2m）	流纹岩、英安岩、英安质流纹质凝灰熔岩	整个层位	流纹岩、英安岩、凝灰岩	碰撞后裂谷
	二叠系邦沙组（P_3b）	下部为灰色、黄绿色泥岩、炭质泥岩、岩屑砂岩夹灰岩；上部为玄武岩夹安山岩、英安斑岩	层位上部	玄武岩、安山岩	火山弧-弧后盆地
绿春地层小区	二叠系羊八寨组（P_3y）	灰色泥岩、泥质粉砂岩、粉砂岩、石英砂岩夹基性-中酸性火山碎屑岩及玄武岩	夹层	玄武岩、凝灰岩	弧后盆地
	二叠系高井朝组（P_2g）	深灰色石英砂岩、长石石英砂岩、粉砂质页岩、泥质页岩夹灰岩、泥灰岩、安山岩、粗玄岩、凝灰岩	夹层	安山岩、粗玄岩、凝灰岩	陆缘裂谷
丽江地层小区	二叠系峨眉山组（Pe）	致密-杏仁状玄武岩，下部夹凝灰岩、灰岩、火山角砾岩，上部夹凝灰质页岩	整个层位	玄武岩、凝灰岩、火山角砾岩	大陆板内

（一）景谷地层小区火山岩

哀牢山-无量山地区的景谷地层小区中 4 套地层，即侏罗系芒汇河组、三叠系小定西组、三叠系忙怀组和二叠系邦沙组产有火山岩（表 5-11），总体产出面积较大，出露于哀牢山-无量山地区西侧的景东漫湾-景东大朝山东-景谷一带（图 5-8）；其火山岩产出规模均较大，除了芒汇河组和邦沙组的层位上部产有火山岩以外，其他两套地层的火山岩均产于整个层位。其中，二叠系邦沙组的下部为滨浅海砂岩、粉砂岩、泥岩组合，上部为火山岩组合；火山岩由玄武岩夹安山岩、英安（斑）岩、流纹质凝灰岩组成，是一套弧后盆地环境的玄武岩-安山岩-英安岩组合。三叠系忙怀组为一套同碰撞强过铝火山岩组合，其岩石类型以流纹岩为主，少量为英安岩、玄武质粗面安山岩，喷发不整合于二叠系-石炭系的浅变质岩系之上，其上被三叠系小定西组的红色砾岩平行不整合覆盖。上三叠统小定西组的上部以灰绿色玄武岩、暗绿色（杏仁状）安山玄武岩、安山岩、粗安岩为主，少量为弱熔结火山角砾岩、粗安质凝灰岩。下侏罗统芒汇河组为一套红色陆源碎屑沉积岩夹基性、中酸性、酸性火山岩，不整合覆于老地层之上，而其中碎屑岩属陆相河湖相环境；火山岩以石英斑岩、块状流纹岩为主，少量为灰色玄武岩、安山玄武岩、安山岩，常形成基性-中性-中酸性-酸性的喷发韵律。

上三叠统忙怀组流纹岩的主体部分被认为是同碰撞的产物，而上三叠统小定西组的玄武岩-安山岩组合为"后碰撞环境"的产物，下侏罗统芒汇河组英安岩-流纹岩组合为"后造山环境"的产物。

1. 侏罗系下统芒汇河组（J_1mh）火山岩

区域上，侏罗系芒汇河组下与团梁子岩组、南光组呈断层接触或者角度不整合接触；被上覆的和平乡组呈平行不整合覆盖。芒汇河组可细分为两段，其中火山岩仅产于二段，而二段岩性以大套中酸性火山岩为主和夹陆源碎屑沉积岩为特征。火山岩以中酸性熔岩为主，火山碎屑岩也较为发育；从实际矿物组成上看以英安岩为主，在澜沧江断裂地区以大套的英安岩、英安质凝灰岩为主，夹安山岩、角闪安山岩类；火山碎屑岩类主要为火山角砾岩、火山角砾凝灰岩、凝灰岩、火山角砾熔岩、凝灰熔岩、沉火山角砾岩、沉火山角砾凝灰岩、沉凝灰岩等。

芒汇河组火山岩为陆相火山岩，变化较大，局部地方会出现突然尖灭现象；由下往上常形成灰绿色安山岩→紫灰色安山质熔结凝灰岩→安山质熔结火山角砾岩→英安质岩屑凝灰岩的喷发韵律；局部可见一次火山喷发旋回可由 4 次火山喷发韵律组成。在拟建哀牢山-无量山国家公园南侧的思澜高速公路那板一带见直径 2～4cm 球泡流纹岩，局部见"红顶绿底"现象，显示了陆相喷发的特点。

在紫红色英安岩中获得两件可信度较高的锆石 LA-ICP-MS 年龄，分别为 196.7Ma±2.3Ma、198.1Ma±3.5Ma（云南省地质调查院，2014），属早侏罗世。

根据岩石地球化学的研究，芒汇河组火山岩属后碰撞-后造山环境的高钾钙碱性火山岩系列，是洋盆关闭后陆内应力调整、俯冲板片拆沉、造山带山根伸展塌陷等一系列地质作用过程的岩浆作用记录；具有弧火山岩的某些地球化学特征（云南省地质调查院，2014）。

2. 三叠系上统小定西组（T_3xd）火山岩

小定西组火山岩与下伏忙怀组呈假整合接触，与上覆芒汇河组呈连续过渡或假整合接触。其上部为灰绿色、灰黑色玄武岩、杏仁状玄武岩夹少量玄武质凝灰岩、安山玄武质凝灰角砾岩、英安岩和粒玄岩。下部岩性为紫灰色岩屑砂砾岩、凝灰质岩屑砂岩、灰绿色泥质岩、粉砂岩、灰绿色玄武岩、粗安岩、安山岩、粗安玄武质集块岩，火山角砾岩等；局部夹泥灰岩透镜体，有程度较弱的低绿片岩相浅变质作用，主要表现为部分火山岩中可见绿泥石化和钠长石化及钠黝帘石化。

小定西组岩性复杂，可分为上、中、下三段，上段为紫红色块状复成分砾岩、含砾角砾岩屑砂岩、少量紫红色泥岩和灰绿色安山岩夹灰绿色安山玄武岩和玄武岩；中段为灰绿色安山熔岩、安山质角砾岩夹酸性火山熔岩、酸性熔结凝灰岩及少量基性熔岩；下段为灰色、深灰色夹紫红色长石砂岩、泥岩、粉砂岩（莫宣学等，1998；彭头平等，2006）。

小定西火山岩喷发时代为早三叠世至晚三叠世（莫宣学等，2001），同时也说明了晚三叠世整个三江地区古特提斯洋有可能都已经关闭，古特提斯洋两侧的保山地块与昌都-思茅地块也已经发生碰撞造山而演化为陆内环境。莫宣学等（2001）将其归为碰撞后陆内环境形成的滞后型弧火山岩，认为来源于比较冷的残留岩石圈在陆内会聚、软流圈上隆、断裂诱发等条件下发生的部分熔融，这样产生的岩浆虽产生于碰撞造山之后，但带有消减组分的信息。

岩石地球化学方面，小定西火山岩高铝、富集 K、Th、U、La 大离子亲石元素和轻稀土，显著亏损 Ta、Nb 等高场强元素，轻、重稀土产生明显分异，均说明了这套火山岩具有弧火山岩的地球化学特征。

3. 三叠系中统忙怀组（T_2m）火山岩

忙怀组火山岩为酸性、中酸性火山岩，岩石类型有蚀变英安质流纹岩、含黑云英安质流纹岩、蚀变流纹岩、蚀变英安岩及火山碎屑岩；据岩石组合，自下而上划分为 1 个喷发旋回、4 个喷发亚旋回，共15 个喷发韵律。

彭头平等（2006）对区域上云县忙怀组上段中下部流纹岩进行年代学研究，获得了 231Ma±5.0Ma 的锆石同位素年龄，认为形成于碰撞晚期-碰撞后构造环境；Peng 等（2008）通过对忙怀组底部火山岩进行锆石定年，其底部的安山岩样品获得了 248.5Ma±6.3Ma 的同位素年龄数据，属于早三叠世。罗亮等（2018a）对云县地区陶家村剖面的忙怀组顶部英安岩进行 U-Pb 锆石测年，获得了 237Ma±1.2Ma 的同位素年龄。此外，罗亮等（2018b）还在云县地区的陶家村剖面发现了较多叶肢介化石，包括 3 个种和 1 个未定种：小型真叶肢介（*Euestheria minuta*）、一平浪真叶肢介（*Euestheria yipinglangensis*）、大足真叶肢介（*Euestheria dazuensis*）和真叶肢介（未定种）（*Euestheria* sp.）。进而将忙怀组火山岩的时代定为中三叠世。

此外，陶家村剖面产化石层位之上英安岩中获得的锆石 U-Pb 加权平均年龄为 237Ma±1.2Ma，为叶肢介生物地层学研究提供了精确的时间"铆钉"，表明以小型真叶肢介（*E. minuta*）为代表的叶肢介化石带时限为拉丁尼克晚期，小型真叶肢介带具备了标准化石带的属性，对实现拉丁尼克晚期陆相地层的全球对比具有重要意义。

岩石地球化学方面，忙怀组火山岩的微量元素表现为大离子亲石元素 Rb、Sr、Ba 明显富集，Eu 负异常明显，轻稀土元素富集，稀土分配模式为轻稀土富集右倾斜型。在各类构造环境判别图解中大多数落入碰撞带花岗岩区和火山弧花岗岩区，此外综合岩石地球化学特征指示，均说明忙怀组火山岩为澜沧江洋壳由西向东俯冲消减过程中形成，形成环境为构造碰撞条件下的岛弧造山带环境。

4. 二叠系邦沙组（P_3b）火山岩

邦沙组的火山岩系主要岩石类型为一套基性-酸性火山熔岩夹火山碎屑岩，火山岩系由两个喷发旋回组成：下部旋回主要为安山玢岩，其上为板岩；是一次基性-中性-酸性的喷发过程形成的。总体为一套分布局限的玄武岩夹安山岩、英安（斑）岩、流纹质凝灰岩等，火山岩系由西往东厚度变薄。

岩石地球化学研究表明（云南省地质调查院，2013），火山岩富铁趋势不够明显，属亚碱性系列的钙碱性火山岩。按 Pecerillo（1976）的硅-钾图分类，该火山岩属低钾火山岩。火山岩稀土元素配分曲线图上为向右倾斜，分馏不明显，其中轻稀土相对富集，且轻稀土分馏较重稀土明显，铕负异常不明显；微量元素分布模式图显示，Sr、Th、Ce 明显富集，Rb、Ta 明显亏损。说明该火山岩属岛弧型火山岩。

前人对其时代的认识有过多次反复，目前普遍认为属晚二叠世中-晚期，有可能延到早三叠世，是一套弧后盆地环境的玄武岩-安山岩-英安岩组合（云南省地质调查局，2013）。此外，该套火山岩赋存于二叠系上二叠统邦沙组（P_3b），因此将其喷发成岩时代定义为晚二叠世。

（二）绿春地层小区火山岩

绿春地层小区在哀牢山-无量山地区分布有两套地层，即二叠系羊八寨组和二叠系高井朝组，产有火山岩（表 5-11），但火山岩的规模较小且均以夹层状产出，产出于南涧-景东-镇沅南东一带的区域（图 5-8）。前者为一套弧后盆地的火山-沉积岩性，分布较广，为玄武岩-安山岩-英安岩-凝灰岩组合；后者分布极为零星，为一套陆缘裂谷环境的双峰式火山岩组合，以玄武岩为主，夹少量流纹岩、英安岩；由于高井朝组在地层小区内出露面积较小，且二者为连续性的岩浆喷发事件，现对二者进行综合论述。

地层小区内火山岩以玄武岩、玄武安山岩、安山岩为主，夹少量英安岩、流纹岩、英安质凝灰岩，总体上构成一个基性→中性→酸性的岩浆喷发旋回，岩石总体蚀变强。

由下至上可划分为 1 个喷发旋回，4 个喷发韵律。

第一喷发韵律厚约 171.87m，由中基性火山角砾凝灰岩、变英安质凝灰岩、英安质火山角砾岩→变质英安岩、蚀变安山岩构成，属喷发-喷溢亚相。

第二喷发韵律厚约 5.14m，由英安质晶屑凝灰岩→变质英安岩→粉砂质钙质板岩构成，属喷发-喷溢-沉积亚相。

第三喷发韵律厚约 6.16m，由变英安质凝灰岩→变质英安岩、变质流纹岩→含粉砂质绢云板岩构成，属喷发-喷溢-沉积亚相。

第四喷发韵律厚约 10.58m，由变英安质凝灰岩→变质英安岩→蚀变安山岩、蚀变玄武质安山岩、蚀变玄武岩构成，属喷发-喷溢亚相。

喷发韵律以火山碎屑岩开始，熔岩、沉积岩结束，爆发相与溢流相、沉积相相互交替。

火山岩以中-基性岩为主，其次为酸性岩、少量火山碎屑岩；岩石类型主要为蚀变玄武岩、蚀变斜斑玄武岩、蚀变安山岩、蚀变黑云母安山岩、蚀变（杏仁）玄武安山岩，少量变质英安岩、变质流纹岩。

此外，绿春地层小区火山岩赋存于二叠系中统高井朝组（P_2g）、二叠系上统羊八寨组（P_3y）中，因此其喷发成岩时代属中晚二叠世。

岩石地球化学研究表明（云南省地质调查院，2015），火山岩样品具 Na_2O 含量大于 K_2O 含量的特点，为一套钠质火山岩，表明该中-基性火山岩为原始的钠质钙碱性岩浆经过一定程度的分离结晶后的产物，显示了与洋壳俯冲有关的（高）镁安山岩特点。岩石稀土配分曲线总体较为相似，向右略倾斜，分馏不明显；ΣREE 普遍较低，轻稀土富集，轻稀土分馏程度较重稀土略高。微量元素 Rb、Th、Ta、Ce 等富集，K、Ba、Nb、Cr 明显亏损，而 Nb 的明显亏损表明岩浆结晶分异过程中受到一定程度陆壳物质的混染作用。

较高的 Sr、Mg 含量，较低的 Cr、Ni 含量，表明岩浆岩区不可能有大量斜长石残余，应为榴辉岩化的俯冲洋壳在深部的部分熔融，与壳源物质有一定程度的混染。综合研究认为，该套火山岩显示为一套较典型的大陆边缘弧的岩浆组合，其形成可能与中晚二叠世双沟洋盆向西俯冲消减作用有关。

（三）丽江地层小区火山岩

丽江地层小区在哀牢山-无量山地区的二叠系峨眉山组产有火山岩，但在研究区内分布面积较小，仅在弥渡以南有少量出露（图 5-8，表 5-11）。峨眉山组的岩性主体为灰色、灰黑色致密-杏仁状玄武岩，其下部夹凝灰岩、灰岩、火山角砾岩和上部夹凝灰质页岩的岩石组合，局部位置可见少量玄武岩风化后的红顶构造；为陆相板内溢流型火山岩。

此外，峨眉山组玄武岩是我国唯一被国际学术界认可的大火成岩省（LIPs），作为峨眉山大火成岩省的重要组成部分，有许多专家、学者对丽江地区的峨眉山组玄武岩进行过深入研究，也获得了许多研究成果。部分研究者认为，峨眉山组玄武岩属起源于上地幔的地幔柱玄武岩，与起源于核幔边界上的地幔柱玄武岩有所差异。

峨眉山组玄武岩与下伏中二叠统 1∶5 万区域地质调查（会泽幅）呈喷发不整合接触。可划分为以下两段。

第一段（Pe^1）：以一套深灰色、灰黑色、黄绿色、紫灰色致密状玄武岩、粒玄岩、杏仁状玄武岩、玄武质熔结火山角砾岩、熔结凝灰岩、火山角砾熔岩、凝灰熔岩为主，夹少量玄武质火山角砾岩、凝灰岩、火山集块岩，底部夹硅质岩层或含灰岩岩块，硅质岩中含放射虫化石。厚约 2147.48m。

第二段（Pe^2）：以一套黑灰色、灰绿色、紫红色、粉红色玄武质熔结火山角砾岩、火山角砾熔岩、致密状玄武岩、杏仁状玄武岩、玄武质凝灰岩、流纹质凝灰熔岩为主，夹少量粒玄岩、安山玄武岩、安山岩。厚＞864.82m。

火山岩岩性横向变化快，由北向南厚度减小。是地幔柱热点作用，导致地幔岩浆上涌喷发，形成陆块内受离散构造控制的、与苦橄岩紧密共生的大陆溢流拉斑玄武岩。哀牢山-无量山地区的火山岩以基性火山岩为主，中酸性火山岩仅在上亚段旋回中有少量出露。岩石类型有致密状玄武岩、杏仁状玄武岩、气孔状玄武岩、玻基玄武岩、斜斑玄武岩、橄斑玄武岩、粒玄岩、安山玄武岩等，以及玄武质火山角砾熔岩、凝灰熔岩、玄武质熔结火山角砾岩、熔结凝灰岩、流纹质凝灰熔岩等。峨眉山组的部分玄武岩具球粒结构或枕状构造，而大量火山岩则具泥球构造，并发育柱状节理、红顶等，依此判断本期火山活动具海陆交互相到陆相喷发特点。

从地层学上看，区域上峨眉山组玄武岩呈喷发不整合覆盖在中二叠统阳新组之上，其上被上二叠统宣威组呈平行不整合覆盖。峨眉山组火山岩下部偶夹硅质岩，其中富含晚二叠世放射虫化石，宋谢炎等（2001）根据区域上地层学大致确定峨眉山组玄武岩的主喷发期是阳新世（早二叠世）晚期-乐平世（早二叠世）早期，时限大致为 259Ma～257Ma 前。

近年来，科学家对峨眉山组玄武岩及相关岩石开展了大量的年代学研究，利用 SHRIM PU-Pb 和 LA-ICP-MS U-Pb 方法测定的年龄数据主要集中在 252Ma～263Ma，持续时间长达 10Ma，但 Shellnutt（2014）根据区域地质、古地磁及年代学证据，提出了峨眉山组玄武岩的喷发持续时间在 ≤3Ma 区间内。Zheng 等（2010）对峨眉山组玄武岩的磁性地层学研究结果表明，峨眉山组玄武岩的喷发在一个非常短的时间内，可能＜1Ma。综合上述资料，峨眉山组玄武岩的喷发持续时间较短，在 1Ma～3Ma。结合峨眉山组玄武岩的喷发总体上呈现西早东晚的趋势，且厚度变化具西厚东薄的特征；Zhong 等（2014）对宾川地区厚度最大（5483m）、保存相对较全（剥蚀较少）的峨眉山组玄武岩熔岩序列最上部的长英质熔结凝灰岩利用更高精度（优于 0.1%）的 CA-TIMS（化学剥蚀热电离质谱）方法得出了

259.1Ma±0.5Ma 的年龄值，用其作为峨眉山溢流玄武岩的结束时间，认为是相对较合理的。综合前述已有研究文献成果，将 259.1Ma±0.5Ma 的年龄值作为区域上峨眉山组玄武岩的主要喷发结束时间无疑是目前最为合理的。

峨眉山组玄武岩各段之间岩石地球化学特征相似，都呈现出轻稀土相对富集且分馏明显、重稀土相对亏损且分馏不明显的具有右倾型的稀土配分模式的特点，该配分模式与 OIB 稀土配分模式极为相似，说明调查区峨眉山组玄武岩和峨眉山大火成岩省其他地方的玄武岩一样，都来自和洋岛玄武岩（OIB）相似的地幔源区。主量元素含量特征均显示了具有明显的高钛、富铁、低钾的特点。固化指数（SI）、镁质指数（Mg）都较低。在其他一些主元素、微量元素的构造环境判别图解中，峨眉山组玄武岩的投影点也几乎全部落入板内玄武岩区、大陆拉斑玄武岩区、洋岛拉斑玄武岩区。

随着地质科学的发展，特别是超大陆理论、地幔柱理论的提出及逐渐完善，近年来，越来越多的证据显示峨眉山组玄武岩与地幔柱活动密切相关，普遍认为峨眉山组玄武岩是起源于核-幔边界的地幔柱与下地幔、上地幔、岩石圈相互作用的产物，记录了物质、能量由地球深部向地表的转移过程和方式。

地幔柱在上升过程中与下地幔、上地幔不断发生物质、能量的交换，并不断改变熔融体本来的成分；到达刚性的岩石圈底部后，少数熔融体直接穿越岩石圈，喷发到地表，而地幔柱主体部分发生侧向迁移、扩张；同时，由于温度、压力的逐渐降低，熔融体温度逐渐下降，在深部或穿越岩石圈的过程中发生了不同程度的结晶分异作用，形成一系列的火山岩，最终形成了扬子陆块西缘规模巨大的峨眉山大火成岩省。

三、变质岩

从岩石变质作用类型划分，可细分为区域变质作用、动力变质作用和热变质作用三类，除了区域变质作用以外其他两类变质作用分别与断裂构造和侵入体相关，其中动力变质作用主要与一些较大规模的分界断裂（如澜沧江大断裂、阿墨江断裂、九甲断裂、哀牢山断裂、红河断裂等）或一些其他具韧性剪切性质的断裂有关，相关的活动期次主要为印支期和喜马拉雅期；而热变质作用主要发生在侵入体与其接触的围岩一带地区，多表现为围岩的角岩化、硅化、夕卡岩化等热变质（蚀变）作用，不仅新生了一些热变质矿物（如黑云母、红柱石、石榴石等），还造成了岩石的结构和岩石物性发生了明显变化，相关的活动时代则与岩体的侵位时间相关。因此动力变质作用和热变质作用具较强的局限性，且与大地构造位置较为密切。

区域变质作用一直以来是变质岩石的重要研究部分，哀牢山-无量山地区的区域变质岩的岩石类型较为多样，主要产于哀牢山-无量山地区的西侧和北西向的中部一带的两个区域（图 5-9），大地构造位置上主要分别产于澜沧江大断裂的东侧和哀牢山深断裂的两侧，总涉及 4 个地层小区和 9 套地层（图 5-9，表 5-12）。

哀牢山-无量山地区的变质岩的变质强度级别以绿片岩相为主和少量的低角闪岩相，相应的岩石类型为板岩、变质砂岩类、千枚岩、片岩、变粒岩、斜长石角闪岩、片麻岩等，变质矿物主要为绢云母、绿泥石、（雏晶）黑云母、白云母、角闪石、斜长石等，而相关的变质期次为喜马拉雅期、印支期、华力西期和晋宁（格林威尔期）（表 5-12），具体详述如下。

（一）上古生界无量山岩群（Pz₂W）

无量山岩群的变质岩石类型主要为板岩、变质砂岩、千枚岩、片岩及少量变质英安岩。变质岩石中偶见由绿帘石、绿泥石、黑云母等矿物或矿物集合体构成的浅绿色变斑，使岩石呈现变斑状或斑点构造的特征。根据变质岩石的表现，变质作用包括区域动力变质作用和热变质作用。

北

景谷地层小区、无量山岩群、绿春地层小区、金平地层小区、楚雄地层小区等区域分布（图中主要地名：牟定县、寅街镇、凤屯镇、巍山彝族回族自治县、苴力镇、沙桥镇、龙川镇、南华县、吕合镇、广通镇、魏宝山乡、密祉镇、一街乡、五街镇、雨露乡、紫溪镇、东瓜镇、苍岭镇、南涧镇、南涧彝族自治县、红土坡镇、树菁乡、三街镇、楚雄彝族自治州、鹿城镇、楚雄市、乐秋乡、拥翠乡、宝华镇、五顶山乡、中山镇、东华镇、碧溪乡、牛街乡、马街乡、八角镇、大过口乡、子午镇、公郎镇、无量山镇、兔街镇、安定镇、大地基乡、新村镇、双柏县、漫湾镇、西舍路镇、龙街乡、文龙镇、景东彝族自治县、太忠镇、者竜乡、独田乡、爱尼山乡、忙怀乡、林街乡、大街镇、嗄嘉镇、者东镇、和平镇、漫湾镇、景福镇、后箐乡、曼等乡、涌宝镇、文井镇、花山镇、老厂乡、栗树乡、大朝山东镇、九甲镇、水塘镇、夏酒镇、大朝山西镇、勐大镇、镇沅彝族哈尼族拉祜族自治县、邦东乡、振太镇、按板镇、团田镇、平掌乡、民乐镇、景谷镇、古城镇、孟弄乡、建兴乡、平村乡、凤山镇、田坝乡、新抚镇、新安镇、景谷傣族彝族自治县、梅子镇）

无量山

哀牢山

图例

- ◎ 地级行政中心
- ◎ 县级行政中心
- ○ 乡、镇驻地
- **无量山** 山脉
- 国家公园
- 生物走廊带

景谷地层小区

古生界 无量山岩群

- PzW^4 四段 岩灭深灰色石英绢云千枚岩、绢云石英千枚岩、绿泥组云千枚岩、绢云千枚岩、粉砂质绢云板岩
- PzW^3 三段 浅灰色薄层状大理岩、钙质板岩、钙质泥质板岩夹钙质粉砂岩、斑点板岩及少量绢云千枚岩
- PzW^2 二段 浅灰色、浅灰绿色、浅灰紫色极薄层状-薄层状-中层状粉砂质板岩、绢云板岩夹变质长石石英砂岩、钙质岩屑石英砂岩
- PzW^1 一段 灰色、浅灰色斑点状板岩、砂质板岩夹大量的酸性凝灰质板岩、变质石英岩及绢云石英千枚岩
- Pz_2dx 大新山岩组 绢云板岩、砂质板岩、变质岩屑砂岩夹变质玄武岩、变英安岩及透镜状结晶灰岩

绿春地层小区

- 上古生界 PzM 马邓岩群 绢云千枚岩、绢云石英千枚岩夹大理岩、钙质片岩与绿泥绢云片岩
- 中元古界 Pz_1t 团梁子岩组 绢云千枚岩、绢云石英千枚岩夹钠长绿泥绿帘千枚岩

金平地层小区

- 中元古界 Pt_2d 大河边岩组 黑云变粒岩、二云变粒岩夹二云石英片岩、二云片岩
- 古元古界 Pt_1a 阿龙岩组 大理岩、斜长角闪岩、钙硅酸盐岩
- Pt_1q 清水街岩组 角闪斜长变粒岩-角闪斜长片麻岩夹斜长角闪岩、钙硅酸盐岩
- Pt_1x 小羊街岩组 黑云片岩、二云片岩、云母石英片岩夹黑云斜长变粒岩

楚雄地层小区

- 中元古界 Pt_2D 大红山岩组 上部千枚岩，中部大理岩，中下部纳长片岩，浅粒岩，下部石英岩

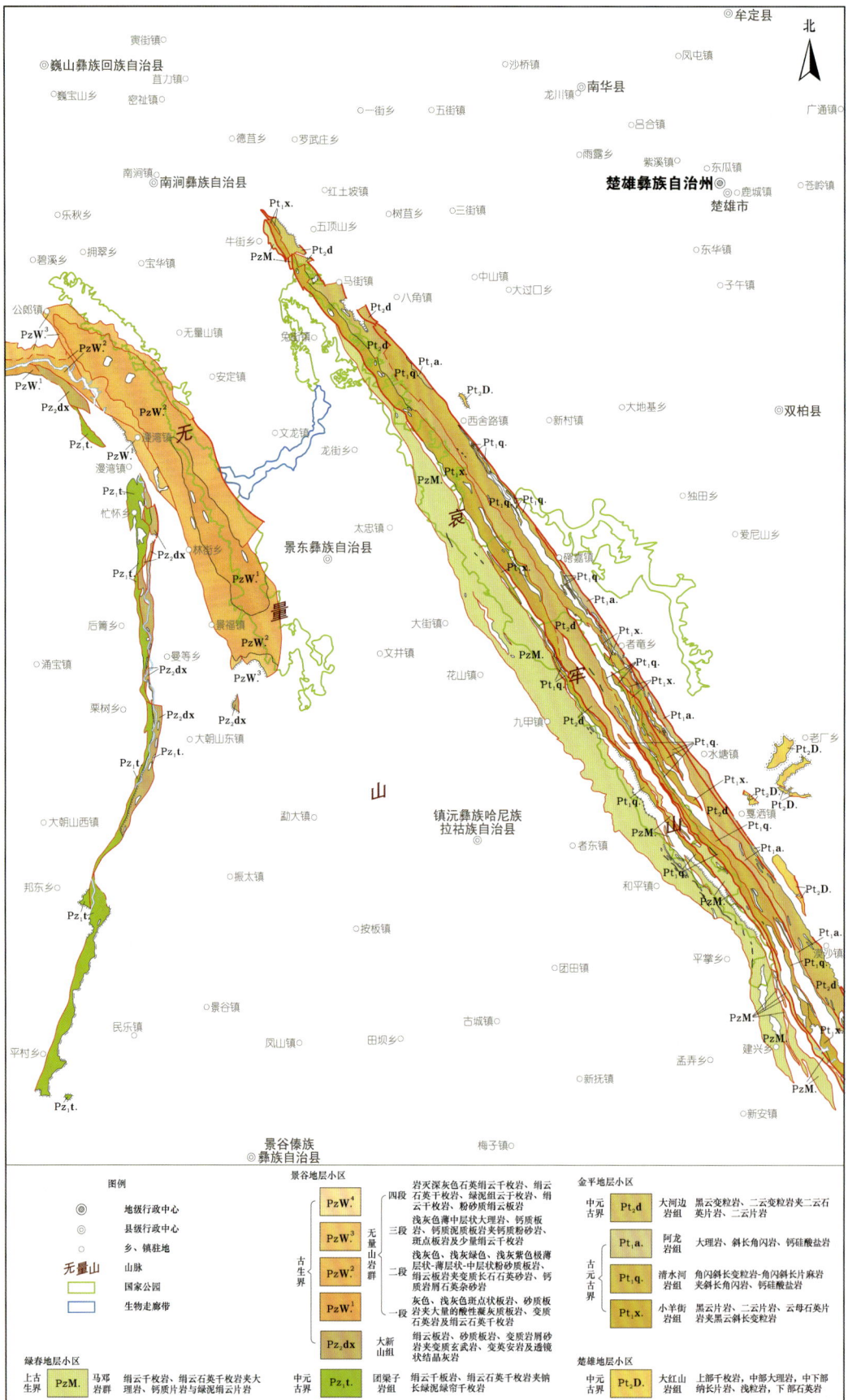

图 5-9　哀牢山-无量山地区变质岩分布图

表 5-12　哀牢山-无量山地区变质岩变质特征划分简表

地层小区	相关地层		简要岩石组合	主要变质矿物	变质级别	变质时代	主要变质期次
景谷地层小区	上古生界无量山岩群（Pz₂W.）		绢云板岩-砂质板岩-大理岩-安岩组合	绿泥石、绢云母	低绿片岩相	三叠纪	印支期
	上古生界大新山岩组（Pz₂dx）		绢云板岩-变质砂岩-变玄武岩组合	绿泥石、绢云母	低绿片岩相	二叠纪、三叠纪	华力西期、印支期
	中元古界团梁子岩组（Pt₂t）		绢云千枚岩-绢云石英千枚岩-钠长绿泥千枚岩组合	绢云母、雏晶黑云母	低绿片岩相	新元古代、三叠纪	晋宁期（格林威尔期）、印支期
绿春地层小区	上古生界马邓岩群（PzM.）		绢云石英千枚岩-绢云千枚岩夹大理岩组合	绿泥石、绢云母	低绿片岩相	三叠纪	印支期
金平地层小区	中元古界大河边岩组（Pt₂d）		黑云变粒岩-二云片岩组合	黑云母、白云母	高绿片岩相	新元古代、三叠纪	晋宁期（格林威尔期）、印支期、喜马拉雅期
	古元古界哀牢山岩群	阿龙岩组（Pt₁a.）	角闪斜长变粒岩-角闪斜长片麻岩-钙硅酸盐岩构造组合	角闪石、斜长石	低角闪岩相+高绿片岩相	古元古代、三叠纪、古近纪	吕梁期、印支期、喜马拉雅期
		清水河岩组（Pt₁q.）	角闪斜长片麻岩-角闪斜长变粒岩-钙硅酸盐岩构造组合	角闪石、斜长石			
		小羊街岩组（Pt₁x.）	黑云斜长变粒岩-云母石英片岩-云母片岩构造组合	黑云母、白云母、斜长石			
楚雄地层小区	古元古界大红山岩群（Pt₁D.）		绢云千枚岩-钠长片岩-大理岩-浅粒岩组合	绢云母	低绿片岩相	新元古代	晋宁期（格林威尔期）

1. 区域动力变质作用特征

区域动力变质作用表现为岩石中的石英已重结晶呈镶嵌状粒状变晶集合体，但仍基本保留其棱角状、次棱角状砂屑外形，碎屑沿长轴方向大体呈半定向产出，泥质已重结晶呈显微鳞片状绢云母，部分岩石中出现雏晶黑云母、绿泥石及绿帘石，变质强度为低绿片岩相。区域上变质结晶和变质强度稳定，但从西向东，随着接近未变质地区，岩石中新生矿物数量减少，变质结晶作用也逐渐减弱。

2. 热变质作用特征

热变质作用主要表现在泥质变质岩中，形成斑点状（矿物斑点或集合体）的黑云母、绿泥石、绿帘石、钠长石、红柱石、石榴石等。

热变质作用反映的变质强度在岩带不同部位有不同的表现。上述典型矿物都以矿物单晶或集合体构成的变斑出现，不少构成变斑的矿物中常具定向排列的早期石英等包裹物而显现残缕结构，显示出矿物的先后世代关系。从变质矿物出现的特征分析，其最高变质强度达低角闪岩相。而从红柱石、石榴石的存在和无显示中压或高压环境的变质矿物出现的特征看，该岩带的变质作用是在低压环境中进行的。

综上所述，无量山岩群的变质作用是区域动力和热流共同作用的结果，石英等碎屑的定向和新生矿物的大致定向分布均明显受应力的控制，矿物的世代关系说明了应力-热作用的过程，应为区域动力变质叠加热流变质作用。岩石变质强度不均匀，局部出现明显的递增；变质强度的变化与地层层位的高低无关，但与断裂关系密切。根据上述特征，该变质岩岩带变质作用的发生可能是深部热流在澜沧江断裂活动时沿断裂上涌而形成长条状热异常的结果。

（二）上古生界大新山岩组（Pz₂dx）

变质岩类型主要为绢云板岩-砂质板岩类、浅变质砂岩类、浅变质火山岩类、浅变质火山碎屑岩类、少量片理化结晶灰岩类和极少量绢云千枚岩等，原岩为火山岩、火山碎屑岩、陆源碎屑夹少量碳酸盐岩建造，且为一套低级区域变质岩石。变质岩带的空间展布明显受断裂控制，地层由西至东变质程度具逐渐降低的趋势，其中由于岩石能干性差异，变质带中出现基本不变质的岩石和少量板岩或浅变质岩石互层的现象。

区域变质作用表现为岩石中的石英已重结晶呈镶嵌状粒状变晶集合体，但仍基本保留其棱角状、次棱角状砂屑外形，碎屑沿长轴方向大体呈半定向产出，泥质已重结晶呈显微鳞片状绢云母，部分岩石中出现极少量雏晶黑云母。变质矿物组合为：绢云母+黑云母（少）+石英，绢云母+绿泥石+石英，绢云母+石英，沸石-绿泥石-钠长石-石英等，变质强度为亚-低绿片岩相。

大新山岩组被未变质的侏罗系下统芒汇河组（J_1mh）不整合覆盖，变质岩带的主变质时期应为华力西期-印支期。通过区域地质资料可知，华力西期构造事件为古特提斯洋盆扩张-俯冲消减的大地构造背景下以伸展运动为主和具变质作用较弱的特点，但大新山岩组的上覆地层石炭系-二叠系龙洞河组（CPl）的变质程度明显相对较弱，因此大新山岩组在华力西期早期遭受了一定的变质作用而在华力西晚期和印支期该变质作用得到了继承和加强。

（三）中元古界团梁子岩组（Pt_2t）

变质岩主要包括绢云千枚岩、含细粉砂质绢云千枚岩、细粉砂质绢云千枚岩、绢云石英千枚岩、绿泥绢云石英千枚岩、钠长绿泥绿帘千枚岩、阳起绿泥绿帘千枚岩以及较少量绢云千板岩和绢云石英片岩等类型，但岩石总体以千枚岩为主。岩石常呈浅灰色、灰绿色，普遍具明显的重结晶，千枚理、褶纹线理及间隔状褶劈理发育，虽可见变余泥质及变余粉砂泥状结构，但原泥质物一般不再保留，绝大部分已由新生的绢云母代替。

岩石矿物成分以新生石英、绢云母为主，次为绿泥石等。定向结晶的显微鳞片状绢云母、绿泥石及半定向分布的石英颗粒构成岩石的透入性千枚理（S_n），与之平行构造结晶分异的石英脉很发育。构成千枚理（S_n）的新生矿物及千枚理反映了岩石的第一期变质变形，其矿物组合为绢云母+绿泥石+石英。岩石以 S_n 面理或成分条带为变形面褶皱并出现与褶皱轴近于一致的带状褶劈理（S_{n+1}），沿带状褶劈理见绢云母、绿泥石、红柱石斑点状定向分布，是岩石第二期变质的反映，其变质矿物组合为绢云母+绿泥石。

根据变形面理与矿物排列关系，变质岩带主要经历了两期变质作用。两期变质作用对该变质岩带进行了不同程度的变质改造，但各期变质改造强度及表现特征不一。新元古代变质为该变质岩带表现较为明显的一期变质，形成了独立的岩石组合，上述各岩类均为该期变质形成的岩石，新生变质矿物有绢云母、绿泥石，形成的矿物组合为绢云母+绿泥石，矿物组合反映主期变质强度总体为低绿片岩相，属区域低温动力变质作用。印支期变质作用在宏观上形成透入性较差的间隔状劈理，沿劈理面可见新生的变质矿物绢云母、绿泥石、红柱石等；其间还发育脆韧性剪切带，反映了低绿片岩相剪切变质；这反映了该期叠加的局部动力变质作用与昌宁-孟连带碰撞造山有关。

云南省地质调查院（2014）在思茅港北采获一个石英脉测年样品，其 U-Pb 同位素年龄值为226.9Ma±4.3Ma，表明了印支期该区域经历了强烈的构造和变质作用。

（四）上古生界马邓岩群（$PzM.$）

该变质岩带以板岩分布为主，据岩石变质强弱及成分的不同可将其细分为千枚岩、绢云千枚岩、石英绢云千枚岩、绢云石英千枚岩、板岩类、变质砂岩、大理岩等。

该变质岩石所受变质作用较弱，绝大部分岩石变余结构构造清楚，可据其变余结构构造恢复其原岩。板岩-千枚岩类岩石一般保留有较好的变余泥质结构、变余泥质粉砂质结构，原岩为泥岩、粉砂质泥岩及（泥质）粉砂岩。变质砂岩类岩石一般具有较好的变余砂状结构，原岩为砂岩。大理岩、板岩等副变质岩呈夹层或夹块状产出，原岩为沉积灰岩。

变质作用矿物为绢云母、绿泥石等，变质作用强度达低绿片岩相。由于卷入该期变质作用的地层为上古生界马邓岩群，主期变质作用表现为一种 $S_0/\!/S_1$ 的横向面理置换，与中三叠统上兰组的岩石具有类似的变形变质作用特征，并在局部岩石中叠加了一期纵向面理置换特征，据此将其变质作用归为印支期，而伴随纵向面理置换的折劈理域中所出现的新生绢云母等矿物则代表了燕山期叠加、线型动力变质作用。

（五）中元古界大河边岩组（Pt₂d）

变质岩岩带的岩石以灰色、深灰色薄层石英片岩、斜长二云片岩为主，夹中厚层黑云斜长变粒岩、（绢）白云石英千枚岩和厚层斜长变粒岩。变质期次主要为晋宁期（格林威尔期）、印支期和喜马拉雅期，其中，后两者为叠加变质。

晋宁期（格林威尔期）的变质作用所形成的变质岩石变质强度不高，只出现了绢云母/白云母、黑云母、绿泥石及斜长石，矿物共生组合为石英+绢云母/白云母+绿泥石，石英+黑云母+斜长石，石英+黑云母+绿泥石+斜长石。总体显示该期变质作用强度为低绿片岩相（黑云母级），为区域低温动力变质作用。

印支期变质作用主要以沿新生面理出现新生矿物为特征，在整个变质岩岩带内，该期变质作用强度不均，出现强应变带与弱应变域相间排布的格局。在弱应变域内，沿新生面理出现黑云母、白云母等新生矿物，普通角闪石具褪色现象，总体显示褪变质特征，原岩面貌仍有较多的保留。而强应变带-韧性剪切带内，原岩已完全被新生的糜棱岩类岩石所代替。本期新生矿物主要为黑云母、白云母、绢云母，未发现平衡矿物共生的组合，其变质作用强度总体显示低绿片岩相的特征。

喜马拉雅期变质作用主要发生在新生代侵入岩的韧性剪切带内，并呈线型叠加于大河边岩组的岩石之上，是一次以强热流作用为主导因素的变质作用。其变质作用特征表现为在构成该期韧性剪切带的云母构造片岩、夕线云母构造片岩、石榴云母构造片岩、构造片麻岩中出现显示热变质特点的"斑点"构造。"斑点"主要为白云母与石榴石，部分岩石中出现夕线石；这些矿物与先期面理无共生关系，并明显切割先期面理。本期新生矿物主要为白云母、石榴石、夕线石和十字石，结合本期变质作用伴随混合岩化作用等考虑，其变质作用强度为高绿片岩相-低角闪岩相。

（六）古元古界哀牢山岩群

哀牢山岩群的变质岩石类型大致分为片岩类、石英岩类、浅粒岩类、变粒岩类、片麻岩类、角闪岩类、大理岩类和糜棱岩-千糜岩类，部分岩石受到后期的线性动力变质作用的改造，多具有糜棱岩化、千糜岩化和碎裂岩化。变质岩带内岩石变形、变质十分强烈，韧性变形较为显著，糜棱岩化现象普遍。早期形成的结晶片理、片麻理置换全面取代了原生沉积层理，给沉积环境的恢复带来了一定困难。恢复原岩为含中基性火山物质的陆源碎屑岩夹碳酸盐岩，反映其沉积环境可能为海相沉积。原岩经过多期变形变质作用，主期变质强度为角闪岩相，后期发生退变质，形成一个复杂的地质体。

根据矿物世代、矿物生长与变形面的关系、变形系列、变形变质环境等特征，哀牢山岩群变质带至少经历了吕梁期、印支期和喜马拉雅期的变质作用改造。吕梁期为高绿片岩相-角闪岩相的区域动力热流变质作用，印支期为区域低温动力变质作用，喜马拉雅期为浅部构造相的线型动力变质作用。

1. 吕梁期变质作用特征及类型

吕梁期变质作用是哀牢山岩群的主期变质作用，也是目前保留的最早期的变质作用。变质岩石虽然经过后期不同程度的变形变质作用的改造，但仍不同程度地保留了变质矿物组合及结构构造，尤其是斜长角闪岩、变粒岩等。矿物的世代关系及矿物反映的温压条件显示变质作用可能经历了从增温增压至等压增温或降压增温的过程，变质作用出现的新生矿物有蓝晶石、矽线石、石榴石、黑云母、白云母、透辉石、普通角闪石、斜长石、钾长石等。

根据透辉石、石榴石、蓝晶石、矽线石等矿物在同一变质岩带中出现；结合变质矿物生长顺序和目前已有的变质温度和压力条件分析，本期变质作用可能经历了从增温增压（形成细晶状黑云母、斜长石→形成石榴石、蓝晶石等）→近等压增温（形成矽线石）的变质过程。综上所述，本期变质强度总体为角闪岩相，变质作用为区域动力热流变质作用。

2. 印支期变质作用特征及类型

印支期变质作用涉及整个哀牢山岩群，是一次以挤压为主导因素的变质作用。面理构造极为发育，已基本置换或全面置换了岩石的早期结晶面理（S_{n+1}）而成为区域性宏观面理（S_{n+2}）。面理构造包括不同尺度褶皱构造的轴面劈理（褶劈理），以及发育于韧性剪切带内的剪切面理（糜棱面理与千糜面理）构造。

在区域上使先期面理褶皱变形，平行（或小角度斜交）褶皱轴面形成一组面理，沿新生面理出现的新生矿物显示了本期变质作用特征。在整个变质亚带内，本期变形强度不均匀，表现为强应变域与弱应变域相间分布的格局，变质作用也相应地有不同的表现。

哀牢山变质亚带以受印支期变质作用所形成的岩石为构造岩类，包括构造片岩、构造片麻岩及糜棱岩等，出现的新生矿物与原岩矿物有一定的继承性，构造片岩中强应变域残留早期石榴石、矽线石矿物，具碎裂化特征，并沿矿物粒间出现了新生重结晶碎粒化长石、石英及黑云母等矿物，新生微鳞片状黑云母矿物、细粒化长石、石英与残留的早期变质矿物表现为岩石中矿物普遍形成一些网结状构造，同时早期变质矿物石榴石普遍发生碎裂化并沿矿物裂理新生出一些同定向的黑云母变质矿物。糜棱岩中出现了重结晶细粒化长石、石英及微鳞片状黑云母等新生糜棱碎基矿物，同时变质作用宏观上还形成了大量同斜褶皱并形成了 S_{n+2} 区域性结晶片理，以及韧性剪切断层与构造片岩、糜棱岩等动力变质岩，本期变质作用均伴随强烈的变形特征，新生矿物结晶均较细，说明本期变质作用为一种强应力和较低温度环境下的变质，无疑为区域低温动力变质作用。

3. 喜马拉雅期变质作用特征及类型

喜马拉雅期的变质作用主要表现为在断裂带或强应变域的剪切走滑作用下，形成了一系列的糜棱岩化（千糜岩化）的岩石和初糜棱岩、糜棱岩及千糜岩。本期变质作用类型为线型动力变质作用。

（七）古元古界大红山岩群（$Pt_1D.$）

大红山岩群为一套中-浅变质岩夹变质火山岩，岩石组合为灰色-灰绿色泥质板岩、粉砂质板岩、绢云（石英）千枚岩、变质砂岩夹灰色白云（石英）片岩、二云（石英）片岩、变质中基性岩及大理岩化灰岩，局部见炭质板岩。由于后期构造作用的影响，岩石发育劈理。

带内岩石整体所受变质作用较弱，大部分岩石变余结构构造清楚，可据其变余结构构造及产状恢复其原岩。该变质岩带的变质作用形成了一组区域性透入性面理，构造变形造成变质砂岩的构造透镜化，形成了具有带状分布的变质岩。变质作用产生的新生矿物绢（白）云母、白云母、黑云母等沿岩石的板理、千枚理和片理分布，说明变质作用形成于一种低温环境下，属于区域低温动力变质作用。

带内变质作用形成了变质砂岩、千枚岩及片岩等中-浅变质岩石组合，变质新生矿物为绢白云母、白云母等，变质作用强度达低绿片岩相。变质作用时期为晋宁期。

第四节　哀牢山-无量山地区地质作用与构造演化特征

哀牢山-无量山地区地处云南中部和西南地区（图 5-10），地质构造较为复杂，在古生代时期处于冈瓦纳大陆与劳亚大陆之间的特提斯构造域，古特提斯地质遗迹保存较好，是研究古特提斯演化的重要地区之一。新生代时期，印度板块与亚洲发生陆陆碰撞，地层岩石发生变质变形，山脉抬升隆起，逐渐形成了哀牢山、无量山山脉。

近年来，许多专家、学者对滇西地区的基础地质问题进行了深入研究，对其地壳结构提出了不同的认识、形成了众多的观点和假设；目前普遍认为滇西地区在古生代时期处于冈瓦纳大陆北部边缘与欧亚大陆南部边缘的结合地段，双沟洋盆可能是扬子西缘多岛-弧-盆系的一部分，是中国境内古特提斯构造演化研究的关键地段之一。

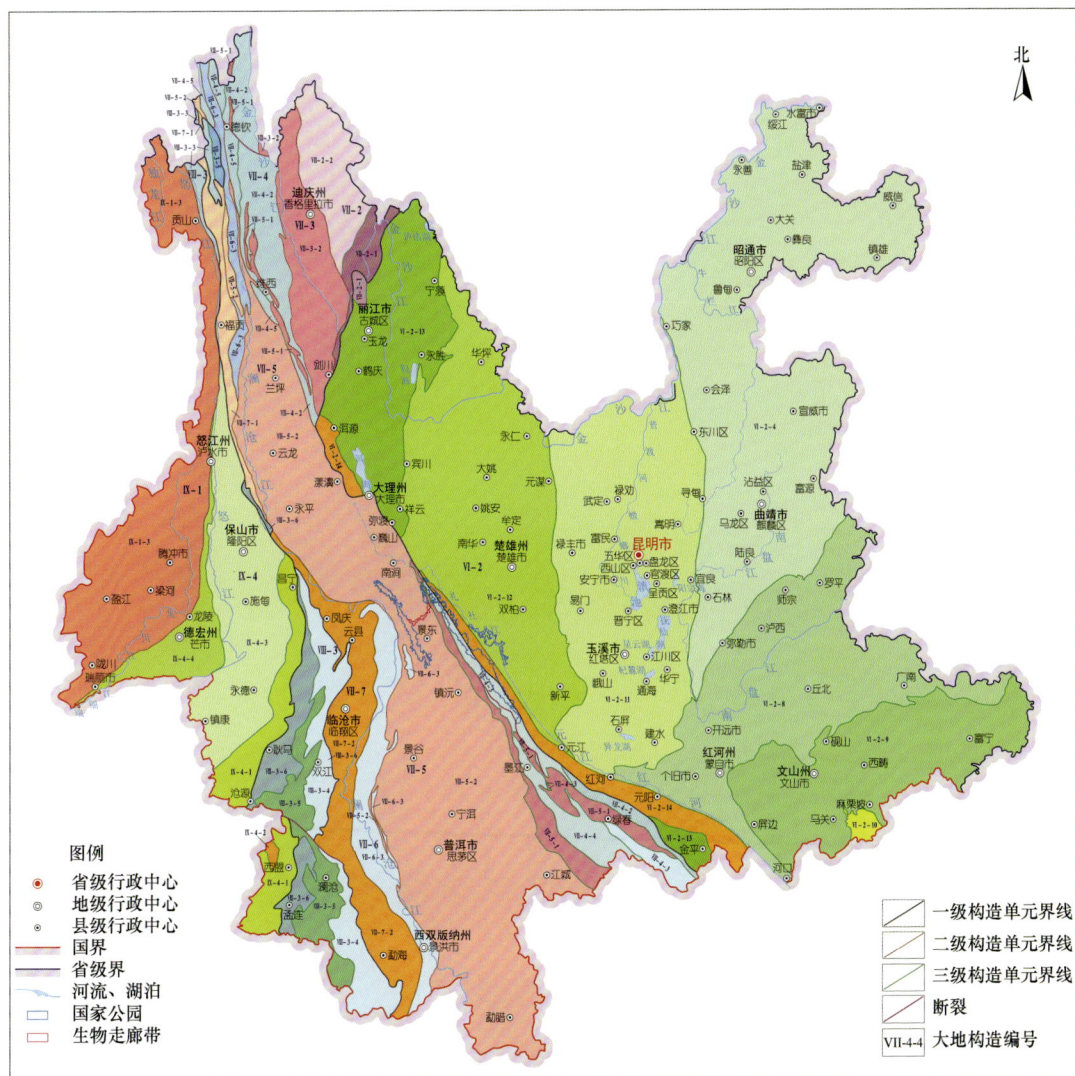

图 5-10　哀牢山-无量山地区在云南境内的大地构造位置图

一、构造单元的划分

《云南省成矿地质背景研究报告》（2013）应用大地构造相理论，将云南地壳划分为 4 个一级构造单元、10 个二级构造单元和 29 个三级构造单元（图 5-10）。依据该划分方案，哀牢山-无量山地区横跨了扬子陆块区（Ⅵ）和羌塘-三江造山系（Ⅶ）两个一级构造单元、5 个二级构造单元及 8 个三级构造单元（图5-11，表 5-13）。其中，由于遭受喜马拉雅期强烈的自西向东的逆冲推覆改造作用，不同的构造单元在空间上具相互叠置和穿插、在时间上有继承演化关系（图 5-11）。

二、各个三级构造单元的地质作用特征

（一）楚雄陆内盆地（Ⅵ-2-12）

楚雄陆内盆地出露于哀牢山-无量山地区的东北部，西分别以程海断裂和红河断裂为界与哀牢山变质

杂岩（Ⅵ-2-14）和丽江被动陆缘（Ⅵ-2-13）相邻，向北和向东则延出区外（图 5-11）。哀牢山-无量山地区主要为中新生代拗陷盆地，由巨厚的中新生代沉积盖层组成（表 5-13）；其中在构造单元南侧一带有少量古元古界大红山岩群（$Pt_1D.$）结晶基底出露。

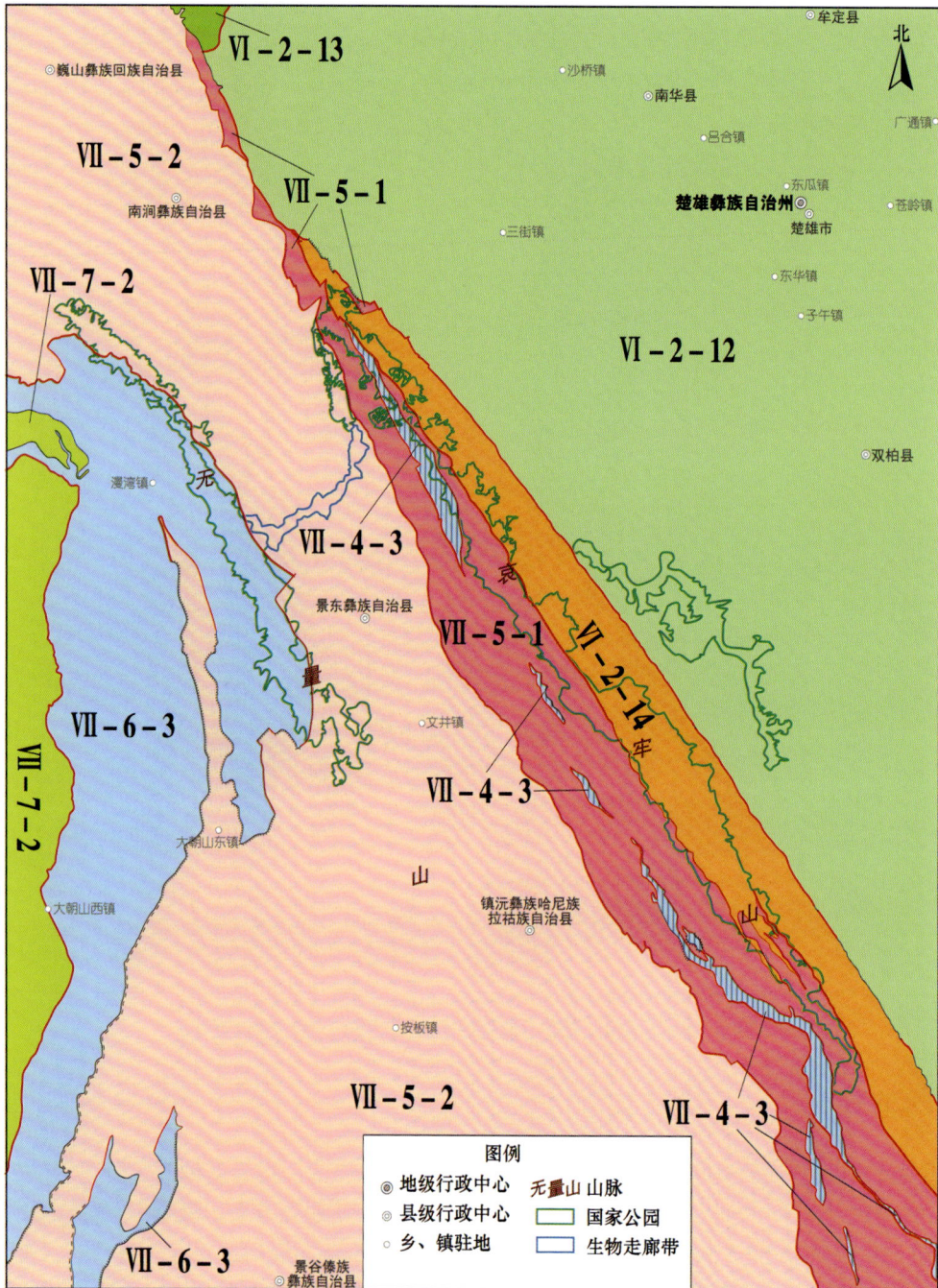

图 5-11　哀牢山-无量山地区大地构造分区简图

　　构造单元内断裂和褶皱较为发育，其中断裂和褶皱轴向以北北西向为主，并发育有少量北东向和北西向的调整断裂构造；此外，构造单元构造形迹的时代以喜马拉雅期为主。

　　岩浆活动则仅在哀牢山-无量山地区南东端新平老厂和北侧的南华沙桥一带分别出露有少量新元古代辉长辉绿岩和古近纪碱性岩（图 5-11），且分别形成于格林威尔造山事件（晋宁期）和喜马拉雅期后造山阶段。

表 5-13　哀牢山-无量山地区大地构造分区表

一级大地构造单元	二级大地构造单元	三级大地构造单元
VI 扬子陆块区	VI-2 上扬子古陆块	VI-2-12 楚雄陆内盆地（T_3-E）
		VI-2-13 丽江被动陆缘（Pz_2）
		VI-2-14 哀牢山变质杂岩（Pt_1）
VII 羌塘-三江造山系	VII-4 哀牢山结合带	VII-4-3 双沟蛇绿混杂岩（C-P）
	VII-5 兰坪-思茅地块	VII-5-1 维西-绿春陆缘弧（P_2-T）
		VII-5-2 兰坪-思茅地块（S-T）
	VII-6 澜沧江结合带	VII-6-3 澜沧江增生杂岩（Pt_2-J_1）
	VII-7 崇山-临沧地块	VII-7-2 临沧岩浆弧（P-T）

区内岩石除了基底建造的大红山岩群岩石组分以外基本不变质（表 5-13），仅在红河断裂附近局部有动力变质作用形成构造岩类岩石。

（二）丽江被动陆缘（VI-2-13）

丽江被动陆缘仅出露于哀牢山-无量山地区北端的弥渡一带，产出面积较小（图 5-11），其东侧以程海断裂为界与楚雄陆内盆地（VI-2-12）接壤，西侧以红河断裂为界与哀牢山变质杂岩（VI-2-14）相邻，北侧延出区外（图 5-11）。主要出露泥盆系-二叠系的浅海相-碳酸盐岩台地相沉积，以及二叠系陆相板内溢流型火山岩；构造带内构造基本不发育，岩石亦没有变质，除了二叠纪火山岩喷发活动以外没有其他的岩浆岩。

（三）哀牢山变质杂岩（VI-2-14）

哀牢山变质杂岩产于哀牢山-无量山地区中部的北西向一带（图 5-11），其东侧以红河断裂为界与楚雄陆内盆地（VI-2-12）相邻，西侧则以哀牢山断裂与维西-绿春陆缘弧接壤，北侧在南涧一带尖灭，南侧则延出区外；此外，由于晚期断裂构造的穿插错移作用，使得少量的维西-绿春陆缘弧物质组分产于哀牢山变质杂岩的东侧，具体可见哀牢山变质杂岩带的北端（图 5-11）。构造单元主要由一套古元古界哀牢山岩群和中元古界大河边岩组、志留系康廊组的不变质台地相碳酸盐岩以及晚期侵入岩组成。

变质杂岩带内断裂构造较为发育，主要表现为喜马拉雅期的北西向断裂构造，且脆韧性断裂均有发育；实际上，杂岩带内晋宁期、加里东期、华力西期和印支期的构造亦应有发育，但由于喜马拉雅期构造的改造和继承作用而难以分辨。

岩浆侵入活动十分强烈，于整个变质杂岩带均分布较广，具体的侵位时代主要为二叠纪、三叠纪、侏罗纪、白垩纪和古近纪；此外还有少量的泥盆纪超基性岩岩脉（图 5-7），而该超基性岩可能为双沟蛇绿混杂岩的一部分，且为晚期构造作用双沟蛇绿混杂岩的物质组分与哀牢山变质杂岩的物质组分拼合在一起后被超基性岩侵入所致。泥盆纪和二叠纪侵入岩分别为华力西期的双沟洋盆扩张和消减阶段侵位所成，三叠纪花岗岩为印支期的碰撞造山阶段所成，侏罗纪和白垩纪侵入岩形成于燕山期的后造山作用的调整-陆内抬升阶段，而古近纪侵入岩则与喜马拉雅期造山阶段有关。

构造单元的受变质地层有古元古界哀牢山岩群和中元古界大河边岩组（表 5-12），岩石的变质级别为低角闪岩岩相并叠加了高绿片岩相变质，变质时代分别为新元古代、三叠纪和古近纪，相应的为晋宁期（格林威尔期）、印支期和喜马拉雅期变质。

（四）双沟蛇绿混杂岩（VII-4-3）

双沟蛇绿混杂岩产于哀牢山-无量山地区中部的北西向一带的双沟地区，由于晚期断裂构造的挤压、破坏及推覆掩盖作用，呈北向多个构造夹块状断续展布（图 5-10）。大地构造位置上，双沟蛇绿混杂岩于哀牢山-无量山地区主要产于维西-绿春陆缘弧内部，局部位置东侧以哀牢山断裂为界与哀牢山变质杂岩相接（图 5-10）。主体为一套浅变质、强变形的绿片岩、变基性火山岩的硅泥质-泥质-粉砂质沉积岩系，夹大量的辉长岩、变质超基性岩（蛇纹岩）岩片的岩石构造。

混杂岩带内断裂构造较为发育，主要表现为喜马拉雅期的北西向断裂构造，且脆韧性断裂均有发育；实际上，混杂岩带华力西期和印支期的构造亦应有发育，但由于遭受喜马拉雅期构造的改造和继承作用难以分辨。

混杂岩带内岩浆活动强烈，主要表现为泥盆纪超基性岩和二叠纪基性岩，分别代表了双沟洋盆扩张阶段和消减阶段的岩浆活动记录。

双沟蛇绿混杂岩的物质组分普遍发生了程度不等的变质作用，岩石变质级别主体为低绿片岩相，变质时代为三叠纪，即印支期；此外，蛇绿混杂岩中的岩石变形强烈，应是受到华力西期的洋盆俯冲消减阶段、印支期的洋盆消亡及随后的碰撞造山阶段和喜马拉雅期陆内造山阶段的构造作用叠加所致。

云南省地质调查局（2013）认为双沟洋盆打开的时间在晚泥盆世，洋脊发展的鼎盛时期为石炭纪，且在晚三叠世前便已经闭合，因此晚于晚三叠世的地质体不属于双沟蛇绿混杂岩的物质组分。

（五）维西-绿春陆缘弧（Ⅶ-5-1）

维西-绿春陆缘弧产于哀牢山-无量山地区中部的北西向一带（图 5-10），其东侧以哀牢山断裂与哀牢山变质杂岩接壤，西侧以阿墨江断裂与兰坪-思茅地块相邻，而北侧在弥渡一带尖灭，南侧则延出区外；此外双沟蛇绿混杂岩产自本陆缘弧的内部，以及由于晚期断裂构造的穿插错移作用，使得少量的维西-绿春陆缘弧物质组分产于哀牢山变质杂岩的北端东侧（图 5-10）。该构造单元内的地层主要包括早古生代被动大陆边缘外陆棚相-斜坡相碎屑岩沉积，泥盆纪出露被动陆缘斜坡相含火山-碎屑沉积，二叠纪发育岛弧火山-碎屑沉积，中三叠世出露残余半深盆地泥质夹细碎屑、碳酸盐沉积；印支期造山作用之后，晚三叠世形成楔顶盆地红色磨拉石沉积，伴有强烈的中酸性火山岩喷发活动。

维西-绿春陆缘弧内断裂构造和褶皱构造均较为发育，主要表现为印支期和喜马拉雅期的北西向断裂构造，且脆韧性断裂均有发育；其中由于喜马拉雅期构造对早期构造的改造和继承作用而难以分辨印支期构造形迹。

以双沟蛇绿混杂岩和九甲断裂为界，上古生界马邓岩群仅产于维西-绿春陆缘弧的东侧；其内部出露有泥盆纪超基性岩、二叠纪基性岩、三叠纪碱性岩和侏罗纪花岗岩，其西侧仅产有少量的泥盆纪超基性岩和二叠纪基性岩，因此，以双沟蛇绿混杂岩和九甲断裂为界东西两侧有较大的差别。其中，泥盆纪超基性岩和二叠纪基性岩可能为双沟蛇绿混杂岩的一部分，且为东西两侧物质组分拼合在一起后侵入所致；而三叠纪碱性岩和侏罗纪花岗岩则分别为印支期碰撞造山和燕山期陆内抬升阶段的岩浆记录。

马邓岩群为维西-绿春陆缘弧内部唯一的变质地层，其变质相级别为低绿片岩相，且为三叠纪印支期变质；由于产出大地构造位置的特殊性而造成了其低绿片岩相变质，实际上地质体的变质程度主要与断裂构造活动有关。

（六）兰坪-思茅地块（Ⅶ-5-2）

兰坪-思茅地块出露于哀牢山-无量山地区的西侧中部，其东以阿墨江断裂为界与维西-绿春陆缘弧相邻，西侧则以无量山断裂与澜沧江增生杂岩相邻，而南北两侧均延出研究区外（图 5-11）；此外，由于晚期断裂构造的错移作用，使得少量的澜沧江增生杂岩组分产于兰坪-思茅地块的南西端（图 5-10）。哀牢山-无量山地区的兰坪-思茅地块以中侏罗世-新近纪厚逾万米山间盆地河湖相的红色沉积岩为特征。

构造单元内断裂和褶皱较为发育，其中断裂和褶皱轴向以南北向和北西向为主，并发育有东西向和北东向的调整断裂构造；此外，构造活动的时代以喜马拉雅期为主。

构造单元内部岩浆活动较活跃，以巍山-南涧广泛发育的古近纪碱性岩及镇沅勐统街的少量古近纪二长花岗岩为特征，而侵入的岩体和岩脉均有发育，且为喜马拉雅期的岩浆活动记录。

构造单元内地层单元的岩石组分均没有变质,仅在无量山断裂和阿墨江断裂附近局部有动力变质作用形成构造岩类岩石。

(七)澜沧江增生杂岩(Ⅶ-6-3)

澜沧江增生杂岩出露于哀牢山-无量山地区的西侧,其东主要以无量山断裂与兰坪-思茅地块相邻,西侧以澜沧江深断裂为界与临沧岩浆弧接壤,南北两侧均延出研究区外(图5-11);此外,由于晚期断裂构造的错移作用,使得少量的澜沧江增生杂岩组分产于兰坪-思茅地块的南西端(图5-10)。澜沧江增生杂岩以中元古界团梁子岩组构成变质基底,其上被上古生界泥盆系-石炭系被动陆缘半深海沉积以及中三叠世、早侏罗世的火山弧和中、晚三叠世的弧后盆地沉积所覆盖。

澜沧江增生杂岩内断裂和褶皱较为发育,其中断裂和褶皱轴向以近南北向和北西向为主,并发育有少量的调整断裂构造;此外,构造形迹的时代以喜马拉雅期和印支期为主。

该构造单元内部岩浆活动较活跃,且表现为三叠纪、侏罗纪和古近纪岩,而侵入规模的岩体和岩脉均有发育,分别代表了印支期、燕山期和喜马拉雅期的岩浆记录。

构造单元的受变质地层有中元古界团梁子岩组、上古生界大新山岩组和上古生界无量山岩群(表5-12),岩石的变质级别均为低绿片岩相,此外团梁子岩组的变质时代主要为新元古代和三叠纪,大新山岩组的变质时代为二叠纪和三叠纪,而无量山岩群的变质时代仅为三叠纪,相应地指示了晋宁期(格林威尔期)、华力西期和印支期的变质作用。其中,印支期的变质作用主要与特提斯洋盆消亡后的碰撞造山有关。

(八)临沧岩浆弧(Ⅶ-7-2)

临沧岩浆弧出露于哀牢山-无量山地区的西侧边缘,其东主要以澜沧江大断裂为界与兰坪-思茅地块接壤,而西侧、南北两侧均延出研究区外(图5-10)。构造单元主要由二叠纪闪长岩类、三叠纪二长花岗岩、侏罗纪二长花岗岩和盖层侏罗系花开左组的未变质陆相碎屑岩组成,该构造单元为云南境内著名的临沧岩体的一部分。

临沧岩浆弧在哀牢山-无量山地区的构造形迹基本不发育,仅局部发育有少量小规模的印支期和喜马拉雅期的断裂构造,脆韧性均有发育;变质作用较弱,仅澜沧江断裂和具韧性作用的断裂附近的岩石遭受了动力变质作用。

三、哀牢山-无量山地区构造演化特征

云南地壳演化规律与全球一样,经历过多次(超)大陆的汇聚→裂解→汇聚的循环。可能涉及古元古代 Columbia(哥伦比亚)超大陆的汇聚→中元古代 Columbia(哥伦比亚)超大陆的裂解→青白口纪 Rodinia(罗迪尼亚)超大陆的汇聚→南华纪 Rodinia(罗迪尼亚)超大陆的裂解→早古生代 Laurasia(劳亚)超大陆的汇聚(北半球)、Gondwana(冈瓦纳)超大陆的汇聚(南半球)→晚古生代 Laurasia(劳亚)超大陆、Gondwana(冈瓦那)超大陆的裂解→早中生代 Pangaea(盘古)超大陆的汇聚;Pangaea(盘古)超大陆经过3个阶段的裂解作用形成了地球现今的海、陆分布和现代板块构造格局(云南省地质调查局,2013)。这一过程大致可划分为3个阶段:古元古代-青白口纪基底发展演化阶段、南华纪-中三叠世洋-陆转换阶段、晚三叠世至今的陆内发展演化阶段。

(一)古元古代-青白口纪基底发展演化阶段

云南地壳的基底发展演化可进一步细分为古元古代结晶基底的发展演化阶段,中元古代褶皱基底的发展演化阶段,新元古代青白口纪属一过渡时期,青白口纪末期的构造变动(晋宁运动)最终形成了云南地壳的基底岩系。

1. 古元古代结晶基底演化

据邻区的同位素年龄资料,云南古元古代的地史演化记录大致由2500Ma开始,上限大致在1800Ma±。云南的古元古代地层均遭受了中压区域动力热流变质作用的改造,普遍达角闪岩相、高角闪岩相,且受到古元古代晚期花岗岩的广泛侵入。在各古元古代结晶基底岩系中均划分出大量的变质深成岩系;表壳岩系仅占原出露面积的30%~70%。哀牢山-无量山地区主要地层单位为扬子地层区的哀牢山岩群。

2. 中元古代褶皱基底演化

褶皱基底的发展是在 Columbia 超大陆汇聚后形成的结晶基底之上开始的,具体时限为 1000Ma~1800Ma。在上述结晶基底之上沉积了云南最古老的陆相沉积建造——大红山岩群,其间还发育有变余的大型单向斜层理,无疑属河流相的沉积,代表了 Columbia 超大陆裂解作用的前奏。其上很快就被海相的陆源碎屑-碳酸盐岩-火山岩沉积建造组合覆盖,具有陆内(缘)裂谷环境的沉积特点。

扬子地层区的古元古界大红山岩群、大河边岩组应属古元古代结晶基底之上的陆内(缘)裂谷环境的沉积。

3. 新元古代基底最终形成

该构造阶段的时限为 850Ma~1000Ma。在全球 Rodinia 超大陆汇聚的背景下,中元古代的沉积盆地逐渐萎缩,仅在哀牢山-无量山地区外的局部地段保留有残余海盆沉积——大营盘组、柳坝塘组;同时哀牢山-无量山地区以新平夏洒辉绿岩-辉长岩为代表的岛弧型基性-超基性岩浆侵入为特征。上述中元古代、新元古代地层单元普遍发生了高-低绿片岩相的变质作用。

(二)南华纪-中三叠世洋-陆转换阶段

云南洋-陆转换阶段的地壳发展演化留下了丰富的地质构造及建造组合,大致可分为以下3个过程。

1. 南华纪-志留纪地史演化(加里东期)

从全球范围内看,这一地史阶段的地壳演化主要经历了 Rodinia 超大陆的裂解,形成初始的特提斯大洋;一些陆块在南半球汇聚,形成 Gondwana 超大陆;另外的陆块在北半球汇聚形成 Laurasia 超大陆。这一过程的时限为416Ma~850Ma,持续时间约430Ma。

在扬子陆块区与 Rodinia 超大陆的裂解相关的建造组合较为丰富;哀牢山-无量山地区外中元古代褶皱基底之上的南华纪下统澄江组山前磨拉石建造代表了一次强烈构造运动之后构造古地理面貌的重大调整,而其中偏碱性基性火山岩浆的喷发暗示了 Rodinia 超大陆裂解的前奏;楚雄陆内盆地上广泛发育的异源双峰式侵入岩组合应属这一裂解过程的高峰(约 630Ma)。而南华纪上统南沱组的大陆冰川-冰水页岩沉积分布广泛,是全球"雪球事件"的表现。

赋存于兰坪-思茅地块哀牢山-无量山地区外的志留纪-泥盆纪大凹子组中的火山作用,是原特提斯洋盆俯冲消减阶段(460Ma~480Ma)形成的火山弧性质火山岩组合的缘故。

2. 古特提斯洋的扩张成盆

这一地史阶段相当于泥盆纪-石炭纪(华力西主期),在扬子陆块区,这一地史阶段表现为稳定的沉降过程;从早泥盆世晚期开始,出现了明显沉积分异;发育了台地相、台盆-台沟相沉积相间分布的构造古地理格局,也说明了这一地史时期地壳裂解作用的存在;双沟洋盆很可能就是这一被动陆缘持续拉张的结果。

3. 古特提斯洋盆的俯冲消减及碰撞造山过程

这一地史阶段相当于二叠纪-中三叠世(华力西期晚期-印支期主期),总体上属挤压构造背景,造成构造古地理格局的急剧变化。

在扬子陆块区，随着峨眉山组玄武岩的大规模喷发，构造古地理急剧改变；峨眉山玄武岩的喷发与古特提斯洋盆的俯冲消减及碰撞造山过程没有直接的联系，可能与地幔柱玄武岩的上涌有关。

随着区域上昌宁-孟连洋盆向东的俯冲消减作用，在其东侧形成了典型的低温-高压变质带，再往东则出现了与俯冲作用相关的石英闪长岩-花岗闪长岩组合，再往东越过澜沧江断裂带，则出现了（高）镁闪长岩-辉长岩-辉橄岩组合。

在中三叠世地史时期，随着昌宁-孟连洋盆的关闭，发生了弧-陆碰撞造山作用，在俯冲带上盘形成了规模宏大的临沧同碰撞构造岩浆岩带，以及澜沧江火山岩带的中三叠世忙怀组英安岩-流纹岩组合。在碰撞作用过程中，深部可能发生了洋壳向西的反向俯冲作用。中三叠世的临沧同碰撞构造岩浆岩带为单一的二长花岗岩组合，岩体规模大、分异差。

（三）晚三叠世至今的陆内发展演化阶段

随着滇西若干古特提斯洋盆的逐渐封闭、碰撞造山作用的结束，云南的地壳发展进入了陆内发展演化阶段。

1. 晚三叠世陆内应力调整阶段（印支期晚期）

随着区域上的昌宁-孟连一带古特提斯主洋盆在中三叠世的关闭、碰撞造山，从晚三叠世开始进入了后碰撞的陆内应力调整阶段。沿澜沧江东侧形成了规模宏大的火山岩带，以晚三叠世小定西组为代表，为一套橄榄安粗岩或钾玄岩系列。岩石地球化学特征显示了明显的弧火山岩的特点，也有人称为"滞后型"的弧火山岩；可能与俯冲板片在深部的断离、拆沉作用有关。在哀牢山-无量山地区的南侧耿马、双江等地，可见到晚三叠世三岔河组磨拉石建造直接覆盖在区域上晚古生代铜厂街蛇绿混杂岩上，指示了昌宁-孟连洋盆在晚三叠世之前就已经关闭了。

在兰坪-思茅地块，晚三叠世的歪古村组-三合洞组-挖鲁八组-麦初箐组为一套三角洲-浅海环境的沉积，由于靠近盆地中心，沉积物粒度细，岩性、岩相较为稳定，其中麦初箐组是一套含煤的陆源碎屑沉积，三合洞组为台地相的碳酸盐岩。

在扬子陆块区，晚三叠世是一些大型内陆断（拗）陷盆地的形成时期，部分层位还发育有典型的浊积岩，但其上很快被含煤陆源碎屑建造覆盖。可能是区域性的地壳伸展、冷却沉降形成的大型沉积场所，与碰撞、造山作用没有直接的关系。从沉积建造组合的角度看，这也是古特提斯构造演化结束的时期。

2. 侏罗纪-白垩纪地壳沉降发展阶段（燕山期）

从沉积建造组合的角度看，侏罗纪-白垩纪的地壳沉降基本上是对晚三叠世沉积盆地的继承与发展。形成了规模宏大的兰坪-思茅盆地、楚雄陆内盆地。

在南澜沧江地区的侏罗系下统芒汇河组中发育有少量的火山岩夹层，为后造山高钾钙碱性英安岩-流纹岩组合，在此之后的晚侏罗世-白垩纪地史时期均未发生火山喷发。因此，从火山岩建造组合的角度看，滇西古特提斯构造演化结束的时间应置于早侏罗世。

在崇山-临沧地块中，区域上早白垩世的侵入岩仅有零星出露，为石英闪长岩-花岗闪长岩-二长花岗岩组合，偶见辉绿岩伴生。晚白垩世花岗岩分布较为广泛，单个岩体规模不大，但常成群、成带出露。以二长花岗岩-花岗斑岩为主，岩石化学成分变化不大，具有高硅、富碱、过铝、低钙、低镁的特点，按照张旗等（1991）的 Sr-Yb 花岗岩分类方案，多属典型的极低 Sr 高 Yb 花岗岩类，为富含斜长石的角闪岩相变质岩系在低压条件下较低程度部分熔融的产物；划归后造山花岗岩组合为宜。

总之，侏罗纪-白垩纪是大型上叠内陆盆地发展的时期，显示了区域性地壳经历了古特提斯洋盆俯冲-消减、碰撞-造山、后碰撞应力调整这一系列的重要事件之后，地壳冷却沉降的过程。在这一过程中，早期的俯冲洋壳、造山带的山根在上地幔的温压环境中经过 50Ma~100Ma 的改造，发生了矿物相的转变，当集聚到一定的体量后就向地幔深处"沉降"，并发生不同程度的部分熔融及热扰动，从而引发了侏罗纪-早白垩世的岩浆活动，形成的岩浆类型丰富，岩石地球化学特征多具有类似火山弧的特点；至晚白垩世岩浆源区上移，所形成的岩浆成分趋同。从侵入岩浆建造组合的角度看，这才是古特提斯构造演化最终结束的时间。

3. 古近纪发展阶段（喜马拉雅主期）

哀牢山-无量山地区古近纪的地史发展主要受侏罗纪-白垩纪的大型上叠内陆盆地的持续发展的影响，该因素主要在澜沧江断裂带以东表现明显。

沿澜沧江结合带北部也出露有古近纪的花岗闪长岩-花岗岩组合，是中三叠世-晚三叠世时期的造山带山根在古近纪挤压背景下塌陷、部分熔融的产物。兰坪、思茅等地的古近纪盆地表现为对侏罗纪-白垩纪大型上叠内陆盆地的继承性发展、演化。

哀牢山变质杂岩在古近纪地史时期再次遭受强烈改造，发生强烈的陆内碰撞造山作用，形成的过铝花岗岩组合主要沿红河断裂南西侧分布。

在扬子陆块西缘发育有大量的 35Ma~45Ma 的后造山岩石构造组合，可进一步细分为正长岩-正长斑岩组合、富碱花岗（斑）岩-正长（斑）岩组合两类，二者具有不同的成矿特征，是与 50Ma~65Ma 的主碰撞造山事件相对应的后造山岩石构造组合。后造山富碱花岗（斑）岩-正长（斑）岩组合分布于扬子陆块西缘古近纪后碰撞构造岩浆岩带的巍山构造岩浆、沙桥构造岩浆岩段中。产出的地质年代、成因等与上述正长岩-正长斑岩组合相似，但混入了更多的地壳物质。

4. 新近纪-第四纪高原隆升阶段（喜马拉雅晚期）

新近纪以来，随着印度次大陆对欧亚大陆的持续俯冲，滇西地壳强烈抬升，古近纪的大型上叠内陆逐渐消亡，更由于差异性的断块活动，形成了大量的山间断陷、拗陷盆地沉积，同时由于气候逐渐转为温暖、湿润，植被发育，形成了云南又一个煤层的主要产出层位，较为著名的为滇中地区的上新统茨营组煤系等。

兰坪-思茅地块、临沧地块、楚雄陆内盆地的新近纪-第四纪沉积盆地也主要以断陷、拗陷盆地为主。

第五节　哀牢山-无量山地区的地质特色资源

一、古生代蛇绿混杂岩套与构造混杂带

"蛇绿混杂岩"代表了一个曾经存在、而目前已经消失了的古大洋残迹，其物质组成可能包括该大洋盆地中各构造-古地理单元的变质岩、侵入岩及火山-沉积岩系，两侧大陆边缘斜坡的沉积岩系、火山-沉积岩系也可能因构造作用而被卷入其中；原数千公里宽广的大洋盆地消失后仅留下数十公里、数公里甚至几百米的"蛇绿混杂岩"带，是地质记录"不完备性"的典型代表。此外，蛇绿构造混杂岩是造山带非史密斯地层体中最具代表性的地质实体，也是地质历史中某一阶段板块构造俯冲增生、碰撞汇聚带存在的标志，最能体现造山带各类地质体混杂、无序的客观性，是造山带中普遍存在的一类地质体。

哀牢山-无量山地区沿哀牢山山脉的西坡发育有一条晚古生代蛇绿混杂岩， 2013 年云南省地质调查局将其命名为双沟蛇绿混杂岩（$CSo\varphi m$）。大地构造位置上，双沟蛇绿混杂岩于哀牢山-无量山地区主要产于维西-绿春陆缘弧内部，其东侧以哀牢山断裂为界与哀牢山变质杂岩相接（图 5-10、图 5-11）。双沟蛇绿混杂岩在哀牢山-无量山地区总体呈北西向分布，由于晚期断裂构造的挤压推覆掩盖作用，呈北向多个构造夹块状断续展布（图 5-12），其分布总长度超过 175km，出露宽度为 0.2~4.5km；其中北侧蛇绿混

北

◎牟定县

寅街镇

◎巍山彝族回族自治县

莒力镇
◎沙桥镇
◎凤屯镇

◎巍宝山乡
◎密祉镇
龙川镇◎南华县

◎德苴乡 罗武庄乡
一街乡 五街镇
◎吕合镇
广通镇◎

南涧镇
雨露乡 紫溪镇◎ 东瓜镇

◎南涧彝族自治县
红土坡镇
楚雄彝族自治州◎

乐秋乡
牛街镇 五顶山乡 树苴乡 三街镇
鹿城镇 苍岭镇◎
楚雄市

碧溪乡 拥翠乡
宝华镇
马街镇
中山镇 大过口乡
东华镇

公郎镇
无量山镇
八角镇
子午镇

兔街镇
安定镇
νP 无
CSσm

漫湾镇
文龙镇
西舍路镇 新村镇
大地基乡
双柏县◎

漫湾镇
龙街乡
νC
Σ

忙怀乡
量 Σ
独田乡

林街乡
CSσφm
爱尼山乡

景东彝族自治县◎
βμP
硯嘉镇

后箐乡 景福镇
βμP
牢
者竜乡

涌宝镇 曼等乡
文井镇
βμP

栗树乡
大街镇
花山镇

大朝山东镇
山
βμP
九甲镇
老厂乡

水塘镇

CSσφm
勐大镇
镇沅彝族哈尼族拉祜族自治县◎
CSσφm βμC
山 戛洒镇

大朝山西镇
振太镇
βμP CSσφm
Σ

邦东乡◎
者东镇 CSσφm
拓平镇
漠沙镇

按板镇
CSσφm

CSσφm Σ

平掌乡
νP
Σ
CSσφm

团田镇
βμP
建兴乡

景谷镇
古城镇
孟弄乡

民乐镇 凤山镇 田坝乡
CSσφm
CSσφm

平村乡
新抚镇
Σ

景谷傣族
梅子镇
新安镇
CSσφm
彝族自治县◎
Σ

图例		侵入岩		蛇绿混杂岩	灰色硅质泥质-泥质-粉砂质沉积岩、玄武岩类、辉长岩、辉绿岩、纯橄榄岩-斜辉辉橄岩-二辉辉橄岩等超基性岩(在侵入岩和脉岩部分单独表达)
◎ 地级行政中心	无量山 山脉	二叠纪	βP 辉绿岩	石炭系 CSσm 双沟蛇绿混杂岩	
◎ 县级行政中心	国家公园		νP 辉长岩	脉岩	
◎ 乡、镇驻地	生物走廊带	石炭纪	βμC 辉绿岩	Σ 超基性岩(纯橄榄岩、斜辉辉橄岩、二辉辉橄岩等)	
			νC 辉长岩		

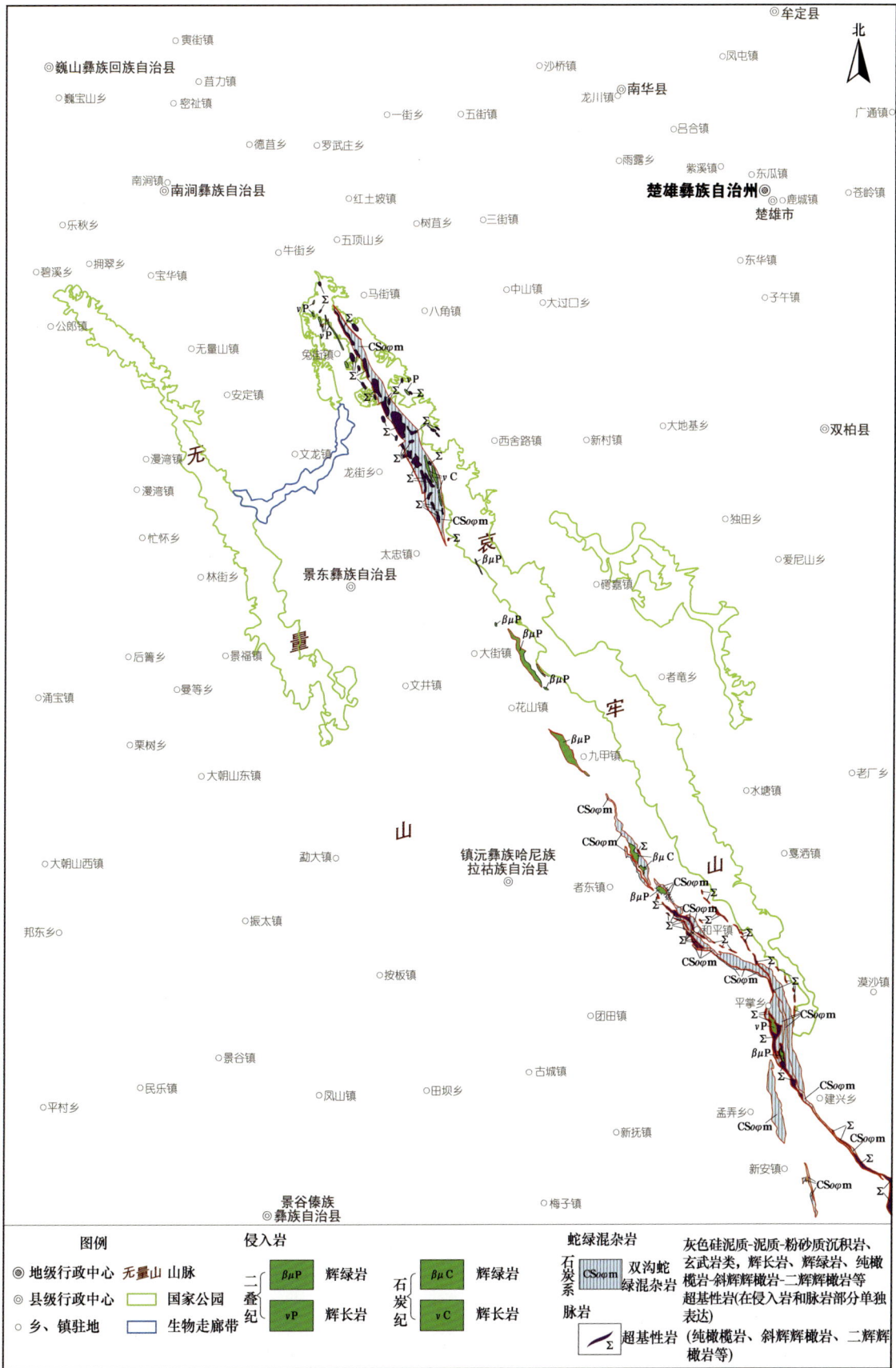

图 5-12 哀牢山-无量山地区蛇绿混杂岩分布图

岩夹块产于景东兔街-小龙街一带，长约 45km，南侧产于镇沅学堂村-垭口村和新平平掌-双沟-白土一带，在区内长约 80km。

双沟蛇绿混杂岩主体为一套浅变质、强变形的含绿片岩、变基性火山岩的硅泥质-泥质-粉砂质沉积岩系，夹大量的辉长岩、蛇纹岩岩片的岩石构造组合，是晚古生代双沟洋盆闭合后的残迹，属 MORB 型蛇绿混杂岩（云南省地质调查局，2013）。由于强烈的构造改造，原始的蛇绿岩套的层序多已经荡然无存，现多以"无根"或"无序"的构造岩片沿构造带混杂产出；其中新平双沟等地的辉长岩中发育有火成堆积层理。

沈上越等（1998）对其中的变质橄榄岩进行了研究，认为主要由二辉橄榄岩和方辉橄榄岩组成，前者具有原始地幔岩特征，后者具有亏损（残留）地幔岩特征。董云鹏等（2000）对景东附近的蛇绿混杂岩中的变基性火山岩进行了深入研究，认为属富集型的洋中脊玄武岩。张旗等（1988，1991）认为双沟蛇绿岩的形成与大洋中脊环境有关，其中基性岩具 N-MORB 和 E-MORB 特征，以不发育席状岩墙、岩浆房较小和扩张速率缓慢为特征，推测相当于小洋盆扩张早期的裂谷阶段的产物。此外，双沟蛇绿混杂岩与云南其他蛇绿混杂岩相比，以发育大量超基性岩为特征，且为后期风化壳型镍矿的成矿奠定了较好的物质基础，且大型、超大型金矿也赋存于该蛇绿混杂岩中。

简平等（1998）在双沟蛇绿岩中橄榄岩、斜长花岗岩中分别获得了 362Ma、328Ma 的锆石 U-Pb 年龄；Jian 等（2009a，2009b）基于对蛇绿岩中辉绿岩墙的研究，认为洋盆的初始扩张始于 383Ma 前。另外，区域上早泥盆世龙别组、大中寨组半深海硅泥质沉积建造的存在以及晚三叠世一碗水组不整合在蛇绿混杂岩带之上的事实表明，洋壳的出现不早于早泥盆世。有鉴于此，双沟洋盆开始打开的时间可能在晚泥盆世，洋脊发展的鼎盛时期在石炭纪，且在晚三叠世前便已经闭合。

二、新生代中新世竹化石

2013 年，中国科学院西双版纳热带植物园古生态学研究组与合作者一起在云南镇沅哀牢山西坡河谷的三章田一带发现了大量且丰富的竹子叶片、竹竿类化石（Li et al, 2013），该竹化石纹理清晰，保存较完好（图 5-13、图 5-14、图 5-15），其产自新近系中新统茨营组（N$_2$ĉ）（15.97Ma～11.61Ma 前）灰白色、浅灰黄色、浅灰色的泥质粉砂岩、粉砂质泥岩中。

根据化石的假叶柄形态、叶片宽度、侧脉条数、竿环和箨环的形态等宏观和微观特征，该化石竹亚科可分为 2 个属（包括 1 个新属）和 4 个新种：窄叶竹（*Bambusium angustifolia*）、宽叶竹（*B. latifolia*）、粗杆竹（*Bambusiculmus latus*）和细杆竹（*B. angustus*），其中宽叶竹中还保存了营养叶和茎生叶。该发现提供了中国最早的竹子叶片和竹竿化石证据，并说明了竹亚科在中国已经演化了较长的地质时期，以及在云南的分化时间不晚于中新世中期。由于云南是世界竹子的生物多样性中心之一，这些化石的发现对竹子的生物地理学提供了重要的信息，意义重大。

竹亚科（*Bambusoideae*）为禾本科（Poaceae）较大的亚科之一，目前包括 115 个属和 1439 个已经描述过的种。根据分子生物学证据，竹亚科可划分为 3 个族：Arundinarieae（温带木本竹子）、Bambuseae（热带木本竹子）和 Olyreae（热带草本竹子）。中国云南具有复杂的地形地貌和极其多样化的气候类型，在地质历史时期曾是多个植物区系成分的交融之地。云南的竹子属、种和生态类型也非常丰富，既有温带类群[如无量山箭竹（*Fargesia wuliangshanensis*）]，也有热带类群[如版纳甜龙竹（*Dendrocalamus hamiltonii*）]，是世界上两个竹子多样性中心之一（另一个在南美洲）。

目前，关于竹亚科的系统分类、生物地理学以及起源和分化的研究是禾本科的研究热点和难点。化石记录有助于对竹亚科的地史分布、迁移路线、分歧时间以及形态演化提供宝贵的信息，但目前世界上可靠的竹亚科化石记录非常稀少，特别是在竹子种类丰富且分布广泛的中国。之前，中国唯一可靠的竹子化石记录是发现于云南寻甸上新统地层（年龄在 2.48Ma～3.40Ma）的丝炭化竹竿（*Bambusoideae* sp.）。此外，目前尚不清楚竹子在中国的繁盛是缘于晚近时期的辐射，还是已经在中国演化了较长的地质时期。

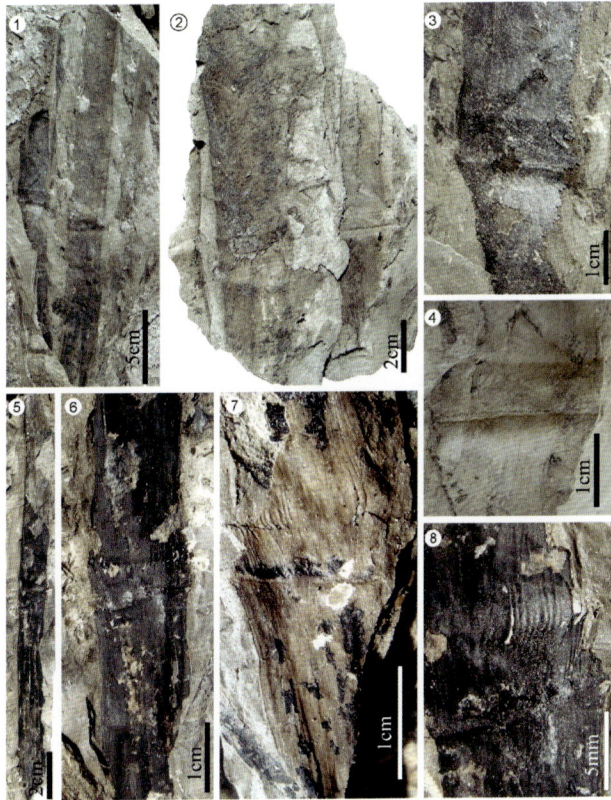

图 5-13　三章田粗竿竹叶片（1～4）和粗竿竹杆径（5～8）化石

图 5-14　三章田宽叶竹化石（1～6）和现代竹（7）的分枝叶片和茎叶叶片形态

图 5-15　三章田窄叶竹化石（1、3～6）和现代窄叶竹（2）的叶片形态

竹林不仅对热带和亚热带森林群落的动态演替具有明显的作用，也为许多动物提供了良好的生存场所，最有名的就是食谱几乎全为竹子的大熊猫（*Ailuropoda melanoleuca*）和小熊猫（*Ailurus fulgens*）。镇沅地区保存的大量竹亚科化石表明，一个多样化的竹林或林下竹子层片在中新世时已经形成。此外，竹亚科是禾本科中少数适应于森林生态系统的类群；在该植物群中，与竹子伴生的植物还包括樟科（Lauraceae）、水杉属（*Metasequoia*）和八角枫属（*Alangium*）等常绿或落叶乔木。研究推测这种含有竹子的常绿-落叶针阔混交林可能为大熊猫的祖先类型——始猫熊属（*Ailurarctos*）在云南的生存和演化提供了适宜的环境。

此外，据考古资料证明，镇沅发现的竹化石年代与云南"元谋人"化石的年代十分接近。遥想古代，人类开始在云南定居生活后，便就地取材，使用各种石斧、石刀等工具砍来植物的枝条编成篮、筐等器皿。在实践中，发现竹子干脆利落，开裂性强，富有弹性和韧性，而且能编易织，坚固耐用；发展至现代，竹子更是与人类生活密不可分，大到用来盖房，竹子做柱子、横梁、覆顶、墙壁、天花板、地板、粮仓，小到做桌子、椅子、床、柜子、背篓等，不一而足。

三、新生代造山型金矿及其他矿产资源

（一）哀牢山-无量山地区矿产资源概况

根据 2019 年底云南省矿业权系统数据库统计，哀牢山-无量山地区图幅范围内具开发价值的矿种共计 15 种（建筑石材等未参与统计），其中能源矿产 1 种、黑色金属矿产 2 种、有色金属矿产 7 种、贵金属矿产 2 种，其他非金属矿产 3 种。共发现各类金属和非金属矿床（点）62 处（表 5-14），按矿床规模划分，大型矿床 6 处、中型矿床 9 处、小型矿床 47 处，其余矿点及正在勘探的（矿床）点未进行统计。

表 5-14　哀牢山-无量山地区图幅范围内矿种、规模统计表

矿产类别	矿种数	矿种名称	矿床数	矿床规模		
				大型	中型	小型
能源矿产	1	煤	9	1		8
黑色金属矿产	2	铁、锰	9	1	1	7
有色金属矿产	7	铜、铜镍、铅、锌、铅锌、镍、锑	35	2	6	27
贵金属矿产	2	金、铂钯	5	2	2	1
其他非金属矿产	3	石盐、石膏、砷	4			4
合　计	15		62	6	9	47

其中哀牢山-无量山地区范围内能源矿产 1 种、黑色金属矿产 2 种、有色金属矿产 7 种、贵金属矿产 2 种。共发现各类金属和非金属矿床（点）27 处，按矿床规模划分，大型矿床 3 处、中型矿床 3 处、小型矿床 21 处，其余矿点及正在勘探的（矿床）点未进行统计（表 5-15，表 5-16）。

表 5-15　哀牢山-无量山地区范围内矿种、规模统计表

矿产类别	矿种数	矿种名称	矿床数	矿床规模		
				大型	中型	小型
能源矿产	1	煤	6			6
黑色金属矿产	2	铁、锰	4		1	3
有色金属矿产	7	铜、铜镍、铅、锌、铅锌、镍、锑	12	1	1	10
贵金属矿产	2	金、铂钯	5	2	1	2
合　计	12		27	3	3	21

表 5-16　哀牢山-无量山地区矿产地一览表

编号	名称	矿种	规模	矿床类型	备注
1	云县丙庄锰矿	锰	小型	沉积型	区外
2	云县龙马塘锰矿	锰	小型	沉积型	区外
3	云县田边铅铜矿	铜	小型	陆相火山岩型	区外
4	云县木新锰矿	锰	小型	沉积型	区外
5	云县梨树塘叶蜡石矿	叶蜡石	小型	热液型	区外
6	官房铜矿	铜	中型	陆相火山岩型	区外
7	云县大朝山糯伍铜矿	铜	小型	陆相火山岩型	区外
8	文玉铜矿	铜	中型	陆相火山岩型	区外
9	景东龙街南岸锑矿	锑	小型	热液型	区内
10	景东里竹山铁矿	铁	小型	喷流沉积变质	区内
11	景东大街煤矿	煤	小型	沉积型	区内
12	景东卜勺铁矿	铁	中型	喷流沉积变质	区内
13	景东现田铜矿	铜	小型	砂岩型	区外
14	景谷桃子树铜矿	铜	小型	砂岩型	区外
15	景谷宋家坡铜矿	铜	小型	陆相火山岩型	区外
16	景谷民乐铜矿	铜	中型	陆相火山岩型	区外
17	文卡盐矿	盐	中型	陆相碎屑岩型	区外
18	景谷凤山乡满波-凉水箐铜矿	铜	小型	砂岩型	区外
19	景谷凤山登海山铜矿	铜	小型	砂岩型	区外
20	景谷钟山乡训岗铜矿	铜	小型	砂岩型	区外
21	镇沅白玉林铜矿	铜	小型	陆相火山岩型	区外
22	镇沅嘎里河铜矿	铜	小型	陆相火山岩型	区外
23	镇沅勐大平掌铜矿	铜	小型	砂岩型	区外

续表

编号	名称	矿种	规模	矿床类型	备注
24	镇沅县九甲乡三台铜矿	铜	小型	热液型	区内
25	镇沅小街铅锌矿	铅锌	小型	热液型	区内
26	镇沅下岔河金矿	金	小型	变质热液型	区内
27	镇沅蛮晏煤矿	煤	小型	沉积型	区内
28	镇沅三章田煤矿	煤	小型	沉积型	区内
29	镇沅宣河铜矿	铜	小型	砂岩型	区外
30	镇沅县古城乡建民石膏矿	石膏	小型	卤水型	区外
31	镇沅古城煤矿	煤	小型	沉积型	区外
32	老王寨金矿	金	大型	变质热液型	区内
33	金宝山铂钯矿	铂钯	大型	超基性岩	区内
34	牟定桂山铜矿	铜	小型	砂岩型	区外
35	禄丰广通兴明铜矿	铜	小型	砂岩型	区外
36	楚雄吕合煤矿	煤	大型	沉积型	区外
37	南华咪拉山煤矿	煤	小型	沉积型	区内
38	南华祭龙山煤矿	煤	小型	沉积型	区外
39	南华砷铊矿	砷	小型	热液型	区外
40	南华大龙塘金矿	金	小型	岩浆热液型	区内
41	南华兔街中山铜矿	铜	小型	岩浆岩型	区内
42	南华长梁子干龙潭锰矿	锰	小型	沉积型	区内
43	楚雄黄草地大火房箐铅锌矿	锌	小型	岩浆热液型	区内
44	楚雄八角宏兴锌矿	锌	小型	岩浆热液型	区内
45	南华县六甲田铜矿	铜	小型	岩浆热液型	区内
46	楚雄中山蚂蚁锌矿	锌	小型	岩浆热液型	区内
47	楚雄洒巴苴铅锌矿	铅锌	小型	岩浆热液型	区内
48	小水井金矿	金	中型	构造蚀变岩型	区内
49	双柏碍嘉阳太煤矿	煤	小型	沉积型	区内
50	双柏老虎山铁矿	铁	小型	热液型	区内
51	石羊厂铅矿	铅	中型	热液型	区内
52	新平阿者铁矿	铁	小型	火山沉积变质型	区外
53	新平大鲁龙铜矿	铜	矿点	火山沉积变质型	区外
54	大红山铜铁矿	铜铁	大型	火山沉积变质型	区外
55	新平比里河煤矿	煤	小型	沉积型	区内
56	新平鱼塘铜矿	铜	小型	火山沉积变质型	区内
57	新平平掌地金矿	金	矿点	热液型	区内
58	新平白腊度铜镍矿	铜镍	小型	热液型	区内
59	墨江新安铅锌矿	铅锌	小型	热液型	区外
60	墨江-元江镍矿	镍	中型	热液型	区外
61	墨江金厂金镍矿	金镍	大型	中-低温热液	区外
62	云县坝子街铜矿	铜	中型	热液型	区外
63	双柏天光厂铅锌矿	铅锌	小型	热液型	区外
64	双柏硝塘铁矿	铁	小型	热液型	区外

（二）哀牢山-无量山地区的主要矿床及分布特征

根据云南成矿带划分，将云南地壳划分为 2 个一级、4 个二级、13 个三级和 30 个Ⅳ级成矿带（图

5-16，表 5-17）。依据该划分方案，哀牢山-无量山地区主要横跨了Ⅳ12 兰坪-普洱（地块）Cu-Pb-Zn-Ag-Fe-Hg-Sb-As-Au 盐类矿带、Ⅳ14 墨江-绿春（火山弧）Au-Cu-Mo-Pb-Zn 矿带、Ⅳ16 哀牢山（结合带/小洋盆）Au-Cu-Mo-Cr 矿带、Ⅳ21 点苍山-哀牢山（逆冲推覆带）Cu-Fe-V-Ti-宝玉石矿带、Ⅳ22 楚雄（前陆盆地）Fe-Cu-Pb-Zn-Ag-Au-Pt-Pa-Ni-REE-蓝石棉-盐类-煤矿带 5 个Ⅳ级成矿带。

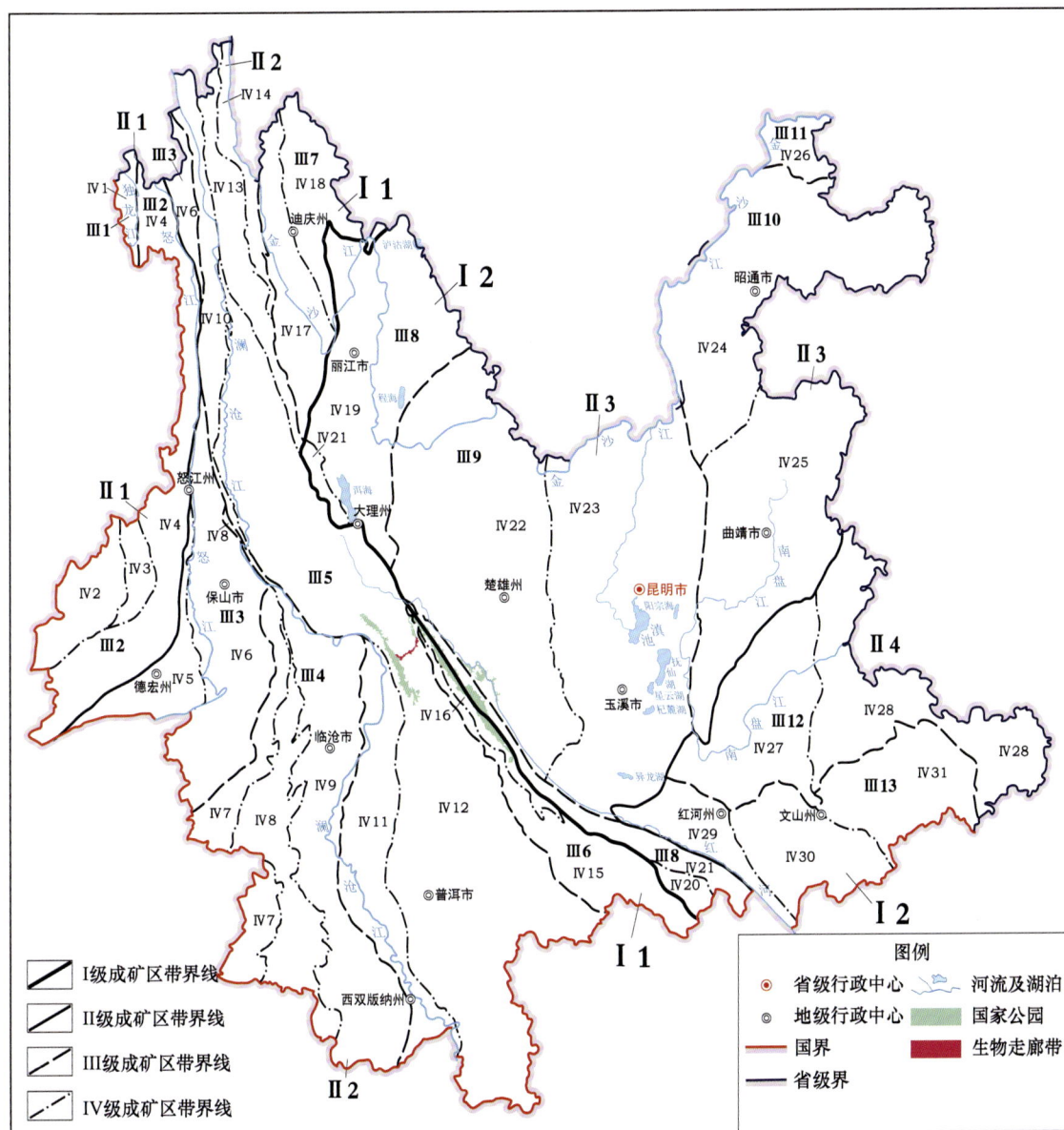

图 5-16　云南 Ⅰ～Ⅳ级成矿区带图

1. Ⅳ12 兰坪-普洱（地块）Cu-Pb-Zn-Ag-Fe-Hg-Sb-As-Au 盐类矿带

Ⅳ12 兰坪-普洱（地块）Cu-Pb-Zn-Ag-Fe-Hg-Sb-As-Au 盐类矿带主要分布于哀牢山-无量山地区西部大部分地区。地层为侏罗系中统-新近系（N）沉积厚逾万米山间盆地河湖相的红色沉积岩地层，该成矿带内矿产较少，在新近系（N）湖湘沉积层中间形成小型煤矿床，在侏罗系地层砂岩中见铜矿化点。

2. Ⅳ15 墨江-绿春（火山弧）Au-Cu-Mo-Pb-Zn 矿带

哀牢山-无量山地区在Ⅳ15 墨江-绿春（火山弧）Au-Cu-Mo-Pb-Zn 矿带矿产资源以断陷盆地沉积矿

表5-17 云南省Ⅰ～Ⅳ级成矿区带划分表

Ⅰ级(成矿域)	Ⅱ级(成矿省)	Ⅲ级(成矿带)	Ⅳ级(矿带)
Ⅰ1 特提斯成矿域(全国编号Ⅰ-3)	Ⅱ1 腾冲(造山系)成矿省(全国编号:Ⅱ-10 冈底斯-腾冲<造山系>成矿省)	Ⅲ1(全国编号:Ⅲ-43 拉萨地块<岗底斯岩浆弧>Cu-Au-Mo-Fe-Sb-Pb-Zn 成矿带)	Ⅳ1 独龙江<岩浆弧>Au-Pb-Zn 矿带
		Ⅲ2 腾冲(岩浆弧)Sn-W-Be-Nb-Ta-Rb-Li-Fe-Pb-Zn-Au 成矿带(Mz;Kz)(全国编号:Ⅲ-42 班戈-腾冲<岩浆弧>Sn-W-Be-Li-Fe-Pb-Zn-白云母成矿带)	Ⅳ2 槟榔江(喜山期岩浆弧)Be-Nb-Ta-Li-Rb-W-Sn-Au 矿带
			Ⅳ3 棋盘石-小龙河(燕山期岩浆弧)Sn-W-Fe-Pb-Zn-Cu-Ag 矿带
			Ⅳ4 东河-明光(燕山期岩浆弧)Sn-Cu-Pb-Zn-Ag-Fe-Mn 矿带
	Ⅱ2 三江(造山带)成矿省(全国编号:Ⅱ-9 喀喇昆仑-三江<造山带>成矿省)	Ⅲ3 保山(陆块)Pb-Zn-Ag-Fe-Au-Cu-Sn-Hg-Sb-As 成矿带(K₂-E;Q)(全国编号:Ⅲ-39 保山<地块>Pb-Zn-Sn-Hg 成矿带)	Ⅳ5 潞西(断块)Cu-Pb-Zn-Fe-Au-Sn-W 矿带
			Ⅳ6 保山(地块)Pb-Zn-Cu-Fe-Hg-Sb-As-Au 矿带
		Ⅲ4 昌宁-澜沧<造山带>Pb-Zn-Ag-Cu-S-Hg 成矿带(C)(全国编号:Ⅲ-38 昌宁-澜沧<造山带>Fe-Cu-Pb-Zn-Ag-Sn 成矿带(<Pt₂₋₃;C₁;T₃;K₂>)	Ⅳ7 耿马(被动边缘褶冲带)Pb-Zn-Ag-Sn 矿带
			Ⅳ8 昌宁-孟连(结合带/裂谷-洋盆)Pb-Zn-Ag-Cu-S-Hg 矿带(C)
			Ⅳ9 临沧-勐海(岩浆弧)Fe-Pb-Zn-Au-Ag-Sn-Sb-Ge-REE 矿带
		Ⅲ5 兰坪-普洱(陆块)Cu-Pb-Zn-Ag-Fe-Hg-Sb-As-Au-石膏-菱镁矿-盐类成矿带(Pz;Mz;K₂)(全国编号:Ⅲ-36 昌都-普洱<地块/造山带>Cu-Pb-Zn-Ag-Au-Fe-Hg-Sb-石膏-菱镁矿-盐类成矿带)	Ⅳ10 碧罗雪山(岩浆弧)Fe-Pb-Zn-Ag-Sn 矿带
			Ⅳ11 云县-景洪(火山弧)Cu 多金属矿带
			Ⅳ12 兰坪-普洱(地块)Cu-Pb-Zn-Ag-Fe-Hg-Sb-As-Au-盐类矿带(全国编号:Ⅲ-36-②-b 兰坪-普洱<中生代盆地>Pb-Zn-Ag-Au-Sb-Hg-Cu-盐类成矿小带)
			Ⅳ13 德钦-维西(火山弧)Cu-Pb-Zn-Ag-Fe-Mn-Au 矿带(全国编号:Ⅲ-36-②-a 德钦-乔后(陆缘弧)Cu-Fe-Mn-Pb-Zn 成矿小带)
			Ⅳ14 金沙江(结合带/小洋盆)Cu-Fe-Pb-Zn-Au-Cr 矿带(Mz, Kz)
		Ⅲ6 墨江-绿春(火山弧)Au-Cu-Mo-Pb-Zn 成矿带(全国编号:Ⅲ-34 墨江-绿春(小洋盆)Au-Cu-Mo-Pb-Zn 成矿带)	Ⅳ15 墨江-绿春(火山弧)Au-Cu-Mo-Pb-Zn 矿带
			Ⅳ16 哀牢山(结合带/小洋盆)Au-Cu-Mo-Cr 矿带
		Ⅲ7 香格里拉(陆块)Cu-Pb-Zn-W-Mo-Au 成矿带(Mz;Kz)(全国编号:Ⅲ-32 义敦-香格里拉<造山带/弧盆系>Au-Ag-Pb-Zn-Cu-Sn-Hg-Sb-W-Be 成矿带)	Ⅳ17 巨甸(地块)Cu-Pb-Zn-Au 矿带(全国编号:Ⅲ-32-③中咱-巨甸<地块>Pb-Zn-Cu-Au-Fe 成矿亚带)
			Ⅳ18 香格里拉(岛弧)Cu-Pb-Zn-W-Mo-Au 矿带(全国编号:Ⅲ-32-②义敦-香格里拉<岛弧>Pb-Zn-Ag-Au-Cu-Sn-W-Mo-Be 成矿
Ⅰ2 滨太平洋成矿域(全国编号Ⅰ-4)	Ⅱ3 上扬子(陆块)成矿省(全国编号:Ⅱ-15B 上扬子<陆块>成矿亚省)	Ⅲ8 丽江-大理-金平(陆缘坳陷)Au-Cu-Ni-Pt-Pa-Mo-Mn-Fe-Pb-Zn 成矿带(Pz;Mz;Kz)(全国编号:Ⅲ-75 盐源-丽江-金平<陆源坳陷和逆冲推覆带>Au-Cu-Mo-Mn-Ni-Fe-Pb-S 成矿带)	Ⅳ19 丽江(陆缘坳陷)Au-Cu-Pt-Pa-Mo-Mn-Fe-Pb-Zn 矿带(全国编号:Ⅲ-75-①盐源-丽江(陆缘坳陷)Cu-Mo-Mn-Fe-Pb-Au-S 成矿亚带)
			Ⅳ20 金平(断块)Cu-Ni-Au-Mo 矿带(全国编号:Ⅲ-75-②金平(断块)Cu-Ni-Au-Mo 成矿亚带)
			Ⅳ21 点苍山-哀牢山(逆冲推覆带)Cu-Fe-V-Ti-宝玉石矿带(全国编号:Ⅲ-75-③点苍山-哀牢山<逆冲推覆带>Cu-Fe-V-Ti-宝玉石成矿亚带)
		Ⅲ9 滇中(基底隆起带)Fe-Cu-Pb-Zn-Ag-Au-Pt-Pa-Ni-Ti-Sn-W-REE-P-S-重晶石-蓝石棉-盐类-煤成矿带(Pt;Pz;Mz;Kz)(全国编号:Ⅲ-76 康滇隆起 Fe-Cu-V-Ti-Sn-Ni-REE-Au-蓝石棉-盐类成矿带)	Ⅳ22 楚雄(前陆盆地)Fe-Cu-Pb-Zn-Ag-Au-Pt-Pa-Ni-REE-蓝石棉-盐类-煤矿带(全国编号:Ⅲ-76-②楚雄盆地 Cu-钙芒硝-石棉-石盐成矿亚带)
			Ⅳ23 东川-易门(基底隆起带)Fe-Cu-Pb-Zn-Ti-Sn-Al-W-Mn-P-S-重晶石-盐类成矿带(全国编号:Ⅲ-76-①康滇 Fe-Cu-V-Ti-Sn-Ni-REE-蓝石棉成矿亚带)
		Ⅲ10 昭通-曲靖(弧间盆地)Pb-Zn-Cu-Au-Ag-Fe-Mn-Hg-Sb-P-S-煤-煤层气成矿带(Pz-Kz)(全国编号:Ⅲ-77-①滇东-川南-黔西<坳陷带>Pb-Zn-Ag-Fe-Mn-P-Al-S-煤-煤层气成矿亚带)	Ⅳ24 镇雄-巧家-会泽(断褶带)Pb-Zn-Ag-Fe-REE-Al-P-煤-煤层气矿带
			Ⅳ25 曲靖-石林(褶冲带)Au-Pb-Zn-Cu-Fe-P-重晶石-煤-煤层气矿带
		Ⅲ11(全国编号:Ⅲ-74 四川盆地 Fe-Cu-Au-石油-天然气-石膏-钙芒硝-食盐-煤和煤成气成矿带)	Ⅳ26 绥江 Fe-煤成矿带
	Ⅱ4 华南成矿省(全国编号:Ⅱ-16 华南成矿省)	Ⅲ12 罗平-开远(右江海槽)Pb-Zn-Au-Sb-Mn-S-煤成矿带(Mz;Kz)(全国编号:Ⅲ-88 桂西-黔西南-滇东南北部<右江海槽>Au-Sb-Hg-Ag-Mn-水晶-石膏成矿带)	Ⅳ27 弥勒-师宗-开远(前陆盆地)Cu-Al-Pb-Zn-Au-Mn-As 矿带
			Ⅳ28 罗平-广南-富宁(右江海槽)Au-Al-Hg-Sb-Cu-Fe-Ti-Mn 矿带
		Ⅲ13 个旧-文山-富宁(地块)Sn-W-Ag-Pb-Zn-Au-Sb-Mn-Al 成矿带(Mz;Kz)(全国编号:Ⅲ-89 滇东南南部 Sn-Ag-Pb-Zn-W-Sb-Hg-Mn 成矿带)	Ⅳ29 个旧-河口(个旧断块)Sn-W-Bi-Al-Pb-Zn-Mn-Cu 矿带
			30 薄竹山-马关(文山-麻栗坡褶皱带)Ag-Sn-Pb-Zn 矿带
			Ⅳ31 文山-西畴(西畴拱凹)Au-Sb-Al-Cu-Pb-Zn 矿带

床为主，主要为新近系（N）煤矿，如景东大街煤矿、镇沅蛮晏煤矿、镇沅三章田煤矿等。在二叠系上统羊八寨组（P₃y）中含沉积型锰矿床。其次为中低温热液矿床，如墨江新安铅锌矿、景东龙街南岸锑矿。规模均以小型为主。

3. Ⅳ16 哀牢山（结合带/小洋盆）Au-Cu-Mo-Cr 矿带

哀牢山-无量山地区在Ⅳ16 哀牢山（结合带/小洋盆）**Au-Cu-Mo-Cr** 矿带内矿产资源丰富，主要有老王寨金矿（大型，Au 金属量 66.689t）、墨江金厂金镍矿（金中型，Au 金属量 12.706t；镍大型，Ni 金属量 65.4619 万 t）、金宝山铂钯矿（铂钯大型，PtPd 金属量 45.246t；镍中型，Ni 金属量 5.484 万 t）、南华兔街中山铜矿（小型）、新平平掌地金矿（矿点）、新平白腊度铜镍矿（小型）。哀牢山 Au 成矿带的形成，是经历了海西期以来若干重大地质事件的结果。它的成矿模式可以通俗的概括为"裂聚层，碰成矿"两句话（李兴振等，1999）。裂聚层：海西期出现的哀牢山洋盆的开裂，沉积在洋盆中的深水浊积岩系和幔源蛇绿岩系形成金的初始矿源层，同位素年龄值集中在 300Ma～400Ma；海西末期印支早期的俯冲作用，部分矿源层在俯冲消减带的重熔再造作用下，形成新的矿源岩（辉石闪长岩等岩体），同位素年龄值为 200Ma～285Ma。"碰成矿"：印支期末-燕山期发生的陆内碰撞推覆事件，导致先期形成的矿源层或矿源岩，变质变形上升暴露，下渗的大气降水析离、萃取成矿元素，形成弱酸性中温成矿卤水，然后在构造应力作用下，沿前缘冲断带的低压带上升，于有利的次级推（滑）覆构造顶端汇聚形成工业矿床，成矿作用的同位素年龄值为 60Ma～140Ma。受喜马拉雅期造山运动的影响，出现的以左行走滑为主的构造运动及以煌斑岩为主的广泛侵入，部分矿床、矿体得到叠加改造而复杂化，最新的成矿年龄为 30Ma 左右。

4. Ⅳ21 点苍山-哀牢山（逆冲推覆带）Cu-Fe-V-Ti-宝玉石矿带

哀牢山-无量山地区在Ⅳ21点苍山-哀牢山（逆冲推覆带）Cu-Fe-V-Ti-宝玉石矿带内矿产资源丰富，主要有景东里竹山铁矿（小型）、景东卜勺铁矿（中型）、镇沅县九甲乡三台铜矿（小型）、南华兔街中山铜矿（小型）。

其中景东里竹山铁矿和景东卜勺铁矿矿体分布于哀牢山变质岩地层中，岩性主要为哀牢山变质岩及超基性岩和中酸性岩体（脉）。磁铁矿床经历过火山喷流沉积、基性岩侵入的区域变质作用改造过程，矿体严格受层位、岩性和构造的控制，呈似层状透镜状，矿床类型为喷流沉积-变质矿床。

镇沅县九甲乡三台铜矿、南华兔街中山铜矿主要受构造热液控制。

5. Ⅳ22 楚雄（前陆盆地）Fe-Cu-Pb-Zn-Ag-Au-Pt-Pa-Ni-REE-蓝石棉-盐类-煤矿带

哀牢山-无量山地区在Ⅳ22 楚雄（前陆盆地）Fe-Cu-Pb-Zn-Ag-Au-Pt-Pa-Ni-REE-蓝石棉-盐类-煤矿带内矿产资源丰富，沿红河断裂带密集分布。主要有南华大龙塘金矿、楚雄黄草地大火房箐铅锌矿（小型）、楚雄八角宏兴锌矿（小型）、南华县六甲田铜矿（小型）、楚雄中山蚂蚁锌矿（小型）、楚雄洒巴苴铅锌矿（小型）、小水井金矿（中型）、双柏老虎山铁矿（小型）、石羊厂铅矿（中型）、新平鱼塘铜矿（小型）、新平比里河煤矿（小型）、双柏碍嘉阳太煤矿（小型）、南华咪拉山煤矿等（小型）。

区内金、铜、铅锌矿均分布于红河断裂东侧，明显受红河断裂的次级断裂构造控制，与哀牢山造山型金矿带的大地构造环境和成矿地质特征类似。该区具典型的结晶基底和盖层双层结构特点。结晶基底由古元古界哀牢山岩群、大红山岩群复理石和钠质火山岩建造（细碧-角斑岩建造等）组成。盖层为三叠系上统含煤磨拉石建造和侏罗系-新近系红色砂泥质建造与膏盐建造、陆相含煤碎屑岩建造等。

（三）新生代造山型金矿

哀牢山金矿成矿带是云南最重要的以金为主的成矿带之一，迄今已发现大型金矿床 4 处（老王寨、冬瓜林、金厂、大坪)、中型 8 处、小型及矿点十余处，累计探明储量 150t 以上，预计远景储量可达 500t 以上，已成为云南的支柱矿产地之一，也将成为国家级的黄金生产基地之一（图 5-17）。

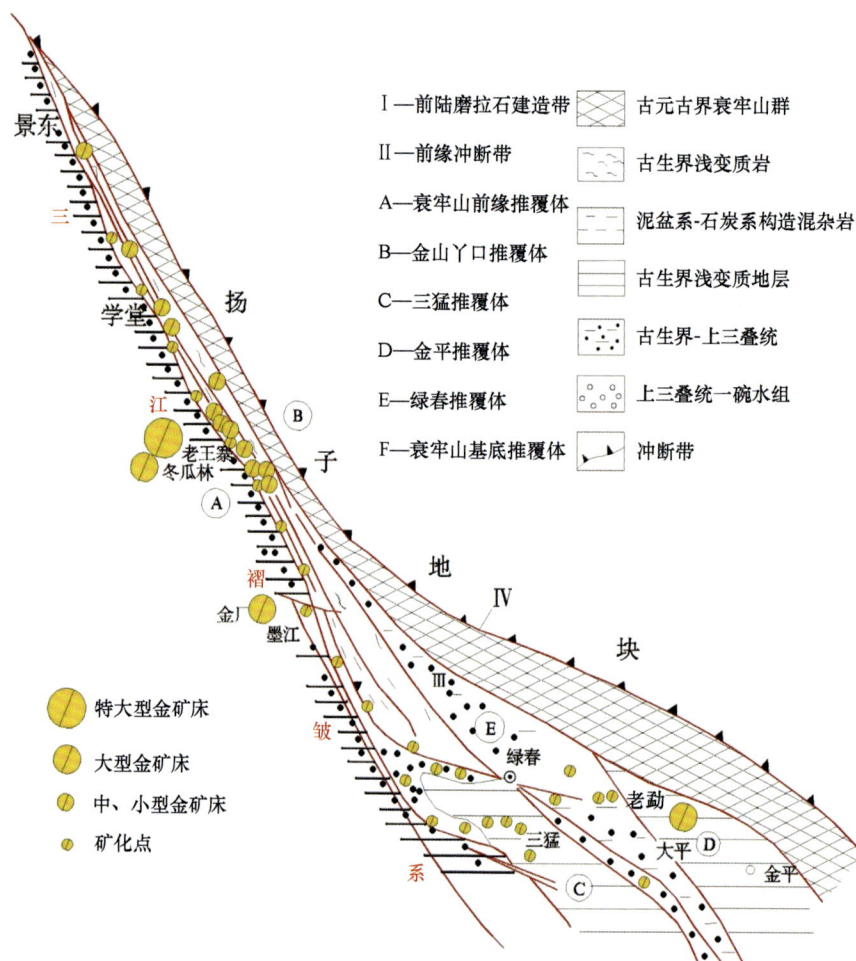

图 5-17　哀牢山金矿成矿带

　　区内金矿成矿带发育于哀牢山变质带西部的浅变质岩系中，浅变质带呈北西走向、南宽北窄的楔状体，其东界为哀牢山断裂，西界为九甲-阿墨江断裂。由一套具低绿片岩相的古生界大陆边缘拗陷（裂谷）火山-沉积岩系组成，其与蛇绿岩套一起为金的成矿作用提供了丰富的物源；该区经历了晋宁期、华力西晚期、印支期、燕山期及喜马拉雅期多旋回构造-变质-岩浆活动，为金及有关元素的活化、迁移、聚集、分布和沉淀，创造了极为有利的条件；长期活动的深断裂及其派生的次级断裂，为矿液的多次运移、沉淀，特别是多次叠加富集起着重要作用。区内含蛇绿岩+脆韧性剪切带的广泛发育即为重要的金矿成带。

参 考 文 献

常向阳, 朱炳泉, 邹日, 等. 1998. 金平龙脖河铜矿区变钠质火山岩系地球化学研究: Ⅱ.Nd,Sr,Pb 同位素特征与年代[J]. 地球化学, 27(4): 361-366.

董云鹏, 朱炳泉, 常向阳, 等. 2000. 哀牢山缝合带中两类火山岩地球化学特征及其构造意义[J]. 地球化学, 29(1): 6-13.

冯庆来, 刘本培. 1993. 滇西南二叠纪放射虫化石[J]. 地球科学——中国地质大学学报, 18(5): 553-564.

简平, 汪啸风, 何龙清, 等. 1998. 中国西南哀牢山蛇绿岩同位素地质年代学及大地构造意义[J]. 华南地质与矿产, (1): 1-11.

孔会磊, 董国臣, 莫宣学, 等. 2012. 滇西三江地区临沧花岗岩的岩石成因: 地球化学、锆石 U-Pb 年代学及 Hf 同位素约束[J].

岩石学报, 28(5): 1438-1452.

李兴振, 刘文均, 王义昭, 等. 1999. 西南三江地区特提斯构造演化与成矿（总论）[M]. 北京:地质出版社, 1 -276.

廖世勇, 尹福光, 王冬兵, 等. 2014. 滇西"三江"地区临沧花岗岩基中三叠世碱长花岗岩的发现及其意义[J]. 岩石矿物学杂志, 33(1): 1-12.

刘军平, 胡绍斌, 李静, 等. 2018. 滇西云县地区团梁子岩组变质岩锆石 U-Pb 年龄及其构造意义[J]. 地质通报, 37(11): 2079-2086.

吕伯西, 钱详贵. 2000. 滇西三江地区新生代碱性系列岩浆岩构造类型[J]. 云南地质, 19(3): 232-243.

罗亮, 王冬兵, 楚道亮, 等. 2018a. 滇西南忙怀组时代的限定: 基于叶肢介化石和锆石 U-Pb 年龄[J]. 中国地质, 45(6): 1312-1313.

罗亮, 王冬兵, 楚道亮, 等. 2018b. 南澜沧江带中三叠世叶肢介化石的发现及形态学研究[J]. 地球科学, 43(8): 311-325.

骆耀南, 俞如龙. 2002. 西南三江地区造山演化过程及成矿时空分布[J]. 地球学报, 23(5): 417-422.

莫宣学, 邓晋福, 董方浏, 等. 2001. 西南三江造山带火山岩-构造组合及其意义[J]. 高校地质学报, 7(2): 121-138.

莫宣学, 沈上越, 朱勤文, 等. 1998. 三江中南段火山岩-蛇绿岩与成矿[M]. 北京: 地质出版社: 128.

彭头平, 王岳军, 范蔚茗, 等. 2006. 澜沧江南段早中生代酸性火成岩 SHRIMP 锆石 U-Pb 定年及构造意义[J]. 中国科学 D 辑, 36(2): 123-132.

沈上越, 魏启荣, 程惠兰, 等. 1998. 云南哀牢山带蛇绿岩中的变质橄榄岩及其岩石系列[J]. 科学通报, 43(4): 438-442.

宋谢炎, 侯增谦, 曹志敏, 等. 2001. 峨眉大火成岩省的岩石地球化学特征及时限[J]. 地质学报, 75(4): 498-506.

孙克祥. 1993. 赋存于云南前寒武系中的宝石伟晶岩[J]. 云南地质, 12(1): 92-100.

王冬兵, 唐渊, 廖世勇, 等. 2013. 滇西哀牢山变质岩系锆石 U-Pb 定年及其地质意义[J]. 岩石学报, 29(4): 1261-1278.

王舫, 刘福来, 刘平华, 等. 2014. 澜沧江南段临沧花岗岩的锆石 U-Pb 年龄及构造意义[J]. 岩石学报, 3(10): 3034-3050.

王涛, 张静, 佟子达, 等. 2018. 滇西莲花山富碱斑岩体 LA-ICP-MS 锆石 U-Pb 年代学、地球化学特征及其地质意义[J]. 现代地质, 32(3): 438-452.

俞赛赢, 李昆琼, 施玉萍, 等. 2003. 临沧花岗岩基中段花岗闪长岩类研究[J]. 云南地质, 22(4): 426-442.

云南省地质调查局. 2013. 云南省成矿地质背景研究报告[R].

云南省地质调查院. 2009. 大理幅 1∶25 万区域地质调查报告[R].

云南省地质调查院. 2013. 景洪、勐腊幅 1∶25 万区域地质调查报告[R].

云南省地质调查院. 2014. 半坡幅、大山幅、谦六幅、芒蚌街幅、丫口街幅、官房幅 1∶5 万区域地质调查报告[R].

云南省地质调查院. 2015. 牛街幅、大马街幅、鼠街幅、兔街幅 1∶5 万区域地质矿产调查报告[R].

云南省地质矿产局. 1990. 云南省区域地质志[M]. 北京: 地质出版社.

云南省地质矿产局. 1996. 云南省岩石地层[M]. 武汉: 中国地质大学出版社.

云南省地质矿产局区域地质调查队. 1984. 楚雄幅 1∶20 万区域地质调查报告[R].

云南省地质矿产局区域地质调查队. 1986. 景东幅 1∶20 万区域地质调查报告[R].

云南省地质矿产局区域地质调查队. 1990. 和平丫口街幅、腰街幅 1∶5 万区域地质调查报告: 地质部分[R].

云南省地质矿产局区域地质调查队. 1990. 外樟盆幅 1∶5 万区域地质调查报告: 地质部分[R].

云南省地质矿产局区域地质调查队. 1990. 巍山幅 1∶20 万区域地质调查报告[R].

曾普胜, 莫宣学, 喻学惠. 2002. 滇西富碱斑岩带的 Nb、Sr、Pb 同位素特征及其挤压走滑背景[J]. 岩石矿物学杂志, 21(3): 231-241.

翟明国, 从柏林, 乔广生, 等. 1990. 中国滇西南造山带变质岩的 Sm-Nd 和 Rb-Sr 同位素年代学[J]. 岩石学报, 6(4): 1-11.

张旗, 张魁武, 李达周, 等. 1988. 云南新平县双沟蛇绿岩的初步研究[J]. 岩石学报, 4(4): 37-48.

张旗, 赵大升, 李达周. 1991. 云南新平县双沟蛇绿岩中地幔岩初始熔融物[J]. 岩石学报, 7(1): 1-15.

赵枫, 李龚健, 张鹏飞, 等. 2018. 西南三江临沧花岗岩基成因与构造启示: 元素地球化学、锆石 U-Pb 年代学及 Hf 同位素约束[J]. 岩石学报, 34(5): 1397-1412.

邹日, 朱炳泉, 孙大中, 等. 1997. 红河成矿带壳幔演化与成矿作用的年代学研究[J]. 地球化学, 26(2): 46-56.

Jian P, Liu D, Krner A, et al. 2009a. Devonian to Permian plate tectonic cycle of the Paleo-Tethys Orogen in southwest China(Ⅰ): Geochemistry of ophiolites, arc/back-arc assemblages and within-plate igneous rocks-Science Direct[J]. Lithos, 2009, 113(3-4): 748-766.

Jian P, Liu D, Krner A, et al. 2009b. Devonian to Permian plate tectonic cycle of the Paleo-Tethys Orogen in southwest China(Ⅱ): Insights from zircon ages of ophiolites, arc/back-arc assemblages and within-plate igneous rocks and generation of the Emeishan CFB province[J]. Lithos, 113(3-4): 767-784.

Li W, Frédéric M B, Jacques, et al. 2013. The earliest fossil bamboos of China (middle Miocene, Yunnan) and their biogeographical importance[J]. Review of Palaeobotany & Palynology, 197: 253-265.

Pecerillo A. 1976. Geochemistry of Eocene calc-alkaline volcanic rocks from the Kastamonu area, northern Tukey [J]. Contrib. Miner. Petro, 58(1): 63-81.

Peng T P, Wang Y J, Zhao G C, et al. 2008. Arc-like volcanic rocks from the southern Lancangjiang zone, SW China: Geochronological and geochemical constraints on their petrogenesis and tectonic implications[J]. Lithos, 102(1-2): 358-373.

Shellnutt J G. 2014. The Emeishan Large Igneous Province: A synthesis[J]. Geoscience Frontiers, 5(3): 369-394.

Wang L, Jacques F M B, Su T, et al. 2013. The earliest fossil bamboos of china(middle Miocene, Yunnan)and their biogeographical importance[J]. Review of Palaeobotany and Palynology, 197: 253-265.

Zheng L D, Yang Z Y, Tong Y B, et al. 2010. Magnetostratigraphic constraints on two-stage eruptions of the Emeishan continental flood basalts[J]. Geochemistry Geophysics Geosystems, 11(12): 1-70.

Zhong Y T, He B, Mundil R, et al. 2014. CA-TIMS zircon U-Pb dating of felsic ignimbrite from the Binchuan section: implications for the termination age of Emeishan Large Igneous Province[J]. Lithos, 204(3): 14-19.

第六章　典型生态景观格局变化及脆弱性评价

第一节　自然环境系统相互作用

一、生态水文过程

　　哀牢山属云岭山脉向南分支的余脉，呈西北—东南走向，纵贯云南中部。根据哀牢山森林生态系统研究站的长期监测资料，该区年平均降水量为1931mm，雨季（5～10月）降水量占年降水量的85%左右。年平均蒸发量为1485mm，年平均气温为11.3℃，最热月（7月）平均气温为16.4℃，最冷月（1月）平均气温为5.4℃。哀牢山海拔高差达2000m以上，气候、植被、土壤沿海拔梯度分异明显。森林类型丰富多样，以云南特有种或以云南为分布中心的树种为优势；常绿阔叶林有4个植被亚型，即山顶苔藓矮林、中山湿性常绿阔叶林、半湿润常绿阔叶林和季风常绿阔叶林，以山地黄棕壤和红壤为主要土壤类型（哀牢山自然保护区综合考察团，1988；巩合德等，2011）。

　　哀牢山独特的山地气候使植被明显垂直分布。西南坡垂直分布由阿墨江河谷开始：海拔1100～1800m为普洱松林及季风常绿阔叶林带，1800～2200m为云南松林及半湿润常绿阔叶林带，2200～2800m为中山湿性常绿阔叶林带，2800m以上为山顶常绿阔叶矮曲林及灌丛带。东北坡植被垂直系列从元江河谷起：海拔500～1000m为干热河谷植被带，1000～2400m为云南松林及半湿润常绿阔叶林带，2400～2900m为中山湿性常绿阔叶林带，2900m以上为山顶常绿阔叶矮曲林及灌丛带。

　　为探讨哀牢山-无量山植被净初值生产力（net primary productivity，NPP）、归一化植被指数（normalized difference vegetation index，NDVI）与水文过程之间的关系和多年变化趋势，选取哀牢山-无量山30余个观测点，基于Google Earth Engine近20年长期检测数据进行相关分析。

　　在空间上（图6-1），哀牢山-无量山所在行政区，NPP较高值分布在哀牢山-无量山山脉，以及镇沅部分区域。NDVI空间分布图（图6-2）显示，植被茂密和生长良好区域分布在哀牢山-无量山山脉，这与哀牢山-无量山优越的自然环境密不可分。哀牢山地形因子调节的资源梯度（如土壤养分和太阳辐射）是各类树种分布和森林更新的直接决定因素（Tateno and Takeda，2003）。山谷是适宜树木生长的地形，土层深厚、水分充足，因而支持了较高水平的树种多样性（Homeier et al.，2010），分布在山谷的树种在获取光资源方面有较强的竞争力。

　　在时间上（图6-3），NPP与降水量呈正相关。2019年严重干旱气候对植被生长和森林的生态系统稳定性造成严重的影响（图6-3，图6-4），NPP和NDVI在2019年均呈现显著下降。丰富而茂密的植被，是天然的储蓄水资源的宝库，丰富的植被类型和茂密的植被，与气候之间相互作用，形成复杂的自然环境系统，这一作用具体表现为降水与径流的关系、降水与土壤含水量的关系等。

二、气候水文过程

　　哀牢山具有高原山地的暖冬凉夏气候特征。中山湿性常绿阔叶林作为滇中地区山地垂直带上最显眼、数量最多的植被，在哀牢山大面积发育，是中国目前保存最完整的亚热带中山湿性常绿阔叶林（徐刚等，2020）。

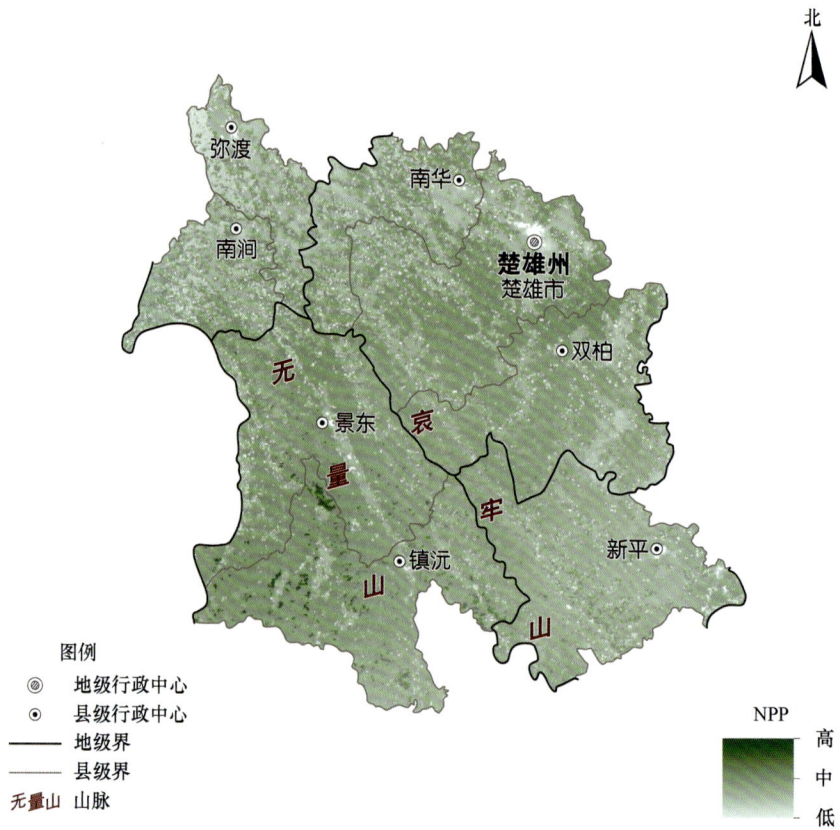

图 6-1　哀牢山-无量山行政区域 NPP 空间分布

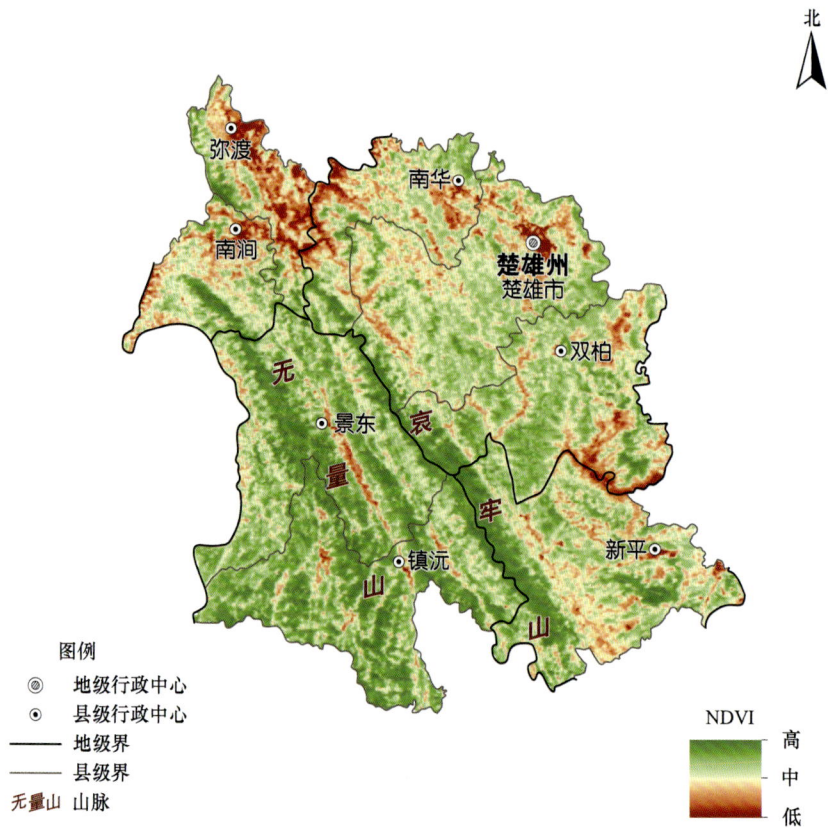

图 6-2　哀牢山-无量山行政区域 NDVI 空间分布

图 6-3　总降水量与 NPP 时序变化规律

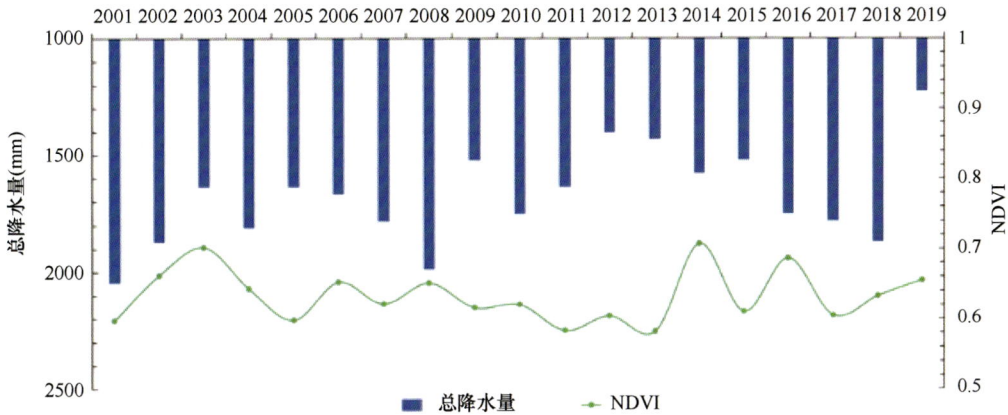

图 6-4　总降水量与 NDVI 时序变化规律

哀牢山冬季弱冷空气被山体所阻,强冷空气翻过山体后已成强弩之末;西南暖湿气流东进时,受山体阻挡,因此哀牢山以西、以南降水多于东部,气温较同纬度、同海拔的东部地区高,冬季寒潮入侵次数也较东部少。由于山体相对高差大,气候垂直分布明显,从山麓至山顶依次为南亚热带、中亚热带、北亚热带、暖温带、温带、寒温带气候。

独特的山地气候使植被具有明显垂直分布特征。景东(海拔 1162m)气象站多年统计资料显示,无量山两坡水平地带年平均气温 18.3℃,月平均气温 10.9℃,最冷月为 1 月,最冷月平均气温 10.9℃。6 月或 7 月为最热月,两月平均气温 23.2℃。这与无量山山高谷深、重峦叠嶂、河流纵横、坡向各异、海拔高差悬殊、地貌复杂的自然环境特点息息相关。

1. 哀牢山区降水时空特征分区

如图 6-5 所示,降水量与径流量呈正相关。降水量变化受植被影响,形成小气候;降水量同时影响植被长势和土壤含水量变化。径流量受降水和植被蓄水作用的影响,同时反作用于植被和局地气候。值得注意的是,受严重干旱气候影响,2019 年降水量和径流量锐减,两个指标值均突破 20 年来的历史低点。哀牢山-无量山在地质地貌、植被茂密程度上的相似性也造就了两者相似的气候环境特点,从地表气温与总降水量的关系可以看出(图 6-6):总体上,哀牢山-无量山地区地表气温与总降水量呈负相关,降水量增加,地表气温降低。地表气温与地表太阳净辐射(图 6-7)在 2001～2006 年呈正相关;2007～2019 年呈负相关,并且前一年的地表太阳净辐射与下一年的地表气温呈正相关。地表气温与到达地面的太阳辐射量呈现很强的正相关关系,反映出太阳辐射对地表气温的直接加热作用。

图 6-5　总降水量与径流量时序变化规律图

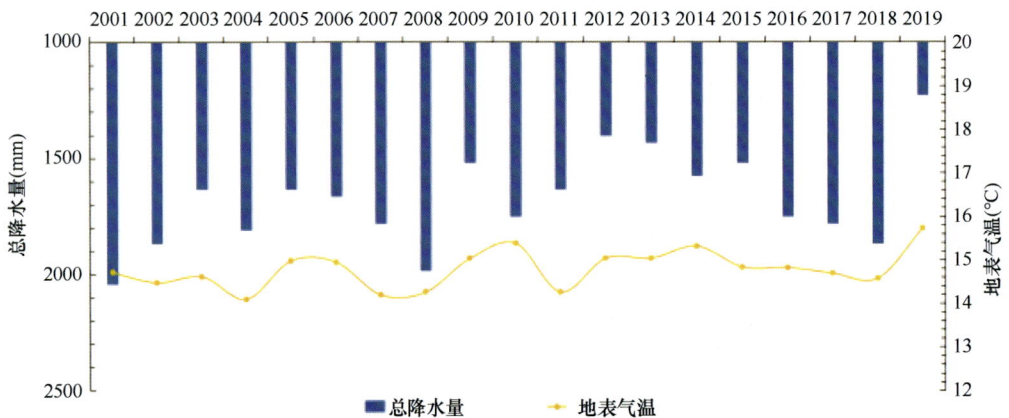

图 6-6　总降水量与地表气温时序变化规律

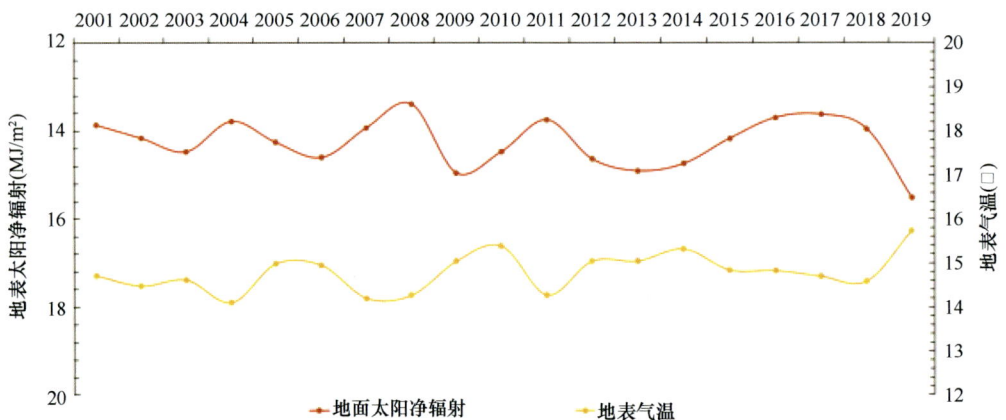

图 6-7　地表太阳净辐射与地表气温时序变化规律

　　降水量空间分布（图 6-8）总体反映出，镇沅和新平降水量高于其他地区，其次哀牢山和无量山山脉降水量低于周围山谷，反映出高山峡谷对水汽的阻隔作用。此外，哀牢山和无量山植被区系完整，植被茂密，生物多样性丰富，植被蒸腾对降水形成起着重要的作用。

　　东部高原区：哀牢山以东、元江-蒙自以北的广大高原地带，是 7 年来降水量变化最为明显的区域。中西部三角岭谷区：哀牢山中西部的三角区，大致为元江-景谷、元江-南涧、景谷-南涧 3 线围成的三角波动区。南部水平丘陵区：蒙自、元阳、墨江、景谷一线以南的广大哀牢山区，存在明显的降水梯度效应。该区域为哀牢山区降水丰富的区域，常年降水量维持在 1000mm 以上，最大降水量可达 2500mm（尚升海等，2019）。

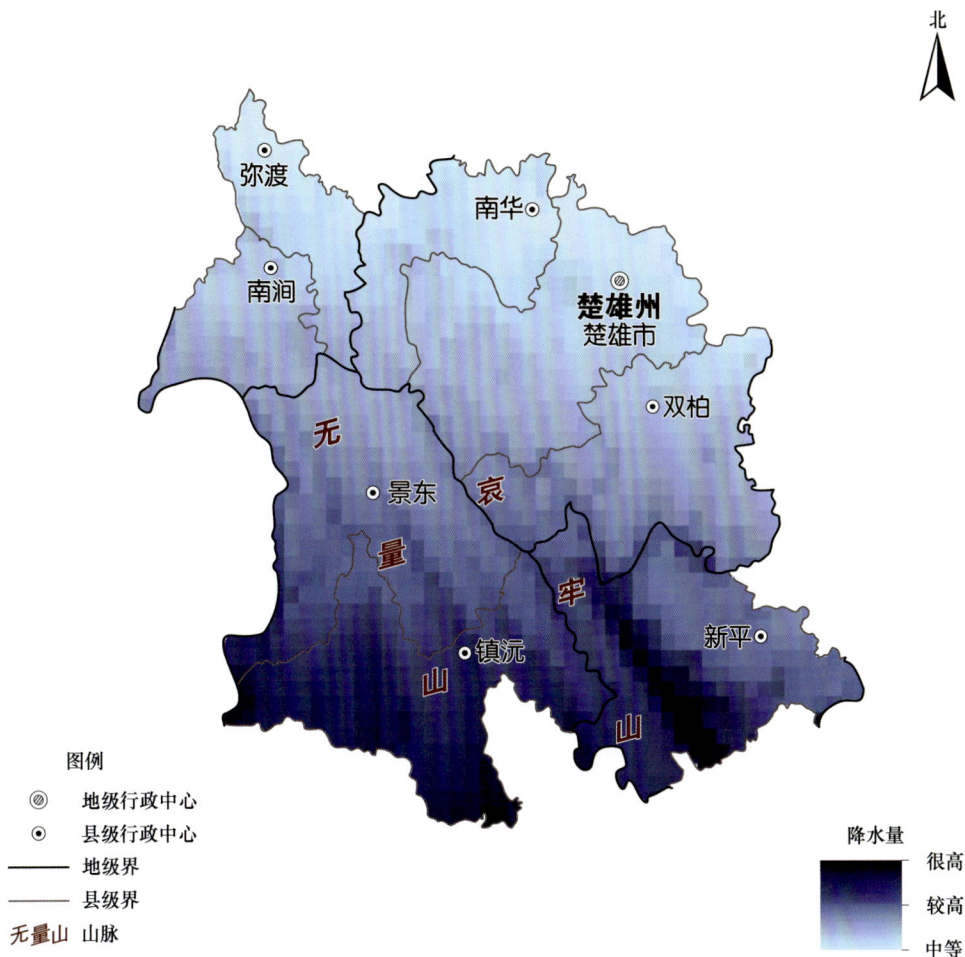

图 6-8 哀牢山-无量山行政区域降水量空间分布

2. 哀牢山降水的阻隔效应

在地势起伏的云南，哀牢山、无量山等近南北走向的高大山脉对西南湿润水汽有强烈的阻隔效应，哀牢山两侧滇东高原和滇西纵谷降水空间格局存在明显差异。

从站点尺度来看，哀牢山西侧站点的降水量均高于东侧对应站点；从等降水量线尺度来看，在哀牢山北段 800mm 等降水量线基本与哀牢山平行，反映北段降水阻隔效应明显。而 1200mm 等降水量线基本与纬线平行，反映南段山脉两侧的降水阻隔效应不太明显；从降水插值尺度来看，可明显将哀牢山研究区划分为三大降水特征区，即东部高原区、中西部三角岭谷区及南部水平丘陵区（尚升海等，2019）。

哀牢山西侧站点的降水量均高于东侧对应站点，哀牢山北段两侧降水差异最小，南段两侧降水差异最大；此外，哀牢山西侧自北向南降水量逐渐增大，而东侧一线降水变化较为稳定，哀牢山北段两侧的降水间隔在 900mm 左右，而南段两侧降水间隔为 1100mm（尚升海等，2019）。

由于无量山与西南季风的风向垂直，西坡澜沧江深切等，两坡在气候上存在一定差异。在降水分布上，无量山西坡为西南季风的迎风坡，对气流有机械抬升作用，降水量高于东坡。在温度分布上，东坡由于东西两侧有哀牢山和无量山作屏障，冬季受东北路径的北方寒潮及西北路径的青藏高原寒流影响甚微，温度稍高于西坡。而西坡地形较开阔，易受青藏高原寒流影响，冬季温度略低于东坡。

这一气温变化致使在水平基带上植被分布出现显著差异。西坡澜沧江的深度下切，焚风效应显著，河谷地带出现非地带性的干热河谷气候，而东坡不甚明显。哀牢山地区年均降水量（根据徐家坝雨量站

1975～1976 年的观测数据）为 1894.8mm，比新平年均降水量多 799.5mm，为景东年均降水量的 173%，这与茂密的植被和山高谷深的特点息息相关。

3. 土壤含水量的季节变化

哀牢山常绿阔叶林土壤含水量 1～5 月较低，最低点在 5 月，11～12 月稍高，6～10 月较高，最高点出现在 8 月。降水、气温、光照强度和蒸发量等气象因子的季节性变化，会引起土壤水分含量发生相应变化。植物的生长具有季节性，植物对土壤水分的利用和植被覆盖地表的情况随季节变化，对土壤水分含量也有一定影响（巩合德等，2008）。

哀牢山常绿阔叶林内随土壤剖面深度的增加土壤含水量逐渐降低，这可能与哀牢山特殊的降水特征和植物生长特征有关。雨季连续降雨的情况下，土壤平均含水量有可能出现降低，而干季植物根系对深层土壤水分的强烈吸收有可能造成土壤水分含量上高下低的情况。而且随着深度的增加，土壤层平均含水量的变化幅度减小（巩合德等，2008）。

土壤含水量变化受降水、蒸发、气温以及植物生长等因素的综合影响，各种影响因素对土壤水分变化的影响程度是随研究地点和季节的变化而变化的。干旱和半干旱地区土壤平均含水量低，太阳辐射强烈，光照强度高且日照时数长，年蒸发量往往是年降水量的数倍至数十倍，上层土壤温度在 1 天内的波动很大，土壤水分蒸发随土壤温度的波动变化很大。这种情况下，哀牢山和无量山山地的坡向成为影响太阳辐射强度和日照长度的关键性因子（巩合德等，2008）。

结合图 6-9 和图 6-10，可以初步得到如下结论：①土壤含水量的季节变化基本和降水量的季节变化

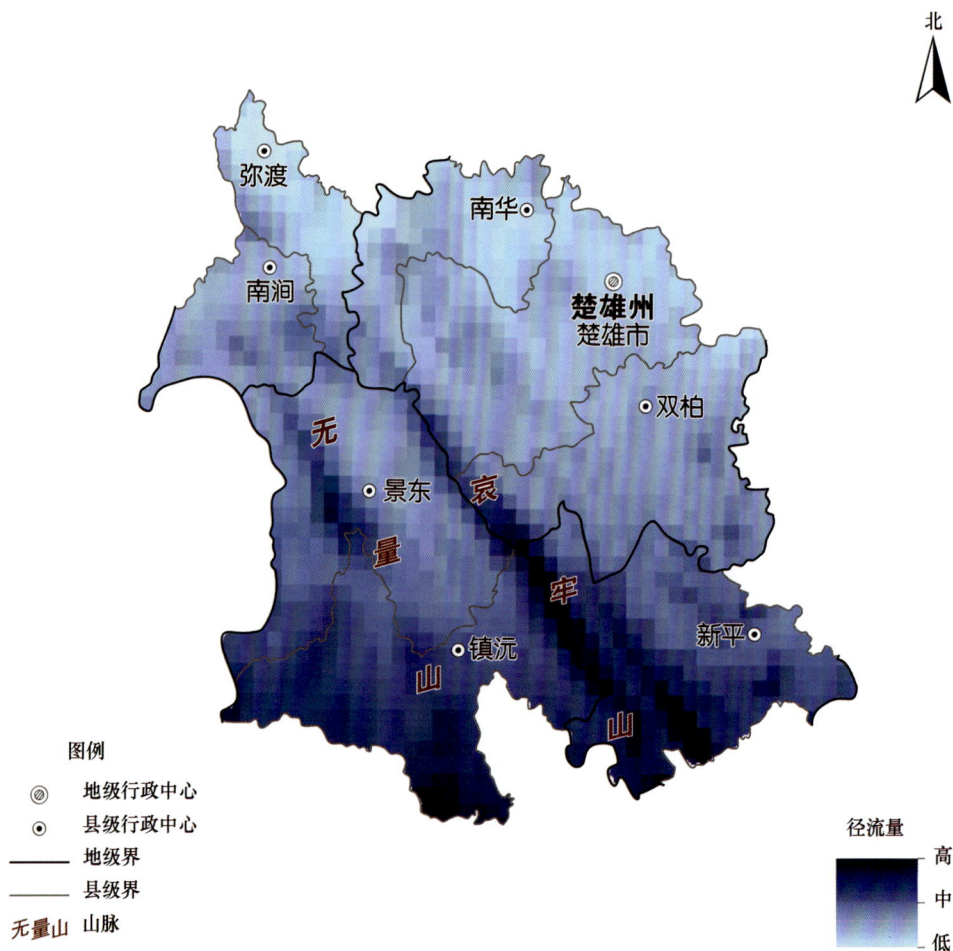

图 6-9　哀牢山-无量山行政区域径流量空间分布

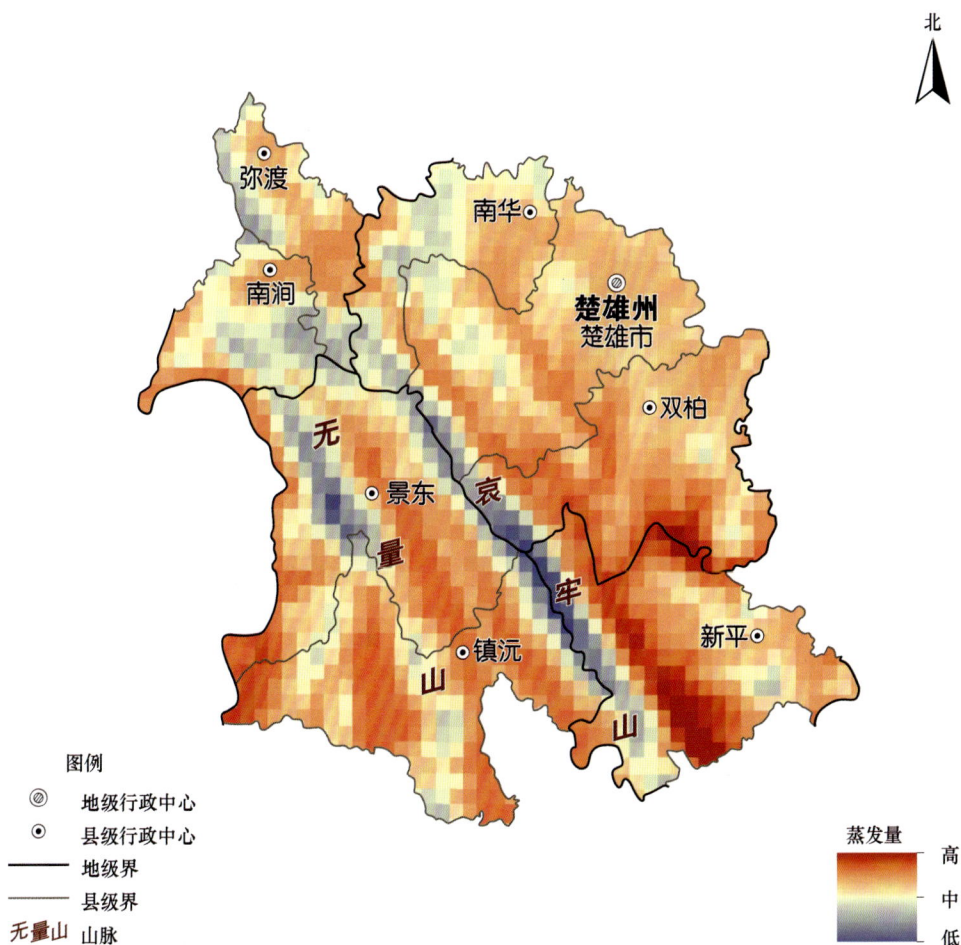

图 6-10　哀牢山-无量山行政区域蒸发量空间分布

一致，但降水对土壤含水量的影响有一定的滞后性；②土壤层随深度增加，土壤含水量逐渐降低，而且上层土壤水分变化幅度大于下层；③水平方向上研究区域内不同位点土壤含水量差异并不显著；④降水是影响研究区域土壤含水量季节变化的主要因素（巩合德等，2008）。

4. 最高气温与最低气温

哀牢山-无量山地区最高气温（图 6-11）远低于周围地区，主要是植被茂密和海拔较高共同影响的结果。哀牢山-无量山 2000～2019 年，年平均最高气温和最低气温（图 6-12）均呈现整体上升的趋势，其中最低气温从 2000 年的 7.38℃升高到 2019 年的 8.38℃，净升高了 1.00℃，涨幅达到 11.9%；最高气温从 2000 年的 17.45℃升高到 2019 年的 19.19℃，净升高了 1.74℃，涨幅达到 9.43%，这是研究区在全球气候变化背景下做出的响应。

2000～2019 年（图 6-13），大气和云层反射到地球表面的热辐射总体增加，低于和高于平均值的年份数量大致相等；到达地面的太阳辐射量总体增加，地表温度也呈现总体增加的趋势，地表净热辐射呈现整体下降趋势，地表潜热通量略微降低。反映出全球气候变暖背景下，哀牢山-无量山地区地表温度上升，同时降水量和地表径流量总体减少进一步加剧了温度升高的趋势。将地面太阳辐射的变化趋势与平均气温的变化趋势联系起来分析发现：2000～2019 年，地面太阳辐射的明显增加，可能是这一时期最高和最低气温升高的重要原因。地表温度上升也反映了这一趋势。

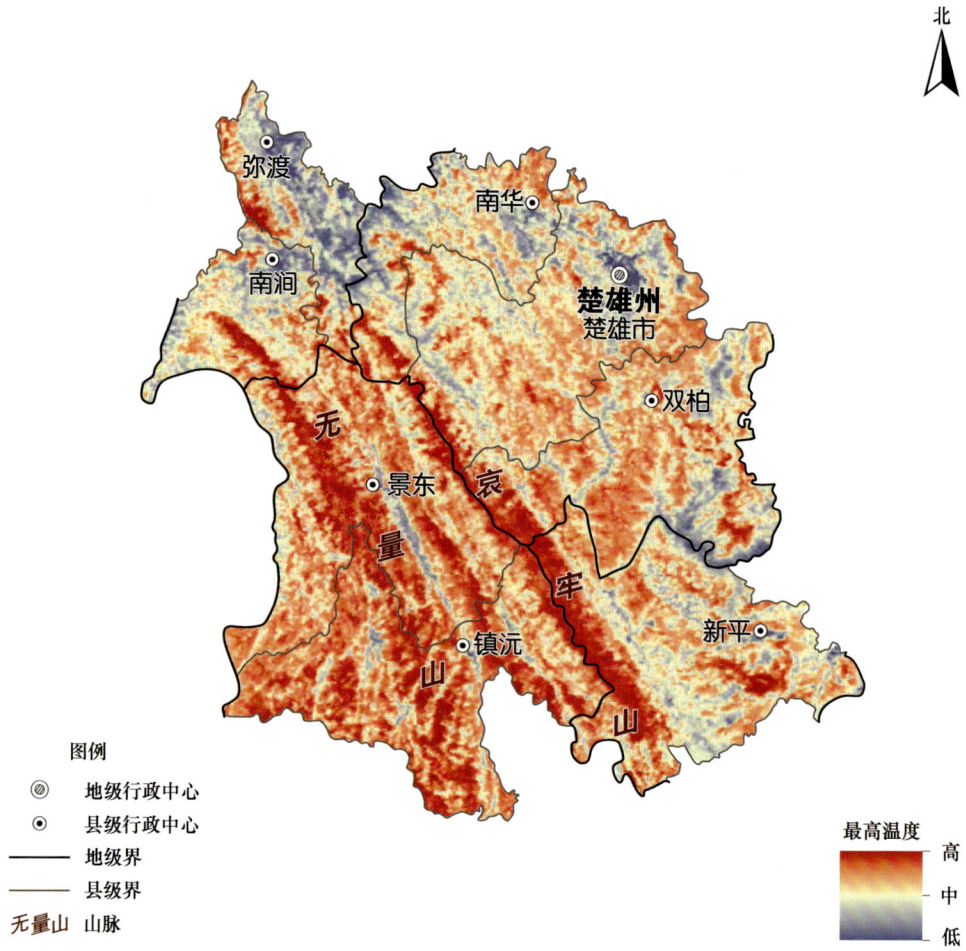

图 6-11　哀牢山-无量山行政区域地表最高温度空间分布

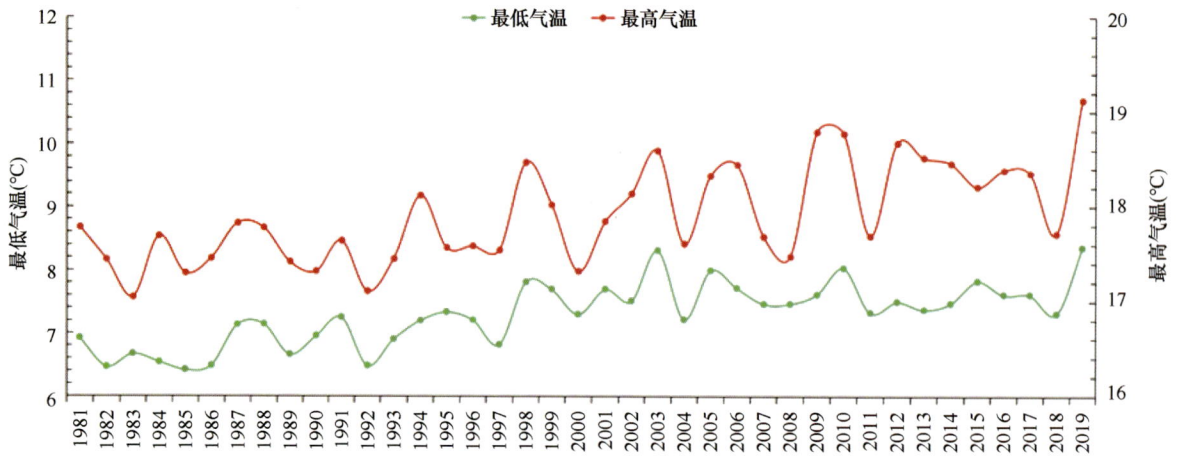

图 6-12　最高气温与最低气温时序变化规律

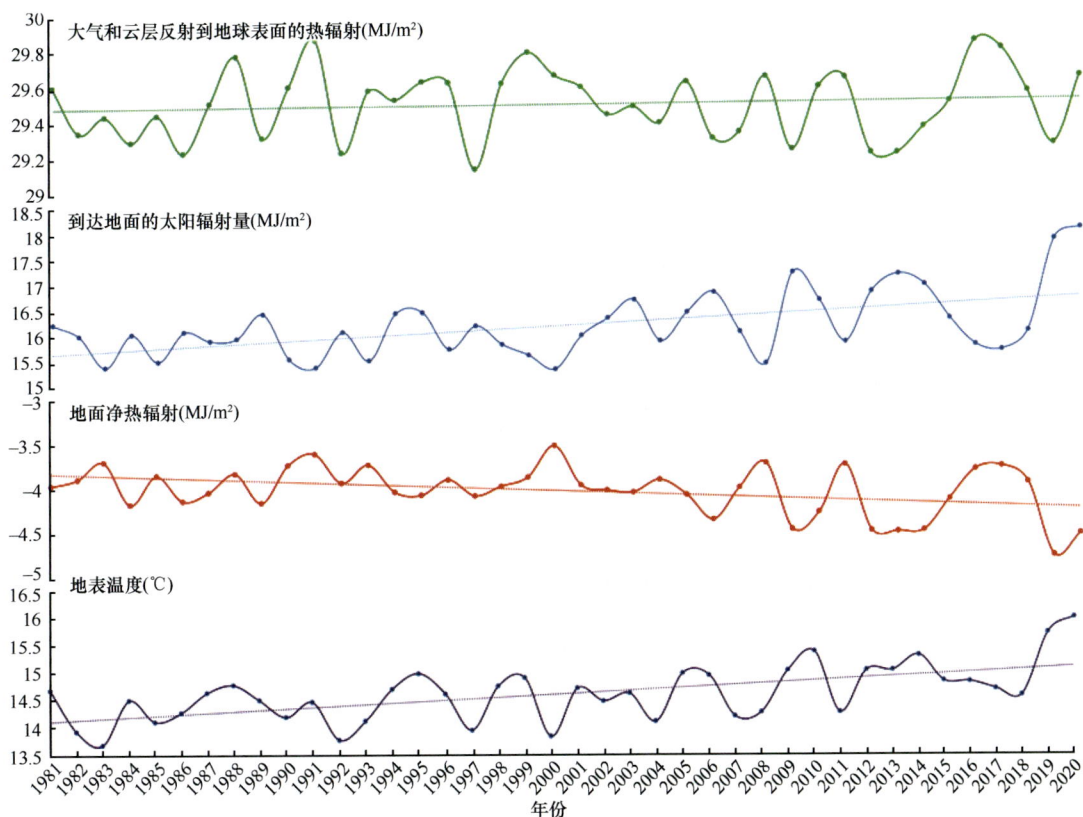

图 6-13　多种辐射量与气温多年变化

第二节　国家公园景观生态评价的基本理论与方法

一、景观生态评价的基本理论

在生态学中，景观是一定空间范围内，由不同生态系统所组成的，具有重复性格局的异质性地域单元。景观生态学通常被认为是研究景观单元的类型组成、空间配置及其与生态过程相互作用的一门学科。其主要研究对象可以概括为景观结构、景观功能及景观动态 3 个方面（图 6-14）。

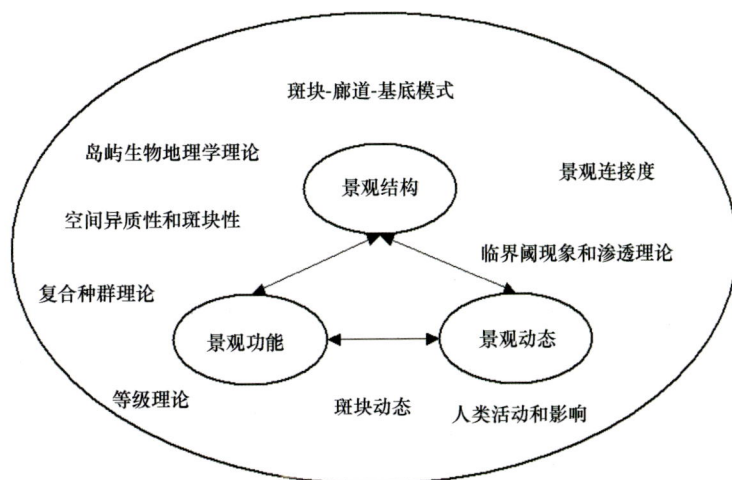

图 6-14　景观生态学研究的基本内容

转绘自《景观生态学——概念与理论》（邬建国，2000）

景观结构通常指景观的空间结构特征，又称为景观格局，景观格局最基本、最普遍的形式便是空间的斑块性，其主要特征为内部的相似性以及空间上的非连续性，能够在不同的尺度上有所展现（图6-15）。空间格局影响生态系统的各种过程，如种群动态、动物行为、生物多样性、生理生态过程、能量流动等。

图 6-15　自然界的空间斑块性

根据世界自然保护联盟（IUCN）的定义，国家公园旨在保护较大尺度的生态系统的完整性。

生态系统完整性应该包括不同尺度的生态系统结构、过程的完整性（Stoll et al., 2015）。研究空间格局-过程-尺度的关系，从生态格局向过程推导演绎，不仅能够全面理解所研究的生态系统，并且能够理解、运用生态系统的运行、反馈机制。

景观格局往往是地貌、地形、气候条件、干扰体系及生物过程相互作用的结果。例如，在南亚季风及高原地形的影响下，哀牢山、无量山的气候、土壤垂直变化明显，成为世界同纬度地区生物多样性、同类型植物群落保留最完整的地区。形成了南北动物迁徙的廊道和生物物种的基因库，并且具有特殊的景观特征。在小尺度上，种间关系、植物-土壤的相互作用等也影响了景观格局的形成。自然条件差异和人为干扰是影响景观斑块形成的最重要因素。自然斑块的形成有利于提高生境的多样性，提高生态系统的抗干扰能力，人为干扰往往会导致原始的自然斑块（景观和生境）破碎化，影响生态系统的完整性（图6-15，图6-16）。

Forman 和 Godron（1981）将景观格局分为主要的 5 类：①均匀分布格局，如农田景观，其特定类型景观要素间的距离相对一致；②聚集格局，如少数民族的小聚居格局；③线状格局，如沿河分布的居民点；④平行格局，如沿山谷生长的毛竹林等；⑤特定的空间联系，两种景观要素往往同时出现。

而构成景观的结构单元往往可以归纳为3种：景观格局的基本构成——斑块，利于斑块之间的扩散、交流的线状或带状异质性结构——廊道，以及景观的背景结构——基底，常见的有森林、草原等较大的生态系统分类。斑块-廊道-基底模式较为全面地概括了生态景观的结构与形态，它为具体而形象地描述景观的特征与过程提供了一种范式。

斑块外围往往由于受外界物质影响密切而呈现特殊的边缘效应。因此，生境越破碎的斑块越容易受到外界的干扰，特别是当外界干扰属于人类活动或者负面自然条件变化时，斑块更容易向不稳定的方向发展。

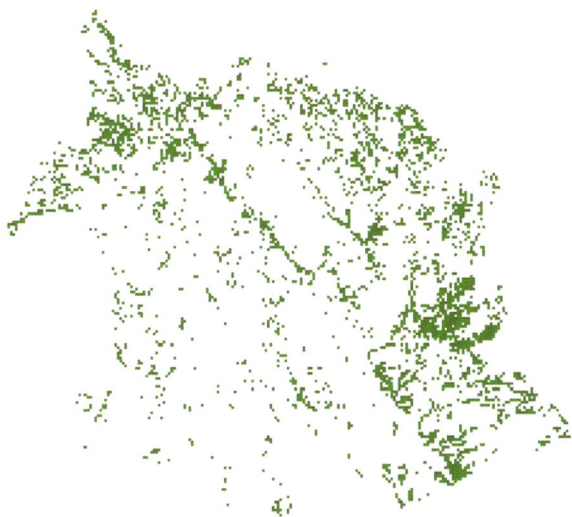

图6-16　哀牢山-无量山地区草地斑块

一般来讲，周长、面积比越大的斑块意味着其边界更短，其内部联结更紧密，斑块也更稳定。而自然系统往往受各种因素制约，斑块常呈现复杂的不规则状，也更容易受外部环境的影响。

廊道的基本优势主要有：独特的生境，如河流、道路；具有动植物传播作用的传输通道；阻碍动植物传播，如防护带，大型河流；作为能量、物质和生物的源和汇。

在景观中，廊道往往交叉形成网络，网络联结斑块，并与基底联系更加密切。

广义地讲，基底就是超大型的斑块，而廊道就是狭长的斑块。

二、景观生态数据获取与空间分析

景观生态学作为一门研究多尺度景观格局与生态过程的学科，需要分析各种景观现象在不同时空尺度上的分布格局、动态变化以及镶嵌特点等。

景观生态分析的数据主要有监测数据、观测数据、统计数据，在实际情况的限制下，也可以选择历史文献资料从中提取数据，如将古地图、古文献数字化等。

监测数据主要来自多源卫星遥感数据，通过多波段综合分析，提取不同波段所反映的不同信息，可以反映出不同地物的特征信息。也可将影像地物直接分类，基于下垫面对光谱吸收反射的特征，结合地物与影像灰度值的相关关系，利用监督分类、非监督分类、密度分割等方法进行分类。其中，密度分割法属于最简单机械的方法，简单地根据灰度值-地物对应特征范围进行分类。非监督分类则通过聚类分析、最大似然分类等方法，利用计算机将像元特征根据其相似程度进行自动分类，也可以同时结合人为控制，在初步分类时分为较多的类，再根据实际情况进行筛选、调整或者合并，但其精度仍然较低。

监督分类法是目前主流的分类方法，根据已知样本去识别未知像元，目前较为常见的分类器有决策树、随机森林、逻辑回归、朴素贝叶斯、神经网络等，其中，随机森林在现有研究中的分类精度相对较高（图6-17）。

由于遥感资料尺度较大、精度较高、资料时序长、更新快的特点，很适宜用来对景观格局和动态过程进行分析，主要的景观解译分类如下（表6-1）。除此之外，利用地理信息系统，结合其他现有数据集进行分析，如世界保护区数据库（WDPA），世界高程图层、美国国家航空航天局（NASA）的模拟全球径流量数据集、温度、降水数据等，能够对生态景观动态过程进行更深的剖析，如景观的脆弱性、敏感性、弹性、植被的变化情况等。

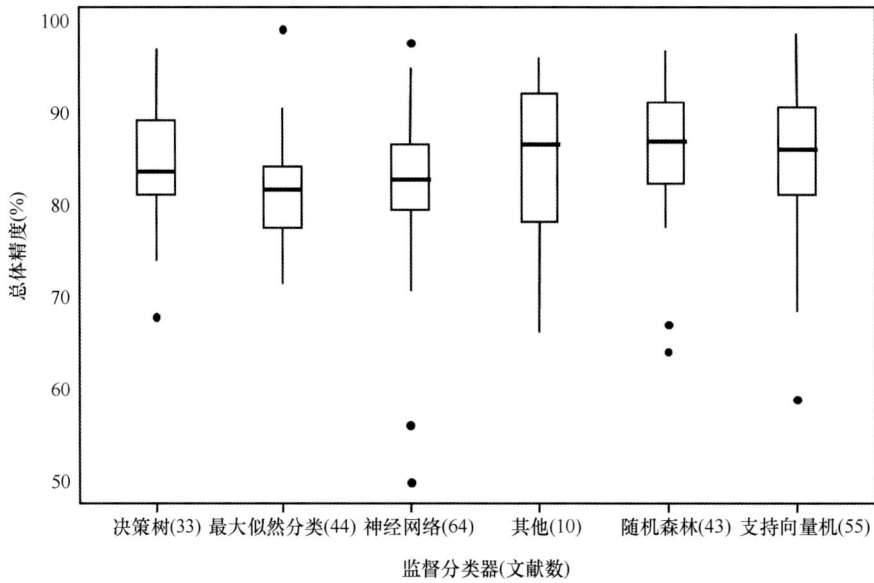

图 6-17　主流监督分类器精确度（Ma et al.，2017）

表 6-1　适用于遥感影像的景观分类系统（刘世梁和傅伯杰，2001）

第一级	第二级	第一级	第二级
1. 城市或居住地景观	11. 居民区	5. 荒漠景观	51. 盐地
	12. 商业服务区		52. 沙滩
	13. 工业区		53. 非水滨沙地
	14. 交通、通信和公共设施		54. 裸露岩石
	15. 工商混合区		55. 开采场
	16. 各类城市或建成区		56. 过渡区
	17. 其他		57. 混合荒漠区
2. 农业景观	21. 农田	6. 水体	61. 河流
	22. 果园、幼树林、苗圃、园艺林		62. 湖泊
	23. 饲养场		63. 人工水库
	24. 其他农业用地		64. 海湾和河口
3. 草地景观	31. 人工草地	7. 苔原景观	71. 灌木苔原
	32. 天然草地		72. 草木苔原
	33. 灌木景观	8. 湿地景观	81. 有树湿地景观
	34. 混合草地		82. 无树湿地景观
4. 林地景观	41. 阔叶林地	9. 永久性冰面覆盖	91. 常年覆盖
	42. 常绿阔叶林		92. 冰川
	43. 针叶林		
	44. 混交林		

近年来，诸多新平台的开发也为景观生态学的研究提供了便利，如美国环境系统研究所公司（Environmental Systems Research Institute，Inc，ESRI）新开发的 ArcGIS Pro 平台，在旧 ArcGIS 软件的基础上操作更加友好、管理更加方便。谷歌公司（Google）所开发的 Google Earth Engine（GEE）平台，是一个专门处各种地理观测数据的云计算平台，储存了大量包括 MODIS、Landsat 等系列的影像产品和其他数据集，运算容量可达 PB 级。GEE 的编辑器支持 JavaScript 语言，可以直接在线上进行影像的裁剪、镶嵌、计算、分析等，不需要搭建环境。其广泛应用于不透水面、耕地、NDVI 等的提取与动态监测。不仅简化了影像处理流程，而且能够实现大批量高效率的分析工作。

景观生态学的研究方法主要有景观空间格局指数（表 6-2）和空间统计法。前者主要用来描述景观的要素特征以及异质性特征，用于离散类型数据的分析，如常见的多样性指数、镶嵌度指数、生境破碎化指数等，其常用于土地覆被的动态变化，城市生境的破碎程度衡量等。后者利用多种分析模型，如趋势面分析、地统计学、分形几何、空间自相关等对连续性数据进行分析，用于阐述景观的空间相互作用、动态变化、趋向关系等。

表 6-2 代表性的景观空间格局指数

指数类别	景观指数	含义描述	公式或子指数
景观单元特征指数	斑块面积	斑块面积的大小具有不同的生态意义	直接量算
	斑块平均面积	整个景观的斑块平均面积，揭示景观破碎化程度	斑块总面积/斑块总数
	最大斑块指数	显示最大斑块对景观的影响程度	最大斑块面积/景观总面积
	斑块密度	斑块镶嵌度	景观斑块总数/景观总面积
	边界密度	景观被边界的分割程度	景观总周长/景观总面积
	斑块周长	反映各种扩散程度的可能性	直接量算
景观异质性指数	多样性指数	斑块类型及其在景观中所占面积的比例	丰富度、均匀度、优势度
	镶嵌度指数	相邻景观组分关系	镶嵌度，聚集度
	距离指数	定量描述景观中斑块的连接度或隔离度	最小距离指数，连接度指数
	生境破碎化指数	破碎度体现了斑块的边缘效应程度，越破碎的景观其稳定性越低	斑块数、斑块形状、内部生境面积

空间自相关分析常用来检验某些变量在同一个分布区内的观测数据之间潜在的相互依赖性，能够用来分析景观中斑块的性质和参数的空间相关性。常用的是莫兰 I 数（Moran I）。

$$I = \frac{n\sum_{i=1}^{n}\sum_{j=1}^{n}w_{ij}(x_i-\overline{x})(x_j-\overline{x})}{\left(\sum_{i=1}^{n}\sum_{j=1}^{n}w_{ij}\right)\sum_{i=1}^{n}(x_i-\overline{x})^2}$$

式中，n 为空间单元数量，x_i 和 x_j 分别为单元 i 和单元 j 的观测值，（$x_i-\overline{x}$）为第 i 个空间单元上的观测值与平均值（$\overline{x}$）的偏差，w_{ij} 为单元 i 和单元 j 之间的空间权重值。

国家公园潜在建设区的景观生态格局的空间分析要具有自下而上的格局观，利用多源数据，查实当地的生态信息，形成考察区数据库，针对分析目标筛选合理的评价因子，形成适当的评估体系（图 6-18）。

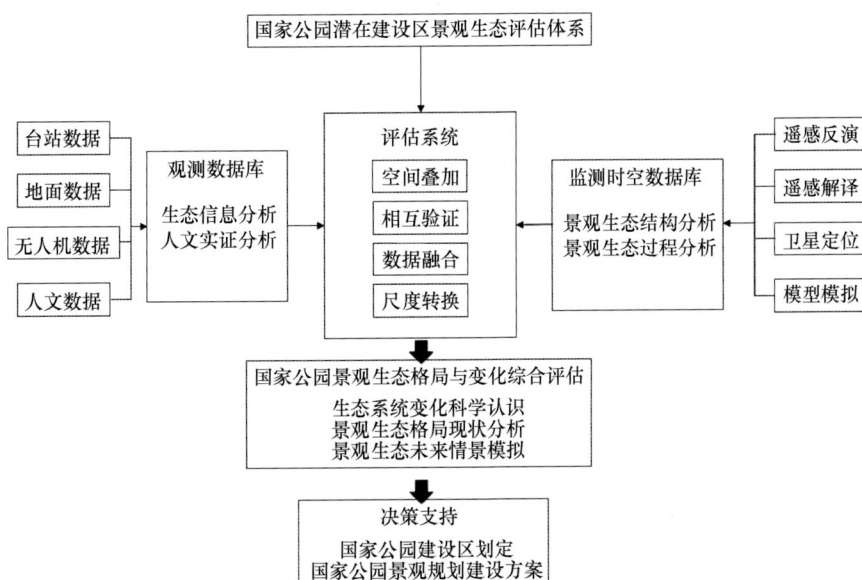

图 6-18 国家公园潜在建设区景观生态评估体系

三、景观生态脆弱性、敏感性及弹性评价

一个良好运转的国家公园体系应该具有健康、完整、可持续的生态系统。生态系统能够给我们提供诸多服务，包括涵养水源、调蓄洪水、防风固沙、发育土壤、保护生物多样性、净化空气、提供心灵的栖息地等。因此需要对生态系统进行评价，以确定生态系统的健康及运转机理，以便更好地开发和保护，进行可持续的管理。

生态景观的分类应该考虑两个方面，其一是考虑生态系统的发展方向及整体特征，其二是考虑人类对自然生态系统的影响与改造。可以通过空间形态、空间异质性组合、发生过程、生态功能 4 个方面考察生态景观的基本结构与功能。要以尽可能少的依据和指标反映更多的生态系统特点。虽然较多的分类指标能够更全面地解释生态系统的每一个特点，但是难以确定每个指标对整个生态系统的贡献率，且指标相互干扰，不但难以达到好的效果，反而降低了评价体系的可信度。

景观生态分类一般包括以下 3 个步骤。

一是，根据遥感解译与野外调查，确定调查区域的基本生态景观特征及要素，建立初步的分类体系。

二是，根据聚类分析等，结合实际情况与应用方向，简化分类体系。

三是，依据类型单元指标，经过判别分析，确定不同单元的功能归属。

（一）生态敏感性、脆弱性及弹性的基本概念

生态敏感性（ecological sensitivity）是指生态系统对人类活动干扰和自然环境变化的反映程度，说明发生区域生态环境问题的难易程度和可能性大小（欧阳志云等，2000）。

自然条件下的生态系统应该处于动态平衡状态，而一旦受到极端气候、人类活动的影响，不同的生态系统响应程度也是不一样的，部分生态系统敏感性较低，只有在出现较高强度的干扰情况下才会出现明显的失衡。而有的生态系统敏感性较高，轻微的人类活动便可能导致生境的变化。

敏感性往往包含在脆弱性中，脆弱性可以定义为一个系统受不利条件影响后的反应程度，取决于该系统所暴露的干扰条件、其敏感性及其适应能力（Lindner et al.，2010）。脆弱性主要包含 3 个部分：①干扰事件发生的强度、频率及其对生态系统的影响程度；②生态系统受到干扰时自身的免疫力或者恢复力，即受到干扰时能够正常运转的能力；③自然系统已经受到破坏时，能够运转及恢复的能力（Villa and McLeod，2002）。而生态系统的弹性强调了吸收干扰的能力，或者是维护生态系统平稳发展的缓冲能力，弹性是一个不断发展的概念，从早期的工程学的弹性不断发展到现在的社会-生态系统的弹性（Folke，2006）（表 6-3）。

表 6-3　弹性的概念演变

弹性的概念	特征	侧重点	相关背景
工程学的弹性	返回时间，效能	恢复，守恒（抵抗变化和保持现状）	邻近稳定平衡状态
生态的或生态系统的弹性/社会学的弹性	缓冲能力，忍受冲击（吸收干扰），保持功能不变	持久性，鲁棒性	多平衡态，稳定结构模式
社会-生态系统的弹性	干扰和重组共同作用，可持续的和发展的	适应能力，转换能力，学习能力，创新	整合的系统反馈机制，跨尺度动态交互作用

Holling（2011）用"嵌套的适应更新循环"来描述系统变化：不受连续事件干扰的生态系统拥有 4 个阶段：指数变化阶段、稳定阶段、干扰后重新调整阶段以及系统重组、更新的阶段。由此越来越多的学者避免用恢复一词来描述弹性，而是使用再生、重组、更新等词汇。

只要系统没有发生不可逆的变化，虽然有结构调整，但仍然是系统具有弹性的表现。

脆弱性主要识别易损系统受破坏或伤害的程度，即通过暴露性、敏感性和适应潜力的研究范式，反

映系统的敏感状态和调控能力，并通过应对措施以降低其敏感性。

生态系统弹性强调生态系统受到干扰后，如何重组、重建、更新、发展，是对系统整体抗风险能力的测度与识别，并强调系统灾后恢复与适应能力，较脆弱性更强调时间连续性与系统整体性，测度更为全面。

（二）评价指标选取及评价体系建立

对国家公园进行景观生态敏感性、脆弱性及弹性分析的目的，是确定区域范围内生态系统遭受自然或人为干扰时被破坏的可能性大小及对生态系统的危害程度，以此来划分出不同的敏感区域，为园区提供合理规划决策支持，达到保护资源环境、平衡开发利用、提高可持续性的目的。

景观生态分析评价不仅为分析和预测区域生态系统失衡和环境问题提供依据，也是生态环境影响分析和生态系统建设调控的重要内容与环节。景观生态评价是将研究目的进行相应分解，然后进行重新组合的过程。其方法为对区域内的单一问题进行因子选择，然后通过因子组合法对生态因子进行组合，形成目标层的因子。

通过对研究目的的拆解分析，以获取关键生态因子的方法，使得景观生态评价在操作过程中更有目的性和操作性，也更加客观地反映了区域景观生态的状况，便于找出生态问题成因，提高区域的景观生态弹性。

景观生态的敏感性、脆弱性及弹性的分析评价要求首先要对所评价对象的基本情况、干扰情景进行全面的了解，获得可靠的生态系统基础信息，如气温、降水、地形、坡度及其他通过遥感影像获取的基础数据。并根据基本信息思考环境因子变化的情况下生态系统可能的反应以及其产品和服务功能，对应提出不同的指标体系，建立综合评价模型。

评价指标需具有定量性、可比性等特征，不同的生态系统其指标体系也有所不同，比如农田生态系统，其结构较为单一，产品和服务功能也较为单一，评价指标体系更倾向于产品服务及质量。而对于国家公园整体的评价，更是要谨遵综合性原则，综合人地关系的各要素，将各类景观的共性提取出来，结合当前国家公园的自然生态系统情况、社会经济发展情况、建设的预期目标与构想，对其进行综合评价，并针对建设方向有所侧重（图 6-19）。

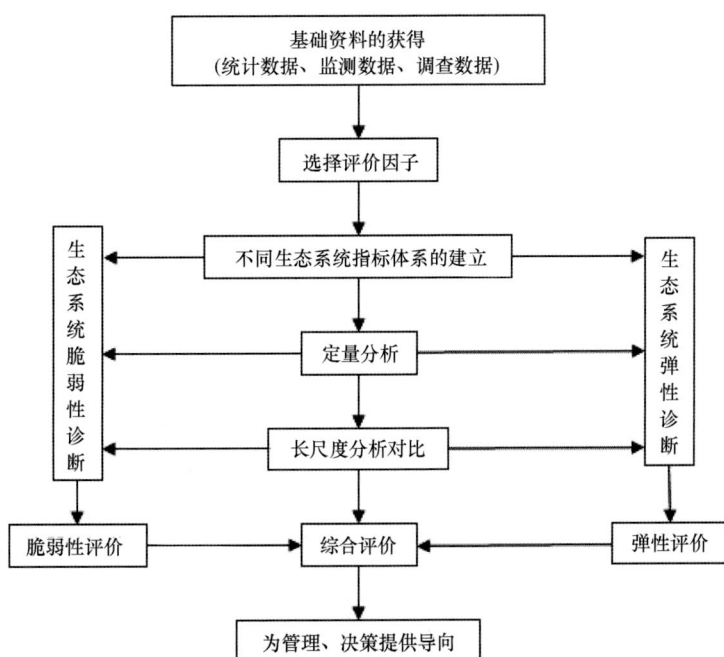

图 6-19 生态系统评价框架

评价步骤一般为：确定评价对象和范围；根据评价目标和评价对象的特征，搜集基础资料；选择评价因子，构建评价指标体系，确定因子权重；在 ArcGIS 中进行单因子分级及评价，生成单因子评价图；选择综合评价模型，在 ArcGIS 中进行综合评价，叠加生成敏感性综合分布图。

目前，评价指标选择常用的方法是理论分析法、专家评价法、统计分析法等。理论分析法是目前生态敏感性评价指标选择最常用的方法，指标的选择通常涉及区域自然、环境问题、社会、人文、经济等方面。有学者在对广州市综合生态敏感性评价中选取了交通、商住、农牧、休闲度假等因子对土地利用、物种多样性等方面进行评价。

针对环境问题的评价，如在对水土流失评价中多选择土壤、地形地貌、地表覆盖度、植被、降水等因子进行评价。

近几年，社会、人文因素也在评价中不断应用，也可以引入人口、社会价值倾向等人文指标。脆弱性、安全性等相关评价中还经常采用压力-状态-响应（pressure-state-response，PSR）指标或者生态敏感性-生态恢复力-生态压力（sensitivity-resilience-pressure，SRP）概念模型进行评价。

四、景观生态模型模拟

（一）生态景观与国家公园研究

1. 国家公园的景观结构与功能原理

国家公园的基本策略是保护与利用，在保护园内自然资源和生态环境的基础上进行适度可持续的开发利用。在保证严格保护区的生态系统和自然资源被良好保护的前提下，通过对较小范围的游憩区进行适当的开发利用为大众提供旅游、科研和教育的场所。以较小的开发利用换取园内大范围的保护，是一种可以合理解决自然生态保护和资源开发利用关系的管理模式。

我国面临着资源利用状况紧张、生态系统脆弱等问题。因此，通过建设国家公园这种保护和发展相结合的管理方式，可以有效地将自然生态系统保护和区域社会经济发展相结合，做到对自然资源的永续利用。

因此，一个国家公园即是一个由生态系统组成的景观。在该景观上存在着狭长的廊道，如哀牢山-无量山地区的川河，非线性斑块，如森林、湖泊、草地，以及本底基质，如地带性植被等景观组分。这些景观要素本身在大小、形状、数目、类型和外貌上的变化，直接影响国家公园的景观结构。不同景观结构的组合产生了景观的差异性和独特性。

不同于自然保护区的是，国家公园要满足一部分生态旅游、科学研究和环境教育的需求，由此产生了许多非自然的斑块与廊道，比如交通路线、服务点等，按照网络结构和景观功能的原理，国家公园建设应使景观组分间的连通性尽可能地大，以防止种群的生殖隔离，增加种群内变异和遗传多样性。

在增加人文景观及人类交通廊道时，尽量选取开放式结构。大型自然斑块具有多种重要的生态功能，如果没有它，就失去了该景观的自然保护价值；而小斑块可作为物种定居的立足点，保护分散的稀有种类或小生境。

2. 基于景观异质性理论的国家公园景观定量评价

景观异质性对国家公园的功能与过程有重要的影响，它可以影响资源、物种或干扰其在景观上的流动与传播。异质性包括时间异质性，如植被演替、濒危种的灭绝过程等和空间异质性如植被的镶嵌结构。

对大范围的景观异质性的研究，是景观类型划分的基础，也是国家公园分类的原则。国家公园景观具有空间异质性的绝对性和空间异质性的尺度性双重性。维持国家公园中景观的异质性，一方面可以提高国家公园内部生态系统的稳定性与多样性，另一方面也为游客的游憩提供了更多的选择和观赏感受。

在国家公园建设的论证考察中，应该注重国家公园区不同斑块的结构与特色，探明斑块之间的流动与联系，保护资源的流动和传播。

3. 基于景观格局理论的国家公园景观定量评价

国家公园景观格局指区内斑块的镶嵌特征及规律。包括点格局（如自然的动物洞穴分布及人为的游憩点分布）、线格局（如河流、道路的分布）、平面格局（如大型斑块的分布）、立体格局（如森林的林相结构）等。

景观格局存在着尺度性，即不同尺度上的国家公园呈现不同的景观格局特征。因此，应分别研究国家公园景观在不同尺度下的景观格局，才能从总体上把握整个国家公园的生态过程和功能。国家公园的景观格局影响着物种、资源和环境的分布。

只有把握好国家公园的景观格局特征，发现其潜在的景观规律及具有观赏意义的景观特征，如曲径通幽、柳暗花明。并且确定国家公园各个景观的互相联系、影响机制、控制因素，才能建立更好的国家公园运行及保护机制。

4. 基于等级尺度理论的国家公园景观定量评价

国家公园的景观系统具有等级结构。国家公园景观是各种组分，如生态系统、历史文化建筑等的空间镶嵌体，具有等级性。某一等级的组分既受其高一级水平上整体的环境约束，又受下一级水平上组分的生物约束。研究濒危植物的约束体系可了解其生存与发展机制，从而制定相应的保护措施。

时间和空间尺度包含在国家公园的任何生态过程中。

在国家公园理论中，景观的空间尺度指景观面积大小，时间尺度指景观动态的时间间隔。国家公园的景观格局、景观异质性、生态过程、约束体系及其他景观特征都因尺度而变化。比如，国家公园的景观系统在小尺度上可能是异质的，但在较大尺度上却可能视为同质。

按照等级尺度理论，国家公园也只是更大时空尺度体系中的一个组成部分。因此，在对国家公园内景观的研究和管理中，不仅要加强国家公园内景观的研究，而且应注重研究园区与周围其他生态系统或影响因素（尤其是人为影响因素）的关系，提高对国家公园管理的有效性。

（二）生态阻隔与生态廊道

基于景观生态学原理，国内外学者对生态廊道展开了研究。众多学者提出岛屿生物地理学与岛屿生态学理论、基质-廊道-斑块模式、空间异质性学说和景观连接度等理论；依托遥感对地观测技术和 GIS 空间分析技术探索景观连通程度及人为活动对景观的干扰强度；并在强调廊道生态功能的基础上，依托相关基础理论和技术方法构建生态廊道。

最小费用距离模型可以根据最小累积阻力（minimum cumulative resistance，MCR）来建立阻力面，综合考虑源、迁移距离和景观界面特征等因素。其计算公式如下：

$$MCR = f_{\min} \sum_{j=n}^{i=m} (D_{ij} \times R_i)$$

式中，MCR 为最小累积阻力值；$f_{\min}$ 表示最小累积阻力与生态过程的正相关关系，m，n 分别表示源和空间单元的个数，D_{ij} 为从源 j 到空间单元 i 的距离；R_i 为空间单元 i 的阻力系数。

与欧氏距离（Euclidean distance）不同，最小累积阻力代表抽象的距离概念，表示从源到最近目标的累积费用距离，即经过不同阻力景观所耗费的费用或克服的阻力。最小费用距离模型显示每个栅格单元的核心领域之间连接的相对阻力，识别路线遇到的阻力大小，以此为依据提取核心区域之间的连线，形成生态廊道。

生态廊道划定方法主要依托图论中最短路径算法思想绘制重要连通性区域（图 6-20），最根本的是构建阻力面指标。

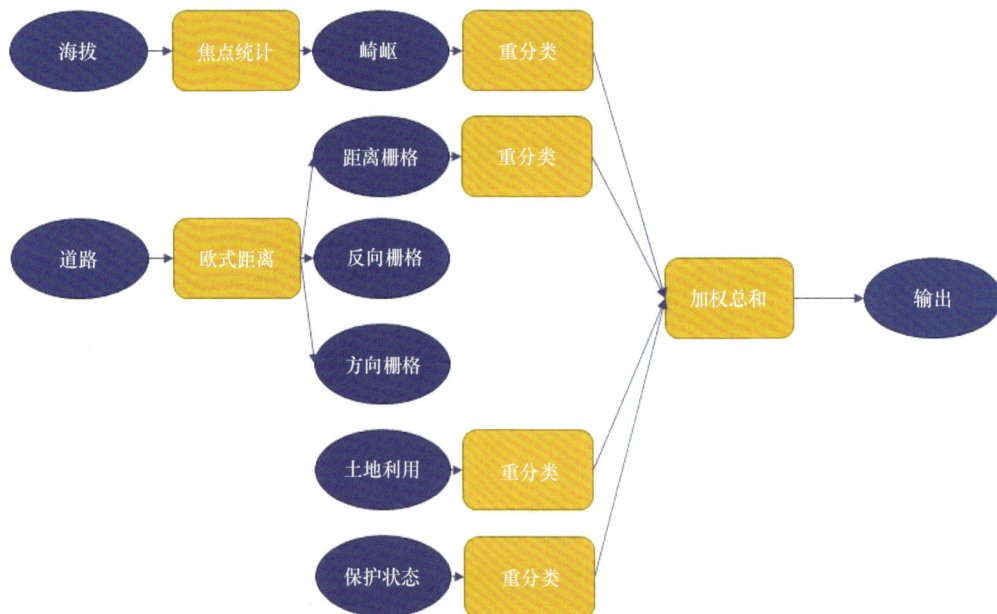

图 6-20　简单的生态廊道规划流程

具体划定过程可包括以下 3 个方面。

一是，源地识别，其通常为大范围的生物热点地区和重点生态功能区。

二是，阻力面确立，即通过建立阻力面指标计算连通目标景观所需要克服空间阻力的大小。

三是，成本距离计算，评价到达源地的空间最小阻力值，即可达性和连通性分析。

通过估算生物生境斑块的连接度和阻力值，模拟生物通过复杂景观时的迁移路径。设计者也开发了很多模型用来模拟生物栖息地以及景观连通性。

目前，Linkage Mapper 是国际上分析生物栖息地连通性的通用工具，其方法依托于最小费用理论，运用栖息地核心区域的矢量数据和栅格形式的阻力面数据绘制栖息地之间的最小费用通道。该工具可以识别生态廊道的重要性、重要夹点及关键阻隔点，并能分析气候变化对生物栖息地的影响以及对生物多样性的威胁。

一般来说，植被覆盖度影响物种的栖息条件及取食条件。非生物因素如气候、土壤等，会影响物种的生理特征，并且影响植被的生产力，间接影响食物的获取。地形因素会直接影响生物的分布和迁徙。大于 3000m 的海拔和大于 40° 的坡度被认为几乎没有连通性（尹海伟等，2008）。

人类干扰也是当前影响物种迁移的一个越来越重要的因素，而路作为非自然单元，具有人类扰动高、植被覆盖度小的特点，人类密集区的道路会增加野生生物死亡的风险；人口稀少的道路两边虽然野生生物死亡的风险较低，但往往也会设置屏障，阻碍生物迁徙。

生态廊道构建需要符合生物的基本生存需求，才能达到连通的效果。生态廊道不仅只是将生态源区简单相连，更需要将物种迁移的地理位置与其生境、生态位联系起来，形成结构合理、内部环境适宜的物种可以有效利用的通道（郑好等，2019）。

廊道长度和廊道质量是影响生态廊道有效性的重要因素：一方面，过长的生态廊道提升了构建成本；另一方面，根据斑块的边缘效应原理，廊道作为狭长的斑块，本身就更容易受到外界的干扰，越长的廊道其稳定性也就越低。加权费用距离（体现物种迁移难度的各种费用）与实际地理距离的比值能够衡量生态廊道的质量，可以作为衡量生态廊道是否合适的重要标准。

第三节　生态景观评价案例分析

一、使用综合模型确定哀牢山-无量山西黑冠长臂猿生态廊道

（一）概述

生境的破碎将产生一系列生态效应，在人口、社区、生态系统和景观规模上是不容忽视的（Zhang，2014）。相比之下，物种迁移和基因传播的障碍将导致进一步的近亲繁殖，甚至种群灭绝（Abrahms et al.，2017）。

对于西黑冠长臂猿来说，它的主要栖息地是大片常绿阔叶林。目前，它的栖息地已被严重中断。实现常绿阔叶林的恢复和种群数量增长是一个长期问题。毕竟，常绿阔叶林生长的时间比其他植被类型长。然而，建立生态廊道连接已经破损的斑块在保护的早期阶段是一种极其有效的方式。

景观连通性和生态廊道对于许多生态过程至关重要，包括分散、基因流动、加强种群之间的流动以应对环境变化（Peng et al.，2017）。例如，生态廊道的一种形式是促进两地野生动物流动的植物带（Chetkiewicz et al.，2006）。一些学者认为，生态廊道不仅是不同地方斑块和小种群之间的良好连接，也是提高斑块间特定物质运动速率和降低种群景观类型风险的较好方法（Jordán，2000）。生态廊道的建设不仅有利于野生动物的迁徙和扩散，改善栖息地斑块之间的连通性，而且可促进濒危物种异质种群之间的基因交换，降低栖息地分裂的不利影响（Tracey，2010；Lees and Peres，2008），降低种群灭绝的风险。

最常见的生境适宜性建模技术是基于文献综述和专家意见。这些生态廊道考虑土地用途、土地退化、永久保护区。根据层次分析法（analytic hierarchy process，AHP）和景观指标确定生态廊道的合适区域（Morandi et al.，2020）。基于文献的模型在将生境研究转换为生境适宜性分数时存在不确定性和错误。如果模型中的两个因素是英尺高程和米高程，则这两个因素是完全多余的。

到目前为止，阻力值通常是根据专家的估计临时设定的，因为检查解决方案的所有可能在计算上很难实现，而且非常耗时，尤其是在存在许多生境碎片的情况下（Bednář et al.，2020）。权重是传统模型中最薄弱的部分，缺乏任何基础理论或客观数据。经验贝叶斯克里金回归法（EBKR）是一种地理统计插值方法，它基于经验贝叶斯克里金法（EBK）与解释性变量栅格。此方法将克里金法（Kriging method）与回归分析相结合，使预测比回归分析或克里金法本身预测的更准确。最小成本路径模型基于图形理论测量各种空间运动过程，反映了异构景观对空间运动过程的广泛阻力（Knaapen et al.，1992）。它是一种强大、可操作、灵活的方法，用于分析异构景观连接。它已成为生态廊道识别的主流方法，广泛应用于物种保护、自然保护区规划、区域生态安全模式设计等景观优化工程。总的来说，相关研究仍然薄弱，特别是在规划生态廊道的可行性时，如缺乏对成本、阻力等问题的考虑（Guo et al.，2009）。

西黑冠长臂猿是生活在中国横断山脉和越南的濒危物种（Geissmann et al.，2000）。据研究估计，物种总数约为1300，其中90%生活在中国（Fan et al.，2009）。中国把它列为国家一级保护动物（Fan and Ma，2018）。由于横断山脉地区人为严重干扰，西黑冠长臂猿可能会减少鸣叫的频率。结合调查结果，可能还有剩余的西黑冠长臂猿种群或个体，但数量一直很少，保护现状异常不乐观，随时有灭绝的可能（Zhao et al.，2016）。小种群被孤立也是当今西黑冠长臂猿面临的一个严重问题。

群体之间的孤立将不可避免地导致西黑冠长臂猿无法找到合适的伴侣来维持和发展现有种群。

本研究的目的是探寻一种综合的方法，以实现哀牢山-无量山西黑冠长臂猿生态廊道的优化设计。

本项目研究团队首先尝试结合西黑冠长臂猿的行为特征，建立不同景观基质的栖息地适宜性，然后，利用随机森林算法（RFA）、EBKR、最小成本路径法（LCP）来实现特定的生态廊道空间定位和分布，

并在保护西黑冠长臂猿的基础上实现生态廊道规划。最后在仿真结果的基础上，进一步对栖息地的敏感性和适宜性进行了探讨。

（二）数据与方法

1. 数据源

在这项研究中，从实地考察、遥感图像和参考文献中收集了多源数据集，并处理了这些数据集以满足模型模拟（表 6-4）。模型中使用的所有数据图层都是栅格图层，标记适合或不适合西黑冠长臂猿的区域。西黑冠长臂猿的栖息地数据来自世界自然保护联盟（IUCN）的红色名单。

表 6-4　模型模拟中数据集的描述

类别	代码	描述
气候	AE	年平均实际蒸发量（mm）
气候	BC	根据影响植物和动物分布的因素分类
气候	PE	年平均潜在蒸发量（mm）
气候	SA	收集太阳能数据，用于评估太阳能发电项目
多样性	ED	以 5km×5km 尺度测量气候、岩性、土地利用类型和地貌的局部多样性
人类活动	DR	该位置距道路的距离
人类活动	PA	世界保护区数据库（WDPA）是陆地和海洋保护区最全面的全球数据库
人类活动	PP	使用道路交叉口密度、图像、城市足迹和 160 万个人口普查数据模拟预测的全球人口数据，并与联合国家人口估计数拟合
人类活动	SS	此图层中的单元格值包含分数，表示在单元格表示的位置进行人类定居的可能性
土壤	SU	联合国粮食及农业组织统计的土壤数据
地形	AP	根据高程计算的坡向
地形	EV	全球多分辨率地形高程数据作为 250m 像元的影像服务提供的世界高程数据
地形	LR	此图层显示每个像素 6km 以内的高程值范围
地形	LT	在地球表面发现的岩石和其他材料
地形	SL	根据 7.5 弧秒全球大陆范围内的高程数据集（the global multi-resolution terrain elevation data，GMTED）高程图层计算的坡度
植被	BM	使用气候变化专门委员会 1 级方法估计的植被碳储量
植被	EL	此图层将全局景观分为 16 类地貌类型和地区
植被	LC	此数据集包含从表面反射合成中获得的全局土地覆盖图，该图放置在常规网格上
水	CS	由美国国家航空航天局全球建模的每月净储水量变化
水	DW	该位置距水体的距离
水	RO	由美国国家航空航天局全球建模的每月径流量总数

将分类栅格转换为连续数据的一个方法是使用邻域统计来量化每个像素周围邻域中的类别分布。为此，首先将具有特定类别的所有位置重新分类为数字 1，然后将所有其他类别重新分类为数字 0。其次，将使用这些结果生成一个栅格图层，该栅格图层捕获了每个类别的分布。

可以通过焦点统计定义邻域，并计算邻域中包含的每个栅格单元格的统计信息，如求和。

这样，可以理解哪些类别发生在什么地方及发生频率。通过计算每个结果的焦点统计，我们生成了表示每个类别的定量值及其分布信息，然后这些值可用于模型模拟的下一步。

2. 确定生态廊道的集成模型

我们确定生态廊道的综合仿真模型的流程如下（图 6-21）。首先，我们评估了栖息地变量，包括 21 个变量，如气候和地形。其次，对数据进行预处理，包括使用 RFA 获取变量的重要性并计算相关矩阵。其次，我们使用 EBKR 计算栖息地的适宜性，并使用交叉验证进行验证。最后，我们使用 LCP 获取廊道的位置，并使用遥感图像进行评估。

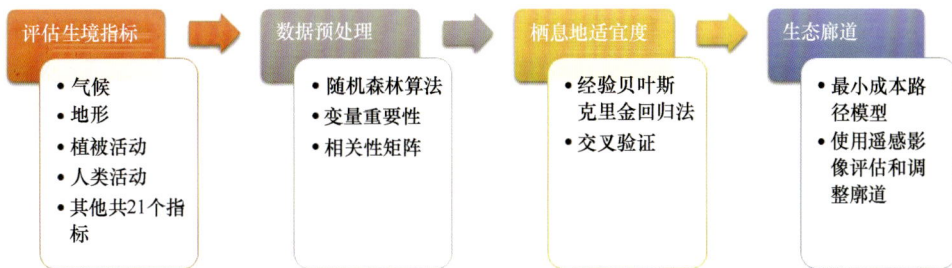

图 6-21　生态廊道确定仿真模型框架

模型模拟的关键步骤之一是确定哪些生境变量对物种最重要。西黑冠长臂猿的栖息地正经历着食物短缺和人类的干扰，稀有物种尤其受到栖息地质量的影响（van Schalkwyk et al.，2019）。西黑冠长臂猿的栖息地位于南亚热带亚高山地区（越南、老挝北部和中国南部），大部分是潮湿的常绿阔叶林（Fan and Jiang，2008）。

许多因素促成了西黑冠长臂猿的严格栖息地选择，如生物量、食物、栖息地选择倾向。

1）随机森林算法（RFA）

随机森林算法为数据的随机子集定义决策树，并且每个决策树都会作出一个称为投票的预测。随机森林算法将这些投票汇总为平均值，并报告最终预测。子集数据设置数据的随机性意味着基于随机森林模型的结果具有不同的精度（图 6-22）。

我们可以通过多次运行模型形成结果分布来测量基于随机森林模型的稳定性（Guo，2010）。一般情况下，运行 20 个验证。

正如上面所述，这些地理信息系统（geographic information system，GIS）图层都与食物、覆盖层和生境的其他基本组成部分的某些方面有关。但是，这些 GIS 图层与栖息地因子不精确对应。任何统计或 GIS 模型如果无法涵盖影响因素的所有方面，都可能会产生误导性的结果。我们根本不知道我们使用的 GIS 图层与大多数焦点物种的栖息地使用或移动的相关性有多强。

鉴于土地利用层精度低，可用因素不完整，估计大多数模型的成功率都不超过 70%。EBKR 考虑了与原始栖息地的距离，结果更符合假设。

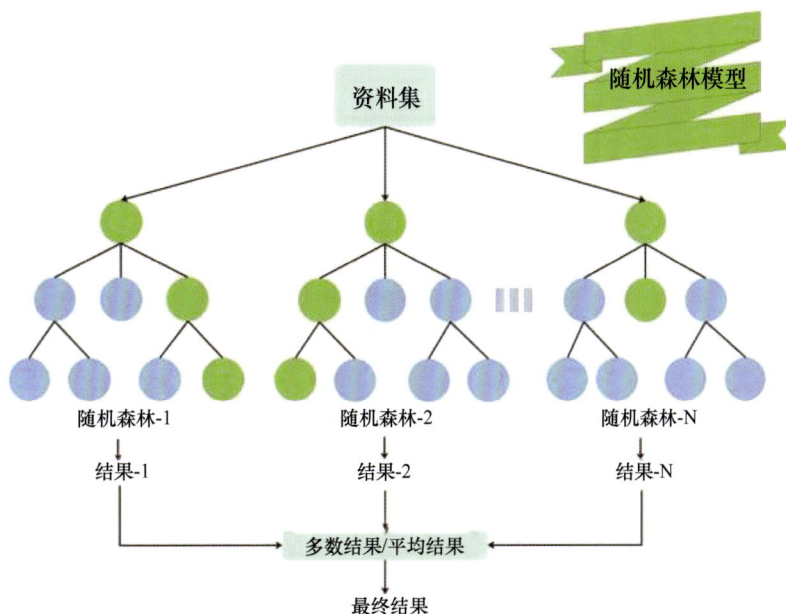

图 6-22　随机森林模型结构图

下一步，使用相关矩阵检查 21 个变量与当前生境之间的关系（0 表示栖息地内部，1 表示栖息地外部），以帮助确定是否存在多重共线性。它要求我们识别与目标变量（PR）线性相关的、但与任何其他预测变量不线性相关的预测变量。

如果预测变量彼此线性相关，则它们引起一个称为多重共线性的问题，这意味着某些预测变量可能是冗余的。因为它们可以与其他预测变量的线性组合重现。

对于线性回归模型，多重共线性会导致线性不稳定模型，这意味着对预测变量（如 EV 变量）的少量更改可能导致预测目标变量（如 PR）的显著变化。在选择哪些变量用作解释变量栅格时，应进行筛选。

但是，不需要检查解释变量是否相互关联。在构建回归克里金模型之前，解释变量栅格将转换为其主要分量，这些主要分量用作回归模型中的解释变量。主要分量是解释变量的线性组合（加权和），计算后每个主要分量与所有其他主分量不相关。由于它们是相互关联的，因此使用主成分解决了回归模型中的多元线性（相互关联的解释变量）的问题。

2）最小成本路径模型

生态廊道规划的关键步骤是确定阻力最小的路径。阻力是描述野生动物穿越环境的意愿的指标。

在通过环境的过程中，动物的能量和时间消耗低、死亡率低，意味着环境阻力低，动物从该区域通过的可能性大（Zeller et al.，2012）。适宜性指数可以近似为电阻指标，即栖息地质量越好，动物经过的阻力越低，动物通过该区域的可能性就越大（Spear et al.，2010）。

LCP 假定个体在迁移活动中优先选择阻力低的区域（通常假定为生境质量良好的区域）。在此基础上，通过计算成本距离，选择使用成本最低的区域作为廊道（Adriaensen et al.，2003）。LCP 源自图形理论，使用基于网格的简单代数规则来加权源和目标之间的路径（Adriaensen et al.，2003；Chardon et al.，2003）。它产生一个网格图层，图层上的每个像素值表示源的累积消耗，像素值的倒数是源到目的地连接的程度（Gough and Rushton，2000；Xiang，1996）。

源和目的地成本最低的分析结果是成本最低的路径（图 6-23）。

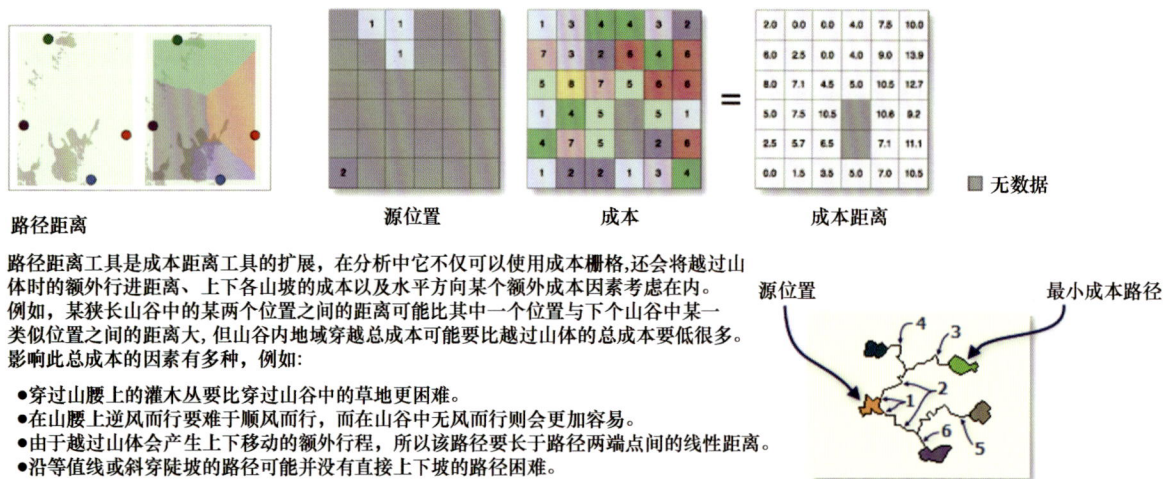

路径距离工具是成本距离工具的扩展，在分析中它不仅可以使用成本栅格，还会将越过山体时的额外行进距离、上下各山坡的成本以及水平方向某个额外成本因素考虑在内。例如，某狭长山谷中的某两个位置之间的距离可能比其中一个位置与下个山谷中某一类似位置之间的距离大，但山谷内地域穿越总成本可能要比越过山体的总成本要低很多。影响此总成本的因素有多种，例如：
- 穿过山腰上的灌木丛要比穿过山谷中的草地更困难。
- 在山腰上逆风行要难于顺风行，而在山谷中无风行则会更加容易。
- 由于越过山体会产生上下移动的额外行程，所以该路径要长于路径两端点间的线性距离。
- 沿等值线或斜穿陡坡的路径可能并没有直接上下坡的路径困难。

图 6-23 最小成本路径模型结构图

（三）栖息地概况

哀牢山-无量山是中国野生动植物物种和生态系统类型最丰富的地区之一，保存了许多珍稀、独特或古老的群体。它是中国和国际生物多样性研究意义最大的区域之一（Guo and Long，1998）。然而，人类活动导致对生物资源的不合理利用，使生物多样性正在以前所未有的速度遭到破坏，许多物种正在消失。

西黑冠长臂猿主要生活在海拔 1800～2790m 的山坡上，该地区以陡峭的山坡和高大的树木为特征，森林类型为茂密的竹林或竹灌混合林。在高山草甸和怒江旁的干热河谷中，没有西黑冠长臂猿的分布（Jiang et al.，2006）（图 6-24）。

在干燥的春天，风特别强，因此西黑冠长臂猿更喜欢选择东坡，与东坡可以避风密切相关。

图 6-24　哀牢山-无量山西黑冠长臂猿的栖息地图

影响西黑冠长臂猿栖息地选择的关键因素是坡度、树木平均胸径、竹子密度、与水源的距离和树木的平均高度。在高山草甸和稀疏的丛林地区，没有满足其生存的关键因素，特别是树木稀少，不能形成连续树冠层的地区，不适合其生存（Bai et al.，2007）。

当地群众种植的草果深入林区，改变了森林下的植被结构。在草果生长区，除了 30m 高的树木外，只有 2m 高的草果，植被是单一的。

当西黑冠长臂猿穿过山脊到另一个山谷时，它们经常绕道而行，很少穿过草地和种植园。草丛影响了西黑冠长臂猿对栖息地的利用和正常活动（Ni and Ma，2006）。

（四）结果

1. 生态廊道的模拟结果

1）最小成本生态廊道

本研究对哀牢山-无量山共规划了 9 条生态廊道，模型创建的生态廊道通常沿多山地形，且无人居住，非常适合西黑冠长臂猿在栖息地之间移动。它们代表了西黑冠长臂猿在栖息地之间迁徙的最可能路线。因此，这些地区将是保护生态和建立野生动物联系的最佳场所，如建造廊道桥梁（图 6-25）。

9 条生态廊道中，有 7 条至少穿过一条道路，其中一些廊道穿过许多道路（表 6-5）。道路不仅被树木包围，而且被山脉包围，相对而言缺乏人类居住。在北美和欧洲用于促进道路零碎景观连接的野生动物穿越结构包括野生动物立交桥和绿色桥梁、涵洞和管道。虽然这些结构中有许多最初不是以生态连通性为理念建造的，但许多物种从中受益（Clevenger et al.，2001；Forman et al.，2003）。

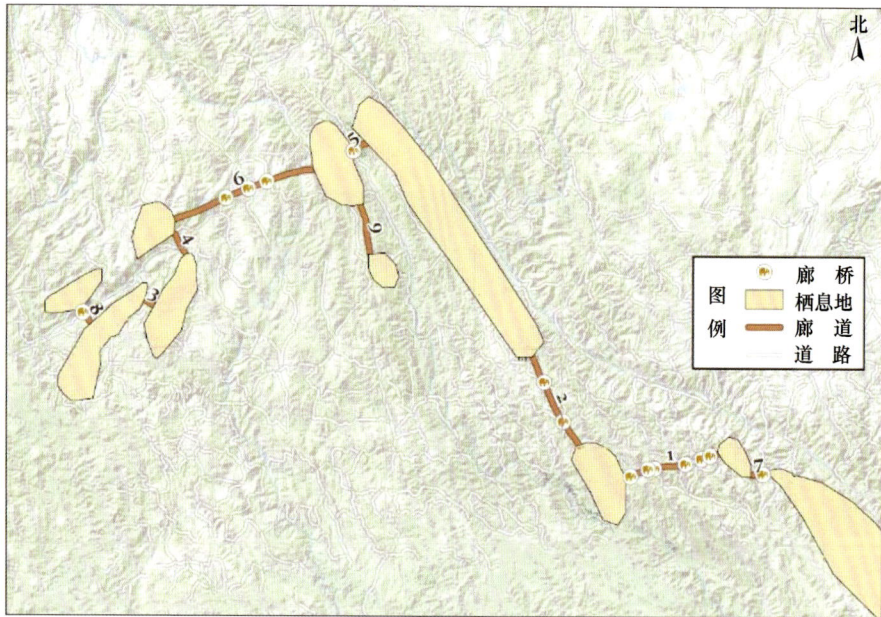

图 6-25　哀牢山-无量山西黑冠长臂猿最小成本生态廊道

　　廊道 3、4、5、7、8 长度短，廊道桥梁很少，道路成本也很低，这可能是西黑冠长臂猿最可行的廊道。其他 4 条廊道也避免了大面积的不适宜区域，然而，它们都只遵循适当的地形，总长度更长，并且增加了许多廊道桥梁和陡峭的路径成本。虽然不是完美无瑕的，但是这 4 条廊道对于西黑冠长臂猿来说可能是可行的。

　　2）使用遥感来评估和调整廊道

　　卫星遥感是空间分析廊道变化的有用选择；与传统方法相比，卫星遥感的一大优势是能够提供具有大范围和重复覆盖的实时数据。时态卫星图像允许探测土地利用类型的变化。遥感数据与地理信息系统和全球定位系统（GPS）相结合，提供了获取、分析和解释各种时间尺度和成本效益的野生动物栖息地信息的能力（Kushwaha and Roy，2002）。因此，我们尝试使用遥感来评估和调整廊道（图 6-26）。

表 6-5　西黑冠长臂猿最小成本廊道的数据

廊道编号	地区	长度（km）	廊道桥梁数	路径成本
1	红河	61.82	7	59 774.60
2	红河-玉溪	62.93	2	59 698.04
3	临沧	7.40	0	3 340.34
4	临沧	15.45	1	12 388.50
5	普洱	11.93	1	2 947.07
6	临沧	95.74	3	89 474.09
7	红河	10.75	1	8 597.91
8	临沧	10.68	1	8 996.57
9	普洱	31.76	0	23 542.21

　　在图 6-26a 中，可看到廊道避开了村庄。然而，两条道路在接近的位置，最好找到一种方法，让西黑冠长臂猿同时通过两条道路。在廊道交叉口的西面，两条道路合并成一条路。也许可以调整廊道路线，以便只需要一座廊道桥。正是因为我们的模型，我们可以考虑这些可能性。卫星图像显示，通过廊道的一些道路只有 1～2 条车道宽，这可能意味着在公路上建造桥梁或类似结构会更容易。

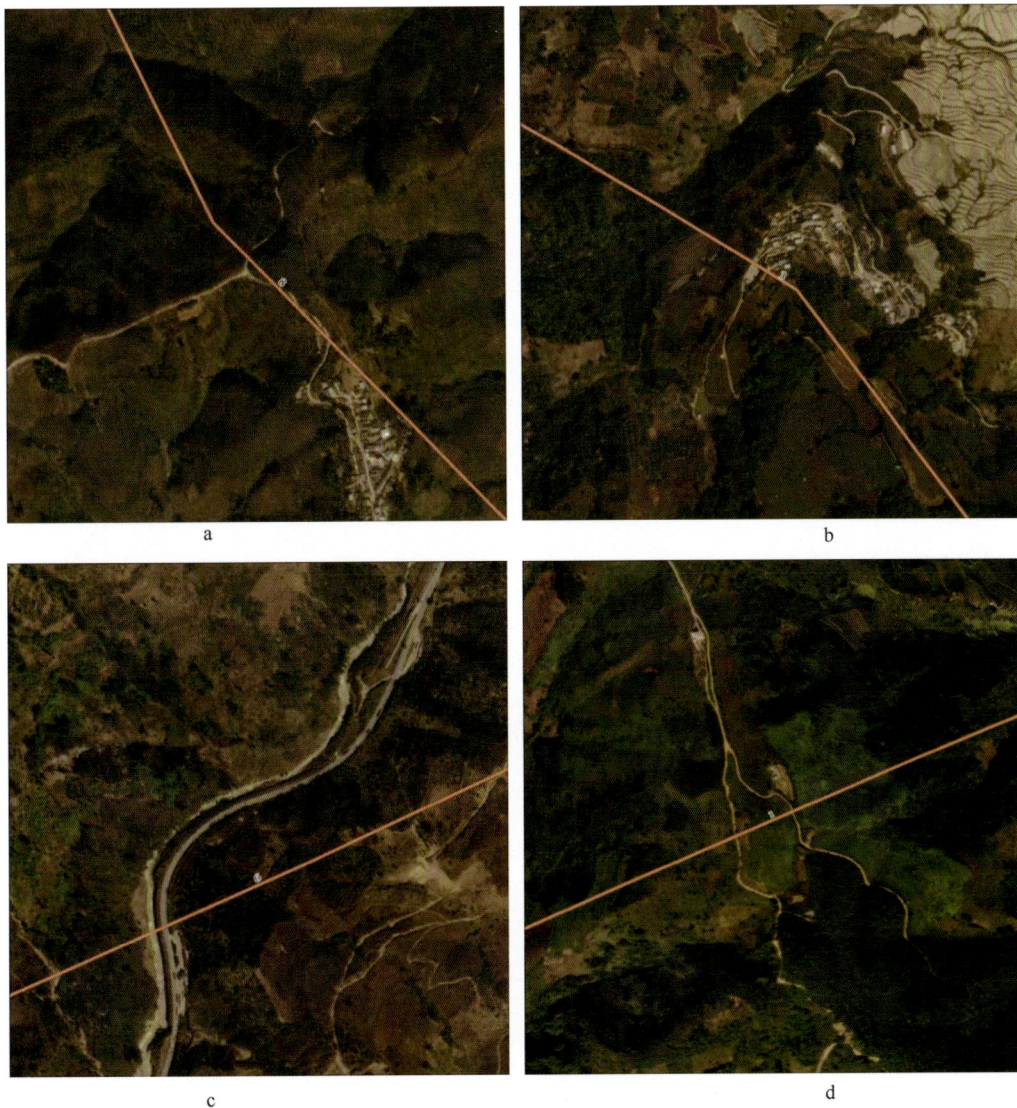

图 6-26　生态廊道的卫星图像

在图 6-26b 中，根据数据分辨率，一些影响廊道分布和小型水系统分布的微观地形可能被忽视，这将在一定程度上影响廊道模拟的结果。所以，廊道没有避开这里的村庄，我们应该调整它。

在图 6-26c 中，高速公路对西黑冠长臂猿构成危险，我们也许更想为西黑冠长臂猿找到一个用桥或其他建筑安全穿越公路的方法，而不是规划一条完全不同的路线。周围地区也缺乏适合西黑冠长臂猿的茂密植被。但是，如果廊道只覆盖一小段不适宜的地形，并连接核心栖息地，那么西黑冠长臂猿仍然可以使用廊道。

在图 6-26d 中，廊道选择通过中间的两条路。然而，两条道路在北边合并成一条公路，南边则有更多的树木。这种情况通过现场验证可以判断哪个位置更合适。

2. 模型模拟生境变量分析

计算并排序生境变量的重要性发现（图 6-27a），最重要的两个变量是土地利用类型（LC）和地质类型（LT），它们在 Y（重要性）轴上的值均较高。实际蒸发是影响模型预测的第三大因素。

该矩阵显示变量之间的相关性（图 6-27b）。高度正相关以鲜红色显示，每个变量都与自身高度相关，这就是为什么中心有一条红色对角线。深蓝色表示高度负相关。多个预测变量是高度相关的，无论是正的还是负的，这表示 RFA 或 EBKR 是正确的方法。RFA 或 EBKR 可以处理相互依赖的预测变量，从而最大限度地减少偏差。

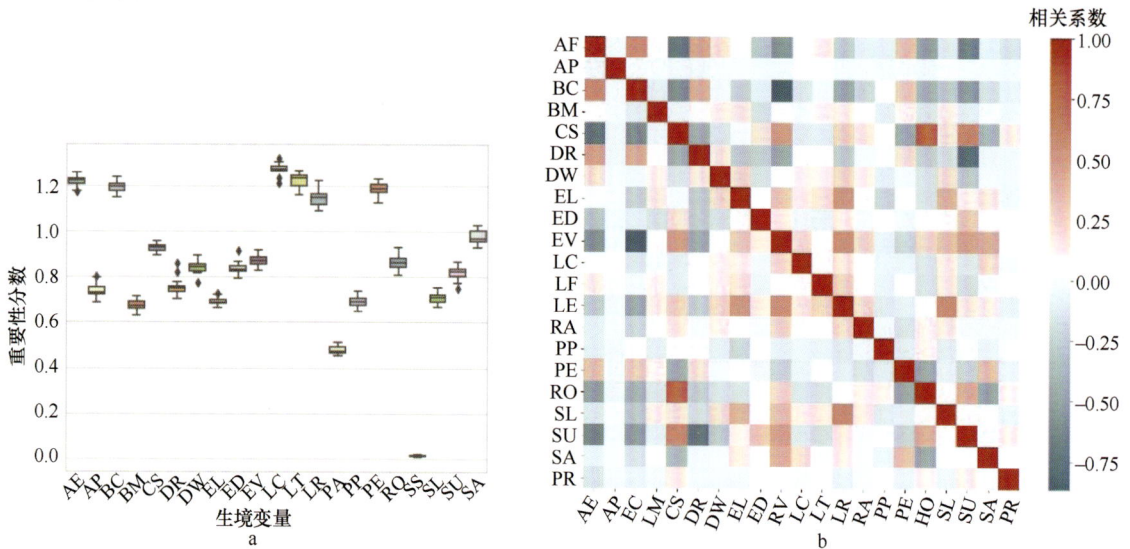

图 6-27 西黑冠长臂猿生境变量

a. 生境变量的重要性；b. 生境变量之间的相关性

3. 生境敏感性和适宜性

模拟结果表明，10 个核心栖息地位于适合西黑冠长臂猿的区域（图 6-28）。绿色区域是最适合西黑冠长臂猿的栖息地，而橙色和黄色区域为中等适合栖息地，红色区域为不适合。其他模型预测的已知栖息

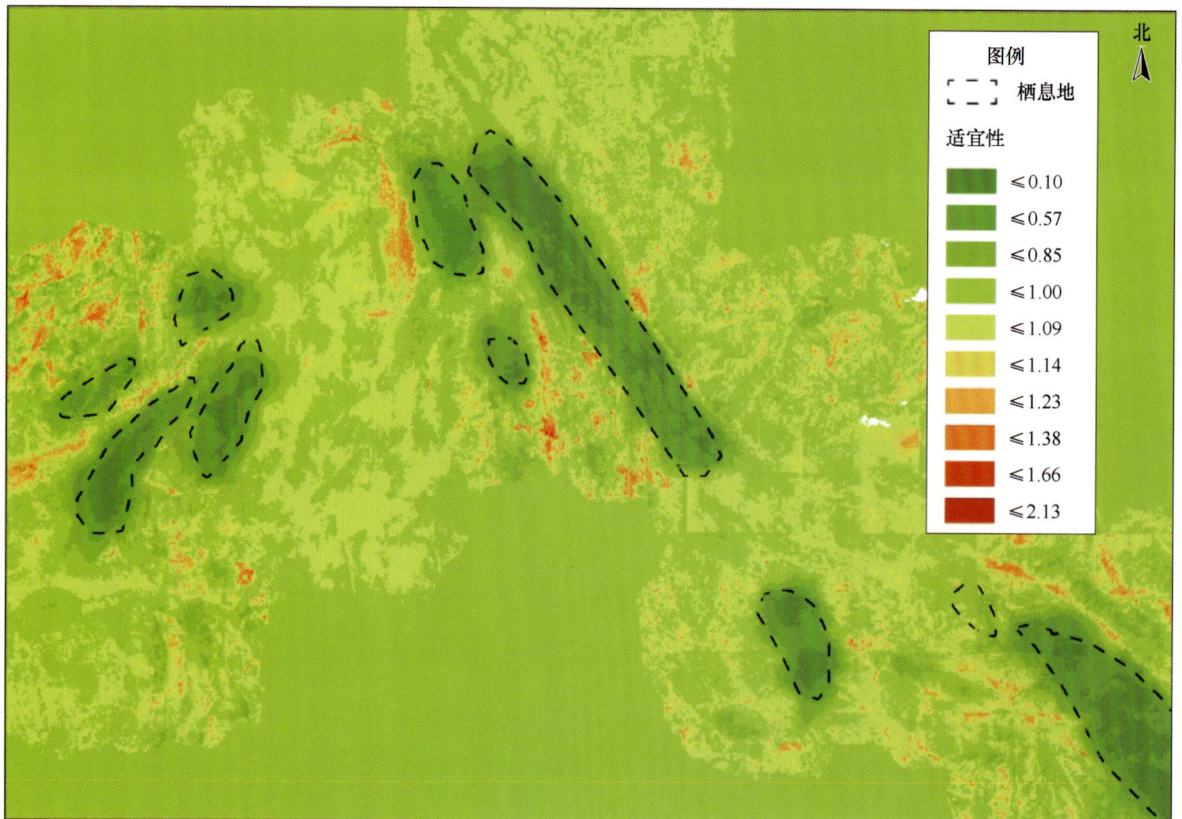

图 6-28 西黑冠长臂猿的生境适宜性

地以外的一些地区的栖息地适宜性很高，但 EBKR 认为已知栖息地是最适宜的，因此，它无法预测离已知栖息地太远的区域。

由于森林砍伐和人类活动，大部分栖息地之间的栖息地处于中低水平，这阻碍了动物的流动。通过计算推断：廊道可以使动物在破碎的栖息地间的移动性增加 39.49%。

我们还对气候变化和人类活动影响下的生境和粮食安全进行了敏感性分析（图 6-29）。水果是西黑冠长臂猿饮食中最常食用的食物，其次是树叶、鲜花等（Ning et al.，2019）。因此，我们使用生物量数据来表示粮食安全等级。在全球气候变化的背景下，将气候和人类活动的参数分为适宜、中等和不适宜 3 个水平，以评估不同情景下生境（适宜性阻力）和粮食安全（生物量）的反馈。当等级从适宜更改为中等时，参数的两个适宜性阻力都将显著增加。当等级从中等变化到不适宜时，适宜性阻力的上升要小得多。

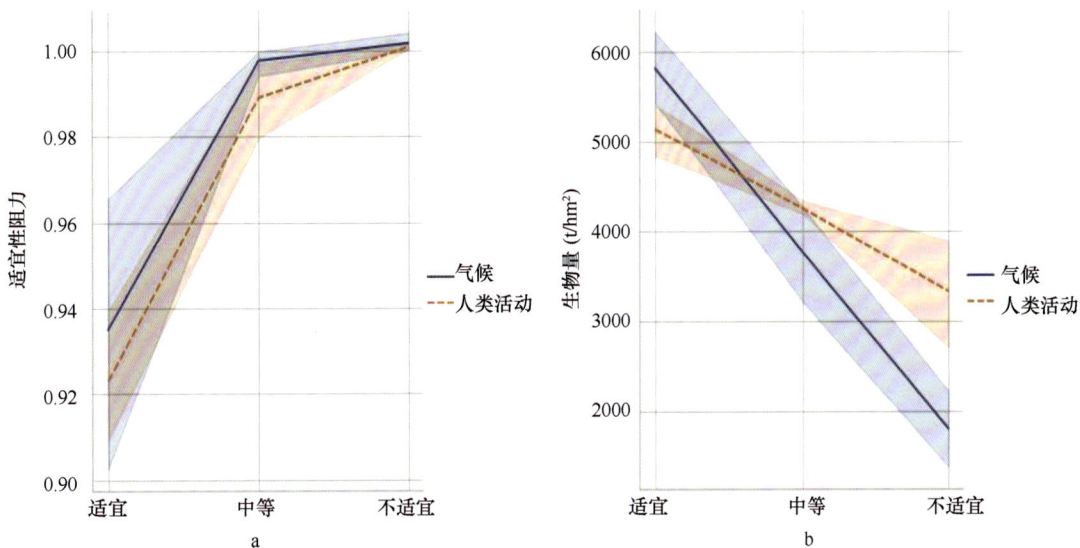

图 6-29　生境和粮食安全对气候与人类活动变化的敏感性

与生境不同，粮食安全随着气候变化和人类活动呈线性下降趋势（图 6-29b），其中气候的影响更大。

二、茶马古道路线空间格局特征模拟

茶马古道与南方丝绸之路一样，在中国西南地区政治、经济和文化的发展中发挥了重要的作用。作为滇藏川大三角地区的交通大动脉，起到了文明与文化的传播、商品交换、民族迁徙等重要作用（李刚和李薇，2011）（图 6-30）。

茶马古道包括川藏道、滇藏道和青藏道 3 条主干道及诸多支道，将滇藏川地区紧密地联系在一起（彭玉娟和尹雯，2012）。滇藏茶马古道为从普洱茶原产地经景东、大理、丽江、香格里拉、德钦至西藏昌都地区的路段，是滇藏之间进行茶叶、盐、布、虫草等货物交换的贸易通道，同时也是文化交流的黄金纽带。而云南是滇藏道的中心区域。

明、清是滇藏茶马古道发展的重要时期，这主要得益于元代以来官方驿道的开辟、商业重镇的辐射效应和普洱茶的兴盛。云南纳入中国版图后，为了利于通达边情，元朝在云南地区广设站赤。明、清承元制，在元代的基础上继续巩固和扩展。滇藏茶马古道便是以官方驿道为基础进行扩展的。驿道开辟后，不仅有助于官方信息的通畅，也为沿途地区经济、文化的交流互动提供了便利（彭玉娟和尹雯，2012）。

商贸点通常与马帮、商旅的聚集地、落脚点是契合的，在长期的市场需求下，逐渐形成了人口聚集的商业城镇。明、清时期大理、丽江等商业城镇的兴起是促进滇藏茶马古道繁荣的重要因素（颜学珍，2020）。以普洱茶为代表的云南茶在明代逐渐成为滇藏贸易的主体（李娅玲，2009）。

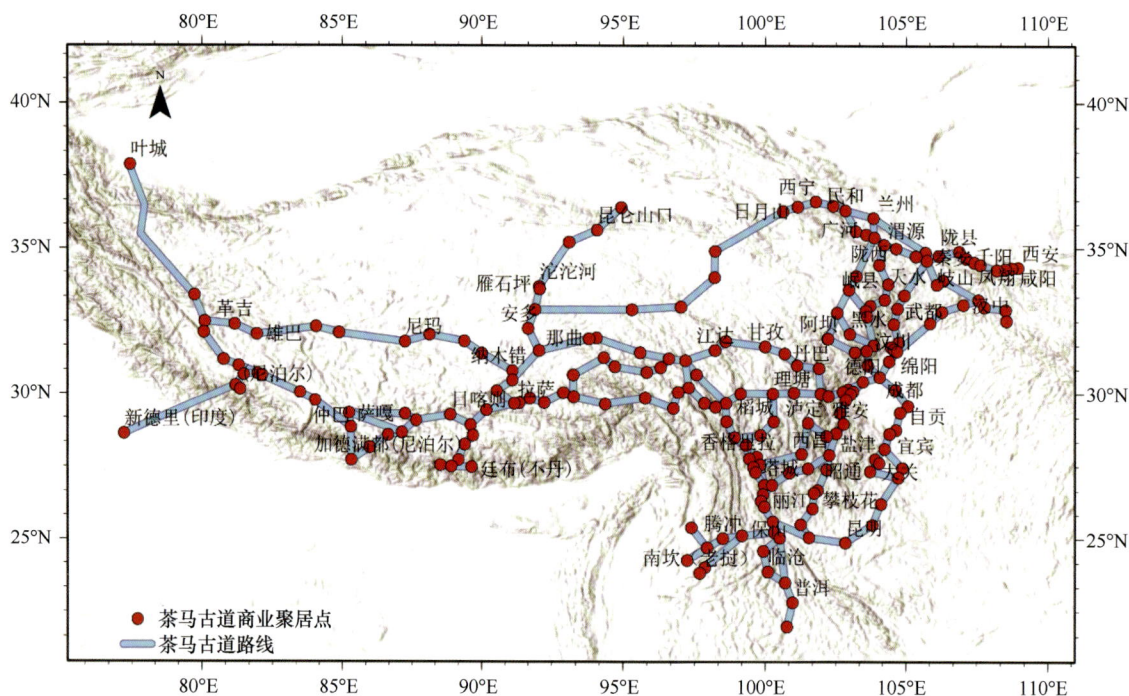

图 6-30　茶马古道路线图

滇藏茶马古道，被誉为世界历史上海拔最高、路途最为艰险、最富神秘感的古道（颜学珍，2020）。由于交通网络的发展和演变，以及现代化建设的冲击，生态的破坏与文化的衰落导致了茶马古道的破败和衰落，随着人们文化保护意识的提高，历史文化遗产保护受到国内外的高度关注及重视，目前茶马古道保护和开发已经成为一个热点，但国内对线性、跨区域型文化遗产的系统性保护的研究较少，有关云南茶马古道的保护研究多停留在战略的层面上，多以个案研究为主，尚未对整体路线进行系统的研究（Li et al.，2020）。

本研究采用最小成本路径模型，来识别茶马古道沿线的文化遗产廊道。考虑地形、森林 LUCC[土地利用（land use）/土地覆盖变化（land cover change），简称 LUCC]以及与道路的距离等层次因素，探讨这些廊道是如何通过多维网络连接起来的。理论成果引导实践，再从实践中总结和深化理论，形成一套具有可操作性的、系统完整的"茶马古道"廊道的保护方法，以为推动各类自然景观和文化遗产的保护提供参考（王聪聪，2015）。

（一）研究案例

1. 研究区概况

云南位于西南地区，介于 21°8′N～29°15′N，97°31′E～106°11′E，东部与贵州、广西为邻，北部与四川相连，西北部紧依西藏，西部与缅甸接壤，南部和老挝、越南毗邻，元代以前，历代统治者看重云南作为内地与邻邦交往门户的作用，主要表现在高度重视蜀身（yuān）毒（dú）道、交趾道两条国际交通线的安全。自元代起，中央王朝更重视云南的战略地位和资源开发利用价值，在巩固王朝的边疆和参与全国的经济活动等方面，云南均凸显其所具有的重要的地位和作用。元代以前，历代统治者经营云南的重点，主要是郡县治地和达外的交通线。元明清三朝，则对云南的战略地位、云南与邻省间的交通线、云南与邻省毗连地带管辖权的划分等更为重视，云南与祖国其他地区的血肉联系，因此也得到巩固和加强。

本研究对象是茶马古道滇藏线的云南段，研究范围包括西藏东南部和云南的迪庆、怒江、丽江、大理、普洱及西双版纳。

滇藏茶马古道路线的梳理以大理为节点来划分滇藏茶马古道的功能区，大理以南为主要的产茶区，大理及其以北地区为主要的中转和贸易区。大理作为中转地起到了承上启下的作用，因地形、气候、民族、语言等综合因素，西双版纳、普洱等产茶地的马帮到达大理，然后转由白族、纳西族、藏族的马帮继续北上，深入到西藏地区进行销售（方铁，2011）。

2. 数据源

在这项研究中，我们从实地考察、遥感图像和参考文献中收集了多源数据集，这些数据集经过处理后，用于茶马古道线路模型的构建。地形数据主要来源于全球大陆范围内的高程数据集（the global multi-resolution terrain elevation data，GMTED），土地利用、土地覆被数据以及社会经济数据来源于中国科学院资源环境科学数据中心，道路和居民点数据来源于 Open Street Map，以上多项研究数据经由研究者综合整理而得，其他数据均来自法定部门或权威数据平台发布，因而数据具有客观性和可靠性。

（二）茶马古道线路人类活动聚集地仿真模型

1. 确定仿真模型框架

中国古代城市选址原则可以概括为以下数个方面：适中的地理位置，即择中原则；可持续发展因素，即"度地卜食，体国经野"的原则；自然景观及生态因素，即"国必依山川"的原则；设险防卫的需要；水源及交通问题，即往往选择水陆交通要冲建设城市，城市选址非常强调交通线对区域经济发展的决定性作用（曹润敏和曹峰，2004）。茶马古道是世界上海拔最高的中国古文明传播国际通道，在历史上一直是西南地区经济文化交流的大动脉，是云南经南亚、东南亚抵达西藏的国际大通道，在云南的历史发展中一直扮演着重要的角色（颜学珍，2020）。现今遗址如图 6-31 所示。

图 6-31　茶马古道遗址

千百年来，茶叶在人背畜驮、历尽千辛万苦的情况下运往藏区各地。云南茶马古道作为一个载体，承载着丰富的文化内涵。它是一条商贸之路、经济命脉，无论是以茶易马，还是以物易物，内地与藏区由此相通。

模型模拟的关键步骤之一是确定哪些变量对茶马古道形成具有影响作用。其中地形、土地覆被和道路距离是 3 项主要影响因素，从数字高程模型（digital elevation model，DEM）中可以看出，茶马古道所穿越的青藏高原东缘横断山脉地区是世界上地形最复杂、最独特的高山峡谷地区，其崎岖险峻和通行之艰难亦为世人所罕见；土地覆被是指自然营造物和人工建筑物所覆盖的地表诸要素的综合体，包括地表植被、土壤、冰川、湖泊、沼泽、湿地及各种建筑物（如道路等），主要表现为土地质量与类型的变化和土地属性的转变，侧重于土地的自然属性。在滇藏茶马古道的运行中，出于安全和效率因素的考虑，地区零散性的马匹按照约定俗成的方式组织起来，形成规模少至几十匹多至上百匹马的马帮队伍，原始森林中，野兽较多、安全性较差，以致人类受制于森林覆被。图 6-32 给出了茶马古道线路仿真模型的基本框架，根据高程、道路、土地覆被及坡度这些影响因子进行了统计分类获得相应的等级参数，通过加权求和获得阻力面，进而通过成本联系性模拟茶马古道主干道及分支干道。

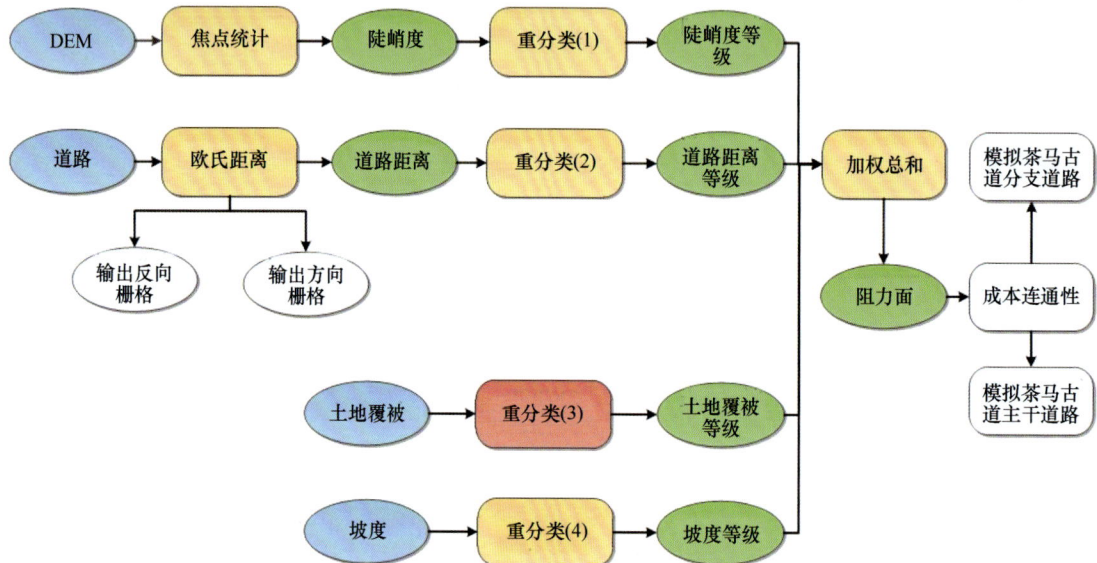

图 6-32　茶马古道线路仿真模型框架

2. 最小成本路径模型

1）节点选择

人类商业活动聚集地将作为茶马古道线路仿真模型的"源"，聚集地的选择是生成线路必不可少的步骤（郭纪光等，2009）。在商品经济不发达的年代和地区，人们在一定的区域范围内定期聚集在某固定的场所，进行生活用品、农产品等商品的交易活动，故而形成集市，集市是普遍存在的一种贸易组织形式。

随着集市这种商品交易活动形式的不断延续和发展，才产生了集镇，集镇是由地方政府确立的固定区域内经济、政治、文化、社会等的活动中心。集镇所具有的商品交易功能决定了其所处的地理位置一般具有较为便利的交通条件，以及相对优越的地形条件。所以交通的发展对一个集镇、城镇的形成具有极大的推动作用。茶马古道是一条商贸通道，城镇形成和规模的扩大也会有助于茶马古道的连缀、拓展和完善。茶马古道就是一条由一个又一个集镇所串联起来的经济、文化交流带，集镇不仅仅是茶马古道的交通节点，同时也是这条文化带上诸多民族进行经济、文化交流的平台。

2）阻力值确定

为寻找两个人类商业聚集节点之间的最优路径，需要为节点间所有影响因素赋予阻力值（郭纪光等，2009）。阻力值的大小通常根据人类活动在不同土地利用类型中行走或穿行的促进或阻碍程度加以确定。然后通过成本模型对预设阻力值集合加以验证、确定。

3）阻力影响因子

（1）云南土地覆被因子

云南林地最多，林地面积约 250 885km²，占比 64.33%；其次为耕地（约 55 531km²），占比 14.23%；此外，草地和其他农用地占比分别为 0.35% 和 4.65%。就"源"中人类聚居点之间的连接程度，即通过土地覆盖的难易程度来说，人类马匹的商业活动不易在湿地、沼泽中进行，同时古时森林中野兽较多、危险性较大，不利于人类聚居点的形成；灌木、草地则适宜人类聚居点的建设（图 6-33）。

北

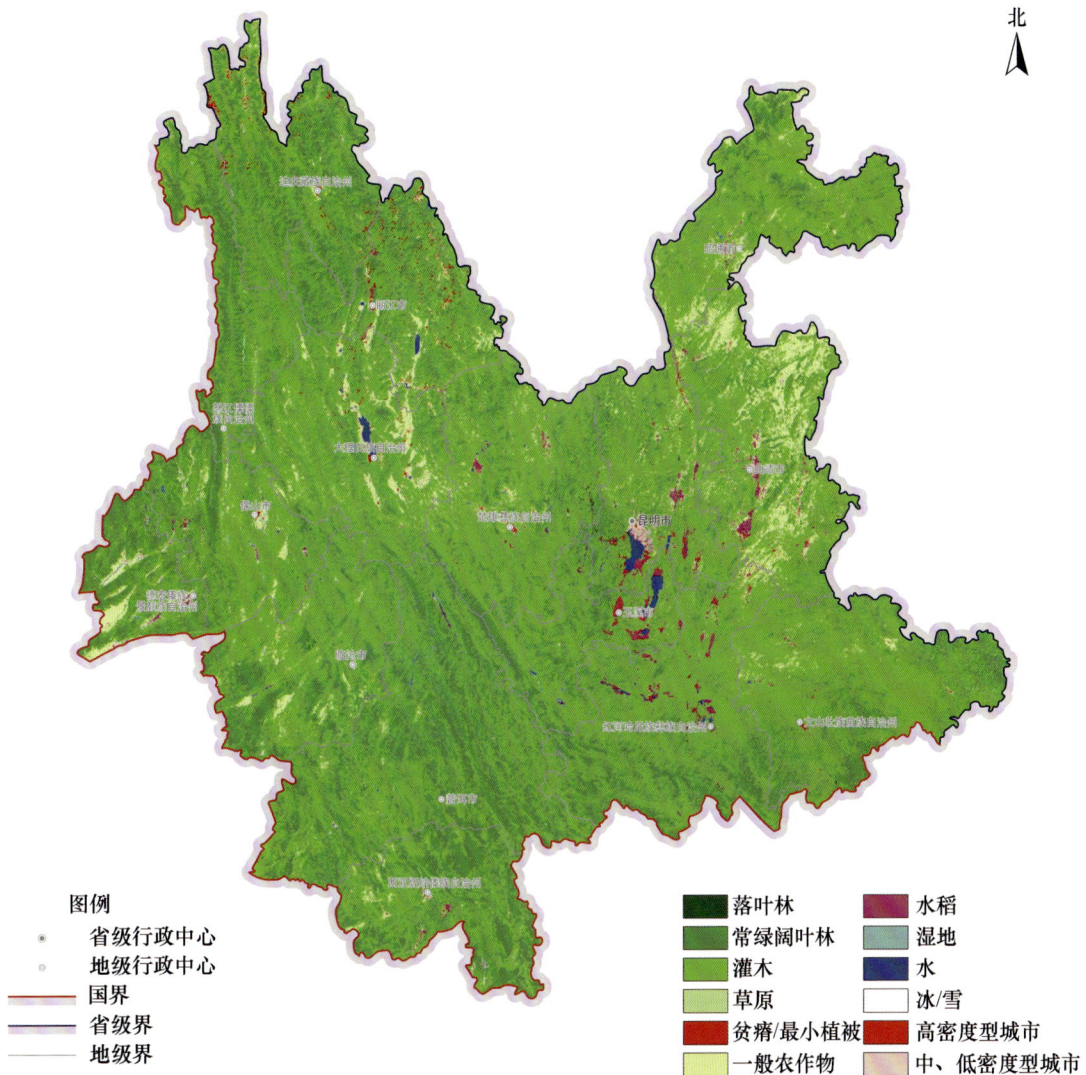

图例
* 省级行政中心
* 地级行政中心
—— 国界
—— 省级界
—— 地级界

落叶林　　　水稻
常绿阔叶林　湿地
灌木　　　　水
草原　　　　冰/雪
贫瘠/最小植被　高密度型城市
一般农作物　中、低密度型城市

图 6-33　云南土地覆被因子图

　　茶马古道线路中云南土地覆被研究的阻力值设定方法：设定草原、灌木/灌丛等的阻力值为低值（1），其次为稻田和一般农作物等；而湿地等则被赋予较高的阻力值（3），尤其是冰雪道路，因为人和马行动攀爬能力较弱，不会选择此种类型的道路。此外，由于人、马拥有一定的涉水能力，可以穿越较窄的河流，因此细小河道仍被赋予较低的阻力值。每种土地覆被因子的阻力值大小见表 6-6。

　　（2）云南数字高程模型（DEM）因子

　　云南地形高差较大，尤其是云南中部和东部的云南高原，海拔相差 6000m，云南地势西北高东南低，海拔差异常悬殊。地形以元江谷地和云岭山脉南段宽谷为界，分为东西两部分。

　　东部为滇东、滇中高原，地形小波状起伏，平均海拔 2000m，表现为起伏和缓的低山和浑圆丘陵，发育着各种类型的喀斯特地形。西部为横断山脉纵谷区，高山深谷相间，相对高差较大，地势险峻，西南部海拔一般在 1500～2200m，西北部一般在 3000～4000m。西南部只有到了边境地区，地势才渐趋和缓，这里河谷开阔，一般海拔在 800～1000m，个别地区下降至 500m 以下，形成了云南的主要热带、亚热带地区，不同的高程对人类商业活动聚集地之间的连接具有不同的阻力作用，表现为不同的阻力系数。阻力值是通过专家打分获得的（图 6-34，表 6-7）。

　　（3）地形坡度因子

　　云南位于我国地势三级阶梯中的第一地势阶梯与第二地势阶梯过渡带上，地势北高南低，平均海拔

表 6-6 土地覆被因子分级与赋值

编号	名称	阻力值
1	落叶林	1
2	常绿森林	1
3	灌木/灌丛	1
4	草原	1
5	极少的植被	2
6	一般农作物	2
7	稻田	2
8	湿地	3
9	红树林	2
10	水	2
11	冰雪	3
12	湿地	1
13	混交林	1
14	高密度城市	3
15	中低密度城市	3

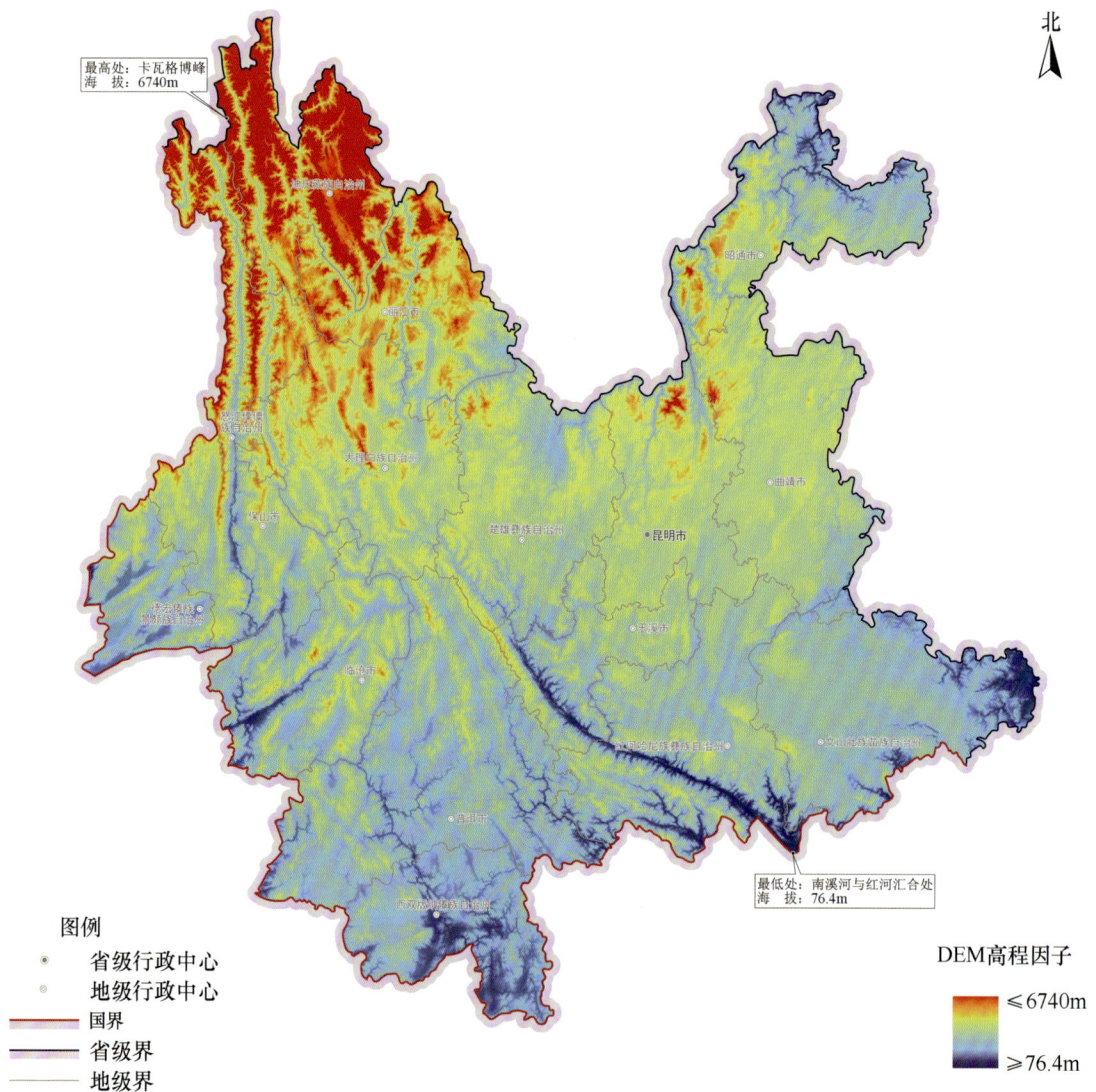

图 6-34 云南 DEM 因子图

表 6-7　陡峭度阻力因子分级与赋值

范围（m）	阻力值
0～1 060.333 33	1
1 060.333 33～2 120.666 667	2
2 120.666 667～3181	3

2000m，山地占全省总面积 94%。东南部为滇东、滇中高原，西北部为横断山脉纵谷区，高山峡谷相间。地形起伏较大，所以在模型构建中应考虑坡度因子的影响。

坡度越大阻力值越大。由云南地形坡度因子图（图 6-35）可以看出，随着颜色的加深坡度变大，云南中部、西北部为高原，坡度尤其大，东部地区地势平缓，坡度较小，因此阻力值相对较小（表 6-8）。

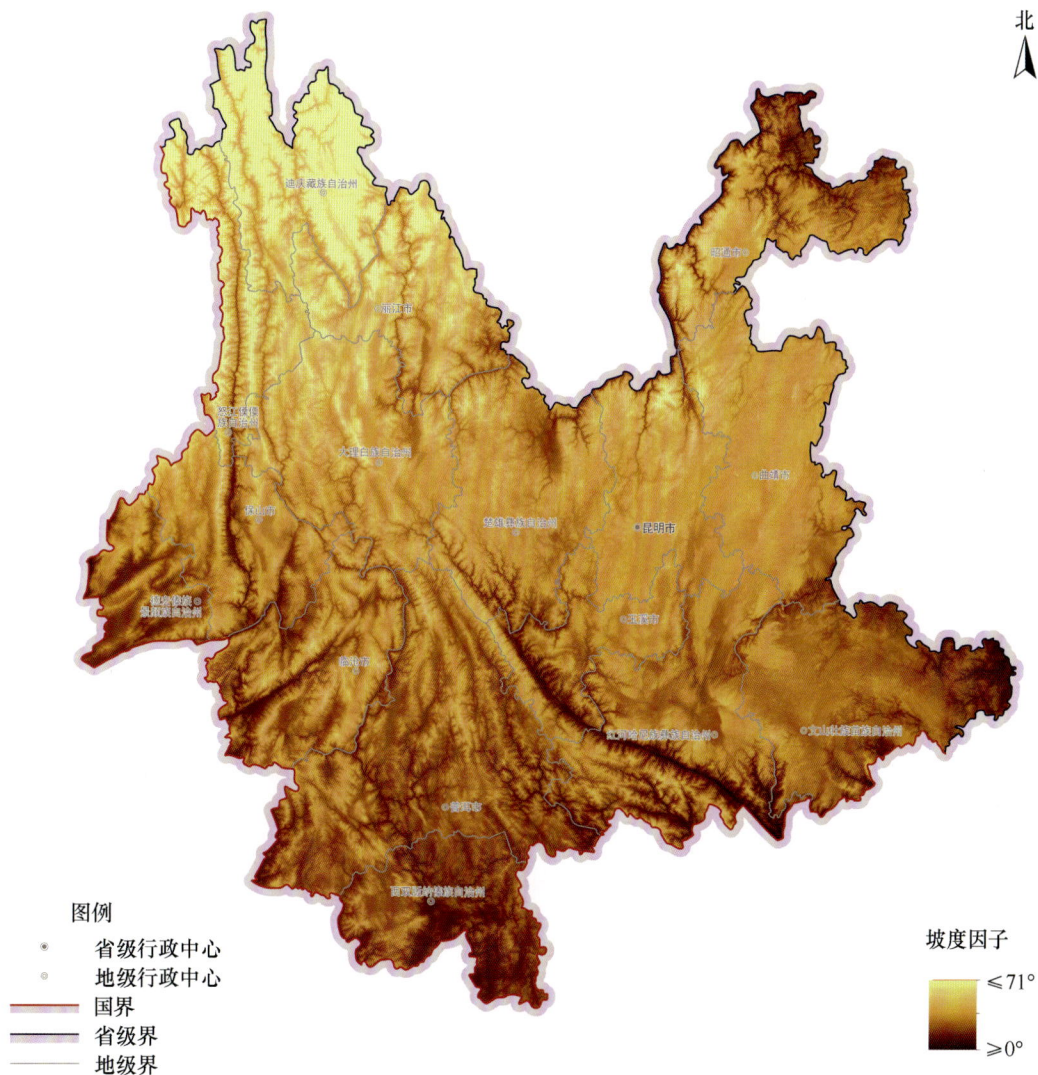

图 6-35　云南地形坡度因子图

表 6-8　地形坡度因子分级与赋值

坡度值（度）	阻力值
0～10	1
10～30	2
30～90	3

（4）至道路距离因子

由至道路距离因子图（图 6-36）可以看出，云南是一个公路运输大省，公路承载了 90%以上的运输量，截至 2016 年底，公路通车总里程达到 23.8×10⁴km。其中，普通国省干线公路里程为 38 325km，国道 15 194km，省道 23 131km。模型构建中应考虑至道路距离的影响。至道路距离越近，阻力值越小，与之相反，至道路距离越远，阻力值越大（表 6-9）。

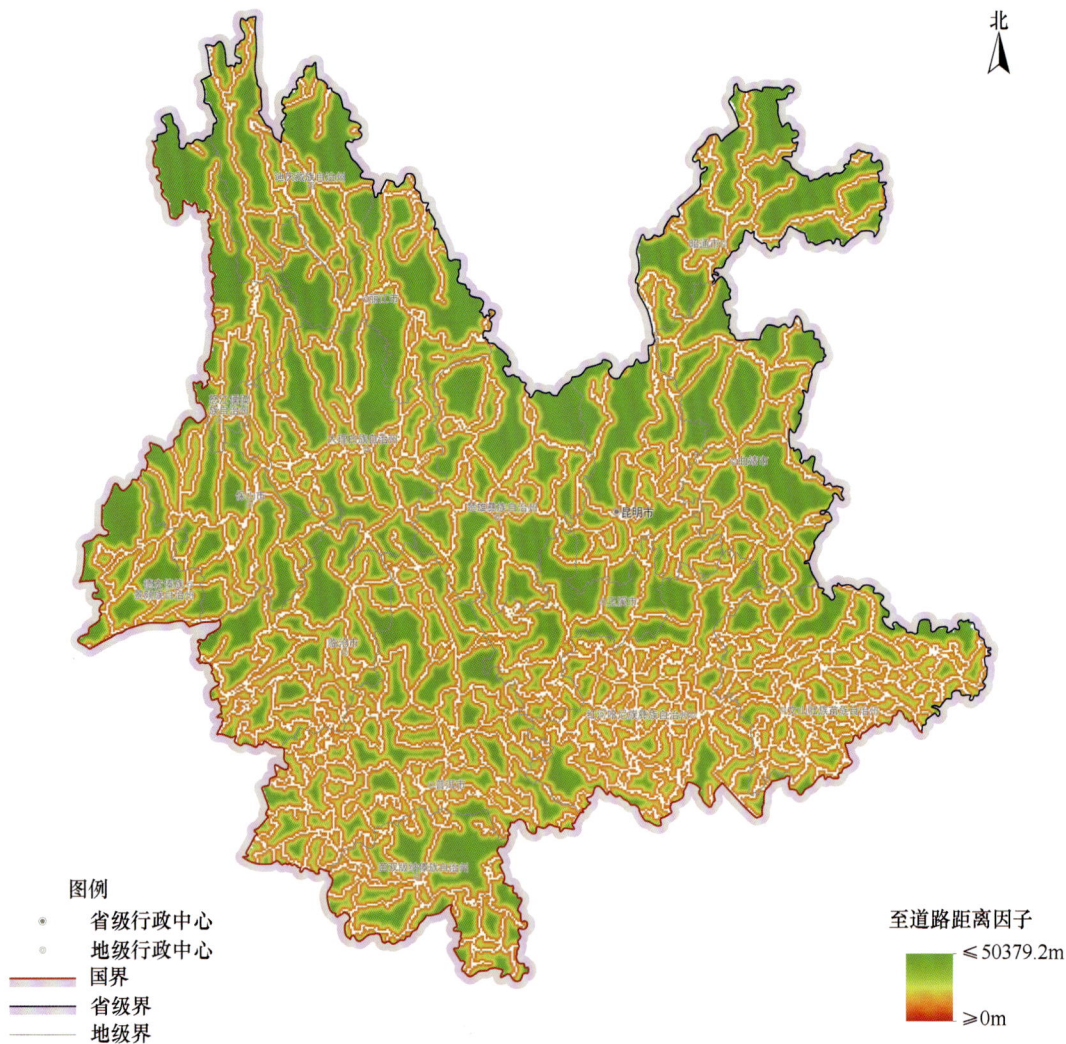

北

图例
⊛ 省级行政中心
⊙ 地级行政中心
── 国界
── 省级界
── 地级界

至道路距离因子
≤50379.2m

≥0m

图 6-36　至道路距离因子图

表 6-9　道路距离因子分级与赋值

范围（m）	阻力值
0～591 507.083 333	1
591 507.083 333～1 183 014.166 667	2
1 183 014.166 667～1 774 521.25	3

4）最优路径选择

以下公式表示通过比较目标种在陌生环境中的真实路径与景观中成本值的分布统计结果来选取最优阻力值集合，表达了对预设的阻力值集合优劣的比较。

$$\pi = f(土地利用，地形，生活习性等)$$

$$z = \left(\pi_{节点} - \overline{\pi} \right) \Big/ \left(\pi_{节点同圆周} - \overline{\pi} \right)^2$$

式中，z 为节点栅格的阻力值，π 为节点的耗费值，$\pi_{节点}$ 为节点的阻力值，$\overline{\pi}$ 为所有节点阻力值的平均值，$\pi_{节点同圆周}$ 是整个圆周距离相同点的阻力值。

阻力系数确定之后即可为对应的土地利用类型赋予阻力值，得到相应的耗费阻力表面，通过最小耗费模型得到两个商业聚居地之间的最优路径。

$$最优路径 = \min \pi = min \sum \left(D_{ij} \times \pi_i \right) (i = 1, 2, \cdots, n; \ j = 1, 2, \cdots, m)$$

式中，D_{ij} 为从源到汇所经过栅格的数量；π_i 为栅格类型 i 的阻力值。

茶马古道路线仿真模拟的关键步骤是确定阻力最小的路径。阻力是描述人类通过环境的意愿指标（郭纪光等，2009）。

在通过环境的过程中，环境阻力低，意味着人和马通过道路消耗的能量和时间较低，以至于死亡率较低，所以从此区域通过的可能性较大。阻力指数可以近似为电阻指标，即道路状况越好，经过的阻力越低，人类通过该区域的可能性就越大。

（三）结果

生态廊道的模型结果

通过图 6-37 可以看出，目前云南茶马古道商业聚居地数量多达 41 处，在茶马古道中处于十分重要的

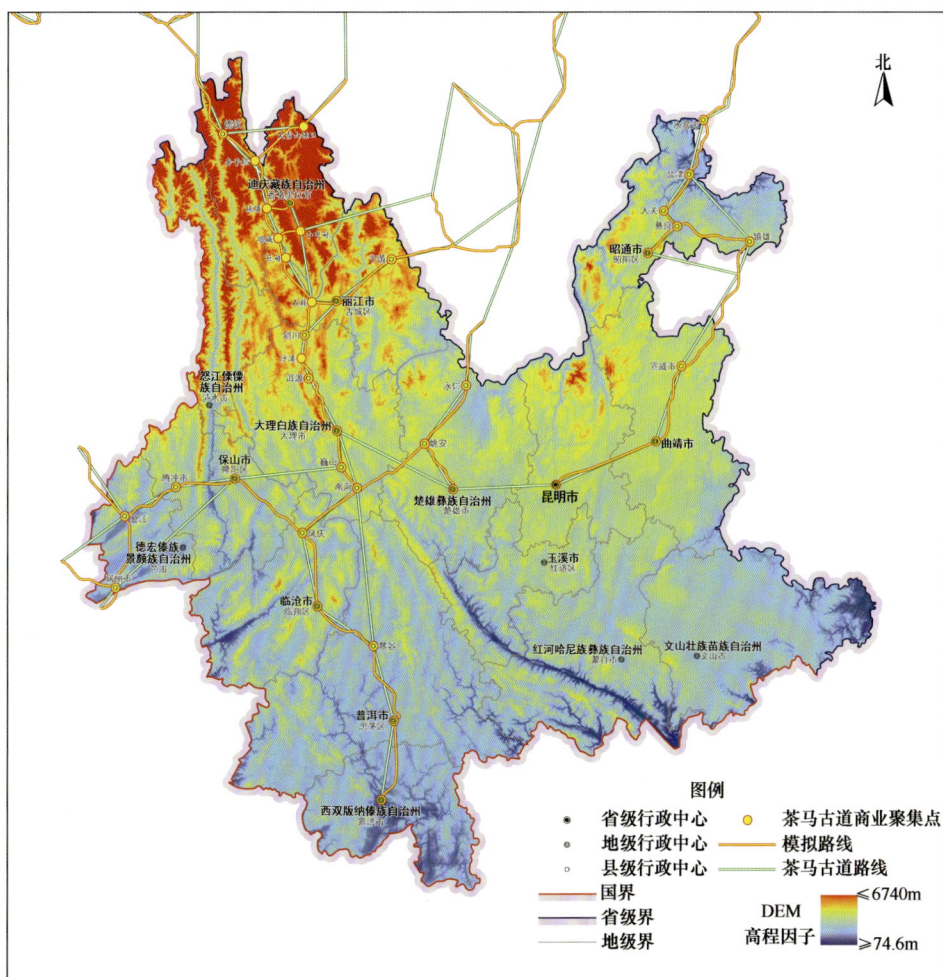

图 6-37　茶马古道线路仿真结果

位置。主要分为 5 条线路，其中最长一条从南部景洪-普洱-临沧-南涧-大理-石鼓-奔子栏到达最北部德钦，通往青藏高原，东西方向由东北的盐津，经昭通-宣威-曲靖-昆明-楚雄，到达大理，在云南茶马古道的模拟路径中宣威-赫章的线路最长，为 143km。通过最小成本路径方法，模拟出的路线与实际路线大致重合，地处哀牢山-无量山附近的茶马古道路线也被较为准确地模拟出来了。

通过路线统计，获得表 6-10，可见路径成本与距离呈正相关，随着距离的增大，路径成本不断增加，其中宣威-赫章的路径成本最大，为 152 460.125。通过统计，距离超过 100 公里的线路有 8 段，分别是宣威-赫章（142.602km）、曲靖-昆明（138.889km）、盈江-密支那（缅甸）（113.591km）、凤庆-保山（111.803km）、景洪-普洱（108.864km）、曲靖-宣威（107.076km）、南涧-姚安（104.764km）和镇雄-彝良（100.037km）。

表 6-10 云南地区茶马古道模拟路线

编号	模拟路线	路径成本	距离（km）
89	曲靖-昆明	143 818.156 25	138.889
210	曲靖-宣威	117 731.968 75	107.076
535	宣威-赫章	152 460.125	142.602
156	赫章-镇雄	47 763.664 063	46.801
125	镇雄-彝良	100 037.625	100.037
40	彝良-昭通	57 730.109 375	53.646
124	彝良-大关	23 702.537 109	23.702
191	大关-盐津	61 346.363 281	61.346
69	盐津-水富	83 098.109 375	77.406
211	景洪-普洱	111 669.531 25	108.864
197	普洱-景谷	94 730.015 625	92.805
44	景谷-临沧	91 717.617 188	88.431
43	临沧-凤庆	95 157.007 813	93.795
42	凤庆-保山	119 173.203 125	111.803
41	保山-腾冲	84 103.054 688	79.854
196	腾冲-盈江	81 227.453 125	77.542
1	盈江-密支那（缅甸）	119 600.195 313	113.591
90	盈江-瑞丽	101 034.273 438	95.060
92	瑞丽-南坎（缅甸）	39 947.339 844	32.529
91	瑞丽-八莫（缅甸）	82 451.757 813	80.128
88	凤庆-南涧	89 530.867 188	88.568
86	南涧-姚安	106 407.859 375	104.764
195	楚雄-姚安	72 579.609 375	70.173
13	永仁-姚安	90 590.039 063	87.304
12	永仁-攀枝花	69 281.882 813	67.838
87	南涧-巍山	34 708.125	32.666
159	巍山-大理	52 191.398 438	49.386
158	大理-洱源	88 562.554 688	77.873
194	洱源-沙溪	32 213.580 078	29.807
127	沙溪-剑川	30 701.513 672	29.340
126	石鼓-剑川	45 701.976 563	44.739
84	石鼓-丽江	39 013.226 563	31.595
83	丽江-宁蒗	95 669.992 188	91.620
155	宁蒗-盐源	83 209.007 813	80.321

通过图 6-37 可见，实际路线与模拟路线中存在一定的差异，其主要原因包括两个。首先滇藏茶马古道的历史可追溯至唐朝时期，从唐宋"茶马互市"开始，滇藏茶马古道在滇、川、藏"大三角"

地区至今已运行千年。由于历史悠久，其间很多人类活动商业聚落以及道路已无法考证，从而对模型模拟的结果造成影响。其次，唐代以来，云南地区地质构造运动强烈，地震多发，地质活动的原因造成了地形变化巨大，由于古代地形资料难以获取，本研究采用 2010 年的数字高程数据进行模型的构建，以致误差增加。

第四节　拟建哀牢山-无量山国家公园潜在建成区生态环境脆弱性评估

生态环境脆弱性是指在特定区域条件下，生态环境受外力干扰所表现出的敏感反应和自我恢复能力，是生态系统的固有属性，具有区域性和客观性，是系统内部演替、自然因素和人类活动共同作用的结果（刘晓娜等，2020）。对拟建哀牢山-无量山国家公园潜在建设区进行生态环境脆弱性评估，不仅对保护国家公园区生态环境具有重要意义，而且对未来国家公园空间范围的界定、功能分区，以及资源合理利用与区域可持续发展也具有重要的理论和现实意义。

根据前期对拟建哀牢山-无量山国家公园的综合科学考察，初步计划在原有的哀牢山、无量山国家级自然保护区，双柏恐龙河、弥渡天生营、南涧凤凰山 3 个州级自然保护区，新平哀牢山县级自然保护区，灵宝山国家森林公园以及镇沅千家寨风景名胜区、双柏白竹山-鄂嘉风景名胜区、哀牢山-漫湾省级风景名胜区（景东彝族自治县部分）3 个风景名胜区的基础上合并组建新的哀牢山-无量山国家公园。涉及的建设区域为哀牢山和无量山周边的楚雄、景东、弥渡、南华、南涧、双柏、新平、镇沅 8 个地区（以下简称"拟建哀牢山-无量山国家公园潜在建设区"）。拟建哀牢山-无量山国家公园潜在建设区地处云贵高原、横断山脉和青藏高原东南缘三大地理区域的交汇区，区内自然景观和生物多样性极为丰富，特别是亚热带中山湿性常绿阔叶林具有极高的景观和生物多样性保护价值，但该区域也面临人为活动干扰强烈、自然环境脆弱等方面的制约。

一、生态环境脆弱性评价的数据与尺度

（一）数据的来源

地形数据主要来源于 GMTED，气象数据和土壤数据来源于国家青藏高原科学数据中心，土地利用、归一化植被指数及人口密度和 GDP 数据来源于中国科学院资源环境科学与数据中心，保护物种分布数据来源于文献调查，道路和居民点数据来源于网上地图协作计划（Open Street Map，OSM），具体数据来源见表 6-11。

表 6-11　数据名称及来源

数据名称	描述	来源
数字高程模型（DEM）	全球大陆范围内的高程数据集	美国地质调查局（United States Geological Survey，USGS）和美国国家地理空间情报局（National Geospatial-Intelligence Agency，NGA）
降水量、年积温、湿度	年均值、月均值、多年平均值	青藏高原数据中心、中国科学院资源环境科学与数据中心
土壤质地	砂粒、粉粒、黏粒、有机碳含量	国家地球系统科学数据中心
土地利用	中国土地利用数据集	中国科学院资源环境科学与数据中心
归一化植被指数（NDVI）	中国年度植被指数空间分布数据集	中国科学院资源环境科学与数据中心
人口密度和 GDP	中国人口空间分布和 GDP 空间分布公里网格数据集	中国科学院资源环境科学与数据中心
道路和居民点	道路和居民点分布数据	网上地图协作计划（Open Street Map，OSM）
植被净初级生产力（NPP）指数	全球陆地净初级生产力数据集	美国国家航空航天局（National Aeronautics and Space Administration，NASA）和美国地质调查局（United States Geological Survey，USGS）

（二）资料和数据的可行性与可靠性

保护动物种群分布数据来源于多项研究，经由研究者综合整理而得，其他数据均来自法定部门或权威数据平台发布，因而数据具有客观性和可靠性。

二、生态环境脆弱性评价的指标体系

拟建哀牢山-无量山国家公园潜在建设区生态环境脆弱性评价的指标体系，是根据区域生态脆弱性评估的概念模型并依据一定的原则构建的。

（一）生态脆弱性评价的概念模型

脆弱性函数模型评价法运用函数模型评估脆弱性要素、系统内结构和功能之间的关系。区域生态环境脆弱性评价方法根据工作的目的和侧重点不同而有所不同。经济合作与发展组织（OECD）和联合国环境规划署（UNEP）在加拿大研究人员 20 世纪 80 年代末提出的驱动力-状态-响应概念模型的框架基础上提出压力-状态-响应（PSR）模型（欧晓昆，2010）。Polsky 等（2007）提出的暴露-敏感-适应（VSD）模型，从"方面层-指标层-参数层" 3 个维度建立脆弱性评估模型。许多学者在 VSD 模型的基础上结合空间信息提出显式空间敏感脆弱性（SERV）模型及生态敏感性-生态恢复力-生态压力度（SPR）模型（杨飞等，2019）。

SPR 模型是基于生态系统稳定性的内涵而构建的，其模型结构体现了对生态环境脆弱性的综合评估，已在川西滇北农林牧交错带、自然灾害多发区、沂蒙山区等地区的脆弱性评价中有所应用（刘正佳等，2011；赵冬梅，2020），并取得了良好效果。因此，本研究以 SPR 模型为基本框架构建评价指标体系。

（二）评价指标体系的构建

评价指标体系的选择和构建是评价研究内容的基础与关键，直接影响到评价的精度和结果。指标体系应能够反映研究区域生态脆弱性的主要特征和基本状况。指标选择过少，难以全面、客观反映系统的状况；指标选择过多，不仅会增加评价的复杂程度和难度，而且容易掩盖关键因子。

因此，在评价时需要在遵循综合性、客观性、数据易获取性、可表征和可度量性的原则上选取合适数量的指标。

本研究遵循"脆弱性因素识别-指标构建-单因子评估-综合评估"的基本思路进行生态脆弱性评估，在结合文献资料及前期科学考察的基础上，识别拟建哀牢山-无量山国家公园潜在建设区生态环境脆弱性因素，以 SPR 模型为基本框架构建生态环境脆弱性评价指标体系。

生态环境脆弱性因素的识别是开展生态环境脆弱性评估的关键和基础。根据已有研究和实地野外考察，目前拟建哀牢山-无量山国家公园潜在建设区主要存在两个问题。

一是哀牢山-无量山潜在建设区内地势崎岖、山高谷深，容易发生水土流失、滑坡等地质灾害事件。特别是其中分布有大量的陡坡溪流生态系统，具有生命活动活跃但是生态系统高度敏感的特点，一旦发生破坏很难恢复。

二是该区域广泛分布的亚热带中山湿性常绿阔叶林是西黑冠长臂猿、蜂猴、豚尾猴等珍稀濒危动物的栖息地，但随着人口增长、工程建设、农业开发等的加剧，这些生物原有的栖息地正在被逐步蚕食，并导致栖息地的破碎化，这将对这些珍稀濒危动物带来毁灭性的影响。

三、生态环境脆弱性的现状评价

拟建哀牢山-无量山国家公园潜在建设区生态环境脆弱性评价分为限定因子评价和分级因子评

价。限定因子评价主要考虑海拔、坡度、重要生态系统的分布。分级因子则包括极端干旱、水土流失、地质灾害、生态环境 4 个方面的敏感性评价。在生态环境脆弱性单因子评价的基础上，通过空间叠加，并结合限定因子，实现对生态环境脆弱性的综合评价。将生态环境区划分为极度、高度、中度、低度、微度 5 个等级（图 6-38）。

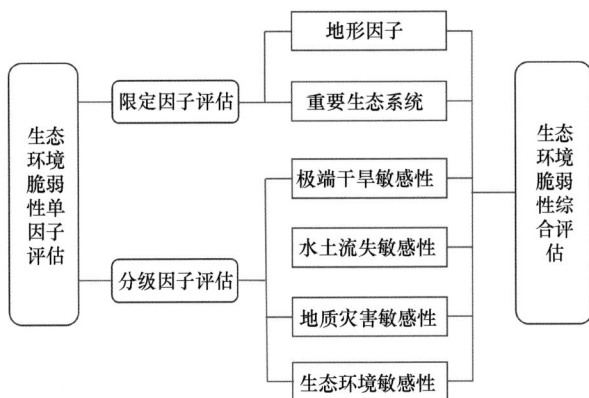

图 6-38　哀牢山-无量山生态环境脆弱性评估模型框架

（一）限定因子评价

鉴于哀牢山-无量山区域 3000m 以上是高山灌丛和草甸，一旦破坏极难恢复，若未来国家公园在海拔大于 3000m 的地区开展旅游或其他公益活动将会对生态环境造成很大的压力，因此，将海拔 3000m 以上作为限制因子，禁止任何开发建设和旅游活动。

坡度在大于 25° 的情况下，容易发生滑坡，开垦后容易造成水土流失。《公园设计规范》（GB 51192—2016），以景观与游客活动为切入点，供游客游憩的区域坡度应小于 15°。综合来看，将坡度大于 15° 作为生态环境脆弱性分区的限制性因子。

国家公园最重要的功能之一是保护生态系统的原真性和完整性，生活有西黑冠长臂猿、蜂猴、豚尾猴的生态系统往往是受人类干扰较少、生态系统原真性和完整性较高的区域。

在无量山，西黑冠长臂猿主要栖息在海拔 1800～2790m 的半湿润常绿阔叶林和中山湿性常绿阔叶林中，西黑冠长臂猿栖息地乔木种类可达 57 种，丰富的植物多样性为动物提供了丰富的生境。因此，西黑冠长臂猿的栖息地常常是其他珍稀动物的栖息地，西黑冠长臂猿也常被认为是亚热带森林生态系统的指示物种。西黑冠长臂猿种群数量和分布与栖息地状况、人为干扰及生境破碎化程度息息相关。

目前，西黑冠长臂猿的生存环境受到了严峻挑战，其主要分布点如图 6-39 所示。刘熙（2014）对 SPOT6 卫星影像进行解译，绘制了无量山地表覆盖植被类型图。其研究结果表明，整个无量山西黑冠长臂猿最主要的生境利用植被类型（中山湿性常绿阔叶林、半湿润常绿阔叶林）共有 357.48km²，其中有 24.08% 处于片段化状态，5.41% 处于严重破碎化状态，西黑冠长臂猿重要的迁移通道（近山顶苔藓矮林）面积仅为 68.55km²。通过保护西黑冠长臂猿的栖息地，不仅可以保护生态系统的原真性和完整性，还可以保护生物多样性，促进珍稀保护动物群的扩大，拟将这些区域作为生物多样性保护的高度脆弱区，限制人类开发建设和旅游活动。

限定因子评价结果如图 6-40 所示，限定因子分布区呈现较为集中的分布趋势，主要分布于哀牢山南段与无量山山区，总面积 1971km²，占潜在建设区面积的 7.38%。其中景东面积 595.48km²，新平面积 520km²，两县限定因子分布区面积占总限制因子分布区面积的 56.59%。坡度、海拔和重要保护物种栖息地的分布具有相似性，即坡度、海拔的限定因子分布区同时是保护物种栖息地。

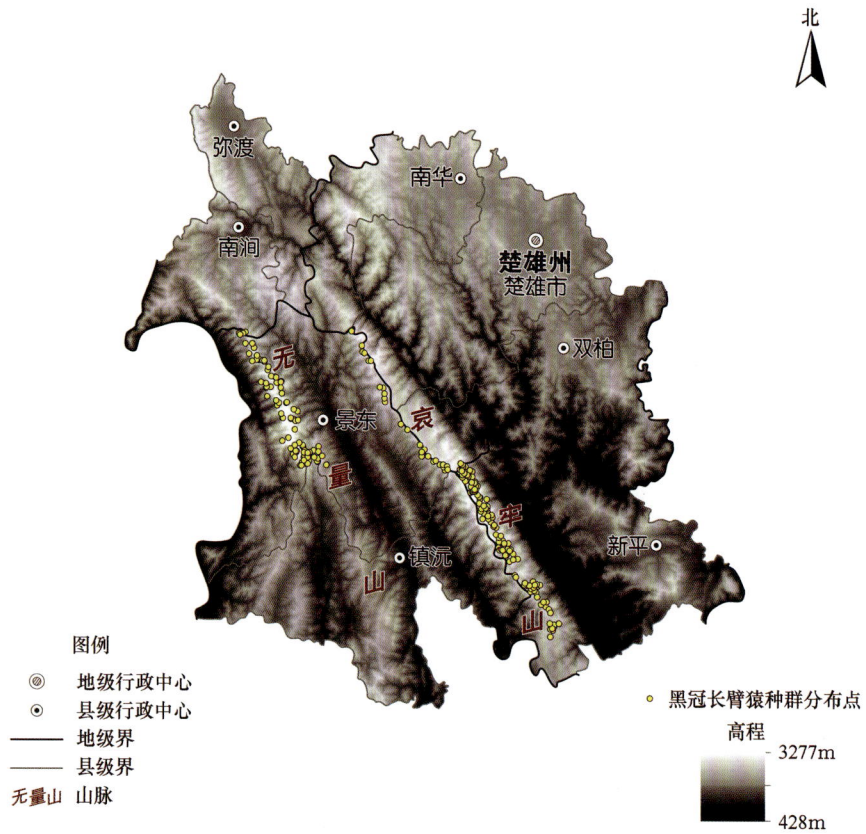

图 6-39　哀牢山-无量山潜在建设区西黑冠长臂猿种群分布点

（Jiang et al., 2006；李永昌和陆玉云, 2010；罗文寿等, 2007；李国松等, 2011）

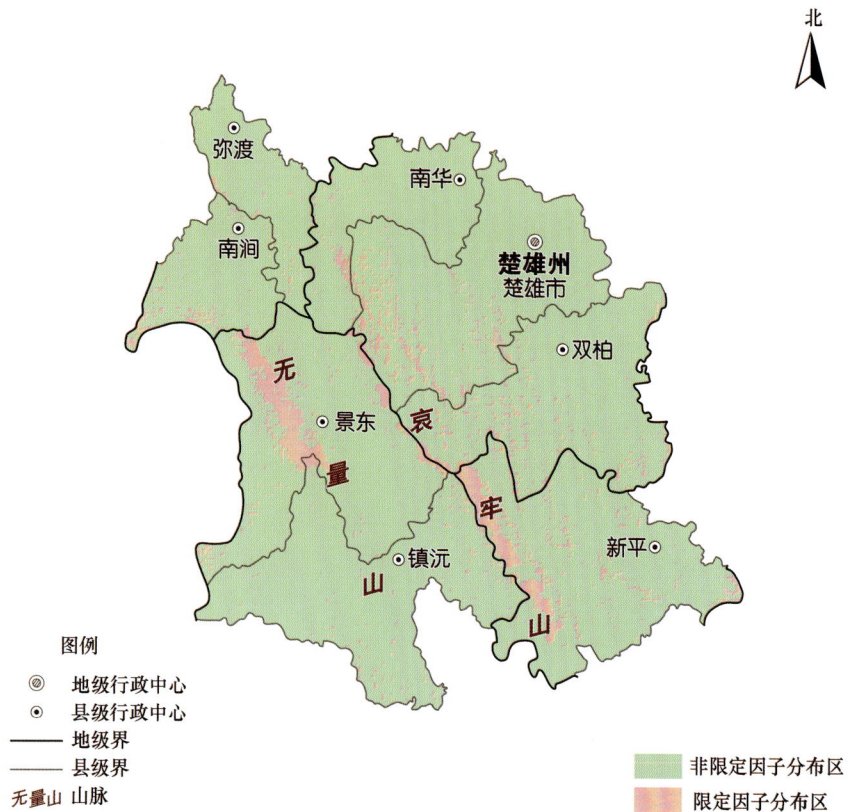

图 6-40　拟建哀牢山-无量山国家公园潜在建设区限定因子分布

由于海拔高、坡度大，该区域长期以来受到的人为干扰较小，为野生动物的生存和发展留下了一片"荒野之地"。国家公园建设应注意将限定因子分布区划定为更加严格的保护等级。

（二）单因子评价

单因子评价中，把水土流失、地质灾害（滑坡）、生境环境、极端干旱等作为评价的一级指标，具体分级标准主要参考《生态功能区划暂行规程》《生态保护红线划定技术指南》中生态敏感性指标体系以及相关研究，将单因子划分为 5 个等级，分别赋值为 1、3、5、7、9，分别代表微度敏感、轻度敏感、中度敏感、高度敏感和极度敏感。单因子分析只能得出系统某一维度的作用程度，没有将生态环境敏感性的区域变异综合反映出来，可以在对各因子分别赋值的基础上，通过下面的公式计算综合敏感性指数。

$$SS_j = \sum_{i=1}^{n} W_i \times C_i$$

式中，SS_j 为 j 种生态环境问题的生态环境敏感性指数；C_i 为 i 因子敏感性等级；n 为因子数；W_i 为 i 因子敏感性权重。

1. 干旱敏感性评价

许多研究证实极端干旱对生态系统功能的影响主要表现在生产力、养分含量、凋落物分解等方面，这种影响作用可以反映在个体、群落及生态系统等尺度上。极端干旱显著降低了亚热带森林生态系统微生物和凋落物的生物量，同时导致微生物优势群落从细菌向真菌转移，进而降低土壤有机碳的分解。陆地生态系统功能对干旱响应的敏感性差异主要受到植物生长潜力、物种组成以及资源可利用性等因素的共同影响。干旱可以通过降低土壤水分含量，增加含水量较高区域土壤的通透性，进而刺激土壤呼吸的排放。干旱可能还会引起群落结构的改变，如 C3 和 C4 优势物种相对丰度的变化。极端干旱可能通过改变不同大小树木的密度，或是改变物种间的相互作用来影响森林生态系统的群落结构与生物多样性（周贵尧等，2020）。

拟建哀牢山-无量山国家公园潜在建设区不仅是元江等重要河流的水源补充地，同时是我国重要的生物多样性分布中心，极端干旱不仅致使干旱核心区域农业生产受到严重影响，居民饮水困难，而且可能严重威胁该区域的生物多样性与生态系统安全。受特殊地质地貌和气候条件的影响，拟建哀牢山-无量山国家公园潜在建设区生态环境十分脆弱，切割破碎的地貌使得水土流失严重，且容易发生滑坡及泥石流，在干扰下很容易造成生态系统退化。

根据 1961～2012 年的气象数据（郑建萌等，2017），云南具有明显的干湿季节特征，降水主要集中在 5～10 月，降水量为 79.8～195.4mm，约占年降水量的 85%；而 11 月至次年 4 月降水较少，降水量为 12.2～38.mm，仅占年降水量的 15%左右。全年蒸发较强的时间为 3～5 月，月蒸发量在 200mm 以上，这主要是春季气温回升快、空气干燥、风大，导致蒸发量大。受降水和蒸发的共同影响，11 月至次年 5 月是云南最易出现极端干旱的时期。

许多研究证实受极端干旱的影响，生态系统的生产力会显著降低。通过对生态系统初级生产力变化的监测，可以判定生态系统对极端干旱响应的敏感性。本研究通过计算总初级生产力在干旱时期与多年旱季均值的变化率来反映生态系统对极端干旱的敏感性。具体计算公式如下。

$$S = \frac{GPP_{min} - GPP_{aver}}{GPP_{aver}}$$

式中，S 为干旱敏感性指数，GPP_{min} 为 3 个极端干旱时期生态系统的总初级生产力均值，GPP_{aver} 为生态系统初级生产力的多年均值。

首先，计算 2002～2019 年逐年的旱季初级生产力，初级生产力均值最低的 3 个旱季为极端干旱时期。结果表明，2002～2019 年的旱季，生态系统总初级生产力呈现波动上升的趋势，其中 2004 年、2007 年与 2009 年，生态系统的总初级生产力减少较多，相对于多年均值分别减少了 9.47%、8.70% 和 8.64%，因此，可认为这几个时期为极端干旱发生的时期。其次，计算极端干旱时期总初级生产力均值与旱季多年均值的变化量，将变化量占多年均值的百分比作为生态系统的干旱敏感性指标。结果如图 6-41 所示。

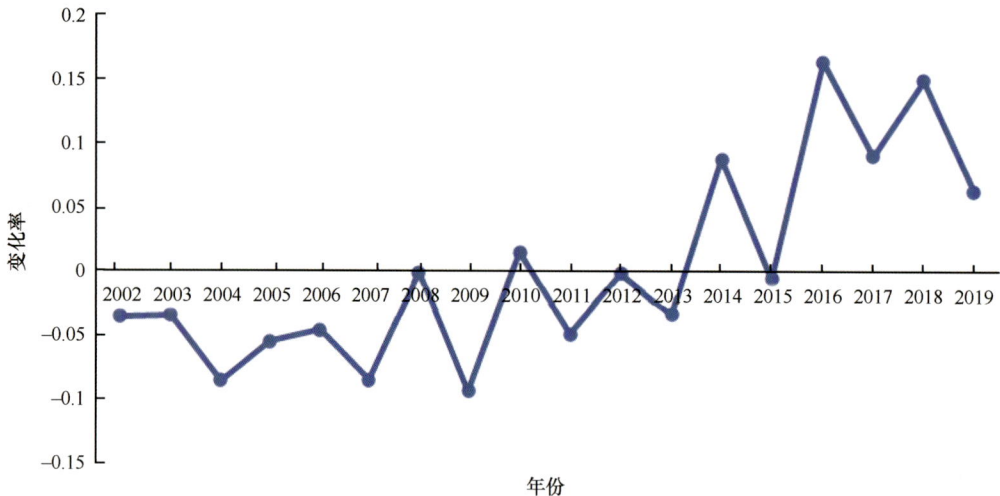

图 6-41　旱季生态系统总初级生产力与多年均值比值的变化率

如图 6-42 所示，潜在建设区对于干旱的敏感性表现出明显的空间分异。总体上，潜在建设区北部的弥渡、南涧和南华具有更低的敏感性，景东、镇沅、楚雄、双柏具有更高的敏感性，特别是位于哀牢山东侧的礼社江河谷以及哀牢山-无量山中间的川河河谷，是敏感性最高的区域。这可能是由于该区域主要受西南季风影响，印度洋季风携带的丰富水汽随着海拔的上升，逐渐冷凝转化为降水，降水主要分布在高海拔区域，河谷地带表现出干热性质。

遇到极端干旱期，河谷地带表现出更加明显的干热性质，生态系统功能更加脆弱。同时，由于河谷地带存在更多的人类活动区，农田生态系统主要分布于河谷区域，相对于山上以森林为主的自然生态系统，农田的结构更加简单，自我调节能力和自我维持能力很弱，极度依赖人为活动的干预才能保持系统的稳定。

一旦遭遇极端干旱，水优先供给人畜生活，农田在干旱期受到更少的支持，因此更加脆弱。而自然生态系统是自组织的，依靠长期形成的复杂生物关系网，通过负反馈机制保持系统的稳定性，在面对极端气候时，具有更高的抗性。

2. 水土流失敏感性评价

横断山脉区域，高山纵横、河谷深切，地貌类型影响了自然生态环境的特征，从宏观上控制了区域地表径流与冲刷的基本驱动力，具有水土易流易失的重要特征。水土流失导致土壤耕作层被侵蚀，产生了区域土地退化、生产力降低等问题。从自然环境的角度来讲，土壤水分供应、浅层土壤水分含量、土壤保水能力、土壤需水量均和地形因子息息相关，地形起伏度也是影响潜在水土流失的地形因子的重要指标（谭玮颐等，2019）。根据通用水土流失方程的基本原理，选择降雨侵蚀力、土壤可蚀性、坡度、地表起伏度（RDLS）以及植被覆盖类型因子，对拟建哀牢山-无量山国家公园潜在建设区降水导致的水土流失敏感性进行评价。具体评价指标、分区及权重系数见表 6-12。

降雨侵蚀力是土壤侵蚀的主要推动因素，体现了降雨对土壤产生的潜在侵蚀能力的大小。本研究采用 Wischmeier 和 Smith（1958）的月尺度计算降雨侵蚀力（R），其计算公式为

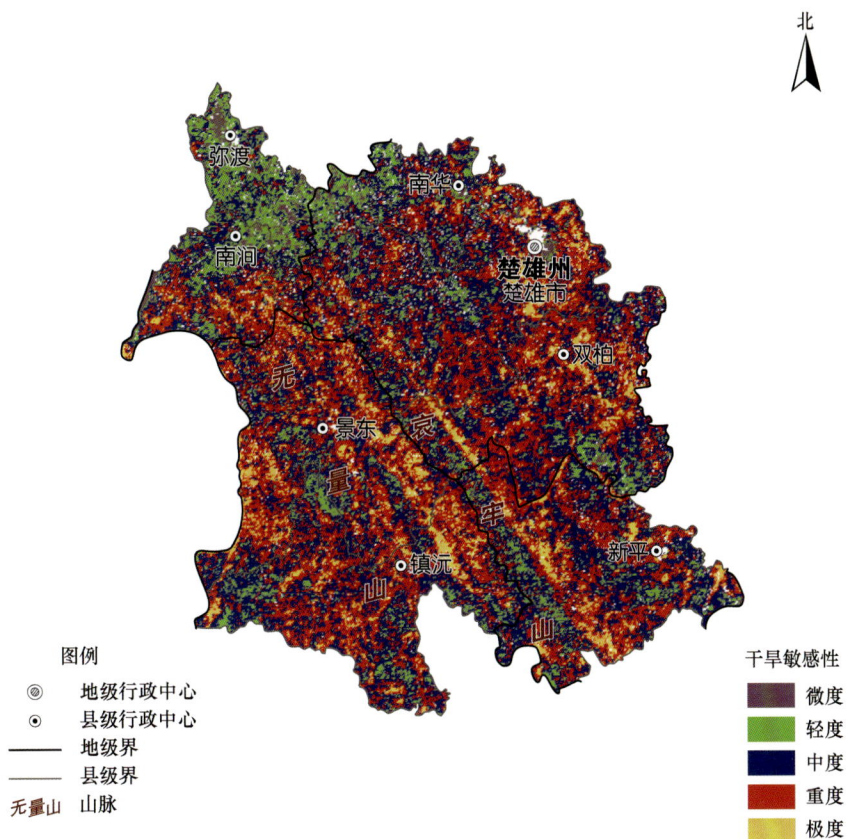

图 6-42　哀牢山-无量山潜在建设区干旱敏感性

$$R = \sum_{i=1}^{12} 1.735 \times 10 \left[\left(1.5 \times \lg \frac{p_i^2}{p} \right) - 0.8188 \right]$$

式中，R 为降雨侵蚀力，MJ·mm/(hm²·h·a)；p 为年降水量，mm；p_i 为各月降水量，mm。

表 6-12　水土流失敏感性评价体系

类型	微度敏感	轻度敏感	中度敏感	重度敏感	极度敏感	权重
坡度（slope）	0～5	5～10	10～25	25～35	>35	0.15
地表起伏度（RDLS）	<70	70～200	200～400	400～650	>650	0.15
降雨侵蚀力（R）	<140	140～160	160～180	180～200	>200	0.25
土壤可蚀性（K）	<0.026	0.026～0.027	0.027～0.028	0.028～0.030	>0.030	0.25
植被覆盖类型	水体、人工表面、冰川及永久积雪、裸岩	林地、高覆盖草地	中低覆盖草地	农田	裸土、沙地、盐碱地	0.20

　　土壤可蚀性反映了土壤对侵蚀的敏感性，或土壤被降雨侵蚀力分离、流水冲刷和搬运的难易程度。目前我国确定大多数土壤类型的可侵蚀性因子，仍需借助于土壤可蚀性与土壤质地参数建立的关系。

　　本研究采用 Williams 和 Arnold（1997）建立的土壤可蚀性与土壤机械组成和有机碳含量的计算公式：

$$K = 0.1317\left\{0.2 + 0.3\exp[-0.0256 \times SAN \times (1 - SIL/100)]\right\}$$

$$\times \left(\frac{SIL}{CLA + SIL}\right)^{0.3}\left[1.0 - \frac{0.25C}{C + \exp(3.72 - 2.95C)}\right]$$

$$\times \left\{1.0 - \frac{0.7 \times (1 - SAN/100)}{(1 - SAN/100) + \exp[-5.51 + 22.9 \times (1 - SAN/100)]}\right\}$$

式中，K 为土壤可蚀性因子[t·hm²·h/（MJ·mm·hm²）]；SAN、SIL、CLA 和 C 分别为沙砾含量（0.05～2mm）、粉粒含量（0.002～0.05mm）、黏粒含量（＜0.002mm）和土壤有机碳含量（%）；0.1317 为美制单位转换为国际单位的系数。

评价结果如图 6-43 至图 6-45 所示，结果表明，水土流失敏感性呈现由西南至东北逐渐递减的趋势，镇沅、景东与新平的西部表现出较高的水土流失敏感性，弥渡西部、南涧东北，以及南华、楚雄和双柏的水土流失敏感性较低。西坡水土流失敏感性高于东坡，这主要是受西南季风影响，西坡为迎风坡，降水多于东坡，使得西坡的降雨侵蚀力高于东坡，此外，西坡比东坡更加陡峭，进一步增加了水土流失的敏感性。

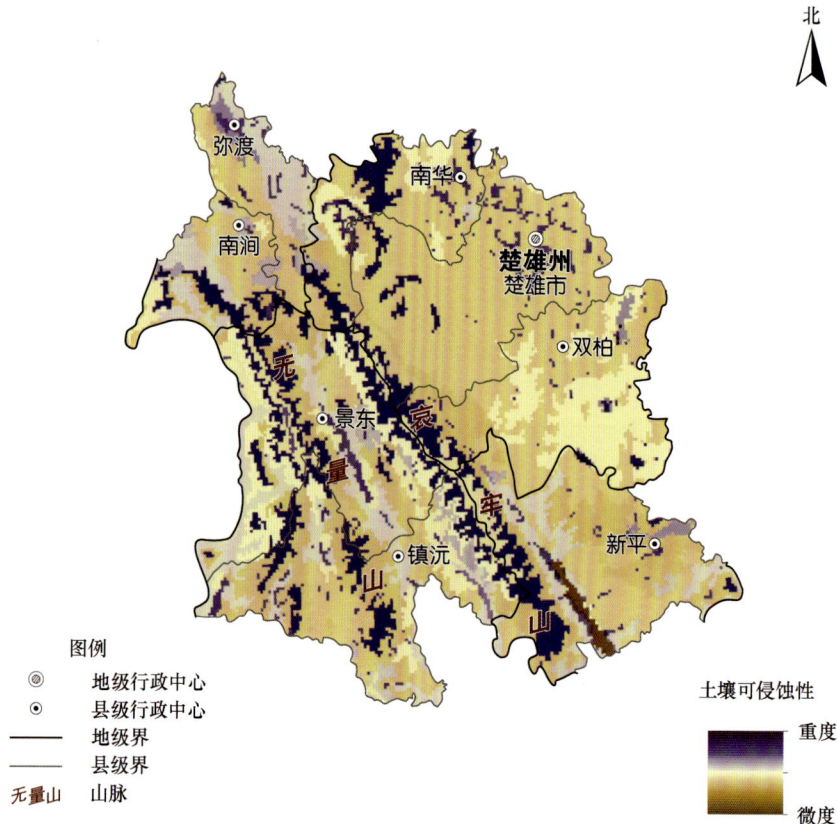

图 6-43 土壤可侵蚀性

水土流失敏感性还随海拔的升高呈现一定的规律分布，在哀牢山南部的新平境内，水土流失敏感性最高的区域为河谷地带，河谷至海拔 1000m 处，水土流失敏感性逐渐降低，1000～1500m 处水土流失敏感性降至较低区域后又开始随着海拔的升高而逐渐升高，至 1900m 左右，水土流失敏感性又呈逐渐降低的特点。总体上随着海拔的升高，水土流失敏感性呈现先降低后升高，再降低的趋势。

这可能是由地形、植被，以及土壤结构的梯度分布共同作用决定的。

北

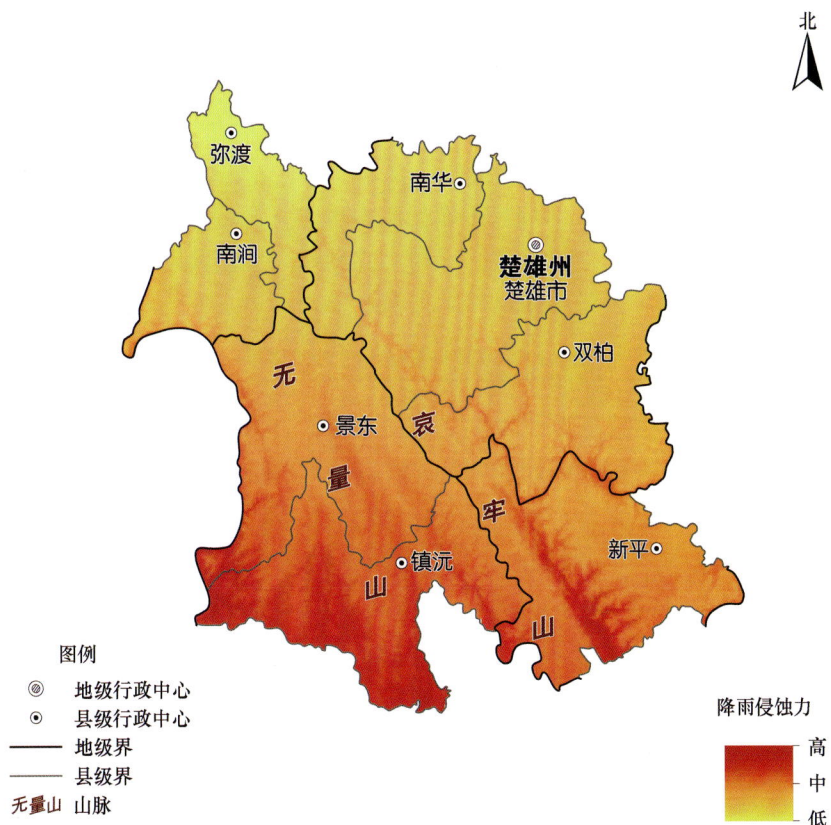

图 6-44　降雨侵蚀力

北

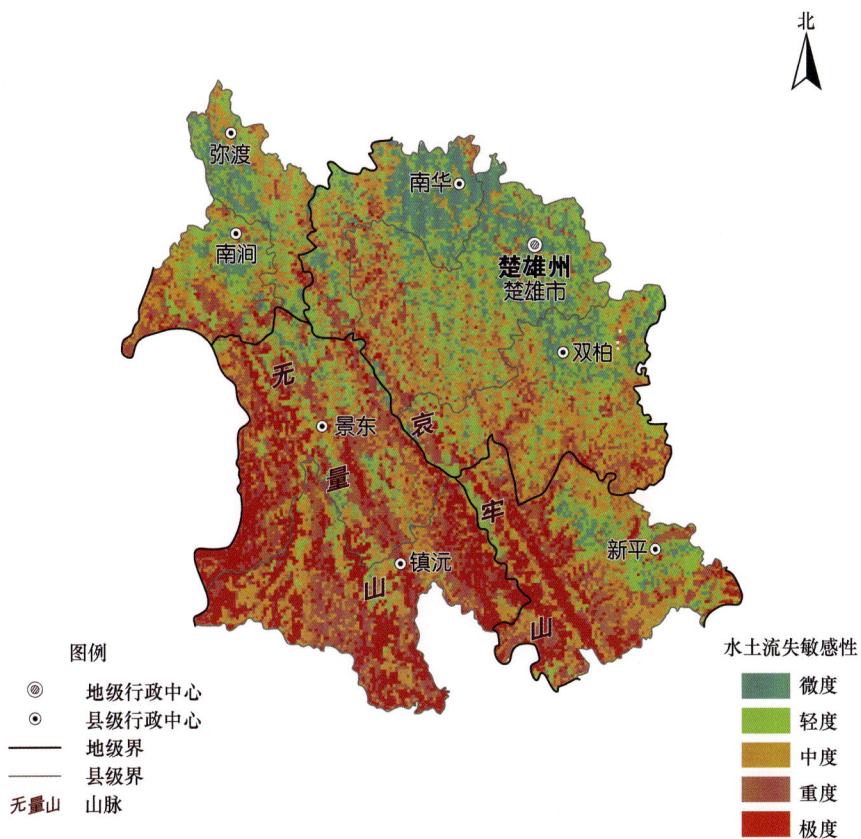

图 6-45　拟建哀牢山-无量山国家公园潜在建设区水土流失敏感性

3. 地质灾害敏感性评价

根据拟建哀牢山-无量山国家公园潜在建设区地质灾害发生的特点，该区域属于横断山脉，广布纵向岭谷，山高谷深、地形破碎。且该区域降水不均，全年降水量的80%集中在5～10月，一旦植被被破坏，在暴雨的影响下极易发生滑坡、泥石流等地质灾害。仅2018年，该区域就发生数十处滑坡。滑坡主要受坡度、坡长、降水、工程建设、植被、河流等因素的综合影响。滑坡点的历史分布也反映了该区域发生滑坡灾害的可能性。因此，选用地形湿度指数、距滑坡点距离、距道路距离、距河流距离、归一化植被指数进行滑坡敏感性评价，各指标分级规则及权重见表6-13。

表6-13 地质灾害敏感性评价体系

类型	不敏感	轻度敏感	中度敏感	高度敏感	极度敏感	权重
地形湿度指数	<5	5～10	10～15	15～20	>20	0.2
距滑坡点距离	>10 000	5 000～10 000	2 000～5 000	1 000～2 000	<1 000	0.2
距道路距离	>4 000	3 000～4 000	2 000～3 000	250～2 000	<250	0.2
距河流距离	>0.08	0.05～0.08	0.02～0.05	0.005～0.02	<0.005	0.2
归一化植被指数	>0.86	0.8～0.86	0.72～0.8	0.6～0.72	<0.6	0.2

国家公园潜在建设区主要面临滑坡和泥石流地质灾害的风险，如图6-46所示，高地质灾害敏感性分布区与河流分布基本重合，川河、礼社河、元江沿岸具有很高的地质灾害敏感性，表现出河流与地质灾害的高度相关性，其中，位于哀牢山和无量山中间的景东因属于川河河谷深切地貌，地形破碎、坡度大，降水充足使得该区域具有很高的地质灾害敏感性。

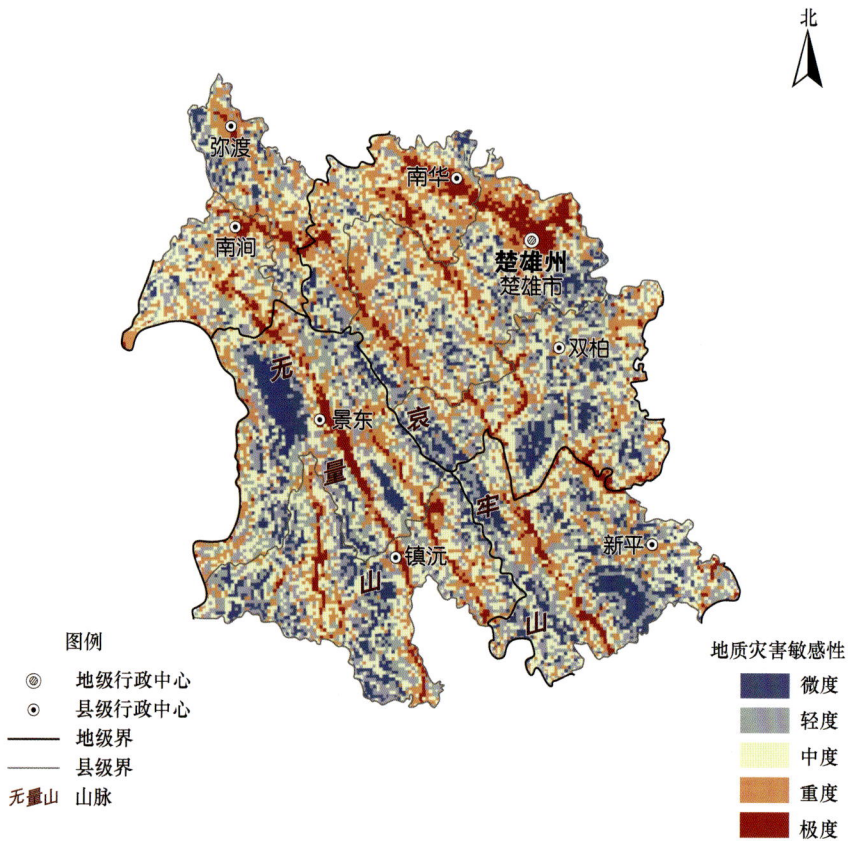

图6-46 拟建哀牢山-无量山国家公园潜在建设区地质灾害敏感性

大量点状或线状的裸露面为地质灾害的发生孕育了条件，而人类工程则进一步促进了地质灾害的发生。工程建设，特别是道路工程往往随河而建，建设过程中形成了大量点状或线状的裸露面，将森林、草地等植被破坏，导致部分山体坡面基岩和土壤产生扰动，特别是坡度大的区域，造成大量的临空陡峭的基岩掌子面边坡，构造裂隙与爆破裂隙交切形成不稳定结构面，在震动及降雨的作用下，极易失稳，造成滑坡和泥石流。

因此，应避免在该区域建设大型工程，道路修建时应多关注可能发生滑坡和泥石流的地段，同时加强边坡治理。

4. 生境敏感性评价

生境的敏感性主要是指由于人类干扰对生物多样造成的敏感性，哀牢山-无量山潜在建设区作为我国重要的生物多样性分布热点，为西黑冠长臂猿、蜂猴、豚尾猴等珍贵野生动物的栖息地，是人类共同的财富。但是随着人口的增长、经济的发展，人类不断蚕食野生动植物的栖息地，给野生动植物的生存带来巨大挑战。比如，拟建哀牢山-无量山国家公园潜在建设区许多地区种植有草果、核桃等重要的经济作物，尤其是草果，在有长臂猿栖息的森林中常有种植。

虽然多数学者认为草果不仅不会与常绿阔叶林的生存冲突，还能起到保护常绿阔叶林、涵养水源、保持水土的作用。但通过野外观察发现，多数农民对草果的种植仍不科学，为扩大草果种植面积，他们通过大量砍伐森林来实现利益最大化，造成西黑冠长臂猿生境的连通性下降，并且草果在种植期需要实地查看，使得森林中常有人出没，对未习惯化的西黑冠长臂猿种群影响甚为严重。草果对生长环境的要求比较高，喜温暖和湿润气候，怕热、怕旱、怕霜冻，适生于冬暖夏凉、海拔较高、富含有机质且郁蔽度在50%左右的常绿阔叶林下（程峰，2017）。

为满足草果对郁蔽度的要求，需要对森林进行选择性砍伐并清除林下灌木及草本，长期的种植过程造成了森林树木密度及自我更新能力降低、林下生物多样性单一的局面。此外，道路、农田、茶园、房屋等人类建造的设施或景观导致的生境破碎化严重影响了该区域的生物多样性，破碎化对热带及温带地区乔木群落多样性具有显著的负面效应，可能影响森林内部气候、光照环境及水平衡，并引起一系列的生物因素变化。

森林及其树冠层是树栖灵长类主要觅食和栖息场所，因而乔木群落结构及物种组成是评价西黑冠长臂猿栖息地质量的重要参数。在破碎化森林中，树冠层结构变化可能减少长臂猿适宜生境的数量并降低质量，从而限制其环境容纳量。

因此，主要从易受人类干扰的角度，对国家公园潜在建设区进行生境敏感性评估，从人口密度、单位面积 GDP、夜光指数、与道路距离和 NDVI 来评估生境的敏感性，前三个指标直接反映了人类活动的强度，道路体现了生境的破碎化现状，NDVI 则体现了生境的质量。指标分级标准及权重见表 6-14。

表 6-14　生境敏感性评价指标体系

类型	不敏感	轻度敏感	中度敏感	高度敏感	极度敏感	权重
单位面积 GDP	150	150～300	300～500	500～750	>750	0.15
人口密度	85	85～145	145～215	215～335	>335	0.2
归一化植被指数	>0.86	0.8～0.86	0.72～0.8	0.6～0.72	<0.6	0.25
夜光指数	0.23	0.23～0.25	0.25～0.45	0.45～3.50	>3.50	0.15
与道路距离	>4000	3000～4000	2000～3000	250～2000	<250	0.25

结果表明（图 6-47），在拟建哀牢山-无量山国家公园潜在建设区的西南部，镇沅、景东等地生境的敏感性较低，北部南涧、弥渡、南华、楚雄的生境敏感性较高，特别是楚雄，由于人口多，城区面积大，存在连片的生境高敏感区。此外，高敏感性区域主要伴随道路呈线状分布，将大块的优质生境切割成小

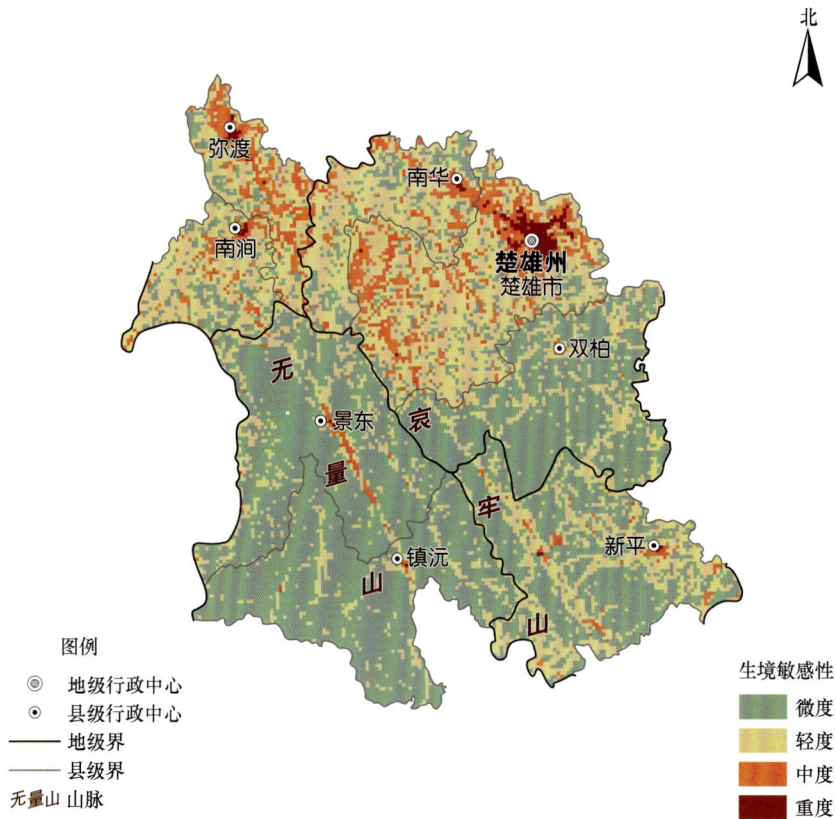

图 6-47　拟建哀牢山-无量山国家公园潜在建设区生境敏感性

块。这种分布格局不仅与道路对生境的切割有关，还与人类居住和活动沿道路分布有关，越靠近道路人类活动越强烈。根据敏感性分布情况，可以考虑在低敏感区域建立哀牢山至无量山的生态廊道，对于部分高敏感区域切割的低敏感区域，可通过工程或者生态措施恢复低敏感区域之间的连通性，如建立无量山至哀牢山的生态廊道，沟通两大优质生境是十分有意义的。

（三）综合评价

1. 生态环境脆弱性现状评价

生态环境脆弱性综合评价采用生态敏感性-生态恢复力-生态压力（sensitivity-resilience-pressure，SRP）概念模型，在生态环境敏感性分级因子评价的基础上，进一步根据限制性因子界定生态环境脆弱性分区。

针对拟建哀牢山-无量山国家公园潜在建设区生态环境现状，本研究基于 SRP 概念模型，从极端气候、水土流失、地质灾害、生境环境 4 个方面，选取人口密度、极端气候敏感性、与道路距离、地形起伏度、降雨侵蚀力、土壤可蚀性、坡度、地形湿度指数、植被覆盖类型、年积温、湿度指数、归一化植被指数 12 个评价指标，使用层次分析法与空间主成分分析法相结合的手段，建立了拟建哀牢山-无量山国家公园潜在建设区生态环境脆弱性评价指标体系，通过计算生态环境脆弱性指数（EEVI）对拟建哀牢山-无量山国家公园潜在建设区生态环境脆弱性进行定量分析与评价。

结果表明，生态环境脆弱性主要由轻度、中度和重度组成，这 3 类脆弱区面积差距不大，占总面积比重为 23%～27%，此外微度脆弱区面积占比 13.81%，极度脆弱区面积占比 8.95%，是 5 类分布区中面积最小的。

生态环境脆弱性评价结果如图 6-48 所示，大致呈现由南到北递增的趋势，弥渡、南涧、南华具有较高的生态环境脆弱性，镇沅、景东、新平具有较低的生态环境脆弱性。沿着纵向峡谷，分布有几条纵向的高脆弱性带，主要包括川河峡谷脆弱带和礼社江峡谷脆弱带。纵向峡谷的干热性质，以及河流的天然侵蚀为脆弱性自然成因的基础，叠加高强度的人为活动，包括道路工程建设、农业发展、对自然环境的扰动，使得河谷地带成为高脆弱性区域。

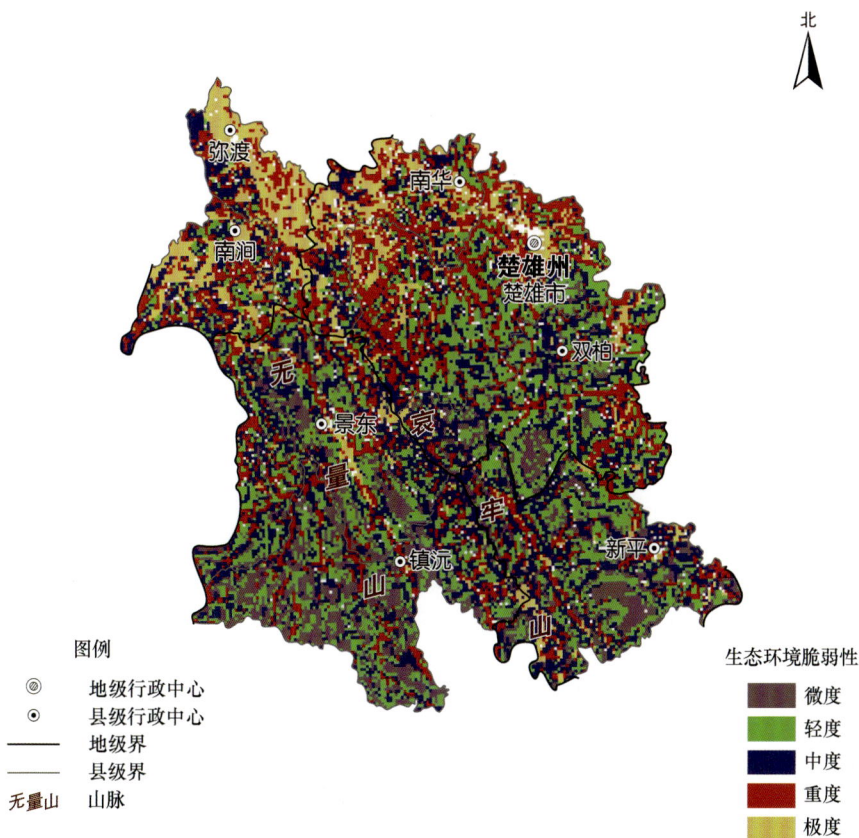

图 6-48 拟建哀牢山-无量山国家公园潜在建设区生态环境脆弱性

国家公园建设时，应充分考虑河谷在整个国家公园的生态、社会服务中的地位，加强道路边坡治理，加强对泥石流、滑坡等地质灾害的监测，协调好保护与发展的矛盾。道路与河流割裂了哀牢山与无量山两大低生态脆弱区，而这两个区域又是最主要的野生动植物分布区。

为此，建议可在无量山南段至哀牢山北段修建一条或多条生态廊道，以促进两大生态区的生物交流，减少生境日益破碎化对野生动植物的不利影响。同时为尽量减少人为干扰对哀牢山、无量山两大生态区的干扰，国家公园建设时，在其周边预留足够的缓冲区域是非常有意义的。

2. 生态环境脆弱性情景模拟

根据极端干旱事件以及人为活动干扰的作用特点，分别设计了两个环境压力情景，以探讨在极端干旱事件发生，以及人为扰动加剧时，国家公园潜在建设区的生态环境脆弱性的变化方向。

（1）人为活动干扰升级情景

假定在未来情景下，由于国家公园建设极大地促进了当地旅游业的发展，大量的游客涌入，人口密度迅速上涨，人口增加给当地带来的生态环境压力均在原基础上提高了一个等级，即生态环境压力在人口维度上，本来为微度区域的上升为轻度区域，轻度区域上升为中度区域，依次类推，极度区域维持在极度水平保持不变。

人口增长还将导致土地覆被发生变化，同时促使道路网的升级改造，假定土地覆被和道路带来的生态环境压力也上升一个等级，在其他因子不变的情况下，利用前述评价模型可以模拟人为扰动加剧时生态环境的脆弱性，得到的结果如图6-49所示。

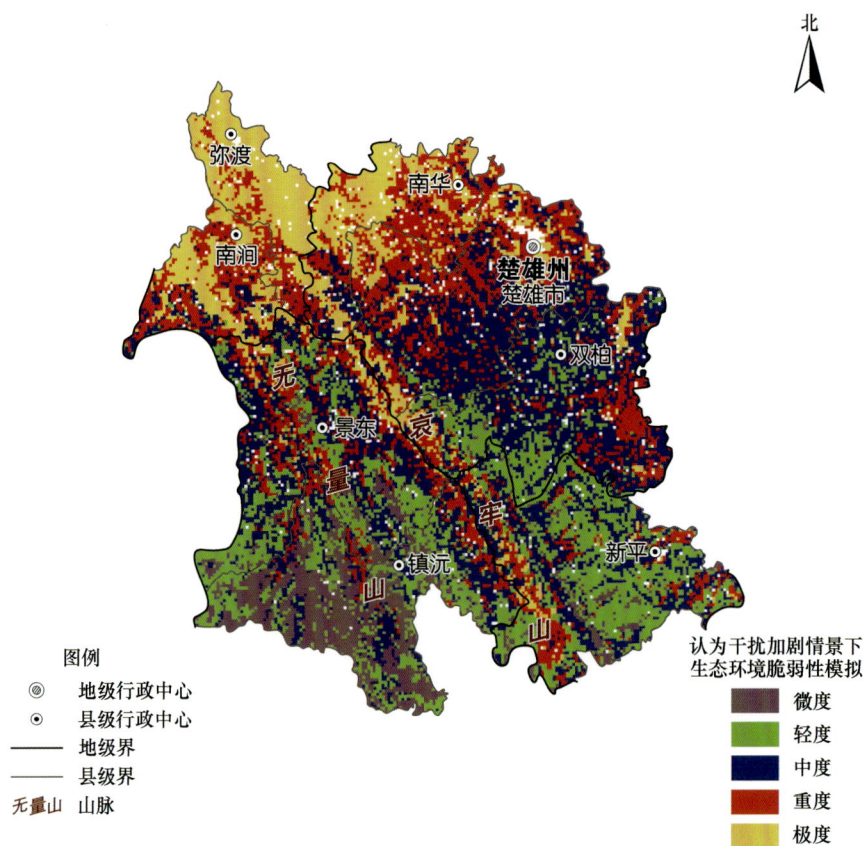

图 6-49　拟建哀牢山-无量山国家公园潜在建设区人为干扰加剧情景下的生态环境脆弱性

　　结果表明，在人为干扰下国家公园潜在建设区生态环境脆弱性显著提升，大量的低脆弱区转换为更高级别的脆弱区。面积占比最大的是中度脆弱区，约占生态环境脆弱区总面积的33.37%，其次为重度脆弱区，面积占比约为23.04%，轻度脆弱区面积占比下降了近7%，占比约为20%，微度脆弱区占比下降了5.4%，占比约为8.38%，极度脆弱区面积上涨了近6%，达14.93%左右。脆弱性的整体上升，使得轻、微度脆弱区转化为中度脆弱区、重度脆弱区，使得原本小面积分布的高脆弱区连成片，生态环境进一步恶化。例如，潜在建设区北部的弥渡、南涧和南华北部基本上全属于重度或极度脆弱区，另外，整个哀牢山区域处于中度或重度脆弱区。

　　哀牢山拥有该区域甚至整个中国最完好的亚热带中山湿性阔叶林，对于区域水土保持、动植物保护等具有极高的重要性。在高强度的人为干扰下该区域的生态环境脆弱性将明显提高，这也反映了该区域对于人类活动干扰的高度敏感性。这主要是人口密度快速增长、旅游的开发、农业的扩张与基础设施建设对生态用地的占用等给当地的资源环境带来了巨大的挑战。这启示人们，国家公园建设区对人类干扰的敏感性，任何人类活动的加剧都可能会给生态环境带来很大压力，需要合理划定国家公园分区，促进保护与发展的协调。例如，对于北部的南涧、弥渡、南华这类高脆弱地区，应通过合理引导人口与产业向低脆弱区转移，着眼于发展生态产业。

　　这类高生态脆弱性区域不仅应控制人为利用和开发强度，加强环境治理，同时应注重保护生态环境，扩大生态用地，在控制建设用地的同时，加强退耕还林还草，保证区域的可持续发展。

　　对于哀牢山、无量山这类具有重要生态保护价值的区域，需要严格限制开发的规模和强度，在保护优先的前提下，通过设定一定的科普游憩区，将人类干扰限定在小部分区域中。这不仅防止了核心区遭受人为破坏，同时通过保留一定的开发区域，缓和了保护与开发的矛盾，维护了原住民经济发展的权利。

（2）极端干旱情景模拟

在全球气候变化背景下，极端气候事件频发，中国西南区域多次发生的极端干旱事件就是最好的证据，极端干旱已经成为西南地区影响范围最广、破坏最大、损失最大的气象事件，假定在未来某个时期，极端干旱再次发生，因干旱引起的空气平均湿度、归一化植被指数以及极端气候敏感性等级都上升一个层次，本研究在此假设条件下进行了极端干旱情景下的生态环境脆弱性模拟。

图 6-50 表明，极端干旱情景下生态环境脆弱性基本格局与现状情景基本保持一致，各脆弱等级区域面积占比也与现状情景较为接近。

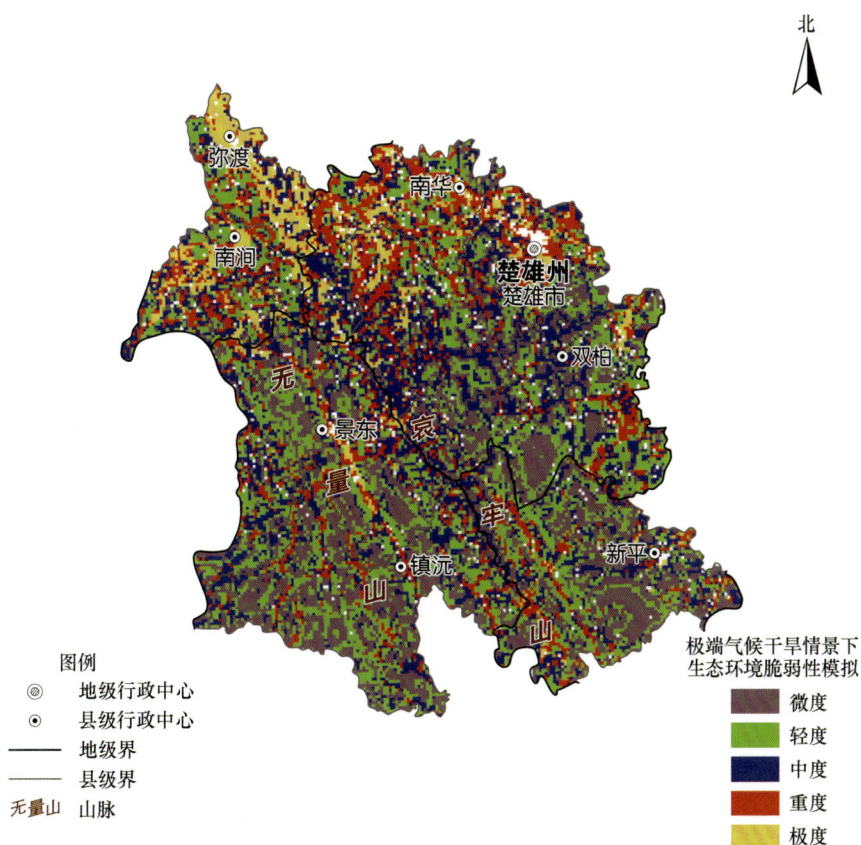

图 6-50　拟建哀牢山-无量山国家公园潜在建设区极端气候干旱情景生态环境脆弱性模拟

高脆弱区主要分布于潜在建设区北部的南涧、弥渡和南华，景东、镇沅、双柏、新平大部分生态脆弱性处于微度或轻度，川河、礼社江河谷处于重度或极度脆弱水平。

河谷区域需继续加强应对极端干旱的能力。应对极端干旱需要全社会协调一致的恰当应对，并建立一种更加积极的干旱灾害管理方式。

首先，要从风险视角重新认识干旱灾害，特别是干旱灾害对社会经济以及生态环境的影响，更加注重干旱灾害的预防和减缓。主要通过结合水控制政策，建立干旱灾害应急水资源储备，以应对灾害造成的用水短缺现象，减轻灾害影响。

其次，需要构建多主体合作的极端干旱应急管理模式，根据当地实际情况，在完善现有的水利等工程设施的基础上，有效提高极端干旱灾害管理效率，积极整合社会应急力量，采取激励政策以实现水资源优化配置和社会经济的可持续发展。

最后，要重视和发挥应急管理第一响应者的有效作用。基于多主体合作的极端干旱灾害应急管理模式，组织结构中可考虑设立一线协调员角色，负责灾害信息更新与核实，避免信息缺失，并对接协调社会应急力量；响应流程中则应主要利用大数据平台，增强响应流程的可靠性（张乐等，2014）。此外，自然生态系统应具有更完整的结构，可通过自组织、自调整的机制维持系统平衡状态，在面对极端干旱时具有更强的抗性，在构建人工林、人工绿地时应注重遵循生态系统演替规律，构造可自行向顶级系统演替的群落结构，通过乔、灌、草结合，或使用乡土树种等方法增强人工生态系统面对极端干旱时的抗性，同时结合退耕还林还草等生态或工程措施，减少极端干旱发生导致的损失。

参 考 文 献

哀牢山自然保护区综合考察团. 1988. 哀牢山自然保护区综合考察报告集[M]. 昆明: 云南民族出版社.

曹润敏, 曹峰. 2004. 中国古代城市选址中的生态安全意识[J]. 规划师, (10): 86-89.

陈俊, 宫鹏. 1998. 实用地理信息系统[M]. 北京: 科学出版社.

程峰. 2017. 中国西黑冠长臂猿(Nomascus concolor)生境破碎化研究[D]. 合肥: 安徽大学硕士学位论文.

方铁. 2011. 历代治边与云南的地缘政治关系[J]. 西南民族大学学报(人文社会科学版), 32(9): 5-20.

巩合德, 杨国平, 鲁志云, 等. 2011. 哀牢山常绿阔叶林乔木树种的幼苗组成及时空分布特征[J]. 生物多样性, 19(2): 151-157.

巩合德, 张一平, 刘玉洪, 等. 2008. 哀牢山常绿阔叶林土壤水分动态变化[J]. 东北林业大学学报, (1): 53-54.

郭纪光, 蔡永立, 罗坤, 等. 2009. 基于目标种保护的生态廊道构建——以崇明岛为例[J]. 生态学杂志, 28(8): 1668-1672.

冷婷. 2019. 滇藏茶马古道与多民族文化交流的空间演化研究[D]. 昆明: 云南师范大学硕士学位论文.

李刚, 李薇. 2011. 论历史上三条茶马古道的联系及历史地位[J]. 西北大学学报(哲学社会科学版), 41(4): 113-117.

李国松, 杨显明, 张宏雨, 等. 2011. 云南新平哀牢山西黑冠长臂猿分布与群体数量[J]. 动物学研究, 32(6): 675-683.

李婭玲. 2009. 普洱文化通论[M]. 昆明: 云南人民出版社.

李永昌, 陆玉云. 2010. 哀牢山自然保护区黑长臂猿数量与分布调查与分析[J]. 林业建设, (1): 3.

刘世梁, 傅伯杰. 2001. 景观生态学原理在土壤学中的应用[J]. 水土保持学报, (3): 102-106.

刘熙. 2014. 无量山西黑冠长臂猿(Nomascus concolor jingdongensis)生境评价: 对无量山长臂猿保护与保护区功能区划调整的启示[D]. 北京: 中国科学院研究生院硕士学位论文.

刘晓娜, 刘春兰, 张丛林, 等. 2020. 色林错-普若岗日国家公园潜在建设区生态环境脆弱性格局评估[J]. 生态学杂志, 39(3): 944-955.

刘正佳, 于兴修, 李蕾等. 2011. 基于 SRP 概念模型的沂蒙山区生态环境脆弱性评价[J]. 应用生态学报, 22(8): 2084-2090.

罗文寿, 赵仕远, 罗志强, 等. 2007. 云南哀牢山国家级自然保护区景东辖区黑长臂猿种群数量和分布[J]. 四川动物, 26(3): 4.

罗文玮, 赖日文, 陈思雨, 等. 2016. 基于 NDVI 的福建省植被变化特征分析[J]. 森林与环境学报, 36(2): 141-147.

欧晓昆. 2010. 纵向岭谷区生态系统多样性变化与生态安全评价[M]. 北京: 科学出版社.

欧阳志云, 王效科, 苗鸿. 2000. 中国生态环境敏感性及其区域差异规律研究[J]. 生态学报, (1): 10-13

彭玉娟, 尹雯. 2012. 茶马古道: 文化线路的经典案例[J]. 云南社会科学, (2): 156-160.

尚升海, 角媛梅, 刘澄静, 等. 2019. 哀牢山区降水时空变化及其阻隔效应研究[J]. 西南大学学报(自然科学版), 41(8): 92-98.

谭玮颐, 周忠发, 朱昌丽, 等. 2019. 喀斯特山区地形起伏度及其对水土流失敏感性的影响——以贵州省荔波县为例[J]. 水土保持通报, 9(6): 77-83.

王聪聪. 2015. 基于适宜性分析的普洱"茶马古道"遗产廊道网络构建研究[D]. 昆明: 云南大学硕士学位论文.

邬建国. 2000. 景观生态学——概念与理论[J]. 生态学杂志, (1): 42-52.

徐刚, 郭子豪, 袁朝祥, 等. 2020. 干旱环境对哀牢山中山湿性常绿阔叶林土壤呼吸的影响[J]. 西部林业科学, 49(3): 109-116.

徐远杰, 林敦梅, 石明, 等. 2017. 云南哀牢山常绿阔叶林的空间分异及其影响因素[J]. 生物多样性, 25(1): 23-33.

颜学珍. 2020. 明清时期滇藏茶马古道上的云南佛教三大部派及其互动研究[D]. 昆明: 云南师范大学硕士学位论文.

杨飞, 马超, 方华军. 2019. 脆弱性研究进展: 从理论研究到综合实践[J]. 生态学报, 39(2): 441-453.

尹海伟, 孔繁花, 宗跃光. 2008. 城市绿地可达性与公平性评价[J]. 生态学报, (7): 3375-3383.

张乐, 王慧敏, 佟金萍. 2014. 云南极端旱灾应急管理模式构建研究[J]. 中国人口·资源与环境, 24(2): 161-168.

赵冬梅. 2020. 基于敏感性——连通性的哈尼梯田区小流域滑坡灾害生态风险评价[D]. 昆明: 云南师范大学硕士学位论文.

郑好, 高吉喜, 谢高地, 等. 2019. 生态廊道[J]. 生态与农村环境学报, 35: 137-144.

郑建萌, 黄玮, 陈艳, 等. 2017. 云南极端气象干旱指标的研究[J]. 高原气象, 36(4): 13.

周贵尧, 周灵燕, 邵钧炯, 等. 2020. 极端干旱对陆地生态系统的影响: 进展与展望[J]. 植物生态学报, 44(5): 515-525.

Abrahms B, Sawyer S C, Jordan N R, et al. 2017. Does wildlife resource selection accurately inform corridor conservation[J]? Journal of Applied Ecology, 54: 412-422.

Adriaensen F, Chardon J P, de Blust G, et al. 2003. The application of "least-cost" modelling as a functional landscape model[J]. Landscape and Urban Planning, 64(4): 233-247.

Bai B , Zhou W, Huai-Sen A I, et al. 2007. Habitat use of the hoolock gibbon(*Hoolock hoolock*) at Nankang, Mt. Gaoligong in spring[J]. Zoological Research, 28: 179-185.

Battipaglia G, Rigling A, de Micco V. 2020. Editorial: multiscale approach to assess forest vulnerability[J]. Frontiers in Plant Science, 11: 744.

Bednář M, Šarapatka B, Mazalová M, et al. 2020. Connectivity modelling with automatic determination of landscape resistance values: A new approach tested on butterflies and burnet moths[J]. Ecological Indicators, 116: 106480.

Beier C, Beierkuhnlein C, Wohlgemuth T, et al. 2012. Precipitation manipulation experiments - challenges and recommendations for the future[J]. Ecology Letters, 15(8): 899-911.

Brandão M M, Vieira F D, Nazareno A G, et al. 2015. Genetic diversity of neotropical tree *Myrcia splendens*(Myrtaceae)in a fragment-corridor system in the Atlantic rainforest[J]. Flora: Morphology, Distribution, Functional Ecology of Plants, 216: 35-41.

Chardon J P, Adriaensen F, Matthysen E. 2003. Incorporating landscape elements into a connectivity measure: a case study for the Speckled wood butterfly(*Pararge aegeria* L.)[J]. Landscape Ecology, 18: 561-573.

Chetkiewicz C, Clair S, Boyce M S. 2006. Corridors for conservation: integrating pattern and process[J]. Annual Review of Ecology, Evolution, and Systematics, 37: 317-342.

Clevenger A P, Chruszcz B, Gunson K. 2001. Drainage culverts as habitat linkages and factors affecting passage by mammals[J]. Journal of Applied Ecology, 38: 1340-1349.

dos Santos A R, Araújo E F, Barros Q S, et al. 2020. Fuzzy concept applied in determining potential forest fragments for deployment of a network of ecological corridors in the Brazilian Atlantic forest[J]. Ecological Indicators, 115: 106423.

Fan P F, Jiang X L. 2008. Effects of food and topography on ranging behavior of black crested gibbon (*Nomascus concolor jingdongensis*) in Wuliang Mountain, Yunnan, China[J]. American Journal of Primatology, 70(9): 871-878.

Fan P F, Ma C. 2018. Extant primates and development of primatology in China: publications, student training, and funding[J]. Zoological Research, 39(4): 249-254.

Fan P, Ni Q, Sun G, et al. 2009. Gibbons under seasonal stress: the diet of the black crested gibbon (*Nomascus concolor*) on Mt. Wuliang, Central Yunnan, China[J]. Primates, 50(1): 37-44.

Folke C. 2006. Resilience: the emergence of a perspective for social-ecological systems analyses[J]. Global Environmental Change, 16(3): 253-267.

Forman R, Godron M. 1981. Patches and structural components for a landscape ecology[J]. BioScience, 31(10): 733-740

Forman R, Sperling D, Bissonette J, et al. 2003. Road Ecology[M]. Washington, DC: Island Press.

Frye C, Nordstrand E, Wright D J, et al. 2018. Using classified and unclassified land cover data to estimate the footprint of human settlement[J]. Data Science Journal, 17(4): 20.

Geissmann T, Dang N X, Lormée N, et al. 2000. Vietnam primate conservation status review 2000 - Part 1: Gibbons[M]. Hanoi: Fauna & Flora International.

Giustini F, Ciotoli G, Rinaldini A, et al. 2019. Mapping the geogenic radon potential and radon risk by using Empirical Bayesian Kriging regression: a case study from a volcanic area of central Italy[J]. Science of the Total Environment, 661: 449-464.

Gough M C, Rushton S P. 2000. The application of GIS-modelling to mustelid landscape ecology[J]. Mammal Review, 30(3-4): 197-216.

Guo D. 2010. Local entropy map: a nonparametric approach to detecting spatially varying multivariate relationships[J]. International Journal of Geographical Information Science, 24(9): 1367-1389.

Guo H J, Long C L. 1998. Yunnan Biodiversity[M]. Kunming: Yunnan Science and Technology Press.

Guo J, Cai Y, Luo K, et al. 2009. Ecological corridor construction based on target species protection: a case study of Chongming Island[J]. Chinese Journal of Ecology, 28(8): 1668-1672.

Hashmi M M, Frate L, Nizami S M, et al. 2017. Assessing transhumance corridors on high mountain environments by least cost path analysis: the case of yak herds in Gilgit-Baltistan, Pakistan[J]. Environmental Monitoring and Assessment, 189(10): 1-9.

Holling C S. 2001. Understanding the complexity of economic, ecological, and social systems[J]. Ecosystems, 4(5): 390-405.

Homeier J, Breckle S W, Günter S, et al. 2010. Tree diversity, forest structure and productivity along altitudinal and topographical gradients in a species-rich ecuadorian montane rain forest[J]. Biotropica, 42(2): 140-148.

Jiang X, Luo Z, Zhao S, et al. 2006. Status and distribution pattern of black crested gibbon(*Nomascus concolor jingdongensis*) in Wuliang Mountains, Yunnan, China: Implication for conservation[J]. Primates, 47(3): 264-271.

Jordán F. 2000. A reliability-theory approach to corridor design[J]. Ecological Modelling, 128(2-3): 211-220.

Knaapen J P, Scheffer M, Harms B. 1992. Estimating habitat isolation in landscape planning[J]. Landscape and Urban Planning, 23(1): 1-16.

Kushwaha S P S, Roy P S. 2002. Geospatial technology for wildlife habitat evaluation[J]. Tropical Ecology, 43(1): 137-150.

Lees A C, Peres C A. 2008. Conservation value of remnant riparian forest corridors of varying quality for Amazonian birds and mammals[J]. Conservation Biology, 22(2): 439-449.

Lewis G P, Siqueira G S, Banks H, et al. 2017. The majestic canopy-emergent genus Dinizia(Leguminosae: Caesalpinioideae), including a new species endemic to the Brazilian state of Espírito Santo[J]. Kew Bulletin, 72(3): 48.

Li H, Jing J, Fan H, et al. 2021. Identifying cultural heritage corridors for preservation through multidimensional network connectivity analysis: a case study of the ancient Tea-Horse Road in Simao, China[J]. Landscape Research, 46(1): 96-115.

Lindner M M, Maroschek S, Netherer A, et al. 2010. Climate change impacts, adaptive capacity, and vulnerability of European forest ecosystems[J]. Forest Ecology and Management, 259(4): 698-709.

Ma L, Li M., Ma X, et al. 2017. A review of supervised object-based land-cover image classification[J]. ISPRS Journal of Photogrammetry and Remote Sensing, 130(Aug.): 277-293.

Mills L S, Allendorf F W. 1996. The One-Migrant-per-Generation rule in conservation and management[J]. Conservation Biology, 10: 1509-1518.

Morandi D T, Frana L, Menezes E S, et al. 2020. Delimitation of ecological corridors between conservation units in the Brazilian Cerrado using a GIS and AHP approach[J]. Ecological Indicators, 115(1): 106440.

Ni Q Y, Huang B, Liang Z L, et al. 2014. Dietary variability in the western black crested gibbon(*Nomascus concolor*)inhabiting an isolated and disturbed forest fragment in southern Yunnan, China[J]. American Journal of Primatology, 76(3): 217-229.

Ni Q Y, Ma S L. 2006. Population and distribution of the Black Crested Gibbons in southern and southeastern Yunnan[J]. Zoological Research, 27(1): 34-40.

Ning W, Guan Z, Huang B, et al. 2019. Influence of food availability and climate on behavior patterns of western black crested gibbons(*Nomascus concolor*) at Mt. Wuliang, Yunnan, China[J]. American Journal of Primatology, 81(12): e23068.

Peng J, Zhao H, Liu Y, 2017. Urban ecological corridors construction: a review[J]. Shengtai Xuebao/Acta Ecologica Sinica, 37(1): 23-30.

Polsky C, Neff R, Yarnal B. 2007. Building comparable global change vulnerability assessments: the vulnerability scoping diagram[J]. Global Environmental Change, 17(3-4): 472-485.

Sahney S, Benton M J, Falcon-Lang H J, 2010. Rainforest collapse triggered Carboniferous tetrapod diversification in Euramerica[J]. Geology, 38: 1079-1082.

Spear S F, Balkenhol N, Fortin M J, et al. 2010. Use of resistance surfaces for landscape genetic studies: considerations for parameterization and analysis[J]. Molecular Ecology, 19(17): 3576-3591.

Stoll S, Frenzel M, Burkhard B, et al. 2015. Assessment of ecosystem integrity and service gradients across Europe using the LTER Europe network[J]. Ecological Modelling, 295(Sp. Iss. SI): 75-87.

Tateno R, Takeda H. 2003. Forest structure and tree species distribution in relation to topography-mediated heterogeneity of soil nitrogen and light at the forest floor[J]. Ecological Research, 18(5): 559-571.

Tracey J. 2006. Individual-based modeling as a tool for conserving connectivity[C]//Crooks K, Sanjayan M. Connectivity Conservation. Cambridge: Cambridge University Press: 343-368.

van Schalkwyk J, Pryke J S, Samways M J, 2019. Contribution of common vs. rare species to species diversity patterns in conservation corridors[J]. Ecological Indicators, 104(Sep.): 279-288.

Villa F, McLeod H. 2002. Environmental vulnerability indicators for environmental planning and decision-making: guidelines and applications[J]. Environ Manage, 29(3): 335-348

Wang J. 2004. Application of the one-migrant-per-generation rule to conservation and management[J]. Conservation Biology, 18(2): 332-343.

Williams J R, Arnold J G. 1997. A system of erosion: sediment yield models[J]. Soil Technology, 11(1): 43-55.

Wischmeier W H, Smith D D. 1958. Rainfall energy and its relationship to soil loss[J]. Trans Am Geophys Union, 39: 285-291.

Xiang W N. 1996. A GIS based method for trail alignment planning[J]. Landscape and Urban Planning, 35(1): 11-23.

Zeller K A, McGarigal K, Whiteley A R. 2012. Estimating landscape resistance to movement: a review[J]. Landscape Ecology, 27(6): 777-797.

Zhang M. 2014. Discussion on the theory of Wild Animal habitat fragmentation[J]. Chinese Journal of Wildlife, 35: 6-14.

Zhang Z, Du Q. 2019. A Bayesian Kriging Regression Method to estimate air temperature using remote sensing data[J]. Remote Sensing, 11(7): 767.

Zhao Q, Huang B, Guo G, et al. 2016. Population status of *Nomascus concolor* in Bangma Mountain, Lincang, Yunnan[J]. Sichuan Journal of Zoology, 35(1): 1-8.

Zorzanelli J P F, Dias H M, da Silva A G, et al. 2017. Vascular plant diversity in a Brazilian hotspot: floristic knowledge gaps and tools for conservation[J]. Revista Brasileira de Botanica, 40: 819-827.

第七章　历史文化景观

第一节　哀牢山-无量山地区历史沿革

无量山、哀牢山两列山脉系云岭的南延部分。以现在的行政区划而言，无量山北起大理南部，向东南至普洱东部和中部；哀牢山北起大理白族自治州南部，南抵红河哈尼族彝族自治州南部（何宣等，2013）。

云南古人类遗址丰富，元谋人的年代为距今约 170 万年，是我国迄今发现的年代最早的古人类。除元谋人外，云南迄今发现的古人类化石还有昭通人、西畴人、丽江人、蒙自人等。但是，目前在哀牢山-无量山地区尚未发现年代跨度长、地层连续的旧石器时代古人类化石和古人类遗址（朱映占等，2016）。

云南地区的新石器时代文化，大致可划分为 8 种类型：滇池地区——石寨山类型；滇东北地区——闸心场类型；滇东南地区——小河洞类型；滇南、西双版纳地区——曼蚌囡类型；金沙江中游地区——元谋大墩子类型；洱海地区——马龙类型；澜沧江中游地区——忙怀类型；滇西北地区——戈登类型（李昆声，2019）。

2006～2007 年，云南省文物考古研究所在无量山南麓的普洱景谷连续对白银渡口、南北渡、营盘地和大丙屯遗址进行了考古发掘。这些遗址都出土了打制和磨制石器，其中以石斧为主要的器形，其原料主要为河滩上的砾石，其形式有条形、梯形和扇形。以星形器和花形器为特征性器物。其年代多距今 3000～4000 年，研究认为其属于滇南、西双版纳地区——曼蚌囡类型。而景谷的新石器时代文化则属于澜沧江中游地区——忙怀类型，澜沧江中游地区——忙怀类型的新石器时代文化分布在云县、景东、澜沧等县。石器的特征是采用江边的鹅卵石打制而成，器型有石钺、石斧等（朱映占等，2016）。

云南的青铜文化可以分为滇池地区的青铜文化，怒江、澜沧江、金沙江上游的青铜文化，洱海地区的青铜文化，澜沧江、怒江中下游的青铜文化等（朱映占等，2016）。

云南新石器文化和青铜文化的不同类型，是不同先民的文化创造。对于云南的新石器文化和青铜文化，哀牢山-无量山地区都是各种类型区的重要分界线，同时也是不同类型区的交汇地带。

古文献记载的云南历史的开端为"庄蹻入滇"。战国楚威王时，大将庄蹻奉命南征。大军进攻到滇池地区，平定了当地的部族。但遇到了秦国攻占楚国的巴郡和黔中郡，连通楚国的道路因此断绝。庄蹻遂率领大军留在滇池地区，改变服饰，遵照当地习俗，自立为王，建立起滇国（朱映占等，2016）。按照司马迁《史记·西南夷列传》的记载，滇人"……椎结，耕田，有邑聚"，是过定居生活的农业族群。

根据考古发掘工作，滇文化遗物的分布范围南抵新平、元江、个旧一带（卜保怡，2012），没有跨过哀牢山脉。哀牢山以北地区、滇国西面还有嶲、昆明部族，"皆编发，随畜迁徙，毋常处，毋君长"，是游牧族群（朱映占等，2016）。而在哀牢山脉以南广大地区，则生活居住着哀牢人（朱映占等，2016）。

司马迁在《史记》中将当时西汉西南地区的不同族群统称为西南夷。秦始皇统一六国后，即着手对西南地区进行开发，开筑"五尺道"，将政治势力深入了云南。不过秦"五尺道"起于今四川宜宾，止于今云南曲靖，并没有进入哀牢山-无量山地区。伴随秦朝的迅速崩溃，对云南的统治也宣告结束（朱映占等，2016）。

西汉建立后，初期放弃对云南的经营。汉武帝时代，国力强盛，开始对汉朝西南地区进行开拓。西汉元封二年（公元前 109 年）汉朝发巴蜀兵平服了云南东北的劳浸、靡莫两个小国，兵临滇国，滇王投降。"於是以为益州郡，赐滇王王印，复长其民。"西汉在云南设置益州郡，云南纳入了中原王朝的版图。益州郡下设置了 24 个县，这 24 个县并不是今天云南的全部（朱映占等，2016）。

在《中国历史地图集·秦汉》卷上（谭其骧，1982），西汉所设 24 县没有一个在哀牢山以南，当时西汉的版图尚未跨过哀牢山。24 县中，双柏县（在今双柏、新平、易门一带）、邪龙县（在今巍山）两县就设在哀牢山-无量山地区北部，设县必然有大量汉族官吏兵丁进驻。这是汉人进入哀牢山-无量山地区的开始。

东汉时期，西南疆界有所扩展。东汉永平十二年（公元 69 年）居于今云南西部地区的哀牢夷内附，在其地置哀牢（今盈江东）、博南（今云龙北）两县，又割原属益州郡所领的不韦（今保山金鸡）、嶲唐（今云龙西南）、比苏（今云龙北）、楪榆（今洱海西岸）、邪龙（今巍山境）、云南（今祥云）六县置永昌郡（朱映占等，2016）。

永昌郡的设置是云南西部地区开发加强的结果。哀牢人是中国西南一个历史悠远的民族，曾经建立过哀牢国。哀牢人最早的记载见于东汉明帝时杨终所着的《哀牢传》："哀牢夷者，其先有妇人名沙壹，居于牢山。尝捕鱼水中，触沈木若有感，因怀妊，十月，产子男十人。"学者研究认为，哀牢人属于百越群体，因为分布在哀牢山而被称为哀牢人。《华阳国志·南中志》记载："永昌郡，古哀牢国。哀牢，山名也。"可见哀牢山-无量山地区的早期居民为哀牢人，以山为名。当然，哀牢人的分布地域远远超出哀牢山，其分布在哀牢山以南的广大地区（朱映占等，2016）。益州郡和永昌郡大致以哀牢山脉为界，不过永昌郡所辖的六县，都位于哀牢山-无量山以西及西南地区，哀牢山-无量山腹地及以南广大地区并没有中原王朝的县级管理机构（谭其骧，1982），东汉对哀牢山以南地区的统辖松散由此可见一斑。

两汉时期在实行郡县制、中央委派官吏治理的同时，封各民族原有的土著首领担任王、侯，让他们保持原来的统治地位，按照旧的统治方式去统治本民族人民，而中央王朝的官吏就通过这些土著首领来对各民族进行统治。

这些首领政治上听从中央的调度，经济上则象征性地承担贡赋。这种特别的统治措施被称为"羁縻政策"（朱映占等，2016）。这项政策考虑到了少数民族地区与中原地区的差异，适应少数民族地区的实际情况，为以后历代王朝所沿用。

公元 214 年南中地区（今四川大渡河以南和云南、贵州两省地区）设置"庲降都督"，用于镇抚豪强。刘备去世后，南中反叛。公元 225 年，诸葛亮南征，平定云南（朱映占等，2016）。南征之后对郡县设置进行了调整，在益州郡与永昌郡之间新设置云南郡，并对永昌郡进行调整。将永昌郡的楪榆、云南、邪龙三县划归云南郡，永昌郡下新设置了雍乡、南涪、永寿三县（朱映占等，2016）。永昌郡下新设的南涪、永寿两县在今澜沧江以南（谭其骧，1982），哀牢山脉以南广大地区首次出现县级建制。西晋统一之后在云南设置宁州，这是云南历史上行政区划的重大变化，因为在政区的级别方面宁州已经作为晋朝 19 个一级行政区之一，这是中原王朝对云南治理重视的重要表现（朱映占等，2016）。从西汉中期汉武帝开拓云南，至西晋时期 400 多年的时间内，对云南的开发与控制总体上是加强的。哀牢山-无量山地区北部和南部先后纳入中原王朝版图。

然而好景不长，西晋的统一只是昙花一现。中国进入了历史上大分裂、大动荡的东晋和南北朝时期。南中大姓爨氏崛起，开始割据。爨氏的祖先是中原汉人，在乱世中逐渐发展成为南中地区的政治主导力量，其控制地域内的各族人民统称"爨人"。爨人是云南世居民族自融及融合汉族移民产生的一个历史民族，可大致分为两部：东爨乌蛮和西爨白蛮。东爨乌蛮散居林谷，社会经济还处于以牧业为主的阶段。西爨白蛮农牧业发达，由于融合的汉人较多，受汉族的影响较大，西爨白蛮有"熟蛮"之称。爨氏名义上归顺中原王朝，实际的局面却是"开门节度，闭门天子"（王文光等，2015）。其统治中心在滇东曲靖一带，政治势力主要在滇东、滇中地区，对云南其他地区是没有进行有效管理的。包括哀牢山-无量山地区在内的广大地区游离于中原王朝体系之外，进入相对独立发展的状态。当时生活在哀牢山及以南地区的民族群体主要有与百越有源流关系的僚、鸠僚和孟高棉语民族的先民闽濮（朱映占等，2016）。

南北朝时期，云南民族融合发展的一大特点主要表现为汉族的夷化（朱映占等，2016）。爨氏的统治长达 400 余年。等到隋唐重新统一中国，多次用兵对爨氏进行打压，也没有使其彻底臣服（朱映占等，2016）。

隋唐时期，在今云南大理的洱海周围及哀牢山、无量山北部地区，分布着乌蛮、白蛮众多部族，其中势力强大的有 6 个，史称"六诏（诏即王的意思）"。"六诏"之中，蒙舍诏（以今巍山为中心）地处各诏之南，又称南诏。南诏王族本居哀牢，为"永昌（今保山市一带）沙壹之源"，始祖舍龙，因避仇家而自哀牢迁居巍山（段玉明，2018）。在唐与吐蕃的斗争中，南诏始终附唐。唐朝希望扶植一个亲唐的地方势力以牵制吐蕃。在唐朝的支持下，南诏得以兼并其他"五诏"，在开元二十六年（公元 738 年），南诏王皮逻阁统一了洱海地区（段玉明，2018）。

统一洱海地区后，伴随政治军事实力的增强，南诏开始对外扩张。天宝初年，唐朝开"步头路"，"步头路"即从安南都护府（今越南北部）溯哀牢山脉以北的元江水道而上至步头（目前说法不一，大概在今建水南部元江北岸一带），然后陆行北上，经通海城、安宁城，抵达云南西部和四川。可以说，"步头路"对唐朝加强西南边疆的控制有非常重要的作用（王振刚，2015）。然而，唐王朝的这一举动却引起滇东诸爨的不满，认为会威胁到他们在当地的统治。诸爨发动对唐朝的反抗，摧毁安宁城。唐朝派兵前往镇压，同时令南诏配合行动。南诏名义上配合唐王朝的行动，而事实上却在唐与爨氏的战争中渔翁得利，最终兼并了爨氏诸部，控制了滇东地区。南诏势力坐大之后，与唐朝关系紧张。天宝十年（公元 751 年）、天宝十三年（公元 754 年）唐朝先后两次派兵征讨南诏，结果都以惨败告终。公元 755 年，安史之乱爆发，唐朝无力再对南诏发动大规模军事行动，唐朝势力退出云南。击败唐朝后，南诏向四周开疆拓土，版图除包括中国云南外，还领有四川、贵州部分地区及今属缅甸、老挝的大片土地（段玉明，2018）。

南诏是哀牢山-无量山地区的高光时代。南诏行政区划，在洱海周围地区设置十赕，是南诏王的直辖领地。十赕之外，设置六节度、二都督，是军政合一的地方行政制度（邹逸麟，2010）。南诏在哀牢山-无量山地区置银生城（今景东）、开南城（今景东文井），设置银生节度。银生节度作为南诏国统辖地方的最高一级行政机构，设置在哀牢山-无量山腹地。银生城、开南城的设置，结束了长期以来哀牢山-无量山腹地无县级以上行政建制的局面。银生节度统辖地域从哀牢山以南直到今老挝和泰国北部的广大地区（邹逸麟，2010）。其管辖范围北起巍山，西起澜沧江，东至元江。除南部黑齿等十部落地区外，银生节度管辖的核心地区正是哀牢山-无量山地区。

不过南诏对哀牢山-无量山及其以南地区开发管辖的大好局面并未持续太久，潘锡恩等纂修的《嘉庆重修一统志》中记载"唐时，南诏蒙氏立银生府于此，为六节度之一。寻为金齿白蛮所陷，移府治于威楚。"金齿白蛮是百越分化而来，后来主要发展成为今日的傣族。银生节度存在的时间不长，后来迁往哀牢山以北的威楚府（今楚雄），此后南诏对哀牢山以南维持松散统治状态，对哀牢山-无量山及其以南地区的统辖力度较松散。

南诏后期，统治大权逐步由王族转到了朝廷重臣手中。公元 902 年，权臣郑氏篡位，南诏宣告结束。此后，历经 3 个短暂王朝的更迭：大长和政权（公元 902～927 年）、大天兴政权（公元 928～929 年）、大义宁政权（公元 929～937 年）。公元 937 年，通海节度使段思平联合滇东三十七部起兵灭大义宁政权，建立大理国（邹逸麟，2010）。大理国大致与中原宋朝统治同时。

大理国疆域基本沿袭南诏，地方行政区划上设有府、郡（邹逸麟，2010）。哀牢山-无量山腹地及其以南地区并无直属大理中央的府、郡。大理时期，哀牢山区及其以南分布的金齿百夷中，景兰贵族叭真统一了附近部落，自称"景陇金殿国"。

公元 1253 年，忽必烈率领蒙古军队灭亡大理国，持续 300 余年的大理政权结束。在经历爨氏、南诏、大理等地方政权之后，云南重新纳入国家统一的轨道中来。景定三年（1262 年）元军征服景东，景东隶属威楚万户府。德祐元年（1275 年）于县境置开南州，景东仍隶属威楚路。至大四年（1311 年）景东甸蛮官阿只弄遗子罕旺来朝，献驯象，乞升景东为军民府，经允，阿只弄知府事，罕旺为千户（景东彝族自治县志编纂委员会，1994）。蒙古中统三年（1262 年），南诏、大理时期都保持较大独立性的金齿百夷被降服。

元朝在哀牢山-无量山地区北部设置景东府、干远州、南安州、开南州，归威楚路管辖。南段设置元江路及和泥路。哀牢山-无量山以南地区也有路、府的设置。哀牢山-无量山南北麓的路、府、州都统归威楚开南宣抚司、临安广西宣慰司管理（谭其骧，1982）。

元代对于哀牢山-无量山地区的管理和开发也起到了历史分水岭的作用。一是在哀牢山-无量山地区建立起稳固的行政管理机构进行统辖，二是将哀牢山南北广大地区都稳固地统一在一个政权之下。元代在云南推行由少数民族首领充任世袭的土司制度，这是历代以来对云南地方统治制度的延续和发展。元、明、清三代，哀牢山-无量山地区有势力强大的傣族陶氏土司。清末动乱中，陶氏土司灭亡。自此至今，一直受到中央政府的直接管辖。

公元 1381 年（洪武十四年）明朝大军进入云南，1382 年，阿只弄长孙俄陶遣使归顺明王朝。景东仍为军民府，并命俄陶任知府（云南省文物考古研究所，2014）。洪武十八年（1385 年），叛明的麓川土司思伦发调集 10 多万官兵进攻哀牢山-无量山地区，景东土知府俄陶战败后，率领残兵逃往弥渡白崖，明军千户王升战死。明朝讨平思伦发后，俄陶仍复任知府，赐姓为"陶"，此后傣族陶氏土司对景东一带的统治延续到清末。在承认陶氏土司统治之外，明王朝也在景东设置景东卫，进行军事镇守。

明朝继承了元朝的土司制度，明初在云南采取"三江之外宜土不宜流，三江之内宜流不宜土"（三江指怒江、澜沧江、元江）的方针，同时在一些地区实行"土流兼治""府卫参设"（马曜，2010）。随着统治力量的加强，便逐步推行废除土司、实行流官统治的"改土归流"措施。不过改土归流基本没有在哀牢山-无量山地区进行，明后期哀牢山-无量山地区的行政建制有景东府、楚雄府、者乐甸司、镇沅府、新化州、元江府、临安府等。其中临安府设流官；楚雄府以流官任知府，以土官为佐。哀牢山-无量山地区其余府州都为土司管辖。

1658 年，清军进入云南。初入云南时，遭到元江土司的抵抗，顺治十六年（公元 1659 年）元江"改土归流"。清代的"改土归流"较明朝更为深入，有清一代的"改土归流"以雍正年间的鄂尔泰成就最大。在哀牢山-无量山地区，将镇沅土府、者乐甸长官司改流，土官安置到外省。澜沧江下游以东思茅等地改设流官；新建普洱府，设立流官，移元江协副将领兵驻守（马曜，2010）。经过这次"改土归流"，哀牢山-无量山地区只剩下景东为土知府。至嘉庆年间，哀牢山-无量山地区分属蒙化厅、楚雄府、景东厅、镇沅州、元江州、普洱府、临安府管辖。

19 世纪中叶开始，清政府统治危机加深，云南发生各族人民大起义。势力最为强大的是大理杜文秀领导的回民起义，而在哀牢山-无量山地区则爆发了李文学起义。李文学于 1856 年起事，起义军控制了哀牢山-无量山上段今巍山起至下段今墨江止，总面积达三万多平方公里的广大地区，包括今巍山、弥渡、南华、楚雄、双柏、景东、镇沅、新平、元江、墨江等地区的大部或一部（马曜，2010）。

李文学起义与大理杜文秀起义合流，声势浩大。1876 年哀牢山-无量山地区起义最终被清政府镇压。战乱造成很大破坏，延续数百年的傣族陶氏土司在这场起义中遭到毁灭性打击，曾是哀牢山-无量山地区主体少数民族的傣族人口损耗巨大（王昌荣，2015）。因为傣族陶氏土司在战乱中退出历史舞台，哀牢山-无量山地区全部纳入中央政权统治之下。

哀牢山-无量山地区的行政区建置，最早是双柏县，始设于西汉武帝时期。西汉元封二年（公元前 109 年），汉武帝征服云南中部地区的滇国，并在滇国故地设益州郡。西汉正史《汉书·地理志》记载"益州郡，武帝元封二年开⋯⋯县二十四：滇池，双柏，同劳，铜濑⋯⋯"，推测双柏县应该也始设于这个时候。双柏县的建置延续到三国、西晋时期，属建宁郡下属的 17 个县之一。南北朝时期是南齐晋宁郡属县。

哀牢山-无量山地区出现比较完善的行政区划，始于唐代南诏政权时期。对哀牢山-无量山地区而言，南诏时期是个新纪元。南诏在哀牢山-无量山地区设立银生节度，驻银生府（在今景东）。其管辖范围北起巍山、西起澜沧江、东至元江。除南部黑齿等十部落地区外，银生节度管辖的核心地区正是哀牢山-无量山地区，与今天拟建哀牢山-无量山国家公园的范围高度一致。

第二节　哀牢山-无量山地区民族概述

哀牢山-无量山地区的民族发展历史，同整个云南的民族发展史息息相关。云南是多民族分布的地区，是我国世居民族数量最多的省份。云南的众多民族，并不始于近代，而是历史上经过复杂而漫长的迁移、融合、分化，才发展为今日的云南民族面貌。

新石器时代以来，云南境内就存在着三大民族系统：氐羌、百越和百濮。氐羌来自西北，其先民沿着横断山脉的怒江、澜沧江、金沙江及雅砻江流域的河谷通道南下进入云南。百越民族来自东南，是中国东南地区古代民族的总称。百濮分布区大体在云南南部与中南半岛相接的地带，后来发展成为今天我国南亚语系孟高棉语族的佤、布朗、德昂等民族。云南的早期人群是外来人群与当地人群相融合而产生的，云南民族一开始就是多源合流的民族。

具体来说，古代属于氐羌系统的民族有秦汉时期的靡莫、劳浸、滇、昆明、白马、摩沙，有南北朝后期的乌蛮、白蛮、羌人诸部，有元明清时期的罗罗、白子、么些、窝泥、栗些、俅人、怒子、西蕃、倮黑、峨昌等。他们发展到今天，成为云南汉藏语系藏缅语族的彝族、白族、哈尼族、纳西族、基诺族、景颇族、独龙族、阿昌族、普米族等民族；古代属于百越系统的民族有秦汉时的滇人、句町、漏卧、滇越、哀牢，唐宋时期的僚人诸部、白衣、金齿、银齿、绣脚、绣面，元明清时期的摆夷、侬人、沙人、仲家、土僚等；他们发展到今天，成为汉藏语系壮侗语族的壮族、傣族、水族、布依族等民族；秦汉时期的云南还有苞满、闽濮，唐宋时期有扑子蛮、望蛮，元明清时期有蒲蛮、崩龙、卡瓦，他们发展到今天，成为布朗族、德昂族和佤族（朱映占等，2016）。

云南民族中，有很多是在历史时期从云南这片土地以外迁入的。

西汉时期，汉族开始进入云南。回族是元代时开始迁入的。苗、瑶民族的先民进入云南的时间相对较晚，以清代中叶以来为最多，主要是贵州苗民起义失败后进入的。

哀牢山-无量山地区在民族地理上大致是氐羌系统民族与百越系统民族的分界线，民族风情迥异多彩。属于氐羌系统民族的人们，多散居在云南的北部、东北部、西部和西北部；属于百越民族的人们，则散居在今云南的东部、东南部、南部、西南部。

具体到哀牢山-无量山地区，目前属于氐羌系统的彝族、哈尼族占优势，为主体少数民族。曾为哀牢山-无量山地区主体少数民族和统治民族的傣族经历清末动乱后人口损耗严重。今天居住在哀牢山-无量山地区的民族除汉族外，主要有彝族、哈尼族、拉祜族、傣族、苗族、瑶族、回族等少数民族。其中，哈尼族、拉祜族苦聪人是哀牢山-无量山地区特有的族群。

一、彝族

彝族属氐羌系统民族，广泛分布在我国西南地区，支系众多，也是哀牢山-无量山地区分布最广泛的少数民族（图7-1）。

彝族一般以层林环绕、翠竹相拥、风景优美、气候宜人、"上边有坡养牛羊，下边有田种粮食"为理想的居住之地。彝族习惯居土掌房。土掌房是一种依山而建，以土木为原料的平顶房。其结构是立木为柱，四周夯土为墙，或垒石、土坯为墙。房顶筑成平台，既是屋顶，又是农作物的晒场和避暑纳凉的好地方（李永生，1995）。此房冬暖夏凉，防火性能极强，因此又有"封火房"之称。土掌房除单层平房外，还有二层楼房式的，楼下住人，楼上放置粮食等物。

a　　　　　　　　　　　　　　　b

图 7-1　19 世纪末的彝族同胞（Henry，1903）

元江两岸的彝族青年，用花腰带传情。姑娘精心绣制花腰带送给相爱的小伙子，小伙子也把揣在怀里的手镯或耳环给姑娘戴上，表示真诚相爱。男女青年用口弦传情达意，双双对对轻轻弹拨，倾吐知心的话语，不用语言，双方都能会意。

彝族主要节日为正月春节、二月八祭龙节、清明节、端午节、火把节、中秋节等，但唯有火把节为彝族特有的隆重节日。"火把节"又叫"星回节"，俗有"星回于天而除夕"之说（李世忠，1985），相当于彝历的新年。由于彝族人认为火炬可以驱鬼除邪，故点燃火把后要照遍房屋的每个角落，有的甚至整个村寨的火把队要挨户走一遍，然后还要欢聚于村头寨边、田野山坡耍火把，举办篝火晚会。身着节日盛装的青年男女围于篝火堆旁，尽情歌舞、彻夜不眠。"火把节"也是青年男女播种爱情、传达情意的好时机。

彝族火把节的来源，传说较多：一为，汉朝时有一名彝族妇女名唤阿南，系樸榆酋长曼阿娜之妻，汉将郭世忠杀曼，预占其妻，阿南以 3 个条件为准——一设坛祭奠亡夫，二焚故衣易新衣，三聚部人宣晓其忠，郭答应阿南的条件，于农历六月二十四置松棚，置火于下，远近前来围观，阿南握刀而出，俟火炽热燃烧之时，尽焚其衣，抽刀自刎于火中，众人哀念极浓，每逢次年是日便举火吊唁；另传南诏王皮罗格欲并五诏，筑松明楼，诱各诏酋长聚会，邓睒诏酋长之妻慈善夫人识其阴谋，劝其夫切勿赴会，其夫不听，便将铁钏戴于手臂以作记号，事后，果然不出所料，正当各诏酋长松明楼聚宴正浓时，南诏王借故下楼，将火点燃，数酋长均被焚而死，慈善夫人以钏辨夫尸身归葬，皮阁罗闻其贤美欲娶慈善为妻，慈善闭城死节，滇人于是日燃火炬以示吊唁，月去日往，便相沿成俗，为彝族的隆重节日。此外，还有其他版本的传说，此处不再详述。

实际上，作为一个祈丰年的节日，它的起源主要还是因为早期彝族社会生产力水平低下，人们对自然力量的屈服、依赖以及对火的崇拜而产生的对"田公地母"的祭祀（苏丽春和李艳，2005）。

凡六月二十四，彝族村寨都自发组织庆祝活动，入夜，各家点燃大大小小的火把，红光耀眼，村村寨寨都沸腾起来。小伙子手舞火把，臂挂香面袋，穿行于村巷之中，相互抛撒香面，使火把发出阵阵火焰，以示祝福；随即游田串地，追撒香面，驱杀虫害，预祝丰收，整夜在耀眼的火光中尽兴度过。

今天的"火把节"，宗教祭祀的内容已逐渐减少，娱乐性功能越来越强（苏丽春和李艳，2005）。

彝族人民喜欢跳山歌，跳山歌是一种集体性的娱乐舞蹈，通常用笛子、芦笙、三弦等乐器伴奏，参与人数不限，手拉手、手搭肩，大家围成圆圈。"吹起芦笙脚就痒，成群结队奔歌场，扣起手来跳起歌，一直跳到大天亮"。

彝族居住比较分散，小的村寨只有几户、十几户人家，有的还是独家村。住房也比较简单，较多居住"土掌房、茅草房"。另有一种"垛木房"，多用作畜圈或堆放杂物。屋内皆有火塘，由旧时"锅桩"演化而来，火塘上方下方，主座客座有一定规矩，而且不可跨越火塘（雒树刚，2016）。火塘一年四季保存火种，火塘边可以待客、吃饭、睡觉，基本上火塘是全家的活动中心。分家时须从旧居火塘取去火种，另立火塘。

山区彝族好饮酒，这与山区气候较冷有关。彝族人民以苞谷、荞子为主食，蔬菜品种不多，喜大块食肉，"坨坨肉"便成为彝家特色。

二、哈尼族

哈尼族属氐羌系统民族，是云南特有民族，主要聚居在哀牢山-无量山地区。哈尼族村落多在茂密的森林、充足的水源、平缓肥沃的山梁等易于垦殖梯田的地方。由祭司通过立海贝、立寨桩、堆谷子或"丈克勒"仪式测定寨心（毛佑全，1998），划分界线。最后，设置寨门（龙巴门）。

各地寨门形式不同，红河两岸的哈尼族有的借用后山的寨神林代替。"蘑菇房"是哈尼族传统文化底蕴最深厚的建筑样式，主要流行于滇南红河、元阳等哈尼族居住区。"蘑菇房"的设计与建筑融入了哈尼族先人的勤劳与智慧，在我国民居文化中独树一帜。哈尼族"蘑菇房"因其特别的结构形式，具有良好的保温散热性能——冬暖夏凉（杨大禹，2010）。哈尼族有"谁不会盖蘑菇房，谁就不是真正的哈尼人"之说，显然他们视"蘑菇房"为一种骄傲。

哈尼族人民喜食酸味，几乎家家有泡菜和酸腌菜，每个村寨都能自制烧酒、米酒、小酒，有吸草烟喝茶的习惯。哈尼族多依山傍水而居，居住在半山地区的哈尼族以木杈房、竹瓦房、茅草房为主。居住在河谷平坝一带的哈尼族则以瓦房为主，大多数人家都习惯在房前搭上一个晒台，既可以晒粮食、衣服，又可堆放粮食、杂物。值得一提的是以元江、红河、绿春、金平等地区为主的元江南岸片，是哈尼族最集中、人口最多的片区，以耕种梯田著称（图7-2）。因为地处元江河谷，气候炎热干燥，住屋类型多是土掌房。这类土掌房中的一部分，因局部带有四面坡草屋顶，形似蘑菇，因此被哈尼族称为"蘑菇房"（图7-3）。

图 7-2　哀牢山哈尼梯田（汪童童摄）

图 7-3　哀牢山哈尼族蘑菇房

古代和近代，哈尼族多用自己织染的青蓝布做衣服，男子多穿蓝布衣和肥大的青布长裤；男青年头戴缎帽，加包青布包头，穿黑领褂，较富裕人家子弟穿猫头鞋。妇女服饰较复杂，已婚妇女黑布大包头，戴银泡，脖子上挂项圈，穿面襟短衣和长筒裙；未婚姑娘编发辫，有的包青布包头，穿镶花边的面襟短衣，下着筒裙或青布长裤，腰系裙带。长短衣都钉有银纽扣，脖子挂银链（毛佑全，1999）。

古城、恩乐一带的卡多妇女，一般都喜欢戴银手镯、银耳环。有的妇女还用紫胶、木瓜掺和染牙齿。中华人民共和国成立后，青年男女平日多穿汉装，染牙习惯已不多见（图7-4）。

图 7-4　哈尼族服饰（普洱市博物馆藏，费杰摄）

在哈尼族的传统节日中，受到普遍重视的是矻扎扎、扎勒特和昂玛突，合称三大节（雷兵，2002）。哈尼族以农历十月为岁首，过十月年就是过新年，是哈尼族一个隆重的传统节日。各地过十月年的时间有所不同，一般在农历十月的属龙日开始至属猴日结束，节期五天。红河地区的哈尼人将其称为"扎勒特"，"扎勒"是"米团子"，"特"是"春"，"扎勒特"的意思是"春糯米团子"，出自过十月年就要做糯米团子和糯米粑粑。粑粑大小如盘、碟以至簸箕。团子和粑粑都是圆形，象征新年新岁、家人团聚、诸事圆满、吉祥如意。西双版纳的傣尼人称其为"嘎汤帕"，即"万物更替"之意。这与红河地区的"十月甘陶是哈尼大年"一句中"甘陶"的音和意完全一致。思茅地区的哈尼族则称其为"合社扎"或"密色嘎"，均为"过年"之意。

按照传统习俗，哈尼族在农历十月间第一轮属兔日上午，家家要做粑粑祭祖，送别旧岁。第二天属龙日中午，全寨要共杀一头年猪，称为"生轰"。这头年猪，必须平均分到每户，家家都要用此猪肉祭祖。第三天凌晨，要做一碗汤圆祭祖，并要鸣响火药枪，庆祝新年到来。这天上午，哈尼族每户都要绑一只公鸡，并杀鸡敬祖。

哈尼族非常注重亲戚间的来往，过节期间送礼品，一为恭贺新年，二为祭献祖宗，不忘自己的血统，使得亲戚关系更加牢固，送礼品成为哈尼族团结和睦的纽带。哈尼人在节日当天会击鼓庆祝，并且大摆街心宴。

"昂玛突"即祭寨神之意。各地哈尼族"昂玛突"的时间有所不同，一般选择在农历十一月属龙或者属牛日开始。哈尼族认为，"昂玛"是哈尼村寨的最高保护神，它保佑村寨五谷丰登、人畜兴旺。相传很久以前，有一个山魔经常侵袭哈尼山寨，有一个叫"昂玛"的哈尼祖先挺身而出，杀死山魔，但是"昂玛"两个男扮女装的儿子也献出了生命。所以哈尼族每年举行隆重的"昂玛突"纪念哈尼族这位护寨英雄。

六月节，哈尼语叫"苦扎扎"，有的地方亦称"耶苦扎"。"耶"即"奥耶"，意"雨"，指雨水季节。"苦"意"枯萎""枯槁"，"扎"意"吃"，"苦扎扎"的含义是五黄六月、雨水频繁、气候湿热、青黄不接。节日的第一天，村寨清洗水井，并推举出一名未结过两次婚、家中未曾发生过非正常死亡的男性长者为"勤收",主持节日庆典及祭祖活动。村民在"勤收"的率领下,进山挑选砍伐一棵粗大挺直的青松木做磨秋杆。磨秋杆是"苦扎扎"活动必不可少的神圣之物。相传每年这个时候,天神摩咪都会派遣小神"威嘴"骑着白马降临哈尼村寨,查看哈尼族人的生产生活,虔诚的哈尼人便在村边平坦的草地立起一个磨秋杆,候迎"威嘴"的光临。于是,磨秋杆便成为不可缺少的保佑村寨平安康泰的支柱。用来祭祀"威嘴"和祖先神灵的牛肉按户平均分配。第二天傍晚在"勤收"主持下,全村举行磨秋仪式。在磨秋场,各村寨还需立一面牛皮大鼓,鼓声激昂、纵情舞蹈。

三、拉祜族

拉祜族属氐羌系统民族。"拉祜"是这个民族语言中的一个词语,"拉"为虎,"祜"为将肉烤香的意思。因此,在历史上拉祜族被称作"猎虎的民族"。拉祜族主要聚居在哀牢山-无量山下段。拉祜族语言属于汉藏语系藏缅语族彝语支,无文字。拉祜族的住房,有落地式茅屋和桩上竹楼两类。落地式茅屋是沿袭了古俗,择地而修造。桩上竹楼可能是受其他民族的影响,是在落地式茅屋的基础上发展起来的(刘志安等,2019)。"牝披移"意为桩上竹楼房,是一种木桩权搭成的双斜面竹楼,有大小之分,大型竹楼为大家庭居住,小型竹楼为个体家庭居住,竹楼式样没有什么差异,面积的大小主要由人口的多少来定。"牝披移"主要由"日格"(房屋内寝室部分)、"扎迪格"(舂碓处)、"掌倮"(晒台)三部分组成。小竹楼一般从右方顺梁开门,门外为"掌倮",用粗树干砍成楼梯供出入上下。楼上一般用竹笆(或木板)隔一两个住室,前房中央设火塘,火塘为饮食、会客及休息娱乐的地方。火塘上方挂"握"(炕笆),供烘烤粮食及防火用。后室作寝室。楼上四周用竹笆(或木板)围栏,楼下是关牲畜、堆放柴火的地方。大型木桩竹楼,通常是长房。澜沧坝卡乃、南段的大型长房高 6～7m,面积约 300m²,一般长房约 100m²。此种大型竹楼,正面有走廊,没有窗子,从正中或左右两侧开门,门外有"掌倮",还有可供两人并排上下的楼梯。室内按家庭的多少,用竹笆(或木板)隔成若干间,和汉族分间稍相似,中间形成一个通道,每个隔间内住有家庭成员,室内设火塘。在这里间与火塘的构造和布置,便形成了拉祜族居室的民俗特点。长房旁边,建有储藏粮食的仓库。居住长房的大家庭由几代人组成,一般为 40～50 人,多者百余人。拉祜年,时间一般为农历正月初一至初九,与汉族春节时间大体相同。拉祜族过年,分大年和小年,大年过 5 天(初一至初五),小年过 3 天(初七至初九)。除夕晚上舂粑粑,大粑粑象征太阳和月亮,小粑粑象征星星和五谷。在农具上要放上一些粑粑,表示让它们和主人一起分享节日的快乐。村寨里宰牲畜,户主都要给各户分一节大肠和几勺鲜血,民间有"不见牲血不吃肉"之说。初一,头一件事是到山泉边"抢新水"。据说,谁先接到新水,谁家的稻谷、瓜果等庄稼就会先熟,谁家就更有福气。因此"新水"在拉祜族人民的心目中成了神圣、幸福的象征。早饭后"拜年",小辈要拿一对粑粑去给长辈拜年,而后各家互拜,接受拜贺后男女老少开始跳芦笙舞、丢包等(苏丽春和李艳,2005)。

拉祜族还包括哀牢山-无量山地区特有的族群——苦聪人,主要分布在镇沅、新平和金平。

四、傣族

傣族属百越系统民族,曾是哀牢山-无量山地区的主体少数民族。哀牢山-无量山腹地的景东,即为傣语音译词,意为坝子城。历史上景东凡河谷平坝,几乎全是傣族村寨,如当今的文井、文光、文窝、文仓等地名,均是当时傣族村寨蛮井、蛮赖、蛮窝、蛮仓变更而成。到了明代,土司制度确立后,陶氏土司在境内世袭 20 多代,具有数百年的历史。清末战乱,傣族村寨毁于战火,此后,傣族大量向南迁徙,即便当时未出走者,或隐姓埋名,或归附于他族(景东彝族自治县志编纂委员会,1994)。

在哀牢山-无量山地区,傣族主要分布在景谷、元江、金平等地。傣族的男子着无领对襟或大襟小袖短衫,下身穿长管裤,多用白布或青布包头。傣族文身的习俗很普遍,男孩到十一二岁时,就请人在胸、背、腹、腰及四肢刺上各种动物、花卉、几何纹图案或傣文等花纹做装饰。妇女传统着窄袖短衣和筒裙（刘大平，2001）。傣族的饮食以大米为主，爱酒和酸辣食品，好吃鱼虾等水产，普遍有嚼槟榔的习惯。村寨大多建在平坝近水的地方，翠竹掩映、溪流环绕。干栏式建筑是傣族住房的特点，分为上下两层（云南省普洱哈尼族彝族自治县地方志编纂委员会，1993）。

傣族的日常生活、风俗习惯受到佛教等宗教的影响。傣族人民的节日多与宗教活动相关，主要有关门节、开门节、泼水节等（苏丽春和李艳，2005）。

五、苗族

苗族属百越系统民族，苗族也是支系众多、分布广泛的民族。苗族主要聚居在哀牢山-无量山下段。苗族先民早在南诏统治时期，就开始从四川、湖北、湖南、贵州等地迁入滇东南，但绝大部分是元、明、清时由外省陆续迁入云南的。苗族素以服饰艳丽、银饰精美繁杂而著称。苗族服装大多是刺绣、挑花、蜡染、编织、镶衬等多种方式并用，做工考究。苗族妇女做一条百褶裙，从绩麻、纺麻、织布、蜡染、挑花到缝制，需 5~6 个月的时间（殷永林，2001）。苗族服饰是苗族人民智慧的结晶，是苗族文化体系的重要组成部分，从服饰中可看出苗族历史的发展进程和文化沉积。它体现了苗族人民多彩多姿的精神风貌，苗族服饰图案被称为"研究民族历史文化的活化石"，也有人称苗族服饰是"穿在身上的书"。

"花山节"，又叫"踩花山""耍花山"等，是苗族的传统节日，盛行于滇南和滇东北的苗族聚居地。各地举办的时间不同，有的地方是农历五月初五举行，有的地方在正月里举行。节日期间，各地男女老幼穿上盛装，汇集到事先选定的山上，跳芦笙舞、对歌、摔跤、斗牛、骑马射箭、绩麻穿针比赛，亲友相会，饮酒谈心。很多青年男女借此对唱山歌择偶，对唱山歌多半是随编随唱，在唱歌中建立感情。"踩花山"有固定的花山场，一般设在苗族村寨较多的开阔山坡地上。爬花杆比赛是节日的第一项活动。节日里爬花杆，更多的是带有表演性质，而并非比赛。跳舞是节日的重要内容之一，也是青年男女相互了解、交流的形式。斗牛是"踩花山"的重要内容之一，一般在节日的第三天举行。交际也是节日的重要内容之一。苗族居住分散，平时交往较困难，民族节日为男女青年提供了一个自由交往、展示才能和培养感情的机会，是他们交际的最佳场所和时机。故"踩花山"也叫"采花山"，"采"即采花。"花山节"期间芦笙手不时吹起芦笙，伴着节奏跳起芦笙舞，参与者歌声不断，以苗语方言和不同的曲调进行演唱。对山歌是青年男女寻找情侣的最佳方式，节日期间，一对对青年男女以歌传情，使两个陌生人或不熟悉的人相识、相近、相亲，甚至订下终身（苏丽春和李艳，2005）。

六、瑶族

瑶族属百越系统民族，主要聚居在哀牢山-无量山下段。瑶族是山地民族，居住于山清水秀、自然环境优美的山区和半山区。瑶族村寨远离城镇集市，多建于近林靠水的高山地带，运输全靠人背马驮。一般二三十户自成村落，村与村大都相距十数里或数十里（红河哈尼族彝族自治州民族志编写办公室，1989）（图7-5）。

村寨与耕地相距甚远，因此每家在耕地处又建有田房，规模与村内住房大体相同而形成"村外村""家外家"。山区气候在冬季尤其夜间潮湿寒冷，故住房多采用既保暖又散热的土墙草顶或瓦顶房。住房为两层三间，中间一间作堂屋，既是家祭和议事之所，又是吃饭和接待宾客之地。两侧为厨房和寝室，靠堂屋门的地方置有火塘，楼上堆放粮食、杂物和接待客人住宿，畜厩大多单独建在正屋后面（红河哈尼族彝族自治州民族志编写办公室，1989）。村寨周围，几乎家家安有水碓舂米。以竹槽连接的水管，从山箐里引来清泉水，一直通到厨房，用水十分方便。瑶族有独特的盘瓠崇拜，相传盘瓠是一只五彩毛狗，瑶族视盘瓠为保护神，因此在饮食、服饰等方面也会反映出图腾崇拜的痕迹，如忌食狗肉，服饰花边绣成狗牙状等（苏丽春和李艳，2005）。

图 7-5　19 世纪末的瑶族同胞（Henry，1903）

七、白族

白族是哀牢山-无量山地区世居民族之一。唐宋时的"白蛮"与白族有渊源。元代李京的《云南志略》称："白人，有姓氏。汉武帝开僰道，通西南夷道，今叙州属县是也。故中庆，威楚，大理，永昌皆僰人，今转为白人矣。"清道光年刊印的《赵州志》载"白人，先居大理白岩川""多系张乐进求之裔，及赵氏、杨氏、段式之后"。据调查，张氏、坝西的杨氏、马房的白氏、苴力的段氏，都有碑刻和传承自述祖先为南诏大姓之后。清代司均的《白崖》一诗有"昔日白子国，不复有殊风"之句。

白族语言属汉藏语系藏缅语族彝语支。白族有自己独特的民族服饰，男子成年后，身穿白衣小领褂，妇女穿着更讲究。长大后，女孩胸前挂一块绣花手绢，以示心灵手巧，姑娘多将头发分成三至四股，编成一条大辫；婚后将头发网结起来，悬在脑后，套上毛线扎成的圆形花和网兜，然后用沙帕和黑布叠好，垛在一起，高达三寸左右，戴在头上，叫"纱帕箍"。两侧戴有一对银花和一对绒线花，头发上插有很多银质装饰品，额上留有少量"梳形"头发，以示美观。有的妇女，喜穿白衣黑领褂，外用红、绿、蓝三种布，贴在衣领袖口以及衣角边上，每层漏出一小点，形成三层假衣，表示穿得多、穿得好看，人称"三滴水衣"。年轻妇女用麻布式的白布做成围裙围在腰间；年老的妇女用丝织或棉织的大条布绕在腰间。小孩无论男女，多半头戴瓢型花帽，镶有银制佛像，身着不一（中国人民政治协商会议云南省南华县委员会，1995）。过去白族不论男女老少，都很喜欢佩戴手镯手箍，且多为扁形或者圆形。

白族多居瓦房，一般为庭院，少数富人家庭居住"四合五天井"。房屋以土木结构为主，正房一般面向东方，有楼，分左、中、右三间，中为堂屋，其上方正中置案桌，并以屏壁装饰，壁上正中贴"尊者"画或字画。节庆或红白喜事设案。楼上设"天地祖宗位"（家堂）。左为厨房，右为新婚或青年夫妇卧房，其余人员及来客均住在楼上。一般楼上中间不住人，设"家堂"和储粮（楚雄彝族自治州民族事务委员会，2014）。厢房作畜厩或放杂物。

八、回族

哀牢山-无量山地区回族同云南其他地区一样，是元代随蒙古人征战进入的，人口不多。以景东为例，清雍正元年至三年（1723～1725 年），回民马、布、张、金四姓翻越无量山迤西建立村寨。1985 年景东共有回族 1324 人，1990 年 1484 人（景东彝族自治县志编纂委员会，1994）。回族长期和汉族杂居，在居住、服饰等方面，与汉族大致相近。

一般信仰虔诚的回族人在参加节日活动和做礼拜时戴黑、白帽。在食物方面，回族食牛、羊肉。在语言文字方面，普遍通用汉语，并保留了一些阿拉伯语和波斯语词汇；基本使用汉文，但少数阿訇和学者使用或精通阿拉伯文。回族的节日多同宗教活动密切结合。主要的节日有："尔代"（开斋节，回历十月一日）、"古尔邦"（宰牲节，回历十二月十日）、"圣纪节"（纪念穆罕默德生与逝，俱在回历六月八日）。

第三节　哀牢山-无量山地区民俗文化

按照规划，哀牢山-无量山地区涉及的行政区有：大理白族自治州的南涧彝族自治县、弥渡县，楚雄彝族自治州的楚雄市、南华县、双柏县，普洱市的景东彝族自治县、镇沅彝族哈尼族拉祜族自治县，玉溪市的新平彝族傣族自治县。

一、南涧彝族自治县

"南涧"之称，起于唐代。因地处蒙舍之南，山间夹水，形似大涧槽，故名"南涧"。境内有汉族、彝族、苗族、白族、回族、傈僳族、布朗族 7 个世居民族，有汉族、彝族、白族、哈尼族、壮族、傣族、苗族、傈僳族、回族、拉祜族、佤族、纳西族、景颇族、瑶族、藏族、布朗族、满族、独龙族、基诺族、蒙古族、布依族、阿昌族、普米族、德昂族、土族、怒族等民族，其中：彝族人口 113 220 人，占总人口的 49.73%；少数民族人口 122 701 人，占总人口的 53.89%（南涧彝族自治县地方志编纂委员会办公室，2018）。

南涧境内彝族族源至今未取得一致意见。但在学术界居主导地位的是古羌说，其主要观点是：彝族是以"旄牛徼外"南下的古羌人为基础，南下到金沙江南北两岸后，融合当地众多世居部落、部族，随着社会经济的发展而形成发展起来的（南涧彝族自治县地方志编纂委员会办公室，2018）。《云南省志·民族志》载："远在新石器时代，古羌人部落就从河湟流域出发，开始向四方发展。他们所居无常，依随水草，主要以畜牧为生，间以稍事农耕。他们支系繁多，其中号称'越辐羌''旄牛羌'与'青羌'数部则分别游弋于金沙江南北两岸的广大地区。而彝族和彝语支其他民族便是以'越辐羌''旄牛羌'或'青羌'为共同的族源，随着历史的推进而分别分化发展起来的"。

南涧彝族妇女传统服装各支系不尽相同。密撒泼支服装多以青、蓝布料制作。上衣一般前襟略短，后襟稍长，右扣式，喜加青色无袖褂，裤子为现代式，毛边底绣花鞋。罗罗泼支妇女服饰尚显南诏遗风，上衣喜用红、白、绿三色各制一件套穿，无袖领褂之外覆以围腰，围腰左右各垂挂一条有串珠、针筒、三须等的小件银链，复以白色腰带缠于腰间，腰带两端皆有彩色缨须，腰带打结后，缨须垂至臀部。裤子多为青色、蓝色，鞋子多为满帮绣鞋。境内各支彝族妇女尤为重视首饰，首饰多为金、银、玉制品，有金簪、银簪、金耳环、银耳环、玉耳环、金手镯、银手镯、玉手镯、银铃等。彝族男子密撒泼支和罗罗泼支所穿戴大致相同，唯自制羊皮褂密撒泼支人多将毛面向里，罗罗泼支则喜将毛面向外（南涧彝族自治县地方志编纂委员会办公室，2018）。

据《南涧彝族自治县志》载："境内民间节日，除回族、苗族外，大体相同，有春节、清明节、端午节、火把节、中元节（习称七月半）、中秋节、腊八节等。"回族有开斋节、宰牲节、姑太节等。苗族有开山节、药王节、尝新节等。三月清明扫墓，又称寒食节，彝族人都要到祖先墓地拜祀祖先。六月二十四，到密酋山密酋树下祭密酋（密酋是彝族传说中的古帝王、司雷和风雨）。六月二十四、二十五是彝族人的火把节（星回节），届时彝族全村都要杀羊宰鸡，把嫁出去的姑娘接回来，高高兴兴地庆祝三五日。农历七月十四为中元节，又名月半节。彝族崇拜虎，自认为是虎的后代，房顶上供有石虎，小孩戴虎头帽，穿虎头布鞋，山神、财神庙立有石虎。

境内汉族、彝族、苗族、白族、布朗族、傈僳族等民族能歌善舞，尤以"跳菜""打歌"著称。"跳菜"又名"抬菜舞"，是彝族民间独有的用于婚丧庆典等较大场合的宴客上菜的舞蹈，历史源远流长，艺术博大精深，多次获得中华人民共和国文化和旅游部表彰。

彝族的歌舞伴餐——"跳菜"，即舞蹈着上菜。它是云南无量山、哀牢山彝族民间一种独特的上菜形式和宴宾时的最高礼仪，是一种历史悠久的舞蹈、音乐、杂技与饮食完美结合的传统饮食文化（秦莹和阿本枝，2007）。"跳菜"雅称"捧盘舞"，俗称"抬菜舞"，表演过程分为"宴席跳菜"和"表演跳菜"两种形式。"宴席跳菜"也叫"实地跳菜"，为喜庆或喜悦增添了一种欢乐祥和的气氛；"表演跳菜"即舞台上表演的跳菜，根据场地大小增减演员，可从几十人到几百人，舞蹈动作粗犷豪放、刚健有力，声音高亢嘹亮（刘茂颖，2020）。2003 年 3 月，中华人民共和国文化和旅游部授予南涧"中国民间跳菜艺术之乡"。2008 年 6 月，云南省南涧彝族自治县申报的"彝族跳菜"经国务院批准列入第二批国家级非物质文化遗产名录（中华人民共和国文化和旅游部，2019）。

二、景东彝族自治县

景东古称"猛谷"，"景东"系傣语转音，意为"坝子城"，是"猛谷"坝子中的城镇，后名气渐大，逐渐替代"猛谷"成为该地区之名（景东彝族自治县志编纂委员会，1994）。明景泰五年（1454 年）《云南图经志书》卷四载"景东，古徼外荒服地，曰柘南，曰勐谷，曰景董，为昔濮和泥二蛮所居。""景东，古柘南也，蛮云勐谷，又云景董，元为开南州，隶威楚路军民总管府，后升为景东府。"《山川》条载："景董山，昔为酋寨，今立为卫，筑城其上。"

清初景东为土知府，乾隆年间降景东为厅。民国二年（1913 年），全国裁府改县，景东直隶厅改为景东县，隶属于云南巡按腾越道。民国四年（1915 年），景东改属普洱道。民国十六年（1927 年）废道，改普洱道为第二殖边督办公署，景东仍属其所辖。尔后，普洱第二殖边公署改为普洱第四行政督察专员公署，辖景东。

新中国成立后，1950 年 5 月 1 日，景东县人民政府宣告建立，隶属于普洱专区人民政府。1955 年专区政府所在地迁至思茅，后改称思茅行政专员公署，景东仍属其所辖。1985 年 6 月 11 日，经国务院批准撤销景东县，设立景东彝族自治县。自治县于 1985 年 12 月 20 日正式宣告成立，归思茅地区行政公署所辖（景东彝族自治县志编纂委员会，1994）。2003 年，撤销思茅地区改设地级思茅市。2007 年，思茅市更名为普洱市。

2016 年末，景东彝族自治县境内居住着汉族、彝族、哈尼族、瑶族、傣族、回族等 26 个民族，少数民族人口 18.58 万人，占总人口的 50.8%，彝族人口占总人口的 42.9%，是云南省 6 个单一彝族自治县之一（中共景东彝族自治县委，县人民政府，2015）。

据《景东彝族自治县志》（景东彝族自治县志编纂委员会，1994）载：哀牢山区住房和安定、川河两岸彝族的土木结构住房不同，多数比较矮小，多以茅草、杉片为房顶，用不规则的石头砌墙角，筑土为墙或用篾笆、泥草挂墙，梁柱门窗，全是木质，梁一般不打榫扣，通常用自然树权代用。这种建筑的房子，俗称"克权房"。彝族每户必设火塘一个，以供冬天烤火取暖以及待客聊天、饮酒、喝茶之用。

居住在不同地方的彝族服饰亦有较大差异，哀牢山彝族的服饰为：男着无领大襟，大襟衣短及小腹，对襟衣更短，仅至肚脐，老人多喜欢穿大襟衣，妇女穿的上衣为有领大襟衣，并习惯于常年围腰裹腹。男女都穿黑色或者蓝色棉布的宽腰短脚裤，裤腰用白布做成。

男女均用布料缠头，妇女喜欢的盛装是"四围镶滚"粉底花边长服。这种长服只有在举行婚礼和其他重大喜庆日子才穿着，因来之不易，一般人一生中仅能缝制一套。居住在安定一带的彝族，喜白、青、蓝 3 色布料。男上装为白衬衣加领褂，女上装为右衽大襟衣，外套坎肩，腰系短围裙，头顶盘发，盖绣花头帕。男女都喜欢穿羊皮褂，妇女喜戴银耳环、银手镯、银手箍。

三、镇沅彝族哈尼族拉祜族自治县

"镇沅"因元江而得名，取威镇元江之意（镇沅彝族哈尼族拉祜族自治县志编纂委员会，2013）。一说，"镇沅"为傣语音译写法，傣语汉译的"镇""遮""姐""景""清"是"城镇"之意，"沅""野""也"是"粮仓"之意，"镇沅"意为"粮仓城"（镇沅彝族哈尼族拉祜族自治县志编纂委员会，2013）。

2019 年，全县户籍总人口 213 816 人，其中少数民族人口 122 698 人，境内居住着汉族、彝族、哈尼族、拉祜族等 22 个民族（镇沅彝族哈尼族拉祜族自治县统计局，2020）。居住在这里的三个主体民族及其他各族人民，形成了具有本土风味的歌与舞、风与俗，形成了独特的苦聪文化、茶王文化、盐井文化和民间民俗文化。其中：彝族咪哩人之手工麻纺服饰工艺文化、哈尼族卡多人之风情婚礼、苦聪人反弹三弦之深谷奇葩、神秘而隆重的苦聪圣节"葫芦节"等，流经千百年亘古不衰，至今仍散发着无尽的艺术魅力（镇沅彝族哈尼族拉祜族自治县志编纂委员会，2013）。

彝族是镇沅历史记载较早的世居民族之一，明时称"保保"。县境内的彝族支系众多，主要有保保、拉乌、香堂、俫俐、蒙化、山苏、拐棍等。除有一部分迁入年代不详，其余大多数于清朝年间从大理、楚雄、南涧、景东、云县、新平迁徙而来（镇沅彝族哈尼族拉祜族自治县志编纂委员会，1995）。

县内彝族各支系语言比较复杂，互相之间很难通话，他们之间只有保保、拉乌、俫俐方言群至今保存较为完整。与其他民族交往时通用汉语。服饰虽各支系之间存在差异，但是成年男子都习惯于头上缠一丈多长的青布大包头，上身外穿羊皮或山鹿皮褂，内穿开襟的土布及青布短衣，下身穿宽大的青色长裤，女子头缠青布大包头，上身穿镶边面襟长衣，系花边围腰，下身穿青色镶花边的长裙或大腰裤子，喜欢戴耳坠、银手镯。

哈尼族也是镇沅历史记载较早的世居民族之一，唐代境内就有和尼（哈尼）居住，至今已有上千年的历史。哈尼族支系较多，境内的支系有卡多、碧约、布都、布孔、白阔、窝尼 6 个。哀牢山-无量山地区是哈尼族的主要居住地。

拉祜族苦聪人是生活在元江流域山区的中越跨境民族。在国内分布于景东、镇沅、景谷、思茅、金平等地，是哀牢山-无量山地区特有的族群，常自称拉祜西、拉祜普等，包括黄苦聪、黑苦聪和白苦聪等分支（宋常，1978）。

拉祜人早在公元 3 世纪时，就已居住在洱海区域，公元 10 世纪以后，脱离大理政权控制，大举南迁，顺哀牢山和无量山东侧南下。境内拉祜人属于拉祜西支系，自称"锅挫"，他称"苦聪""苦宗""卡桂"等。清代云南就有古宗（他称苦聪、苦葱）。乾隆年间编绘的《皇清职贡图》卷七记载："苦葱，爨蛮之别种，自元时归附。今临安（建水）、元江、镇沅、普洱四府有此种。居傍山谷。"（图 7-6）。

图 7-6　乾隆年间编绘的《皇清职贡图》卷七

拉祜族苦聪人是云南少数民族中颇有传奇色彩的一支，1956 年夏天，中国人民解放军工作队在哀牢山南段，中越边界的金平县的原始森林里发现了苦聪人。1959～1960 年，云南省民族研究所对金平苗族瑶族自治县苦聪人进行了一次较为系统的社会经济调查（宋常，1978）。

哀牢山-无量山地区北部的苦聪人社会发展程度较高，南部金平地区的苦聪人较为原始。从 20 世纪 60 年代开始，在政府的帮助下，经过艰苦细致的工作，苦聪人逐渐走出山林，实行定居定耕。苦聪人和哈尼族交往较多，过去曾被认为是哈尼族一支。1987 年苦聪人被正式认定为拉祜族支系，并按本民族意愿，经云南省人民政府批准，统称为拉祜族。

据《恩乐县志》载："古宗，多山民，种地而食，性嗜酒，男女皆负薪野蔬入市，必易一醉而归。"又《恩乐县歌》中载："一种古宗性格悬，不耕水田种山谷，岩栖嗜酒访街期，扶醉归来喜可掬。"因大多数居于山区，以种植玉米、苦荞、洋芋为主，少量种植水稻，故主食多为玉米、杂粮，极少数食大米。除喜欢喝酒外，男女都爱吸草烟，也爱喝烤茶。

新中国成立前，仍有少数苦聪人过着"以叶构棚""环火而眠"、居无定所的迁徙生活。新中国成立后，普遍住房条件得以改善。

道光《普洱府志》载：苦聪人"男穿青短衣，女穿青蓝布长衣，下着蓝布筒裙，短不掩膝，其服或麻或布。"拉祜族男子普遍穿黑色对襟短衫，下穿宽大长裤，女子多穿黑布开襟长衣，衫长到脚面，开叉至腰部。衣领周围和开叉两边以及角边都镶有彩色几何图案和银泡。下穿长裤。妇女中少数也有缠布包头，也有用着色的藤皮作发箍，上缀银泡、贝壳和铸币等。

光绪《普洱府志》载："苦聪人以六月二十四日为年，十二月二十四日为岁首，至期烹羊豚祀先，醉酒歌舞。"至今拉祜人这两个节日仍旧过得十分隆重。此外，拉祜族有祭龙传统，祭龙是全寨性的习俗活动。从每年的腊月三十算起，第一个属羊日为头龙，当天，每户来一人带来一碗米汇集在龙树下祭献，二月第一天属牛日又祭，三月第一天属牛日再祭。祭龙仪式由龙头主持，龙头拿出一只鸡，一副升斗，六炷香，一包药酒，一叠金钱纸，请"白母"念经祈祷，杀鸡看卦，预祝全寨人在新的一年风调雨顺、五谷丰登、六畜兴旺、人丁安康。

镇沅与新平交界处的苦聪人还保留着一门古老的造纸技艺——纯手工制造麻洋纸。麻洋纸原料主要是当地的野生桦竹，另外加入一些树皮等碎料，浸泡 15 天后加热蒸煮七八天，发酵 10 天就可以出纸浆了。这种草纸质地粗糙、吸水性强，广泛用于日常生活和丧葬、祭祀等活动。

2014 年 4 月，由罗承松所著，中国社会科学出版社出版的《拉祜族苦聪人——对哀牢山中部一个人群生活方式的研究》，通过大量田野调查资料，对拉祜族的历史文化及其与环境之间存在的互动关系进行了深刻阐析，是研究哀牢山苦聪人的集大成之作。

四、弥渡县

相传古代弥渡是一片浩瀚的水乡泽国，行者易迷津，故名"迷渡""渳渡"，为避水患，清代称弥渡（弥渡县志编纂委员会，1993）。弥渡县原属赵州，1912 年设县。境内有汉、彝、回、白、傈僳、苗、纳西、傣、佤等 23 个民族，少数民族人口占总人口的 11.27%（弥渡县政府办公室，2020）。

据《弥渡县志》（弥渡县志编纂委员会，1993）载：弥渡县境内主要少数民族为彝族、回族与白族。

彝族是历史悠久的世居民族。大理地区的彝族与唐代"乌蛮"有很深的渊源。《元史·地理志》载："（赵州，包括弥渡在内）为罗罗蛮所居。"明朝景泰《云南图经志书》卷五载："白岩诸村多罗羽，撒马都、摩查皆乌蛮之种。"清乾隆《赵州志》卷一也有："卢鹿，土著乌蛮之后，俗称为逻罗，多居（赵州）西南山。"

弥渡境内的彝族有摩察、聂苏、腊罗等支系，自称墨叉、罗婆、土族；姓氏多为字、墨、凹、闭、李、杞、郭、柴、毕、乍、罗等；语言属汉藏语系藏缅语族彝语支。彝族和其他少数民族一样遭受封建王朝官吏、土司、庄主的剥削压迫。清咸丰六年（1856 年）牛街乡瓦卢村彝族农民李文学曾领导哀牢山各民族人民大起义。民国时期，彝族人民绝大多数是地主的佃户，有的是哨户，租税沉重、劳役繁多、山林不保。石佛哨村彝民张学富，不满国民党到彝山要钱要米、砍伐树林，拉响手榴弹和士兵同归于尽。

彝族服饰可分：县西山区清水沟、金岗、石甲、高坪等地，男子头顶毡帽，穿大襟衣，也有穿对襟衣的，大裆裤，赤足或穿草鞋，披羊皮，外出多背皮袋。女子裹高包头，额上饰银桂花，衣为右襟，外套无袖坎肩，腰系大围腰，三边绣五色花，动植物图案，足穿绣花凤头鞋，用本地产布缝制裤子，不锁脚边，腰间披圆形白毡裹背，有时也披羊皮。小男孩戴虎头帽，小女孩戴鱼尾帽；未婚少女不梳高髻，发辫从帽下垂于背。朵祜一带妇女打蝴蝶包头。瓦哲一带不梳高髻，只以包头盘发，或黑布一圈上缀银桂花，仍背绣花圆裹背，衣如汉族"姊妹装"，短围腰。牛街地区，裹包发，盘发，额前钉银桂花，穿红衣绿裤，胸前蒙大花围腰。老人喜穿蓝色、黑色，民国以前用自产白麻布做衣裤（弥渡县志编纂委员会，1993）。

随着生活的不断改善，布料多与汉族相同，仅妇女保持传统服饰。

回族大约于元朝进入弥渡。元世祖忽必烈统一云南时，有蒙古军和回族军随征，在弥渡县白崖驿东 7 里许留下"元世祖驻跸处"（明万历《赵州志》古迹条），《赛典赤家谱》载："穆罕默德三十八世孙马德澄分支落籍白崖下村……四十五世孙马迁宣四子应干、应培、应荣、应贵分支弥渡。"他们或为官，或经商，或务农，或从事手工业。长期以来，与弥渡各族人民一道，开发弥渡，创造弥渡地方的历史文化。

咸丰六年（1856 年）爆发了杜文秀为首的回民起义，弥渡有回族、汉族、彝族等人民先后参加，反对清朝统治。民国初年，玉溪、通海、永平等地回民迁入弥渡，多数从事商业、饮食业、手工业，发展了许多风味食品和地方产品。新中国成立后，回族的风俗、习惯、宗教信仰得到充分尊重，人口也有所增长。

白族是弥渡世居民族之一。清光绪年间，大理、剑川、洱源、鹤庆等地的白族手艺人先后入弥渡落籍，多以缝纫、制鞋、木工、做首饰为业，主要居住在弥城。先后开设了许多号铺，如"永茂号""富美号""复元号"等。剑川白族木匠沈俊如弟兄的木雕手艺十分出名。

花灯戏是贵州和云南的主要地方剧种，它源于民间花灯歌舞，清末民初发展成为地方戏曲，在流行过程中受各地方言、民歌小曲和习俗等的影响而形成多种不同的演唱与表演风格。花灯戏表演时艺人手不离扇、帕，载歌载舞。

云南花灯戏有昆明花灯戏、玉溪花灯戏和姚安花灯戏三大支系，此外的小支派名目极其繁多，文山、曲靖、楚雄、弥渡、罗平、元谋、禄丰、建水、蒙自等地都有自己的花灯戏。云南花灯戏最初演出的是歌舞成分很重的花灯小戏，后来受滇戏等剧种影响，出现了情节较为曲折复杂的剧目，同时吸收其他剧种的曲调加以变化拓展和翻新，形成了花灯戏新调（韩延汝，2013）。

云南花灯戏最繁荣的时期是 20 世纪五六十年代，此时不仅涌现了史宝凤、熊介臣、袁留安等众多著名的花灯戏演员，还出现了《探干妹》《闹渡》《刘成看菜》《三访亲》等一批享誉云南戏曲舞台的剧目。

2008 年 6 月 7 日，云南省弥渡县申报的"花灯戏"经国务院批准列入第二批国家级非物质文化遗产名录（中华人民共和国文化和旅游部，2019）。

弥渡民歌是指流传于云南省弥渡县境内的汉族和少数民族民歌。

清嘉庆初年《滇系》所记"山歌九章"有力地证明了弥渡民歌的悠久历史。20 世纪 50 年代以来，随着《小河淌水》《十大姐》《绣荷包》《弥渡山歌》等一批弥渡传统民歌、改编民歌在国内外广为传播，"弥渡民歌"作为一个音乐名称逐渐在全国产生广泛影响，成为我国知名度很高的民歌品类。

弥渡民歌内容丰富、形式多样，真实反映了人民群众的生产生活和思想情感，以民族分类可分为汉族民歌和少数民族民歌两类，以音乐体裁则分为山歌、小调、舞蹈歌、风俗歌等类型，曲调极为丰富，旋律婉转悠扬。代表性曲调，山歌类有《小河淌水》《弥渡山歌》《埂子调》《密滴调》《密祉调》《放羊调》《过山调》等；小调有《赶马调》《绣荷包》《绣香袋》等；舞蹈歌有《十大姐》和多种《打歌调》；风俗歌有《迎亲调》《送亲调》《哭亡调》《指路歌》《祭祀歌》等（中国艺术研究院·中国非物质文化遗产保护中心，2020）。

2011 年 5 月 23 日，弥渡民歌经国务院批准列入第三批国家级非物质文化遗产名录（中华人民共和国文化和旅游部，2019）。

五、南华县

南华汉时属益州郡；三国时属建宁郡；晋时属爨部；唐初设邱州；唐南诏置石鼓县；元宪宗七年（1257年）设欠舍千户所；元至元十二年（1275 年）改欠舍千户所为镇南州，始有镇南之名，意取"南中之一重镇也"。时辖石鼓、定边二县，后革二县为乡，属威楚府。明、清仍为镇南州，属威楚府。民国二年（1913年），镇南州改为镇南县。1954 年 10 月改称南华县，意为"祖国西南美丽的地方"，属楚雄彝族自治州，延续至今（南华县地方志编纂委员会，2006）。

2019 年全县常住人口 24.36 万人，少数民族人口 108 311 人，占总人口的 44%，其中：彝族 95 271人，占总人口的 39%；白族 9635 人，占总人口的 4%；回族 2114 人，占总人口的 0.87%（南华县统计局，2020）。

南华彝族是世居民族，有两个支系，即彝族罗罗支系和米撒儒支系，语言属于汉藏语系藏缅语族彝语支。彝族有自己的木制纺纱机、织布机。质料主要为抹布、黑布、蓝布、青布。服饰分便装、盛装、丧装；男服一般为上衣、长裤、外穿羊皮褂或麂皮领褂，腰系鹿皮兜肚，赤脚或着草鞋；女服上衣一般为大面襟衣裳，其领口、袖口、大面襟边、衣尾部绣各式花样，下着长裤，衣裳穿后系大小围腰，大围腰为葫芦形，小围腰绣花更为精致。

南华县白族主要聚居于雨露白族乡和散居于徐营镇、龙川镇，1984 年后成立后甸、罗文、石门 3 个白族乡。

南华白族族源流传三种说法，一说"源于南京应天府大坝柳树湾"，一说"从河南开封迁至大理，又从大理迁至南华"，还有一种说法认为"源于山东济南府"。

六、楚雄市

清宣统《楚雄县志》记载了楚雄的沿革及其地名的由来："楚雄之名，始自战国。庄蹻入滇略地至此曰楚。南诏时曰威楚县，又改楚州，宋段氏曰白鹿部；元置威州，又降为威楚县[至元二十一年（1284 年），降威州为威楚县]，考之舆图，威楚相沿已久，地当省垣门户，雄镇迤西八府，明以楚雄之名，殆取楚地雄威远播之义欤。"

2019 年末，全市户籍总人口 540 632 人，其中，少数民族人口 138 900 人，占户籍总人口的 25.7%，彝族人口 117 557 人，增长 1.7%，占户籍总人口的 21.7%（楚雄市人民政府办公室，2020）。

据《楚雄市志》（楚雄市地方志编纂委员会，1993）载：全市彝族聚居村 822 个，呈"大分散，小聚居"状态和其他民族交错杂处。市境彝族多为"罗罗颇"和"罗武"两个支系，其语言，前者属于汉藏语系滇缅语族彝语支中部方言罗罗颇土语；后者属于东部方言滇东北次方言。由于居住分散、山川阻隔、交通不便，各地彝语语音略有差异。据宣统《楚雄县志》载："罗武性犷悍……有书字土语"，但是经多年搜集，未发现彝文书籍，毕摩经诵靠口头流传；汉彝杂居地区，彝族多通汉语，用汉文。

境内的彝族缺少历史记录，见之史籍的首推《元史·地理志》，其中记载：楚雄"为杂蛮耕牧之地，夷名峨碌，后爨酋威楚筑城峨碌赕居之"。历史上曾以"爨"称呼彝族，由此可知，晋以前就有彝族先民居住于楚雄。南诏大理时期，楚雄为三十七蛮部的"白鹿部"，境内多彝族、白族，彝族多居山区。明天启《滇志》卷 39 载："爨蛮，其初种类甚多，依山阻谷皆是，名号差殊，语言嗜好亦因而异"，"其在楚雄者，不著其神汇，止曰罗罗，居山林高阜处，以牧养为业"。

民族史资料表明，彝族自称罗罗的支系，和南诏乌蛮有着直接关系，其祖先可追溯到南诏王始祖细奴逻，境内另一彝族支系罗武人自称聂苏颇，系从武定罗婺部迁来。明洪武十五年（1382 年）武定罗婺部土官弄积之次子字忠，从颖川侯征滇西各地；嘉靖年间，罗婺部又多次反朝廷，因征战关系，罗武人在滇西楚雄、双柏、姚安、云龙等地定居。

过去，哨区彝族服饰比较简朴，贫苦农民男女都喜欢穿羊皮褂，既保暖防雨，又耐磨耐穿，做活时穿在身上，休息时垫在地下，十分适用方便。彝族男子穿着，除羊皮褂、麻布衣之外，与汉族男子相似。头戴瓜皮缎帽，大面襟衣裳、摆裆裤、赤脚。青壮年男子喜欢穿对襟衣服，钉一排白色布纽攀，纽扣多至 21 对；下穿蓝布白线图案的布凉鞋，十分显眼。还喜穿火草短衣，那是一种火草纤维捻成纬线，用麻线作经线混合织成的手工产品，十分费工，属民族工艺品的一种。彝族妇女服饰还保留一些特色，上穿青布大面襟衣裳、黑领褂，领口、袖口、衣襟还有鲜艳的刺绣或花边，绣花短围腰，戴银耳环、银手镯、银头饰，银链挂在脖颈，还有银纽扣。下身穿大裤脚裤子，不锁边。每逢节日或喜庆日子，着民族盛装。罗武支系彝族妇女喜爱青蓝色、黑色衣服，衣袖裤脚镶有花边图案，缀银饰。胸前系蓝布围腰，绣花图案，配银链银饰；脚上穿绣花鞋，手上戴银手镯，耳挂银耳环（云南省楚雄市地方志编纂委员会，1993）。

未婚姑娘编发辫垂于脑后，已婚妇女挽髻，青布包头。彝族服饰大体相近，各支系小有差异。

彝族节日受汉族影响，也过旧历年、中秋节、七月半，但是还保留着自己的传统节日：火把节、彝族年、马樱花节、杨梅街、秋街等。

火把节，农历六月二十四日（罗武支系为六月二十五日）。到时杀猪宰羊，点火把照田除祟，"吹芦笙，交头跌脚，跳舞踏歌，饮酒为乐"（清嘉庆《楚雄县志·风俗》）。火把节已定为楚雄彝族自治州法定节日，楚雄鹿城有盛大的节日活动。

马樱花节也叫"插花节"，农历二月八日。家家过小年，叫牛羊魂；牛头饰松球，角饰彩线，大门、堂屋、房门、厩门，要插上马樱花，把牛羊放到牧草丰茂的地方。这是一年春耕生产的开始，是预祝当年粮、畜丰收的重要节日（雪犁，1994）。

秋街，农历立秋。男女老幼皆不下田，赶秋街，赶集聚会。

杨梅街，农历六月初一和十五两天，杨梅成熟的时候，赶杨梅街。这是春耕结束后进行文化娱乐和物资交流的重要日子，过去，景东、南华、玉溪、牟定和楚雄等地各族群众都来赶街。彝族女的背着箩筐，带上农副产品，男的拿上三弦、笛子成群结队来到哨区小黑箐等地集结。先尝杨梅，后跳歌、唱调子、对山歌，参加集市买卖，青年男女进行社交活动。

春节，农历正月初一、初二、初三为旧历年，内容与汉族大致相似。每年十月，还有十分隆重的"彝族十月年"活动。

彝族火把节是所有彝族地区的传统节日，流行于云南、贵州、四川等彝族地区。白族、纳西族、基诺族、拉祜族等也过这一节日。

有的学者认为火把节的起源与人们对火的崇拜有关，其目的是期望用火驱虫除害，保护庄稼生长。火把节期间，各村寨以干松木和松明子扎成大火把竖立在寨中，各家门前竖起小火把，入夜点燃，村寨一片通明；同时人们手持小型火把绕行田间、住宅一周，将火把、松明子插于田间地角（林超民，2006）。青年男女在寨中大火把周围弹唱、跳舞，彻夜不息。节日期间，还有赛马、斗牛、射箭、摔跤、拔河、荡秋千等娱乐活动，并开设贸易集市。

火把节期间举行的祭祀、文艺体育、社会交往、产品交流四大类活动是彝族文化体系严整、完备的集中体现。彝族火把节历史悠久、群众基础广泛、覆盖面广、影响深远。火把节充分体现了彝族敬火崇火的民族信仰，保留着彝族起源发展的古老信息，具有重要的历史和科学价值；火把节是彝族传统文化中最具有标志性的象征符号之一，也是彝族传统音乐、舞蹈、诗歌、饮食、服饰、农耕、天文、崇尚等文化要素的载体；火把节对强化彝族的民族自我认同意识、促进社会和谐具有重要意义；同时，火把节对彝族人民与各民族交流往来以及促进民族团结都有现实作用。

2006 年，彝族火把节经国务院批准列入首批国家级非物质文化遗产名录，保护单位为楚雄彝族自治州文化馆（中华人民共和国文化和旅游部，2019）。

彝医药是彝族人民的传统医药，流传于云南楚雄和四川凉山等地。彝医学将天地元气分为清浊二气，蕴生金木水火土五行作为基本物质。人体以清气络胸、腹、五脏，以浊气循肌表、腹、背，上下六气贯通，制衡内外邪毒。这是彝族人民对生命和健康的认知，成为彝医学的基础理论。

2011 年 5 月 23 日，彝医药经国务院批准列入第三批国家级非物质文化遗产名录（中华人民共和国文化和旅游部，2019）。

七、双柏县

双柏县建置于西汉元封二年（公元前 109 年），西汉开辟此地建县时，因县衙门前有两棵古柏得名（双柏县人民政府，1986）。宋始设摩刍政区，元开设云南行省，改置南安州。民国初期复名双柏县至今（双柏县地方志编纂委员会，1996）

2019 年年末全县户籍人口 152 115 人，其中，少数民族人口 78 076 人，占总人口的 51.3%，主要少数民族人口：彝族 72 205 人，哈尼族 3960 人，白族 881 人，苗族 402 人，回族 178 人（双柏县统计局和国家统计局双柏调查队，2020）。

据《双柏县志》（双柏县地方志编纂委员会，1996）载：双柏彝族多居于山区、半山区，少数居于河谷地带，各地饮食大同小异。高寒地区主产苞谷，兼产小麦、荞、薯、豆类；半山区水旱兼种，大米和杂粮参半；河谷地带水稻居多，主食大米，掺食杂粮。彝族喜食酸辣食物，好食糯食，普遍喜好烟酒。

双柏彝族多居僻壤，旧时，彝民以麻、皮为衣。前清男子蓄发绾于头顶，妇女披发、辫发或者髻发包头，衣不开襟，下着筒裙。清末及民国年间，男子衣着略似汉俗，唯包头为冠，外套皮、麻褂子。《南安州志》风俗类中言："不分男女俱披羊皮，嫁女与皮一片，绳一根为背负之具。"女子婚前辫发戴帽，婚后髻发包头。阿车妇女喜青蓝、黑色裤子。衣袖、裤脚镶着各种精美花边、图案，上缀银花饰品，腰佩蓝布围腰，上缝万字花或梅花等图案，内绣"喜鹊鸣春图"或"蝴蝶采花图"，上配各种银器，用银链垂于胸前，腰间用飘带束后，脚穿绣花布鞋，鞋尖隆起一小包，称为"鞋鼻"，手戴银手镯，耳挂银耳环。民国时期，亦有女子辫发脑后，头戴"翘尾帽"，婚后为髻发，青布包头，车苏、山苏多与阿车同，唯车苏老幼黑布包头缀顶左右。罗武服饰多与阿车同，唯裤子镶一道边，围腰略宽大。麻栗树一带罗武戴绣花帽，用红绿细布拼成花草图案，饰以铅、银等，罗罗多与汉杂居，衣着逐渐汉化，唯年长者仍着大面襟，打包头。彝族服装现多作节日盛装。

双柏县彝族具有民族特色的节日主要有跳虎节、开街节、祭竜节、火把节。

跳虎节，正月初八至十五。法脿镇麦地村一带罗罗人自古崇虎，奉虎为始祖，每年农历岁首正月过跳虎节。届时，所有村民饰虎跳虎舞欢度节日，辞旧迎新。

开街节，正月初八。安龙堡乡说全村一带的彝族阿车支系搭棚扎彩，附近彝民云集街市，笙歌舞戏。

祭竜节，各地节期各异。雨龙法甸彝族阿车支系，祭竜恒定二月初二。"龙头"由村中居民轮流执掌。初日祭龙，由当年"龙头"主持，饰"天公"一人，"龙女"若干人，每户一名男子参加。先到井口作祭祈祷，再同舞四时农事。次日"转龙"，先至"龙头"家笙歌朝贺，再逐户登门祝福，主人以酒肉相待。落脚于"龙尾"（下年龙头）家。第三天"安龙"，龙笙队在村中场院欢舞，男女老少前来观看，尽兴而归（云南双柏县地方志编纂委员会，1996）。

火把节，农历六月二十四日。旧称"星回节"，为彝族年节。彝族最早的历法一年为十个月，每月三十六天，十月为年节。至节期，杀牛祭祖、杀鸡敬田，夜晚束松燎燃，撒木香相贺，男女老幼吹笙跌座，以歌和之，饮酒为乐。白竹山、麻栗树等地彝族罗武人则遵古连寨跳大锣笙，每年农历六月二十三举行扳牛赛，然后杀牛祭祖，分而食之。二十五日逐户笙歌相贺，昼夜不休。二十七日敬"火神"，二十八日"送火把"，收锣舞休节止。

双柏彝族有非物质文化遗产——《查姆》、《梅葛》、老虎笙等。

被称为彝族"根普"的《查姆》，是一部流传于双柏县大麦地镇、安龙堡乡等彝族地区的彝族创世史诗。"查姆"彝语为"大"和"起源"之意，一般意译为"万物的起源"，《查姆》以神话传说的方式，记述了人类、万物的起源和发展的历史。据彝族"毕摩经"，最早的《查姆》有一百二十多个"查"，分为上部和下部。上部内容为开天辟地、洪水泛滥、人类起源、万物起源等；下部内容包括天文地理、占卜历算、诗歌文学等。《查姆》是一部彝族的百科全书，对研究彝族社会发展的历史和民族的形成具有很高的价值。《查姆》所包括的大多数内容普遍用于彝族民间丧葬祭祀礼仪上，当老人死后，便由主持葬礼的毕摩念诵。《查姆》多为五言句式，尾字押韵，朗朗上口，用彝族民歌"阿噻调"配唱，具有很强的韵律美（陈国光，2006；陈永香和曹晓宏，2010，2011；陈永香等，2012；黄彩文等，2012）。

《梅葛》是彝族的创世史诗之一，主要流传在楚雄彝族自治州的姚安县、大姚县、永仁县一带的彝族人民中，特别是在姚安县的马游坪村和大姚县的昙华乡等地流传最广，影响也最大。"梅葛"一词是彝语的音译，彝语"梅"意为"嘴、唱、说"，"葛"意为"过去""历史""回转"。"梅葛"即"唱说过去""唱说历史""唱说古今"之意（白惠能，2007）。因全部用"梅葛调"演唱，故取名为"梅葛"。《梅葛》内容十分丰富，以其独特的想象和质朴的语言，描述了彝族古代历史发展的轮廓，描绘了彝族先民的生产劳动和社会生活的广阔图景，展示了彝族先民的恋爱、婚事、丧葬、怀亲等的风俗习惯，反映了彝族人民和其他兄弟民族在经济、文化上的亲密关系，被称为"彝族的百科全书"（马克·本德尔和付卫，2002；陈国光，2006；陈永香和曹晓宏，2010，2011；陈永香等，2012；黄彩文等，2012）

双柏的彝族人民在漫长的历史发展中，同样也创造了独特的戏曲歌舞形式，老虎笙、豹子笙、大锣笙就是最具代表性的。"笙"在彝族语义中，为"舞蹈"之意（卞佳，2015）。

彝族老虎笙是一种同时具备祭祀性和自娱性的舞蹈，老虎笙舞姿以奔放雄浑著称，展现了山地民族的刚强性格，表达了彝族人民对虎的崇拜。其主要动作是模拟老虎的各种动态，生猛有力，体现了彝族人民图腾崇拜的习俗，古朴传统。

彝族先民认为虎尸分解创造了万物，他们崇虎、敬虎，以虎为祖先，自称"倮倮"，即"虎族"。双柏县法脿镇的小麦地冲是老虎笙的发源地，居住于此的彝族每年正月初八到正月十五有历时八天的"虎节"，其间会举行"祭虎""接虎""跳虎""送虎"等活动。跳虎者以黑毡捆扎成虎皮的样子，在身体裸露部位用颜料画上虎的花纹，整个人装扮成老虎的模样。跳老虎笙一般需16人，装扮成八头虎、两只猫、两位山神、一个道人，此外还有两个击鼓者和一个敲锣者。舞者排列成一行纵队，按逆时针方向行进。

老虎笙的舞蹈动作十分丰富，其中既有"老虎出山""老虎招伴""老虎捉食"等模仿老虎习性的动作，也有送肥、犁田、耕地、撒秧、栽种、拔秧、收割等模拟农事活动的动作。

作为彝族虎图腾崇拜的活史料，老虎笙生动体现了彝族先民的崇虎观及人与自然和谐相处的发展观，它承载着许多彝族的历史文化信息和原始记忆，在长期发展中逐渐成为彝族传统文化传承的平台，具有很高的人类学、民族学、民俗学研究价值（中国艺术研究院·中国非物质文化遗产保护中心，2020）。

2006年2月，"双柏县彝族老虎笙舞之乡"和《查姆》被列入省级第一批非物质文化遗产保护名录，双柏县同时被云南省政府命名为"云南省文化先进县"；2008年6月，《查姆》和"老虎笙"被列入国家级非物质文化遗产保护名录，随后，双柏县和老虎笙的发源地法脿镇被国家文化和旅游部分别命名为"中国彝族虎文化艺术之乡""中国民间艺术之乡"（楚雄日报，2012）。

八、新平彝族傣族自治县

据民国二十二年《新平县志》（马太元，1933）载："明万历十九年，丁苴白改夷普应春等叛，抚镇吴定，沐昌祚遣将邓子龙讨之，破敌军山，平核挑菁，焚白改寨，扫麻栗湾，擒斩万计。应春等既诛，七月二十三日，于鸣鼓营勒石纪功，请割元江、石屏、河西、新化地建置新平县。与新化州并属临安府。知县李先芬建筑土城。"新平即新平定的地方之意，县名即由此而来。

2018 年末，有户籍人口总户数 87 973 户，人口 279 769 人，其中：有彝族傣族人口 183 972 人，比上年增长 0.7%，占全县总人口的 65.8%（新平县统计局，2019）。

据《新平彝族傣族自治县民族志》（新平彝族傣族自治县民族事务委员会，1992）记载，新平彝族有着悠久的历史。据道光时期编纂的《新平县志》记载，早在周秦时期，县境内就已居住着"西南荒裔"的古代先民；清康熙《新平县志·沿革》中又载，"汉，嶲猓蛮所居；唐，阿僰土蛮所居……"。据彝文文献及汉文文献的记载，新平彝族先祖源于今滇东北、滇池一带，是"昆明人""东西二爨"等彝族先民的后裔。

当地彝族独特风味食品有：青绿芳香豆面，辣白酒、烤小猪肉，还有各地彝族腌制的竹笋、萝卜丝、猪头腌卤腐、腌梨、腌棠梨花等也别具风味。

此地彝族男子衣着多为缠青布包头，也有戴黑色瓜皮帽者，身着右衽襟衣，下着折叠大裤管。平章、建兴等地的彝族男子还喜欢披一件羊皮领褂，俗话有"羊皮衣裳小领褂，不是人穷地方兴"之说。彝族妇女服饰因支系、地域不同呈现出多姿多彩的样式。大致可以分为鲁魁山型、磨盘山型、新化型、老厂型、哀牢山型 5 种。

新平彝族重大的传统节日有火把节、二月八。也过春节、元宵、清明、端阳、中秋、冬至等节，节日活动富有本民族特色。

春节是彝族重大传统节日之一，农历腊月二十以后，各家杀年猪，门前栽青松，扎"火扎"，舂粑粑，磨豆腐等，为节日准备美味佳肴。除夕之夜，全家老少团聚，烹煮丰盛食物共餐。正月初一至初三，停止一切生产活动。男女白天打陀螺、狩猎，女子在树荫下织布、刺绣、赛秋千。夜晚，男女青年相约跳四弦舞、烟盒舞、花鼓舞，唱"阿乖乐""阿色调""阿哩调"，谈情说爱、走村串寨。节日期间，要在家堂内撒青松毛；有献祭天地、祖先、龙树、灶神、厩神和门神的习俗（新平彝族傣族自治县民族事务委员会，1992）。

农历二月初八，各家各户均要煮食春节时留下的猪头、猪脚。各村寨的男女青年都要汇聚到特定的"朝山"歌场对歌比舞、谈情寻侣。傍晚，每家都要备办好饭菜，端到寨头草坪上祭献山神。是夜，燃起堆堆篝火，吹笙弹弦，唱歌跳舞，通宵达旦。"二月八"节后，人们便要放松弦线，挂起芦笙，忙于春种。

除传统节日外，新平彝族还有各种祭礼活动。一年中，主要有祭天地、祭祖先、祭龙、祭倮、祭谱、祭山、祭日月、祭青等。

傣族主要分布在中国云南元江流域、澜沧江流域、瑞丽江流域和红河谷地等，形成滇中玉溪、滇南西双版纳、滇西德宏三个主要聚居区。汉代称"滇越""掸"。魏晋以后，有"金齿""白衣""摆夷"等多种他称，但自称是"傣"，意为酷爱自由与和平的人。傣族有水傣、旱傣和花腰傣之分。居住在元江畔的花腰傣，其语言有别于西双版纳和德宏傣族。

花腰傣丰富的语言文化、民俗文化、实物文化，特别是五彩缤纷的服饰文化等，无不闪耀着历史文化的光彩。

傣族是新平世居民族之一。

古代的"百越""滇越"等族群就是今傣族的先民。明《景泰云南图经志书》中写到马龙他郎甸风俗时说："百夷种类不一，而居本甸者曰歹摩，即大百夷也。"明万历《云南通志》记新化州风俗说："居夷二种，一曰僰夷，能居卑湿，女劳男逸，蚕桑捕鱼。"

康熙五十一年《新平县志》载:"摆衣,性懦气柔,畏寒喜浴,女人穿筒裙担檐,男子抱儿炊爨……"民国二十一年《新平县志·氏族》载:"摆衣,古僰夷一种,性懦,居炎瘴地,喜浴……分沙摆,旱摆,花腰傣,苦菜花傣四种"(图7-7)。

图7-7 清代的花腰傣(引自:《滇省夷人图说》)

新平傣族有傣雅、傣卡、傣洒三种自称和傣角折一种他称。傣雅、傣卡、傣洒根据服饰特征,习惯上又统称"花腰傣"。傣雅,即"傣雅伦",意为在历史民族大迁徙中被遗留下来的傣家人,主要分布在漠沙镇。傣卡,傣语"卡"即汉人的意思,意为由汉族融合而来的傣家人,主要居住在今漠沙镇和腰街乡。傣洒,傣语"洒"意为沙、"嘎洒"即"沙滩上的街子",因其居住在嘎洒一带得名。傣洒分布在今嘎洒、水塘二乡。傣折角,因其居住在今平掌乡谷麻江畔的角折村而得名。

新平傣族房屋与彝族、哈尼族相似,同为土掌房。

花腰傣妇女的服饰华美艳丽,纹身染齿等习俗与古滇国贵族几乎一脉相承,至今仍遗风不改。花腰傣妇女的盛装用料讲究,特别是傣洒、傣雅,多用绸缎,刺绣精美,银泡琳琅满目、熠熠生辉,彩带束腰;一双手戴几对银镯,十个指头都戴满戒指,丰姿绰约。穿戴起来根本无法劳动,只能参加礼仪性活动,是富贵身份的象征(熊术新等,2007)。且元江河谷气候炎热,穿那么多服装(仅裙子就有3~6条形成三叠水)是不适宜劳动生产的。古老华美的服饰,为什么能一直流传保持至今,与古滇国贵族后裔不能说没有联系。其服饰充满历史文化内涵,折射出强烈的地域特色,有古滇国的遗风。

花腰傣的服饰装束,和不少出土的滇国青铜器中古越人服装十分相似,大有异曲同工之妙。女性的服装尤其如此。花腰傣的傣雅、傣卡、傣洒、傣仲服饰各具风采。尤以傣雅、傣洒妇女的服装最为华丽,并喜用金、银镶齿,喜戴硕大的银耳环、六方银镯和镂花银戒指。纺织贮贝器(西汉)上铸绕线、穿梭打纬的纺织妇女6人,生动形象地表现了古滇国社会生产的一个场面。

花腰傣的傣雅、傣卡、傣洒、傣仲的服饰,都保留着古滇国的遗风,吸收了历史发展中的文化内涵。尤以傣洒、傣雅的服饰斑斓多彩,集历史、文化于一身,各种图案和花纹都有深厚的文化意韵。

新平傣族较为隆重的节日有春节、花街节、端阳节、中秋节和泼水节。其中花街节和泼水节民族特色浓重。

花街节,各地时间不一,漠沙一带的傣族一年赶两次,一次在农历正月十三,一次在五月初六,称"大花街"。嘎洒、水塘一带的傣族定每年农历二月的第一个属牛日为花街节。花街节是傣族青年男女互相认识、谈情说爱、挑选情侣的盛会（新平彝族傣族自治县民族事务委员会，1992）。

泼水节，傣族每年正月的第一个属牛日过泼水节。水花四溅，祝福四处弥漫，节日气氛浓重。

第四节　哀牢山-无量山地区重要古迹

一、南涧彝族自治县

南涧彝族自治县有省级文物保护单位 1 处（公郎清真寺），州级文物保护单位 8 处（公郎石箭、南涧白云寺、毓秀书院暨巡检司衙署建筑群、灵宝山石建筑群、乐秋永安桥（含方塔）、南涧文庙（含城隍庙）、南涧抗美桥、公郎段滇缅铁路遗址），县级文物保护单位 13 处（石洞寺、石洞寺摩崖石刻、公郎土主庙、李文学故居和殉难地遗址、碌摩山玉皇阁、南街观音殿、安定觉派庵、大军庄桂香文昌宫、拥政券桥、红星券桥、老 G214 线南涧段团山国防胜利桥、旧村六角楼、南涧水磨坊），共计 22 处。

（一）公郎清真寺

公郎清真寺位于南涧彝族自治县县城西南无量山麓，始建于明朝洪武年间，现存建筑是清嘉庆十七年（1812 年）所建，是公郎回族宗教活动的场所和社会文化活动的中心。惜 1950 年毁于失火，1953 年复建。

全寺占地面积 2000 多平方米，主体建筑坐南朝北，分礼拜大殿（朝真殿）、叫拜楼（宣礼楼）、阿文教学楼等，为一院式建筑。清真寺建筑古朴典雅、气势雄伟，是大理白族自治州建筑时间较长、保存比较完整的清真寺古建筑。清真寺大殿右侧（内屋山）墙上镶有"功昭义世"大理石碑一块，刻于嘉庆十七年（1812 年），碑文内容反映出回族人民团结、互助的美德（任海芬，2020a）。

1996 年，公郎清真寺被公布为县级文物保护单位。2012 年，被公布为云南省省级文物保护单位。

（二）公郎石箭

公郎石箭立于公郎镇石箭村对面、公郎大河右侧的农田里。石箭出土部分高 1.5m、宽 0.75m、厚 0.2m 不等。上有阴刻文字 3 行，每行 3～11 字，直书右行，正楷。末行为题名落款。石箭古书记载颇多，据康熙《蒙化府志》记载："相传诸葛武侯标此镇地"；另据《康熙蒙化府志》记载："有石长七八尺，径二尺余，上锐如镞，下圆如干，屹立田中"等。石箭与史书记载情况基本一致，属大石崇拜物，是南涧古老、充满神奇色彩的文物古迹。

文字内容原版抄录如下："（此三字疑为彝文）直穿地穴（一行）；此神物（二行）；微题（三行）。"

1980 年，公郎石箭被公布为南涧彝族自治县县级文物保护单位。1988 年，被公布为大理白族自治州州级文物保护单位。

（三）南涧白云寺

白云寺位于南涧彝族自治县北部，白云村大平地后山腹地。海拔 2120m，距县城 17km，是南涧彝族自治县现存最完整的古建筑之一。据《南涧彝族自治县志》所载（南涧彝族自治县志编纂委员会，2009），白云寺历史悠久，始建于明嘉靖二十九年（1550 年），历经几代重修，具有很高的历史、艺术、科学研究价值。

白云寺坐北面南，隐藏在茂密青葱的原始森林之中，因常有白云凝聚，故而得名。寺庙为两院式建筑，由大殿及两耳、两厢、穿堂楼、大门、照壁组成（董家泽，2020）。现存最好的是大殿和大门。大殿单层 3 间连通，为"抬梁"和"穿斗"式结构。大殿中间以三合木刻雕花格子门掩饰，图案有"姜太公钓鱼""关羽过五关斩六将""文王访贤""单刀赴会"以及花、鸟、龙、虎、狮等。木刻格子门做工精湛，3 层浮雕精工重彩，是木刻中的艺术精品。殿内挂有一副木刻楹联："紫竹林中瞻妙相，白云深处现琨垆"。

　　大殿内有大鼓一面，直径 107m；大古钟一尊，铸造于清光绪丙戌年（1886 年）。大殿正门悬挂书有
"清静根源"匾，字体雄劲有力，为清嘉庆十年的文物。大殿左侧立有清道光二十八年（1848 年）屯田碑
一块，高约 15m，宽约 0.75m，碑文内容记载详细，文字清晰，整块石碑保存完整。大门是亭阁式，分两
层，古朴典雅，与照壁相对，别致大方。壁画、题诗形象生动，成为白云寺的一大特色。大门左侧，1995
年修缮寺庙时，发现一冢古和尚墓，此墓埋藏方式独特。

　　1980 年，白云寺被公布为南涧彝族自治县县级文物保护单位。2013 年，被公布为大理白族自治州
州级文物保护单位（图 7-8～图 7-10）。

图 7-8　白云寺全景

图 7-9　白云寺大门

图 7-10   白云寺大殿
（图片来源：南涧县文化馆）

（四）毓秀书院暨巡检司衙署建筑群

毓秀书院暨巡检司衙署建筑群包含毓秀书院门楼、关圣殿、南涧巡检司衙署遗址，坐落于南涧彝族自治县东北南涧县南涧小学的校园之内。

1. 毓秀书院

毓秀书院，据《南涧彝族自治县志》所载（南涧彝族自治县志编纂委员会，2009），其始建于明成化年间，清嘉庆年间重修，是古代南涧文化的发祥地之一。

原本书院规模较大，现仅留存书院门楼。大门分上下层，中间高两边低，前后出厦，下层 3 间，中间为通道，上层 3 间通连。通面阔 12m，通进深 6m，建筑形式以"抬梁"与"穿斗"相结合，中间上层斗拱飞檐，四方翘首飞角，建筑奇巧，建筑复杂而独特。大门木刻图案有龙、凤、狮、虎、花、鸟、虫、鱼等，全为多层次浮雕，亦有局部立体雕，雕工精湛，具有较高的保护价值（图 7-11）。

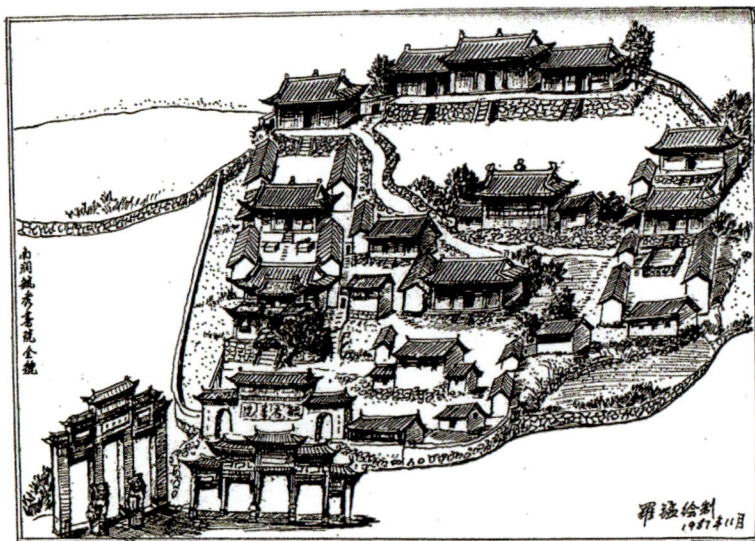

图 7-11   毓秀书院全景（罗锰绘制）

2. 关圣殿（武庙）

关圣殿又称武庙，位于毓秀书院门楼东侧，土木抬梁结构，通面阔 12.5m，通进深 10m，面阔三间，歇山顶，小青瓦。正门悬挂乾隆丁卯年（公元 1747 年）"浩气同天"木匾一块，梁架木雕，彩绘古朴大方、线条流畅。屋面椽檩大多朽坏、墙壁局部脱落，2011 年初对其进行了修缮，现存较好，现作南涧小学图书室使用（董家泽，2020）。

3. 南涧巡检司衙署遗址

南涧在元、明至清代初期名为定边县。元至元十二年（1275 年），设立定边县，为南涧设县之始。至元二十四年（1287 年）撤县。明洪武十七年（1384 年）复置定边县（南涧彝族自治县志编纂委员会，1993）。

据康熙《定边县志》载（杨书，1713），最初南涧有县无城，明成化三年（1467 年）始筑土城，"周围二百余丈，高一丈二尺，东西南表以三门"。1472 年地震，城墙倾圮。康熙二年（1663 年）"重建土城一座，周围一百丈，高一丈，厚八尺，无城垛，开四门。建谯楼四座，东迎禧，南毓秀，西钟灵，北礼乐。"从时间先后看，后来的毓秀书院应该得名于此。根据南涧彝族自治县文化馆的考证，古定边县城位于今南涧彝族自治县县城东北，月牙山麓向阳坡一带。东门在小红桥；南门在南涧河北侧，约今南涧县妇幼保健院附近；西门在原南涧邮政局一带；北门在向阳坡脚，俗称北栅子。

雍正七年（1729 年）撤定边县，辖境设南涧巡检司等机构。至民国时期，南涧归蒙化府（今巍山彝族回族自治县）管辖。1965 年设立南涧彝族自治县。南涧巡检司，位于南涧文庙旁，现巡检司衙署部分建筑尚存，也是云南境内少数幸存的巡检司衙署建筑之一。据记载，南涧巡检司衙署就是原定边县署。后毁于战火，光绪二十一年（1895 年）在遗址上重建（梁友檍，1919）。

综合上述考证，我们发现，南涧从元代设定边县以来，中心一直在南涧镇向阳坡一带。清代南涧巡检司衙署、南涧文庙及毓秀书院、城隍庙等，加上古定边县城遗址，共同组成一片规模较大的明清古建筑和遗址群。

1987 年，毓秀书院门楼被公布为南涧彝族自治县县级文物保护单位。2013 年，毓秀书院暨巡检司衙署建筑群被公布为大理白族自治州州级文物保护单位。

（五）灵宝山石建筑群

灵宝山石建筑群位于南涧彝族自治县县境南部，灵宝山国家森林公园内，无量与沙乐两乡交界处，是无量山区彝族群众宗教活动的场所。

建筑群属古代民族宗教石建筑群，殿宇全用石料构筑，反映了彝族先民的石雕艺术水平。灵宝山石建筑群坐落在山坡和山顶上，有老君殿、无量殿、观音殿、灵宝殿、阿鲁腊大殿、子孙殿等，其中以阿鲁腊大殿建筑最具特色，且保存比较完整。彝语"鲁"即"龙"，"腊"即"虎"，"阿鲁腊大殿"即"龙虎大殿"（南涧彝族自治县志编纂委员会，1993）。

1987 年，灵宝山石建筑群被公布为南涧彝族自治县县级文物保护单位，2013 年，被公布为大理白族自治州州级文物保护单位。

（六）南涧抗美桥

南涧抗美桥位于南涧彝族自治县县城西侧的西山脚村下南涧河上。该桥始建于 1951 年，为四孔拱桥，桥面有栏杆，桥面长 48m、宽 7.1m，桥高 8.1m，桥基石条基本规格约为 60cm×30cm×45cm。大桥两侧每拱拱顶刻有一字及"五角星"纹样。从右至左分别阳刻有："抗美援朝（东面），保家卫国（西面）" 8 个字。是当年弥（弥渡）宁（宁洱）公路的重要桥梁，用于中国西南抗美援朝物资的运送，是西南地区人民用实际行动积极响应国家抗美援朝战争的实物见证（任海芬，2020b）。

2012 年，南涧抗美桥被公布为南涧彝族自治县县级文物保护单位。2013 年，被公布为大理白族自治州州级文物保护单位（图 7-12）。

图 7-12 南涧抗美桥
（南涧彝族自治县文化和旅游局 任海芬供图）

（七）公郎段滇缅铁路遗址

公郎段滇缅铁路遗址位于南涧彝族自治县公郎镇板桥村委会公郎河畔、祥临公路 106km 处西侧山坡上。于 1938 年 12 月因抗日修建，后于 1942 年滇西失守而停止。

目前，南涧彝族自治县境内路基遗址已荒芜，仅在高山地带还有明显铁路遗址留存较好，均为石头建造，就地取材。另有一处为山洞隧道遗址，位于落底河狗街村后山，并未完工。虽南涧彝族自治县境内的公郎段滇缅铁路遗址未投入使用，却也于无声之中见证了彼时滇西全民团结一心投身于修路抗战的峥嵘岁月。

2012 年，公郎段滇缅铁路遗址被公布为南涧彝族自治县县级文物保护单位。2013 年，被公布为大理白族自治州州级文物保护单位。

（八）南涧县李文学故居和殉难地遗址

清末彝族农民起义领袖李文学，清道光六年八月二十五日（1826 年 9 月 26 日）生，其故居位于南涧彝族自治县无量乡小李自么村。李文学起义失败后，同村同姓的彝族村民，定下村规民约，不准在李文学故居地所属范围建盖房屋和作为他用。故居地位于村营中部，原建筑的彝家住宅，现有遗迹可辨（南涧彝族自治县志编纂委员会，2009）。

李文学殉难地遗址位于县城东南哀牢山系大寨子山的乌龟山上，距无量乡人民政府约 3km。在太平天国运动和杜文秀起义的影响下，清咸丰六年四月初七（1856 年 5 月 10 日），李文学率领哀牢山、无量山区彝族农民揭竿起义，号称"夷家兵马大元帅"，提出了"铲尽满清赃官，杀绝汉家庄主""应援天国，驱逐清贼"的斗争口号，起义持续了 20 年。清光绪二年（1876 年），李文学兵败被俘，死于乌龟山。

为纪念李文学，当地彝族群众打造了刻有"白旗会上职授大司总理南山军队尽忠殉难大将军李文学之神位"的石碑，在乌龟山"殉难地"建庙（"文化大革命"中被毁），将碑立于庙内，此碑现藏云南省博物馆（南涧彝族自治县志编纂委员会，2009）。

二、景东彝族自治县

景东彝族自治县有国家级文物保护单位 1 处（景东文庙）、省级文物保护单位 3 处（明代卫城遗址、傣族陶氏土司墓地遗址、林街清真寺）、市级文物保护单位 4 处（文冒振文塔、南鲸山文笔塔、田政李文学者干会盟遗址、景东川河大沟）、县级文物保护单位 18 处，共计 26 处。

（一）明代卫城遗址

景东建置历史悠久。早在 8～10 世纪的蒙氏南诏时期，景东为银生节度驻地。元至顺二年（1331 年），景东置府。明代承袭元制，洪武十五年（1382 年）置景东府，洪武二十二年（1389 年）置景东卫。乾隆三十五年（1770 年），改景东府为景东直隶州（景东彝族自治县志编纂委员会，1994）。

历史上的景东城池比较独特，除县城外，还有卫城和玉笔城，共三部分组成。其中县城始建于康熙十五年，初为土城。雍正十一年大规模整修并以砖石加固。但《景东县志稿》记载"已圮"，也就是说至迟民国初年时就倾圮。

景东卫城，在治北景董山，原为景东土司俄陶旧宅，明洪武二十二年（1389 年）设卫建城，周十里零二百四十余步，设三门（侯应中，1923）。玉笔城，在治西景董山，明洪武中建卫城，复于山巅别为小城，周围三十余丈，东开一门。清康熙九年建营于此，名玉笔城（侯应中与周汝钊，1923）。现在玉笔城无考。景东彝族自治县的上述三座城池现存仅有卫城南门和部分城墙，在今景东一中一带，现为云南省文物保护单位（景东彝族自治县志编纂委员会，1994）。

1986 年，景东彝族自治县明代卫城遗址被公布为县级文物保护单位。1998 年，被公布为云南省省级文物保护单位。

（二）傣族陶氏土司墓地遗址

傣族陶氏土司墓地遗址位于今景东彝族自治县锦屏镇河东村凤山西侧川河平缓的台地之上，因川河穿流而过，将墓地划分为南北两个部分。景东傣族陶氏土司是明代云南六大傣族土知府之一，从明洪武十五年（1382 年）明廷任命当地傣族部落酋长俄陶为景东知府，到清咸丰七年（1857 年）"改土归流"之下的最后一任土司陶珍，明清两代共计 476 年（李培聪，2016）。也有一些学者认为，应以元至顺二年（1331 年）阿只鲁为首任土知府，这样陶氏土司传承历经元明清三代，共计 526 年。

迄今为止，已发掘出土 6 座陶氏土司及其家族成员墓葬。在云南省文物部门对其进行整理后，统计得出 5 座墓葬（M1 墓葬无金器，M6 无银器）共有金器 755 件，银器 288 件（套），多以小件为主，种类繁多、精致绝巧。墓葬虽多次被盗，但是依旧是云南省已发掘的明代墓葬中金银器数量种类最多的。同时，伴随金器大量出土的还有数量可观的宝石，共计 124 颗，且多偏红色。李培聪（2018）认为，出土如此数量的宝石，是因景东陶氏土司凭借滇缅道路的优势，参与宝石贸易，甚至还有宝石的走私活动，将大量佳品据为己有，死后带入墓葬以作为其统治地域内"王"的身份象征。

2005 年，傣族陶氏土司墓地被公布为景东彝族自治县县级文物保护单位。2012 年，被公布为云南省省级文物保护单位。

（三）林街清真寺

林街清真寺位于景东彝族自治县林街村回营中央，始建于清光绪二十年（1894 年），是典型的回族伊斯兰教寺院，是回民礼拜诵经之地，对研究回族的宗教习俗、历史迁徙等具有极大价值。

林街清真寺占地 1337.7m²，由大殿和教拜楼组成，两幢建筑东西相对，大殿坐西朝东，教拜楼坐东朝西。大殿系歇山顶抬梁式结构，前檐下有斗拱，面阔 5 间（18m），进深 5 间（14.9m），高 16m，整个建筑用 36 棵圆柱支撑，明间檐柱下为鼓磴式大理石柱础，高 0.55m、直径 1.1m。大殿门窗多为透雕，工艺精细，墙上有鸟兽花卉壁画。教拜楼系重檐攒尖顶式结构，面阔 3 间（16.1m），进深 3 间（10m）（黄桂枢，2002）。

1986 年，林街清真寺被公布为景东彝族自治县县级文物保护单位。2003 年，被公布为云南省省级文物保护单位。

（四）文冒振文塔

振文塔位于景东彝族自治县西漫湾镇文笔山上，始建于清代道光十一年（1831 年），塔高 11.5m，呈四方束腰八级石心塔（景东彝族自治县志编纂委员会，1994）。塔上有阴刻行书题联一副："巍峨振起文明笔，安固坚培翰墨风"。

1986 年，文冒振文塔被公布为景东彝族自治县第一批县级文物保护单位。2013 年，被公布为普洱市第一批市级文物保护单位。

（五）南鲸山文笔塔

文笔塔位于景东彝族自治县文井镇文华村南鲸山。始建于明代中期（景东彝族自治县志编纂委员会，1994），另有一说建于清康熙年间（1662～1722 年）（黄桂枢，1992，2000），为四方九级密檐式建筑。每层塔身皆供奉佛龛，塔檐呈凹曲弧线从塔身出露，同时檐下镶嵌有菱角牙子，与西安小雁塔建筑风格相似。

1986 年，南鲸山文笔塔被公布为景东彝族自治县第一批县级文物保护单位。2013 年，被公布为普洱市第一批市级文物保护单位。

（六）田政李文学者干会盟遗址

者干会盟遗址位于大街镇三营村原土主庙。清咸丰八年（公元 1858 年）八月三日，彝族农民起义军首领李文学与镇沅哈尼族起义军首领田学义在此结盟，带领起义军与清军抗争，具有重要的革命意义。

1986 年，者干会盟遗址被公布为景东彝族自治县第一批县级文物保护单位。2013 年，被公布为普洱市第一批市级文物保护单位。

（七）景东川河大沟

川河大沟因引川河水而得名，渠道南北向，全长 93km，灌溉面积超过 3.57 万亩。

川河大沟始建于 1957 年，在县委领导下全体人民艰苦创业、自力更生，终克服重重困难，于 1960 年开通，从此成为川河东岸旱涝保收的基础性水利工程（张正文，2015）。可以说，景东川河大沟是茶乡大地上毅然矗立的社会主义丰碑，也是全体景东人民艰苦创业的纪念碑，是"景东精神"的最佳体现。

1986 年，景东川河大沟被公布为景东彝族自治县第一批县级文物保护单位。2013 年，被公布为普洱市第一批市级文物保护单位。

三、镇沅彝族哈尼族拉祜族自治县

镇沅彝族哈尼族拉祜族自治县共有国家级文物保护单位 1 处（哀牢山古道），市级文物保护单位 4 处（花山营石仓、难搭桥、五台山文笔塔、玻烈河桥），县级重点文物保护单位 18 处（龙泉寺遗址、锁口河古桥、者整王朝贵宅、郑显明宅、英德向家祠堂、千家寨野生茶王树、圈田街革命烈士塔、袁家山烈士塔、者东东兴桥、郑国侨墓、者整墓表、碧云寺遗址、果吉桥、紫马街古道遗址、李其速宅、罗有拔墓、周安婧夫妻合葬墓、麻洋纸厂），共计 23 处。

（一）花山营石仓

花山营石仓位于镇沅彝族哈尼族拉祜族自治县按板镇磨庆村南洪小组，花山营山麓，修建于清咸丰、同治年间，是附近村民为扎营防乱囤粮所凿之石洞（镇沅彝族哈尼族拉祜族自治县地方志编委会，2013）。崖壁中部的陡峭处排列着人工打造的 13 个岩石洞穴，在石仓的附近还分布着卡哨、烽火台以及石墙等军事工事。

1986 年，花山营石仓因其具有的军事历史研究价值被公布为镇沅彝族哈尼族拉祜族自治县县级文物保护单位。2013 年，被公布为普洱市市级文物保护单位。

（二）五台山文笔塔

五台山文笔塔位于镇沅彝族哈尼族拉祜族自治县按板镇玉河村五台山顶，为清光绪四年（1878 年）清代花翎副将衔加二级补用都司李春阳（五台山脚原告文记载）所建。塔身坐南向北，四方密檐式六级空心，高 13m，塔内各层系用巨木交叉支撑且四面嵌有砖制图案花纹（普洱市博物馆，2020）。门口有对联一副，上书："独笋破土根生峰顶，文笔倒书纸在青天"（镇沅彝族哈尼族拉祜族自治县地方志编委会，2013）。

1986 年，五台山文笔塔被公布为镇沅彝族哈尼族拉祜族自治县县级文物保护单位。2013 年，被公布为普洱市市级文物保护单位。

四、弥渡县

弥渡县有国家级文物保护单位 2 处（南诏铁柱、五台大寺），省级重点文物保护单位 2 处（李文学彝族农民起义遗址、永增玉皇阁），州级重点文物保护单位 1 项 2 处（白崖城遗址及金殿窝遗址），县级文物保护单位 27 处（天生桥摩崖石刻及新石器遗址、双树王母阁古建筑群、回龙山文笔塔、李文学起义帅府、青石湾古墓群、师范墓、李彪墓、谷女寺观音阁、恩荣坊、黄矿厂朝阳寺、观音山观音殿古建筑群、青龙回龙寺玉皇阁、德苴清风阁、苴力镇下村奎阁、五十三村玉皇阁、天桥营锁水阁、龙菁关石房石刻、定西岭古驿道、天马关桥、《钦命云贵总督部堂林阁老大人去思碑》摩崖石刻、泰山庙、密祉大寺、海湾慈光阁、果子园地龙、安景村地龙、锁云桥、《师氏家谱自序》碑），共计 33 处。

（一）南诏铁柱

南诏铁柱古称崖川铁柱，或建宁铁柱，俗谓天尊柱，也即今弥渡铁柱，今存弥城镇西北铁柱庙大殿内，立于佛台正中。

关于南诏铁柱的建立时间与建立目的，流传说法众多，主要为以下 4 种。

一说认为是南诏蒙世隆所建，祭之求福、庇佑，为南诏"特殊的崇拜物"，是祭祀柱，但与佛教无关。二说认为是汉相诸葛平南、斩雍闿、擒孟获、缴兵器，铸铁柱记功，是为记功柱。三说为诸葛武侯立柱、岁久剥蚀柱坏，至张乐进求时，思武侯之功重铸，是为纪念柱。四说原为诸葛武侯所立，后柱坏，至南诏蒙世隆时，在原建立之地重铸（陈润圃，1982）。

铁柱为直圆柱体，通高 3.3m，柱围 1.025m，重约 2069kg，柱身铁黑色，铸面稍粗糙；柱顶呈漏斗状凹坑，坑中凸起一包，高 15cm，径 16cm；坑边正东、西北、西南方向各开一"V"形丫口，丫口高 20cm，使柱头呈三瓣花瓣相连状。铁柱身西面中段铸有直列阳文楷书"维建极十三年岁次壬辰四月庚子朔十四日癸丑建立"二十二字，外框单凸线边框。建极是南诏景庄王蒙世隆的年号，时当为唐懿宗咸通十三年（872 年），因此也称"唐标铁柱"，是国内唯一存留的南诏时期祭祀礼器。

铁柱庙庙宇始建年代不详，据元代郭松年《大理行记》中"白崖甸……西南有古庙，中有铁柱"的记述，可推断铁柱庙始建年代当在元代以前。铁柱庙内铁柱大殿于清朝康熙初年重建，至清朝乾隆年间形成了七殿五厢、一庙仓（于 1983 年拆除）、一山门、一照壁、一砚池及三拱石桥的格局。"文化大革命"结束后又进行了全面维修，不仅全面恢复了清代建筑风格，还建造了仿唐牌坊门一座，休闲廊两条，至此形成了前、中、后院，计一牌坊、一照壁、一砚池、三拱石桥、一山门及内外戏台七殿五厢和两休闲廊的建筑格局。大门上是著名社会学家和人类学家费孝通所题写的"南诏铁柱"匾额，两侧是弥渡县清代著名学者李菊村所撰的铁柱庙长联："芦笙赛祖，毡帽踏歌，当年柱号天尊，金镂翔环遗旧垒；盟石掩埋，诏碑苔蚀，几字文留唐物，彩云深处有荒词。"

在弥渡旧有"元宵张灯，踏歌为乐"的祀典，每年农历正月十五日，城乡男女特别是散居县境西北山中 20 余村的彝族人民，都要携酒带鸡，相率赶会，去到铁柱庙祭祀。

1965 年，南诏铁柱被公布为云南省省级文物保护单位。1988 年，被国务院公布为国家级文物保护单位。

（二）弥渡五台大寺

五台大寺位于弥渡县苴力镇五台山，海拔 2325m。据民国《弥渡县志稿》记载"自明朝初年，照正法师带领众僧侣来到五台山，徒手建盖五台大寺"，该寺始建于明代，清代、民国几度重修，形成现代"三阁五殿"的规模，占地 4364m²，建筑面积 1831m²（弥渡县志编纂委员会，1993）。

1979 年，五台大寺被公布为县级文物保护单位。2016 年，被公布为大理白族自治州州级文物保护单位。2019 年，被公布为云南省省级文物保护单位，同年 10 月被国务院公布为国家级文物保护单位。

（三）李文学彝族农民起义遗址

李文学彝族农民起义遗址位于弥渡县牛街彝族乡马鞍村委会瓦卢村后的天生营顶峰。

咸丰六年四月七日（1856 年 5 月 10 日），彝族农民李文学在天生营誓师起义，起义军推举李文学为"夷家兵马大元帅"。历经艰苦奋战，起义军控制了今属弥渡、南涧、南华、楚雄、双柏、景东、镇沅、新平、元江、墨江 10 个县的全部或部分地区，总面积达 3 万多 km²，各族群众纷纷响应，坚持革命达 20 年之久，强烈震撼了清王朝在云南哀牢山地区的统治地位，促进了哀牢山区生产力的发展，改善了劳苦大众的生活。

1965 年，李文学彝族农民起义遗址被公布为云南省省级文物保护单位。1974 年，由政府拨款在天生营建造了"李文学彝族农民起义遗址"纪念碑。

（四）永增玉皇阁

永增玉皇阁位于弥渡县新街镇永增村委会，始建于清雍正十年（1732 年）。清光绪二年（1876 年），西壁 20 个村庄集资扩建。光绪三年竣工，故又名"二十村玉皇阁"。

永增玉皇阁是以一祠两耳、一阁六厢三殿、山门及内戏台组成的三进三院古建筑群，整座古建筑坐西朝东，"栋宇辉煌""地势巍峨，天然耸拔，锁二十村之风水，览弥川之景物"（王亚林，2014）。虽经数劫，今尚得以保存。

1983 年，永增玉皇阁被公布为弥渡县县级文物保护单位。1998 年，被公布为云南省省级文物保护单位。

（五）白崖城遗址及金殿窝遗址

白崖国相传为云南古国名。胡蔚本《南诏野史》云："蒙苴颂居白崖，因地名，号白崖国，传世莫考。"又谓该国立于周时。然无信史可稽。白崖为今云南省弥度县红岩镇，相传自蒙苴颂始，至其后裔仁果、龙佑那、张乐进求等均建都于此。或谓仁果所建白子国亦称白崖国（高文德，1995）。

1. 白崖城遗址

白崖城又谓彩云城，或文案洞城，俗称红岩古城。遗址位于弥渡县红岩镇西北 2km 处，古城村左前方，定西岭南隅，迤西古道北侧，历史上是通往南诏统治腹心——洱海区域的门户，一度成为南诏统一六诏的大后方。六诏统一后，阁罗凤因唐王朝诸权臣施行压制政策，被逼不得已叛唐，为加强南诏门户——白崖的防卫，便"设险防非，凭隘起坚城之固"，于唐天宝十一载（752 年）重新修建了白崖城。

古城遗址范围内，今皆夷为平地，唯北面、东面、南面城垣高出地表，整个城址成为台地，历经千百年，被当地农民改造成了百亩良田。

1979 年，白崖城遗址被弥渡县公布为县级文物保护单位。1988 年，被公布为大理白族自治州州级文物保护单位。2004 年，被公布为云南省省级文物保护单位。

2. 金殿窝遗址

金殿窝遗址位于弥渡县红岩镇北约 2km 的新发村（原名大铺地）后，跨河而上的"铺山"上，依定西岭下，顺山而上，仰对悬香崖、先锋营（头营盘）、白王寨、三营盘，构成一条南北轴线，西南为白崖城。"金殿窝"是当地百姓对"铺山"的传统称呼。遗址是 1982 年 7 月经弥渡县考察发现的古城遗址。

在"金殿窝"范围内，南端有"跑马场"，"跑马场"之后由南往北抬升为缓坡，是"金殿窝"的中心区。

据考察，金殿窝所属地理位置、金殿窝范围内各建筑场所布局、金殿窝范围内所发现的南诏有字瓦和铸码砖，与《蛮书》所载"……东北隅新城，大历七年阁罗凤所筑也，周环四里……城内有阁罗凤所建大厅，修廊曲抚，厅后院橙枳青翠，俯临北塘"相吻合，故，此遗址被初步认为是"阁罗凤所筑新城"。

1988 年，金殿窝遗址被公布为大理白族自治州州级文物保护单位。2004 年，被公布为云南省省级文物保护单位。

五、南华县

南华县有省级文物保护单位 1 处（灵官桥）、州级文物保护单位 4 处（石门山石刻、镇川桥、英武哨古驿道、杞彩顺营地遗址）、县级文物保护单位 17 处（马街烈士陵园、李家山火葬墓、普洒嵌桥、长寿桥、黑蚂蚁桥、大旭宇水井、德苴观音寺、宝珠寺、见性寺和尚塔、蟠龙寺和尚塔、柳德礼拜寺、边纵八支队整训改编旧址、杨家祠堂、鹦鹉山火葬墓、大旭宇子孙庙、力戈祠堂、沙坦郎嵌桥），共计 22 处。

（一）石门山石刻

石门山石刻位于南华县城西、龙川江北岸逯家屯石门山的路边，又称"郑和故里摩崖"。摩崖石刻由我国近代史上著名的爱国将领、民国元老、辛亥革命先驱、杰出的爱国民主人士李根源所立所刻。李根源亲书"郑和故里碑"，正中直刻"前明开拓南洋各岛之大冒险家三保太监郑和公故里"；左镌"大中华国四千六百九年"（黄帝纪年，1912 年），已残缺；右款为"陆军第二师师长节制迤西各属文武官吏西防国民军总统官李根源立石"。"郑和公故里"左侧，有李根源为纪念镇南籍辛亥革命烈士钱泰丰题写的"革命先锋"4 字，并附小字，惜于"文化大革命"中被毁。"革命先锋"左侧摩崖有横刻隶书"媲美三杰"4 字，与之平行上端刻有"石门仙迹"4 个行楷大字，至今保存完好。

李根源当时在镇南州（今南华县）立了 3 块相同的"郑和故里碑"，一块立于镇南州城西门外，一块立于州城东门外，另一块则刻在茶马古道路边的石崖上。城东、城西的两块石碑曾一度遗失，所幸城西的这块在 20 世纪 80 年代被当地农民挖地时挖到后得以保存下来，今立于鹦鹉山公园内，城东门外那块至今下落不明（李天永，2016）。

明洪武四年辛亥（1371 年），马和出生于云南昆阳州（今昆明市晋宁区）宝山乡和代村，4 岁时被父亲马哈只米里金（滇阳侯）送去镇南（今南华县）郑姓回族家避难，"遂袭其姓"，改姓为郑和。1382年，郑和11岁时被沐英在镇南俘获掳往南京，故镇南是郑和成长故里（李天永，2016）。

1990年，现存的两处"郑和故里碑"古迹被公布为南华县县级文物保护单位。2005年，被公布为楚雄彝族自治州州级文物保护单位。

（二）镇川桥

镇川桥又名土城桥、大石桥，位于南华县东南1km的土城村南，横跨龙川江。镇川桥建成于清康熙三十九年（1700年），是由时任镇南土同知、白族邑人段光赞捐资倡修，历时10年建成，迄今已有300多年历史。镇川桥全长29m、高7.2m、宽5.7m、跨径11m，为滇西古代独孔桥之冠（云南省南华县志编纂委员会，1995）。

2005年，镇川桥被公布为楚雄彝族自治州州级文物保护单位。2011年，被公布为云南省省级文物保护单位。

（三）杞彩顺营地遗址

杞彩顺（1831—1859年），南华县马街镇秀水塘村彝族农民，蒙舍先王细诺罗之贵胄，李文学帅府之都督。

清咸丰三年（1853年）杞彩顺率领彝族农民发动起义，反对清王朝的暴虐统治。后加入李文学起义军，被李文学封为"南都督"，与友军一起奋战于哀牢山区，先后攻克鹿城、碍嘉、嘎色等城。清咸丰九年（1859年），杞彩顺在围攻小帽儿山刀成义的战斗中不幸中弹，坠涧身亡。杞彩顺和杜文秀、李文学都是清末云南地区彝族农民反帝反封建运动的先驱和领袖，和太平天国运动一道掀起了清末农民起义的最高峰。

2015年，杞彩顺营地遗址作为清末哀牢山区彝族农民反帝反封建运动的见证，被公布为楚雄彝族自治州州级文物保护单位。

六、楚雄市

楚雄市共有国家级重点文物保护单位2处（万家坝古墓群、楚雄文庙），省级重点文物保护单位3处（楚雄雁塔、楚雄龙泉书院、护法明公德运碑摩崖），州级文物保护单位8处（团山土主庙、元吉屯恐龙足迹化石产地、梨树园滇缅铁路石拱桥、紫顶寺塔林、宜茨文昌宫、子午以口火葬墓群、吕合白土玉皇阁、达诺王彩旧居），市（县）级文物保护单位23处。

（一）万家坝古墓群

万家坝古墓群位于楚雄市鹿城镇东南万家坝村东侧台地。1974年，在农田基建中首次发现墓葬，省文物工作队于1975年5月发掘（M1），并于1975年10月至1976年1月开展后续墓群发掘工作。面积约3300m²，发掘墓葬79座，其中大墓13座，小墓66座。出土随葬品1245件，其中青铜器居多，共1002件，其余有陶、木、玉石、玛瑙、琥珀、绿松石等。经测定墓葬年代分为两类，Ⅰ类墓45座，可定在西周至春秋早期，Ⅱ类墓34座，相当于春秋晚期至战国时期（云南省博物馆文物工作队，1978；邱宣克等，1983；楚雄彝族自治州博物馆，2008）。

出土文物中，以5面铜鼓最为珍贵。据^{14}C测年，距今2300年以上，是迄今最早的铜鼓，被称作"万家坝型"铜鼓。同样珍贵的出土文物还有羊角编钟、成套铜锄、鎏金铜器、锡器等，也极具研究价值。

1986年，万家坝古墓群被公布为楚雄市市级文物保护单位；2005年，被公布为楚雄彝族自治州州级文物保护单位。2013年，被国务院公布为国家级文物保护单位。

（二）楚雄雁塔

楚雄雁塔位于市区南雁塔山顶，今楚雄师范学院内，为楚雄旧"八景"之一。雁塔始建于明嘉靖三十一年（1552年），清康熙十九年（1680年）震圮。康熙四十五年（1706年）在知府卢洵主持下重修。塔高17.7m、底宽3.82m，是7级密檐式古方形实心砖塔。各级四周有佛龛，塔顶为铜亭，亭内有魁星点斗铜像，顶四角有链锁雁形金鸡各1只（楚雄彝族自治州博物馆，2008）。它既有云南传统佛塔造型，又有明初道教内容，是云南重要宗教建筑。

1986年，楚雄雁塔被公布为楚雄市市级文物保护单位。2012年，被公布为云南省省级文物保护单位。

（三）楚雄龙泉书院

龙泉书院位于现云南省楚雄第一中学内，始建于明嘉靖四十年（1561年）。书院主要由三部分组成，即讲堂、藏书楼、祭祀场所。整个建筑群是中轴对称的五进院落空间布局，坐北朝南，占地8200m²，为典型清代建筑风格（陈卫东，2019）。

2012年，楚雄龙泉书院被公布为云南省省级文物保护单位。

（四）护法明公德运碑摩崖

护法明公德运碑摩崖位于楚雄市紫溪山猢狲箐崖。刻于南宋绍兴二十八年（1158年），属宋时云南大理国碑刻，阴刻、楷书。碑高约2m，宽约1.5m，上刻螭纹。全称《大理国护法明公德运碑》，亦称《高量成碑》《德运碑》等（楚雄彝族自治州博物馆，2008）。

碑文作者姓名剥蚀无考，自称是"大宋国建武军进士"奉命记。碑文主要为赞颂大理国（后理国）相高量成之德政，高氏为大理国权臣、夺取段氏之位建立"大中国"的高升泰的曾孙。碑文记述高量成讨平滇东三十七部之功，"扫除烽燧，开拓乾坤"，"公以礼义为衣服，以忠信为甲胄，以智勇为心肝，远来之者割地而封之，不归化者兴兵而讨之，自是天下大化"（高文德，1995）。碑文记述高氏一族的事迹较为翔实，可补史阙，价值极高。

1983年，护法明公德运碑摩崖被公布为云南省省级文物保护单位。

（五）团山土主庙

团山土主庙位于楚雄市苍岭镇西云村紫峨山上。修建年代不详，于清道光十七年（1837年）重修，光绪二十二年（1896年）重建。

团山土主庙庙名"布里塔"（彝音），原为四合院布局，占地约750m²。团山土主庙内有当地彝民供奉的以大黑天神为主的牛王、马祖、虫王、药王、谷神、土主、送子观音等神像的彝族土主庙，昔邑人祭祀甚虔，现遗存正殿及11尊佛像，这些雕像是楚雄彝族自治州境内历史上保存最完整、年代较早的彩绘泥塑雕像（楚雄彝族自治州博物馆，2008）。

1998年，团山土主庙被公布为楚雄市级重点文物保护单位。2005年，被公布为楚雄彝族自治州州级文物保护单位。

（六）元吉屯恐龙足迹化石产地

元吉屯恐龙足迹化石产地位于楚雄市苍岭镇黄草村饱满街盆地西缘，北至刘思坝村南至元吉屯上村，东至盆地边缘，西至方家河西坡，分布面积约0.8km²，分布在钙质粉砂岩、泥晶灰岩、泥灰岩、泥灰岩-钙质粉砂岩4个地层层位，9个化石点，累计发现足印510余个，其中蜥脚类恐龙足印达500余个，三趾两足类恐龙足印14个。足印特点为3个趾粗大，长短相近，趾间分开明显，趾前无爪相印迹。地质年代均为白垩纪晚白垩世。元吉屯恐龙足迹化石产地是云南省最大的恐龙足迹化石产地，因出露密集，保存较完整，形成多条形迹，白垩系剖面露头良好，层序连续，含丰富的古生物化石，对研究晚白垩世古地理、古气候、恐龙生存环境、恐龙奔走速度、恐龙种属等均具有极高的科学价值（楚雄彝族自治州博物馆，2008；陈述云和黄晓钟，1993）。

1998年，元吉屯恐龙足迹化石产地被公布为楚雄市市级文物保护单位。2005年，被公布为楚雄彝族自治州州级文物保护单位。

（七）梨树园滇缅铁路石拱桥

1938年，由于抗日战争的需要，滇缅铁路开始勘测，并于1939年动工，线路由昆明起向西南延伸，经安宁、楚雄、祥云、弥渡、南涧、云县、临沧、永德、镇康、耿马，过孟定，跨中缅边境缅甸北方重镇——腊戌，连通缅甸故都仰光。该铁路在云南境内全长886km，从1939年8月动工，至1942年路基全线修通，历时3年，正当铺轨在即，1942年4月因战争不得已摧毁铁路。目前只有屈指可数的几处保存完好，其中一处即为楚雄境内的梨树园滇缅铁路石拱桥（王国付，2015）。

2013年，梨树园滇缅铁路石拱桥被公布为楚雄彝族自治州州级文物保护单位。

（八）紫顶寺塔林

紫顶寺塔林位于楚雄市紫溪山主峰，深藏于山林间，是楚雄彝族自治州境内最大的一座寺庙。相传，紫溪山曾以"六十六座林，七十七座寺，八十八座庙"而闻名四方，据清宣统《楚雄县志》记载：紫溪山有寺宇57座。历史上楚雄屡遭兵燹，清末，紫溪山出现了寺倒僧散，"断碣苍苔湿，荒榛野鼠游"的衰败景象。现今紫顶寺包括原紫顶寺、炼磨堂、云台庵、中华庵、紫溪庵、寂光寺、福星庵、等雨庵、朝阳庵、法云寺、普贤寺、法藏寺、古德林等院遗址（陶优，2019）。

2013年，紫顶寺塔林被公布为楚雄彝族自治州州级文物保护单位。

（九）宜茨文昌宫

宜茨文昌宫位于楚雄市东华镇原宜茨乡政府驻地。始建于明万历年间，清康熙十九年（1680年）地震坍塌，清康熙二十三年（1684年）重建。文昌宫坐东南向西北，占地739.1m²，建筑为三进制殿堂，一进门庭，二进阁楼，三进太殿，四合五天井传统中式建筑，包括魁星阁、大殿、耳房、厢房等建筑（楚雄彝族自治州博物馆，2008）。

2003年，宜茨文昌宫被公布为楚雄市市级文物保护单位。2005年，被公布为楚雄彝族自治州州级文物保护单位。

（十）子午以口火葬墓群

子午以口火葬墓群位于楚雄市子午镇以口村委会以口夸村后的庙山顶。1984年全州文物普查时发现，为元、明时期墓葬，现存古墓26座，在楚雄市鹿城镇中本村、吕合镇太乙村一带均有此类型墓群存在（楚雄彝族自治州博物馆，2008）。

1986年，子午以口火葬墓群被公布为楚雄市市级文物保护单位。2005年，被公布为楚雄彝族自治州州级文物保护单位。

（十一）白土玉皇阁

白土玉皇阁位于楚雄市吕合镇白土村原古寺普照寺后院。普照寺始建于元代，明、清以来多次重修重建，现存传统建筑主要有玉皇阁、后院两厢房、大雄宝殿、中院两厢楼、过厅楼等。整个建筑群坐北朝南，呈对称分布，呈"走马串阁楼"式相互通连（楚雄彝族自治州博物馆，2008）。白土玉皇阁建筑群建筑式样多、特点各异。

2001年，白土玉皇阁被公布为楚雄市市级文物保护单位。2005年，被公布为楚雄彝族自治州州级文物保护单位。

（十二）达诺王彩旧居

王建章（1875—1940年），字采臣，时称王彩，楚雄市西舍路乡达诺村人。幼读私塾，16岁进学，20岁为廪生。后游学姚安、昆明，曾受业于甘仲贤及陈筱圃之门。清末废除科举后回乡务农、经商。善经营，家业日旺。一方面，王彩组练民兵团，清剿土匪，保卫乡里，且乐善好施，多次出资建桥、修路、造庙宇；另一方面，王彩依靠权势肆无忌惮，以苛捐杂役剥削农民，农民叫苦不堪。

2013年，达诺王彩旧居作为楚雄彝族自治州近代名人故居被公布为州级文物保护单位。

七、双柏县

双柏县有省级文物保护单位1处（大庄苏氏宗祠）、州级文物保护单位3处（石羊银矿遗址、老尖山古战壕遗址、双柏县碨嘉古城）、县级文物保护单位6处（彝族将士佘宗林墓、东方剑齿象化石遗址、彝族李文学起义军冶铁遗址、镇宁裔土碑、青香树恐龙化石遗址、碨嘉西门水利设施碑刻），计10处。

（一）大庄苏氏宗祠

双柏县大庄苏氏宗祠位于双柏县大庄镇大庄街正中央，背靠犀牛山，面临沙甸河，坐东朝西，始建于康熙三十二年（1693年）。苏氏宗祠建筑群分照壁、仙鹤湖、石桅杆、祠堂四部分，总面积1478m²。大庄苏氏据传是苏轼后裔。苏氏宗祠是双柏县现存唯一的"四合五天井，走马转角楼"古建筑。大门上原有清同治皇帝赐给苏斯洋的"义勇巴图鲁"匾一块，现存双柏县文化馆。宗祠内还有一块碑——清乾隆五十九年（1794年）的"苏氏宗祠碑记"。

苏氏宗祠部分建筑毁于火灾。清光绪十九年（1893年），苏氏族人对祠堂进行了大规模修复。新中国成立后，建筑一直作为大庄镇人民政府驻地。1986年镇人民政府迁出后，现划归镇文化站管理使用。

2003年，双柏县大庄苏氏宗祠被公布为双柏县县级文物保护单位。2005年，被公布为楚雄彝族自治州州级重点文物保护单位。

（二）石羊银矿遗址

石羊银矿遗址，位于碨嘉老石羊山，是一处明清时期矿冶遗址（其开采历史可追溯至汉代），尤以康熙至道光年间较为兴盛。是清代云南最为重要的银矿之一，现遗留大量矿渣和炼银炉遗址。

该遗址是石羊铅锌矿点的一部分，地层为上三叠统舍资组，矿脉主要受北西向断裂构造控制，多呈细脉、短脉状充填于构造裂隙中。

2013年，石羊银矿遗址被公布为楚雄彝族自治州州级文物保护单位。

（三）双柏县碨嘉古城

双柏县碨嘉镇，地处交通要道，地理位置重要，建置历史悠久。碨嘉地名由来与陨石有关。金大定年间，有陨石降落在今碨嘉黑初山，陨石黑色，形状像冬瓜。在彝族语中，称石头为碨，碨嘉意为天降美丽石头的地点。早在元至元十二年（1275年），就设立碨嘉县，开启碨嘉建城的历史。明末清初，碨嘉迭遭战乱，至清康熙六年（1667年），碨嘉古城毁于战火。康熙八年（1669年），裁碨嘉县，并入南安州。雍正十年（1732年），为方便管理碨嘉县旧地，在碨嘉设州判，并建筑石城。现在碨嘉古城大部被毁，残存西城门、部分城墙和水利设施遗址等。

八、新平彝族傣族自治县

新平彝族傣族自治县境内有国家级文物保护单位 1 处（陇西世族庄园）、省级文物保护单位 1 处（富春街民居）、市级文物保护单位 5 处（新平清真寺、茶马古道、润之中学、顺城街 1 号民居、坝多基督教堂）、县级文物保护单位 9 处（桂山镇民居建筑群、龙泉公园碑刻群、诰封碑、富昌隆商号、滇中-滇南-思普三地军事代表联席会议旧址、挖窖河花桥、脚底莫古驿道、帽盒山革命遗址、团结水库古窑遗址），计 16 处。

（一）陇西世族庄园

陇西世族庄园位于哀牢山主峰段嘎洒镇耀南村大平掌村，始建于 1938 年，系清代乾隆御封岩旺土把总世袭土司李显智末代传人李润之的宅地（玉溪市新平县文化事业局和新平县文学艺术界联合会，2005）。

陇西世族庄园的价值主要有三点：第一，庄园见证了李氏土司家族由盛至衰直至灭亡的全过程，是研究土司制度的重要历史遗迹；第二，庄园内留存大量的书法、绘画、雕刻等文物珍品，还有丰富的文化典籍，是传统艺术文化的大观园；第三，庄园的建筑风格具有欧洲中世纪城堡式特征，是具有代表性的建筑类。因此可以说，陇西世族庄园兼具历史价值、艺术文化价值和科研价值。

2001 年，陇西世族庄园被公布为新平彝族傣族自治县第一批县级文物保护单位和首批玉溪市市级文物保护单位。2003 年，被公布为云南省省级重点文物保护单位。2013 年，被国务院公布为国家级文物保护单位。

（二）富春街民居

富春街民居位于新平彝族傣族自治县县城中心正北方的富春街 73 号，建于民国二十九年（公元 1940 年）原系普朝富私人住宅。该民居是典型的"四合五天井、走马串阁楼"平面布局，是新平彝族傣族自治县珍贵的建筑文化景观和建筑遗产（沈洪森，2020）。

2001 年，富春街民居被公布为玉溪市市级文物保护单位。2012 年，被公布为云南省省级文物保护单位。

（三）顺城街 1 号民居

顺城街 1 号民居位于新平彝族傣族自治县县城正北方顺城街 1 号，建于民国三十五年（公元 1946 年），原系地主杨立安的私人住宅。该民居是典型的"四合五天井、走马串阁楼"平面布局，是新平彝族傣族自治县极富特色的古民居（新平之窗，2017）。

2005 年，顺城街 1 号民居被公布为新平彝族傣族自治县县级文物保护单位。2018 年，被公布为玉溪市市级文物保护单位。

（四）新平清真寺

新平清真寺位于县城鲁贤街 2 号，始建于万历十九年（公元 1591 年）。该寺为坐西朝东的两进院，由礼拜堂、对厅和建筑群组成。整个建筑群呈现明代建筑风格，又有西式装饰。门楼有慈禧太后御笔"派衍天方"匾额，礼拜堂前檐下有光绪皇帝御笔"教崇西域"牌匾。因此，该寺历史价值和建筑价值极高（玉溪市新平县文化事业局和新平县文学艺术界联合会，2005）。

2001 年，新平清真寺被公布为玉溪市市级文物保护单位。

（五）润之中学

润之中学位于嘎洒镇耀南村，今为耀南小学，建于民国三十六年（1947 年），系末代土司李润之投资改建的私立中学。润之中学曾做过李润之的银元制造厂、枪械修理厂、织布厂、印染厂以及"富昌隆"商号总部和李氏子弟小学。

润之中学作为民国时期八百里哀牢山唯一的私立学堂，李润之曾为之购置教材、教具，广招生源，重金聘请教师兴教办学。后1949年因时局动荡停止办学。新中国成立后，20世纪70年代恢复办学，后又改成耀南小学至今（玉溪市新平县文化事业局和新平县文学艺术界联合会，2005）。

2005年，润之中学被公布为新平彝族傣族自治县县级文物保护单位。2018年，被公布为玉溪市市级文物保护单位。

（六）坝多基督教堂

坝多基督教堂位于漠沙镇仁和村坝多小组，始建于1929年，建造者为德国传教士狄世鸿牧师，属欧式建筑。教堂后被拆毁，今只留存德国人的生活住房，建筑面积400m²，砖木结构，坐西向东，分上下两层（玉溪市新平县文化事业局和新平县文学艺术界联合会，2005）。

2005年，坝多基督教堂被公布为新平彝族傣族自治县县级文物保护单位。2018年，被公布为玉溪市市级文物保护单位。

（七）鸣鼓营碑

鸣鼓营碑的树立标志着新平置县的开端，因而对新平有着特别的意义。万历十九年，明朝将领邓子龙成功平定今新平一带的动乱，立鸣鼓营碑以为纪念。"七月二十三日，于鸣鼓营勒石记功，请割元江石屏河西新化地，建立县官，以镇抚夷众，名曰新平。"文曰："破敌军山，平核桃箐，焚白改寨，扫麻栗湾，擒斩万计。万历辛卯季冬廿三日也。钦命挂印总兵丰城邓子龙立"（民国《新平县志》卷二）。

民国《新平县志》卷二十记载，"鸣鼓营碑，在城西五里花山关帝庙内"。康熙年间，土酋猖獗，碑毁无存，康熙五十八年，依原文重新立碑。时光流转，现今鸣鼓营碑藏于新平彝族傣族自治县龙泉寺。一同保存在龙泉寺的还有不少珍贵的碑刻。

第五节 茶 马 古 道

哀牢山-无量山地区是茶的故乡，是普洱茶的原产地。历史上，因为茶叶、食盐等物资运输的需求，哀牢山-无量山地区交通位置重要。区域内以普洱（宁洱）为中心，以马帮为主要交通运输方式，到达昆明、大理等枢纽，连通全国乃至国际道路系统，或连接到金沙江、元江（境外称红河）等河流，通过航运联通各地。

从清代开始，普洱茶成为贡品。康熙五十五年（1716年），开化（云南文安县）总兵阎光纬"进普洱茶四十团"，普洱茶开始进入清宫。

雍正七年（1729年）开始，普洱茶正式开始进贡。乾隆元年（1736年）清政府设置思茅同知、思茅官茶局，在六大茶山设官茶子局，在普洱府设立茶厂、茶局，负责茶叶收购。普洱茶进贡的一套官方体制从此建立起来。

普洱茶在清朝宫廷的角色不断强化，不仅供日常饮用，还用于宴会、药用、祭祀、赏赐外国使臣等。其中最著名的是乾隆五十八年（1793年），赏赐英国马戛尔尼使团（Ayers，2017）（图7-13）。

"茶马古道"这个名称，是由木霁弘等（1991）提出来的。但是，西南地区的茶马古道交通网络起源很早，最初表现为地区民族文化交流的民族古道、盐运古道和马帮古道。唐代，茶叶在藏区广泛流行，催生了通过马帮运输茶叶等物资的茶马古道交通网络的形成。

绵延千年的马帮运输，形成了庞杂的道路网络，且这些道路走向随着时间演变有所变迁。涉及哀牢山-无量山地区的几条茶马古道干线包括：普洱至昆明的贡茶古道，普洱至大理的滇藏茶马古道和昆明至大理的滇缅古道等。

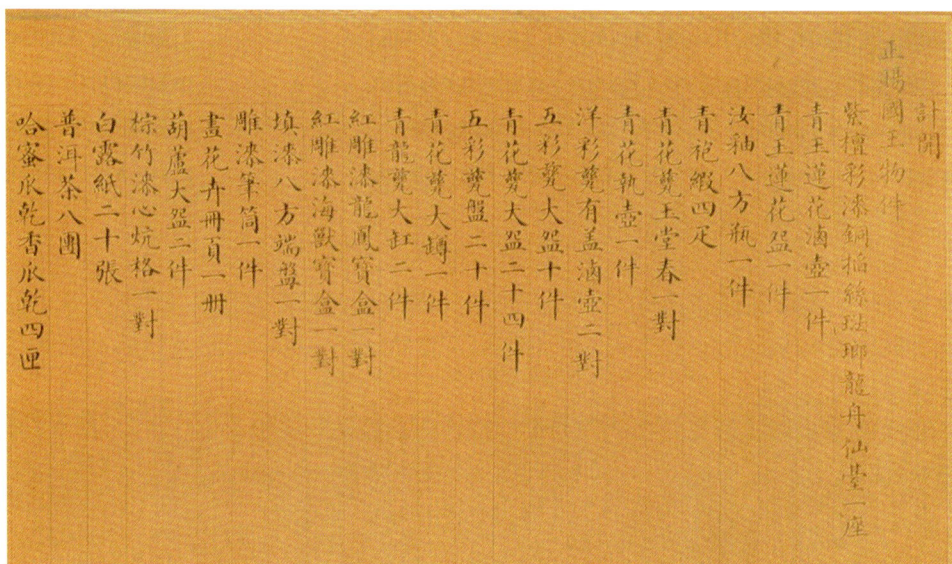

图 7-13　乾隆皇帝赏赐英国马戛尔尼使团的部分物品（左起第二项是普洱茶）

　　举例而言：光绪《普洱府志》卷十二记载，普洱至昆明的驿道路线为，普洱思茅-那柯里-宁洱县-磨黑-把边江-通关哨-布固江-黄草坝-他郎（墨江县）-大歇厂-莫浪-元江州（元江哈尼族彝族傣族自治县）-青龙厂-扬武坝-化念乡-嶍峨县（峨山彝族自治县）-新兴州（玉溪市）-铁鑪关-晋宁州（昆明市晋宁区）-呈贡县（昆明市呈贡区）-昆明。那柯里茶马古道和磨黑茶马古道是这条古道的部分遗址。此外，茶马古道线路众多，遗址遍布哀牢山-无量山地区（图 7-14，图 7-15）。

图 7-14　云南省宁洱哈尼族彝族自治县那柯里茶马古道遗址

图 7-15 云南省宁洱哈尼族彝族自治县磨黑茶马古道遗址

一、镇沅哀牢山古道

镇沅境内哀牢山古道段遗址包括金山丫口茶马古道、恩乐广恩桥遗址、新抚城北门遗址、小水井梁子通行关卡规定行文碑刻。

金山丫口茶马古道位于镇沅彝族哈尼族拉祜族自治县和平乡麻洋村马鹿塘组，全长 200m，宽 2m，全部由石块砌成。途经恩乐、者干河至麻洋，过金山丫口，到达新平、双柏、昆明等地，是清代哀牢山古道的组成部分之一。

恩乐广恩桥遗址位于镇沅彝族哈尼族拉祜族自治县民江村与恩乐老街河岸，长 188m，石墩架木，保存完整，是清代哀牢古道的组成部分。

新抚城北门遗址位于镇沅彝族哈尼族拉祜族自治县古城乡政府驻地北。古城门在清代被称为新抚城北门，北可达大理，南可至磨黑古镇。为清代滇西茶马古道驿站遗址。

小水井梁子通行关卡规定行文碑刻位于镇沅彝族哈尼族拉祜族自治县县城西小水井梁子古道旁，是清代道光年间古道通行的驿站关卡，通行的关卡规定以条文的形式刻于石碑之上。

二、镇沅玻烈河桥

玻烈河桥位于镇沅彝族哈尼族拉祜族自治县恩乐镇玻烈村，因横跨边江支流玻烈河，故名。桥碑记载，该桥于清乾隆五十七年（1792 年）由 164 名村民集资修建，清道光十七年（1837 年）因河水冲决重修。建筑结构为单孔石拱桥，长 14m、宽 4m、高 10m。此桥曾是历史上普洱至大理的古驿道，对古驿道、古桥梁研究极具价值（普洱市博物馆，2020）。

1986 年，玻烈河桥被公布为镇沅彝族哈尼族拉祜族自治县县级文物保护单位。2013 年，被公布为普洱市市级文物保护单位。

三、镇沅难搭桥

难搭桥位于镇沅彝族哈尼族拉祜族自治县振太镇塘坊村南侧景谷河上，始建于清光绪六年（1880 年），是景东经镇沅至景谷的古驿道的一部分。由于工程艰巨，故而得名。桥址位于两岸悬崖峭壁之间，长 13m、高 21m、宽 3.3m、单径 10m。桥东尚存古驿道一段，桥前曾有瓦房一间（现已毁）（普洱市博物馆，2020）。

此桥营造精绝，凌空飞架，对古驿道、古桥梁研究都极具价值。

1986 年，难搭桥被公布为镇沅彝族哈尼族拉祜族自治县县级文物保护单位。2013 年，被公布为普洱市市级文物保护单位。

四、南华县英武哨古驿道

英武哨位于南华县沙桥镇三河底村委会。英武哨古驿道由楚雄吕合驿入境，经仙人骨哨、高峰哨、州前铺、灵官桥、水盘铺、镇南关、沙桥驿、双树铺、英武关、苴力铺、天申堂铺达云南驿（今祥云县）。经学者考证，英武哨古驿道就是秦始皇时期的五尺道，汉代的"蜀身毒道"分支，是南方丝绸之路的重要节点（李天永，2017）。抗日战争时期，因滇缅公路受阻，英武哨古驿道成为抗战马帮道，发挥了极大作用，各民族马帮组成的商队经此源源不断地为前方输送抗战物资。现存的古驿道遗址破坏较为严重，但是林间部分保存完好。

2015 年，英武哨古驿道被公布为楚雄彝族自治州州级文物保护单位。

五、南华县灵官桥

灵官桥原名瑞应桥，位于南华县灵官桥村东，在昆明至大理的古驿道——滇藏茶马古道上。灵官桥始建于明万历二十九年（1601 年）。据明守道张璧撰《瑞应桥碑记》记载，河上（龙川江）原架设木桥，每逢雨季，山洪暴发，河水猛涨，即被冲走，行人阻滞，且时有葬身鱼腹者。时周国庠主镇南州事，能体察民情，畅修水利，亲自主持疏浚大谷堆至灵官桥一段河道，使河水经此向下流泄，保持河道畅通。只有营造石桥才可不受水患。周国庠捐出养廉银百余元，加之州内士民踊跃出资出力，一时"群工献艺，机运梯乘"，"经始于辛丑志之秋，越明年终竣役"。恰逢修建之时，附近居民家中祥瑞不断，被认为是吉庆之兆，遂取名"瑞应桥"。后因桥西建灵官庙，故又名灵官桥（云南省南华县志编纂委员会，1995；中国人民政治协商会议云南省南华县委员会，1991）。

灵官桥横跨龙川江，为三孔石拱桥，长 51.15m、宽 7m、高 9.6m，每孔跨径 8m，不仅工艺绝伦，而且是滇中通往滇西的重要桥梁，故光绪十八年卷本《镇南州志略》有"通以平桥，过客连镳"的记载。灵官桥原是从镇南通达滇西的第一座大桥，20 世纪 30 年代云南兴建第一条国际公路干线——滇缅公路（即今 320 国道），是抗日战争中中国通往国外的首要通道。灵官桥就从驿道桥成为公路桥。

2005 年，灵官桥被公布为楚雄彝族自治州州级文物保护单位（图 7-16）。

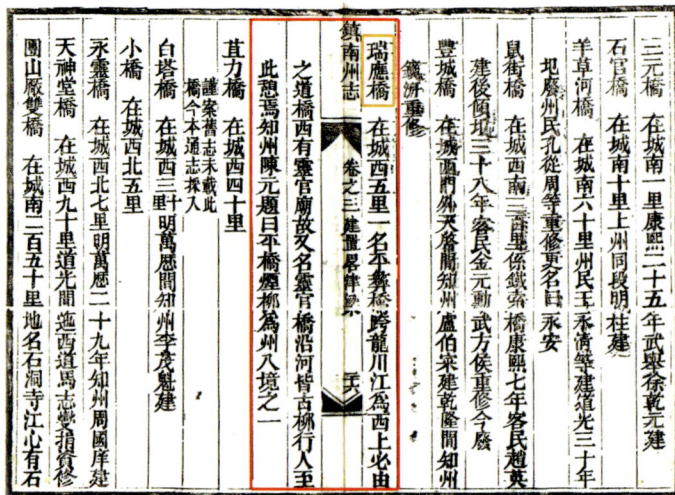

图 7-16 光绪十八年卷本《镇南州志略》关于南涧瑞应桥（灵官桥）的记载

六、新平哀牢山茶马古道

哀牢山茶马古道，位于新平彝族傣族自治县嘎洒镇耀南村原始森林中，保存完好的约有 8km。新平境内的哀牢山茶马古道为古代交通的咽喉要道，中原的丝绸布匹、日用百货经此流向域外，马帮又将驮自外域的玉石、烟土、边疆的磨黑盐、普洱茶销往内地，有"南方丝绸之路"之称（玉溪市新平县文化事业局和新平县文学艺术界联合会，2005）。

2005 年，哀牢山茶马古道被公布为新平彝族傣族自治县县级文物保护单位。2012 年，被公布为玉溪市市级文物保护单位。

七、南涧乐秋乡永安桥

永安桥又称瓦午大桥，位于南涧彝族自治县乐秋乡瓦午村乐秋大河上，始建于明末清初，现存较好。永安桥是古代南涧（定边县）、巍山（蒙化府）"走夷方"的必经桥梁（南涧彝族自治县志编纂委员会，1993）。永安桥是茶马古道的重要桥梁遗存，对研究清代砖石拱桥建筑及茶马古道历史具有重要意义。

该桥为石墩砖拱，拱桥连引体长约 15m、高 5m、宽 2.5m，桥面两侧设高约 0.5m 的桥栏。桥面接近桥体处建有同期建筑照壁一座（现大部分已坏）。桥为南北走向，两端相距约 10m 处各建有桥头寺 1 座，小寺古朴典雅，小巧别致。现北端小寺大部被毁，南端保存较好。在桥南小寺东侧约 5m 处，屹立有 1 座方塔，与桥同期建造，是桥的附属建筑。塔为方形，陶砖垒砌，小巧美观，造型特别，现存较好。塔分 5 层，高 2.5m，底座边宽 0.5m，塔顶宽 0.5m。从顶向塔基每层依次收缩，各层顶边呈飞檐状。各层正面原彩绘佛像 1 幅，现已剥蚀难辨，此塔是南涧迄今发现的唯一古塔。

2013 年，永安桥被公布为大理白族自治州州级文物保护单位。

第六节　哀牢山-无量山地区文庙专题

文庙是哀牢山-无量山地区保存最多的一类古建筑。在哀牢山-无量山地区，文庙的兴建，至迟应在元代，在少数民族地区具有很好的代表性。像楚雄文庙是彝族地区最早的文庙。

文庙又称孔庙，是纪念和祭祀孔子的庙宇，可以追溯到始建于公元前 478 年的山东曲阜孔庙。唐初，全国各州县都开始兴建孔庙。云南建设文庙比中原地区晚一些。从历史文献记载来看，唐代云南地方政权南诏已经开始兴建文庙。明朝杨慎《滇载记》载："（南诏）晟罗皮之立，当元（玄）宗先天元年（公元 712 年），立孔子庙于国中。"类似记载也见于万历《云南通志·羁縻志》等古籍（杨知秋，2004）。

从实物证据看，云南孔庙可以追溯到元代，著名的昆明（元中庆路）、大理和建水等孔庙和鹤庆、安宁、通海等孔庙都兴建于元代（杨知秋，2004；陈静波，2015a，2015b）。明代，孔庙在云南全境大部分州县建立起来。洪武八年（1375 年），"诏天下立社学（张廷玉 明史）"，儒学教育受到空前重视。与此同时，孔庙在全国大规模兴建。

明清时期，云南全省除西双版纳和怒江少数地区外，每个县、州都建有文庙（杨知秋，2004）。

民国二十三年（1934 年）、三十一年（1942 年），云南省对全省孔庙进行了调查，为了解云南孔庙家底提供了珍贵的第一手资料。根据调查，1930～1940 年，在哀牢山-无量山地区，尚有新平、镇南（今南华）、双柏（南安州）、楚雄、景东等文庙存在。其中，新平文庙始建于万历二十年，民国时期改为幼儿园。镇南（今南华）文庙始建于永乐七年，民国时期被政府机构借用。双柏文庙始建于乾隆五十一年，民国十六年改为县立高小（陈静波，2015a，2015b）。不过，现存的民国调查资料并不完整。还有一些文庙未留下档案。例如，双柏境域还涵盖原嶍嘉县，但嶍嘉文庙早在民国时期就已无考。镇沅原来也有文庙，遗址在县城恩乐原县煤矿一带，现遗址尚存。南涧文庙，始建于明代，位于县城东北。

清末新政推行，1901 年书院改学堂，孔庙多被改为学堂，少数改为博物馆、图书馆或政府机构驻地。随着祭祀功能褪去，政治地位降低，逐渐疏于修缮，很多建筑被占用、改造、拆除。"文化大革命"期间，大量文庙受到破坏（杨大禹，2015）。

现在，哀牢山-无量山地区仅有楚雄、景东等文庙得以幸存（陈静波，2015a，2015b）。

一、楚雄文庙

楚雄文庙是全国重点文物保护单位。原来包括今楚雄彝族自治州和楚雄市两级政区的文庙。元朝至正年间（1341～1368 年），在鹿城东门外（今罗家队）兴建威楚路（相当于楚雄州）文庙。洪武十九年（1386 年）改为楚雄府文庙。嘉靖六年（1527 年）府文庙迁建于县文庙右射圃（刘联声，1716；楚雄市地方志编纂委员会，1993）。楚雄县文庙兴建于洪武二十二年（1389 年），在楚雄县城西凤鸣山麓，今楚雄二中一带。弘治三年（1490 年）迁建于县城东门内，今鹿城小学（崇谦，1910）。康熙十九年（1680 年）地震，府县文庙连同考棚等悉数倾圮，康熙二十二年（1683 年）重建，成为统一布局。咸丰十年（1860 年）遭毁损，同治八年（1869 年）重修。布局分为东、中、西三区，东区为东厢，西区为西厢，中区现仅存仓颉殿、大成殿、大成门、三元桥、泮池等。1948 年 3 月，文庙改建为楚雄县立中学附属小学，即今鹿城小学（楚雄市地方志编纂委员会，1993）。

1987 年，楚雄文庙被公布为云南省省级重点文物保护单位。2013 年，被国务院公布为国家级文物保护单位（图 7-17）。

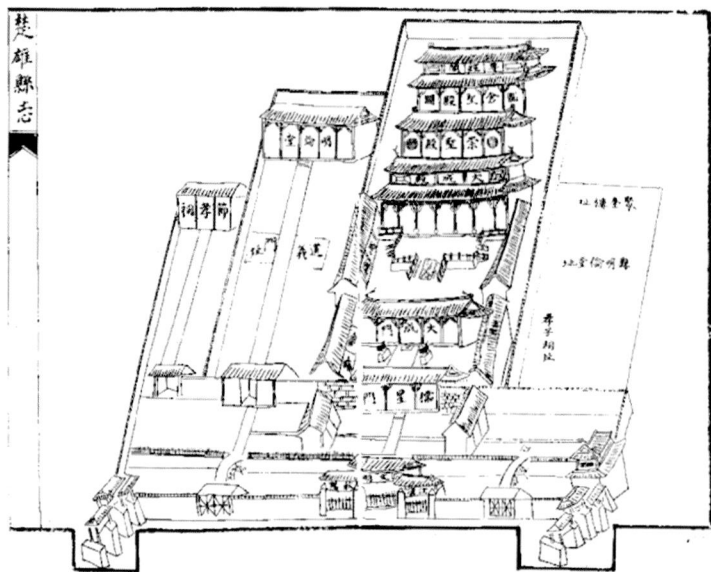

图 7-17　清末楚雄文庙格局（崇谦，1910）

二、景东文庙

景东文庙是全国重点文物保护单位。景东文庙建于明朝初年，最初在县治南侧塘窑，明正统七年迁建于城外南仓井之西，万历十五年迁回塘窑，明末毁于匪乱，清顺治十七年以景东县令徐树宏指挥宅为临时文庙，康熙二十一年（1682 年）改建于玉屏山麓（侯应中，1923；景东彝族自治县志编纂委员会，1994）。

另外，景东东区簧宫，始建于洪武八年，其实也是文庙，民国初年尚存（侯应中，1923）。

1986 年，景东文庙被公布为景东彝族自治县县级文物保护单位。1987 年，被公布为云南省省级文物保护单位。2013 年，被国务院公布为国家级文物保护单位。

三、南涧文庙

南涧设县历史较短，在明代曾设定边县，清代撤销，1965 年南涧彝族自治县方告成立。南涧文庙位于县城东北向阳坡。据康熙《定边县志》学校义学附记载（杨书，1713）："明（宪宗）成化八年（1472 年），知县冯源广，建社学于旧治东门内"始建于明成化八年（1472 年），康熙十年（1671 年）重修，后多次重修，曾作为县公检法办公场所，2011 年进行大规模修复。南涧文庙还有《祭奠永崇碑》《文武官员到此下轿（马）碑》和《回龙庵常住碑记》等多座明清碑刻（南涧彝族自治县志编纂委员会，2009）。

大成殿是祭祀孔子的圣殿，也是文庙之中最为高大的建筑。"大成"二字来自《孟子》"孔子之谓集大成者"。大成殿为单檐歇山顶，斗拱飞檐，青瓦白墙，主体构架木刻彩绘做工精致，线条流畅，石雕动物、花草形象生动。殿前石砌古月台花木争艳，与大殿连为一体，中间十三级石台阶上立有守护石狮，威武逼真（董家泽，2020）。

南涧文庙建筑群还包括其东侧的毓秀书院暨巡检司衙署等，现为南涧小学。初为社学，嘉庆年间重修。光绪元年始称"毓秀书院"，光绪二十四年改为南涧小学堂。可惜南涧毓秀书院大部分建筑已毁，详见前文。2013 年，南涧文庙被公布为大理白族自治州州级文物保护单位。2016 年，南涧城隍庙被公布为大理白族自治州州级文物保护单位，同为州级文物保护单位的文庙和城隍庙，合并为文庙（含城隍庙）一同保护。

四、新平文庙

民国《新平县志》卷一记载："万历二十年（1592 年），知县李先芬建孔庙""清康熙三年（1664 年），知县李复修迁立学宫于今地"。卷九记载：学宫在治城内东北隅。明万历二十年，知县李先芬设计。大成殿五间，东西庑各四间，大成门外东为名宦祠，西为乡贤祠，前为棂星门，门外列有泮池，围以丹墙。大成殿后为崇圣殿，凡三间。民国时期改为幼儿园。

五、双柏文庙

双柏县境，原为南安州和碍嘉县（今碍嘉镇附近）。

南安州学宫（文庙），又称庙学，在州治东，始建于明洪武二十七年（1394 年），成化、万历年间扩建，崇祯末年毁于战乱，康熙初年重修，康熙十九年（1680 年）毁于地震，咸丰年间毁于战乱，光绪初年重修，清末废置（双柏县志编纂委员会，1996）。民国十六年改为县立高小。

碍嘉县（现为碍嘉镇）设立于元至元十二年（1275 年），康熙八年（1669 年），裁碍嘉县，并入南安州。《乾隆碍嘉志》记载："自元设县以来，迄于国初，皆有圣庙儒学。"至乾隆年间"文庙独未之建"。也就是说，元明时期碍嘉建有文庙，但清初文庙已毁，后一直没有再建。

六、南华文庙

南华县明清时为镇南州境，城北曾设有文昌宫学馆 5 间。此文庙于明初永乐七年（1409 年）由知州岑鹤建，清康熙五十六年（1717 年）由知州张伦复立。清雍正十三年（1735 年），又设沙桥南山寺馆、白土城普照寺馆（今划归楚雄市）、雨露村龙顶寺馆、阿雄乡阿底沟雪庵寺馆（云南省南华县志编纂委员会，1995）（图 7-18）。

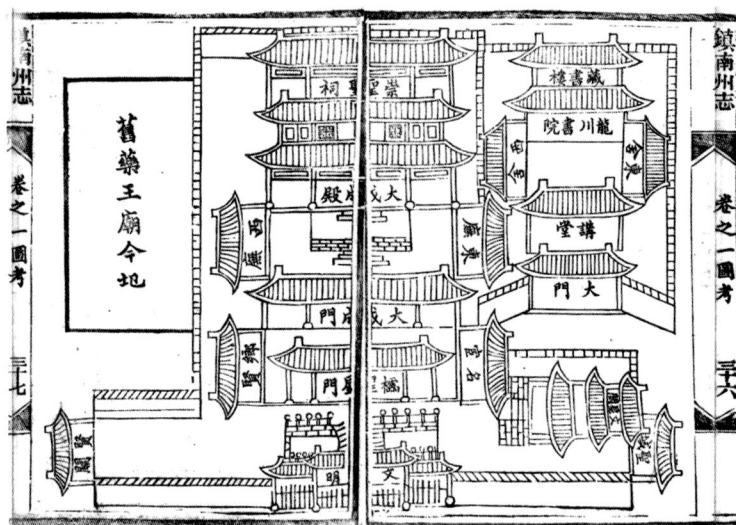

图 7-18 南华文庙（引自：光绪《镇南州志》卷一）

七、弥渡文庙

光绪二十七年（1901 年）弥渡境内建筑文庙大成殿及东西两庑面殿。至民国二年（1913 年）建筑后宫，迨至民国十四年因大地震受损坏，于十五年重复修理，并新建棂星门。共计有房屋二十五间（陈静波，2015b）。文庙主体建筑现已不存，遗址位于今弥渡县青螺公园内。

八、镇沅文庙

镇沅府城本无庙学，清雍正十年（1732 年）巡抚张允随奏请建庙设学。乾隆六年（1741 年）知县姚应鹤建庙学于府署东门外。乾隆三十五年，改府为州，庙学仍存。此庙学在咸丰、同治年间毁于兵燹。

恩乐学宫在县治西关碧松山麓，清雍正十年（1732 年）题准建庙。乾隆五年（1740 年）由知县张明创建。乾隆三十四年，知县萧思浚重修。乾隆四十七年，知县袁嘉保、典使徐锦堂增修。嘉庆十七年，知县成斌捐修大成殿、崇圣祠。道光二年（1822 年）知县谭纶、教谕周英率绅士捐修东西两庑大成门和棂星门及道德二坊。道光六年（1826 年），经知县余炳虎倡捐修理，焕然一新。道光二十年（1840 年），裁县为镇沅直隶厅，庙学犹存。咸丰、同治年间，殆毁于兵燹。光绪八年（1882 年），同知修朝元率阖邑士庶捐资修建大成门东西两庑和照壁坍墙（镇沅彝族哈尼族拉祜族自治县志编纂委员会，1995）。

参 考 文 献

白惠能. 2007. 大姚彝族文化[M]. 昆明: 昆明亮彩印务有限公司.

卞佳. 2015. 云南双柏彝族民间始原戏剧研究[J]. 曲学, (1): 249-298.

卜保怡. 2012. 走进古滇国[M]. 昆明: 云南教育出版社: 24.

陈国光. 2006. 彝族史诗中的创世神话[J]. 西南民族大学学报(人文社科版), (10): 100-104.

陈静波. 2015a. 民国时期云南文庙调查资料选辑[J]. 云南档案, (12): 20-26.

陈静波. 2015b. 民国时期云南文庙调查资料选辑[J]. 云南档案, (12): 49-53.

陈静波. 2019. 云南文庙介绍: 楚雄文庙[J]. 云南档案, (2): 36.

陈润圃. 1982. 南诏铁柱辨正[J]. 文物, (6): 74-76.

陈述云, 黄晓钟. 1993. 楚雄苍岭恐龙足印初步研究[J]. 云南地质, 3: 266-276.

陈卫东. 2019. 楚雄一中古龙泉书院［EB/OL］. https://www.meipian.cn/1y2scjj4[2019-03-01].

陈永香, 曹晓宏. 2010. 彝族史诗《梅葛》《查姆》创世神话研究[J]. 楚雄师范学院学报, 25(4): 47-54.

陈永香, 曹晓宏. 2011. 彝族史诗《梅葛》《查姆》中人类起源与灾难神话研究[J]. 楚雄师范学院学报, 26(1): 45-52, 58.

陈永香, 马红惠, 李得梅. 2012. 简谈彝族毕摩和歌手对史诗的“演述”———以梅葛、查姆为中心[J]. 青海社会科学, (5): 210-213, 218.

崇谦. 1910. 楚雄县志(清宣统二年抄本)[M]. 台北: 成文出版社.

楚雄市地方志编纂委员会. 1993. 楚雄市志[M]. 天津: 天津人民出版社.

楚雄彝族自治州博物馆. 2008. 楚雄彝族自治州文物志[M]. 昆明: 云南民族出版社.

楚雄彝族自治州民族事务委员会. 2014. 楚雄彝族自治州民族志[M]. 昆明: 云南民族出版社.

大理白族自治州文化馆. 1981. 云南弥渡县苴力公社出土两具早期铜鼓[J]. 考古, 4: 371

党红梅, 黄正良. 2018. 弥渡县黄矿厂朝阳寺碑文解读[J]. 保山学院学报, 6: 26-31.

董家泽. 2020. 南涧文庙[EB/OL]. 南涧彝族自治县人民政府.

段玉明. 2018. 南诏大理文化史[M]. 桂林: 广西师范大学出版社.

高文德. 1995. 中国少数民族史大辞典[M]. 长春: 吉林教育出版社: 602.

韩延汝. 2013. 中华优秀传统艺术丛书 花灯[M]. 长春: 吉林出版集团有限责任公司.

何宣, 杨士吉, 许太琴. 2013. 云南生态年鉴(2013)[M]. 昆明: 云南人民出版社: 49.

红河哈尼族彝族自治州民族志编写办公室. 1989. 云南省红河哈尼族彝族自治州民族志[M]. 昆明: 云南大学出版社.

侯应中. 1923. 周汝钊, 修. 景东县志稿(民国十二年石印本)[M]. 台北: 成文出版社.

黄彩文, 万冬冬, 韩洋. 2012. 楚雄彝族的民间信仰与非物质文化遗产的保护传承[J]. 楚雄师范学院学报, 27(4): 23-31.

黄桂枢. 1992. 思茅地区文化志[M]. 昆明: 云南民族出版社.

黄桂枢. 2000. 新编思茅风物志[M]. 昆明: 云南人民出版社.

黄桂枢. 2002. 思茅地区文物志[M]. 昆明: 云南民族出版社.

蒋高宸. 1997. 云南民族住屋文化[M]. 昆明: 云南大学出版社: 376.

景东彝族自治县志编纂委员会. 1994. 景东彝族自治县志[M]. 成都: 四川辞书出版社.

雷兵. 2002. 哈尼族文化史[M]. 昆明: 云南民族出版社.

雷兵. 2002. 哈尼族文化史[M]. 昆明: 云南人民出版社: 354-362.

李昆声. 2019. 云南考古学通论[M]. 昆明: 云南大学出版社.

李培聪. 2016. 景东傣族陶氏土司遗存的发现与研究[J]. 玉溪师范学院学报, 32(11): 31-36.

李培聪. 2018. 云南景东傣族陶氏土司墓地出土金银器研究[J]. 文物鉴定与鉴赏, 13: 28-30.

李萍. 2010. 云南古代火葬墓研究[J]. 昆明: 云南大学硕士学位论文.

李世忠, 孟之仁. 1985. 彝族星回节源流考[J]. 思想战线, (6): 79-80.

李天永. 2016-10-16. 南华“郑和故里碑”[N]. 云南日报. 云之美版块.

李天永. 2017. 英武哨古驿道[J]. 创造, 4: 69.

李永生. 1995. 彝族的土掌房[J]. 云南社会科学, (6): 79-83.

梁友檍. 1919. 李春曦, 等, 修. 蒙化县志稿(民国八年铅印本)[M]. 台北: 成文出版社.

林超民. 2006. 滇云文化[M]. 呼和浩特: 内蒙古教育出版社.

刘大平. 2001. 中国西部宝典[M]. 呼和浩特: 内蒙古人民出版社.

刘联声. 1716. 张嘉颖, 修. 楚雄府志(清康熙五十五年刻本)(内部资料).

刘茂颖. 2020. 南涧跳菜为节日添彩[EB/OL]. http://society.people.com.cn/n1/2020/0125/c1008-31562066.html[2020-01-25].

刘志安, 王星, 雷剑. 2019. 筑巢[M]. 昆明: 云南大学出版社.

雒树刚. 2016. 中国节日志 彝年[M]. 北京: 光明日报出版社.

马克·本德尔, 付卫. 2002. 怎样看《梅葛》: “以传统为取向”的楚雄彝族文学文本[J]. 民俗研究, (4): 34-41.

马太元. 1933. 新平县志. 石印本.

马曜. 2010. 云南简史[M]. 昆明: 云南人民出版社: 131.

毛佑全. 1998. 哈尼族宅居群落及其家族结构[J]. 民族艺术研究, (5): 59-63.

毛佑全. 1999. 哈尼族服饰文化特质及其内涵[J]. 玉溪师范高等专科学校学报, (6): 55-58.

弥渡县政府办公室. 2020. 弥渡县基本县情[EB/OL]. http://www.midu.gov.cn/midu/c102515/202107/29d8feb0d9194f2b85653762f2cd5a70.shtml[2021-0712].

弥渡县志编纂委员会. 1993. 弥渡县志[M]. 成都: 四川辞书出版社.

木霁弘, 陈保亚, 李旭, 等. 2003. 滇藏川"大三角"文化探秘[M]. 昆明: 云南大学出版社: 4.

南华县地方志编纂委员会. 2006. 南华县志(1986—2002)[M]. 昆明: 云南人民出版社.

南华县统计局. 2020. 南华县 2019 年国民经济和社会发展统计公报[EB/OL]. http: //www.ynnh.gov.cn/file_read.aspx?id=25527[2020-06-05].

南涧彝族自治县地方志编纂委员会办公室. 2018. 南涧年鉴(2018)[M]. 昆明: 云南出版集团云南美术出版社: 41.

南涧彝族自治县志编纂委员会. 1993. 南涧彝族自治县志[M]. 成都: 四川辞书出版社.

南涧彝族自治县志编纂委员会. 2009. 南涧彝族自治县志(1978—2005)[M]. 昆明: 云南人民出版社.

普洱市博物馆. 2020. 走近普洱市不可移动文物: 镇沅篇[EB/OL]. http: //www.pes.gov.cn/info/egovinfo/1001/xxgk_content/10212-/2020-0811001.htm[2020-08-11].

秦莹, 阿本枝. 2007. 作为非物质文化遗产的南涧彝族"跳菜"[J]. 大理学院学报, 6(5): 11-35.

邱宣克, 王大道, 黄德荣, 等. 1983. 楚雄万家坝古墓群发掘报告[J]. 考古学报, 3: 347-382, 409-418.

任海芬. 2020a. 公郎清真寺[EB/OL]. 南涧彝族自治县人民政府.

任海芬. 2020b. 南涧抗美桥[EB/OL]. 南涧彝族自治县人民政府.

任佩. 2012. 云南孔庙巡礼[J]. 云南档案, 12: 31-34.

沈洪森. 2020. 玉溪市文物局举办文物保护单位修缮设计方案评审会[EB/OL]. http://travel.yunnan.cn/system/2020/05/20/030679552.shtml[2020-05-20].

施作模. 2019. 南涧跳菜[J]. 大理文化, (4): 114.

双柏县地方志编纂委员会. 1996. 双柏县志[M]. 昆明: 云南人民出版社.

双柏县人民政府. 1986. 云南省双柏县地名志[M]. 双柏县人民政府（内部资料）.

双柏县统计局, 国家统计局双柏调查队. 2020. 双柏县 2019 年国民经济和社会发展统计公报[EB/OL]. https: //www.cxshb.gov. cn/file_read.aspx?id=43181[2020-07-15].

宋常. 1978. 苦聪人[J]. 思想战线, 5: 82-86.

苏丽春, 李艳. 2005. 云南民俗风情与旅游[M]. 昆明: 云南大学出版社: 35-56.

谭其骧. 1982. 中国历史地图集·第二册[M]. 北京: 中国地图出版社: 31-32.

陶优. 2019. 大美彝乡: 探访紫溪山的寺宇庙庵[EB/OL]. https://www.sohu.com/a/293097810_700530[2019-02-02].

王昌荣. 2015. 景东傣族历史探讨[J]. 黑龙江史志, 7: 320-321.

王国付. 2015. 楚雄的滇缅铁路遗址[J]. 云南文史, 3: 52.

王文光, 朱映占, 赵永忠. 2015. 中国西南民族通史(上)[M]. 昆明: 云南大学出版社: 288.

王亚林. 2014-04-30. 弥渡县修缮滇西最大古建筑群[N]. 大理日报. A3 版.

王振刚. 2015. 云南行政中心的历史变迁及疆域形成[M]. 北京: 社会科学文献出版社.

席克定, 余宏模. 1980. 试论中国南方铜鼓的社会功能[J]. 贵州民族研究, 2: 52-60.

新平县统计局. 2019. 新平彝族傣族自治县 2018 年国民经济和社会发展统计公报[EB/OL]. http: //www.yuxi.gov.cn/xpxzfxxgk/zftjgb10243/20190423/1039521.html[2019-03-17].

新平彝族傣族自治县民族事务委员会. 1992. 新平彝族傣族自治县民族志[M]. 昆明: 云南民族出版社.

新平彝族傣族自治县人民政府. 1988. 云南省新平彝族傣族自治县地名志[M]. 新平彝族傣族自治县人民政府（内部资料）.

新平彝族傣族自治县志编纂委员会. 1993. 新平县志[M]. 北京: 生活·读书·新知三联书店.

新平之窗. 2017. 永不褪色的老宅: 顺城街一号民居[EB/OL]. https://www.sohu.com/a/197536685_655441[2017-10-11].

熊术新, 苗民, 孙燕. 2007. 中国云南两个少数民族村落影像民俗志——民俗文化在传播中的意义[M]. 昆明: 云南大学出版社.

雪犁. 1994. 中华民俗源流集成 节日岁时卷[M]. 兰州: 甘肃人民出版社.

杨大禹. 2010. 对云南红河哈尼族传统民居形态传承的思考[J]. 南方建筑, (6): 18-27.

杨大禹. 2015. 儒教圣殿: 云南文庙建筑研究[M]. 昆明: 云南大学出版社.

杨书. 1713. 康熙定边县志(清康熙五十二年抄本)[M]. 大理: 大理白族自治州文化局.

杨知秋. 2004. 云南尊孔源流考[J]. 孔子研究, 1: 112-116.

殷永林, 苗族调查组. 2001. 云南民族村寨调查 苗族 金平铜厂乡大塘子村[M]. 昆明: 云南大学出版社.

玉溪市新平县文化事业局, 新平县文学艺术界联合会. 2005. 中国·新平花腰傣之乡·文化旅游景区景点揽胜[M]. 昆明: 云

　南美术出版社.

云南省博物馆文物工作队. 1978. 云南省楚雄县万家坝古墓群发掘简报[J]. 文物, 10: 1-18, 97-98.

云南省楚雄市地方志编纂委员会. 1993. 楚雄市志[M]. 天津: 天津人民出版社.

云南省南华县志编纂委员会. 1995. 南华县志[M]. 昆明: 云南人民出版社.

云南省普洱哈尼族彝族自治县地方志编纂委员会. 1993. 普洱哈尼族彝族自治县志[M]. 北京: 生活·读书·新知三联书店.

云南省文物考古研究所. 2014. 景东傣族陶氏土司墓地[M]. 昆明: 云南美术出版社: 73.

云南双柏县地方志编纂委员会. 1996. 双柏县志[M]. 昆明: 云南人民出版社.

张廷玉, 等. 1974. 明史[M]. 北京: 中华书局.

张新宁. 1986. 云南弥渡苴力战国石墓[J]. 文物, 7: 25-30.

张昭. 1996. 滇西独特的明代水利工程: "地龙" [J]. 考古学, 3: 50-52.

张昭. 2005. 弥渡文物志[M]. 昆明: 云南人民出版社.

张正文. 2015. 忆景东人民兴建中型渠道工程——川河大沟二三事[EB/OL]. http: //www.peds.gov.cn/jd/zx_nr.asp?id=3794 [2015-11-28].

镇沅彝族哈尼族拉祜族自治县人民政府办公室. 2017. 历史文化[EB/OL]. http: //www.pezhenyuan.gov.cn/info/1601/1250.htm [2017-11-23].

镇沅彝族哈尼族拉祜族自治县统计局. 2020. 镇沅彝族哈尼族拉祜族自治县 2019 年国民经济和社会发展统计公报[EB/OL]. http://pezhenyuan.gov. cn/info/egovinfo/1592/zwgk_nr/9019-/2020-0507001.htm[2020-05-07].

镇沅彝族哈尼族拉祜族自治县志编纂委员会. 1995. 镇沅彝族哈尼族拉祜族自治县志[M]. 昆明: 云南人民出版社.

镇沅彝族哈尼族拉祜族自治县志编纂委员会. 2013. 镇沅彝族哈尼族拉祜族自治县志(1978—2005)[M]. 昆明: 云南人民出版社.

中共景东彝族自治县委, 县人民政府. 2015. 景东概况[EB/OL]. http://www.jingdong.gov.cn/gk.htm[2015-06-28].

中共新平县委史志办. 2019. 新平概况[EB/OL]. http: //www.xinping.gov.cn/xp/xpgk/[2019-05-18].

中国人民政治协商会议云南省南华县委员会. 1991. 南华县文史资料选辑[M]. 楚雄: 中国人民政治协商会议云南省南华县委员会(内部资料).

中国人民政治协商会议云南省南华县委员会. 1995. 南华县文史资料选辑(第3辑)[M]. 政协云南省南华县委员会(内部资料).

中国社会科学院考古研究所实验室. 1985. 放射性碳素年代测定报告(一二)[J]. 考古, 7: 69.

中国艺术研究院·中国非物质文化遗产保护中心. 2020. 中国非物质文化遗产网·中国非物质文化遗产数字博物馆 [EB/OL] . https://www. zgysyjy.org.cn.

中华人民共和国文化和旅游部. 2019. 国家级非物质文化遗产代表性项目保护单位名单[EB/OL]. http: //zwgk.mct.gov.cn/ zfxxgkml/fwzwhyc/202012/t20201206_916888.html[2019-11-22].

朱惠荣. 2003. 郑和故里考[J]. 回族研究, 1: 82-85.

朱映占, 曾亮, 陈燕. 2016. 云南民族通史(上)[M]. 昆明: 云南大学出版社.

邹逸麟. 2010. 中国历史地理概述[M]. 上海: 上海教育出版社.

Ayers J. 2017. Chinese and Japanese works of art in the collection of her majesty the queen. Vol.3. London：Royal Collection Trust.

Henry A. 1903. The Lolos and other tribes of Western China[J]. The Journal of the Anthropological Institute of Great Britain and Ireland, (33): 96-107.

第八章　生态保护与社会经济发展

哀牢山、无量山两个国家级自然保护区地跨 4 州（市）7 个县，面积近 1000km²，本研究以 2017～2019 年哀牢山-无量山区域的人口、民族、教育和产业情况的考察调研数据，以及农业、林业、加工业等收益数据为基础，首先分析拟建哀牢山-无量山国家公园过渡区和次区域生态经济发展状况、农业与农事操作对社会经济发展的贡献力、哀牢山-无量山地区社会经济结构、生物资源与当地社会经济发展的关系及人文与民族习性对当地社会经济发展的作用。其次，提供拟建哀牢山-无量山国家公园建设期和建设后周边辐射区社会经济体的构建方法。最终目的是为拟建哀牢山-无量山国家公园地区生态保护和社会发展的平衡提供解决方案。

第一节　哀牢山-无量山社会经济考察方案

一、样本选择依据

哀牢山-无量山社会经济考察以倪祖彬提出的资源经济学原理为指导，调查研究区域经济发展与自然资源开发、利用、治理、保护的关系。

哀牢山和无量山社会经济考察项目：样本地的民族、人口、劳动力资源、土地、产业和收入的总量、结构、地理变化与人口密度等情况；当地的农业生产、生活习惯、劳动力素质等情况；文化与农业科学技术水平等。

哀牢山和无量山社会经济考察目的：着重在于考察资源的利用程度与潜力，分析不合理与不够合理利用的原因及其造成的后果。体现在 4 个方面：一是维护可更新资源的更新能力和提出保护不可更新资源的有关政策；二是分析引起生态环境恶化的主要因素，如刀耕火种、陡坡开垦、过度放牧、森林乱砍滥伐和生态污染等，并提出相应政策；三是探寻自然资源开发、利用的方式、方法与引用新技术、新途径的有关政策；四是提出哀牢山-无量山地区资源经济开发利用中的经济政策（倪祖彬，1986）。

二、考察样本抽取方法

样本抽取，一是随机抽样，二是进行类型抽样，即尽量体现收益好、中、差的样本容量。

拟建哀牢山-无量山国家公园范围：普洱、玉溪、楚雄和大理 4 个州（市）及连接部位的景东、镇沅、新平、楚雄、双柏、南华和南涧 7 个地区；地理坐标为北纬 23°46′50.75″ 至 24°56′06.35″，东经 100°19′07.95″ 至 101°37′54.19″。

为此，选择了 7 个地区的相关乡镇，即无量山覆盖的景东锦屏、景福两镇，镇沅的按板，南涧的拥翠、无量山、公郎三乡镇，涉及彝族、傣族等少数民族；社会经济以普洱茶、核桃、林下中药材产业等为主要考察项目。选择哀牢山区域的楚雄西舍路，南华的兔街、马街，双柏的碍嘉，玉溪新平的者竜、水塘和戛洒三乡镇，景东太忠、镇沅九甲，涉及哈尼族、彝族、苗族、壮族、瑶族等民族，社会经济以粮食、烤烟、马铃薯、沃柑等经济作物和普洱茶、核桃、中草药产业等考察为主。

本研究对 15 个乡镇 26 个村委会 231 户农户的民族、人口、劳动力、教育情况、耕地情况、种植业、养殖业情况、产业加工情况、收入构成情况等项目进行了科学考察。

三、考察方法和步骤

（一）问卷调查和数据获取

以问卷调查和文献查阅的方式，获取相关区域近 5 年来人口、民族、文化、气候、生态、土地面积、农业和工业情况、经济收益，以及农业资源、农事操作等初步情况。

（二）入户调查

以调查问卷的形式入户调查了解农户人口、教育、种植、养殖、加工业、外出打工基本情况，了解种养殖和加工成本、收益的详细情况。

（三）问卷调查表及项目

问卷调查表及项目见附表 8-1 教育情况调查表、附表 8-2 区域内人口情况调查表、附表 8-3 经济状况调查表、附表 8-4 乡镇基本情况调查表和附表 8-5 村民家庭情况调查表。

（四）考察路线的设置

考察调研先后进行了 4 个阶段（图 8-1）：第一阶段，2020 年 4 月 21～24 日对镇沅九甲、按板两个乡镇的考察；第二阶段，2020 年 5 月 12～14 日对南涧拥翠、无量山、公郎三地进行考察；第三阶段，2020 年 6 月 1～6 日对景东景福、太忠、锦屏，南华的兔街、马街，楚雄的西舍路进行考察；第四阶段，2020 年 6 月 16～19 日对双柏的碍嘉，新平的者竜、水塘、戛洒三乡镇进行考察。

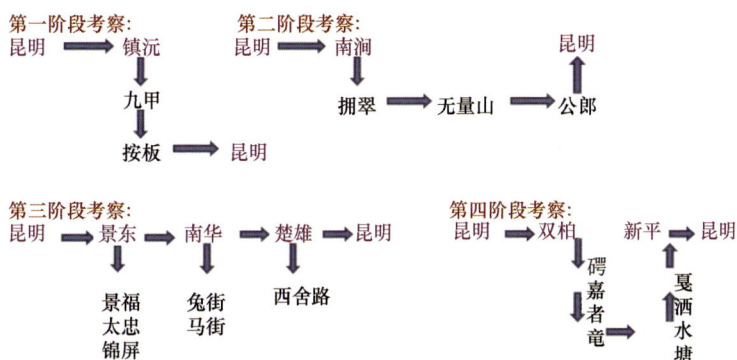

图 8-1 考察路线图

（五）考察层次

1. 联系县政府机构

联系区域各县政府办公室，明确需要协助和支持的部门，需要考察的内容，需要获取的各种统计资料和数据。

2. 县级座谈

在区域各县的林草局、农业农村局举行座谈，了解全县的民族、人口、教育、人文、农业、林业、加工业、旅游、商业、经济、收入等情况，并确定需要实地考察的乡镇。

3. 乡镇座谈

与乡镇分管农林水的领导和相关部门座谈，了解全乡镇的民族、人口、教育、人文、农业、林业、加工业、旅游、商业、经济产业、收入等情况，确定需要入户调查的村委会和村民。

4. 入户调查

按照调查表开展入户调查，获取相关内容和数据；在考察过程中特别关注林下经济发展情况，茶叶和核桃加工情况，乡村农家乐等旅游情况。同时对典型案例进行多项仔细调研、分析。

第二节　调查样本区域基本情况

以景东、镇沅、南涧、楚雄、南华、双柏、新平为7个样本县（市）。

一、人文情况

7个样本地区总人口203.5868万人，其中，乡村人口占79.86%，有22个少数民族，人口占总人口数的51.59%。

汉族108.7386万人、彝族65.9303万人、白族3.803万人、傣族11.988万人、回族3.3359万人、拉祜族2.9764万人、哈尼族6.5234万人，其余还有佤族、瑶族、景颇族、布朗族、布依族、阿昌族、锡伯族、普米族、怒族、壮族、苗族、傈僳族、基诺族、德昂族、水族、独龙族等少数民族。

22个少数民族人口中彝族是样本县最大的少数民族，占其总人口的34.91%。民族文化浓郁、丰富多彩。彝族至今仍保留着传统的彝族歌舞、服饰、刺绣以及生产生活方式，热情的"拦门酒"、古朴的喇叭迎宾调、神秘的"姑娘房"、传统的风味菜、清醇的"羊角酒"、动人的原生态山歌、奔放的"左脚舞"等洋溢着浓郁的民族气息，彝族文化源远流长、底蕴深厚。

二、资源情况

（一）气候资源

景东、镇沅几乎全部被哀牢山、无量山覆盖，其余5个地区紧邻哀牢山和无量山。7个地区均地处低纬度高海拔地区，气候为温带到北亚热带季风气候，兼有大陆性和海洋性气候特点，立体气候十分明显。年平均气温15.1℃，年降水量在1000～1900mm，地区间分布极度不均匀；年日照时数约2500h，具有光照充足、光质好等特点。

7个样本地区大部分地区生态自然环境条件优越，森林覆盖率约70%。

（二）耕地资源

据2019年末统计，7个样本地区有耕地约269.21万亩，其中，水田约102.83万亩，旱地约166.38万亩。土壤分10个土类、15个亚类、34个土属、51个耕地土种。适宜发展林业、农业和畜牧业。作物包括粮食、油料、中药材、果树等，其中核桃、茶叶、烤烟、甘蔗、橡胶等农作物极有发展前景。

（三）水力资源

境内总体森林覆盖面积大、雨量充沛、大小江河纵横。水力发电等水资源利用潜力较大。目前，开发利用的水利资源仅为可开发量的19%，农业水利化程度约为41%。

（四）文化旅游资源

境内有大量神话、寓言、动植物等风物故事，有民间诗歌、传说、谚语、谜语等民间文学。民间传统体育项目主要有陀螺、射弩、秋千、丢包等。

民间舞蹈种类繁多且极为独特和珍稀，如镇沅九甲的铓戏（为目前国内稀少剧种），南涧彝族跳菜艺术等。

歌曲主要有传说歌、情歌、挽歌、古调、苦曲、盘曲等。

民间乐器有三弦、芦笙、箫、响篾、唢呐、牛角、竹笛等。境内具有丰富的生态旅游资源和民族特色旅游资源，如镇沅享誉世界的世界茶树王诞生地省级风景名胜区千家寨；有彝族风情浓郁的国家 AAA 级旅游景区"咪依噜风情谷"；南恩瀑布、石门峡、茶马古道、金山原始森林、土司府、大磨岩峰、无量玉璧、营盘山古战场遗址（"仙人寨"）、金矿工业旅游区、世界茶源民族文化展示中心等一系列景区景点，旅游资源十分丰富。

三、产业情况

2019 年，样本地区实现地区总收入 873.914 亿元，其中农业收入 161.5072 亿元，林业收入（包括林化品、林业产品、林下经济等）43.4953 亿元，工业收入 522.1212 亿元，其他（包括旅游、商业服务行业、劳务输出等）收入 146.7903 亿元。

2019 年，样本地区城镇年人均收入 3.6979 万元，农村年人均收入 1.45 万元，城乡收入差距仍然较大。城镇和农村常住居民年人均可支配收入较 2018 年分别增长 8.4% 与 9.5%。社会消费品零售总额增长 12%。城镇登记失业率控制在 3% 以内。人口自然增长率为 2.57%。城镇化率 39.02%。支撑当地产业发展的主要是烟草、茶叶、核桃、中药材、野生菌、风和水等能源、生态和民族旅游产业等，支撑产业发展的各类专业合作社有 3348 个。

第三节 哀牢山-无量山社会经济考察结果

通过对无量山区域的景东锦屏、景福，镇沅的按板，南涧的拥翠、无量山、公郎 6 个乡镇的考察；哀牢山区域的楚雄西舍路，南华兔街、马街，双柏碣嘉，玉溪新平的者竜、水塘和戛洒，景东太忠、镇沅九甲 9 个乡镇的考察，入户 26 个村委会 231 户农户。

考察基本明确了样本区农户家庭成员的性别比例、年龄构成、家庭劳动力的文化程度结构情况；样本区家庭人口数及其劳动力人数的构成类型；样本区农户的民族分布、人数及其构成情况；种植业中经济作物、粮食作物、中药材、园艺作物的种类、面积和产量情况；样本区农户养殖种类、存栏数和出栏数等。为拟建哀牢山-无量山国家公园周边辐射区和天眼区经济发展提供经济方案。

一、样本农户家庭成员的性别、年龄、劳动力文化程度结构

样本农户家庭成员的性别、年龄、劳动力文化程度结构调查统计见表 8-1。

如表 8-1 所示，样本村农户的 1084 人中，男性为 564 人，比女性（520 人）多 44 人，男女性比为 1.084∶1。

从年龄结构来看，46～60 岁的人数最多，其次是 1～18 岁，60 岁以上人员数量排第三位。样本村人口老龄化逐步形成。从劳动力文化程度来说，小学文化占 44.36%，初中文化占 42.46%，文盲、大学专科、大学本科、中专（技校）的人员相对较少。哀牢山-无量山地区农民学历层次相对较低。

二、样本村家庭人口数、劳动力数

根据表 8-2，从样本村入户家庭人口数量类型情况来看，在同一个户口册下，在"一口锅里吃饭"的，大部分集中在一家有 3 人、4 人、5 人和 6 人，类型主要有：2 个老人+2 个大人+2 个小孩；2 个老人+2 个大人+1 个小孩；2 个老人+2 个大人；1 个老人+2 个大人+2 个小孩；1 个老人+2 个大人+1 个小孩；1 个老人+2 个大人；2 个大人+2 个小孩；2 个大人+1 个小孩。

表 8-1　样本农户的性别、年龄、劳动力文化程度

调查项目		人数
性别	男	564
	女	520
年龄	1～18 岁	244
	19～25 岁	85
	26～35 岁	162
	36～45 岁	159
	46～60 岁	262
	60 岁以上	172
劳动力文化程度	文盲	50
	小学	303
	初中	290
	大学专科	14
	大学本科	9
	中专（技校）	17

表 8-2　样本村入户家庭人口数、劳动力数

家庭人口数量（人）	户数（户）	劳动力数（人）	户数（户）
1	3	0	4
2	15	1	12
3	31	2	64
4	53	3	72
5	44	4	68
6 及以上	85	5 及以上	11

根据表 8-2，从家庭劳动力数量类型来看，根据对 20～60 岁为劳动力的统计，样本户绝大部分集中在一家人拥有 2 个劳动力、3 个劳动力和 4 个劳动力的数量类型。一家人没有劳动力或只有 1 个劳动力的老龄性家庭也存在。

图 8-2 显示的样本村农户劳动力的类型情况表明：427 个劳动力在家务农，占 62.06%，其中包括在家附近闲时临时打工的情况，绝大部分为 50 岁以上老人和部分年轻人；外出打工的占 30.09%，工种较为多样，多以体力型工作为主；经商办厂的占 3.05%，主要为茶叶、核桃、蜂蜜等加工厂，以及餐馆、酒店、小卖部、流动商贩等；上岗工作人员占 4.80%，主要有公职人员、技术性工作人员、村支书、保洁员、村小组长、村卫生员、林管员、民政事务员、村宣传员等。

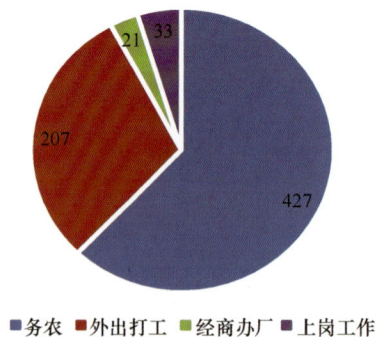

图 8-2　样本农户劳动力组成情况

三、民族情况

表 8-3 显示了 231 户样本农户的民族及其分布情况。哀牢山-无量山考察区景东、镇沅、南涧、楚雄、

南华、双柏、新平 7 个地区的民族多样性十分丰富，主要有彝族、白族、傣族、回族、拉祜族、哈尼族、佤族、瑶族、景颇族、布朗族、布依族、阿昌族、锡伯族、普米族、怒族、壮族、苗族、傈僳族、基诺族、德昂族、水族、独龙族 22 个少数民族。

表 8-3　样本农户民族分布情况（户）

地区	乡镇	村民委员会所在地	汉族	彝族	哈尼族	傣族	回族	白族	拉祜族
镇沅	按板	罗家		6	3				1
	九甲	和平		1	4				1
楚雄	西舍路	保甸		8					
南华	兔街	干龙潭	8	4			1		
		小村	3	5					
	马街	唐家	6	1					
		龙街	5	3					
景东	景福	岔河	7	3	1			1	
		公平	1	5					2
	太忠	麦地	1	5	4				3
		王家	1	7	1				
	锦屏	黄草岭	5	1					
南涧	无量山	德安	5	3				1	
	拥翠	龙凤	8					1	
	公郎	沙乐	3	4			4		
双柏	碍嘉	茶叶	1	16					
		新厂	10	9				1	
新平	水塘	金厂	3	1		5		1	
		南达	2	3		2		2	
	者竜	庆丰	5	2		3			
		者竜	6	1	3	3			
	夏洒	曼哈		3		3			
		平田	1						
		耀南				1			
		平寨	3			4			

其中，彝族（70.9303 万人）、白族（3.803 万人）、傣族（17.988 万人）、回族（3.5933 万人）、拉祜族（2.9764 万人）、哈尼族（6.5234 万人）这 6 个民族人口较多，分布较为广泛，考察的乡镇均有彝族分布，哈尼族和拉祜族主要分布在镇沅、景东、南涧、新平考察的村委会，傣族主要分布在新平、镇沅考察的村委会，回族和白族主要在镇沅、南涧和景东考察的村委会。

其他民族数量较少，分布较为零星。

如图 8-3 所示，考察的 231 个样本农户中，汉族和彝族较多，其次是哈尼族和傣族，白族、回族和拉祜族较少。

四、种植业情况（种类、面积、产量）

主要统计、考察的 231 户样本农户种植了有经济效益的 4 类作物。

经济作物，包括有茶叶、核桃、魔芋、烤烟、花椒等。

粮食作物，主要有玉米、水稻、小麦、大麦、马铃薯、蚕豆、豌豆等。

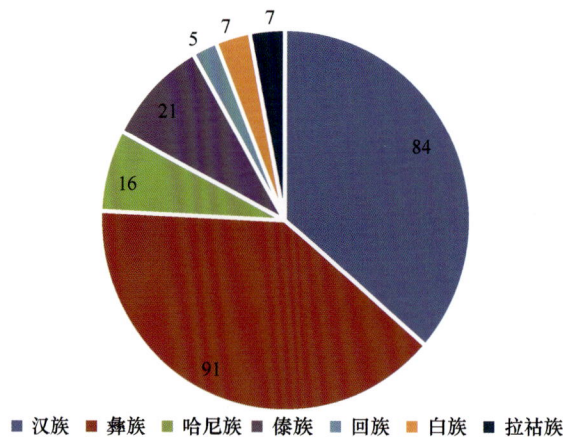

图 8-3　样本农户的民族户数情况

药用植物，主要有三七、重楼、云木香、黄精、滇龙胆。

园艺作物，主要有樱桃、梨、桃、李、杜果、柑橘、沃柑、刺头菜和顿菜等。

样本农户种植各种作物的面积见表 8-4。

表 8-4　样本农户种植各种作物的面积情况

种植面积（亩）	种植总面积户数（户）	经济作物（户）	粮食作物（户）	药用植物（户）	园艺作物（户）
0	0	0	9	171	184
1～10	20	107	194	58	39
11～20	93	60	23	0	6
21～30	53	43	5	0	1
31～40	31	18	0	0	1
41～50	21	2	0	0	0
≥51	13	1	0	2	0

从 231 户考察样本农户的种植面积统计来看，种植 4 类作物总面积多集中在 11～40 亩，有 93 户种植面积在 11～20 亩，占 40.26%，53 户在 21～30 亩，占 22.94%，其余有 20 户低于 10 亩，占 8.66%，13 户在 51 亩以上，占 5.63%。经济作物种植面积最大的农户达到 51 亩，主要是茶叶和核桃的种植面积较大，其余 230 户种植茶叶和核桃，两种作物的总面积高达 2881 亩。一个农户种植茶叶面积最大的为 45 亩，种植核桃最大的为 24 亩。粮食作物种植面积最大的农户是 30 亩（其中有复种部分）。

样本农户种植 7 种粮食作物总面积为 1502 亩，其中南涧的无量山镇德安村无粮食作物种植。其他村粮食作物种植面积总和大小为玉米＞大麦＞小麦＞蚕豆＞水稻＞豌豆＞马铃薯，其中，玉米、水稻与大麦、小麦、蚕豆、豌豆多为轮作复种。统计的 5 种中药材种植总面积 308 亩，除两户种植大户达到 82 亩外，其余 171 户没有种植（或种植几棵自用），58 户种植面积在 1～10 亩，其中的 24 户种植面积低于 1 亩（统计时四舍五入）。

种植总面积最大的是云木香，其次是滇龙胆，重楼第三，黄精第四，最小为三七，仅为 7 亩。统计的 231 户样本农户种植的 9 种主要果树和蔬菜种植面积 269 亩，种植面积最大的农户为 36 亩，184 户农户未种植有经济收入的园艺作物（果树和蔬菜），39 户种植面积低于 10 亩。

考察区域的乡镇有产业大户种植花卉、橡胶树等现象，但考察的 231 户农户，未发现有种植花卉、橡胶树等作物。

五、养殖业情况（种类、存栏数、出栏数）

表 8-5 统计了本次考察的 231 户样本农户的养殖情况，主要养殖猪、鸡、牛、羊；极少部分养殖

鸭、鱼、蜂、蚕、毛驴等。

表 8-5 样本农户养殖情况

	合计	牛（头）	羊（只）	猪（头）	鸡（羽）	其他
总养殖数量	9775	243	673	1947	6016	896
单户最大数	539	16	80	230	150	500
单户最小数	0	1	4	1	6	3
单户平均数	42.32	3.04	33.65	11.32	36.02	38.96
养殖农户数	200	80	20	172	167	23

注：其他主要指养蜂、养鸭、养蚕、养鱼和养毛驴的情况

从各种家畜和水产等特色养殖数量来看，231 户农户共养殖家畜 9775 头（只、羽），平均每户养殖 42.32 头（只、羽），养殖数量最多的是新平水塘的李子林户，达到 539 头（只、羽），其养蜂 500 箱，养猪 25 头，是一个养猪和养蜂专业户，其次是新平水塘的高国发户，养猪 230 头，高德清户养猪 220 头，鸡 10 只。最少的养殖户只养了 1 头猪。

有 30 户因外出打工等原因，没有任何家畜养殖，占 12.99%。

从养牛情况来看，只有 80 户共养牛 243 头，最多的是新平夏洒的李云祥户，养殖 16 头，其次是镇沅按板的李政户，养殖 13 头，最少的养殖 1 头牛，80 户养牛的人家，平均每户养殖 3.04 头。有 151 户没有养殖牛，占 65.37%。如果按照养殖 10 头牛以上即为养殖专业户计算，80 户人家有 2 户为养牛专业户，仅占 2.5%。

从养羊的情况来看，只有 20 户养殖 673 只。养羊数量最多的是楚雄西舍路鲁光华户，养殖 80 只，其次是双柏碍嘉张玉光户，养殖 70 只，最少的养殖 4 只，20 户养殖羊的人家，平均每户养殖 33.65 只。211 户没有养殖羊，占 91.34%。调查的 231 户农户没有 1 户养羊专业户。

从养猪的情况来看，有 172 户养殖 1947 头。养猪最多的是新平水塘的高国发户，养猪 230 头，其次是高德清户，养殖 220 头，最少的养殖 1 头，172 户养猪的人家，平均每户养殖 11.32 头。59 户没有养猪，占 25.54%。如果按照养殖 50 头猪以上即为养猪专业户计算，172 户人家有 4 户为养猪专业户，仅占 2.33%。

从养鸡的情况来看，有 167 户养殖 6016 羽。养鸡最多的是南华马街的鲁绍良户和李国富户，均养鸡 150 羽，其次是南涧无量罗兴华户，养殖 120 羽，最少的养 6 羽，167 户养鸡的人家，平均每户养殖 36.02 羽。64 户没有养鸡，占 27.71%。167 户人家养鸡 100 羽以上的有 12 户，调查的 231 户农户没有 1 户养鸡专业户。

其他包括特色养殖情况，在调查的 231 户人家中，只有 23 家分别养殖蜂、蚕、鱼、鸭和毛驴，养蜂和养蚕（蚕蛹）为特色养殖。养蜂 15 户，最多 500 箱，为新平水塘的李子林户，是养蜂专业户；景东景福邱成聪户养蚕 12 亩，景东太忠李成芳养蚕 4 亩；其余水产养殖中，只有南华马街罗正昌，养鱼 3 塘；4 户养鸭均为自养自用，规模极小。1 户养殖毛驴 4 头，不成规模。

第四节 区域收入情况分析

一、农户收入

联合国粮食及农业组织提出一个划分贫困与富裕的标准，即恩格尔系数在 59% 以上为贫困，50%~59% 为勉强度日，40%~50% 为小康水平，30%~40% 为富裕，30% 以下为最富裕。

运用这一标准，在对比我国城乡情况时，应考虑政策性影响的计算和分析。因为在西方，个人消费包括了住房、医疗、卫生、交通等全部支出，而在我国特别是城市实行公共医疗救助、低房租，居民享有食品、燃料、公用事业等多种补贴，这些政策性因素对消费结构产生了一定的影响。因此，在比较分析时要剔除这些因素。

因此，可对恩格尔系数的计算公式作以修正，即恩格尔系数（%）=（居民食物支出＋财政食物补贴）/（居民消费支出＋财政食物住房补贴）×100%。

根据此修正公式，将我国恩格尔系数超过60%的部分地方划为"贫困"。

2021年3月12日，腾讯新闻发布的2020中国家庭收入10等级为：家庭年收入5000万元以上为巨富家庭；年收入1000万～5000万元为豪富家庭；年收入500万～1000万元为中富家庭；年收入100万～500万元为小富家庭；年收入30万～100万元为高收入家庭；年收入15万～30万元为中产家庭；年收入8万～15万元为小康家庭；年收入3万～8万元为穷家庭；年收入1万～3万元为很穷家庭；年收入0.5万元为赤贫家庭。

如表8-6所示，231户样本户中，仅有镇沅九甲的周道明户，种植茶叶100亩（包括古树茶和老树茶），年收入在150万元左右；办一个核桃和蜂蜜加工厂，有固定职工5人，季节性工人20人，年收入80万元以上；开办电商，年收入60万元左右；三项合计年收入超过100万元，达到290万元，进入小富家庭，占调查户数的0.43%。

表8-6 样本农户贫富标准情况

年收入（万元）	100以上	30～100	15～30	8～15	3～8	1～3	1以下
户数（户）	1	11	27	63	86	37	6
占调查户数的比例（%）	0.43	4.76	11.69	27.27	37.23	16.02	2.60

注：按照2020年中国家庭贫富划分标准进行统计

有11户年收入在30万元（含）至100万元，集中在31万～65万元，进入高收入家庭，占4.76%；

有27户收入在15万元（含）至30万元，进入中产家庭，占11.69%。其中，7户集中在20万元（含）以上，26万元以下，其余20户均集中在15万～20万元。

有63户收入在8万元（含）至15万元，为小康家庭，占27.27%。截至统计时，有44.15%的家庭年收入超过8万元，进入小康家庭。这是在脱贫攻坚战推进产业扶贫实施的条件下，充分利用哀牢山-无量山的优异环境和资源条件助推农民致富的良好结果。

这个案例可作为拟建国家公园的天眼区和辐射区居民经济生产活动的学习借鉴案例。

二、农户总收入构成

（一）样本农户家庭总收入及其构成要素

样本农户家庭总收入构成要素及其各要素所占的比重如图8-4所示。

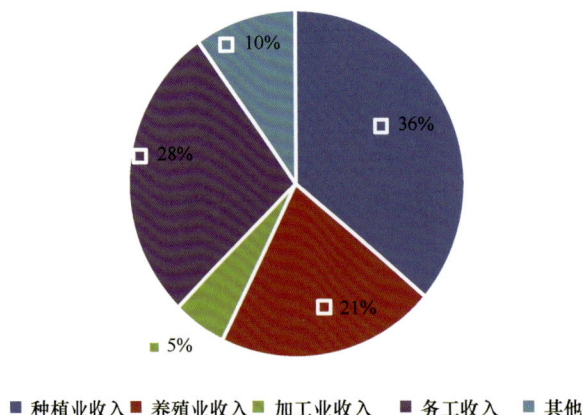

图8-4 样本农户收入构成情况

样本村农户的收入构成要素主要包括：种植业收入（茶叶、核桃等经济作物，玉米、水稻等粮食作物，重楼、滇龙胆等药用植物，沃柑、杧果等园艺作物及其他）、养殖业收入（牛、猪等家畜养殖和蜂、蚕等特色养殖）、务工收入（打工、参加编制内工作和公益性服务岗位）、加工业收入（加工茶叶、核桃等）和其他收入（包括房屋出租、土地流转、电商、其他经商等）。

收入构成要素所占的比重大小为种植业收入（占家庭总收入的 36%）＞务工收入（占 28%）＞养殖业收入（占 21%）＞其他收入（占 10%）＞加工业收入（占 5%）。

加工业收入仅占 231 户家庭总收入的 5%。虽然加工业能够快速提升家庭收入，使年收入达到几十万元甚至几百万元或上千万元。但是，能够实施加工业的家庭仅是少数。这 231 户样本农户中，能够开展大小加工业的家庭仅为 6 户。年茶叶加工最高收入 80 万元，最低收入 4000 元。

种植业收入、务工收入和养殖业收入对家庭收入的贡献为前三位。首先，近年来茶叶、核桃、中药材、果蔬等销售价格较高，单位面积的种植收入得到明显提升；其次，近年来牛、猪的单价翻番增长；再次，城市工人紧缺，工价迅速上涨，务工收入显著增加；最后，种植茶叶规模较大的家庭占 231 户的 93%，种植核桃的占 90%，有打工人员的家庭 136 户，占 230 户的 58.87%。

由此得出：规模和价格是支撑收入的两大关键因素。

（二）总收入与其构成要素之间的相关性分析

表 8-7 进行了总收入、种植业收入、养殖业收入、加工业收入、务工收入和其他收入之间的 Pearson 相关性分析。

表 8-7 总收入结构的 Pearson 相关性分析

		总收入	种植业收入	养殖业收入	加工业收入	务工收入	其他收入
总收入	Pearson 相关性	1	0.955**	0.269**	0.905**	0.084	0.114
	Sig.（双尾）		0.000	0.000	0.000	0.205	0.085
	个案数	230	230	228	230	228	230
种植业收入	Pearson 相关性	0.955**	1	0.093	0.937**	−0.075	−0.025
	Sig.（双尾）	0.000		0.163	0.000	0.260	0.701
	个案数	230	230	228	230	228	230
养殖业收入	Pearson 相关性	0.269**	0.093	1	−0.021	−0.029	−0.025
	Sig.（双尾）	0.000	0.163		0.752	0.668	0.703
	个案数	228	228	228	228	226	228
加工业收入	Pearson 相关性	0.905**	0.937**	−0.021	1	−0.066	−0.019
	Sig.（双尾）	0.000	0.000	0.752		0.321	0.779
	个案数	230	230	228	230	228	230
务工收入	Pearson 相关性	0.084	−0.075	−0.029	−0.066	1	−0.030
	Sig.（双尾）	0.205	0.260	0.668	0.321		0.654
	个案数	228	228	226	228	228	228
其他收入	Pearson 相关性	0.114	−0.025	−0.025	−0.019	−0.030	1
	Sig.（双尾）	0.085	0.701	0.703	0.779	0.654	
	个案数	230	230	228	230	228	230

注：**表示在 0.01 水平（双尾），相关性显著

Pearson 相关性分析结果为：总收入与种植业收入（$r=0.955^{**}$）、养殖业收入（$r=0.269^{**}$）、加工业收入（$r=0.905^{*}$）之间的 Pearson 相关性达到极显著相关水平。

考察样本农户也发现：他们主要靠种植业、养殖业及其产生的农产品加工业致富。在种植业中，由于绝大多数农户均种植有茶叶和/或核桃、花椒等经济作物，其粗产品的销售价格较高，茶叶加工之后利润大，农户的收入高。最典型的一户种植茶叶 100 亩，由于销售时机掌握较好，每亩年销售产值竟达到 2.9 万元。

在年收入超过 15 万元的农户中，超过 70% 的农户是靠种植茶叶、核桃或花椒致富的。

养殖业主要是饲养猪、牛、羊和鸡等家畜，少数农户兼有蜜蜂、家蚕等特色养殖。近年来，生猪、牛、羊等家畜价格翻倍增长，使得样本农户一头生猪出栏，可以销售 3000 元以上，有的可以达到 6000 多元；饲养出栏一头牛平均销售 10 000 元。

调查资料也显示：对茶叶、核桃等产品进行加工，并配合电商等方式进行销售，其收入增长更为显著。

表 8-7 还表明，加工业收入与种植业收入（$r=0.937^{**}$）之间的 Pearson 相关性达到极显著水平。这说明，加工业主要是针对种植业产品，如核桃、茶叶、花椒、三七、重楼、云木香、沃柑等加工。因此，其加工收入和效益与种植业之间密切相关。

（三）各要素对总收入的贡献力分析

拟建哀牢山-无量山国家公园科学考察区域样本农户的总收入构成主要是种植业收入、养殖业收入、务工收入、加工业收入和其他收入。

这种收入结构是目前和未来一段时期内存在的哀牢山-无量山地区经济发展的主要模式。

因此，拟对收入构成要素建立多元回归模型，构建哀牢山-无量山国家公园建设期间和建成后农业经济发展新模式。

$$Y=\beta_1 x_1+\beta_2 x_2+\beta_3 x_3+\beta_4 x_4+\beta_5 x_5+\beta_0$$

式中，Y 为农户家庭总收入；β_1、β_2、β_3、β_4、β_5 为与自变量相对应的回归参数；x_1 为种植业收入；x_2 为养殖业收入；x_3 为加工业收入；x_4 为务工人数；x_5 为其他收入；β_0 为回归参数常数项。

$$Y=\beta_1 X_1+\beta_2 X_2+\beta_3 X_3+\beta_4 X_4+\beta_5 X_5+\beta_0$$

式中，Y 为养殖业总收入；β_1、β_2、β_3、β_4、β_5 为与自变量相对应的回归参数；X_1 为种植业收入；X_2 为养殖业收入；X_3 为加工业收入；X_4 为务工人数；X_5 为其他收入；β_0 为回归参数常数项。

样本农户家庭总收入模型拟合优度见表 8-8。

表 8-8 样本农户家庭总收入模型拟合优度

模型	R	R^2	调整 R^2	估计标准差	Durbin-Watson
1	0.992[a]	0.983	0.983	26646.11042	1.958

a. 预测变量：（常量）、其他收入、加工业收入、养殖业收入、务工人数、种植业收入

表 8-8 显示，$R=0.992$，表示模型拟合优度达 96.2%，同时表明变量之间具有高度相关性。

表 8-9 显示，通过单因素方差检验，模型显著性检验水平 Sig.=0.000，表明模型通过检验。

表 8-9 显著性检验

模型	平方和	df	均方	F	Sig.
回归	9.239E12	5	1.848E12	2602.441	0.000[a]
误差	1.576E11	222	7.100E8		
总计	9.396E12	227			

a. 预测变量：（常量）、其他收入、加工业收入、养殖业收入、务工人数、种植业收入

在表 8-10 中，对回归参数进行 t 检验，t 值对应的 Sig.=0.000，说明 5 个自变量（收入构成 5 个因素）的回归参数均十分显著，对回归参数进行共线性诊断，表明不存在共线性，回归参数通过检验。

表 8-10　模型系数

模型	非标准化系数		标准系数	t	Sig.	共线性统计量	
	B	标准误差				容差	VIF
（常量）	1 801.583	2 973.610		0.606	0.545		
种植业收入	1.009	0.038	0.705	26.659	0.000	0.108	9.249
养殖业收入	1.034	0.042	0.226	24.428	0.000	0.886	1.129
加工业收入	0.970	0.098	0.261	9.909	0.000	0.109	9.148
务工人数	20 016.586	1 732.760	0.103	11.552	0.000	0.945	1.058
其他收入	0.846	0.060	0.124	14.069	0.000	0.971	1.030

总收入的多元回归模型为

$$Y=1.009^*X_1+1.034^*X_2+0.970^*X_3+20\ 016.586^*X_4+0.846^*X_5+1801.583$$

假设 2021 年种植业收入 4000 元，养殖业收入 30 000 元，加工业收入 0 元，外出务工人数为 1 人，其他收入 8000 元，则 2021 年的家庭总收入为

$$Y=1.009×4000+1.034×30\ 000+0.970×0+20\ 016.586×1+0.846×8000+1801.583=63\ 642.169\ 元$$

在一般理念中，经商办企业有可能使家庭收入增加迅速。但是经商办企业毕竟是少数人，且近几年市场情况疲软，2020 年受新冠疫情影响，经商办企业的利润收入不高，经商办企业对农户家庭收入贡献力有限。

三、样本农户劳动力类型与收入的关系

表 8-11 为样本农户劳动力类型与家庭收入的关系。调查的 231 户农户中，有 65 户没有外出打工、经商办企业或参加编制内外工作，占 231 户的 28.14%。其中 28 户务农家庭年收入达到小康家庭及以上，占 65 户的 43.07%；5 户年收入超过 30 万元，达到高收入家庭，占 6.15%，其主要是种植茶叶、核桃、中药材，或是养殖大户；有 1 户以种植茶叶 100 亩，加上电商经营，年收入达 290 万元，到达小富家庭水平。

表 8-11　样本农户劳动力类型与家庭收入的关系

劳动力类型	30 万～100 万元	15 万～30 万元	8 万～15 万元	3 万～8 万元	1 万～3 万元	1 万元以下
纯务农户数	5	10	13	20	13	4
纯务农收入占总收入比（%）	7.69	15.38	20.00	30.77	20.00	6.15
外出打工农户数	5	15	41	58	16	1
占总打工户数（%）	3.68	11.03	30.15	42.65	11.76	0.74
经商办企业农户数	2	2	6	2	2	0
占经商办企业总户数（%）	14.29	14.29	42.86	14.29	14.29	0.00
有工作农户数	0	4	8	12	6	0
占有工作农户总户数（%）	0.00	13.33	26.67	40.00	20.00	0.00

有 136 户家庭有成员外出打工的情况，占样本农户 231 户的 58.87%。其中，61 户人家达到小康生活以上水平，占 136 户的 44.85%。年收入 30 万元以上达到高产收入家庭的农户 5 户，占 3.68%；年收入 15～30 万元达到中产收入家庭的农户有 15 户，占 11.03%。

在 231 户农户中，有 14 户经商办企业，占 6.06%。10 户收入达到小康家庭以上，占经商办企业户数的 71.43%；4 户年收入在 1 万～8 万元，属于小商贩、开小餐馆等农户。没有赤贫农户。说明经商办企业

的农户家庭平均收入水平相对较高。

有 30 户的劳动力有编制内工作人员（学校、医院、机关人员等）和公益性岗位人员（村委会书记、村委会主任、宣传员、卫生员、护林员、生态管护员等），占 231 户样本农户的 12.99%。12 户家庭收入达到小康以上，占 40%。

以上调查分析结果，可以得到以下 3 个结论。

一是在哀牢山-无量山地区，善于种植和经营茶叶、核桃、花椒等经济作物，并引入电商平台，在家务农也完全可以致富。

二是打工仍然是家庭经济收入的重要方式之一。有外出打工的家庭普遍经济收入较为平稳，也是农民致富的措施之一。另外，力所能及参加一些公益性岗位，也可以增加家庭经济收入。

三是经商办企业可以拉动农村经济发展，提升农产品附加值。因此，在哀牢山-无量山地区也同样需要务农、打工、公益性服务和经商办企业等多种模式并存的农村家庭经济经营模式，构建稳定的农业农村经济发展新模式。

四、种植业与家庭总收入的关系

（一）样本农户的种植业收入构成

图 8-5 分析了不同种植业收入主要来源要素及其各要素所占的比重。样本农户的种植业收入构成要素主要是茶叶、核桃等经济作物，玉米、水稻等粮食作物，重楼、滇龙胆等中药材，沃柑、杧果等园艺作物及其他。

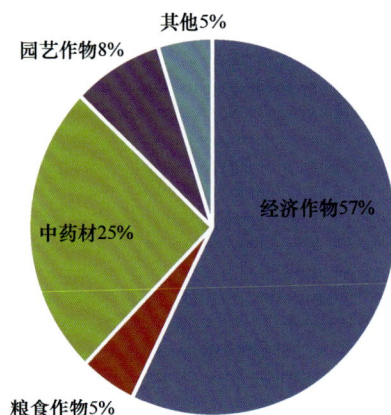

图 8-5　不同种植业收入情况

样本农户种植业收入大小为经济作物收入（占种植业收入的 57%）＞中药材收入（占种植业收入的 25%）＞园艺作物收入（占种植业收入的 8%）＞粮食作物收入（占种植业收入的 5%）≥其他收入（占种植业收入的 5%）。

表 8-12 显示了不同类型作物与总收入之间的相关性。家庭总收入与经济作物收入（$r=0.7521^{**}$）、粮食作物收入（$r=0.2335^{**}$）、药用作物收入（$r=0.8224^{**}$）、园艺作物收入（$r=0.2121^{**}$）、其他收入（$r=0.3862^{**}$）之间的相关性均达极显著水平。

表 8-12　总收入与不同作物种植收入之间的相关性（$n=230$）

	经济作物	粮食作物	药用作物	园艺作物	其他
总收入	0.7521**	0.2335**	0.8224**	0.2121**	0.3682**

注：**表示相关性达到极显著水平

这说明，种植不同作物均对家庭总收入有贡献度。从相关系数数值大小可以看出，种植类型与总收入的相关性为中药材（$r=0.8224^{**}$）＞经济作物（$r=0.7521^{**}$）＞其他（包括特色种植，$r=0.3682^{**}$）＞粮食作物（$r=0.2335^{**}$）＞园艺作物（$r=0.2121^{**}$）。

在粮食作物中统计了马铃薯、蚕豆和豌豆，同时园艺作物种植规模不大，总体收入不多，因此粮食作物对总收入的贡献似乎大于园艺作物。

中药材种植与种植业收入的相关系数是最大的。中药材的驯化种植普遍受老百姓关注。在哀牢山-无量山区域，样本村近 20.43% 的农户在种植重楼，13.95% 的农户种植黄精等，成为哀牢山-无量山区域农民产业致富的又一有效措施。

经济作物种植与种植业收入的相关系数排第二，主要是茶叶、核桃和花椒的规模化种植。231 户样本农户中，约 93.04% 的家庭种植茶叶，种植面积最大达到 100 亩（包括古树茶）；约 90% 的家庭种植核桃；约 64.35% 的家庭种植烤烟。这三大作物成为哀牢山-无量山区域农民种植的主要经济作物，由于近年核桃和茶叶价格较为稳定，农民收入也较为稳定，是山区特色产业致富的重要措施。

（二）主要经济作物种植收入构成

如图 8-6 所示，在经济作物收入构成中，种植核桃的收入占比最大，占种植经济作物收入的 55%，其次是茶叶收入，占 22%，魔芋收入占 10%，花椒收入占 8%，烤烟收入占 5%。从种植经济作物的分布来看，样本村除核桃和茶叶有 90% 以上农户种植外，有 64.35% 的农户种植烤烟，11.3% 种植花椒，10% 种植魔芋。

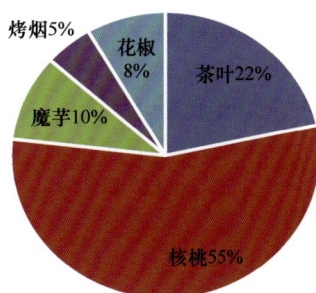

图 8-6　样本农户经济作物种植收入构成

但是，经济作物收入的贡献力则是魔芋＞花椒＞烤烟。

单位面积收入大小为魔芋（每亩约 20 000 元）＞花椒（每亩约 9000 元）＞核桃（每亩约 5000 元）＞茶叶（每亩约 2500 元）＞烤烟（每亩约 2000 元）。

以上说明，种植烤烟的单位面积收入是比较低的，而种植魔芋的单位面积收益率较高。因此，哀牢山-无量山区域农户致富，可以考虑种植茶叶、核桃，同时发展魔芋，特别是核桃或茶叶树下种植魔芋的模式，可以极大提高单位面积的经济收入，从而使当地农民致富。

表 8-13 中列出了分析的 5 种经济作物种植收入之间的 Pearson 相关系数。经济作物收入与茶叶收入（$r=0.306^{**}$）、核桃收入（$r=0.817^{**}$）、魔芋收入（$r=0.647^{**}$）、烤烟收入（$r=0.172^{**}$）和花椒收入（$r=0.498^{**}$）之间均达到极显著水平。

从收入贡献力大小来说核桃＞魔芋＞花椒＞茶叶＞烤烟。

（三）主要粮食作物种植收入构成

如图 8-7 所示，在粮食作物收入构成中，种植玉米收入的占比最大，占种植粮食作物收入的 47%，

表 8-13　5 种经济作物种植收入之间的 Pearson 相关系数（n=231）

		合计	茶叶	核桃	魔芋	烤烟	花椒
合计	Pearson 相关性	1	0.306**	0.817**	0.647**	0.172**	0.498**
	显著性（双侧）		0.000	0.000	0.000	0.009	0.000
茶叶	Pearson 相关性	0.306**	1	0.200**	−0.082	−0.078	−0.058
	显著性（双侧）	0.000		0.002	.213	0.237	0.377
核桃	Pearson 相关性	0.817**	0.200**	1	0.357**	0.067	0.220**
	显著性（双侧）	0.000	0.002		0.000	0.313	0.001
魔芋	Pearson 相关性	0.647**	−0.082	0.357**	1	0.103	0.031
	显著性（双侧）	0.000	0.213	0.000		0.119	0.635
烤烟	Pearson 相关性	0.172**	−0.078	0.067	0.103	1	0.145*
	显著性（双侧）	0.009	0.237	0.313	0.119		0.028
花椒	Pearson 相关性	0.498**	−0.058	0.220**	0.031	0.145*	1
	显著性（双侧）	0.000	.377	0.001	0.635	0.028	

注：**表示在 0.01 水平（双侧）上显著相关；*表示在 0.05 水平（双侧）上显著相关，下同

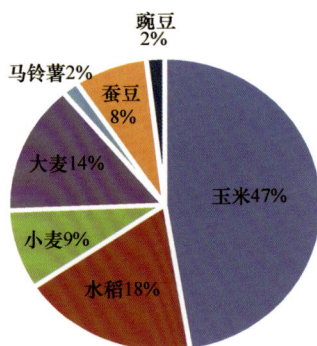

图 8-7　样本农户粮食作物种植收入构成

其次是水稻，收入占 18%，大麦收入占 14%，小麦收入占 9%，蚕豆收入占 8%，豌豆和马铃薯各占 2%。

从种植粮食作物的分类情况看，样本村农户种植玉米的为 81.3%、水稻为 37.83%、小麦为 30.43%、大麦为 59.13%、马铃薯为 3.91%、蚕豆为 50.00%、豌豆为 16.52%。

从单位面积收入大小情况看，马铃薯（每亩约 1800 元）＞水稻（每亩约 1400 元）＞玉米（每亩约 1050 元）＞豌豆（每亩约 570 元）＞大麦（每亩约 560 元）=小麦（每亩约 560 元）＞蚕豆（每亩约 540 元）。

种植玉米、水稻、大麦、小麦、蚕豆和豌豆对粮食作物收入的贡献力主要是通过面积优势，而其产量和价格均处于劣势。马铃薯（每亩单产约 1500kg）对收入的贡献则靠单位面积的产量优势。

由此可见，常规种植方法难以使粮食作物种植收益再提高。在拟建哀牢山-无量山国家公园体系中，充分利用其生态、水热资源，以优质品种为主，实施绿色高效种植，推广秋冬马铃薯种植将是区域粮食作物增收的新措施。

表 8-14 为 7 种粮食作物种植收入之间的 Pearson 相关系数。

粮食作物种植收入与玉米种植收入（r=0.838**）、水稻种植收入（r=0.265**）、小麦种植收入（r=0.471**）、大麦种植收入（r=0.560**）、马铃薯种植收入（r=0.260**）、蚕豆种植收入（r=0.369**）之间均达到极显著水平，与豌豆种植收入相关性不显著。

从收入贡献力大小来说，玉米＞大麦＞小麦＞蚕豆＞水稻＞马铃薯＞豌豆。

表 8-14　7 种粮食作物种植收入之间的 Pearson 相关系数（$n=231$）

		合计	玉米	水稻	小麦	大麦	马铃薯	蚕豆	豌豆
合计	Pearson 相关性	1	0.838**	0.265**	0.471**	0.560**	0.260**	0.369**	0.097
	显著性（双侧）		0.000	0.000	0.000	0.000	0.000	0.000	0.144
玉米	Pearson 相关性	0.838**	1	−0.260**	0.555**	0.548**	0.174**	−0.090	0.051
	显著性（双侧）	0.000		0.000	0.000	0.000	0.008	0.172	0.442
水稻	Pearson 相关性	0.265**	−0.260**	1	−0.187**	−0.049	−0.105	0.819**	−0.014
	显著性（双侧）	0.000	0.000		0.005	0.459	0.111	0.000	0.836
小麦	Pearson 相关性	0.471**	0.555**	−0.187**	1	−0.220**	0.014	−0.059	0.070
	显著性（双侧）	0.000	0.000	0.005		0.001	0.834	0.370	0.289
大麦	Pearson 相关性	0.560**	0.548**	−0.049	−0.220**	1	0.215**	−0.075	−0.044
	显著性（双侧）	0.000	0.000	0.459	0.001		0.001	0.259	0.503
马铃薯	Pearson 相关性	0.260**	0.174**	−0.105	0.014	0.215**	1	−0.021	−0.077
	显著性（双侧）	0.000	0.008	0.111	0.834	0.001		0.747	0.244
蚕豆	Pearson 相关性	0.369**	−0.090	0.819**	−0.059	−0.075	−0.021	1	0.090
	显著性（双侧）	0.000	0.172	0.000	0.370	0.259	0.747		0.172
豌豆	Pearson 相关性	0.097	0.051	−0.014	0.070	−0.044	−0.077	0.090	1
	显著性（双侧）	0.144	0.442	0.836	0.289	0.503	0.244	0.172	

（四）药材作物种植的收入构成

如图 8-8 所示，在药材作物种植收入构成中，种植重楼的收入占比最大，占药材种植收入的 63%；其次是黄精，收入占 16%，云木香收入占 10%，滇龙胆收入占 9%，三七收入占 2%。

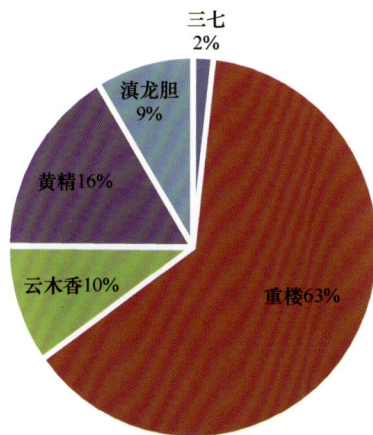

图 8-8　药材作物种植收入构成

从种植药材的分类情况看，样本村种植重楼户数占 20.43%，黄精占 13.91%，滇龙胆占 5.65%，云木香占 3.91%、三七占 2.17%。从单位面积收入大小情况看，重楼（每亩约 70 000 元）＞黄精（每亩约 20 000元）＞三七（每亩约 16 000 元）＞云木香（每亩约 6500 元）＞滇龙胆（每亩约 6000 元）。

种植重楼、黄精、三七、云木香、滇龙胆对中药材种植收入的贡献力在面积、单价、产量方面均有体现。

由此可见，在拟建哀牢山-无量山国家公园体系中，充分利用其生态、环境、水热资源，在此区域和过渡区以林下经济发展为主，实施绿色高效种植，推广中药材种植，将是区域乡村振兴的重要措施。

表 8-15 分析了 5 种中药材种植收入之间的 Pearson 相关系数。

表 8-15　5 种中药材种植收入之间的 Pearson 相关系数（*n*=231）

		合计	三七	重楼	云木香	黄精	滇龙胆
合计	Pearson 相关性	1	0.353**	0.687**	0.502**	0.405**	0.529**
	显著性（双侧）		0.000	0.000	0.000	0.000	0.000
三七	Pearson 相关性	0.353**	1	0.523**	0.011	0.011	−0.010
	显著性（双侧）	0.000		0.000	0.874	0.871	0.882
重楼	Pearson 相关性	0.687**	0.523**	1	−0.026	0.200**	0.098
	显著性（双侧）	0.000	0.000		0.697	0.002	0.139
云木香	Pearson 相关性	0.502**	−0.011	−0.026	1	0.090	−0.006
	显著性（双侧）	0.000	0.874	0.697		0.173	0.931
黄精	Pearson 相关性	0.405**	0.011	0.200**	0.090	1	0.072
	显著性（双侧）	0.000	0.871	0.002	0.173		0.279
滇龙胆	Pearson 相关性	0.529**	−0.010	0.098	−0.006	0.072	1
	显著性（双侧）	0.000	0.882	0.139	0.931	0.279	

药材作物种植收入与三七种植收入（*r*=0.353**）、重楼种植收入（*r*=0.687**）、云木香种植收入（*r*=0.502**）、黄精种植收入（*r*=0.405**）、滇龙胆种植收入（*r*=0.529**）之间均达到极显著水平。

从收入贡献力大小来说，重楼＞滇龙胆＞云木香＞黄精＞三七。

（五）园艺作物种植的收入构成

如图 8-9 所示，在园艺作物种植收入构成中，柑橘或沃柑种植收入的占比最大，占种植园艺作物收入的 57%，其次是杧果，种植收入占 24%，刺头菜或顿菜种植收入占 9%，梨桃李等种植收入占 6%，樱桃种植收入占 4%。

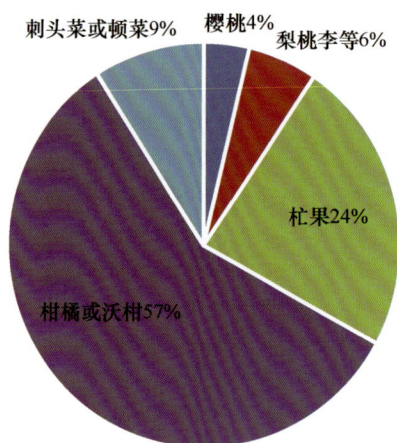

图 8-9　园艺作物种植收入构成

从种植园艺作物的分类情况看，样本村种植柑橘或沃柑的户数为 8.26%，种植刺头菜或顿菜的户数为 0.83%，种植杧果的户数为 5.65%，种植梨桃李等的户数为 3.48%、种植樱桃的户数为 3.04%。从单位面积收入占比大小情况看，杧果（每亩约 12 000 元）＞梨桃李等（每亩约 9000 元）＞柑橘或沃柑（每亩约 7200 元）＞刺头菜或顿菜（每亩约 5000 元）=樱桃（每亩约 5000 元）。

种植柑橘或沃柑面积占比相对较大，每亩产值约 7200 元，刺头菜或顿菜在园艺作物中面积占比第二，亩产值 5000 元，杧果第三，亩产值约 12 000 元，园艺作物种植收入的贡献力在面积、单价、产量方面均有体现；梨桃李等亩产值较高，每亩可达 9000 元左右；但因其加工方式单一、货架期较短，种植不成规模而对产业的贡献较小。

由此可见，在拟建哀牢山-无量山国家公园体系中，积极开展园艺作物绿色高效种植与产品开发，对于拟建哀牢山-无量山国家公园区域乡村振兴和产业发展具有十分重要的作用。

表 8-16 分析了 5 类 9 种园艺作物种植收入之间的 Pearson 相关性。园艺作物种植收入与杧果种植收入（$r=0.472^{**}$）、柑橘或沃柑种植收入（$r=0.912^{**}$）、刺头菜或顿菜种植收入（$r=0.192^{**}$）之间相关性均达到极显著水平。与樱桃种植收入（$r=0.069$）、梨桃李等种植收入（$r=0.079$）之间相关性未达显著水平。

表 8-16　9 种园艺作物种植收入之间的 Pearson 相关系数（$n=231$）

		合计	樱桃	梨桃李等	杧果	柑橘或沃柑	刺头菜或顿菜
合计	Pearson 相关性	1	0.069	0.079	0.472^{**}	0.912^{**}	0.192^{**}
	显著性（双侧）		0.297	0.232	0.000	0.000	0.004
樱桃	Pearson 相关性	0.069	1	0.234^{**}	−0.031	−0.032	0.070
	显著性（双侧）	0.297		0.000	0.637	0.634	0.293
梨桃李等	Pearson 相关性	0.079	0.234^{**}	1	−0.037	−0.038	0.067
	显著性（双侧）	0.232	0.000		0.574	0.571	0.312
杧果	Pearson 相关性	0.472^{**}	−0.031	−0.037	1	0.130^{*}	0.060
	显著性（双侧）	0.000	0.637	0.574		0.048	0.364
柑橘或沃柑	Pearson 相关性	0.912^{**}	−0.032	−0.038	0.130^{*}	1	0.018
	显著性（双侧）	0.000	0.634	0.571	0.048		0.786
刺头菜或顿菜	Pearson 相关性	0.192^{**}	0.070	0.067	0.060	0.018	1
	显著性（双侧）	0.004	0.293	0.312	0.364	0.786	

从收入贡献力大小来看，柑橘或沃柑＞杧果＞刺头菜或顿菜＞梨桃李等＞樱桃。

五、养殖业与家庭总收入的关系

对拟建哀牢山-无量山国家公园考察区域样本农户的养殖情况进行调查的结果如图 8-10 所示，统计了牛、羊、猪、鸡和其他养殖的情况。231 户样本农户养殖收入以养猪收入最多（占 51%）；其次是养牛收入（占 27%），羊占 11%，鸡占 4%，其他养殖占 7%。

从养殖的普遍性来看，在 231 户样本户中，养猪占 74.78%、养鸡占 72.61%、养牛占 34.78%、养羊占 8.69%、其他占 10%。2020 年来，生猪价格上涨（25～40 元/kg），且猪肉是人们主要的肉食，养猪的农户增加，因此，养猪对家庭收入的贡献率也是最大的。

虽然鸡的养殖户也较多，养殖数量也较多（6000 多只），但价格较低，对家庭收入的贡献率较小。牛只有 80 户养殖，数量只有 234 头，但价格高，出售一头牛可达 10 000 元左右。因此，养牛的收入贡献率也相对较大，居第二位。

分析建立养殖牛、猪、鸡数量及其销售单价与家庭收入的多元回归模型：

$$Y=\beta_1 X_1+\beta_2 X_2+\beta_3 X_3+\beta_4 X_4+\beta_5 X_5+\beta_6 X_6+\beta_0$$

式中，Y 为养殖总收入；β_1、β_2、β_3、β_4、β_5、β_6 为与自变量相对应的回归参数；X_1 为牛的养殖数量；X_2 为猪的养殖数量；X_3 为鸡的养殖数量；X_4 为牛单价；X_5 为猪单价；X_6 为鸡单价；β_0 为回归参数常数项。

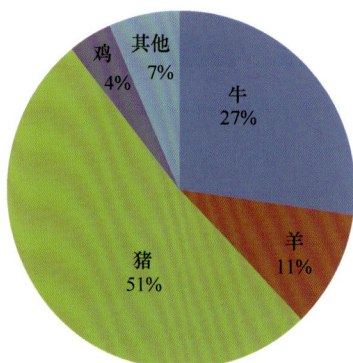

图 8-10　家庭养殖收入构成

将表 8-17 中系数代入模型，得如下回归模型：

$$Y=6339.339\times X_1+1809.688\times X_2+96.175\times X_3+0.768\times X_4+9.390\times X_5-146.149\times X_6-3226.876$$

表 8-17　养殖数量与销售价格的模型系数

模型	非标准化系数		标准系数	t	Sig.	共线性统计量	
	B	标准误差				容差	VIF
（常量）	−3226.876	4146.587		−0.778	0.437		
牛的养殖数量	6539.339	1260.577	0.227	5.188	0.000	0.638	1.569
猪的养殖数量	1809.688	85.212	0.749	21.237	0.000	0.980	1.021
鸡的养殖数量	96.175	86.428	0.046	1.113	0.267	0.713	1.402
牛单价	0.768	0.553	0.064	1.389	0.166	0.582	1.717
猪单价	9.390	1.553	0.226	6.045	0.000	0.874	1.144
鸡单价	−146.149	90.598	−0.066	−1.613	0.108	0.734	1.362

从多元回归模型可知，家庭养殖 1 头牛、1 头猪、10 羽鸡，如果鸡出栏价格为每羽 50 元，且猪和牛出栏价分别为牛 5000 元/头，猪 2000 元/头，家庭年毛收入即可达 21 196.451 元。如果养牛 5 头、养猪 10 头、养鸡 500 只，则家庭毛收入可以达到 109 966.749 元，达到小康生活水平。

因此，养殖家畜是哀牢山-无量山区农民致富的有效措施。随着哀牢山-无量山拟建国家公园的建设，养殖业可为公园体系提供绿色安全的肉制品，附加值将会有较大提升，农户家庭收入将进一步增加。

第五节　拟建哀牢山-无量山国家公园农民收入案例分析

一、茶叶种植情况

哀牢山-无量山产茶历史悠久。相传，哀牢山-无量山垦殖茶树，始于三国时期，育种、栽培技术为诸葛亮南征时所传授，直到唐代南诏时期，哀牢山-无量山茶山一直被当地群众用来栽培茶树。

哀牢山-无量山所产茶叶特点突出、优势明显，是云南茶产业的核心区域。哀牢山南段金平、绿春、元阳、红河一带的茶，条索肥硕，比较清淡。中段墨江须立贡茶、迷帝贡茶香气厚重持久、汤水饱满、口感润甜；镇沅茶香气浓郁、汤水较厚，新平茶香气厚重持久，汤水入口就甜、涩化得较快；北段景东、南涧一带的茶香气高爽、有独特韵味。

无量山茶树从野生型、自然杂交演化到现代群体品种，每一个演化形态的茶树都能找到相应的茶树植株，是一个茶树品种资源演化的自然博物馆。无量山野生茶树群落分布面积大、分布广、历史悠久，有力证明了无量山是世界茶树发源地。

人工栽培的大茶树，分布广、株数多。从普查的96株样株看，直径在0.3m以上的古茶树在景东80%的村子里都能找到，多的几百株，少的几十株，十分普遍。

（一）茶叶种植面积

哀牢山-无量山农户多有种植茶叶。考察的231户样本户中，214户种植茶叶，每户种植面积从1亩到45亩。

通过对2017～2020年种植茶叶的214户农户进行分析，总体而言，样本农户种植茶叶面积平均5.92亩。2017～2020年种植面积基本保持稳定，户均种植面积呈稳定增长趋势。从2017年到2020年，户均种植茶叶面积从3.89亩上升到8.36亩，年均增长1.12亩，种植10亩以上的农户的数量也呈逐渐增加的趋势，从24户增加到44户，年均增长5户，占214户的比例从11.21%增加至20.56%，年均增长2.34个百分点。茶叶种植效益的提升提高了农户种植茶叶的积极性（图8-11，图8-12，表8-18）。

图8-11　位于哀牢山的古树茶、大树茶和春茶枝条

由此说明，哀牢山-无量山地区茶农有较为悠久的茶叶种植历史，技术水平较高，农户有比较成熟的种植经验，茶叶产量获得持续增长。

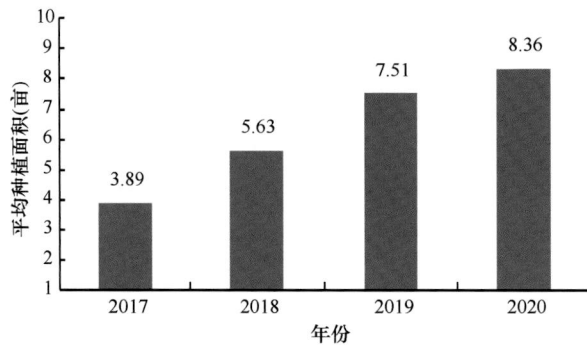

图 8-12　农户年度种植茶叶平均面积

表 8-18　样本村种植 10 亩以上茶叶的农户数量

年份	户数	占样本农户数的比例（%）
2017	24	11.21
2018	30	14.02
2019	39	18.22
2020	44	20.56

（二）茶叶平均单产

如图 8-13 所示，考察区农户种植茶叶亩产量呈稳中有升的趋势，新鲜茶叶平均亩产量从 2017 年的 141.2kg 增长到 2020 年的 150.5kg，年均每亩增长 2.33kg。2018 年平均亩产鲜茶比 2017 年增加 3.47kg，增长了 2.46%；2019 年平均亩产鲜茶比 2018 年增加 3.11kg，增长了 2.15%；2020 年平均亩产鲜茶比 2019 年增加 2.72kg，增长了 1.84%。

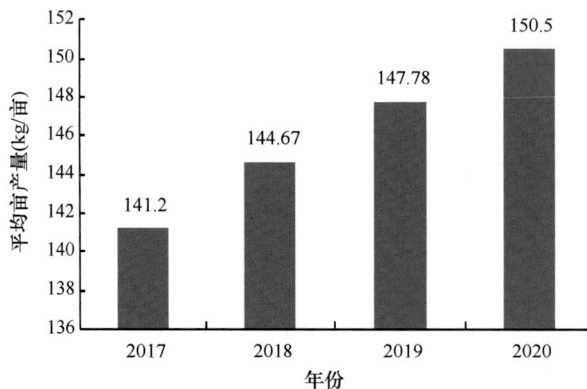

图 8-13　新鲜茶叶平均亩产量变化情况

（三）均价

如图 8-14 所示，茶叶收购价格调查结果表明，平均收购价格基本保持逐年上涨的态势，增幅比较明显，价格从 2017 年的 13.08 元/kg 鲜叶增加到 2020 年的 15.45 元/kg 鲜叶，年均增长 0.59 元/kg 鲜叶。其中，2018 年比 2017 年增长了 5.66%，2019 年比 2018 年增长了 6.08%，2020 年比 2019 年增长了 5.39%。

哀牢山-无量山区域茶叶生长的土壤肥沃无污染，空气质量优，水源充足、水质好，有利于有机生态茶叶的种植和加工。茶叶品质优于其他地区，台地鲜茶价格也相对较优。

入户调查的 214 户种植茶叶的农户对于新鲜茶叶收购价格的满意度如图 8-15 所示。59.09% 的茶农认为不满意，27.27% 的茶农认为基本满意，9.09% 的茶农认为满意，4.55% 的茶农认为非常满意。

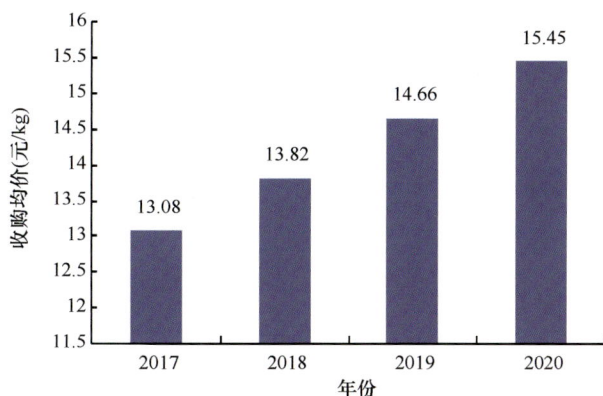

图 8-14　台地新鲜茶叶收购均价

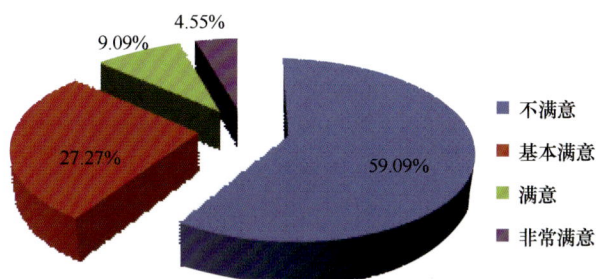

图 8-15　茶农对新鲜茶叶收购价格的满意度

214 户种植茶叶的样本户对台地新鲜茶叶收购价格的期望值如图 8-16 所示。茶农期望台地新鲜茶叶收购价格最高超过 25 元/kg 鲜叶，最低为 18 元/kg 鲜叶，茶叶收购平均价格期望值为 19.15 元/kg 鲜叶。

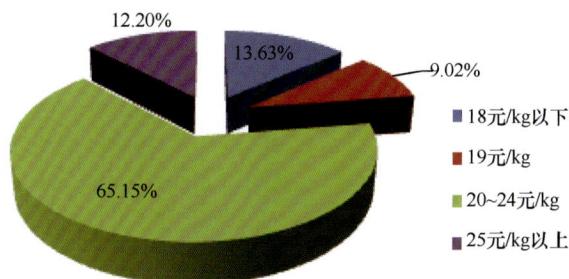

图 8-16　茶农期望的台地新鲜茶叶收购价格

期望茶叶收购价格为 18 元/kg 鲜叶以下的占 13.63%；期望茶叶收购价格为 19 元/kg 鲜叶的占 9.02%；期望茶叶收购价格为 20～24 元/kg 鲜叶的占 65.15%；期望茶叶收购价格为 25 元/kg 鲜叶以上的占 12.20%。

每千克新鲜茶叶收购价 20～24 元是绝大多数茶农期望的价格。

（四）平均亩产值

样本区茶农平均亩产值 2017 年为 1846.41 元，2018 年为 1999.76 元，2019 年为 2167.19 元，2020 年为 2198.30 元，2020 年平均亩产值分别比 2017 年、2018 年及 2019 年增长了 19.06%、9.93% 和 1.44%（图 8-17）。

在被调查的农户中，茶农期望种茶收入最高的为 4500 元/亩，最低的为 1800 元/亩，平均种茶收入期望值为 3066.67 元/亩。期望每亩收入为 3000 元左右的，占 38.10%；期望每亩收入为 4000 元左右的，占

19.05%；期望每亩收入为2000元左右的，占14.29%；期望每亩收入为3500元左右的，占9.52%；期望每亩收入为1800元、2500元、2600元、4500元左右的，均为4.76%（图8-18）。

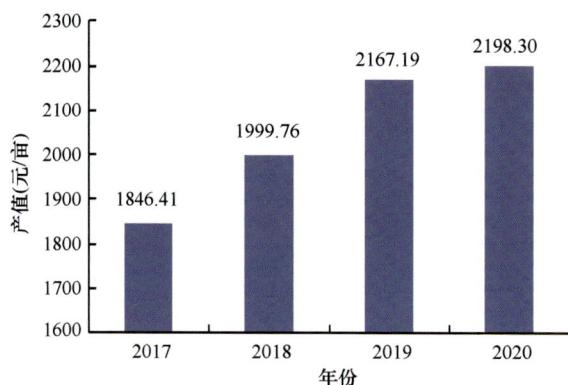

图8-17　茶农平均亩产值变化情况

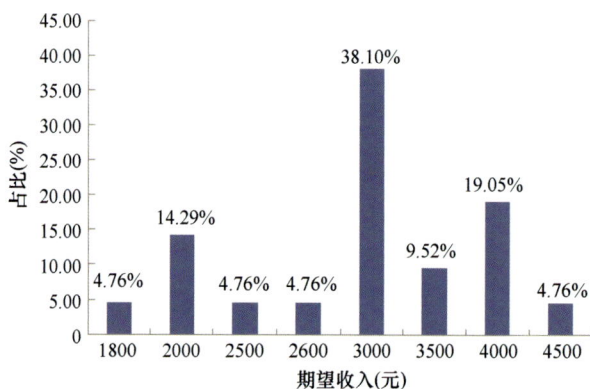

图8-18　茶农期望的种茶收入

（五）茶农种茶收入

图8-19分析了2019年和2020年样本茶农的收入情况。在考察区的茶农中，茶农种茶收入始终占据着农户家庭全年总收入的重要部分。2019年样本茶农平均茶叶收入占总收入的比重为55.38%。2020年样本茶农平均茶叶收入占总收入的比重为51.17%。

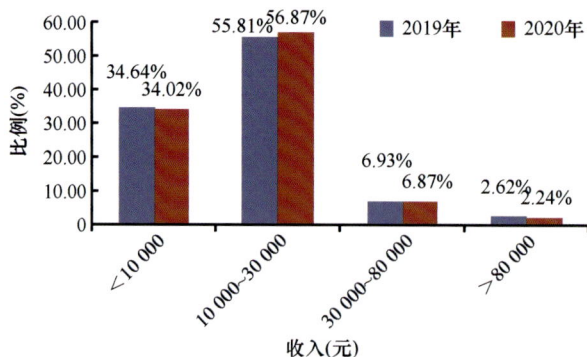

图8-19　2019~2020年不同收入水平茶农比例

今后随着现代茶叶产业的调整和发展，随着茶叶种植和加工技术的进步、政策扶持及补贴增加，茶叶收入在茶农家庭全年总收入构成中所占的比重将越来越大。

在考察区农户中，2019 年家庭总收入中茶叶收入 1 万元（含）以下的农户占 34.64%；1 万～3 万元（含）的农户占 55.81%；3 万元～8 万元（含）的农户占 6.93%；8 万元以上的农户占 2.62%。户均茶叶收入为 20 533.5 元，占茶农家庭平均总收入的 55.38%。

2020 年，在考察区农户中，家庭总收入中茶叶收入 1 万元（含）以下的农户占 34.02%；1 万～3 万元（含）的农户占 56.87%；3 万～8 万元（含）的农户占 6.87%；8 万元以上的农户占 2.23%。户均茶叶收入为 20 338.5 元，比 2019 年减少 195 元，减少了 0.95%，占茶农家庭平均总收入的 51.17%。

（六）平均净利润

表 8-19 分别计算了 2019 年和 2020 年种植茶叶的每亩利润和成本利润率。根据样本茶农种植一亩茶叶需要的修剪养护、除草、施肥（有机肥）、摘茶、晾晒加工、销售等相关人工和物资费用综合计算其成本。

表 8-19　茶农种植茶叶每亩利润和成本利润率

	2019 年	2020 年
亩产量（kg）	147.78	150.50
均价（元/kg）	14.66	15.45
亩产值（元）	2166.45	2325.23
亩平均成本（元）	1555.8	1576.9
亩利润（元）	610.65	748.33
成本利润率（%）	39.25	47.46

2019 年鲜茶叶平均亩产量 147.78kg，平均单价为 14.66 元，亩产值 2166.45 元，亩平均成本 1555.8 元，成本利润率 39.25%；2020 年鲜茶叶平均亩产量 150.50kg，平均单价为 15.45 元，亩产值 2325.23 元，亩平均成本 1576.9 元，成本利润率 47.46%。2020 年与 2019 年相比较，亩平均成本投入增加了 21.1 元，亩产量提高了 2.72kg，由于鲜茶叶销售单价提高了 0.79 元，每亩的产值提高了 158.78 元，投入产出比 1：7.53，利润提高了 136.94 元。说明提高投入可以提高茶叶的产出和成本利润率。

（七）种植茶叶与其他作物的收益比较

基于农户传统种植观念和心理影响，农户在农事活动中，种植（或收入）的多样性是长期以来的一个习惯，实际上也是收益最大化下风险最小化的经济学选择。与茶叶相竞争的农作物一般是核桃、中药材、水稻、玉米、蔬菜、马铃薯等。多数选择茶叶+核桃+中药材+水稻或玉米等农作物粮经药协同种植模式，也有的选择其他作物+养殖+打工的种养结合多种家庭经营模式。种植作物的种类多是此消彼长的关系，受市场和信息的影响，在某种农作物有价格上涨的趋势时，农户一般会决定增加该种农作物的种植面积，而减少另一种农作物的种植面积；一旦这种农作物价格下跌，农户又会作相反的选择。

1. 茶叶与竞争性农作物比较

茶农家庭中，有只种植茶叶的情况，有种植茶叶，并同时种植核桃、其他经济作物（魔芋、烤烟、花椒）、粮食作物（玉米、水稻、小麦、大麦、马铃薯、蚕豆、豌豆）、中药材（三七、滇重楼、云木香、滇黄精和滇龙胆）、园艺作物（樱桃、梨桃李等）、杧果、柑橘或沃柑、刺头菜等）的全部或部分的情况。存在有与茶叶种植争地、争劳力（核桃、花椒、果树、刺头菜）的情况，不争地、只争劳力（中药材及粮食作物）的情况，不争地、不争劳力（烤烟等）的情况。

考察区的茶农在农事操作中，多数存在种植与茶叶有竞争（争地或争劳力）的农作物，主要还是以核桃、中药材（滇重楼、滇黄精、三七、云木香、滇龙胆等）、玉米、蔬菜、马铃薯、水果等为主。

在考察的 214 户茶农中，有种植核桃的农户 191 户，占样本茶农农户的 89.25%；有种植玉米的农户

184 户，占 85.98%；有种植烤烟的农户 136 户，占 63.55%；有种植蔬菜等其他经济作物的农户 79 户，占 36.92%；有种植中药材的农户 59 户，占 27.57%；有种植刺头菜的农户 16 户，占 7.48%；有种植其他果树的农户 10 户，占 4.68%（图 8-20）。

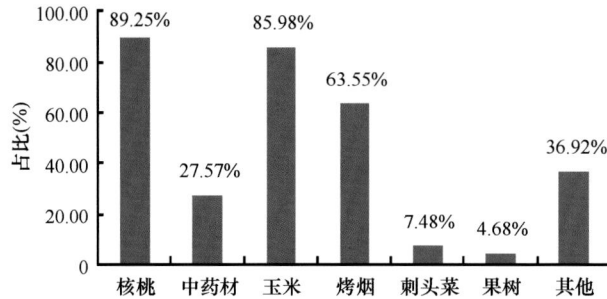

图 8-20 2019 年和 2020 年茶叶竞争性作物种植情况

表 8-20 为 2019 年茶叶与主要竞争性作物的收益比较。

表 8-20 2019 年茶叶与主要竞争性作物的收益比较

	茶叶（鲜）	玉米	中药材	核桃（干）	刺头菜	水果	烤烟
亩产量（kg）	147.78	496.7	364	467	496	1 356	224
均价（元/kg）	14.66	2.1	64.6	8.94	9.9	5.67	8
亩产值（元）	2 166.45	1 043.07	23 514.40	4 174.98	4 910.4	7 688.52	1 792
亩平均成本（元）	1 555.80	873	16 780	1 376	1 341	2 210	1 010.13
亩利润（元）	610.65	170.07	6 734.40	2 798.98	3 569.40	5 478.52	781.87
成本利润率（%）	39	19	40	203	266	248	77

2019 年种植茶叶每亩利润仅为 610.65 元，成本利润率为 39%；在分析的农作物中，种植中药材、核桃、刺头菜、水果、烤烟的亩成本利润率均比茶叶高。与茶叶形成竞争的农作物中，刺头菜的成本利润率最高，达到 266%；其次是水果，为 248%；第三是核桃，为 203%，第四是烤烟，为 77%，第五是茶叶，为 39%，玉米的成本利润率仅为 19%。从每亩经济收入来看，种植中药材亩产值可达 23 514.4 元，为最高，亩利润可达 6734.40 元，也是最高；其次是种植水果，每亩产值 7688.52 元，亩利润 5478.52 元；第三是刺头菜，每亩产值 4910.40 元，利润 3569.40 元；核桃亩产值 4174.98 元，亩利润 2798.98 元；烤烟的产值比茶叶低，利润比茶叶略高；种植玉米的产值和利润均比茶叶低得多。

表 8-21 为 2020 年茶叶与主要竞争性作物的收益比较。

表 8-21 2020 年茶叶与主要竞争性作物的收益比较

	茶叶（鲜）	玉米	中药材	核桃（干）	刺头菜	水果	烤烟
亩产量（kg）	150.5	513.6	391	513.5	531	1 506	216
均价（元/kg）	15.45	2.5	69	9.12	10	5.7	8.4
亩产值（元）	2 325.23	1 284	26 979	4 683.12	5 310	8 584.20	1 814.40
亩平均成本（元）	1 711.90	866	16 880	1 381	1 346	2 289	1 031
亩利润（元）	613.33	418	10 099	3 302.12	3 964	6 295.20	783.40
成本利润率（%）	36	48	60	239	295	275	76

2020 年种植茶叶每亩利润仅为 613.33 元，成本利润率为 36%；在分析的农作物中，种植玉米、中药材、核桃、刺头菜、水果、烤烟的亩成本利润率均比茶叶高。除玉米、烤烟与茶叶有一定的劳动力竞争外，其他几种作物与茶叶争地、争劳力，形成种植竞争。

在有竞争的作物中，刺头菜的成本利润率最高，达到 295%；其次是水果（成本利润率为 275%）、核桃（成本利润率为 239%）、烤烟（成本利润率为 76%）、中药材（成本利润率为 60%）、玉米（成本利润率为 48%）。从每亩经济收入来看，种植中药材亩产值可达 26 979 元，利润可达 10 099 元，为最高；其次是种植水果，亩产值 8584.20 元，亩利润 6295.20 元；第三是刺头菜，亩产值 5310 元，亩利润 3964 元；第四是核桃，亩产值 4 683.12 元，亩利润 3302.12 元；第五是烤烟，亩产值 1814.40 元，比茶叶低，亩利润 783.40 元，比茶叶略高 170.07 元；种植玉米的产值和利润均比茶叶低得多。

从成本利润率看，投入产出回报最高的是刺头菜，为 295%；其次是水果，为 275%；第三是核桃，为 239%；第四是烤烟，为 76%；第五是中药材，为 60%；第六是玉米，为 48%，比茶叶（36%）高 12 个百分点。玉米主要受 2020 年新冠疫情的影响，销售单价比 2019 年高出 0.4 元，所以其成本利润率比茶叶高出 12 个百分点。

一般情况下，玉米的种植效益和回报率比茶叶低得多。

2020 年茶叶每亩利润比 2019 年仅升高 2.68 元，由于其成本投入比 2019 年高出 156.10 元，其成本利润率降低了 3 个百分点。2020 年与茶叶形成竞争的农作物中，除烤烟外，其余作物的产量、销售单价均比 2019 年高，利润也比 2019 年高，成本利润率也显著高于 2019 年。

2. 茶叶与其他替代茶叶生产的经济作物收益比较

表 8-22 分析了茶叶、核桃与其他经济作物在劳动力、成本、生产程序、政策扶持与服务、劳动强度、价格和科技含量等方面的比较。

表 8-22　茶叶、核桃与其他经济作物的收益比较

	劳动力	成本	生产程序	政策扶持与服务	劳动强度	价格	科技含量
茶叶	多	高	多	多	大	稳定	高
核桃	少	低	少	一般	低	一般	低
其他经济作物	少	低	少	少	低	波动	低

茶叶是哀牢山-无量山地区主要的农业经济作物，其价格和价值主要反映在不同农作物的比较收益上，主要体现在茶叶和其他替代茶叶生产的经济作物比价。茶叶和其他替代茶叶生产的经济作物比价的高低，左右着农民和地方政府种植茶叶的积极性。

因此，合理地制订茶叶和其他经济作物比价，并有效地适时调节，才能使茶叶生产稳定有序地发展，保证农民增产增收。

茶叶和其他经济作物采用彼此面积或亩产值进行比较存在一定的缺陷。从亩产值来看，2019～2020 年种植茶叶的平均亩产值为 2245.84 元，中药材 25246.7 元，水果为 8136.36 元，刺头菜 5110.2 元，核桃 4429.05 元，烤烟 1803.2 元，玉米 1163.54 元。茶叶与中药材产值比约为 1∶11.24，茶叶与水果产值比约为 1∶3.62，茶叶与刺头菜产值比约为 1∶2.28，茶叶与核桃产值比约为 1∶1.97，茶叶与烤烟产值比约为 1.25∶1，茶叶与玉米产值比约为 1.93∶1。种植茶叶的平均亩产值高于种植玉米、烤烟的平均亩产值，而低于中药材、水果、刺头菜和核桃。从平均亩利润来看，2019～2020 年种植茶叶的平均亩利润为 611.99 元，中药材为 8416.7 元，水果为 5886.86 元，刺头菜 3766.7 元，核桃 3050.55 元，烤烟为 782.64 元，玉米为 294.04 元。茶叶与中药材利润比约为 1∶13.75，茶叶与水果利润比约为 1∶9.62，茶叶与刺头菜利润比约为 1∶6.15，茶叶与核桃利润比约为 1∶4.98，茶叶与烤烟利润比约为 1∶1.28，茶叶与玉米利润比约为 2.08∶1。

种植茶叶的平均亩利润高于种植玉米，而低于中药材、水果、刺头菜、核桃和烤烟。

从成本利润率来看，2019～2020 年种植茶叶的亩平均成本利润率为 37.5%，玉米为 33.5%、中药材为 50.0%、水果为 261.5%、刺头菜为 280.5%、核桃为 221.0%、烤烟为 76.5%。种植茶叶的平均亩成本利润率高于种植玉米的平均亩成本利润率，而低于水果、刺头菜、中药材、核桃、烤烟。从互斥方案（选 A 不能选 B）选择的角度，茶农逐渐不会只关心亩产值的高低，而更关注一亩土地上谁获得的利润回报率高。

除非价格显著上涨，否则农户种植茶叶的积极性高于种植玉米等粮食作物，而显著低于种植刺头菜、水果、核桃、烤烟和中药材的积极性。因此，近年来，种植中药材、刺头菜、水果的农户数量在明显增加。

因此，更合理的茶叶与其他经济作物收益比较体系，应该以亩净利润为主，并结合成本利润率（投入产出比）。基本的比较思路应该是亩净利润的茶粮（茶药、茶果、茶菜）比不低于 1∶1，而亩净利润的茶与其他替代茶叶生产的经济作物比至少要高于 1∶1。在既充分考虑调动茶农的积极性和保持茶叶生产的稳定性，又考虑到茶叶加工企业和市场的承受能力的基础上，通过茶叶与其他替代茶叶生产的经济作物收益比较体系来合理制定茶叶收购价格，是稳定和促进茶叶生产与产业发展的重要因素。

（八）茶农与非茶农收益比较

表 8-23 为样本茶农和非茶农家庭收入情况。

表 8-23 样本茶农和非茶农家庭收入比较（元）

家庭收入	2019 年		2020 年	
	样本茶农	非茶农	样本茶农	非茶农
茶叶收入	20 533.5	—	20 338.5	—
打工收入	3 945.94	9 659.02	5 225.27	10 501.69
养殖收入	5 316.71	5 390.5	4 925.71	5 013.22
种植其他作物收入	6 067.15	6 202.9	7 903.96	11 085.09
其他收入	1 015.44	4 416.39	1 356.78	5 344
合计	36 878.74	25 668.81	39 750.22	31 944

注：其他收入包括做生意、跑运输、出租土地及小商业收入

茶农家庭收入主要由茶叶收入、打工收入、养殖收入、种植其他作物收入和其他收入构成。非茶农家庭收入主要由打工收入、养殖收入、种植其他作物收入和其他收入构成。2019 年，样本茶农户平均家庭收入为 36 878.74 元，比非茶农（25 668.81 元）增收 11 209.93 元，增加 44.45%；2020 年为 39 750.22 元，比非茶农（31 944 元）增收 7806.22 元，增收 24.44%。

表 8-23 显示，尽管种植茶叶的农户年收入中，打工收入、养殖收入、种植其他作物收入和其他收入均明显低于非茶农的收入。但是，由于种植茶叶，茶农的年收入在 2019 年和 2020 年均超过 36 000 元。说明茶叶是样本茶农家庭的主要收入来源，而非茶农的收入来源相对平均，且因为缺少种植茶叶的收入，年均收入比茶农收入少 7000 元以上。

另外，由于缺乏稳定的收入来源，且受到劳动力的限制，非茶农家庭外出打工的收入、种植其他作物的收入和其他收入，如做生意、跑运输、出租土地及小商业收入等明显高于茶农家庭。

非茶农不种茶的原因及其对收益的影响，从图 8-21 中可以看出，78.64% 的人认为种茶投入大收入少，57.02% 的人认为种茶风险大，53.46% 的人认为种茶劳动强度大，31.82% 的人认为是家庭劳动力不足。除此以外，觉得打工收入高（30.73%）、做生意好（25.17%）以及卖茶困难（11.12%）也是非茶农不愿意种茶的主要原因。

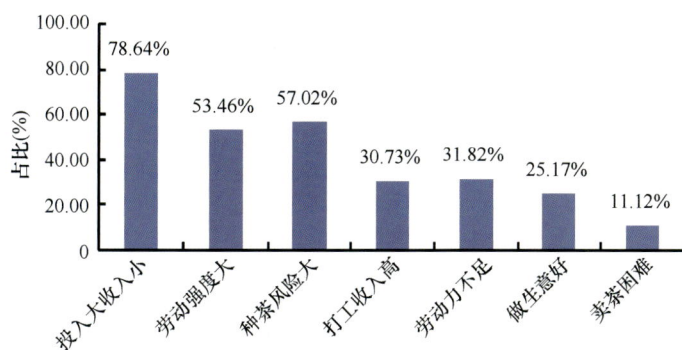

图 8-21 非茶农不种茶的原因

非茶农选择种植其他作物的原因如图 8-22 所示，高达 91.17%的非茶农认为成本投入低、省劳动力，有 14.23%的非茶农认为是不需要茶叶晾晒棚（烤房），另有 8.71%的非茶农认为是现种植的作物经济价值更高。这也说明农户对茶叶种植成本投入相对较高的顾虑。

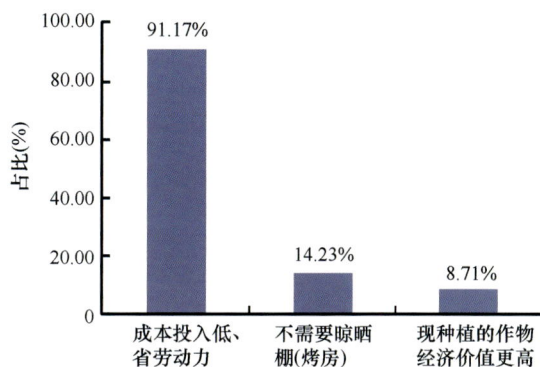

图 8-22 非茶农选择种植其他作物的原因

图 8-23 为非茶农期望所种作物的每亩收入。对于非茶农对所种作物的每亩收入期望：43.47%的农户认为应该在 3000～4000 元，23.38%的农户认为应该在 1500～2000 元，21.43%的农户认为应该在 2000～3000 元。预期每亩收入在 3000 元以下的占 43.47%。当然，在对自己种植的作物收入预期时，蔬菜等经济作物的预期相对会高，而玉米等粮食作物的预期一般偏低。

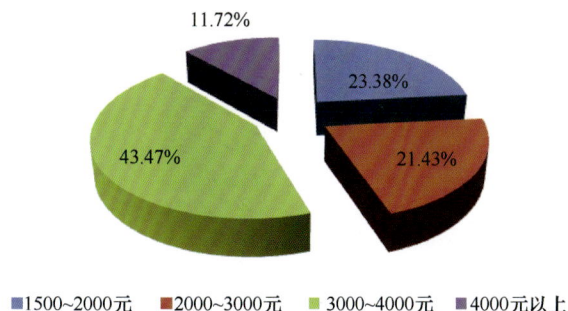

■1500~2000元 ■2000~3000元 ■3000~4000元 ■4000元以上

图 8-23 非茶农对所种作物亩平均收入的期望

图 8-24 为非茶农期望的每亩种茶收入。有 70.08%的农户认为，如果种茶则期望每亩的收入在 3000～4000 元，有 19.66%的受访者认为 4000～5000 元更恰当，10.26%的受访者期望种植茶叶每亩收入 5000 元以上。没有一位农户预期茶叶的每亩收入在 3000 元以下。这与非茶农对其他作物的预期形成强烈的反差。

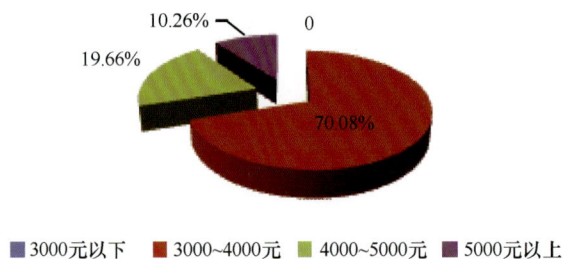

图 8-24　非茶农对茶叶亩平均收入的期望

图 8-25 为非茶农的种茶意愿，在受访的 1000 位非茶农中，59.83%的人表示如果茶叶收购价格上涨，会考虑种植；29.91%的人表示不确定，需要到时候再看；10.26%的人明确表示不愿意种。

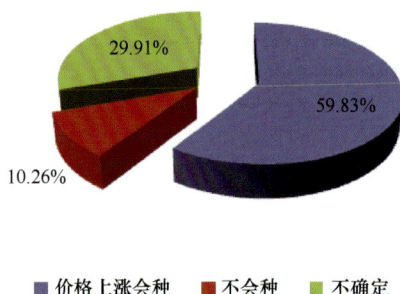

图 8-25　非茶农种茶意愿

实际上，随着茶叶收购价格的提高和茶叶种植技术的进步，上述非茶农也可能转化为茶农。

（九）茶农种茶原因及影响收益因素分析

1. 茶农种茶原因

从图 8-26 中可以看出，90.91%的茶农种茶的原因是种茶已成习惯，72.73%的茶农种茶的原因是认为种茶收入稳定，50.00%的茶农种茶的原因是认为种茶收入高于种植其他经济作物的收入，27.27%的茶农认为种茶比外出打工收入高，22.73%的茶农是因为政府支持种茶，还有 22.73%的茶农因为其他原因而选择种茶。

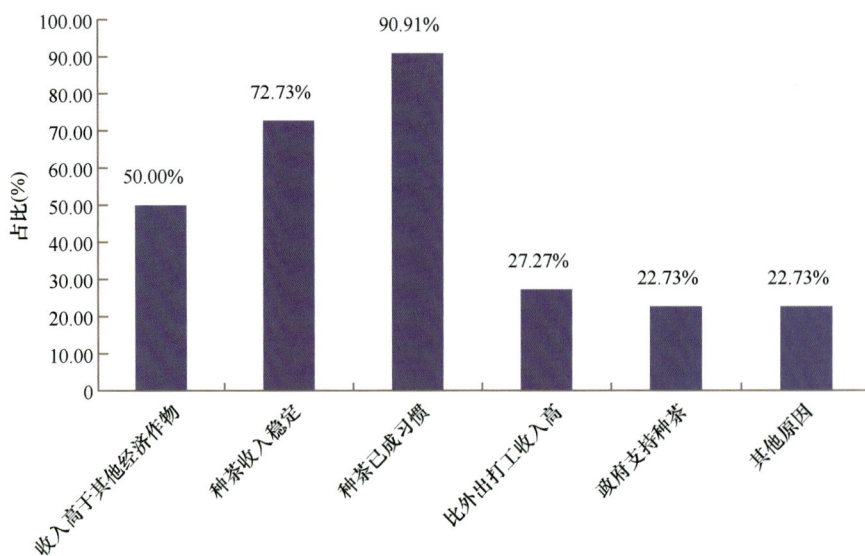

图 8-26　茶农愿意种茶的原因

以上说明，和种植其他作物比较，茶农有长期的种植历史和习惯，对种茶技术比较熟悉，茶叶已经成为传统的经济作物，茶农不愿意放弃，另外茶叶种植收入比较稳定，与其他农作物相比效益相对较高。

2. 影响茶农种茶因素分析

农户种植茶叶主要会比较种植过程中各种有利和不利因素，充分考虑对收益的预期，并结合家庭的现实情况，形成农户层面优选的理性选择。在茶叶种植农户层面的经济学行为研究中，有一些看似不尽合理或者说违背经济学中利益最大化的行为，如果从基于现实角度考虑问题，往往能够找到更合理的社会学解释。

对于哀牢山-无量山区域农户的茶叶种植行为，在现实中肯定受多种因素的影响，通过此次问卷、访谈的实地调研，对影响茶农收益的原因进行分析，运用 logit 模式，尝试找到影响茶农种茶收益的因素，并提出一些建设性的建议。

收益水平：对样本农户的抽样调查显示，种植茶叶的平均收益要低于其他农作物。这对于农户种植茶叶会带来明显的影响。

种植历史：茶叶收益与种植传统和历史密切相关，对样本农户的抽样调查显示，样本区农户种植茶叶平均为 56 年。

种植习惯和农户心理：农户在种茶选择中，朴素的种植习惯和心理在起作用，种植茶叶可以解决农户经济收入来源的问题。

家庭种植者年龄：年龄较大的茶农，形成了长期的种植习惯，虽然学习种茶新技术有一定困难，但种茶技术相对成熟，对种茶怀有一定的感情，即使种茶辛苦，也不会轻易决定转种其他农作物，由于种植茶叶比种植其他农作物收益更高，劳动能力逐渐降低，文化水平不高，不能选择其他就业渠道的老年劳动力，更愿意种植茶叶。

文化程度：在被调查茶农中，其文化程度与茶农人均种茶收入的增长存在一些关系，文化程度逐渐提高，茶叶种植收入也逐渐增加。

数据分析说明，科学文化素质是影响茶农种植茶叶的重要因素。茶叶种植是一项生产环节多、技术规范复杂、对劳动力素质要求较高的产业，对于茶农而言，只有努力学习科学知识，积极提高文化素质，才能把茶种好，并从中获得更大的收益。对于茶叶公司（或加工企业）而言，一方面要继续强化茶叶科技辅导员队伍的建设，加大科技培训力度，提高茶农的科学文化素质；另一方面要在今后的茶叶种植规划中有选择地向文化程度较高，种茶技术较好的农户倾斜。

家庭规模：家庭人口数过多，会降低人均茶叶产量，并极大地限制了农户在农业生产资料和文化、科技上的必要投入，从而阻碍了茶叶收益的提高。

因此，今后应将人口数适中，家庭结构较优（如单身或夫妇、夫妇一孩、夫妇二孩）的农户作为茶叶种植的主要力量予以重点扶持，带动哀牢山-无量山地区茶叶种植效益的提高。

种植规模：在其他各项基础条件相同的情况下，农户的种植规模扩大，能够突出土地的规模效益，并能够通过摊低土地成本来提高种茶的成本收益率，在比较效益模型中，通过分析发现，哀牢山-无量山地区种植茶叶比全国其他种植茶叶地区更有效益优势，也比在该地区种植其他农作物效益好，但是哀牢山-无量山的自然条件决定茶叶规模优势相对要差。因此，数据分析的结果也印证了种植规模的扩大，绝对收入也会增加。实际上，种植规模扩大的种植大户也会获得更多的政府补贴。

数据分析表明，随着人均种茶面积的增加，茶叶收入总体上呈上升趋势。说明适度扩大单户茶叶种植规模有利于提高茶农的茶叶收入。

收购价格：在茶叶产量变化不大的情况下，随着茶叶出售均价的提高，茶农收入整体上呈上升趋势，表明茶叶收购价格对茶农种茶收入有很大影响。

单产：随着茶农人均茶叶产量的提高，茶农人均茶叶收入出现大幅增长。表明产量对茶叶收入的影响很大。如果茶农在确保产量的同时注重茶叶质量的提高，其茶叶收入还会有较大的增长。

种植品种：各个主要品种分组之间的亩均茶叶总收入、亩均茶叶纯收入和亩均茶叶种植投入指标差异不大，茶农主要选择哪一种茶叶品种对种茶收益并无明显的影响。

长期的科研和生产实践证明，哀牢山-无量山地区现有的可推广使用的茶叶品种在特征特性上各有不同，各有其特定的适宜区域和栽培技术。在茶叶种植上要实现优质适产和高效益，并不取决于主要选择哪一种品种，关键在于因地制宜、合理布局。只有通过品种特性与当地生态条件的有机结合，品种特性与栽培调制技术的有机结合，以及在品种种植结构上进行合理搭配，才能充分体现出茶叶品种的价值。

非茶叶收入：非茶叶收入越高，特别是打工收入越高的家庭，茶叶种植的意愿越低。

二、核桃种植收入情况

核桃又称胡桃、羌桃，是胡桃科植物。与扁桃、腰果、榛子并称为世界著名的"四大干果"。核桃仁含有丰富的营养素，每百克含蛋白质 15～20g、含碳水化合物 10g，含脂肪较多，并含有人体必需的钙、磷、铁等多种微量元素和矿物质，以及胡萝卜素、核黄素等多种维生素，对人体健康有益。

中国是世界核桃起源中心之一，世界核桃生产第一大国，拥有最大的种植面积和产量，出口量也仅次于美国，居世界第二。云南省栽培核桃面积 80 万 hm^2，约占全国的 47%，产量约 9.1 万 t，占全国的 18.24%。

核桃的最佳种植海拔为 1800～2200m，此处气候十分适宜种植核桃，因此结出的核桃也是颗颗饱满。云南楚雄的西舍路，位于哀牢山的北部，是"中国核桃之乡"（图 8-27）。哀牢山贯穿四大文明古国，拥有将近 500 年的核桃种植史，拥有众多百年树龄的优质核桃树。摩尔农庄核桃庄园位于国家级森林公园、省级风景名胜区、国家 AAAA 级旅游景区紫溪山内。

图 8-27　位于西舍路的古核桃树

（一）农户核桃种植面积

图 8-28 显示了哀牢山-无量山考察样本村农户每户平均种植核桃的面积情况。哀牢山和无量山种植核桃的农户较多。考察的 231 户农户中有 207 户种植核桃，占 90% 左右。总体而言，样本农户种植核桃面积 4 年中保持稳中有升的趋势。从 2017～2020 年，户均种植核桃面积从 5.49 亩上升到 8.97 亩，户年均增长 0.87 亩。种植 10 亩（约 300 株）以上的农户数量也呈逐渐增加的趋势，从 11 户增加到 49 户，年均增长 9.5 户，占 207 户的比例从 5.31% 增加至 23.67%，年均增长 4.59 个百分点（表 8-24）。核桃种植效益的提升也提高了农户种植核桃的积极性。

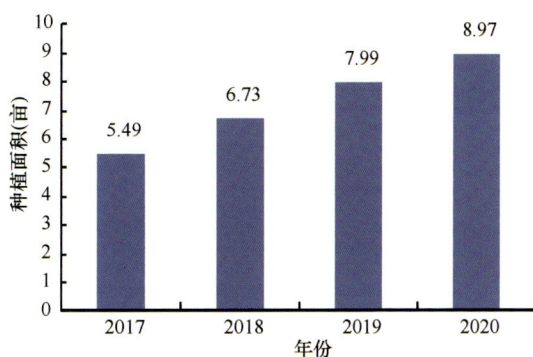

图 8-28 样本户户均种植核桃的面积

表 8-24 样本村 207 户种植核桃的农户中种植 10 亩以上的农户数量

年份	户数	占样本农户数的比例（%）
2017	11	5.31
2018	23	11.11
2019	33	15.94
2020	49	23.67

（二）核桃平均单产

图 8-29 为考察区样本农户种植核桃的平均亩产量。

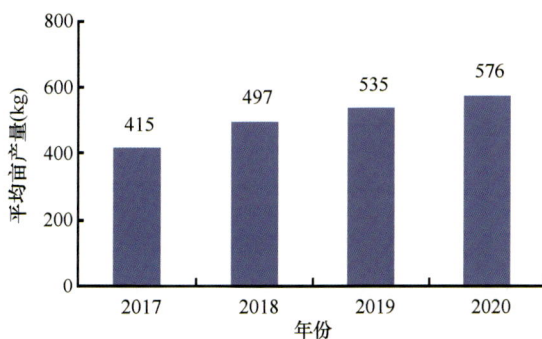

图 8-29 核桃平均亩产量变化情况

考察区农户种植核桃亩产量呈稳中有升的趋势，从 2017 年的 415kg 增长到 2020 年的 576kg。年平均增长 40.25kg。2018 年每亩产量比 2017 年增长了 82kg，增长了 19.76%；2019 年比 2018 年增长了 38kg，增长了 7.65%；2020 年比 2019 年增长了 41kg，增长了 7.66%。

以上说明，哀牢山-无量山地区农民有较为悠久的核桃种植历史，技术水平较高，农户有比较成熟的种植经验，因此核桃产量获得持续增长。

（三）均价

图 8-30 为考察区 2017～2020 年干核桃收购均价。

2017～2020 年，哀牢山-无量山地区干核桃收购均价最低是 2020 年，为 8.77 元，最高是 2019 年，为 10.58 元，干核桃均价变幅为 1.81 元。2018 年每千克干核桃收购价格比 2017 年上涨 0.65 元，上涨了 6.72%；2019 年比 2018 年上涨 0.26 元，上涨了 2.52%；2020 年比 2019 年下跌 1.81 元，下跌了 17.11%。

结果表明，哀牢山-无量山考察区干核桃平均价格在 2017～2019 年基本保持逐年上涨的态势，涨幅 0.91 元，上涨了 9.41%，涨幅明显。2020 年由于新冠疫情的影响，加之核桃产量提高，价格显著下降。

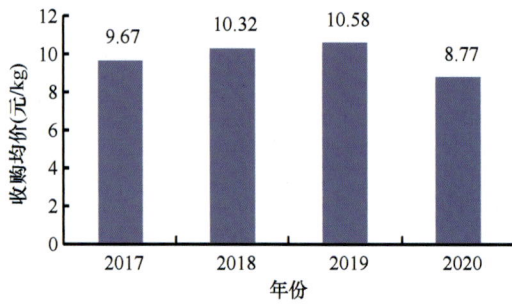

图 8-30　干核桃收购均价

图 8-31 调查分析了哀牢山-无量山地区农民对于核桃收购价的满意度。

通过对 1000 个核桃种植农民对于核桃收购价格的满意度调查，农民对不满意、基本满意、满意、无意见 4 个选择项的单项选择结果统计显示，约 63.21%的农民对先行收购价格不满意，24.43%认为基本满意，9.09%认为满意，3.27%认为无意见。

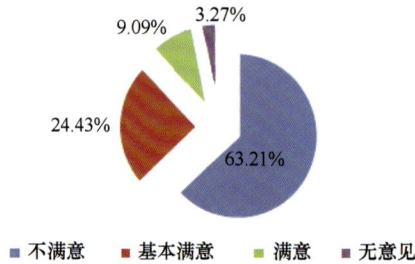

图 8-31　农民对核桃收购价格的满意度

图 8-32 调查分析了 1000 名哀牢山-无量山地区农民对核桃收购价格的期望值。

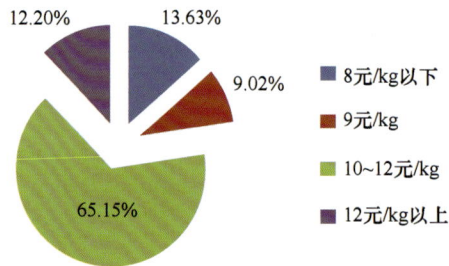

图 8-32　农民期望的核桃收购价格

设置每千克核桃收购价在 8 元以下、9 元、10～12 元、12 元以上 4 个选项。期望核桃收购价格为 8 元/kg 以下的占 13.63%；期望核桃收购价格为 9 元/kg 的占 9.02%；期望核桃收购价格为 10～12 元/kg 的占 65.15%；期望核桃收购价格为 12 元/kg 以上的占 12.20%。

（四）平均亩产值

图 8-33 统计分析了哀牢山-无量山地区样本农户干核桃平均亩产值。

干核桃平均亩产值 2017 年为 4013.05 元，2018 年为 5129.04 元，2019 年为 5660.3 元，2020 年为 5051.52 元。年平均增长 259.62 元，增长 10.26%。2018 年哀牢山-无量山地区样本农户干核桃平均亩产值比 2017 年增长 1115.99 元，增长了 27.81%；2019 年比 2018 年增长 531.26 元，增长了 10.36%；2020 年由于新冠疫情的影响，核桃的总体收购价下跌了 17.11%，因此，2020 年哀牢山-无量山地区样本农户干核桃平均亩产值比 2019 年下跌 608.78 元，跌幅 10.76%。

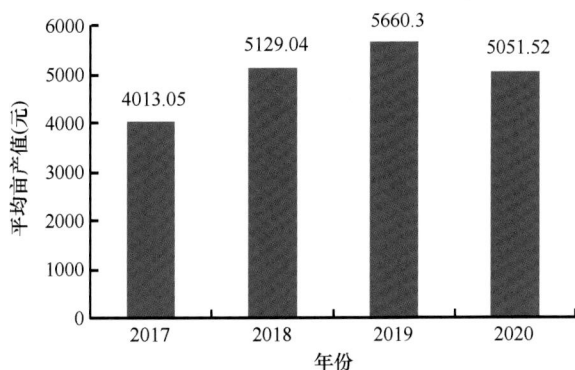

图 8-33　农户干核桃平均亩产值变化情况

图 8-34 统计了农民对核桃亩产值的期望值。

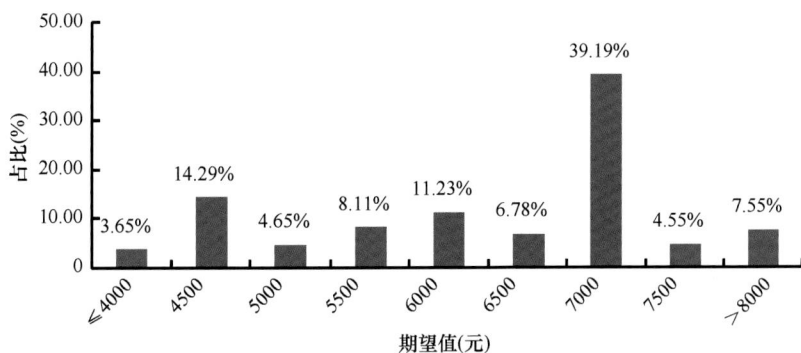

图 8-34　农民对核桃亩产值的期望值

在被调查的农户中，农民期望种核桃每亩收入最高的为 8000 元以上，最低的为 4000 元。平均收入期望值为 6270.65 元/亩。期望每亩收入为 7000 元左右的，占 39.19%；期望每亩收入为 4500 元左右的，占 14.29%；期望每亩收入为 6000 元左右的，占 11.23%；期望每亩收入为 5500 元左右的，占 8.11%；期望每亩收入为 8000 元以上的占 7.55%；期望每亩收入为 6500 元左右的占 6.78%；期望核桃亩产值 4000元及以下、5000 元和 7500 元的均为 5%以下。

农民总体对于核桃种植收入的期望较高，这可能因为曾经出现核桃收购价高于 24 元/kg 以上的情况。

（五）农户种植核桃收入

在考察区域的农户中，农户种植核桃的收入与茶叶一样，始终占据着农户家庭全年总收入的重要位置。2019 年样本村农户平均核桃种植收入占总收入的比重为 58.03%。2020 年样本村农户平均核桃种植收入占总收入的比重为 51.74%。

今后随着现代核桃产业的调整和发展，随着核桃种植和加工技术的进步、政策扶持，核桃种植收入在农户家庭全年总收入中所占的比重会逐渐降低，但其在收入构成中所占比重的重要性对农户来说短期内不会改变。

2019～2020 年，207 户核桃种植户的核桃种植收入情况如图 8-35 所示。

2019 年家庭总收入中核桃种植收入在 1 万元（含）以下的农户占 31.06%，1 万～3 万元（含）的农户占 56.17%，3 万～8 万元（含）的农户占 6.73%，8 万元以上的农户占 6.04%。户均核桃种植收入为 22 873.5 元，占农户家庭平均总收入的 58.03%。

2020 年，在考察区域农户中，家庭总收入中核桃种植收入 1 万元（含）以下的农户占 33.11%，1 万～3 万元（含）的农户占 57.12%，3 万～8 万元（含）的农户占 6.97%，8 万元以上农户占 2.80%。

户均核桃种植收入为 20 808.5 元，比 2019 年下跌 2065 元，下跌了 9.03%，占当年农户家庭平均总收入的 51.74%。

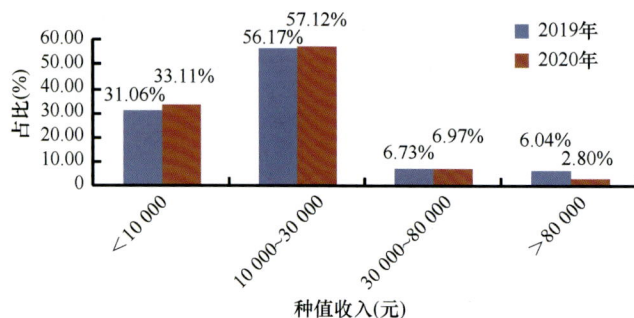

图 8-35　2019～2020 年不同核桃种植户收入比例

（六）平均净利润

表 8-25 分析了 2019 年和 2020 年农户种植干核桃的利润和成本利润率。

表 8-25　农户种植干核桃每亩利润和成本利润率

	2019 年	2020 年
亩产量（kg）	535	576
均价（元/kg）	10.58	8.77
亩产值（元）	5660.30	5051.52
亩平均成本（元）	1667.40	1687.50
亩利润（元）	3992.90	3364.02
成本利润率（%）	239	199

2019 年，207 户核桃种植户的平均每亩干核桃产量为 535 千克，收购均价 10.58 元/kg，亩产值达到 5660.30 元，种植一亩核桃需要管护、采摘、去皮、晾晒、销售等各环节用工，大约花费成本 1667.40 元，亩利润 3992.90 元，成本利润率为 239%。

2020 年，207 户样本农户种植干核桃平均每亩产量 576 千克。2020 年由于新冠疫情的影响，核桃的总体收购价下跌到 8.77 元/kg，较 2019 年下跌了 17.11%。2020 年干核桃亩产值达到 5051.52 元，种植一亩核桃需要管护、采摘、去皮、晾晒、销售等各环节用工，大约花费成本 1687.50 元，亩利润 3364.02 元，成本利润率为 199%。

（七）种植核桃与其他作物的收益比较

基于农户传统种植观念和心理影响，农户在农事活动中，种植（或收入）的多样性是长期以来的一个习惯，实际上也是收益最大化下风险最小化的经济学选择。与核桃相竞争的农作物一般是茶叶、中药材、水稻、玉米、蔬菜、马铃薯等。

多数选择茶叶+核桃+中药材+水稻或玉米等农作物粮经药协同种植模式,也有的选择其他作物+养殖+打工的种养结合多种家庭经营模式。种植作物的种类多是此消彼长的关系，受市场和信息的影响，在某种农作物有价格上涨的趋势时，农户一般会决定增加该种农作物的种植面积，而减少另一种农作物的种植面积；一旦这种农作物价格下跌，农户又会作相反的选择。

1. 核桃与竞争性农作物比较

在核桃种植家庭中，有只种植核桃的情况，有种植核桃，并同时种植茶叶、其他经济作物（魔芋、烤烟、花椒）、粮食作物（玉米、水稻、小麦、大麦、马铃薯、蚕豆、豌豆）、中药材（三七、滇重楼、云木香、滇黄精和滇龙胆）、园艺作物（樱桃、梨桃李等）、杧果、柑橘或沃柑、刺头菜等）的全部或部分的情况。

存在与核桃种植争地、争劳力（茶叶、花椒、果树、刺头菜）的情况；不争地、只争劳力（中药材及粮食作物）的情况；不争地、不争劳力（烤烟等）的情况。

图 8-36 为考察区与核桃种植有竞争性的作物的种植情况。

农户在农事操作中，多数存在种植与核桃有竞争（争地或争劳力）的农作物，以茶叶、中药材（滇重楼、滇黄精、三七、云木香、滇龙胆等）、玉米、烤烟、果蔬为主。

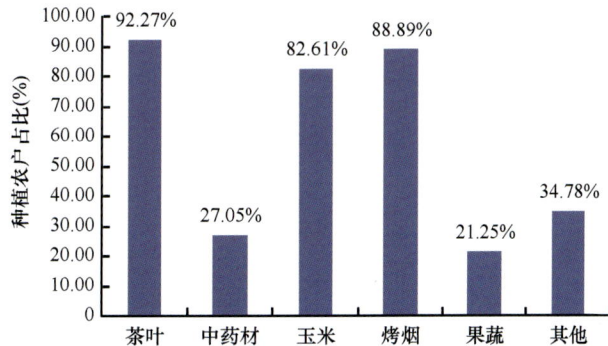

图 8-36　与核桃有竞争性的作物的种植情况

在考察的 207 户种植核桃的农户中，有种植茶叶的农户 191 户，占样本核桃种植农户的 92.27%；有种植中药材的农户 56 户，占 27.05%；有种植玉米的农户 171 户，占 82.61%；有种植烤烟的农户 184 户，占 88.89%；有种植其他果树、刺头菜等果蔬类经济作物的农户 44 户，占 21.25%；种植其他作物的农户有 72 户，占 34.78%。

表 8-26 分析了 2019 年核桃与主要竞争作物的收益比较。

表 8-26　2019 年核桃和主要竞争作物的收益情况表

	茶叶（鲜）	玉米	中药材	核桃（干）	刺头菜	水果	烤烟
亩产量（亩/kg）	147.78	496.7	364	467	496	1356	224
均价（元/kg）	14.66	2.1	64.6	8.94	9.9	5.67	8
亩产值（元）	2166.45	1043.07	23514.4	4174.98	4910.4	7688.52	1792
亩平均成本（元）	1555.8	873	16780	1376	1341	2210	1010.13
亩利润（元）	610.65	170.07	6734.4	2798.98	3569.4	5478.52	781.87
成本利润率（%）	39	19	40	203	266	248	77

2019 年种植核桃每亩利润为 2798.98 元，成本利润率为 203%；在分析的农作物中，只有种植刺头菜和水果的亩成本利润率比核桃高。与核桃形成竞争的农作物中，刺头菜的成本利润率达到 266%，高出核桃 63 个百分点；其次是水果，成本利润率 248%，比核桃（203%）高出 45 个百分点。

从每亩经济收入绝对值来看，种植中药材亩产值可达 2 3514.4 元，利润可达 6734.4 元；其次是种植水果，亩产值 7688.52 元，亩利润 5478.52 元；第三是刺头菜，亩产值 4910.40 元，亩利润 3569.4 元；种植核桃亩产值 4174.98 元，亩利润 2798.98 元。种植茶叶（亩产值 2166.45 元，亩利润 610.65 元）、玉米（亩产值 1043.07 元，亩利润 170.07 元）、烤烟（亩产值 1792 元，亩利润 781.87 元）的亩产值和亩利润均比核桃低得多，相对于核桃来说，这三种作物不具备竞争优势。

从成本利润率看，投入产出回报最高的是刺头菜，为 266%，其次是水果（248%），第三是核桃（203%），第四是烤烟（77%），第五是中药材（40%），第六是茶叶（39%），玉米的成本利润率较低，仅为 19%。只有刺头菜和水果可以替代核桃种植。

表 8-27 分析了 2020 年核桃与主要竞争作物的收益。

表 8-27　2020 年核桃与主要竞争作物的收益情况表

	茶叶（鲜）	玉米	中药材	核桃（干）	刺头菜	水果	烤烟
亩产量（亩/kg）	150.5	513.6	391	513.5	531	1506	216
均价（元/kg）	15.45	2.5	69	9.12	10	5.7	8.4
亩产值（元）	2325.23	1284	26979	4683.12	5310	8584.2	1814.4
亩平均成本（元）	1711.9	866	16880	1381	1346	2289	1031
亩利润（元）	613.33	418	10099	3302.12	3964	6295.2	783.4
成本利润率（%）	36	48	60	239	295	275	76

2020 年种植核桃每亩利润为 3302.12 元，成本利润率为 239%；在分析的农作物中，只有种植刺头菜和水果的亩成本利润率比核桃高。与核桃形成竞争的农作物中，刺头菜的成本利润率达到 295%，高出核桃 56 个百分点；其次是水果，成本利润率为 275%，比核桃（239%）高出 36 个百分点。

从每亩经济收入绝对值来看，种植中药材亩产值可达 26 979 元，利润可达 10 099 元；其次是种植水果，亩产值 8584.2 元，亩利润 6295.2 元；第三是刺头菜，亩产值 5310 元，亩利润 3964 元；种植这三种作物比种植核桃（亩产值 4683.12 元，亩利润 3302.12 元）的经济收入更高。而种植茶叶（亩产值 2325.23 元，亩利润 613.33 元）、玉米（亩产值 1284 元，亩利润 418 元）、烤烟（亩产值 1814.4 元，亩利润 783.4 元）的亩产值和利润率均比核桃低得多，相对于核桃来说，这三种作物不具备竞争优势。

从成本利润率看，投入产出回报最高的是刺头菜，为 295%；其次是水果（275%）；第三是核桃（239%），第四是烤烟（76%），第五是中药材（60%），第六是玉米（48%），第七是茶叶（36%）。只有刺头菜和水果可以替代核桃种植。

通过对 2019~2020 年数据的分析，在种植布局上，可以考虑在较低海拔，即 1600m 以下地区以种植水果为主，配合相适宜的中药材、大春豆类、蔬菜等种植；在中高海拔（1600~2200m）地区考虑种植核桃，并与其间作中药材、蔬菜、玉米、麦类、小春豆类等作物；在 2200m 以上高海拔区以刺头菜等野生蔬菜和野生菌驯化种植为主。

从林下经济种植模式来看，只有水果、刺头菜与核桃有争地的现象，中药材不存在竞争关系。

因此发展核桃+中药材、刺头菜+中药材的模式是哀牢山-无量山地区农民致富的有效措施。

2. 核桃与其他替代核桃生产的经济作物收益比较体系

根据表 8-26 和表 8-27，综合分析了核桃与茶叶、其他经济作物在劳动力、成本、生产程序、政策扶持与服务、劳动强度、价格和科技含量等方面的比较。

核桃也是哀牢山-无量山地区主要的农业经济作物，其价格和价值要反映在不同农作物的比较收益上，主要体现在核桃和其他替代核桃生产的经济作物比价。核桃和其他经济作物比价的高低，左右着农民和地方政府种植核桃的积极性。合理地制订核桃和其他经济作物比价，并有效地适时调节，才能使核桃生产稳定有序地发展，保证农民增产增收。

核桃和其他经济作物采用彼此面积或亩产值进行比较存在一定的缺陷，如 2019~2020 年种植核桃的平均亩产值为 4429.05 元，玉米亩产值为 1163.54 元，中药材为 25 241.7 元，水果为 8136.36 元，刺头菜为 5110.2 元，茶叶为 2245.84 元，烤烟为 1803.2 元。

核桃与中药材平均亩产值比约为 1∶5.70，核桃与水果平均亩产值比约为 1∶1.84，核桃与刺头菜平均亩产值比约为 1∶1.15，核桃与玉米平均亩产值比约为 3.81∶1，核桃与茶叶平均亩产值比约为 1.97∶1，核桃与烤烟平均亩产值比约为 2.46∶1。种植核桃的平均亩产值高于种植玉米、茶叶、烤烟的平均亩产值，而低于中药材、水果和刺头菜。

从亩平均利润来看，2019~2020 年种植核桃的亩平均利润为 3050.55 元，玉米亩平均利润为 294.04 元，中药材亩平均利润为 8416.7 元，水果亩平均利润为 5886.86 元，刺头菜平均亩利润为 3766.7 元，茶叶亩平均利润为 611.99 元，烤烟亩平均利润为 782.64 元。核桃与中药材亩平均利润比约为 1∶2.76，核桃与水果亩平均利润比约为 1∶1.93，核桃与刺头菜亩平均利润比约为 1∶1.23，核桃与粮食亩平均利润比约为 12.08∶1，核桃与茶叶亩平均利润比约为 4.98∶1，核桃与烤烟亩平均利润比约为 3.90∶1。

种植核桃的亩平均利润高于种植玉米、茶叶、烤烟的亩平均利润，而低于中药材、水果和刺头菜。从成本利润率来看，2019~2020 年种植核桃的亩平均成本利润率为 221.0%，玉米为 33.5%，中药材为 50.0%，水果为 261.5%，刺头菜为 280.5%，茶叶为 37.5%，烤烟为 76.5%。

种植核桃的亩平均成本利润率高于种植玉米、中药材、茶叶、烤烟的亩平均成本利润率，而低于水果和刺头菜。从互斥方案（选 A 不能选 B）选择的角度，茶农逐渐不会只关心亩产值的高低，而更关注 1 亩土地哪种作物获得的利润回报率高。

通过入户考察访问，农户种植核桃的积极性高于种植茶叶、玉米、烤烟，而对于中药材的种植根据技术难易程度和销售渠道决定是否选择。而种植刺头菜、水果的积极性显著高于种植核桃。为此，近年来，种植中药材、刺头菜、果树的农户在明显增加。

因此，更合理的核桃与其他经济作物收益比较体系，应该以亩净利润为主，并结合成本利润率（投入产出比），适当考虑产值。基本的比较思路应该是亩净利润的核桃与粮（与药、与果、与菜、与烟）比不低于 1∶1，而亩净利润的核桃、其他经济作物比至少要高于 1∶1。

在既充分考虑调动农户种植其他经济作物的积极性和保持核桃生产的稳定性，又考虑到核桃收购加工企业和市场的承受能力的基础上，通过核桃、其他经济作物收益比较体系来合理制定核桃收购价格。

（八）核桃种植农户与非核桃种植农户的收益比较

表 8-28 为 2019 年和 2020 年样本核桃种植农户与非核桃种植农户家庭总收入的比较。

表 8-28　样本核桃种植农户和非核桃种植农户家庭总收入比较（元）

	2019 年		2020 年	
	核桃种植农户	非核桃种植农户	核桃种植农户	非核桃种植农户
核桃种植收入	20 533.5	—	20 338.5	—
打工收入	3 945.94	9 659.02	5 225.27	10 501.69
养殖收入	5 316.71	5 390.5	4 925.71	5 013.22
种植其他作物收入	6 267.15	6 202.9	7 903.96	11 085.09
其他收入	1 015.44	4 416.39	1 356.78	5 344
合计	37 078.74	25 668.81	39 750.22	31 944

注：其他收入包括做生意、跑运输、出租土地和小商业收入

核桃种植农户家庭收入主要由核桃种植收入、打工收入、养殖收入、种植其他作物收入和其他收入构成。非核桃种植农户家庭收入没有核桃种植的收入，其他收入来源与核桃种植农户一致。

2019 年，尽管样本核桃种植农户的打工收入只是非种植核桃农户的三分之一略多，养殖收入也比较低，其他收入也只有非核桃种植农户的三分之一不到，种植其他作物的收入相当，但核桃种植农户的平均家庭收入为 37 078.74 元，比非核桃种植农户（25 668.81 元）多 11 409.93 元，多 44.45%。

2020 年，样本核桃种植农户的打工收入是非核桃种植农户的二分之一略多，养殖收入也较低，种植

其他作物的收入为样本非核桃种植农户的71.30%，其他收入约为样本非核桃种植农户的四分之一，但核桃种植农户的平均家庭收入为39 750.22元，比非核桃种植农户（31 944元）多7806.22元，多24.44%。

核桃是样本核桃种植农户家庭的主要收入来源，种植核桃将是哀牢山-无量山地区农户行之有效的重要增收措施。

本研究设计了7个选项（可以多选）对1000个非核桃种植农户进行调查，分析其不种植核桃的原因。如图8-37所示，81.23%的人认为种核桃投入大收入少，59.12%的人认为种植核桃风险大，56.77%的人认为种核桃劳动强度大，30.11%的非核桃种植农户认为是劳动力不足，除此以外，觉得打工收入高（29.87%）、做生意好（26.14%）以及卖核桃困难（13.13%）也是非核桃种植农户不愿意种核桃的原因。

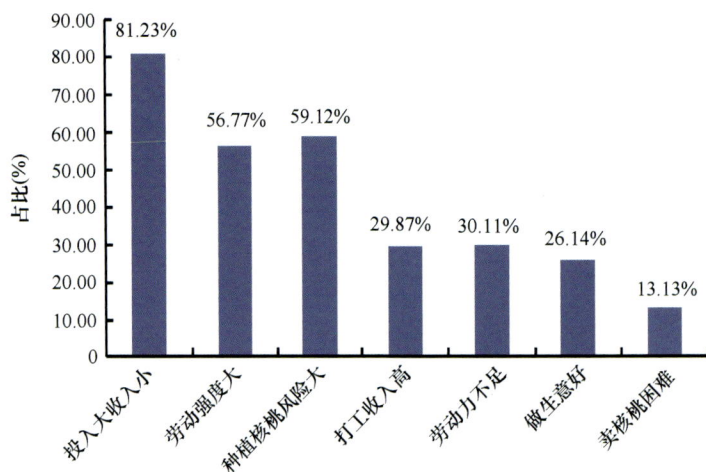

图8-37 非核桃种植农户不种核桃的原因

本研究设计了三个问题调查1000个非核桃种植农户选择的所种作物非核桃的原因。如图8-38所示，高达89.13%的农户认为种植其他作物成本投入低、省劳动力；有13.27%的人认为是不需要晾晒棚（烤房），另有14.11%的非核桃种植农户认为是现有的种植作物经济价值更高。这也说明核桃种植的投入水平仍然不被一些农户接受。

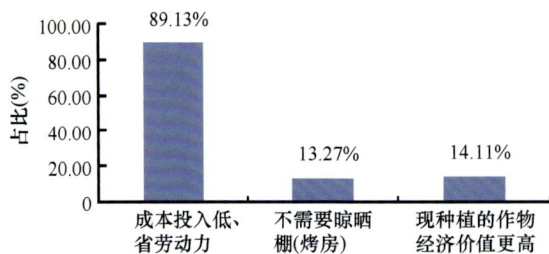

图8-38 非核桃种植农户选择种植其他作物的原因

因此，如果优化核桃种植技术，推广绿色高效种植；同时发展核桃产业协会，完全有可能让一部分农民重新选择种植核桃。

图8-39为1000个非核桃种植农户期望所种作物的每亩收入。

如图8-39所示，8.44%的农户认为种植其他作物的每亩收入应该在4000元以上；45.77%的农户认为应该在3000~4000元；19.62%的农户认为应该在2000~3000元；26.17%的农户认为应该在1500~2000元。预期每亩收入在3000元以下的占45.79%。当然，在对自己种植的作物预期时，蔬菜等经济作物的预期相对会高，而玉米等粮食作物的预期一般偏低。

图8-40调查分析了1000个非核桃种植农户期望种核桃的每亩收入。

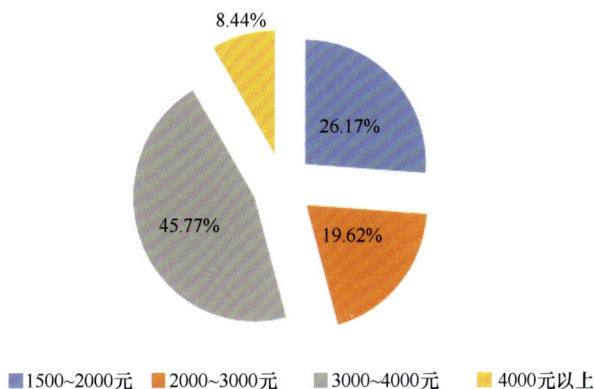

图 8-39　非核桃种植农户对其所种作物亩平均收入的期望

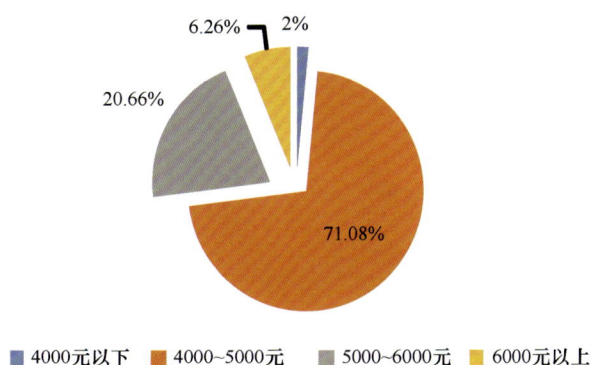

图 8-40　非核桃种植农户期望种植核桃的每亩收入

如图 8-40 所示，6.26% 的受访者认为，如果种植核桃，希望亩收入达到 6000 元以上；20.66% 的受访者认为 5000～6000 元更恰当；71.08% 的受访者期望每亩的收入在 4000～5000 元；2.00% 的受访者期望核桃的每亩收入在 4000 元以下，这与非核桃种植农户对其他作物的预期形成强烈的反差。

图 8-41 调查分析了 1000 个非核桃种植农户种植核桃的意愿。

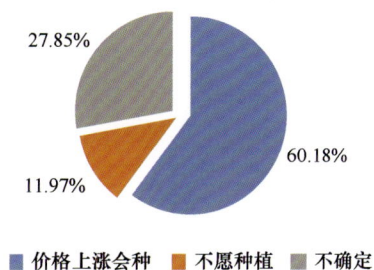

图 8-41　非核桃种植农户种核桃的意愿

如图 8-41 所示，60.18% 的受访者表示如果核桃收购价格上涨，会考虑种植；27.85% 的受访者表示不确定，并需要到时再看；11.97% 的受访者明确表示不愿意种。

实际上，随着核桃收购价格的提高和核桃种植技术的进步，超过 87% 的非核桃种植农户也可能转化为核桃种植农户。

（九）核桃种植农户种核桃的原因及影响收益因素分析

1. 核桃种植农户种核桃的原因

本研究设计了 6 个选项，调查分析了 1000 个核桃种植农户种核桃的原因。

如图 8-42 所示，91.97%的受访者认为种核桃已成习惯；73.11%的受访者认为种核桃收入稳定；53.27% 的受访者认为种核桃收入高于种植其他经济作物的收入；30.29%的受访者认为种核桃比外出打工收入高；21.66%的受访者因为政府鼓励种核桃；还有 19.89%的受访者选择了其他原因。说明和种植其他作物比较，核桃种植农户有长期的种植历史和习惯，对种核桃的技术比较熟悉，核桃已经成为传统的经济作物，核桃种植农户不愿意放弃，另外核桃种植收入比较稳定，与其他农作物相比效益相对较高。

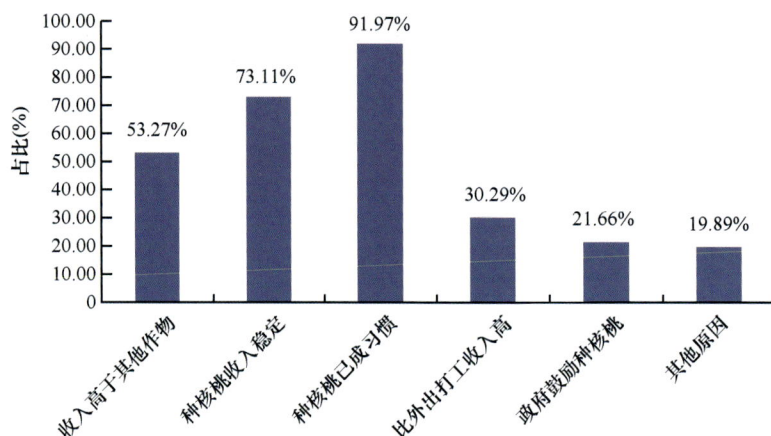

图 8-42　核桃种植农户愿意种核桃的原因

2. 影响农户种核桃因素分析

农户种植核桃主要会比较种植过程中各种有利和不利的因素，充分考虑对收益的预期，并结合家庭的现实情况，形成农户层面优选的理性选择。在核桃种植农户层面的经济学行为研究中，有一些看似不尽合理或者说违背经济学中利益最大化的行为，如果从基于现实角度考虑问题，往往能够找到更合理的社会学解释。

对于哀牢山-无量山区域农户的核桃种植行为，在现实中肯定受多种因素的影响，通过此次问卷、访谈的实地调研，对影响农户收益的原因进行了分析，运用 logit 模式，尝试找到影响农户种植核桃收益的因素，并提出一些建设性的建议。

收益水平：对样本农户的抽样调查显示，种植核桃的平均收益要低于刺头菜、果树、中药材等其他农作物。这对于农户种植核桃会带来明显的影响。

种植历史：核桃收益与种植传统和历史密切相关，对样本农户的抽样调查显示，样本区农户种植核桃平均为 56 年。

种植习惯和农户心理：农户在选择种核桃时，朴素的种植习惯和心理在起作用，种植核桃可以解决农户经济收入来源的问题。

家庭种植者年龄：年龄较大的核桃种植农民，形成了长期的种植习惯，虽然学习种核桃新技术有一定困难，但已有的种核桃技术相对成熟，对种核桃怀有一定的感情，即使种核桃辛苦，也不会轻易决定转种其他农作物。核桃种植比其他农作物收益更高，因此劳动能力逐渐降低，文化水平不高，不能选择其他就业渠道的老年劳动力，更愿意种植核桃。

文化程度：在被调查的核桃种植农民中，其文化程度与人均核桃种植收入的增长存在一些关系，文化程度逐渐提高，核桃种植收入也逐渐增加。数据分析说明文化程度是影响农户核桃种植收益的重要因素。

核桃种植是一项生产环节多、技术规范复杂、对劳动力素质要求较高的产业，对于核桃种植农民而言，只有努力学习科学知识、积极提高文化素质，才能把核桃种好，从中获得更大的收益。对于核桃公司或加工企业而言，一方面要继续强化核桃科技辅导员队伍的建设，加大科技培训力度，提高核桃种植农民的科学文化素质；另一方面要在今后的核桃种植规划中有选择地向文化程度较高，种核桃技术较好的农户倾斜。

家庭规模：家庭人口数过多，会降低人均核桃单产，并极大地限制了农户在农业生产资料和文化、科技上的必要投入，从而阻碍了核桃收益的提高。因此，今后应将人口数适中，家庭结构较优（如单身或夫妇、夫妇一个孩、夫妇二孩）的农户作为核桃种植的重要力量予以重点扶持，带动哀牢山-无量山地区核桃种植效益的提高。

种植规模：在其他各项基础条件相同的情况下，农户的种植规模扩大，能够突出土地的规模效益，并能够通过摊低土地成本来提高种核桃的成本收益率，在比较效益模型中，通过分析发现，哀牢山-无量山地区种植核桃比全国其他种植核桃地区更有效益优势，也比在该地区种植其他农作物效益好，但是哀牢山-无量山的自然条件决定了核桃比较规模优势相对要差。此外，数据分析的结果也印证种植规模的扩大，绝对收入也会增加。

另外，种植规模扩大的种植大户也会获得更多的政府补贴。

数据分析表明，随着人均种核桃面积的增加，核桃种植收入总体上呈上升趋势。说明适度扩大单户核桃种植规模有利于提高农民的核桃种植收入。

收购价格：在核桃产量变化不大的情况下，随着核桃出售均价的提高，核桃收入整体上呈上升趋势，表明核桃收购价格对农户的核桃种植收入有很大影响。

单产：随着核桃种植农户人均核桃产量的提高，农户人均核桃种植收入出现大幅增长。表明产量对核桃收入的影响很大。如果核桃种植农户在确保产量的同时注重核桃质量的提高，其核桃种植收入还会有较大的增长。

种植品种：各个主要品种分组之间的亩均核桃总收入扣除劳动力成本后，亩均核桃纯收入和亩均核桃种植投入指标差异不大，农户主要选择哪一种核桃品种对核桃种植收益并无明显的影响。长期的科研和生产实践证明，哀牢山-无量山地区现有的可推广使用的核桃品种在特征特性上各有特点，各有其特定的适宜区域和栽培技术。

在核桃种植上要实现优质适产和高效益，并不取决于选择哪一种品种，关键在于因地制宜、合理布局。只有通过品种特性与当地的生态条件的有机结合，品种特性与栽培调制技术的有机结合，以及在品种种植结构上进行合理搭配，才能充分体现出核桃品种的价值。

非核桃种植收入：非核桃种植收入越高，特别是打工收入越高的家庭，核桃种植的意愿越低。

三、林下经济发展模式

林下经济：以经济学、生态学和森林系统工程为基本理念，以林地资源、林荫和林下空间及森林景观为基础，形成的一种新的生态经济发展模式，即经济社会发展与森林资源保护双赢的模式。它是通过林下种养殖、采集加工和森林景观合理开发利用等综合手段提高林地综合效益（郑开基等，2014）的一种新型林地-农业经济增长新模式。

林下经济主要包括 4 方面：一是林下种植，即有效利用林下资源进行种植工作，如林果、林茶、林菜种植等；二是林下养殖，即将养殖与林下环境改善相结合，林下养殖不仅能提高禽畜的质量，而且养殖的禽畜能对林下环境进行改良，如林畜、林蜂、林渔养殖；三是林下产品加工和采集，即对林下的一些野生产品进行加工出售，如林下的野菜、竹笋、野生菌等产品；四是森林景观利用，即通过对林下自然生态景观进行旅游开发，并以此带动地区经济的发展（王淑芳等，2017）。

拟建哀牢山-无量山国家公园区是我国最大的原始中山湿性常绿阔叶林区，森林覆盖率 85.1%，最高海拔 3156.9m，最低海拔 800m，生物资源丰富，核桃、茶叶、刺头菜、果树、花椒等的种植可促进该区农林产业经济发展。

拟建哀牢山-无量山国家公园区发展核桃、茶树、刺头菜、樱桃、花椒等林下种植中药材、马铃薯，养殖家畜的模式，可通过动物与植物、植物与植物等多样性生物群落结构，抑制病菌世代繁殖，减少虫卵越冬，从而降低病虫害的发生率和感染程度，避免大量施用农药、化肥，导致土壤结构变差、肥力下降，药材及农产品品质下降等，对林下生态农业可持续发展带来不利影响。

因此，在经济林下种植中药材，发展鸡、猪等家畜（家禽）养殖，回归到森林级别的环境中，既能提高药材品质和家畜（家禽）肉质品质，也可提高林地经济效益，促进林农增收。

（一）核桃林下种植中药材模式

核桃+黄精/重楼/三七的种植模式。一般核桃的株、行距均为 4~5m，具有足够的空间开展林下中药材种植。而黄精、重楼、三七等中药材不但市场前景好，种植效益高，而且其种植需要遮光等荫蔽环境。

因此，开展核桃林下种植黄精等中药材，可实现空间和时间的互补，增加林下作物种植的收入（图 8-43）。

图 8-43 九甲镇和平村核桃林下种植黄精

和平村位于九甲镇西北部，地处哀牢山深处，距镇政府驻地 10.8km，全村土地面积 40.3km²，平均海拔 1750m，年平均气温 16.52℃，年平均降水量 1575~1800mm，年平均日照时数 7~8h。全村辖 18 个村民小组 476 户 1447 人，其中少数民族以彝族为主，约 790 人，占全村总人口的 54.59%。产业发展主要有核桃、烤烟、茶叶、畜牧、药材。

该村有林地 19 820 亩，耕地 2187 亩，核桃 6300 亩，茶叶 2860 亩，林药 741 亩，烤烟 630 亩，2018 年末全村经济总收入 2889 万元，农民人均可支配收入 9473 元。林下药材种植面积 741 亩，其中：滇重楼 340 亩、三七 30 亩、岩七 71 亩、黄精 300 亩。2018 年产值 240 万元，农民人均可支配收入 10 209 元，实现脱贫致富，为山区乡村振兴提供了有效的参照。

（二）花椒林下种植马铃薯模式

楚雄市西舍路镇保甸村干旱少雨，坡多地少，粮食产量低，农民增收难。如何让低产土地发挥更大效益，实现产业发展和乡村振兴，是当地政府十分关注的问题。

近年来，通过多方走访、调研，西舍路镇人民政府在楚雄市农业农村局的帮助下，明确当地以花椒和马铃薯为主的产业优势，以农业供给侧结构性改革为抓手，不断优化产业结构，利用旱地、坡地种植花椒。保甸村充分利用空间和时间的交错，在花椒地行间种植马铃薯，解决了马铃薯种植与花椒种植争地、争劳力的问题，同时提高了单位面积花椒地的产出能力。

2020 年，楚雄市农业农村局以"公司+合作社+基地+农户"的模式，在西舍路镇保甸村委会推广 200 亩花椒地间作马铃薯（图 8-44），既利用了土地，节约了施肥锄草的管理成本，也增加了花椒地的单位面积收入。

村委会成立了花椒和马铃薯种植销售协会，在"公司+合作社+基地+农户"的新模式下，农民种植收获的花椒果和马铃薯不愁销售。2000年花椒地平均每亩销售花椒收入7000多元，销售马铃薯收入1200多元，200亩花椒间作马铃薯一年产值达到164万元。由于花椒地种植马铃薯，减少了病虫害滋生和传播，种植成本显著下降，每亩花椒成本主要在花椒采摘和马铃薯收获方面，约3600元左右，200亩花椒地纯收入92万元，在山区脱贫致富效果极为显著。

图8-44　楚雄市西舍路镇保甸村花椒林下种植马铃薯

四、农家乐经济模式

农家乐是一种以"住农家屋、吃农家饭、干农家活、享农家乐"为体验的乡村旅游。其将特有的乡村景观、民风民俗等融为一体，是旅游产品从观光层次向较高的度假休闲层次转化的典型例子。湖南南岳衡山、昆明团结乡等地的农家乐已逐渐形成自己的品牌。

农家乐起源于20世纪60年代初的西班牙，西班牙政府把乡村的城堡进行一定的装修改造成为饭店，用以留宿过往客人，这种饭店称为"帕莱多国营客栈"。同时，对大农场、庄园进行规划建设，提供徒步旅游、骑马、滑翔、登山、漂流、参加农事活动等项目，从而开创了世界乡村旅游（农家乐）的先河。此后，乡村旅游在美国、法国、波兰、日本等国家得到倡导和大发展。

农家乐是一种新兴的旅游休闲形式，带动了假日经济的发展，取得了较好的社会效益和经济效益。

目前，农家乐经营主要有股份制开发模式，政府+公司+农村旅游协会+旅行社的开发模式，农户+农户开发模式，公司+农户的开发模式。

哀牢山-无量山国家公园建立后，农家乐将是该区存在的一种重要的旅游模式。本次考察发现，在景东彝族自治县锦屏镇黄草岭村以樱桃、梨、桃等采摘和农耕体验为主的农家乐旅游模式，对于维护当地生态环境，提高当地农民收入是行之有效的措施。

在无量山腹地，黄草岭村罗正彩家的农家乐（图8-45），其庭园设计建设投资了25万元，为了方便拉货、送货等，配置小汽车一辆。农家乐建成后，以樱桃（2亩）采摘、农家住宿、品本土农家菜、观光无量山风景等为主，集农事体验、休闲游乐为一体，每年纯收入6万多元。同时，还饲养猪10多头，鸡50~60只，蜂20窝，每年收入5万多元，种植的刺头菜等其他经济作物年收入4万多元，通过电商向省内各地销售蜂蜜、花椒、草果、茶、野生菌等本地土特产年收入约5万元。一年共计毛收入达到20万元左右。扣除成本，纯利润约10万元。通过农家乐和多种经营，进入了小康之家。

图 8-45　锦屏镇黄草岭村罗正彩家的农家乐

可见，在拟建哀牢山-无量山国家公园地区有计划、按布局地推广农家乐模式，实施服务人性化、器具统一化、卫生安全化、菜肴本土化、质量标准化的农家乐经营理念，对于拟建国家公园的良好运行是一个重要的辅助手段。

第六节　拟建哀牢山-无量山国家公园的生态经济发展探讨

一、拟建哀牢山-无量山国家公园功能区域划分研究

（一）拟建哀牢山-无量山国家公园功能区域划分依据

国家公园功能区划分是根据国家公园区域内生物资源的丰富度、生物资源的重要性和知名度、公园相关社区活动频度进行功能分区。通过分区规范社区居民、游客的活动规则，明确禁止活动区域、限制活动区域、社区居民活动区域和游客活动区域等。为此，提出相应的国家公园生物多样性保护与社区经济发展的和谐措施。

要进行国家公园功能区域的划分，首先应该归纳总结国家公园保护自然生态与社区活动有哪些方面的冲突。王应临和张玉钧（2019）用文本分析、绘图分析、核密度分析、叠加分析等方法综合分析了中国自然保护地与社区活动相冲突的类型和热点，将中国自然保护地社区保护冲突分为 9 类，其中限制访问冲突（RAC）、农业和土地利用冲突（ALC）、保护地利益分配不均（BRC）、人类-野生动植物冲突（HWC）等 4 类较普遍，并将这 4 类较普遍的社区保护冲突分别进行核密度分析，其分布趋势存在差异。

限制访问冲突在中国西南欠发达地区分布较多；保护地利益分配不均在东南沿海和云贵川分布较为集中；农业和土地利用冲突与总体冲突分布趋势较为相近；人类-野生动植物冲突较分散，与其他类型相比，在新疆、西藏等西部地区分布较多（王应临和张玉钧，2019）。

王应临和张玉钧（2019）同时认为，社区保护冲突的分布热点与森林资源分布有较强相关性，与社区经济收入状况相关性较弱；不同冲突类型的热点分布具有差异，森林生态系统类保护地的社区保护冲突受到最多关注；不同类型冲突的热点分布受社区资源依赖程度、旅游发展等多因素的影响。

应该明确国家公园保护体系与社区居民和谐发展的关系。孙雨（2018）归纳总结了国家公园保护体系与社区居民和谐发展的三种关系。

一是，与社区居民和谐发展，即国家公园和社区居民属于和谐共生、相互促进的关系。

二是，与社区居民各自发展，即国家公园建成之后所带来的经济效益并未被社区居民有效利用，社区居民没有参与到国家公园的规划管理之中，属于两者相互共存但不产生有利及有害影响的关系。

三是，与社区居民有矛盾冲突，即国家公园的建立较大程度地影响到了社区居民的原有生活，两者无法和谐共存，形成了冲突对抗的关系（孙雨，2018）。

明确国家公园功能分区需要考虑的因素。周涛（2019）根据国家公园区域内珍稀自然资源分布不同，土地利用形式不同，保护的重要性不同，提倡根据开发程度的不同，将国家公园内区域大致分为五个部分（周涛，2019）。

一是生态保护区。该区域内自然资源受到严格的保护，禁止开发，仅供研究所用。

二是特别景观区。该区域主要为生态系统脆弱敏感的特殊自然资源，严格限制开发。

三是游憩区。该区域主要是供游客进行游览休憩，属于可适当开发利用区域。

四是传统利用区。该区域主要是国家公园范围内原有存在的传统生活区域，这个区域只能用于原有居民的基本生活，禁止进行大规模开发。

五是一般管制区。该区域主要指国家公园外围建立的服务于国家公园的服务保障设施的区域，这个区域一般能通过国家公园为其带来区域经济的发展。

（二）拟建哀牢山-无量山国家公园的经济运行功能分区

哀牢山-无量山区域集植物、动物、地质、天文、文化等领域的特殊地位和综合优势于一体。哀牢山是茶马古道的重要节点，历史文化价值独特，是我国茶文化和商贸文化的历史见证和智慧足迹，民族生物学特性较为多样。

因此，本研究提出对拟建哀牢山-无量山国家公园区域进行功能分区，将其分为以下六个功能分区。

一是生物多样性保护核心区。该区域内自然资源受到严格的保护，禁止居民和游客活动，禁止开发，仅供研究所用。拟涉及哀牢山国家级自然保护区、无量山国家级自然保护区、双柏恐龙河省级自然保护区及景东无量山省级森林公园、双柏九天省级湿地公园、云南灵宝山国家森林公园、镇沅省级森林公园。

二是生态景观保护区。该区域主要为生态系统脆弱敏感的特殊自然资源，严格限制开发，居民活动受到限制。主要考虑科学考察确定的珍稀濒危动植物活动区、森林生态系统保护区、特殊岩石和矿物质保护区、杜鹃湖射电望远镜保护区等。

三是传统利用区。该区域主要是针对国家公园范围内原有存在的传统生活区域，这个区域只能用于原有居民的基本生活，禁止进行大规模开发。主要涉及地处拟建哀牢山-无量山国家公园核心区域内的、搬迁效果不明显的土著居民区。

四是游憩区。该区域主要是供游客进行游览休憩，可开展景观规划建设和旅游观光活动。拟考虑哀牢山-无量山山麓的村寨区域。

五是服务过渡区。该区域连接公园与社区的缓冲区域。主要指国家公园外围建立的服务于国家公园的服务保障设施的区域，在科学指导下适度开展一些具有经济价值的动植物繁育、农业生产活动，为其所在区域带来区域经济的发展。主要考虑哀牢山-无量山邻近乡镇区域。

六是辐射区。拟建哀牢山-无量山国家公园周边辐射区，可以开展农业、林下经济、加工、商业等人类活动，发展社区经济。主要是景东全境、镇沅北部、新平西南到西北部、楚雄西部、南华西南部、双柏西部、南涧南部地区，涉及约 40 个乡镇的辖区。

二、拟建哀牢山-无量山国家公园与周边社区和谐发展的管理模式

在当前的拟建哀牢山-无量山国家公园管理功能分区实践中，把传统利用区、游憩区、服务过渡区、辐射区作为原本和允许存在的社区进行生产生活，其基本功能有：①促进社区发展；②保护自然环境、具有地域特色的传统利用方式、传统文化；③通过开展游憩展示活动增进全民福祉；④通过国家公园与服务过渡区、辐射区的和谐发展，实现保护与经济发展相协调（周涛，2019）。

拟建哀牢山-无量山国家公园体制试点社区将依赖于园区内及周边自然资源，以及所拥有的传统知识、

文化、水土管理技术等，对自然生态系统保护具有积极作用。

（一）尊重和维持推动资源合理利用的传统技术

1. 资源合理利用技术

在传统利用区、游憩区、服务过渡区、辐射区采用间伐、繁育、新的生态景观创建等促进生物多样性保护水平提升和生态系统更新。不少农、林、牧、渔等复合生态系统能够形成实现自我修复的人工生态系统。

2. 采用传统有效的资源管理方式

如利用村规民约对水资源、森林资源进行分配，以及对资源利用冲突进行调节等。

3. 尊重传统知识与文化

对自然要素的崇拜促使人们有意识地保护生物，维护山地、湿地等生态系统，建立神山、圣湖、风水林等社区保护空间，形成"社会-经济-自然"复合生态系统。系统通过自身内部的循环机制维持系统的正常功能，为人类提供食用、药用、材用、观赏和保护环境等多种生态系统服务，对维持人类的食物安全、生计安全及农业的可持续发展具有重要意义。

因此，在社区发展和管理方面，拟建哀牢山-无量山国家公园传统利用区的管理可借鉴农业文化遗产整体保护与适应性管理的方法。

农业景观方面，对传统聚落景观、农业的核心要素景观（如栽培景观、耕作景观，灌溉沟渠景观等生产景观）、重要节点景观等的旅游服务点进行开发和保护，并依据拟建哀牢山-无量山国家公园整体景观风貌的管制要求和原则进行管理。

文化保护方面，进行历史故事、民族经典、传统歌谣、传统节日、传统美食、非物质文化遗产的调查挖掘，弘扬并传承和恢复传统民俗活动，普查和记录具有国家代表性、自然保护理念的文化遗产，实现开发与保护相协调。

生态保护方面，着重进行野生动植物种质资源、微生物资源、地质资源、气候资源、农作物品种资源、家畜品种资源的调查与救护，建立田间管理、林下养殖、间作套种等生态农业模式，建立人兽冲突预防与赔偿机制。

（二）农业文化遗产的保护性管理

拟建哀牢山-无量山国家公园传统利用区的适应性管理是对农业文化遗产动态性保护的借鉴。原因在于农业生态系统所承载的人地关系具有动态性，需要在发展中保护，在保护中求发展。农业文化遗产地根据动态保护的原则，提倡以社区内资源禀赋和原有生产生活方式作为发展基础，引导社区产业转型，改变现有的资源利用方式。引入生态旅游、生态农业等环境友好型产业，结合社区资源特色塑造社区品牌，寻求资源保护与利用之间的平衡。在拟建哀牢山-无量山国家公园社区内，可以通过以下方式实施农业文化遗产的保护。

1. 建立拟建哀牢山-无量山国家公园产品价值增值机制和体系

拟建哀牢山-无量山国家公园的生态产品具有显著的稀缺性与哀牢山-无量山国家公园品牌效应，可以发展低产量、高附加值、生态友好型产业，如茶叶、核桃、中药材、野生菌的种植，乌骨鸡养殖、火腿加工等，并建立相关的制度体系予以支持，将社区居民的自然保护行为转化为经济价值，形成保护的有效激励机制，同时促进哀牢山-无量山国家公园文化和生态保护知识的传播。

在拟建哀牢山-无量山国家公园内进行养蜂则具有极高的生态学价值，目前在传统利用区的社区管控以及资源保护方面已经形成了一些创新性的做法。

2. 促进拟建哀牢山-无量山国家公园社区生计多样化

在提高传统生计产品生态附加值的基础上，可以结合社区的资源特色与环境条件，创新有机农业模式，开展生态旅游和农家乐，如观光、民宿、农耕体验、手工艺品开发等。加强文创产品研发，将文化价值转化为经济价值。

3. 构建多方参与的协同管理模式

拟建哀牢山-无量山国家公园管理涉及利益相关方众多，需要根据管理目标确定利益相关方，明确责任和使命及动态保护中的利益，并建立公平的惠益共享机制。在社区资源管理上，拟建哀牢山-无量山国家公园可以委托学术团体负责调查各类型资源，建立社区资源数据库、可开发利用资源目录及其繁育利用技术体系，挖掘与记录地方文史；民间组织可以开展社区能力建设与协议保护项目开发；社会企业可以帮助整合社会资源，借助社会企业的资金与市场渠道带动社区发展。

三、拟建哀牢山-无量山国家公园辐射区农业绿色发展模式

拟建哀牢山-无量山国家公园内或周边社区的一些传统生产生活方式对自然生态系统的影响是有限的，有些生产生活方式对生态系统具有积极的保护作用。

（一）构建农业保土增肥技术模式

1. 旱地立体间套作可增加土壤有效覆盖，减少水土流失

根据哀牢山-无量山的气候与生态特点，旱耕地冬春裸露容易造成水土流失，因此，在该地区实施一年多熟的种植模式，可以增加土壤有效覆盖，减少水土流失，同时提高农民收入。

在海拔 2200m 以下地区，为了调整和优化种植结构，发展多元化种植制度，推行一年四熟农业栽培模式，如马铃薯-玉米-青豆-大麦、春播甜玉米-夏播甜玉米-红芸豆-绿肥作物、糯玉米-豇豆-红薯-马铃薯等模式。

以马铃薯-玉米-青豆-大麦模式为例。根据曹继国等（2012）的研究，推荐玉米与青豆双行种植，以 2.0m 为一个复合带种植，玉米采用大小行种植，大行距 1.6m，小行距 0.4m，玉米结合精准播种技术，一般在 4 月中下旬湿塘直播覆膜，每塘播 2 粒，播种量为 30kg/hm²；青豆与玉米同时播种，每塘播 4 粒，播种量为 30kg/hm²；青豆收获后于 7 月中下旬及时套种 2 行秋马铃薯，播种量为 2200kg/hm²；大麦 11 月上中旬及时种植，不影响第二季大春作物播种，播种量为 120kg/hm²。底肥以农家肥为主，配施缓释肥（曹继国等，2012 年）。

春播甜玉米-夏播甜玉米-红芸豆-绿肥作物模式：根据谢荣芳（2012）的研究，建议春播甜玉米于 3 月上旬播种，夏播甜玉米于 6 月上旬播种，红芸豆于 6 月下旬（春播甜玉米收获后）播种，绿肥作物在 7 月下旬至 8 月上旬播种。甜玉米还可以根据市场销售与加工情况，分期分批播种，春播甜玉米以直播为主，宽窄行地膜覆盖栽培，双行种植，小行为 0.4m，大行为 1.0m，在大行两边留 0.3m 夏玉米种植带，每穴播种 1 粒，播种密度以 48 000 株/hm² 为宜；夏播甜玉米在春播甜玉米吐丝授粉时，在预留种植带上打塘种植，每穴播种 1 粒，播种密度以 45 000 株/hm² 为宜。红芸豆在春播甜玉米收获后及时种植，行距为 0.4m，每塘种 3 粒，绿肥作物在夏播甜玉米培土后点播，播种量为 75kg/hm²。

甜玉米种植应选择有隔离条件、土层深厚肥沃、水源充足且排灌方便、通透性好的壤土或沙壤土地，为防止与普通玉米串花授粉，造成果穗籽粒硬化，丧失甜性，其他玉米种植地与甜玉米种植地应间隔 400m 以上，或错开播期 15 天以上，以避开授粉期的干扰。结合缓释肥利用，底肥以农家肥为主，配施缓释肥

（谢荣芳，2012）。

糯玉米-豇豆-红薯-马铃薯模式：根据张应龙和娄义容（2010）的研究，推荐在 2 月初保温培育糯玉米苗，于 2 月底挖穴施肥移栽，种植密度以 52 000 株/hm² 为宜，4 月初在早熟糯玉米中套种豇豆，种植密度以 72 000 株/hm² 为宜。5 月底早熟糯玉米全部采收上市，清出玉米残茬后播种红薯，红薯种植密度以 45 000 株/hm² 为宜。豇豆 7 月中旬采收，9 月初接茬种秋马铃薯，种植密度以 36 000 株/hm² 为宜。结合缓释肥利用，底肥以农家肥为主，配施缓释肥（张应龙和娄义容，2010）。

在海拔 2200m 以上地区实行一年四熟耕作模式。第一熟马铃薯，第二熟蔬菜（萝卜），第三熟玉米，第四熟杂粮（荞麦等）或蔬菜（大白菜或黑子南瓜、萝卜）。这一耕作模式土地利用率高，可操作性强，可以使低纬高海拔地区旱地每亩经济收益达到 5000 元以上，有效提高了高寒山区土地的利用率和收益率。

玉米间作多花菜豆，套种大白菜，轮作绿肥作物（或蔓菁或萝卜）模式：3~4 月实施玉米宽窄行栽培，宽行 100cm、窄行 40cm；同时，在玉米宽行内种植多花菜豆两行，行距 30cm；7~8 月，采摘多花菜豆青食，随后种植大白菜，10~11 月采收，解决高海拔区秋冬蔬菜短缺的问题；8~9 月，在玉米小行内种植一行绿肥作物（或蔓菁或萝卜），翌年 3 月收获，解决高海拔区春季饲料和蔬菜短缺的问题。

玉米间作马铃薯，套种秋马铃薯，轮作绿肥作物（或蔓菁或萝卜）模式：3~4 月实施玉米宽窄行栽培，宽行 160cm、窄行 40cm；同时，在玉米宽行内种植马铃薯两行，行距 50cm；6~7 月，采收春马铃薯，随后种植秋马铃薯，11~12 月采收；8~9 月，在玉米小行内种植一行绿肥作物（或蔓菁或萝卜），翌年 3 月收获，解决高海拔区春季饲料和蔬菜短缺的问题。

2. 秸秆还田，增加土壤有机质含量

秸秆还田提升了土壤有机质含量。Lal（2005）认为，中国主要作物秸秆种类有近 20 种。20 世纪中期秸秆的产量就在 7 亿 t 以上，占世界秸秆资源产量的 25%左右（Lal，2005）。曹国良等（2005，2007）认为，秸秆中蕴藏着巨大的养分资源，作物吸收的养分将近有一半要留在秸秆中。但是，长期以来秸秆作为一类资源没得到充分合理的利用，大量的秸秆被丢弃、焚烧，这不仅造成了资源的浪费，同时也污染了环境（曹国良等，2005，2007）。全国农业技术推广服务中心指出，秸秆的利用问题是关系到资源、环境以及农业的可持续发展的重大问题。

高利伟等（2009）估算了 2006 年中国作物秸秆及其养分资源量，并且对其利用状况进行了详细的分析。结果表明，2006 年中国作物秸秆资源数量超过 7.6 亿 t，其中，作物秸秆氮、磷（P_2O_5）、钾（K_2O）养分资源量分别达到 776 万 t、249 万 t、1342 万 t。从作物秸秆去向来看，作物秸秆还田、秸秆饲用、秸秆燃烧以及其他去向所占比例分别为 24.3%、29.9%、35.3%和 10.5%。从作物秸秆养分还田情况来看，2006 年中国作物秸秆氮、磷（P_2O_5）、钾（K_2O）养分还田量分别达到 304.6 万 t、175.6 万 t、966.7 万 t，占秸秆养分资源量的比例分别为 39.3%、70.5%和 72.0%，我国秸秆还田比例及其养分还田比例仍然有很大的提升空间（高利伟等，2009）。

据田间抽样调查，计算拟建哀牢山-无量山国家公园辐射区常年农作物种植面积，7 个样本地区有耕地约 269.21 万亩，其中水田约 102.83 万亩，旱地约 166.38 万亩，秸秆产生量约 160.63 万 t/年，其中旱地秸秆产生量约 98.87 万 t/年，水田水稻秸秆产生量约为 61.76 万 t。

据调查小麦秸秆还田量占小麦秸秆总量的 70%左右，水稻秸秆还田量占水稻秸秆总量的 44%左右，玉米秸秆还田量占玉米秸秆总量的 79%左右。

据相关数据统计显示，小麦、水稻和玉米秸秆全部粉碎还田，每年可以使土壤有机质含量提高 0.02~0.03 个百分点。因此，拟建哀牢山-无量山国家公园地区农业生产实施秸秆还田，可提高土壤肥力，实现化肥农药的零使用，打造哀牢山-无量山地区有机农业、有机农产品品牌，提升拟建哀牢山-无量山国家公

园辐射区农业农村经济的良好发展。

3. 改良化肥追施方式，实现化肥减施

化肥深施技术主要有底肥深施、种肥深施（也称种肥同播）、追肥深施。底肥深施有两种方式：一是先撒肥后耕翻，此种方式是哀牢山-无量山地区玉米收获后，小春播种前，小春作物施底肥的主要方式，此种方式在哀牢山-无量山地区占 70%左右；二是边耕翻边将化肥施于犁沟内，此种方式在哀牢山-无量山地区占 30%左右，这两种方式都很好地实施了底肥深施，这两种施肥方式施肥面积约占 47%，施肥深度一般在 10～15cm。种肥深施主要用在小春作物收获后的玉米播种，施肥面积在哀牢山-无量山地区约占玉米耕地面积的 45%。氮肥深施后平均利用率由 15%提高到了 30%，提高了肥料利用率，同时又能减轻环境污染，达到增产增收、生态环保的效果。

缓控释肥得到一定推广，并逐步得到当地农民的认可。据调查，哀牢山-无量山地区玉米缓控释肥使用率达 20%以上，缓控释肥养分释放与作物大量吸收养分临界期较吻合，可以一次性施肥，全生育期利用，不易流失，有效期长，省工省时。

（二）构建生态循环茶园

1. 构建方式

随着我国畜牧业的快速发展，规模化养殖水平不断提高，与种植业主体分离越来越远，畜禽粪污配套设施装备和消纳条件跟不上，大量养殖废弃物无法得到及时有效的处理和利用，成为农村环境治理的一大难题。余超等（2019）结合陕南畜牧业、茶叶产业及旅游业发展现状，提出"养-茶-游"农业模式构想。

"养-茶-游"农业模式以茶叶种植为纽带，将茶叶、畜牧、旅游等产业紧密联系起来。发展农业循环经济，养殖场粪污排泄物经过收集和厌氧发酵，沼气用于养殖场、茶厂、农庄以及旅游业的燃气用或电用等，沼渣生产的有机肥用于有机茶种植，农庄有机果、菜种植或对外出售，沼液通过管道输送到茶厂和农庄利用。通过茶叶种植、观光茶园建设、开展茶文化活动、茶艺表演等举措发展茶文化旅游产业，同时借助茶文化旅游带动有机茶、茶具、地方特色畜产品等相关产业的推广与发展（余超等，2019）。

拟建哀牢山-无量山国家公园建设地区是我国大叶种茶分布地区之一，是普洱茶的重要产地，也是无量山火腿和无量山乌骨鸡的重要产地。国家公园拟建区域，考虑以茶叶基地为核心，结合无量山火腿和无量山乌骨鸡品牌打造。以畜禽养殖为辅助，养殖的粪便为沼气池提供原料，沼气为茶园（或茶庄）提供照明灯燃料能源，沼气渣可给茶园提供有机肥料（图 8-46）。

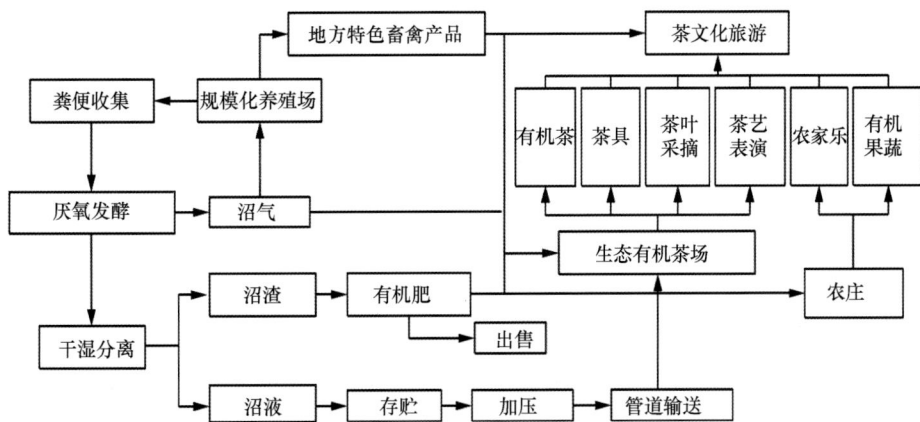

图 8-46 生态茶园构建流程图

构建"畜（猪、鸡、牛或羊）-沼-茶-林"的生态循环茶园，有效提升茶叶品质。通过间作、套作等种植模式，在茶园内及周边种植具有趋避、诱集性或利于天敌昆虫繁殖、越冬的树、花、草、粮、蔬等，如茶树间种植蔬菜、三叶草、格桑花等，采取释放胡瓜钝绥螨和小花蝽等防治螨类害虫、蓟马，采用生物源农药、微生物源农药、植物源农药和动物源农药进行科学防治。通过茶叶种植、观光茶园建设、开展茶文化活动、茶艺表演等举措发展茶文化旅游产业，同时借助茶文化旅游带动有机茶、茶具、地方特色畜产品等相关产业的推广与发展。

采用"农业措施+免疫诱导抗性+生态调控+太阳能杀虫灯+生物农药+驱鸟带+高效低风险化学农药应急控制"模式，建立生态循环茶园绿色防控基地。用黑色地膜覆盖在茶行间，可使田间杂草控制效果提高90%以上；采用生态调控和农艺措施提高茶叶基地的生物多样性，发挥自然控制作用。

2. 产业发展

1）养殖产业

拟建哀牢山-无量山国家公园地区以养土猪（生产无量山火腿）、无量山乌骨鸡、牛和羊为主，可以户为单位，建设年出栏 300 头以上的养猪场、或年出栏 10 000 只以上的乌骨鸡养殖场，或年末存栏 10 000 只以上的蛋鸡场。充分打响哀牢山-无量山的生态环境品牌，养殖产业效益将大幅度提高。

2）茶叶产业

哀牢山-无量山地区茶区年均气温 12～14℃，年均相对湿度在 70%～80%，降水主要集中在茶叶生产季节（4～10 月），年均降水量 1500mm，对茶树的生长发育十分有利，茶园土质疏松、肥沃，有机质含量高，土壤 pH 为 4.01～6.73，酸碱度条件适宜茶树生长。由于海拔高（多在 1600～2300mm），无工业污染，土壤富含锌、硒等微量元素，使其出产的茶叶无论从口感上还是品质上，都可以说是全国绿茶中的精品。哀牢山-无量山地区茶叶滋味鲜爽、甘醇回味、清香持久、耐冲泡，有效成分含量多，其中氨基酸、咖啡碱、茶多酚含量分别达到 3.1%、4.3%、26% 以上，水浸出物达到 45%。

据统计，哀牢山-无量山地区涉及的 4 个州（市）8 个县、区中，几乎全部地区都有茶叶种植。台地茶产值达到 8.2 亿元以上，涉及茶农约 150 万人。从 2010～2019 年，其茶园面积和茶叶产量均逐年增加，截至 2019 年底，茶园面积已达 116 100hm²，茶叶总产量达 52 136t。

3）旅游产业

哀牢山-无量山地区具有优越的自然条件和丰富的生态资源，民族文化、自然景观、历史遗迹等较多。区域内森林覆盖率达到 80% 以上，全年空气优良，现有多个世界生物圈保护区、国家自然保护区，国家级风景区，A 级景区等，具有巨大的旅游潜力。随着茶产品、茶文化旅游热点的开发，哀牢山-无量山地区茶产业旅游具有广阔的前景。

3. 生态循环茶园的效益

1）环境效益

根据王忙生等（2016）的畜禽每头（只）每日粪尿排泄系数和年度粪便排泄量计算公式，以及畜禽粪便中污染物平均含量。结合哀牢山-无量山地区畜禽养殖的实际数据，计算得出该地区 2015～2019 年畜禽粪便排泄量。哀牢山-无量山地区 2015～2019 年各类畜禽粪便排泄量以猪为主，牛羊次之，蛋鸡和土鸡最少；年度之间的差异不太大，每年粪便总量在 270 万～295 万 t。

按照茶园土壤养分状况和 2016 年产量情况，若按施纯氮 187.5kg/hm²（折有机氮 75.0kg/hm²）计算，目前的茶园面积每年需要施纯氮 25 420t，相当于猪粪 430 万 t，能满足相当一部分茶园对有机肥的需求，大大缓解了环境压力。

2）经济效益

根据不同畜禽粪便的发酵产气潜力，2018 年地区畜禽粪便发酵产气总量约为 1168 万 m³，是一个数量巨大的清洁能量来源。郭冬生和彭小兰（2017）研究发现，1m³沼气完全燃烧后，能产生相当于0.7kg无烟煤提供的热量。据此估测，2018年哀牢山-无量山地区畜禽粪便发酵产气量约相当于81.8万t无烟煤产生的能量。

3）生态效益

沼肥是无公害、有机茶园理想的有机肥料。李书胜等（2013）研究发现，沼气渣肥每立方米可提供氮3～4kg、磷1.25～2.50kg、钾2～4kg，沼液每立方米可提供硫酸铵1.25kg、过磷酸钙1.00kg、氯化钾0.37kg（李书胜等，2013）。李书胜等（2013）、林斌等（2010）和陈露（2009）研究表明，在茶园中使用沼肥，茶树生长状况和内在品质都显著改善，名优茶产量可提高20%～30%，同时茶树病虫害明显减少。用沼渣、沼液代替化肥施入茶园，不仅节约茶厂经营成本，还可降低养殖场畜禽接触粪污中病原菌及患病的概率，进而提高畜禽养殖效益。此外，通过茶文化旅游还可以促进地方特色畜产品的发展，增加养殖户收入。

参 考 文 献

曹国良, 张小曳, 王丹, 等. 2005. 中国大陆生物质燃烧排放的污染物清单[J]. 中国环境科学, 25(4): 389-393.

曹国良, 张小曳, 王亚强, 等. 2007. 中国区域农田秸秆露天焚烧排放量的估算[J]. 科学通报, 52(15): 1826-1831.

曹继国, 杨鲁生, 刘石柱. 2012. 师宗县旱作一年四熟高产配套栽培技术[J]. 云南农业科技, (2): 3-39.

陈露. 2009. 茶叶喷施不同浓度沼液效果研究[J]. 耕作与栽培, (4): 37-38.

高利伟, 马林, 张卫峰, 等. 2009. 中国作物秸秆养分资源数量估算及其利用状况[J]. 农业工程报, 25(7): 173-179.

郭冬生, 彭小兰. 2017. 湖南省常德市畜禽粪污排放量估算与治理对策[J]. 西南农业学报, 30(2): 444-451.

李书胜, 罗峥, 肖俊. 2013. 沼肥的特性及在生态茶园中的综合利用技术[J]. 河南农业, 10(上): 30.

林斌, 罗桂华, 徐庆贤, 等. 2010. 茶园施用沼渣等有机肥对茶叶产量和品质的影响初报[J]. 福建农业学报, 25(1): 90-95.

倪祖彬. 1986. 我国资源经济的考察研究[J]. 自然资源学报, 1(2): 24-34.

全国农业技术推广中心. 1999. 中国有机肥料资源[M]. 北京: 中国农业出版社.

孙雨. 2018. 浅议国家公园与社区和谐发展模式[J]. 城市地理, (2): 28-30.

王忙生, 张双奇, 陈宇瑞, 等. 2016. 商洛市畜禽粪便污染负荷及减量化路径分析[J]. 陕西农业科学, 62(7): 48-51.

王淑芳, 张秀云, 梁军. 2017. 成县林下经济发展现状及问题对策[J]. 中国农业信息, 7(上): 35-36.

王应临, 张玉钧. 2019. 基于文献调研的中国自然保护地社区保护冲突类型及热点研究[J]. 风景园林, 26(11): 75-79.

谢荣芳. 2012. 旱地春播甜玉米-夏播甜玉米-红芸豆-绿肥一年四熟栽培技术[J]. 现代农业科技, (15): 46-47.

余超, 聂淼, 孙博非. 2019. 陕南地区"养-茶-游"循环农业发展模式分析[J]. 草业科学, 36(3): 898-905.

张应龙, 娄义容. 2010. 旱地一年四熟制高产高效栽培模式研究[J]. 现代农业科技, (14): 47-48.

郑开基, 陈国瑞, 陈信旺, 等. 2014. 福建省林下经济发展模式探讨: 以武平县为例[J]. 林业勘察设计, (2): 51-54.

周涛. 2019. 云南建立以国家公园为主体的自然保护地体系经济价值研究: 以普达措国家公园为例[D]. 昆明: 云南财经大学硕士学位论文.

2020年中国家庭贫富划分最新标准. 腾讯新闻. https://new.qq.com/[2021-03-12].

Lal R. 2005. World crop residues production and implications of its use as a biofuel[J]. Environment International, 31(4): 575-584.

附表 8-1 教育情况调查表

_____县_____乡（镇）　　　填写时间：_____

教育等级	内容	数量	备注
幼儿园	幼儿园数量		
	在园幼儿数		
	教职工数		
	专任教师数		
小学	学校数量		
	在校学生数		
	教职工数		
	专任教师数		
初中	学校数量		
	在校学生数		
	教职工数		
	专任教师数		
高中	学校数量		
	在校学生数		
	教职工数		
	专任教师数		
职业中学	学校数量		
	在校学生数		
	教职工数		
	专任教师数		

附表 8-2 区域内人口情况调查表

_____县_____乡（镇） 填写时间：_____

调查项目		占比（%）	备注
性别	男		
	女		
年龄	20 岁以下		
	21～30 岁		
	31～40 岁		
	41～50 岁		
	51～60 岁		
	61 岁以上		
文化程度	博士		
	硕士		
	本科		
	专科		
	高中		
	初中及以下		
人口来源	农村		
	城镇		
	行政事业		
	企业与个体工商户		
	农民		
农村劳动力结构	18～30 岁		
	31～40 岁		
	41～50 岁		
	51～60 岁		
	61 岁以上		
少数民族	彝族		
	白族		
	傣族		
	回族		
	哈尼族		
	拉祜族		

附表 8-3　经济状况调查表

_____县_____乡（镇）　　填写时间：_____

调查项目	内容
经济收支情况	
生产活动情况	
产业情况	

附表 8-4　乡镇基本情况调查表

_____县_____乡（镇）　填写时间：_____

地理位置							
人口（万人）		主要民族及其人口					
经济总收入（万元）		农业		林业		工业	
	其他（说明产业名称，收入方式）						
人均收入（万元）	城镇						
	农村						
专业合作社(说明主要在哪些行业)							
农业收入构成（亩、万元）	粮食作物						
	茶叶						
	油料作物						
	中药材						
	民族传统产品						
工业收入构成（万元）							
林业收入构成（万元）							
其他收入构成（万元）							
备注							

附表 8-5　村民家庭情况调查表

_____县_____乡（镇）_____村委会_____村民小组

调查项目	内容			调查时的情况（工作、务农、打工、上学）
家庭人口数量： 民族：	姓名	与户主关系	年龄	
家庭年收入（元）：	种植业收入	粮食作物		
		经济作物		
	养殖业收入	家畜养殖		
		特色养殖		
	加工业收入			
	打工收入			
	行政事业单位工资			
	办企业			
主要产业	包括种植业（作物种类和面积、产量、收入）；养殖业（种类，数量，出栏数，年收入）；加工业（名称、规模、产值、纯利）；打工（工种、时间、收入）。其他（种类、措施、收入）。			
家庭主要生产活动				
生活设施条件				
需求				

第九章 哀牢山-无量山国家公园设立及其对策研究

第一节 总 体 构 想

依据哀牢山-无量山生态系统特点，坚持以生物多样性保护和水源涵养为核心的生态功能定位，以有效保护西黑冠长臂猿、绿孔雀及其栖息环境，国际重要候鸟迁徙通道和中山湿性常绿阔叶林生态系统为核心，创建哀牢山-无量山国家公园，推动跨区域统一管护，严守生态保护红线，确保主要保护对象及其生境的安全、稳定、自然生长与发展，筑牢国家西南生态安全屏障。努力实现保护管理科学化、科研监测常态化、宣传教育社会化、自然资源利用合理化、基本建设标准化，推动形成人与自然和谐共生新格局，实现哀牢山-无量山重要自然资源国家所有、全民共享、世代传承，为加快生态文明体制改革、建设美丽中国、维护全球生态安全作出重要贡献。

一、基本原则

（一）保护优先，协调发展

正确处理自然保护与发展的关系，落实生态保护红线制度，始终坚持生态保护优先，强化规划管控和监督执行，维护良好生态环境，切实加大哀牢山-无量山自然生态系统保护力度，持续增强生物多样性保护、水源涵养、水土保持等生态功能，充分考虑我国西南少数民族生产生活习俗，妥善处理资源保护与居民生产生活的关系，促进自然资源有效保护和永续利用，实现人与自然和谐发展。

（二）统筹规划，系统保护

统筹各类空间规划，充分考虑哀牢山-无量山自然资源保护管理现状，树立山水林田湖草是生命共同体的理念，立足生态系统结构和功能，加强整体保护、系统修复、综合治理，落实多规合一。建立跨行政区划的垂直管理体制机制，科学整合、重组现有保护地，解决生态系统管理的人为分割问题，整体施策、多措并举，全方位、全地域、全过程开展自然资源系统保护。

（三）合理布局，分区管理

按照《建立国家公园体制总体方案》的要求，充分考虑各种野生动植物的空间分布状况、生物学特性、栖息地状况，结合主体功能区、生态保护红线以及周边社区发展实际，合理划定管控区域，科学界定区域管控目标，实行分区管理和差别化管控，实现自然资源的有效保护和合理利用。

（四）循序渐进，突出重点

立足"高起点、高标准"，分近期、远期进行建设规划，突出重点，先急后缓，先易后难。建设应因地制宜、扬长避短、量力而行，充分利用保护地建立以来已建的各类设施，发挥其自身优势，避免重复建设。

（五）政府主导，共建共管

明确国家公园中央事权属性，发挥政府在国家公园建设中的主导作用。坚持以人为本开发合作理念，处理好生态保护与民生的关系，扩大社会参与，建立政府、企业、社会组织和公众共同参与生态保护和管理的共建共享新模式，使之相互依赖、利益共享，实现资源环境与社会经济的可持续发展。

二、建设目标

拟建哀牢山-无量山国家公园规划基准年为 2022 年，规划期限为 13 年，即 2022～2035 年。其中，近期为 2022～2025 年，远期为 2026～2035 年。

（一）总体目标

建立完善的国家公园管理体制，形成自上而下、逐级管理的保护管理体系，有效行使自然资源资产所有权和监管权；探索国家公园的有效管理模式，通过严格保护、科学研究、科普展示，使具有国家代表性的自然生态系统、独特自然景观和自然遗产以及典型的生物多样性得到有效保护，实现完整性、原真性保护；逐步完善保护基础设施，提升国家公园的有效管理能力，通过野生动植物栖息地保护，使种群数量稳定增加，生物多样性明显恢复；正确处理保护与发展的关系，挖掘少数民族特色，建构绿色发展方式，使民生不断改善，实现人与自然和谐共生。通过 10 年建设，将拟建哀牢山-无量山国家公园打造成中国生态文明建设名片、生态系统原真性保护样板，生态功能稳定、民族文化独特、人与自然和谐的国家公园。

（二）近期目标

国家公园建设准备阶段，到 2025 年，理顺跨区域统一的保护机制，厘清自然资源本底情况，确定国家公园范围和自然资源资产所有关系，初步确定国家公园范围和界限，协调各相关州市政府，完成国家公园建设前期论证工作。为国家公园正式实施建设提供良好条件。

（三）远期目标

到 2035 年，初步建立哀牢山-无量山国家公园管理机构及管理体系，形成归属清晰、权责明确、监管有效的国家公园管理模式；合理划定国家公园范围和管控分区，科学制定管控目标，实行分片、分区管理和差别化管控；逐步完善基础设施建设，提升管理能力；探索国家公园的有效管理模式，稳步推进山水林田湖草综合保护管理和系统修复，提高自然资源和生态系统保护能力；通过生态恢复，增强栖息地连通性，改善野生动物栖息地质量，恢复生物多样性；进一步完善科研监测体系，初步形成自然资源本底共享平台和天地空一体化自然资源与生态监测平台；妥善处理自然资源保护和社区发展关系，与当地政府相互配合积极发展生态产业，初步形成人与自然和谐共生新格局。完善基础设施配套，加强人员培训，全面提升管理能力，实现哀牢山-无量山生态系统完整性和原真性保护；健全社会监督、社区参与、特许经营等机制，完善拟建哀牢山-无量山国家公园管理、服务、生态体验和自然教育体系，真正实现人与自然和谐共生。

第二节　拟定国家公园范围

一、范围和面积

拟建哀牢山-无量山国家公园以 2020 年开展的《云南省自然保护地整合优化预案》成果为依托而划定。国家公园的范围以整合优化后的云南哀牢山国家级自然保护区、云南无量山国家级自然保护区范围为主体，涵盖与两个自然保护区相连或相邻的双柏恐龙河省级自然保护区及云南景东无量山省级森林公园、云南双柏九天省级湿地公园、云南灵宝山国家森林公园、云南镇沅省级森林公园等 4 个自然公园。

拟建哀牢山-无量山国家公园位于云南省中部，处于普洱、玉溪、楚雄和大理 4 个州（市）连接部位的景东、镇沅、新平、楚雄、双柏、南华、南涧境内，地理坐标为北纬 23°46′50.75″～24°56′06.35″，东经 100°19′07.95″～101°37′54.19″。国家公园整体呈西北-东南走向，南北长约 180km，东西宽约 130km，总面积约 149 221.35hm²；另外，拟建生态廊道面积约 5586.80hm²；合计总面积 154 808.15hm²。

拟建国家公园总面积约 149 221.35hm²，由哀牢山、无量山和恐龙河三个片区组成。其中，哀牢山片面积约 89 932.64hm²，位于北纬 23°46′50.75″～24°56′06.35″，东经 100°44′09.11″～101°37′54.19″；无量山片面积约 41 882.88hm²，位于北纬 24°12′45.86″～24°54′27.92″，东经 100°19′07.95″～100°50′43.51″；恐龙河片面积约 17 405.83hm²，位于北纬 24°14′19.38″～24°34′02.295″，东经 100°09′59.33″～101°31′11.96″。

另外，哀牢山西坡与无量山东坡的植被类型具有相似性和一定的连接性，从哀牢山北段的南华兔街向南经景东文龙向西到达无量山南段，这一路线所覆盖地区目前仍分布着大量原生、次生森林植被，是一条极具建设潜力的天然生物廊道。又因为该区域以集体所有的思茅松林为主，并难以避让一定面积的农村居民点、耕地和园地，需要在今后一定时期内持续自然演替和生态修复。因此，在无量山片与哀牢山片间拟建一条生态廊道，位于普洱景东境内，面积约 5586.80hm²，位于北纬 24°33′00.50″～24°44′55.28″，东经 100°37′46.11″～100°47′39.61″，待条件符合后再纳入国家公园范围。

二、四至界线

（一）哀牢山片

哀牢山片自最北端南华阿斛上起按顺时针方向经多衣箐、新村至南华与楚雄交界处；拐向东南经楚雄大营盘山、双柏塘房庙水库、黑竹山至楚雄与玉溪交界处；继续向东南经新平七彩河、老厂河桥至最南端新安后山；拐向西北至玉溪与普洱交界处；继续向西北经镇沅山神庙山、黄云，景东中山、菖蒲塘、石棉厂至普洱与楚雄交界处；继续向西北至南华白石岩后拐向东南至大麦地；拐向正北沿南华与弥渡县界行至干箐河处；经干箐河至南华阿斛上处止。

（二）无量山片

无量山片自最北端大理南涧拥翠龙凤起，向东南经无量至普洱景东白家，继续向东南经刘家、黄草岭至最南端靛坑水库，转向西北经景东对门、营盘山、南涧黄草坝大村至冷水箐，转向东北至龙凤止。

（三）恐龙河片

恐龙河片北起不管河与礼社江交界处，沿楚雄与双柏行政界线、礼社江、东泸线行至石羊江；东自石羊江沿山腰行至距石羊江桥约 1km 处；南沿楚雄与玉溪行政界线行至瓦房塘山头；西自瓦房塘山头起沿山腰经小广村、垭口、铜厂、大村至不管河，沿不管河行至礼社江。

拟建国家公园范围四至界线详见附录 9-1。

三、行政区划

拟建哀牢山-无量山国家公园涉及普洱景东、镇沅，玉溪新平，楚雄双柏、楚雄、南华，大理南涧等 4 个州（市）7 个县（市）。

其中，普洱面积约 52 908.81hm²，涉及景东安定、大街、花山、锦屏、景福、林街、龙街、漫湾、太忠、文井、文龙及镇沅九甲、勐大、者东等 2 县 14 个乡镇；楚雄面积约 54 561.51hm²，涉及楚雄西舍路，南华马街、兔街、五顶山及双柏独田、碍嘉等 3 县（市）6 个乡镇；玉溪面积约 31 235.62hm²，涉及新平夏洒、建兴、漠沙、平掌、水塘、者竜等 1 县 6 个乡镇；大理面积约 10 515.41hm²，涉及南涧宝华、公郎、无量山、拥翠等 1 县 4 个乡镇（表 9-1）。

表 9-1　拟建哀牢山-无量山国家公园行政区划统计表

州（市）名称	县（市）名称	面积（hm²）	涉及乡镇
普洱	景东	37 768.61	安定、大街、花山、锦屏、景福、林街、龙街、漫湾、太忠、文井、文龙
	镇沅	15 140.20	九甲、勐大、者东
	小计	52 908.81	
楚雄	楚雄	9 080.80	西舍路
	南华	14 464.55	马街、兔街、五顶山
	双柏	31 016.16	独田、碍嘉
	小计	54 561.51	
玉溪	新平	31 235.62	戛洒、建兴、漠沙、平掌、水塘、者竜
	小计	31 235.62	
大理	南涧	10 515.41	宝华、公郎、无量山、拥翠
	小计	10 515.41	
合计		149 221.35	

另外，拟建生态廊道涉及普洱景东文龙，位于无量山片与哀牢山片间，面积约 5586.80hm²。

第三节　管控分区与管控措施

一、管控分区原则

依据拟建哀牢山-无量山国家公园内的自然资源及人文资源分布、环境特点和管理需要，按照主导功能性差异划分不同功能区域，以保护自然资源、人文资源为前提，展示生态景观和生态环境，协调社区发展，满足国家公园多种功能和管理要求。分区遵循以下 5 个原则。

（一）生态系统完整性

生态系统的完整性对保护以西黑冠长臂猿、绿孔雀、黑颈长尾雉为代表的珍稀濒危野生动物及其栖息的亚热带中山湿性常绿阔叶林生态系统起着决定性作用。将原有分散、保护目标相近的保护地吸收纳入国家公园保护体制，打破原有保护地边界界线，综合考虑山地生态系统各要素空间分布格局，合理划定国家公园边界，以珍稀濒危野生动物生存繁衍需求为核心，实施山水林田湖草的整体保护、严格保护，维持生态过程的完整性，维护生态系统的多样性。

（二）生态系统原真性

以生态系统的原真性保护为前提，根据现有生态监测成果，分析拟建哀牢山-无量山国家公园范围内人为干扰强、生态功能退化区成因，根据自然生态系统结构、过程和功能特征，采取自然修复为主、人工修复为辅的方式，促进自然生态系统恢复原貌。

（三）协调发展

国家公园管控分区划定应当兼顾核心资源的完整性和当地经济社会发展及群众生产生活需要，通过系统科学的分析论证和相关技术手段的运用，在整体实施最严格保护的同时，适当考虑当地社区经济社会可持续发展的需要，对接经济社会发展、生态建设和人文资源保护等相关规划和主体功能区规划，统筹自然保护和地方发展、社区民生的关系，探索绿色发展模式，守住绿水青山的同时，实现拟建哀牢山-

无量山国家公园保护与发展双赢。

（四）连通性原则

为减少自然景观和珍稀濒危野生动物栖息地破碎化，建立生态廊道，保护珍稀动物迁移廊道，园区范围在空间上要保持连通，避免片段化、天窗的出现，在划定范围时，尽量避开乡镇等人口密集区，减少社会经济干扰，使国家公园达到连片原真保护。

（五）有效管理原则

对接现有自然保护地，确保保护面积不减少、保护强度不降低。充分考虑区域内自然地形、地物、行政界线及保护管理工作基础，在国家法律法规范围内，根据哀牢山-无量山自然生态系统的完整性和原真性保护，以及生态修复和居民生产生活需要，提出国家公园管控分区保护的针对性要求，提升自然保护的科学性和管理能效。

二、管控分区结果

依据《关于建立以国家公园为主体的自然保护地体系的指导意见》中"国家公园和自然保护区实行分区管控，原则上核心保护区内禁止人为活动，一般控制区内限制人为活动"的要求，在生态保护价值、生态系统服务功能的基础上，兼顾社区协调发展需求，促进科研、宣教、游憩等功能的发挥，将拟建哀牢山-无量山国家公园划分为核心保护区和一般控制区，以更好地落实最严格的生态保护措施，协调推进人与自然和谐共生的绿色发展。

拟建哀牢山-无量山国家公园总面积约 149 221.35hm²。其中，核心保护区面积约 82 490.88hm²，占比 55.28%，一般控制区面积约 66 730.47hm²，占比 44.72%；核心保护区与一般控制区的面积比接近 1∶1。

（一）核心保护区

根据管控分区原则，区划核心保护区面积约 82 490.88hm²，占拟建国家公园总面积的 55.28%。其中，普洱涉及核心保护区面积约 33 128.17hm²，占核心保护区面积的 40.16%；楚雄涉及核心保护区面积约 25 886.58hm²，占核心保护区面积的 31.38%；玉溪涉及核心保护区面积约 16 406.27hm²，占核心保护区面积的 19.89%；大理涉及核心保护区面积约 7069.86hm²，占核心保护区面积的 8.57%。

（二）一般控制区

根据管控分区原则，区划一般控制区面积约 66 730.47hm²，占拟建国家公园总面积的 44.72%。其中，普洱涉及一般控制区面积约 19 780.64hm²，占一般控制区面积的 29.64%；楚雄涉及一般控制区面积约 28 674.93hm²，占一般控制区面积的 42.98%；玉溪涉及一般控制区面积约 14 829.35hm²，占一般控制区面积的 22.22%；大理涉及一般控制区面积约 3445.55hm²，占一般控制区面积的 5.16%。

三、管控措施

按照中共中央办公厅、国务院办公厅印发的《关于建立以国家公园为主体的自然保护地体系的指导意见》《关于在国土空间规划中统筹划定落实三条控制线的指导意见》要求，要将生态功能重要、生态环境敏感脆弱以及其他有必要严格保护的各类自然保护地纳入生态保护红线管控范围。因此，哀牢山-无量山国家公园范围原则上应纳入生态保护红线区域管控范围。

在国家公园专项法律法规出台前，严格按照《中华人民共和国森林法》《中华人民共和国野生动物保护法》《中华人民共和国自然保护区条例》《中华人民共和国陆生野生动物保护实施条例》《中华人民共和国野生植物保护条例》等法律法规规定管理。

（一）核心保护区

核心保护区原则上禁止人为活动，实行最严格的生态保护和管理。除巡护管护、科研监测，以及符合生态保护红线要求、按程序规定批准的人员活动外，原则上禁止其他活动和人员进入。允许规划管护点、临时庇护所、防火瞭望塔、野生动物监测样线、植被监测样地、红外相机等涉及生态保护和管理的设施建设和设备安装。

核心保护区内原住居民应制定有序搬迁规划。对暂时不能搬迁的，可以设立过渡期，允许开展必要的、基本的生产活动，但应明确边界范围、活动形式和规模，不能再扩大发展。

（二）一般控制区

国家公园范围内除核心保护区之外的区域按一般控制区进行管控。

在确保自然生态系统健康、稳定、良性循环发展的前提下，一般控制区允许适量开展非资源损伤或破坏的科教游憩、传统利用、服务保障等人类活动，对于已遭到不同程度破坏而需要自然恢复和生态修复的区域，应尊重自然规律，采取近自然的、适当的人工措施进行生态修复。

一般控制区的管控具体执行生态保护红线的相关要求。

生态廊道是自然恢复和生态修复的重点区域，其管控措施参照一般控制区执行。

第四节 管理体制与运行机制

一、管理机构设置

国家公园内全民所有的自然资源所有权由中央政府直接行使，试点期间具体由国家林业和草原局代行。坚持整合优化、统一规划，不作行政区划调整，不新增行政事业编制，组建管理实体，行使主体管理职责。整合园区范围内相关保护地管理机构，组建拟建哀牢山-无量山国家公园管理机构，统一行使拟建哀牢山-无量山国家公园的自然资源资产管理和国土空间用途管制职责，依法实行更加严格的保护（图9-1）。

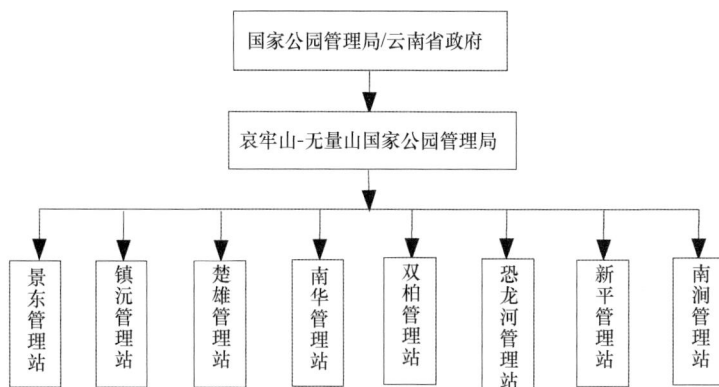

图9-1 拟建哀牢山-无量山国家公园管理机构设置图

二、职能职责

（一）拟建哀牢山-无量山国家公园省级分支管理机构的主要职责

拟建哀牢山-无量山国家公园省级分支管理机构承担拟建国家公园的协调管理工作。实施生态保护修复；负责规定权限内的项目审批；承担辖区内自然资源资产的调查统计工作；负责拟建国家公园内的资源环境综合执法；协调地方政府落实拟建国家公园核心保护区、生态修复工程区内的生产经营设施退出和生态移民搬迁工作。明确拟建国家公园的范围边界及管控分区界线，绘制拟建国家公园空间管控一张图，实施差别化保护与合理利用。

（二）拟建哀牢山-无量山国家公园管理局主要职责

拟建哀牢山-无量山国家公园管理局承担国家公园自然资源管理、生态保护、规划建设管控、特许经营、社会参与和宣传推广等工作，主要包括：制定拟建国家公园的各项管理制度；全面负责拟建国家公园内的自然、人文资源和自然环境的保护与管理，规划建设工作；组织制定拟建国家公园内各种发展规划，各类自然资源的保护与开发利用方案；完成自然资源资产统一确权登记，建立自然资源信息数据库；组织开展资源调查及生态环境监测；引导社区居民合理利用自然资源；组织生态旅游、科普宣传、科研监测与合理利用、特许经营等工作；协调有关地区和部门在试点区内派驻机构的工作；接受省有关部门的业务指导。

合理划分拟建哀牢山-无量山国家公园管理机构与当地政府的管理职责。管理机构履行国家公园范围内的生态保护、自然资源资产管理、特许经营管理、社会参与管理和宣传推介等职责，负责协调与当地及周边关系。地方政府行使辖区（包括国家公园）经济社会发展综合协调、公共服务、社会管理和市场监管等职责。建立自然资源资产产权管理制度，科学评估资源、资产的价值，实行自然资源有偿使用制度。强化生态文明绩效评价考核和责任追究制度，全面落实资源环境生态红线管控制度，引进第三方评估机制。

三、管理体制

（一）运行机制

拟建哀牢山-无量山国家公园内国有自然资源所有权、管理权和经营权分离，遵循"国家所有、政府授权、特许经营"的模式，形成专门管理主体独立管理，多方协同联动参与的管理机制。拟建哀牢山-无量山国家公园内国有自然资源资产所有权属于中央人民政府；管理权属于拟建哀牢山-无量山国家公园管理局；经营权属于拟建哀牢山-无量山国家公园管理局特许的经营者，以经营合同的形式规范经营行为，拟建哀牢山-无量山国家公园管理局不从事经营活动。拟建哀牢山-无量山国家公园管理局行使管理权，坚持整合优化、统一规划，行使主体管理职责。整合国家公园内各类保护地管理机构，统一行使国家公园的自然资源资产管理职责，依法实行严格保护。

（二）内外协调

合理划分拟建哀牢山-无量山国家公园管理局和地方政府的管理职责，建立各司其职、有机衔接、相互支撑、密切配合的良性互动关系，以生态、生产、生活联动的绿色发展理念推动生态环境保护，构建国家公园内人与自然和谐共生新生态。

拟建哀牢山-无量山国家公园管理局通过综合规划、综合管理，对国家公园自然资源资产实行统一管理和更加严格规范的生态保护。属地地方政府按照生态保护优先、职能有机统一、党政有效联动的原则，结合国家公园体制试点要求，积极探索职能统一高效的运行体制，行使辖区（包括国家公园）经济社会发展综合协调、公共服务、社会管理和市场监管等职责。

建立拟建哀牢山-无量山国家公园管理局与地方政府协作机制，构建合作互赢的社会治理体系，共同开展国家公园范围内的生态保护、公共服务、社区发展等相关工作，统筹国家公园内外保护与发展。地方政府主导的涉及国家公园的各项工程项目应该符合拟建哀牢山-无量山国家公园规划与保护要求，与国家公园管理机构达成一致意见。

（三）社会参与

为了使保护区与周边社区协调发展,拟建哀牢山-无量山国家公园管理局在开展保护区建设和管理时,充分考虑保护区周边社区发展,以缓解保护区与周边社区发展之间的矛盾,社区发展工作主要有以下几个方面。

积极筹集资金,力所能及地帮助社区兴修水渠、道路,资助建设公共设施、提供科技培训等,增进社区对保护区的理解与支持。

聘请社区居民中热爱自然,熟悉山情、林情的人员参与保护区管理活动。

科学合理地开展保护区生态旅游,以特许经营的方式,通过市场竞争机制选择合适的特许经营企业。按照保护第一的原则,统筹自然景观资源、生态环境资源和人文景观资源的科学保护与合理利用,科学合理规划生态旅游项目,将森林、山地、湖泊、河流等生态景观转化为生态旅游产品,开发高品质的科考探险、科普教育、观光益智、休闲娱乐度假等游憩产品。

积极吸纳社会企业参与生态保护和社区发展,特别是积极引进高新企业,为传统农牧业向生态农牧业、观光农牧业转型提供科技支持、销售渠道和宣传平台。同时为社区劳动力提供就业岗位,增加居民收入,为贫困人口提供就业渠道。

积极鼓励大专院校及中小学以集体或个人的形式,参与国家公园的自然教育,并吸纳其积极参与国家公园管护、宣传、科普等服务工作。建立志愿者个人招募、注册、培训、考核评估和激励制度,吸引社会各界志愿者特别是青少年参与国家公园服务工作。通过多维度的媒体宣传招募志愿者,并向特定的人群发送招募信息,吸收掌握特殊技能或高新技术的志愿者。

积极吸纳社会群体、公益性组织,参与国家公园运行的监督,对国家公园的保护管理、社区发展、科研监测、自然体验等方面提出建议。

建立国家公园合作伙伴制度,与科研院所及非政府组织成员达成友好的合作关系,使之为国家公园试点区提供技术和科研支持,协助制定高水平规划与管理决策,实现对试点区的科学保护和利用。

探索社区共建共享机制,用国家公园标识制作社区、农户门牌号码,将国家公园文化融入社区、融入家庭,增强民众保护自然资源的意识,建立生态公益性岗位、兽灾商业保险、候鸟迁徙补食补偿、社区产业帮扶、绿色产业项目等生态保护补偿机制、帮扶机制、发展机制。

（四）国际合作

加强对外交流合作。利用自身能力开展相关基础研究,加强与国内外科研机构的合作与交流,增加科研成果,提升自身科研能力,搭建世界一流的国际性科学研究交流合作平台。加强与其他国家和相关国际组织的交流,参与世界自然保护联盟（International Union for Conservation of Nature,IUCN）组织的活动。建立全球自然保护地的合作交流机制,搭建国际交流平台,促进哀牢山-无量山生态保护相关国际合作,与其他国家和国际组织分享技术与管理经验,共同提高保护管理水平。参与履行国家签署的相关国际条约和宣言。积极参与履行《濒危野生动植物物种国际贸易公约》《联合国生物多样性公约》等国际公约。

第五节　构建自然资源资产管理制度

在全面掌握自然资源本底状况、权属情况的基础上,按照自然资源统一确权登记有关规定的要求,对拟建哀牢山-无量山国家公园内国有自然资源资产进行确权登记,形成权属清晰、职责明确、监管有效的自然资源资产统一管理体制。

一、落实所有权人

（一）自然资源资产综合调查

开展自然资源本底调查工作，编制自然资源资产负债表。研究自然资源资产确权登记范围，在不动产登记的基础上，确定各类自然资源及其边界，查清矿产、森林、水流、山岭、草原、荒地、滩涂等各类自然资源本底情况，建立自然资源资产数据采集制度，以信息化管理为手段，搭建自然资源资产信息管理平台，形成国家公园范围内自然资源本底"一张图"。清晰界定国家公园范围内各类自然资源资产的产权主体，划清全民所有和集体所有之间的边界，划清全民所有、不同层级政府行使所有权的边界，划清不同集体所有者的边界，划清不同类型自然资源的边界，为自然资源确权登记提供依据。

（二）自然资源统一确权登记

按照自然资源统一确权登记有关规定的要求，结合试点区自然资源调查结果，合理确定草原和林地范围，逐步解决林权证、草原证"一地两证"问题。以拟建哀牢山-无量山国家公园作为独立登记单元，在不动产登记的基础上，对水流、森林、山岭、草原、荒地、滩涂以及探明储量的矿产资源等自然资源的所有权统一进行确权登记。建立统一的信息管理平台，实现登记、审批、交易。加强自然资源登记信息的管理和应用，建立自然资源登记信息依法公开查询系统，依法向社会公开登记结果，切实保护利益相关方的核心权益。

二、制定和完善管理制度

（一）建立和完善国有自然资源用途管理制度

按照国家公园各功能区管控要求，科学规划生产、生活、生态空间，根据"多规合一"的基本要求，遵循山水林田湖草是一个生命共同体的原则，逐步建立覆盖全面、科学合理、分划清晰、责任明确、约束性强的用途管制制度。以用途管制、依法管理为前提，有条件地使用自然资源，有序地开发自然资源，在符合土地利用总体规划的前提下，组织编制国有自然资源资产保护管理和开发利用规划。符合规划用途管制或许可，符合相关准入条件和标准，履行保护和节约利用资源的法定义务，防止无序无度开发利用自然资源，为自然资源保护管理及开发利用提供指导。

（二）建立和完善国有自然资源资产有偿使用制度

严格执行森林资源保护政策，充分发挥森林资源在生态建设中的主体作用。拟建哀牢山-无量山国家公园内国有林地和林木资源资产不得出让。依法依规严格保护草原生态，健全基本草原保护制度，任何单位和个人不得擅自征用、占用基本草原或改变其用途，严控建设占用和非牧业使用。稳定和完善国有林地承包经营制度，规范国有林地承包经营权流转。探索集体所有自然资源资产有偿使用方式。探索开展集体土地所有权转让试点，优先将核心保护区的集体土地使用权依法转让为国家持有并给予补偿，或采用地役权、托管、租用、补偿等方式，按照国有自然资源资产的要求进行管理，促进生态系统的完整保护。

（三）建立和完善国有自然资源资产调查、监测、评估等制度

制定国有自然资源资产调查、监测、评估、台账管理等制度。研究编制自然资源资产负债表，以核算账户的形式对拟建哀牢山-无量山国家公园范围内主要自然资源资产的实物量及增减变化进行分类核算，准确把握管理主体对自然资源资产的占有、使用、消耗恢复和增值活动情况，为国家公园保护管理综合决策、绩效评估考核、生态补偿等提供重要依据；建立自然资源资产数据库，结合国家公园自然资源统一确权登

记簿册资料，建立国家公园自然资源资产负债表核算体系及数据采集平台，统一管理资源数据。

第六节　完善生态系统保护与修复功能

按照生态系统的整体性、原真性、系统性及其内在规律，统筹管理国家公园自然生态各要素，立足山水林田湖草沙是一个生命共同体理念，以及以生物多样性保护为核心的国家公园生态功能定位要求，对湿地、森林、草原等进行整体保护、系统修复，着力提升生物多样性保护服务功能，有效保护哀牢山、无量山自然生态系统的原真性、完整性。

一、生态系统保护

（一）勘界立标

为明确拟建哀牢山-无量山国家公园范围和功能分区界线，避免与周边社区发生界线争议，防止对国家公园的蚕食，需围绕边界修建界桩，规划期内需首先运用高分遥感、无人机航空摄影等科技手段，并结合野外调查对国家公园的范围及管控分区进行详细勘界。根据勘界结果，在国家公园的范围和管控分区界线设置界碑、界桩、电子围栏、标识牌等，完成勘界立标。

1. 界碑

在国家公园边界、功能区边界与道路交会处，设置国家公园界碑，既具有国家公园分界的明显提示作用，也具有国家公园保护与宣传功能。界碑上标注国家公园名称和批准机关及时间。界碑材质为石质或钢筋混凝土，界碑规格（高度×长度×厚度）为250cm×150cm×20cm。

2. 界桩

在国家公园边界上埋设界桩，根据自然地形、人为活动情况等设置。具体埋设间距按地形走向和明显地物点灵活调节。在环境较为恶劣、地势险峻的地区可根据实际施工条件不修建界桩。界桩材质为石质或不锈钢，界桩的直径不小于15cm，高度不小于160cm。

3. 管控区界桩

为对保护区不同功能区实行有效的分类管理，在各管控分区的边界设置管控区界桩，根据自然地形、人为活动情况等设置。重点设置在人为活动较多或容易通达核心保护区与一般控制区的区域，以及各功能分区的交叉拐点处。

4. 电子围栏

结合国家公园边界及核心保护区边界界桩的布设，在国家公园及核心保护区的边界上设置电子围栏，加强对动物活动监测及人为活动的管理。

5. 标识牌

拟建哀牢山-无量山国家公园哀牢山片一期、二期工程已建设警示牌212块、宣传牌109块（一期建设建成的部分指示牌已损坏，需进行更新）。拟建哀牢山-无量山国家公园无量山片在景东、南涧已分别建立各类标示牌160块和80块。但国家公园周边村庄、路口较多，为能较明确地对进山人员起到指示、警示作用，应在国家公园出入口、主要路口、人为活动频繁处新设置标识，其文字主要为提示规定、规则，宣传规章制度，普及保护知识，提示人们注意事项，提高对森林生态系统保护的意识。标识牌为钢筋混凝土、金属或经防腐处理的木材等坚固材料，规格为150cm×100cm。

（二）巡护体系

　　强化人为活动管理，结合管护站点和巡护线路布局，强化拟建国家公园范围内私挖滥采野生植物、盗猎野生动物、违规访客行为、偷排偷放污染物、违法违规开发产业资源等各类违法人为活动的防范和上报处理。设施设备维护保养，在管护过程中，管护人员对管护体系中的界碑、界桩，宣教体系中的标识碑牌、设备，以及生态保护等设备进行状态检查和维修，制止发现的破坏行为。灾害及安全监控，利用完善的自然资源管护体系，尽早掌握拟建国家公园范围内有害生物、地质灾害等自然灾害发生情况，及时发现不安全的访客行为，尽可能降低自然灾害和访客安全带来的不利影响。

1. 巡护人员

　　拟建哀牢山-无量山国家公园哀牢山片聘用护林员 144 名。拟建哀牢山-无量山国家公园无量山片景东管护局聘用护林员 86 名，南涧管护局聘用长期护林员 35 名，季节性护林员 10 名。拟建哀牢山-无量山国家公园恐龙河片目前由碛嘉林场承担管护任务，现有护林员 34 人。拟建国家公园范围内沿用现有护林员，根据各管护站实际需要，在保护空缺地点新聘请护林员，对拟建国家公园内河湖、林地、草原、湿地、野生动物进行日常巡护。实行"以线带片、分片包干"的管理方式。对巡护人员进行定期培训，使其熟练掌握巡护相关法规内容、科学知识、技术方法及生存安全技能等。

2. 巡护制度

　　拟建哀牢山-无量山国家公园哀牢山片共完成生物防火隔离带 140.00km，防火通道 138.54km，巡护线路 281.00km。拟建哀牢山-无量山国家公园无量山片共有巡护路线 168km，景东 19 条 116.0km、南涧 8 条 52.0km，根据现有巡护线路现状，巡护网络已经覆盖周边区域，不再新建巡护线路，沿用已建巡护线路，主要加大巡护力度和巡护频率，提高巡护效果，对国家公园实施有效保护。

　　对拟建哀牢山-无量山国家公园内公路以及现有自然保护区、森林公园、国有林场的公路进行提升、改造与养护，整合形成内部网状公路构成的蛛网式巡护公路系统。利用车辆进行巡护，短时快速检查资源大体状况、车辆人员活动情况和设施设备状态。

　　对于核心保护区及其他禁止或严格限制人为活动、人员难以通行、应急事件突发可能性大等巡护公路和步道未覆盖的区域，布设固定或动态的巡护航线。配备无人机进行巡护，组建无人机巡护驾驶员队伍，观察资源明显变动和人类活动情况，收集应急事件处理需要的信息。

　　基于移动终端建设数字化巡护管理系统，以提升拟建国家公园巡护监测水平，使巡护监测流程规范化、巡护监测手段多样化、巡护监测数据标准化，系统采用移动应用技术，提高野外巡护监测的工作效率、丰富巡护监测的内容，为科学保护提供保障。

3. 巡护装备

　　为加强规范管理，提高管护巡护效率，为管护巡护队伍配备统一印有拟建哀牢山-无量山国家公园标志的野外服装、巡护吉普车、巡护摩托车、巡护记录定位设备、巡护防火设备、动物救护设备、病虫害防治设备，以及保障设备和装备，实现管护巡护装备先进化和标准化。

二、生态系统修复

（一）重点区域退化森林、湿地、草地的生态修复措施

1. 重点区域退化森林的生态修复措施

　　对拟建哀牢山-无量山国家公园内受损（如受火灾、雪灾、砍伐等自然和人为因素干扰）退化的森林

生态系统进行系统的调查研究，设置永久样地并对其进行长期监测；依据物种多样性、植被结构和生态学过程等指标建立评价体系对受损生态系统进行评估。

对于轻度受损的森林生态系统实行封山育林，根据实际情况采取相应的方式，如全封、半封和轮封等手段，最大限度地减少人为干扰，为森林群落的恢复提供适宜的生态条件。

对于受损严重的森林生态系统采取林业生态工程等措施进行恢复，造林树种应选择具有成熟育苗基础的抗性强的优良乡土树种，适时引入一些处于较高演替阶段、已有一定栽培经验的树种，以提高恢复潜力和速度。加强林分抚育，通过局部整地、割灌、除草、清理枯立木、倒木、死树桩等一系列措施改善林木生长环境。尽量营造混交林，以增强森林生态系统的养分循环能力和对病虫害的抵抗力，同时加强保护力度，预防病虫害、森林火灾及人畜破坏对森林群落的影响。

制定和完善各项管理制度，强化集体林资源管理。国家公园管理机构和管理人员要认真组织贯彻落实相关的法律、法规和条例，制定和完善各项管理制度，建立健全生态补偿机制，加大拟建国家公园集体土地的生态补偿力度，使社区居民获得更大收益，减少对拟建国家公园资源的依赖，保障规划的有效实施和有效保护管理；同时加强与周边社区的联系，通过建立社区共管组织，领导周边社区开展共管活动，加强宣传，让社区群众主动自觉参与拟建国家公园自然资源的保护工作，合理地、适当地利用拟建国家公园集体林，使拟建国家公园内放牧、乱砍滥伐、偷猎、林下采集等现象得到有效控制。

农林复合经营（立体经营）具有提高土地利用率、提高资源综合利用率、发展地方经济等优点。拟建国家公园及周边区域全面推行农林复合经营技术，对实现农村产业结构调整，增加农民经济收入具有重要意义。农林复合经营在成分上乔、灌、草结合，经济作物、药用植物、蔬菜、家畜（禽）等结合；结构上从林-农、林-草、林-牧、林-果-经等方面考虑；时空配置从多物种同期栽植和分批、分期种植，进行间作、套种、轮作等。

根据拟建国家公园周边自然条件，结合地区经济发展规划中的重点发展项目，选择市场前景好，培育技术成熟，且具备发展条件的经济的、药用的或食用植物和家畜（禽）等进行规模化栽培与规模化养殖。经济植物引种与推广主要以重楼、石斛、菌类、龙胆草、金银花、核桃、花椒、野生茶引种驯化等为主。在拟建国家公园周边社区，建设生态圈舍，扩大"生态猪"饲养、生食喂养。无量山乌骨鸡为地方优良品种，集中分布在以无量山为中心的区域，资源独特，产品质量好，2009年被列入《国家畜禽品种遗传资源名录》，2011年被评选为云南省"六大名鸡"之一。随着食品文化的不断升级，省内外市场对乌骨鸡的需求量也在不断增大。规划无量山乌骨鸡规模化养殖，养殖方式为圈养与放养相结合。

对位于拟建国家公园内或对拟建国家公园压力较大和生活条件较差的社区居民进行搬迁。景东彝族自治县文龙乡邦崴村委会刘家村小组、新村小组位于拟建国家公园缓冲区，规划两个村小组40户148人实施搬迁。通过搬迁，在改善群众生产、生活条件的同时，减轻对拟建国家公园的压力。其余周边村，应进行分类，根据各村自然和社会经济状况，因地制宜做出规划，除粮食作物外，大力发展经济林果、种养殖业、粮食和食品加工业、改善基础设施条件等，借助国家扩大内需的大形势，拟建国家公园要协助当地政府办好各种培训班，如种、养、加工等及农村实用技术、外出打工专门技术等。

规划建设年加工能力100t的食用林产品资源加工厂一座。据统计，拟建国家公园周边社区盛产非木质林产品野生菌类、木耳、竹笋等，产量可观。由于地处偏远，交通、信息闭塞，这些资源产品不能及时销售而无法形成商品，核桃、茶叶等出售原料型产品，价格低廉。新建加工厂，通过保鲜、果品饮料开发等手段，实现产品增值、拓宽销售渠道、增加社区就业，促进社区农民增收。

2. 重点区域退化湿地的生态修复措施

对元江水系、礼社江、者干河、川河和澜沧江等主要河流的重要水源地实施封禁保护，增强水源区的水源涵养功能；加强拟建国家公园内主要湖泊汇水面山植被的保护，并对退化湖滨带周边的植被生态系统进行全面的保护、恢复与管理。尽量选用本土水生植物，根据湖泊湿地生态系统的演替模式和规律对湖滨带进行人工恢复，并在发挥湖滨带生态系统功能的同时使本土特有水生植物得到有效保护。

实施湿地恢复措施：从水污染治理、内源污染的生态化清淤、硬质化河道修复、河岸生态屏障建设、关键节点的生态修复、环境水源和生态需水的确定、流域生态环境综合管理等方面入手，制定湖滨带水环境的综合整治规划，探索和比较不同恢复模式及其效果，确定有关湖滨带生态恢复重建的模式和关键技术，同时继续实施退耕还湿等举措，从而增加湿地面积和恢复生物多样性；加强汇水区的退耕还林工作，控制使用有机磷农药和自然村居民生活污水排放。实施生产、生活污水的封闭化、无害化和资源化处理，因地制宜配置污水处理设施，达到净化目的。水上游乐设施应选用无污染设备，水上游乐废弃物应回收至岸上集中处理，严禁向水体中倾倒各种废弃物。水面养殖要加强管理控制，防止水质富营养化。

实施可持续利用示范和能力建设措施：建立湖滨带生态系统监测体系，建设地面监测系统、湿地生态环境监测分析实验室，配备监测设施和设备，培养专业技术人员，开展湖滨带生态系统的长期监测工作；同时以丰富的湿地生态文化内涵为重点，创建一批湿地生态旅游、湿地农业种植和水产养殖结构模式示范项目，促进湿地资源的可持续利用示范；定期不定期对管理人员和社区群众开展农业科技、环境保护知识等培训，不断提高管理机构的管理能力和群众的环境保护意识，保持并最大限度地发挥湖滨带生态系统的多种功能和效益。

3. 重点区域退化草地的生态修复措施

以重点区域退化草地的保护为重点，积极实施退耕还草工程，对生态极为脆弱、退化严重的草地实行封禁保护。通过人工植被建栽等技术对重度退化区域进行恢复；对于轻中度退化草地则坚持自然为主、人工为辅的原则，采取围封手段禁止人畜干扰活动，使植被进行自我生长和恢复，采取封禁保护、草地施肥、当地草地特有种的移栽和种子撒播等措施治理退化草地，增加退化草地的植被盖度，逆转退化草地，提高草地水源涵养能力，巩固退耕还草成果。

拟建国家公园是禁牧区，要加强管控。一方面管护局应加强监管，加强巡护，在进出拟建国家公园主要路口设置宣传牌、栅栏等，把社区放牧控制在拟建国家公园外；另一方面管护局应积极宣传，扶持周边社区改变传统的游牧养殖方式，推广科学圈养、定点圈养等方式，由管护局提供信息技术、资金方面的支持，并结合生态公益林补偿等生态效益补偿政策，帮助社区发展以圈养为主的养殖业，实现规范化、规模化养殖。从而有效管控国家公园内的放牧现象，减少家畜放养对野生动物的干扰及栖息地破坏。

鼓励当地社区参与到退化草地生态系统的保护行动中去，使周边群众和拟建国家公园旅游景区的可能破坏者变成共同管理者，促进城乡协调发展和生态旅游产业的可持续发展。

（二）拟退出的建设用地的生态修复措施

国土部门提供的材料显示，拟建国家公园内涉及两个省级发证的矿权存在部分重叠关系，即云南省南涧县乐秋铜多金属矿、云南景东大龙山铜矿，目前两个矿权与国家公园的重叠部分没有探矿、采矿现象。

对拟建哀牢山-无量山国家公园内因移民搬迁等造成的废旧宅基地、养殖暖棚、活动板房进行拆除、复绿工程。主要进行拆除废旧建筑、弃土外运、土地平整、土地翻耕、平整田间道路、播撒草籽、栽植树木等。应根据土地逆转前的植被，通过选择合适的树种、合理的树种配置及科技造林手段恢复植被。

（三）地质灾害治理措施

对威胁拟建国家公园范围内自然资源的因素实现尽早发现和提前预警。针对拟建哀牢山-无量山国家公园历史发生及可能发生的山体崩塌、滑坡、泥石流、地面塌陷、地裂缝、地面沉降等与地质作用有关的灾害，进行动态巡护，结合拟建国家公园的地质环境状况，建立地质灾害监测网络和预警信息系统，加强对地质灾害险情的动态监测。在地质灾害易发区加强群测群防工作，在地质灾害重点防范期内，加强地质灾害险情的巡回检查，发现险情及时处理和报告。预测地质灾害的发展趋势，划分灾害易发区、重点防治区，确认重点防范期，拟订年度防治方案及突发性地质灾害应急预案，制定地质灾害防治措施。

开展地质灾害防治知识的宣传教育，普及地质灾害防治的科学知识，增强公众的地质灾害防治意识和自救、互救能力。对出现地质灾害前兆、可能造成人员伤亡或者重大财产损失的区域和地段，予以公告，并设置明显警示标志。

在地质灾害危险区内，禁止爆破、削坡、进行工程建设以及从事其他可能引发地质灾害的活动。

三、野生动植物保护

（一）重要物种及其栖息地（生境）保护措施

拟建哀牢山-无量山国家公园以保护西黑冠长臂猿为代表的珍稀濒危野生动物物种及其栖息的南亚热带中山湿性常绿阔叶林为主的森林生态系统。在已有保护工程的基础上，进一步加强对核心保护区森林的保护，维持其自然生态过程，采取严格的封禁保护措施，严格限制并减少人为活动；对一般控制区的森林采取科学适宜的生态保护手段，促进人与自然和谐，保护森林的原真性。对于连接各自然保护地的保护空白区，低海拔基带脆弱区、生态廊道等生态区位重要的区域，以增强森林的完整性为目标，采取封禁保护或人工辅助恢复措施，保护和恢复森林生态。

（二）重要植物及其栖息地保护措施

1. 生境修复

根据资源调查确定主要保护物种生境受损情况，分析其生态系统连通性、景观破碎化程度，统筹自然生态系统的修复，制定生境修复方案，因地制宜，采用以自然恢复为主、人工促进为辅的方法，开展受损生境修复。对受损不严重的区域，主要通过封山育林、禁猎禁采等措施，使其通过自然途径恢复到最佳的状态；对于受损严重的区域，主要采取人工补植补造等措施，人工促进生境植被恢复。

2. 珍稀植物保护和恢复

对西藏红豆杉（*Taxus wallichiana*）、南方红豆杉（*Taxus wallichiana* var. *mairei*）、长蕊木兰（*Alcimandra cathcartii*）、伯乐树（*Bretschneidera sinensis*）、中华桫椤（*Alsophila costularis*）、苏铁蕨（*Brainea insignis*）、景东翅子树（*Pterospermum kingtungense*）、翠柏（*Calocedrus macrolepis*）、红花木莲（*Manglietia insignis*）、水青树（*Tetracentron sinense*）等国家级和省级重点保护野生植物及其生境，哀牢山野茶王树及野生茶树群落，景东石栎（*Lithocarpus jingdongensis*）、景东翅子树（*Pterospermum kingtungense*）等区域特有植物及其生境，结合目前森林植物资源的实际情况，在施工中对项目区域的珍稀植物种进行一次彻底的清查，同时记录其原生生境条件，对目标种进行编目、建档，建立数字监测体系和保护管理信息，系统研究它们异地移植的可能性和移植办法等，在此基础上选择与其具有相同或相似生境条件的地区进行迁地保护。在野外分布地设立就地保护点，使其原生境得到有效保护。景观始终保持自然状态，使完整的森林生态系统不遭受破坏，野生动植物能够安全地繁衍和生息。对于一些珍稀濒危物种，在大力保护野生种群的前提下，积极进行人工扩繁，使这些物种的种群能够得以复壮，遗传基因能够得以人工保存。建立种质资源保存库，保护珍稀、濒危、特有物种的种质资源和遗传资源。建立重点保护对象标识，面积较大的中山湿性常绿阔叶林、山顶苔藓矮林、动物经常出入地等也要立牌标明"特殊保护地""受保护的特殊栖息地"，必要时应在相应区域设置隔离围网。施工过程中要尽量保留原有植被，研究合理的选址和施工设施布置方案；对施工人员加强环保教育，禁止乱砍滥伐现象发生。

3. 古树名木的保护

拟建国家公园内古树名木保护严格按照《云南省珍贵树种保护条例》执行。对拟建国家公园一般控制区内人为活动区域的古树名木（如野生古茶树）进行建档，建立古树名木管理信息系统。在古树名木周围醒目位置设立保护牌，对于分布在核心景观区、一般游憩区、管理服务区的国家级保护树种和特大径级的主要树种进行挂牌，标明"国保+树种名+编号"或"特保+树种名+编号"。并根据实际需要设置保护栏、避雷装置等相应的保护设施，且每年至少组织一次专业技术人员对古树名木进行检查和专业养护。对已建的危害古树名木生长的生产、生活设施，应采取有效措施消除危害。当古树名木发生有害生物入侵或者遭受雷击等自然损害、人为损害时，需采取科学的抢救、治理、复壮等措施。拟建国家公园各管理分局要在周边村群众中积极宣传生态系统保护、自然环境保护知识，使周边村民主动参与国家公园资源保护与合理利用，减少对拟建国家公园产生的压力，实现可持续发展。

（三）重要动物及其栖息地保护措施

1. 生境修复

以就地保护措施为主，以主要保护对象的栖息地保护和种群保护为重点。主要采用禁猎禁采的封禁手段严格保护。

2. 建立野生动物救护站

根据拟建哀牢山-无量山国家公园内野生动物的救护需求，规划建立以野生动物救护为主兼顾科研、宣教、人工繁育等功能的野生动物收容救护站。配备专业人员和必要的仪器设备，做好野生动物的救护管理工作，以达到及时收容、救治受伤野生动物，收缴非法猎获的野生动物，使被救治的野生动物能够回归野外种群，以达到珍稀濒危野生动物保育扩种等目的。

3. 野生动物通道建设

在拟建哀牢山-无量山国家公园部分地段，公路从拟建国家公园穿过，不仅增加了流动人员及其活动干扰，增大了资源保护压力，而且割裂了一些野生动物的栖息地。规划在上述地区根据地形、野生动物种类及生活习性等设置野生动物通道，减少道路对野生动物栖息地连接性造成的负面影响，同时增设警示牌。空间上对穿越拟建国家公园的公路通过架设绳索、修建过街天桥、过街绿桥和地下模拟自然通道（如涵洞、动物隧道）等形式的动物通道保障动物迁移；时间上在动物大规模迁移时段进行道路暂时性封闭。通道建设和道路暂时封闭需在动物的分布区、栖息地选择、家域、迁移习性相关调查研究的基础上进行科学布局。

4. 健全野生动物肇事补偿机制

随着保护力度的加强，野生动物种群数量不断恢复，不少野生动物食物匮乏问题严重，导致一些野生动物破坏农作物和家畜、家禽事件发生。在拟建国家公园部分区域，人和动物的矛盾较为明显。规划建立拟建国家公园野生动物肇事补偿机制，在加强生态环境和野生动物资源保护的同时，最大限度地保障受影响群众的合法权益，实现人与野生动物的和谐共存。结合国家和云南省在野生动物肇事补偿方面的相关法律与法规以及其他省区市的实践经验，建立健全野生动物肇事补偿机制，重点解决以下问题：①落实拟建国家公园野生动物肇事补偿专项资金；②细化野生动物肇事补偿的调查程序、补偿资金审批发放和监督的各个环节；③探索建立商业化运作模式的野生动物肇事保险赔偿机制；④开展社区科教宣传，普及预防和应对野生动物肇事的基础知识与相关措施；⑤拓宽野生动物肇事补偿的筹融资渠道，积极联络国内外热心生态环境和野生动物保护的社会各界人士、企事业单位和社会团体等，多种渠道筹措资金。

5. 开设自然教育学校

自然教育学校，依托森林景观、野生动物资源，特别展示西黑冠长臂猿等物种，面向中小学生与社会公众宣传保护自然、爱护环境的法律法规，以图、文、声、像等形式讲解西黑冠长臂猿生态习性等方面的内容，呼吁社会保护自然、爱护环境。为公众提供野外环境教育场所，提供近距离接触、了解野生动植物的机会，提供野外实习和开展夏令营活动的场地。在自然教育学校可以观看、了解、学习野生动植物及自然科学等知识，走出校外可尽享森林沐浴的美妙，享受大自然的清新。远观自然胜景，聆听长臂猿歌唱。通过开展自然教育学校，向公众展示无量山片的珍稀动植物资源、自然风光及开展的保护行动，呼吁全社会共同关注拟建哀牢山-无量山国家公园。

6. 珍稀动物保护和栖息地恢复

拟建国家公园内及周边共分布西黑冠长臂猿 257 群。作为典型的树栖性灵长类动物，西黑冠长臂猿栖息于原始的半湿润常绿阔叶林和中山湿性常绿阔叶林中，栖息地海拔在 1900～2700m。在合适区域对西黑冠长臂猿栖息地进行恢复，通过仿天然生态系统造林技术，栽培西南桦（*Betula alnoides*）、栲属（*Castanopsis* spp.）、锥连栎（*Quercus franchetii*）等乡土树种，种植西黑冠长臂猿喜食的榕属（*Ficus*）、水东哥（*Saurauia tristyla*）、买麻藤（*Gnetum montanum*）、山李子（*Berberis heteropoda*）、猕猴桃（*Actinidia chinensis*）等植物。

四、森林防火

以资源管护体系的工作为基础，充分利用监测的成果依据防患未然，构建预防严重威胁拟建国家公园安全的防控预警体系。防火规划遵循"预防为主、积极消灭"的原则。加强森林防火工作，完善拟建国家公园森林防火体系。建设火灾预警监测体系，应用现代远程视频探测监测技术和设施，对重点区域进行视频监控。建立由瞭望、阻隔、通信、道路、巡逻、检查等组成的消防保障体系。拟建国家公园是以保护中山湿性常绿阔叶林和重点保护野生动植物及其栖息地为主。拟建国家公园雨量充沛，湿度大，人为活动很少，潜在的森林火险气象指数较低，但许多村庄紧靠国家公园边缘，当地居民有传统的刀耕火种习俗，采集林下资源等人为活动较频繁，人为用火隐患较突出，必须严加防范。在拟建国家公园内加强森林防火设施建设、购置防火设备。按照"根据需要，切合实际，服务保护，精简节约"的方针。根据拟建哀牢山-无量山国家公园及其周边社区分布、人为活动、森林植被情况，结合拟建国家公园内野外条件、供电通信以及人为活动干扰，加强和完善森林防火基础设施建设，购置防火设备。

（一）瞭望塔

在拟建哀牢山-无量山国家公园哀牢山片和无量山片各建有 5 座瞭望塔，因此，不再新建瞭望塔，沿用已建瞭望塔。拟建国家公园内的重要地段结合观景塔设立瞭望塔。瞭望塔的设置必须通视良好、视野宽阔、控制范围广，其设置位置、结构形式、色彩和高度，均应与环境协调，并配备消防设施，配置电台、望远镜、充电设备等。

（二）专业扑火队营房

拟建哀牢山-无量山国家公园无量山片在锦屏管理站和蛇腰箐管理站各建有专业扑火队营房一处。沿用已建的专业扑火队营房，并根据各管护站实际需要，设立新的专业扑火队，建设固定的营房，以满足防火期间专业扑火队员的住宿和防火物资贮备方面的需求。

（三）生物防火隔离带

为有效阻隔和控制林火蔓延不致酿成重大火灾，在拟建国家公园边缘森林火灾易发地段营造生物防火林带，树种配植为冬青（*Ilex chinensis*）、油茶（*Camellia oleifera*）、银木荷（*Schima argentea*）、高山栲（*Castanopsis delavayi*）、厚皮香（*Ternstroemia gymnanthera*）等。哀牢山-无量山国家公园哀牢山片在森林火灾易发地段营造的生物防火林带，总长 12km，带宽 15～30m，哀牢山-无量山国家公园无量山片营造的生物防火林带，总长 90.3km，沿用已营造的生物防火林带，并根据各管护站实际需要，营造新的生物防火林带。

（四）林火隔离带

为有效阻隔和控制林火蔓延不致酿成重大火灾，在重点火险区，结合现有村屯、居民点村民出行道路、林区防火道路等修建防火隔离带。隔离带宽度为 30m，最小宽度不应小于树高的 1.5 倍。

（五）防火通道

哀牢山-无量山国家公园无量山片共有防火通道 48.15km，其中景东 32.76km、南涧 15.39km，在现有防火通道基础上，根据森林防火的实际需要，规划新建、修缮防火通道，以缩短扑救到达时间，同时，方便建筑材料和物资运输以及日常防火需要。防火通道按林区四级修建，路面宽 4m。沿用已建瞭望塔防火通道，并根据各管护站实际需要，修建新的防火通道。防火通道需在生物多样性影响评价的基础上建设，使其对生物多样性及景观影响降至最低。

（六）避雷设施

林内堆积了大量可燃物，雷击火发生风险较大，为减少雷击火的发生，在雷击区安装避雷设施。哀牢山-无量山国家公园无量山片共在雷击区安装了避雷设施 45 套，其中，景东 30 套、南涧 15 套。在现有避雷设施基础上，根据森林防火的实际需要，规划安装新避雷设施。

（七）建筑防火

景区内各项建设必须严格执行国家颁布的防火规范，确定防火等级，健全消防设施，保留消防通道。同时，景区内各类建筑应完善防火灭火系统，配置灭火器、灭火水网、通信等设施。

（八）加强火险预测和监测工作

建设哀牢山-无量山国家公园完善的森林防火监控预警系统，更新通信设施，结合哀牢山-无量山国家公园无量山片实时在线监控功能，在人为活动频繁的进国家公园路口、森林火灾易发区域、生态旅游区和防火瞭望塔布设智能防火视频监控系统与红外探火预警雷达双防火监控系统，全天候监测掌握国家公园火点情况及动态变化，利用高科技手段在第一时间预警，将森林火灾带来的损失减少到最小。

（九）建立有效的防火制度

在拟建国家公园管理分局，健全森林防火指挥体系，纳入当地林业和草原局森林防火指挥部联防联控网络，以互通情报，互相支持，共同做好联防工作，提高森林防火指挥水平。做到"全面设防、积极消灭"，有效降低森林火灾发生概率。同时，拟建国家公园应与当地社区合作，共同制定护林防火承包责任制、联防护林制度、巡护瞭望制度、火情报告制度、奖惩制度等，形成全民参与、全民防火、人人抓防火的森林防火工作格局，做到"打早、打小、打了"，增强火险预警与火灾扑救的协同性，提升森林火灾扑火效率，最大程度减小森林火灾对拟建国家公园森林资源的破坏。

（十）严格管控火源

在森林火灾高发季节，应对重点区域、游憩景点等场所进行全面检查，及时排查火灾隐患，严管火源，加强防范；及时增加临时护林人员，加大对重点区域和人员活动密集地区的巡护力度，对出入车辆、人员进行检查，对带出拟建国家公园的木质和非木质产品进行登记、统计，严查偷采、偷猎等行为；在防火季节，对进出拟建国家公园的所有人员和车辆进行检查、登记，严禁带火通过。设立群众监督举报电话，积极对携带火源的人员进行劝告和法律法规及安全知识教育，防止带入火源。在非防火期内，如果天旱久晴、气温连续上升、刮大风应严格控制火源，加强巡逻检查、实行防火戒严等措施。将拟建国家公园巡护和防火道路网络连成一体。

（十一）法治宣传

认真宣传《中华人民共和国森林法》《森林防火条例》等法律法规；设置永久性宣传设施，在拟建国家公园各主要入口和居民区设置防火警示牌和防火标语，不断提高全民森林防火意识，每年森林防火期向社区居民进行防火知识宣传，并签订防火奖惩责任合同，发放户主通知书，张贴护林防火宣传标语等，向进入拟建国家公园的人员和拟建国家公园周边社区发放防火宣传单、防火宣传手册等，在科普教育中学习预防火灾的相关知识，增强森林火灾预防意识。

五、有害生物防治

森林病虫害防治应遵循"预防为主、防治结合"的原则，坚持早发现、早防治，以生物防治和物理防治为主。大力加强拟建哀牢山-无量山国家公园林业有害生物监测预警体系、检疫御灾体系、防治减灾体系、应急反应体系和防治法规体系建设，通过有害生物防治规划实现拟建国家公园林业有害生物防治的标准化、规范化、科学化、法治化、信息化，以持续控灾、增强森林的抗性和自我修复能力为目标，采取集中防治与分散防治相结合的方式综合运用人工、生物、化学等防治措施，保证防治效果，使主要林业有害生物的发生范围和危害程度大幅度下降，危险性有害生物扩散蔓延趋势得到较大缓解，把森林病虫害危害降到最低程度。

（一）建立完备的监测预警体系

通过与相关科研院所合作，开展有害生物和外来入侵物种本底调查，准确掌握外来生物种类、分布以及入侵物种的危害机理和程度等动态；对调查结果进行统计分析，做出该区已查明有害生物、外来有害生物和外来入侵物种的风险分析报告，绘制有害生物和外来入侵物种分布图；建立外来有害生物和入侵物种管理信息系统，为早期预警和防范提供依据，并实现相关部门之间的数据共享，为林业、农业、渔业等产业发展保驾护航；建立以当地林业和草原局牵头的协调机制，定期发布生态风险预警，并编制林业、农业与渔业等重点行业部门外来物种和有害生物处置预案。

（二）完善检疫御灾体系

随着国家公园建设全面铺开，在拟建国家公园绿化、美化引种外地观赏树木和花草种苗过程中，实行严格的检疫监管措施，加大对进入拟建国家公园的苗木、木质包装及林业产品的检疫力度，选择优良抗病虫害的树种，增强树木的抗病能力。落实木质包装材料运输、使用单位的责任，重点加强进入核心保护区的木质包装材料的检疫监管，防止病虫害的发生和蔓延。

（三）建设高效的防治减灾体系

坚持以生物防治为主，化学防治应急的原则，采取有效措施，及时治理，减少其危害程度、控制危害范围。要及时、准确、科学地对林业有害生物事件做出预警，制定有害生物灾害应急预案，组建专群结合的应急防治队伍，在每个管理分局建立有害生物防治物资储备库，储备必要的应急防治物资。加强应急防控人员队伍建设、技术培训和实战演练，保障应急反应机制的正常、高效运转。在候鸟迁徙通道、繁殖地、越冬地、迁徙停歇地以及野生动物集中分布区域建立和完善陆生野生动物疫源疫病监测体系。若发现病株，及时清理病虫害植株；对现有森林植被应及时清除枯死木、病虫感染木，消除病虫害的滋生。加大低毒低残留农药防治、生物农药防治等无公害防治措施的推广应用力度，尽量避免在拟建国家公园内使用化学农药，防止生物多样性流失。

（四）外来入侵物种

与相关科研院所合作，加强对三叶鬼针草、小蓬草、紫茎泽兰、凤仙花、红花酢浆草等外来入侵物种的研究，摸清外来物种在拟建国家公园和周边陆地与水域中分布的概况，了解农林、畜牧、水产、检疫等部门对外来物种的引进和管理的情况，掌握外来入侵动植物在拟建国家公园内的种群数量、分布面积及扩散的动态数据，建立外来入侵物种数据库，以便及时发现，适时做出控制和根除方法，达到堵截或减少入侵物种的目的。建设野外固定监测点，建立有害生物和外来入侵物种的长期监测机制和预警体系。在入侵物种分布区建立监测点，对外来入侵物种的侵入、竞争、定居各个阶段进行跟踪，掌握外来入侵物种的危害方式及危害程度，采取相应的防治方法和技术措施。针对重点有害生物和外来入侵物种制定具体防治措施，对危害较大的物种实施工程治理。对于已经受侵害区域，根据入侵生物的特点采取机械清除、生物防治等不同方式进行治理。控制化学药剂的使用，特别是保证拟建国家公园人与生物安全，减少对天敌的杀伤。同时，采用适应力强的乡土物种及时进行植被恢复，确保将影响降到最低。

第七节　建立国家公园支撑体系

一、生态监测体系

以 2019 年中共中央办公厅、国务院办公厅印发的《关于建立以国家公园为主体的自然保护地体系的指导意见》为依据。基于现代信息技术，结合地面各类监测站点、样地样线，构成面向拟建国家公园"天空地"一体化自然资源和生态环境监测网络体系。充分运用数据挖掘、数据融合、数据协同和数据同化等关键技术，实现对土地、森林、草地、湿地、野生动植物、水生生物、矿产等自然资源，水、土、气等生态因子，以及森林（草原）火险、人为活动等方面实施监测和数据实时传输，建立总体、区域、生态系统、重要物种等不同尺度监测评估机制，为拟建国家公园生态保护与绿色发展提供科技支撑。

（一）信息化监测系统

1. 自然资源立体感知网络建设

推进自然资源的"天空地"一体化监测，建立森林资源和生态环境立体感知网络，实现数据获取的实时性、准确性和高效性。基于 5G 等新一代通信网络建设，借助高分卫星、北斗定位、信息通信、全自主无人机监测预警、低功耗物联网实时传输、地面快速扫描三维重建等新一代智能信息技术，结合智能化的红外相机探测及生态护林员巡护与移动数据采集设备，形成面向森林资源和生态环境的"天空地"一体化的全方位智能生态感知网络。通过感知网络系统，对森林、湿地、草地、野生动植物等自然资源，以及人为活动等方面进行监测感知和数据实时传输，为自然资源"一张图"动态更新和智能化监管决策提供基础支持。

2. 无人机监测系统

建立无人机监测系统。通过无人机遥感技术可快速获取地理、资源、环境等空间遥感信息，完成遥感数据采集、处理和应用分析，具有机动、快速、经济等优势，可有效提高环境基础数据资料的精确性、可靠性和时效性，为拟建国家公园管理工作提供重要的技术支持。为加大拟建国家公园森林资源保护、森林火灾预警监测和人为活动监测，提高拟建国家公园科学化管理水平，规划购置无人机，组建无人机驾驶队伍，并与相关培训机构合作，开展拟建国家公园无人机驾驶员培训，实施无人机监测，实现拟建国家公园无人机空中护林和资源监测的全覆盖。为各管护站配备无人机两台，共计 70 台；各管护局和管护站安装一套无人机监测系统。

3. 远程智能视频监控系统

运用视频监控技术、网络技术、"3S"技术、数据库技术等，建设拟建国家公园远程监控管理系统，实现对拟建哀牢山-无量山国家公园重点区域和周边敏感区域的 24 小时远程监控，提高拟建国家公园保护管理、科研监测、灾害预警和宣教的综合能力。视频监控点主要选择在拟建国家公园进出路口、人为活动频繁区域、森林火灾易发或隐患较大区域、主要保护对象分布区域等，安装无线光波传输视频监控，在拟建国家公园内再安装红外相机，通过无线光波传输视频监控和红外相机相结合，实现拟建国家公园视频监控全覆盖。经初步统计，安装无线光波传输视频监控点 1020 个；各管护局、管护站各安装远程智能视频监控系统一套。

4. 数字化巡护管理系统

基于移动终端，采用"前端数据采集+后台数据处理+数据共享"的巡护监测系统架构，进行野外巡护监测的空间数据、文字、影像、音频数据采集与数据管理。以提升拟建国家公园巡护监测水平，实现巡护监测流程规范化、巡护监测手段多样化、巡护监测数据标准化。新建数字化巡护管理系统 7 套，每个管理片一套。

（二）地面监测站点系统

加强拟建哀牢山-无量山国家公园地面监测站点建设，根据现有水文水质、天文气象、生态系统（森林、草原、湿地）、野生动植物观测等监测站点建设情况及监测实际需要，购置调查设备、监测设备、实验设备、科研辅助设备、标本室设备、档案管理设备等。充分利用监测站点开展拟建国家公园生态环境、生态系统结构和功能、野生动植物资源、人类干扰等定位观测，掌握拟建国家公园内生态环境和生态系统状况。

1. 西黑冠长臂猿监测站

拟建国家公园已建设了景东徐家坝、大寨子，新平大雪锅山、茶马古道 4 个西黑冠长臂猿监测站，另设有镇沅千家寨西黑冠长臂猿监测点。规划新建西黑冠长臂猿监测站 2 个，分别位于景东锦屏黄草坝和无量山蛇腰箐；新建长臂猿监测点 7 个，规划地点为南华片区干龙潭、景东片区林街南骂、景福上场河、锦屏黄草岭、文龙帮迈、漫湾曼状，南涧片区独家村。

2. 鸟类环志站

拟建国家公园已建设了南华大中山、镇沅金山丫口（分水岭）、南涧凤凰山 3 个鸟类环志站，规划修缮南华大中山鸟类环志用房，更新环志设备。

3. 古茶树监测点

拟建国家公园已建设镇沅千家寨古茶树监测点，规划新建景东彝族自治县大楚雄村古茶树监测点，并配备相应监测设备；主要监测古茶树生境状况、种群结构、种群动态、物候、利用情况和受干扰状况等。

4. 疫源疫病监测站

野生动物流动性强，特别是迁徙性候鸟，因此容易携带病源，发生野生动物疫病。依托拟建国家公园已建有的云南南涧国家级陆生野生动物疫源疫病监测站、南华大中山省级陆生野生动物疫源疫病监测站、哀牢山双柏省级陆生野生动物疫源疫病监测站、景东省级陆生野生动物疫源疫病监测站，做好陆生野生动物疫源疫病的监测，以及时准确掌握野生动物疫源疫病发生及流行动态，采取有效措施进行防治。

5. 自动气象观测站

气象站建设主要用于监测拟建国家公园森林生态系统的气象学、物候学等范畴的大气、物候指标。拟建国家公园已在景东徐家坝、双柏平河建了两个气象站，本次规划为修缮。为更好地监测拟建国家公园的气象情况，规划新建气象观测站 5 个，每个气象站建筑面积 50m²，共计建筑面积 250m²，为一层砖混结构，配备自动化监测设备 5 套。建设地点：南华片区大中山管护站附近、镇沅千家寨、新平片区西黑冠长臂猿监测站附近、景东锦屏温卜黄草坝、南涧无量山蛇腰箐。

6. 水文水质监测站

水文水质监测站建设主要用于监测拟建国家公园内主要河流地表水的化学、毒理学、细菌学等范畴的水质指标，对河流水位、流量、泥沙、冰情、水质等指标，进行常年连续监测。拟建国家公园已在双柏平河建有水文水质监测站 1 个。规划新建水文水质监测站 4 个，配备自动化监测设备 4 套，建设地点为新平大雪锅山、镇沅大吊水瀑布下方、景东锦屏温卜黄草坝、南涧无量山蛇腰箐，每个站建筑面积 50m²，为一层砖混结构。

7. 天文观测站

在景东片区徐家坝新建天文观测站 1 个，占地 60 多亩，约 40 000m²，包括望远镜设备、观测楼等，主要观测天体的分布、运动、位置、状态、结构、组成、性质及起源和演化。

8. 生态观测站

依托已建有的云南哀牢山森林生态系统国家野外科学观测研究站，开展森林、草原、湿地典型生态系统生态结构功能、植物生长量以及环境因子监测研究。

9. 水土保持监测点

在澜沧江、川河、安定河、勐路河、义昌河、龙树河、温卜河、古里河、礼社江、绿汁江、三江口、兔街河、清水河、恐龙河、麻嘎河、者干河、把边江干流、元江第一湾等新建 20 处水土保持监测点，开展径流量、泥沙量、土壤流失量、降尘、土壤含水量等监测。

10. 环境质量监测点

依托现有管护站新建 40 处环境质量监测点，开展区域污染源调查及水环境质量、空气质量、土壤环境质量等监测。

（三）固定大样地监测

根据现有森林资源、湿地资源、草地资源和其他资源监测样地，结合兽类、鸟类分布情况，考虑植被类型、海拔梯度、地形和样线，在主要监测对象集中分布、生境敏感区等重点区域区划公顷网格监测样区，在主要监测对象分布较少的区域区划公里网格监测样区。在每个取样网格内，开展自然资源、生态过程、生物多样性等指标监测，对拟建国家公园内的主要生态系统和生物多样性进行全面监测。共划分公里网格监测样区 7 个（以片区为单位），公顷网格监测样区经初步统计，为 80 个，公里网格监测样区共布设 700 台相机；公顷网格监测样区每个样区布设 10 台相机，共 800 台。对于图像数据和相机位点的数据信息需要及时录入、存储、备份，并上传到中心数据库，完成物种识别和其他信息（环境因子）的挖掘。

（四）植被监测样方

拟建哀牢山-无量山国家公园分布有山顶苔藓矮林、铁杉林、中山湿性常绿阔叶林、半湿润常绿阔叶林植被，以及南方红豆杉、长蕊木兰、西康玉兰、云南拟单性木兰、伯乐树、红花木莲、中缅木莲、箭竹、水青树和古茶树等树种。拟建国家公园已设置植被植物监测固定样地 93 块（表 9-2），样地大小 900m²（30m×30m），埋设固定标志，分乔木层、灌木层、层间植物层和草本层进行调查，并详细调查自然更新情况；设置紫茎泽兰与人为活动干扰监测样线 6 条，监测紫茎泽兰的入侵面积、密度、盖度、扩散方式、速度和危害方式等，以及人为干扰的方式、强度、扩张趋势、影响面积等。

表 9-2　植被植物监测固定样地统计表

编号	监测对象	地点	数量（个/条）
1	中山湿性常绿阔叶林	千家寨小岔山水池	1
2	中山湿性常绿阔叶林	千家寨大崖边	1
3	中山湿性常绿阔叶林	田家窝下大窝塘	1
4	中山湿性常绿阔叶林	瓦瓢箐	1
5	中山湿性常绿阔叶林	瓦瓢箐	1
6	中山湿性常绿阔叶林	大雪锅山监测站旁	6
7	中山湿性常绿阔叶林（倒卵叶石栎群系）	平河解板箐	1
8	中山湿性常绿阔叶林（倒卵叶石栎群系）	平河气象站	1
9	中山湿性常绿阔叶林（红花木莲群系）	茶树地	1
10	中山湿性常绿阔叶林（猴子木群系）	枇杷箐	1
11	中山湿性常绿阔叶林（景东石栎群系）	大中山	1
12	中山湿性常绿阔叶林（景东石栎群系）	大中山	1
13	中山湿性常绿阔叶林（景东石栎群系）	望月场	1
14	中山湿性常绿阔叶林（马樱花群系）	大中山	1
15	中山湿性常绿阔叶林（木果石栎群系）	徐家坝	3
16	中山湿性常绿阔叶林（木果石栎群系）	龙街	2
17	中山湿性常绿阔叶林（石栎群系）	枇杷箐三锅桩	1
18	中山湿性常绿阔叶林（石栎群系）	龙攒坝山头	1
19	中山湿性常绿阔叶林（疏齿锥-景东石栎群系）	平河黑竹山	1
20	中山湿性常绿阔叶林（疏齿锥群系）	平河大土掌	1
21	中山湿性常绿阔叶林（疏齿锥群系）	小河坝八角树	1
22	中山湿性常绿阔叶林（疏齿锥群系）	小河坝冷风箐	1
23	中山湿性常绿阔叶林（疏齿锥群系）	平河坝背后	1
24	中山湿性常绿阔叶林（疏齿锥群系）	平河黑竹山	1
25	中山湿性常绿阔叶林（野樱桃群系）	枇杷箐右箐嘴	1
26	中山湿性常绿阔叶林（元江栲群系）	董家坝	1
27	半湿润常绿阔叶林（高山栲、云南松群系）	锅底塘	1

续表

编号	监测对象	地点	数量（个/条）
28	半湿润常绿阔叶林（高山栲、云南松群系）	锅底塘	1
29	半湿润常绿阔叶林（高山栲、云南松群系）	大水井	1
30	山顶苔藓矮林	文龙帮迈无量山山脉	1
31	山顶苔藓矮林	文龙帮迈无量山山脉	1
32	山顶苔藓矮林	文龙帮迈无量山山脉	1
33	山顶苔藓矮林	文龙帮迈无量山山脉	1
34	山顶苔藓矮林（越橘、杜鹃群系）	锅底塘	1
35	山顶苔藓矮林（越橘、杜鹃群系）	波罗村	1
36	伯乐树	文龙帮迈张家岩	1
37	伯乐树	锦屏黄草岭	1
38	伯乐树	文龙帮迈张家岩	1
39	伯乐树	锦屏黄草岭	1
40	多趣杜鹃	小河坝黑竹林	1
41	古茶树	千家寨	3
42	古茶树	枇杷箐大广寺坟	1
43	红花木莲	徐家坝	3
44	红花木莲	千家寨老路边	1
45	红花木莲	岔山	2
46	露珠杜鹃	小河坝亮山坡脚	1
47	露珠杜鹃	小河坝亮山坡头	1
48	南方红豆杉	锦屏温卜黄草坝	1
49	南方红豆杉	锦屏温卜黄草坝鸡跳河	1
50	南方红豆杉	锦屏温卜黄草坝	1
51	南方红豆杉	锦屏温卜黄草坝鸡跳河	1
52	水青树	徐家坝	5
53	水青树	大羊槽	1
54	水青树	空心树岔路	1
55	水青树	锅底塘	1
56	水青树	枇杷箐水库箐头	1
57	水青树	景东赶街老路下	1
58	水青树	岔河大龙潭后山三锅桩丫口	1
59	水青树	小河坝水箐	1
60	水青树	小河坝杨家座基	1
61	水青树	大中山小箐	1
62	铁核桃	龙街河	1
63	铁核桃	龙街河	1
64	铁核桃	龙街河	1
65	铁核桃	龙街河	1
66	铁杉林	锦屏温卜黄草坝	1
67	铁杉林	锦屏温卜黄草坝龙塘	1

续表

编号	监测对象	地点	数量（个/条）
68	铁杉林	锦屏温卜黄草坝	1
69	铁杉林	锦屏温卜黄草坝龙塘	1
70	无量山箭竹林	徐家坝	2
71	无量山箭竹林	龙街	2
72	西康玉兰	大雪锅山监测站旁	3
73	喜马拉雅红豆杉	平河野猪窝	1
74	喜马拉雅红豆杉	平河解板箐	1
75	喜马拉雅红豆杉	平河黄家坟大箐	1
76	喜马拉雅红豆杉	大雪锅山监测站旁	3
77	云南拟单性木兰	文龙帮迈张家岩	1
78	云南拟单性木兰	景福岔河大寨子	1
79	云南拟单性木兰	景福岔河大寨子	1
80	云南拟单性木兰	文龙帮迈家岩	1
81	云南拟单性木兰	景福岔河大寨子	1
82	云南拟单性木兰	景福岔河大寨子	1
83	云南七叶树	小吊水	3
84	长蕊木兰	文龙帮迈张家岩	1
85	长蕊木兰	文龙帮迈张家岩	1
86	长蕊木兰	文龙帮迈张家岩	1
87	长蕊木兰	文龙帮迈张家岩	1
88	紫茎泽兰（样线）	龙街	1
89	紫茎泽兰（样线）	太忠	1
90	紫茎泽兰（样线）	大街	1
91	紫茎泽兰（样线）	马家后山	1
92	紫茎泽兰（样线）	大中山	1
93	人为干扰（样线）	千家寨	1

（五）动物监测样线

1. 兽类监测

在拟建国家公园设立兽类动物及其栖息地监测固定样线，采用鸣声监测法、直观监测法、踪迹监测法、布设红外线相机等方法，监测西黑冠长臂猿、林麝、中华鬣羚、水鹿、黑熊、印支灰叶猴、猕猴等动物的种群数量和受干扰状况等，根据监测对象分布地点布设监测样线，在地形图中勾画出样线，用卫星定位仪对样线进行定位，样线每隔500m做一个标记（如在树干、石头上用红油漆做标记），两标记点之间每隔100m设置一块标记牌，标记牌上标明样线编号和样线长度。共布设野生动物及其栖息地监测固定样线49条，总长度176km（表9-3）。西黑冠长臂猿监听点10个（表9-4）。

2. 鸟类监测

设立鸟类监测样线，采用样带监测方法、样点监测方法，监测黑颈长尾雉、白鹇、环颈山鹧鸪等鸟类种群数量和受干扰状况等，根据监测对象分布地点布设监测样线，在地形图中勾画出样线，用卫星定位仪对样线进行定位，样线每隔500m做一个标记（如在树干、石头上用红油漆做标记），两标记点之间每隔100m设置一块标记牌，标记牌上标明样线编号和样线长度。共布设鸟类监测样线18条，总长度70km（表9-5）。

表 9-3　兽类监测样线统计表

编号	监测对象	地点	条数（条）	长度（km）
1	西黑冠长臂猿、水鹿、黑熊等	高山营-新厂河	1	4
2	西黑冠长臂猿、水鹿、黑熊等	枇杷箐水库-大广四坟	1	4
3	西黑冠长臂猿、水鹿、黑熊等	董家坝水库-压木山	1	4
4	西黑冠长臂猿、中华鬣羚	纸厂-太山庙	1	3
5	西黑冠长臂猿、中华鬣羚	马家后山-烟粟地河-大营盘山	1	3
6	西黑冠长臂猿、短尾猴	分水岭箐-营盘箐	1	3
7	西黑冠长臂猿、短尾猴	分水岭箐-营盘箐	1	3
8	西黑冠长臂猿、短尾猴	分水岭箐-营盘箐	1	3
9	西黑冠长臂猿、短尾猴	水库坝埂-石房箐	1	3
10	西黑冠长臂猿、短尾猴	石房箐-二道绕马路	1	3
11	西黑冠长臂猿、短尾猴	大中山-大草坝	1	4
12	西黑冠长臂猿、短尾猴	大中山-畜牧场	1	4
13	西黑冠长臂猿、短尾猴	大圆地河-畜牧场	1	3
14	西黑冠长臂猿、短尾猴	畜牧场-大草坝	1	3
15	西黑冠长臂猿、短尾猴	平河水库-大沟头	1	3
16	西黑冠长臂猿	徐家坝	2	6
17	西黑冠长臂猿	龙街	1	3
18	西黑冠长臂猿	横担地-白石岩茶厂	1	3
19	西黑冠长臂猿	文龙乡迤菜富村边界经2379高程点至锣锅山	1	3
20	西黑冠长臂猿	锦屏上场河边界羊山往东北顺河上至山顶	1	4
21	西黑冠长臂猿	漫湾中山村经中山至2611高程点	1	4
22	西黑冠长臂猿	漫湾石洞顺河上至山顶	1	3
23	西黑冠长臂猿	栏杆箐至独家村垭口	1	3
24	水鹿	徐家坝	3	9
25	水鹿	景福岔河大寨子平河，大寨子往东北顺河上至河头	1	3.5
26	水鹿	林街乡地隔介	1	3.5
27	兽类	千家寨	1	3
28	兽类	安定吴家后山往西顺凹子上	1	3.5
29	兽类	安定小平掌经2409高程点至2776高程点	1	4
30	兽类	林街磨刀河至大洞子山	1	3.5
31	兽类	自强阱门口	1	4
32	兽类	马中山至白竹山	1	4
33	中华鬣羚、林麝、黑熊等	纸厂	1	4
34	中华鬣羚、林麝、黑熊等	革草坝至干龙坝	1	4
35	中华鬣羚、林麝、黑熊等	三雪锅山至干龙坝河	1	3
36	中华鬣羚、林麝、黑熊等	大白岩-雷打牛梁子	1	3
37	中华鬣羚、林麝、黑熊等	菜子地垭口以北	1	3

续表

编号	监测对象	地点	条数（条）	长度/km
38	中华鬣羚	锦屏温卜黄草坝至 3254 高程点	1	3
39	中华鬣羚	锦屏上场河管理点往东北至河边	1	3
40	中华鬣羚	子宜乐后山梁子	1	3.5
41	中华鬣羚	营盘山至大营盘	1	3.5
42	印支灰叶猴、西黑冠长臂猿	景福岔河大寨子管护点至大洞子山	1	4
43	印支灰叶猴、西黑冠长臂猿	文龙帮迈边界至 2447 高程点	1	4
44	印支灰叶猴、西黑冠长臂猿	栏杆箐至大营盘	1	3
45	印支灰叶猴、猕猴、林麝	大弯箐	1	3
46	灰叶猴	大山河、三岔河往东至 2663 高程点	1	3
47	黑熊	龙街	2	6
48	哀牢髭蟾、景东湍蛙	锦屏温卜黄草坝	1	3
49	哀牢髭蟾、景东湍蛙	文龙帮迈泡竹林河	1	3

表 9-4　西黑冠长臂猿监听点统计表

编号	性质	地点	个数（个）
1	新建	千家寨	3
2	续建	尖石头坝	1
3	续建	大雪锅山脚	1
4	续建	晌午街	1
5	续建	茶马古道	1
6	新建	锣锅山	1
7	新建	羊山	1
8	新建	漫湾中山	1
9	新建	石洞村顺河	1
10	新建	独家村垭口	1

表 9-5　鸟类监测样线统计表

编号	监测对象	性质	地点	条数（条）	长度（km）
1	黑颈长尾雉、白鹇等	续建	二台楼-烧香岩孜	1	3
2	黑颈长尾雉、白鹇等	续建	大中山-小雀山	1	3
3	黑颈长尾雉、白鹇等	新建	横担地-白石岩茶厂	1	3
4	白鹇、白腹锦鸡等	续建	大中山-大草坝	1	4.5
5	白鹇、白腹锦鸡等	续建	大圆子地-畜牧场	1	3
6	白鹇、白腹锦鸡等	续建	平河水库-大沟头	1	3.5
7	白鹇	续建	徐家坝	3	9
8	环颈山鹧鸪	续建	徐家坝	3	9
9	绿孔雀	续建	恐龙河	1	4
10	鸟类	续建	停车场至 2 号茶树	1	4
11	鸟类	续建	猴子箐	1	3
12	鸟类	续建	监测站以西	1	3
13	鸟类	续建	监测站以东	1	3
14	鸟类	续建	景福岔河大寨子瞭望塔至通鼻子山	1	3
15	鸟类	续建	锦屏温卜黄草坝，细佐往西南顺小路至 3220 高程点	1	3
16	鸟类	续建	灵宝山大梁子	1	3
17	鸟类	续建	洒拉箐梁子	1	3
18	鸟类	续建	凤凰山梁子	1	3

3. 两栖爬行类监测

设立两栖爬行类监测样线，采用样带监测方法、样点监测方法，监测哀牢髭蟾、哀牢蟾蜍、大花角蟾、景东湍蛙、景东齿蟾、红瘰疣螈等两栖爬行类种群数量和受干扰状况等，根据监测对象分布地点布设监测样线，在地形图中勾画出样线，用卫星定位仪对样线进行定位，样线每隔500m做一个标记（如在树干、石头上用红油漆做标记），两标记点之间每隔100m设置一块标记牌，标记牌上标明样线编号和样线长度。共布设两栖爬行类监测样线9条，总长度32km（表9-6）。

表9-6　两栖爬行类监测样线统计表

编号	监测对象	性质	地点	条数（条）	长度/km
1	哀牢蟾蜍、大花角蟾	续建	大青树箐	1	3
2	哀牢髭蟾、哀牢蟾蜍	续建	水箐头至水箐口	1	3
3	哀牢髭蟾、哀牢蟾蜍	续建	大中山至小河坝	1	3
4	哀牢髭蟾、哀牢蟾蜍	续建	金锅河	1	3
5	哀牢髭蟾、红瘰疣螈	新建	枇杷箐水库顺河上	1	3
6	哀牢髭蟾、红瘰疣螈	新建	董家坝山门口-二荒地	1	3
7	哀牢髭蟾、景东齿蟾、红瘰疣螈	续建	徐家坝	2	6
8	红瘰疣螈	续建	龙街	1	3
9	两栖爬行类	续建	曾山河，曾山管护点东北部	1	5

二、科技支撑体系

拟建哀牢山-无量山国家公园将进一步加强科技支撑体系建设，设立科研管理机构，完善科研管理制度，制定科研合作机制，建立专家智库；加强科研基础设施建设，购置科研监测设备，营造良好的科研平台；吸引国内外科研机构合作开展科研工作，培养出一批高素质的科研人员。科研项目将针对拟建国家公园主要保护对象，在深入研究西黑冠长臂猿、印支灰叶猴、绿孔雀物种生活习性规律的基础上，扩大研究范围和研究对象，加强科研能力，同时开展专项调查，进一步摸清中山湿性常绿阔叶林，野茶王树及野生茶树群落等拟建国家公园主要保护对象的种类、面积和分布状况、群落结构等，为其有效保护提供科学依据。

（一）设立科研管理机构

拟建国家公园将设立科研管理机构，并依托科研机构和院校建成全国性的"国家公园-科研机构-院校" 3方合作的全国国家公园科学研究理事会。在此框架下，国家公园科学研究理事会领导定期会晤，出台管理指南，发布年度报告；国家公园提供科研监测的场所和平台，科研机构提供研究人员和项目资金，院校提供专业教师、学生和知识传授服务，促进国家公园、机构与院校间的合作，共同推进国家公园科研监测事业发展（马炜等，2019）。科技管理机构负责拟建国家公园内部科技项目的管理与协调工作，包括立项、审批、过程控制、验收、奖励等；组织各级各类科技计划项目、科技平台的申报及资金争取工作；定期发布拟建国家公园科技项目申报指南，吸引科技人员积极申报。为满足拟建国家公园管理部门对拟建国家公园内开展的科研工作有效管理、监督的需求，开展重大项目的科研与监测内容时，采取国内外较通行的课题项目组织管理形式。无论独立研究还是合作研究，均要确定相应的课题项目负责人，并以项目协议形式明确项目负责人的责任、权利和义务，由项目负责人全权负责项目研究的具体操作。制定与其相关的项目管理制度、监督制度及课题申请、审核批准条件、过程跟踪与成果验收等制度，使科研体系的管理和研究课题的申报与实施有章可循；此外，拟建国家公园科研管理制度还需对科研项目经费、成果质量定级和成果归档管理等方面制定完善的管理规章制度，规范拟建国家公园科研经费使用，提高科研成果的转化效率，实现科研成果数据共享（唐芳林等，2018）。

（二）完善科研合作机制

积极探索拟建国家公园与科研机构及大专院校合作机制，鼓励大专院校和科研机构参与拟建国家公园的生态保护、规划设计、科研监测、社区共建等领域研究；整合拟建国家公园研究领域专家，建立拟建国家公园研究专家智库，按照学科、主要研究区域以及研究方向等，将专家库的专家划分为不同研究小组，使专家库的设立更趋向专业化、具体化和精细化。调动和发挥专家学者的咨询参谋作用，为拟建国家公园生态环境和自然资源监测指标体系与技术体系，制定生物多样性监测技术规程规范，并为合理布局监测站点等技术规范和标准的制定提供咨询、评审和论证服务，以科学指导拟建国家公园科研体系建设、科研课题设置，以及科研工作规范、有序地开展，为拟建国家公园建设与发展提供广泛技术和学术支撑。

（三）加强科技创新能力

深入推进拟建国家公园与科研院所及大专院校联合共建科技平台，加大对现有中国科学院西双版纳热带植物园哀牢山生态站、西黑冠长臂猿研究基地和鸟类环志基地等科研平台建设，规划新建拟建哀牢山-无量山国家公园生物多样性研究中心，补充完善相关科研监测设施设备。设立科研专项，发布课题指南，开展国家公园生物多样性、生态系统修复、珍稀濒危野生动物种群动态变化和保育、生态环境监测技术，生物资源开发技术、社区传统农业优化升级技术等科技研究，为拟建哀牢山-无量山国家公园建设提供科技支撑。围绕成果转化关键环节，搭建科技成果转化信息服务、技术转移、评估分析等科技成果转化平台，及时总结、推广、应用科研成果，鼓励和促进科技成果转化（表9-7）。

表9-7 拟建哀牢山-无量山国家公园科技支撑项目计划表

序号	科技支撑项目
1	国家公园自然资源本底调查
2	生物多样性维持机制及生态系统功能演变机理研究
3	生态服务功能与生态安全研究
4	生态系统与森林碳汇能力研究
5	天地生人综合研究
6	景观格局演变及其生态效应研究
7	桫椤、水青树、伯乐树、滇藏木兰、七叶树、红豆杉资源专项调查
8	重楼、姜状三七、黄精、龙胆草、古茶树、大红菌人工种植关键技术研究
9	药用植物资源专项调查
10	野生古茶树资源专项调查研究
11	长蕊木兰资源专项调查
12	箭竹、玉山竹、滑竹等竹类资源专项调查
13	沼泽湿地资源专项调查
14	常绿阔叶林植被与西黑冠长臂猿、灰叶猴等生态耦合机制研究
15	黑颈长尾雉、绿孔雀、西黑冠长臂猿、灰叶猴行为生态学研究
16	黑颈长尾雉、绿孔雀、西黑冠长臂猿、灰叶猴遗传学研究
17	黑颈长尾雉、绿孔雀、西黑冠长臂猿、灰叶猴种群数量及其栖息地调查研究
18	西黑冠长臂猿、灰叶猴人工习惯化监测、人工辅助投食实验研究
19	鸟类资源专项调查研究

续表

序号	科技支撑项目
20	鸟类环志、候鸟迁徙规律研究
21	昆虫资源专项调查研究
22	野生菌种质资源保护与利用研究
23	野生动物肇事状况调查及对策研究
24	哀牢髭蟾种群数量及分布调查
25	珍稀濒危野生动物种群动态变化和保育机制的研究
26	生物多样性保护与传统文化研究
27	外来物种入侵现状专项调查
28	生态旅游在国家公园中的效益研究
29	国家公园集体林保护管理对策研究
30	国家公园周边社区传统农业与替代经济研究
31	国家公园管理机制与对社区发展影响研究

三、基础设施体系

加强拟建哀牢山-无量山国家公园管理站所能力提升，推进基层站所标准化、规范化建设，加大管护站、检查站、哨所、疫源监测站等各类站所基础设施建设，改善站所办公用房和办公条件；特别加强科研宣教用房、环境教育基地、科普教育场馆等科研、宣教设施设备建设。依托当地的国民经济与社会发展规划和交通、电力、通信、环保及公共服务等专项规划，按照生态优先、环境友好的原则，规划和建设一批基础设施和公共设施项目，高标准建设，符合哀牢山-无量山区域特点的基础设施配套体系。

（一）管护基础设施建设

1. 管理站

按照国家相关政策文件，200km² 左右设置一个管理站，拟建哀牢山-无量山国家公园总面积 1500km² 左右，按要求应设置 7～8 个管理站，每个管理站含办公、会议、培训用房；辅助建筑含数据中心、仓库、值班室、车库、配电房等。

2. 管护点

整合已建设的各类保护地管护所、管护点基础设施，规划设立适当数量管护点，每个管护点含办公、会议、培训用房；重建厨房、厕所及附属建筑各一个。管护点辅助建筑含仓库、值班室、车库、配电房等。

3. 哨卡（检查点）

在进入拟建国家公园的主要公路出入口设置检查点、哨卡，对出入车辆、人员偷采、偷猎等行为进行检查，对带出拟建国家公园的木质和非木质产品进行登记、统计。在防火季节，对进出拟建国家公园的所有人员和车辆进行检查、登记。

4. 科研宣教中心

在景东、镇沅、南华、楚雄、双柏、新平、南涧 7 个地区各建立一个科研宣教中心，建设内容包括办公室、会议室、展览厅、多功能放映室、实验室、科技档案室、标本制作室、标本陈列室、标本储藏室、仪器设备室、药品储藏室，并制作动植物标本、图片、多媒体、沙盘等。建设地点分别为景东徐家坝、镇沅千家寨、南华大中山、楚雄西舍路、双柏碍嘉、新平冬瓜岭、南涧凤凰山。

5. 自然教育基地

在景东、镇沅、南华、楚雄、双柏、新平、南涧 7 个地区各建立一个面向青少年、教育工作者、特需群体和社会团体工作者开放的自然教育基地（自然教育学校），建设内容包括：门禁系统、展厅、解说系统、环境卫生系统、观景小道、植物研习区、教育小径等。建设地点分别为景东大寨子、镇沅千家寨、南华大中山、楚雄西舍路、双柏平河、新平冬瓜岭、南涧凤凰山，侧重展示候鸟迁徙盛况、鸟类环志、西黑冠长臂猿等动物、高山杜鹃等野生植物和中山湿性常绿阔叶林生态景观。

6. 专业扑火营房

各管护局均建有专业扑火队，但没有固定的营房，无法满足防火期间专业扑火队员的住宿和防火物资贮备。规划在景东锦屏、镇沅者东平顶山、南华马街、楚雄西舍路、双柏碍嘉、新平水塘、南涧蛇腰箐建设专业扑火队营房，设立专业扑火队营房 7 处。

（二）配套工程规划

依托当地的国民经济与社会发展规划和交通、电力、通信、环保及公共服务等专项规划，按照生态优先、环境友好的原则，规划和建设一批基础设施和公共设施项目。建成以国道、省道为骨干，以县、乡公路和农村道路为基础的巡护路网体系，保障生态体验线路畅通、点线联通，形成空地一体的交通网络；建设安全救援队伍，配备必要的设施设备，构建完善的自助服务、紧急救援等生态体验服务体系。

1. 路网建设

维护现有交通干道、便道和巡护道路等，形成较为完善的巡护网络体系。道路沿线采取设置警示牌、减速震动带、速度显示器等措施限制车速，引导司机注意避让野生动物。保护重点区的道路，禁止或限制汽车、火车鸣笛和照射远光灯。为保证野生动物迁移扩散通道不被阻断，拟建国家公园内道路应保留动物通道，并在关键区域限制通行时间、车行速度。依托已有交通路网，科学设置野外巡护线路，在现有道路、防火通道基础上，根据森林防火的实际需要，规划修缮森林防火通道。

2. 通信导航

通过有线、无线和卫星通信等手段，实现拟建国家公园内通信信号全覆盖。统一合理安排用地，在人烟稀少地区的野外专业巡护站点配置卫星通信设备。加强卫星导航工程建设，增补拟建国家公园内全球卫星导航定位连续运行基站数量，实现拟建国家公园内全球卫星导航定位连续运行基站全网覆盖。

3. 供电设施

拟建国家公园内现有电力设施予以保留，拟建国家公园各管理机构可根据实际条件设置供电设施，管护局（站、点）、瞭望塔、监测站、科研宣教中心供电应尽可能通过周边乡镇外接输电线或新建设供电设施解决；偏远管护点、哨卡可通过太阳能发电系统等措施予以解决，并配置小型发电机一台。

4. 供水设施

拟建国家公园内现有供水设施予以保留，管护局（站、点）、瞭望塔、监测站、科研宣教中心等应尽量接入周边自来水网，各建 10.0m³ 蓄水池一个；无法接入自来水网的管护站、管护点、哨卡，可建立蓄水池、铺设引水管网等设施。

5. 环卫排污

对拟建国家公园内垃圾处理、旱厕和化粪池改造、污水处理系统等进行统一规划，避免生活垃圾直接排放。为拟建国家公园及周边居民点修建污水收集管网，设置垃圾分类储存池及分类垃圾桶，在居民点和周边乡镇设置垃圾压缩中转站及垃圾清运车等垃圾运输处理设施设备。

6. 标识系统

在拟建国家公园边界、管控分区区界和主要出入口设立园碑、界碑、界桩、区桩，标明国家公园名称、范围等。埋设拟建国家公园范围及管控分区界桩，明确拟建国家公园保护管理范围以及各管控分区范围。根据实际情况，在自然地形不明显、人为活动较多地段应加密设置标识系统。引导和规范访客行为，在各道路岔路口及中途布设引导标识牌，在自然教育解说中心、环境脆弱处、危险区域等设置安全警示牌。

7. 大数据中心及传输网络

以"数据中心+服务支撑"的模式进行大数据中心构建，包括网络设备和存储设备，以及为其服务的配电设备、空调设备、新风设备、消防设备、智能化设备、安全设备、控制设备等其他设备等。搭建 5G 信息传输网络，包括 5G 基站、核心网、传输等的基础网络设备部署，基站机房、供电、通信铁塔、管线等的建设。加强大数据中心关键信息基础设施保护和数据安全，维护网络空间的和平与安全。

四、智慧国家公园体系

贯彻落实"数字云南"规划部署，依托中国林业双中心建在云南的便利条件，抓住"新基建"历史机遇，加大物联网、云计算、大数据、移动互联网、人工智能等信息技术在拟建哀牢山-无量山国家公园管理和公共服务方面的创新应用，建立智慧林业一体化监管决策系统，推进国家公园自然资源数字化、生态保护修复动态化、灾害防控智能化、生态服务信息化、行政服务一体化、生态文化网络化目标的实现，为实现拟建哀牢山-无量山国家公园现代化管理提供基础支撑。

（一）智慧国家公园基础设施建设

1. 基础软硬件设施建设

基础软硬件设施建设包括机房以及配套工程建设，主要为以服务器、机柜、音响设备、交换机、路由器、UPS、环境监控设备和网络监控设备等为核心的基础硬件建设，以操作系统、数据库软件、地理信息软件等为核心的基础软件建设。

2. 拟建国家公园网络建设

构建覆盖拟建国家公园各个业务科室、管理站的内外网；构建拟建国家公园与林草主管部门之间的专网；积极推进拟建国家公园下一代互联网建设，为拟建国家公园物联网接入做好准备；大力推进无线网络建设，实现重点区域内无线宽带网络无缝覆盖等。

（二）智慧国家公园大数据平台建设

在整理、整合各个业务部门各类数据资源的基础上，按照统一的数据库编码标准，收集、比对、整合分散在各部门的基础数据，通过信息资源规划的方法，梳理和建立以国家公园空间地理数据库、基础数据库、专题数据库和公共信息数据库为核心的智慧国家公园大数据平台，构建标准的数据服务，建立集中式的管理机制，实现对各类资源数据的有效整合、共享、管理与使用，为拟建国家公园各部门以及林草部门提供高质量数据服务，消除数据孤岛，为智慧国家公园平台建设提供重要数据支撑软环境（李云等，2019）。

（三）智慧国家公园监管平台建设

智慧国家公园监管平台构成主要包括门户系统、资源监管类系统、灾害应急类系统和政务办公类系统（表9-8）。

表 9-8　智慧国家公园监管平台系统构成表

系统类别	系统名称
门户系统	智慧国家公园门户系统（网站、微信\微博公众号）
资源监管类	资源二、三维展示与辅助决策支持系统
	智能巡护监测管理系统
	网格化巡护调查系统
	资源管理系统
	生态监测系统
	生物多样性采集与监测系统
	数字档案系统
	科研宣教系统
	遥感分析系统
	无人机监控系统
	数字化博物馆
	生态旅游智能微信导览系统
灾害应急类	森林防火预警指挥系统
	有害生物监测管理系统
	动物疫源疫病监测管理系统
政务办公类	协同办公
	社区共管

五、人才队伍建设

（一）加强科技创新人才培养

依托科研所、科研科（室），结合国家公园科研与监测工作的实际需要，制定合理的人才培养规划，培养一批动植物学、生态学、林学和国家公园管理等专业人才，构建一支能胜任国家公园科研与监测所需要的高素质科研队伍。鼓励大专院校和科研机构参与拟建哀牢山-无量山国家公园的规划设计、生态保护、科研监测、社区共建、科普宣传等工作。制定科技人才激励机制，提高人才待遇，稳定科技队伍，鼓励在职深造，树立优良学风，倡导上进和钻研精神，把个人工作业绩、研究成果与职称、职务挂钩，对有重大贡献的人员给予重奖。

（二）组织专业技能培训

通过"请进来、派出去"的方法有计划地对职工进行专业技术培训，以提高拟建国家公园管理人员的综合业务素质。结合拟建国家公园自身特点，自上而下进一步开展对拟建国家公园决策人员、管理人员、巡护人员、科研人员、宣教人员、数据管理人员、执法人员、行政管理人员等的职业教育和技能培训，使各类人员的文化素质和业务能力得到大幅度提高。

（三）建立健全人才管理制度

建立健全带薪学习制度、经费保障制度、人才考评制度、人才奖励制度和人才引进制度。对所有专业技术人员实行聘用制度，加大各类人才选拔使用力度，积极为各类人才创业创新提供条件，促进"人岗相适、人尽其才"，形成有利于各类人才发展的选人用人机制。提高拟建国家公园管理者业务素质，建立起上下结合、职责分明、联系密切、高效率的科学有效的管理机制，并保证拟建国家公园各项工作任务的顺利完成。对于从事拟建国家公园巡护、案件查处、社区宣传教育等工作的职工，应按规定提高野外补助及相关待遇；对成绩突出者应给予物质上、精神上的奖励。对于从事科研科普的技术人员，应保障其经费，并给予更大的自主支配权，成绩突出者应给予物质上、精神上的奖励。

第八节　构建社区协调发展机制

一、提供岗位安置

发挥拟建国家公园的影响力和示范带动作用，统筹拟建国家公园内外社区共同发展。鼓励和引导社区通过多种形式参与到拟建国家公园的保护、建设和管理过程中，为拟建国家公园提供必要的支撑，从单一的居民转变为拟建国家公园的建设者、保护者和管理者。一是为生态保护修复工程、保护设施、科研监测设施、生态体验和环境教育设施等的建设和运行提供劳务服务，直接参与建设。二是通过生态管护公益岗位、环境保护公益岗位，以及志愿服务等形式，参与拟建国家公园的生态环境保护。三是在工程建设、科研监测、巡查巡护等过程中，将社区作为后勤保障点，提供必要的支撑；在生态体验和环境教育过程中，引导社区参与，提供必要的餐饮和住宿服务；鼓励和扶持有条件的拟建国家公园社区通过特许经营的方式参与生态体验和环境教育等的运营与管理。四是发挥主人翁精神，主动参与到拟建国家公园的日常管理运行中，特别是对访客的管理。

二、实施传统利用管理

由于历史、民族、文化等方面的原因，哀牢山-无量山地区长期以来形成了其固有的农耕生产生活方式，同时造就了拟建国家公园内较为分散的社区居住形态。社区发展和国家公园的建设过程中，社区传统生产生活方式和居住形态都将发生改变。帮助社区适应新的生活方式，引导转产转业，解决后续产业问题，是社区发展必须解决的重要问题。

在实行最严格生态保护的前提下，社区发展中，应统筹谋划经济建设、政治建设、文化建设、社会建设、生态文明建设，使拟建国家公园内的乡村率先实现振兴。一是大力发展社区绿色产业，提升产业质量，促进产业融合。二是强化生态系统治理，加强环境综合整治。三是加强传承，发展优秀传统文化和民族文化，加强公共文化建设。四是推进产业调整和转移，大力提升医疗、教育等公共服务水平，推动基础设施提档升级。

三、完善社区共管共治机制

（一）社区参与共治

拟建国家公园管理机构应引导社区以不同形式积极参与国家公园政策、规划的制定和实施，将其合理诉求在政策、规划中得以体现，保障社区对拟建国家公园规划、政策制定与实施的知情权、参与权。

（二）社区参与共管

拟建国家公园制定社区发展规划、社区资源保护与利用工作计划、社区特许经营方案等经由社区参与共同制定，协助当地政府实施社区发展项目，解决社区发展实际问题，处理拟建国家公园与当地社区协作方式、利益分配、矛盾冲突等日常事务的组织和协调工作。

四、建立特许经营模式

（一）特许经营范围

特许经营的范围应限于直接关系公共利益、涉及公共资源配置和有限自然资源开发利用的项目，包括游憩项目和其他经营性、服务性项目。游憩产品包括为满足公众游憩需要所提供的公路、步道、停车场、生态厕所、解说设施、观景设施、游客中心、展览场馆等基础设施，餐饮、生态小屋、野营地等游憩设施，以及向导、解说、咨询、纪念品销售、专业设备租赁等游憩服务。

由于处于建设初期，拟建国家公园的旅游产品目前仅为观光项目，未来发展项目中社区可选择对资源的影响比较容易评估，且影响较小的民宿、旅游商品售卖、自然教育、自然向导、道路维护等项目进行特许经营试点，待积累足够的经验后再在其他项目中推广，以免对资源造成严重的破坏，或者是特许经营在执行的过程中出现重大缺陷。

（二）特许经营组织方式

试点区的特许经营应当遵循"政府授权、管理与经营分离"的原则。政府或其授权的部门负责拟订特许经营的政策，编制特许经营权出让方案，并组织专家进行论证后公开听取社会公众的意见；采用招标等公平竞争的方式确定被特许者（经营者），并明确经营内容、方式、期限、收益分配等权利义务，签订特许经营合同。被特许者按照特许经营合同中的约定，在不破坏资源的前提下，可以自主开展经营活动。拟建国家公园管理局依据政府的授权，负责按照特许经营权出让方案监督被特许者的经营活动，对特许经营项目的成效和特许经营合同的履行情况进行评估，受理公众对被特许者的投诉，并向政府及相关部门反馈特许经营项目的执行情况。

（三）特许经营管理体制

被特许者应当按照特许经营合同的约定缴纳特许经营费。特许经营费可以包括：特许经营权出让费（使用费）、保证金和其他费用。特许经营权出让费（使用费）是指被特许者在使用特许经营权的过程中，按一定的标准或比例向授权主体定期交纳的费用，可按季、半年、一年不同时间段计交；保证金是指为确保被特许者履行特许经营合同，授权主体要求被特许者交纳的一定数额的保证金，合同到期后无违约责任，保证金退还被特许者；其他费用是指授权主体根据特许经营合同或与被特许者协商一致，为被特许者提供相关服务（治安、保洁、宣传促销等），并向被特许者收取的相关费用。对微利或者享受财政补贴的特许经营项目可以在特许经营合同中约定减免或优惠政策。

五、建设入口社区

拟建国家公园将开展一定的科学研究及生态体验和环境教育活动，按照最严格生态保护要求，拟建国家公园内不宜布局太多支撑服务设施，特别是大型设施，同时也要合理控制访客数量。在拟建国家公园周边统一规划入口社区，集中布局生态体验和环境教育服务业及小型商贸业，在对拟建国家公园发挥必要支撑服务的同时，也间接保护了拟建国家公园的生态环境。同时，入口社区还可以作为生态巡护等的重要补给地，进一步提高对拟建国家公园的支撑服务功能。根据《建立国家公园体制总体方案》，引导地方政府在拟建国家公园重要入园处打造入口社区，实现拟建国家公园内外联动发展。按照相关标准，鼓励将拟建国家公园所涉县县城、入口社区符合条件的区域打造成国家公园特色小镇。拟建国家公园建设将产生显著的社会效益和经济效益，且具有外溢性。通过建设入口社区，打通效益传输通道，将建设国家公园产生的红利有效辐射到拟建国家公园外，成为拟建国家公园带动周边社区发展的重要载体。

（一）打造国家公园小镇

鼓励、引导围绕拟建国家公园所涉县县城及国家公园入口区域建设2～3个国家公园小镇。拟建国家公园小镇由地方政府主导建设，逐步完善功能，重点打造成生态体验服务旅游特色小镇。承接拟建国家公园内向外转移居民，进一步提高对拟建国家公园的支撑服务功能。

对拟建国家公园小镇内居民在政策制定、人员培训、资金扶持等方面提供保障，提高拟建国家公园特色项目的支持力度，逐步形成完善的生态旅游产业体系。持续推动社会事业发展，不断完善公共服务设施和基础设施，完善社会服务功能，引导人口不断聚集。通过不断发展，逐步建设成区域经济、产业、教育和文化中心。

（二）引导发展入口社区

优先在拟建国家公园周边建设入口社区。杜绝大拆大建，不重新打造新的居民点，在现有城镇的基础上，规划建设入口社区。在综合考虑交通、区位、城镇建设基础等因素的基础上，确定入口社区的选址。合理考虑入口社区的数量，分别布设在拟建国家公园入口附近。入口社区对内区位优势突出，对外交通优势明显，集中规划生态旅游接待和相关服务业态，将其打造成拟建国家公园访客接待集散中心。拟建国家公园和入口社区互相补充、有机联动，共同打造拟建国家公园生态产业。加强必要基础设施和公共服务设施建设，不断完善入口社区功能，吸引居民自愿集中，优先承接拟建国家公园内自愿来此聚居的居民。

六、保护与传承社区文化

拟建国家公园管理部门协助社区开展挖掘非物质文化遗产、少数民族文化、传统节日、民族建筑等文化保护工作。加强社区文化传承帮扶工作，建立社区文化站，定期开展社区民族文化传承的宣传和学习活动，对于社区中的非物质文化遗产项目代表性传承人给予相关奖励。下大力气挖掘、弘扬少数民族传统的生态智慧，整合宣传社区居民长期与自然共居、尊重自然、保护自然的生态保护意识与知识，为社区居民参与拟建国家公园保护提供文化支撑。为社区提供展示传统文化的机会与平台，把社区传统文化纳入拟建国家公园生态教育产品体系，丰富拟建国家公园产品内涵，提升社区居民对传统文化的自豪感。

第九节　开展自然教育与游憩

国家公园兼具保护、科研、教育、游憩和社区发展五大功能，自然教育与游憩作为国家公园的重要功能，世界各国也通过制定相关法律法规保障了其在国家公园发展中的合法地位。联合国千年生态系统评估（Millennium Ecosystem Assessment，MA）项目将包括游憩和生态旅游在内的文化服务列为生态系统服务的重要组成部分。在国家公园内适当开展自然教育和游憩活动，既满足了公众需求，体现了全民共享性，也能为国家公园自身持续发展提供资金支持。如果游憩能够实现良性发展，甚至可将其作为国家公园的一种保护手段。同时，游憩活动在国家公园中还是将"绿水青山变为金山银山"的有效途径；是展示生态文明成果的主要方式，是自然经济价值和社会价值实现的有效途径，也是人民获得感和幸福感的体现。

一、确定自然教育与游憩方式

（一）自然教育与游憩活动受众分类

针对拟建国家公园访客现状，将拟建国家公园自然教育与游憩的受众按照不同类型进行划分。除传统大众生态旅游者之外，将自然教育受众扩大到拟建国家公园全体利益相关者。包括社会大众、公园访客、社区居民、学生以及工作人员。并针对不同受众的不同需求编写不同的自然教育材料、设计不同的自然教育项目。

1. 大众生态旅游者细分

通过对拟建国家公园资源的本底价值进行判断，总结出国家公园游憩活动主要吸引的访客的特征。同时借鉴其他生态体验、游憩机会管理等相关理论和案例，得出以下访客类型（表 9-9）。

表 9-9　大众生态旅游者类型及特征

类型	特征
观光	以风景观光体验为主，需要舒适、人性化的环境
自然爱好者	热衷于体验、了解、认识野生动植物、河湖地貌等
户外运动爱好者	热衷于徒步、穿越等户外运动，寻求户外体验经历
文化寻旅者	热衷于体验当地的文化，寻求真实的文化体验经历
艺术追求者	绘画、摄影、电影拍摄等艺术爱好者或艺术家
科考工作者	前来进行野生动物、地质、社区等方面的科研
个性体验追求者	追求有品质、独特并且定制化的体验

2. 自然教育群体

除上述大众生态旅游者之外，拟建国家公园还将面向自然教育群体，提供自然教育相关的课程和体验机会。自然教育所面向的群体主要为以下类型（表 9-10）。

表 9-10　自然教育群体类型及特征

群体类型	特征
社会大众	社会大众是国家公园面向的最广大群体，可以通过多种宣传媒介传播国家公园自然教育理念
社区居民	社区居民是国家公园生态保护和生态文明教育等功能实施的主体，也是自然教育的受众主体
中小学生	将国家公园自然教育融入周边地区中小学自然教育课堂建设，使之成为自然教育和研学旅行的重要组成部分；并逐步将自然教育课程推广至全省乃至全国范围
工作人员	国家公园的管理和经营人员也是自然教育的对象，通过培训、团队建设、轮岗等方式，让国家公园的工作人员树立国家公园的相关理念，能运用生态系统相关知识，对大众进行指导和服务

（二）自然教育与生态体验内容

1. 自然课堂

建设思路：提高拟建国家公园的时空利用价值，提供基本的基础和配套设施，为引入社会力量参与自然教育解说项目和活动提供相应配套。激励政府、机构和个人共同参与自然教育，形成自然教育公益性和盈利性的双重发展模式。

建设要点：自然课堂是拟建国家公园实施自然教育的基地，具备系统解说、生态博物馆和科学教育的功能，宜设置于交通便利、场地充裕且具有教学资源、特色景观的区域。自然课堂基本设施包括生态系统展示、陈列室、图书室等，室外可配合设置野生动植物等科教基地。建设要点主要包括：①针对大众自然教育对象，开发设计自然教育解说项目和活动；②在不破坏自然生态环境的基础上，建设校舍并配套住宿设施和环境设施，提供基础的露营设施和服务；③对讲解员和工作人员进行专业知识和活动引导技能培训，提高其解说水平；④制作宣传文字材料、图片和画册，并在游客综合服务区免费发放，向参观者展示拟建国家公园内自然教育成果；⑤对社区居民进行培训，提高服务接待水平与效能，为自然课堂提供餐饮配套服务和民俗活动体验。

2. 自然小径

建设思路：以拟建国家公园现有巡护道路和游线为基础，以主题性自然学习和研学为目标，设计生态体验线路，配套基本服务设施。

建设要点：自然小径是拟建国家公园内实现自然教育和生态体验的主要区域之一，能够实现国家公园游憩目标，宜设置于现有保护区巡护道、生态游线之上，自然资源和人文资源丰富区域。自然小径配套设施包括野生动植物科普设施、休息站点、应急救援站点、服务设施等。建设要点主要包括：①针对大众生态旅游者和专项徒步旅游者；②尽量以现有道路为依托，不破坏原有生态环境，配套设施遵循简化原则，不影响环境；③沿线设置明确标识系统和警示系统，同时设置科普教育解说标牌，向生态旅游者展示拟建国家公园自然和人文资源。

3. 科学考察

建设思路：访客参与拟建国家公园的科研和监测活动；参与生态系统、土壤、水系、地质、动植物等的科学考察；参与动植物物种或样地监测；参与民族生态学、民族志等调研。

建设要点：科学考察项目是拟建国家公园科学研究基本功能的延伸，是对大众普及科学文化的重要方式，也是生态旅游的特种形式。科学考察项目配套设施包括科普科研馆、实验设施、科普设施、展览馆和其他服务设施等。建设要点主要包括：①针对特种生态旅游者和科学研究学者；②以拟建国家公园现有科学研究设施为依托，突出设施的科学性和趣味性，同时不影响环境；③科学考察设施符合相关生态旅游者的基本需求，能为大众提供科普教育展示的平台。

二、建设自然教育与游憩设施

（一）游憩类设施

建设思路：满足访客游憩需求的同时减少对生态环境的影响，包括步道［国家（森林）步道系统、森林小径］及观景台两类，均无须建筑物。

游憩类设施建设原则：①步道建设原则：规划简易路面、铺装路面和架空步道 3 类步道，遵循科学合理选址、制定技术指标（步道长度、路面最小宽度、最大访客容纳量等）、降低环境影响（遮挡要求、地面处理、建设材料选择等）等原则。②观景台建设原则：明确观察对象、合理设置容纳人数、满足访客视线要求、降低环境影响（遮挡要求、到达方式、地面处理、建筑材料和设备要求等）。

（二）自然教育类设施

自然教育类设施指与游憩路线、体验项目规划相结合的，开展自然教育活动的设施。包括访客中心、自然教育点（如博物馆、展览室、自然学校、保护站等）和科研监测点（如科研站、检测塔、监测点等）3 类。

自然教育类设施大多与已有的建筑或场地相结合，并遵循以下原则：①不新建建筑物：依托已有的博物馆、寺庙、广场、保护站等设置。②与社区发展相结合：将自然教育项目与哀牢山-无量山地区的文化服务体系建设相结合，如将社区综合性文化服务中心设为自然教育点，使访客参与相关活动。③系统设计解说标识牌：从标识牌选址、内容和解说方式等方面进行统筹，对解说标识牌的设计、材料、结构及外观进行系统设计，塑造国家公园的整体形象。

（三）服务类设施

服务类设施是为游憩与自然教育解说提供相应配套服务的设施，包括住宿、餐饮、停车、医疗设施 4 类。

服务类设施建设原则：①住宿设施：规划帐篷营地、木屋营地和生态农庄 3 类住宿设施，前两类为露营地，后一类为特许经营，建设应遵循科学合理选址、明确管理方式、制定技术指标（容纳人数、建设规模、停车场规模等）、降低环境影响（建筑材质、地面处理、节能技术等）等原则。②餐饮设施：不设立新的餐饮服务设施，其设置或依托现有的县、乡、村镇服务基地，或依托住宿设施。③停车设施：根据停车场停车的方式和位置，划分为 5 类停车场，分别是入口区停车场、露营地停车场、景点停车场、生态农庄停车场和临时停车场。前 3 类为集中式停车场，后两类为散点式停车场。停车场建设应遵循控制建设规模、适当植草绿化、降低环境影响（地面处理、汇水处理等）、考虑特殊需求（换乘功能、无障碍功能等）等原则。④医疗设施：规划县镇级-乡级-景点级-流动医疗 4 级医疗服务系统。各级医疗服务点有不同的功能需求，能处理的紧急情况也根据级别而定。

（四）管理类设施

管理类设施为管理访客规模、访客行为，以及进行生态巡护、生态环境保护服务的设施，包括门禁系统、管理点与保护站 3 类。

门禁系统的设立主要依据园区入口位置，与体验类型无对应关系。管理点设置于二类、三类体验线路上，对访客量、访客行为进行监督管理。保护站主要与公众参与、志愿者参与类的体验项目结合，提供给公众参与拟建哀牢山-无量山国家公园生态保护工作的机会。

管理类设施建设原则：①门禁系统：在选址上，应选择在拟建国家公园边界附近交通便利、人流和车流量集中的区域；在材料使用上，应使用哀牢山-无量山地区本土材料构筑，如石材等；在形式上，应体现哀牢山-无量山地区的文化特色。②管理点：与门禁系统不同，管理点的功能较单一，无须设置大型构筑物，形式可以是门、小木屋或监测设备，以更好地控制访客容量、管理访客行为、提供相应服务。③保护站：本规划无新增保护站，管理类设施依托现有保护站设置。

参 考 文 献

李云, 蔡芳, 孙鸿雁, 等. 2019. 国家公园大数据平台构建的思考[J]. 林业建设, (2): 10-15.

马炜, 唐小平, 蒋亚芳, 等. 2019. 国家公园科研监测构成、特点及管理[J]. 北京林业大学学报(社会科学版), 18(2): 25-31.

唐芳林, 孙鸿雁, 王梦君, 等. 2018. 国家公园管理局内部机构设置方案研究[J]. 林业建设, (2): 1-15.

附表　拟建哀牢山-无量山国家公园土地利用统计表

（单位：hm²）

类别/片区	总计	草地·小计	草地·其他草地	草地·沼泽草地	耕地·小计	耕地·旱地	耕地·水田	工矿仓储用地·小计	工矿仓储用地·采矿用地	工矿仓储用地·仓储用地	公共管理与公共服务用地·小计	公用设施用地	机关新闻出版用地	科教文卫用地	交通运输用地·小计	城镇村道路用地	公路用地	交通服务场站用地	农村道路用地	林地·小计	灌木林地	其他林地	乔木林地	竹林地
总计	154808.15	884.68	819.57	65.11	792.35	729.73	62.62	2.63	2.31	0.32	2.80	0.17	1.11	1.52	300.98	0.10	75.38	1.00	224.50	150867.30	3150.58	339.65	147361.43	15.64
合计	149221.35	876.79	811.68	65.11	532.87	471.52	61.35	2.63	2.31	0.32	2.54	0.17	0.85	1.52	246.85	0.00	70.48	1.00	175.37	146010.82	3096.44	294.15	142614.39	5.84
国家公园 哀牢山	89932.64	538.41	473.30	65.11	154.61	154.61		0.32		0.32	1.98	0.02	0.85	1.11	144.80		58.99	1.00	84.81	88182.17	927.26	107.70	87147.19	0.02
国家公园 无量山	41882.88	112.21	112.21		52.78	52.78		2.31	2.31		0.50	0.15		0.35	34.39		8.65		25.74	41462.57	36.51	42.37	41383.69	
国家公园 恐龙河	17405.83	226.17	226.17		325.48	264.13	61.35				0.06			0.06	67.66		2.84		64.82	16366.08	2132.67	144.08	14083.51	5.82
生态廊道	5586.80	7.89	7.89		259.48	258.21	1.27				0.26			0.26	54.13	0.10	4.90		49.13	4856.48	54.14	45.50	4747.04	9.80

类别/片区	其他土地·小计	裸土地	裸岩石砾地	设施农用地	商服用地·小计	商服用地	水域及水利设施用地·小计	沟渠	河流水面	坑塘水面	内陆滩涂	水工建筑用地	水库水面	特殊用地·小计	特殊用地	园地·小计	茶园	果园	其他园地	住宅用地·小计	城镇住宅用地	农村宅基地
总计	16.09	7.55	6.39	2.15	0.80	0.80	1235.27	1.35	775.96	1.16	263.71	3.06	190.03	0.90	0.90	674.35	418.79	197.18	58.38	30.00	0.18	29.82
合计	16.01	7.55	6.39	2.07	0.80	0.80	1202.41	1.17	743.62	1.16	263.43	3.00	190.03	0.90	0.90	317.98	187.26	74.80	55.92	10.75	0.18	10.57
国家公园 哀牢山	9.94	4.48	4.17	1.29	0.16	0.16	661.77	1.04	389.17	0.74	78.40	2.39	190.03	0.31	0.31	234.17	137.47	47.02	49.68	4.00		4.00
国家公园 无量山	3.17	0.95	2.22		0.64	0.64	149.72		149.72					0.55	0.55	62.64	44.77	11.68	6.19	1.40	0.18	1.22
国家公园 恐龙河	2.90	2.12		0.78			390.92	0.13	204.73	0.42	185.03	0.61		0.04	0.04	21.17	5.02	16.10	0.05	5.35		5.35
生态廊道	0.08			0.08			32.86	0.18	32.34		0.28	0.06			0.06	356.37	231.53	122.38	2.46	19.25		19.25

附录　拟建哀牢山-无量山国家公园详细四至界线

（一）哀牢山片

　　哀牢山片四至界线起于普洱市与玉溪市交界处的山神庙山（高程点 2812m），向北沿山腰至高程点 2606m，转西北经高程点 2613m、高程点 2692m 至高程点 2261m，继续向西北过凹龙河，再向北方向顺梁子至高程点 2785m；转西南顺梁子至小丫口；转西北顺梁子经高程点 2301m 至 GPS 点（东经 101°23′18.27″、北纬 24°4′56.97″）；转西至 GPS 点（东经 101°22′38.48″、北纬 24°4′42.85″）；向北顺梁子经高程点 2580m、高程点 2309.6m 至高程点 2902m；转西经羊蹄子山向西北至高程点 1986m；转东北顺梁子至高程点 2594.2m；转西北过草子地、鸡冠山，顺河流至高程点 1630m；转东北至 GPS 点（东经 101°15′27.93″、北纬 24°16′13.44″）；转西北顺梁子经高程点 2503m，向北至景东和镇沅界。转西顺县界经高程点 2520m，继续向西北顺梁子，过甲碗河沿冬瓜岭，经高程点 1822m 继续向西北顺河至鲁家；转西顺梁子经大山、过文明山河至大沟坝头；转西北经背阴山，过卜匀河至大平掌；转北经高程点 2170m 至大梁子后山；转东至老唐家后山；转西北经老李家后山，过匀么河经三家村，向西北经中山村后山、阿家村、河头，继续向西北过戴家河至核桃村后山；转西南至公路上；转西北过马鞍山河，经高程点 2366m 东面，向西北过大牛丛河，经高程点 2336m 东面、经中岭岗山后山、背阴山，继续向西北过岔河至高程点 2479.6m；转北至分水岭；转西至普芽河；转北经高程点 2453m、高程点 2522m、高程点 2662m，继续向西北经高程点 2549.3m，经高程点 2545m，向北过山心河，经高程点 2690m 西面，向北经杨家村后山、三线河纸厂西面、高程点 2283m，向西北至南岸河；转西南至普洱和楚雄交界线，经高程点 2080m，至 GPS 点（东经 100°52′56.93″、北纬 24°43′54.98″）；转西经岭岗头至 GPS 点（东经 100°50′26.93″、北纬 24°43′55.59″）；转向正北经高程点 2135m，经龙树山，沿河向北经摩哈苴，拐向东北沿山腰经老虎山、马家箐、双锅箐行至麦地平掌，转向西北沿山梁过冷风箐、字家后山梁至大石房山梁，继续拐向西北，沿山梁经咀子小河、羊桥河、貂猪洞河、三眼洞河至领岗后山腰，转向正南方向，沿山腰经九尖山河、湾河、罗武箐、白岩子箐、龙街小河、烂泥箐至湾河，拐向西北方向沿普洱与楚雄行政区划界线行至打磨地处山腰，拐向正北沿山腰经中山箐、大窝拖箐、湾河，至对门山北部山脊，转向正北沿山梁经山背后上村后山、箐脚后山、三家村后山至酒房，转向东南过王家村背后山腰、山花地背后山腰，转向西南沿山腰经岔河、龙街河、大平掌后山腰、寺庙箐河至不知大丫口山脚箐口处，继续转向东南沿山梁穿沙坦郎河、唐家大箐、瓦匹扎大箐、中山箐至垭口后山梁，转向东南方向沿山梁经三沟坝河、马地洼子河、隔界河、大窑河、法卡箐河、老熊洞河、小箐至洋火塘河与南华和楚雄交界处，拐向西南沿行政区划界线行 800m，拐向正南沿山梁过大营盘山、洋火塘河至分水岭岗与楚雄普洱行政区界处，转向东南方向沿山梁过麻地山、三角桩、空心树河、竹四营盘、笋子箐山至小龙潭山头，继续沿东南方向经山梁过谢家厂大沟、阿左箐、龙掌坝河、白沙坡山头、董家坝后山至楚雄与双柏行政区划界线处三岔河水库，转向东北方向沿三岔河水库旁道路至茶叶村正南方向山腰，继续向东北沿山梁至高程点 2620.16m，转向东南沿山梁至高程点 2488.65m，转向正西沿山梁至高程点 2521.00m，转向正南继续沿山梁穿过塘房庙水库至高程点 2533.26m，转向正西沿山梁至高程点 2398.52m，转向东南沿山梁穿过鱼庄河至朱家箐，转向正东沿山梁至高程点 2418.25m，转向东南沿山梁过黑竹山、界牌河、大春河、漫召河至高程点 1791m，转向正南沿山梁至高程点 2795m，转向正东沿山沟插入大石板河，转向正南沿山梁穿过春园河至洞岗河，转向正东插入洞岗河后转向东南沿山梁过标水坎箐、南秀河至大麻卡河，顺大麻卡河继续向东南沿山梁经白水河、南达河、棉花河至以山，继续向东南沿山梁至马鞍山水库，转向东南，从南恩河 1932m 高程点以北山脊 2040m 高程处起，向西沿 2040m 高程点过南恩河，至南恩河 1932 高程点以南箐沟，沿山腰经铁厂河、大平坝河、大亮山河、小亮山河、冲对河至新安村后山腰；转向正北沿山腰经马龙河、烂泥塘河至普洱与玉溪交界处；拐向西北沿普洱与玉溪行政界线经班卡山 2644.6m

高程点、2594.5m 高程点、2659.7m 高程点、2634.4m 高程点、大金山 2712m 高程点、2717m 高程点、白石岩 2778.2m 高程点、2649m 高程点、2658m 高程点、2589m 高程点、2608m 高程点转向正北方向至普洱和玉溪交界处的山神庙山（高程点 2812m）。

（二）无量山片

无量山片边界东坡起于景东、南涧界处（东经 100°34′10″、北纬 24°42′43″），向东南顺等高线至丫口边转西南下跨过公路向西方向，经罗家村、白家村上方半山腰至箐沟，转东南方向经吴家村、燕子村后山半山腰到三家村、小平掌村、刘家村后山半山腰，经 2409m 高程点向东顺小梁子下至热水塘河，转南顺热水塘河上至热水塘河与大弯箐交叉处后向东顺小梁子上至 2525m 高程点，经 2578m 高程点转东南顺小梁子下至故姑河，顺小梁子上至 2522m 高程点，顺梁子经山腰转东顺梁子下至义昌河，跨义昌河后顺梁子上至山顶，沿山脊向东南方向行至大黑箐，顺冷窝河至漫状后山处向东南方向经水磨房至落水洞后方半山腰，再经大箐河至黄草坝后山向南下至大坝河经岩峰山南面下至箐沟 1675m 高程点，转向正东方向四窝蜂河、一把伞河，与镇沅、景东交界处起，向东沿镇沅、景东行政区划界线行至凤庆-景东公路交界处，转向正南方向沿羊房箐后山腰过开南河、流沙河上至河梁子山脊，由山脊下至山梁至龙潭后山，转向西南沿山梁经南莲河、威远江至靛坑水库，转向正北方向过白水小河、大水箐、核桃箐、冬瓜林小河至花坡林后山脊处，转向西南方向沿山腰过靛坑河、猴愁岩箐至镇沅与景东两县交界处，拐向西北方向转西顺梁子经 2900.6m 高程点，转南顺县界经 2672m 高程点、2546m 高程点、2347m 高程点，至勐令芹菜塘丫口。西坡从勐令芹菜塘丫口向西约 1100m，转正北经 2172m 高程点、2266m 高程点至羊山丫口，向西北过陡岩，至大寨子上部，向西北经公平后山、挖宝山、锣锅山，经 1699m 高程点，从半山腰通过南骂上方 700m 左右继续向西北过拉岔、大村后山，经 2670.7m 高程点，下陡崖跨过马尾箐，沿陡崖上至老虎山（2820m），向西北顺小梁子下到箐，过箐顺小梁子上至 2263m 高程点，向西顺小梁子下至小叉箐，转西北顺小箐上到邦独滥滩后山（2686m），继续向西北顺小梁子下到羊角箐，转东顺羊角箐上约 800m，转北顺小梁子上至 2608m 高程点，向西北跨过背阴沟、翻过白祖山梁子，再跨过白家村小河、翻过罗家村后山梁子，跨过公路后顺小箐沟下至沈家地河，转东北方向顺小箐沟上至 2785m 高程点，再向西北约 300m 至景东、南涧县界，往西顺县界经 2576m 高程点、大营盘（2791m、2785m）高程点，转西北方向顺县界经营盘山（2691m）至公路上方，顺公路上方东北侧至丫口，跨过公路后转西至阿都么山口（2317m），再向西至大麦地上丫口，转西北下至公路上，转东顺磨房河上至公路上方，转西北沿公路上方，继续向西北过苞茂村、蚂蟥箐、密贤地、金锅村后山，经 2305m 高程点，过子宜乐、阿宜乐山、刺竹林河、大岔路河、古巴老箐、底么河，沿山腰上至山脊，过鸟木龙河、小鸟木龙后山至丫口公路，拐向西北沿山腰过清水河至吊水箐，拐向东北沿吊水箐至米家六-白马箐公路边丫口，拐向东南沿水箐至米家六-白马箐公路上靠保护区内侧山腰行 7km，转向西北沿水箐至米家六-白马箐公路上靠保护区内侧山腰行 3km 至大瓦午河，沿大瓦午河行至米家六-白马箐公路，沿 Y012 公路过山腰行至米家六-白马箐公路，继续沿该公路行 3km，转向东南过三乐村后山腰、腊地河、瓦车河、大箐沟、灰河至四十八道河山脊，拐向东南沿山峦横穿中山河、格止腊河、洒拉箐、大箐、双山箐、老周场箐、大龙潭、青龙河、多么所河、灵宝山山脊，至黄草坝河与东山-泸水公路交界丫口，沿该公路上山腰行至蛇腰箐，拐向东南沿羊圈房小河后山腰、王家箐后山腰、大椿树后山腰、小比舍河、木板箐后山腰至南涧与景东交界处，转向东北沿南涧与景东交界处行至起点处止（东经 100°34′10″、北纬 24°42′43″）。

（三）恐龙河片

恐龙河片边界自不管河与礼社江交界处起，沿楚雄与双柏行政区划界线行至礼社江与小公坟箐交界处，转向东南沿山腰行至干沙河，继续拐向东南经窝拖地后山腰、黑泥干沟，沿山腰横穿麻底河至礼社江，拐向东南沿楚雄与双柏行政区划界线至鱼庄河与大湾电站水库交界处，转向东北沿东泸线上方山腰行至大湾电站水库坝口处，沿楚雄与双柏行政区划界线行至高巷塘河与石羊江交汇口，继续沿石羊江行至仙山大箐与石羊江交汇处，拐向东南方向沿山腰横穿白苴营大箐、大岭岗箐、依自堵河至下高粱地，拐向东北沿山脊上至小哨箐山拐向正南方向下至山沟，拐向正南沿山腰过马龙河，拐向东北沿山脊上至大水箐山拐向东南方向沿山腰至玉尺郎山，拐向西南沿山沟下至石板河，沿石板河逆流而上至山腰，继续沿山腰过大龙潭箐、山背后西部山腰、麦地冲箐至把租箐上方山梁，沿山腰上至大平滩，向南沿山腰行至石羊江与绿汁江交汇口处，拐向正北方向沿双柏与新平行政区划界线行至瓦房塘山头，拐向西北沿山腰横穿小江河继续沿山腰行至茶厂，拐向东北沿泸水-东山道路上方行约 3km，拐向东北沿山腰行2km，沿东南方向经大水沟山行至小松树山腰，拐向西北方向沿山腰过杨梅树大箐、李家箐嘴、竹子林箐至丫口处山脊，拐向西南沿山腰过鹅头箐、桃树箐至一碗水上山腰，拐向西南方向沿山腰过丫落箐、马槽箐下至鱼庄河，拐向正南沿鱼庄河东部山腰至鱼庄河汇入口，转向正南方向沿鱼庄河西部山腰行至空龙河与鱼庄河汇入口，拐向正西沿空龙河行约 1.3km，拐向西北沿山腰过干沙坝箐、铜厂箐至铜厂山，拐向西北沿山腰横穿麻赖河、大坝岭岗山腰、麻底河、黑泥干沟上至旧那山，沿旧那山脊下至大黑泥箐，转向正北沿大黑泥箐汇入不管河，转向东北沿不管河行至礼社江汇入口处止。

北

图例
- ⊛ 省级行政中心
- ⊙ 地级行政中心
- ━━ 国界
- ━━ 省级界
- ━━ 地级界
- ▨ 国家公园
- ▨ 生物走廊带

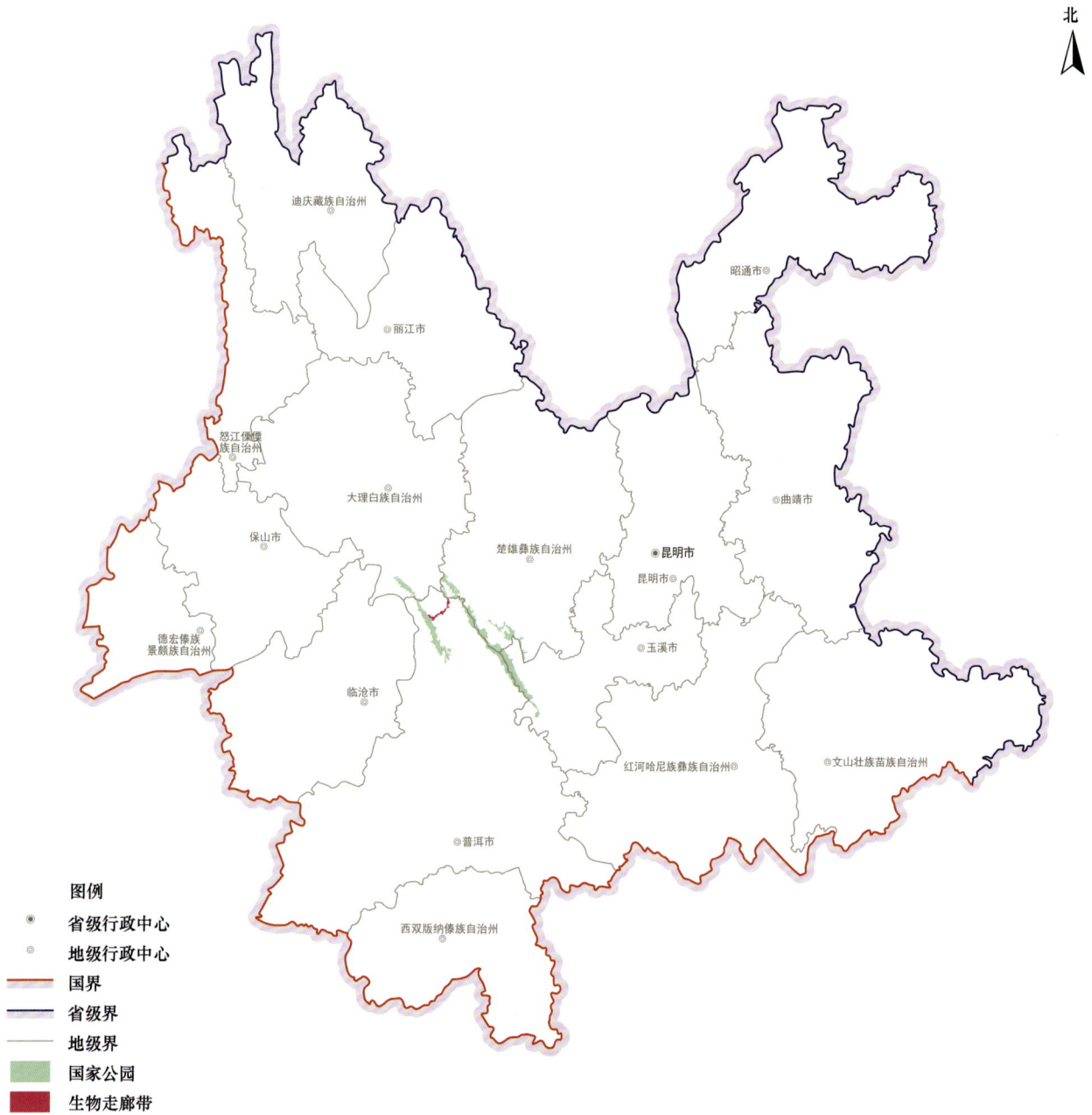

附图 9-1 拟建哀牢山-无量山国家公园位置示意图

北

图例

◎ 地级行政中心
◎ 县级行政中心
○ 乡、镇驻地
高速铁路
普速准轨铁路
高速公路
主要道路
一般道路
河流水库
国家公园
生物走廊带

1 楚雄西山州级自然保护区
2 楚雄紫溪山省级自然保护区
3 临沧澜沧江省级自然保护区
4 弥渡天生营州级自然保护区
5 墨江常林河（坝卡河）县级自然保护区
6 南涧大龙潭县级自然保护区
7 南涧凤凰山候鸟州级自然保护区
8 南涧土林州级自然保护区
9 双柏白竹山州级自然保护区
10 双柏恐龙河州级自然保护区
11 新平哀牢山县级自然保护区
12 云南哀牢山国家级自然保护区
13 云南墨江国家森林公园
14 云南无量山国家级自然保护区
15 镇沅湾河县级自然保护区

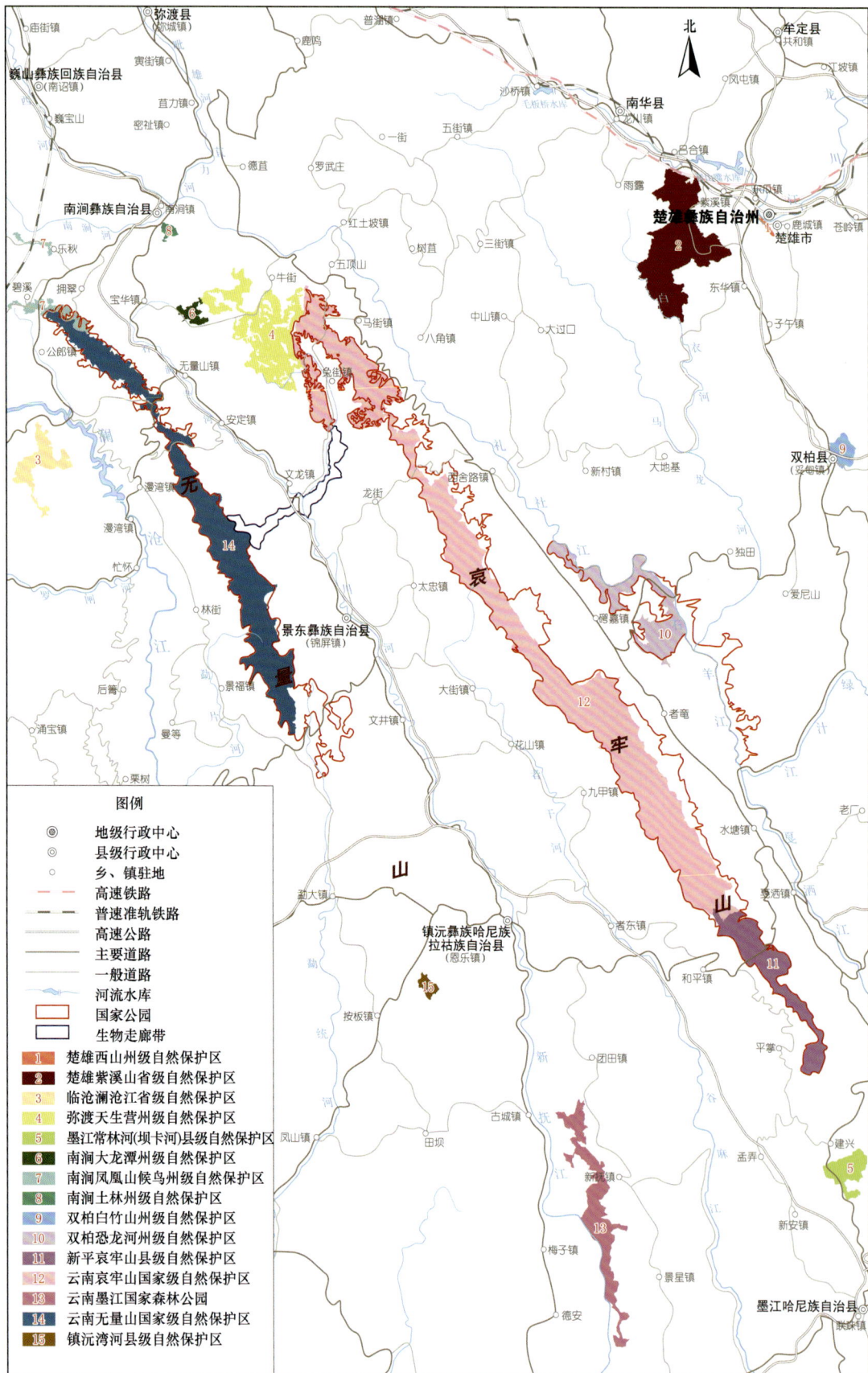

附图 9-2　拟建哀牢山-无量山国家公园与现有保护地位置关系图

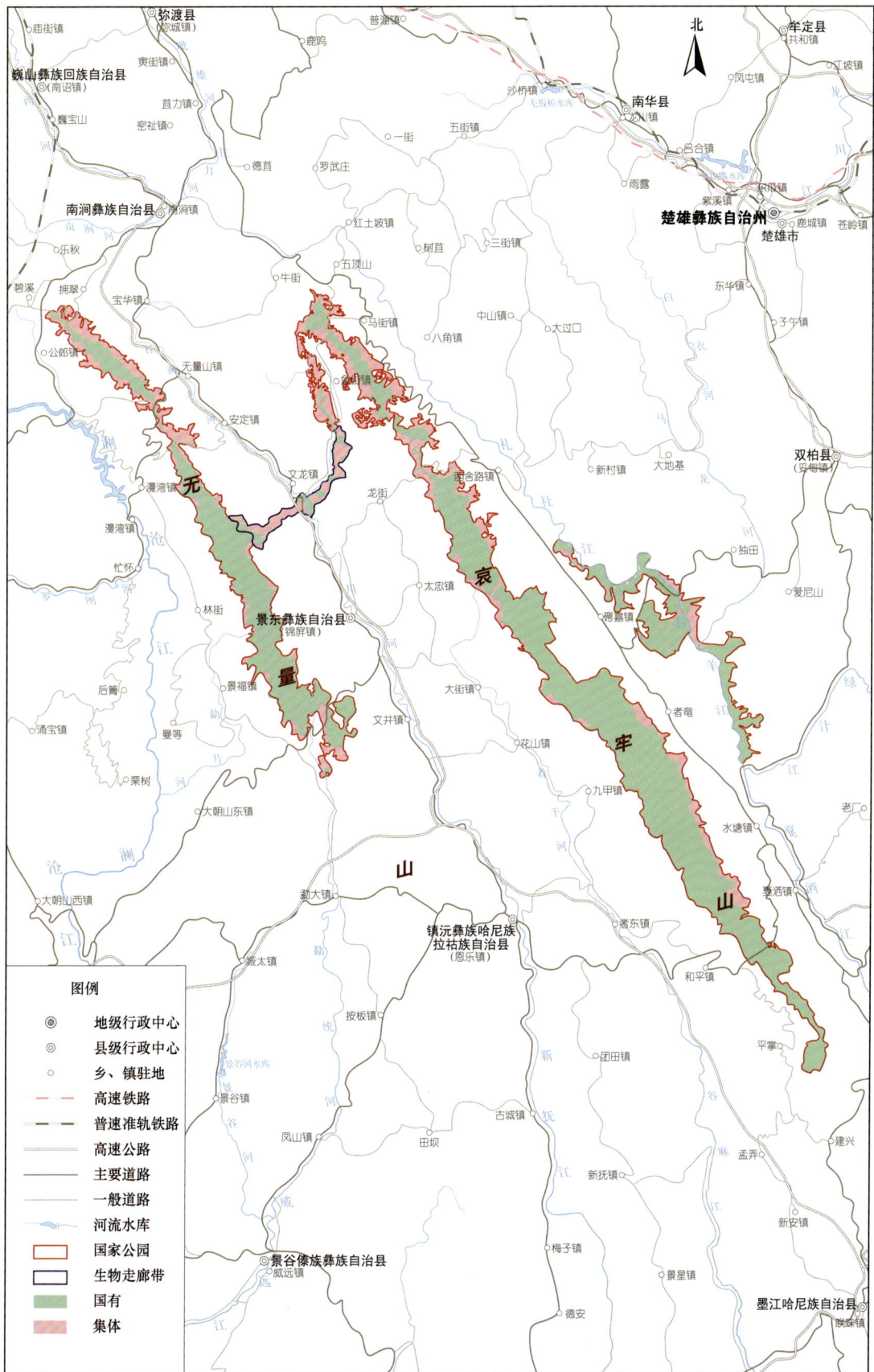

附图 9-3 拟建哀牢山-无量山国家公园权属图

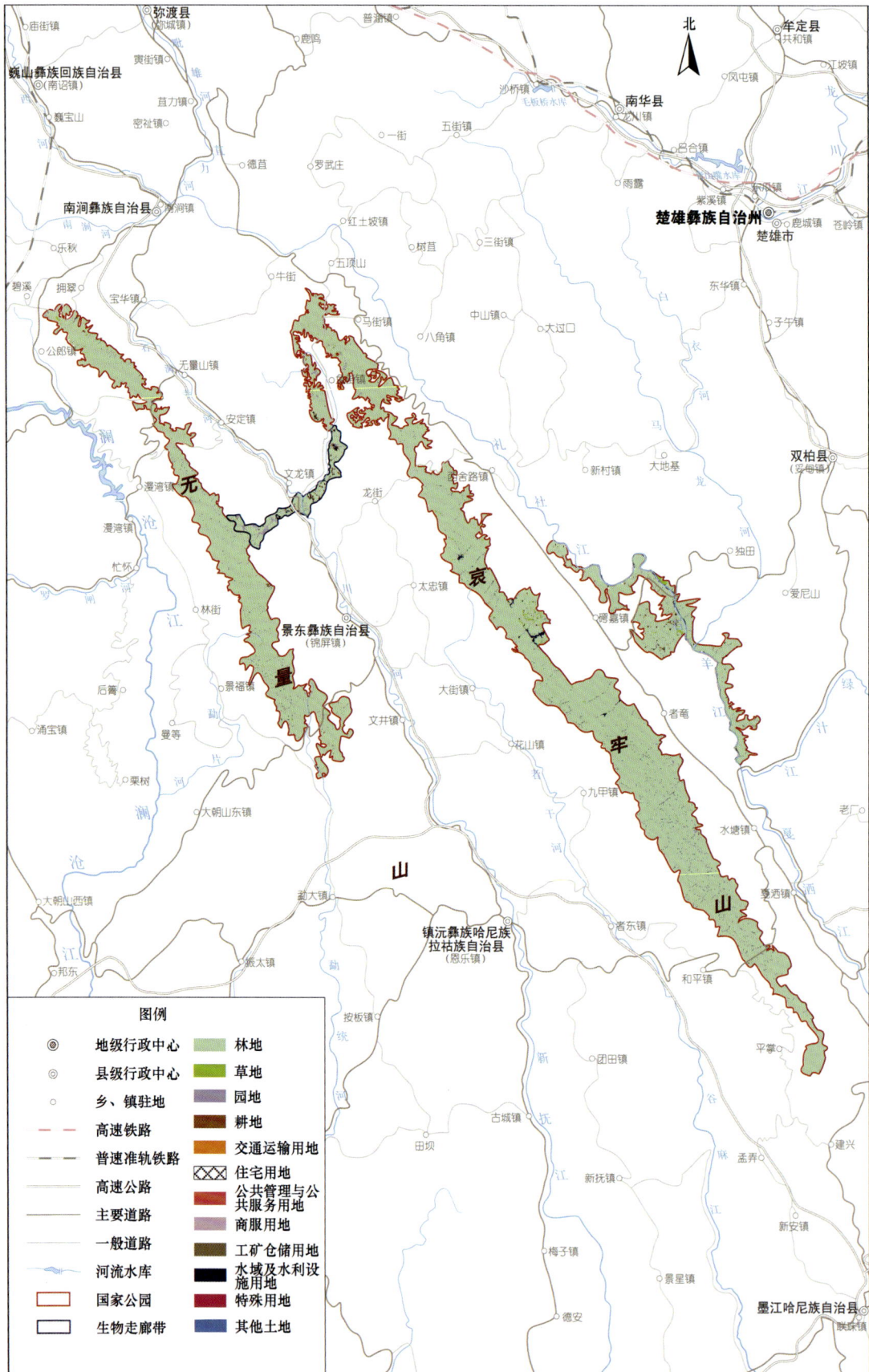

附图9-4　拟建哀牢山-无量山国家公园土地利用现状图

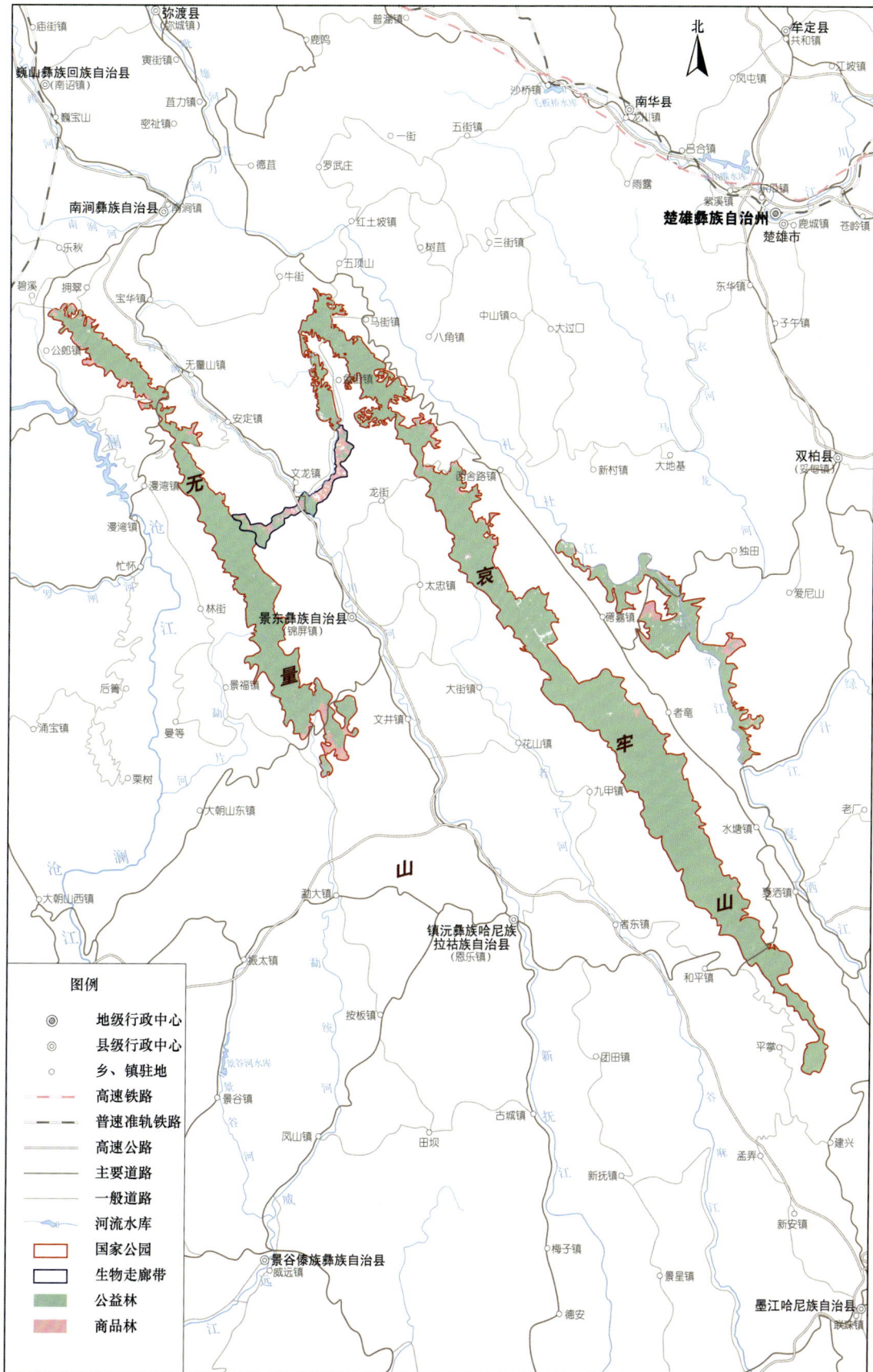

附图 9-5　拟建哀牢山-无量山国家公园森林类别图

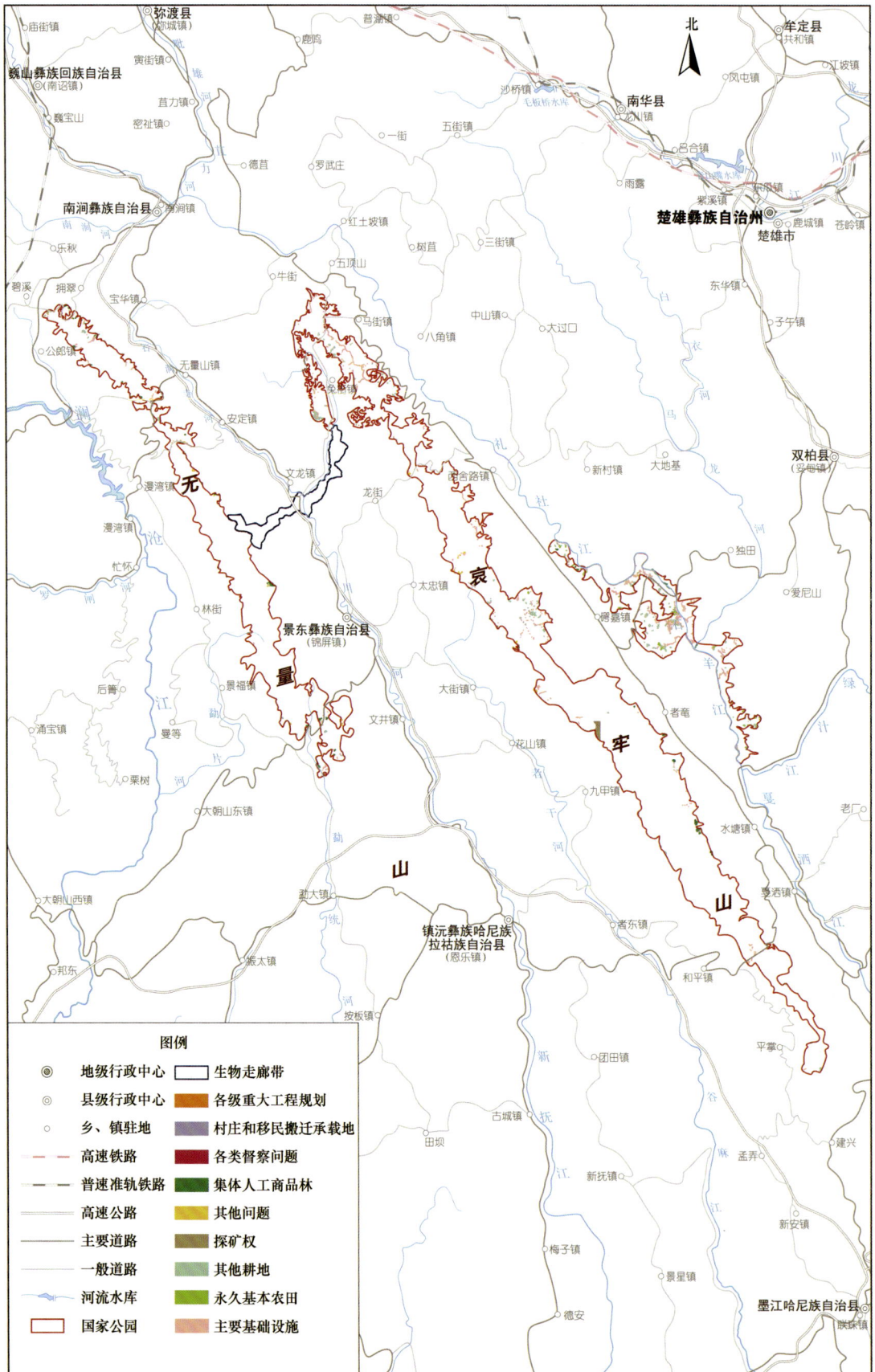

附图9-6 拟建哀牢山-无量山国家公园矛盾冲突示意图

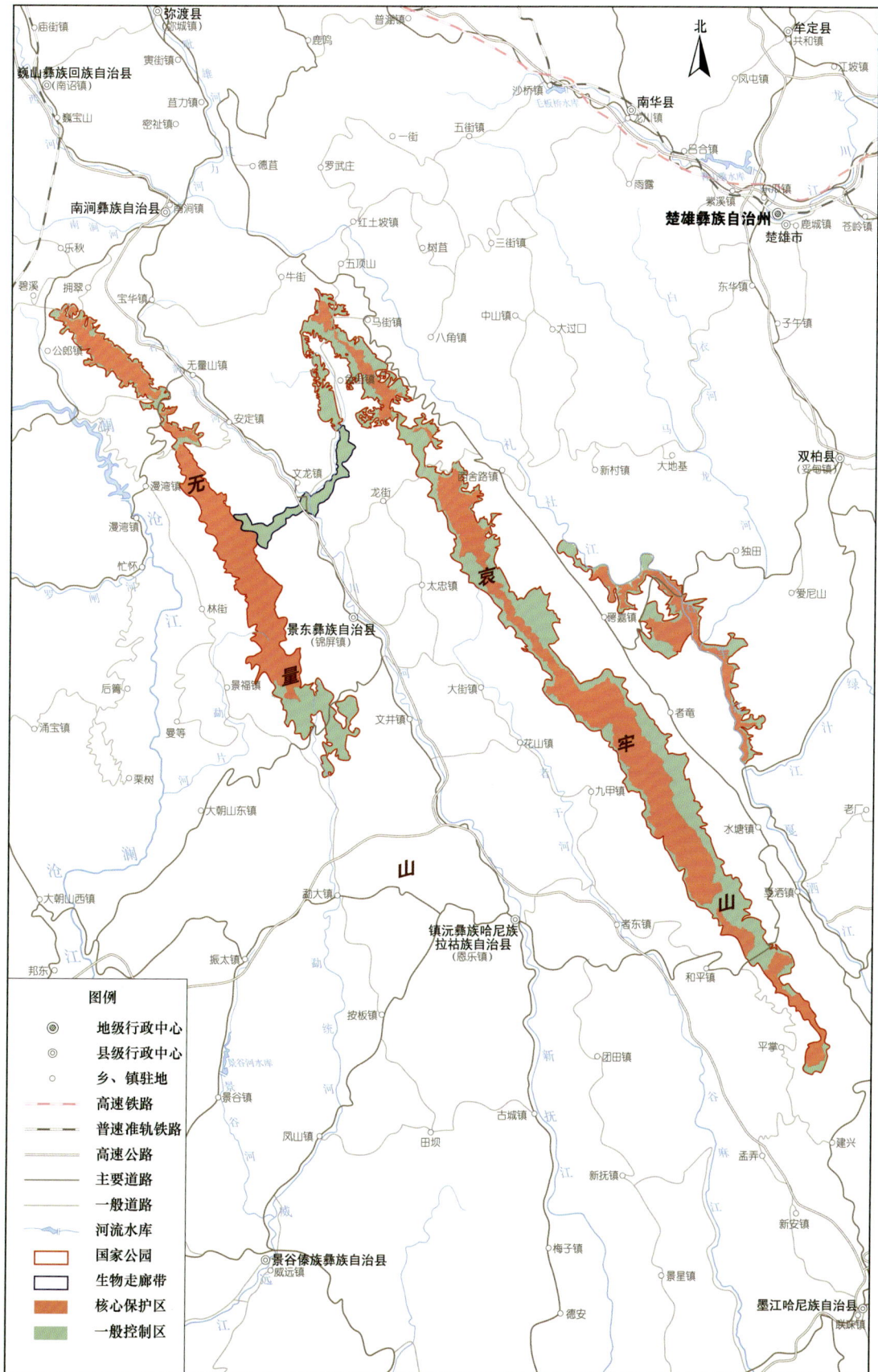

附图 9-7　拟建哀牢山-无量山国家公园管控分区示意图